中国古

U0266837

总号第 198 册

中国科学院 南京地质古生物研究所 编辑
古脊椎动物与古人类研究所

内蒙古中部新近纪啮齿类动物

邱铸鼎 李 强 著

（中国科学院古脊椎动物与古人类研究所）

科学出版社

北 京

内 容 简 介

　　内蒙古中部新近纪地层发育,哺乳动物化石丰富,是研究近代脊椎动物演化和新生代生物地层学的理想地区。本书对1995年以来在该区发现的啮齿动物化石进行了详细研究,共记述15科、82属、144种,其中包括10新属、53新种。这一地区发现的新近纪啮齿动物,占中国北方同期已知属和种的三分之二以上,分布于从早中新世至早上新世大部分时段的堆积物之中,组合成18个动物群,其中包括中国、甚至亚洲新近纪某一时段含化石最丰富、种类最多的几个动物群。根据动物的系统演化关系,本书对这些动物群进行了先后排序,与欧亚时代接近的动物群做了对比。书中还探讨了啮齿动物各科在内蒙古中部地区的演化历史,阐述了各属的地理分布,推测了不同地质时期的生态环境,诠释了这一地区啮齿动物的多样性及其在中国新近纪陆生哺乳动物年代地层系统(LMS/A)框架内各个时期的组成特征。

　　本书是新近纪地层古生物学研究的重要参考书,可供国内外地质科研人员、大专院校地质教学人员和自然博物馆科研工作者参考使用。

图书在版编目(CIP)数据

中国古生物志. 新丙种第30号(总号第198册):内蒙古中部新近纪啮齿类动物/邱铸鼎,李强著. —北京:科学出版社,2016.6
　ISBN 978-7-03-049145-9

　Ⅰ.①中… Ⅱ.①邱…②李… Ⅲ.①古生物-中国②新近纪-啮齿目-内蒙古
Ⅳ.①Q911.72

　中国版本图书馆CIP数据核字(2016)第143771号

责任编辑:胡晓春/责任校对:何艳萍　张小霞
责任印制:肖　兴/封面设计:黄华斌

科 学 出 版 社 出版

北京东黄城根北街16号
邮政编码:100717
http://www.sciencep.com

中国科学院印刷厂 印刷

科学出版社发行　各地新华书店经销

*

2016年6月第 一 版　　　开本:A4(880×1230)
2016年6月第一次印刷　　印张:43 3/4
字数:1 418 000

定价:298.00元
(如有印装质量问题,我社负责调换)

《中国古生物志》编辑委员会

《中国古生物志》新丙种出版品目录

目 录

一、前　　言

华北的张(家口)-二(连)-锡(林浩特)三角地带，特别是内蒙古中部地区，新近纪地层发育，脊椎动物化石丰富，长期以来吸引着中外地层古生物学研究者的关注。对这一地区新近纪生物地层学的研究，最早可以追溯到 20 世纪 20 年代初瑞典地质学家安特生(J. G. Andersson)对化德县二登图和法国古生物学家德日进(P. Teilhard de Chardin)对阿巴嘎旗高特格(大白山)的调查和化石采集(Andersson, 1923; Teilhard de Chardin, 1926a)。紧随其后，1928 年以探险家安德鲁斯(R. C. Andrews)为首的美国自然博物馆中亚考察团进行了大规模的考察，又于 1930 年做了进一步的发掘，在通古尔台地发现了一批铲齿象化石及其他哺乳动物化石(Spock, 1929; Osborn, 1929; Andrews, 1932)。这些开拓性工作，以及后来的研究，使上述地点很早就成为东亚知名的新近纪经典地点(Schlosser, 1924; Teilhard de Chardin, 1926b; Miller, 1927; Osborn et Granger, 1931, 1932; Pilgrim, 1934; Colbert, 1936, 1939a, b)。然而，由于战乱和政治因素，这一重要地区的古生物调查和研究，很长一段时间处于停顿状态。1959 年中国和苏联学者组成的中苏古生物考察队曾试图恢复对这一地区的工作，但由于两国的合作协议被中断也未能继续进行(Chow et Rozhdestvensky, 1960)。此后，又过了 20 年，直到 20 世纪 80 年代初，这一地区的研究工作才得以恢复。1980 年，在中国科学院和联邦德国马普学会的支持下，中德两国科技人员开展了对经典地点二登图的合作调查；1986 年，由邱占祥领导的中国科学院古脊椎动物与古人类研究所内蒙古野外考察队，在通古尔一带进行了考察和发掘。由于化石采集技术的进步，特别是小哺乳动物化石采集中应用了筛洗法，上述两个经典地点在这次重新发掘中都采集到大量的化石，发现的哺乳动物种类倍增(Fahlbusch et al., 1983; Qiu et al., 1988)。特别是通古尔台地，由于地层构造简单，产出化石丰富、种类多，具有典型中中新世动物群的特征，因而全国地层会议于 1999 年正式采用通古尔作为中国地质年表新生代一个"阶"的名称(NCSC, 2001; Deng et al., 2007)。丰硕的成果，进一步激发了中外学者对这一地区新近纪哺乳动物地层学研究的热情。接着，1991 年本书作者之一(邱铸鼎)和德国学者施托希博士(G. Storch)在化德县比例克地点采集到大批上新世小哺乳动物化石(Qiu et Storch, 2000)，1992 年孟津等又在嘎顺音阿得格地点发现了丰富的早中新世小哺乳动物材料(孟津等，1996)。这些成功的野外工作，极大地鼓舞了我国地层古生物研究者，他们意识到内蒙古中部地区蕴藏着巨大的新近纪生物地层学研究潜力，期盼在新近系发育广泛、出露又很好的这一地段发现更多的化石地点，增加不同层位的化石材料，以研究我国北方哺乳动物的演化和生态环境，探讨蒙古戈壁既往的生物多样性，进而对内蒙古地区新近纪地层进行较高精度的划分。为此，受中国科学院"九五"重点项目和美国自然地理学会基金的支持，王晓鸣和本书的前一著者等，于 1995 年启动了这一课题的工作，并取得了喜人的成果(邱铸鼎、王晓鸣，1999)。从 1996 年至 2011 年，在国家自然科学基金和中国科学院创新研究项目的资助下，著者等前后 10 多次前往苏尼特左旗、苏尼特右旗、阿巴嘎旗和化德县进行野外作业，在对经典地点进行定位、观察和重新发掘的同时，逐步把调研范围扩大，以寻找新的化石地点和层位，先后在不同地点掘土 50 余吨进行筛洗。结果不仅发现了数个新的化石地点，采集到大量的小型哺乳动物化石，而且还收集到丰富的地层资料，填补了这一地区新近纪化石层位上的一些空白。野外工作以及室内对化石的初步鉴定表明，内蒙古中部地区的新近系包含了从早中新世至早上新世大部分时段的堆积，这些沉积物含有多个时代不同的哺乳动物组合，而且这些化石组合大体显示了内蒙古中部地区新近纪哺乳动物群的更替过程。

内蒙古中部地区发现的新近纪哺乳动物化石，既有大中型动物，也有小型动物，但更多还是属于包括食虫目、翼手目、啮齿目和兔形目的小型哺乳动物。小型哺乳动物化石几乎在所有地点都有发现，而且大部分地点产出的化石都在 20 种以上。在这些化石组合中，有多个是迄今发现的我国乃至亚洲新近纪某些时段含小哺乳动物化石最丰富、种类最多的动物群,如早中新世敖尔班动物群、中中新世通古尔动物群、晚中新世二登图动物群和早上新世比例克动物群。这里发现的化石,不仅数量大、种类多,而且往往富集在厚度不大的地层里。这样的化石组合和埋藏特色,往往能较真实地反映短期内动物群体的结构,较客观地指示当时的生态环境。利用这些组合进行动物群相对时代的确定,以及恢复生态环境无疑具有重要意义。

新近纪是哺乳动物发展史上的现代化时期。这一时期,始新世和渐新世起源的古老动物类型极大衰退或几乎灭绝,现代类型的哺乳动物大量出现,在高阶元上形成与现代哺乳动物组成接近的格局,至新近纪末期我国现生哺乳动物的所有科即已出现;啮齿目中的始啮类极大衰减或灭绝,鼠形类迅速兴起,开始了一个以松鼠形和鼠形动物占统治地位的时期。根据目前资料,中国哺乳动物在新近纪期间出现了比较清楚的南北分异,一个与现代东洋界相似和一个与现代古北界相似的动物区系已大体形成(邱铸鼎,1996a;Qiu et Li,2004)。这一时期的化石地点在北方较多,主要分布在广大的蒙新高原,所发现的小哺乳动物化石种类高度相似,代表与现代古北界相似的一个次级区系,指示的是温带草原或森林草原环境。内蒙古中部地区正处在这一高原的东部,受太平洋夏季风的影响显著,气候相对温湿,适合动植物的生长,多样性比较丰富。新近纪期间,哺乳动物在蒙新高原的分布,似乎大体与今日的情况相似,东部比西部明显繁荣而多样。因此,对内蒙古中部哺乳动物化石的研究,既能丰富我国动物演化的知识,也有助于对我国动物地理区系演变和环境变迁的认识。

根据化石和地层资料,前人已按动物的演化模式和地层的叠置关系,对内蒙古中部地区所发现的动物化石组合进行了排序,初步建立了地区性的岩石和生物年代框架,该框架显然也已应用于地区性植被演替和古环境的研究(Zhang et al.,2009)。另外,还对关键性剖面进行了古地磁的测定(Wang et al.,2003,2009;Qiu et al.,2006;O'Conner et al.,2008)。2013年本书著者等(Qiu Z D et al.,2013)还对该区新近纪哺乳动物群的初步名单作了进一步更新,但大部分材料尚未进行较详细的研究。在过去30年发现的化石中,只有默尔根地点和比例克地点的小哺乳动物材料,二登图和哈尔鄂博地点的大部分小哺乳动物标本,嘎顺音阿得格的跳鼠类以及宝格达乌拉、高特格少量材料做了详细的描述(默尔根:邱铸鼎,1996b。比例克:Qiu et Storch,2000。二登图和哈尔鄂博:Storch et Qiu,1983;Qiu,1985,1987a,1991,2003;Wu,1985,1991;Fahlbusch,1987,1992;Storch,1987,1995;Fahlbusch et Möser,2004。嘎顺音阿得格:Kimura,2010a,b。宝格达乌拉:Storch et Ni,2002;Tseng et Wang,2007;Li,2010b;Wang et al.,2012。高特格:Li,2010a),其余地点的材料只作过初步的报道(Li et al.,2003;Qiu Z D et al.,2006,2013;Wang et al.,2009)。本书主要研究过去20多年在这一地区各化石地点新增加和未作具体描述的啮齿类动物,共计15科,82属,144种,其中包括10个新属和53个新种。文中重点对这些属、种作较全面的介绍,赋以或订正其鉴定特征,探查和评述其研究历史和现状。同时分析各化石组合的特征,探讨各科的演化历史和阐述各属的地理分布,以尽可能使读者对这些动物有较多的了解。对其他小型和大中型哺乳动物化石材料的研究,将在今后另行发表。

自1980年以来,在内蒙古中部地区发现的新近纪啮齿目动物,已从原来的8科,21属,23种至少增至15科,87属,168种(附录1)。按不完全统计,在这范围不是很大的地段,所发现的化石啮齿类属、种分别占北方同期总量的67.4%和69.4%左右。另外,在这一地区发现的小哺乳动物化石中,至少有36属在欧洲同一时期的地层中出现。这些再次表明蒙古高原在哺乳动物演化中所处的重要地位。材料丰富、化石种类多的内蒙古中部地区,确实是研究新近纪哺乳动物演化不可多得的地方。

本书记述的标本几乎都采自内蒙古中部的新近系,一般都有中国科学院古脊椎动物与古人类研究所的野外地点编号,编号多为IM(Inner Mongolia 的缩写)加上其后的数字,少量为DB(高特格地点所在的大白山拼音的头一个字母)加后面的数字;所有标本都收藏在中国科学院古脊椎动物与古人类研究所(IVPP),标本编号为V(古脊椎动物代号)加上其后数字;书中标本测量表项目一栏中的 Tooth、Length、Width、N、Mean、Range 分别表示牙齿的标本、长度、宽度、标本数、平均值和范围值;牙齿尺寸变化范围及平均值表和标本测量散(线)点图中标注的 L 和 W,分别表示标本的长度和宽度。

为标本对比方便,图版中牙齿的插图和照片尽量选取左侧,或右侧和左侧同时出示,为反转者都有说明；表示牙齿的外文符号，大写印刷体表示上牙，如 P4 表示第四上前臼齿，小写印刷体表示下牙，如 m2 表示第二下臼齿，标本符号前面的"L"或"l"表示左侧，"R"或"r"为右侧。

致谢　本书得以完成，承蒙多方的鼎力相助和支持。首先要感谢的是美国洛杉矶自然历史博物馆研究员、中国科学院古脊椎动物与古人类研究所客座研究员王晓鸣博士。感谢他 10 多年来对这一课题的悉心指导及与笔者的精诚合作，感谢他以高度敬业精神对笔者的感染，没有他的努力，经典化石地点的重新定位和地层工作难以完成，感谢他毫无条件地允许笔者研究这批珍贵的标本。还应该特别感谢内蒙古锡林郭勒盟文物站德力格尔和王洪江先生多年来对我们野外工作的密切配合和全力支持。先后一起参加考察和化石采集的还有冯文清、董军社、李强（大李）、周伟、高伟、杜文华、时福桥、王秋元、曾志杰（J. Tseng Zhijie）、邹晶梅（J. O'Connor）、竹内哲二（T. Takeuchi）、富田幸光（Y. Tomida）、木村由莉（Y. Kimura）、邓涛、侯素宽、史勤勤等，对他们在野外工作中的通力合作和辛勤付出，笔者表示由衷的感谢。

在研究标本和撰写本书的过程中，邱占祥和李传夔先生给以热情鼓励和指导；王伴月和吴文裕先生给予许多指点，阅读和修改了部分文稿，在此表示衷心的感谢。

在研究的过程中，还得到许多国外著名古生物学者的热心帮助，得益于与他们对部分化石的对比和讨论。特别应该提出的有美国亚利桑那大学的 E. H. Lindsay 教授，哈佛大学的 L. J. Flynn 博士，法兰克福辛氏博物馆的 G. Storch 博士，瑞士巴赛尔自然历史博物馆的 B. Engesser 博士，奥地利维也纳自然历史博物馆的 G. Daxner-Höck 博士。感谢他们的友善接待和标本、模型的赠送，以及耐心的讨论。王晓鸣博士和 Flynn 博士还详细阅读并修改了英文摘要。

书中图版的照片或由张文定用电子显微镜扫描摄制，或由张杰用光学照相机摄制，在此一并感谢。

本项目除得到国家自然科学基金项目（编号：41430102，40730210，40232023）、国家重点基础研究发展计划项目（编号：2012CB821900）、中国科学院创新研究项目（编号：KZCX-YW Q09，KZCX2-YW-120）和科技部项目（2006FY120300）多年的资助外，还得到美国自然地理学会基金和中国科学院院长基金的支持。出版经费由科学技术部基础性工作专项（2006FY120400）赞助。

二、化石地点及地层概况

内蒙古中部地区位于中朝板块与西伯利亚板块之间的陆缘带（葛肖虹等，2009）。受晚中生代—新生代大型走滑断裂的控制，晚新生代期间这里为一沉降区，堆积了厚度不等的陆相沉积物。新近纪的岩石产状平缓，早期主要为红色的土状堆积，中期为红色、土褐色、灰白色的河湖相砂泥岩，晚期以颜色较浅的河流、冲积或沼泽相砂质泥岩为主。沉积物厚度不大，剖面也很不连续，但含有丰富的脊椎动物化石和多个小哺乳动物化石层。目前，这一地区发现的化石地点散布在以锡林浩特、二连浩特和化德城为界的一个三角形地区之内，浑善达克沙地的周缘（图1），大体集中在下述的几个地区（有关各化石地点的地理坐标、所在旗县及编号，详见附录2）。

阿尔善高毕地区　阿尔善高毕地区（曾用"敖尔班地区"，见 Qiu Z D et al., 2013）位于苏尼特左旗东南约 60 km，这里有当地牧民熟知的阿尔善（"五彩泉"）和敖尔班（又称大红山）。敖尔班的露头好，红色地层大面积出露，剖面厚度近达 60 m，新近纪哺乳动物化石出现在约 6 km² 的范围内。该地区的化石最初发现于 2004 年，经过几年的采集和研究，王晓鸣等（Wang et al., 2009）对这里的地层进行了划分，对产出的化石作过初步的报道。根据岩性和接触关系，敖尔班剖面被分为三个岩石单元，从下至上为敖尔班组、巴伦哈拉根层及必鲁图层。敖尔班组由一套红色、绿色泥岩和粉砂岩组成，最大厚度达 42 m 以上，下部未见底，顶部与上覆巴伦哈拉根层呈假整合或不整合接触，时代为早中新世中晚期。敖尔班组又可进一步分为三个呈连续沉积的岩性段：下红泥岩段（LRMM），中绿泥岩段（MGMM）和上红泥岩段（URMM）。巴伦哈拉根层为一套橘红色砂岩、粉砂岩和底砾岩，最大厚度近10 m，可能主要代表晚中新世早期前后的堆积。必鲁图层呈不整合覆盖巴伦哈拉根层，为一套灰白色、土黄色砂质泥岩和底砾岩，顶部为钙质泥岩或砂质泥灰岩，上覆现代土壤层，最大厚度在 8 m 左右，时代为晚中新世晚期。大红山露头含有 4 个小哺乳动物化石层位，发现的化石点很多，归纳起来有：

敖尔班（下）地点　敖尔班组下段化石丰富，是产出化石最多的一个层位，包括的化石点亦多（Wang et al., 2009）。敖尔班组下段所产出的化石归入"敖尔班（下）动物群"，代表性的地点有 IM 0407 和 IM 0507，这两个地点都进行过大量的取土筛洗，并获得数量可观的标本。另外，IM 0407 地点附近有多个化石点，如 IM 0712-0721 等，由于距离不远，产出的化石又不是很多，为了便于研究，这些地点采集到的化石都计入 IM 0407 地点。

敖尔班（上）地点　敖尔班组上段所含化石没有下段丰富，地点也少，其中 IM 0772 化石最多，进行过筛洗采集。敖尔班组上段产出的化石都归入"敖尔班（上）动物群"。

巴伦哈拉根地点　巴伦哈拉根层产出化石的地点有三个，但只在 IM 0801 地点该层底部的含砾砂泥岩中做过筛洗采集，并获得大量的小哺乳动物化石。巴伦哈拉根层与下伏的敖尔班组之间呈不整合接触，其间显然有较长的沉积间断，上部地层被切割、为必鲁图层所覆盖。巴伦哈拉根层的主体无疑属于晚中新世早期的堆积物，但依其底部产出的化石判断，既不能完全排除堆积开始于中中新世晚期，更不能排除底层中的化石含有属于下部层位堆积再经近距离搬运的成分。

必鲁图地点　IM 0510 地点是必鲁图层的唯一化石地点，化石产自该层底部的含细砾砂、泥岩，岩层的底部具有明显流水切割和充填构造。这一地点堆积物的时代被认为属晚中新世晚期，但产出的化石组合十分混杂，无疑同样含有下部层位化石经近距离再搬运的成员。

嘎顺音阿得格地区　孟津等 1992 和 1995 年最先对这一地区进行过调查，并采集到一批小哺乳动物化石，地层的时代定为晚渐新世—早中新世（孟津等，1996）。嘎顺音阿得格地区为一个以古生代花岗岩为基底的谷地，位于苏尼特左旗西南约 35 km，大红山西北约 40 km。新近纪的土状堆积物残留在谷地两

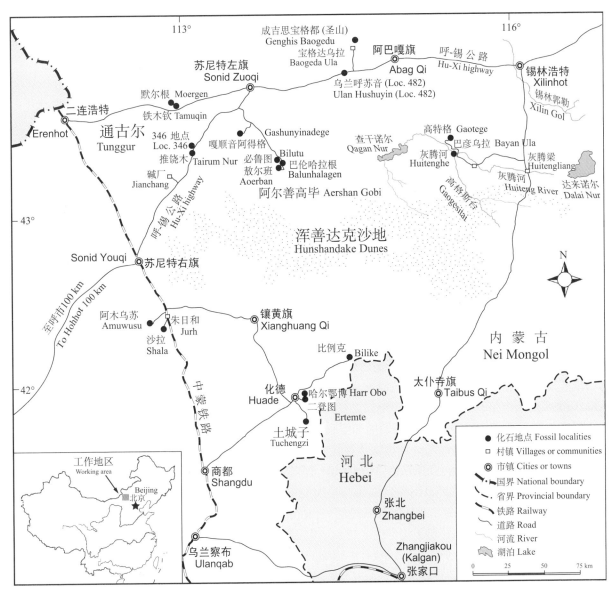

图 1　内蒙古中部地区地理位置和化石地点分布图

Fig. 1　Geographic location of the fossil localities in central Nei Mongol

侧次级冲沟之中，零星地分布于 2 km² 范围内，为一套暗红色—黄红色的砂质泥岩，最大厚度仅 10 m 左右，其层位可能与敖尔班组接近，甚至可以归入相同的一个组。化石产自地层剖面的中部，有多个地点，在 IM 9605、9606、0401 和 0406 地点做过多次取土筛洗，其中 IM 0401 和 IM 0406 地点产出的化石较丰富，所采集到的化石都归入嘎顺音阿得格动物群。在这一动物群中出现了 *Democricetodon*、*Megacricetodon*、*Ligerimys* 和 *Alloptox* 属，表明其时代不会早于中新世(邱铸鼎、王晓鸣，1999；Qiu Z D et al.，2006，2013)。

通古尔地区　通古尔台地位于苏尼特左旗与二连浩特之间，系最初由美国自然博物馆中亚考察团发现、盛产铲齿象动物群化石的经典地区(见前)。通古尔组在台地的西北缘和南缘查干诺尔碱厂东北一带出露很好，为一套杂色、土褐色以河流相为主的砂泥岩，最大厚度达 80 m，下部未见底，顶部与上覆宝格达乌拉组呈不整合接触(露头见于阿巴嘎旗宝格达乌拉一带)，时代属中中新世。分布于台地西北缘和南缘的通古尔组没有地层接触关系的露头，其间的对比仍是个问题，但根据岩性和含化石的特征大体可分三部分：下部为暗红色、杂色泥岩，台地的西北和南部都有出露；中部为灰白色、土褐色、砖红—浅红色砂质泥岩，含铲齿象化石，软体动物化石很常见，出露于台地的西北和南部；上部为浅灰黄色、灰红色

·5·

砂泥岩，只见于台地的西北一带。通古尔组这三部分地层间的界线并不分明，但都有小哺乳动物化石的发现，其中以中部层位产出的化石最为丰富。王晓鸣等（Wang et al., 2003）在台地南、北缘通古尔组的关键剖面上都进行过古地磁样品采集和测量。通古尔台地主要的小哺乳动物化石地点有：

推饶木地点　位于查干诺尔碱厂东北约 20 km 处，出露的是通古尔组下部暗红色砂质泥岩。由于化石不很富集，在该地点未进行发掘筛洗，所采集到的化石都归入推饶木动物群，时代定为中中新世早期。20 世纪 20 年代末中亚考察团在推饶木地点发现、后经王伴月（1988）描述的一件双柱鼠下颌骨可能出自相同的化石层位。

346 里程碑地点　位于碱厂查干诺尔湖东北端，呼-锡公路原里程碑 346 km 处之北附近。该地点（简称 346 地点）进行过较大规模的筛洗工作，产出 346 里程碑动物群，时代确定为中中新世中期。化石层位可能属于通古尔组中部，化石出自该露头上部的浅红色泥岩，富集于一个长约 3 m，厚不足 1 m 的砂质泥岩透镜体之中。中亚考察团在通古尔发现的铲齿象地点，可能大体与该地点同属一个化石层位。

默尔根地点　位于苏尼特左旗赛汉高毕默尔根平台之北，距赛汉高毕苏木约 20 km，原来称为默尔根地点（IVPP 86020a，又称默尔根 II），1986 年进行过大量取土筛洗，产出默尔根动物群，时代定为中中新世中期（邱铸鼎，1996b）。化石富集于一个灰白色砂质泥岩的透镜体，层位属于通古尔组中部。动物群的组成与 346 里程碑动物群很接近。

铁木钦地点　位于苏尼特左旗赛汉高毕默尔根平台之北，处于默尔根剖面之上部，原称默尔根地点（IVPP 86020b，又称默尔根 V）。1986 年进行过筛洗，黄灰色的砂质泥岩产出铁木钦动物群，时代为中中新世晚期。化石并不富集，层位属于通古尔组上部。

成吉思宝格都地区　成吉思宝格都（又称成吉思汗山或圣山），位于阿巴嘎旗镇西北约 46 km 处。这一地区（曾用名"宝格达乌拉地区"，见 Qiu Z D et al., 2013）通古尔组和宝格达乌拉组都有出露，前者发现于宝格达乌拉南 16 km 呼-锡公路的两侧和宝格达乌拉北约 7 km 处，代表该组的最东延伸，后者大面积分布于查干乌拉山的西缘和南缘。宝格达乌拉组为一套灰白色、灰黄色和灰绿色为主的砂泥岩，最大厚度 70 余米，下部可能与通古尔组呈不整合接触，顶部为玄武岩覆盖；1964 年内蒙古水文地质队在位于宝格达乌拉北 3 km 一处名为朱日和的小山坡上（IM 9601）发现了三趾马和大唇犀化石，将含化石层建立为宝格达乌拉组；1978 年在《华北地区区域地层表》中首次使用了宝格达乌拉组名。自 1996 年以来，数次在这一地区进行考察，并发现了几个或多或少采集到小哺乳动物化石的地点。

乌兰呼苏音地点　位于阿巴嘎旗镇西约 38 km，呼-锡公路原里程碑 482 km 处之南，原称"482 地点"，最先由孟津发现。该地点露头面积不大（约 2 km²），厚度在 5 m 以下，明显分为两个呈不整合接触的岩石单元：下部为红色的砂质泥岩，产 *Atlantoxerus*、*Heterosminthus*、*Protalactaga*、*Democricetodon*、*Megacricetodon*、*Alloptox* 和 *Bellatona* 等（下乌兰呼苏音动物群），未见底；上部为灰白色的砂泥岩，产三趾马动物群化石（上乌兰呼苏音动物群），顶部为土壤层覆盖。这里进行过筛洗和多次的地表采集，但在下部地层中发现的化石不多，然可判断为属于通古尔动物群的成员，与默尔根和 346 里程碑动物群的组成相似，证实了通古尔组向东延伸近达阿巴嘎旗镇。上部层位厚度小于 2 m，所含化石尚属丰富，但未详细鉴定，初步认为属晚中新世中、晚期的成员，似与沙拉动物群较接近。如果把这一地点的上部地层归入宝格达乌拉组（未深入研究），则该组的时代可能早达晚中新世早期。

宝格达乌拉地点　在宝格达乌拉组的中、上部层位，产化石的地点较多，主要集中于宝格达乌拉北约 3 km 的朱日和山包附近，包括 IM 9601, 9602, 0702, 0703, 0709, 0902 地点。这些化石点的层位关系基本上可以直接追溯，但距乌兰呼苏音地点较远，其间被覆盖，地层无法直接对比。其中 IM 9601 仅见大哺乳动物化石，IM 0702 和 0703 的小哺乳动物化石较丰富，IM 0709 和 0902 的化石层位较高，其他各地点的层位相对较接近。这一地点进行过多次筛洗，所获得的材料除大动物中的鬣狗类和小动物中的 *Hansdebruijnia* 和 *Pararhizomys* 属被详细研究外（Storch et Ni, 2002; Tseng et Wang, 2007; Li, 2010b），其余的只做过初步报道。所采集到的化石同归宝格达乌拉动物群，时代定为晚中新世中晚期。

罗修泉和陈启桐（1990）对宝格达乌拉组上部穿插和覆盖的玄武岩进行过测定，时代定为 14.57–3.85 Ma。著者等（Qiu et al., 2006）根据 IM 9602 和 IM 0703 地点的化石组合特征及其所在层位较上覆玄武岩低，曾考虑过把罗等 B48 样品的测定数据(7–7.5 Ma)作为这两个地点化石组合的绝对年龄。

朱日和地区　朱日和在中蒙铁路线上，北距苏尼特右旗约 40 km，在朱日和镇铁路线东西侧都发现了新近纪的堆积物和哺乳动物化石，但化石层露头都不大，剖面也很短，主要的地点有：

阿木乌苏地点　位于朱日和镇西约 13 km 处，露头不足 1 km²，剖面厚度小于 10 m。沉积物的下部为一套红褐色泥岩，未见底部，上部为灰黄色砂质泥岩和含砾砂层，顶部土壤层覆盖。该地点最先由内蒙古地质队发现，1983 年中国科学院古脊椎动物与古人类研究所研究生周正在此采集到 13 种小哺乳动物化石，据此写成硕士研究生毕业论文(内蒙古哈尔敖包中中新世晚期哺乳动物群)，但论文没有发表，标本也下落不明。1996 年邱占祥等对这一地点作了调查和发掘，筛洗出一批小哺乳动物化石。阿木乌苏地点的化石并不很富集，化石分散于剖面中部的灰黄色砂泥岩之中，既有大、中型哺乳动物也有小型哺乳动物。在该地点进行过批量筛洗和多次地表采集，产出阿木乌苏动物群，其时代定为晚中新世早期。

沙拉地点(IM 9610)　位于朱日和镇西南约 7 km 处，露头面积很小，剖面厚度小于 5 m。沉积物未见底，下部为一套灰红色泥岩，上部为灰黄色砂质泥岩及砂岩。这里的化石也不很富集，产出于上部层位。在该地点进行过筛洗采样，产出沙拉动物群，时代确定为晚中新世早期，但似乎比阿木乌苏动物群稍晚。

化德地区　化德地区现知的化石地点有二登图(Ertemte)、哈尔鄂博(Harr Obo)、乌兰察尔(Olan Chorea)、土城子和比例克，其中的二登图、哈尔鄂博和乌兰察尔是安特生(J. G. Andersson)上世纪初采集过化石的地方；1980 年中德科技人员对乌兰察尔做过调查，但没有增加小哺乳动物化石；土城子地点是 1959 年中苏考察队采集到大批大、中型动物化石的地点，后来的工作也主要是增加了一些大型哺乳动物，小哺乳动物化石只采集到几枚牙齿，这些材料没在本书描述范围之内。

二登图 2 地点　位于化德县城东约 4 km 的二登图村东，Fahlbusch 等(1983)为区别 Andersson (1923)地点，称其二登图 2。该地点二登图组的露头厚在 2 m 左右，为一套湖滨或沼泽边缘相的浅灰色、红黄色砂质黏土，上部为土壤层覆盖，底部可能与土城子组褐红色黏土整合接触，化石发现于中部的灰白色、黄褐色砂质黏土层。Fahlbusch 等于 1980 年在该地点进行过大量筛洗，采集到上万件小哺乳动物化石标本，2004 年又进行过取土筛洗，同样获得一批可观的材料，二登图被认为是内蒙古中部产小哺乳动物化石最丰富、种类最多的地点之一。二登图动物群的时代被指定为晚中新世最晚期。

哈尔鄂博 2 地点　位于化德县城东约 4 km、宫围子村北约 300 m 处，距二登图 2 地点北约 3 km，与安特生 1924 年的发掘地点很近但不在一处。该地点的地层和厚度不明，筛洗的沉积物取自 7 m 灌溉用井挖出的红褐色泥灰质砂土，获取的小哺乳动物化石尚属丰富，但不排除有所混杂。哈尔鄂博动物组合中的绝大部分成员可以在二登图动物群中找到，也似乎含有个别稍进步、代表跨入上新世的成员。

比例克地点　位于化德县城东北约 50 余公里，北距比例克村 1.5 km 的龙骨坡。比例克层主要为一套灰黄色、褐红色粉砂岩、砂质黏土，厚度小于 10 m，下部未见底，顶部为土壤层覆盖。最早由邱占祥等发现，化石见于剖面中部的灰黄色砂岩"透镜体"，1986 年和 1991 年进行过筛洗。该地点的化石丰富，以小哺乳动物化石为主，大动物有三趾马、象类和鹿类等。比例克动物群的时代被定为上新世早期(Qiu et Storch，2000)。

巴彦乌拉地区　巴彦乌拉地区(曾用"高特格地区"，见 Qiu Z D et al.，2013；Qiu Z X et al.，2013；巴彦乌拉又称大黑山)位于锡林浩特西南约 80 km，洪格尔高勒苏木北约 10 km。这一地区，新近纪堆积物沿高格斯台河(Gaogesitai，又称巴彦河)、灰腾河和两河交汇地段零星出露。早在 20 世纪初德日进(Teilhard de Chardin，1926a，b)等便开始了对这一地区的调查，有下面两个较为重要的小哺乳动物化石地点：

灰腾河地点　位于巴彦乌拉(Bayan Ula)西南 4 km，灰腾河与高格斯台河相汇处附近，德日进称之为"Chiton-Gol locality"的地方，有较大范围新近系露头。这一套红色和灰褐色砂质泥岩出露的厚度在 10 m 左右，上部为玄武岩覆盖，下部未见底。德氏曾简单描述过这里的大型哺乳动物化石(*Martes*、*Chilotherium* 和 *Hipparion* 等)。灰腾河地点的小哺乳动物化石发现于阿拉善(泉)之西 400 m 处、面积约

表 1　内蒙古中部地区岩石组合和化石组合年代顺序对比表

Table 1　Correlation chart showing chronologic sequences of rock units and contained fossil assemblages of rodents in central Nei Mongol

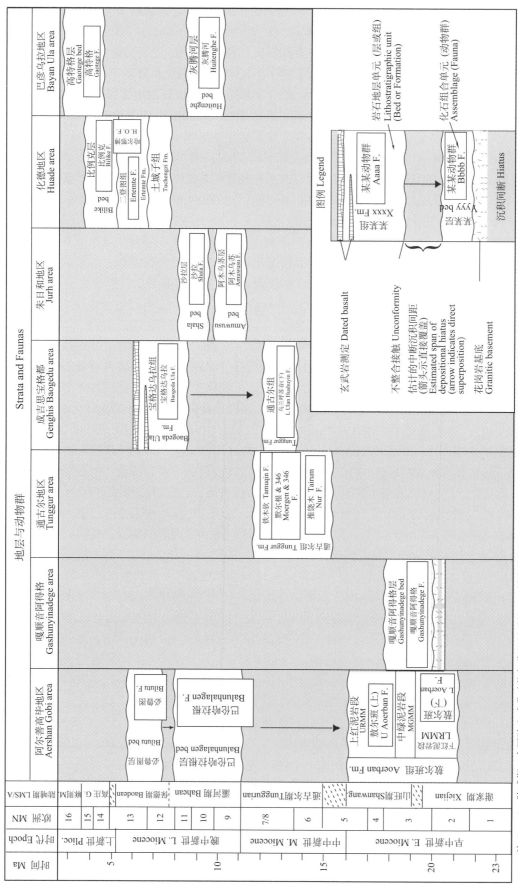

注（note）：陆哺期（中国陆生哺乳动物年代地层系统）一栏中的"高庄 G."和"麻则沟 M."分别表示高庄期和麻则沟期（G. and M. in the LMS/A column indicated as Gaozhuangian and Maze-gouian, respectively）

为 300 km² 的露头，经两野外季节的取土筛洗，获得一些化石，取名为灰腾河动物群，时代定为晚中新世早期，与沙拉动物群的时代大体接近。

高特格地点　位于巴彦乌拉西北约 12 km 的高特格乌拉（Gaotege Ula，又称大白山），是德日进等1924 年考察和采集化石的地方。这里的新近纪堆积物为一套河湖相浅色粉砂岩和泥岩，出露的厚度超过70 m，下部未见底。在剖面中部的灰绿色粉砂质泥岩中含有丰富的哺乳动物化石。自 2000 年以来，多次在此进行了考察和化石采集，先后发现了 5 个含化石层，即第二、三、四层和第五层的底部和顶部，其中第二层采到的为大型哺乳动物，其余以小哺乳动物为主（Li et al., 2003）。主要的小哺乳动物化石地点有 DB 02-1，2，3，4，5，DB 03-1，2，据野外追踪，其中 DB 02-1-5 为同一化石层位。所产出的化石暂时归入高特格动物群，时代定为上新世早期，但并不排除上部层位中的成员进入上新世晚期的可能（Qiu Z D et al., 2013）。邹晶梅等对这一地点堆积物做过古地磁测定（O'Connor et al., 2008）。

地层的划分及时代确定是地层工作的重要任务之一。内蒙古中部地区新近纪地层由于缺乏可以测试绝对年龄的材料，使在这一地区建立有可靠绝对年代控制的标准剖面的愿望难以实现。虽然成吉思宝格都地区和巴彦乌拉地区有玄武岩存在，但仅局部出露，而且测试的工作尚未系统启动。磁性地层学的研究已在个别剖面上进行，但这里多数的剖面都很短而分散，也有诸多不利之处。

然而，内蒙古中部地区新近纪地层含有丰富的哺乳动物化石，有利于通过生物地层学的研究去确定地层的年代。虽然这里的地层剖面不很连续、化石地点分散、化石组合间有直接叠置关系者少，给研究工作带来一定的困难，但把分散记录于地层中的化石，进行动物系统发育、演化关系以及动物群体变化的研究，以确定动物群的先后顺序、构建地区性的地层生物年代框架是当前最为可行和较为可靠的手段。值得注意的是，在大红山地区的敖尔班剖面上有 4 个明显叠置的化石层，化石的初步研究表明，这些层位的时代从早中新世到晚中新世，涵盖了新近纪三分之二的时间，可惜中间有明显的沉积间断和层位缺失（Wang et al., 2009）。但无论如何，在确定内蒙古中部动物群的顺序关系中，敖尔班剖面及其所含化石具有关键性作用。在通古尔地区，台地的南缘和北缘各有直观叠置的化石层，只可惜由于覆盖无法追踪南北剖面层位之间的关系。但从动物群的组成看，通古尔组及其所含化石有可能弥补敖尔班剖面上的部分空白。在成吉思宝格都地区，不仅存在宝格达乌拉组部分化石层位的叠置关系，而且似乎可以观察到该组与通古尔组的接触关系，这也是研究中中新世与晚中新世地层界线的重要地段之一。

总之，地层出露零星，剖面不连续，缺少测试绝对年龄的材料，使目前对这一地区新近纪岩石绝对年代的确定有诸多不利；然而，这里哺乳动物化石丰富，有可能依赖生物地层学的研究去进行地层的划分和时代确定。经过 20 余年的工作，一个初步的地层生物年代框架已经逐步建立（Qiu Z D et al., 2006，2013；Wang et al., 2009）。本书根据对啮齿动物化石的研究，对这一框架又进行了一些厘定（表 1）。

三、系统描述

啮齿目 Rodentia Bowdich，1821

双柱鼠科 Distylomyidae Wang，1988

双柱鼠科是一类头骨具豪猪型颧咬结构和松鼠型下颌骨的啮齿动物。齿式为：1·0·1·3/1·0·1·3；颊齿高冠、构造简单，上、下颊齿咀嚼面构造不对称性明显。该科由王伴月（1988）建立。尽管双柱鼠类的下颌骨和颊齿形态与梳趾鼠科属种的较相似，但基于双柱鼠属（*Distylomys*）的 p4/dp4 臼齿化而明显不同于 p4 非臼齿化的梳趾鼠科，王伴月（1988）最先将其作为代表有别于梳趾鼠科的科，并归入梳趾鼠超科（Ctenodactyloidea）。稍后，王伴月和齐陶（1989）证明原双柱鼠属（*Prodistylomys*）下颊齿中最前面的牙齿为 dp4，而不是 p4。因为梳趾鼠科有些成员的 dp4 是臼齿化的，故 Wang（1994，1997）将双柱鼠类作为亚科归入梳趾鼠科。后来，毕顺东等（Bi et al.，2009）根据发现于新疆材料的研究，指出双柱鼠类的头骨与齿系具有梳趾类的原始特征和豪猪型啮齿类的性状，可能与梳趾鼠类和南美的豚鼠类有接近的亲缘关系，主张恢复双柱鼠类作为科级的分类地位，并对该科的定义作了修订。鉴于双柱鼠类的颊齿高冠、构造简单，以及头骨和齿系在构造型式上的明显不协调性（或不对称性），本书作者采纳了把双柱鼠类作为科级分类单元的建议，但根据内蒙古新发现的材料，认为该科的定义应作些补充和订正，即上臼齿的三角座和跟座之间并非都没有连接的齿质峡（mure），牙齿的个体并非在所有的属、种中向后都不明显递增。同时，对属的特征也作了一些增补和修订（见下）。

双柱鼠科化石主要发现于亚洲晚渐新世至中中新世早期的地层，分布于蒙古和我国的蒙新高原，其生存的地质时期短，对地层时代确定具有一定的意义。该科目前发现的材料和种类都不多，此前只有 *Prodistylomys* 和 *Distylomys* 两属，共 6 个种。内蒙古中部地区的双柱鼠类化石，几乎都为脱落的牙齿，但包括了上述两个属和一个新的 *Allodistylomys* 属，共计 4 种。该科在本书中使用的牙齿构造术语如图 2 所示。

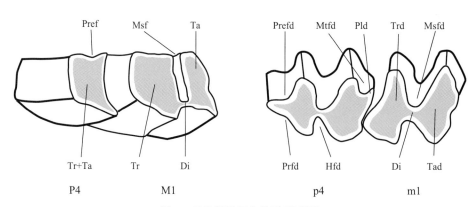

图 2　双柱鼠科颊齿构造模式图

Fig. 2　Nomenclature used for cheek teeth of Distylomyidae

Di，齿质桥（峡）（dentine isthmus）；Hfd，下次褶（hypoflexid）；Msf，中褶（mesoflexus）；Msfd，下中褶（mesoflexid）；Mtfd，下后褶（metaflexid）；Pld，下后边脊（posterolophid）；Pref，前褶（preflexus）；Prefd，下前褶（preflexid）；Prfd，下原褶（protoflexid）；Ta，跟座（talon）；Tad，下跟座（talonid）；Tr，三角座（trigon）；Trd，下三角座（trigonid）；引自王伴月（1988）和 Bi 等（2009），略作修改 ［modified after Wang（1988）and Bi et al.（2009）］

原双柱鼠属 *Prodistylomys* Wang et Qi, 1989

模式种 *Prodistylomys xinjiangensis* Wang et Qi, 1989：新疆准噶尔盆地吃巴尔我义，早中新世。

归入种 *Prodistylomys lii* Bi et al., 2009, *P. wangae* Bi et al., 2009：新疆，早中新世。*P. mengensis* sp. nov.：内蒙古，早中新世。

特征(增订) 颊齿高冠，具齿根，下颊齿尺寸向后不递增。上臼齿咀嚼面双叶型构造，舌侧具有连接三角座和跟座的"齿质桥(峡)"。p4/dp4 三角座前端不甚向前凸出，下次褶明显，三角座和跟座间有窄的"齿质桥"；下臼齿三角座呈颊侧比舌侧大的扁长椭圆形，前缘呈颊部向前圆凸、舌部稍后凹的"S"形。下次褶比下中褶开阔；中褶、下中褶和下次褶常有薄的白垩质充填。

蒙原双柱鼠(新种) *Prodistylomys mengensis* sp. nov.

(图3、4、9；表2)

Prodistylomys xinjiangensis：Wang, 1997, p. 58, table 23

Prodistylomys/Distylomys sp. (Lower Aoerban and Gashunyinadege): Qiu Z D et al., 2013, p. 177, appendix, partim

名称由来 Meng, 汉语拼音"蒙"，内蒙古自治区简称，示新种发现于内蒙古。

正模 右 M1/2 (IVPP V 19403)。

副模 颊齿 57 枚(20 M1/2, 12 M3, 5 dp4/p4, 13 m1/2, 7 m3), V 19404.1-57。

模式产地与层位 苏尼特左旗敖尔班(下)(IM 0507 地点)；下中新统，敖尔班组下(红色泥岩)段(谢家期晚期)。

归入标本 苏尼特左旗敖尔班(下)：IM 0721 地点，一枚 M1/2, V 19405；IM 0511, 一破损的右下颌支，具 p4/dp4, V 19406。苏尼特左旗嘎顺音阿得格：IM 9605 地点，颊齿 5 枚(1 M1/2, 1 p4/dp4, 2 m1/2, 1 m3), V 19407.1-5；IM 9606, m3 一枚, V 19408；IM 9607, M1/2 和 m1/2 各一枚, V 19409.1-2；IM 0401, 一具 p4/dp4-m1 的破损左下颌支，颊齿 11 枚 (2 M1/2, 1M3, 2 p4/dp4, 3 m1/2, 3 m3), V 19410.1-12；IM 0406, 颊齿 38 枚 (3 DP4/P4, 10 M1/2, 8 M3, 3 p4/dp4, 8 m1/2, 6 m3), V 19411.1-38。

测量 见表2。

表 2 内蒙古敖尔班和嘎顺音阿得格内蒙原双柱鼠颊齿测量

Table 2 **Measurements of cheek teeth of *Prodistylomys mengensis* from Aoerban and Gashunyinadege, Nei Mongol** (mm)

Tooth	Length			Width		
	N	Mean	Range	N	Mean	Range
敖尔班(下) Aoerban (L)						
M1/2	20	1.36	1.05-1.90	20	1.34	1.10-1.65
M3	10	1.82	1.20-2.25	10	1.42	1.10-1.60
dp4/p4	6	1.59	1.30-1.75	6	1.17	1.00-1.30
m1/2	13	1.42	1.25-1.60	13	1.56	1.40-1.65
m3	7	1.64	1.40-2.10	7	1.74	1.55-2.20
嘎顺音阿得格 Gashunyinadege						
DP4/P4	3	1.00	1.00	2	1.33	1.25-1.40
M1/2	14	1.45	1.25-1.90	14	1.32	1.00-1.55
M3	10	1.83	1.50-2.15	10	1.41	1.25-1.60
p4/dp4	7	1.57	1.40-1.80	7	1.19	1.10-1.30
m1/2	14	1.43	1.25-1.60	14	1.46	1.20-1.75
m3	11	1.50	1.25-1.65	11	1.56	1.40-1.75

特征 颊齿尺寸较小；P4/DP4 的舌侧壁和颊侧壁具浅褶；上白齿三角座肾形；上白齿，特别是 M3 在磨蚀的早期阶段不出现"齿质桥"；p4/dp4 三角座呈近等边三角形；m1 和 m2 的齿褶多有白垩质充填。

描述 下颌支甚为残破，但见骨体粗壮，下咬肌嵴发育、前端伸达 p4/dp4 三角座之下，没有上咬肌嵴，颏孔小、位于齿虚位近上缘处。下门齿横切面"U"形，最大径面 1.45 mm × 1.25 mm；釉质层略向近中面和侧面包卷，腹侧厚达 0.15 mm；齿腔窄小。

颊齿高冠，或多或少地弯曲；除 P4/DP4 外所有颊齿都由两叶齿柱组成；咀嚼面大体平坦，但釉质层部分高起，齿质部分相对凹陷，未见齿尖；上白齿的中褶和下颊齿的下中褶与下次褶常有或厚或薄的白垩质充填；在多数标本中，上白齿的舌侧中褶和下白齿的次褶向下都延伸至齿冠基部之上，表明牙齿具有齿根。

P4/DP4 只有一叶，非白齿化；冠面似梯形，前缘比后缘短，内缘比外缘明显长；内缘和外缘都略为弯曲，显示牙齿的舌侧和颊侧有浅褶；釉质层在前缘和侧缘较显著且近等厚，但在后缘极薄。

M1/2 长方形。前叶（三角座）似梯形或肾形，横向；后叶（跟座）似长方形，与前叶大致平行，但明显短、弱；牙齿稍经磨蚀后，舌侧现出狭窄且连接两叶的"齿质桥"、三角座的颊侧缘呈前外-后内向，在磨蚀后期的牙齿中舌侧和颊侧都可能出现联结两叶的"齿质桥"，最终封闭中褶而形成大的"釉岛"；三角座和跟座前缘和侧缘釉质层较厚，后缘的很薄；在个别显然属于幼年个体的牙齿中，未见齿根的痕迹。M1 和 M2 大小接近，咀嚼面构造相似，形态和尺寸都会因磨蚀阶段的不同而逐渐发生变化，因此区分起来比较困难。但两者似乎有以下细微的不同：M1 的齿柱较直，三角座明显比跟座粗大；M2 的齿柱较为向后弯曲，三角座相对于跟座没有 M1 的那样强壮。

M3 的齿柱明显向后弯曲；三角座的大小和形状与 M2 的相近，但跟座退化、呈卵圆形且宽度明显比三角座的狭窄；磨蚀早期不一定出现"齿质桥"，但到达磨蚀中期后则往往形成长的卵圆形"釉岛"。"釉岛"中有白垩质充填。

p4/dp4 由两叶组成，两叶中部偏颊侧由窄的"齿质桥"相连。三角座呈三角形，前舌缘比前颊缘稍长且略微弯曲，在稍经磨蚀的标本中前端并不十分向前凸出；跟座比三角座宽，菱形—长椭圆形；磨蚀初期下后褶清晰、跟座比三角座明显长，随着磨蚀加重，下后褶变短、消失，跟座和三角座的长度随之接近；齿褶大小和形状也会随着牙齿的磨蚀而改变，褶中没有或有薄的白垩质充填，下中褶向下延伸的长度比下次褶的大。

m1/2 同样由两叶组成，中部由窄的"齿质桥"相连。三角座呈扁长卵圆形，磨蚀早期舌侧部和颊侧部大小匀称，随着磨蚀加深，颊侧部加大，两侧变得越来越不对称，"S"形的前缘（颊部向前圆凸、舌部稍后凹）和锐角形的内侧缘变得越来越清楚；跟座似菱形—次三角形，宽度与三角座接近；磨蚀初期下后褶清楚、跟座比三角座长，但达到中期磨蚀阶段下后褶消失，跟座长度相对变短，后缘变成渐趋平缓的弧形；齿褶多有白垩质充填，下次褶比下中褶开阔，但向下延伸深度比下中褶的小；在个别磨蚀轻微的牙齿中，未见有齿根的痕迹。m1 和 m2 大小接近，咀嚼面构造相似，同样难以区分，两者的细微不同似乎包括：m1 的齿柱较直，三角座比跟座稍窄，三角座的长轴与齿列的夹角较小；m2 的齿柱较为向前弯曲，三角座比跟座略宽、长轴与齿列的夹角较大。

m3 形状与 m1/2 的接近，但齿柱更向后弯曲，跟座宽度明显比三角座的小、形状更显菱形、后缘釉质层加厚。

比较与讨论 自王伴月和齐陶（1989）根据新疆准噶尔盆地的一件下颌支建立 *Prodistylomys* 属后，该属除属型种 *P. xinjiangensis* 外，又增加了 *P. lii* 和 *P. wangae* 两种，但所有已知种的材料都不多，而且几乎均为不完整的下颌骨和下颊齿，所知的上颊齿只有一枚 M3。内蒙古中部的材料虽然都为脱落牙齿，但包括了数量较多的上、下颊齿。这些发现，不仅增加了对这一稀有啮齿动物牙齿形态的认识，而且也进一步提供了其与近亲 *Distylomys* 属区别的证据，展示了两属的差异不仅仅在于颊齿的齿根，而且白齿咀嚼面构造也有明显的不同。

Prodistylomys 属与 *Distylomys* 属的牙齿构造很相似，两者的颊齿除 P4 外都有双齿柱，上、下颊齿构

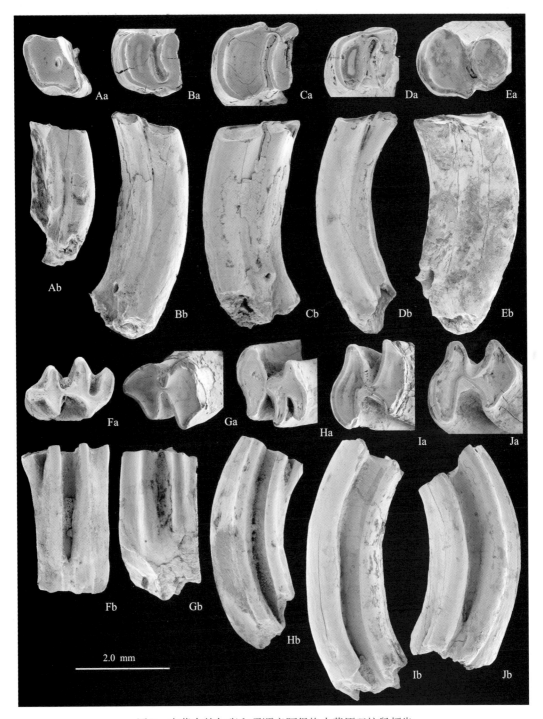

图 3　内蒙古敖尔班和嘎顺音阿得格内蒙原双柱鼠颊齿

Fig. 3　Cheek teeth of *Prodistylomys mengensis* from Aoerban and Gashunyinadege，Nei Mongol

Aa, Ab. l P4/DP4（V19411.1），Ba, Bb. l M1/2（V 19409.1），Ca, Cb. r M1/2（正模 holotype, V 19403），Da, Db. r M1/2 （V 19411.2），Ea, Eb. l M3（V19411.3），Fa, Fb. l p4/dp4（V 19404.1），Ga, Gb. r p4/dp4（V 19404.2），Ha, Hb. r m1/2 （V 19404.4），Ia, Ib. l m1/2（V 19404.3），Ja, Jb. l m3（V19404.5）；Aa-Ja. 冠面视（occlusal view），Ab-Eb, Ib. 颊侧 视（buccal view），Fb-Hb, Jb. 舌侧视（lingual view）

造非对称性明显。*Prodistylomys* 属不同于后者主要是：成年个体颊齿有根；上臼齿舌侧有连接三角座和跟座的"齿质桥"，三角座呈肾形、在开始磨蚀的牙齿中颊缘通常前外-后内向；p4/dp4 三角座不甚向前凸出；下臼齿三角座颊侧部比舌侧部大，呈扁椭圆形，前缘呈"S"形。值得一提的是，区分两属不仅在于齿根的有无，而且上臼齿舌侧"齿质桥"的存在与否，以及下颊齿三角座的形状也是重要的依据。下臼齿三角座的形状在两属中相对稳定，差异较为显著，也不至于因磨蚀而发生明显改变，通常可以作为区分两属单个牙齿的重要依据。在 *Distylomys* 属的各种中，下臼齿的三角座都呈三角形，前缘近呈直角形向前凸出，没有任何齿根的痕迹；而在 *Prodistylomys* 属，幼年个体不一定会有齿根，但下臼齿的三角座都呈扁椭圆形，前缘呈"S"形。在 *Prodistylomys* 属中，齿根的发育可能与某些高冠、弱根啮齿动物相似，即齿根的发育会随着年龄而发生变化，从无到有，从出现到加强。

现知 *Prodistylomys xinjiangensis*、*P. lii* 和 *P. wangae* 出现于新疆准噶尔盆地渐新世—早中新世的索索泉组(王伴月、齐陶，1989；Bi et al.，2009)。Bi 等以齿根的发育程度、齿冠的高低、下后褶的存在与否、m1 三角座舌端的形状、m2 跟座的相对长短、以及褶中充填白垩质的厚薄作为它们区别的依据，认为 *P. lii* 以齿冠较低、具有较发育的齿根、没有下后褶而不同于 *P. xinjiangensis* 种，*P. wangae* 以褶中存在较薄的白垩质、m1 三角座舌端较圆、没有下后褶有别于 *P. xinjiangensis* 种(Bi et al.，2009)。但这些种所发现的材料都太少，牙齿的种内变异情况不明，它们的牙齿尺寸接近，基本形态相似，种间的差异甚为微妙。尤其值得注意的是，*P. xinjiangensis* 正模为一幼年个体，牙齿尚处于磨蚀早期阶段，m3 刚萌出，而 *P. lii* 和 *P. wangae* 的正模代表已进入磨蚀中期阶段的个体。内蒙古的标本表明，齿根的强弱及褶中白垩质的厚薄变异显著，齿冠的高低、下后褶的存在与否、m1 三角座的舌端形状和 m2 跟座的长短都会因磨蚀阶段的不同而发生改变。正如 *P. xinjiangensis* 的正模那样，牙齿正处于开始磨蚀阶段，p4/dp4 的下后褶很显著，m1 和 m2 三角座的舌端相对较尖锐，跟座也较长。显然，随着该标本磨蚀，下后褶会逐渐变浅甚至消失，三角座的舌端会渐渐变钝，跟座的长度会慢慢缩短。另外，内蒙古的发现还表明，*Prodistylomys* 属的齿根发育程度与年龄有关，故依齿根的强弱对这些齿根不甚发育的动物作种的识别未必很可靠。从内蒙古发现的材料看，新疆索索泉组原双柱鼠的三个种似乎折射了一个种的个体发育过程。因此，*P. lii* 和 *P. wangae* 分类地位的可靠性，似乎仍要求有更多材料的发现去证实。

目前，也很难指出内蒙古的原双柱鼠与新疆 *Prodistylomys xinjiangensis* 在牙齿形态上的明显区别，似乎新疆三种原双柱鼠的颊齿形态都落入内蒙古标本的变异范围，但两地的牙齿在尺寸上有较大的差异，值得探讨。这一类动物的颊齿弯曲，同一牙齿的尺寸，特别是长度会因磨蚀阶段的不同而有明显的变

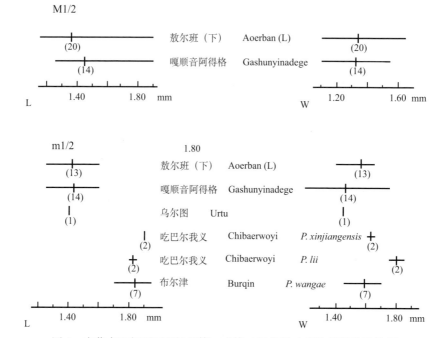

图 4　内蒙古和新疆原双柱鼠第一或第二臼齿尺寸变化范围及平均值

Fig. 4　Size ranges and averages of length and width in the first or second molars of *Prodistylomys* from Nei Mongol and Xinjiang

括号内的数字为标本数，下同(specimen numbers are in curves，same as in the kind of figures below)

化。本书按相同的测量方法(平行齿列中轴的最大长度和垂直齿列的最大宽度)对新疆标本作了重新的测定,发现其牙齿的尺寸较大,m1 的长度甚至未能落入内蒙古同一牙齿的变异范围(图 4)。基于这些不同,这里暂将其视作与 *P. xinjiangensis* 有区别的一新种,称为 *P. mengensis*。

王伴月(Wang, 1997)把发现于内蒙古乌尔图下中新统的一枚破损 p4/dp4 和一枚 m2 归入 *Prodistylomys xinjiangensis*,但这两枚牙齿都明显比 *P. xinjiangensis* 正模的小,尺寸和形状都落入内蒙古新种的变异范围,从地理分布上看,似乎将其归入 *P. mengensis* 更妥。

Prodistylomys 具有齿根,被认为是一种原始的性状。在新疆准噶尔盆地,该属比无根的 *Distylomys* 属出现的层位稍低(Bi et al., 2009)。在内蒙古中部地区,新种仅发现于敖尔班和嘎顺音阿得格两个地区,在敖尔班主要出现在下红层下部的 IM0507 地点,在嘎顺音阿得格 IM0406 地点的材料最多,而且这一地点没有发现 *Distylomys* 属的材料,或许说明 *Prodistylomys* 出现的层位较低,以及这两个属具有较密切的祖裔关系。

双柱鼠属 *Distylomys* Wang, 1988

模式种 *Distylomys tedfordi* Wang, 1988:内蒙古苏尼特右旗推饶木,中中新世,通古尔期。

归入种 *Distylomys qianlishanensis* Wang, 1988:内蒙古,晚渐新世—早中新世。*D. burqinensis* Bi et al., 2009:新疆,早中新世。

特征(修订) 门齿孔小;齿列向前会聚;颏孔位于齿虚位近背缘处;下咬肌嵴明显,伸达 p4/dp4 下方;下颌骨角突松鼠型。齿式:1·0·1·3/1·0·1·3。颊齿永高冠型,牙齿尺寸向后通常不递增;上、下颊齿冠面构造形式不对称。P4/DP4 非臼齿化,单齿柱。上臼齿双叶型,其间无"齿质桥(峡)"。p4/dp4 臼齿化,三角座前端明显向前凸出,下次褶与下中褶近同等发育,三角座和跟座间有窄的"齿质桥"。下臼齿双叶型构造,中间有"齿质桥"相连,三角座呈颊侧比舌侧大的扁长三角形,前内缘与前外缘相交近直角形,前缘呈角形向前凸出。下中褶和下次褶宽而深,彼此相对,有白垩质充填。

特氏双柱鼠 *Distylomys tedfordi* Wang,1988

(图 5、9;表 3)

Prodistylomys/Distylomys sp.(Gashunyinadege):Qiu Z D et al., 2013, p. 177, appendix, partim

归入标本 苏尼特左旗嘎顺音阿得格:IM 9605 地点,颊齿 13 枚(1 P4/DP4,5 M1/2,3 M3,2 p4/dp4,2 m1/2),V 19412.1-13;IM 9606,M1/2 一枚,V 19413;IM 0401,颊齿 18 枚(3 M1/2,3 M3,3 p4/dp4,9 m1/2),V 19414.1-18。

测量 见表 3。

表 3 内蒙古嘎顺音阿得格特氏双柱鼠颊齿测量

Table 3 Measurements of cheek teeth of *Distylomys tedfordi* from Gashunyinadege, Nei Mongol(mm)

Tooth	Length			Width		
	N	Mean	Range	N	Mean	Range
P4/DP4	1	–	1.00	1	–	1.25
M1/2	9	1.48	1.25-1.70	8	1.44	1.30-1.60
M3	6	1.74	1.60-1.85	5	1.39	1.30-1.50
p4/dp4	5	1.66	1.50-1.75	5	1.06	1.00-1.15
m1/2	11	1.51	1.40-1.60	11	1.37	1.25-1.45

特征 双柱鼠属中个体较小的一种,颏孔在齿虚位处的位置较高、紧邻背缘,p4/dp4 与 m1 近等长。

描述 颊齿高冠,无齿根,齿柱多少弯曲;除 P4/DP4 外所有颊齿都由两叶齿柱组成;咀嚼面大体平坦,但釉质层部分高起,齿质部分相对凹陷,未见齿尖;臼齿的褶中有白垩质充填。

P4/DP4 单叶，非臼齿化；冠面似梯形，前内缘呈弧形，外缘略弯曲，外壁有浅褶，后缘较直。

M1/2 由横向、完全分离的两叶组成，前叶（三角座）似梯形，内缘比外缘稍长，外缘前内-后外向，后叶（跟座）扁椭圆形，两叶大致平行，但前叶比后叶强大得多；两叶的釉质层在前缘和侧缘略厚，后缘较薄；中褶的延伸贯穿牙齿冠部。M1 和 M2 大小接近，咀嚼面构造相似，形态和尺寸都会因磨蚀阶段的不

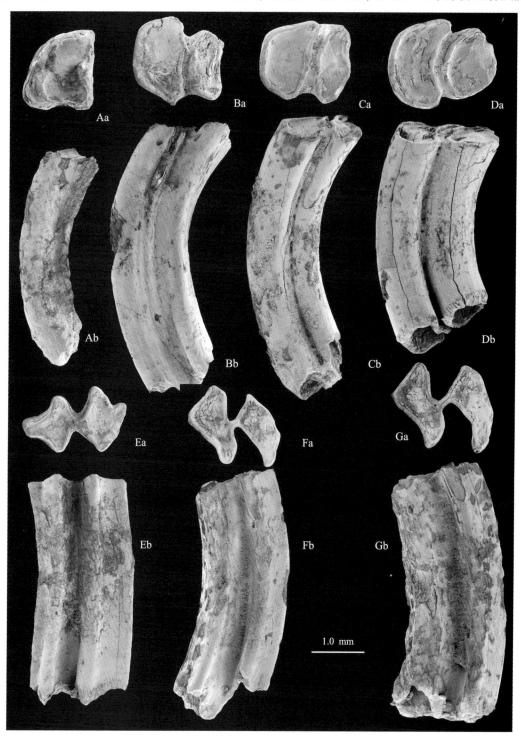

图 5　内蒙古嘎顺音阿得格特氏双柱鼠颊齿

Fig. 5　Cheek teeth of *Distylomys tedfordi* from Gashunyinadege, Nei Mongol

Aa, Ab. r P4/DP4（V 19412.1），Ba, Bb. l M1/2（V 19412.2），Ca, Cb. r M1/2（V19414.1），Da, Db. r M3（V 19414.2），
Ea, Eb. l p4/p4（V 19414.3），Fa, Fb. r m1/2（V 19414.4），Ga, Gb. r m1/2（V 19414.5）；Aa-Ga. 冠面视（occlusal
view），Ab, Cb-Gb. 颊侧视（buccal view），Bb. 舌侧视（lingual view）

同而发生变化。但两者似乎有以下细微的不同：M1 的齿柱较直，三角座长度明显比跟座的大；M2 的齿柱略向后弯曲，三角座相对于跟座的长度比 M1 的稍小。

M3 的齿柱明显向后弯曲，后部退化；三角座半圆形，两侧不甚对称；跟座呈卵圆形，比三角座明显窄，但长度与三角座的接近。

p4/dp4 由前、后两叶组成，两叶中部由窄的"齿质桥"相连。三角座三角形，磨蚀初期前端明显向前凸出，前内壁和前外壁有清晰的浅褶，随着磨蚀前端渐钝，前外壁上的褶沟会变得模糊；跟座菱形，比三角座宽，磨蚀初期有显著的下后褶，随着磨蚀逐渐变短、乃至消失；下中褶和下次褶在牙冠部延伸，褶中有厚或薄的白垩质充填。

m1/2 也由两叶组成，中部由窄的"齿质桥"相连。三角座似三角形，向舌侧尖削，前缘呈角形指向前方，前外缘直，前内缘略向后弯曲；跟座似菱形，长度和宽度与三角座的接近，磨蚀早期有显著的下后褶，随着磨蚀下后褶逐渐消失、后缘也渐趋平缓地向后弯曲；下中褶和下次褶在冠部延伸，褶中有厚的白垩质充填。m1 和 m2 大小接近，构造相似，但 m1 的齿柱较直，三角座比齿座稍窄；m2 的齿柱较为向前弯曲，三角座宽度比齿座的略微大些。

比较与讨论　基于内蒙古通古尔和千里山的材料，王伴月（1988）建立 *Distylomys* 属，并命名了两个种——*D. tedfordi* 和 *D. qianlishanensis*，但标本都只有一两件不完整的下颌骨。虽然创建者认为前者的颊齿有下后褶，跟座相对宽阔，p4/dp4 三角座前端较尖锐，但也注意到了这两个种的下颌骨和牙齿的形态十分相似。确实，两种正模的 p4/dp4 跟座与三角座宽度之比，*D. tedfordi* 较 *D. qianlishanensis* 的大些，但在臼齿中这一差异并不明显。其实，正如以上所述，牙齿三角座和齿座的相对大小，p4/dp4 三角座前端的形状，以及下后褶的存在与否都和牙齿的磨蚀程度息息相关。*D. tedfordi* 的正模处于磨蚀的初期阶段，保留下后褶痕迹，以及 p4/dp4 三角座前端较尖锐均属正常现象。显然，两者最大的不同似乎主要不是牙齿的形态，而是牙齿的大小，牙齿尺寸上的明显差异似乎确实不宜将其视为相同的一种。因此在我们看来，就现有材料这两个种的区分主要依据应为下颌支和牙齿的尺寸大小，而非形态特征，它们是否属于两个不同的种，亦须更多材料的证实。

上述嘎顺音阿得格标本，颊齿无齿根，上臼齿舌侧没有连接三角座和跟座的"齿质桥"，三角座似梯形、外缘大体前内-后外向，p4/dp4 三角座较明显地向前凸出，下臼齿三角座似三角形、前缘呈角状向前凸出。这些牙齿的形态与 *Distylomys* 属的特征一致，而不同于 *Prodistylomys* 属者。在形态和尺寸上，牙齿与 *D. tedfordi* 正模的最为接近，故被归入该种。

Distylomys tedfordi 以前只发现于通古尔台地的推饶木（Tairum Nur；王伴月，1988），产出层位可能属于中中新世通古尔组的下部。嘎顺音阿得格的发现使该种的出现提前到早中新世。

布尔津双柱鼠 *Distylomys burqinensis* Bi, Meng, Wu et al., 2009

（图 6、7、9；表 4）

Prodistylomys/Distylomys sp.（Lower Aoerban and Gashunyinadege）：Qiu Z D et al., 2013, p. 177, appendix, partim

归入标本　苏尼特左旗敖尔班（下）：IM 0407 地点，一件具 P4/DP4 的破碎上颌骨，一件附有 p4/dp4-m2 的破碎下颌支，颊齿 123 枚（8 P4/DP4，28 M1/2，12 M3，23 p4/dp4，33 m1/2，19 m3），V 19415.1-125；IM 0507，两件具 p4/dp4-m3 的破碎下颌支，颊齿 27 枚（12 M1/2，5 M3，2 p4/dp4，7 m1/2，1 m3），V 19416.1-29；IM 0721，一件具 p4/dp4-m3 的破碎下颌支，颊齿 21 枚（3 P4/DP4，8 M1/2，1 M3，1 p4/dp4，5 m1/2，3 m3），V 19417.1-22；IM 0744，颊齿 20 枚（4 P4/DP4，9 M1/2，1 M3，3 p4/dp4，3 m1/2），V 19418.1-20。苏尼特左旗嘎顺音阿得格：IM 9605 地点，颊齿 4 枚（3 M1/2，1 M3），V 19419.1-4；IM 9606，一枚 M1/2，V 19420；IM 0401，颊齿 13 枚（1 P4/DP4，6 M1/2，2 M3，2 p4/dp4，2 m1/2），V 19421.1-13。

测量　见表 4。

特征　个体介于 *D. tedfordi* 和 *D. qianlishanensis* 种之间，比前者稍大，比后者略小。形态上与 *D. tedfordi* 的不同在于 p4 比 m1 长，p4 的下前边脊（三角座的前端）较长而无下后边脊，m1 相对较宽且三角

表 4　内蒙古敖尔班和嘎顺音阿得格布尔津双柱鼠颊齿测量

Table 4　Measurements of cheek teeth of *Distylomys burqinensis* from Aoerban and Gashunyinadege, Nei Mongol（mm）

Tooth	Length			Width		
	N	Mean	Range	N	Mean	Range
敖尔班（下）Aoerban（L）						
P4/DP4	15	1.02	0.85−1.15	16	1.29	1.10−1.55
M1/2	50	1.70	1.30−2.15	54	1.52	1.10−1.80
M3	17	1.88	1.15−2.25	18	1.52	1.25−1.75
p4/dp4	33	1.92	1.70−2.25	33	1.31	1.15−1.60
m1/2	56	1.75	1.50−2.10	55	1.47	1.05−1.80
m3	25	1.75	1.45−1.75	24	1.51	1.25−1.65
嘎顺音阿得格 Gashunyinadege						
P4/DP4	1	–	1.20	1	–	1.10
M1/2	10	1.66	1.60−1.80	10	1.54	1.40−1.70
M3	3	2.03	2.00−2.15	2	1.63	1.55−1.70
p4/dp4	2	1.93	1.85−2.00	2	1.28	1.25−1.30
m1/2	2	1.63	1.50−1.75	2	1.43	1.30−1.55

座舌端较尖锐。与 *D. qianlishanensis* 不同在于其 p4 下前边脊较尖锐、跟座次三角形，下臼齿的三角座三角形，以及颏孔在下颌骨上的位置较高（引自 Bi et al., 2009）。

描述　上颌骨碎块附有 P4/DP4，骨体仅保存前颧骨内侧很小的一部分，可以见到 P4/DP4 的前方有宽、深的凹陷区，门齿孔向后延伸几乎与 P4/DP4 前缘持平，颧弓前根的前缘远离 P4/DP4 前方，后缘位于 P4/DP4 和 M1 之间。下颌骨体粗壮；下咬肌嵴十分显著，从 p4/dp4 下方倾斜地伸向角突，没有清楚的上咬肌嵴；齿虚位浅，长度比齿列的短很多；颏孔小，位于齿虚位中部近上缘处。下门齿后伸达 m3 之下，横切面次三角形，腹面平、光滑、有向舌缘和唇缘包卷的釉质层。颊齿高冠，无齿根，齿柱略微向后弯曲；除 P4/DP4 外所有颊齿都由前后两叶齿柱组成；咀嚼面大体平坦，但釉质层部分高起，齿质部分凹陷，未见齿尖；臼齿的褶中有白垩质充填；除 M3 和 m3 外，颊齿后缘的釉质层薄，甚至中断。

P4/DP4 单叶，非臼齿化；咀嚼面似梯形，前缘和后缘平行，前缘与舌缘连成弧形线，颊缘与后缘相交成直角，舌缘比颊缘长，与后缘相交成锐角，外壁偶见浅褶。

M1/2 的两叶横向，大致平行排列，但前叶比后叶强大得多；前叶似梯形，舌缘比颊缘长、前外-后内向，颊缘前内-后外向，前缘平直、比后缘短，后缘的形状与牙齿磨蚀程度有关，或直，或前弯，或波浪形；后叶似长方形或扁椭圆形，后缘通常较直；两叶后缘的釉质层较薄；中褶贯通冠部。M1 和 M2 大小接近，咀嚼面构造相似，形态和尺寸也会因磨蚀阶段的不同而多少发生变化。但两者似乎有以下细微的不同：M1 的齿柱较直，前叶明显比后叶长；M2 的齿柱较向后弯曲，前叶相对于后叶比 M1 的短。

M3 的齿柱明显向后弯曲，后部较退化；前叶形状与 M1/2 的相似，但后缘通常弯曲；后叶次圆形或椭圆形，宽度明显比前叶窄，但一般比前叶长。

p4/dp4 的两叶由窄的中央"齿质桥"连接。在同一下颌支齿列上显示，p4 的长度等于或长于 m1/2 者。三角座呈三角形，前端明显向前凸出，前内壁和前外壁有浅褶，前者比后者的明显；跟座比三角座宽，似菱形，磨蚀初期阶段有显著的下后褶，随着磨蚀下后褶变短乃至消失；下中褶和下次褶有厚或薄的白垩质充填。

m1/2 的两叶间由窄的中央"齿质桥"相连。三角座似三角形，逐渐向舌侧尖削，前缘成角形指向前方，前外缘直，前内缘向后微弯，但弯度和舌侧的尖削程度一样与牙齿的磨蚀阶段相关；跟座似菱形，长度和宽度与三角座的接近，磨蚀早期有显著的下后褶，随着磨蚀下后褶逐渐消失，后缘也渐趋平缓地向

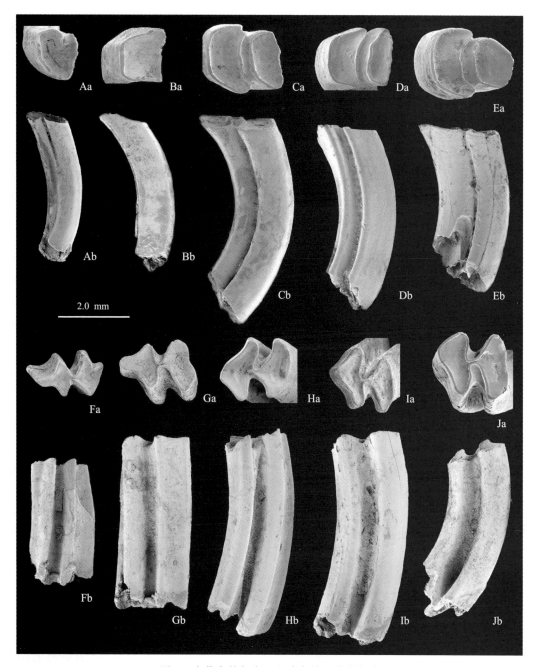

图 6　内蒙古敖尔班(下)布尔津双柱鼠颊齿

Fig. 6　Cheek teeth of *Distylomys burqinensis* from Aoerban（L），Nei Mongol

Aa, Ab. l P4/DP4（V 19415.1），Ba, Ba. r P4/DP4（V 19415.2），Ca, Cb. l M1/2（V 19418.1），Da, Db. r M1/2（V 19415.3），Ea, Eb. l M3（V 19415.4），Fa, Fb. l p4/dp4（V 19415.5），Ga, Gb. r p4/dp4（V 19415.6），Ha, Hb. l m1/2（V 19416.1），Ia, Ib. r m1/2（V19416.2），Ja, Jb. r m3（V 19415.7）；Aa-Ja. 冠面视（occlusal view），Bb, Db, Fb, Hb. 舌侧视（lingual view），Ab, Cb, Eb, Gb, Ib, Jb. 颊侧视（buccal view）

后弯曲；下中褶和下次褶有厚的白垩质充填。m1 和 m2 大小接近，冠面形状相似，两者的细微不同在于 m1 的齿柱较直，三角座相对比齿座窄。

　　m3 的齿柱明显向后弯曲，形状特别是三角座与 m1/2 的很相似，但跟座比三角座窄长、后缘较明显地向后弯曲且釉质层加厚。

　　比较与讨论　布尔津双柱鼠（*Distylomys burqinensis*）先前发现于新疆准噶尔盆地下中新统索索泉组，材料相当丰富，但创建者（Bi et al., 2009）所赋予的特征与 *D. tedfordi* 和 *D. qianlishanensis* 的种征差异并不很明显，致使三者的区分较为困难。命名者所强调的一些形态特征（如 m1 相对比 D. tedfordi 的宽、三角座舌端较锐利，p4 无下后边脊、三角座前端较 D. qianlishanensis 的尖锐、下臼齿三角座更呈三角形等）不是很细微，就是这些形态特征与牙齿的磨蚀程度密切相关，所强调的 D. burqinensis 个体介于 D. tedfordi 和 D. qianlishanensis 种之间，但未注意到后两者的材料很少，种内个体变异不明，这些情况难免会使人们产生对 D. burqinensis 种有效性的怀疑。然而，根据现有材料又难以排除它们代表独立存在的种，因为 D. burqinensis 中 p4/dp4 的前端都明显地向前凸出，在众多带有 p4/dp4 和 m1 的下颌支中，p4/dp4 的长度都比 m1 的大，未见一个 p4/dp4 的长度像 D. tedfordi 的那样接近 m1。另外，大量的 D. burqinensis 标本都表明其牙齿个体确实比 D. tedfordi 稍大，比 D. qianlishanensis 略小。图 7 出示了以相同测量方法对这些模式标本和内蒙古新材料的测定，结果显示了内蒙古标本的平均值与新疆 D. burqinensis 种最接近，其 m1/2 大小的平均值与新疆标本的都介于 D. tedfordi 和 D. qianlishanensis 种之间。鉴于形态和个体上的这些差异，或许说明 D. burqinensis 为有效种。

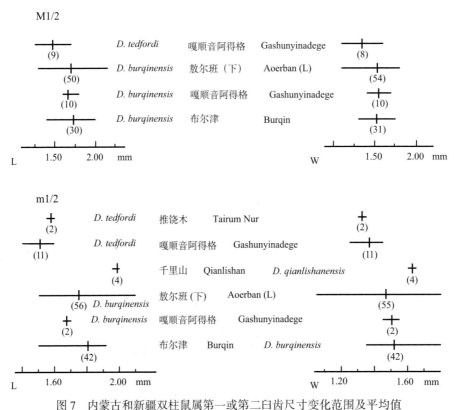

图 7　内蒙古和新疆双柱鼠属第一或第二臼齿尺寸变化范围及平均值

Fig. 7　Size ranges and averages of length and width in the first or second molars of *Distylomys* from Nei Mongol and Xinjiang

内蒙古上述标本被暂时归入 *Distylomys burqinensis* 种，因为其形态与新疆标本很相似：M1/2 具大致横向平行的两叶，前叶似梯形、颊缘前内-后外指向；p4/dp4 不比 m1 短，前端明显向前凸出；臼齿长度和宽度的比例一般接近。尽管 *D. tedfordi* 和 *D. qianlishanensis* 正型标本的大小分别落入内蒙古新材料尺寸范围的低端和高端，但内蒙古新材料中 m1/2 尺寸的平均值与 *D. burqinensis* 种的最接近（图 7、9）。

异双柱鼠属（新属）*Allodistylomys* gen. nov.

模式种　*Allodistylomys stepposus* sp. nov.：内蒙古苏尼特左旗敖尔班下红层，早中新世，谢家期。

属名由来　Allo-，希腊词，意别样、其他，示新属的形态有别于双柱鼠属。

归入种　仅模式种。

特征 颊齿高冠，具齿根。下颊齿尺寸向后递增；p4/dp4 比 m1 短，三角座前端和舌端圆钝，下次褶不发育，三角座和跟座间有宽阔的齿质区相连；下白齿三角座呈颊侧部肥大的椭圆形，前缘和外缘连成半圆形或圆弧形；m3 长度明显比 m2 的大，跟座比齿座宽；下中褶和下次褶有薄的白垩质充填。

草原异双柱鼠（新属、新种）*Allodistylomys stepposus* gen. et sp. nov.

（图 8、9）

名称由来 源于 steppe（英文，干旱草原），示新种记录于内蒙古大草原。

正模 左下颌支附门齿及 p4/dp4–m3（V 19422）。

模式产地与层位 苏尼特左旗敖尔班（下）（IM 0511）；下中新统，敖尔班组，下（红色泥岩）段（晚谢家期）。

归入标本 苏尼特左旗敖尔班（下）（IM 0507 地点）：一具破损 p4/dp4 及 m1–2 的右下颌支碎块，V 19423。

测量（长×宽；Measurements，length × width） 正型标本（V 19422）：齿虚长（length of diastema）4.60 mm；m2 三角座下高（height of mandible beneath m2）5.00 mm；p4/dp4–m3 长（length of p4/dp4–m3）7.00 mm；p4/dp4：1.50 mm × 1.25 mm；m1：1.65 mm × 1.30 mm；m2：1.65 mm × 1.65 mm；m3：2.25 mm × 1.70 mm。归入标本（V 19423）：p4/dp4–m2 长（length of p4/dp4–m2）4.60 mm；p4/dp4：1.50 mm × 1.20 mm；m1：1.70 mm × 1.25 mm；m2：1.65 mm × 1.60 mm。

特征 同属征。

描述 下颌骨体粗壮；下咬肌嵴很显著，从 p4/dp4 前部下方斜伸角突，没有清楚的上咬肌嵴；咬肌窝狭长，前部宽、圆；齿虚位浅，长度比齿列的短；颏孔小，位于齿虚位中部接近上缘处。下门齿后伸达 m3 之下，横切面"U"形，最大径面 1.40 mm × 1.25 mm，腹面平、光滑、有从唇缘向颊缘包卷的釉质层，腹侧珐琅质厚度约 0.10–0.15 mm，齿腔不明显。下颊齿高冠，由前后两叶齿柱组成，齿柱向后稍弯曲，有齿根；咀嚼面大体平坦，但釉质层部分略高起，齿质部分凹陷，未见齿尖；臼齿褶中有白垩质充填；下颊齿除 m3 外后缘的釉质层薄，甚至中断。

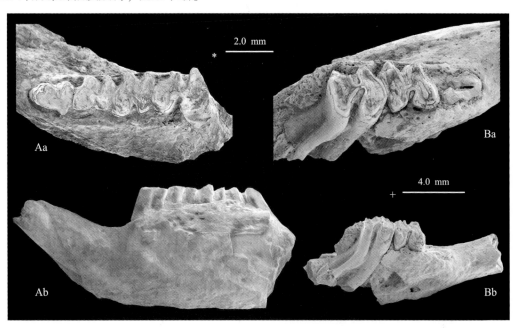

图 8 内蒙古敖尔班草原异双柱鼠下颌支

Fig. 8 Lower jaws of *Allodistylomys stepposus* from Aoerban, Nei Mongol

Aa, Ab. 附有下门齿和 p4/dp4–m3 的左下颌骨碎块（left mandibular fragment with i1 and p4/dp4–m3）（正模 holotype, V 19422），Ba,

Bb. 附有破损下门齿和 p4/dp4–m2 的右下颌骨碎块（right mandibular fragment with broken i1 and damaged p4/dp4–m2）（V 19423）；

Aa, Ba. 冠面视（occlusal view），Ab, Bb. 颊侧视（buccal view）；比例尺（scale）. *-Aa, Ba, +-Ab, Bb p4/dp4 粗钝，次三角形，长度比 m1 的小。三角座圆柱形，前端不向前凸出，前内壁有浅褶（下前褶），前外壁则成向外微凸的弧形；跟座比三角座短而宽，呈扁长卵圆形；下中褶宽阔，但下次褶极浅，因而连接三角座和跟座间的"齿质桥"为宽阔的齿质区，下中褶具白垩质充填。

m1 由两叶组成，中部由窄的"齿质桥"相连。三角座似卵圆形，颊部比舌部强大得多，前外缘圆弧形—半圆形，前内缘向后外弯曲；跟座与三角座的宽度接近，扁长卵圆形，颊部比舌部稍强大；下中褶近横向，下次褶前内向，两褶都有白垩质充填。

m2 与 m1 形状相似，长度近等，但个体较大。另外，与 m1 相比其三角座更为粗壮，宽度也相对比跟座大，前外缘趋于圆弧形，前内缘向后外不甚弯曲，长轴与齿列的夹角较大。

m3 的形状与 m1 和 m2 的大体相似，但尺寸明显长、大。三角座更粗壮，颊部和舌部的发育更为悬殊，前缘和外缘连成新月形，前内缘近直；跟座呈倒三角形，宽度比三角座的大，后缘成弧形向后弯曲、釉质层加厚。

比较与讨论　这一新属、新种的材料只有采自敖尔班地点下红层两件破损的下颌支。两件下颌骨都相当粗壮，齿虚位短、浅，颏孔小、靠近齿虚位的中背部，咬肌窝狭长且很向前伸，有强壮的下咬肌嵴而无上咬肌嵴，下臼齿由两齿柱组成，中间有狭窄的"齿质桥"相连。下颌骨和下臼齿的形态与 *Prodistylomys* 属和 *Distylomys* 属的特征完全一致，表明它们属于同一类啮齿动物。但是，在其下齿列中颊齿的尺寸从前往后递增，m3 长度明显比 m2 的大、强壮的跟座宽度比三角座的还大，具有 Ctenodactylidae 科某些成员，如 *Tataromys* 和 *Yindirtemys* 属相似的形态特征，而与 *Prodistylomys* 和 *Distylomys* 属有所不同，表明不宜将其归入其中的任何一属。因此，尽管材料不多，在此仍将其指定为新属。

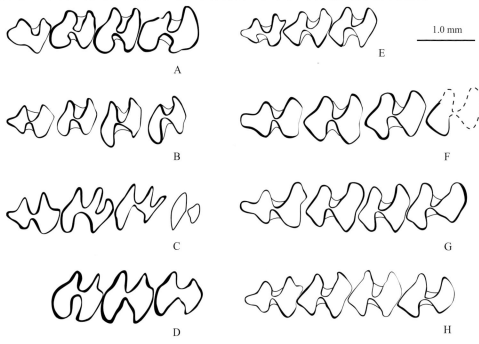

图 9　双柱鼠科各属下颊齿形态特征的比较

Fig. 9　Scheme showing comparisons of *Allodistylomys* with the other two genera of Distylomyidae in morphology of lower cheek teeth

Allodistylomys：A. *A. stepposus*, l p4/dp4-m3（正模 holotype, V 19422, 内蒙古敖尔班 Aoerban, Nei Mongol）；*Prodistylomys*：B. *P. mengensis*, l p4/dp4-m3, 由内蒙古敖尔班和格顺音阿得格标本合成 combined specimens from Aoerban and Gashunyinadege, Nei Mongol, p4/dp4—V 19410.2, m1—V 19407.3, m2—V 19404.6, m3—V 19404.7), C. *P. xinjiangensis*, l p4/dp4-m3（正模 holotype, V 7962, 新疆吃巴尔我义 Chibaerwoyi, Xinjiang), D. *P. lii*, r m1-m3（正模 holotype, V 16015.1, 新疆吃巴尔我义 Chibaerwoyi, Xinjiang）；*Distylomys*：E. *D. tedfordi*, r p4/dp4-m2（正模 holotype, AMNH no.114262, 内蒙古推饶木 Tairum Nur, Nei Mongol), F. *D. qianlishanensis*, l p4/dp4-m3 三角座 trigonid（正模 holotype, V 7961, 内蒙古千里山 Qianlishan, Nei Mongol), G. *D. burqinensis*, r p4/dp4-m3（V 19417.1, 内蒙古敖尔班 Aoerban, Nei Mongol), H. *D. burqinensis*, l p4/dp4-m3（V 16014, 新疆布尔津 Burqin, Xinjiang）；冠面视（occlusal view）

新属 *Allodistylomys* 除上述与 *Prodistylomys* 和 *Distylomys* 属的差异外，在牙齿形态的细节上也有明显的不同（图 9）。它虽然与 *Prodistylomys* 属都有齿根，p4 长度也比 m1 的小，下臼齿的三角座同样呈椭圆形，但新属与其有以下的差异：p4/dp4 中三角座前端和舌端圆钝，颊缘呈向外的弧形，几乎没有下次褶，三角座与跟座之间不是由"齿质桥"连接而为宽阔的齿质区相连；下臼齿三角座的颊侧部肥大，前缘和外缘趋于连成半圆形，内缘较为圆钝。新属与 *Distylomys* 属的不同显然要比与 *Prodistylomys* 的差异明显，具体是：颊齿具有齿根；p4/dp4 比 m1 短；p4/dp4 三角座的前端圆钝而不向前凸出，舌端也不锐利，颊缘不显近中向凹入，下次褶不发育，三角座与跟座之间具宽阔的齿质区（在 *Distylomys* 属中，下次褶几乎与下中褶同等发育，三角座与跟座仅有很窄的齿质桥）；下臼齿三角座呈颊侧部肥大的椭圆形而非三角形，前外缘不构成角形。

Allodistylomys stepposus 的材料很少，而且对上颌骨和上齿系都一无所知。按常理推测，其上颊齿列的尺寸从前往后同样应该递增，上颊齿也应该有齿根，很可能与 *Prodistylomys* 属一样也具有连接三角座和齿座的齿桥。虽然在 *P. mengensis* 的材料中含有几枚个体较大、具齿根的 M3，尺寸上与新种相匹配，但这些标本未被归入新种，因为其跟座都比三角座窄，与 m3 的不相配。因此，发现其头骨，获取上颌骨和上牙齿的信息，完善属征，乃今后研究新属的重要任务。

拟速掘鼠科 Tachyoryctoididae Schaub, 1958

拟速掘鼠科被认为是一类适应掘地穴居的啮齿动物，最早出现于亚洲晚渐新世，可能只延续到中中新世早期。其地理分布也很局限，迄今仅发现于亚洲中部和东部地区。这些小型哺乳动物的头骨短、宽，下颌骨粗壮，齿式为：1·0·0·3/1·0·0·3。臼齿脊齿型，齿尖很不显著；上、下臼齿的前边尖、中尖和中脊退化。由于目前发现的拟速掘鼠科化石不多，其系统分类位置及组成在研究者中歧见颇多。该科的模式属 *Tachyoryctoides* 发现于甘肃党河地区，最先认为其牙齿形态与现生竹鼠的相似，很长一段时间被归入竹鼠科（Rhizomyidae）（Bohlin, 1937, 1946；Kowalski, 1974；李传夔、邱铸鼎，1980）。随着新成员的发现和研究的深入，*Tachyoryctoides* 属被从 Rhizomyidae 中分出，或并入 Spalacinae 和 Anomalomyinae 亚科（Flynn et al., 1985），或归入 Cricetidae 科（Argyropulo, 1939a；Schaub, 1958；Vorontsov, 1963；Dashzeveg, 1971），或指定为独立的 Tachyoryctoididae 科（Fejfar, 1972；Klein Hofmeijer et De Bruijn, 1988；Tyutkova, 2000）。当前较为流行的分类方案是把拟速掘鼠类归入 Tachyoryctoidinae 亚科，隶属鼠科（Muridae）（McKenna et Bell, 1997；Bendukidze et al., 2009）。Bendukidze 等（2009）对拟速掘鼠亚科的成员进行了订正，除 *Tachyoryctoides* 属外，把 *Ayakozomys*、*Eumysodon*、*Argyromys* 和 *Aralocricetodon* 属也归入该亚科。但是 Lopatin（2004）仍把 *Argyromys* 属归入 Spalacidae 科，把 *Aralocricetodon* 属置于 Cricetidae 科；我国学者王伴月和邱占祥（Wang et Qiu, 2012）也基本同意这一处置，并暂时将拟速掘鼠类指定为独立的科。看来，有关拟速掘鼠分类位置和组成的争论仍会继续下去，在这些问题未得到落实之前，本书著者赞同将其置于科级分类单元，以及该科目前仅包括 *Tachyoryctoides*、*Ayakozomys* 和 *Eumysodon* 三属的分类方案。这一方案多少带有随意性或传统意识，是当前对其更高阶元分类方案认识未取得一致情况下暂时使用的处置办法。

迄今，拟速掘鼠化石在我国只有拟速掘鼠 *Tachyoryctoides* 和阿亚科兹鼠 *Ayakozomys* 两属，主要发现于北方地区内蒙古、甘肃、青海和新疆的晚渐新世和早中新世地层，此外江苏早中新世的下草湾组似乎也有零星的发现（Qiu et Qiu, 2013）。内蒙古中部地区的拟速掘鼠化石，在早中新世地点都有发现，最晚记录于中中新世早期的推饶木地点，计有 2 属 4 种。在所发现的材料中，除有相当数量的脱落牙齿外，尚有保存较为完好的头骨，这些发现丰富了对亚洲这一类特有而稀少的啮齿动物的认识。本书所使用的牙齿构造术语如图 10 所示。

拟速掘鼠属 *Tachyoryctoides* Bohlin, 1937

模式种 *Tachyoryctoides obrutschewi* Bohlin, 1937：甘肃沙拉果勒河，晚渐新世，塔奔布鲁克期。

归入种 *Tachyoryctoides pachygnathus* Bohlin, 1937：甘肃，晚渐新世。*T. kokonorensis* Li et Qiu, 1980：

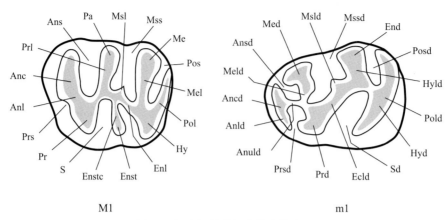

M1   m1

图 10 拟速掘鼠科颊齿构造模式图

Fig. 10 Nomenclature used for molars of Tachyoryctoididae

Anc, 前边尖 (anterocone); Ancd, 下前边尖 (anteroconid); Anl, 前边脊 (anteroloph); Anld, 下前边脊 (anterolophid); Ans, 前边谷 (anterosinus); Ansd, 下前边谷 (anterosinusid); Anuld, 下前小脊 (anterolophulid); Ecld, 下外脊 (ectolophid); End, 下内尖 (entoconid); Enl, 内脊 (entoloph); Enst, 内附尖 (entostyle); Enstc, 内附尖脊 (entostyle crest); Hy, 次尖 (hypocone); Hyd, 下次尖 (hypoconid); Hyld, 下次脊 (hypolophid); Me, 后尖 (metacone); Med, 下后尖 (metaconid); Mel, 后脊 (metaloph); Meld, 下后脊 (metalophid); Msl, 中脊 (mesoloph); Msld, 下中脊 (mesolophid); Mss, 中谷 (mesosinus); Mssd, 下中谷 (mesosinuid); Pa, 前尖 (paracone); Pol, 后边脊 (posteroloph); Pold, 下后边脊 (posterolophid); Pos, 后边谷 (posterosinus); Posd, 下后边谷 (posterosinusid); Pr, 原尖 (protocone); Prd, 下原尖 (protoconid); Prl, 原脊 (protoloph); Prs, 原谷 (protosinus); Prsd, 下原谷 (protosinusid); S, 内谷 (sinus); Sd, 下外谷 (sinusid)

引自 Wang et Qiu (2012), 稍经修改 [modified after Wang et Qiu (2012)]

中国青海、甘肃, 早中新世; 蒙古湖谷地区 (Valley of Lakes), 早中新世。*T. engesseri* Wang et Qiu, 2012: 甘肃, 早中新世。*T. gigas* (Argyropulo, 1939a): 哈萨克斯坦咸海地区, 早中新世。*T. glikmani* (Vorontsov, 1963): 哈萨克斯坦咸海地区, 早中新世。*T. colossus* sp. nov., *T. vulgatus* sp. nov.: 内蒙古, 早中新世。

特征 大个体鼠型类 (muroids) 动物, 鼠型头骨 (myomorphous), 下颌骨松鼠型 (sciurognathous)。中层咬肌附着区限于上颌骨之内; 眶下孔大, 没有腹裂 (ventral slit); 臼窝位于听泡上侧方, 后伸与项嵴相会; 内鼻孔的前缘对向 M3 中部。下颌骨水平支粗厚, 舌侧面微凹; 咬肌窝前伸至 m1 与 m2 间之下, 下咬肌嵴粗壮。臼齿中度高冠, 脊齿型, 横脊通常与牙齿的中轴垂直, 磨蚀早期齿脊细、齿谷宽且深; 上臼齿具三个颊侧谷, 一个舌侧谷; 下臼齿具三个舌侧谷, 两个颊侧谷; 上、下中脊一般很弱或缺如; 内脊和下外脊斜向延伸; 上臼齿的内谷指向前谷, 下臼齿的下中谷和下外谷扩大, 分别指向下原谷和下后边谷; m1 的前边脊上没有明显的下前边尖, 下后尖与下原尖通常在低处连接, 下后脊随磨蚀可从不完整到完整; m2 和 m3 有下前小脊。下门齿的唇侧面平, 后伸达下颌切迹之下 (引自 Wang et Qiu, 2012 修订)。

巨拟速掘鼠 (新种) *Tachyoryctoides colossus* sp. nov.

(图 11、12; 表 5)

Tachyoryctoides sp. 1 (Lower Aoerban and Gashunyinadege): Qiu Z D et al., 2013, p. 177, appendix

名称由来 colossus, 希腊词, 意为巨大的, 示新种的个体大, 头骨和下颌骨粗壮。

正模 一件上、下颌骨咬合并保存完整齿列的破损头骨 (V 19424)。

副模 破损头骨一件, 保存了咬合的上、下颌骨和完整的齿列, V 19425。

模式产地与层位 苏尼特左旗嘎顺音阿得格 (IM 0406 地点); 下中新统, 敖尔班组 (谢家期晚期—山旺期早期)。

归入标本 苏尼特左旗敖尔班(下)：IM 0507 地点，三件破损下颌支，分别保存 m1-2，m2 和 m2-3，V 19426.1-3；IM 0511，M2 一枚，V 19427。苏尼特左旗嘎顺音阿得格(IM 9605 地点)：一件未保存牙齿的破碎下颌支，V 19428。

测量 见表 5。

表 5 内蒙古敖尔班和嘎顺音阿得格巨拟速掘鼠颊齿测量

Table 5 Measurements of cheek teeth of *Tachyoryctoides colossus* from Aoerban and Gashunyinadege, Nei Mongol（mm）

Tooth	Length			Width		
	N	Mean	Range	N	Mean	Range
敖尔班(下) Aoerban（L）						
M2	1	–	4.15	1	–	4.85
m1	1	–	4.35	1	–	3.60
m2	3	4.52	4.40–4.70	3	4.42	4.30–4.60
m3	1	–	4.65	1	–	4.10
嘎顺音阿得格 Gashunyinadege						
M1	4	5.26	5.20–5.40	4	4.96	4.80–5.10
M2	4	3.89	3.75–4.15	4	4.84	4.75–5.05
M3	4	3.43	3.05–3.60	4	4.08	4.00–4.15
m1	5	4.79	4.50–4.95	5	3.76	3.65–4.00
m2	4	4.53	4.40–4.65	4	4.67	4.30–4.60
m3	4	4.68	4.50–5.00	4	4.16	4.10–4.20

特征 个体较大的拟速掘鼠。上臼齿和下臼齿无任何中脊痕迹；M1 具有残留的原谷；M3 的后边谷开放；m1 没有独立的下前小脊和下前边谷，下原谷的颊侧开放；m3 长度与 m2 的近等，没有下后边谷。上臼齿三齿根。

描述 标本中的两个头骨属于较老年个体，都保存了咬合的上、下颌骨，以及部分门齿和完整的颊齿，但显然在埋藏的过程中受挤压而变形，吻部和颧弓的大部分已破损，颅骨碎裂，其上的许多构造不清。颅全长和颅基长大约在 9 mm 至 10 mm 之间。背面视头骨大体呈三角形，吻部相对窄，眶前部分约占头骨长度之半，高度向前减退。枕部宽平，项面微凹，正中处有清楚的枕外嵴。项嵴显著，呈宽阔的倒 V 形；矢状嵴强大，从眼眶的背缘直伸项嵴，并近与项嵴垂直；由于颅骨背面上的骨缝无从识别，颅顶是否具有顶间骨难以作出判断。从保存的情况看，颧骨似乎不很粗厚，前基部(前突)起于上颌骨，前背-后腹向伸展，后基部(后突)在听泡前缘之后。表层咬肌附着区呈卵圆形的浅凹窝，位于颧骨前基部的前近中侧，长约 15 mm。眶下孔的最大直径在 6 mm 左右。腹面视上颌齿虚位长约 45 mm；左、右颊齿列平行排列，齿列的长度比上颌齿虚位的小很多，仅约为其长度的三分之一。颚骨窄，虽然保存不好，但其上的纵向嵴和 M1 近中侧的后颚孔仍清楚可辨。M3 的近中侧有一小孔，可能为上颌骨后孔(posterior maxillary foramen)。鼻咽道(nasopharyngeal meatus)下缘的最大宽度在 7 mm 以上。翼窝呈尖端指向 M3 的三角形。左、右内翼突(internal pterygoid process)近似平行地向后延伸至听泡前近中角上的"听泡刺"(spine)；外翼突显著，后外向扩伸至臼窝与听泡之间。咬肌孔(masticatory foramen)小，还可能与颊肌孔(buccinator foramen)混合。臼窝(glenoid fossa)宽而长，位于听泡的上外侧，后缘与项嵴相会。听泡呈大体前宽后窄的卵圆形，长轴前近中-后外向，最大长度约 20 mm，中部马鞍形(不排除是受挤压所致)；外耳道位于臼窝和项嵴的后下方，而非其间。

下颌支保存稍好。水平支粗壮，骨体大致与齿列处于同一平面，舌侧面陡直、微凹；上升支长，前缘起于 m2 的外侧，纵向大体与齿列平行排列。下颌骨的齿虚位部浅，但长度比颊齿列的大，背缘宽圆，腹缘后部有一显著的嵴突。咬肌窝宽浅，向前伸至 m1 与 m2 间的下方；下咬肌嵴显著，上咬肌嵴较弱，两嵴前方在 m2 之下会聚形成明显的结节；结节的上方、冠状突的前缘下有一狭长的凹坑，可能供部分咬肌附着。颏孔小，位于齿虚位后部的颊侧中间处。冠状突刮刀状，关节面并不显著，前缘向前倾斜，形成与臼齿咀嚼面 80°-90° 的夹角。髁突比冠状突强大得多，其上的关节面呈前后向的卵圆形，长轴 6.6 mm。冠状突和髁突间的下颌切迹呈略向前的"U"形。角突都已破损，但可以察看到其在下门齿槽之下，下缘呈弧形。下门齿后伸达下颌切迹之下，并在咬肌窝的中部形成隆起。在一件保存较好的标本中，下颌骨的长度（从门齿唇缘至髁突的后缘）为 72 mm，高度（从腹缘至冠状突背缘的垂直距离）为 34 mm，齿虚位长 21 mm，颊齿槽长 16 mm，m2 颊侧的高度为 15 mm。

门齿切面次三角形，唇侧平、有薄层釉质覆盖（釉质层向近中侧和外侧包卷）、表面有细纹，齿腔小。下门齿的最大截面为 6.1 mm × 5.2 mm。

臼齿低—中度高冠，齿脊显著，齿尖呈前后向压扁状。上臼齿长度从前往后递减；舌侧齿冠比颊侧的略高；咀嚼面具四条横向齿棱（前边脊、原脊、后脊和后边脊），颊侧有三个齿谷（前边谷、中谷和后边谷），舌侧仅有一谷（内谷）。下臼齿 m1 和 m2 的长度近等，但都稍比 m3 短；舌侧具三个齿谷（下前边谷、下中谷和下后边谷），颊侧只有双谷（下原谷和下外谷）。上臼齿和下臼齿都没有任何前边尖、中尖和中脊的痕迹，上臼齿的内脊和下臼齿的下外脊均为斜向延伸。上臼齿三齿根，一舌侧根和两颊侧根；下臼齿双根。

M1 似梯形，长大于宽，前缘比后缘宽，外缘比内缘长。舌侧主尖比颊侧的强大，位置相对靠前。前边脊与原尖融会，形成牙齿上前外-后内向的粗棱；原脊粗壮，几乎与牙齿的纵轴垂直，汇入内脊并与原尖连接；后脊大体与原脊平行，并近等长、等大，与次尖汇入内脊；后边脊短、弱，从次尖后颊侧伸至牙齿的后外角；内脊粗壮，但很短，连接次尖与原脊。在正模中，前壁保存有一浅、小，但清楚的褶沟，可能属于退化了的原谷；内谷宽、深、横向，但不对称，向外延伸未超过牙齿宽度之半，颊端指向前边谷的舌端；前边谷横向，长度与内谷近等，但宽度较大（向内延伸超过牙齿宽度之半），向根部延伸的深度也大；中谷大体横向，长度、宽度和深度都比前边谷小，对向内谷；后边谷在颊侧谷中最小，略斜向，长度和宽度都比中谷小，而且是内、外齿谷中的最浅者，牙齿进入磨蚀晚期即消失，颊侧开放。

M2 次方形，前缘宽、直，后缘较窄、弧形。舌侧主尖比颊侧的强大，原尖比前尖的位置相对靠前。前边脊与原尖融会，形成牙齿强大的横向齿棱；原脊粗壮，汇入内脊与原尖和前边脊连接；后脊大致与原脊平行，近等长、等粗，汇入内脊与次尖相连；后边脊较短、弧形；内脊粗壮，前方与原脊连接。内谷深，前外向延伸近达牙齿宽度之半，颊端指向前边谷的舌端；前边谷比内谷浅，横向，向内延伸近达牙齿宽度之半；中谷的深度接近内谷，横向，长度和宽度都比前边谷大（内伸接近或超过牙齿宽度之半），后叠内谷；后边谷浅、小，在正模中已经磨蚀、消失，颊侧在 IM0511 地点的标本中封闭。

M3 次三角形。构造上与 M2 相似，舌侧的内谷、四条横向的齿棱和颊侧的三个齿谷，斜向延伸的内脊及其开放的后边谷都一应俱全。不同的只是牙齿的个体较小，后部较为收缩、退化，齿脊和齿谷相对短小。另外，在正模标本上，左、右咀嚼面的形态略有差异，左 M3 内谷和后边谷的形状分别如同 M2 和 M1 者，而右 M3 的内谷已形成釉岛，后边谷接近消失，这可能是动物生前在使用左右齿列时有所偏好所致。

m1 咀嚼面椭圆形，长大于宽，前窄后宽。标本中的这一牙齿都处于磨蚀的后期阶段，下后边谷已完全消失，但牙齿的基本构造要素仍清楚。舌侧主尖略比颊侧的大，位置也相对靠前；在现有的牙齿中，看不到有下前边尖的痕迹。下前边脊粗壮，舌侧与下后尖融会，颊侧伸达下原尖基部的前外侧，形成牙齿前缘新月形粗棱；未见有清楚独立的下前小脊，但前边脊与下后尖的融会处肥大，完全占据了下前边谷的位置，不排除下前小脊也融入其中；下后脊粗壮、连续，但中部稍窄；下次脊粗壮，近与牙齿纵轴垂直，融入下外脊，但未直接与下次尖相连；下后边脊短、弱，与下次尖融会，形成牙齿后外角从舌缘连续至颊侧缘的粗棱；下外脊粗大，从次尖的前舌侧伸出，与下次脊交会后折向下原尖的舌后侧。下原谷显著、横向，内伸近达齿宽之半；下外谷比下原谷宽深，后内向延伸，内伸达齿宽之半，舌端对向下后边谷；标本中未见保存有下前边谷；下中谷大小和深度与下外谷接近，略前外向延伸，外伸超过齿宽之半，颊端对向下原谷，前叠下外谷；下后边谷最为浅小，横向，外伸未达齿宽之半，舌侧开放，牙齿进入磨蚀

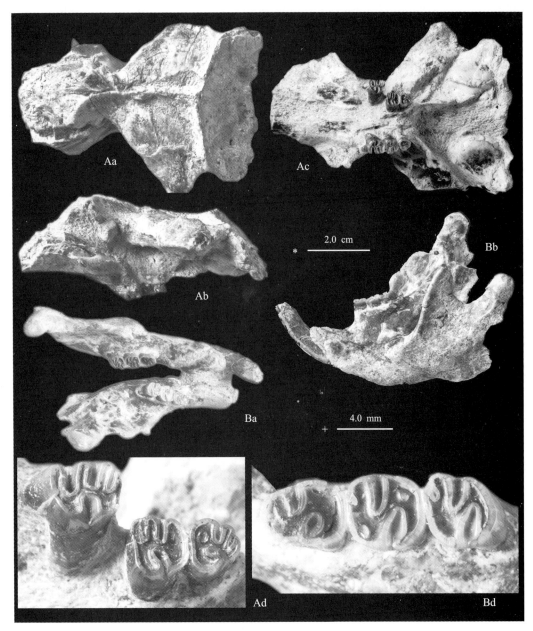

图 11　内蒙古嘎顺音阿得格巨拟速掘鼠头骨及牙齿

Fig. 11　Skull and teeth of *Tachyoryctoides colossus* from Gashunyinadege, Nei Mongol

正模 holotype, V19424；Aa, Ab, Ac. 颅骨（cranium），Ba, Bb. 下颌骨（mandible），Ad. 上臼齿（upper molars），Bd. 下臼齿（lower molars）；Aa. 背面视（dorsal view），Ab, Bb. 侧面视（lateral view），Ac. 腹面视（vemtral view），Ba, Ad, Bd. 冠面视（occlusal view）；比例尺（scale）. ＊-Aa, Ab, Ac, Ba, Bb, +-Ad, Bd

后期即消失。

　　m2 圆方形，长宽近等。主尖前后向压扁，舌侧相对比颊侧的前位。下前边脊细弱，舌侧与下后尖连接，颊侧则迅速下降并伸至下原尖基部的前外侧；下前小脊短粗，连接下前小脊和下后脊的中部；下后脊粗壮，从下后尖颊侧弯向下原尖的前臂；下次脊短而粗大，连接下外脊，近与牙齿纵轴垂直；下后边脊短，从下次尖伸至下内尖的后中部，并与下次尖形成牙齿后方的粗棱；下外脊粗大，从次尖的前舌侧折向下原尖。下原谷显著，横向椭圆形，内伸约占齿宽的三分之一；下外谷比下原谷发育得多，为牙齿中的最大者，略后内向延伸，内伸超过齿宽之半，舌端对向下后边谷；下前边谷浅，小坑状，随着牙齿的磨蚀最早消失；下中谷也相当发育，深度接近下外谷，但较后者小，舌侧部分横向，颊侧部分折向前外，外

·27·

伸超过齿宽之半，颊端对向下原谷，前叠下外谷；下后边谷较小，但大小和深度都接近下原谷，略后内向延伸，外伸未达齿宽之半，舌侧在磨蚀早期的牙齿中处于半封闭状态，进入磨蚀后期即消失。

m3 椭圆形。构造与 m2 的相似，但长度稍大、个体略小，后部收缩退化。另外，在所有标本上都未观察到下后边谷，可能是由于这些牙齿都处于中后期的磨蚀阶段之故，同时也不排除这一牙齿不存在下后边谷。

比较与讨论 上述化石虽然不是很丰富，但保存了较好的头骨。拟速掘鼠类化石稀少，头骨的材料更少，这一发现无疑有助于加深对该属特征的认识。这些头骨和牙齿在大小和形态上都很一致，只是 IM 0511 地点一枚浅磨蚀 M2（V 19247）的后边谷封闭，与头骨中 M2 的情况有所不同。标本中的头骨都属于老年个体，牙齿到了磨蚀的晚期，M2 中的后边谷都已消失，但在其中一个头骨上可以看到其 M1 和 M3 后边谷的颊侧仍开放。由于材料太少，种间的变异情况不清楚，不能排除上臼齿颊侧谷的封闭系个体变异，因此这里暂将这一 M2 归入相同的种。

标本中的头骨和牙齿都显示了 *Tachyoryctoides* 属的典型特征，包括眶下孔大，臼窝位于听泡上侧、后伸与项嵴相会，下颌骨水平支粗厚、具粗壮的下咬肌嵴，臼齿脊型，上臼齿具三颊侧谷、一舌侧谷，下臼齿有三舌侧谷、两颊侧谷，上、下臼齿都没有中脊，上臼齿的内脊和下臼齿的下外脊发育、斜向延伸，上臼齿的内谷指向前边谷，下臼齿的下中谷和下外谷分别指向下原谷和下后边谷，m2 和 m3 有下前小脊，下门齿向后伸达下颌切迹之下（见 Wang et Qiu, 2012）。

Tachyoryctoides 系步林（Bohlin, 1937）根据发现于甘肃党河地区沙果勒河（Shargaltein-Tal）上渐新统材料创建的一属拟速掘鼠。步氏主要依尺寸大小，把仅有的三件破碎下颌支（其中一件只有磨蚀后期的 m2 和 m3，一件只保存部分齿根）指定为三种：*T. obrutschewi*，*T. intermedium* 和 *T. pachygnathus*。*T. pachygnathus* 的下颌骨比 *T. obrutschewi* 的强壮，牙齿的尺寸也大很多，显然属于可以区分的不同种；*T. intermedium* 比 *T. obrutschewi* 稍微大些（布林也认为牙齿尺寸上的差异是磨蚀程度不同所致），齿谷也宽些，在材料不足的情况下，很难说它们是否属于有明显差别的两个种，Bendukidze 等（2009）则认为把它当作是 *T. pachygnathus* 的同物异名似乎也欠妥，本书作者认为也许归入 *T. obrutschewi* 更为适宜。自步林的发现后，在我国甘肃和青海，在蒙古和哈萨克斯坦先后都有关于 *Tachyoryctoides* 属的记述，命名的种有 *T. obrutschewi*（蒙古 Tsagan Nor 盆地和 Valley of Lakes 地区，晚渐新世，见 Dashzeveg, 1971；Kowalski, 1974；Daxner-Höck et Badamgarav, 2007），*T. kokonorensis*（青海西宁盆地，早中新世，见李传夔、邱铸鼎，1980；甘肃兰州盆地，早中新世，见 Wang et Qiu, 2012；蒙古的 Valley of Lakes 地区，早中新世，见 Daxner-Höck et Badamgarav, 2007），*T. engesseri* 和 *T. minor*（甘肃兰州盆地，早中新世，见 Wang et Qiu, 2012）。此外，Argyropulo（1939a）根据哈萨克斯坦咸海地区不多的晚渐新世材料建立了 *Aralomys* 属，模式种为 *A. gigas*。后来，Vorontsov（1963）把咸海地区发现的晚渐新世或早中新世的 *glikmani* 种也归入这一属。根据进一步的发现和研究，一些学者认为 *Aralomys* 属是 *Tachyoryctoides* 属的晚出异名（Dashzeveg, 1971；Kowalski, 1974；Kordikova et De Bruijn, 2001；Bendukidze et al., 2009），我们也完全赞同这一归并。在上述这些种中，*T. minor* 的个体很小，牙齿更趋脊形，构造与 *Tachyoryctoides* 属的特征有异，似乎应该归入 *Ayakozomys* Tyutkova, 2000（见下）。这样，此前该属的命名种至少有 6 个：*T. obrutschewi*，*T. pachygnathus*，*T. kokonorensis*，*T. engesseri*，*T. gigas* 和 *T. glikmani*。在尺寸和形态上这些种或多或少地有所区别，但材料都不是很多，其种间的变异情况不明确。尽管 Bendukidze 等（2009）认为 *T. kokonorensis* 是 *T. pachygnathus* 的同物异名，*A. gigas* 和 *A. glikmani* 是 *T. obrutschewi* 的同物异名，但似乎也缺乏足够的证据。在我们看来，目前绝对地肯定或否定这些种的有效性都为时过早。

内蒙古这一拟速掘鼠以其较强壮的颌骨，较大的牙齿尺寸区别于所有的现知种（图12）。此外，它与 *T. obrutschewi* 的不同在于 m1 没有下中脊，没有独立的下前小脊和下前边谷，m3 的下后边谷完全退化消失。其个体与 *T. pachygnathus* 的接近，下颌骨几乎一样粗壮，颊齿齿槽的长度亦相当，可惜后者的牙齿破损，无法进行直接比较，但内蒙古标本上的牙齿宽度明显较大，与 *T. pachygnathus* 的也有所不同。与 *T. kokonorensis* 相比，其牙齿的尺寸稍大，但头骨却粗大得多，颅高和下颌骨水平支的高度比 *T. kokonorensis* 的大三分之一以上，M1 和 M2 没有任何残留中脊的痕迹，m1 没有独立的下前小脊和下前边谷，下原谷的颊侧开放。与 *T. engesseri* 相比，牙齿的尺寸接近，构造，特别是 m1 前部的构造也很相似，但头骨和下颌骨比后者约大四分之一至三分之一，M1 和 M2 没有任何残留中脊的痕迹，m3 的下后边谷完全消失。内蒙古的拟速掘鼠以 m1 没有任何下中脊和下后脊后刺的痕迹而易于与 *T. gigas* 和 *T. glikmani* 区分。鉴于内蒙古的这一拟速掘鼠与已知种都不同，这里将其命名为一新的种——*T. colossus*。

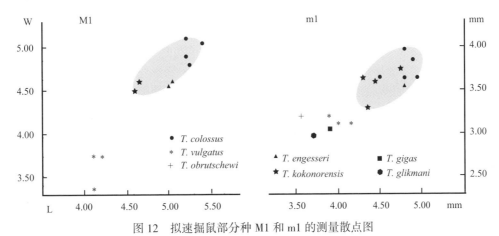

图 12　拟速掘鼠部分种 M1 和 m1 的测量散点图

Fig. 12　Scatter diagrams showing length and width of M1 and m1 of several species of *Tachyoryctoides*

Tachyoryctoides gigas 和 *T. glikmani* 的数据分别引自 Lopatin, 2004 和 Vorontsov, 1963，其余均为按统一方法重新测量

（Measurements of *Tachyoryctoides gigas* and *T. glikmani* are cited from Lopatin, 2004 and Vorontsov, 1963, respectively）

在现知的拟速掘鼠中，新种 *Tachyoryctoides colossus* 的个体与 *T. kokonorensis* 和 *T. engesseri* 的最为接近（图 12），形态上也较为相似。作为在我国下中新统发现的这三个种，它们都以较大的个体，较宽的齿谷，以及 m1 没有下中脊而容易区别于晚渐新世的 *T. obrutschewi*，也以 m1 没有下中脊和下后脊后刺而与哈萨克斯坦早中新世的 *T. gigas* 和 *T. glikmani* 有较明显的不同。就现有的材料而言，新种的头骨和下颌确实比 *T. kokonorensis* 和 *T. engesseri* 的强大、粗壮，但牙齿尺寸和形态上的差异并不特别显著。目前作为识别三者牙齿形态差异的主要依据仅仅是 M1 和 M2 中脊的退化程度，m1 的前部构造（即有无独立的下前小脊，下原谷的颊侧是封闭还是开放），以及 m3 下后边谷的存在与否。新种的 M1 和 M2 没有任何中脊的痕迹，这点与具有短中脊的 *T. kokonorensis* 和留有退化中脊痕迹的 *T. engesseri* 都不同；新种 m1 没有独立的下前小脊，下原谷的颊侧开放，这些与 *T. engesseri* 相同而与 *T. kokonorensis* 有异；新种的 m3 没有下后边谷，这点与 *T. kokonorensis* 相似而有别于 *T. engesseri*。上述比较似乎表明，这三个种的牙齿形态差异不特别明显，相互间有相似和差别，也有镶嵌的形态特征。值得注意的是，这三个种的材料都不是很丰富，其间现知的形态差异能否作为区别种的依据，值得进一步商榷。它们在牙齿尺寸和形态上的高度相似，以及所表现出的细微不同，有没有可能属于相同种的个体变异，或者属于反映同一物种在不同演化阶段上的不同性状，这些也有待今后探讨。鉴于头骨和下颌骨的强壮程度有明显的差异，牙齿上也确实有些不同，这里暂时把三者视为有区别的种，同时也不排除进一步的研究会证明它们属于相同的一种。然而，无论肯定或否定这些种名的有效性，都需要更多材料的发现和更深入的研究。此外，敖尔班 IM 0511 地点中的 M2 后边谷封闭，这里是当做形态变异处理的，但这一构造见于青海谢家地点发现的 *T. kokonorensis* 之中，它为相同种的变异现象还是较原始的特征，亦属存疑问题。

普通拟速掘鼠（新种）*Tachyoryctoides vulgatus* sp. nov.

（图 12、13；表 6）

Tachyoryctoides sp. 2（Lower Aoerban and Gashunyinadege）: Qiu Z D et al., 2013, p. 177, appendix

名称由来　vulgatus，拉丁文，普通的、一般的，示新种具有拟速掘鼠通常的牙齿形态特征。

正模　保存 M1-2 的右上颌骨碎块（V 19429）。

副模　一件保存破损 m1 的下颌支碎块，臼齿 6 枚（1 M1，2 M3，3 m1），V 19430.1-7。

模式产地与层位 苏尼特左旗嘎顺音阿得格(IM 0406);下中新统,敖尔班组(谢家期晚期—山旺期早期)。

归入标本 苏尼特左旗敖尔班(下):IM 0407地点,臼齿3枚(1 M2,1 M3,1 m3),V 19431.1-3;IM 0507,三件分别保存M1,M2和M2的上颌骨碎块,一件保存m1-2的残破下颌支,臼齿6枚(1 M3,5 m2),V 19432.1-10;IM 0717,M3和m2各一枚,V 19433.1-2。苏尼特左旗嘎顺音阿得格:IM 9605地点,m2一枚,V 19434;IM 9606,一件保存m2-3的下颌支碎块,一枚M3,V 19435.1-2。

测量 见表6。

表6 内蒙古敖尔班和嘎顺音阿得格普通拟速掘鼠颊齿测量
Table 6 Measurements of cheek teeth of *Tachyoryctoides vulgatus* from Aoerban and Gashunyinadege, Nei Mongol(mm)

Tooth	Length			Width		
	N	Mean	Range	N	Mean	Range
敖尔班(下)Aoerban(L)						
M1	1	–	4.10	1	–	3.50
M2	3	3.70	3.65-3.75	3	3.75	3.45-4.05
M3	4	2.80	2.70-2.85	4	2.97	2.90-3.00
m1	1	–	3.90	1	–	3.35
m2	7	3.49	3.25-3.75	7	3.40	3.20-3.65
m3	1	–	3.65	1	–	3.15
嘎顺音阿得格 Gashunyinadege						
M1	2	4.15	4.10-4.20	2	3.90	3.90-3.90
M2	1	–	3.05	1	–	3.75
M3	2	2.90	2.70-3.10	2	2.73	2.50-2.95
m1	2	4.08	4.00-4.15	3	3.22	3.15-3.25
m2	2	3.58	3.35-3.85	2	3.43	3.60-3.25
m3	1	–	3.55	1	–	3.25

特征 个体较小的拟速掘鼠。上臼齿和下臼齿没有中脊;M1-3的后边谷开放;m1的下前小脊极弱或缺如,下原谷和下前边谷连成颊侧半开放、宽大的前方齿谷;m3不甚退化,长度与m2的近等,具有下后边谷。上臼齿四齿根。

描述 标本中的颌骨保存不好,未能提供任何有用的信息。臼齿低—中度高冠,齿脊显著,齿尖前后向压扁状。上臼齿长度从前往后递减,舌侧齿冠高度比颊侧的大,咀嚼面具有四条横向齿棱(前边脊、原脊、后脊和后边脊),颊侧三个齿谷(前边谷、中谷和后边谷),舌侧仅有一谷(内谷)。下臼齿具三个舌侧齿谷(下前边谷、下中谷和下后边谷)和双颊侧谷(下原谷和下外谷)。上臼齿和下臼齿都没有前边尖和中脊,上臼齿的内脊和下臼齿的下外脊发育,斜向延伸。上臼齿四齿根;下臼齿双根。

M1圆梯形,长大于宽,前缘比后缘宽,外缘比内缘长。舌侧主尖比颊侧的强大,原尖位置相对比前尖的靠前。前边脊与原尖融会,形成牙齿上前外-后内向粗棱;原脊粗壮,连接前尖与原尖的颊侧,颊侧部分几乎与牙齿的纵轴垂直;后脊同样很强壮,近与原脊等粗,与原脊的颊侧部分大致平行,汇入内脊与次尖连接处;后边脊较短弱,从次尖后颊侧伸至牙齿的后外角;内脊短、粗,从次尖的前方斜向伸至原脊,颊侧在三个牙齿中的两个略为弯曲、肿胀,但其上没有中尖和中脊。前壁靠舌侧部分略为凹陷,但未成褶沟,没有任何原谷的痕迹;内谷长而深、横向、不对称,向外延伸未超过牙齿宽度之半,前部指向前边谷的舌端;前边谷横向,比内谷短,向内延伸达牙齿宽度之半,深度也较大;中谷的长度和深度大体与前边谷的接近,但宽度大(内伸近达牙齿宽度的三分之二),略后内向延伸,舌侧端对向内谷后部;后边谷在颊侧谷中最为短、浅,横向延伸宽度近与中谷等同,随着磨蚀最早消失。

· 30 ·

M2次方形，前缘较宽、直，后缘较窄、弧形。舌侧主尖明显比颊侧的强大，原尖比前尖相对前位。前边脊与原尖融会，形成牙齿强大的横棱；原脊粗壮，与前方横棱的中部连接；后脊长、粗壮，与原脊的颊侧部分大致平行，与次尖的前部或中部相连；后边脊最为短、弱，从次尖后颊侧伸至后尖基部；内脊短、粗，从次尖前方斜向伸至原脊，其上没有任何中尖和中脊的痕迹。内谷宽，前外向延伸达牙齿中线，颊侧对向前边谷的舌端；前边谷比内谷浅、小，横向，向内延伸未达牙齿宽度之半；中谷横向，比内谷浅，但比前边谷宽深，长度和宽度都比前边谷的大（内伸超过牙齿宽度之半），舌侧后叠内谷的颊侧部；后边谷与前边谷的大小接近，内伸宽度与中谷相仿，但后边谷在颊侧最浅，随着磨蚀最早封闭成釉质坑，并最早消失。

M3次三角形。具有与M2完全相同的构造要素：宽大的舌侧内谷，四条强壮的颊侧横棱与三个颊侧谷，以及斜向的内脊；后边谷在磨蚀初期仍然开放。不同的只是尺寸较小，后部收缩、退化，齿脊和齿谷较短小，随着磨蚀前边谷可能比后边谷消失得早。另外，在5枚牙齿中有1枚（V 19431.1）的内脊中部中断。

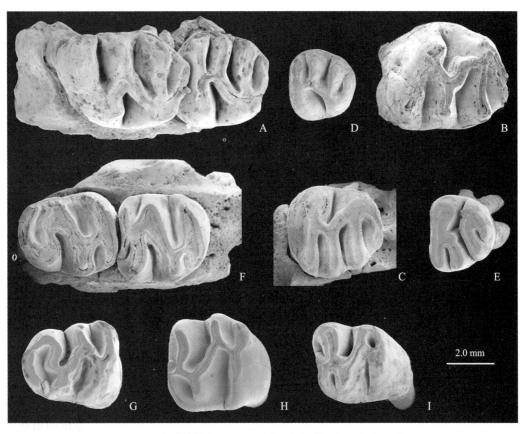

图13　内蒙古敖尔班和嘎顺音阿得格普通拟速掘鼠臼齿

Fig. 13　Molars of *Tachyoryctoides vulgatus* from Aoerban and Gashunyinadege, Nei Mongol

A. 附M1和M2的右上颌骨碎块（right maxillary fragment with M1-2）（正模holotype，反转reversed，V 19429），B. r M1（V 19430.1），C. r M2（V 19432.2），D. l M3（V 19430.2），E. r M3（V 19431.1），F. 附有m1和m2的右下颌骨碎块（right mandibular fragment with m1-2）（V 19432.1），G. l m1（V 19430.3），H. l m2（V 19432.3），I. l m3（V 19431.2）；冠面视（occlusal view）

m1似椭圆形，长大于宽，前缘比后缘窄，内缘比外缘长。主尖前后向压扁，舌侧主尖位置相对比颊侧的靠前；没有下前边尖和下中尖。下前边脊强大，圆弧形，舌侧粗壮、融入下后尖前臂，颊侧伸达下原尖前基部、与下原尖间有凹缺分开；没有清楚的下前小脊，但5枚牙齿的下后脊都有前向的弯突，其中一件标本的弯突在低处与前边脊相连，可能为退化了的下前小脊痕迹；下后脊粗壮、微弯、连续，颊侧部分稍收缩，与下原尖的前外侧相连；下次脊短、粗，近与牙齿纵轴垂直，与下外脊连接；下后边脊短、粗，从下次尖伸至下内尖后基部，与下次尖形成牙齿后部的粗棱；下外脊粗大，从次尖前舌侧伸出，与下次脊交会后折向下原尖的舌后侧。下原谷和下前边谷相通，组成牙齿前部宽大、舌侧封闭的齿谷，颊侧到达牙齿磨蚀的中后期才会封闭；下外谷比前部齿谷深，也是牙齿中最为宽大者，前外-后内向，向内延伸超过齿宽之半，舌端对向下后边谷；下中谷显著，大小和深度与下外谷接近，但略窄，呈新月形前外向延伸，外伸超过齿宽之半，前叠下外谷；下后边谷浅小，稍后外向延伸，外伸未达齿宽之半，舌侧开放，但进入磨蚀后期则形成浅的釉质齿坑。

m2圆方形，长宽近等。主尖前后向压扁，舌侧主尖比颊侧的相对前位。下前边脊细弱，宽度约为齿宽之半至三分之二，舌侧部分短而窄，牙齿磨蚀初期未与下后尖隔开，颊侧部分粗厚、发育，迅速下降或伸至下原尖基部的前外侧(7/9)，或绕过下原尖呈齿带状与下次尖的颊侧连接(2/9)；下前小脊短、弱，位于牙齿的中轴线或稍偏颊侧；下后脊粗壮，从下后尖的颊侧弯向下原尖前臂；下次脊短、粗，与下外脊后部连接，近与牙齿纵轴垂直；下后边脊短，但显著，从下次尖伸至下内尖后部，未封闭下后边谷，与下次尖融合成牙齿后方的粗棱；下外脊粗大，从次尖前舌侧伸出，与下次脊交会后折向下原尖舌后侧。下原谷显著，椭圆形，长轴略前内-后外向，向内延伸约达齿宽的三分之一；下外谷比下原谷宽、深得多，为牙齿中的最显著者，几乎横向，向内延伸近达齿宽的三分之二，舌端对向下后边谷；下前谷浅、小，向牙齿的前缘开放，随着磨蚀消失较早；下中谷显著，大小和深度接近下外谷者，舌侧部分近横向，颊侧部分略前外向，外伸超过齿宽之半，颊侧对向下原谷，前叠下外谷；下后边谷浅、小，近横向，外伸约占齿宽三分之一，舌侧开放，随着磨蚀消失较早。

m3椭圆形。长度与m2接近，在保存完好的牙齿中可以看到有与m2完全相同的构造要素：宽、深的下外谷和下中谷，较浅小的下原谷、下前边谷和下后边谷，前边脊、下前小脊、下后脊、下次脊和后边脊，以及弯折的下外脊一应俱全；但个体较小，后部收缩、退化，齿脊和齿谷相对短、小。值得一提的是，处于磨蚀早期阶段的一枚牙齿尚保存有封闭、小，但清楚的下后边谷。

比较与讨论　上述标本具有 *Tachyoryctoides* 属牙齿的典型特征：颊齿脊型，主尖前后向压扁；上臼齿具三颊侧谷、一舌侧谷，下臼齿有三舌侧谷、两颊侧谷；臼齿的前边尖和中脊不发育；第三臼齿不特别退化，尚存第二臼齿的构造要素与接近的长度；上臼齿的内脊和下臼齿的下外脊发育、斜向延伸，内谷的颊端指向前边谷；下臼齿的下中谷和下外谷宽阔，颊端和舌端分别指向下原谷和下后边谷；m1和m2的下外谷明显比下后边谷宽大；m2和m3有下前小脊。但这些牙齿与上述巨拟速掘鼠(*T. colossus*)的有所不同：尺寸明显较小(图12)；m1虽然也没有明显的下前小脊，却具有下原谷和下前边谷连成的宽阔前方齿谷；m3具下后边谷；上臼齿有四齿根。由于其尺寸和形态不仅与 *T. colossus* 的不同，与该属其他已知种的特征也有明显的差异，因此这里将其定为另一新种。

新种 *Tachyoryctoides vulgatus* 与 *T. obrutschewi* 的不同在于：下臼齿的齿尖更为前后向压扁；齿谷较宽；m1的长度相对较大(图12)，没有下中脊，没有明显的下前小脊，而有宽大、由下前边谷和下原谷连成的前方齿谷；m3的后部较收缩。与 *T. pachygnathus* 的不同在于个体较小，下臼齿相对横宽。*T. vulgatus* 比 *T. kokonorensis* 小，臼齿齿谷较窄，M1和M2没有中脊的残留，m1无下前小脊，m3具下后边谷。与 *T. engesseri* 的差异是：个体较小；M1不存在短、弱的中脊，M2无任何残留中脊的痕迹；m1由下原谷和下前边谷连成的前方齿谷更宽阔。新种比 *T. gigas* 和 *T. glikmani* 的个体都略大，m1没有任何下中脊和下后脊后刺的痕迹；更以m3较少退化、长度接近m2而不同于 *T. gigas*，以m1没有下前小脊而异于 *T. glikmani*。

在已知的拟速掘鼠中，*Tachyoryctoides vulgatus* 与 *T. kokonorensis*、*T. engesseri* 和 *T. vulgatus* 共享臼齿主尖更明显地前后向压扁、齿谷相对宽阔、中脊发育弱或根本不发育、第三臼齿不甚退化的形态特征，而这些特征与晚渐世的 *T. obrutschewi* 和中新世早期的 *T. gigas* 与 *T. glikmani* 有较明显的不同。蒙新高原 *Tachyoryctoides* 牙齿形态上的这些共性，或许指示了它们有较接近的亲缘关系，可能代表拟速掘鼠中的一个演化支系。

阿亚科兹鼠属 *Ayakozomys* Tyutkova, 2000

模式种　*Ayakozomys sergiopolis* Tyutkova, 2000：东哈萨克斯坦，早中新世。

归入种　*Ayakozomys minor* (Wang et Qiu, 2012)：甘肃，早中新世。*A. mandaltensis* sp. nov., *A.*

ultimus sp. nov.：内蒙古，早中新世。

特征（订正） 下颌骨粗厚；咬肌窝宽大，前方伸至 m1 后部之下；下咬肌嵴粗壮。臼齿脊型，中度高冠，齿脊和齿谷近横向排列；臼齿没有中脊，横脊发育，纵向脊退化或缺如；M1 和 M2 具有由内附尖（enst）和内附尖脊（enstc）融为一体的内中脊，中谷内伸达舌侧、且多数在舌侧开放；M1 前边脊、原尖和原脊连成锐角向内的前部粗棱，内中脊与内脊或原脊连接形成显著的中部舌侧脊，后脊、次尖与后边脊通常连成接近环形的后部粗棱；下臼齿下前边脊与下后尖连接，有与 *Tachyoryctoides* 属相同数量的舌侧、颊侧齿谷，及与其指向大体相似的下中谷和下外谷；m1 下外谷宽阔、舌端正指下内尖，下后边谷明显、向外延伸宽度不小于下外谷内伸的宽度。下门齿的舌侧面平，截面接近等腰三角形，齿腔宽大。

差异特征 *Ayakozomys* 属与 *Tachyoryctoides* 属的不同在于：1）颊齿更趋脊齿型；2）上、下臼齿的中脊完全退化；3）上臼齿具有内附尖和内附尖脊融会成的内中脊，内脊中断；4）下臼齿的前边脊与下后尖连接；5）M1 的后脊与后边脊连成环形棱；6）M3 较为退化，尺寸比 M2 的明显小；7）m1 的下后边谷显著，宽度与下外谷的接近或稍大。

Ayakozomys 属与 *Eumysodon* 属的主要不同在于：1）颊齿齿尖呈明显的压扁状，属典型的脊型齿；2）下臼齿没有下原尖后臂和下中脊；3）下臼齿的下前边脊与下后尖连接；4）m3 的下后边谷甚退化。

评注 Tyutkova（2000）根据发现于哈萨克斯坦的材料建立了 *Ayakozomys* 属，并赋予了该属的主要特征：脊齿型颊齿，齿尖呈前后向压扁状；臼齿无中脊；m1 和 m2 的下前边脊不分支、与下后尖连接。虽然模式种的标本不很丰富，但特有的牙齿形态足以说明其与拟速掘鼠类其他属的区别。

Kordikova 和 De Bruijn（2001）在记述哈萨克斯坦东南阿拉套山（Aktau Mountains）早中新世的拟速掘鼠类动物时，认为几颗与 *Tachyoryctoides* 属有所不同的牙齿可能代表一新的属、种，但由于材料太少，被暂定为 Tachyoryctoidinae 亚科的"Genus A, species 1"（Kordikova et De Bruijn, 2001, Pl. 3, figs. 8–10）。在其后的论著中，上述牙齿及发现于新疆准噶尔下中新统、命名为"Tachyoryctoidinae gen. et sp. nov"的标本（Ye et al., 2003）都被归入 *Ayakozomys* 属（Bendukidze et al., 2009）。毫无疑问，这些标本具有 *Ayakozomys* 属的形态特征，归入该属是恰当的。此外，发现于哈萨克斯坦 Altynshokysu 地点，指定为 *Tachyoryctoides* sp. 的一枚 m2（Lopatin, 2004, Pl. 8, fig. 3），其咀嚼面脊形，下前边脊与下后尖连接，下后边谷宽深，似乎亦应该归入 *Ayakozomys* 属。

Ayakozomys 属上臼齿的一个重要特征是具有由内附尖和内附尖脊融合而成的"内中脊"。Kordikova 和 De Bruijn（2001）显然也注意到这一构造要素，不过他们称其为中尖，在描述哈萨克斯坦标本 M1 时写道："The metaloph (protoloph) is connected to the protocone and bifurcates lingually to connect with a strong mesocone"。至于这一联合体的术语，是否是与内附尖及内附尖脊同源，或者可否称其为中尖，或者属于原脊的向内延伸部分仍然是有待研讨的问题。但我们认为，原脊是连接前尖和原尖的脊，在 *Ayakozomys* 的 M1 中原脊的走向很清楚，而所述的这一"内中脊"的外侧与内脊或原脊连接，向内伸至牙齿的舌侧缘。如果这个联合体源于内脊，又伸达舌缘，占据了内附尖的位置，把它说成是原脊或中尖总有欠妥之处。尽管这样的解析不一定合理，但图 14 展示了现有 *Ayakozomys* 标本中 M1 内脊的存在和退化现象，确实留

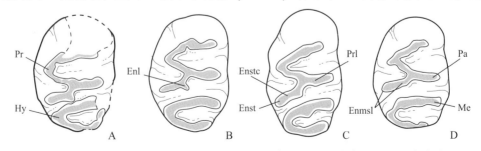

图 14　内蒙古满都拉图阿亚科兹鼠 M1 的内中脊（enmsl）及内脊（enl）的发育变异

Fig. 14　Scheme showing entomesoloph (enmsl) and variations of the reduced entoloph (enl) in M1 of

Ayakozomys mandaltensis from Nei Mongol

A. V 19437, B. V 19438.4（反转 inverse）, C. V 19438.1, D. V 19445.2

下了这一联合体与内脊连接的痕迹。当然也不排除该脊系在进化过程中内脊向内侧移动的结果，正如在正模标本的 M1 和 M2 中，原脊和次尖间存在类似内脊向内移动，并与次尖前部连接的情况（Tyutkova，2000）。但为了描述上的方便，这里拟把这一构造看作是内附尖和内附尖脊构成的内中脊。

另外，对于属名的书写有必要在此说明。在创建人 Tyutkova（2000）的文章中，多处为 *Ayakozomys*，但其在图 1 的说明中写成了 *Ayakozamys*，这显然是笔误。在 Bendukidze 等（2009）的文章中，把它写为 *Ayakosomys*。为了避免进一步的混乱，建议使用 *Ayakozomys*。

满都拉图阿亚科兹鼠（新种）*Ayakozomys mandaltensis* sp. nov.

（图 15、16；表 7）

Aralomys sp.（Lower Aoerban and Gashunyinadege）：Qiu Z D et al., 2013, p. 177, appendix

名称由来 Mandalt，蒙语，满都拉图（地名，苏尼特左旗旗镇名），示新种正型地点所在地。

正模 保存 m1-3 的破损右下颌支（V 19436）。

副模 一枚破损的 M1，V 19437。

模式产地与层位 苏尼特左旗嘎顺音阿得格（IM 9607）；下中新统，敖尔班组（谢家期晚期—山旺期早期）。

归入标本 苏尼特左旗敖尔班（下）：IM 0407 地点，臼齿 12 枚（5 M1，1 M2，1 M3，3 m1，1 m2，1 m3，其中两枚 M1 和两枚 m1 破损），V 19438.1-12；IM 0507，一件保存 M2-3 的上颌骨碎块，两件分别保存 m1-2 和 m2 的残破下颌支，臼齿 12 枚（3 M1，2 M2，3 m1，3 m2，1 m3，其中两 M1、一 m1 和两 m2 破损），V 19439.1-15；IM 0511，两件分别保存 m1-2 和 m2 的残破下颌支，一枚 m1，V 19440.1-3；IM 0711 地点，一件保存 m2 的残破下颌支，两枚 m1 和一枚 m2，V 19441.1-4。苏尼特左旗嘎顺音阿得格：IM 9605 地点，一件破碎的下颌支，附有 m1-2，一枚 M1 和一枚 m1，V 19442.1-3；IM 9606，两件保存 M2 的上颌骨碎块，M3 一枚，V 19443.1-3；IM 0401，一件保存 M2-3 的上颌骨碎块，一件破碎的下颌支，附有 m1-2，臼齿 4 枚（1 M3，1 m2，2 破损 m3），V 19444.1-6；IM 0406，臼齿 4 枚（2 M1，2 M3），V 19445.1-4。苏尼特左旗巴伦哈拉根（IM 0801）：破损的 m1 一枚，V 19446。

测量 见表 7。

表 7 内蒙古敖尔班（下）和嘎顺音阿得格满都拉图阿亚科兹鼠颊齿测量

Table 7 Measurements of cheek teeth of *Ayakozomys mandaltensis* from Aoerban（L）and Gashunyinadege, Nei Mongol（mm）

Tooth	Length			Width		
	N	Mean	Range	N	Mean	Range
敖尔班（下）Aoerban（L）						
M1	4	5.15	4.75-5.50	8	3.31	2.85-3.70
M2	4	3.84	3.60-4.00	4	3.44	3.35-3.50
M3	2	2.33	1.90-2.75	2	2.85	2.80-2.90
m1	8	3.48	3.20-3.80	11	2.63	2.35-3.05
m2	6	3.12	2.75-3.60	9	3.07	2.80-3.50
m3	2	3.13	2.65-3.60	2	3.30	3.00-3.60
嘎顺音阿得格 Gashunyinadege						
M1	3	4.28	4.15-4.45	4	3.20	3.00-3.45
M2	2	3.23	3.15-3.30	3	3.20	3.10-3.30
M3	5	2.17	1.85-2.60	5	2.57	2.40-2.75
m1	3	3.67	3.25-4.25	4	2.89	2.70-3.10
m2	4	3.33	3.00-3.70	3	3.37	2.95-3.65
m3	1	–	3.30	2	2.70	2.55-2.85

特征 个体较大的阿亚科兹鼠。颊齿的齿脊与齿谷近于同等发育，间距相差不大；M1常有残留的内脊，内中脊与内脊或原脊连接；M2的原脊较完整，通常与原尖或前边脊相连；m2的齿脊略倾斜，下后边脊与下次脊或下内尖间常有连接的下外脊；m3不甚退化，前部有与m2相同的构造要素。

描述 材料中虽有几件颌骨，但保存都不好。下颌水平支粗壮，上升支前缘起于m2的前外侧，齿虚位浅，咬肌窝宽深、向前伸至m1后部下方，下咬肌嵴显著，上咬肌嵴稍弱，咬肌嵴前结节显著、位于m1后部之下，颏孔中等大小、位于m1前缘下方。

门齿截面呈等腰三角形，唇侧平、有略向近中侧和外侧包卷的薄层釉质覆盖，釉质层表面有细纹，齿腔大。下门齿的最大截面分别为 2.6 mm × 2.0 mm，2.2 mm × 2.5 mm，2.15 mm × 2.3 mm 和 2.50 mm × 2.50 mm。

臼齿中等高冠，齿尖前后向压扁，齿脊大致横向、近与齿谷等大，齿谷向根部变窄。上臼齿长度从前往后递减，但各下臼齿的长度则近等；上臼齿和下臼齿都没有中脊；上臼齿的内脊中断，下臼齿的下外脊通常完整、斜向延伸。上臼齿三或四齿根；下臼齿双根。

M1 椭圆形，长大于宽。齿尖与齿脊融会，形成牙齿上三条近平行、略前外-后内向的强脊和一条近横向的短脊。前边脊强大，与完整的原脊在原尖处融合，形成牙齿前部前外-后内向的齿棱；原脊的颊侧强壮，构成牙齿第二条粗长横脊的外侧部分，原脊的舌侧稍弱、但完整；内附尖脊与内附尖融为一体，与内脊或原脊连接，形成牙齿中部强大的内中脊；后脊的大小和排列方向与前边脊相似，与后边脊在次尖处融合，形成牙齿后部连续、接近环形状的齿棱（但在一枚牙齿中，后脊与后边脊未融合而在次尖处分开，这一构造可能为个体的形态变异）；后边脊相对短、弱，近横向，颊侧伸达后尖后部，末端有深的凹缺与后尖隔开；内脊很短，后部中断，在一些标本中内中脊的后部留有一短刺或后突，这一短刺或后突被看做退化了的内脊残留部分，其发育情况因标本的不同而异（图14）。内谷被内中脊分成两部分，前部显著、向外延伸未超过牙齿宽度之半、后叠前边谷，后部窄、与中谷连通；前边谷显著，横向，长度大，内伸超过牙齿宽度之半，深度也较大；中谷与内谷的后部在多数标本中贯通，形成略前外-后内向的狭谷，在少数标本中舌侧或被次尖与内附尖间连接的脊封闭或半封闭；后边谷浅、小，横向，向内延伸超过牙齿宽度之半，随着磨蚀消失最早。

M2 半椭圆形，长稍大于宽或长宽近等，前缘比后缘宽。齿尖与齿脊融会，形成牙齿上四条横棱和一短的纵向棱。前边脊强大，与原尖融会成牙齿前方强大的横棱；内中脊与原脊连接，构成牙齿上略呈弧形向前弯曲、比前方脊还宽的第二条粗棱，该棱在牙齿磨蚀的早期阶段舌端常有深的齿缺与次尖隔开，仅一枚牙齿其间有较紧密的连接，磨蚀后期舌端都与次尖连接；后脊与次尖融会，构成大小和排列方向与第二横棱相似的第三横棱；后边脊短、弱，起于次尖，呈后向弧形伸达后尖后方，末端由浅、小的凹缺隔开，但牙齿进入磨蚀中期即与后尖连接；纵向脊仅见于第一和第二横棱之间（这里解析为原脊的舌侧部），很短，前内-后外向，7枚牙齿中1枚的很低、1枚的完全缺失。内谷的前部显著，颊侧指向后外，向外延伸未超过牙齿宽度之半，对向前边谷，在1枚牙齿中与前边谷连通，内谷的后部较窄而浅，在1枚牙齿中舌侧封闭；前边谷窄而深，横向，宽度也大，内伸超过牙齿宽度之半；中谷的深度与前边谷的接近，与内谷的后部贯通；后边谷小，横向，向内延伸超过牙齿宽度之半，浅，稍经磨蚀即封闭成釉岛，随着磨蚀消失最早。

M3 次三角形，比M2小很多。虽然具有与M2完全相同的构造要素，但明显退化，次尖和纵向脊部分有较明显的形态变异。在7枚牙齿中，4枚的内附尖不清楚或者与次尖融会，多数牙齿的中谷未与内谷贯通，3枚可以辨别内脊的后部，所有标本都有釉岛状的后边谷。

m1 似椭圆形，长大于宽，前缘圆，比后缘窄很多。主尖前后向压扁，完全融入齿脊；下原尖位置近与下后尖同处一水平线，下次尖则明显比下内尖靠后；没有下前边尖和下中尖。下前边脊显著，圆弧形，舌侧与下后尖连接，颊侧在低处以弱脊与下原尖相连，在磨蚀早期的标本中总以凹缺与原尖隔开；下前小脊位于牙齿中轴线稍偏颊侧，但发育程度变异明显，在多数标本中清楚或比较清楚，少数中断或缺失（图16）；下后脊粗壮、微弯、连续，但在接近下原尖处收缩；下次脊短、粗，与下外脊连接，近与牙齿纵轴垂直；下后边脊同样很强壮，从下次尖舌侧伸出，逐渐加粗伸至下内尖后部形成粗棱；下外脊粗大，从

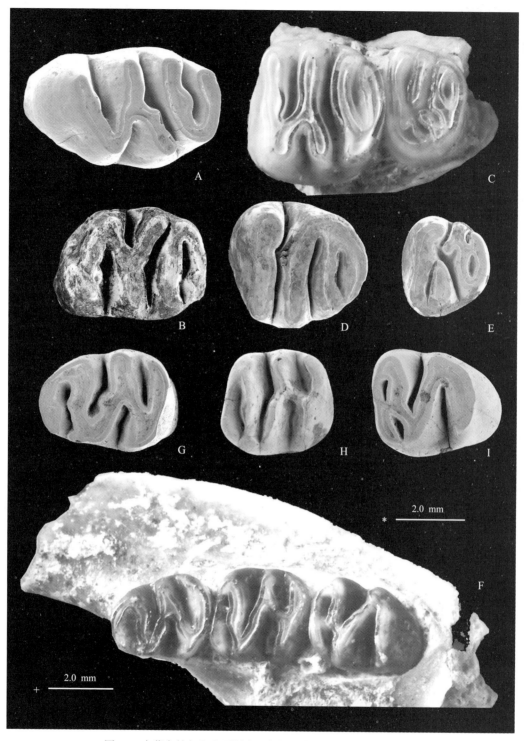

图 15　内蒙古敖尔班和嘎顺音阿得格满都拉图阿亚科兹鼠臼齿

Fig. 15　Cheek teeth of *Ayakozomys mandaltensis* from Aoerban and Gashunyinadege，Nei Mongol

A. l M1（V 19438.1），B. r M1（V 19445.1），C.附 M2 和 M3 的左上颌骨碎块（left maxillary fragment with M2-3）（V 19439.1），D. r M2（V 19439.2），E. r M3（V 19444.1），F. 附 m1-3 的右下颌骨碎块（right mandibular fragment with m1-3）（正模 holotype，反转 reversed，V 19436），G. l m1（V 19438.2），H. l m2（V 19439.3），I. l m3（V 19438.3）；冠面视（occlusal view）；比例尺（scale）．*-A-E，G-I，+-F

下次尖的前舌侧伸出，与下次脊交会后折向下原尖的舌后侧。下原谷浅小，颊侧开放或半开放，通常随着磨蚀最早消失；下外谷显著，长度大，向舌侧迅速聚会，横向，近对称，向内伸达牙齿宽度之半左右，舌端正对下内尖；下前边谷比下原谷宽、深；下中谷相当显著，舌侧部分横向，颊侧向牙齿的前外向延伸，深度与下外谷的接近，外伸超过齿宽的三分之二，前叠下外谷；下后边谷相当显著，稍后外向，深度与下外谷和下前边谷的接近，在磨蚀初期的牙齿中外伸超过齿宽的三分之二，随着磨蚀宽度变小，但始终比下外谷宽。

m2 圆梯形，长度比宽度大。主尖前后向压扁，融入齿脊，错位排列；没有下前边尖和下中尖。下前边脊显著，横向排列，舌侧与下后尖连接，颊侧部加厚，伸达下原尖基部，其间在磨蚀早期的标本中总有凹缺隔开；个别标本具有明显或比较明显、位于牙齿中轴线稍偏颊侧的下前小脊，但在多数牙齿中这一短脊缺如（图16）；下后脊粗壮、微弯，连续、在接近下原尖处收缩；下次脊短、粗，与牙齿中轴线垂直，与下外脊连接；下后边脊短粗，与下次尖融会成牙齿后部的粗棱；下外脊发育，从后部齿脊的中部前外向伸出，与下次脊交会后折向下原尖的舌后侧，在轻度磨蚀的标本中可见下外脊后部较为低弱，其中一个标本的完全缺失。下原谷浅小，横向，内伸未达齿宽之半，多数与下前边谷相通，颊侧开放，随着磨蚀较早消失；下外谷显著，近横向，长度和深度都相当大，内伸超过齿宽之半；下前边谷短、细，经磨蚀的牙齿显得比下原谷小；下中谷是牙齿中最为显著的齿谷，近横向排列，前叠下外谷，近与下外谷等长，但深度比下外谷小；下后边谷略前内-后外向，近与下外谷对位排列，与下原谷大小接近、深度相当，外伸未达齿宽之半，始终比下外谷狭窄。

m1	标本数 N	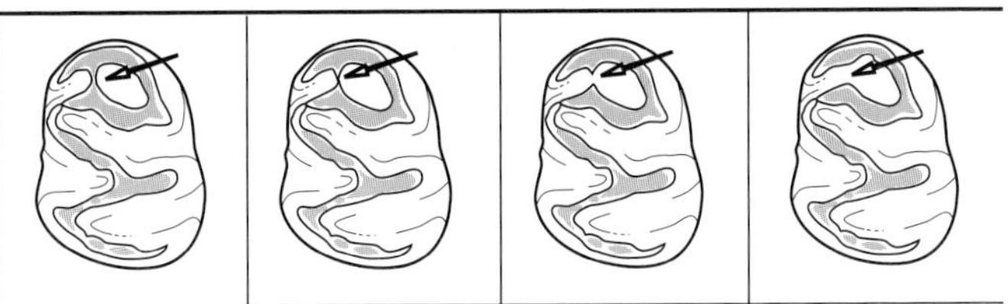			
巴伦哈拉根 Balunhalagen	1	*			
嘎顺音阿得格 Gashunyinadege	2	*			*
敖尔班(下) Aoerban (L)	10	* * * *	* * *	* *	*
m2		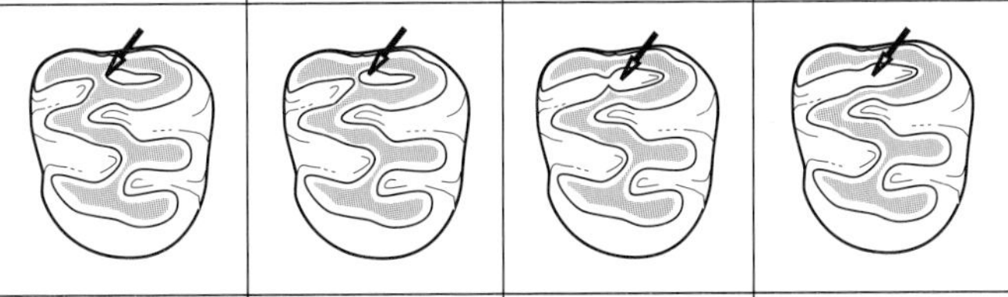			
嘎顺音阿得格 Gashunyinadege	4	*		* * *	
敖尔班(下) Aoerban (L)	7	*	*	*	* * * *

图 16　内蒙古中部满都拉图阿亚科兹鼠 m1 和 m2 下前小脊（箭头所指处）发育变异示意统计

Fig. 16　Variation in development of anterolophulid (arrow) on m1 and m2 of *Ayakozomys mandaltensis* from central Nei Mongol

m3 椭圆形，长度比宽度大。形态构造与 m2 大体相似：主尖错位排列；下前边脊横向，舌侧与下后尖连接；下前小脊的发育因标本而异，在 3 枚牙齿中完整、低或缺如各占 1 枚；下外谷和下中谷显著，宽而深。与 m2 的不同主要是尺寸较小，后部明显收缩，下外脊的后部很靠舌侧或者完全融会于下后边脊与下内尖的连接处，因而下后边谷不发育（只在 1 枚开始磨蚀的牙齿中留下痕迹），下外谷很显著、长而宽。

比较与讨论　上述标本在形态上的同一性明显，并具有拟速掘鼠类的特征。尽管牙齿的构造与前述 *Tachyoryctoides* 属的有许多相似之处，如粗厚的下颌骨上有显著的下咬肌嵴，上、下臼齿既没有前边尖也没有中尖和中脊，上臼齿具四条颊侧横棱，下臼齿有三个舌侧谷和两个颊侧谷，但这些标本无法归入

Tachyoryctoides 属,因为牙齿更趋脊齿型,上臼齿具有内中脊,纵向脊极退化,M1 的后脊、次尖与后边脊连成环形的后部粗棱,下臼齿的下前边脊与下后尖连接,m1 有宽、深的下后边谷。牙齿所具有的这些形态,使其异于 *Tachyoryctoides* 属的定义而与 *Ayakozomys* 的特征一致。

如上所述,*Ayakozomys* 属此前只有模式种 *A. sergiopolis*,发现于哈萨克斯坦,模式标本不多,其中还包括 Bendukidze(1993, fig. XXIII, 4)先前作为 *Aralomys* 报道的一枚 m2(Tyutkova, 2000)。至于模式种的标本,Bendukidze 等(2009)指出,Tyutkova(2000)图 3a 中的两枚下臼齿属于 *Tachyoryctoides* 属的 m2 和 m3,而非 *Ayakozomys* 属者。根据内蒙古发现的材料,本书作者认为 Bendukidze 等的意见是正确的,因为 Tyutkova 所图示的牙齿齿尖不甚脊形,而且 m2 没有任何下后边谷的痕迹。在 *Ayakozomys* 的 m2 中,下后边谷较宽深,在 *Tachyoryctoides* 属中相对浅小,即使到达如图示中的磨蚀程度,前者也还会残留下后边谷的痕迹,只有后者的才会消失。另外,Tyutkova 描述的两枚 M1,其中一枚的齿尖呈明显的压扁状、齿脊趋于横向(Tyutkova, 2000, fig. 1a),无疑具有 *Ayakozomys* 属的特征,但另一枚(图 1b)的齿尖不甚脊形,而且前边谷和后边谷前内-后外向,不仅缺乏与图 1a 标本形态上的同一性,与内蒙古众多被指定为 *Ayakozomys* 的标本也明显不同,把它归入该属显然尚有疑义。

内蒙古的发现,虽然材料不算特别丰富,但标本中包括了完整的齿系,并显示了颊齿在某些形态上的种内变异情况(图 14、16),因此,这一发现在很大程度上增加了我们对阿亚科兹属的认识。同时,鉴于内蒙古标本与 *A. sergiopolis* 在尺寸和形态上的差异,这里将其归入新种。

新种 *Ayakozomys mandaltensis* 的个体比 *A. sergiopolis* 大;从图判断,它们在形态上的不同主要在于前者的齿谷较为狭窄,M1 和 M2 内中脊较为横向,并通常与次尖分得比较开(仅见 Tyutkova, 2000, fig. 1a, c, fig. 2, fig. 3c)。

发现于甘肃兰州盆地的"*Tachyoryctoides minor*"似乎代表我国阿亚科兹鼠的另一个种。该种的材料只有完好的 m2 和 M3 各一枚,残破的 m1 和 m3 各一枚(Wang et Qiu, 2012)。标本中的 m1、m2 和 M3 在尺寸大小和构造模式上具有明显的同一性,但其中的 m3 尺寸偏大、齿尖也相对显著,与其他标本不相匹配,而与 *Tachyoryctoides* 属的更为相似。除 m3 外,其他牙齿均属明显的脊型齿,下臼齿的下前边脊与下后尖连接,M3 较退化(其个体小,构造要素远没有 *Tachyoryctoides* 属的那样分明和保持与 M2 的相似性)。牙齿上的这些基本构造形态,都说明其与 *Ayakozomys* 属的特征一致而不同于 *Tachyoryctoides* 属,谨此将"*Tachyoryctoides minor*"移入 *Ayakozomys* 属。新种的个体比 *A. minor* 大很多,容易区分。*A. minor* 和 *A. sergiopolis* 的正模都是一枚 m2,两者尺寸接近,不同的似乎只是前者的齿谷稍宽大,下前小脊较显著。但内蒙古标本表明,齿谷的宽窄与磨蚀程度有一定的关系,下前小脊的发育程度会因个体的不同而有所变异,因此,*A. minor* 是否会是 *A. sergiopolis* 的晚出异名仍需进一步研究。由于材料太少,又未直接比较,这里暂时仍将它们作为不同的种看待。

作为"Genus A, species 1"报道的哈萨克斯坦材料及新疆准噶尔盆地 99005 地点作为"Tachyoryctoidinae gen. et sp. nov."报道的 M1(Kordikova et De Bruijn, 2001; Ye et al., 2003),无疑都应归入 *Ayakozomys* 属,但它们的牙齿尺寸似乎都比内蒙古的 *A. mandaltensis* 新种的小(图 20)。Lopatin(2004)所报道的哈萨克斯坦 Altynshokysu 地点、指定为"*Tachyoryctoides* sp."的 m2,虽然尺寸与内蒙古标本接近,但材料太少,可否归入内蒙古种,也需要更多材料的发现和研究。

另外,发现于苏尼特左旗巴伦哈拉根(IM 0801 地点)的材料,只有一枚 m1,而且略有破损,不排除为再搬运的产物。

最后阿亚科兹鼠(新种) *Ayakozomys ultimus* sp. nov.

(图 17-20;表 8)

Aralomys sp. 2(Upper Aoerban),*Tachyoryctoides* sp.(Tairum Nur):Qiu Z D et al., 2013, p. 177, appendix

名称由来 ultimus,拉丁文,最后的、最远的,示新种为拟速掘鼠类在内蒙古中部地区出现的最后代表。

正模 右 M1(V 19447)。

副模 一件保存破损 m1 的残破下颌支，臼齿 68 枚（17 M1，7 M2，7 M3，11 m1，8 m2，18 m3），V 19448.1-69。

模式产地与层位 苏尼特左旗敖尔班(上)(IM 0772)；下中新统，敖尔班组，上(红色泥岩)段(山旺期)。

归入标本 苏尼特左旗敖尔班(下)(IM 0711 地点)：一件保存 m2 的残破下颌支，V 19449。苏尼特左旗嘎顺音阿得格：IM 9605 地点，M2 一枚，V 19450；IM 0401，一件保存 M2 的上颌骨碎块，臼齿 2 枚(1 M2，1 M3)，V 19451.1-3；IM 0406，一件保存破损 m1 和 m2 的下颌支碎块，一枚 m3，V 19452.1-2。苏尼特左旗敖尔班(上)：IM 0770 地点，一件未保存牙齿的下颌支碎块，V 19453；IM 0776，m3 一枚，V 19454；IM 0778，M1 和 M2 各一枚，V 19455.1-2。苏尼特右旗推饶木地点：三件破损的下颌支，一件保存 m1-2，两件附有 m2-3，M1 一枚，V 19456.1-4。

测量 见表8。

表 8　内蒙古中部地区最后阿亚科兹鼠颊齿测量

Table 8　Measurements of cheek teeth of *Ayakozomys ultimus* from Nei Mongol（mm）

Tooth	Length			Width		
	N	Mean	Range	N	Mean	Range
敖尔班(下) Aoerban（L）						
m2	1	–	3.85	1	–	3.65
嘎顺音阿得格 Gashunyinadege						
M2	3	3.57	3.35-3.75	3	3.70	3.60-3.80
M3	1	–	2.20	1	–	2.75
m2	1	–	3.30	1	–	3.55
m3	1	–	3.35	1	–	3.30
敖尔班(上) Aoerban（U）						
M1	12	3.90	3.60-4.30	20	3.54	3.30-4.00
M2	8	3.16	2.90-2.40	8	3.44	3.20-3.80
M3	7	2.24	2.05-2.45	7	2.94	2.75-3.05
m1	8	3.72	3.40-4.00	10	2.98	2.40-3.40
m2	5	3.27	3.00-3.60	8	3.42	3.15-3.80
m3	18	3.36	2.80-4.00	18	3.19	2.85-3.85
推饶木 Tairum Nur						
M1	1	–	3.75	1	–	3.55
m1	1	–	3.80	1	–	3.05
m2	3	3.30	3.15-3.50	3	3.53	3.30-3.75
m3	2	3.48	3.45-3.50	2	3.23	3.20-3.25

特征 个体较大的阿亚科兹鼠。颊齿的齿脊粗壮，齿脊间距比齿谷间距小；M1 和 M2 通常没有内脊，内中脊融入原脊形成相对均匀的横向齿棱；M2 的原脊通常不与原尖或前边脊相连；m2 呈明显的前后向挤压状、齿脊横向，后部下外脊(后边脊与下次脊或下内尖间的脊)缺失；m3 明显退化，下后尖与下内尖融为一体，下次尖与下后边脊构成孤立的尖状脊。

描述 颌骨很破碎。下颌水平支粗壮，上升支前缘起于 m2 的前外侧，咬肌窝宽大、向前伸至 m1 前部之下，下咬肌嵴较上咬肌嵴明显，咬肌嵴前结节并不特别显著、位于 m1 后部下方。下门齿后伸达上升支，截面呈等腰三角形，舌侧平、有略向近中侧和外侧包卷的薄层釉质覆盖，釉质层表面有细纹，齿腔明显。下门齿的最大截面分别为 3.8 mm × 2.9 mm，3.3 mm × 2.7 mm 和 2.75 mm × 2.25 mm。臼齿中等高冠，齿尖轮廓不清晰，属典型的脊型齿。齿脊粗壮、横向，齿谷狭窄、间距比齿脊的大。上臼齿长度从前往后递减，各下臼齿的长度差别不大；上臼齿和下臼齿都没有中脊；上臼齿的内脊缺失，m2 和 m3 的齿脊趋于横向，下外脊的后部断开。上臼齿三或四齿根；下臼齿双根。

M1 呈中部较宽的椭圆形，长大于宽。咀嚼面上有四条横向或近横向的强棱和三个舌侧和颊侧连通或不连通的齿谷。前边脊粗大，横或略前外-后内向，与原脊的舌侧部分在原尖处融合成牙齿前部的粗棱；原脊弯曲，颊侧部分强壮，舌侧部分弱、在个别标本中甚至中断或完全缺失（图 17）；内中脊与原脊融会，形成牙齿上宽度最大、相对匀称、大体与前边脊平行的前方第二粗棱，该棱的颊端呈游离状态，舌端在多数标本中游离，少数或靠近或与次尖连接（图 17）；后脊的宽度比前一齿棱小，与后边脊和次尖融合，形成牙齿后部连续、接近环形状的齿棱；后边脊最短，近横向伸向后尖后部，在多数标本中末端有深的凹缺与后尖隔开（13/16），少数紧靠后尖、稍经磨蚀即相连（3/16）；内脊不存在，只一个牙齿中棱的颊侧有一后向的小突，可能为内脊退化的残留痕迹。内谷被内中脊分成不对等的两部分，前部较大、向外延伸通常不超过牙齿宽度之半、后叠前边谷，后部窄、少数封闭；前边谷显著，横向，长度和深度都大，内伸超过牙齿宽度之半；中谷与内谷的后部贯通，在个别标本中舌侧被次尖与内中脊间的连接封闭或半封闭；后边谷浅、小、横向，向内延伸超过牙齿宽度之半，在多数标本中颊侧开放（13/16），少数半封闭或封闭（3/16），随着磨蚀消失较早。

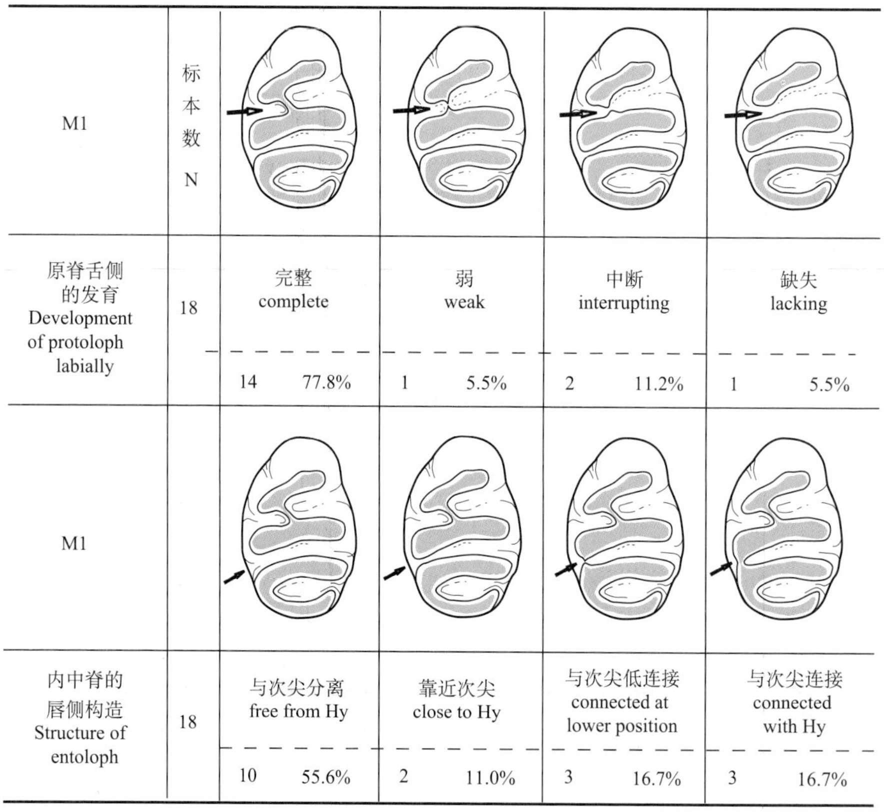

M1	标本数 N				
原脊舌侧的发育 Development of protoloph labially	18	完整 complete	弱 weak	中断 interrupting	缺失 lacking
		14　77.8%	1　5.5%	2　11.2%	1　5.5%
M1	18				
内中脊的唇侧构造 Structure of entoloph	18	与次尖分离 free from Hy	靠近次尖 close to Hy	与次尖低连接 connected at lower position	与次尖连接 connected with Hy
		10　55.6%	2　11.0%	3　16.7%	3　16.7%

图 17　内蒙古敖尔班（上）最后阿亚科兹鼠 M1 原脊舌侧的发育和内中脊舌侧构造变异（箭头所指处）示意统计

Fig. 17　Variation in development of protoloph and structure of entomesoloph (arrow) on M1 of *Ayakozomys ultimus* from Aoerban (U), Nei Mongol

M2 呈前宽后窄的半椭圆形，长稍大于宽。咀嚼面上简单地由四条近平行的横棱和三个横谷组成，没有纵向棱。前边脊强壮，与原尖融会成匀称的横棱，舌端和颊端游离；内中脊与原脊融会，构成匀称、比前边脊还宽的粗棱，舌端和颊端均游离；后脊、次尖和后边脊融合，形成接近环形状棱；后边脊短、弱，颊侧伸达后尖的后方，末端与后尖紧靠，牙齿进入中期磨蚀阶段即与后尖连接。内谷前部与前边谷贯通，形成牙齿上的第一条狭窄、深度最大、颊侧和舌侧都开放的齿谷；内谷后部与中谷连通，形成牙齿上第二条颊侧和舌侧同样开放的狭谷；后边谷小、横向，向内延伸超过牙齿宽度之半，稍经磨蚀即封闭成釉岛，随着磨蚀较早消失。

M3 次三角形，比 M2 小很多，后部明显退化、形态变异也大。前边脊是牙齿上最强大的齿脊；原脊与前边脊中部连接；内中脊不发育，仅在一枚牙齿中呈萌芽状；后脊粗壮，横贯牙齿中后部；后边脊短，向后成弧形弯曲。前边谷清楚，内伸未超过牙齿宽度之半，在磨蚀早期的牙齿中颊侧开放；内谷与中谷贯通，在牙齿中部形成尖端向前的峡谷，舌侧和颊侧都开放；后边谷小，稍经磨蚀即封闭成釉岛状。

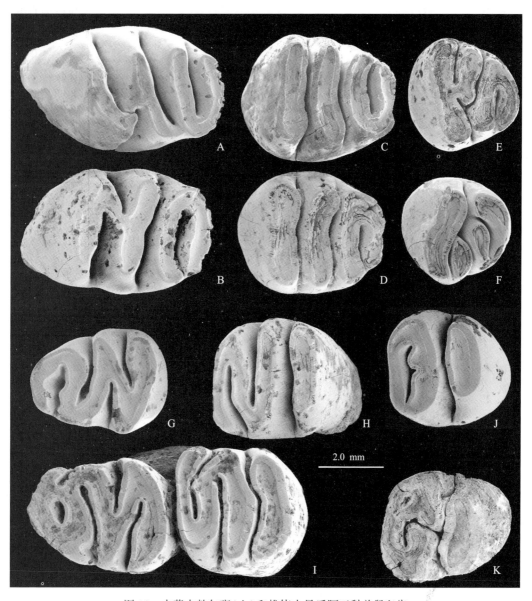

图 18　内蒙古敖尔班(上)和推饶木最后阿亚科兹鼠臼齿

Fig. 18　Cheek teeth of *Ayakozomys ultimus* from Aoerban (U) and Tairum Nur, Nei Mongol

A. l M1 (V 19448.1), B. r M1 (正模 holotype, V 19447), C. l M2 (V 19455.1), D. r M2 (V 19448.2), E. l M3 (V 19448.3),

F. r M3 (V 19448.4), G. l m1 (V 19448.5), H. l m2 (V 19448.6), I. 附有 m1 和 m2 的右下颌骨碎块 (right mandibular

fragment with r m1-2) (V 19456.1), J. l m3 (V 19448.7), K. r m3 (V 19448.8)；冠面视(occlusal view)

　　m1 似椭圆形，长大于宽，前缘圆，比后缘狭窄很多。齿尖比齿脊醒目，主尖完全融入齿脊。下原尖近与下后尖同处一水平线，下次尖位置则明显比下内尖靠后。下前边脊显著，圆弧形，舌侧融入下后尖，颊侧伸达下原尖前方，除一枚牙齿在低处与下原尖连接外，其余与原尖间都由明显的齿缺隔开；下前小脊位于牙齿中轴线稍偏颊侧，在多数标本中较低，少数中断或缺失(图19)；下后脊粗壮、微弯，一枚牙齿的与下原尖在低处连接，一枚的在接触处中断；下次脊短粗，近与牙齿纵轴垂直，与下外脊连接；下后边脊强壮，从下次尖逐渐向舌侧加粗，伸至下内尖后部，为下后边谷隔开；下外脊粗大，从次尖前舌侧伸出，与下次脊交会后折向下原尖舌后侧。下原谷最浅、小，颊侧通常开放，随着磨蚀最早消失；下外谷显著，长度大，向下迅速变短，向舌侧迅速变窄，横向，内伸达牙齿宽度之半左右，舌端通常正指下内尖(除两件标本因下外谷与下中谷贯通外)；下前边谷比下原谷宽、深；下中谷相当显著，舌侧部分横向，颊侧前外向延伸，与下外谷深度接近或稍深，外伸超过齿宽的三分之二，前叠下外谷；下后边谷显著，稍后外向，深度与下外谷和下前边谷接近，磨蚀初期向外延伸超过齿宽的三分之二，随着磨蚀宽度变小，但始终比下外谷宽。

m1	标本数 N	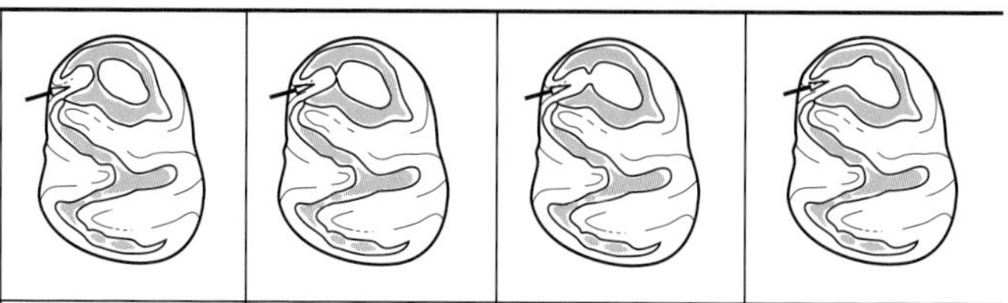			
下前小脊的发育 Development of anterolophulid	11	完整 complete	较弱 weak	中断 interrupting	缺失 lacking
		1　　9.1%	5　　45.4%	2　　18.2%	3　　27.3%
m2		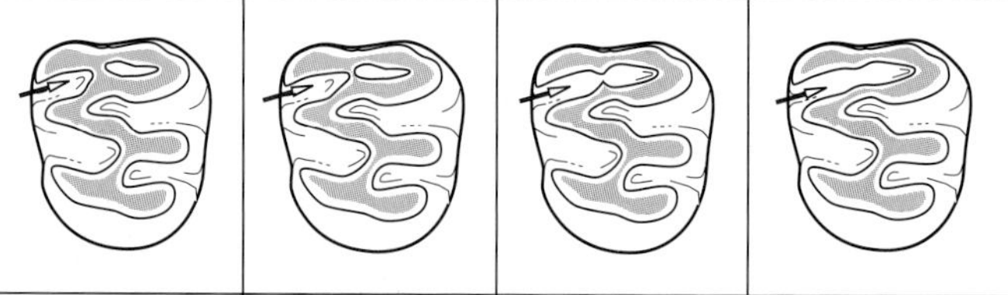			
下前小脊的发育 Development of anterolophulid	8	完整 complete	较弱 weak	中断 interrupting	缺失 lacking
		0　　0	1　　12.5%	2　　25.0%	5　　37.5%

图 19　内蒙古敖尔班(上)最后阿亚科兹鼠 m1 和 m2 下前小脊(箭头所指处)发育变异示意统计

Fig. 19　Variation in development of anterolophulid (arrow) in m1 and m2 of *Ayakozomys ultimus* from Aoerban (U), Nei Mongol

　　m2 圆梯形，长度比宽度大。齿脊和齿尖前后向压缩，齿脊横向、比齿谷更醒目。下前边脊显著，横向，舌侧融入下后尖，颊端游离，颊侧加厚，在牙齿的前外角尤为明显；个别标本具有甚弱、位于中轴线稍偏颊侧的下前小脊，在多数牙齿中下前小脊中断或缺失(图19)；下后脊粗壮、微弯、连续，但在接近下原尖前收缩；下次脊与下外脊前部融合，形成稍前外-后内向或近横向、连接下原尖与下内尖的中间粗棱；下后边脊粗大，近横向孤立于牙齿后部；后部下外脊在所有标本中完全缺失。几乎所有牙齿的下原谷与下前边谷都相通，颊侧开放，随着磨蚀消失较早；下外谷与下后边谷相通，构成牙齿后部的深谷，直至磨蚀后期才在舌侧封闭；下中谷近横向排列，长度大，外伸超过齿宽的三分之二，前叠下外谷。

　　m3 椭圆形—次方形，长稍大于宽，明显退化，形态变异大。下前边脊横向，舌侧与下后尖和下内尖融会，形成牙齿前内角上强大的尖状棱；从下原尖伸出的短脊与下后脊、下内尖连接，构成牙齿中部的横向粗棱，在开始磨蚀的牙齿中该棱的中部往往留下未完全融会的痕迹；下次尖与下后边脊融合，形成牙齿后方孤立的短脊。下原谷、下前边谷和下中谷联合形成前方谷，该谷在浅磨蚀的牙齿中颊侧开放；下外谷和下后边谷连成牙齿后部、舌侧和颊侧都开放的深谷。偶见个别标本中具有下外脊后部退化的痕迹。

　　比较与讨论　上述标本具有阿亚科兹鼠属(*Ayakozomys*)的形态特征，即下颌骨粗厚，上咬肌窝宽大，下咬肌嵴比上咬肌嵴显著，颊齿中等高冠、典型脊型齿，臼齿横脊发育而纵向脊退化，M1 和 M2 具有内中脊、后脊与后边脊融入次尖连成的环形棱，下臼齿的下前边脊与下后尖连接，m1 的下外谷宽大、下后边谷显著。这些牙齿的尺寸与前述 A. mandaltensis 种的接近(图 20)，但形态构造上有较明显的差异，难以归入该种。与 A. mandaltensis 标本的不同主要在于：颊齿的齿脊粗壮、相对比齿谷醒目（在 A. mandaltensis 种中，齿谷前后距较大，与齿脊的近等）；M1 和 M2 难见有内脊的痕迹，内中脊融入原脊形成相对均匀的横向齿棱(A. mandaltensis 中原脊和后脊间常有残留的内脊，内中脊与原脊的融会体不很匀称)；M2 的原脊不与原尖相连(A. mandaltensis 中原脊几乎都与原尖相连，至少也留下退化的连接痕迹)；m2 呈前后向挤压状、齿脊更趋横向，后边脊与下次脊间缺失下外脊(A. mandaltensis 中，m2 前后向挤压状不甚明显，齿脊明显斜向排列，后边脊与下次脊间常有发育的下外脊)；m3 较退化，下后尖和下内尖融为一体，下次尖与下后边脊构成孤立的尖状齿棱(A. mandaltensis 中 m3 的构造与 m2 相似，下后尖和下内尖明显分开，下后边脊与下内尖连接)。显然，这些牙齿具有与 Ayakozomys 属最接近的形态特征，但与 A. mandaltensis 种的构造差异显著，不排除进一步的研究会证明上述的不同属于属一级的差异，不过鉴于目前的有限材料和对这一科成员间形态差异的认识程度，暂且把这些牙齿归入 Ayakozomys 属，并作为该属的新种处置。

新种 Ayakozomys ultimus 与 A. sergiopolis 的不同主要是个体较大(图 20)，M1 和 M2 的内中脊通常与次尖分得很开，M2 的原脊与原尖间无任何连接，m2 的齿脊明显横向、下内尖和下后边脊间没有下外脊，m3 更退化。与 A. minor 相比，Ayakozomys ultimus 的个体显得很大(图 20)，m2 齿脊的排列较为横向、下后边脊与下次脊或下内尖间没有下外脊，M3 的中谷与内谷横向贯通。

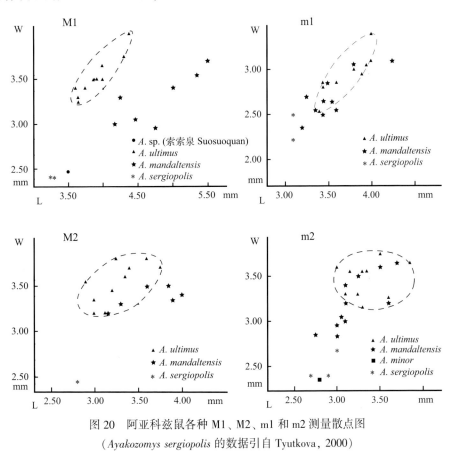

图 20　阿亚科兹鼠各种 M1、M2、m1 和 m2 测量散点图
(Ayakozomys sergiopolis 的数据引自 Tyutkova，2000)

Fig. 20　Scatter diagrams showing length and width of M1, M2, m1 and m2 of the named species of Ayakozomys (Measurements of A. sergiopolis are cited from Tyutkova, 2000)

新疆准噶尔下中新统索索泉组名为"Tachyoryctoidinae gen. et sp. nov."的一枚 M1 (Ye et al., 2003，本书称为 Ayakozomys 属的一个未定种)，其尺寸也比新种的小，似乎与 A. minor 相匹配，但能否归入该种，尚待更多材料的发现。

哈萨克斯坦阿拉套山被 Kordikova 和 De Bruijn（2001）暂定为 Tachyoryctoidinae 亚科"Genus A, species 1"的几枚牙齿，显然可以归入 *Ayakozomys* 属。其尺寸与新种的接近，但该 M1 呈明显的前后向压缩，后边谷很大，m3 的下后边脊与下内尖连接，既不同于 *A. mandaltensis*，与新种也有差异。

Ayakozomys ultimus 在内蒙古最早出现于时代较早的敖尔班早中新世下红层，但大量的标本产自层位稍高的上红层，最晚见于中中新世通古尔组的下段。新种的繁荣似乎处于 *Tachyoryctoides* 属和 *A. mandaltensis* 种的绝灭时期，也是拟速掘鼠科在我国残存到最后的代表。

似乎 *Ayakozomys* 属与 *Tachyoryctoides* 属有较为接近的亲缘关系，但目前尚没有证据表明其直接起源于后者。也许两者具有共同的祖先，*Ayakozomys* 是向着内中脊发育、颊齿脊齿型化方向发展的一支。该属的演化趋势似乎具有以下特征：个体增大，颊齿的横脊越来越发达而纵向脊逐渐退化，第三臼齿的退化渐趋明显。

山河狸超科 Aplodontoidea Brandt，1855

山河狸超科是一类具始啮型头骨（咬肌起点主要限于颧弓腹面）、中小型甚至是大型的啮齿动物，最早出现于北美始新世，古近纪晚期至新近纪早期广布新、旧大陆，现生只有残存于北美西北太平洋海岸的一属一种。渐新世和中新世期间，山河狸类在北美十分繁荣，分布广，种类也相当多。在欧亚大陆，最早见于渐新世，出现晚，种类也比北美少得多。山河狸超科较高阶元的分类方案在学者中尚未形成统一的意见，尤其对亚科的确定仍有不同的看法。McKenna 和 Bell（1997）将山河狸超科分为三科，Allomyidae、Aplodontidae 和 Mylagaulidae，而 Flynn 和 Jacobs（2008a）取消 Allomyidae 科，只保留后两个科。在其高阶元分类方案未得到落实之前，本书采用二分方案。代表这两个科的山河狸化石在我国主要出现于北方地区，最早的化石发现于渐新世地层，最晚记录于上中新统。内蒙古中部地区的山河狸类化石在多数中新世地点中或多或少地有所发现，尤以早中新世地点较常见，但多为脱落的牙齿。在我们的调查之前，这一地区描述过的山河狸类化石只有化德二登图和乌兰察尔（Olan Chorea）的 *Pseudaplodon asiaticus*（Schlosser，1924）一种；现在至少包括了 Aplodontidae 科的 4 属 7 种，Mylagaulidae 科的 1 属 1 种。这些发现，丰富了对山河狸超科在亚洲演化历史的认识，表明其在亚洲中新世也有过比欧洲较为分化的时期。山河狸超科的牙齿构造在不同亚科中有较大的差异，本书所使用的术语大体如图 21 所示。

山河狸科 Aplodontidae Brandt，1855

山河狸科的个体小—中型，颊齿低—中等高冠。齿式为：1·0·2·3/1·0·1·3。P4-M3 常有外脊和显著的中附尖，偶见前附尖；上臼齿的原小尖和后小尖一般强大，次尖很小或者缺失，前尖和后尖次三角形。下颊齿具下中附尖，而下中尖往往不很明显；下臼齿三角座退化，跟座加大。山河狸科的化石种类在北美较多，晚渐新世至更新世地层都有发现，至今仍有残存；在欧亚大陆，以中亚及其周边的古近纪晚期至新近纪早期的地层较为常见，但属种比北美的少，而且进入上新世前即已灭绝。在一些文献中，这一科被分为原松鼠亚科（Prosciurinae）、奇异鼠亚科（Allomyinae）、新月鼠亚科（Meniscomyinae）和山河狸亚科（Aplodontinae）（Rensberger，1975，1983；Flynn et Jacobs，2008a）。本书作者之一（邱铸鼎，1987b）在报道中国早中新世的山河狸化石时，还建立了半圆鼠亚科（Ansomyinae）。但这些亚科的建立主要是基于牙齿的形态特征，其定义多少显得不够成熟，在研究者中对各亚科的确立也并未取得一致的看法，因此本书暂时回避各属在亚科分类地位的讨论，也不对各亚科的定义作具体的探讨。

半圆鼠属 Ansomys Qiu，1987

模式种　*Ansomys orientalis* Qiu，1987：江苏泗洪双沟，早中新世，山旺期。

归入种　*Ansomys nexodens*（Korth，1992），*A. cyanotephrus* Korth，2007，*A. nevadensis* Kelly et Korth，2005，*A. hephurnensis* Hopkins，2004：北美，早渐新世—中中新世。*A. descendens*（Dehm，1950）：欧洲，早中新世（MN3）。*A. crucifer* Lopatin，1997：哈萨克斯坦，早中新世。*A. shantungensis*（Rensberger et Li，1986）：山东，晚渐新世。*A. shanwangensis* Qiu et Sun，1988：山东，早中新世/中中新世。*A. borealis* sp.

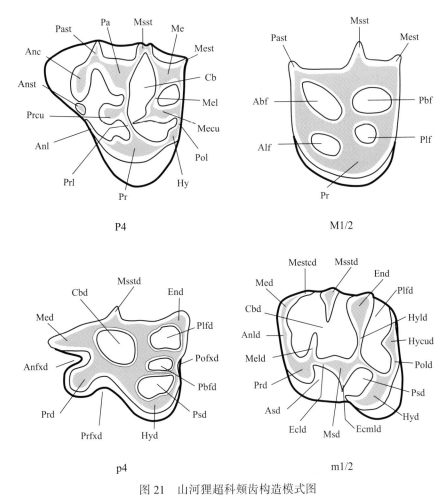

图 21 山河狸超科颊齿构造模式图

Fig. 21 Nomenclature used for cheek teeth of Aplodontoidea

Abf, 前颊窝 (anterobuccal fossette); Alf, 前舌窝 (anterolingual fossette); Anc, 前边尖 (anterocone); Anfxd, 下前边褶 (anteroflexid or anterior reentrant); Anl, 前边脊 (anteroloph); Anld, 下前边脊 (anterolophid); Anst, 前边附尖 (anterocone style); Asd, 下前颊侧齿谷 (anterosinusid); Cb, 中央凹 (central basin, trigon basin); Cbd, 下中央凹 (central basin, trigonid+talonid basins); Ecld, 下外脊 (ectolophid); Ecmld, 下外中脊 (ectomesolophid); End, 下内尖 (entoconid); Hy, 次尖 (hypocone); Hycud, 下次小尖 (hypoconulid); Hyd, 下次尖 (hypoconid); Hyld, 下次脊 (hypolophid); Me, 后尖 (metacone); Mecu, 后小尖 (metaconule); Med, 下后尖 (metaconid); Mel, 后脊 (metaloph); Meld, 下后脊 (metalophulid); Mest, 后附尖 (metastyle); Mestcd, 下后附尖脊 (metastylid crest); Msd, 下中尖 (mesoconid); Msst, 中附尖 (mesostyle); Msstd, 下中附尖 (mesostylid); Pa, 前尖 (paracone); Past, 前附尖 (parastyle); Pbf, 后颊窝 (posterobuccal fossette); Pbfd, 下后颊窝/谷 (posterobuccal fossettid); Plf, 后舌窝 (posterolingual fossette); Plfd, 下后舌窝/谷 (posterolingual fossettid); Pofxd, 下后边褶 (posteroflexid or posterior reentrant); Pol, 后边脊 (posteroloph); Pold, 下后边脊 (posterolophid); Pr, 原尖 (protocone); Prcu, 原小尖 (protoconule); Prd, 下原尖 (protoconid); Prfxd, 下原褶 (protoflexid); Prl, 原脊 (protoloph); Psd, 下后颊侧齿谷/窝 (posterosinusid)

引自 Shotwell (1958)、Rensberger (1983)、王伴月 (1987), 经综合修改

[modified after Shotwell (1958), Rensberger (1983) and Wang (1987)]

nov.: 内蒙古, 早中新世—晚中新世早期。*A. robustus* sp. nov.: 内蒙古, 早中新世—中中新世。*A. lophodens* sp. nov.: 内蒙古, 中中新世—晚中新世。

特征(修订)　颊齿低冠, 但齿尖和齿脊较高。P4–M3 原尖舌侧壁背腹向弯曲; 没有次尖; 前尖和后尖的颊侧较平坦; 中附尖大, 呈半圆形或方褶形构成向颊侧凸出的外脊部分; 后小尖单一。下颊齿主尖前后向压扁状; 下臼齿的下后尖极弱或脊形; 下次尖向后外角扩张; 通常具有明显的下中附尖和下次小尖, 下中尖显著或缺失(综合修订特征, 源于邱铸鼎, 1987b; Hopkins, 2004)。

北方半圆鼠(新种) *Ansomys borealis* sp. nov.

(图 22、23；表 9)

Ansomys? sp.: 邱铸鼎, 1996b, 35 页, 图 21

Ansomys sp. 1 (Lower and Upper Aoerban and Gashunyinadege, partim): Qiu Z D et al., 2013, p. 177, appendix

名称由来 borealis, 拉丁词, 第三变格法形容词, 北方的, 示新种记录于中国北方。

正模 右 M1/2 (V 19457)。

副模 颊齿 10 枚(3 P4, 2 M1/2, 1 dp4/p4, 1 p4, 3 m1/2, 部分破损), V 19458.1-10。

模式产地与层位 苏尼特左旗嘎顺音阿得格(IM 0406 地点); 下中新统, 敖尔班组(谢家期晚期—山旺期早期)。

归入标本 苏尼特左旗敖尔班(下): IM 0407 地点, 颊齿 11 枚(2 P4, 8 M1/2, 1 M3, 部分破损), V 19459.1-11; IM 0507, 颊齿 6 枚(破损 M1/2 和 M3 各一枚, 1 dp4, 2 p4, 1 m3), V 19460.1-6; IM 0726, 一件仅保存部分门齿和部分 m1 的破碎下颌支, 颊齿 14 枚(1 M1/2, 4 dp4, 1 p4, 6 m1/2, 2 m3), V 19461.1-15; IM 0744, 三件破损下颌支, 分别保存溶蚀或磨蚀的 c-m3, p4-m1 和 m1-m2, V 19462.1-3。苏尼特左旗嘎顺音阿得格: IM 9605 地点, 一件保存 M1 和 M2 的上颌骨碎块, 颊齿 9 枚(2 M1/2, 1 dp4, 1 p4, 4 m1/2, 1 m3), V 19463.1-10; IM 9606, 颊齿 14 枚(1 P4, 5 M1/2, 2 M3, 1 p4, 3 m1/2, 2 m3, 个别破损), V 19464.1-14; IM 0401, 颊齿 24 枚 (1 DP4, 6 M1/2, 3 M3, 2 dp4, 2 p4, 6 m1/2, 4 m3, 部分破损), V 19465.1-24; IM 0406, 颊齿 12 枚 (3 P4, 4 M1/2, 1 dp4, 1 p4, 2 m1/2, 1 m3, 部分破损), V 19466.1-12。苏尼特左旗敖尔班(上)(IM 0772 地点): 颊齿 76 枚(1 DP4, 8 P4, 30 M1/2, 5 M3, 6 dp4, 4 p4, 14 m1/2, 8 m3, 部分破损), V 19467.1-76。苏尼特右旗呼-锡公路原里程碑 346 km 附近上红层(346 地点): 颊齿 26 枚(11 M1/2, 3 M3, 3 p4, 8 m1/2, 1 m3), V 19468.1-26。苏尼特左旗巴伦哈拉根(IM 0801 地点): 颊齿 26 枚(4 P4, 5 M1/2, 3 M3, 11 m1/2, 3 m3), V 19469.1-26。苏尼特左旗必鲁图(IM 0510 地点): 颊齿 8 枚(2 M1/2, 1 M3, 5 m1/2), V 19470.1-8。

测量 见表 9。

表 9 内蒙古中部地区北方半圆鼠颊齿测量
Table 9 Measurements of cheek teeth of *Ansomys borealis* from central Nei Mongol (mm)

Tooth	Length			Width		
	N	Mean	Range	N	Mean	Range
敖尔班(下) Aoerban (L)						
P4	1	–	2.35	–	–	–
M1/2	8	1.39	1.30-1.50	7	2.07	1.95-2.20
M3	–	–	–	2	1.85	1.70-2.00
dp4	3	2.07	1.75-2.25	3	1.67	1.50-1.80
p4	5	1.99	1.75-2.20	5	1.96	1.65-2.05
m1/2	11	1.75	1.50-1.90	8	1.83	1.55-1.90
m3	3	1.85	1.75-2.00	3	1.73	1.60-1.90
嘎顺音阿得格 Gashunyinadege						
DP4	1	–	1.60	1	–	1.85
P4	4	2.06	2.00-2.20	4	2.56	2.45-2.65
M1/2	16	1.59	1.45-1.75	12	2.25	2.10-2.40
M3	4	1.65	1.55-1.75	4	1.81	1.75-1.90
dp4	2	1.93	1.85-2.00	2	1.58	1.45-1.70
p4	2	2.03	2.00-2.05	4	2.00	2.00-2.00
m1/2	13	1.75	1.40-2.00	14	1.80	1.30-2.05
m3	7	1.88	1.65-2.05	7	1.62	1.45-1.80

Tooth	Length			Width		
	N	Mean	Range	N	Mean	Range
敖尔班(上) Aoerban（U）						
DP4	1	–	1.85	1	–	1.80
P4	6	2.10	2.00-2.20	7	2.44	2.20-2.75
M1/2	21	1.51	1.30-1.70	21	2.26	1.95-2.50
M3	5	1.62	1.50-1.75	3	1.90	1.75-2.10
dp4	4	1.81	1.00-2.10	5	1.51	1.35-1.60
p4	1	–	1.75	4	1.89	1.70-2.00
m1/2	13	1.60	1.50-1.75	13	1.72	1.60-1.90
m3	8	1.85	1.55-2.00	8	1.58	1.30-1.70
346 地点 Loc. 346						
M1/2	10	1.48	1.25-1.65	11	2.27	2.15-2.40
M3	3	1.57	1.55-1.60	2	1.80	1.80-1.80
p4	3	1.55	1.35-1.70	3	1.80	1.70-1.95
m1/2	7	1.49	1.35-1.55	7	1.63	1.50-1.75
m3	1	–	1.70	1	–	1.50
巴伦哈拉根 Balunhalagen						
P4	4	1.81	1.75-1.90	3	2.28	2.05-2.45
M1/2	5	1.39	1.35-1.45	4	2.09	2.05-2.10
M3	3	1.47	1.40-1.50	3	1.70	1.65-1.80
m1/2	11	1.60	1.45-1.90	11	1.66	1.45-2.00
m3	3	1.75	1.70-1.80	3	1.52	1.40-1.60
必鲁图 Bilutu						
M1/2	2	1.43	1.40-1.45	2	2.18	2.15-2.20
M3	1	–	1.45	1	–	1.70
m1/2	5	1.66	1.40-1.85	5	1.63	1.40-1.90

特征　P4-M3 后尖前臂发育弱，与中附尖构成的半圆形外脊低甚至不完整；上臼齿原尖的前臂与前边脊连接；M3 次圆形。下颊齿有显著的下中尖，下中尖与下次尖颊侧前臂不相连；p4 的下次脊通常与下外脊连接；p4 和 m1 的下中附尖和下中附尖脊发育；下臼齿的下内尖脊形；m3 似梯形，明显往后延伸，下内尖和下次脊不甚退化。颊齿齿凹釉质层光滑，次生小脊发育弱。

描述　下颌骨体粗壮；上咬肌嵴显著，从 m3 侧方向下呈弧形延伸，终止于 p4 后缘之下、接近水平支的腹缘，下咬肌嵴不清楚；咬肌窝宽浅；齿虚位长度比齿列的稍小，在一件标本中长约 6.0 mm；颏孔大，位于齿虚位颊侧中间的中上部；颌骨颊侧 m2 处高度在 5.5-6.0 mm 之间。下门齿后伸达 m3 之下，横切面次三角形，腹面宽度最大(宽约 1.6 mm)，具薄、不明显向外缘和近中缘包卷的釉质层，齿腔小。颊齿低冠，齿尖和齿脊的高度在开始磨蚀的牙齿中约占冠高的三分之一。P4-M3 宽度大于长度，舌侧壁表面光滑；由于原尖舌侧壁呈背腹向弯曲，咀嚼面会随着磨蚀的加深而明显变宽；无次尖；后小尖单一；三齿根。下颊齿梯形，齿脊显著，下中附尖和下中尖发育；在同一齿列上 p4 比 m1 大；下臼齿齿尖明显前后向压扁；p4 双根，m1 和 m2 三根或四根(部分 m1 的前方根愈合)，m3 三根。

P4 次三角形，前窄后宽。原尖粗大，前臂和后臂分别与前边脊和后边脊连接。前尖比后尖稍大，颊侧壁平或微凸。前边尖显著，明显向前凸出，颊后侧有一略小的前附尖。原小尖清楚；在浅磨蚀的牙齿中前方与前边脊隔开，但多数有伸向前边尖的短脊(8/12)，少数伸达前边尖基部(3/12)；舌后侧通过原脊与原尖连接；颊后侧的原脊向前折曲，并与前尖舌后侧相连。后小尖三角形，比原小尖强壮；前方与原小尖或原脊紧密连接；前颊侧通过前折的后脊部分与后尖舌前侧相连；后方与后边脊连接。中附尖显著，紧靠前尖；后方与后尖连接的脊很低，甚至在多数牙齿中未能完全封闭中央凹，由中附尖参与构成的方褶形或半圆形的外脊一般不连续；少数牙齿有短、伸向舌侧的中附尖脊。原脊清楚、完整，折曲形；后脊被后舌窝隔开而未直接伸达原尖。前边脊和后边脊完整，但并不强壮。中央凹深窄、釉质层光滑，未见次生小脊。DP4 与 P4 构造相似，但尺寸较小，尖、脊弱，前边尖更向前方扩展。

M1/2 似长方形，前缘和后缘平直。没有前边尖，前附尖不发育。原尖强壮，前臂和后臂显著，分别与前边脊和后边脊连接。前尖比后尖大，两者的颊侧壁平。原小尖比前尖小，前后向压扁；在个别标本中前方与前边脊间有低脊相连，颊后侧与前尖相连。后小尖比原小尖强壮，三角锥形或呈侧方压扁状，舌前侧与原小尖中后部或原脊连接，颊前侧与后尖的前舌侧相连，后方连接后边脊。中附尖脊形，靠近前尖，后方与后尖连接的脊低，使由中附尖参与构成的方褶形或半圆形外脊的凸出部分不很对称，甚至在部分标本中(特别是那些层位低，如敖尔班下红层的标本)未能完全封闭中央凹；个别牙齿有弱、伸向中央凹的中附尖脊。原脊完整，近直或明显弯曲；后脊多数略弯曲，未直接伸达原尖；前边脊和后边脊连续，颇显著。中央凹深窄、光滑，未见次生小脊。前尖的外缘常有弱的齿带。

M3 次等边三角形—次圆形。牙齿构造与 M1/2 的相似，明显的不同在于：后尖融入后外脊；后小尖退化成纵向脊；中附尖退化，外脊的颊侧凸出部分不明显。

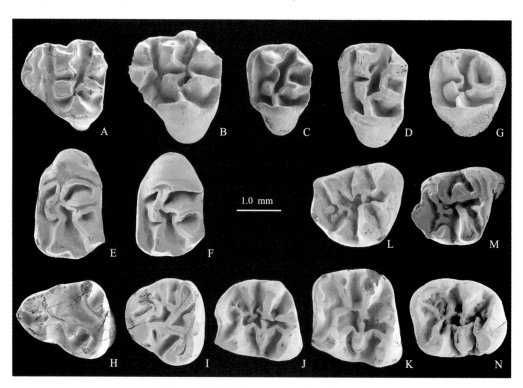

图22 内蒙古中部地区北方半圆鼠颊齿

Fig. 22 Cheek teeth of *Ansomys borealis* from central Nei Mongol

A. l DP4 (V 19467.1), B. l P4 (V 19467.2), C. l M1/2 (V 19461.1), D. l M1/2 (V 19468.1), E. r M1/2 (正模 holotype, V 19457), F. r M1/2 (V 19459.1), G. l M3 (V 19467.3), H. l dp4 (V 19465.1), I. l p4 (V 19468.2), J. l m1/2 (V 19464.1), K. l m1/2 (V 19458.1), L. r m1/2 (V 19461.2), M. r m1/2 (V 19467.4), N. l m3 (V 19461.3)；

冠面视(occlusal view)

p4 次三角形。下前边尖不发育。下原尖和下后尖锥形，高而锐利，彼此靠近，其间由狭谷分开；下原尖前方有短、弯向下后尖基部的前臂，后内侧伸出长而显著的脊，该脊与下后尖后外脊相会构成"V"

形、连续或断开的下后脊；在下后脊的尖端处常有后向的短脊。下次尖粗大、向颊后侧扩伸，几乎占据牙齿的后外角。下内尖与下原尖和下后尖近同等发育，但稍低，绝大多数（9/10）通过下次脊与下中尖的中部或后部相连；下次脊强壮，一般都完整。下中尖显著，三角形，颊侧的基部几乎伸达牙齿外缘，其上的下外中脊短，分外谷为前小、后大的两个颊侧谷，而未与下次尖的前臂相连。下中附尖低、细小；前部与下后附尖脊连接，后部以宽深的齿缺与下内尖隔开；下中附尖脊伸达中央凹中部，时见与下后脊或下次脊的中部连接。下次小尖显著，三角形；舌侧臂和颊侧臂融入后边脊；前方的脊有时伸达下次脊。下外脊完整，在下中尖的前、后方向内弯曲。dp4 与 p4 的形态和构造相似，但外形上相对较长，齿尖和齿脊较弱，下中附尖不发育。

m1/2 梯形，前窄后宽，跟座形态和构造与 p4 的相似，但三角座与其略有不同。下原尖高而尖锐，后内方伸出显著并在中央凹前中部分叉的脊，其前舌侧支逐渐减弱并伸向下后尖，构成向后弯曲的下后脊，舌后侧支短粗，通常与下中附尖脊连接。下后尖脊形，融入下前边脊。下次尖略向颊后侧扩展，颊侧前臂未与下中尖的外脊连接。下内尖显著，前后向压扁。下中尖显著，三角形，伸出的下外中脊几达牙齿外缘，分外谷为前小、后大两个开放的颊侧谷。下中附尖低、小，前部与下后附尖脊连接，后部与下内尖被宽深的齿缺隔开；下中附尖脊伸达中央凹中部，在多数牙齿中通过短脊（下后脊的后舌侧支）与下后脊连接，在个别牙齿中同时与下次脊相连。下次小尖显著，三角形，舌侧和颊侧融入后边脊，前方脊短、多数未伸达下次脊。下次脊大体直而强壮，但向颊侧逐渐变细，颊侧与下中尖的中-后部连接，仅见一枚牙齿中其末端未与下中尖而与下中附尖脊相连；下外脊完整，连接下中尖至下原尖和下次尖。下后边脊的舌侧低，伸至下内尖后基部，或被深的齿缺与下内尖隔开。齿凹釉质层光滑，没有明显的次生小脊。m1 和 m2 的形态接近，脱落的牙齿很难判别，但在同一齿列上 m1 前部的宽度稍窄。

m3 似长方形，长度明显大于宽度；构造与 m1/2 的相似，下内尖和下次脊不甚退化，但由于下内尖和下次小尖较向颊侧位移，使牙齿的后部收缩，后内角呈弧形。

比较与讨论 上述标本发现于内蒙古中部地区早中新世到晚中新世的多个地点，虽然多为脱落的牙齿，但材料颇为丰富。这些牙齿的齿冠低；P4-M3 原尖舌侧壁弯曲，没有次尖，中附尖参与构成半圆形外脊的颊侧凸出部分，后小尖单一；下颊齿主尖前后向压扁，下后尖脊形，下次尖的前颊侧脊未与下中尖相接。牙齿的这些形态与半圆鼠属（Ansomys）的特征完全一致。虽然这些标本显示了明显的形态变异，但总的构造均一，以目前的观察手段和认知水平，无法将其分为不同的种。牙齿的个体变异也明显，最大者和最小者的尺寸差距大，但整体上同样显示了其合理的个体变异，前两个臼齿的测量表明，各地点的平均值接近，其间没有可划分为不同种的明显界线（图23）。也就是说，既无法根据形态将这些牙齿区分为不同的种，也难以按其尺寸大小作出种的界定，因此这些标本被视为半圆鼠的同一种，鉴于与已知种的较大差别，这里将其指定为一新种——北方半圆鼠。

半圆鼠为一广布属，出现于新旧大陆的渐新世至中新世，迄今已发现 9 个种，但多数种的材料不多，缺少对其种内个体和形态变异的了解。

该属在我国已知有三种：Ansomys orientalis，A. shantungensis 和 A. shanwangensis。新种牙齿尺寸与发现于江苏泗洪的属型种 A. orientalis 接近，形态也有较多相似之处，但有以下明显的不同：1）颊齿的齿凹釉质层光滑，极少有次生小脊；2）P4-M3 由中附尖构成的半圆形外脊发育较弱；3）下颊齿下次小尖前脊与下次脊相连的较少；4）M3 次圆形而非似长方形，宽度相对小；5）m3 似梯形而非似三角形，下内尖和下次脊不那么退化（邱铸鼎，1987b）。发现于山东临朐的 A. shanwangensis 与 A. orientalis 的形态相似，不同似乎是前者牙齿的尺寸较大，冠面构造更复杂，齿尖似有脊形化的趋向，M3 较退化，m3 的下内尖较强壮（邱铸鼎、孙博，1988）。新种 A. borealis 与 A. shanwangensis 的主要不同是牙齿尺寸较小，齿凹中极少有次生小脊，P4-M3 的原小尖较显著、半圆形外脊发育弱，M3 更显次圆形，m3 的下内尖明显退化。A. shantungensis 只有一枚采自渐新世地层可能为 m1 的下臼齿（Rensberger et Li，1986）。这一牙齿的特征是齿尖相对较少地前后向压扁，下次尖明显向牙齿的后外角凸出，下后脊和下后尖的后脊发育弱，齿凹光滑而无次生小脊。这一牙齿的尺寸落入新种牙齿大小的变异范围，但其形态变异情况无法得知，不可能与新种作详细的比较，但新种的下次尖在牙齿的后外角没有那样明显地凸出，下后脊和下后附尖脊发

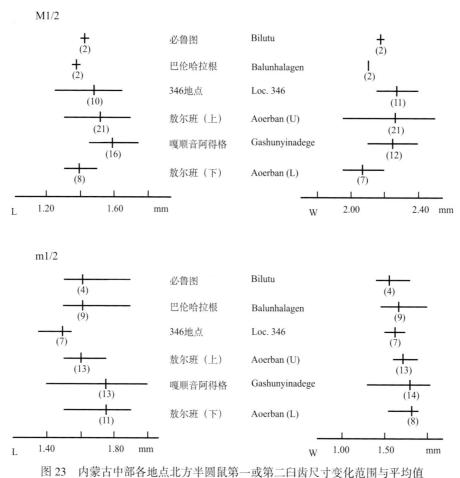

图 23　内蒙古中部各地点北方半圆鼠第一或第二臼齿尺寸变化范围与平均值

Fig. 23　Size ranges and averages of length and width in the first and/or second molars of *Ansomys borealis* from various localities of Nei Mongol

育较好，可能指示了新种较 *A. shantungensis* 进步的性状。

在国外，发现于哈萨克斯坦下中新统的 *Ansomys crucifer* 只有一枚 p4。标本的尺寸落入新种同一牙齿的大小变异范围，其最明显的特征是下次脊、下中附尖脊和下次小尖前脊组成十字形构造（Lopatin，1997）。在内蒙古的标本中亦见个别 p4 具有相似的构造，但多数下次小尖前脊并未与下次脊相连。因此，它们之间的关系有待哈萨克斯坦更多材料的发现。欧洲的 *A. descendens* 是一种个体较小的半圆鼠，新种与其的主要区别在于：上臼齿原尖前臂总与前边脊紧密相连；下臼齿的下中尖强大得多；下次尖的颊侧前臂与下中尖不相连；下内尖和下后脊较发育（Dehm，1950；Schmidt-Kittler et Vianey-Liaud，1979）。北美的 *A. hepburnensis* 也是个体较小的一种，但牙齿的尺寸落入新种变异范围的低端，形态与新种很相似（Hopkins，2004）。新种与其的细微区别似乎在于：上臼齿舌侧壁光滑而无任何沟纹，原脊较弯曲而不那么平直；M3 显次圆形，宽度相对较小；下臼齿的下内尖和下内尖脊的发育一般较弱，通常也不甚直。*A. nexodens* 比新种个体大，特别是 m3 的更为明显，另外咀嚼面上的次生小脊较显著（Korth，1992；Hopkins，2004）。除个体偏小，次生小脊不发育外，新种下臼齿中的下中附尖与下后附尖脊之间的凹缺不那么显著或根本不存在，m3 下原尖的前颊侧齿带不发育。新种不同于 *A. nevadensis* 主要在于下后尖脊形，完全融入并构成牙齿前内角的齿脊，m2 没有外附尖（Kelly et Korth，2005）。新种与 *A. cyanotephrus* 的区别是：牙齿咀嚼面次生小脊不发育；M3 次圆形，后尖明显退化；下颊齿的下后尖脊形，下中附尖、下中附尖脊和下次小尖较显著；p4 比 m1 大；m3 下内尖明显退化（Korth，2007）。

在内蒙古中部地区，北方半圆鼠发现于从早中新世至晚中新世的多个地点（包括以前作为 *Ansomys*? sp. 记述、发现于默尔根 V 的一枚上臼齿，见邱铸鼎，1996b）。由于必鲁图和巴伦哈拉根地点的时代稍晚，标本产出的数量少，又是保存在河床相或洪积相堆积物中，不排除这些牙齿是下部层位经流水搬运而再堆积的产物（Wang et al.，2009）。也就是说，还不能肯定 *Ansomys borealis* 是否延续到中新世的晚期，但那些早—中中新世地点（如敖尔班上红层和 346 地点）都保存了较丰富的材料，似乎表明该种在这一期间曾经相当繁盛。新种的演化趋势有待进一步的发现和研究，但可以看到，在这将近千万年的时间里，其牙齿形态似乎没有发生很明显的改变，只是上部层位（如 346 地点）的 P4–M3 中，外脊颊褶的发育似乎比下部层位（如敖尔班下红层）的完整而显著；牙齿的个体虽然有所差别，但各地点中第一和第二臼齿测量数据的平均值很接近，或许说明个体的差异仍属正常；尽管敖尔班下红层产出的牙齿平均值偏小，嘎顺音阿得格的偏大，但还是难以作出其个体逐渐增大的定论，因为上部层位 346 地点产出的牙齿并不比嘎顺音阿得格地点的大（图 23）。

毕顺东等（Bi et al.，2013）最近描述过发现于新疆准噶尔盆地上渐新统一个山河狸新的属、种，命名为 *Proansomys dureensis*。在牙齿的形态上，新种与其有很多相似之处，如牙齿的齿冠较低、齿凹中次生小脊不发育、P4–M1/2 中附尖构成的半圆形外脊较低甚至未能封闭中央凹、M3 半圆形、下颊齿的下中附尖发育弱等。但有以下的不同：P4–M3 的半圆形外脊相对发育，臼齿的原脊通常弯曲；绝大多数 p4 的下内尖通过下次脊与下外脊连接，而非与下次小尖相连；下臼齿的下后尖不明显、呈脊形，次生小脊相对较发育；p4 和 m1 的下中附尖和下中附尖脊较显著。因此，新种与 *Proansomys dureensis* 的相似和区别，似乎表明了它们具有很密切的亲缘关系，前者更可能由后者直接演化而来。

粗壮半圆鼠（新种） *Ansomys robustus* sp. nov.

（图 24–26；表 10）

cf. *Ansomys* sp. nov. (Lower Aoerban and Gashunyinadege)：Qiu Z D et al.，2013，p. 177，appendix

名称由来　示新种的下颌骨较粗壮，牙齿尺寸较大。

正模　破损的左下颌支，附有 p4–m2（V 19471）。

模式产地与层位　苏尼特左旗敖尔班（下）地点（IM 0744）；下中新统，敖尔班组，下（红色泥岩）段（谢家期晚期）。

归入标本　苏尼特左旗敖尔班（下）：IM 0407 地点，颊齿 4 枚（1 DP4，2 M1/2，1 M3），V 19472.1–4。苏尼特左旗嘎顺音阿得格：IM 9605 地点，颊齿 4 枚（1 P4，1 M1/2，1 p4，1 m1/2），V 19473.1–4；IM 0401 地点，颊齿 11 枚（7 M1/2，2 M3，1 dp4，1 m1/2），V 19474.1–11；IM 0406 地点，一具 p4–m2 的右下颌支碎块，颊齿 7 枚（1 DP4，3 M1/2，1 M3，1 m1/2，1 m3），V 19475.1–8。苏尼特左旗敖尔班（上）（IM 0772 地点）：P4 一枚，V 19476。

测量　见表 10。

表 10　内蒙古敖尔班和嘎顺音阿得格粗壮半圆鼠颊齿测量

Table 10　Measurements of cheek teeth of *Ansomys robustus* from Aoerban and Gashunyinadege，Nei Mongol（mm）

Tooth	Length			Width		
	N	Mean	Range	N	Mean	Range
DP4	2	2.10	2.10–2.10	2	2.30	2.25–2.35
P4	2	2.50	2.50–2.50	2	2.85	2.80–2.90
M1/2	13	1.82	1.70–1.95	11	2.56	2.45–2.65
M3	3	1.98	1.90–2.05	3	2.25	2.20–2.30
dp4	1	–	2.15	1	–	1.65
p4	4	2.40	2.05–2.80	4	2.74	2.50–2.85
m1/2	6	2.13	2.10–2.15	6	2.57	2.30–2.80
m3	1	–	2.25	1	–	2.10

特征 下颌骨和牙齿的基本形态与 *Ansomys borealis* 的相似：P4-M2 的半圆形外脊低、甚至不完整；M3 次圆形；下颊齿的下中尖显著，与下次尖颊侧前臂不连接；p4 的下次脊通常与下外脊连接；p4 和 m1 有明显的下中附尖和下中附尖脊；下臼齿的下内尖脊形；m3 前后向伸长。不同的是：下颌骨粗壮；牙齿尺寸大，齿冠较高，齿尖较强大；上臼齿的原脊多曲折；下颊齿常有小的下后附尖及下后附尖颊侧脊，下中附尖与下后附尖脊间常见浅的凹缺，次生小脊的发育稍强。

描述 两件下颌支的骨体粗壮，但都很破碎；上咬肌嵴显著，从 m3 侧方呈弧形向下延伸，终止于 p4 和 m1 之间，在接近水平支的腹缘形成结节，下咬肌嵴不清楚；咬肌窝宽而浅；颏孔大，位于齿虚位颊侧中上部；p4-m2 的长度分别为 6.6 mm 和 6.9 mm；颌骨颊侧 m2 处的高度分别为 6.5 mm 和 7.0 mm。下门齿后伸达 m3 之下，横切面次等边三角形，腹面宽度最大，分别为 2.15 mm 和 2.25 mm，具薄、向外缘和近中缘包卷的釉质层，齿腔大。颊齿低冠，齿尖和齿脊的高度在开始磨蚀的牙齿中约占冠高的三分之一左右。P4-M3 宽度大于长度，舌侧壁表面光滑、背腹向弯曲，咀嚼面随着磨蚀的加深而明显变宽；无次尖；后小尖单一；三齿根。下颊齿梯形，齿脊显著，下中附尖和下中尖发育；在同一齿列上 p4 比 m1 大；下臼齿齿尖明显前后向压扁；p4 双根，m1 和 m2 三根或四根，m3 双根或三根。

P4 次三角形。原尖粗大，前臂和后臂分别与前边脊和后边脊相连。前尖和后尖近等大，颊侧壁趋平。前边尖显著，明显向前凸出，颊后侧有一小的前附尖，在敖尔班上红层的标本中前边尖基部后方伸出与原小尖连接的脊，前附尖向舌侧伸出一强脊与前边尖的后脊相连。原小尖清楚；在嘎顺音阿得格标本中，前方与前边脊隔开，舌后侧通过低弱的原脊与原尖相连；颊后侧则通过前弯的原脊与前尖的后舌侧连接。后小尖比原小尖显著；前方与原小尖的后部连接；颊侧通过横向的后脊与后尖的舌前侧相连；后方与后边脊连接。中附尖显著，紧靠前尖；与低的后尖前脊构成半圆形外脊的颊凸部分不对称，很低，甚至未能把中央凹封闭；有显著、伸向舌侧的中附尖脊。原脊清楚、完整，折曲形；后脊被后舌窝隔断而未直接伸达原尖。前边脊和后边脊完整，但低而弱。中央凹的釉质层光滑，未见次生小脊。DP4 的形态和构造与 P4 的相似，但个体较小，尖、脊也相对弱。

M1/2 长方形，前缘和后缘平直。无前边尖，前附尖不发育。原尖强壮，前臂和后臂分别与前边脊和后边脊连接。前尖比后尖大，两者的颊侧壁平。原小尖尖锥形或前后向压扁状；前方仅一个标本有低脊

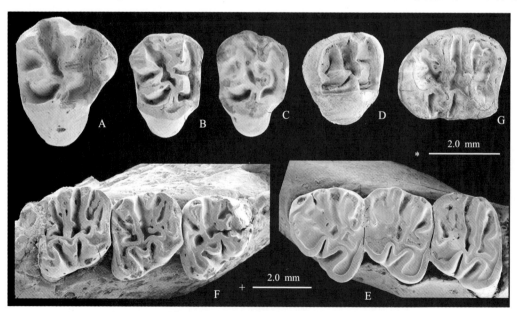

图 24 内蒙古敖尔班和嘎顺音阿得格粗壮半圆鼠颊齿

Fig. 24 Cheek teeth of *Ansomys robustus* from Aoerban and Gashunyinadege, Nei Mongol

A. r P4（V 19473.1），B. r M1/2（V 19475.1），C. r M1/2（V 19474.1），D. r M3（V 19472.1），E. 附有 p4-m2 的左下颌骨碎块（left mandibular fragment with p4-m2）（正模 holotype, V 19471），F. 附有 p4-m2 的右下颌骨碎块（right mandibular fragment with p4-m2）（V 19475.2），G. r m3（V 19475.3）；冠面视（occlusal view）；比例尺（scale）. *-A-D, G, +-E, F

与前边脊连接，舌侧和颊侧通过原脊分别与原尖和前尖相连。后小尖比原小尖高而强壮，三角锥形或呈侧方压扁状；舌前侧通常与原小尖后部或原脊连接，颊前侧与后尖的舌前侧相连；后方连接后边脊。中附尖脊形，靠近前尖；由于后尖的前脊低弱，使其与中附尖构成的半圆形外脊不对称，低、甚至未能封闭中央凹；仅一枚牙齿有弱的中附尖脊。原脊完整，除两枚牙齿外在原小尖和前尖间都有一个折角形或弧形的后弯；后脊被后舌谷与原尖隔开，在后小尖和后尖间呈弧形向前弯曲；原脊的后弯和后脊的前弯在少量的牙齿中靠得很近，甚至基部相连。前边脊和后边脊连续、颇粗壮。中央凹深窄、光滑，未见次生小脊。前尖外缘常有弱的齿带。

M3 近半圆形。牙齿前部构造与 M1/2 的相似，后部则明显不同：后尖融入牙齿的后外脊；中附尖退化，构成不明显向颊侧凸出的外脊；后脊短而直。

p4 次三角形。下前边尖不发育。下原尖和下后尖锥形、彼此靠近，其间由短脊相连；下原尖前方有长而显著、并游离于牙齿前端的齿脊，后内侧伸出短、迅速变细的脊，该脊与稍发育的下后尖后外脊相会构成"V"形的下后脊；下后脊的尖端有粗、并与下中附尖脊连接的短脊。下次尖粗大，明显向颊后侧扩伸。下内尖稍小，通过下次脊与下中尖相连；下次脊强壮、完整、直或略弯。下中尖显著，三角锥形；下外中脊短，未与下次尖的颊侧前臂相连。下中附尖明显，但相对低而小；前部与下后附尖脊间有明显的凹缺，后部与下内尖隔开；下中附尖脊伸至中央凹中部，3 枚牙齿中有 2 枚的与下外脊连接，但与下次脊间都无脊相连。下次小尖显著，三角形，舌侧和颊侧融入后边脊；在 3 枚牙齿中有 2 枚的前方脊伸至下次脊。下外脊完整，但短，在下中尖的前、后均向内弯曲。

m1/2 梯形，前窄后宽，跟座形态和构造与 p4 的相似。下原尖高，后内方伸出显著、并在中央凹前中部分叉的脊，其前舌侧支伸入牙齿前内角，构成向后弯曲的下后脊，后舌侧支短粗，通常与下中附尖脊相连。下后尖脊形，完全融入下前边脊。下次尖粗大，明显向颊后侧扩展，颊侧的前臂未与下中尖的外脊连接。下内尖显著，前后向压扁。下中尖显著，三角形；其上的下外中脊几乎伸达牙齿外缘，把颊侧谷隔成前小、后大两个颊侧开放的齿谷。下中附尖低、小，前部与下后附尖间多有清楚的齿缺，后部与下内尖为宽深的齿凹隔开；下中附尖脊伸至中央凹中部，甚至达下外脊；下中附尖脊与下后脊间通常有短脊相连。部分标本有清楚的下后附尖，该小尖的颊侧有时伸出可达下中附尖脊的脊。下次小尖显著，三角形，多数牙齿中前方的脊未达下次脊。下次脊完整，直而强壮，但向下中尖方向逐渐变细，颊侧与下中尖的中、后部相连；下外脊完整，连接下中尖至下原尖和下次尖。下后边脊的舌侧低，仅伸至下内尖基部，甚至与下内尖隔开。齿凹釉质层光滑，时见短、弱的次生小脊。在同一齿列上 m1 和 m2 的形态也可能有细微差异，如其中一个的下后附尖会比另一个的清楚些，下次小尖前脊比另一个的长些，但两个牙齿的形态和构造大体接近，最明显不同是 m1 前部的宽度稍窄。

m3 似长方形，长度大于宽度，明显往后扩展；构造与 m1/2 的相似，下内尖和下次脊不很退化，但下内尖和下次小尖较向颊侧位移，使牙齿的后部收缩，后缘呈弧形。

比较与讨论 上述标本仅发现于内蒙古中部地区的敖尔班和嘎顺音阿得格地点，产出的层位较低。形态上虽与 *Proansomys* Bi et al., 2013 属有许多相似之处，但其 P4-M2 的半圆形外脊相对发育，臼齿的原脊通常弯曲，p4 的下次脊与下外脊连接，下臼齿的下后尖脊形、次生小脊略发育，p4 和 m1 的下中附尖和下中附尖脊较显著，表明其与 *Ansomys* 属的特征更接近。下颌骨及牙齿的构造与前述 *Ansomys borealis* 的尤为相似，如下颌骨粗壮、上咬肌嵴发育、呈弧形向下伸达 p4 后缘，下咬肌嵴不清楚、咬肌窝宽阔，颏孔大，P4-M3 原尖舌侧壁背腹向弯曲、没有次尖，前尖和后尖颊侧壁平坦，后小尖单一，后尖前颊脊发育弱，半圆形外脊不甚完整，上臼齿原尖的前臂与前边脊相连，下颊齿下中尖显著、与下次尖颊侧前臂不连接，下臼齿齿尖前后向压扁、下后尖脊形，M3 次圆形，m3 似梯形、明显往后延伸，颊齿齿凹釉质层比较光滑、少有次生小脊等。但是，这一山河狸的下颌骨和牙齿尺寸较大，容易与 *A. borealis* 分开（图 25、26）。两者的牙齿形态没有明显的不同，细微的差异可能在于齿冠相对高，齿尖较强大，下颊齿常有小的下后附尖及颊侧的下后附尖脊，下中附尖与下后附尖脊间常有浅的凹缺。这些牙齿形态上的不同确实不足以作为区别不同种的根据，但考虑到个体上的差异，这里仍将其作为一个新种看待，命名为粗壮半圆鼠。

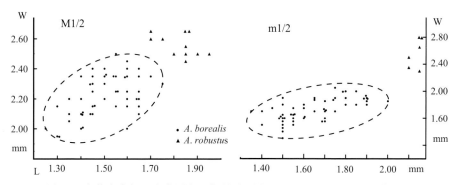

图 25　内蒙古中部北方半圆鼠和粗壮半圆鼠 M1/2 和 m1/2 的测量散点图

Fig. 25　Scatter diagrams showing length and width in M1/2 and m1/2 of *Ansomys borealis* and *A. robustus* from central Nei Mongol

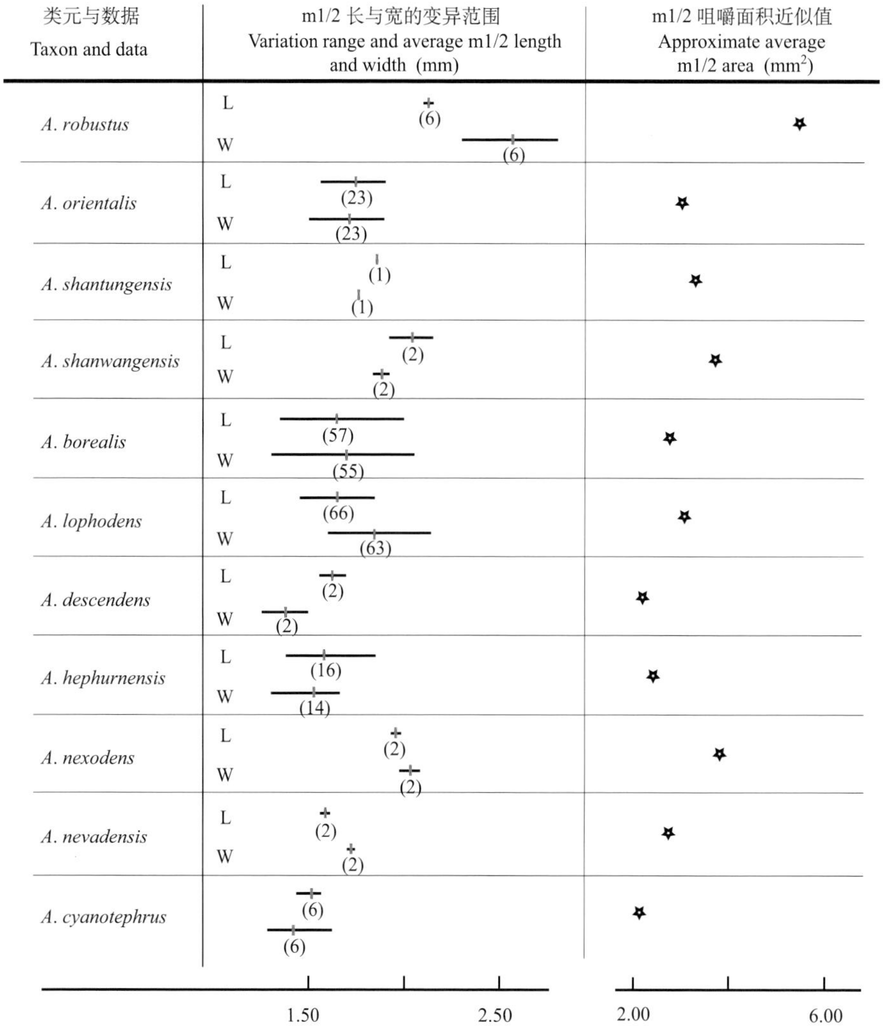

类元与数据 Taxon and data	m1/2 长与宽的变异范围 Variation range and average m1/2 length and width (mm)		m1/2 咀嚼面积近似值 Approximate average m1/2 area (mm²)
A. robustus	L	(6)	★
	W	(6)	
A. orientalis	L	(23)	★
	W	(23)	
A. shantungensis	L	(1)	★
	W	(1)	
A. shanwangensis	L	(2)	★
	W	(2)	
A. borealis	L	(57)	★
	W	(55)	
A. lophodens	L	(66)	★
	W	(63)	
A. descendens	L	(2)	★
	W	(2)	
A. hephurnensis	L	(16)	★
	W	(14)	
A. nexodens	L	(2)	★
	W	(2)	
A. nevadensis	L	(2)	★
	W	(2)	
A. cyanotephrus	L	(6)	★
	W	(6)	

图 26　内蒙古粗壮半圆鼠和其他已知半圆鼠(除 *Ansomys crucifer* 外)m1/2 尺寸变化范围、平均值及咀嚼面平均面积近似值

Fig. 26　Size ranges and averages of length and width in m1/2, and approximate average value of m1/2 area for *Ansomys robustus* and other known species of *Ansomys* (except *A. crucifer*)

　　根据各已知种牙齿测量资料和对个别种的重新厘定，图 26 出示了除 *Ansomys crucifer* Lopatin, 1997 外各种 m1/2 长度和宽度的变异范围与平均值，以及其近似的平均咀嚼面面积，表明新种 *A. robustus* 是现知

半圆鼠中最大的一种。*A. crucifer* 的材料只有一枚 p4，其尺寸明显比新种的小。另外，新种具有与 *A. borealis* 相同的差异特征而可以区分所有的已知种。

脊齿半圆鼠(新种) *Ansomys lophodens* sp. nov.

(图 26、27；表 11)

Ansomys sp. (Amuwusu, Bilutu, Huitenghe and Shala), *Ansomys* sp. 2 (Balunhalagen): Qiu Z D et al., 2013, p. 177, appendix

名称由来 lopho, 希腊词, 脊状, -dens, 拉丁词, 齿；示新种下颊齿的下中脊呈简单脊形, 其上的下中尖不发育。

正模 左 m1/2 (V 19477)。

副模 颊齿 259 枚 (7 DP4, 22 P4, 80 M1/2, 27 M3, 9 dp4, 26 p4, 58 m1/2, 30 m3, 部分破损), V 19478.1-259。

模式产地与层位 苏尼特左旗巴伦哈拉根 (IM 0801 地点)；上中新统下部, 巴伦哈拉根层 (灞河期)。

归入标本 苏尼特右旗呼-锡公路原里程碑 346 km 附近上红层 (346 地点)：m1/2 一枚, V 19479。苏尼特右旗阿木乌苏地点：颊齿 35 枚 (1 DP4, 4 P4, 13 M1/2, 2 M3, 7 p4, 6 m1/2, 2 m3), V 19480.1-35。阿巴嘎旗灰腾河 (IM 0003 地点)：一附有 m1 和 m2 的残破左下颌支, p4 一枚, V 19481.1-2。苏尼特右旗沙拉 (IM 9610 地点)：臼齿 2 枚 (1 m1, 1 m2), V 19482.1-2。苏尼特左旗必鲁图 (IM 0510 地点)：颊齿 38 枚 (1 P4, 14 M1/2, 5 M3, 5 p4, 10 m1/2, 3 m3), V 19483.1-38。

测量 见表 11。

表 11　内蒙古中部地区脊齿半圆鼠颊齿测量

Table 11　Measurements of cheek teeth of *Ansomys lophodens* from central Nei Mongol (mm)

Tooth	Length			Width		
	N	Mean	Range	N	Mean	Range
346 地点 Loc. 346						
m1/2	1	–	1.45	1	–	1.80
巴伦哈拉根 Balunhalagen						
DP4	5	1.88	1.75-2.00	4	2.03	1.90-2.25
P4	22	2.16	2.00-2.50	20	2.58	2.30-2.85
M1/2	71	1.55	1.30-1.80	64	2.43	2.15-2.75
M3	24	1.69	1.50-1.90	25	1.97	1.75-2.20
dp4	7	1.94	1.75-2.10	7	1.51	1.40-1.60
p4	17	2.05	1.80-2.45	19	2.01	1.70-2.35
m1/2	51	1.68	1.45-1.85	48	1.88	1.70-2.15
m3	25	1.74	1.55-2.00	24	1.70	1.45-1.95
阿木乌苏 Amuwusu						
DP4	1	–	1.85	1	–	1.90
P4	4	2.11	1.90-2.30	4	2.58	2.45-2.80
M1/2	12	1.60	1.45-1.80	9	2.44	2.20-2.60
M3	2	1.75	1.75-1.75	2	2.03	2.00-2.05
p4	4	1.86	1.75-2.10	6	2.12	1.95-2.40
m1/2	6	1.65	1.60-1.75	6	1.88	1.65-2.05
m3	2	1.63	1.60-1.65	2	1.88	1.65-2.05

Tooth	Length			Width		
	N	Mean	Range	N	Mean	Range
沙拉 Shala						
m1/2	2	1.65	1.60-1.70	2	1.78	1.70-1.85
灰腾河 Huitenghe						
p4	1	-	1.95	1	-	2.15
m1/2	2	1.53	1.45-1.60	2	1.93	1.85-2.00
必鲁图 Bilutu						
M1/2	13	1.50	1.35-1.75	2	2.31	2.20-2.40
M3	5	1.76	1.65-1.80	3	2.00	1.95-2.05
p4	5	1.66	1.45-1.85	4	1.80	1.65-1.95
m1/2	10	1.58	1.50-1.80	10	1.71	1.60-1.90
m3	3	1.87	1.65-2.05	3	1.65	1.50-1.80

特征 中等大小的半圆鼠；第四前臼齿比臼齿大，P4 的宽度相对小，p4 的宽度则相对大。上臼齿原尖前臂与前边脊相连；原小尖发育弱；中附尖脊形，参与构成的外脊通常连续；半数以上的 M1 和 M2 具有中附尖脊；M3 次圆形。下颊齿的下中尖极弱、甚至缺如；p4 多为三齿根，下次脊粗壮，通常与下外脊连接，少数还与下中附尖脊相连；下臼齿没有下外中脊，下内尖脊形。颊齿齿凹釉质层光滑，少有次生小脊。

描述 颊齿低冠，齿尖和齿脊高度在开始磨蚀的牙齿中约占冠高的三分之一至五分之二。前臼齿比臼齿大。P4-M3 宽度大于长度，舌侧壁表面光滑、背腹向弯曲，随着磨蚀咀嚼面明显变宽；无次尖；后小尖单一；三齿根。下颊齿梯形，齿尖前后向压扁，齿脊比齿尖醒目；下中附尖脊显著；下中尖在前臼齿中发育弱、靠近下原尖，在臼齿中不存在或发育极弱；p4 多为三齿根、少数的后双根愈合，m1 和 m2 通常四根、少量的舌侧根愈合，m3 三根。

P4 次三角形。原尖显著，前臂和后臂分别与低、弱的前边脊和后边脊相连。前尖和后尖近等大，颊侧壁趋平。前边尖显著，明显向前凸出。前附尖比前边尖小，其间由一后方脊连接或完全分开。原小尖低，但清楚；前方和后方分别以发育程度不同的短脊与前边尖和后小尖相连，舌后侧和颊后侧与原脊连接。后小尖比原小尖高大，后方与后边脊连接，舌侧方未与原尖直接相连。中附尖明显，紧靠前尖；由于后尖的前颊侧脊发育程度不一，少数标本的半圆形外脊很低，甚至未能完全封闭中央凹；在巴伦哈拉根的 22 枚牙齿中有 13 枚具短的中附尖脊，在阿木乌苏的 4 枚牙齿中也有 2 枚具有此脊。原脊和后脊低弱且曲折。前边脊和后边脊完整，但甚为低弱。中央凹深窄，未见有次生小脊。DP4 形态与 P4 的相似，只是尺寸较小，尖、脊较弱，前边尖更向前凸出，原小尖与前边尖通常不相连。

M1/2 似长方形，前缘和后缘近直。没有前边尖，前附尖不发育。原尖强大，侧向压扁，显著的前臂和后臂分别与前边脊和后边脊连接。前尖和后尖近等大，都比原尖小，两者的颊侧壁平。原小尖在部分标本很不发育，甚至完全融入原脊；在个别深磨蚀的牙齿中，其基部紧靠前边脊。后小尖比原小尖显著，前舌侧与原小尖或原脊连接，前颊侧通常由弯曲的后脊与后尖相连，但在阿木乌苏标本中，有 2 枚的后脊较直，其中 1 枚的后小尖未与后脊连接而与中附尖脊相连；后方连接后边脊。中附尖脊形，与前尖后脊和后尖前脊构成的方褶形外脊相对连续，通常封闭中央凹；半数以上具有中附尖脊，但其发育程度变异明显，很短至伸达后脊不等。原脊完整，通常弯曲；后脊短，与原尖间为后舌窝隔开。前边脊和后边脊连续，但低，后者发育弱。中央凹深、窄，未见有明显的次生小脊。前尖的外缘常有弱的齿带。

M3 的舌缘比颊缘窄，多为次圆形。构造与 M1/2 相似，但后尖退化、融入牙齿的后外脊，后小尖退化成纵向脊，中附尖构成的外脊部分不向颊侧凸出，后脊显著、横向连接外脊与后小尖，后边脊在后舌窝后方低弱甚至缺失。

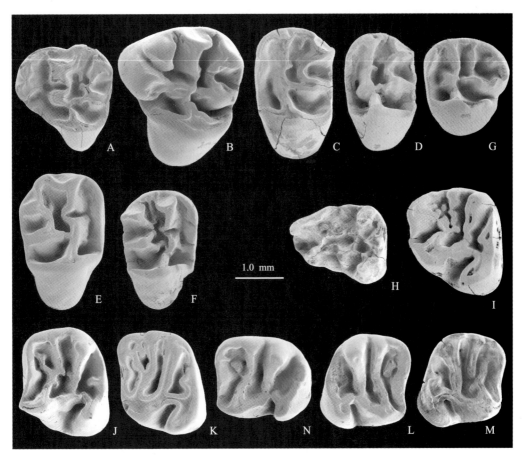

图 27　内蒙古中部地区脊齿半圆鼠颊齿

Fig. 27　Cheek teeth of *Ansomys lophodens* from central Nei Mongol

A. l DP4（V 19478.1），B. l P4（V 19480.1），C. l M1/2（V 19478.2），D. l M1/2（V 19478.3），E. r M1/2（V 19480.2），F. r M1/2（V 19483.1），G. l M3（V 19478.4），H. l dp4（V 19478.5），I. l p4（V 19478.6），J. l m1/2（正模 holotype，V 19477），K. l m1/2（V 19480.3），L. r m1/2（V 19480.4），M. r m1/2（V 19483.2），N. l m3（V 19478.7）；冠面视

（occlusal view）

　　p4 次三角形。下前边尖不发育。下原尖和下后尖锥形、高而锐利，其间前方基部有脊相连；下原尖伸出显著的后内侧脊与几乎同等发育、但较前位的下后尖后外脊相会，构成"V"形的下后脊（在阿木乌苏的一枚牙齿中下后脊不连续）；在下后脊的尖端处常有后向、与下中附尖脊连接的短脊，在部分牙齿中该短脊伸至下次脊。下次尖粗大，明显地向颊后侧扩展。下内尖与下原尖近同等发育。下中尖甚弱，仅显示为外脊上的肿胀，通常没有下外中脊的迹象。下中附尖低、小，但轮廓清晰；前部通常与下后附尖脊由低脊相连，后部与下内尖为宽深的齿缺隔开；下中附尖脊总与下后脊连接，在部分牙齿中伸达下次脊中部。下次小尖显著，三角形，舌侧和颊侧融入后边脊，在一些标本中其前方脊伸达下次脊。下次脊完整、强壮，与下外脊相连；下外脊完整，但短。dp4 与 p4 的形态相似，但长度相对较大、齿尖和齿脊较弱、下中附尖不发育、下中尖则相对明显。

　　m1/2 梯形，前窄后宽，跟座构造与 p4 的相似。下原尖、下次尖和下内尖大小近等，下后尖退化成脊形融入下前边脊。下原尖向舌后方伸出一显著、通常在中央凹前中部分叉的脊。下次尖向颊后侧扩伸，几乎占据牙齿的后外角。下内尖显著，但比次尖小。下中尖不发育，在多数标本中无任何痕迹，仅在部分磨蚀轻微的牙齿中，于下中脊靠近下原尖处略为肿胀。下中附尖低、小，前部通常与下后附尖脊连接（极少量牙齿中，下中附尖与下后附尖脊间有明显的凹缺），后部与下内尖为宽深的齿缺隔开，颊侧伸出的下中附尖脊显著、常达中央凹中部，偶见通过短脊与下次脊相连。下次小尖颇显著，部分融入后边脊，前边脊几乎都不触及下次尖。下外脊完整而强壮，直或后部稍弯曲。下次脊直、强壮，与下外脊相连；下后边脊通常只伸达下内尖基部。齿凹釉质层光滑，偶见在齿凹前内角有短弱的次生脊。m1 和 m2 的大小和形态接近，在一件破碎的下颌骨中可见 m2 后缘的宽度相对比 m1 的大。

m3 似长方形，长度大于宽度，形状变异明显；构造与 m1/2 的相似，下内尖和下次脊并不明显退化，后内角呈弧形，后缘在接近下内尖处有显著的凹缺。

比较与讨论　上述标本具有许多与 *Ansomys borealis* 和 *A. robustus* 相同的特征，如：齿冠低；P4-M3 原尖舌侧壁弯曲，没有次尖，中附尖参与构成半圆形的外脊，后小尖单一；下臼齿前后向压扁，下后尖完全融入前边脊，下次尖的前颊侧脊未与下中尖相接，p4 的下次脊连接下外脊等。牙齿的这些形态具有半圆鼠属的基本特征，但这些材料无法归入上述两种中的任何一种，除因下颊齿的下中尖明显不发育甚至不存在外，在尺寸和形态上仍有所不同。牙齿的尺寸比 *A. robustus* 的明显小（图 26）；虽然大小落入 *A. borealis* 的变异范围，但 P4 的宽度相对小，外形趋圆，p4 的长度相对短，轮廓似等边三角形，且多有三齿根，上臼齿原小尖一般发育较弱，中附尖构成的半圆形外脊通常连续，中附尖脊相对显著，下臼齿没有下外中脊。

这一山河狸颊齿的主要特征是下中尖不发育，并以此而不同于 *Ansomys* 属的所有已知种，故指定为新种，命名 *A. lophodens*。除了下颊齿的下中尖不发育外，新种还以牙齿次生小脊不发育，p4 多有三齿根，M3 次圆形而异于 *A. orientalis* 和 *A. shanwangensis*；以齿尖较明显地前后向压扁，下次尖不甚向牙齿的后外角扩张，下后脊和下后附尖脊相对发育而不同于 *A. shantungensis*；以上臼齿原尖前臂总与前边脊紧密相连，下颊齿无下外中脊而易于与 *A. descendens* 区分；以较大的个体，上臼齿的舌侧壁没有任何沟纹，原脊较弯曲而区别于 *A. hepburnensis*；以稍小的个体，咀嚼面上的次生小脊不发育，以及 m3 原尖的前颊侧没有齿带而不同于 *A. nexodens*；以下后尖明显脊形，m2 没有外附尖而不同于 *A. nevadensis*；与 *A. cyanotephrus* 的区别主要是牙齿的次生小脊不发育，p4 比 m1 大，下后尖脊形，下中附尖和下中附尖脊较显著。

Ansomys lophodens 发现于内蒙古中部地区时代稍晚的地点，其较高的产出层位以及与 *A. borealis* 形态上的相似，似乎表明两者有较为接近的族裔关系。新种上臼齿中附尖构成的外脊凸出部分较连续、完整，下颊齿中尖的退化，p4 的齿根增加，可能属于半圆鼠属的衍生性状。

方齿鼠属（新属）*Quadrimys* gen. nov.

模式种　*Quadrimys paradoxus* gen. et sp. nov.：内蒙古苏尼特左旗敖尔班，早中新世，谢家期。

属名由来　Quadrus，拉丁词，方形，mys，希腊词，鼠；意指新属的臼齿轮廓趋于方形。

归入种　仅模式种。

特征　颊齿低冠，丘-脊型齿。P4-M3 的次尖显著，后小尖单一；前尖和后尖颊侧壁陡直；前附尖和中附尖发育，构成外脊颊侧脊状的凸出部分，并完全封闭前颊窝和中央凹；原小尖不在原脊之上；没有后脊；P4 具前边尖附尖；M1-2 和 m1-2 轮廓接近方形。下颊齿构造简单，具有高锥形的下后尖、明显的下中尖和下中附尖、以及低封闭的下后颊窝；下内脊完整，但没有下次小尖和下中附尖脊；下臼齿的下原尖向舌侧伸出与下内脊而不与下后尖连接的强脊，下后脊和下次脊缺如。

评注　*Quadrimys* 属的主要特征是：P4-M3 具有明显的次尖，发育的前附尖和中附尖构成外脊显著的颊侧脊状凸，原小尖不在原脊之上，后脊缺失；P4 具前边附尖；第一和第二臼齿轮廓接近方形；下颊齿的下内脊完整，下次小尖和下次脊缺失；下臼齿的下原尖向舌侧伸出与下内脊连接的脊而无典型的下后脊。这样的牙齿特征组合，使该属难以归入山河狸科中的任何一个已知亚科：它以 P4-M3 具有发达的次尖、明显向颊侧凸出的中附尖和前附尖、发育的外脊，下臼齿的下原尖有伸达下内脊的强崤，以及没有下次脊而不同于 "Prosciurinae" 亚科者；以上臼齿轮廓趋于方形、后小尖单一、没有后脊，下臼齿构造简单、内脊连续、没有下次脊而难以归入 Allomyinae 亚科；以 P4-M3 有次尖，下颊齿内脊连续、无下次脊而有悖于 Meniscomyinae 亚科的定义；以齿冠低，相对高的齿尖和齿脊，P4-M3 具次尖和前附尖，下颊齿的三角座不退化而易于区别于 Aplodontinae 亚科的成员；以 P4-M3 具有显著的次尖和外脊、附尖构成脊状颊突，下臼齿有显著下后尖，但下后脊、下次脊和下次小尖都不存在而不宜将其归入 Ansomyinae 亚科。该属有可能代表一新的亚科，但材料太少，暂时不对其亚科地位作更多的讨论。

奇异方齿鼠（新属、新种）*Quadrimys paradoxus* gen. et sp. nov.

（图28；表12）

Aplodontidae gen. et sp. nov. (Lower Aoerban, Gashunyinadege) ：Qiu Z D et al., 2013, p. 177, appendix

名称由来 paradoxus, 拉丁词，奇异的，意指新种牙齿形态奇特。

正模 右上颌骨碎块，附 M2 和 M3 (V 19484)。

副模 颊齿6枚(1破损的 P4, 1 M1/2, 1 p4, 1 m1/2, 2 m3), V 19485.1-6。

模式产地与层位 苏尼特左旗敖尔班(下)(IM 0407 地点)；下中新统，敖尔班组，下(红色泥岩)段(谢家期晚期)。

归入标本 苏尼特左旗敖尔班(下)：IM 0544 地点，一件破碎上颌骨，附有 P3 和破损的 P4 及 M1, M1/2 碎块一件, p4 一枚, V 19486.1-3；IM 0726, 残破颊齿3枚(1 P4, 1 M1/2, 1 m3), V 19487.1-3；IM 0507, 一枚 p4 和一枚 m1/2, V 19488.1-2。苏尼特左旗嘎顺音阿得格：IM 9505 地点，颊齿两枚(一溶蚀 m1/2, 一破碎 m3), V 19489.1-2；IM 0401, 一破碎 m3, V 19490。

测量 见表12。

表 12 内蒙古敖尔班和嘎顺音阿得格奇异方鼠颊齿测量

Table 12 Measurements of cheek teeth of *Quadrimys paradoxus* from Aoerban and Gashunyinadege, Nei Mongol（mm）

Tooth	Length			Width		
	N	Mean	Range	N	Mean	Range
P3	1	–	1.55	1	–	1.55
P4	2	3.38	3.30-3.45	1	–	3.25
M1/2	3	2.38	2.30-2.50	2	2.85	2.80-2.90
M3	1	–	2.15	1	–	2.60
p4	2	3.08	2.95-3.20	2	2.01	1.80-2.10
m1/2	3	2.57	2.45-2.65	3	2.20	2.10-2.30
m3	5	2.63	2.45-2.80	5	2.22	2.10-2.30

特征 同属的特征。

描述 颊齿低冠，丘-脊型齿，齿尖和齿脊高度在开始磨蚀的牙齿中约占冠高的三分之一至二分之一左右。第四前臼齿，特别是第四上前臼齿比臼齿大。P4-M3 舌侧壁表面光滑，不明显地背腹向弯曲；前尖和后尖次三角形，颊侧壁平、陡而直；具有前附尖；显著的主尖、附尖和完整的齿脊组成褶状、完全封闭前颊窝和中央凹的外脊；次尖明显；后小尖单一。下颊齿构造简单，有显著的下中附尖和下中尖，但没有下次脊和下次小尖；P3 单齿根，P4 和 p4 三根，臼齿四根。

P3 圆芽状、单尖。前外、后外和后内侧有低棱。

P4 次三角形。原尖和次尖并不特别强大，原尖的前臂与低、弱的前边脊相连，次尖与原尖的后臂连接。前尖和后尖近等大。前边尖显著，明显向前凸出。前附尖清楚，向颊侧凸出，前内侧与前边尖连接，后内侧以短脊与前尖相连。中附尖与前附尖近等大，亦向颊侧凸出，前内侧以短脊与前尖连接，后内侧与后尖相连。有小的前边附尖。原小尖显著，不在原脊之上；前方或与前边脊隔开(二例)或与从前边附尖伸向颊侧的脊相连(一例)，后方以短脊与原脊连接。后小尖单一，前颊侧伸出指向中附尖、迅速变弱且未与中附尖连接的脊，后方与后边脊连接。原脊低弱，从前尖的舌后部伸达原尖的颊侧。没有后脊。中央凹窄，未见有次生小脊。

M1/2 近方形。原尖最大，强壮的前、后臂分别与前边脊和次尖连接。次尖显著，但比原尖、前尖和后尖都小，并与原尖的后臂和后边脊紧密相连。前尖和后尖近等大，颊侧壁平、陡直。没有前边尖。前附尖发育，明显向颊侧凸出。中附尖比前附尖大，伸出强脊与前尖和后尖连接，呈嵴形明显地向颊侧凸出。原小尖发育，前方和后方分别以短脊与前边脊和原脊连接。后小尖与原小尖近等大，形状相似；前颊侧伸出指向中附尖、并迅速变弱而未与中附尖连接的脊，后方与后边脊相连。原脊从原尖颊侧伸达前尖的舌后角，粗壮但在接近前尖处稍弱，直或稍弯曲。后脊缺如。前边脊和后边脊连续，但低而弱。齿脊和齿凹没有次生小脊。M2 与 M1 形态相似，但后尖和次尖相对较小，后小尖的前颊侧脊较短，原脊较弯曲，外脊明显不对称，后缘略窄。

M3 构造和形状与 M2 的很相似，有次尖和前附尖，原小尖不在原脊之上，也没有后脊。明显的不同在于：次尖和后尖较退化，后尖没有后外脊；前附尖和中附尖发育弱；原脊较弯曲；后舌窝较为宽阔；后缘更窄。

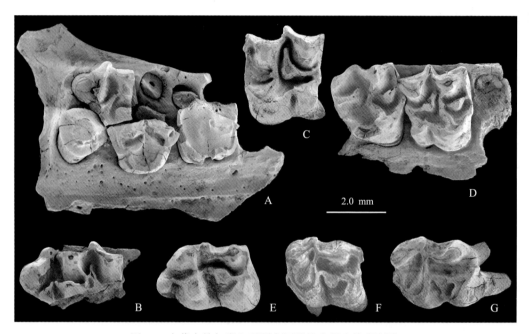

图 28　内蒙古敖尔班和嘎顺音阿得格奇异方齿鼠颊齿

Fig. 28　Cheek teeth of *Quadrimys paradoxus* from Aoerban and Gashunyinadege, Nei Mongol

A. 附有 P3 和破损 P4、M1 的左上颌骨碎块（left maxillary fragment with P3 and damaged P4 and M1）（V 19486.1），B. 破损的左 P4（left damaged P4）（V 19485.1），C. l M1/2（V 19485.2），D. 附有 M2 和 M3 的右上颌骨碎块（right maxillary fragment with M2 and M3）（正模 holotype, V 19484），E. l p4（V 19488.1），F. l m1/2（V 19488.2），G. l m3（V 19485.3）；冠面视（occlusal view）

p4 似梯形，长大于宽。下前边尖低，但显著，凸出于牙齿前部，舌后侧与下原尖前臂相连。下原尖和下后尖近同等发育，高锥形，前部为谷隔开；下原尖比下后尖略后位，下后尖的前基部有尖状齿带。下次尖强大，前臂伸达下中尖颊侧基部，形成低封闭的下后颊窝。下内尖相对低小。下中尖显著，位于牙齿的中后部，未见延伸的下外中脊。下中附尖明显，紧靠下后尖，略向舌侧凸出，与下内尖间由粗、长的下内脊相连，未见下中附尖脊。无下次小尖。下后脊或直（一例）或稍弯曲（二例）；下次脊缺如；下外脊完整，从次尖伸达下后脊。下后边脊短、弱。下前颊窝宽、深，明显地向前舌侧延伸。

m1/2 呈长稍大于宽的方形。下前边尖不甚发育。主尖的大小和形状接近；下后尖高而显著，尖锥形；下原尖向舌侧伸出显著、并在下中附尖之后与下内脊连接的脊；下次尖强大，前臂伸达下中尖颊侧基部、并形成低封闭的下后颊侧窝。下中尖显著，位于牙齿中后部，没有向颊侧伸出下外中脊。下中附尖明显，靠近下后尖，向舌侧凸出，后臂与下内尖相连，形成强大的纵向下内脊；未见下中附尖脊。无下次小尖。既没有与下后尖直接相连的下后脊，也没有下次脊。下外脊完整、显著，从下次尖直伸下原尖后臂。下前边脊短、弱；下后边脊相对发育。下颊侧齿谷宽大，前部明显向前舌侧延伸。下中央凹狭窄，近与牙齿纵轴垂直；下后窝宽广，大体与牙齿纵轴平行。

m3 构造和形状与 m1/2 的很相似，有高而尖锥状的下后尖，下原尖有向舌侧伸出并达下内脊的粗脊，有低封闭的下后颊侧窝，而没有下后脊和下次脊，下中附尖脊和下次尖缺如等。与 m1/2 明显的不同在于：三角座较窄；下内尖没有后脊；下后边脊不连续，因而下后窝后方开放。

比较与讨论　新属 *Quadrimys* 展示了山河狸类特有的形态特征，即颊齿齿式为 P2/1，M3/3；颊齿的齿凹为发育的齿脊分开；上白齿的前尖和后尖次三角形，小尖强大，附尖和外脊明显；下颊齿具有显著的下中附尖等。但形态上这一山河狸与迄今在内蒙古中部地区发现的种类都明显不同，并以 M1-2 和 m1-2 的轮廓趋于方形，P4-M3 有显著的次尖、前附尖而无后脊，下颊齿的下原尖有向舌侧伸出、并与下内脊连接的脊，没有下次脊和下次小尖而区别于所有已知的山河狸属。

Quadrimys paradoxus 仅发现于内蒙古中部地区早中新世地点，材料不多，显然属于一种稀少而奇特的山河狸。其亚科的分类位置以及亲缘关系有待更多材料的发现和进一步的研究。

副新月鼠属（新属）*Parameniscomys* gen. nov.

模式种　*Parameniscomys mengensis* gen. et sp. nov.：内蒙古苏尼特左旗敖尔班，早中新世，谢家期。

属名由来　Para-（希腊词，前缀），接近、旁，*Meniscomys*（新月鼠），示新属上白齿与新月鼠类的形态相似。

归入种　仅模式种。

特征　颊齿低冠，丘-脊型齿。M1/2 的宽度明显大于长度，无次尖，后小尖单一；前尖和后尖颊侧壁陡直；前附尖不发育，中附尖显著、构成明显向颊侧凸出并完全封闭中央凹的尖状外脊；原小尖和后小尖强大，分别与前边脊和后边脊相连；原脊和后脊不甚发育。

蒙副新月鼠（新属、新种）*Parameniscomys mengensis* gen. et sp. nov.

（图 29）

名称由来　meng，汉语拼音"蒙"，内蒙古自治区简称，示新种正型地点位于内蒙古。

正模　左 M1/2（V 19491）。

副模　两枚 M1/2 的舌侧部分，V 19492.1-2。

模式产地与层位　苏尼特左旗敖尔班（下）（IM 0407 地点）；下中新统，敖尔班组，下（红色泥岩）段（谢家期晚期）。

测量（长×宽；Measurements, length × width）
M1/2：2.25 mm × 3.30 mm。

特征　同属征。

描述　M1/2 似长方形，宽度明显大于长度；丘-脊型齿，低冠，但齿尖和齿脊高度约占冠高的三分之一至二分之一。原尖并不十分粗大，略侧向压扁，舌侧壁表面光滑，稍显背腹向弯曲，有强壮并分别与前边脊和后边脊连接的前臂和后臂。无次尖。前尖和后尖三角锥形，大小近等，颊侧壁平、陡直。前附尖不发育。中附尖显著，明显地向颊侧凸出，并与前尖和后尖连接成封闭中央凹的外脊。原小尖和后小尖强壮，大小和形状分别与前尖和后尖接近；原小尖前方与前边脊连接，舌后侧伸出指向中附尖的强脊，该脊紧靠后脊，但消失于中央凹而未与中附尖相连；后小尖的后方与后边脊连接，前舌侧通过细弱、弯曲的后脊与后尖相连，后小尖被齿缺与原尖和原脊隔开。原脊和后脊不很发育；原脊在靠近原尖部分尚显著，但在接

图 29　内蒙古敖尔班蒙副新月鼠上白齿
Fig. 29　M1/2 of *Parameniscomys mengensis* from Aoerban, Nei Mongol
Left M1/2（正模 holotype，V 19491）；冠面视（occlusal view）

近原小尖后方或变弱(2 例)或断开(正模)，正模中前尖和原小尖间的原脊部分也完全缺失；连接后尖和后小尖的后脊低、弱，向前弯曲，有短脊与原小尖的舌后臂相连。前边脊很低，连接原尖前臂与原小尖，前尖和原小尖间的前边脊部分似乎不存在；后边脊粗壮，从原尖后臂连续伸至后尖的基部。齿脊和齿凹没有次生小脊。两或三齿根。

比较与讨论 上述正模的前尖和后尖次三角形，小尖强大，附尖和外脊明显，同样展示山河狸上臼齿的形态特征。但这三枚牙齿的大小和构造与前述内蒙古中部地区 *Ansomys* 和 *Quadrimys* 属的都不同，也有别于下述的假山河狸属(*Pseudaplodon*)及圆齿鼠类(mylagaulids)(见下)。与 *Ansomys* 相比，牙齿轮廓与相应牙齿的相似，呈长度明显小于宽度的长方形，但尺寸较大，小尖相对强壮、并分别与前边脊和后边脊连接，中附尖较显著、脊形、明显向颊侧凸出，原脊和后脊发育弱；与 *Quadrimys* 相比，虽然相对于齿冠其齿尖和齿脊也显得较高，原小尖位置亦不在原脊上、且与前边脊连接，中附尖显著、脊形、一样明显地向颊侧凸出，但其轮廓似长方形而非方形，又没有次尖和前附尖，小尖相对强壮，齿根较少。

这一山河狸的 M1/2 与欧洲 *Plesiapermophilus* 属相应牙齿的主要差别在于其没有任何次尖的痕迹，后小尖单一，以及原脊和后脊发育弱；也以次尖缺如，及原脊和后脊发育弱而不同于 *Sciurodon* 属。它具有"原松鼠亚科"("Prosciurinae")成员中所没有的完整外脊以及明显向颊侧凸出的中附尖；缺少奇异鼠亚科(Allomyinae)成员中所具有的次尖和双后小尖；其个体比山河狸亚科(Aplodontinae)各属的都小，齿冠低得多，但具有相对高很多的齿尖和齿脊。相比之下，这一牙齿具有较多与新月鼠亚科(Meniscomyinae)一致的特征，如中附尖呈脊形向颊侧凸出，中央齿凹为外脊封闭，无次尖，后小尖单一等。

新月鼠亚科共有 5 个已知属：*Promeniscomys*，*Meniscomys*，*Niglarodon*，*Rudiomys* 和 *Sewelleladon*。其中 *Promeniscomys* 属发现于内蒙古渐新统，其余见于北美的上渐新统至下中新统(Rensberger, 1983；王伴月，1987)。敖尔班标本与 *Promeniscomys* 属型种 M1/2 的轮廓相似，都有脊形并向颊侧凸出的中附尖，不同在于尺寸较大，前尖和后尖的颊侧壁陡直，原小尖和后小尖相对粗壮，原小尖与前边脊连接，中附尖较显著且更向颊侧凸出，原脊和后脊发育不完整，没有颊侧齿带。它与 *Meniscomys* 属的不同在于牙齿的长度相对小，中附尖更向颊侧凸出，原脊不连续；与 *Niglarodon* 属的差异是后脊不与前尖连接，前舌窝不比前颊窝小，后舌窝和后颊窝并不等大。*Rudiomys* 和 *Sewelleladon* 属都没有可与内蒙古材料相比的牙齿。

上述的比较表明，内蒙古这一山河狸 M1/2 的形态与该科可比属的特征都不同。因此，尽管材料很少，这里也暂将其定为新的属、种。新属的牙齿形态似乎与 Meniscomyinae 亚科成员的有较多相似之处，但可否归入该亚科，仍有待更多材料的发现。

假山河狸属 *Pseudaplodon* Miller, 1927

模式种 *Aplodontia asiatica* Schlosser, 1924 = *Pseudaplodon asiaticus* (Schlosser, 1924)：内蒙古化德县二登图，晚中新世，保德期。

归入种 *Pseudaplodon amuwusuensis* sp. nov.：内蒙古阿木乌苏，晚中新世(灞河期)。

特征(增订) 山河狸亚科中个体中等、齿冠相对较低的一属。颊齿具齿根；第四前臼齿个体明显比臼齿大；P4-M3 无次尖，小尖不发育，具有显著、向唇侧凸出的中附尖，以及发育并分割齿凹的细脊；下颊齿有伸达齿冠基部的下原褶和完整的下内脊；p4 具弱的下中附尖和延续到齿冠基部的前边褶；下臼齿无下中附尖；m3 稍退化，有开放、持续到齿冠基部的后边褶。在 p4-m2 中，下外脊从下次尖的前臂伸至下后脊后部。

评述 Miller (1927) 根据发现于内蒙古二登图的 *Aplodontia asiatica* Schlosser, 1924 建立了 *Pseudaplodon* 属。后来，Macdonald (1956) 把北美的 *occidentale* 种也归入 *Pseudaplodon* 属。Shotwell (1958)认为 *occidentale* 与亚洲的这一属不同而将其指定为 *Tardontia* 属。*Pseudaplodon* 属具有许多与北美化石属和现生属 *Tardontia*、*Liodontia* 及 *Aplodontia* 相似的构造，显示了其具有 Aplodontinae 亚科的形态特征，即：颊齿高冠，咀嚼面上大部分釉质小坑(釉岛)会随着牙齿的磨蚀而很快消失，P4-M3 中附尖呈脊状明显地向颊侧凸出，下颊齿的三角座和齿座的发育相差悬殊等。

Pseudaplodon 属与 *Tardontia* 属的不同在于颊齿齿冠较低，釉质齿窝消失迟，m3 较退化。其个体比

Liodontia 属的大，颊齿齿冠低得多，齿根发达，下原褶显著、伸达齿冠基部，以及 m3 有下后边褶。它与 *Aplodontia* 属的差异是：个体较小，颊齿有根，釉质齿窝向齿冠基部延伸的深度大，第三臼齿的长度相对短，上臼齿的中附尖不甚向颊侧凸出，下臼齿没有下中附尖，m3 有下后边褶。

亚洲假山河狸 *Pseudaplodon asiaticus*（Schlosser，1924）

（图 30、31；表 13）

选模 右下颌支碎块，具 p4-m3（Schlosser，1924，Pl. II，fig. 15），内蒙古化德县二登图 1，上中新统二登图组。

副选模 一枚 p4（Schlosser，1924，Pl. II，fig. 16）；内蒙古化德县二登图 1，上中新统二登图组。

根据发现于化德县二登图的一件破损右下颌支和三枚门齿，以及离该地点不远的乌兰察尔的一枚 p4，Schlosser 最先赋予了 *Aplodontia asiatica* 的特征，但未明确模式标本，现正式指定二登图的这一下颌支为选模，其他标本作为副选模。选模标本作为拉氏收藏品（Lagrelius collection）保存于瑞典乌普萨拉大学。

归入标本 化德县二登图（Ertemte 2 地点）：一右上颌骨碎块、附 M1，一破碎左下颌支、保留 p4-m3 齿槽，一右下颌支碎块、附 p4，颊齿 44 枚（6 DP4，3 P4，8 M1/2，3 M3，5 dp4，3 p4，12 m1/2，4 m3），V 19493.1-47。

测量 见表 13。

表 13　内蒙古二登图亚洲假山河狸颊齿测量

Table 13　Measurements of cheek teeth of *Pseudaplodon asiaticus* from Ertemte, Nei Mongol（mm）

Tooth	Length			Width		
	N	Mean	Range	N	Mean	Range
DP4	6	3.03	2.85-3.15	4	2.85	2.70-3.00
P4	2	4.23	4.20-4.25	1	–	4.10
M1/2	8	2.40	2.00-2.75	9	2.76	2.30-3.05
M3	3	2.38	2.25-2.50	3	2.30	2.15-2.45
dp4	5	3.04	2.90-3.25	5	2.15	2.10-2.20
p4	4	3.71	3.40-4.20	4	2.64	2.45-3.05
m1/2	12	2.49	2.10-3.05	12	2.20	2.00-2.50
m3	4	2.21	2.10-2.50	4	1.90	1.80-2.00

特征 个体较小、颊齿齿冠较高、齿尖和齿脊较弱的一种假山河狸。M3 齿窝的深度相对较小；p4 无下前边尖，下内脊相对连续，三齿根。

描述 上颌骨很破碎，仅见其外缘在 M1 前部明显地向外侧扩展。下颌骨的冠状突、髁突和角突均已破损，但可以察看到其具有与北美现生山河狸相似的构造，即齿列方向与颌骨上升支分得很开，角突明显、伸向骨体的下内方；下咬肌嵴十分显著，从 m1 下方伸向角突；上咬肌嵴不清楚；咬肌窝宽阔，中部于下咬肌嵴前结节与下髁突之间有一近于水平的脊状隆起；颏孔大，位于 p4 前方、齿虚位外侧的中上部；p4-m2 的齿槽长 9.75 mm，m2 颊侧的颌骨高约 6.3 mm。

颊齿高冠，齿尖和齿脊高度相对于齿冠的低很多，尖、脊构成磨蚀面上的蜂窝状结构，并随着牙齿的磨蚀而很快消失、留下釉质小坑（釉岛）。前臼齿 P4 和 p4 的尺寸分别比上、下臼齿的大得多。P4-M3 无次尖，三齿根。下颊齿前宽后窄，三角座短、窄，跟座长而宽；p4 三根，m1 和 m2 四根，m3 双根或三根。

P4 似三角形，前窄后宽。原尖粗大，侧向压扁；前臂不发育，在低处与前边脊连接；后臂与后边脊相连。前尖和后尖似三角形，颊侧壁平、陡直，前尖颊侧壁长度比后尖的稍大且靠近舌侧。前边尖显著，

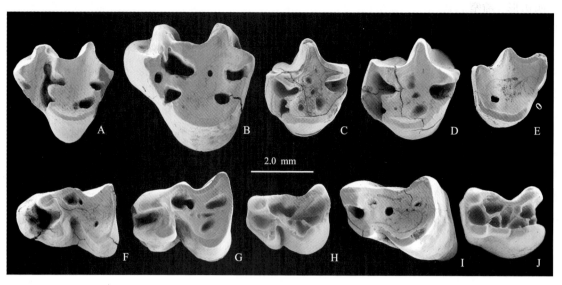

图 30　内蒙古二登图 2 亚洲假山河狸颊齿

Fig. 30　Cheek teeth of *Pseudaplodon asiaticus* from Ertemte 2, Nei Mongol

A. r DP4 (反转 reversed, V 19493.1), B. r P4 (反转 reversed, V 19493.2), C. l M1/2 (V 19493.3), D. l M1/2 (V 19493.4),

E. l M3 (V 19493.5), F. r dp4 (反转 reversed, V 19493.6), G. l p4 (V 19493.7), H. l m1/2 (V 19493.8), I. l m1/2 (V 19493.9),

J. l m3 (V 19493.10); 冠面视 (occlusal view)

基部明显向前凸出，颊侧有一略小的前附尖；前边尖和前附尖由粗脊相连，其间有宽而伸达齿冠基部的前边褶。原小尖与前尖形状相似，但小；前方与前边尖和前边脊连接；舌后侧与原尖相连；颊后侧通过后折的原脊与前尖的舌侧连接。后小尖形状与后尖相似，但小得多，相对比原小尖也弱小；舌后侧通过细脊与原尖和原脊连接，颊侧通过前折的后脊与后尖相连，后方与后边脊连接。中附尖强大，明显地向颊侧凸出，并与前尖和后尖连接成封闭中央凹颊侧的外脊。原脊和后脊在磨蚀初期的牙齿中已几乎融为一体（图 31）。后边脊完整，只是在开始磨蚀的标本中于接近原尖后臂处有明显的凹缺。DP4 构造与 P4 的相似，但尺寸小，齿冠很低，前边尖和前附尖的联合体相对显著，前小尖未与前边尖或前边脊相连，齿根明显张开。另外，从开始磨蚀的牙齿可以看到，DP4 具中附尖脊，原脊和后脊间有 1–3 条相连且把中央凹隔开的细脊，前边脊与前边尖的舌侧有一小的褶谷（于 P4 中以釉质小岛出现）。

　　M1/2 的宽度略大于长度，舌缘圆弧形，前缘和后缘近于平直。原尖侧向压扁，在未磨蚀的牙齿中前臂与前边脊断开，后臂则与后边脊相连。前尖和后尖形状相似，大小近等，和原尖一样高而锐利，颊侧壁平面陡直，前尖颊侧壁长度比后尖的稍大且位置靠舌侧。在未磨蚀的牙齿中，原小尖和后小尖低矮而弱小、脊形；原小尖的前方与前边脊连接，舌侧有双脊与原尖相连，颊侧通过原脊与前尖连接；后小尖前方伸出双细脊，细脊与原脊相连、把中央谷隔开，舌后方与后边脊连接，颊侧通过弱的后脊与后尖连接。没有前附尖和后附尖；中附尖相当强大，明显地成脊形向颊侧凸出，并与前尖和后尖连接成封闭中央凹颊侧的外脊。原脊和后脊弯曲，在中期磨蚀阶段的牙齿中即融为一体（图 31）。前边脊粗壮，但在轻度磨蚀的标本中并不连续，与原尖前臂之间有凹缺或完全断开，后边脊连续地从原尖伸达后尖；磨蚀早期前边脊中部加厚，成尖状向前凸出，使牙齿的长度显得较大，但前边脊向根部逐渐减弱，随着磨蚀牙齿的长度逐渐变小。M1/2 具有中附尖脊，在磨蚀浅的牙齿中可以看到该脊与后脊连接，磨蚀初期则留下其与后尖和后脊围成的釉质小坑。随着磨蚀，冠面上的釉质岛逐渐消失，其中以前舌窝的持续最长（图 31）。

　　M3 大体椭圆形，长度稍大于宽度。所发现的 3 枚牙齿都在磨蚀阶段的中后期，其中 1 枚未留下任何"釉岛"的痕迹，2 枚也只保留了前舌窝，详细构造不明。除齿冠轮廓外，它与 M1/2 的主要不同还有：中附尖相对小而不甚向颊侧凸出；后尖略后外向扩张，使后边脊与牙齿长轴的夹角较小，也使后尖颊侧壁的长度比前尖的大。另外，前尖和后尖的颊侧壁略向舌侧凹入。

p4四边形，前窄后宽，长度大于宽度。没有下前边尖。下原尖和下后尖显著，相互靠近，前方被下前边褶分开，后方有短脊(下后脊)相连。下次尖强大，趋于嵴形，占据牙齿的后外角。下内尖显著，明显向舌侧凸出，前部向颊侧伸出与下中脊相连的下次脊；下次脊完整，但并不粗壮。下中尖缺如，也没有明显的下次小尖。下外脊粗壮，从下次尖连续伸至下后脊。下内脊显著、完整，连接下后尖和下内尖；在轻度磨蚀的牙齿中，下内脊的中部明显向舌侧弯曲，甚至凸出，凸出部分可能代表退化了的下中附尖。下后边脊发育，但较下次尖和下内尖都低，在未磨蚀的牙齿中于接近下次尖处有清楚的凹缺。磨蚀早期，下次脊和下后边脊间多有将后齿凹分割为后舌窝和后颊窝的细脊。下中央凹最大，往根部延伸的深度也大，下次脊和下内脊壁有次生脊发育的趋向。下前边褶宽大，向下伸达齿冠基部；下原褶窄、深，向前舌侧扩展，向下伸达齿冠基部。随着磨蚀，冠面上尖、脊和所围成的釉岛会逐渐消失，其中以下中央凹持续的时间最长(图31)。dp4与p4的形态和构造大体相似，明显的不同是：尺寸小，齿冠低，下前边尖有可能为单一、成对或强脊状，下前边褶被下前边尖围堵成谷。另外，次生脊不甚发育，齿根明显张开。

m1/2似梯形，长度大于宽度。下原尖和下后尖高而尖锐，前者的位置稍靠后；下原尖的后内方和下后尖的后外方各伸出近同等发育、相会于中央凹的脊，构成完整、向后弯曲的下后脊；下原尖的前内方伸出与下后尖前颊侧连接的前边脊。下次尖强大，趋于嵴形，占据牙齿的后外角，前臂与下中脊连接，后臂与下后边脊相连。下内尖显著，略向舌侧凸出，前部向颊侧伸出与下中脊相连的下次脊。下中尖和下中附尖缺如，也没有下次小尖。下外脊完整，从下次尖的前臂伸至下后脊中部。下内脊粗壮、弯曲，连续于下后尖和下内尖间，中部低下。下前边脊和下后边脊显著、完整，近同等发育，但较下次尖和下内尖都低，前者从下原尖的顶部伸出，逐渐向下后尖基部下降，后者从下次尖的顶部伸出，逐渐向下内

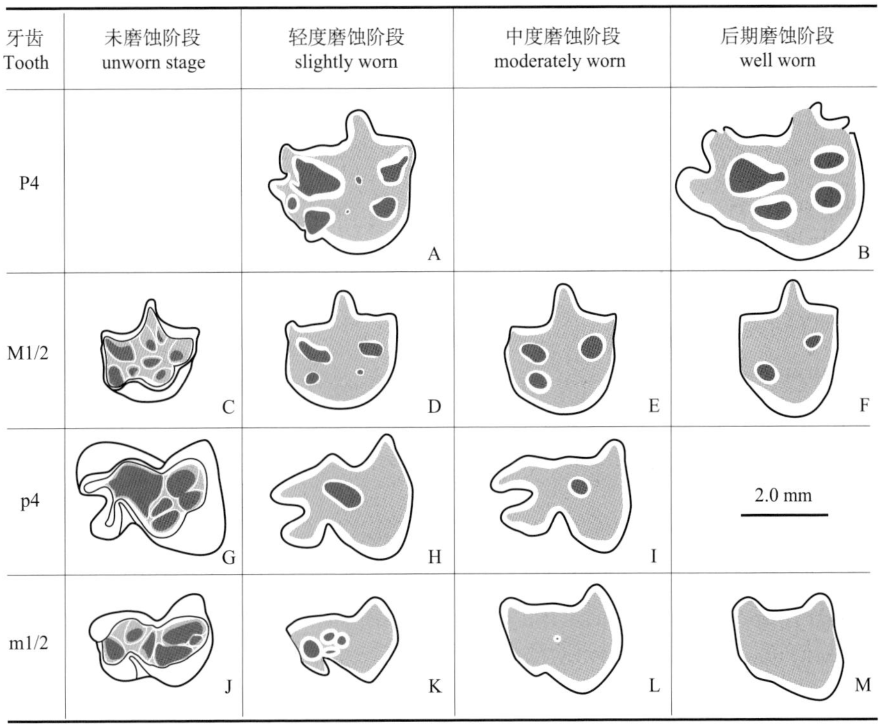

牙齿 Tooth	未磨蚀阶段 unworn stage	轻度磨蚀阶段 slightly worn	中度磨蚀阶段 moderately worn	后期磨蚀阶段 well worn
P4		A		B
M1/2	C	D	E	F
p4	G	H	I	2.0 mm
m1/2	J	K	L	M

图31 内蒙古二登图亚洲假山河狸颊齿冠面不同磨蚀阶段的形态变异

Fig. 31 *Pseudaplodon asiaticus* from Ertemte, Nei Mongol, illustrating variations in occlusal pattern due to wear and individual variation

A. P4 (V 19493.2)，B. P4 (V 19493.11)，C. M1/2 (V 19493.13)，D. M1/2 (V 19493.14)，E. M1/2 (V 19493.15)，F. M1/2 (V 19493.12)，G. p4 (V 19493.16)，H. p4 (V 19493.17)，I. p4 (V 19493.18)，J. m1/2 (V 19493.20)，K. m1/2 (V 19493.21)，L. m1/2 (V 19493.22)，M. m1/2 (V 19493.19)；左侧冠面视(left occlusal view)；除F和M外均为反转(all reversed except F and M)

尖基部下降，略后内向弯曲。早期磨蚀的牙齿中，下次脊和下后边脊间有分割后凹的次生细脊。下中央凹最大，向根部延伸的深度也大，亦有分割齿凹的次生脊。下原褶狭窄，向前舌侧伸展，向下几乎伸达齿冠基部。随着磨蚀，冠面上尖、脊和所围成的釉质岛会逐渐消失，其中下中央凹会持续到牙齿磨蚀的中后期(图 31)。

m3 次长方形或菱形，长大于宽。与 m1/2 的大小接近，形态相仿，尤其是三角座部分，主要的不同是：跟座相对退化，与三角座的发育相比不甚悬殊；没有下后边脊，但具宽大、伸达齿冠基部的后边褶；下外脊较直，与牙齿中轴的夹角小；下原褶向舌前侧的伸展浅。

比较与讨论 上述标本，在尺寸和形态上与发现于化德县二登图 1 和乌兰察尔的 *Pseudaplodon asiaticus* (Schlosser, 1924) 别无二致，完全可以归入该种。二登图 1 的山河狸标本，最先被 Schlosser (1924) 命名为 *Aplodontia asiatica* 种，与北美的 *A. rufa* 比对，后来被 Miller (1927) 指定为 *Pseudaplodon* 属(注：由于属名的变更，根据国际动物命名法规，形容词种级的名称，"必须在任何时候与同它组合的属名的性别一致"之规定，原来 *A. asiatica* 的种名应自行改为阳性的 *asiaticus*)。此前，对这一属种的认识，只限于一件附有中度磨蚀 p4-m3 的下颌支和一枚脱落的 p4。二登图的新材料，丰富了对这一山河狸牙齿形态的知识，特别是有关其上颊齿的形态及颊齿咀嚼面构造在不同磨蚀阶段变化的认识。此外，就文献中围绕对 *Pseudaplodon* 属有关问题的讨论(见 Friant, 1937；Macdonald, 1956；Shotwell, 1958；Flynn et Jacobs, 2008a)，以下两点从二登图的材料可得以肯定。其一，二登图的山河狸标本虽与 *A. rufa* 的形态有许多相似之处，如颊齿较高冠，咀嚼面上的齿尖和齿脊会随着牙齿的磨蚀很快消失，P4-M3 具明显凸出的中附尖，下颊齿的三角座短窄、齿座宽长，但前者个体小，颊齿有根，下臼齿没有下中附尖，m3 具下后边褶，因此二登图的山河狸与现生的 *Aplodontia* 属是有显著区别的，将其指定为 *Pseudaplodon* 属很恰当。其二，二登图的山河狸与北美的 *Tardibtua accidentale* 有更多相同的地方，如两者的颊齿都有齿根，下臼齿都没有下中附尖而有显著的下原褶，p4 具下前边褶，m3 有下后边褶，但 *P. asiaticus* 出现的时代较后者晚，而牙齿表现出的性状较原始，如齿冠低、"釉岛"在牙齿上的延续深度大等。因此说，两者有比较接近的亲缘关系，但不会是直接的族裔关系，它们在牙齿形态上的相似可能只是平行演化的结果。

除二登图地点外，*Pseudaplodon asiaticus* 也发现于模式地点附近的哈尔鄂博，但标本尚未详细描述 (Fahlbusch et al., 1983)。

阿木乌苏假山河狸(新种) *Pseudaplodon amuwusuensis* sp. nov.

(图 32)

Meniscomyinae gen. et sp. indet.: 邱铸鼎、王晓鸣，1999，125 页

Meniscomyinae indet.: Qiu et al., 2006, p. 180, appendix

Meniscomyinae indet.: Qiu Z D et al., 2013, p. 177, appendix

名称由来 示新种的发现地——内蒙古苏尼特右旗的阿木乌苏地点。

正模 左 p4 (V 19494)。

副模 一枚 M3，V 19495。

模式产地与层位 苏尼特右旗阿木乌苏地点；上中新统，阿木乌苏层(灞河期早期)。

测量(长×宽；Measurements, length × width) M3：3.15 mm × 3.35 mm；p4：4.15 mm × 3.25 mm。

特征 个体硕大、颊齿适度高冠、齿尖和齿脊很粗壮的一种假山河狸。M3 相对不甚退化，齿宽相对大，齿窝深度也较大；p4 具有低小的下前边尖，下内脊不连续，双齿根。

描述 两枚牙齿的齿冠都相当高，小尖不发达，咀嚼面被齿尖和齿脊隔成蜂窝状齿凹(窝)，多数齿凹或齿谷延续到牙齿磨蚀的中期阶段。副模应属于 M3，因为牙齿的磨蚀已进入早中期，但后壁上未见任何接触面的痕迹，另外，其后边脊与牙齿长轴的夹角较小，前尖和后尖的形状明显不对称。

这一 M3 的牙齿次三角形。原尖显著，具有强大的前臂和后臂。前尖三角形，后尖脊形，前尖颊侧壁长度比后尖的稍大且位置靠舌侧，颊侧壁相对平而陡直。原小尖和后小尖极为弱小，完全融入齿脊

中；原小尖的前方与前边脊连接，舌侧有强壮的双脊与原尖相连，颊侧通过原脊与前尖连接；后小尖前方伸出双脊与原脊连接，舌后方与后边脊相连，颊侧通过显著的横向脊与外脊连接。没有前附尖和后附尖；中附尖发育，呈脊形向颊侧凸出，并与前尖和后尖连成封闭颊侧齿窝的外脊。原脊和后脊相对粗壮、弯曲。前边脊略比原脊弱小，连续地从原尖前臂伸达前尖前部；后边脊的颊侧部分低弱，近于中断。咀嚼面上被割成7个较大的齿凹，其中前颊窝和后颊窝最大，以后颊窝延伸的深度最大。

p4似梯形，前部稍窄，长大于宽。具有一低小、紧靠下原尖的下前边尖。下原尖和下后尖显著，前者圆柱形，后者三角形；下原尖比下后尖后位，两者相互靠近，前方被下前边褶分开，后方由短脊（下后脊）相连。下次尖和下内尖强壮，大小近等；下次尖颊侧向前伸出与下中脊连接、并围成下后颊窝的齿脊，下内尖向前舌侧伸出与下中脊相连的短粗下次脊。无明显的下中尖，也没有下中附尖和下次小尖。下外脊弯曲，前中部粗壮，前端伸至下后脊中部。下内脊不完整，没有从下后尖连续伸至下内尖的齿脊，但有短而强壮的下后附尖脊，该脊的后部肿大，形成类似下中附尖的尖状物。下后边脊发育，从下次尖连续伸达下内尖后部。在下次脊和下后边脊间没有分割后齿凹的脊，但有生成次生脊的趋向。下中央凹舌侧开放，形成几乎伸达齿冠基部的褶谷。下前边褶宽大，向下伸达齿冠基部；下原褶窄、深，向前舌侧扩展，向下也伸达齿冠基部。p4具双齿根。

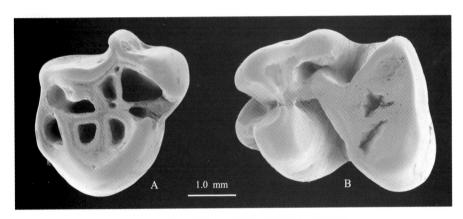

图 32　内蒙古阿木乌苏阿木乌苏假山河狸颊齿

Fig. 32　Cheek teeth of *Pseudaplodon amuwusuensis* from Amuwusu, Nei Mongol

A. r M3（反转 reversed，V 19495），B. l p4（正模 holotype，V 19494）；冠面视（occlusal view）

比较与讨论　阿木乌苏的两枚牙齿，代表内蒙古中部地区发现的个体最大的一种山河狸。其齿冠相对较高，咀嚼面上多数釉质小坑（釉岛）会随着牙齿的磨蚀而消失，M3的中附尖呈脊状凸出，p4的三角座和齿座发育悬殊等特征，符合山河狸类（aplodontines）的定义。两枚牙齿形态与假山河狸属（*Pseudaplodon*）的牙齿特征尤为接近，如：颊齿具齿根；M3无次尖，小尖不发育，具有中附尖以及发育并分割齿凹的细脊；p4具伸达齿冠基部的下原褶和下前边褶，有下后颊侧窝，下外脊前方伸至下后脊后中部等。但这一山河狸与前述 *P. asiaticus* 有明显的差异，除牙齿尺寸较大、齿尖和齿脊粗壮外，其M3不那么退化，齿宽相对较大，齿窝的消失也晚，p4具有低小的下前边尖，下内脊不连续，只有双齿根。

发现于阿木乌苏的这一山河狸，此前作为 Meniscomyinae indet. 报道（Qiu Z D et al.，2006，2013）。但它似乎不大可能属于新月鼠亚科的成员，因为其M3的小尖不发育，咀嚼面具有明显分割齿窝（凹）的细脊，p4具下后附尖脊，但无分明的下中附尖，在下中附尖的位置上也缺少连接下原尖的脊（Rensberger，1983）。阿木乌苏的这一山河狸更可能属于山河狸亚科的假山河狸属，但也不排除在有更多材料发现后证明它为该亚科一新属的可能，因为其个体硕大，远远超越 *Pseudaplodon asiaticus* 的尺寸范围，牙齿形态也多少与其有所差异。

其M3相对较大的宽度，延伸较深的齿窝，p4只有双齿根和具有下前边尖（下前边尖总出现于 *Pseudaplodon asiaticus* 的dp4），这些可能属于山河狸亚科或假山河狸属较为原始的特征。

圆齿鼠科 Mylagaulidae Cope, 1881

圆齿鼠科系一类个体中—大型,颊齿中等—高冠,特化并绝灭了的山河狸类。多数适应穴居,不同寻常的是这一类啮齿动物的鼻骨发达,有纹饰,显示了其上长角。该科没有固定的齿式,在进步的属种中会失去 P3,甚至于失去臼齿。在上、下颊齿中,分别以 P4 和 p4 最大;上颊齿的附尖一般不显著;颊齿经磨蚀后在相对平的咀嚼面上留下釉质岛(坑)。圆齿鼠科化石主要分布于北美,发现于晚渐新世至早上新世地层,共有 13 属,归入两个亚科:原圆齿鼠亚科(Promylagaulinae)和圆齿鼠亚科(Mylagaulinae)(Shotwell, 1958; Flynn et Jacobs, 2008a)。

圆齿鼠类动物的化石在欧洲未被发现,目前在亚洲采集到的原圆齿鼠亚科材料很零星,仅见于中亚和我国蒙新高原的新近系。内蒙古中部地区的圆齿鼠类化石只有代表一属一种的两枚臼齿。

察里圆齿鼠属 *Tschalimys* Shevyreva, 1971

模式种 *Tschalimys ckhikvadzei* Shevyreva, 1971:哈萨克斯坦斋桑 Sarybulak,中中新世早期。

归入种 仅模式种。

特征 个体小、齿冠高的原圆齿鼠类动物。P4 长度大于宽度;前边尖略向舌侧扩展,前附尖及中附尖明显;咀嚼面上有六个延伸深的齿窝(前颊侧窝、后颊侧窝、前舌侧窝、后舌侧窝、颊侧中窝和舌侧中窝),前颊侧窝与前舌侧窝的前方相通,随着磨蚀前边窝被隔开、舌侧中窝消失。p4 具有长、强壮、从下后尖伸至下中附尖、并封闭舌侧窝的下后附尖脊;下中附尖明显;下前窝和下后窝大;下中尖的颊侧在开始磨蚀的牙齿中平缓,随着磨蚀变成后支长、前支短的"Y"形屈节。P4 和 p4 单根,齿根端开口(引自Wu et al., 2013 的增订)。

评注 圆齿鼠科的重要特征是齿冠高,P4 和 p4 比臼齿都大,经磨蚀的牙齿留有孤立的"釉岛"状小坑(齿窝或齿凹)。该属的牙齿形态特征无疑符合圆齿鼠科的定义,但目前已知的仅有 3 枚 P4 和 p4,尚无颌骨和齿列上的其他牙齿,亟待有更多材料的发现。

奇氏察里圆齿鼠(相似种) *Tschalimys* cf. *T. ckhikvadzei* Shevyreva, 1971

(图 33)

归入标本 苏尼特左旗敖尔班(上)(IM 0772):左 m1/2 一枚, V 19496。阿巴嘎旗灰腾河(IM 0003地点):右 M1/2 一枚, V 19497。

测量(长×宽; Measurements, length × width) M1/2:2.05 mm × 1.90 mm; m1/2:2.00 mm × 1.65 mm。

描述 两枚牙齿的齿冠都相当高;齿尖和齿脊的高度相对于齿冠低很多,咀嚼面在磨蚀中期阶段即会出现孤立的珐琅质小坑(釉岛);有齿根,但齿根的末端未保留,难以确定齿根是否封闭。

M1/2 冠面呈内缘向舌侧凸出的长方形,前缘、外缘和后缘近直。原尖强大,位置偏后,略收缩而留下细小的原谷,短的前臂和后臂分别与前边脊和后边脊连接。前尖和后尖大小近等,但都比原尖小;前尖次三角锥形,后尖略侧方压扁,两者的颊侧壁微凸、陡直。原小尖明显,三角形;前方与前边脊明显分开(牙齿处于开始磨蚀阶段),但其基部紧靠前边脊,舌后侧与原尖连接,颊后侧与前尖相连。后小尖显著,略侧方压扁;后方与后边脊连接,前方通过近横向的后脊分别与原尖和后尖前臂相连。中附尖缺如,也没有前附尖和后附尖。原脊和后脊完整、显著,两者在与原尖连接前分开;原脊弯曲,舌侧部分较弱;后脊近横向。外脊完整,封闭颊侧齿窝,但在前尖和后尖间的中部低,呈宽"V"形。前边脊和后边脊高,且比原脊和后脊粗壮;前边脊与原尖前臂连接处较为低弱,中部肥厚,向外直伸颊缘后折向后方与前尖连接;后边脊甚至比前边脊强壮,从原尖后臂横向伸至后尖后部。中窝狭长、横向,但深度不大;前舌窝、后舌窝、前颊窝和后颊窝都很显著,其中舌侧窝向根部延伸深度比颊侧窝的大,后颊窝比前颊窝又深些。

m1/2 几乎未开始磨蚀,似长方形,前部稍窄。下原尖显著,三角锥形,前臂与下前边脊连接,后臂

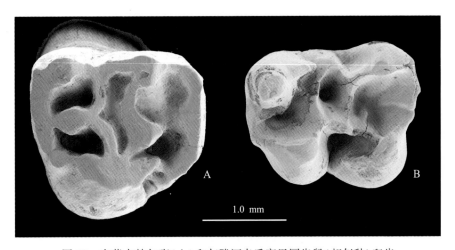

图 33　内蒙古敖尔班(上)和灰腾河奇氏察里圆齿鼠(相似种)臼齿

Fig. 33　Molars of *Tschalimys* cf. *T. ckhikvadzei* from Aoerban and Huitenghe, Nei Mongol

A. r M1/2 (V 19497)、B. l m1/2 (V 19496)；冠面视(occlusal view)

横向延伸至牙齿中线偏舌侧后分叉,向舌前侧分出与下后尖基部连接的一支,构成极短、低弱的下后脊部分,向舌后侧分出的另一支与下中附尖相连,构成咀嚼面前中部明显的下外脊。下后尖尖锥形,高而锐利,比下原尖略前位。下次尖与下原尖形状相似,大小近等;前臂短而游离,后臂与下后边脊紧密连接。下内尖最小,前臂分叉并分别与下外脊和下中附尖连接,构成下次脊和下内脊,后臂与下后边脊相连。下中尖不发育;下中附尖低、小,前部与下后附尖脊连接而封闭下前窝,但其间有浅小的凹缺,后部与下次脊相连;没有下次小尖。下外脊直而完整,从下次尖前方伸至下原尖后臂。下后附尖脊清楚,在这一几乎未磨蚀的牙齿中其与下中附尖间有一浅小的凹缺;下中附尖的颊后侧伸出与下内尖前臂和下次脊连接的脊,该脊与下后附尖脊及下内尖前臂共同构成的下内脊基本完整,只是在下中附尖的前后方甚为低弱,在下中附尖与下内尖的连接部分呈钝角形向颊侧弯曲。下前边脊低,从下原尖顶部迅速下降到下后尖的颊侧基部。下后边脊显著,完整地从下次尖之顶伸至下内尖顶部,但中部稍低。下颊侧谷宽阔,向根部逐渐变窄,近对称,向下延伸深度大,颊侧开口较小。下内谷很小,但尚属清晰。下中央凹为极低的下中脊舌侧部分和下中附尖与下原尖间的脊分隔;由下中附尖与下原尖连接的脊及下次脊围成的齿凹深度很大。下后凹宽阔,深度不大,凹中有低、弱的次生脊。

比较与讨论　上述两枚牙齿所代表的圆齿鼠具有如下特征:颊齿高冠,有齿根;M1/2 的原小尖和后小尖明显,没有中附尖,原脊和后脊连续并在与原尖连接前分开,经磨蚀后至少会出现两个舌侧凹(窝)、两个颊侧凹和一个中央凹;m1/2 似长方形,具有小的下中附尖而无清晰的下中尖,下中附尖与下原尖的后臂连接,下内尖的前臂与下外脊相连,下后附尖脊明显、伸至下中附尖、并封闭舌侧窝,有大的下前窝和下后窝,下外脊的颊侧平缓。

亚洲的圆齿鼠类化石最早报道于哈萨克斯坦斋桑盆地的中中新统,Shevyreva (1971)根据一枚 P4 指定了 *Tschalimys ckhikvadzei*,后来吴文裕也描述了发现于新疆准噶尔盆地中中新统的一枚 P4,定为 *Sinomylagaulus halamagaiensis* (Shevyreva, 1971;吴文裕,1988)。这两枚牙齿的尺寸接近,形态和构造也很相似,如两者的齿冠轮廓似卵圆形,前边尖稍向舌侧扩展,都有弱脊形并封闭颊侧齿窝的前附尖和中附尖,两者也都有齿根。不同只是咀嚼面上的釉岛(齿凹或齿窝),即在哈萨克斯坦标本上只有一个窄长的中央窝,两个前窝分离,而新疆标本有两个中央窝,两个前窝不分离。其实这些不同很可能与牙齿的磨蚀程度有关。最近,吴等(Wu et al., 2013)借助 CT 断层扫描技术的研究,也证实这些不同是牙齿磨蚀阶段的不同所致,同时指出新疆"中华圆齿鼠 *Sinomylagaulus halamagaiensis*"应是奇氏察里圆齿鼠 *Tschalimys ckhikvadzei* 的晚出同物异名。

内蒙古中部的这两枚牙齿,无法与 *Tschalimys ckhikvadzei* 进行直接的比较。但如果不考虑前边尖和前附尖部分,其 M1/2 的轮廓和构造与属型种的 P4 有很多可比之处,两者都有显著的原小尖和后小尖,有强壮的原脊和后脊，到达一定的磨蚀程度同样会出现与其数量相同、形状近似的齿窝。内蒙古这一m1/2 的形态与后来在新疆增加的一枚 p4 也具有形态上的同一性，有相同的尖、脊形态和连接方式，如具有高、从下后附尖伸至下中附尖、并封闭舌侧窝的下后附尖脊，下中附尖明显，下前窝和下后窝大，微弱下中尖的颊侧平缓等（Wu et al., 2013）。然而，这一 M1/2 与 *T. ckhikvadzei* 的 P4 相比，尺寸小很多，齿冠低得多，没有中附尖，原脊和后脊在与原尖连接前分开。尽管在圆齿鼠类的同一齿列上，第四前臼齿会比臼齿大很多，构造形态会有差异，也尽管上述两个牙齿在大小和形态上似乎与 *T. ckhikvadzei* 尚可相配，但还很难将其归入相同的种。因此，在目前材料很不足的情况下，暂时将这两枚牙齿作为*T. ckhikvadzei*的相似种处置，一旦内蒙古或新疆有更多材料的发现，也许会证明它们属于相同的种。

松鼠科 Sciuridae Fischer von Waldheim, 1817

松鼠科是一类较为古老的啮齿类动物，最早出现于北美始新世，一直延续至今。该科动物对环境有很强的适应性，因而分布广，多样性丰富。头骨松鼠型，齿式通常为 1·0·2·3/1·0·1·3。松鼠科分为三个亚科：Cedromurinae（雪松鼠亚科）、Sciurinae（松鼠亚科）和 Pteromyinae/Petauristinae（鼯鼠亚科）。雪松鼠亚科很古老，主要分布于北美，但亚洲似乎也有其踪迹。松鼠亚科又被分为几个族，但研究者对松鼠族的确定歧见颇多。

松鼠类化石在内蒙古中部地区的新近纪层位中甚为常见，计有松鼠亚科和鼯鼠亚科的 11 个属，其中松鼠亚科中包括了 5 个族，但材料多为脱落的牙齿。化德二登图、哈尔鄂博、默尔根和比例克地点发现的材料已做过较详细的描述（Qiu，1991；邱铸鼎，1996b；Qiu et Storch，2000）。该科在本书中使用的牙齿构造术语如图 34。

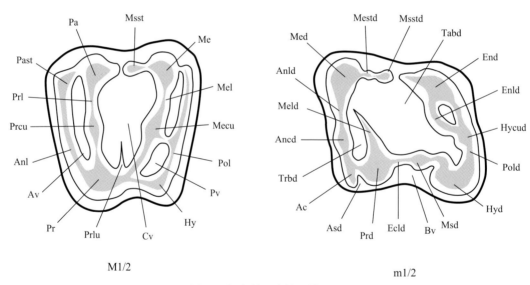

M1/2   m1/2

图 34　松鼠科臼齿构造模式图

Fig. 34　Nomenclature used for molars of Sciuridae

Ac, 前颊侧齿带（anterobuccal cingulum）；Ancd, 下前边尖（anteroconid）；Anl, 前边脊（anteroloph）；Anld, 下前边脊（anterolophid）；Asd, 前颊侧谷（anterobuccal sinusid）；Av, 前谷（anterior valley）；Bv, 外谷（buccal valley）；Cv, 中谷（central valley）；Ecld, 下外脊（ectolophid）；End, 下内尖（entoconid）；Enld, 下内脊（entolophid）；Hy, 次尖（hypocone）；Hycud, 下次小尖（hypoconulid）；Hyd, 下次尖（hypoconid）；Me, 后尖（metacone）；Mecu, 后小尖（metaconule）；Med, 下后尖（metaconid）；Mel, 后脊（metaloph）；Meld, 下后脊（metalophulid）；Mestd, 下后附尖（metastylid）；Msd, 下中尖（mesoconid）；Msst, 中附尖（mesostyle）；Msstd, 下中附尖（mesostylid）；Pa, 前尖（paracone）；Past, 前附尖（parastyle）；Pol, 后边脊（posteroloph）；Pold, 下后边脊（posterolophid）；Pr, 原尖（protocone）；Prcu, 原小尖（protoconule）；Prd, 下原尖（protoconid）；Prl, 原脊（protoloph）；Prlu, 原小脊（protolophule）；Pv, 后谷（posterior valley）；Tabd, 下跟座凹（talonid basin）；Trbd, 下三角座凹（trigonid basin）

松鼠亚科 Sciurinae Fischer von Waldheim, 1817

一类没有滑翔功能皮质翼膜、牙齿构造相对简单的松鼠。M1 和 M2 的次尖、m1 和 m2 的下次脊退化或者缺如；上臼齿原脊和后脊上的次生褶、脊不发育；牙齿的形状，中附尖、下中附尖和下中尖的有无和发育程度变异大。在内蒙古中部地区发现的松鼠类化石，主要为这一亚科，并多为花栗鼠和地栖松鼠类，树栖松鼠类很少。

花鼠族 Tamiini Weber, 1928

花鼠属 *Tamias* Illiger, 1811

模式种 *Sciurus striatus* Linnaeus, 1758：北美东部，现生花栗鼠。

归入种 *Tamias* 系一现生属，全北区分布，有 20 余个现生种。新近纪的化石在北美只有 *T. malloryi* (Martin, 1998) 一种，在欧洲有 *T. orlovi* (Sulimski, 1964)，*T. eviensis* De Bruijn et al., 1980 和 *T. atsali* De Bruijn, 1995 三种。我国有四个化石种：*T. sihongensis* Qiu et Lin, 1986，江苏，早中新世，山旺期；*T. ertemtensis* Qiu, 1991，内蒙古，晚中新世—上新世，保德期—高庄期；*T. lishanensis* Qiu et al., 2008，陕西，晚中新世，灞河期；*T. wimani*? Young, 1927（该种的个体和形态似乎与现生的 *T. sibiricus* 很接近），北京，中更新世。

特征 小个体松鼠；下颌骨齿虚位长而纤弱，咬肌窝前端位于 p4 之下，颏孔在 p4 齿槽之前；上臼齿次方形，原尖不扩张，原小尖和后小尖不明显，原脊和后脊低但完整、多少向原尖会聚，后脊常在接近下原尖处略收缩；下颊齿有发育程度不同的下中尖，下内尖不明显，前边脊通常与下原尖相连，下外脊近纵向排列，下外谷宽阔；m1 和 m2 轮廓似菱形，下内尖角区呈非典型角状；m2 和 m3 的下后脊不完整，下三角座凹后方开放；肢骨特征介于树栖松鼠和地栖松鼠之间。

评述 现生的花鼠被分为两个属：*Eutamias* 和 *Tamias* (Nowak et Paradiso, 1983)。在北美，前者分布于西部，后者分布于东部。这两个属的主要区别在于前者的个体稍小，门齿有沟和上颊齿具 P3，而后者的门齿光滑无沟，上颊齿没有 P3。两个属名在旧大陆发现的花鼠化石都被使用过 (Teilhard de Chardin, 1942；Sulimski, 1964；Black et Kowalski, 1974；邱铸鼎、林一璞，1986；Qiu, 1991)。然而，在新近的分类修订中，所有花鼠类的现生种都被归入 *Tamias* 属，*Eutamias* 属名被取消 (Wilson et Reeder, 1993)。这一分类方案似乎正逐渐为古生物工作者和我国的现生动物学者所接受 (McKenna et Bell, 1997；王应祥，2003)。本书作者同样赞同这一方案，把我国过去以 *Eutamias* 属名描述的花鼠类动物都订正为 *Tamias*。

二登图花鼠 *Tamias ertemtensis* (Qiu, 1991)

(图 35、36；表 14)

Eutamias ertemtensis：Qiu, 1991, p. 225

Eutamias aff. *E. ertemtensis*：邱铸鼎，1996b，38 页，部分

Eutamias ertemtensis：Qiu et Storch, 2000, p. 183

Eutamias cf. *E. ertemtensis*，*E.* aff. *E. ertemtensis*，*Eutamias* sp.：Qiu Z D et al., 2013, p. 177, appendix

归入标本 苏尼特左旗敖尔班(下)：IM 0407 地点，颊齿 9 枚 (1 M1/2, 1 M3, 1 p4, 3 m1/2, 3 m3)，V 19498.1-9；IM 0507，1 M1/2，V 19499。苏尼特左旗嘎顺音阿得格：IM 9606 地点，颊齿 6 枚 (3 M1/2, 1 M3, 1 p4, 1 m3)，V 19500.1-6；IM 0401，颊齿 8 枚 (1 P4, 3 M1/2, 1 M3, 1 dp4, 2 m1/2)，V 19501.1-8；IM 0406，颊齿 4 枚 (2 M1/2, 1 p4, 1 m3)，V 19502.1-4。苏尼特左旗敖尔班(上)(IM 0772 地点)：颊齿 24 枚 (1 DP4, 1 P4, 5 M1/2, 5 M3, 3 p4, 6 m1/2, 3 m3)，V 19503.1-24。苏尼特右旗呼-锡公路原里程碑 346 km 附近上红层 (346 地点)：颊齿 33 枚 (1 DP4, 2 P4, 7 M1/2, 5 M3, 1 dp4, 1 p4, 10 m1/2, 6 m3)，V 19504.1-33。苏尼特右旗阿木乌苏地点：颊齿 10 枚 (1 P4, 5 M1/2, 1 dp4, 1 p4, 2 m1/2)，V 19505.1-10。苏尼特左旗巴伦哈拉根 (IM 0801 地点)：颊齿 200 枚 (10 DP4, 17 P4, 52 M1/2, 17 M3,

13 dp4，23 p4，45 m1/2，23 m3），V 19506.1-200。阿巴嘎旗灰腾河（IM 0003 地点）：一残破的上颌骨，具 M1-2；5 残破下颌支，附有 4 p4，5 m1，5 m2；颊齿 32 枚（4 P4，5 M1/2，1 M3，1 dp4，3 p4，8 m1/2，10 m3）；V 19507.1-38。苏尼特右旗沙拉（IM 9610 地点）：颊齿 19 枚（1 DP4，2 P4，7 M1/2，2 M3，1 p4，2 m1/2，4 m3），V 19508.1-19。苏尼特左旗必鲁图（IM 0501 地点）：颊齿 39 枚（3 P4，11 M1/2，2 M3，4 dp4，5 p4，7 m1/2，7 m3），V 19509.1-39。阿巴嘎旗高特格：DB 02-1 地点，颊齿 8 枚（3 M1/2，1 p4，2 m1/2，2 m3），V 19510.1-8；DB 02-2，M1/2 一枚，V 19511；DB 02-3，3 枚 M1/2，V 19512.1-3；DB 03-1，m1/2 一枚，V 19513。

　　测量　见表 14。

表 14　内蒙古二登图花鼠颊齿测量
Table 14　Measurements of cheek teeth of *Tamias ertemtensis* from Nei Mongol（mm）

Tooth	Length			Width		
	N	Mean	Range	N	Mean	Range
敖尔班（下）Aoerban（L）						
M1/2	1	–	1.40	1	–	1.65
M3	1	–	1.65	1	–	1.65
p4	1	–	1.35	1	–	1.25
m1/2	3	1.47	1.45-1.50	3	1.63	1.60-1.70
m3	3	1.73	1.70-1.80	3	1.72	1.65-1.75
敖尔班（上）Aoerban（U）						
DP4	1	–	1.35	1	–	1.35
P4	1	–	1.25	1	–	1.55
M1/2	4	1.39	1.35-1.40	4	1.84	1.75-1.90
M3	3	1.67	1.65-1.70	3	1.60	1.60-1.60
p4	3	1.18	1.15-1.20	3	1.13	1.10-1.15
m1/2	5	1.37	1.25-1.70	5	1.64	1.45-1.80
m3	2	1.78	1.75-1.80	2	1.65	1.65-1.65
嘎顺音阿得格 Gashunyinadege						
P4	1	–	1.35	1	–	1.70
M1/2	4	1.44	1.30-1.55	4	1.79	1.55-1.95
M3	2	1.65	1.60-1.70	2	1.65	1.55-1.75
dp4	1	–	1.15	1	–	0.95
p4	2	1.43	1.35-1.50	2	1.25	1.25-1.25
m1/2	2	1.43	1.25-1.60	2	1.65	1.50-1.80
m3	2	1.75	1.70-1.80	2	1.70	1.65-1.75
346 地点 Loc. 346						
DP4	1	–	1.35	1	–	1.40
P4	2	1.05	1.05-1.05	2	1.35	1.35-1.35
M1/2	6	1.43	1.30-1.50	5	1.73	1.65-1.90
M3	5	1.70	1.55-1.80	5	1.64	1.40-1.80
dp4	1	–	1.05	1	–	0.95
p4	1	–	1.15	1	–	1.10
m1/2	8	1.32	1.25-1.50	8	1.46	1.30-1.75
m3	6	1.83	1.75-2.00	6	1.67	1.50-1.80

Tooth	Length			Width		
	N	Mean	Range	N	Mean	Range
巴伦哈拉根 Balunhalagen						
DP4	10	1.32	1.26-1.40	9	1.30	1.20-1.40
P4	16	1.18	1.05-1.30	16	1.46	1.35-1.60
M1/2	51	1.38	1.33-1.55	50	1.71	1.50-1.92
M3	15	1.68	1.50-1.85	15	1.74	1.55-1.92
dp4	14	1.21	1.10-1.35	14	1.03	0.95-1.13
p4	23	1.28	1.10-1.45	23	1.18	1.08-1.30
m1/2	44	1.41	1.30-1.60	43	1.58	1.30-1.85
m3	23	1.79	1.70-2.00	23	1.64	1.45-1.80
阿木乌苏 Amuwusu						
P4	1	–	1.30	1	–	1.45
M1/2	5	1.44	1.40-1.50	4	1.76	1.75-1.80
dp4	1	–	1.15	1	–	1.00
p4	1	–	1.35	1	–	1.25
m1/2	2	1.43	1.40-1.45	1	–	1.55
沙拉 Shala						
DP4	1	–	1.30	1	–	1.25
P4	1	–	1.10	1	–	1.50
M1/2	7	1.46	1.40-1.5	4	1.79	1.70-1.95
M3	2	1.83	1.80-1.85	2	1.85	1.80-1.90
p4	1	–	1.35	1	–	1.35
m1/2	2	1.33	1.25-1.40	2	1.58	1.50-1.65
m3	3	1.83	1.70-1.90	4	1.69	1.60-1.80
灰腾河 Huitenghe						
P4	4	1.36	1.25-1.45	4	1.65	1.50-1.75
M1/2	6	1.40	1.30-1.55	6	1.78	1.60-1.95
M3	1	–	1.80	1	–	1.80
p4	6	1.23	1.15-1.30	6	1.23	1.20-1.25
m1/2	16	1.38	1.20-1.50	15	1.68	1.55-1.85
m3	9	1.81	1.75-1.95	9	1.70	1.60-1.80
m3	4	1.83	1.75-1.85	4	1.58	1.40-1.70
高特格 Gaotege						
M1/2	7	1.38	1.35-1.45	6	1.74	1.65-1.80
p4	1	–	1.10	1	–	1.05
m1/2	3	1.42	1.30-1.50	3	1.45	1.45-1.45
m3	2	1.73	1.60-1.85	2	1.53	1.40-1.65

描述 破碎的下颌支仅见于灰腾河地点。下颌齿虚位浅、长度在 3.5 mm 以上，咬肌窝前端在 p4 后齿根之下，颏孔大，位于齿虚位颊侧中部之前、距咬肌窝前终止点 3 mm 以上。

标本未发现 P3，但在灰腾河四枚 P4 的一枚中，可见前壁明显有与 P3 的接触面。P4-M2 次方形，无次尖，齿脊低、完整，原尖强大、不前后向拉长。下颊齿下内尖完全融会于下后边脊，下臼齿下后尖最高，m1 和 m2 近菱形。M1 和 M2，以及 m1 和 m2 的长度都小于宽度。P4-M3 三齿根，分别支持原尖、前尖和后尖；p4 双根，m1-3 四根，分别支持四个主尖，偶见后方两个齿根联合，支持 m3 下内尖的齿根很退化。

P4 的前附尖明显，位置低，向前不甚扩展。有小而低的中附尖；无原小尖；后小尖小或几乎不存在。原脊和后脊粗壮；前脊横向，与原尖连接；后脊略倾斜于牙齿纵轴，在接近原尖处明显收缩。前边脊弱，后边脊完整，两者都比原脊和后脊低。

M1/2 颊侧缘长度比舌侧缘稍大。前附尖融入前边脊；中附尖不显著，成封闭中谷颊侧的低脊；无原小尖，后小尖不明显，但多数后脊的中部略肿胀。原脊和后脊完整；后脊倾斜于牙齿纵轴，与原脊会聚于原尖，在接近原尖处明显收缩；前边脊和后边脊完整，都比原脊和后脊低。前谷比后谷略宽，都比中

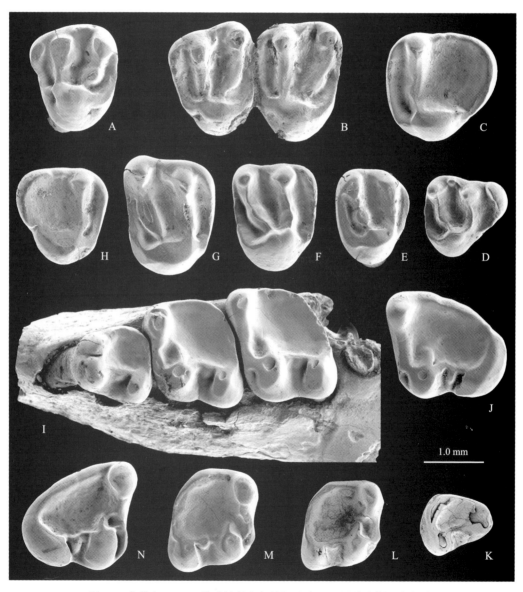

图 35　内蒙古 346、巴伦哈拉根和灰腾河地点二登图花鼠颌骨与颊齿

Fig. 35　Jaws and cheek teeth of *Tamias ertemtensis* from Loc. 346, Balunhalagen and Huitenghe, Nei Mongol
A. l P4（V 19507.3），B. 附有 M1-2 的左上颌骨碎块（left maxillary fragment with M1-2）（V 19507.1），C. l M3（V 19504.1），D. r DP4（V 19504.2），E. r P4（V 19506.1），F. r M1/2（V 19504.3），G. r M1/2（V 19504.4），H. r M3（V 19506.2），I. 附有 p4-m2 的左下颌骨碎块（left mandibular fragment with p4-m2）（V 19507.2），J. l m3（V 19507.4），K. r dp4（V 19504.5），L. r m1/2（V 19504.6），M. r m1/2（V 19504.7），N. r m3（V 19504.8）；冠面视（occlusal view）

谷窄。齿列中，M1 似乎比 M2 稍小，长宽之比稍大。

M3 次三角形，向后中度扩张。既没有后尖，也无后脊。后边脊半圆形，舌侧与原尖连接，颊侧与前尖间有一浅的齿缺分开。

dp4 弱小，前缘比后缘窄。下原尖和下后尖紧靠；下内尖融入下后边脊；没有下中尖和下中附尖。外脊低，但完整。下三角座凹和外谷宽阔。p4 与 dp4 构造相似，但尺寸较大，齿尖与齿脊也较为粗壮；

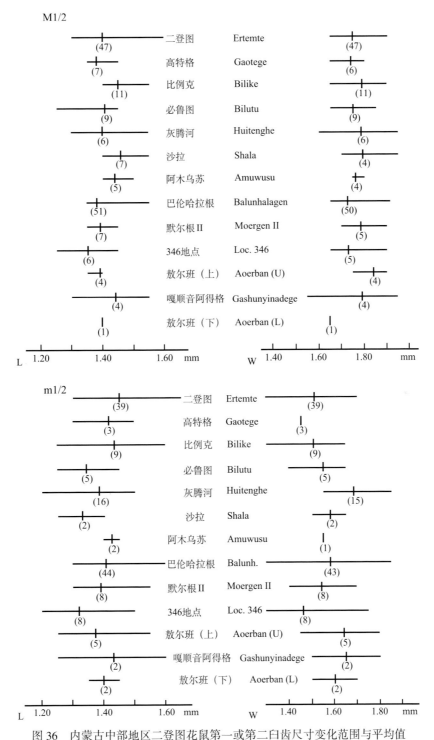

图 36　内蒙古中部地区二登图花鼠第一或第二臼齿尺寸变化范围与平均值

Fig. 36　Size ranges and averages of length and width in the first or second molars of *Tamias ertemtensis* from central Nei Mongol

外脊中部稍膨大，有形成下中尖的趋向。

m1/2 菱形。下内尖完全融入下后边脊；下中尖的发育从不清楚到显著；没有下前边尖和下中附尖。齿脊细弱，但一般尚清晰；下前边脊陡峭；下后边脊长，近封闭下跟座凹；下外脊完整，直或略微弯曲；下后脊短，多数与下后尖基部连接。下内尖角区钝角形。下三角座凹和外谷狭小；下跟座凹甚宽。同一齿列的 m1 前缘宽度相对比 m2 的小、其下后脊一般较完整。

m3 向后中度扩张，前部明显比后部宽。下中尖清楚，但下后脊不完整，未能封闭下三角座凹。

巴伦哈拉根地点是产出花鼠材料较多的地点，但只有脱落的牙齿。由于标本多，因此也显示了牙齿更清楚的形态变异，但总的与灰腾河地点标本别无二致。"346 地点"和必鲁图地点的材料也较常见，敖尔班(下)和高特格地点则不多，但所有这些地点标本的尺寸和形态都落入灰腾河和巴伦哈拉根地点相应牙齿的变异范围(图 36)。

比较与讨论 上述松鼠类的牙齿尺寸小、P4-M2 次方形、原尖较收缩、没有原小尖、后小尖不明显、原脊和后脊向原尖会聚、后脊在接近原尖处明显收缩、下颊齿的下内尖融入后边脊、具近似钝角形的下内尖角区、有发育程度不同的下中尖、m1 和 m2 菱形、不明显地前后向压缩。这些牙齿的大小和形态与花鼠属的特征一致，而且与化德二登图地点的 *Tamias ertemtensis* 十分接近。

化德地区晚中新世和上新世地层中的 *Tamias ertemtensis*，材料丰富，种内的牙齿变异颇清楚。它以较小的个体，M1 和 M2 中附尖和后小尖较弱，原脊和后脊较高，后脊在接近原尖处更收缩而不同于现生的 *T. sibiricus*；以稍小的个体，下颊齿下中尖和下内尖更弱而异于周口店第四系中的 *T. wimani*?；以个体较小，P4 的前边脊弱、臼齿化程度低，P4-M3 原尖的收缩略弱，p4-m3 下内尖角稍显著而与陕西蓝田的 *T. lishanensis* 略有所不同；以 P4 的前附尖不明显向前扩张，M1 和 M2 没有原小尖的痕迹，M3 未见任何后脊的残留，下颊齿的下内尖完全融入后边脊而有别于江苏泗洪早中新世的 *T. sihongensis*；此外，*T. ertemtensis* 在牙齿形态上与欧洲新近纪的 *T. orlovi* 和 *T. eviensis*，南亚的 *T. urialis*，以及北美的 *T. ateles* 也都易于区分(Qiu, 1991；Qiu et Storch, 2000)。

上述各地点的牙齿标本，虽然在大小和形态上显示了明显的变异，但形态差异细微，牙齿尺寸的平均值接近(图 36)，无法按照个体或形态，或者按地点将其分为不同的种。由于这些标本完全落入二登图 *Tamias ertemtensis* 的牙齿形态变异范围之内，牙齿的尺寸也十分接近，故这里都将其当作相同的种处理。邱铸鼎(1996b)曾描述过通古尔动物群发现的 *Eutamias* aff. *E. ertemtensis*，显然，在通古尔地区默尔根 II 发现的花鼠材料，以及默尔根 V (铁木钦)发现的部分材料(部分被归入 *Sinotamias primitivus*，见下)也应该归入这一种。

内蒙古中部的多个地点都发现了同一种花鼠化石，可见花鼠在这一地区的新近纪是很常见的一种松鼠。同时，这些发现再一次证实了花鼠类的演化速度缓慢，从早中新世的敖尔班动物群到早上新世的高特格动物群其牙齿的形态似乎没有发生很大的改变。

欧洲花鼠属 *Spermophilinus* De Bruijn et Mein, 1968

模式种 *Sciurus bredai* Von Meyer, 1848：法国 La Grive，晚中新世。

归入种 *Spermophilinus turolensis* De Bruijn et Mein, 1968, *S. giganteus* De Bruijn et al., 1970, *S. besanus* Cuenca, 1988：欧洲，早中新世—上新世。*S. mongolicus* sp. nov.：内蒙古，晚中新世(灞河期—保德期)。

特征 眶下孔大，卵圆形，伸达颧弓；无眶下沟；颧骨与上齿列成 40° 夹角；眶间区窄；门齿之后有两个颊肌附着窝；前颌骨和上颌骨缝合线朝眶下孔向后弯曲。下颌支前端与颊齿齿槽上缘处在同一平面；下颌骨前端与齿槽缘处于同一水平线；下颊齿虚位长而浅；咬肌窝前端位于 m1 前根之下，窝的下界直；髁突背缘正好处于与下颊齿咀嚼面水平线之上。M1 和 M2 冠面次方形，原脊和后脊向原尖会聚，后脊在接近原尖处稍收缩，中附尖小或无；上门齿侧扁，有纵纹，强烈弯曲。下臼齿的下内尖融入下后边脊；m1 和 m2 下内尖角区圆，下原尖与下前边脊之间由一谷分开，这两个牙齿在早期种中不前后向压扁，在 *S. turolensis* 中则多少有些压扁；m1-3 的下中尖显著；中附尖小或无；下门齿的前侧有纵纹 (依 De

Bruijn et Mein，1968）。

评述 关于 *Spermophilinus* 属族级地位尚未取得一致的意见，De Bruijn 和 Mein（1968）建立该属时，将其归入 Tamiini 族，而 McKenna 和 Bell（1997）将其移到 Marmotini 族。根据 *Spermophilinus* 颌骨形态和牙齿构造与 *Tamias* 的相似性，本书赞同暂且将其归入 Tamiini 族的意见。

Spermophilinus 属主要发现于欧洲。在早期的种类中，牙齿尺寸大小和形态与 *Tamias* 属的很近似，明显的不同在于前者 M1 和 M2 的原脊和后脊较少地向原尖会聚，m1 和 m2 的下中尖较显著、下原尖与下前边脊在多数标本中明显分开。

蒙古欧洲花鼠（新种）*Spermophilinus mongolicus* sp. nov.

（图 37；表 15）

Eutamias cf. *E. ertemtensis*（Amuwusu），*Eutamias* sp.（Balunhalagen and Bilutu，partim）：Qiu Z D et al.，2013，p. 177，appendix

名称由来 示新种发现于蒙古高原。

正模 左 m1/2（V 19514）。

副模 颊齿 56 枚（6 DP4，9 P4，13 M1/2，2 M3，6 dp4，4 p4，11 m1/2，5 m3），V 19515.1-56。

模式产地与层位 苏尼特左旗巴伦哈拉根（IM 0801 地点）；上中新统下部，巴伦哈拉根层（灞河期）。

归入标本 苏尼特右旗阿木乌苏：臼齿 3 枚（2 m1/2，1 m3），V 19516.1-3。苏尼特左旗必鲁图（IM 0510 地点）：15 枚颊齿（1 DP4，2 P4，3 M1/2，2 M3，1 dp4，2 p4，4 m1/2），V 19517.1-15。

测量 见表 15。

表 15 内蒙古巴伦哈拉根、阿木乌苏和必鲁图蒙古欧洲花鼠颊齿测量

Table 15 Measurements of cheek teeth of *Spemophilinus mongolicus* from Balunhalagen,

Amuwusu and Bilutu, Nei Mongol（mm）

Tooth	Length			Width		
	N	Mean	Range	N	Mean	Range
巴伦哈拉根 Balunhalagen						
DP4	6	1.60	1.50-1.75	6	1.61	1.52-1.85
P4	9	1.57	1.45-1.70	9	1.83	1.70-2.00
M1/2	13	1.73	1.55-1.95	13	2.12	1.95-2.45
M3	2	2.11	2.06-2.15	2	1.97	1.95-2.08
dp4	6	1.39	1.35-1.50	6	1.32	1.30-1.35
p4	4	1.71	1.70-1.72	4	1.62	1.60-1.63
m1/2	11	1.73	1.55-1.85	10	1.93	1.80-2.10
m3	5	2.13	2.10-2.15	4	1.94	1.80-2.15
阿木乌苏 Amuwusu						
m1/2	2	1.80	1.80-1.80	2	1.93	1.90-1.95
m3	1	–	2.20	1	–	1.85
必鲁图 Bilutu						
P4	2	1.40	1.40-1.40	1	–	1.70
M1/2	2	1.65	1.65-1.65	2	2.10	2.05-2.15
M3	2	1.95	1.95-1.95	2	1.97	1.95-2.00
dp4	1	–	1.40	1	–	1.25
p4	2	1.55	1.50-1.60	2	1.53	1.50-1.55
m1/2	4	1.80	1.75-1.85	4	1.99	1.80-2.20

特征 牙齿尺寸大小与 *Spermophilinus bredai* 的接近。P4 前附尖中度向前凸出，前边脊的长度常在齿宽之半以上；P4-M2 常有弱脊形的中附尖；p4-m2 的下内尖未完全融入下后边脊，下内尖角区通常钝角形；下臼齿下前边脊的颊侧端与下原尖之间的隔开一般较狭窄；m1 和 m2 的下后脊显著。

描述 P4-M2 次方形，没有次尖，齿脊低、完整；原尖略前后向拉长。下颊齿的下内尖融会于下后边脊，下臼齿的下后尖最高，m1 和 m2 近菱形。M1 和 M2，以及 m1 和 m2 的长度都小于宽度。P4-M3 三齿根，分别支持原尖、前尖和后尖；p4 双根，m1 和 m2 四根，分别支持四个主尖，但下内尖下的齿根小，m3 三根。

DP4 次三角形。前附尖脊形，明显向前凸出；中附尖不发育，弱脊形，仅在一枚牙齿中稍分明；无原小尖；后小尖也很不清楚。原脊和后脊发育，两者略倾斜于牙齿纵轴、接近平行地与原尖连接，后脊在接近原尖处略收缩。前边脊和后边脊都比原脊和后脊低，前边脊的长度在多数标本中达到或超过牙齿宽度之半。P4 与 DP4 相似，但齿尖和齿脊较粗壮，前附尖不甚向前凸出，前边脊也稍弱。

M1/2 颊侧缘长度比舌侧的大。前附尖融入前边脊；几乎都有低弱的脊形中附尖；无原小尖和明显的后小尖，但少量标本后脊的中部略显肿胀。原脊和后脊完整；原脊与牙齿的纵轴近于垂直；后脊倾斜于纵轴，在接近原尖处有所收缩，多少与原脊会聚于原尖；前边脊和后边脊完整、显著，但稍比原脊和后脊低。前谷比后谷宽大，都比中谷窄。

M3 次三角形，向后明显扩张。没有后尖和后脊。后边脊半圆形围绕牙齿的后部，舌侧和颊侧分别与原尖和前尖的后臂连接，其间的联结处稍低，但未形成明显的齿缺。

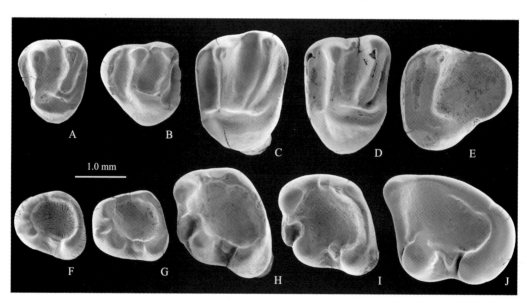

图 37　内蒙古阿木乌苏、巴伦哈拉根和必鲁图蒙古欧洲花鼠颊齿

Fig. 37　Cheek teeth of *Spermophilinus mongolicus* from Amuwusu, Balunhalagen and Bilutu, Nei Mongol

A. r DP4（反转 reversed, V 19515.1），B. r P4（反转 reversed, V 19515.2），C. l M1/2（V 19515.3），D. r M1/2（反转 reversed, V 19517.1），E. l M3（V 19515.4），F. r dp4（反转 reversed, V 19515.5），G. r p4（反转 reversed, V 19515.6），H. l m1/2（正模 holotype, V 19514），I. r m1/2（反转 reversed, V 19517.2），J. l m3（V 19516.1）；冠面视（occlusal view）

dp4 呈前缘比后缘窄的矩形。下原尖和下后尖紧靠；下内尖完全融入下后边脊；没有下中尖和下中附尖。外脊很低，但完整。下三角座凹和外谷宽阔。p4 比 dp4 大，齿尖与齿脊也较粗壮。

m1/2 菱形。下内尖呈粗厚的脊状，未完全融入下后边脊；下中尖从非常显著到不甚明显；没有下前边尖和下中附尖。齿脊都不很粗壮，但清晰；下前边脊较为平缓，颊端通常由一窄的沟谷与下原尖分开，个别靠近甚至与下原尖连接；下后边脊长，封闭下跟座凹，但在接近下后尖处变低；外脊直，短而弱；下后脊几乎都伸达下后尖基部，多数封闭下三角座凹后方。下内尖角区钝角形。下三角座凹和外谷窄小；下跟座凹甚宽。

m3 中度向后扩张。多数牙齿具明显的下中尖；下内尖不清楚，呈舌后侧脊上的肿胀；下前边脊的颊侧端与下原尖之间的隔分通常较窄；下后脊短；下三角座凹窄小。

比较与讨论 上述颊齿的基本构造特征与 *Tamias ertemtensis* 的非常相似，如上臼齿次方形，无原小尖，后小尖不明显，原脊和后脊趋于向原尖会聚，后脊仅在接近下原尖处收缩，下颊齿有发育程度不同的下中尖，下内尖融会于下后边脊，m1 和 m2 轮廓似菱形等。但这些牙齿尺寸比 *T. ertemtensis* 的大，齿尖和齿脊粗厚，P4-M2 的原脊和后脊较少地向原尖聚会，下中尖相对强大，下前边脊的颊端在较多的标本中未与下原尖连接，使其难以归入该种。牙齿的尺寸和形态特征，特别是下颊齿有较清楚的下中尖，下前边脊的颊侧常与下原尖分开，与花鼠类中 *Spermophilinus* 属的特征吻合。因此，这些标本被归入 *Spermophilinus* 属，代表该属在亚洲的首次发现。

此前，*Spermophilinus* 属的 4 种只发现于欧洲新近纪地层（MN4-MN14）（De Bruijn et Mein，1968；De Bruijn et al.，1970；Cuenca，1988）。新种 *S. mongolicus* 的个体与 *S. bredai* 接近，但其 P4 的前边脊明显较长，下颊齿的下中尖相对较弱、下前边脊与下原尖之间的谷通常没有那样显著；*S. mongolicus* 比 *S. turolensis* 略小，形态上除了 P4 的前边脊较长，下颊齿的下中尖较弱、下前边脊与下原尖间的谷一般较狭窄外，其下内尖融入下后边脊的程度稍低，因而尚保留钝角形的下内尖角区；新种比 *S. giganteus* 小很多，P4 的前边脊也长，下颊齿的下中尖较显著，分离下前边脊与下原尖间的谷也较清楚；它比 *S. besanus* 的个体大，上臼齿有脊形的中附尖，下臼齿的下后脊较发育，m3 似乎也比欧洲的这个最早种的更往后扩伸。

郑绍华和李毅（1982）曾命名过甘肃天祝的 *Spermophilinus minutus*，但材料中 m2 和 m3 的下前边脊与下原尖紧密连接，有粗壮、后内向的下外脊，外谷狭窄且向舌后侧掠伸，有悖于 *Spermophilinus* 属的形态特征，被归入了 *Sinotamias* 属（Qiu，1991）。

树松鼠族 Sciurini Fischer von Waldheim，1817
松鼠属 *Sciurus* Linnaeus，1758
松鼠（未定种） *Sciurus* sp.

（图 38）

材料仅有发现于苏尼特左旗必鲁图（IM 0510 地点）的一枚溶蚀的 DP4 和一枚保存尚好的 P4（2.50 mm × 2.80 mm），V 19518.1-2。DP4 次三角形；前附尖显著，明显向前扩张；原尖锐利；无原小尖、后小尖和中附尖。原脊和后脊完整，略向原尖会聚；前边脊完整，但接近原尖处很低，长度超过牙齿宽度的三分之二；后边脊极为低弱。前谷宽大，舌、颊侧低开放；后边谷甚窄；中谷狭长，颊侧开放。P4 与 DP4 构造相似，但尺寸较大，齿尖和齿脊粗、钝、低，前边尖不甚向前扩张，原尖略为前后向伸长，前

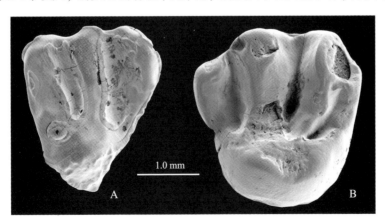

图 38 内蒙古必鲁图树松鼠（未定种）前臼齿

Fig. 38 Premolars of *Sciurus* sp. from Bilutu, Nei Mongol

A. r DP4（V 19518.1），B. l P4（V 19518.2）；冠面视（occlusal view）

边脊短，后边脊相对完整。

这两枚牙齿的尺寸较大，与内蒙古中部地区发现的阿特拉旱松鼠和飞松鼠接近，但构造简单，相差甚远，无法归入其中的任何属种(见下)。该P4的原尖稍扩张，齿尖和齿脊低、粗钝，没有原小尖和后小尖，原脊和后脊不特别向原尖会聚，具有树松鼠 *Sciurus* 属的特征。其轮廓、尺寸和形态与化德二登图动物群中 *Sciurus* sp. 的相似，可能代表该属在内蒙古的再次发现。

东方树松鼠族 Nannosciurini Forsyth Major, 1893

花松鼠属 *Tamiops* Allen, 1906

模式种 *Sciurus macclellandi* Horsfield, 1840：东洋界，现生花松鼠。

归入种 现生种有 *Tamiops swinhoei* (Milne-Edwards, 1874)，*T. maritimus* (Bonhote, 1900) 和 *T. rodolphei*。化石种有 *T. asiaticus* (Qiu, 1981)，山东，早中新世，山旺期；*T. minor* sp. nov.，内蒙古，晚中新世，灞河期；*T. atavis* Qiu et Ni, 2006，云南，晚中新世，保德期；*T. swinhoei* (Milne-Edwards, 1874)，重庆、贵州，早更新世。

特征 个体小，齿尖较钝，齿脊低。P4-M2的原脊和后脊通常完整，近平行排列或微向原尖会聚，在某些现生种中后脊在接近原尖处略收缩；无原小尖，但偶见极弱的后小尖、小或脊形的中附尖；前谷比后谷明显宽阔。M3适度向后扩展，无后脊。m1和m2的下内尖多少融入下后边脊，下内尖角区角形，常有小或脊形的下中附尖；下颊齿无下中尖，外脊前内-后外向，下三角座凹窄、浅，外谷向舌前侧凹入。中谷和齿谷中的釉质层在牙齿磨蚀初期有明显的麻状皱纹(依邱铸鼎、倪喜军，2006增改)。

评述 *Tamiops* 为一现生树松鼠属，主要分布于东洋区，在我国华北地区亦有其踪影。该属与发现于欧洲新近纪并归入鼯鼠类的 *Blackia* Mein, 1970 属在个体大小，齿冠轮廓，齿尖和齿脊的构造上都很相似。就牙齿的尺寸和形态而言，似乎没有足够的理由把它们视作不同的属。因此，在我们看来 *Blackia* 目前的分类位置是存疑的，其与 *Tamiops* 属的系统关系也还很模糊，显然需要更多材料作进一步的研究，特别需要有 *Blackia* 属颅后骨骼的发现。

小花松鼠(新种) *Tamiops minor* sp. nov.

(图39、40)

Sciuridae indet.: Qiu Z D et al., 2013, p. 177, appendix

名称由来 示新种较小的个体。

正模 左 M1/2 (V 19519)。

副模 六枚颊齿 (1 P4, 2 M3, 1 p4, 2 m1/2), V 19520.1-6。

模式产地与层位 苏尼特左旗巴伦哈拉根(IM 0801地点)；上中新统下部，巴伦哈拉根层(灞河期)。

测量 (长×宽；Measurements, length × width)：P4: 1.25 mm × 1.30 mm; M1/2: 1.20 mm × 1.30 mm; M3: 1.35 mm × 1.35 mm, 1.45 mm × 1.36 mm; p4: 1.20 mm × 1.05 mm; m1/2: 1.40 mm × 1.25 mm, 1.45 mm × 1.25 mm。

特征 个体较小的花松鼠。P4-M2的原脊和后脊完整、近平行排列；无原小尖和后小尖；中附尖脊形。m1/2长大于宽；下内尖几乎融入下后边脊；无显著的下中附尖；下次尖明显向颊后侧凸出。

描述 P4处于开始磨蚀阶段，呈上宽下窄的"U"形，外缘直。前附尖明显，稍向前扩张；原尖、前尖和后尖颇锐利，高度近等，都比前附尖高；没有次尖；无原小尖、后小尖和中附尖。原脊和后脊细弱，但完整，近似平行地与原尖连接；前边脊显著，比原脊和后脊都低，长度超过牙齿宽度的三分之二；后边脊最低，但完整。前谷宽大，颊侧未完全开放；后谷甚窄；中谷宽大，颊侧由连接前尖和后尖的低脊封闭，凹中釉质层有明显的麻状皱纹。三齿根。

M1/2呈宽"U"形。主尖矮钝，没有次尖；前附尖融入前边脊；具脊形并与前尖连接的中附尖；无原小尖和后小尖。原脊和后脊低，但完整，原脊稍倾斜于牙齿纵轴，后脊的颊侧部分与原脊平行排列，舌侧部分则与原脊略向原尖会聚；前边脊完整，从前附尖逐渐下降至原尖基部；后边脊低弱，有约占三分之二的长度在颊侧与后脊紧贴，使后谷变得很小。前谷的颊侧开放，比后谷长大；后谷仅有舌侧部分清楚；中谷宽阔，凹中釉质层有麻状细纹。三齿根。

M3 向后中度扩张。原尖粗钝；没有后尖、中附尖和原小尖；原脊完整，低弱；没有后脊；前边脊完整，比原脊低；后边脊在舌后侧部分破损。前谷狭窄，中谷宽阔，凹中的釉质层褶皱。三齿根。

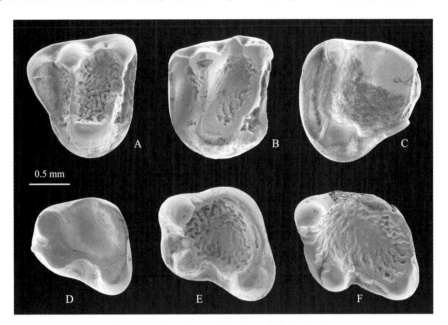

图 39　内蒙古巴伦哈拉根小花松鼠颊齿

Fig. 39　Cheek teeth of *Tamiops minor* from Balunhalagen, Nei Mongol

A. l P4（V 19520.1），B. l M1/2（正模 holotype，V 19519），C. l M3（V 19520.2），D. r p4（反转 reversed，V 19520.3），
E. r m1/2（反转 reversed，V 19520.4），F. l m1/2（V 19520.5）；冠面视（occlusal view）

p4 梯形，前窄后宽。下后尖最高，紧靠下原尖；下内尖几乎融入下后边脊；下次尖强大，位于牙齿后面很靠颊侧的位置上，明显地向颊后侧凸出；有一小、脊形的下前边尖，无下中尖和下中附尖。下外脊完整，稍向内弯曲；下后边脊完整，在高处与下内尖和下次尖连接。外谷宽、浅。双齿根。

m1/2 长大于宽。下次尖明显地向颊后侧凸出；下内尖脊形、融入下后边脊，下内尖角区钝角形；无下中尖和下中附尖。下前边脊低弱，中部略肿胀、有形成下前边尖的趋势；下后脊短，与下后尖连接（可能为 m1）或伸达其基部（可能为 m2）；下后边脊完整，与下次尖和下内尖的高处连接；下外脊完整，但很低，前内-后外向连接于下原尖的舌后部和下次尖的颊前部。下三角座凹浅小，位置高；跟座凹宽阔，舌侧为半高、连接下后尖和下内尖的脊封闭，凹中的釉质层褶皱；外谷窄浅，向舌前侧凹入。双齿根。

比较与讨论　上述牙齿的数量不多，但有代表除 P3 和 m3 外的一种松鼠的齿系，并清楚显示了其与 *Tamiops* 属牙齿一致的基本形态特征。这些特征是：尺寸小，齿尖钝，齿脊低；P4-M2 的原脊和后脊完整，近平行排列，其上无原小尖和后小尖；m1 和 m2 的下内尖融入下后边脊，下内尖角区角形；下颊齿无下中尖，外脊前内-后外向，前谷比后谷明显宽长，外谷向舌前侧凹入，釉质层在磨蚀很浅的牙齿中有清楚的麻状皱纹。这一花松鼠的牙齿尺寸比该属所有已知种的都小，在形态上也还能将其区别开来，有理由定为新种。

新种 *Tamiops minor* 的牙齿比现生种 *T. swinhoei* 的小，齿尖和齿脊发育弱，M1/2 后脊在接近原尖处不明显收缩，m1/2 没有较清楚的下中附尖。其个体与 *T. macclellandi* 接近，形态也比较相似，但 M1/2 后脊较少地向原尖会聚，而且有脊形的中附尖，m1/2 的下内尖更融入下后边脊，而下次尖更明显地凸向颊后侧。

Tamiops minor 的个体比新近纪的两个已知种 *T. asiaticus* 和 *T. atavus* 都小（图 40）。另外，它与 *T. asiaticus* 的不同主要还在于其 p4 和 m1/2 没有清楚的下中附尖；与 *T. atavus* 的不同还在于其 p4 和 m1/2 的下次尖更向颊后侧凸出，m1/2 没有稍醒目的下内尖和下中附尖，以及 M3 较少地向后伸展（Qiu et Yan, 2005；邱铸鼎、倪喜军, 2006）。就牙齿的形态而言，新种与 *T. asiaticus* 和 *T. atavus* 的近似度似乎都没有 *T. asiaticus* 与 *T. atavus* 的那样显著，或许说明 *T. asiaticus* 和 *T. atavus* 有更接近的亲缘关系。

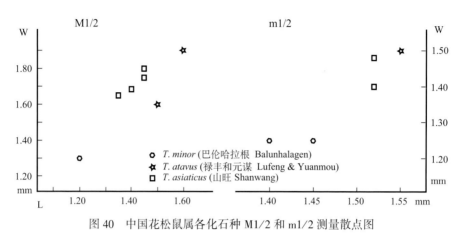

图 40　中国花松鼠属各化石种 M1/2 和 m1/2 测量散点图

Fig. 40　Scatter diagrams showing length and width of M1/2 and m1/2 of fossil species of *Tamiops* from China

　　花松鼠属自早中新世 *Tamiops asiaticus* 出现以来，其牙齿形态似乎并未发生很大的变化。欧洲在新近纪多个地点发现的一属小型松鼠 *Blackia*，其牙齿形态同样具有相当稳定的特征，从 MN2 出土的 *B. miocaenica* 到 MN14 的 *B. woelfersheimensis*，牙齿形态差异都不是很明显（Mein, 1970；De Bruijn, 1998）。耐人寻味的是，*Blackia* 属与 *Tamiops* 属个体接近，牙齿形态相似，特别是两者 P4-M2 都有低弱、近于平行排列的完整原脊和后脊，原小尖和后小尖不发育，下颊齿没有下中尖，下外谷向舌前侧凹入、下外脊前内-后外向，齿凹和齿谷釉质层有小褶皱。毫无疑问，如果一件亚洲 *Tamiops* 的化石在欧洲出现，则有可能被指定为 *Blackia* 属，相反亦然。两者较为明显的差异似乎是 *Blackia* 属齿凹中的釉质层褶皱比 *Tamiops* 更为细密，较为显著（也可能与牙齿的磨蚀程度有关），但以此作为区分这两个属的理由显然不够充分。如果 *Blackia* 属和 *Tamiops* 属为同一类松鼠，将出现 *Blackia* 属在系统分类上的归属问题，因为 *Blackia* 被指定为鼯鼠亚科的飞松鼠，而 *Tamiops* 属无疑为松鼠亚科的树松鼠。因此，对于 *Blackia* 属系统分类位置的确定，及其与 *Tamiops* 属的系统关系，在我们看来尚需作进一步的研究。

旱松鼠族 Xerini Murray, 1866

阿特拉旱松鼠属 *Atlantoxerus* Forsyth Major, 1893

　　模式种　*Sciurus getulus* Linnaeus, 1758 = *Atlantoxerus getulus* (Linnaeus, 1758)：北非，现生旱松鼠。

　　归入种　*Atlantoxerus blacki* De Bruijn, 1967, *A. adroveri* (De Bruijn et Mein, 1968), *A. rhodius* De Bruijn et al., 1970, *A. idubedensis* Cuenca, 1988, *A. margartae* Adrover et al., 1993：欧洲，早中新世—上新世。*A. tadlae* (Lavocat, 1961), *A. huvelini* (Jaeger, 1977)：北非，中中新世—现代。*A. exilis* sp. nov. 和 *A. major* sp. nov.：内蒙古，早中新世。*A. junggarensis* Wu, 1988, *A. giganteus* Wu, 1988 和 *A. orientalis* Qiu, 1996：新疆、内蒙古，中中新世—晚中新世。

　　特征　牙齿形态与 *Heteroxerus* 属的相似，但个体一般较大。牙齿单面高冠，齿尖强大，齿脊显著；P4-M2 的后脊短、通常与原尖隔开，常有发育程度不同的次尖，偶见极弱的原小尖，几乎总有发育的后小尖；下颊齿具下内脊，少见下中尖，外谷狭窄，颊侧通常没有前齿带（综合特征，主要源于 De Bruijn et Mein, 1968；De Bruijn et al., 1970；Cuenca, 1988)。

评述 *Atlantoxerus* 属和 *Heteroxerus* 属的牙齿形态和构造相似。一般而言,两者的主要区别是前者个体较大,下颊齿的颊侧通常没有前齿带,但随着前者个体较小种和后者较大种的发现,两属的界限变得不是很清楚。*Atlantoxerus* 属各已知种的材料都不多,种内的变异情况不清晰,不排除在更多材料的发现后会导致现知种的归并。

东方阿特拉旱松鼠 *Atlantoxerus orientalis* Qiu,1996

(图 41、44;表 16)

Atlantoxerus xiyuensis:魏涌澎,2010,225 页

Atlantoxerus sp.(Balunhalagen and Bilutu):Qiu Z D et al.,2013,p. 177,appendix

归入标本 苏尼特右旗呼-锡公路原里程碑 346 km 附近上红层(346 地点):14 枚颊齿(4 DP4,2 M1/2,1 M3,3 dp4,3 m1/2,1 m3),V 19521.1-14;苏尼特左旗巴伦哈拉根(IM 0801 地点):43 枚颊齿(3 DP4,1 破损 P4,14 M1/2,1 M3,3 dp4,5 p4,11 m1/2,5 m3),V 19522.1-43;苏尼特左旗必鲁图(IM 0510 地点):3 枚臼齿(1 M3,2 m1/2),V 19523.1-3。

测量 见表 16。

表 16 内蒙古 346 地点、巴伦哈拉根和必鲁图东方阿特拉旱松鼠颊齿测量

Table 16 **Measurements of cheek teeth of *Atlantoxerus orientalis* from Loc. 346, Balunhalagen and Bilutu, Nei Mongol**(mm)

Tooth	Length			Width		
	N	Mean	Range	N	Mean	Range
346 地点 Loc. 346						
DP4	4	2.50	2.30-2.80	4	2.99	2.90-3.05
M1/2	2	2.65	2.55-2.70	2	3.18	3.15-3.20
M3	1	–	3.00	–	–	–
dp4	2	2.50	2.50-2.50	2	2.18	2.15-2.20
m1/2	3	2.37	2.20-2.50	3	2.92	2.90-2.95
m3	1	–	3.15	1	–	2.90
巴伦哈拉根 Balunhalagen						
DP4	3	2,33	2.20-2.65	3	2.47	2.35-2.65
P4	1	–	2.70	1	–	3.05
M1/2	12	2.42	2.15-2.60	11	3.00	2.68-3.30
M3	1	–	2.80	1	–	2.75
dp4	3	2.27	2.20-2.30	3	–	2.05
p4	4	2.63	2.30-2.80	4	2.64	2.50-2.70
m1/2	11	2.41	2.30-2.65	11	2.76	2.40-3.05
m3	3	2.87	2.60-3.00	3	2.48	2.45-2.50
必鲁图 Bilutu						
M3	1	–	2.70	1	–	2.70
m1/2	2	2.43	2.25-2.60	2	2.80	2.70-2.90

特征(增订) 个体中等大小,臼齿明显单面高冠。P4-M2 有小的中附尖,常有比后尖大、并与后边脊紧靠或连接而多与原尖分开的后小尖;M3 具后脊、弱的原小尖和明显的后小尖;下臼齿的下次小尖不明显,下后脊未伸达下后尖,下内脊发育、与下后边脊连接;下外脊强大,后内向弯曲。

描述 齿冠在上颊齿的舌侧和下颊齿的颊侧明显比另一侧的高,齿尖和齿脊相当显著。上颊齿原尖

最高大，略前后向拉长；具有比原尖发育弱的次尖；都有显著的后小尖；P4–M3 三齿根。下颊齿的下后尖高大；有清楚可辨的下内尖和下内脊；p4 双齿根，m1–3 四根。

　　DP4 次三角形。前附尖明显，向前扩张，在磨蚀轻微的标本中可以看到由两个大小不等的小尖组成；所有六枚牙齿都有低微的中附尖；无原小尖；后小尖比后尖显著，并都与后边脊连接，但在三枚牙齿中后小尖还与原尖相连。原脊和后脊粗壮，原脊横向、比后脊长、与原尖紧密连接，后脊略倾斜于牙齿纵轴；前边脊显著，圆弧形，长度超过牙齿宽度之半；后边脊低弱，但完整地连接后尖和次尖。前谷宽大，后谷窄小，中谷狭长。P4 的前附尖破损，但可以判断其不很向前扩张。次尖相对比 DP4 的略强，后小尖在唯一的一件标本中与后边脊连接而与原尖或次尖都隔开。其他构造与 DP4 的无大异，但齿尖和齿脊相对粗壮。

　　M1/2 咀嚼面在牙齿开始磨蚀阶段呈方形，随着磨蚀加深，牙齿的宽度加大（单面高冠之故）。前附尖融入前边脊；所有牙齿都有细微、或孤立出现、或与前尖相连的中附尖；无原小尖，仅一或两枚牙齿的原脊中部略显肥大；后小尖强大，大小接近或大于后尖，与后边脊连接或紧靠，多数与原尖由一深沟隔开，只在四枚牙齿中后小尖的低处由一细脊与原尖相连。原脊完整、粗壮、近横向连接前尖与原尖；后脊短，多少倾斜于牙齿纵轴；前边脊和后边脊完整而锐利，但都比原脊和后脊低。前谷宽大，后谷窄小，前者与中谷大小接近。

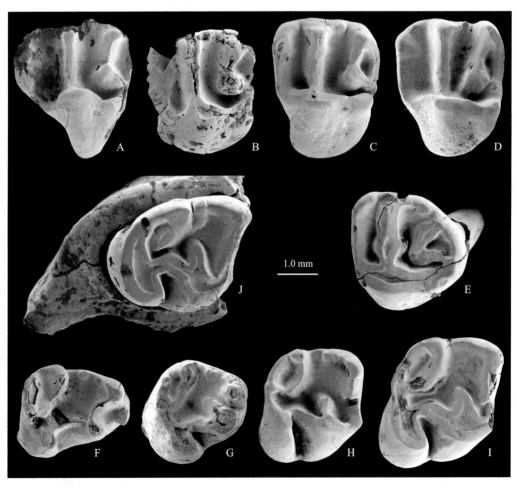

图 41　内蒙古 346 地点和巴伦哈拉根东方阿特拉旱松鼠颊齿

Fig. 41　Cheek teeth of *Atlantoxerus orientalis* from Loc. 346 and Balunhalagen, Nei Mongol

A. l DP4 (V 19521.1), B. l P4 (V 19522.1), C. l M1/2 (V 19521.2), D. r M1/2 (反转 reversed, V 19521.2), E. l M3 (V 19521.3), F. r dp4 (V 19521.3), G. r p4 (V 19522.2), H. r m1/2 (V 19521.5), I. r m1/2 (V 19521.4), J. r m3 (V 19521.5)；冠面视 (occlusal view)

M3浑圆，向后不甚扩张。次尖和后尖都不分明，但与后边脊连接的后小尖依然很发育。原脊粗壮，与M1/2的相似，在三枚牙齿中原脊的中部膨大，形成清楚的原小尖，其中一枚牙齿的原小尖与后小尖间有粗脊连接，一枚有连接的趋向，一枚的基部紧靠；后脊短，其中一枚牙齿的后脊未与后小尖相连。后边脊显著，呈半圆形从原尖绕至前尖后部。

dp4前窄后宽，长度大于宽度，内侧主尖比外侧的稍前位。下原尖和下后尖紧靠，并由一"V"形脊连接；在一枚保存完好的牙齿中具有低小但清楚地以弱的下前边脊与下原尖和下后尖连接，并围成明显下三角座凹的下前边尖；在其中的一件标本中下前边尖很小，下前边脊也不完整；下内尖分明，但下次小尖极弱；在保存完好、磨蚀轻微的牙齿中，可以看到脊形、与下后尖连接而与下内尖隔开的下中附尖，但未见下中尖。外脊完整；下内脊的中部低；下后边脊在接近下内尖处很低，甚至只伸达其基部。下三角座凹和外谷宽阔。双齿根。p4与dp4构造相似，但外形较为横宽，齿尖与齿脊更粗壮。另外，在4枚牙齿中都没有下前边尖和下前边脊的痕迹；下中附尖在一枚牙齿中虽小但呈孤立尖形，在另外两枚中则为弱脊形；后边脊比dp4的完整，舌侧接近与下内尖连接；外谷比dp4的狭窄很多，而且明显伸向后内。

m1/2菱方形。主尖以下内尖最小，但其轮廓分明；既无明显的下前边尖，也未见下中尖；下中附尖弱小或呈脊形，与下后尖连接，与下内尖通常为一深凹隔开；下次小尖很不明显，稍经磨蚀即消失。下内脊显著，连接下内尖和下次小尖（或下后边脊），该脊除在一枚开始磨蚀的牙齿中于接近下内尖处稍低外，其余的都很连续；下前边脊高而完整，磨蚀初期呈"L"形向前外弯曲，随着磨蚀而逐渐变直；下后边脊连续，磨蚀初期呈弧形弯曲，磨蚀后期变直；下外脊粗壮，大体后内向延伸；下后脊显著，但发育程度各异，延伸方向也不尽相同，在所有标本中都未与下后尖连接。下内尖角区钝角形。下三角座凹后部开放；下跟座凹深，但并不特别宽阔；外谷狭窄，舌后向延伸。

m3向后不很扩张，形状大体与m1/2的相似，特别是前半部分的构造更为接近，如具清楚、并与下后尖连接的下中附尖，没有下中尖，有下内脊，下外谷狭窄等，但其长度明显大于宽度，下内尖角区不成角形，下内脊较短、在一枚牙齿中甚至中断。

比较与讨论 上述三个地点的牙齿，形态上具有明显的同一性，并具有以下特征：明显单面高冠；P4-M2具小的中附尖，有十分显著、并通常与后边脊连接而与原尖分开的后小尖；M3有弱的原小尖，清楚的后脊和后小尖；下臼齿的下次小尖不明显，下后脊不完整而下外脊强大，下内脊发育、与下后边脊连接。标本的这些形态显然与 *Atlantoxerus orientalis* 的特征一致，尺寸也接近，完全可以归入该种。*A. orientalis* 最先发现于苏尼特左旗的默尔根地点，材料不多，保存状况也不是很好（邱铸鼎，1996b）。新材料的发现，大大地增加了对该种特征和种内形态变异的认识。

在中国，*Atlantoxerus* 属除 *A. orientalis* 外，目前报道的尚有发现于新疆准噶尔盆地中中新统哈拉玛盖组的 *A. junggarensis*、*A. giganteus* 和 *A. xiyuensis*，以及青海西宁盆地下中新统谢家组和内蒙古化德上新世比例克层的一个未定种（吴文裕，1988；李传夔、邱铸鼎，1980；Qiu et Storch，2000；魏涌澎，2010）。魏涌澎（2010）描述了后来在准噶尔盆地哈拉玛盖组中增加的旱松鼠属材料，拓宽了新疆的这些命名种，特别是对 *A. junggarensis* 形态特征的认识。*A. junggarensis* 的个体明显比 *A. orientalis* 大，齿冠也高，P4-M3常见有弱的原小尖，P4-M2的后小尖虽然紧靠后边脊，但未见其间为清楚的齿脊相连，M3的后脊和后小尖不甚发育，下颊齿的下内脊较为短、弱，而下后脊则相对发育，下外谷内伸深度大且较横向，显然有别于 *A. orientalis* 的特征。*A. giganteus* 的材料仅有一枚P4，其个体硕大，齿冠很高，长度近为 *A. orientalis* 的两倍，具清楚、且有与后小尖连接趋向的原小尖，两者易于区分。但是，在 *A. junggarensis* 的P4中，可以找到与 *A. giganteus* 相同宽度的P4，而这一P4的长度也仅比 *A. giganteus* 的长度小15%左右（魏涌澎，2010）。因此，并不排除 *A. giganteus* 正模可能为一枚个体较大 *A. junggarensis* 的P4。*A. xiyuensis* 的标本产自三个不同的地点，虽然只有8枚颊齿，但显示了清楚的形态变异，如上颊齿的原小尖和中附尖的发育从弱到无，后小尖与后边脊从紧靠到有脊相连。然而，这些牙齿具有 *A. orientalis* 的基本特征，如颊齿明显单面高冠，P4-M2有小的中附尖，后小尖通常比后尖显著、与后边脊紧靠或连接而多与原尖分开，m3的下后脊未伸达下后尖，下内脊和下外脊发育（魏涌澎，2010）。更为重要的是，这些标本的尺寸与内蒙古 A. orientalis 的接近，形态也基本落入其变异范围之内。为此，在没有更多材料证明其差别之前，本书作者认为 A. xiyuensis 是 A. orientalis 的晚出异名。青海谢家的未定种仅有一枚 m1/2，这一牙齿确实具有阿特拉旱松鼠属的特征：具下内尖和下内脊，无下中尖，外谷狭窄且舌后向延伸，没有前齿带。但其尺寸较小，齿冠也低，下内脊较弱，下后脊较发育，似乎应该归入 A. exilis sp. nov.（见下）。化德比例克未定种的材料少而严重破损，从一枚 p4 和一枚破损的 M1/2 看，这些标本未具 Atlantoxerus 属的特征，应该归入 Sinotamias 属（见下）。

与欧洲和北非已知的化石种相比，Atlantoxerus orientalis 与 A. blacki 的不同主要在于其 P4-M2 的后小尖与后边脊相连，m1/2 的下内脊不与下次尖连接；与 A. adroveri 的差异是 M1/2 有中附尖，M3 具后脊；与 A. rhodius 的区别主要是 P4-M2 的后小尖与后边脊紧密相连，下颊齿的下后脊相对发育弱；与 A. idubedensis 的差异是上臼齿的次尖发育弱，P4-M2 的后小尖与后边脊相连，下颊齿没有任何前齿带的痕迹；与 A. margartae 的不同主要在于 P4-M2 的后小尖与后边脊相连，下臼齿的下内脊较短，m3 更为向后扩张而使长度明显大于宽度；与 A. tadlae 的不同是 P4-M2 没有清楚的原小尖，后小尖与后边脊相连，M3 具后小尖，下颊齿的下前边尖不发育，下后脊较弱；与 A. huvelini 的不同在于 M3 具有清楚的后脊和后小尖，下臼齿有较清楚的下内脊（见 Lavocat, 1961; De Bruijn et Mein, 1968; De Bruijn et al., 1970; Jaeger, 1977b; Cuenca, 1988; Adrover et al., 1993）。

细弱阿特拉旱松鼠（新种） *Atlantoxerus exilis* sp. nov.

（图 42、44；表 17）

Sciurid sp.: 李传夔、邱铸鼎, 1980, 201 页

Atlantoxerus sp.: Qiu et Qiu, 1995, p. 61

Atlantoxerus sp.（Lower Aoerban and Gashunyinadege）: Qiu Z D et al., 2013, p. 177, appendix, partim

名称由来 exilis, 拉丁词, 意为"细小、弱小"，示新种的牙齿相对细弱。

正模 左 M1/2（V 19524）。

副模 颊齿三枚（1 P4, 2 M1/2），V 19525.1-3。

模式产地与层位 苏尼特左旗敖尔班（下）（IM 0407 地点）；下中新统，敖尔班组，下（红色泥岩）段（谢家期晚期）。

归入标本 苏尼特左旗敖尔班（下）（IM 0507 地点）：m1/2 一枚，V 19526。苏尼特左旗嘎顺音阿得格（IM 0406 地点）：破碎下颌支一件，具 m1 和 m2，颊齿 4 枚（1 DP4, 1 破损 M1/2, 2 m1/2），V 19527.1-5。苏尼特左旗敖尔班（上）（IM 0772 地点）：颊齿 6 枚（1 破损 DP4, 1 p4, 2 m1/2, 2 m3），V 19528.1-6。苏尼特左旗巴伦哈拉根（IM 0801 地点）：dp4 两枚，V 19529.1-2。

测量 见表 17。

表 17　内蒙古敖尔班、嘎顺音阿得格和巴伦哈拉根细弱阿特拉旱松鼠颊齿测量

Table 17　Measurements of cheek teeth of *Atlantoxerus exilis* from Aoerban, Gashunyinadege and Balunhalagen, Nei Mongol（mm）

Tooth	Length			Width		
	N	Mean	Range	N	Mean	Range
敖尔班（下）Aoerban（L）						
P4	1	–	2.20	1	–	2.90
M1/2	3	2.37	2.35-2.40	3	3.16	3.05-3.30
m1/2	1	–	2.55	1	–	2.70
嘎顺音阿得格 Gashunyinadege						
DP4	1	–	2.15	1	–	2.20
m1/2	3	2.30	2.20-2.35	3	2.60	2.45-2.85

Tooth	Length			Width		
	N	Mean	Range	N	Mean	Range
敖尔班(上) Aoerban (U)						
p4	1	–	2.65	1	–	2.40
m1/2	2	2.58	2.55–2.60	2	2.70	2.65–2.75
m3	2	2.78	2.75–2.80	2	2.65	2.65–2.65
巴伦哈拉根 Balunhalagen						
dp4	2	–	2.15	2	–	2.20

特征 牙齿中等大小，齿冠相对较低，略显单面高冠，齿尖和齿脊适度强壮。P4-M2 的原尖尖锐、前后向拉长不明显，次尖不清楚，具有小的中附尖，后小尖显著、但比后尖小或近等大、与后边脊分离并多与原尖不相连；下臼齿的下次小尖不明显，下内脊低、弱，下外脊强大、直或后内向弯曲；m1/2 的下后脊发育、常伸达下后尖，下内脊与下后边脊连接；m3 的下后脊横向、伸向跟座凹，下内脊不与后边脊相连。

描述 牙齿略显单面高冠(齿冠在上颊齿的舌侧和下颊齿的颊侧比对侧的明显高)，齿尖和齿脊中度强壮，P4-M2 和 p4-m2 的宽度比长度大。上颊齿的原尖最为高大，前后向不明显拉长；次尖不发育；没有原小尖，后小尖显著；P4-M2 三齿根。下颊齿的下后尖高大；有清楚可辨的下内尖和下内脊；p4 双根，m1-3 四根。

DP4 次三角形。前附尖明显，向前扩张；原尖尖锐；没有明显的次尖；无原小尖；后小尖比后尖稍小，由弱脊与原尖连接，但与后边脊隔开；中附尖低脊形，与前尖相连。原脊和后脊完整，近平行伸向原尖，前者弯曲，略比后者粗壮；前边脊显著，圆弧形，长度超过牙齿宽度之半；后边脊完整，但低。前谷宽大，颊侧和舌侧开放；后谷窄小，封闭；中谷长大。P4 次方形，内缘稍窄。前附尖比 DP4 的弱，不向前扩张；后小尖显著，比后尖小，与后边脊和原尖都未相连。其他构造与 DP4 相仿。

M1/2 长方形。原尖尖锐，略收缩；后边脊在接近原尖处膨大，形成不明显的次尖；前附尖融入前边脊；所有牙齿都有小而趋于孤立的中附尖；无原小尖；后小尖显著，小于或接近于后尖，后小尖在四枚牙齿中都与后边脊隔开，在三枚中也没有任何与原尖相连的齿脊。原脊完整，显著，马鞍形，近横向；后脊低弱，伸向原尖，仅在一枚牙齿中伸达原尖基部；前边脊和后边脊完整，但都稍比原脊和后脊低。前谷与中凹大小接近，比后谷宽阔。

dp4 梯形，前窄后宽，长度大于宽度。下后尖最高，与下原尖紧靠；下内尖分明，下次小尖不发育；在两枚牙齿中，都有小而清晰的下前边尖，未见下中尖和下中附尖，下内脊极弱。下外脊、下后脊和下后边脊完整且显著。外谷宽，略伸向后内。p4 与 dp4 相似，但个体较大，齿尖和齿脊强壮，未见下前边尖，外谷较窄。

m1/2 菱形。下内尖小，轮廓分明；既无清楚的下前边尖，也无明显的下中尖；下中附尖明显，脊形，与下后尖连接，与下内尖被一凹缺分开；下次小尖很不醒目，在稍经磨蚀的牙齿中即难以分辨。下内脊清楚、完整，连接下内尖和下次小尖，但较为低弱，达磨蚀中期即接近消失；下前边脊高而完整，呈"L"形连接下原尖和下后尖，随着磨蚀逐渐略向前外弯曲；下后边脊连续、弧状，随着磨蚀逐渐变直；下外脊完整、显著，直或后内向弯曲；下后脊发育，与下后尖连接或伸至其基部。下内尖角区钝角形。下跟座凹宽阔，明显比三角座凹深；下外谷中度大小，稍舌后向延伸。

m3 长度大于宽度，适度向后扩张，前半部分的构造大体与 m1/2 的相似，但下内尖较小，无下内尖角，下后脊短粗、伸向跟座凹，下内脊的颊侧近于游离，并未与下后边脊连接，下外脊肥大。

比较与讨论 上述标本的形态符合 *Atlantoxerus* 属的特征，即牙齿单面高冠，P4-M2 的后脊短，后小尖发育，下臼齿的下内尖清楚，有下内脊，没有颊侧前齿带。这些牙齿与前述 *A. orientalis* 的相比，尺寸接近(图44)，但齿冠较低，而且不那么强烈地单面高冠，齿尖和齿脊也低弱得多，P4-M2 的原尖较为收

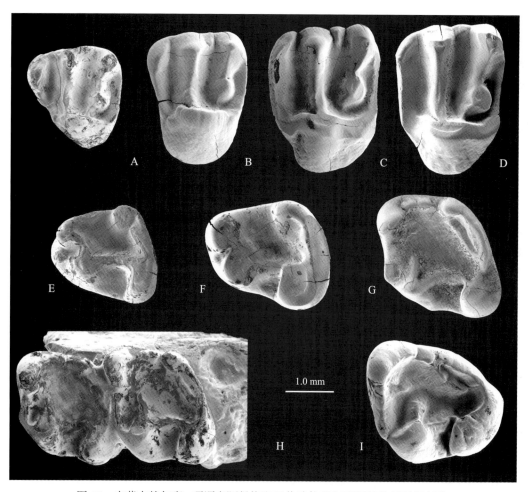

图 42　内蒙古敖尔班、嘎顺音阿得格和巴伦哈拉根细弱阿特拉旱松鼠颊齿

Fig. 42　Cheek teeth of *Atlantoxerus exilis* from Aoerban, Gashunyinadege and Balunhalagen, Nei Mongol

A. l DP4（V 19527.1），B. l P4（V 19525.1），C. l M1/2（正模 holotype, V 19524），D. r M1/2（反转 reversed, V 19525.2），E. r dp4（反转 reversed, V 19529.1），F. r p4（反转, reversed, V 19528.1），G. r m1/2（反转 reversed, V 19526），H. 附有 m1 和 m2 的左下颌骨碎块（left mandible fragment with m1-2）（V 19527.2），I. l m3（V 19528.2）；冠面视（occlusal view）

缩、尖锐，次尖不明显发育，后小尖较小而且与后边脊分离，下臼齿下内脊的发育弱、下后脊较为完整。显然，这些标本有别于 A. orientalis 者而代表该属的一新种。

在 *Atlantoxerus* 属中，A. giganteus 和 A. junggarensis 的个体很大，齿冠高，牙齿明显单面高冠，易于与新种区分。上臼齿后小尖和下臼齿下内脊的连接方式通常是这一属简便而有鉴别意义的形态特征。值得注意的是，在内蒙古这一种松鼠的现有材料中，所有 P4 和 M1/2 的后小尖都未与后边脊连接，所有 m1/2 的下内脊都与后边脊相连。在阿特拉旱松鼠属的已知种中，除 A. orientalis 外，A. adroveri 的后小尖也和后边脊连接，A. blacki 中 m1/2 的下内脊时见与下次尖相连，因此，新种与上述种有所不同。A. rhodius 和 A. idubedensis P4-M2 的后小尖虽然未与后边脊相连，下臼齿的下内脊也与下后边脊连接，但其 P4-M2 有较发育的次尖，前者的后小尖比后尖更显著，下臼齿的下后脊和下内脊更为发育、完整，后者的个体较小，下臼齿有退化的前颊侧齿带。A. tadlae 的 P4-M3 有小的原小尖，下颊齿有较显著的下前边尖。A. margaritae 的 P4-M2 有明显的次尖，下臼齿的下内脊长而较显著，后边脊与下内尖间有深的凹缺隔开，m3 相对短。A. huvelini 的下臼齿没有清楚的下内脊。内蒙古这一阿特拉旱松鼠显然与该属的这些已知种都还有明显的差异（见 Lavocat, 1961；De Bruijn et Mein, 1968；De Bruijn et al., 1970；Jaeger, 1977b；Wu, 1988；Cuenca, 1988, 1991；Adrover et al., 1993）。

李传夔和邱铸鼎（1980）曾报道过青海田家寨谢家发现的一枚松鼠的 m1/2，最先定为"Sciurid sp."，后来归入 *Atlantoxerus* sp.（Qiu et Qiu, 1995）。这枚牙齿的齿冠低，略显单面高冠，有小而清楚、并与下中附尖由一明显齿缺隔开的下内尖，具弱且与下后边脊连接的下内脊，有较为发育的下后脊，这些形态与新种 *A. exilis* 的特征完全一致。不同的是，青海标本稍小，但其尺寸也落入内蒙古标本个体变异范围的低端。另外，其下内脊较为短弱，与下后边脊围成的凹坑更为浅小。纵然有这些差异，似乎也并不妨碍将其归入同一种。田家寨标本的较小个体、较低齿冠、较短弱的下内脊和较完整的下后脊，可能属于该种较为原始的性状。

新种与 *Atlantoxerus orientalis* 和 *A. junggarensis* 在形态上似乎有较大的不同，这些不同意味着它们代表不同的演化支系，还是属于一个演化迅速的相同支系，则有待更多材料的发现和研究。

较大阿特拉旱松鼠（新种）*Atlantoxerus major* sp. nov.

（图43、44；表18）

Atlantoxerus sp.（Gashunyinadege and Balunhalagen）: Qiu Z D et al., 2013, p. 177, appendix, partim

名称由来 示新种较大的个体。

正模 右 M1/2（V 19530）。

副模 颊齿 7 枚（1 DP4，1 M1/2，1 M3，2 p4，1 m1/2，1 m3），V 19531.1-7。

模式产地与层位 苏尼特左旗敖尔班（上）（IM 0772 地点）；下中新统，敖尔班组，上（红色泥岩）段（山旺期）。

归入标本 苏尼特左旗嘎顺音阿得格（IM 9606 地点）：m3 一枚，V 19532；苏尼特左旗巴伦哈拉根（IM 0801 地点）：颊齿 5 枚（1 P4，4 m1/2），V 19533.1-5。

测量 见表18。

表 18 内蒙古敖尔班（上）、嘎顺音阿得格和巴伦哈拉根较大阿特拉旱松鼠颊齿测量

Table 18 Measurements of cheek teeth of *Atlantoxerus major* from Aoerban（U），Gashunyinadege and Balunhalagen，Nei Mongol（mm）

Tooth	Length			Width		
	N	Mean	Range	N	Mean	Range
敖尔班（上）Aoerban（U）						
DP4	1	–	2.45	1	–	2.85
M1/2	2	2.95	2.50-3.40	2	3.78	3.40-4.15
M3	1	–	3.10	1	–	3.25
p4	2	3.05	3.00-3.10	2	2.75	2.70-2.80
m1/2	1	–	3.20	1	–	3.15
m3	1	–	3.60	1	–	3.30
嘎顺音阿得格 Gashunyinadege						
m3	1	–	3.30	1	–	3.25
巴伦哈拉根 Balunhalagen						
P4	1	–	2.90	1	–	3.45
m1/2	4	3.13	2.90-3.45	4	3.43	3.15-3.80

特征 个体较大的阿特拉旱松鼠，颊齿中度单面高冠。P4-M2 的原尖脊形、前后向拉长，次尖弱小或不清楚，无中附尖，有显著、近与后尖等大、与原尖和后边脊都分离的后小尖；M1/2 前谷比中谷宽阔；M3 具很小的原小尖，有显著的后小尖和弱的后脊；下颊齿有小的下内尖，低、弱并与下后边脊连接的下内脊；m1/2 具有小的下中附尖，下外脊的基部膨大、形成显著的类中尖，下后脊发育、常伸达下后尖。

描述 牙齿单面高冠，齿尖并不特别强大，但齿脊显著；P4-M2 的宽度比长度明显大。上颊齿的原尖最为高大，脊形，前后向延伸；次尖不发育；后小尖显著。下颊齿的下后尖高大；有清楚可辨的下内尖和下内脊；p4 双根，m1-m3 四根。

DP4 次三角形。前附尖明显，向前扩张；没有次尖；无原小尖；后小尖与后尖近等大，由短而弱的脊

与原尖连接，紧靠后边脊；无中附尖。原脊和后脊完整，前者横直、粗壮，后者稍斜、在接近原尖处强烈收缩；前边脊显著，圆弧形，长度超过牙齿宽度之半；后边脊完整，在接近原尖处肥厚。前谷宽大，颊侧开放；后谷狭小，封闭；中谷长，颊侧开放。P4次方形，内缘稍窄。前附尖比前尖高大，向前不甚扩张；具有不很强大的次尖；无中附尖；后小尖显著，近与后尖等大，与后边脊和原尖都未相连。原脊强大，横向；后脊短，略斜向；前边脊和后边脊也相当显著。前谷和中谷近等大、等深。

M1/2梯形。原尖脊形，前后向伸长；后边脊在接近原尖处膨大，形成弱的次尖；前附尖融入前边脊；无中附尖；无清楚的原小尖；后小尖显著，大小接近后尖，与原尖明显分开，与后边脊紧靠、但其间无脊相连。原脊和后脊高而显著，前者完整、横向，后者短、稍倾斜；前边脊和后边脊也还完整、强壮，但都比原脊和后脊低。前谷比中谷宽阔，后谷狭窄。

M3向后不甚扩张。原尖脊形；没有可以分辨的次尖、后尖和中附尖；有甚为弱小的原小尖；后小尖很发育，靠近原尖，与后边脊明显分开。原脊粗壮，与M1/2的相似；后脊短、弱；前边脊完整、显著，但在与原尖和前尖的连接处稍低；后边脊显著，呈半圆形连接原尖和前尖的基部，颊侧后部高而粗厚。前谷宽阔，但比中谷狭窄些。

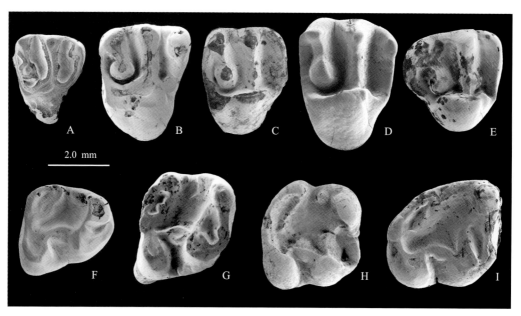

图43　内蒙古敖尔班(上)和巴伦哈拉根较大阿特拉旱松鼠颊齿

Fig. 43　Cheek teeth of *Atlantoxerus major* from Aoerban（U）and Balunhalagen, Nei Mongol

A. l DP4（反转 reversed, V 19531.1），B. l P4（反转 reversed, V 19533.1），C. r M1/2（V 19531.2），D. r M1/2（正模 holotype, V 19530），E. r M3（V 19531.3），F. r p4（V 19531.4），G. l m1/2（V11911 反转 reversed, V 19533.2），H. r m1/2（V 19533.3），I. r m3（V 19531.5）；冠面视（occlusal view）

p4前窄后宽，长大于宽。下后尖最高，紧靠下原尖；下内尖分明，与脊形的下中附尖间有明显的齿缺；下次小尖不发育；在一枚保存尚好的牙齿中，见有低的下前边脊、下后脊、以及短弱的下内脊。下外脊弱，附有发育的下中尖；下后边脊完整、显著。外谷宽，略后内向延伸。

m1/2菱方形。下内尖小，轮廓分明；无清楚的下前边尖；下中附尖小、与下后尖紧靠或连接，与下内尖由明显齿缺分开；下次小尖不发育。下内脊低、弱，连接下内尖和后边脊，达中期磨蚀阶段即可消失；下前边脊高、完整，向前凸出，但随着磨蚀凸出的程度会有所减弱；下后脊强壮，与下后尖连接或伸达其基部；下后边脊连续，呈新月形连接下次尖和下内尖；下外脊完整，中部肥大形成"类下中尖"；下内尖角区钝角形。下三角座凹封闭或后方开放，在可能为m2的牙齿中深度接近下跟座凹；跟座凹宽阔；外谷窄。

m3次三角形，长大于宽，向后中度扩张。下内尖和下中附尖几乎完全融入后边脊，其间的齿缺不明显。有低、与后边脊连接的下内脊；下前边脊显著、完整，略向前弯曲；下后脊粗壮，伸达下后尖基部或横向伸向跟座凹；下外脊发育，中部肿胀；下后边脊连续于下后尖和下次尖间。下内尖角区不成角形；下跟座凹宽大。

巴伦哈拉根标本尺寸比上敖尔班的略大，下臼齿外脊上的"类下中尖"似乎也稍显著。

比较与讨论 上述标本与前述 *Atlantoxerus orientalis* 的特征有所不同，除尺寸偏大外（图 44），颊齿不那么单面高冠，P4 和 M1/2 的次尖与中附尖都不发育，后小尖与后边脊分开，下臼齿的下内脊弱，不甚发育的下外脊附有"类下中尖"。这些牙齿的基本形态与 *A. exilis* sp. nov 的比较接近，如齿冠较低、不甚单面高冠、P4 和 M1/2 的次尖不清楚、后小尖与后边脊间无连接、下臼齿的下内脊较为低弱等，但尺寸明显比 *A. exilis* 相应牙齿的大，P4-M3 的原尖显著地前后向伸长，P4 和 M1/2 无中附尖，M1/2 前谷比中谷明显宽阔，下臼齿下外脊的基部膨大形成显著的"类下中尖"，m3 的下内脊与后边脊连接。这些形态特征使其无法归入 *A. exilis* 种，但表明这一松鼠可能代表与 *A. exilis* 有较接近亲缘关系的一个新种。

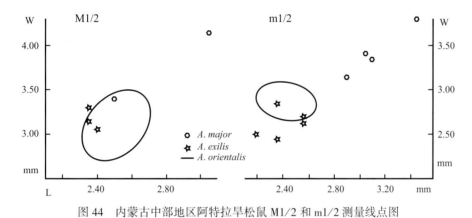

图 44 内蒙古中部地区阿特拉旱松鼠 M1/2 和 m1/2 测量线点图

Fig. 44 Scatter diagrams showing length and width in M1/2 and m1/2 of *Atlantoxerus* from central Nei Mongol
A. orientalis 标本产自默尔根 II、346 地点、巴伦哈拉根、必鲁图地点；*A. exilis* 标本产自敖尔班、嘎顺音阿得格地点；*A. major* 标本产自敖尔班、巴伦哈拉根地点（*A. orientalis* from Moergen II, Loc. 346, Balunhalagen, and Bilutu; *A. exilis* from Aoerban and Gashunyinadege; *A. major* from Aoerban and Balunhalagen）

新种的个体比 *Atlantoxerus giganteus*、*A. junggarensis* 和 *A. huvelini* 的小，而比 *A. rhodius*、*A. adroveri*、*A. blacki* 和 *A. idubedensis* 的大，齿冠比 *A. giganteus* 和 *A. junggarensis* 的低，齿尖和齿脊也弱得多。它以 P4-M3 的后小尖与后边脊间无脊相连而易于与 *A. adroveri* 区别，或以 P4 和 M1/2 的次尖较弱、没有中附尖，或以 M1/2 的前谷比中谷宽阔，或以下臼齿的下内脊低弱、以及下外脊的基部膨大形成"类下中尖"而可与该属的其他已知种分开。

阿特拉旱松鼠（未定种） *Atlantoxerus* sp.

（图 45）

材料 苏尼特左旗敖尔班（下）（IM 0407 地点）：一枚 m3（2.20 mm × 1.95 mm，V 19534）；苏尼特右旗呼-锡公路原里程碑 346 km 附近上红层（346 地点）：一枚 m1/2（2.10 mm × 1.85 mm，V 19535）。

描述 m1/2 长方形，长度明显大于宽度，齿冠的颊侧比舌侧高。下内尖几乎完全融入下后边脊；无下前边尖，也没有下中尖和下中附尖；下次小尖小，但轮廓可辨。下内脊长，连接下内尖和下次小尖，但其与后边脊围成的凹坑很浅；下前边脊低，完整，呈弧形连接下原尖和下后尖；下后脊强壮，与下后尖中部连接；下后边脊连续，呈新月形从下次尖绕向下内尖，然后下降至下后尖基部，把下跟座凹半封闭；下外脊完整，但十分低弱；无颊侧前齿带。下三角座凹完全封闭，位置明显比下跟座凹高；下跟座凹宽阔；外谷窄、浅。

m3 次长方形，长大于宽，齿冠颊侧比舌侧高。下内尖和下次小尖完全融入后边脊。有短的下内脊，其与后边脊围成的凹坑甚为浅小；下前边脊完整，连接下原尖和下后尖，颊侧略向前弯曲；下后脊完整、粗壮,明显向舌侧延伸,并与下后尖在高处相连;下后边脊高、显著,连续于下后尖和下次尖间,封闭下跟座凹;下外脊粗壮,但在与次尖连接处变细;无颊侧前齿带。下内尖角区弧形;下三角座凹完全封闭,位置高;下跟座凹仍然明显地比下三角座凹深;外谷窄,略向后内延伸。

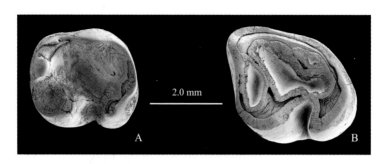

图 45   内蒙古敖尔班(下)和 346 地点阿特拉旱松鼠(未定种)颊齿

Fig. 45   Cheek teeth of *Atlantoxerus* sp. from Aoerban (L) and Loc. 346, Nei Mongol

A. l m1/2 (V 19535), B. l m3 (V 19534);冠面视(occlusal view)

比较与讨论   所述材料只有两枚臼齿,两者个体匹配,形态同一性显著,即下内尖完全融入后边脊,没有下前边尖、下中尖和下中附尖,具有与后边脊围成浅坑的下内脊,下后脊完整而长,并与下前边脊封闭三角座凹,无颊侧前齿带,下三角座凹位置明显比下跟座凹的高,这些共性似乎表明它们属于相同的一类地松鼠。由于牙齿显示了一定程度的单面高冠,又有明显的下内脊,形态上与 *Heteroxerus* 属和 *Atlantoxerus* 属都有可以比较之处,显然可以归入旱松鼠属族。最初,*Heteroxerus* 属和 *Atlantoxerus* 属区分的依据是个体大小及下颊齿是否有颊侧前齿带,即前者个体小,具有颊侧齿带。这些牙齿的尺寸比 *Heteroxerus* 已知种的都大,而几乎比所有 *Atlantoxerus* 属的都小。事实再次证明,随着更多材料的发现,两属在牙齿的个体和形态上没有很清楚的界限。鉴于牙齿中没有任何颊侧前齿带的痕迹,尺寸又稍趋于接近 *Atlantoxerus* 的最小者,这里暂时将其归入这一属。

内蒙古这一旱松鼠下臼齿最明显的特征是其外形长方形(长度明显大于宽度);没有下前边尖和下中附尖;下后脊完整而长,与下前边脊封闭的下三角座凹位置很高;有清楚的下内脊及其与下后边脊封闭的坑浅;缺少欧洲异旱松鼠常有的颊侧前齿带。其个体接近 *Atlantoxerus* 属已知种 *A. blacki* 和 *A. idubedensis*,但 *A. blacki* 的下臼齿和 *A. tadlae* 一样具有明显的下前边尖,*A. idubedensis* 有退化的颊侧前齿带。在 *A. adroveri*、*A. rhodius*、*A. huvelini*、*A. junggarensis*、*A. orientalis*、*A. exilis* 和 *A. major* 的 m2 和 m3 中,没有任何一种具有如此完整、长而高的下后脊。考虑这些标本的组合形态,不难将其与该属所有的已知种分开(Lavocat,1961;De Bruijn et Mein,1968;De Bruijn et al.,1970;Jaeger,1977b;Cuenca,1988;Adrover et al.,1993)。鉴于个体和形态上的差异,这些牙齿有可能代表一新的种,但由于材料太少,这里将其归入该属的未定种。

旱獭族 Marmotini Pocock, 1923

古松鼠属 Palaeosciurus Pomel, 1853

模式种   *Palaeosciurus feignouxi* Pomel, 1853:法国 Lagney (?),早中新世。

归入种   *Palaeosciurus fissurae* (Dehm, 1950), *P. goti* Vianey-Liaud, 1974, *P. sutteri* Ziegler et Fahlbusch, 1986:欧洲,渐新世—早中新世。*P. aoerbanensis* sp. nov.:内蒙古苏尼特左旗,早中新世(谢家期—山旺期)。

特征   下颌骨在早期的种类中具有地松鼠型的形态特征:水平支细长,齿虚位长而浅。M1 和 M2 咀嚼面次方形,原脊和后脊在接近原尖处稍收缩,并多少向原尖会聚或近平行排列,有中附尖(晚期种的中附尖很发育),原小尖甚弱或无,后小尖小或显著;下颊齿的下内尖通常未完全融入下后边脊(晚期种的下内尖很醒目),下中尖显著,具下中附尖,下中附尖与下内尖之间通常为一明显的齿缺隔开;m1 和 m2

下内尖角区一般角形，下前边脊与下原尖连接，下跟座凹的釉质层通常粗糙（综合特征，主要源于 Dehm，1950；Vianey-Liaud，1974；Ziegler et Fahlbusch，1986）。

敖尔班古松鼠（新种）*Palaeosciurus aoerbanensis* sp. nov.

（图 46）

Eutamias sp. (Lower and Upper Aoerban)，*Oriensciurus* sp. (Upper Aoerban)：Qiu Z D et al.，2013，p. 177，appendix

名称由来 示新种的发现地点——内蒙古苏尼特左旗敖尔班。

正模 右下颌支，具 p4-m3（V 19536）。

副模 DP4 一枚，V 19537。

模式产地与层位 苏尼特左旗敖尔班（下）（IM 0407 地点）；下中新统，敖尔班组，下（红色泥岩）段（谢家期晚期）。

归入标本 苏尼特左旗嘎顺音阿得格（IM 0401）：M1/2 一枚，V 19538。苏尼特左旗敖尔班（上）（IM 0772 地点）：4 枚破损或溶蚀的臼齿（2 M1/2，2 m1/2），V 19539.1-4。

测量 （长×宽；Measurements，length × width）

正模（holotype）

齿缺长度（length of diastema）：6.5 mm；

m1 之下的颌骨高度（height of mandible beneath m1）：6.0 mm；

p4-m3 长度（length of p4-m3）：7.6 mm；

p4：1.75 mm × 1.75 mm；m1：1.85 mm × 1.85 mm；m2：2.10 mm × 2.05 mm；m3：2.30 mm × 2.10 mm。

其他标本（other specimens）

DP4：1.60 mm × 1.60 mm；M1/2：1.80 mm × 2.10 mm，- × 2.10 mm，1.70 mm × 2.15 mm；m1/2：2.00 mm × 1.90 mm，2.00 mm × -。

特征 *Palaeosciurus* 属中个体较小的一种。下咬肌窝前端终止于 p4 和 m1 间的下方。上臼齿的原尖不前后向延伸，原脊和后脊明显向原尖会聚，无原小尖，后小尖显著；下臼齿的下内尖、下中尖和下中附尖适度发育，下中附尖与下内尖间的凹缺深；m1 和 m2 的下后脊显著。下臼齿跟座凹釉质层粗糙。

描述 下颌骨的上升支破损，但保存了完整的颊齿列和部分门齿。水平支具地松鼠型的基本形态特征：细长，齿虚位长而浅；咬肌窝宽大且深；下咬肌嵴显著，前端位于 p4 与 M1 之间的下方；颏孔位于牙齿虚位中部偏后方，接近背缘。M1/2 次方形，宽度比长度略大，没有次尖，齿脊完整。下颊齿前后向不压缩，下内尖未完全融入下后边脊；p4-m2 的长度和宽度近等；m1 和 m2 接近方形，长度略小于宽度。牙齿的中谷不甚光滑，下臼齿跟座凹的釉质层在浅磨蚀的标本中十分粗糙。

DP4 似三角形；原尖尖锐，比前尖和后尖都高大；前附尖发育，明显向前凸出；有低脊状的中附尖；无原小尖，后小尖明显。前边脊长，从前附尖向舌侧伸达牙齿宽度的三分之二；原脊和后脊完整，近平行地与原尖连接；后边脊相对较为低弱。

M1/2 的原尖锐利，不明显前后向延伸。前附尖完全融入前边脊；三枚牙齿的中附尖都未保存，但从其中的一件标本判断，低的中附尖有可能存在；无明显的原小尖，只在一枚牙齿中原脊在原小尖的位置上略为肿胀；后小尖在三枚牙齿中都很显著。原脊和后脊完整，但在接近原尖处有所收缩；原脊与牙齿的纵轴近于垂直；后脊则与纵轴斜交，与原脊向原尖会聚；前边脊和后边脊完整，前者相对强壮，两者都比原脊和后脊低矮。前谷比后谷宽大得多，但都比中谷窄。

p4 矩形，前窄后宽。下原尖和下后尖高，其间有一宽谷（下三角座凹），两尖后方由低的 V 形脊（下后脊）联结，前方低处有细小的下前边尖；下内尖尚清晰，部分融入下后边脊；下中尖明显；有一弱脊形、并与下后尖连接而与下内尖由一深凹隔开的下中附尖。外脊弱，但完整；下后边脊相对粗壮。下内尖角区钝角形。外谷中度发育；下跟座凹宽阔。

m1/2 的下内尖压扁状，未完全融入下后边脊；下中尖尚显著；没有明显的下前边尖；下中附尖低、

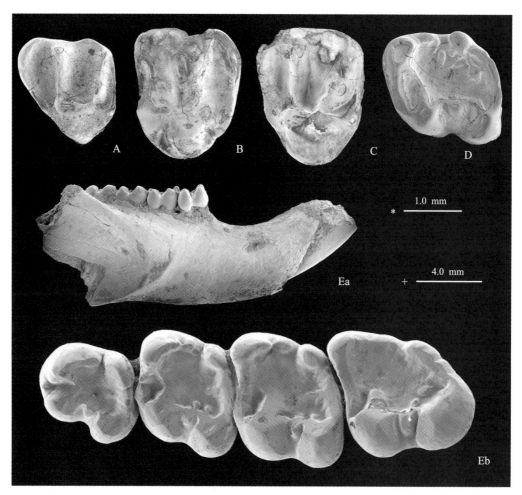

图46 内蒙古敖尔班和嘎顺音阿得格敖尔班古松鼠下颌支与颊齿

Fig. 46 Mandibular fragment and cheek teeth of *Palaeosciurus aoerbanensis* from Aoerban and

Gashunyinadege, Nei Mongol

A. l DP4（V 19537），B. r M1/2（V 19539. 1），C. l M1/2（V 19538），D. l m1/2（V 19539.2），Ea, Eb. 附有 p4-m3 的
破损右下颌骨（right mandibular fragment with p4-m3）（正模 holotype, V 19536）；A-D, Eb. 反转 reversed, 冠面视
（occlusal view），Ea. 颊侧视（buccal view）；比例尺（scale）. *-A-D, Eb, +-Ea

脊形，与下后尖连接，与下内尖间为深的齿缺隔开。下前边脊粗壮，完整，舌端在高处与下后尖连接，颊端与下原尖前部相连；下后边脊连续，平缓地连接下次尖和下内尖，在牙齿的后方封闭下跟座凹；外脊短、弱；下后脊完整，封闭下三角座凹后方，但在接近下后尖基部处甚为低弱。下内尖角区弧形或钝角形。下三角座凹和下外谷相对窄小；下跟座凹宽阔，凹中釉质层粗糙。

m3 向后略扩张。下中尖显著；下内尖尚醒目，前方与下中附尖的界限清楚。下前边脊强大，但在接近与下原尖连接处稍弱；下后脊不完整，未能封闭下三角座凹的后方。下跟座凹宽阔，凹中釉质层粗糙。

齿列中，可以观察到牙齿的个体从 p4-m3 逐渐递增，下后尖的相对高度依次递减，下内尖融入下后边脊的程度逐一加强，下内尖角区从钝角渐变成弧形，下前边脊从 m1-m3 变得越来越直，下后脊的完整性则变差。

比较与讨论 上述松鼠具有地松鼠型的下颌和普通松鼠的牙齿形态。但由于牙齿的尺寸较大，M1/2的后小尖发育，下颊齿的下内尖较显著、下中尖较强大、下内尖与下中附尖间的齿缺清楚，以及下前边脊通常与下原尖连接，使其既无法归入上述 Tamiini 族的 *Tamias* 属或 *Spermophilinus* 属，也排除了归入下述 Marmotini 族的 *Prospermophilus* 和 *Sinotamias* 属的可能。下颌支和牙齿的这些形态，显然具有 *Palaeosciurus* 属的基本特征，似乎代表该属在东亚发现的一个新种。此前 *Palaeosciurus* 属仅发现于欧洲和西亚渐新世及早中新世地点，中国新疆也有过报道（Dehm，1950；Vianey-Liaud，1974；Ziegler et Fahlbusch，1986；孟津等，2006）。内蒙古的发现代表该属分布的最东延伸。

新种 *Palaeosciurus aoerbanensis* 以牙齿的尺寸较小，下颊齿的下内尖较发育和下内尖与下中附尖有较明显的齿缺而不同于 *P. feignouxi*；新种比 *P. fissurae* 也小些，另外，其下颌骨咬肌窝前端的位置较靠前，M1/2 的后小尖较发育，下臼齿的下内尖较为融入后边脊，因而下内尖角区不甚角形；它与 *P. goti* 的差异在于牙齿的尺寸稍大，M1/2 的原尖没有那样前后向伸长、原脊和后脊较为会聚于原尖、后小尖较发育，下臼齿的下后脊较显著；*P. sutteri* 的牙齿尺寸大，M1/2 的原尖强大且前后向伸长、后小尖和中附尖很发育，m1 和 m2 的下内尖和下中尖显著，但下后脊通常发育弱，易于与新种区分。

该属只有时代较早的两个种（*Palaeosciurus feignouxi* 和 *P. goti*）保留有头骨，头骨的形态显示了其地松鼠的属性（Vianey-Liaud，1974），但晚期种（*P. sutteri*）的牙齿形态具有明显树松鼠的特征（M1 和 M2 具孤立的中附尖，m1 和 m2 有发育的下内尖、下中尖和下中附尖）。为此，Ziegler 和 Fahlbusch（1986）认为典型的树松鼠属 *Sciurus* 是由 *Palaeosciurus* 属演化而来，但 De Bruijn（1998）对此持有保留意见，认为在欧洲从 *Palaeosciurus* 属灭绝（MN4）到 *Sciurus* 属出现（MN14）的地史间隔较长。*Palaeosciurus* 在亚洲的存在，以及 *Sciurus* 属在山东山旺（下中新统上部）和陕西蓝田（上中新统下部）的发现（Qiu et Yan，2005；Qiu et al.，2008），也许说明 Ziegler 和 Fahlbusch 的推论有一定的道理。

中华花鼠属 *Sinotamias* Qiu，1991

模式种 *Sinotamias gravis* Qiu，1991：内蒙古化德县二登图，晚中新世，保德期。

归入种 *Sinotamias minutus*（Zheng et Li，1982）：甘肃，晚中新世（保德期?）。*S. primitivus* Qiu，1996：内蒙古，中中新世—? 晚中新世（通古尔期—? 灞河期）。

特征（增订）　牙齿构造大体与 *Prospermophilus* 和 *Sciurotamias* 的相似，但个体比 *Prospermophilus* 大，齿尖和齿脊相对粗壮。上臼齿原尖稍前后向拉长，原脊完整，后脊在接近原尖处明显收缩；M1 和 M2 的原脊和后脊向原尖会聚，无原小尖，后小尖不特别显著，中附尖不发育；下臼齿下内尖融入下后边脊，下中尖、下中附尖极弱或缺失，下外脊明显、后内向弯曲，下前边脊与下原尖连接，下内尖角区圆弧形，下三角座凹位置低，下外谷窄、掠向舌后侧。

原始中华花鼠 *Sinotamias primitivus* Qiu，1996

(图 47)

Eutamias cf. *E. ertemtensis*，邱铸鼎，1996b，38 页，部分

归入标本　苏尼特左旗巴伦哈拉根（IM 0801 地点）：5 枚颊齿（1 P4，3 m1/2，1 m3），V 19540.1–5。

测量（长×宽；Measurements，length × width）　P4：1.15 mm × 1.40 mm；m1/2：1.60 mm × 1.50 mm，1.35 mm × 1.50 mm，1.50 mm × 1.45 mm；m3：1.55 mm × 1.45 mm。

描述　P4 的原尖粗壮，前附尖不甚向前凸出，无原小尖和中附尖，后小尖显著。前边脊的长度占牙齿宽度之半；原脊完整，后脊在接近原尖处变弱，两脊略向原尖会聚；后边脊粗壮但低，后谷狭小。

m1/2 的下内尖完全融入下后边脊，与下后尖间由明显的凹缺隔开；无下中尖、下中附尖和下前边尖。下前边脊相对弱，从下后尖高处下降至下原尖基部，三枚牙齿中的两枚具有明显的前齿带；下外脊完整、显著，略后内向弯曲；下后边脊长、弧形，颊侧与下次尖紧密连接；下后脊完整或断开。下内尖角区弧形或钝角形。下跟座凹宽阔；外谷狭小，掠向后内。

m3 向后略扩张。没有下中尖；下内尖也完全融入下后边脊；下前边脊粗壮，与下原尖连接，具前齿带；下后脊未能封闭下三角座凹后方；下外脊明显，后内向弯曲。

比较与讨论　上述标本 P4 的原尖粗壮，原脊和后脊略向原尖会聚，无原小尖，后小尖显著；下臼齿下内尖融入下后边脊，下中尖缺失，下外脊后内向弯曲，下前边脊与下原尖连接，下内尖角弧形，下三角座凹位置低，下外谷掠向舌后侧。这些特征与 *Prospermophilus* 和 *Sinotamias* 属的相似，但牙齿尺寸比前者的大，齿尖和齿脊也较粗壮，与后者的更为接近，因而被归入该属。在 *Sinotamias* 属中，上述牙齿的尺寸

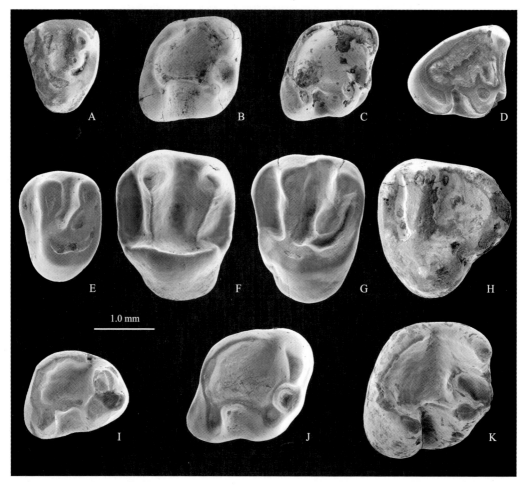

图 47　内蒙古巴伦哈拉根原始中华花鼠与沙拉和高特格厚重中华花鼠颊齿

Fig. 47　Cheek teeth of *Sinotamias primitivus* from Balunhalagen, and *S. gravis* from Shala and Gaotege, Nei Mongol

Sinotamias primitivus：A. l P4（V 19540.1），B. r m1/2（V 19540.2），C. r m1/2（V 19540.3），D. l m3（反转 reversed，V 19540.4）；*S. gravis*：E. r P4（反转 reversed，V 19541.1），F. l M1/2（V 19542），G. r M1/2（反转 reversed，V 19541.2），H. r M3（反转 reversed，V 19541.3），I. r p4（V 19541.4），J. r m1/2（V 19541.5），K. l m1/2（反转 reversed，V 19544）；

冠面视（occlusal view）

属于较小者，齿尖和齿脊也较弱，下臼齿没有下中尖，而有前齿带，下外脊不很弯曲，与 *S. primitivus* 的大小和形态一致，因此被看做相同的一种。

　　Sinotamias primitivus 由邱铸鼎（Qiu，1996b）依内蒙古默尔根发现的不多材料命名。根据对默尔根松鼠材料的再观察，归入该种的标本似乎还应包括原指定为 *Eutamias* cf. *E. ertemtensis* 的一枚 P4、一枚 M1/2 和两枚 m3，即 IVPP V 10350.1，2，6，7。

厚重中华花鼠 *Sinotamias gravis* Qiu，1991

（图 47；表 19）

Atlantoxerus sp., Qiu et Storch, 2000, p. 185, partim

Sinotamias sp.（Shala），*Sciurotamias* sp.（Gaotege）：Qiu Z D et al., 2013, p. 177, appendix

　　归入标本　苏尼特右旗沙拉（IM 9610 地点）：颊齿 9 枚（1 P4，5 M1/2，1 M3，1 p4，1 m1/2），V 19541.1–9。阿巴嘎旗高特格：DB 02-1 地点，1 枚 M1/2，V 19542；DB 02-2，p4 一枚，V 19543；DB 03-1，m1/2 一枚，V 19544。

　　测量　见表 19。

表 19　内蒙古沙拉和高特格厚重中华花鼠颊齿测量
Table 19　Measurements of cheek teeth of *Sinotamias gravis* from Shala and Gaotege, Nei Mongol（mm）

Tooth	Length			Width		
	N	Mean	Range	N	Mean	Range
沙拉 Shala						
P4	1	–	1.30	1	–	1.65
M1/2	5	1.74	1.65–1.85	2	2.28	2.25–2.30
M3	1	–	2. 10	1	–	2.10
p4	1	–	1.60	1	–	1.30
高特格 Gaotege						
M1/2	1	–	1.85	1	–	2.35
p4	1	–	1.60	1	–	1.35
m1/2	1	–	1.95	1	–	2.05

描述　P4 的前附尖不向前凸出，无明显的中附尖和原小尖，后小尖显著。前边脊的长度占牙齿宽度之半；原脊完整，后脊在接近原尖处变弱，两脊向原尖会聚；后边脊低弱，后谷窄小。

M1/2 的齿尖和齿脊粗壮。原尖不很高，脊形，略前后向伸长；前附尖融入前边脊；未见明显的中附尖；无原小尖，后小尖显著。原脊完整，后脊在接近原尖处明显收缩，双脊向原尖会聚；前边脊和后边脊完整，比原脊和后脊稍低，两者在与原尖连接部分加厚。前谷比后谷宽大，前者大小与中谷接近。

M3 不明显向后扩张。没有后尖和后脊。后边脊半圆形围绕牙齿的后部。

p4 的下原尖和下后尖高，紧靠，两尖之间具浅谷，谷的前方有一显著的下前边尖；下内尖融入下后边脊，与下后尖间有深的凹缺；无下中尖，亦未见下中附尖。外脊完整、明显，后外向延伸。下内尖角区圆弧形。外谷近对称；下跟座凹宽阔。

m1/2 的下内尖完全融入下后边脊，与下后尖间由明显的齿缺隔开；无下中尖、下中附尖和下前边尖。下前边脊相对弱，从下后尖的高处下降至下原尖基部与下原尖连接，未见前齿带；下外脊完整、显著，略后内向弯曲；下后边脊长、圆弧形，颊侧与下次尖紧密连接；下后脊完整，伸达下后尖基部。下内尖角区弧形。下三角座凹比下跟座凹的位置略高；下跟座凹宽阔；外谷窄小，掠向后内。

高特格地点只发现 3 枚牙齿，其基本形态与沙拉标本很相似，但齿尖和齿脊似乎略为粗壮，p4 下内尖的融会相对也少些。

比较与讨论　上述标本与 *Prospermophilus* 牙齿的基本形态相似，如 M1 和 M2 的原脊和后脊向原尖会聚，后脊在接近原尖处收缩、附有显著的后小尖，下颊齿的下内尖融入下后边脊，下外脊明显、后内向弯曲等。但这些牙齿的尺寸较大，齿尖和齿脊较为粗壮，有别于 *Prospermophilus*，而与 *Sinotamias* 属的特征一致。

Sinotamias 属最先发现于化德的二登图和哈尔鄂博，属型种为 *S. gravis*，材料不是很丰富（Qiu，1991）。郑绍华和李毅（1982）将发现于甘肃天祝的 4 枚 m2 和 m3 归入 *Spermophilinus minutus*，但这些标本中的下前边脊与下原尖在高处紧密连接，下外脊粗、后内向，外谷狭窄且舌后向掠伸，形态有悖于 *Spermophilinus* 属的特征，被本书作者之一（Qiu，1991）归入 *Sinotamias* 属。*S. minutus* 与 *S. gravis* 的主要区别在于前者的齿尖和齿脊较弱，m2 和 m3 的下外脊较粗壮，并有形成下中尖的趋向。*S. primitivus* 种与 *S. gravis* 的不同在于牙齿尺寸较小，齿尖和齿脊较弱，下外脊不那么明显弯曲，以及 m1 和 m2 有前齿带，可能代表该属较原始的一种。上述标本的齿尖和齿脊粗壮，下颊齿无任何中尖的痕迹，形态显然与 *S. gravis* 的特征更接近，而且牙齿的尺寸和形态完全落入 *S. gravis* 的变异范围。高特格的材料很少，尽管尺寸稍大，这里亦将其归入 *S. gravis*。此前记述的化德比例克地点的"*Atlantoxerus* sp."，材料很少，仅 4 枚牙齿，从其中构造清楚的一枚 p4 和一枚破损的 M1/2 看，这些标本似乎并未具有 *Atlantoxerus* 属的典型特征（见 Qiu et Storch，2000，Pl. 5，figs. 23–25），尺寸和形态与高特格标本的很相似，这里也暂且将其归

入 *S. gravis*，同时建议在比例克动物群的名单中删除 *Atlantoxerus* sp.。高特格和比例克这些牙齿的尺寸显得稍大，上臼齿后脊在接近原尖处甚为收缩，甚至游离于原尖，这些可能属于该种较为进步的性状，但不排除在更多的材料发现后证明为该属的一新种。

Sinotamias 属具有一些与原黄鼠属（*Prospermophilus*）和岩松鼠鼠（*Sciurotamias*）相似的牙齿形态，被认为与原黄鼠有很接近的共同祖先，而又属于岩松鼠的祖先类型（Qiu，1991）。*Sinotamias* 属与 *Prospermophilus* 属的不同主要是牙齿的尺寸较大，齿尖和齿脊较粗壮，M1 和 M2 的原尖略呈脊形前后向拉长，后脊较为完整。*Sinotamias* 属产出的最低层位在默尔根地点，其出现显然比 *Prospermophilus* 属（产出的最低层位在巴伦哈拉根地点）早，而在内蒙古中部地区新近纪最高层位的高特格地点仍见其踪影，其最后出现的时间比 *Prospermophilus* 属也稍晚。

Sinotamias 属与中国现生的土著属 *Sciurotamias* 在形态上很相似，如颊齿的前后向不甚压扁，齿尖和齿脊粗壮，后小尖显著，后脊在接近原尖处强烈收缩，下内尖融入下后边脊等。它们的不同主要是前者的个体较小，齿尖和齿脊不甚粗壮，齿谷较宽，下臼齿具有明显后内向弯曲的下外脊。两属形态上的相似，似乎表明它们具有比较接近的亲缘关系，一个类似于高特格种群的中华花鼠，在演化过程中随着牙齿的增大，齿尖和齿脊逐渐增强，下臼齿的外脊稍变直，即会出现一个与北京周口店第四纪 *Sc. praecox*（Teilhard de Chardin，1940）一样的岩松鼠牙齿类型。

原黄鼠属 *Prospermophilus* Qiu et Storch，2000

模式种 *Spermophilus orientalis* Qiu，1991：内蒙古化德县二登图，晚中新世，保德期。

归入种 仅属型种。内蒙古苏尼特左旗、苏尼特右旗、阿巴嘎旗，晚中新世（灞河期—保德期）；化德，晚中新世—上新世早期（保德期—高庄期）。

特征 个体较小，颊齿低冠。上臼齿原尖锐利，原脊完整，后脊弱、在接近原尖处明显收缩或完全中断，原脊和后脊或多或少地向原尖会聚，无原小尖，后小尖显著，下中附尖不发育；下臼齿下内尖完全融入下后边脊，没有下中尖和下中附尖，下外脊明显、通常后内向弯曲，下前边脊一般在低处与下原尖连接，下内尖角区圆弧形，下三角座凹位置低，下外谷深、窄且稍掠向后内（依 Qiu et Storch，2000 修改）。

东方原黄鼠 *Prospermophilus orientalis*（Qiu，1991）
（图 48、49；表 20）

Prospermophilus sp.（Bilutu），*Prospermophilus* cf. *P. orientalis*（Huitenghe，Shala）：Qiu Z D et al.，2013，p. 177，appendix

归入标本 苏尼特左旗巴伦哈拉根（IM 0801 地点）：5 枚颊齿（2 M1/2，2 p4，1 m1/2），V 19545.1-5。阿巴嘎旗灰腾河（IM 0003 地点）：一破损的右下颌支，具 p4-m2，14 枚颊齿（2 P4，3 M1/2，3 M3，1 p4，5 m1/2），V 19546.1-15。苏尼特右旗沙拉（IM 9610 地点）：13 枚颊齿（1 DP4，1 P4，5 M1/2，1 dp4，1 p4，3 m1/2，1 m3），V 19547.1-13。苏尼特左旗必鲁图（IM 0510 地点）：5 枚颊齿（1 P4，1 M1/2，1 M3，2 m1/2），V 19548.1-5。

测量 见表 20。

表 20　内蒙古中部东方原黄鼠颊齿测量
Table 20　Measurements of cheek teeth of *Prospermophilus orientalis* from central Nei Mongol（mm）

Tooth	Length			Width		
	N	Mean	Range	N	Mean	Range
巴伦哈拉根 Balunhalagen						
M1/2	2	1.30	1.25-1.35	2	1.53	1.45-1.60
p4	2	1.10	1.05-1.15	1	0.98	0.96-1.00
m1/2	1	-	1.40	1	-	1.30

Tooth	Length			Width		
	N	Mean	Range	N	Mean	Range
沙拉 Shala						
DP4	1	–	1.05	1	–	1.15
P4	1	–	0.90	1	–	1.20
M1/2	4	1.13	1.10–1.20	4	1.40	1.25–1.60
dp4	1	–	0.90	1	–	0.85
p4	1	–	1.00	1	–	0.90
m1/2	3	1.17	1.15–1.20	3	1.18	1.10–1.30
m3	1	–	1..15	–	–	–
灰腾河 Huitenghe						
P4	2	1.08	1.05–1.10	2	1.43	1.40–1.45
M1/2	2	1.28	1.25–1.30	3	1.58	1.50–1.70
M3	3	1.47	1.45–1.50	3	1.57	1.55–1.60
p4	2	1.00	1.00–1.00	2	1.00	1.00–1.00
m1/2	7	1.24	1.10–1.35	7	1.35	1.30–1.40
必鲁图 Bilutu						
P4	1	–	0.90	1	–	1.15
M1/2	1	–	1.20	1	–	1.55
M3	1	–	1.30	2	1.97	1.95–2.00
m1/2	2	1.13	1.10–1.15	2	1.15	1.15–1.15

描述 在灰腾河地点产出的材料中，保存了一件破碎的下颌支，其咬肌窝前端位于 p4 后缘之下，咬肌窝的前下方有显著的咬肌附着嵴，它与 *Tamias ertemtensis* 咬肌附着嵴在窝的上方显然有所不同。颏孔大，距咬肌窝前端约 2 mm。

P4 前窄后宽。原尖高而尖锐，前附尖弱、不甚向前凸出，无中附尖和原小尖，后小尖显著。前边脊短，长度未超过齿宽之半；原脊完整、但在接近原尖处变低，后脊弱、在接近原尖处几乎完全中断，两脊接近平行排列；后边脊短、弱，长度约为齿宽之半。中谷颊侧开放，后谷狭小。

M1/2 原尖锐利，比其他齿尖和齿脊都高；前附尖融入前边脊；未见中附尖和原小尖，但都有后小尖，其中一枚的还十分显著。原脊完整、中部呈鞍形下凹，后脊细弱、在接近原尖处很低，双脊向原尖会聚；前边脊和后边脊完整，比原脊和后脊都低，前者在低处与原尖和前尖连接，后者则在高处与原尖和后尖相连。前谷比后谷显著，前者大小与中谷接近。

M3 略向后扩张。没有后尖和后脊。后边脊半圆形围绕牙齿的后部。

p4 的下原尖和下后尖高、紧靠，在中度磨蚀的牙齿中即融会一起；下内尖融入圆弧形的下后边脊；无下中尖和下中附尖。外脊完整、明显，不甚弯曲。下内尖角区圆形。外谷狭窄，不对称；下跟座凹宽阔。

m1/2 的下后尖高而锐利；下内尖完全融入下后边脊；无下中尖和下中附尖，也没有明显的下前边尖。下前边脊显著，从下内尖较高处下降至下原尖基部，并在低处与下原尖连接，留下开放的前外谷；下后边脊长、圆弧形，从下次尖连续至下后尖，但在接近下后尖处变低，并在低处封闭下跟座凹；外脊明显，后内向弯曲；下后脊清楚，伸达或接近伸达下后尖基部。下内尖角区弧形。下三角座凹低，仅比下跟座凹略高；下跟座凹宽阔，凹中釉质层平滑；外谷狭小，掠向牙齿的后内侧。

比较与讨论 上述标本属于内蒙古中部地区化石松鼠类中的较小者，其尺寸甚至比 *Tamias ertemtensis* 的还小。形态上也有明显的差异，如 M1 和 M2 的后脊在接近原尖处极为收缩甚至几乎中断，

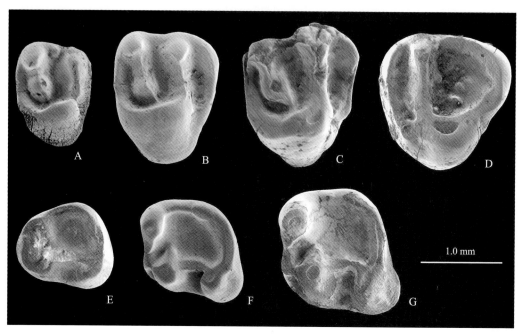

图 48 内蒙古巴伦哈拉根、灰腾河和沙拉东方原黄鼠颊齿

Fig. 48 Cheek teeth of *Prospermophilus orientalis* from Balunhalagen, Huitenghe and Shala, Nei Mongol

A. r P4 (V 19547.1)、B. r M1/2 (V 19546.1)、C. r M1/2 (V 19545.1)、D. r M3 (反转 reversed, V 19546.2)、E. l p4
(V 19546.3)、F. l m1/2 (V 19547.2)、G. l m1/2 (V 19546.4)；冠面视(occlusal view)

后小尖很显著，没有中附尖，下颊齿的下内尖完全融入下后边脊，无下中尖，下外脊明显后内向弯曲，外谷窄小，下三角座凹位置低等。显然，标本的形态不同于 *Tamias* 属的特征，而与 *Prospermophilus* Qiu et Storch, 2000 属的相符。

Prospermophilus 属只有 *orientalis* 一种，在先前发现的二登图和哈尔鄂博动物群中很常见。由于其具有地松鼠的牙齿特征，并具有现代黄鼠的某些性状，最初被命名为 *Spermophilus* 属（Qiu, 1991）。但基于牙齿形态与现代黄鼠的差异很大，后被 Qiu 和 Storch（2000）改名为 *Prospermophilus* 属。

上述牙齿标本，基本形态与二登图 *P. orientalis* 的一致，尺寸也大体落入其大小变异范围。尽管比例克种群个体的平均值，特别是平均宽度偏大（比例克标本经重新测量），沙拉种群的偏小，但两者与二登图种群之间都没有明显的界线能分开（图49）。因此，这里仍将这些地点所产的原黄鼠化石都视为相同的一种。不同种群在尺寸上的一些差异，被解析为不同时代上的性状差别。比例克种群比二登图和沙拉等的都大，可能属于较为进步的性质。

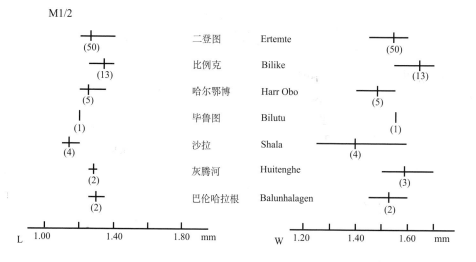

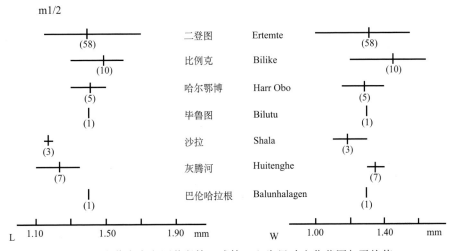

图 49　内蒙古东方原黄鼠第一或第二臼齿尺寸变化范围与平均值

Fig. 49　Size ranges and averages of length and width in the first or second molars of *Prospermophilus orientalis* from Nei Mongol

迄今所知，*Prospermophilus orientalis* 仅发现于内蒙古中部，是晚中新世和上新世早期动物群中相当常见的一种地松鼠，最早出现于可能为晚中新世早期的巴伦哈拉根地点，最晚发现于上新世早期的比例克地点。该属的演化趋势还不是很清楚，但其牙齿形态在整个生存的历史中变化不大，只是尺寸具有增大的趋向，特别是臼齿宽度的增加尤为明显。

鼯鼠亚科 Pteromyinae Brandt，1855

归入鼯鼠亚科的现生松鼠为一类树栖型"飞松鼠"。现生的鼯鼠都具有滑翔功能的皮质翼膜以及特有的腕骨关节，但这些构造在古近纪和新近纪鼯鼠类化石中都未被发现。现代飞松鼠的牙齿具有以下共同特征：牙齿构造较为复杂；上臼齿原脊和后脊上的褶嵴通常明显，在磨蚀早期牙齿釉质层皱纹显著；M1 和 M2 常有清晰的次尖；下颊齿有发育的下中尖，轮廓分明的下内尖，以及清楚的前颊侧齿带。

参照现生飞松鼠的这些牙齿特征，古生物学工作者把凡具有以上牙齿特征或其中部分特征的化石松鼠都归入鼯鼠亚科。这种指示乔木生存环境的鼯鼠亚科动物，在内蒙古中部地区发现的属种不多，材料稀少。

中新鼯鼠属 *Miopetaurista* Kretzoi，1962

模式种　*Sciurus gibberosus* Hofmann，1893：奥地利 Steiermark，中中新世(MN6)。

归入种　*Miopetaurista lappi*（Mein，1958），*M. gaillardi*（Mein，1970），*M. neogrivensis*（Mein，1970），*M. thaleri*（Mein，1970），*M. dehmi* De Bruijn et al.，1980：欧洲，早中新世—上新世。*M. asiatica* Qiu，2002：云南禄丰和元谋，晚中新世，保德期。

特征　中—大型鼯鼠。上颊齿的原小尖和后小尖弱或无，常有游离的中脊和孤立的中附尖，没有内齿带；M1 和 M2 的原脊和后脊平行或近似于平行地与原尖连接，次尖不清楚；M3 无后脊。下臼齿的下内尖轮廓很清楚，下前边脊常与下原尖连接并留下前颊侧齿带和前颊侧谷，釉质层常有不规则的小褶或皱纹(综合特征，主要源于 Mein，1970；Daxner-Höck et Mein，1975；De Bruijn et al.，1980；De Bruijn，1999b)。

中新鼯鼠(未定种) *Miopetaurista* sp.

(图 50)

材料与测量　内蒙古苏尼特右旗阿木乌苏地点：两枚 M1/2（2.40 mm × 3.00 mm，2.35 mm ×

2.90 mm），一枚 p4（2.80 mm × 2.35 mm），一枚 m3（3.80 mm × 3.00 mm）；V 19549.1-4。

描述 M1/2 冠面轮廓"U"形；原尖略前后向伸长；没有次尖；前尖明显比后尖强壮；前附尖完全融入前边脊；无中附尖；无原小尖和后小尖；原脊和后脊高而完整，近平行地与原尖连接，后脊在接近原尖处强烈收缩；前边脊和后边脊连续，都比原脊和后脊低；有残留中脊的痕迹；后脊在后尖的舌后方有一明显的附属脊；前谷比后谷宽阔，前谷颊侧近于开放；中谷宽大，谷中釉质层有弱的褶皱。p4 次三角形，前窄后宽；下后尖紧靠下原尖；下内尖强大，三角锥形；下中尖显著，位置靠内侧；无孤立的下中附尖；下跟座凹的舌侧开放。m3 梯形，明显向后扩展；下原尖和下后尖强大；下内尖轮廓清楚；下中尖显著，位置明显靠舌侧；下中附尖扁小，与下后尖连接，与下内尖间有一浅小的齿缺；下前边脊粗壮，从下后尖高处下降与下原尖连接，并在牙齿前外角留下弱小的前颊侧齿带和前颊侧齿谷；下后脊显著、但短；下后边脊粗壮，呈近直角形与下后尖和下次尖相连；下外脊较弱；下三角座凹后方与下跟座凹相通；下跟座凹釉质层有不很明显的皱纹；外谷宽、深、近对称。

比较与讨论 上述牙齿的尺寸较大，并具有现代鼯鼠类的一些特征。将其归入 *Miopetaurista* 属是因为 M1/2 的次尖不发育，原脊和后脊近于平行排列，原小尖和后小尖不发育，有中脊的痕迹而无内齿带；p4 和 m3 有轮廓尚清楚的下内尖和强大的下中尖；m3 的下前边脊与下原尖连接，留下前颊侧齿带和前颊侧齿谷；釉质层褶脊和皱纹较弱（Mein, 1970；Daxner-Höck et Mein, 1975；De Bruijn, 1999b）。标本与江苏早中新世下草湾动物群中的 *Parapetaurista tenurugosa* 有某种相似之处，但尺寸较大，M1/2 的中脊较为退化，m3 中的下中尖更强大，中谷的褶皱没那样显著（邱铸鼎、林一璞, 1986）。这一中新鼯鼠属于个体较小种，构造上似乎比多数已知种都简单。其大小与 *M. dehmi* 接近，比云南禄丰和元谋的 *M. asiatica* 及欧洲其他的种都小。由于材料太少，无法对种作出确定。

上新鼯鼠属 *Pliopetaurista* Kretzoi，1962

模式种 *Sciuropterus pliocaenicus* Depéret, 1897：法国佩皮尼昂（Perpignan），上新世。

归入种 *Pliopetaurista dehneli*（Sulimski, 1964），*P. bressana* Mein, 1970，*P. meini* Black et Kowalski, 1974：欧洲，晚中新世—晚上新世。*P. speciosa* Qiu et Ni, 2006：云南，晚中新世（保德期）；*P. rugosa* Qiu, 1991：内蒙古，晚中新世（保德期）。

特征 中—大型鼯鼠。P4-M2 通常具发育的后小尖而无中脊，有内齿带的痕迹，中附尖无或极弱，原脊和后脊向原尖会聚，后脊后方的附属脊发育，次尖通常清楚；M3 无后脊。下臼齿的下内尖显著，下前边脊与下原尖连接而未留下前颊侧齿带和前颊侧齿谷，釉质层常有不规则的小褶或皱纹（综合特征，主要源于 Mein, 1970；De Bruijn, 1999b）。

皱纹上新鼯鼠（相似种） *Pliopetaurista* cf. *P. rugosa* Qiu，1991

（图 50）

Sciuridae indet. 2：Qiu Z D et al., 2013, p. 177, appendix

材料与测量 苏尼特左旗巴伦哈拉根（IM 0801 地点）：颊齿两枚（1 M1/2, 2.65 mm × 3.15 mm；1 p4, 2.95 mm × 2.20 mm），V 19550.1-2；苏尼特左旗必鲁图（IM 0510 地点）：一枚 M1/2, 2.65 mm × 3.40 mm，V 19551。

描述 M1/2 冠面轮廓"U"形；原尖锐利，前后向不明显伸长；次尖显著，清楚地与原尖分开；前尖与后尖等大；前附尖完全融入前边脊，而且与前尖间无脊相连；中附尖在一枚牙齿中极其细小，在另一枚中则完全缺失；原小尖很小，后小尖则十分强大；原脊和后脊高而完整，但在接近原尖处收缩，两脊会聚与原尖连接；前边脊和后边脊连续，但都比原脊和后脊低；后脊后方在后尖的舌后侧有一显著并触及后边脊的附属脊；前谷宽、长，后谷窄、短；中谷宽大，谷中釉质层无明显的皱纹；在一枚牙齿中舌侧的釉质层粗糙，类似于内齿带。p4 前窄后宽；下后尖紧靠下原尖，两尖由下后脊相连；下内尖十分强大；下中尖不甚显著；下中附尖很小，与下后尖连接，与下内尖由宽深的齿缺分开；下后边脊很低；下跟座凹的舌侧开放，凹中釉质层粗糙。

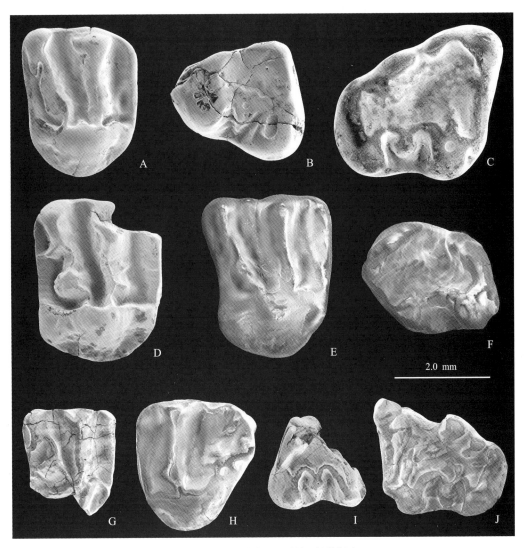

图 50　内蒙古中部地区的鼯鼠类颊齿

Fig. 50　Cheek teeth of Sciuropteres from central Nei Mongol

Miopetaurista sp.：A. r M1/2（V 19549.1），B. l p4（V 19549.2），C. r m3（V 19549.3）；*Pliopetaurista* cf. *P. rugosa*：D. r
M1/2（V 19551），E. r M1/2（V 19550.1），F. r p4（V 19550.2）；*Pliopetaurista* cf. *P. speciosa*：G. r M1/2（V 19553.1），
H. l M3（V 19553.2），I. r m1/2（V 19553.3），J. l m3（V 19552）；冠面视（occlusal view）

比较与讨论　这三枚牙齿的尺寸比 *Miopetaurista* 相应的牙齿稍大，与其更为不同的是 M1/2 有发育
的次尖、原脊和后脊向原尖会聚、有弱的原小尖和强壮的后小尖。另外，标本中的 p4 具有明显、轮廓清
楚的下内尖。牙齿的这些形态与 *Pliopetaurista* 属的特征一致。

内蒙古这一上新鼯鼠的个体比欧洲 *P. bressana* 和 *P. meini* 的都大，而且 M1/2 后脊较完整；比 *P.
pliocaenicus* 小，舌侧齿带也没有那样显著；与 *P. dehneli* 的个体接近，但 M1/2 的原小尖稍清楚，后脊之
后的附属脊较简单（Mein, 1970；Black et Kowalski, 1974）。它比云南的 *P. speciosa* 大；与化德的 *P. rugosa*
难以进行直接的比较，但其 M1/2 具有与 *P. rugosa* 的 P4 一致的特征，而且大小与其 P4 和 M3 都很匹配
（Qiu, 1991；邱铸鼎、倪喜军，2006）；山西榆社 *P. rugosa* 的材料颇多（待刊），相应牙齿的比较表明，两
者无论在尺寸还是形态上都相当接近，只是内蒙古的 M1/2 缺少脊形的中附尖，釉质层的褶脊没有那样
明显。由于内蒙古新发现的材料太少，这里将其暂定为 *P. rugosa* 的相似种。

优美上新鼯鼠（相似种）*Pliopetaurista* cf. *P. speciosa* Qiu et Ni, 2006

（图 50）

Pliopetaurista sp.：Qiu Z D et al., 2013, p. 177, appendix

材料与测量　苏尼特左旗巴伦哈拉根（IM 0801 地点）：破损 m3 一枚，2.85 mm × 2.35 mm，V 19552；苏尼特右旗沙拉（IM 9610 地点）：颊齿三枚（1 破损 M1/2，1.95 mm × ? mm；1 M3，2.45 mm × 2.75 mm；1 破损 m1/2），V 19553.1-3。

描述　M1/2 的前内角破损；原尖似乎锐利，不前后向伸长；前尖比后尖稍大，高度近等；前附尖完全融入前边脊，与前尖不相连；无中附尖；原小尖几乎不显；后小尖则十分强大，三角锥形，后方与后边脊连接；原脊和后脊完整，两脊会聚于原尖，但后脊较原脊弱，且颊侧在低处与后尖相连；前边脊和后边脊连续，但后边脊细弱，两者比原脊和后脊都低；一显著的附属脊从后尖的舌后侧伸达后边脊；前谷和中谷宽、长，颊侧开放；谷中无明显的釉质层皱纹。M3 次三角形，向后不甚扩张；原尖尖锐；似残留有次尖和后尖的痕迹；有弱小的原小尖，但无中附尖；原脊完整，接近原尖处略收缩；没有后脊；前边脊完整而显著，比原脊低；后边脊低、短。前谷长，颊侧开放；中谷宽阔，谷中有不高的附属脊。m1/2 仅保留了后外部分；下原尖和下次尖高而尖锐；下内尖轮廓清楚；下中尖强大，位置明显靠舌侧；下后边脊粗壮，与下次尖中部连接；下外脊发育完整，倒"ω"形；下三角座凹的釉质层褶皱；外谷宽、深、近对称。m3 梯形，明显向后扩展；主尖锐利；下内尖的轮廓分明，前方有齿缺；下中尖非常显著，位置很靠舌侧；下前边脊粗壮，从下后尖的高处下降，近达前颊缘后又升至下原尖中部，在与下原尖连接处未留下前颊侧齿带和前颊侧齿谷；下后脊显著，横向伸达跟座凹；下后边脊粗壮，成直角形连接下内尖和下次尖；下外脊发育，倒"ω"形；下三角座凹狭窄，舌侧开放，与下跟座凹相通；下跟座凹宽阔，凹中釉质层粗糙，有明显的褶皱；外谷宽深、近对称。

比较与讨论　这些具有鼯鼠类牙齿特征的标本，尺寸都明显比上述的 *Miopetaurista* sp. 和 *Pliopetaurista* cf. *P. rugosa* 小。由于其 M1/2 的原脊和后脊会聚于原尖、有强壮的后小尖，m3 有发育而很靠舌侧的下中尖、下前边脊与下原尖连接处未留下前颊侧齿带和前颊侧齿谷，故这里将其归入 *Pliopetaurista* 属。*Albanensia*、*Forsythia* 和 *Aliveria* 属的牙齿也有近似的构造，但这一鼯鼠的个体小、釉质层的褶皱较简单、M3 没有后脊而可以与 *Albanensia* 属分开，以 M1/2 没有中附尖、M3 没有后脊、m3 没有前颊侧齿带和前颊侧齿谷而不同于 *Forsythia* 和 *Aliveria* 属。

标本中的 M3 和残破的 m1/2 在大小和形态上与云南元谋的 *P. speciosa* 相似（Qiu et Ni, 2006），但内蒙古和云南两地点可比的标本太少，故此暂当做其相似种看待。

箭尾飞鼠属 *Hylopetes* Thomas, 1908

模式种　*Hylopetes phayrei*（Blyth, 1859）：东南亚，现生。

归入种（化石）　*Hylopetes hungaricus* Kretzoi, 1962, *H. macedoniensis* Bouwens et De Bruijn, 1986：欧洲，晚中新世—上新世。*H. auctor* Qiu, 1991, *H. bellus* sp. nov., *H. yani* sp. nov.：内蒙古，晚中新世—上新世（保德期—高庄期）。

特征　体型很小的鼯鼠。颊齿齿冠低，齿尖和齿脊低、钝。M1-2 和 m1-2 趋于方形；M1 和 M2 无次尖，原尖多少收缩，无原小尖和后小尖，原脊和后脊近平行排列，中脊不发育；M3 无后脊；m1 和 m2 的下内尖区角状，通常有清晰的下内尖，下中尖和下中附尖在晚期的种类中尤为明显。中谷釉质层粗糙，常有轻微的皱纹。

评述　Bouwens 和 De Bruijn（1986）根据对现生 *Hylopetes* 和 *Petinomys* 的研究，认为两属的牙齿形态甚为相似，在能获得的化石上难以把这两个属区分开来，并建议在化石研究上只使用 *Hylopetes* 属名，本书著者赞同这一意见。据此约定，前一作者（Qiu, 1991）记述过的化德二登图和哈尔鄂博的 *Petinomys auctor*，被改名为 *Hylopetes* 属。

<h1 align="center">美丽箭尾飞鼠(新种) Hylopetes bellus sp. nov.</h1>

(图51、53)

名称由来 bellus，拉丁文，意为"美丽的"，示新种牙齿之精致。

正模 左 M1/2 (V 19554)。

副模 三枚臼齿 (1 M3, 1 m1/2, 1 m3)，V 19555.1-3。

模式产地与层位 苏尼特左旗巴伦哈拉根(IM 0801 地点)；上中新统下部，巴伦哈拉根层(灞河期)。

测量(长×宽；Measurements, length × width)：M1/2：1.30 mm × 1.55 mm；M3：1.64 mm × 1.60 mm；m1/2：1.50 mm × 1.50 mm；m3：1.70 mm × 1.55 mm。

特征 个体较小的箭尾飞鼠。齿冠和齿尖相对低；M1/2 的原尖收缩，原脊和后脊在接近原尖处不明显收缩，中附尖和中脊不发育；m1/2 不甚方形，下内尖几乎融入下后边脊，下中尖和下中附尖极弱，下前边脊与下原尖连接。齿凹釉质层的皱纹不特别显著。

描述 M1/2 冠面呈宽"U"形。主尖矮、钝，没有次尖；后尖向颊后侧凸出；前附尖融入前边脊，由齿缺与前尖隔开；具脊形并与前尖连接的中附尖；无原小尖和后小尖。原脊和后脊低，但完整，近平行排列，与牙齿纵轴斜向相交；前边脊完整，从前附尖逐渐下降至原尖基部；后边脊低弱，约占二分之一的长度在颊侧与后脊紧贴。前谷颊侧开放；后谷比前谷窄小，仅舌侧部分清楚；中谷宽阔，谷中釉质层在磨蚀早期即显光滑。三齿根。

M3 向后中度扩张，后内角部分明显地向颊后侧凸出。原尖粗钝；后尖融入由前尖后部连续到原尖的脊；没有前附尖、中附尖和原小尖。原脊完整，但低弱；没有后脊；前边脊完整，但比原脊低，颊侧端与前尖由齿缺隔开。前谷狭窄，中谷宽阔，谷中的釉质层褶皱。

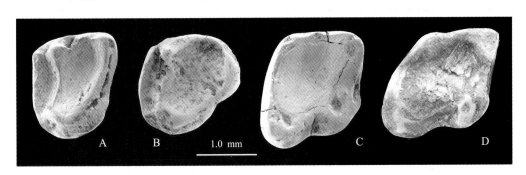

图51 内蒙古巴伦哈拉根美丽箭尾飞鼠颊齿

Fig. 51 Cheek teeth of Hylopetes bellus from Balunhalagen, Nei Mongol

A. l M1/2 (正模 holotype, V 19554), B. r M3 (反转 reversed, V 19555.1), C. r m1/2 (V 19555.2),

D. r m3 (V 19555.3)；冠面视(occlusal view)

m1/2 长度和宽度近等，下次尖角明显地向颊后侧凸出。下原尖和下次尖低、钝；下后尖最高；下内尖脊形、融入下后边脊，下内尖角区钝角形；下中尖小，紧靠下次尖；下中附尖脊形，与下后尖和下内尖连接。下前边脊低、弱，与下原尖相连；下后边脊低，但发育完整，与下次尖和下内尖的高处连接；下外脊完整，但很低，前内-后外向连接于下原尖的舌后部和下次尖的颊前部。下三角座凹浅小，位置高；跟座凹宽阔，舌侧为连接下后尖和下内尖的半高脊封闭；外谷窄、浅，向舌前侧凹入。双齿根。

m3 适度向后延伸，下次尖角明显地向颊后侧凸出，下内尖角钝角形。下内尖融入下后边脊，但尚明显。下前边脊高、完整，在下原尖的前部膨大；下外脊完整，前内-后外向。无明显的下三角座凹；跟座凹宽阔，凹中的釉质层粗糙；外谷浅。

比较与讨论 上述松鼠标本的齿尖低、钝，M1/2 的原尖收缩、无原小尖和后小尖，m1/2 的下内尖融入下后边脊、角区钝角形、下中尖和下中附尖弱小、外脊前内-后外向，齿凹中的釉质层粗糙，显示了

某些与 *Tamiops* 属牙齿形态相似的特征，但其尺寸较大，m1/2 的长度和宽度相近，显然不能归入花松鼠属。巴伦哈拉根标本的尺寸与二登图地点的 *Hylopetes auctor* 相对接近得多，臼齿的长宽比及形态上的一些细节也更有可比之处，如两者 M1/2 原脊和后脊的排列，以及 m1/2 有小的、紧靠下次尖的下中尖等，因此这几枚牙齿似乎归入 *Hylopetes* 属更为合适。但这些牙齿的形态与 *H. auctor* 者尚有明显的不同：尺寸小（图 53）；齿尖相对低；M1/2 原尖较收缩，m1/2 不甚方形、下内尖不分明、下中附尖极弱、下前边脊与下原尖间的齿缺不很明显。因此被指定为与 *H. auctor* 不同的一新种。

新种的个体比现生 *H. alboniger* 和 *H. phayrei* 的都小，齿尖没有那样粗壮，而且齿凹中的釉质层皱纹也弱得多，易于区分。新种牙齿尺寸与 *H. hungaricus* 的接近，但齿脊似乎较弱，特别是 M1/2 前边脊和后边脊在舌端不明显肿胀，也没有中脊，m1/2 的下内尖和下中附尖发育弱（Black et Kowalski，1974）。新种与 *H. macedoniensis* 的不同在于个体较小，M1/2 的后脊在接近原尖处不甚收缩，m1/2 的下内尖不那么显著、下中尖和下中附尖较弱，下前边脊与下原尖间的齿缺不甚明显（Bouwens et De Bruijn，1986）。

现生的 *Hylopetes* 属分布于东洋区从热带至亚热带森林，适应乔木树栖。在内蒙古中部地区，该属在巴伦哈拉根动物群中与树松鼠属 *Tamiops* 及其他鼯鼠类同时出现，都同样要求有高大乔木，或许指示了在地质历史时期内蒙古中部局部地区有过类似的生态环境，与现代的大片干旱草原的景象有很大的不同。

阎氏箭尾飞鼠（新种）*Hylopetes yani* sp. nov.

（图 52、53）

Tamiasciurus cf. *yusheensis*：Qiu et Storch，2000，p. 184，partim

Sciurus yusheensis：Qiu Z D et al.，2013，p. 177，appendix，partim

名称由来 献给阎德发先生，对这位首先发现正型地点的已故同行表示敬意。

正模 左 M1/2（V 11899.4）。

副模 7 枚颊齿（1 DP4，1 M3，1 dp4，1 p4，3 m1/2），V 11899.3，5，7–11。

模式产地与层位 化德县比例克地点；下上新统，比例克层（高庄期早期）。

测量（长×宽；Measurements，length × width） DP4：1.55 mm × 1.60 mm；M1/2：1.60 mm × 2.00 mm；M3：1.75 mm × 1.90 mm；dp4：1.40 mm × 1.20 mm；p4：1.74 mm × 1.50 mm；m1/2：1.75 mm × 2.00 mm，1.65 mm × 2.10 mm，1.70 mm × 2.15 mm。

特征 个体较大的一种化石箭尾飞鼠。齿冠较高，齿尖和齿脊相对粗壮；M1/2 的后脊在接近原尖处不明显收缩，中脊缺如；p4 相对长大，具有小的下前边尖和明显的下内尖与下中尖；m1/2 的下内尖、下中尖和下中附尖显著，下前边脊在颊侧与下原尖连接，下后脊发育完整。

描述 DP4 次三角形。前附尖脊形，明显向前凸出；原尖略收缩；中附尖弱脊形，与前尖在低处连接，由齿缺与后尖分开；无原小尖和后小尖；原脊和后脊细，前者中断，后者完整，两者接近平行排列。前边脊和后边脊都比原脊和后脊低，前边脊的长度未达牙齿宽度之半，后边脊完整、两端分别与原尖和后尖后部连接。

M1/2 冠面呈宽"U"形，中部下凹。齿尖矮、钝，齿脊低弱；没有次尖；具弱脊形、并与前尖连接与后尖由齿缺隔开的中附尖；无原小尖和后小尖。原脊和后脊低弱，但完整，近平行排列，后脊在接近原尖处略收缩；前边脊和后边脊完整，都比原脊和后脊低，后边脊在与原尖的接触处稍肿胀；没有中脊。前谷颊侧开放；后谷稍比前谷小；中谷宽阔，谷中釉质层粗糙。

M3 向后中度扩张。原尖粗钝，稍收缩；后尖融入后外脊；没有原小尖和明显的中附尖。原脊相对粗壮，没有后脊；前边脊完整，但比原脊低弱，颊侧端与前尖由一齿缺隔开。前谷狭窄，中谷宽阔，谷中的釉质层轻微褶皱。

p4 呈长三角形。下原尖和下后尖紧靠，前方低处有弱小的下前边尖；下内尖比其他主尖小，但相当显著；下中尖明显，靠颊齿缘；下中附尖小，紧靠下后尖，与下内尖间由宽的齿缺隔开。外脊很弱，不完整；下后边脊高而显著。下三角座凹宽阔，凹中釉质层粗糙。dp4 比 p4 小，齿尖与齿脊也明显弱，没有

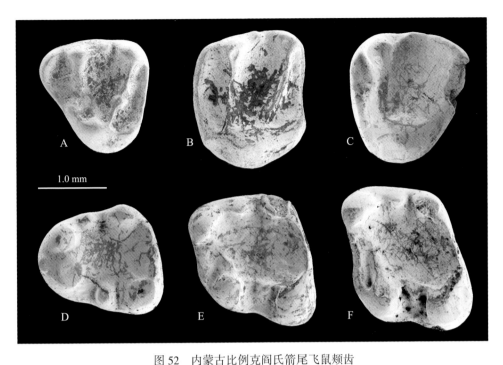

图 52　内蒙古比例克阎氏箭尾飞鼠颊齿

Fig. 52　Cheek teeth of *Hylopetes yani* from Bilike, Nei Mongol

A. l DP4 (V 11899.3), B. l M1/2 (正模 holotype, V 11899.4), C. r M3 (反转 reversed, V 11899.5.),

D. l p4 (V 11899.8), E. l m1/2 (V 11899.9), F. r m1/2 (V 11899.10)；冠面视(occlusal view)

下中尖和下中附尖。

　　m1/2 的下原尖和下次尖低、钝；下次尖比下原尖大，两者比下后尖都低；下内尖分明而显著，下内尖角区钝角形；下中尖小，但尚清晰；下中附尖比下中尖大，与下后尖连接，与下内尖则由深的齿缺隔开。下后脊明显，伸达下后尖基部，封闭下齿谷；下外脊低弱，前内-后外向延伸；下前边脊显著，连接下原尖和下后尖；下后边脊低，但发育完整，与下次尖和下内尖的高处连接。下三角座凹狭长，位置高；下跟座凹宽阔，凹中釉质层粗糙；外谷窄、浅。

　　比较与讨论　上述松鼠曾指定为至今尚未发表的"*Tamiasciurus yusheensis*"的相似种或"*Sciurus yusheensis*"(Qiu et Storch, 2000；Qiu Z D et al., 2013)。这些牙齿包括了发现于比例克、随意指定为"*T. yusheensis*"种中除两枚 DP4 (V11899.1-2)和一枚 dp4 (V11899.6)外的 8 枚颊齿。这些标本具有上述箭尾飞鼠的特征，因此被归入 *Hylopetes* 属。这些特征包括：颊齿的尺寸小，齿冠低；齿尖和齿脊低、钝；M1/2 和 m1/2 趋于方形；M1/2 原尖多少收缩，无次尖，既无原小尖也无后小尖，原脊和后脊近平行排列；m1/2 的下内尖清晰，下内尖区角状，下中尖和下中附尖明显；齿凹釉质层有不规则的皱纹。这一箭尾飞鼠的牙齿形态与二登图和哈尔鄂博地点的 *H. auctor* 很相似，但个体稍大(图53)，齿冠较高，尖、脊相对强壮，相对长而宽的 p4 具有下前边尖和更发育的下中尖，m1/2 的下中尖更显著、下后脊发育完整、下前边脊与下原尖明显连接。与上述巴伦哈拉根的 *H. bellus* 相比，它的个体明显大，齿冠较高，齿尖和齿脊更粗壮，m1/2 的下中尖和下中附尖显著得多。牙齿尺寸比现生 *H. alboniger* 和 *H. phayrei* 的都小，齿尖和齿脊没有那样粗壮，齿凹中的釉质层皱纹也弱，易于区分。因此这里将其指定为箭尾飞鼠的一新种。

　　新种 *Hylopetes yani* 牙齿尺寸比 *H. hungaricus* 的大，齿脊相对弱，M1/2 原脊和后脊在接近原尖处不明显收缩、没有中脊的痕迹(Black et Kowalski, 1974)。新种与 *H. macedoniensis* 的个体接近，形态上的不同在于 M1/2 的后脊在接近原尖处不甚收缩，p4 相对较长，m1/2 的下中尖和下中附尖较显著、下后脊发育较为完整，下前边脊与下原尖间没有齿缺，齿凹中的釉质层明显粗糙(Bouwens et De Bruijn, 1986)。

　　Hylopetes yani 与 *H. auctor* 很接近，可能说明两者有较接近的亲缘关系。中国的箭尾飞鼠似乎具有牙齿尺寸增大，齿冠增高，齿尖和齿脊增强，下颊齿的下中尖和下中附尖逐渐发育，齿凹中釉质层的粗糙

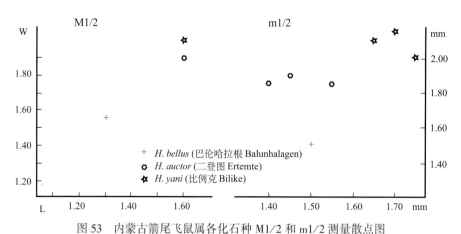

图 53　内蒙古箭尾飞鼠属各化石种 M1/2 和 m1/2 测量散点图

Fig. 53　Scatter diagrams showing length and width of M1/2 and m1/2 of fossil species of *Hylopetes* from Nei Mongol

逐渐明显的演化方向。

睡鼠科 Gliridae Thomas, 1897

睡鼠是一类个体较小的动物, 构成一个单系科。齿式为: 1·0·1·3/1·0·1·3, 低齿冠, 脊型齿, 咀嚼面通常有数条横脊。该科是一类进化较为成功的啮齿动物, 最早出现于早始新世, 一直延续至今。在现代的哺乳动物群中, 睡鼠科仍有 8 属 10 余种, 分布于欧亚大陆和非洲。欧洲似乎是这一小哺乳动物的发祥地和演化的辐射中心, 出现的时间早, 早—中中新世曾繁荣一时, 所发现的化石共有 40 余属 170 多种, 根据牙齿的特征可归入五个亚科 (Gliravinae、Glirinae, Dryomyinae、Myomiminae 和 Bransatoglirinae)。该科在亚洲出现的时间较晚, 多样性也远没有欧洲丰富; 目前在我国发现的化石不是很多, 只有 Dryomyinae 和 Myomiminae 亚科的数个属、种, 主要分布在蒙新高原。内蒙古中部地区多数新近纪地点都有睡鼠化石的发现, 但几乎均为脱落的牙齿, 且仅包括上述两个亚科的 3 属 4 种。该科在本书中使用的牙齿构造术语如图 54 所示。

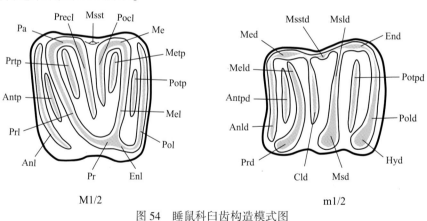

图 54　睡鼠科臼齿构造模式图

Fig. 54　Nomenclature used for molars of Gliridae

Anl, 前边脊 (anteroloph); Anld, 下前边脊 (anterolophid); Antp, 前边附脊 (anterotrope); Antpd, 下前边附脊 (anterotropid); Cld, 下中间脊 (centrolophid); End, 下内尖 (entoconid); Enl, 内脊 (entoloph); Hyd, 下次尖 (hypoconid); Me, 后尖 (metacone); Med, 下后尖 (metaconid); Mel, 后脊 (metaloph); Meld, 下后脊 (metalophid); Metp, 后附脊 (metatrope); Msd, 下中尖 (mesoconid); Msld, 下中脊 (mesolophid); Msst, 中附尖 (mesostyle); Msstd, 下中附尖 (mesostylid); Pa, 前尖 (paracone); Pocl, 后中间脊 (postcentroloph); Pol, 后边脊 (posteroloph); Pold, 下后边脊 (posterolophid); Potp, 后边附脊 (posterotrope); Potpd, 下后边附脊 (posterotropid); Pr, 原尖 (protocone); Prd, 下原尖 (protoconid); Precl, 前中间脊 (precentroloph); Prl, 原脊 (protoloph); Prtp, 原附脊 (prototrope)

引自 Freudenthal et Martin-Suárez (2006), 略作修改 [modified after Freudenthal et Martin-Suárez (2006)]

林睡鼠亚科 Dryomyinae De Bruijn, 1967

东方睡鼠属（新属）*Orientiglis* gen. nov.

模式种 *Microdyromys wuae* Qiu, 1996 = *Orientiglis wuae* (Qiu, 1996b)：内蒙古苏尼特左旗默尔根，中中新世，通古尔期。

属名由来 Orient，拉丁词，东方，glis，拉丁词，睡鼠，示新属为出现于远东地区的一类睡鼠。

归入种 仅模式种。

特征 小型睡鼠，咀嚼面凹，齿尖不明显，附脊与主脊粗细相对均匀，高度近等。M1 和 M2 除主脊和原附脊外，只有少量标本具有短、弱的前边附脊和后附脊，前中间脊通常比后中间脊长且两者分开，内脊后部连续；M1 的前边脊一般不与内脊连接，而 M2 的前边脊几乎都与内脊相连；m1 和 m2 除主脊外多有下前边附脊和下后边附脊，下中脊与下后脊间常见短的附属脊。

评注 *Orientiglis* 属最显著的特征是其臼齿的咀嚼面凹，冠面构造中度复杂，M1 的前边脊通常都不与内脊连接，而 M2 的前边脊几乎都与内脊相连。它与 *Microdyromys* 属较为相似：两者的个体都较小，具凹而构造中度复杂的颊齿咀嚼面；M1 和 M2 的前中间脊比后中间脊长；m1 和 m2 通常有下前边附脊与下后边附脊，前臼齿（P4 和 p4）和后一臼齿（M3 和 m3）相对较大。但 *Orientiglis* 属 M1 的前边脊几乎都不与内脊连接，而 M2 的前边脊几乎都与内脊相连，而且其上颊齿舌侧壁没有明显的纹饰。虽然在 *Microdyromys* 属的某些种，如 *M. misonnei* 和 *M. puntarronensis* 中，M1 前边脊舌侧游离的比例很高，但 M2 前边脊与内脊断开的比例同样也很高（见 Freudenthal et Martin-Suárez, 2007）。

与中新世地层中发现的 Dryomyinae 亚科化石相比，*Orientiglis* 属易于与臼齿咀嚼面不甚凹、冠面构造较简单的 *Dryomys* 和 *Eliomys* 属，以及冠面构造较复杂、M1 和 M2 有完整内脊的 *Glirulus* 属区别开来。与上臼齿内脊连续、舌侧壁纹饰显著，或前臼齿明显臼齿化的 *Paraglirulus* 和 *Anthracoglis* 属也有所不同（见 Engesser, 1972；Daams et De Bruijn, 1995）。

吴氏东方睡鼠 *Orientiglis wuae* (Qiu, 1996)

（图 55-57；表 21）

Microdyromys wuae：邱铸鼎，1996b，69 页

Miodyromys sp.：邱铸鼎，1996b，74 页，部分

Microdyromys wuae：Qiu, 2001b, p. 299

Microdyromys aff. *orientalis*：Maridet et al., 2011a, p. 318

Microdyromys sp. (Lower Aoerban, Gashunyinadege, Loc. 346, Balunhalagen and Shala), *Miocrodyromys* sp. 1 (Amuwusu), and
　　Microdyromys wuae (Huitenghe)：Qiu Z D et al., 2013, p. 177, appendix

归入标本 苏尼特左旗敖尔班（下）：IM 0407 地点，颊齿 4 枚（1 P4, 1 M1, 1 M2, 1 p4），V 19556.1-4；IM 0507，白齿 2 枚（1 M1, 1 M2），V 19557.1-2。苏尼特左旗嘎顺音阿得格：IM 9605 地点，白齿 2 枚（1 M2, 1 M3），V 19558.1-2；IM 9606，颊齿 8 枚（1 P4, 4 M1, 1 M3, 2 p4），V 19559.1-8；IM 0401，颊齿 19 枚（1 P4, 2 M1, 2 M2, 1 M3, 2 dp4, 7 p4, 1 m1, 2 m2, 1 m3），V 19560.1-19；IM 0406，m2 三枚，V 19561.1-3。苏尼特左旗敖尔班（上）（IM 0772 地点）：颊齿 7 枚（2 P4, 3 p4, 1 m1, 1 m3），V 19562.1-7。苏尼特右旗呼-锡公路原里程碑 346 km 附近上红层（346 地点）：颊齿 11 枚（1 P4, 5 M1, 1 M3, 1 p4, 1 m1, 1 m2, 1 m3），V 19563.1-11。苏尼特右旗阿木乌苏：白齿 3 枚（1 M1, 1 M2, 1 M3），V 19564.1-3。苏尼特左旗巴伦哈拉根（IM 0801）：颊齿 111 枚（10 P4, 19 M1, 21 M2, 4 M3, 15 p4, 15 m1, 14 m2, 13 m3），V 19565.1-111。阿巴嘎旗灰腾河（IM 0003）：破碎的左下颌支一件，具 m1-2，颊齿 4 枚（1 P4, 1 M1, 1 p4, 1m1），V 19566.1-5。苏尼特右旗沙拉：颊齿 32 枚（1 DP4, 2 P4, 1 M1, 3 M2, 5 M3, 6 p4, 2 m1, 5 m2, 7 m3），V 19567.1-32。苏尼特左旗必鲁图（IM 0510）：颊齿 20 枚（1 DP4, 1 P4, 1 M1, 5 M2, 1 M3, 1 p4, 2 m1, 3 m2, 5 m3），V 19568.1-20。

测量 见表21。

表 21　内蒙古中部地区吴氏东方睡鼠颊齿测量
Table 21　Measurements of cheek teeth of *Orientiglis wuae* from central Nei Mongol（mm）

Tooth	Length			Width		
	N	Mean	Range	N	Mean	Range
敖尔班（下）Aoerban（L）						
P4	1	–	0.75	1	–	1.02
M1	2	1.05	1.00–1.10	2	1.20	1.18–1.22
M2	2	1.20	1.20–1.20	2	1.30	1.30–1.30
p4	1	–	0.90	1	–	0.85
嘎顺音阿得格 Gashunyinadege						
P4	1	–	0.80	1	–	1.06
M1	6	1.04	0.95–1.15	6	1.10	1.05–1.15
M2	3	1.07	1.05–1.10	3	1.16	1.13–1.20
M3	3	0.87	0.85–0.88	3	1.12	1.10–1.20
dp4	2	0.78	0.75–0.80	2	0.68	0.65–0.70
p4	9	0.90	0.85–0.95	9	0.86	0.80–0.94
m2	3	1.10	1.10–1.15	4	1.08	1.00–1.15
m3	1	–	1.08	1	–	1.00
敖尔班（上）Aoerban（U）						
P4	2	0.80	0.75–0.85	2	1.00	1.00–1.00
m1	1	–	1.10	1	–	1.00
m3	1	–	1.10	1	–	1.00
p4	3	0.89	0.86–0.92	3	0.79	0.75–0.85
346 地点 Loc. 346						
P4	1	–	0.73	1	–	0.90
M1	5	1.00	0.90–1.06	5	1.12	1.02–1.20
M3	1	–	0.92	1	–	1.05
p4	1	–	0.85	1	–	0.84
m1	1	–	1.05	1	–	1.10
m3	1	–	1.00	1	–	1.00
巴伦哈拉根 Balunhalagen						
P4	10	0.72	0.65–0.78	10	0.93	0.85–0.98
M1	18	1.02	0.95–1.10	18	1.08	1.00–1.20
M2	19	1.02	0.95–1.10	19	1.16	1.05–1.25
M3	4	0.86	0.75–0.90	4	1.08	1.00–1.12
p4	15	0.77	0.70–0.85	14	0.79	0.75–0.88
m1	14	1.07	1.00–1.13	15	0.99	0.85–1.10
m2	12	1.04	1.00–1.14	12	1.07	1.00–1.10
m3	13	0.97	0.94–1.05	13	0.96	0.90–1.05

Tooth	Length			Width		
	N	Mean	Range	N	Mean	Range
阿木乌苏 Amuwusu						
M1	1	–	1.00	1	–	1.10
M2	1	–	1.10	1	–	1.25
M3	1	–	0.84	1	–	1.06
沙拉 Shala						
DP4	1	–	0.60	1	–	0.64
P4	2	0.73	0.70-0.75	2	0.73	0.70-0.75
M1	1	–	1.00	1	–	1.08
M2	3	0.99	0.95-1.02	2	1.20	1.15-1.25
M3	5	0.85	0.75-0.90	5	1.03	0.95-1.03
p4	6	0.76	0.70-0.80	6	0.79	0.75-0.85
m1	2	1.09	1.05-1.12	2	1.03	1.00-1.05
m2	4	1.12	1.10-1.15	4	1.14	1.10-1.15
m3	6	0.99	0.90-1.06	7	0.95	0.90-1.00
灰腾河 Huitenghe						
P4	1	0.72	0.70-0.76	1	0.84	0.80-0.85
M1	1	–	1.05	1	–	1.26
p4	1	–	0.75	1	–	0.75
m1	2	1.10	1.05-1.15	2	1.03	1.00-1.05
m2	1	–	1.14	1	–	1.05
必鲁图 Bilutu						
DP4	1	–	0.65	1	–	0.85
P4	1	–	0.76	1	–	0.94
M1	1	–	1.00	1	–	1.08
M2	5	1.00	0.95-1.03	3	1.10	1.05-1.18
M3	1	–	0.90	1	–	1.00
p4	1	–	0.95	1	–	0.90
m1	2	1.12	1.10-1.13	2	1.05	1.04-1.05
m3	4	1.00	0.98-1.02	5	0.97	0.95-1.00

特征 同属征。

描述 颊齿低冠；咀嚼面凹陷；齿尖与齿脊融会；上颊齿主脊(前边脊、原脊、后脊和后边脊)和下颊齿主脊(下前边脊、下后脊、下中脊和下后边脊)完整，伸达牙齿边缘，粗细与附脊接近。上臼齿有一内侧根和两外侧根；p4单根，通常留下前后双根愈合的痕迹，下臼齿双根或三根。

P4卵圆形，内缘稍窄，宽度大于长度。前尖和后尖尚清晰，后者比前者显著。三角座似"U"形，原脊和后脊分开地与原尖连接。前边脊长(占5/16)、中长(7/16)、短(4/16)；无前边附脊；前中间脊长—中长，与前尖连接(4/16)、颊侧游离(9/16)、或与后尖相连(3/16)；无后中间脊；无原附脊、后附脊和后边附脊；内脊通常完整，仅一枚牙齿的前部中断。DP4比P4小，但基本构造相似。

M1梯形，前缘比后缘稍窄。原尖呈脊形前外-后内向伸长，前尖比后尖稍强。前边脊完整，舌侧多游离(22/31)，少量或与原尖在低处相连(6/31)，或与原尖连接(3/31)；原脊和后脊与内脊紧密相连，后边脊也与内脊连接，但在部分标本中连接处略收缩；前中间脊长，与前尖连接，少量中部中断；后中间脊一般长，中长的占少数（8/31），除一枚牙齿外都比前中间脊短，多与后尖连接，不相连者占少数（7/31）；在多数牙齿中前边附脊缺如，仅少量具短细的前边附脊（4/31）；原附脊长（14）、中长（12）、或短（5），在3枚牙齿中与后中间脊相连；极短的后附脊仅见于3枚牙齿中；前中间脊和后中间脊在多数标本中都分离，只有少量在中部相连（6/31）；无后边附脊；内脊的后部连续。牙齿的舌侧壁光滑。

M2 相对方形，前缘和后缘宽度近等。原尖呈脊形前后向伸长，前尖比后尖稍显著。前边脊完整，舌侧游离状态占少数（2/26），与原尖在低处相连的也不多（5/26），多数与原尖连接（19/26）；原脊、后脊和后边脊分开地与内脊相连；前中间脊长，向内延伸达齿宽三分之二以上，颊侧与前尖连接；后中间脊

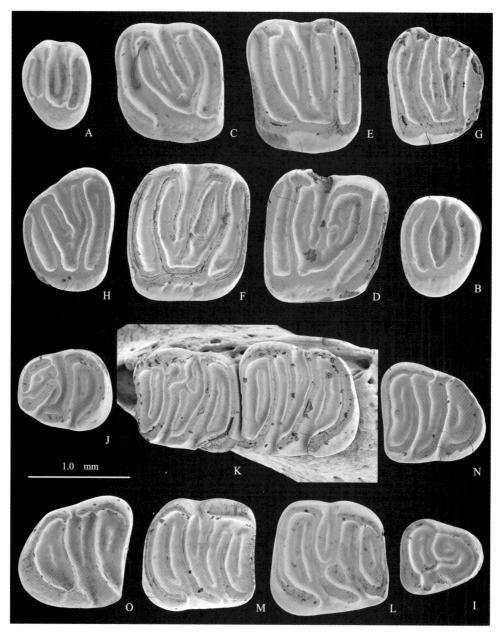

图 55　内蒙古中部地区吴氏东方睡鼠颊齿
Fig. 55　Cheek teeth of *Orientiglis wuae* from central Nei Mongol
A. l DP4（V 19568.1），B. r P4（V 19565.1），C. l M1（V 19563.1），D. r M1（V 19560.1），E. l M2（V 19566.2），
F. r M2（V 19557.1），G. l M3（V 19565.2），H. r M3（V 19560.2），I. r dp4（V 19560.3），J. l p4（V 19559.1），
K. 附有 m1 和 m2 的左下颌骨碎块（left mandibular fragment with m1 and m2）（V 19566.1），L. r m1（V 19568.2），
M. r m2（V 19565.3），N. l m3（V 19565.4），O. r m3（V 19567.1）；冠面视（occlusal view）

向内延伸达齿宽之半以上，几乎都与后尖连接，不相连或者在低处与后尖连接的仅两枚，与中附尖连接的一枚，长度比前中间脊短；前边附脊在多数标本中不存在，极为短细的前边附脊见于个别标本（4/26）；多数标本原附脊长度都在中长以上，短的占少数（5/26），在6枚牙齿中末端与前中间脊相连；极短的后附脊见于三枚牙齿；前中间脊和后中间脊在多数标本中都分离，只有少量在中部相连（4/26）；极为短弱的后边附脊见于一枚牙齿；内脊的后部连续。舌侧壁光滑。

M3梯形，前缘直、比后缘明显宽，颊缘斜向后内。前边脊与原尖一般都在高处相连；多数标本也没有前边附脊；前中间脊长；后中间脊比前中间脊短，4枚牙齿的与后尖连接，在所有标本中都与前中间脊分离；原附脊长—中长占9枚，短4枚；未见后附脊和后边附脊；内脊连续。舌侧壁通常光滑。

p4前缘宽度比后缘的窄。前部构造变异明显，多数有连续的下前边脊、少量的断开；下前边附脊缺失或有极短弱的下前边附脊；下后脊在多数标本中完整并与下后尖连接；下中间脊长—中长（14）、短（6）、缺失（13）、未与下后尖相连（5）；下中尖清楚，位于颊缘，多数处于游离状态，其中6枚的与下次尖相连；下中脊直或不同程度地向后弯曲，与下内尖高位连接，仅一枚的中断；下后边附脊长—中长（15）、短（14）、缺失（4）。dp4形状和后部构造与p4的相似，但个体小，下后脊和前部的附脊不完整或排列无序，在两枚牙齿中一枚的下中尖与下原尖连接、一枚的与下次尖相连。

m1方形—梯形，前缘比后缘窄，四角浑圆。下前边脊完整，舌侧与下后尖相连，颊侧或与下原尖连接（17）、或近于断开（3）；在多数标本中下后脊与下后尖连接，少数断开（3/21）；下中间脊长度一般在齿宽的三分之二左右，在多数标本中舌侧与下后尖连接，少数断开（4/21）；下中脊倾斜于牙齿中轴，直或略向后弯曲，舌侧与下内尖连接，颊侧与位于颊缘、并与下次尖隔开的下中尖相连；下后边脊发育，完全融入下次尖和下内尖；下内脊连续者少，多数在下中间脊和下中脊之间明显断开。下前边附脊长—中长（18）、或短（3）；在部分牙齿中，下中间脊与下中脊之间具有短附属脊，少数标本的下中间脊与下后脊之间也有短的附属脊；几乎所有牙齿都有长的下后边附脊，短的只有一或两枚。

m2形状与m1相似，但前缘宽度比后缘稍大。下前边脊完整，舌侧与下后尖相连，颊侧与下原尖连接者占多数，个别明显断开；下后脊与下后尖连接；下中间脊长度一般超过齿宽的三分之二，舌端与下后尖高位相连；下中脊稍倾斜，直或略向后弯曲，舌侧与下内尖连接，颊侧与位于颊缘、并与下次尖隔开的下中尖相连；下后边脊发育，完全融入下次尖和下内尖；下内脊连续者少，明显断开的占多数。下前边附脊长—中长（18）、短（3）或缺失（2）；部分牙齿下中间脊与下中脊之间，以及下中间脊与下后脊之间有短的附属脊；下后边附脊长（19）或中长（4）。

m3似三角形，后部收缩，后缘圆弧形。多数牙齿具有连续且与下原尖紧密联结的下前边脊，与下原尖完全断开者少；绝大多数的下后脊与下后尖连接，个别断开；下中间脊长度一般在齿宽的三分之二左右，与下后尖高位连接；下中脊直、或略向后弯曲，舌侧通常与下内尖连接，只有两枚的中断并与下中间脊相连，颊侧终止于与下次尖分离（多数）或相连（少量）的下中尖；下后边脊显著、弧形，完全融入下次尖和下内尖；下内脊在多数牙齿中都明显断开，但少数近于连续（在下中间脊和下中脊间有很小的齿缺）。下前边附脊长—中长（18）、短（4）、或缺失（1）；下后边附脊短或中等长度；下中间附脊不发育，仅一枚牙齿的下中间脊与下中脊间具有短的附属脊。

比较与讨论 上述各地点的标本在大小和形态上变异明显，但具有以下同一性，即：牙齿的咀嚼面下凹，主尖不明显，附脊与主脊粗细均匀；M1的前边脊几乎都不与内脊连接，但M2的前边脊几乎都与内脊相连；M1和M2除6主脊（前边脊、原脊、前中间脊、后中间脊、后脊和后边脊）外，都有原附脊而没有后边附脊，前中间脊一般比后中间脊长且两者通常分开；m1和m2除5主脊（下前边脊、下后脊、下中间脊、下中脊和下后边脊）外，几乎都有下前边附脊和下后边附脊。不同地点的牙齿虽然也显示了某些差异，如敖尔班标本M1的宽度显得较大，但差异似乎并未超出正常的变异范围（图56）。形态上较为明显的不同是m1和m2下后脊和下中脊间附属脊的发育情况，即在层位较低地点中（如嘎顺音阿得格和346地点）其间未见发育有附属脊，而在层位较高地点（如巴伦哈拉根和必鲁图地点），多有极为短弱的附属脊（图57）。当然，在层位较低地点中采集到的m1和m2还很少，甚至没有被发现，其变异情况尚不得而知。附属脊，特别是下臼齿的附属脊在发育程度上的差异，在当前材料还不足的情况下，既难以

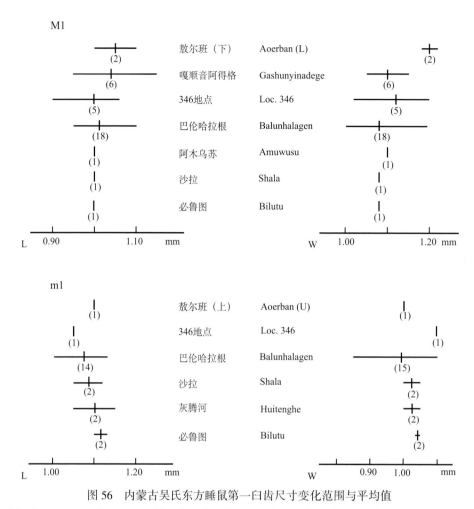

图 56　内蒙古吴氏东方睡鼠第一臼齿尺寸变化范围与平均值

Fig. 56　Size ranges and averages of length and width in the first molars of *Orientiglis wuae* from Nei Mongol

m1-2	标本数 N	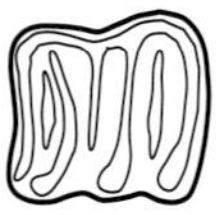 不存在 absent	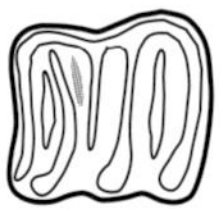 下后脊与下中间脊之间 between Meld and Cld	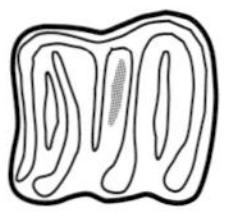 下中间脊与下中脊之间 between Cld and Msld	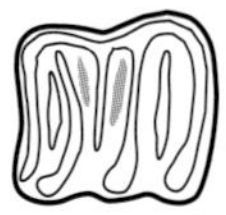 下中间脊之前与后 anteriorly & posteriorly to the Cld
嘎顺音阿得格 Gashunyinadege	4	＊＊＊＊			
敖尔班（上）Aoerban (U)	1	＊			
346地点 Loc. 346	2	＊	＊		
巴伦哈拉根 Balunhalagen	25	＊	＊＊	＊＊＊＊	＊＊＊＊＊＊ ＊＊＊＊＊＊ ＊＊＊＊＊＊
沙拉 Shala	4			＊＊	＊＊
灰腾河 Huitenghe	3			＊＊	＊
必鲁图 Bilutu	5				＊＊＊＊＊

图 57　内蒙古吴氏东方睡鼠 m1 和 m2 下后脊与下中脊间附脊的发育变异示意统计

Fig. 57　Variation in development of extra ridges between the metalophid（Meld）and mesolophid（Msld）in m1 and m2 of *Orientiglis wuae* from Nei Mongol

否定为不同群体形状上的差别，也无法将其作为不同种的区别特征，故这里暂把上述各地点标本都当作相同的种处理，不排除更多材料发现后证明它们属于不同的分类单元。

这一睡鼠的牙齿相对低冠，咀嚼面凹陷，齿尖不清晰，构造比较复杂，附脊比主脊短，M2内脊几乎都很完整，这些形态特征基本符合 Dryomyinae 的定义，而有别于形态相近，但牙齿比较高冠、M1 和 M2 的内脊一般不连续的 Myomiminae，与其他亚科更为不同(De Bruijn, 1967; Daams, 1999)。因此，似乎有理由将这一睡鼠归入 Dryomyinae 亚科。

中国发现的睡鼠科化石很少，种类也不多。此前根据不多的材料命名过内蒙古苏尼特左旗默尔根的 Microdyromys wuae (Qiu, 1996b)。这一睡鼠的牙齿确实与欧洲 Microdyromys 属者相似，如尺寸小，咀嚼面下凹，上臼齿的主脊与内脊相连，M1 和 M2 的前中间脊比后中间脊长等，但其附属脊的粗细和高度并不比主脊的明显低弱，下中脊与下后脊间常见短的附属脊，而且上臼齿的舌缘没有纹饰，这样的形态有悖于 Microdyromys 属的特征(Daams, 1999)。默尔根牙齿的形态与 Orientiglis 属一致，尺寸也完全落入上述标本的变异范围，因此应该归入相同的属。同时归入 O. wuae 种的似乎还应该包括默尔根地点被指定为 Miodyromys sp. 的一枚 p4 和一枚 m3 (IVPP V 10367.3, 4)和甘肃兰州泉头沟定为 M. wuae 的材料(邱铸鼎, 1996b; Qiu, 2001b)。吴文裕(1986)记述过江苏泗洪下草湾的 M. orientalis，材料也不多，但臼齿的咀嚼面凹，冠面构造与内蒙古标本的十分接近，特别是其 M1 (仅一枚)的前边脊的舌侧处于游离状态，而 M2 (也仅有一枚)的前边脊与内脊相连，m1 和 m2 都有下前边附脊与下后边附脊，不排除归入 Orientiglis 属的可能。但下草湾种的个体小，P4 相对大，m1 和 m2 下中脊与下后脊间附脊的发育似乎较弱。几年前报道了发现于新疆准噶尔布尔津的 Microdyromys aff. M. orientalis，材料只有一枚 m1 (可能应为 m2)。这一"m2"的尺寸小，咀嚼面下凹，附属脊和主脊的粗细高度接近，具有下前边附脊和下后边附脊(Maridet et al., 2011a, Fig. 2g)。其大小与 O. wuae 相应的牙齿接近，形态上比较特殊的是其下中间脊的前后都没有附属脊。内蒙古的标本表明，下中间脊前后附属脊的发育属形态变异(见上)，其缺失可能属于较原始的性状，具有与新疆"Microdyromys aff. M. orientalis"相同构造的牙齿同样可以在层位较低的地点中找到(如嘎顺音阿得格地点)。因此，新疆的这枚下臼齿很可能属于 O. wuae 的 m2。

Orientiglis wuae 出现于早中新世，可能一直延续至晚中新世晚期，其较明显的演化趋势似乎表现为前臼齿的逐渐退化，m1 和 m2 下后脊和下中脊间附脊的逐渐发育。

微睡鼠亚科 Myomiminae Daams, 1981

中新睡鼠属 Miodyromys Kretzoi, 1943

模式种 *Miodyromys hamadryas* Forsyth Major, 1899：德国 Grosslappen，中中新世(MN7/8)。

归入种 *Miodyromys aegrercii* (Baudelot, 1972), *M. biradiculus* Mayr, 1979, *M. praecox* Wu, 1993, *M. prosper* (Thaler, 1966), *M. vagus* Mayr, 1979：欧洲，早中新世—中中新世(MN2b-MN7/8)。*M. asiamediae* Maridet er al., 2011：新疆，早中新世；内蒙古，早中新世—中中新世(谢家期—通古尔期)。

特征 个体中等大小的睡鼠，咀嚼面下凹。上颊齿三角座"U"形，原脊和后脊分开地与原尖(或内脊)连接。M1 和 M2 有 6 条主脊；前中间脊比后中间脊长；前中间脊通常与后中间脊合并，甚至两者都会与附脊愈合；附属脊仅在三角座中发育；前边脊和后边脊的颊侧端游离；原脊和前中间脊于颊侧或连接或分开；原脊通常与后边脊的舌端相连。m1-m3 二或三齿根，具 5 条主脊，1—4 条附脊；下中脊和下后边脊间的附属脊比其他附脊强壮且长(综合特征，主要源于 Baudelot, 1972; Mayr, 1979; Daams, 1999)。

评注 由于 *Miodyromys* 属在形态上与 *Microdyromys*、*Prodryomys* 和 *Pseudodryomys* 较相似，其属名的有效性在学者中尚有不同的意见(Daams, 1999)。值得进一步关注。

中亚中新睡鼠 *Miodyromys asiamediae* Maridet，Wu，Ye et al.，2011

(图 58)

Miodyromys sp.：邱铸鼎，1996b，74 页，部分

Prodryomys sp.（Lower Aoerban, Gashunyinadege）：Qiu Z D et al.，2013，p. 177，appendix

归入标本 苏尼特左旗敖尔班（下）：IM 0407 地点，一枚 p4，V 19569；IM 0507，颊齿 3 枚（1 P4，1 M1，1 m1），V 19570.1-3。苏尼特左旗嘎顺音阿得格：IM 9605 地点，破碎的右下颌支一件，具 p4-m3，颊齿 2 枚（1 p4，1 m3），V 19571.1-3；IM 9606，P4 一枚，V 19572；IM 0401，破碎的左上颌骨一件，具溶蚀的 M2-3，颊齿 6 枚（1 M3，2 p4，2 m2，1 m3），V 19573.1-7；IM 0406，m1 和 m2 各一枚，V 19574.1-2。苏尼特左旗敖尔班（上）（IM 0772 地点）：m1 和 m2 各一枚，V 19575.1-2。苏尼特右旗呼-锡公路原里程碑 346 km 附近上红层（346 地点）：臼齿 2 枚（1 M2，1 m1），V 19576.1-2。苏尼特左旗巴伦哈拉根（IM 0801 地点）：臼齿 15 枚（1 M1，2 M2，4 p4，2 m1，4 m2，2 m3），V 19577.1-15。

测量（长×宽；Measurements，length × width） 敖尔班（下）Aoerban（L）：P4，0.80 mm × 1.00 mm；M1，1.16 mm × 1.35 mm；p4，0.90 mm × 0.85 mm；m1，1.15 mm × 1.16 mm。嘎顺音阿得格 Gashunyinadege：P4，0.85 mm × 1.06 mm；M2，1.12 mm × 1.45 mm；M3，0.86-0.95 mm × 1.10-1.20 mm（2）；p4，0.92-0.95 mm × 0.85-0.90 mm（4）；m1，1.15 mm × 1.16 mm（2）；m2，1.15-1.25 mm × 1.15-1.26 mm（4）；m3，1.10-1.15 mm × 1.10-1.10 mm（3）。敖尔班（上）Aoerban（U）：m1，1.10 mm × 1.08 mm；m2，1.15 mm × 1.10 mm。346 地点 Loc. 346：M2，1.15 mm × 1.45 mm；m1，1.20 mm × 1.25 mm。巴伦哈拉根 Balunhalagen：M1，1.22 mm × 1.26 mm；M2，1.15 mm × 1.35 mm，1.10 mm × 1.30 mm；p4，0.85 mm × 0.88 mm，0.82 mm × 0.85 mm，0.92 mm × 0.88 mm，0.80 mm × 0.80；m1，1.15 mm × 1.10 mm，1.16 mm × 1.10 mm，m2，1.15 mm × 1.20 mm，1.12 mm × 1.15 mm，1.10 mm × 1.15 mm，1.10 mm × 1.12 mm；m3，1.10 mm × 1.05 mm，1.08 mm × 1.10 mm。

特征 个体中等大小的中新睡鼠。上颊齿的后尖比前尖发育；P4 相对大，三角座"U"形；M1 相对宽（长度与宽度之比为 0.81），前中间脊比后中间脊长，原脊和前中间脊之间具有很发育的附脊，后中间脊和后脊之间没有附脊；m2 的下前边脊和下后脊间，以及下中脊与下后边脊之间的附脊发育，但没有中间附脊；p4 前后相对伸长（长度与宽度之比为 1.13），双齿根愈合（引自 Maridet et al.，2011a）。

描述 颊齿低冠，咀嚼面下凹，齿尖融入齿脊，主脊显著、粗壮。上颊齿三齿根，一内侧根和双外侧根；下臼齿双根或三根。

P4 卵圆形，内缘稍窄，宽度大于长度。原尖、前尖和后尖尚可辨别，后尖比前尖显著。三角座"U"形，原脊和后脊在与原尖连接前分开。前边脊长度占齿宽之半左右；原脊完整，与前尖连接；前中间脊和后中间脊在舌侧愈合，在一枚牙齿中分别与前尖和后尖隔开；无附脊；内脊完整，但前部往往较低。

M1 梯形，前缘比后缘稍窄，宽度大于长度。原尖呈脊形前外-后内向伸长，后尖比前尖稍强。前边脊完整而显著，舌端游离，颊端伸达前尖前基部；原脊、后脊和后边脊分开地与内脊相连；前中间脊长，与前尖在低处连接；后中间脊细长，比前中间脊短，与后尖在低处连接；前边附脊缺如；原附脊中长，舌端与前中间脊相连；无后附脊和后边附脊；内脊的前部中断。牙齿舌侧壁光滑。

M2 长方形，长大于宽，前缘和后缘宽度近等。原尖呈脊形前后向伸长，后尖比前尖稍强。前边脊完整而粗壮，舌端和颊端均游离；原脊、后脊和后边脊分开地与内脊相连；前中间脊长，向内延伸达齿宽二分之一以上，颊侧在低处与前尖连接；后中间脊比前中间脊短，与后尖连接；前边附脊缺如；原附脊短、弱；无后附脊和后边附脊；内脊的前部中断。舌侧壁基本光滑。

M3 梯形，前宽后窄，长大于宽。原尖脊形、前后向伸长，后尖比前尖明显退化。前边脊完整而粗壮，舌端和颊端分别与原尖和前尖相连；原脊、后脊和后边脊分开地与内脊连接；前中间脊比后中间脊长，两者的舌端融会；无前边附脊和原附脊；有后附脊的痕迹；内脊连续。舌侧壁光滑。

p4 似梯形，前窄后宽。牙齿前部形态变异明显；下原尖和下后尖弱脊形，下次尖和下内尖分明；下中尖位靠颊缘，与下次尖分开。下前边脊或连续（占 6 枚）或断开（2）；下后脊完整并与下后尖连接（4），

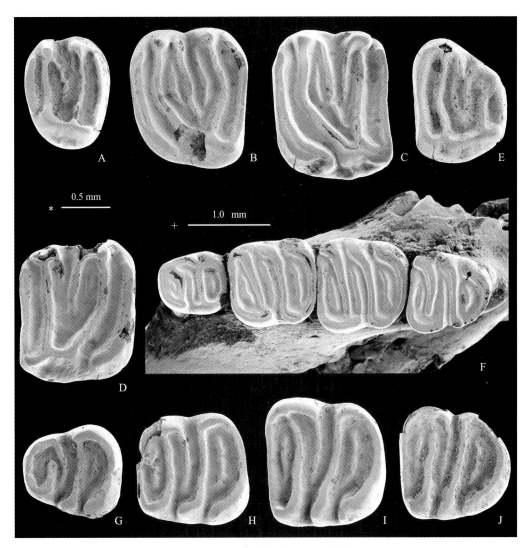

图 58 内蒙古中亚中新睡鼠颊齿

Fig. 58 Cheek teeth of *Miodyromys asiamediae* from Nei Mongol

A. l P4（V 19572），B. l M1（V 19570.1），C. l M2（V 19576.1），D. r M2（V 19577.1），E. l M3（V 19573.1），F. 附有
p4-m3 的破损右下颌骨（right mandibular fragment with p4-m3）（V 19571.1），G. l p4（V 19571.2），H. l m1（V 19575.1），
I. l m2（V 19573.2），J. l m3（V 19573.3）；冠面视（occlusal view）；比例尺（scale）：* -A-E, G-J, +-F

或不完整并与下后尖断开(4)；下中间脊长，在低处与下后尖相连；下中脊向后弯曲，与下内尖高位连
接；下后边附脊长(3)、中长(1)、短弱(3)或缺失(1)；下前边附脊缺失(2)或仅有痕迹(4)。巴伦哈拉
根标本的前部似乎较为退化。

　　m1 次长方形，长大于宽，前缘比后缘稍窄。下前边脊完整，舌侧与下后尖相连，颊侧或与下原尖连
接(6)或高处断开(1)；下后脊与下后尖连接；下中间脊长度超过齿宽的三分之二，与下后尖高位连接
(4)、低位相连(1)或断开(2)；下中脊略后倾，直，舌侧与下内尖连接，颊侧与位于颊缘、并与下次尖隔
开的下中尖相连；下后边脊强大，连接下次尖和下内尖。下前边附脊中长—短(5)、或缺(2)；下后边附
脊长、显著；没有中间附脊；下内脊发育，但在下中间脊和下内尖间断开。在 346 地点的一枚牙齿中，下
中间脊与下中脊间具短弱的附属脊，下中间脊与下后脊间有附属脊的痕迹，但没有下前边附脊。

　　m2 形状与 m1 的相似，但前宽后窄，后缘更呈弧形，个体也稍大。下前边脊完整，舌侧与下后尖相
连，颊侧或与下原尖连接(4)，或近分离(3)；下后脊与下后尖连接；下中间脊长度超过齿宽的三分之二，
与下后尖紧密相连；下中脊略后倾，直或略微向后弯曲，舌侧与下内尖紧密相连，颊侧与位于颊缘、并与

下次尖隔开的下中尖连接；下后边脊发育，完全融入下次尖和下内尖；下内脊在下中间脊和下内尖间断开。下前边附脊中长者占多数（5），短或缺者少（2）；下后边附脊长、显著；下内脊在下中间脊和下中脊间明显断开。在巴伦哈拉根地点的两枚牙齿中，一枚的下中间脊与下中脊间以及下中间脊与下后脊间具有短的附属脊，另一枚的下后边附脊短、弱，也正是这一标本的下前边附脊缺失。

m3似三角形，后部收缩，后缘圆弧形。下前边脊完整，舌侧与下后尖紧密相连，颊侧与下原尖的连接弱（低位连接或断开占3/4）；下后脊与下后尖或低位连接（3），或完全断开（1）；下中间脊长度达齿宽的三分之二以上，舌侧与下后尖紧密相连；下中脊直，略向后倾斜，颊侧终止于与下次尖分离的下中尖；下后边脊显著，弧形，完全融入下次尖和下内尖；下内脊不连续。下前边附脊中长（2）、短（1）或缺（1）；在4枚牙齿的3枚中都有下后边附脊。巴伦哈拉根唯一的标本中，既无下前边附脊，也无下后边附脊。

比较与讨论　上述各地点所产的牙齿化石，虽然在较上部层位巴伦哈拉根地点的p4相对短且前部较窄，一枚m2的下前边附脊缺失、下后边附脊很短，另一枚m2的下中间脊与下中脊之间以及下中间脊与下后脊之间具有极短弱的附脊，在唯一的一枚m3中，既没有下前边附属脊，也没有下后边附属脊，但这些牙齿与其他标本尚具有形态上的同一性，尺寸接近，齿脊同等粗细，形状相似，没有理由将其分开，因此都被归入相同的一种。这些牙齿的形态与 Orientiglis wuae 的有些相似，但尺寸较大，齿脊相对粗壮，附脊较少，M2宽度明显大于长度、前边脊的舌侧端游离，与吴氏东方睡鼠有较明显的不同，显然代表与 O. wuae 属有所不同的一类睡鼠。这一睡鼠的个体中等大小，牙齿形态具有以下特征：咀嚼面下凹，上颊齿的原脊和后脊分开地与内脊连接，M1和M2有6条主脊、前中间脊比后中间脊长、附属脊仅发育于三角座中、前边脊和后边脊的颊侧端游离、内脊断开，m1和m2具5条主脊，下中脊和下后边脊间的附脊明显强壮且长。牙齿的这些形态与 Miodyromys 属的特征吻合，因此被归入相同的一属（Baudelot，1972；Mayr，1979；Daams，1999）。

Miodyromys 属主要发现于欧洲，在亚洲该属的报道有发现于内蒙古默尔根II中中新世的一个未定种和新疆准噶尔布尔津（Burqin）早中新世的 M. asiamediae，这两个种的材料都只有数枚脱落的牙齿（邱铸鼎，1996b；Maridet et al.，2011a）。上述内蒙古中新睡鼠，上颊齿的后尖比前尖发育，P4三角座"U"形，M1和M2相对宽（长宽比分别为0.96，0.81与0.79，0.79），原脊和前中间脊之间附脊发育而在后中间脊和后脊之间却缺失，p4相对前后向延长（下部层位的长宽比在1.05—1.10之间）、双齿根愈合，m2的下前边脊和下后脊间、以及下中脊与下后边脊之间的附脊通常发育，但都没有中间附脊。这些形态和构造与 M. asiamediae 的特征完全一致，牙齿的尺寸也很接近，因此指定为相同的一种。默尔根II的一个未定种只有4枚牙齿，重新鉴定表明，材料中的p4和m3属于 Orientiglis wuae 者（见上），而其中的M1和M2（邱铸鼎，1996b，图40A，B），尺寸较大，宽度相对也大，咀嚼面凹陷，齿脊粗壮，内脊断开，附脊少，其大小和形态与 M. asiamediae 的相应牙齿都很接近，但该M1的后脊未伸达后尖，M2的后中间脊比前中间脊长，且在后中间脊与后脊间具有明显的附脊，而在前中间脊与原脊间未见独立的附脊。由于材料有限，目前既难以否定默尔根标本与 M. asiamediae 属于不同的种，也难以否定这些不同是相同种的形态变异，因为极弱的附脊确实存在于巴伦哈拉根一枚M1的后中间脊与后脊之间。默尔根标本M2的后中间脊比前中间脊长更有可能属于变异形态，因为该"后中间脊"的中部呈折状，之所以显得长有可能是前中间脊断开，断开的舌侧部分与后中间脊连接了，之所以没有原附脊是因为其与前中间脊颊侧的断开部分连接了。在亚洲各地点发现的 Miodyromys 属的材料都太少，对种内形态变异的认识甚为缺乏，目前暂把默尔根的未定种归入 M. asiamediae，无疑这也有待更多材料的发现和研究加以证实。

巴伦哈拉根材料中的p4和m3较为退化，在个别下臼齿中出现弱的附属脊，这里解析为该种的进步性状。

小睡鼠属 Myomimus Ognev，1924

中华小睡鼠（相似种）Myomimus cf. M. sinensis Wu，1985

（图59）

Myomimus sinensis (Bilutu), Gliridae indet. (Baogeda Ula)：Qiu Z D et al.，2013，p. 177，appendix

归入标本　阿巴嘎旗宝格达乌拉：IM 0702 地点，P4 和 p4 各一枚，V 19578.1-2；IM 0703，M1 一枚，V 19579。苏尼特左旗必鲁图（IM 0510 地点）：颊齿 4 枚（1 破损 M2，1 M3，1 p4，1 m2），V 19580.1-4。

测量（长×宽；Measurements，length × width）　宝格达乌拉（Baogeda Ula）：P4，0.70 mm× 0.85 mm；p4，0.70 mm × 0.75 mm；M1，1.00 mm × 1.25 mm。必鲁图（Bilutu）：M2，1.10 mm × 1.25 mm；m2，1.16 mm × 1.12 mm。

描述　颊齿低冠，咀嚼面略凹，构造简单。P4 卵圆形，双根；前尖融入前边脊，并与外脊、后边脊和内脊相连；除前边脊和后边脊外冠面上的横脊只有后脊，未见任何附脊。M2 破损；前边脊舌侧与原尖近于连接；前中间脊长，长度超过齿宽三分之二；后中间脊比前中间脊短，与后尖连接，与前中间脊分开；无原附脊；牙齿的舌侧壁有齿带状纹饰。M3 破损，但可以判断后中间脊比前中间脊长，三角座上没有附脊，内脊连续。p4 次圆形—次三角形，单根；两枚牙齿的下前边脊和下后边脊明显，只有其中一枚具有可辨别的下中脊。m2 似梯形，前部略宽，后缘弧形；下前边脊与下原尖隔开；无下前边附脊；下后脊未与下后尖连接；下中间脊与下后尖连接，长度超过齿宽的三分之二；下中尖位于颊缘，与下次尖有细脊相连；下中脊略向后弯曲，与下内尖连接；下后边附脊长，孤立于下次尖和下内尖；下内脊明显断开。

图 59　内蒙古宝格达乌拉和必鲁图中华小睡鼠（相似种）颊齿
Fig. 59　Cheek teeth of *Myomimus* cf. *M. sinensis* from Baogeda Ula and Bilutu, Nei Mongol
A. r P4（V 19578.1），B. l M2（V 19580.1），C. l M3（V 19580.2），D. l p4（V 19578.2），E. r m2（V 19580.3）；
冠面视（occlusal view）

比较与讨论　必鲁图和宝格达乌拉两个地点的几枚牙齿，前臼齿很退化，臼齿齿脊粗壮，构造简单，与前述 *Orientiglis wuae* 和 *Miodyromys asiamediae* 的明显不同。这些标本的尺寸和形态可以与二登图、哈尔鄂博和比例克动物群中 *Myomimus sinensis* Wu, 1985 相应的牙齿比较，特别是其前臼齿相对退化，臼齿的附脊不发育，上臼齿的舌侧有显著的齿带状纹饰等方面尤为相似（Wu, 1985；Qiu et Storch, 2000）。与该种比较明显的不同是其 P4 的构造更简单，m2 只有双根。由于发现的材料太少，这里暂当作 *Myomimus sinensis* 的相似种处理。

始鼠科 Eomyidae Deperet et Douxami, 1902

始鼠科是一类灭绝了的鼠形啮齿动物，最早出现于北美始新世，在欧洲一直延续至上新世晚期或更新世初期，在古近纪和新近纪的大部分时间里广布全北区。我国始鼠类化石最早发现于渐新世地层，最晚记录于晚中新世地层；中新世的化石既发现于蒙新高原，也见于云南和东部的江苏地区。始鼠科的齿式通常为：1·0·1·3/1·0·1·3，颊齿齿冠一般不高，丘型或脊型齿。该科的属、种不少，但对其认识几乎仅基于牙齿的构造，头骨知道得很少；根据牙齿形态，被分为两个亚科，Eomyinae 和 Yoderimyinae，我国发现的中新世化石都归入前一亚科。始鼠类化石在内蒙古中部地区尚属常见，多数的中新世地点都有发现，其中一些地点的材料和种类还比较多，但材料也几乎为脱落的牙齿，包括 Eomyinae 亚科的丘型齿和脊型齿始鼠，计有下述的 5 属 7 种。该科在本书中使用的牙齿构造术语如图 60 所示。

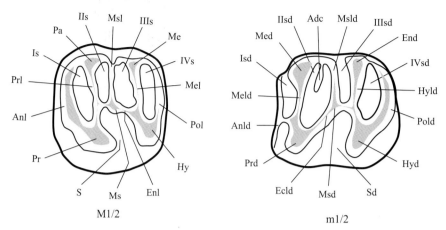

图 60 　始鼠科臼齿构造模式图

Fig. 60 　Nomenclature used for molars of Eomyidae

Adc, 附脊 (additional crest)；Anl, 前边脊 (anteroloph)；Anld, 下前边脊 (anterolophid)；Ecld, 下外脊 (ectolophid)；End, 下内尖 (entoconid)；Enl, 内脊 (entoloph)；Hy, 次尖 (hypocone)；Hyd, 下次尖 (hypoconid)；Hyld, 下次脊 (hypolophulid)；Is, IIs, IIIs, IVs, 第一、第二、第三、第四外谷 (ectosinus)；Isd, IIsd, IIIsd, IVsd, 第一、第二、第三、第四下内谷 (entosinusid)；Me, 后尖 (metacone)；Med, 下后尖 (metaconid)；Mel, 后脊 (metaloph)；Meld, 下后脊 (metalophulid)；Ms, 中尖 (mesocone)；Msd, 下中尖 (mesoconid)；Msl, 中脊 (mesoloph)；Msld, 下中脊 (mesolophid)；Pa, 前尖 (paracone)；Pol, 后边脊 (posteroloph)；Pold, 下后边脊 (posterolophid)；Pr, 原尖 (protocone)；Prd, 下原尖 (protoconid)；Prl, 原脊 (protoloph)；S, 内谷 (sinus)；Sd, 下外谷 (sinusid)

引自 Engesser (1999)，经修改 [modified after Engesser (1999)]

始鼠亚科 Eomyinae Winge, 1887

卢瓦鼠属 *Ligerimys* Stehlin et Schaub, 1951

模式种 　*Ligerimys florancei* Stehlin et Schaub, 1951：法国 Suèvres，早中新世。

归入种 　*Ligerimys lophidens* (Dehm, 1950)，*L. antiquus* Fahlbusch, 1970，*L. ellipticus* Daams, 1976，*L. freudenthali* Alvarez Sierra, 1987，*L. fahlbuschi* Alvarez Sierra, 1987，*L. magnus* Alvarez Sierra, 1987，*L. palomae* Alvarez Sierra, 1987，*L. oberlii* Engesser, 1990：欧洲，早中新世 (MN3-4)。*L. asiaticus* sp. nov.：内蒙古，早中新世。

特征 　小—大型脊齿形始鼠，咀嚼面近平坦。上颊齿无或只有残留的中脊；DP4，P4-M2 具四条发育的横脊，M3 的横脊通常只有三条；p4-m2 下中脊可能从十分完整到完全缺失；p4 一般具有下前边脊，但在不同种的 m1 和 m2 中下前边脊的发育差异明显，从独立的到完全融入下后脊，在 m3 中则退化或与下后脊融会。下臼齿的下外脊有时中断；下中脊、下次脊、下原尖的后臂和下次尖的前臂常构成"X"形 (综合特征，主要源于 Alvarez Sierra, 1987；Engesser, 1999)。

亚洲卢瓦鼠(新种) *Ligerimys asiaticus* sp. nov.

(图 61、62)

Ligerimys sp. (Lower Aoerban and Gashunyinadege)：Qiu Z D et al., 2013, p. 177, appendix

名称由来 　示新种首次记录于亚洲大陆。

正模 　右 M1/2 (V 19581)。

模式产地与层位 　苏尼特左旗敖尔班(下)(IM 0407)；下中新统，敖尔班组，下(红色泥岩)段(谢家期晚期)。

归入标本 　苏尼特左旗敖尔班(下)(IM 0507 地点)：m1/2 一枚，V 19582。苏尼特左旗嘎顺音阿得格(IM 9605 地点)：M1/2 一枚，V 19583。

测量(长×宽；Measurements，length × width)　M1/2：1.75 mm × 2.35 mm，1.60 mm × 2.00 mm；m1/2：2.00 mm × 1.90 mm。

特征　卢瓦鼠属中个体硕大的一种。臼齿略显单面高冠；M1/2 的原尖呈压扁状、舌后向伸长，无中脊，IIs+IIIs 的颊侧开放；m1/2 的下前边脊与下后脊融为一体，下中脊完整而粗壮，下外脊近于中断，舌侧主尖融入高的下内脊，IIsd 向外延伸长度约达齿宽的三分之二。

描述　M1/2 中的正模梯形，宽度明显大于长度；另一枚牙齿近方形，长度与宽度大致相等。牙齿相对高冠，齿冠的舌侧比颊侧高；磨蚀面大致平坦；脊型齿，但齿尖轮廓分明。原尖略显侧方压扁，舌后向延伸；次尖脊形，比原尖发育弱；前尖显著，锥形；后尖形状与前尖相似，但弱小得多；没有中尖和中附尖。前边脊粗壮、平直，从原尖前臂伸达前尖后部，并在较高的位置上相连；原脊强大，稍后内向倾斜，舌侧与内脊相连；原脊与后脊完整，几乎近同等发育，两者大致平行排列，但后脊略低、舌端稍弱、与次尖的前臂或内脊连接；后边脊强壮，略呈向后微凸的弧形，连接次尖和后尖后部；没有任何残留中脊的痕迹；内脊位于中线偏舌侧，连续且向前外弯曲。内谷宽、深，指向前颊侧，向外延伸未达齿宽之半；外谷发育，内伸在齿宽之半以上；Is 与 IVs 长度最大；IIs+IIIs 的颊侧开放。

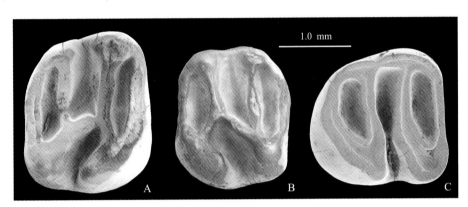

图 61　内蒙古敖尔班(下)和嘎顺音阿得格亚洲卢瓦鼠颊齿

Fig. 61　Cheek teeth of *Ligerimys asiaticus* from Aoerban (L) and Gashunyinadege，Nei Mongol

A. r M1/2 (正模 holotype，V 19581)，B. l M1/2 (V 19583)，C. l m1/2 (V 19582)；冠面视(occlusal view)

m1/2 的前部比后部稍宽，前缘平直，后缘弧形；颊侧齿冠比舌侧的高。颊侧主尖尚分明，大小近等，舌侧主尖则融入高而连续的下内脊。下前边脊与下后脊完全融会，形成牙齿上平直的第一横脊；下中脊与下原尖后臂连接，构成牙齿上强大的第二横脊；下次脊与下次尖前臂连接，形成第三横脊；第四横脊，即下后边脊呈弧形向后凸出，几乎与第二和第三横脊同等发育；下外脊断开，但第二横脊和第三横脊中线偏舌侧的基部紧靠，表明了该脊的存在。下外谷横向；下内谷发育，外伸都超过齿宽之半，其中 IIsd 长度约占齿宽的三分之二。

比较与讨论　发现于敖尔班下红层和嘎顺音阿得格地点这一始鼠，材料虽少，但三枚臼齿都清楚地显示了其 *Ligerimys* 属的特征。这些特征主要是脊型齿，咀嚼面平坦，M1/2 具四条发育的横脊、但没有中脊，m1/2 的下前边脊与下后脊融会，下中脊、下次脊、下原尖的后臂和下次尖的前臂排成"X"形。

卢瓦鼠属(*Ligerimys*)已知的 9 个种，目前仅发现于欧洲的 MN3-4 带(Dehm，1950；Stehlin et Schaub，1951；Fahlbusch，1970；Daams，1976；Alvarez Sierra，1987；Engesser，1990，1999)。内蒙古这一卢瓦鼠的个体比欧洲所有种的都大(图 62)。在形态上，它以 M1/2 没有任何中脊的残留痕迹，m1/2 的下前边脊与下后脊完全融会而不同于 *L. florancei*、*L. lophidens*、*L. antiquus*、*L. freudenthali*、*L. fahlbuschi*、*L. palomae* 和 *L. oberlii*。在欧洲的这些种中，M1 和 M2 或有中脊，或有中脊残留的痕迹，m1 和 m2 有明显的下前边脊，或者下前边脊未完全与下后脊融会。另外，在 *L. florancei* 中，M1 和 M2 的后脊后向与次尖连接，m1 和 m2 的下外脊位置靠近牙齿中轴线，明显与内蒙古标本的不同；在 *L. lophidens* 中，m1 和 m2 的

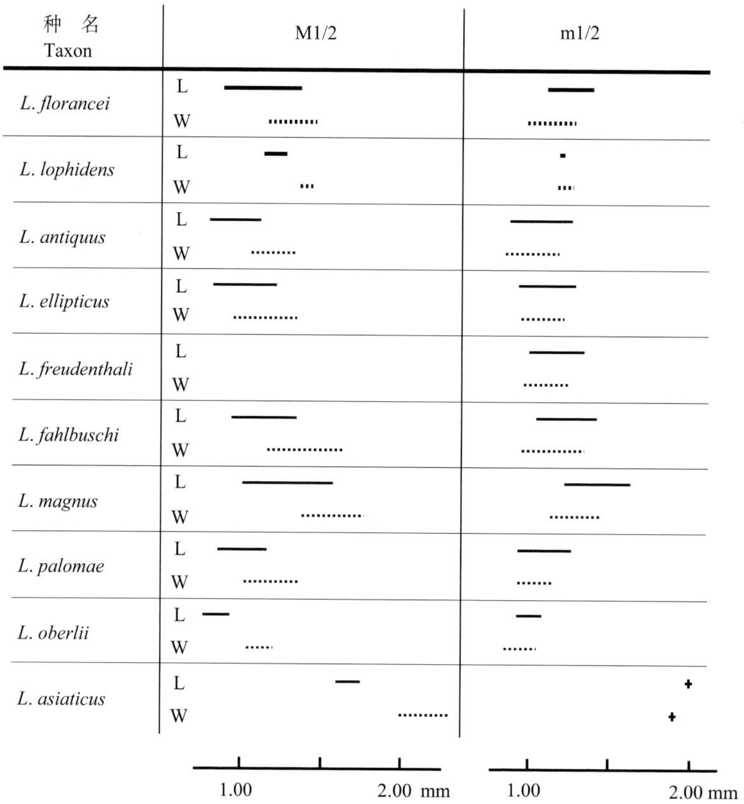

図62 内蒙古敖尔班(下)、嘎顺音阿得格亚洲卢瓦鼠与欧洲各种卢瓦鼠第一或第二臼齿尺寸变化范围

Fig. 62 Size ranges of length and width of the first and second molars of varied species of *Ligerimys* from Europe and Nei Mongol

欧洲种的数据引自 Alvarez Sierra（1987）和 Engesser（1990）［measurement tata for those of European species quoted from Alvarez Sierra（1987）and Engesser（1990）］

下外脊也接近牙齿的中轴线，下内脊不连续，与内蒙古标本也有所差异；*L. antiquus* 和 *L. fahlbuschi* 的 m1 和 m2 下外脊连续，而下内脊中断；*L. freudenthali* 的 m1 和 m2，除下外脊连续、下内脊中断外，其下后边脊在接近下次尖处明显变弱，下中脊很退化，这些与内蒙古这一始鼠的相应牙齿也没有共同之处；*L. palomae* 的 M1 和 M2 原尖不伸长，m1 和 m2 的下中脊不完整，下内脊中断，与内蒙古的卢瓦鼠显然也不同。在欧洲的卢瓦鼠中，*L. magnus* 牙齿尺寸相对与内蒙古的接近，M1 和 M2 也没有任何中脊的痕迹，但除个体依然比内蒙古种小外，其 M1 和 M2 外谷中的 IIs+IIIs 颊侧封闭，m1/2 的下前边脊未完全与下后脊融会，下中脊往往发育不良。*L. ellipticus* 的 M1 和 M2 虽然没有中脊的痕迹，亦偶见 m1/2 的下前边脊与下后脊完全融会，以及下外脊中断的情况，但其 M1 和 M2 的原尖不伸长，Is 的颊侧开放，m1 和 m2 的下内脊不连续。内蒙古的这一卢瓦鼠，虽然发现的材料很少，获取的形态特征很有限，种内的变异情况一无所知，但鉴于其硕大的个体，与欧洲所有种形态上差异明显，地理分布距离大，因此这里将其命名为一新种。

Ligerimys 属被认为是欧洲始鼠类的土著属，由 *Pseudotheridomys* 属演化而来（Engesser，1999）。内蒙古的发现，使该属的分布范围扩伸到亚洲，但亚洲这一种的起源及其与欧洲卢瓦鼠的关系仍然不得而知。

亚洲始鼠属 *Asianeomys* Wu，Meng，Ye et al.，2006

模式种 *Asianeomys junggarensis* Wu et al.，2006：新疆福海铁尔斯哈巴合，晚渐新世。

归入种 *A. asiaticus*（Wang et Emry，1991）：内蒙古，中渐新世或晚渐新世。*A. dangheensis*（Wang，2002）：甘肃，晚渐新世。*Asianeomys fahlbuschi* Wu et al.，2006：新疆，早中新世（谢家期）；内蒙古，早中新世。*A. yanshini*（Lopatin，2000）：哈萨克斯坦咸海北，早中新世。

特征（增订） 小—中型、丘-脊型齿始鼠，颊齿低冠。上颊齿原脊舌端与前边脊或原尖前臂连接，内脊前端指向原尖后部或与其相会，IIs 的长度总大于 Is；P4 相对较大，有或无前边脊及 Is；M1 和 M2 没有明显的前边脊舌侧支，原脊与前边脊和原尖前臂的连接点相连或直接与原尖前臂连接，后脊与次尖前臂相会，三齿根；M3 通常具有后脊。下颊齿下次脊一般与下外脊或下次尖前臂相连，偶尔会于下次尖；p4 通常缺失下前边尖，三齿根；m1 和 m2 的下次脊常与下次尖前臂连接，偶见与下次尖相连，四齿根；m3 一般具下次脊和 IVsd。上颊齿的内脊和下颊齿的下外脊往往都完整。

评述 *Asianeomys* 是发现于我国蒙新高原和中亚地区的一类丘-脊型齿始鼠。该属以具有上、下中脊而区别于 *Ligerimys*、*Apeomys* 和 *Estramomys* 属；以齿脊相对发育，上、下中脊长，以及上白齿没有明显的前边脊舌侧支而与 *Leptodontomys* 和 *Pentabuneomys* 属不同；其第二和第三臼齿不甚退化，以此可与 *Ritteneria* 属区分。相对而言，该属的牙齿形态和构造与 *Eomys*、*Eomyodon*、*Keramidomys*、*Pseudotheridomys* 属的比较相似。它与 *Eomys* 的不同主要是齿尖不那么显著，下次脊不与下后边脊相连；不同于 *Eomyodon* 在于上白齿的内谷浅，内脊总是指向原尖的后部或与其连接，下次脊横向与下次尖的前臂或下次尖连接，IVsd 的长度相对大；其个体比 *Keramidomys* 属的大，齿尖也没有后者那样完全融入齿脊，内脊通常较连续；与 *Pseudotheridomys* 的不同主要是上白齿的原脊与原尖的前臂连接，内脊会于原尖后部，IIs 比 Is 长。

法氏亚洲始鼠 *Asianeomys fahlbuschi* Wu，Meng，Ye et al.，2006

（图 63、64；表 22）

Asianeomys sp. (Lower Aoerban and Gashunyinadege)：Qiu Z D et al.，2013，p. 177，appendix

归入标本 苏尼特左旗敖尔班（下）：IM 0407 地点，颊齿 48 枚（4 P4，14 M1/2，7 M3，7 p4，11 m1/2，5 m3），V 19584.1-48；IM 0507，颊齿 6 枚（1 P4，3 M1/2，1 m1/2，1 m3），V 19585.1-6。苏尼特左旗嘎顺音阿得格：IM 9605 地点，颊齿 14 枚（2 P4，6 M1/2，2 M3，1 p4，3 m1/2），V 19586.1-14；IM 9606，颊齿 5 枚（1 P4，2 M1/2，2 m1/2），V 19587.1-5；IM 0401，颊齿 29 枚（2 DP4，4 P4，8 M1/2，3 M3，2 p4，7 m1/2，3 m3），V 19588.1-29；IM 0406，一破碎的左下颌支水平支，带有 m1，颊齿 18 枚（1 DP4，2 P4，4 M1/2，1 M3，2 p4，7 m1/2，1 m3），V 19589.1-19。

测量 见表 22。

表 22 内蒙古敖尔班（下）和嘎顺音阿得格法氏亚洲始鼠颊齿测量

Table 22 Measurements of cheek teeth of *Asianeomys fahlbuschi* from Aoerban（L）and Gashunyinadege，Nei Mongol（mm）

Tooth	Length			Width		
	N	Mean	Range	N	Mean	Range
敖尔班（下）Aoerban（L）						
P4	5	1.02	0.95-1.10	5	1.10	1.00-1.15
M1/2	17	0.96	0.85-1.05	16	1.14	1.05-1.25
M3	7	0.69	0.60-0.80	7	0.91	0.85-1.00
p4	7	0.99	0.90-1.10	7	0.95	0.90-1.00
m1/2	12	1.03	0.95-1.10	12	1.06	1.00-1.10
m3	6	0.95	0.85-1.05	6	0.90	0.85-0.95
嘎顺音阿得格 Gashunyinadege						
DP4	3	0.94	0.90-1.00	4	0.90	0.90-0.90
P4	8	1.02	0.95-1.05	8	1.11	1.00-1.15
M1/2	19	0.99	0.82-1.15	17	1.17	0.97-1.30
M3	6	0.73	0.70-0.80	6	0.92	0.85-1.00
p4	5	1.07	1.00-1.15	5	1.01	1.00-1.05
m1/2	20	1.08	1.00-1.15	20	1.06	1.00-1.15
m3	4	0.99	0.95-1.00	4	0.93	0.85-0.95

特征（修订） M1 和 M2 的前尖常有短、弱的后方脊，原脊直接与原尖的前臂连接，中脊弯曲，后脊近横向与次尖的前臂或前部连接，后边脊中部有时向前鼓凸；p4 三齿根，无下前边尖；m1 和 m2 的下后脊与下原尖或其后部相连。内脊和下外脊通常细而连续。

描述 颊齿低冠，丘-脊型齿，咀嚼面微凹。上颊齿宽度略大于长度；三齿根，舌侧根粗大、前后向延长、支持原尖和次尖，颊侧双根分别支持前尖和后尖。下颊齿长宽近等或长度稍大于宽度；m1 和 m2 四齿根，分别支持牙齿的主尖；p4 和 m3 三根。

在嘎顺音阿得格的标本中有两枚保存完好的 DP4。这两枚乳齿以较小的尺寸，梯形的咀嚼面轮廓，弱的尖、脊构造易于与 P4 区分。两者的前外角部分都向前扩张，具弧形、长度不到齿宽之半的前边脊和 Is，有明显的中尖和细微的中附尖；其中一枚具有前内向、并与前边脊和原尖前臂交接处连接的原脊，另一枚的原脊缺失；中脊长，但在接近外侧变得低而细；后脊完整、粗壮，舌侧与次尖的前臂相连。

P4 圆方形，前缘比后缘宽。主尖醒目，大小接近。10 枚牙齿中有两枚具低、齿带状的前边脊和狭窄、长度达齿宽之半的 Is；原脊完整，前内向伸达牙齿中线附近与原尖前臂连接；后脊横向与次尖前臂或前部相连，但 14 枚牙齿中有一枚的较短，且未伸达次尖前臂或前部；中脊明显，但比原脊和后脊都低，向颊侧缘明显地逐渐变低弱，多数终止于小的中附尖或紧靠前尖的基部；后边脊显著，从次尖伸向后尖基部。内脊位于牙齿中轴线的舌侧，完整、弯曲，连接次尖前臂和原尖后部。内谷宽，伸向前外，IVs 与 IIs 的长度接近，都比 IIIs 长。

M1/2 圆方形，前缘多少比后缘宽。齿尖比齿脊显著；前尖后方在半数标本中有一短脊（后刺）；中尖不很发育，但可辨认；细小、靠近前尖的中附尖见于个别标本。前边脊与牙齿的纵轴垂直，于牙齿中轴线舌侧与原尖的前臂相交，未留下明显的舌侧支；原脊横向或稍前内向倾斜，舌侧与原尖前臂相连；后脊略微前内向或横向排列，舌侧与次尖前臂或其前部连接；后边脊完整，颊侧伸达后尖基部，中部在一些标本中肿胀，在磨蚀晚期的牙齿中这一肿胀尤其明显；中脊显著，多数伸达牙齿颊缘，最短也有长度的三分之二以上，于牙齿的中心部位略向前弯曲，然后向颊侧逐渐变细，小部分终止于中附尖或与前尖后刺连接；内脊弯曲，与原尖后臂和次尖前臂相连，在个别磨蚀轻微的牙齿中内脊在接近原尖处变细、变低，但稍经磨蚀即显连续。内谷狭窄，指向前颊侧，向外延伸未达齿宽之半；IIs 与 IVs 的长度接近，向内延伸超过齿宽之半；Is 长度比 IIIs 的大或与 IIIs 的接近，比 IIs 与 IVs 的都短。

M3 呈前缘稍直的卵圆形。原尖和前尖尚显著，但次尖和后尖甚为退化；在 9 枚磨蚀轻微的牙齿中 5 枚可以识别出小的中附尖。前边脊和原脊完整，形状大体与 M1/2 相似，只是前边脊与原尖或原尖的前部连接；中脊在多数牙齿中都接近伸达颊缘；后脊短，见于大部分标本，但在 3 枚牙齿中完全退化；内脊短，在牙齿中部与原尖在低处连接或完全断开。内谷很窄，时见舌缘有脊相连；IIs 的长度和深度最大；IVs 短而浅，随着磨蚀最早消失。

p4 圆梯形，前窄后宽。无下前边尖；前部主尖紧靠，比后部的弱小；下原尖比下后尖前位，其间由后弯的下后脊相连；几乎所有标本都有明显的下中尖，并多见小的下中附尖。下中脊低弱，前内向，常伸达牙齿舌缘；下次脊发育，略前外向或横向，颊侧与下次尖的前臂或中部连接；下后边脊粗壮，舌侧与下内尖基部相连。下外谷宽阔，趋于对称；IVsd 比 IIIsd 长，向外延伸超过齿宽之半。

m1/2 次长方形，前缘比后缘略窄。主尖显著，大小近等；没有明显的下前边尖，但有稍清楚的下中尖，常见小、紧靠下后尖的下中附尖。下前边脊横向，舌侧与下后尖基部连接，颊侧一般伸达下原尖基部，中轴线偏颊侧常有与下原尖连接的弱脊；下后脊和下次脊完整，大致横向，前者多数伸至下原尖，少数伸至其后部，后者一般与下次尖前臂连接；下中脊横向，朝舌侧渐细，伸达齿缘，常通过下中附尖与下后尖连接；下外脊短、弯曲，后部稍弱，连接下原尖后臂与下次尖。下外谷后内向延伸；IVsd 外伸超过齿宽之半，比 IIIsd 长，与 IIsd 的长度近等。

m3 的构造与 m1/2 相似，但后部收缩，后缘呈弧形。下前边脊伸达下原尖和下后尖基部，未见有与下后脊直接连接者；下次脊显著，颊端与下外脊或下次尖前臂连接。有清楚的 IVsd。

嘎顺音阿得格标本似乎比敖尔班下红层的稍大，齿冠略高，但牙齿齿尖和齿脊的形态上未发现有意义的区别。

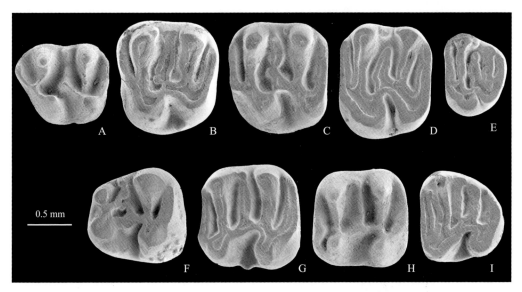

图 63　内蒙古敖尔班(下)和嘎顺音阿得格法氏亚洲始鼠颊齿

Fig. 63　Cheek teeth of *Asianeomys fahlbuschi* from Aoerban (L) and Gashunyinadege, Nei Mongol

A. l DP4 (V 19588.1), B. l P4 (V 19584.1), C. l M1/2 (V 19588.2), D. l M1/2 (V 19584.2), E. l M3 (V 19588.3), F. l p4 (V 19584.3), G. l m1/2 (V 19584.4), H. l m1/2 (V 19584.5), I. l m3 (V 19588.4); 冠面视(occlusal view)

比较与讨论　上述敖尔班下红层和嘎顺音阿得格标本,虽然尺寸和形态有所变异,但基本构造具有明显的同一性。在牙齿形态上具有与亚洲始鼠属一致的特征,因而都被归入 *Asianeomys* 属。

Asianeomys 属系根据发现于准噶尔盆地的始鼠类化石材料创建。该属的主要特征是上颊齿具有与 *Eomys* 属相似的构造(即无明显的前边脊舌侧支,原脊与原尖前臂连接,后脊与次尖前臂相连,内脊前端会于原尖后部),下颊齿具有与 *Pseudotheridomys* 属近似的下次脊连接方式(即颊侧通常与下次尖前臂相连)。它与 *Eomyodon* 属最为接近,但其上颊齿的内脊和下颊齿的外脊较为连续而少中断,内脊较靠颊侧且前端总指向原尖的后部而不与原脊连接,下次脊横向与下次尖或下次尖前臂连接而不是与其后臂相连(见 Wu et al., 2006)。此外,其 m1 和 m2 的 IVsd 外伸长度超过齿宽之半,比 IIIsd 长,与 IIsd 近等,这些也与 *Eomyodon* 属的有所不同。显然,*Asianeomys* 应该作为独立的一个属存在。

发现于新疆准噶尔盆地的始鼠被分为 4 种:*Asianeomys junggarensis*、*A. fahlbuschi*、*A. engesseri* 和该属的一未定种,但每种的材料都不多(Wu et al., 2006)。该属在内蒙古两个地点产出的化石比较丰富,无疑有助于充实其属征及增进对种内变异的认识。

在新疆的亚洲始鼠中,*A. junggarensis* 出自晚渐新世地层(索-I),该种 P4 和 M1/2 的原脊明显倾斜,从前尖伸至前边脊与原尖前臂的交接处,构成很短的 Is,m1/2 的下后脊与下原尖的前臂连接。这种始鼠的构造模式不仅在新疆准噶尔的材料中较为独特,在内蒙古中部地区中也未有发现,可能属于 *Asianeomys* 属牙齿较为原始的性状,因此有理由肯定 *A. junggarensis* 分类地位的有效性。吴文裕等(Wu et al., 2006)根据产自早中新世地层(索-II)的几枚臼齿(其中归入 *A. fahlbuschi* 的两枚 M3,即 V 14455.3 和 V 14455.4,似乎不应该属于始鼠类的牙齿,而可能为林跳鼠类的第三上臼齿),依牙齿尺寸,M1/2 的前尖是否有后刺、后边脊中部是否向前鼓凸、中脊的长短,以及 m1/2 下前边尖的发育,确定了另外的三种。然而,内蒙古标本表明,用以区别新疆早中新世始鼠不同种的这些形态具有明显的变异性,而且都出现在内蒙古标本的合理变异范围,并无明显的界限。至于牙齿的个体,新疆 *A. fahlbuschi* 的尺寸确实较小,但它和其他两种都落入内蒙古标本个体变异范围之内(图64)。鉴于新疆的标本过少,所采取的划分标准未必可靠,经过与内蒙古标本在个体和形态上的比对,更使本书著者对新疆始鼠的指定产生了怀疑。在我们看来,产自准噶尔盆地索-II 的始鼠标本,实际上只有一种。这里建议只保留其中的 *A. fahlbuschi* 种,废弃被称为 *A. engesseri* 和 *A.* sp. 的种。由于新疆这一始鼠类标本无论在尺寸还是形态上都落入内蒙古标本的变异范围，故后者被归入 *A. fahlbuschi* 种。

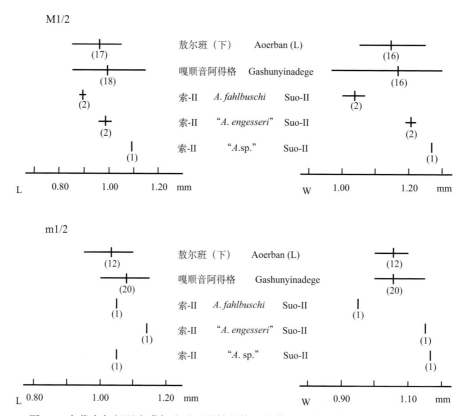

图 64　内蒙古与新疆准噶尔法氏亚洲始鼠第一或第二臼齿尺寸变化范围与平均值

Fig. 64　Size ranges and averages of length and width in the first or second molars of *Asianeomys fahlbuschi* from Nei Mongol and Junggar, Xinjiang

凯拉鼠属 *Keramidomys* Hartenberger，1966

模式种　*Pseudotheridomys pertesunatoi* Hartenberger，1966：西班牙 Can Llobateres，晚中新世（MN 9）。

归入种　*Keramidomys carpathicus*（Schaub et Zapfe，1953），*K. thaleri* Hugueney et Mein，1968，*K. mohleri* Engesser，1972，*K. anwilensis* Engesser，1972，*K. reductus* Bolliger，1992，*K. ermannorum* Daxner-Höck et Höck，2009：欧洲，早中新世/中中新世—晚中新世（MN5-MN14）。*K. fahlbuschi* Qiu，1996，*K. magnus* sp. nov.：内蒙古，中中新世—晚中新世（通古尔期—灞河期）。

特征　个体小的脊型齿始鼠。P4 和 p4 臼齿化，前者通常没有前边脊和 Is；M1 和 M2 无前边脊舌侧支，原尖舌后向延伸，Is 向内延伸仅达牙齿纵轴线，三齿根；m1 和 m2 下次脊与下外脊连接，四齿根。上颊齿和下颊齿的中脊一般都很长，但亦偶见完全缺失；内脊常中断，下外脊中部弱。M3 和 m3 通常不甚退化（修订自 Engesser，1999 概述的特征）。

法氏凯拉鼠 *Keramidomys fahlbuschi* Qiu，1996

（图 65-68；表 23）

Keramidomys sp.（Lower and Upper Aoerban, Gashunyinadege, Balunhalagen, and Bilutu）：Qiu Z D et al., 2013, p. 177, appendix

归入标本　苏尼特左旗敖尔班（下）：IM 0407 地点，一破碎左下颌支，具 p4 和 m1，颊齿 40 枚（10 P4，11 M1/2，1 M3，8 p4，8 m1/2，2 m3），V 19590.1-41；IM 0507，一破碎左下颌支，牙齿全部脱落，V 19591。苏尼特左旗嘎顺音阿得格：IM 9605 地点，颊齿 6 枚（2 P4，1 M1/2，2 p4，1 m1/2），V 19592.1-6；IM 9606，一破碎右下颌支，具 m1 和 m2，颊齿 4 枚（1 M1/2，2 m1/2，1 m3），V 19593.1-5；IM 0401，颊齿 9 枚（3 M1/2，1 M3，1 dp4，2 p4，2 m1/2），V 19594.1-9。苏尼特左旗敖尔班（上）（IM 0772 地点）：

颊齿 2 枚(1 M3，1 m1/2)，V 19595.1-2。苏尼特右旗呼-锡公路原里程碑 346 km 附近上红层(346 地点)：颊齿 16 枚(4 P4，8 M1/2，1 M3，3 m1/2)，V 19596.1-16。苏尼特左旗巴伦哈拉根(IM 0801 地点)：颊齿 51 枚(4 P4，13 M1/2，2 M3，1 dp4，9 p4，16 m1/2，6 m3)，V 19597.1-51。阿巴嘎旗灰腾河(IM 0003 地点)：颊齿 8 枚(1 M1/2，2 M3，1 p4，2 m1/2，2 m3)，V 19598.1-8。苏尼特左旗必鲁图(IM 0510 地点)：颊齿 17 枚(2 P4，10 M1/2，3 m1/2，2 m3)，V 19599.1-17。

测量 见表 23。

表 23 内蒙古中部地区法氏凯拉鼠颊齿测量

Table 23 Measurements of cheek teeth of *Keramidomys fahlbuschi* from central Nei Mongol（mm）

Tooth	Length			Width		
	N	Mean	Range	N	Mean	Range
敖尔班(下) Aoerban（L）						
P4	10	0.76	0.70-0.80	10	0.81	0.76-0.85
M1/2	11	0.77	0.70-0.80	11	0.95	0.88-1.00
M3	1	–	0.75	1	–	0.75
p4	9	0.81	0.75-0.85	8	0.71	0.65-0.75
m1/2	9	0.80	0.70-0.85	9	0.83	0.75-0.90
m3	2	0.77	0.75-0.78	2	0.79	0.75-0.82
嘎顺音阿得格 Gashunyinadege						
P4	2	0.73	0.70-0.75	2	0.83	0.80-0.85
M1/2	5	0.75	0.70-0.82	5	0.95	0.90-1.05
M3	1	–	0.65	1	–	0.65
dp4	1	–	0.85	1	–	0.64
p4	4	0.81	0.75-0.85	4	0.76	0.70-0.85
m1/2	6	0.84	0.80-0.90	6	0.89	0.85-0.95
m3	1	–	0.75	1	–	0.75
敖尔班(上) Aoerban（U）						
M3	1	–	0.70	1	–	0.75
m1/2	1	–	0.90	1	–	0.86
346 地点 Loc. 346						
P4	4	0.76	0.75-0.80	4	0.83	0.80-0.85
M1/2	8	0.77	0.65-0.85	8	0.89	0.78-0.95
M3	1	–	0.75	1	–	0.85
m1/2	3	0.85	0.85-0.86	3	0.88	0.85-0.90
巴伦哈拉根 Balunhalagen						
P4	4	0.77	0.70-0.85	4	0.87	0.80-0.90
M1/2	13	0.80	0.75-0.85	13	0.91	0.85-0.97
M3	2	0.63	0.60-0.65	2	0.73	0.72-0.74
dp4	1	–	0.86	1	–	0.62
p4	9	0.83	0.80-0.90	9	0.75	0.70-0.80
m1/2	16	0.84	0.78-0.95	15	0.88	0.82-0.95
m3	6	0.77	0.75-0.80	6	0.77	0.75-0.80

Tooth	Length			Width		
	N	Mean	Range	N	Mean	Range
灰腾河 Huitenghe						
M1/2	1	–	0.80	1	–	0.92
M3	2	0.73	0.70–0.75	2	0.88	0.80–0.95
p4	1	–	0.75	1	–	0.70
m1/2	2	0.85	0.80–0.90	2	0.89	0.88–0.90
m3	2	0.82	0.80–0.84	2	0.73	0.70–0.75
必鲁图 Bilutu						
P4	2	0.78	0.75–0.80	2	0.83	0.82–0.83
M1/2	10	0.82	0.75–0.88	10	0.95	0.90–1.05
m1/2	3	0.79	0.75–0.82	3	0.85	0.80–0.90
m3	2	0.75	0.75–0.75	2	0.93	0.75–0.80

特征(订正) 个体较小种。颊齿主尖未完全融入齿脊，时见弱小的中尖，咀嚼面磨蚀后微凹；臼齿具有 5 条横脊，中脊和下中脊几乎总伸达齿缘，且末端往往处于游离状态；P4 偶见前边脊或其痕迹；p4 常残留有下前边尖的痕迹，双齿根；m1 和 m2 的下次尖不明显延伸，下外脊很少中断。

描述 破碎的下颌骨只有两件保存了部分水平支。颌骨的虚位浅、长度在 1.5 mm 以上，颊齿齿槽长分别为 3.0 mm 和 3.2 mm；p4 之下的颌骨高度最大，分别为 2.25 mm 和 2.30 mm；咬肌窝窄、浅，上、下咬肌嵴显著，前端终止于 p4 下方；颏孔明显，位于齿虚最大弯曲之下和咬肌嵴前终点的正前方。颊齿磨蚀面微凹；齿尖未完全融入齿脊。上颊齿三齿根，分别支持内侧主尖、前尖和后尖；p4 双根，前后分布；m1 和 m2 四根，分别支持牙齿的四个主尖。

P4 圆方形—梯形，一般前缘比后缘稍宽。多数具有弱的中尖，部分有很小的中附尖。在敖尔班下红层 9 枚牙齿中的 3 枚，346 地点 4 枚中的 1 枚，必鲁图 2 枚中的 1 枚，分别具有低、短或残留的前边脊，其中只有敖尔班中的一枚具短小的 Is；原脊完整，前内向与原尖前臂连接构成前凸的弧形脊；后脊横向与次尖前臂相连；中脊显著，但迅速向颊侧变细、变低，一般都伸达颊缘，或游离于前尖和后尖间（多数见敖尔班标本），或与前尖相连（多见巴伦哈拉根和必鲁图标本）；后边脊显著，从次尖伸达后尖。内脊位于牙齿中线之舌侧，短；在敖尔班下红层和嘎顺音阿得格标本的完整而连续，但在与原尖连接处通常变弱，而在 346 地点 4 枚牙齿中的 1 枚和必鲁图 2 枚中的 1 枚未能与原尖相连。内谷窄、浅，前外向延伸，IIs 与 IIIs 的长度接近，都比 IVs 短。

M1/2 四角浑圆，一般宽度大于长度。在巴伦哈拉根和必鲁图的标本中，齿尖融入齿脊的程度都稍比敖尔班下红层和嘎顺音阿得格的显著，使其咀嚼面显得更为脊形；原尖后内向延伸，常有弱的中尖（特别在敖尔班下红层和嘎顺音阿得格标本中更清楚），时见细小的中附尖。前边脊与牙齿的纵轴垂直，舌侧在接近牙齿中线处与原尖前臂相交，未留下明显的舌侧支；原脊和后脊横向，分别与原尖前臂和次尖前臂连接；中脊显著，逐渐向颊侧变细、变低，伸达颊缘或游离于前尖和后尖间（敖尔班和嘎顺音阿得格标本所占比例较大），或与前尖相连（346 地点、巴伦哈拉根和必鲁图地点标本所占比例较大，见图 65）；后边脊完整，从次尖伸达后尖后部；内脊通常不完整，多数在原尖后部中断，但在大部分标本中内脊的前部有指向原尖或在低处与原脊相连的趋向（敖尔班和嘎顺音阿得格标本中指向原尖后部者较多，巴伦哈拉根和必鲁图标本指向原脊的比例较大，见图 66）。内谷窄，指向前颊侧，外伸未达齿宽之半；IVs 的长度最大；IIs 与 IIIs 长度接近，向内延伸超过齿宽之半；Is 较短。

M3 次三角形。原尖和前尖发育正常，小的中尖仍然清楚。前边脊和原脊完整，形状大体与 M1/2 的相似；中脊伸达颊缘，并终止于小的中附尖；后脊短，见于所有标本；后边脊完整，连接甚为退化的次尖和后尖；内脊短，常在牙齿中部与原脊连接。原尖与次尖在舌缘有脊相连，内谷不甚发育，但牙齿的舌

M1/2	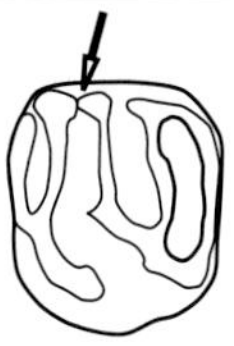 连接前尖 highly connected to Pa		 低处连接 lower connected to Pa		 末端游离 long and free		 未达唇缘 short and free	
敖尔班（下）Aoerban (L)	1	10%	3	30%	5	50%	1	10%
嘎顺音阿得格 Gashunyinadege	1	20%	1	20%	3	60%	0	0
346地点 Loc. 346	3	38%	2	25%	2	25%	1	12%
巴伦哈拉根 Balunhalagen	7	54%	5	38%	1	8%	0	0
灰腾河地点 Huitenghe	1	100%	0	0	0	0	0	0
必鲁图地点 Bilutu	6	60%	3	30%	1	10%	0	0

图65　内蒙古中部地区法氏凯拉鼠 M1/2 中脊的发育与连接方式变异（箭头所指处）示意统计

Fig. 65　Variation in development and connection of M1/2 mesoloph（arrow）of *Keramidomys fahlbuschi* from Nei Mongol

M1/2	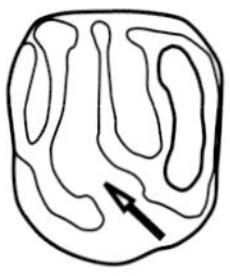 中断无指向 interrupted		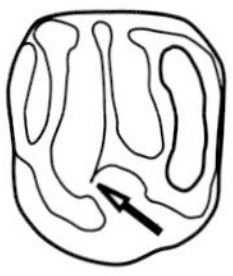 指向原尖 pointing to Pr		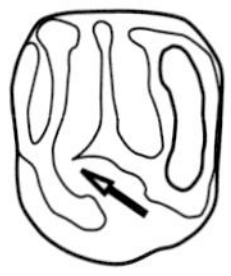 原尖-原脊 to place between Pr and Prl		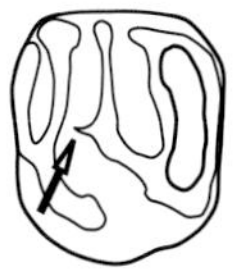 指向原脊 pointing to Prl	
敖尔班（下）Aoerban (L)	1	12%	4	50%	3	38%	0	0
嘎顺音阿得格 Gashunyinadege	0	0	4	67%	2	33%	0	0
346地点 Loc. 346	4	50%	1	12.5%	0	0	3	37.5%
巴伦哈拉根 Balunhalagen	1	8%	1	8%	3	22%	8	62%
灰腾河地点 Huitenghe	0	0	0	0	1	100%	0	0
必鲁图地点 Bilutu	2	20%	0	0	2	20%	6	60%

图66　内蒙古中部地区法氏凯拉鼠 M1/2 内脊的发育及前端指向变异（箭头所指处）示意统计

Fig. 66　Variation in development and direction or lower connection of M1/2 entoloph（arrow）of *Keramidomys fahlbuschi* from Nei Mongol

缘常形成明显的凹陷；四外谷保留齐全，清楚可辨。

　　dp4 窄长，齿尖相对比齿脊醒目。下原尖和下后尖彼此靠近，前者较前位；具低、且连接下原尖与下后尖的下前边尖。下后脊短，前外向与下原尖和下后尖紧密相连；下次脊横向，中部低；下后边脊显著，从下次脊伸达下内尖舌后基部；下中脊完整，但低，伸达舌缘并终止于小的下中附尖；下外脊前部中断。下外谷宽阔。

　　p4 圆梯形，前窄后宽。下前边尖有或无（敖尔班地点的 7 枚牙齿中 4 枚缺失，2 枚的低小、脊形而孤立，1 枚成从下原尖向舌侧伸出的刺；嘎顺音阿得格 4 枚牙齿中，2 枚的缺失，1 枚的低小、近孤立，1 枚

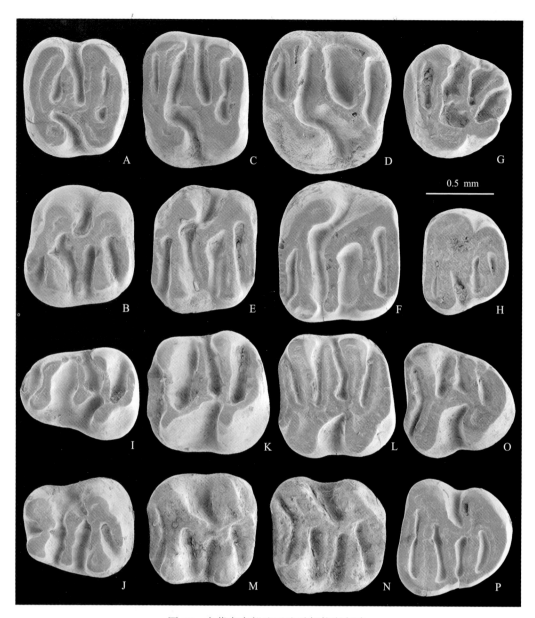

图 67　内蒙古中部地区法氏凯拉鼠颊齿

Fig. 67　Cheek teeth of *Keramidomys fahlbuschi* from central Nei Mongol

A. l P4（V 19596.1），B. r P4（V 19590.1），C. l M1/2（V 19597.1），D. l M1/2（V 19597.2），E. r M1/2（V 19594.1），F. r M1/2（V 19599.1），G. l M3（V 19590.2），H. r M3（V 19594.2），I. l dp4（V 19594.3），J. r p4（V 19592.1），K. l m1/2（V 19597.3），L. l m1/2（V 19596.2），M. r m1/2（V 19590.3），N. r m1/2（V 19590.4），O. l m3（V 19590.5），P. r m3（V 19597.4）；冠面视（occlusal view）

成从下原尖伸出的刺；巴伦哈拉根 3 枚牙齿的下前边尖都成从下原尖伸出的刺）；下原尖位于下后尖之前，两者由后弯的下后脊相连；下中尖小，但清楚。下中脊长，伸达舌缘，或终止于极弱的下中附尖，或与下后尖连接；下次脊发育，横向，颊侧与下次尖或下外脊连接；下后边脊粗壮，舌侧伸达下内尖后方。下外谷宽阔，指向后内；IVsd 比 IIIsd 长，外伸超过齿宽之半。

　　m1/2 方形—长方形。下次尖略微侧方压扁，并适度伸长；没有明显的下前边尖；下中尖弱小（在巴伦哈拉根和必鲁图标本中很不清楚），位于牙齿中轴线稍偏颊侧。下前边脊横向，长度在齿宽的三分之二左右，舌侧和颊侧分别伸达下后尖和下原尖的前方，磨蚀早期呈游离状态，磨蚀后期显示与两尖接触；下后脊和下次脊完整、显著，颊侧分别伸至下原尖和下次尖前臂；下中脊近与牙齿中轴垂直，逐渐向舌侧变细，伸达舌缘，末端或紧靠下后尖或与其连接（在巴伦哈拉根和必鲁图标本中占的比例较大，其中敳尔班下红层仅占 3/9，嘎顺音阿得格占 3/5，346 地点占 1/3，巴伦哈拉根占 10/14，必鲁图占 3/3，灰腾河占 1/2），或呈游离状态(在敖尔班下红层中较常见，其中敖尔班下红层占 6/9，嘎顺音阿得格占 2/5，346 地点占 2/3，巴伦哈拉根占 4/16，必鲁图占 0，灰腾河占 1/2)；下后边脊相当发育，从下次尖伸达下内尖基部，在巴伦哈拉根和必鲁图标本中下后边脊与下内尖常在较高处相连；下外脊短而弯曲，通常连续，但中部较为低弱，在较晚期地点(灰腾河)的一枚牙齿中接近中断。下外谷狭窄，指向后内；IVsd 与 IIIsd 的长度接近，外伸超过齿宽之半，都比 IIsd 的稍短。

m3 前部构造与 m1/2 的相似，但后部收缩，后缘呈弧形。下中脊伸达舌缘，或终止于小的下中附尖，或与下后尖连接，或与下后尖和下内尖在低处相连；下次脊显著，从十分退化的下内尖伸至下外脊。IVsd 发育，外伸长度比 IIIsd 的大。

比较与讨论　上述 7 个地点始鼠类标本虽在尺寸大小和形态上都有明显的变异，但变异连续，无法识别出不同种的界线。这些牙齿都属于脊型齿，主尖未完全融入齿脊，上臼齿没有前边脊的颊侧支，第三臼齿不甚退化、保留有后脊或下次脊，形态上与前述敖尔班下红层和嘎顺音阿得格地点的亚洲始鼠属(*Asianeomys*)有相似之处。但它们的尺寸较小，颊齿的中脊长、一般都伸达齿缘，M1 和 M2 的原尖明显地舌后向延伸，内脊一般中断，m1 和 m2 的下次脊与下外脊相连，p4 只有两个齿根，牙齿的这些形态使其难以归入 *Asianeomys* 属，而具有 *Keramidomys* 属的特征，并与在通古尔地区发现的 *K. fahlbuschi* 的种征吻合。

Keramidomys fahlbuschi 是该属此前在我国唯一的命名种，发现于默尔根 II，但材料不多(邱铸鼎，1996b)。毫无疑问，默尔根 *K. fahlbuschi* 牙齿的个体大小完全落入上述标本尺寸的变异范围(图 68)。正

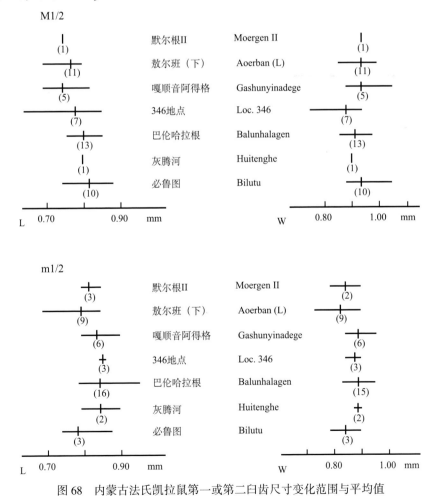

图 68　内蒙古法氏凯拉鼠第一或第二臼齿尺寸变化范围与平均值

Fig. 68　Size ranges and averages of length and width of M1/2 and m1/2 of *Keramidomys fahlbuschi* from Nei Mongol

模标本为磨蚀程度达中期的 M1/2，其内脊与原脊间有一弱脊相连，中脊与前尖连接，这样的构造同样出现于上述标本（图 65、66）。在默尔根的正型材料中，除一枚 p4（V 10364.2；邱铸鼎，1996b，图 36，C）应该从该种剔除外，其他牙齿的尺寸和形态都落入上述标本的变异范围，因此有理由把所描述的标本归入 K. fahlbuschi 种。该种在这些地点增加的材料比较丰富，有助于更深入认识其形态特征及演化关系。

值得一提的是不同地点颊齿表现出的不同形态变异特征：在层位较低地点（如敖尔班下红层和嘎顺音阿得格地点）的标本中，齿尖融入齿脊的程度相对低，中尖略明显，中脊末端呈游离状态的比例较高，内脊前端指向原尖或者与其在低处连接的标本较多；而在产出层位较高的地点（如巴伦哈拉根和必鲁图地点），颊齿更趋脊形，中尖一般都不发育，上臼齿中脊末端紧靠前尖或与其连接以及下颊齿下中脊紧靠下后尖或与其连接的数量相对较大，内脊前端指向原脊或者与其在低处连接的标本较多。这些差异或许是演化水平上的不同，即敖尔班下红层的牙齿形态特征指示了其相对原始的状态，而巴伦哈拉根的反映其较进步的性状。这些不同是一种渐变，目前还很难将其作为划分种的依据，但也许在确定地层上有一定的意义。该种在上千万年的生存时间里，其个体似乎并没有发生明显的变化，牙齿形态的改变也很缓慢，比较明显的演化趋势可能包括了颊齿的脊形化，上颊齿外脊和下颊齿下内脊的逐渐发育，使中脊末端与齿尖的连接随之加强。另外，内脊前端的指向有逐渐向外移动的趋势。

该属在欧洲有 6 个种，但多数种的化石材料都不多，种内的变异情况不是很清楚，一些种的种间差异特征并不十分显著。Keramidomys fahlbuschi 牙齿的尺寸与欧洲 K. carpathicus 和 K. thaleri 的较为接近，形态也很相似，细微的差别可能在于其主尖齿脊化的程度稍低，上、下中尖略显强壮些。

大凯拉鼠（新种）Keramidomys magnus sp. nov.

（图 69-71；表 24）

Asianeomys sp.（Amususu, Bilutu, Shala）：Qiu Z D et al., 2013, p. 177, appendix

名称由来 magnus，拉丁词，大的，示新种较大的个体。

正模 右 M1/2（V 19600）。

副模 颊齿 176 枚（2 DP4, 22 P4, 59 M1/2, 8 M3, 6 dp4, 26 p4, 50 m1/2, 3 m3），V 19601.1-176。

模式产地与层位 苏尼特左旗巴伦哈拉根（IM 0801 地点）；上中新统下部，巴伦哈拉根层（灞河期）。

归入标本 苏尼特右旗阿木乌苏地点：颊齿 8 枚（2 M1/2, 1 M3, 3 p4, 1 m1/2, 1 m3），V 19602.1-8。苏尼特右旗沙拉（IM 9610 地点）：颊齿 12 枚（1 P4, 4 M1/2, 4 dp4, 2 m1/2, 1 m3），V 19603.1-12。苏尼特左旗必鲁图（IM 0510 地点）：颊齿 41 枚（2 P4, 5 M1/2, 2 M3, 3 dp3, 13 p4, 14 m1/2, 2 m3），V 19604.1-41。

测量 见表 24。

表 24　内蒙古大凯拉鼠颊齿测量
Table 24　Measurements of cheek teeth of *Keramidomys magnus* from Nei Mongol（mm）

Tooth	Length			Width		
	N	Mean	Range	N	Mean	Range
巴伦哈拉根 Balunhalagen						
DP4	2	0.95	0.94-0.95	2	0.83	0.80-0.85
P4	22	0.91	0.80-0.95	22	1.00	0.86-1.12
M1/2	56	0.90	0.80-1.03	56	1.05	0.95-1.12
M3	8	0.71	0.65-0.80	8	0.91	0.85-1.00
dp4	6	0.95	0.90-1.00	6	0.70	0.67-0.77
p4	25	0.97	0.85-1.10	24	0.87	0.80-0.95
m1/2	43	0.95	0.82-1.10	43	0.99	0.84-1.10
m3	3	0.87	0.85-0.90	3	0.87	0.80-0.90

Tooth	Length			Width		
	N	Mean	Range	N	Mean	Range
阿木乌苏 Amuwusu						
M1/2	2	0.85	0.82–0.88	2	1.03	1.00–1.05
M3	1	–	0.70	1	–	0.85
p4	3	0.88	0.85–0.90	3	0.78	0.75–0.80
m3	1	–	0.75	1	–	0.72
沙拉 Shala						
P4	1	–	0.90	1	–	1.00
M1/2	4	0.91	0.85–1.00	4	1.13	1.05–1.25
dp4	4	0.86	0.80–0.90	4	0.64	0.60–0.65
m1/2	2	1.00	1.00–1.00	2	0.95	0.90–1.00
m3	1	–	0.95	1	–	0.88
必鲁图 Bilutu						
P4	2	0.80	0.80–0.80	2	0.88	0.80–0.95
M1/2	5	0.96	0.95–1.00	5	1.13	1.10–1.15
M3	2	0.65	0.65–0.65	2	0.88	0.86–0.90
dp4	3	1.02	1.00–1.06	3	0.70	0.70–0.70
p4	13	0.90	0.80–0.96	12	0.84	0.75–0.90
m1/2	14	0.95	0.85–1.05	14	0.96	0.85–1.05
m3	2	0.80	0.75–0.85	2	0.88	0.85–0.90

特征 个体较大种。主尖完全融入齿脊，咀嚼面磨蚀后微凹；臼齿具有 5 条横脊，中脊和下中脊几乎总伸达齿缘，末端多与前尖或下后尖连接；P4 无前边脊；M1 和 M2 的外谷向内延伸约达齿宽之半，Is、IIs 和 IVs 的颊侧通常高位封闭，有形成外脊的趋向；p4 具清楚的下前边脊；m1 和 m2 下次尖不明显延伸，下外脊很少中断，Isd、IIsd 和 IVsd 的舌侧通常高位封闭，有形成下内脊的趋向。

描述 颊齿磨蚀面微凹；齿尖轮廓不很清楚，齿脊相对比齿尖醒目。上颊齿三齿根，分别支持内侧主尖、前尖和后尖；p4 双根，前后分布；m1 和 m2 四根，分别支持四主尖。

DP4 圆梯形，前部明显向前凸出，前缘比后缘稍宽。没有中尖和中附尖，具有 5 条完整、几乎同等粗壮的横向齿脊。前边脊较短，略呈弧形，从原尖伸达前尖后部；原脊大体与齿纵轴垂直，从原尖前臂伸向前尖；中脊舌端与内脊连接，横向伸达牙齿外缘，颊端靠近前尖或与其相连；后脊大致与原脊平行排列，横向与次尖前臂和后尖相连；后边脊稍细，但连续、完整，在高处连接次尖和后尖。内脊中断，与原尖不相连。内谷深，伸向前外；外谷向内延伸达牙齿的中线。P4 与 DP4 大体相似，但个体稍大，齿脊略粗壮，呈圆方形，不向前凸出，咀嚼面上只有 4 条完整的横脊。在 23 枚牙齿中，都没有前边脊及 Is，只在一件标本中前尖前根部有一瘤突起，可能为残留的前边脊。中脊颊侧与前尖相连。内脊在牙齿早期磨蚀断开，前端指向原脊或原脊与原尖的连接处，指向原尖者少。

M1/2 四角浑圆，一般宽度大于长度。原尖后内向伸长，偶见弱的中尖，没有明显的中附尖。前边脊与牙齿纵轴垂直，比其他横脊都稍细弱，舌侧在牙齿中线附近与原尖前臂相交，没有舌侧支，颊侧与前尖连接；原脊和后脊横向，舌侧分别与原尖前臂和次尖或其前臂连接；中脊显著，颊侧变细与前尖相连，极个别同时也与后尖在低处连接；后边脊完整，长而显著，与次尖和后尖在高处相连；内脊在磨蚀早期通常中断，在大部分标本中前端指向原尖前臂与原脊连接点至原脊的中间部分，或以低弱的脊与前方的脊相连（图 69）。内谷深，指向前颊侧，外伸约达齿宽之半；Is、IIs 和 IVs 的颊侧多数封闭，有形成外脊

M1/2	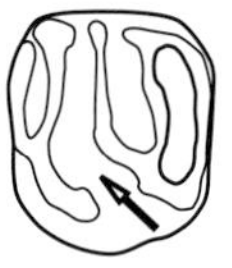 中断无指向 interrupted		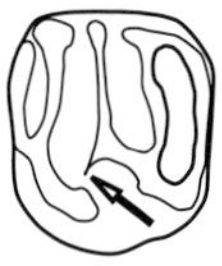 指向原尖 pointing to Pr		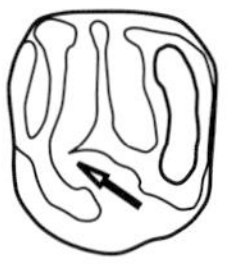 指向原尖-原脊 to place between Pr and Prl		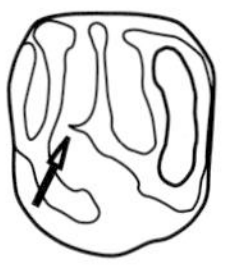 指向原脊 pointing to Prl	
巴伦哈拉根 Balunhalagen	12	22.2%	1	1.9%	25	46.3%	16	29.6%
阿木乌苏 Amuwusu	0	0	0	0	1	50.0%	1	50.0%
沙拉 Shala	1	25.0%	0	0	0	0	3	75.0%
必鲁图 Bilutu	2	40.0%	0	0	1	20.0%	2	40.0%

图 69　内蒙古大凯拉鼠 M1/2 内脊前端的指向变异（箭头所指处）示意统计

Fig. 69　Variation in development and direction or connection of M1/2 of entoloph（arrow）of

Keramidomys magnus from Nei Mongol

倾向；IVs 长度最大，IIs 与 IIIs 的接近，向内延伸超过齿宽之半，Is 通常最为窄、短。

M3 半圆形，前部构造与 M1/2 的相似。中脊伸达颊缘，与前尖和后尖紧靠或连接；后脊发育，比中脊长；后边脊完整，连接甚为退化的次尖和后尖；内脊在牙齿中部与原脊连接或断开。原尖与次尖在舌缘有或无脊相连，内谷封闭或开放；IVs 清楚。

dp4 窄长，主尖相对齿脊醒目。前部主尖彼此靠近，比后部的稍弱小；下原尖明显比下后尖靠前；有低、小，且与下原尖相连的脊状下前边尖。下后脊前外向延伸，紧密与下原尖和下后尖连接；下次脊横向，中部低；下后边脊短，齿带状，与下次脊中部连接；在 12 枚牙齿中，5 枚具低、指向下后尖或与下后尖连接的下中脊；下外脊显著、弯曲，从下次尖或伸达下原尖后部，或伸向下后尖，或伸向下原尖与下后尖之间。下外谷宽，近对称。p4 圆梯形，齿脊醒目，臼齿化。下前边脊稍弱，磨蚀早期个别的中部断开，但达到中期一般都连续；下后脊发育、短，呈弧形向后弯曲；下中脊粗壮、长，伸达舌缘，或终止于小的下中附尖，或与下后尖连接；下次脊发育、横向，颊侧与下次尖前臂或下外脊连接；下后边脊粗壮，舌侧与下内尖连接；下外脊完整、弯曲。下外谷宽阔，指向后内；IVsd 与 IIIsd 长度接近，外伸达齿宽之半以上。

m1/2 方形—长方形，四角浑圆。下次尖略侧方压扁，适度伸长；少量标本具不甚明显的下中尖。下前边脊直，横向，长度约为齿宽的三分之二，伸达下后尖和下原尖前方，磨蚀早期可能呈游离状态，磨蚀中晚期则与其都接触；下后脊和下次脊发育完整、显著，前者较横向伸至下原尖，后者略前外向与下外脊相连；下中脊强大，伸达舌缘，末端多与下后尖连接（在巴伦哈拉根标本中占 37/48，必鲁图标本中占 7/14），少数游离（在巴伦哈拉根标本中占 9/48，必鲁图标本中占 5/14），个别以低脊与下后尖和下内尖相连（在巴伦哈拉根和必鲁图标本中各有两枚）；下后边脊相当发育，从下次尖伸达下内尖，常于高处与下内尖相连；下外脊弯曲，中部发育较弱，牙齿经磨蚀后通常连续，在巴伦哈拉根和必鲁图标本中分别有 7 枚和 1 枚的中断或接近中断，沙拉标本有 1 枚的接近中断。下外谷狭窄，指向后内；Isd、IIsd 和 IVsd 的舌侧多数封闭，有形成下内脊倾向；IVsd 与 IIIsd 长度接近，都比 IIsd 的稍短。

m3 次三角形，前部构造与 m1/2 的相似，但后部收缩，后缘呈弧形。下中脊伸达舌缘，都与下后尖连接，在 7 枚牙齿中有 4 枚的在低处与下内尖相连；下次脊显著，颊侧伸至下外脊。IVsd 发育，外伸长度与 IIIsd 的同等或稍大。

比较与讨论　上述标本具有与 *Keramidomys* 属一致的牙齿特征：颊齿脊形，具长的中脊；M1 和 M2 的原尖后内向延长，内脊一般中断，Is 较短；m1 和 m2 的下次脊连接下外脊。但这些牙齿与上述 *K. fahlbuschi* 的有所不同，尺寸较大（图 71），冠面更趋脊形，上颊齿的外脊和下颊齿的下内脊相对显著，M1 和 M2 内谷向外延伸的深度较大。鉴于标本的这些差别，这里将其命名为新种。

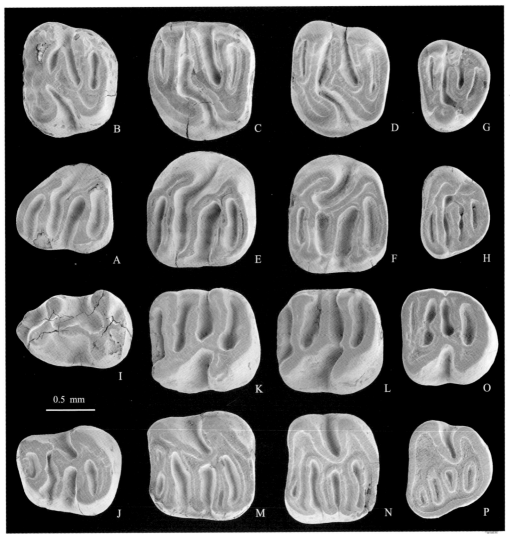

图 70　内蒙古大凯拉鼠颊齿

Fig. 70　Cheek teeth of *Keramidomys magnus* from central Nei Mongol

A. r DP4（V 19601.1），B. l P4（V 19601.2），C. l M1/2（V 19601.3），D. l M1/2（V 19601.4），E. r M1/2（正模 holotype, V 19600），F. r M1/2（V 19604.1），G. l M3（V 19602.1），H. r M3（V 19604.2），I. l dp4（V 19604.3），J. r p4（V 19601.5），K. l m1/2（V 19604.4），L. l m1/2（V 19604.5），M. r m1/2（V 19601.6），N. r m1/2（V 19601.7），O. l m3（V 19603.1），P. r m3（V 19601.8）；冠面视（occlusal view）

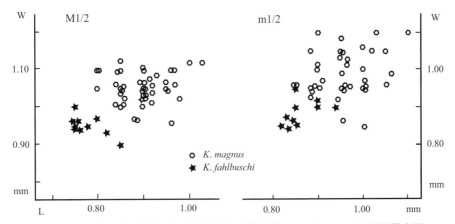

图 71　内蒙古巴伦哈拉根法氏凯拉鼠和大凯拉鼠 M1/2 和 m1/2 的测量散点图

Fig. 71　Scatter diagrams showing length and width in M1/2 and m1/2 of *Keramidomys fahlbuschi* and *K. magnus* from Balunhalagen, Nei Mongol

新种的个体在凯拉鼠中属于大者，不仅比 *Keramidomys fahlbuschi* 大，而且比欧洲已知的最大种还稍大些。形态上与欧洲的 *K. thaleri*、*K. mohleri* 和 *K. ermannorum* 较为相似，即颊齿构造都不甚退化，上、下臼齿都有 5 条横脊，上、下中脊都很长，但新种以主尖几乎融入齿脊而更显脊形，上臼齿 Is、IIs 和 IVs 的颊侧和下颊齿 Isd、IIsd 和 Ivsd 的舌侧常在较高处封闭，有形成外脊和下内脊的明显倾向而不同于 *K. thaleri*；与 *K. mohleri* 的不同在于其上臼齿中脊与前尖有较紧密的连接关系，以及下颊齿的下外脊较为完整；与 *K. ermannorum* 的差异主要在于其磨蚀面微凹而并不平坦（Hugueney et Mein, 1968；Engesser, 1972, 1990；Daxner-Höck et Höck, 2009）。*K. magnus* 个体明显比 *K. carpathicus* 的大，而且第三臼齿不那么退化（Schaub et Zapfe, 1953；Engesser, 1999）。*K. anwilensis* 的材料很少，与新种的不同在于下中脊很短（Engesser, 1972）。新种易于与 *K. pertesunatoi* 和 *K. reductus* 区分，欧洲这两种的颊齿都很退化，中脊极弱或完全缺失（Hartenberger, 1966a；Bolliger, 1992）。

Engesser（1999）认为，欧洲的凯拉鼠存在不同的演化支系，其中的 *Keramidomys thaleri-K. mohleri* 为较"保守"的一支。内蒙古中部地区的法氏凯拉鼠和大凯拉鼠具有欧洲这一支系的特征，它们在中新世的地史进程中，牙齿的形态改变不大。内蒙古的 *K. magnus* 与欧洲 *K. mohleri* 和 *K. ermannorum* 在牙齿的大小和形态上较为接近，或许说明它们有较接近的演化水平。

总的说来，新种与 *Keramidomys fahlbuschi* 最为相似，似乎表明两者亲缘关系较为接近，甚至是密切的族裔关系。显然，在演化的过程中一个早中新世敖尔班动物群 *K. fahlbuschi* 的牙齿类型，只要其尺寸增大，齿尖逐渐融入齿脊，外脊和下内脊逐渐发育，即会出现一个晚中新世早期巴伦哈拉根动物群 *K. magnus* 的颊齿类型。产出 *K. magnus* 的化石层位时代较晚，因此其个体较大，牙齿更趋脊形，以及上颊齿的外脊和下颊齿的内脊较发育，可能属于较进步形态性状。

小齿鼠属 *Leptodontomys* Shotwell, 1956

模式种 *Leptodontomys oregonensis* Shotwell, 1956：美国 Oregon，晚中新世（Hemphillian）。

归入种 *Leptodontomys quartzi*（Shotwell, 1956）：北美，中中新世（Barstovian）。*Leptodontomys/Eomyops catalaunicus*（Hartenberger, 1966a），*L./E. bodvanus*（Jánossy, 1972），*L./E. oppligeri* Engesser, 1990，*L./E. hebeiseni* Kälin, 1997：欧洲，早中新世/中中新世—晚中新世（MN5-MN14）。*L. lii* Qiu, 1996：内蒙古，中中新世（通古尔期）。*L. gansus* Zheng et Li, 1982：甘肃、内蒙古，早中新世—晚中新世（谢家期—保德期）。*L. pusillus* Qiu, 2006：云南，晚中新世（保德期）。

特征 个体一般很小的丘型齿始鼠。上臼齿具前边脊舌侧支，有短的中脊，内脊连续，内谷近横向，IIs 与 IVs 内伸超过牙齿中线；下臼齿具有小的下中尖、长的下前边脊和完整的下外脊，下次脊通常向后与下次尖的后臂或后边脊连接，舌侧的下前边脊发育；M3 和 m3 不甚退化；m3 常有下次脊（依 Hugueney et Mein, 1968, Engesser, 1999 和 Flynn, 2008a 概述的特征修订）。

评述 *Leptodontomys* 属最先命名于北美，后来在欧洲发现的一些个体很小、臼齿形态与其相似的始鼠亦归入了该属（Hugueney et Mein, 1968；Fahlbusch, 1973；Fejfar, 1974）。Engesser（1979）则认为，北美 *Leptodontomys* 属下门齿的腹侧没有纵沟，而欧洲原先归入该属的始鼠与其有所不同，并建议将后者改名为 *Eomyops*。本书作者之一注意到，在甘肃和内蒙古发现的 *L. gansus* 材料表明，Engesser 用以区分 *Eomyops* 和 *Leptoodontomys* 的臼齿特征不够清晰（Qiu, 1994）。但下门齿腹侧纵沟的存在与否无疑是区别新、旧大陆两属始鼠的重要依据，鉴于我国目前尚未发现这一属的下门齿，这里暂时使用 *Leptodontomys* 属名。

甘肃小齿鼠 *Leptodontomys gansus* Zheng et Li, 1982

（图 72、73；表 25）

Leptodontomys aff. *gansus*：邱铸鼎, 1996b, 64 页

Leptodontomys sp. (Gashunyinadege, Amuwusu, Huitenghe, and Bilutu), *Leptodontomys* cf. *L. lii* (Balunhalagen), *Leptodontomys* aff. *gansus* (Loc. 346)：Qiu Z D et al., 2013, p. 177, appendix, partim

归入标本 苏尼特左旗嘎顺音阿得格(IM 9606 地点): 一枚 M1/2 和一枚 m1/2, V 19605.1-2。苏尼特右旗呼-锡公路原里程碑 346 km 附近上红层(346 地点): 一枚 M3 和一枚 p4, V 19606.1-2。苏尼特右旗阿木乌苏地点: 一枚 M1/2, V 19607。苏尼特左旗巴伦哈拉根(IM 0801 地点): 颊齿 35 枚(1 DP4, 4 P4, 11 M1/2, 3 p4, 14 m1/2, 2 m3), V 19608.1-35。阿巴嘎旗灰腾河(IM 0003 地点): 具 m2 破损的右下颌支一件, 颊齿 9 枚(4 M1/2, 1 M3, 3 m1/2, 1 m3), V 19609.1-10。苏尼特右旗沙拉地点: 颊齿 9 枚(2 P4, 3 M1/2, 1 M3, 2 p4, 1 m3), V 19610.1-9。苏尼特左旗必鲁图(IM 0510 地点): 颊齿 14 枚(1 P4, 6 M1/2, 1 M3, 1 p4, 4 m1/2, 1 m3), V 19611.1-14。化德县二登图 2 (Ertemte 2 地点): 具 p4-m2 破损的右下颌支一件, 颊齿 61 枚(5 P4, 21 M1/2, 15 p4, 18 m1/2, 2 m3), V 19612.1-62。化德县哈尔鄂博 2 (Harr Obo 2 地点): 一枚 M1/2, V 19613。

测量 见表 25。

表 25　内蒙古中部地区甘肃小齿鼠颊齿测量

Table 25　Measurements of cheek teeth of *Leptodontomys gansus* from central Nei Mongol (mm)

Tooth	Length			Width		
	N	Mean	Range	N	Mean	Range
嘎顺音阿得格 Gashunyinadege						
M1/2	1	–	0.80	1	–	0.90
m1/2	1	–	0.80	1	–	0.80
346 地点 Loc. 346						
M3	1	–	0.60	1	–	0.80
p4	1	–	0.70	1	–	0.70
巴伦哈拉根 Balunhalagen						
DP4	1	–	0.70	1	–	0.70
P4	4	0.72	0.70-0.75	4	0.77	0.75-0.80
M1/2	11	0.75	0.70-0.80	11	0.85	0.81-0.90
p4	3	0.76	0.74-0.78	3	0.67	0.65-0.70
m1/2	14	0.80	0.75-0.85	14	0.79	0.72-0.85
m3	2	0.75	0.70-0.80	2	0.76	0.72-0.80
阿木乌苏 Amuwusu						
M1/2	1		0.75	1	–	0.84
沙拉 Shala						
P4	2	0.78	0.75-0.80	2	0.76	0.75-0.77
M1/2	3	0.84	0.75-0.80	2	0.84	0.83-0.85
M3	1	–	0.55	1	–	0.75
p4	2	0.73	0.70-0.75	2	0.68	0.66-0.70
m3	1	–	0.70	1	–	0.80
灰腾河 Huitenghe						
M1/2	4	0.72	0.70-0.76	4	0.84	0.80-0.85
M3	1	–	0.62	1	–	0.80
m1/2	4	0.80	0.78-0.80	4	0.79	0.75-0.80
m3	1	–	0.75	1	–	0.75
必鲁图 Bilutu						
P4	1	–	0.70	1	–	0.80
M1/2	6	0.76	0.70-0.82	6	0.85	0.80-0.90

Tooth	Length			Width		
	N	Mean	Range	N	Mean	Range
M3	1	–	0.65	1	–	0.76
p4	1	–	0.76	1	–	0.60
m1/2	4	0.87	0.80–0.95	4	0.83	0.77–0.87
m3	1	–	0.70	1	–	0.75
二登图 2 Ertemte 2						
P4	5	0.70	0.65–0.80	5	0.77	0.75–0.84
M1/2	19	0.71	0.65–0.75	20	0.81	0.75–0.90
p4	16	0.67	0.61–0.75	16	0.66	0.60–0.73
m1/2	20	0.74	0.70–0.80	19	0.77	0.70–0.85
m3	2	0.65	0.65–0.65	2	0.65	0.60–0.70
哈尔鄂博 2 Harr Obo 2						
M1/2	1	–	0.70	1	–	0.75

特征（增订） 个体较小种。颊齿齿尖发育弱；上臼齿前边脊的舌侧支和下臼齿下前边脊的颊侧支显著，中脊和下中脊短而粗；m1 和 m2 下次脊向后与下次尖的后臂或后边脊连接，下后边脊与下次脊或下次尖后臂的相连处近直角形；m3 的下次脊很退化。

描述 颊齿齿尖发育弱，但比齿脊显著；主尖锐利，大体对位排列。上颊齿三齿根，分别支持内侧主尖、前尖和后尖；p4 双根，前后排列；m1 和 m2 三根，分别支持下原尖、下后尖和后侧主尖。

P4 圆方形，前缘与后缘近等宽，舌缘比颊缘稍短。没有明显的中尖和中附尖。在 11 枚牙齿中，7 枚的前壁具残留的前边脊痕迹；原脊完整，与原尖前臂连接，横向或稍呈前凸的弧形；后脊略前倾与内脊相连；中脊不明显，多数几乎缺失；后边脊完整，从次尖伸至后尖颊侧后基部。内脊弯曲，完整，位于牙齿中轴线舌侧。内谷宽、深，略后外向延伸；IIs 与 IVs 的长度接近，向内延伸超过齿宽之半。DP4 圆梯形，比 P4 略小，齿尖和齿脊也较为低弱。与 P4 的不同还在于牙齿的前外角明显地向前凸出，有短弱、但轮廓分明的前边脊，原脊向前弯曲，未见任何中脊的痕迹。

M1/2 四角浑圆。一般具很弱的中尖，个别有极小的中附尖。前边脊显著，横向，中部与原脊相连，舌侧支从中部迅速下降至原尖前基部；原脊和后脊稍前倾，相互平行，舌端分别与原尖前臂和内脊连接；几乎所有标本都有短粗、指向前尖的中脊；后边脊显著，从次尖顶部伸至后尖颊后侧基部，并接近封闭 IVs；内脊连续，甚为弯曲，位于中轴线的舌侧。内谷宽阔，横向，近对称；IIs 与 IVs 的长度接近，向内延伸超过牙齿宽度之半。

M3 半圆形，前部构造与 M1/2 的相似，但次尖很小，后尖极退化。中脊相对长；有短小的后脊；内谷尚清楚。

p4 梯形，前窄后宽。下原尖和下后尖紧靠；通常有很弱的下中尖；约三分之一的牙齿可以辨别下前边尖的残留痕迹。下后脊短而低，甚至在个别标本中不发育；约半数牙齿具有很短的下中脊，其中只有两枚的达半长；下次脊略向后弯曲、完整，但中部较低；下后边脊尖状附于下次脊中后方；下外脊很弱，甚至不完整，从下次尖或伸达下原尖舌后侧(多数)，或伸向下后尖(少数)。下外谷宽阔，向内延伸达齿宽之半，稍前指或近对称。

m1/2 圆方形，四角浑圆。具有低弱的下中尖。前边脊显著，横向伸达下原尖和下后尖前基部，中部与下后脊相连，颊侧支比舌侧支稍低；下后脊横向或稍向前与下原尖连接，中部低；下中脊短粗，略指向下内尖；下次脊略后倾，与下次尖后臂或下次尖和下后边脊的结合处连接；下后边脊没有明显的颊侧支，多以直角形于牙齿中轴线附近与下次脊或下次尖的后臂相连，舌侧伸达下内尖后基部；下外脊完整，弯曲，但低而弱，位于牙齿中轴线颊侧。下外谷中度大小，横向或略指向前内；在下内谷中，IIIsd 的长度最

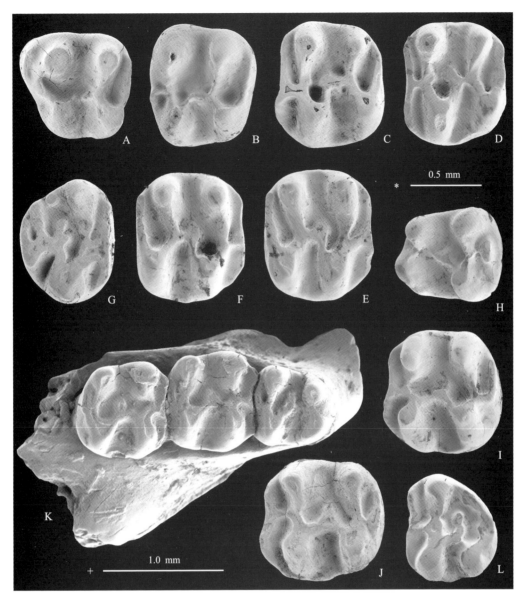

图 72　内蒙古中部地区甘肃小齿鼠颊齿

Fig. 72　Cheek teeth of *Leptodontomys gansus* from central Nei Mongol

A. r DP4 (反转 reversed, V 19608.1), B. l P4 (V 19611.1), C. l M1/2 (V 19608.2), D. l M1/2 (V 19612.2), E. r M1/2 (V 19612.3), F. r M1/2 (V 19612.4), G. r M3 (V 19609.1), H. l p4 (V 19612.5), I. l m1/2 (V 19612.6), J. l m1/2 (V 19609.2), K. 附有 p4-m2 的右下颌骨碎块 (right fragment of mandible with p4-m2) (V 19612.1), L. l m3 (V 19612.7); 冠面视 (occlusal view); 比例尺 (scale). *-A–J, L, +-K

大，外伸超过齿宽之半。脱落的牙齿难以作出 m1 或 m2 的鉴定，或许 m1 的外形稍为狭长些。

　　m3 次三角形，前部构造与 m1/2 的相似，但后部收缩，下后尖融入从下次尖伸向下后尖的弧形脊。所有标本都有下中脊，但下次脊从短到完全退化。下外脊和下外谷尚清楚。

　　比较与讨论　上述标本具有明显的同一性。虽然不同地点的牙齿尺寸有些差异，特别是层位较低地点(如嘎顺音阿得格和巴伦哈拉根)的明显较大，而层位较高地点(如二登图和哈尔鄂博)的较小，但综观各地点标本，可以发现其个体差异完全在合理的变异范围之内(图73)。在形态上，同样无法将其截然分开，故这里将上述材料视为相同的一种。这些牙齿具有 *Leptodontomys* Shotwell, 1956 属或 *Eomyops* Engesser, 1979 属的特征，而且大小和形态与 *L. gansus* Zheng et Li, 1982 的相当一致，即：牙齿的个体很小，丘型齿，主尖发育较弱，中脊短粗，纵脊完整，上臼齿具前边脊舌侧支和内伸超过牙齿中线的 IIs 与

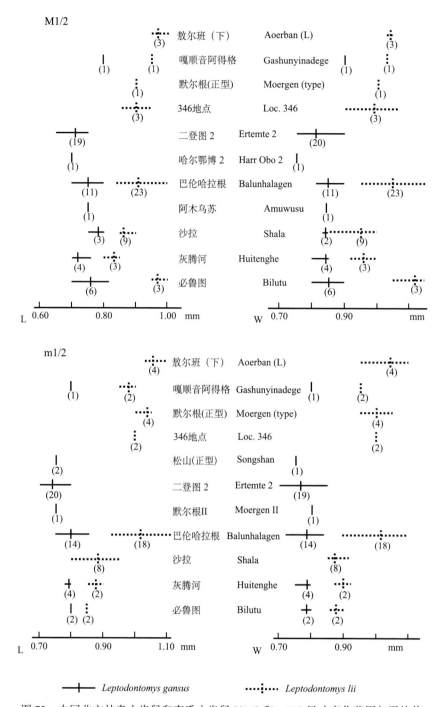

图 73　中国北方甘肃小齿鼠和李氏小齿鼠 M1/2 和 m1/2 尺寸变化范围与平均值

Fig. 73　Size ranges and averages of length and width in M1/2 and m1/2 of *Leptodontomys gansus* and *L. lii* from northern China

IVs，下臼齿的下次脊向后与下次尖后臂或下后边脊连接、下后边脊与下次脊的联结处呈直角形，m3 下次脊很退化。

　　Leptodontomys gansus 最先发现于甘肃天祝松山，材料只有一带 p4-m3 的破损下颌支（郑绍华、李毅，1982）。其后，Fahlbusch 等（1983）将内蒙古化德二登图和哈尔鄂博所发现的始鼠化石都归入该种。二登图标本中的下颌支和颊齿与正模的尺寸和形态相似，故将其归入 *L. gansus* 种。

　　在我国的晚中新世地层中，目前共发现了三种小齿鼠化石，其个体和形态都有较明显的区别，易于区分。图 73 为北方两种小齿鼠 *Leptodontomys gansus* 和 *L. lii* 第一和第二臼齿的个体变异范围。*L. gansus*

以个体较小，主尖相对发育弱而不同于 *L. lii*；以个体稍大，上臼齿前边脊舌侧支较发育，下臼齿下次脊较显著并向后与下次尖后臂或下后边脊连接而异于云南禄丰发现的 *L. pusillus*（其下次脊很弱，且指向下次尖）（邱铸鼎，1996b；Qiu，2006）。

该种的个体似乎比 *Leptodontomys/Eomyops catalaunicus* 还小些，上臼齿前边脊颊侧支也较发育，上、下中脊稍短，m3 略退化；其 m1/2 相对比 *L./E. bodvanus* 的短宽，下后边脊较发育，下中脊略短；它与 *L./E. oppligeri* 的最大不同在于其上、下中脊的末端不分枝；与 *L./E. hebeiseni* 的差异是个体小得多，齿尖也弱，内谷和外谷相对宽阔，上臼齿外谷内伸长度大，下臼齿的 IVsd 发育弱、下后边脊通常成直角与下次脊连接（Hartenberger，1966a；Jánossy，1972；Engesser，1990；Kälin，1997）。

李氏小齿鼠 *Leptodontomys lii* Qiu，1996

（图 73、74；表 26）

Pentabuneomys sp.（Lower Aoerban, Gashunyinadege, Shala, and Bilutu）, *Leptodontomys* sp.（Amuwusu, Huitenghe, and Bilutu）, *Leptodontomys* cf. *L. lii*（Balunhalagen, part）: Qiu Z D et al., 2013, p. 177, appendix

归入标本　苏尼特左旗敖尔班（下）：IM 0407 地点，一破碎右下颌支，具 m2，颊齿 13 枚（2 DP4，1 P4，2 M1/2，2 M3，3 m1/2，3 m3），V 19614.1-14；IM 0507，一破损的 M1/2，V 19615。苏尼特左旗嘎顺音阿得格：IM 9605 地点，一破损的左下颌支，具 p4-m2，一 M3 和一 m3，V 19616.1-3；IM 0401，颊齿 5 枚（1 P4，1 M1/2，3 M3），V 19617.1-5。苏尼特右旗呼-锡公路原里程碑 346 km 附近上红层（346 地点）：颊齿 7 枚（1 DP4，1 P4，3 M1/2，2 m1/2），V 19618.1-7。苏尼特右旗阿木乌苏地点：一枚 m1/2，V 19619。苏尼特左旗巴伦哈拉根（IM 0801 地点）：颊齿 61 枚（6 DP4，5 P4，22 M1/2，1 M3，9 dp4/p4，18 m1/2），V 19620.1-61。阿巴嘎旗灰腾河（IM 0003 地点）：颊齿 8 枚（3 M1/2，2 p4，2 m1/2，1 m3），V 19621.1-8。苏尼特右旗沙拉（IM 9610 地点）：颊齿 26 枚（3 P4，9 M1/2，5 p4，8 m1/2，1 m3），V 19622.1-26。苏尼特左旗必鲁图（IM 0510 地点）：颊齿 10 枚（4 P4，3 M1/2，2 M3，1 m3），V 19623.1-10。

测量　见表 26。

表 26　内蒙古中部地区李氏小齿鼠颊齿测量

Table 26　Measurements of cheek teeth of *Leptodontomys lii* from central Nei Mongol（mm）

Tooth	Length			Width		
	N	Mean	Range	N	Mean	Range
敖尔班（下）Aoerban（L）						
DP4	2	0.83	0.80-0.85	2	0.80	0.75-0.85
P4	1	–	0.90	1	–	0.95
M1/2	3	0.97	0.95-1.00	3	1.04	1.03-1.05
M3	2	0.75	0.70-0.80	2	0.93	0.90-0.95
m1/2	4	1.06	1.03-1.10	4	1.04	0.95-1.10
m3	3	0.97	0.95-1.00	3	1.00	0.95-1.05
嘎顺音阿得格 Gashunyinadege						
P4	1	–	0.80	1	–	0.86
M1/2	1	–	0.95	1	–	1.03
M3	4	0.76	0.70-0.80	4	0.93	0.85-0.98
p4	1	–	0.85	1	–	0.80
m1/2	2	0.98	0.95-1.00	2	0.95	0.95-0.95
m3	1	–	1.02	1	–	1.00
346 地点 Loc. 346						
DP4	1	–	0.86	1	–	0.85

Tooth	Length			Width		
	N	Mean	Range	N	Mean	Range
M1/2	3	0.90	0.86-0.94	3	0.99	0.90-1.07
m1/2	2	1.00	1.00-1.00	2	1.00	1.00-1.00
巴伦哈拉根 Balunhalagen						
DP4	6	0.87	0.84-0.90	6	0.86	0.80-0.88
P4	5	0.84	0.80-0.85	5	0.93	0.88-0.95
M1/2	22	0.93	0.84-1.00	22	1.05	0.95-1.15
M3	1	–	0.75	1	–	0.93
dp4/p4	9	0.80	0.75-0.86	9	0.74	0.70-0.80
m1/2	18	1.02	0.92-1.12	18	1.02	0.90-1.10
阿木乌苏 Amuwusu						
m1/2	1	–	1.05	1	–	1.00
沙拉 Shala						
P4	3	0.87	0.80-0.90	3	0.87	0.85-0.90
M1/2	9	0.86	0.85-0.90	9	0.95	0.85-1.00
p4	5	0.87	0.85-0.90	5	0.78	0.75-0.85
m1/2	8	0.88	0.80-0.95	8	0.87	0.85-0.92
m3	1	–	0.95	1	–	0.95
灰腾河 Huitenghe						
M1/2	3	0.83	0.80-0.85	3	0.96	0.92-1.00
p4	2	0.88	0.85-0.90	2	0.88	0.80-0.95
m1/2	2	0.88	0.85-0.90	2	0.90	0.87-0.92
m3	1	–	0.90	1	–	0.88
必鲁图 Bilutu						
P4	4	0.92	0.87-0.97	4	1.00	0.90-1.05
M1/2	3	0.97	0.95-1.00	3	1.12	1.05-1.15
M3	2	0.73	0.70-0.75	2	0.95	0.95-0.95
m3	1	–	0.70	1	–	0.75

特征（修订） 个体较大的一种。颊齿齿冠较高，齿尖醒目；上臼齿前边脊的舌侧支和下臼齿下前边脊的颊侧支显著，中脊和下中脊短—中长；下臼齿的下次脊向后与下次尖后臂或下后边脊连接，下后边脊通常以直角与下次脊或下次尖的后臂相连；m3 下次脊较退化。

描述 颊齿齿尖比齿脊醒目，主尖锐利；上颊齿舌侧主尖比颊侧的位置略靠后，下臼齿的舌、颊侧主尖则大体对位排列。上颊齿三齿根，分别支持内侧主尖、前尖和后尖；p4 双根，前后排列；m1 和 m2 三根，分别支持下原尖、下后尖和后侧主尖。

DP4 梯形，舌缘比颊缘稍短；中附尖不明显，5 枚牙齿中仅 1 枚具有小的中尖，4 枚的前边脊清楚；原脊短，前内向伸至原尖前臂与前边脊的连接处；后脊稍长，与原脊平行，连接内脊；中脊很短，在 3 枚牙齿中几乎缺失；后边脊发育，从次尖伸至后尖颊后基部。内脊弯曲，完整，位于牙齿中轴线舌侧。内谷横向；IIs 与 IVs 的长度接近，向内延伸超过齿宽之半。P4 与 DP4 相似，但尺寸较大，齿尖、脊较强壮，前边脊不清楚，中尖稍发育，齿根不岔开。

M1/2 四角浑圆。通常具有小的中尖。前边脊显著，横贯前齿缘，中部与原脊相连，舌侧支甚为陡峭；原脊和后脊稍前倾，相互平行，舌侧分别与原尖前臂和内脊连接；几乎所有标本都有短粗、指向前尖的中脊；后边脊显著，从次尖顶部伸至后尖颊后侧基部，一般在低处接近封闭 IVs；内脊连续，甚为弯曲，位于中轴线的舌侧。内谷横向，窄而深，但一般外伸未达齿宽之半；IIs 与 IVs 的长度大，向内延伸通常超过牙齿宽度之半。

M3 半圆形，前部构造与 M1/2 的相似，后部退化；多数有尚清晰的中脊；原脊与原尖前臂或前部连接；后脊短，但在 8 枚牙齿中 1 枚的完全缺失；内谷很浅。

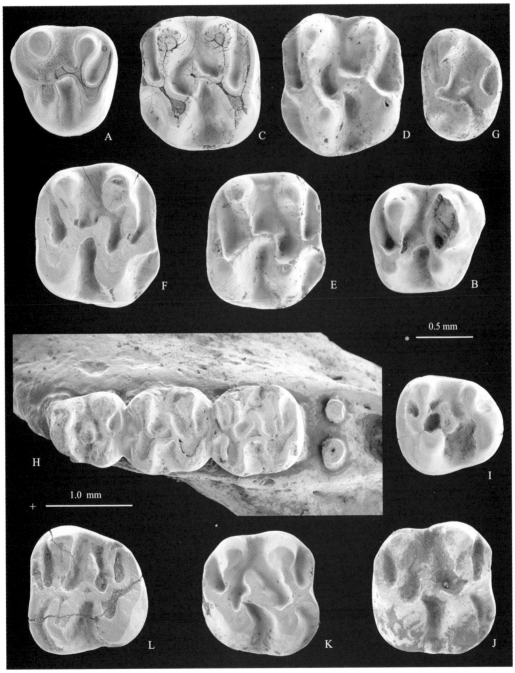

图 74　内蒙古中部地区李氏小齿鼠颊齿

Fig. 74　Cheek teeth of *Leptodontomys lii* from central Nei Mongol

A. l DP4（V 19618.1），B. r P4（V 19622.1），C. l M1/2（V 19618.2），D. l M1/2（V 19620.1），E. r M1/2（V 19620.2），F. r M1/2（V 19623.1），G. l M3（V 19614.1），H. 附有 p4-m2 的破损左下颌骨（left fragment of mandible with p4-m2）（V 19616.1），I. r p4（V 19622.2），J. r m1/2（V 19614.2），K. r m1/2（V 19618.3），L. l m3（V 19616.2）；冠面视（occlusal view）；比例尺（scale）. *-A–G, I–L, +-H p4 梯形，前窄后宽。下原尖和下后尖紧靠；下中尖小，发育弱；个别牙齿具有残留的下前边尖痕迹。下后脊短、弱，且低；少数牙齿有短的下中脊，但一枚的伸达齿缘；下次脊发育，但中部很低，略向后与下次尖后臂相连；下后边脊完整或呈齿尖状附于下次脊中后方；下外脊相对弱，前部甚至断开，从下次尖或伸达下原尖，或伸向下后尖。下外谷宽阔，向内延伸一般未达齿宽之半，稍前指或近对称。

m1/2 圆方形，四角浑圆。通常具有小的下中尖。前边脊显著，横向伸达下原尖和下后尖前基部，中部与下后脊相连，颊侧支比舌侧支稍低；下后脊或稍前向与下原尖前臂连接（可能多为 m1），或横向与下原尖相连（可能多为 m2）；下次脊略后倾，与下次尖后臂或后部连接；下中脊见于所有标本，短到中长，个别接近舌缘，部分略指向下内尖；下后边脊没有明显的颊侧支，多以直角形于牙齿中轴线附近与下次脊或下次尖的后臂相连，舌侧伸达下内尖后基部；下外脊发育完整，但后部较低，弯曲，位于牙齿中轴线的颊侧。下外谷中等大小，横向；下内谷中，IIIsd 的长度通常较大，外伸超过齿宽之半。

m3 次三角形，前部构造与 m1/2 的相似，但后部收缩，下后尖几乎或完全融入从下次尖伸向下后尖的弧形脊。所有牙齿都有较长的下中脊；多数具清楚或短的下次脊，但在两枚牙齿中完全退化。下外脊和下外谷清晰。

比较与讨论 以上地点牙齿，形态上与 Leptodontomys gansus 的没有明显的不同，只是齿冠较高、齿尖相对显著、中脊略明显，尺寸明显较大（图 73）。这一始鼠的个体和形态与默尔根 II 地点发现的 L. lii 一致，代表发现于内蒙古中部地区个体较大的一种小齿鼠。它同样以较大的牙齿尺寸，较发育的前边脊舌侧支，较显著的下次脊，以及下次脊向后与下次尖后臂或下后边脊连接而异于 L. pusillus（Qiu, 2006）。

李氏小齿鼠的个体与欧洲 Leptodontomys/Eomyops catalaunicus 较为接近，比 L./E. hebeiseni 小得多，比 L./E. bodvanus 和 L./E. oppligeri 都大些。形态上不同于 L./E. catalaunicus 主要是下后边脊与下次脊连接处成直角形；与 L./E. bodvanus 的不同在于 M1/2 的中脊较显著，m1/2 的下后边脊较发育，下中脊较短；与 L./E. oppligeri 的最大差别是上、下中脊的末端不分叉；与 L./E. hebeiseni 的差异是第三臼齿较退化，下臼齿的 IVsd 较发育、下后边脊与下次脊连接通常成直角形（Hartenberger, 1966a；Jánossy, 1972；Engesser, 1990；Kälin, 1997）。

北美的小齿鼠化石不多，从有关的资料看，Leptodontomys lii 的个体比 L. oregonensis 的大，接近 L. quartzi 者，但其 m1/2 的 IVsd 比后者的发育（Shotwell, 1956, 1967）。

Leptodontomys lii 最早出现于早中新世的敖尔班组下部，最晚记录于灰腾河或必鲁图的上中新统。该种出现的时间比 L. gansus 稍早，在地史上的消失也早些。两种形态相似，识别主要靠牙齿尺寸。M1/2 和 m1/2 在各地点的个体变异表明，L. lii 牙齿尺寸的变化情况与 L. gansus 的很相似，即层位较低地点（如敖尔班和嘎顺音阿得格）的个体较大，层位渐高（如沙拉和灰腾河）个体渐小（图 73）。这种相似性，或许说明小齿鼠属具有牙齿个体从大到小的演化趋势。不过需要注意的是，目前还难以观察到不同地点相同种牙齿在形态上的明显不同，尺寸上的差异也十分细微，似乎都完全落入正常的变异范围。然而，图 73 确实显示了 L. lii 牙齿在层位较高地点（沙拉、灰腾河和必鲁图）的尺寸与相同地点 L. gansus 的比较接近。因此，归入这些地点的 L. lii 和 L. gansus，其牙齿尺寸的接近是各自在演化结果上的巧合，还是属于一个种是有待今后解决的问题。目前区别这两种主要依靠牙齿大小，而非形态特征，这样的证据显然不很全面。

小齿鼠化石分布于欧亚大陆和北美，目前已发现将近 10 种，无论称其为 Leptodontomys 还是 Eomyops，其牙齿构造都十分相似。但这些种的材料都不多，种间的形态差异微妙，种内的变异通常不是很清楚，需要作进一步的发现与研究。云南的 L. pusillus，其弱的下次脊指向下次尖或与下次尖连接，在现有的 Leptodontomys 或 Eomyops 中都显得十分独特，是应该将其从这一属中剔除另建一属，还是予以肯定？以及欧洲的 L./E. hebeiseni 个体很大，形态上与 Pentabuneomys 属有一定的相似性，应该将其移到该属还是保留在 Leptodontomys/Eomyops 属中？无疑这些问题都有待澄清。

五尖始鼠属 *Pentabuneomys* Engesser, 1990

模式种 *Eomys? rhodanicus* Hugueney et Mein, 1968 = *Pentabuneomys rhodanicus*（Hugueney et Mein,

1968)：法国 Vieux Collonges，早中新世（MN 4）。

归入种 *Pentabuneomys fejfari* sp. nov.：内蒙古，早中新世—晚中新世（谢家期—灞河期）。

特征 个体中等大小的丘型齿始鼠。齿冠轮廓和齿尖趋于浑圆；上颊齿具中尖，下颊齿多有下中尖；M1 和 M2 的前边脊舌侧支清晰；上颊齿的内谷和下颊齿的外谷通常近对称；若具有上、下中脊，通常都短；p4-m2 的 IVsd 很发育，m2 的比 m1 的短（依 Engesser，1990）。

菲氏五尖始鼠（新种） *Pentabuneomys fejfari* sp. nov.

（图 75；表 27）

Pentabuneomys sp. (Lower and Upper Aoerban, Gashunyinadege)：Qiu Z D et al., 2013, p. 177, appendix, partim

名称由来 献给对小哺乳动物化石研究做出重大贡献的捷克同行 O. Fejfar 博士。

正模 左 M1/2 （V 19624）。

副模 颊齿 38 枚（1 DP4，8 P4，14 M1/2，1 M3，6 p4，7 m1/2，1 m3），V 19625.1-38。

模式产地与层位 苏尼特左旗巴伦哈拉根（IM 0801 地点）；上中新统下部，巴伦哈拉根层（灞河期）。

归入标本 苏尼特左旗敖尔班（下）（IM 0507 地点）：M3 一枚，V 19626。苏尼特左旗嘎顺音阿得格（IM 0406 地点）：M3 和 m1/2 各一枚，V 19627.1-2。苏尼特左旗敖尔班（上）（IM 0772 地点）：破损的 M1/2 一枚，V 19628。苏尼特右旗阿木乌苏地点：P4 和 m1/2 各一枚，V 19629.1-2。

测量 见表 27。

表 27　内蒙古菲氏五尖始鼠颊齿测量

Table 27　Measurements of cheek teeth of *Pentabuneomys fejfari* from Nei Mongol（mm）

Tooth	Length			Width		
	N	Mean	Range	N	Mean	Range
敖尔班（下）Aoerban（L）						
M3	1	–	0.85	1	–	1.04
嘎顺音阿得格 Gashunyinadege						
M3	1	–	0.80	1	–	1.00
m1/2	1	–	1.20	1	–	1.15
敖尔班（上）Aoerban（U）						
M1/2	1	–	1.05	1	–	1.15
巴伦哈拉根 Balunhalagen						
DP4	1	–	1.05	1	–	1.10
P4	8	1.04	1.00-1.12	8	1.11	1.10-1.15
M1/2	15	0.99	0.92-1.12	15	1.06	0.98-1.15
M3	1	–	0.78	1	–	1.02
p4	6	0.98	0.90-1.05	6	0.89	0.85-0.97
m1/2	7	1.11	1.00-1.20	7	1.13	0.96-1.25
m3	1	–	0.95	1	–	1.00
阿木乌苏 Amuwusu						
P4	1	–	1.12	1	–	1.20
m1/2	1	–	1.10	1	–	1.15

特征 个体与 *Pentabuneomys rhodanicus* 接近，但上臼齿的中尖和下臼齿的下中尖发育弱，上中脊和下中脊相对较长，M3 的后脊和 m3 的下次脊较退化。

描述 颊齿的齿尖比齿脊醒目；上颊齿舌侧主尖位置比颊侧的略靠后，下臼齿舌、颊侧主尖大体对位排列；上颊齿颊侧主尖和下颊齿舌侧主尖呈圆锥形。上颊齿三根，分别支持舌、唇侧主尖；p4 双根，前后排列；m1 和 m2 三根，分别支持下原尖、下后尖和后侧主尖。

DP4 梯形，舌缘比颊缘稍短。中尖低而小；没有中附尖，但前尖和后尖之间有明显的齿带。具有前边脊及其舌侧支的痕迹；原脊短弱，前内向伸至原尖前臂与前边脊的连接处；后脊比原脊稍长，与内脊连接；中脊几乎缺失；后边脊发育，从次尖伸至后尖颊后基部。内脊弯曲、完整，位于牙齿中线的舌侧。内谷宽阔，横向；IIs 与 IVs 的长度接近，内伸超过齿宽之半。P4 与 DP4 相似，但中尖较发育，中脊稍显著，8 枚牙齿中 3 枚有前边脊的残留痕迹。

M1/2 四角浑圆。中尖显著。前边脊明显，横置前齿缘，中部偏舌侧有短并与原脊相连的纵向脊，颊侧支平缓，舌侧支甚陡峭；原脊稍前倾（多数）或横向（少数）与原尖前臂构成略前凸的弧形脊；后脊与原脊平行，连接内脊或次尖前臂；几乎所有标本都有短粗并指向前尖的中脊；后边脊显著，颊侧紧靠后尖基部或与其相连；内脊连续，弯曲，位于中轴线偏舌侧。内谷中宽，横向，近对称，外伸未达齿宽之半；IIs 与 IVs 的长度大，向内延伸超过牙齿宽度之半。

M3 半圆形，后部退化；中脊在两枚牙齿中长度中等；原脊与原尖前臂连接；后脊在一件标本中很短，另一标本中则缺；内脊在两枚牙齿中都断开；内谷很浅。

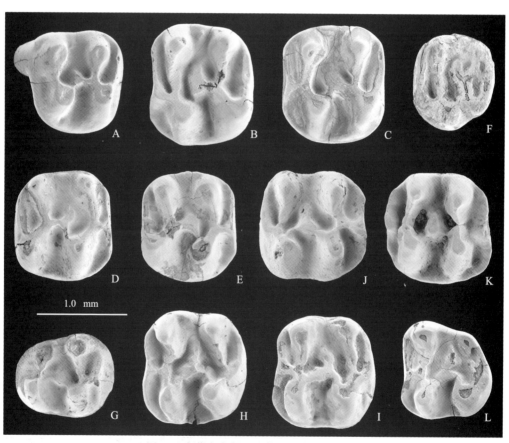

图 75 内蒙古中部地区菲氏五尖始鼠颊齿
Fig. 75 Cheek teeth of *Pentabuneomys fejfari* from central Nei Mongol
A. l P4（V 19625.1），B. l M1/2（正模 holotype，V 19624），C. l M1/2（V 19625.2），D. r M1/2（V 19625.3），E. r M1/2（V 19625.4），F. l M3（V 19626），G. r p4（反转 reversed，V 19625.5），H. l m1/2（V 19625.6），I. l m1/2（V 19629.1），J. r m1/2（V 19625.7），K. r m1/2（V 19625.8），L. l m3（V 19625.9）；冠面视（occlusal view）

p4 梯形，前窄后宽。下原尖与下后尖靠近；下中尖显著；下中附尖低脊状；无下前边尖痕迹。下后脊短，低而弱；下中脊长度中等；下次脊发育，向后与下次尖后臂和后边脊的联合处相连；下后边脊完整，于牙齿中轴线偏颊侧成钝角形与下次脊连接；下外脊完整，但低，呈弧形从下次尖前臂伸向下原尖。下外谷宽阔，近对称，内伸未达齿宽之半。

m1/2 方—长方形，四角浑圆。下中尖不很明显。前边脊显著，横向伸达下原尖和下后尖前基部，中部与下后脊相连，颊侧支比舌侧支稍低；下后脊稍向前与下原尖前臂连接，或横向与下原尖相连；下次脊略后倾，与下次尖后臂连接；下中脊粗壮，短到中长；下后边脊呈弧形或钝角形与下次尖后臂相连，舌侧伸达下内尖后基部，无颊侧支；下外脊完整，略向后弯曲，位于牙齿中轴线偏颊侧。下外谷中等大小，稍指向后内侧，内伸未达齿宽之半；下内谷中 IIIsd 的长度较大，外伸超过齿宽之半，IVsd 外伸通常达到齿宽之半。

m3 次三角形，前部构造与 m1/2 的相似，后部收缩。下次尖尚显著；下内尖未完全融入后边脊，与下后尖间具有明显的齿缺。下中尖明显，下中脊长；下次脊断开。下外脊完整，甚为弯曲；下外谷指向牙齿的舌后方。

比较与讨论 上述丘型齿始鼠标本的构造模式与 Leptodontomys 属的相似，但牙齿的尺寸大，齿冠高，齿尖和齿脊也较强壮。这些牙齿的形态与 Pentabuneomys Engesser, 1990 的特征一致，即牙齿中等大小，齿冠趋于浑圆，颊齿丘型齿，齿尖圆锥形，有较明显的中间齿尖（上臼齿的中尖和下臼齿的下中尖），上臼齿内谷近对称，p4–m2 的 IVsd 很发育。

此前，Pentabuneomys 属仅有发现于欧洲的 P. rhodanicus（Engesser, 1990, 1999）。新种 P. feifari 的个体与其接近，但其中间齿尖的发育似乎稍弱，上、下中脊相对较长，M3 后脊和 m3 的下次脊较退化。

Pentabuneomys 属颊齿的基本构造与 Eomys 和 Leptodontomys/Eomyops 有不少相似之处，如都为丘型齿，上颊齿和下颊齿分别具有完整、弯曲的内脊和下外脊，上颊齿后脊稍前倾与次尖的前臂或内脊连接，下颊齿下次脊略后倾与下次尖的后臂或下后边脊相连，上臼齿不同程度地具有相对明显的前边脊舌侧支，下臼齿下前边脊中部通常有短的纵向脊与下后脊相连，第三臼齿退化不甚。这些相似性至少说明它们具有共同的起源。Pentabuneomys 和 Leptodontomys/Eomyops 属上臼齿前边脊的舌侧支都较发育，p4–m2 的 IVsd 很显著，或许进一步说明它们有较接近的亲缘关系。

值得提出的是，Pentabuneomys 与 Leptodontomys/Eomyops 属的牙齿形态如此相似，以致使一些种的归属成为难题。例如，欧洲的 Eomyops hebeiseni 与 P. rhodanicus 差异十分微妙，两者大小接近，形态相似，在我们看来，把它们当作不同的属很值得推敲。Engesser（1990）在建立 Pentabuneomys 属时，强调其个体比 Eomyops 的大、有较圆形的齿尖和较明显的中间尖，Kälin（1997）命名 E. hebeiseni 时，认为该种与 Pentabuneomys 属的主要差别在于其具有上、下中脊。实际上，P. rhodanicus 的牙齿尺寸比 E. hebeiseni 的略小，在前者的一些臼齿中也可以看到短的中脊。至于齿尖的圆度和中间尖的发育程度，缺乏一个度量标准，对其认定会因不同的研究者而异。若加入内蒙古标本一起考虑，自然会缩小这两个种在个体和形态上的差距。新种牙齿的尺寸、齿尖的圆度和中间尖的发育程度似乎介于 P. rhodanicus 和 E. hebeiseni 之间，上、下中脊甚至比 E. hebeiseni 的还长。因此，Pentabuneomys 属是 Leptodontomys/Eomyops 属的晚出异名，还是应该把 E. hebeiseni 种归入 Pentabuneomys 属是有待解决的问题。

河狸科 Castoridae Hemprich, 1820

河狸是一类中到大型的啮齿动物，营陆上穴居或半水栖生活；最早出现于北美始新世晚期，渐新世以后即遍布全北区，并一直延续至今。河狸类的头骨扁平，颧弓发达，听泡小，齿式为：1·0·1（2）·3/1·0·1·3；门齿粗壮，唇侧具扁平或稍圆凸的釉质层；颊齿在早期的种类中齿冠较低，后期齿冠明显增高，咀嚼面通常平坦。

迄今，发现的河狸化石已有 20 多个属，但现生仅有分布于全北区的 1 属 2 种。其较高阶元的分类在学者中尚未取得一致意见，Stirton（1935）最早根据门齿的形态分为半扁平门齿型（semi-flattened incisors）和凸形门齿型（convex incisors）两大类，后来的一些研究者将其分为一个或两个科，以及若干个亚科（Simpson, 1945; Xu, 1995; McKenna et Bell, 1997; Hugueney, 1999b; Korth, 2001; Rybczynski, 2007; Flynn et Jacobs, 2008b）。本书主要参考 Flynn 和 Jacobs（2008b）的分类方案，即将河狸类指定为超科（Castoridea），下属 Eutypomidae 和 Castoridae 两科，其中的 Castoridae 除基干河狸类群（basal castorids）外，包括 Palaeocastorinae、Castorinae 和 Castoroidinae 三个亚科（Flynn et Jacobs, 2008b）。

内蒙古中部地区新近纪后期地层中，河狸类的化石尚属常见，但不甚丰富，多为零散颊齿，计有6属8种，均属Castoridae科。其中通古尔台地、二登图和比例克等地点的部分材料已有过较为详细的描述(Schlosser, 1924; Li, 1963; 邱铸鼎, 1996b; Qiu et Storch, 2000)。本书描述后来在多个地点发现、未描述过的化石，共计5属7种。

河狸科颊齿的构造形态多样。Stirton (1935)以 *Eucastor* 和 *Castor* 两属为例，将颊侧分为简单齿型和复杂齿型; Hugueney (1999b)以 *Steneofiber*、*Castor* 和 *Dipoides* 三属为例，意在表示河狸类颊齿形态由复杂到简化的三种类型。本书对河狸科颊齿的描述，综合了他们拟订的构造术语，其中 stria (striid)、flexus (flexid)和 fossette (fossettid)，本书分别译为沟(下沟)、褶(下褶)和坑(下坑)。图76为河狸科颊齿构造模式图。

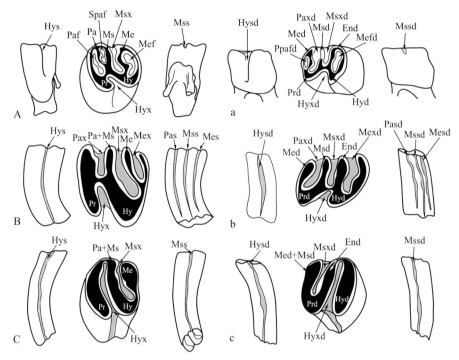

图 76　河狸科颊齿构造模式图

Fig. 76　Nomenclature used for cheek teeth of Castoridae

A. *Steneofiber*; B. *Castor*; C. *Dipoides*. 左上颊齿 (left upper cheek teeth) (A, B, C);

右下颊齿 (right lower cheek teeth) (a, b, c)

End, 下内尖 (entoconid); Hys, 次沟 (hypostria); Hysd, 下次沟 (hypostriid); Hy, 次尖 (hypocone); Hyd, 下次尖 (hypostylid); Hyx, 次褶 (hypoflexus); Hyxd, 下次褶 (hypoflexid); Me, 中尖 (mesocone); Med, 下后尖 (metaconid); Mef, 后坑 (metafossette); Mefd, 下后坑 (metafossettid); Mes, 后沟 (metastria); Mesd, 下后沟 (metastriid); Mex, 后褶 (metaflexus); Mexd, 下后褶 (metaflexid); Ms, 中附尖 (mesostyle); Msd, 下中附尖 (mesostylid); Mss, 中沟 (mesostria); Mssd, 下中沟 (mesostriid); Msx, 中褶 (mesoflexus); Msxd, 下中褶 (mesoflexid); Pa, 前尖 (paracone); Paf, 前坑 (parafossette); Pas, 前沟 (parastria); Pasd, 下前沟 (parastriid); Pax, 前褶 (paraflexus); Paxd, 下前褶 (paraflexid); Ppafd, 下原前坑 (propapafossettid); Pr, 原尖 (protocone); Prd, 下原尖 (protoconid); Spaf, 次前坑 (subparafossette) 修改自 Stirton (1935)、Hugueney (1999b) [modified from Stirton (1935) and Hugueney (1999b)]

基干河狸类 Basal castorids

豪狸属 *Hystricops* Leidy, 1858

模式种　*Hystricops venustus* Leidy, 1858: 美国 Niobrara 河，中中新世。

归入种　*Hystricops browni* Shotwell, 1963: 美国俄勒冈，晚中新世。*H. mengensis* sp. nov.: 内蒙古，中中新世—晚中新世早期(通古尔期—灞河期)。

特征(增订)　大个体河狸，颊齿尺寸介于 *Anchitheriomys* 属和 *Castor* 属者之间。门齿釉质层近扁平，表面光滑无纵沟；颊齿具齿根，褶沟有薄白垩质填充，前臼齿比臼齿明显大，第三臼齿不明显拉长。颊齿咀嚼面构造类似于 *Monosaulax* 者，次沟最长，向下延伸终止于釉质曲线之上；前沟与次沟长度近等；后沟短；下次沟长，但下中沟和下后沟短；(下)前褶和(下)后褶封闭较早，磨蚀后形成前后双环结构，(下)前坑与(下)后坑明显较 *Monosaulax* 的狭窄，下颊齿颊侧褶角更尖锐(基于 Flynn et Jacobs，2008b 的鉴定特征修订)。

评述　*Hystricops* 属的种类和材料都较稀少，仅零星发现于北美和中国的几个地点。本文描述的新材料一定程度上增加了对该属形态特征的认识。

蒙豪狸(新种) *Hystricops mengensis* sp. nov.

(图 77；表 28)

Hystricops? sp.：邱铸鼎，1996b，56 页，图 31

Castor sp.：Qiu et al.，2006，p. 164，appendix

Hystricops? sp. (Moergen)，*Castor* sp. (Amuwusu)：Qiu Z D et al.，2013，p. 177，appendix

名称由来　meng，汉语拼音"蒙"，内蒙古自治区简称，示新种模式产地——内蒙古。

正模　左 p4 (V 19630)。

副模　一段门齿和 12 枚颊齿(6 M3，5 m1/2，1 m3)，V 19631.1-13。

模式产地与层位　苏尼特右旗阿木乌苏地点；上中新统，阿木乌苏层(灞河期早期)。

归入标本　苏尼特右旗呼-锡公路原里程碑 346 km 附近上红层(346 地点)：一附有 m1-3 的下颌支残段、一段下门齿和一枚 P4，V 19632.1-3。苏尼特左旗铁木钦(IM 0517)：一件带 p4-m2 的破碎下颌支，V 19633。苏尼特左旗通古尔台地阿勒特希热(IM 0009 地点)：一枚左 p4，V 19634。

测量　见表 28。

表 28　蒙古阿木乌苏、346 地点、铁木钦和阿勒特希热蒙豪狸颊齿测量

Table 28　Measurements of cheek teeth of *Hystricops mengensis* from Amuwusu, 346 R.M. Loc.,

Tamuqin and Aletexire, Nei Mongol (mm)

Tooth	Length			Width	
	N	Mean	Range	Mean	Range
阿木乌苏 Amuwusu					
M3	5	5.66	5.30-6.0	5.62	5.0-6.30
p4	1	–	9.30	–	6.80
m1/2	3	7.10	7.0-7.30	7.90	7.60-8.30
m3	1	–	8.0	–	7.40
346 地点 Loc. 346					
P4	1	–	8.30	–	8.60
m1-3	1	–	22.50	–	
m1	1	–	7.20	–	8.30
m2	1	–	7.0	–	8.20
m3	1	–	7.0	–	6.80
铁木钦 Tamuqin					
p4	1	–	9.70	–	
m1	1	–	7.80	–	6.70
m2	1	–	8.20	–	6.60
阿勒特希热 Aletexire					
p4	1	–	9.0	–	6.50

特征　与 *Hystricops venustus* 和 *H. browni* 相比，个体较小；p4 与 m1 或 m2 的长宽比值比 *H. venustus* 的小，不超过 1.5；P4 和 M1 次褶的位置比 *H. browni* 的靠后、前沟和中沟向下延伸终止的位置更远离釉质层的底线。

描述　下颌支残破，从齿槽可见下门齿前部从 p4 的舌侧穿过，往后逐渐向后颊侧扭曲，在 m3 齿根之下穿过，终止于下颌骨颊侧。下颌支上 m3 的长度与 m1 和 m2 长度相近，但宽度明显窄。门齿的釉质层近扁平，表面光滑无沟纹，上门齿横截面呈圆三角形，7.7 mm × 8.8 mm，下门齿为 8.8 mm × 8.4 mm。

P4 保留冠高约 11 mm，冠面向基部逐渐扩大，釉质层逐渐增厚，最大截面为 9.6 mm × 11.0 mm。磨蚀程度较高，具 2 褶和 2 坑，前褶与后褶已封闭成前坑与后坑，前坑较横向，后坑则前外-后内向；中褶深入冠面，强烈后内向弯曲；次褶前外向深入冠面较浅，内角与前坑外角相对排列。中沟极浅，近乎消失，次沟较深，约为保留齿冠高度的 1/3。

M3 不向后拉长，后部收缩。具四条褶，半数（3/6）有明显的次前坑（subparafossette）；颊侧的三条褶

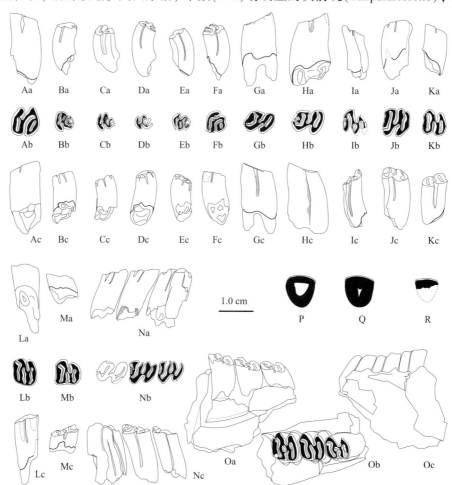

图 77　内蒙古阿木乌苏、346 地点、阿勒特希热、铁木钦地点蒙豪狸颊齿

Fig. 77　Cheek teeth of *Hystricops mengensis* from Amuwusu, Loc. 346, Aletexire and Tamuqin, Nei Mongol

Aa, Ab, Ac. l P4（V 19632.3），Ba, Bb, Bc. r M3（V 19631.2），Ca, Cb, Cc. r M3（V 19631.3），Da, Db, Dc. r M3（V 19631.4），Ea, Eb, Ec. l M3（V 19631.5）；Fa, Fb, Fc. l M3（V 19631.6），Ga, Gb, Gc. l p4（V 19634），Ha, Hb, Hc. l p4（正模 holotype, V 19630），Ia, Ib, Ic. r m1/2（V 19631.7），Ja, Jb, Jc. l m1/2（V 19631.8），Ka, Kb, Kc. r m1/2（V 19631.9），La, Lb, Lc. r m1/2（V 19631.10），Ma, Mb, Mc. r m3（V 19631.11），Na, Nb, Nc. 破损左下颌骨上的 p4-m2（left p4-m2 in a mandibular fragment）（V 19633），Oa, Ob, Oc. 附有 m1-3 的右下颌骨碎块（right mandibular fragment with m1-3）（V 19632.1），P, Q. 门齿磨蚀面和截面（wear surface and cross section of incisor）（V 19631.1），R. 门齿截面（incisor section）（V 19633）；Aa-Oa. 舌侧视（lingual view），Ab-Ob. 冠面视（occlusal view），Ac-Oc. 颊侧视（buccal view）

中，中褶持续时间最长，强烈曲折，前褶深入冠面、前褶与次褶前后交错排列，后褶开口位于牙齿后部中央。次沟向基部延伸最深，中沟深于前沟和后沟，后沟深于前沟。

p4 冠面向基部逐渐扩大，最大长度和宽度分别为 11.8 mm 和 8.6 mm。磨蚀初期具四条褶，下前褶与下后褶浅，稍加磨蚀即封闭成坑，下次褶与下中褶持续长，两者微斜向相对排列，分冠面成前后双环。前环内除下前坑外，还有一个小但明显的下原前坑(proparafossettid)。下次沟最深，向下延伸至牙齿基部，下中沟相对浅得多。随着磨蚀，下前褶与下后褶封闭成下前坑与下后坑，开放的下次褶与下中褶近相对排列；在铁木钦标本上下中沟向下延伸至保留齿冠高度的 1/2 处；下次沟在阿木乌苏标本上向下延伸至基部上 3 mm 处，下中沟约为保留齿冠高度的 1/4。

m1 和 m2 大小相近，形态相似，比 p4 明显短。磨蚀初期，具四条褶和下原前坑，其中 m1 的为双坑，m2 为单坑；所有褶沟前外-后内向倾斜，仅下前褶近完全封闭，其余开放，下次褶与下中褶近斜向相对排列，下次沟最深，其中 m2 的向下延伸至齿根处；在铁木钦的标本上，下前沟磨蚀殆尽，下后沟浅于下中沟，下中沟的深度大，在铁木钦标本中约为保留齿冠高度的 1/3。随着磨蚀，下原前坑消失，下前褶与下后褶封闭成下前坑与下后坑，下中褶的封闭比下前褶和下后褶稍晚，下次褶的封闭比下前褶与下中褶更晚，m1 的下中褶内时见纵向小脊，下次褶与下中褶略斜向相对或交错排列，在阿木乌苏标本中下次沟向下延伸距牙齿基部约 3-5 mm，在 346 地点标本中伸至齿槽水平线处，在阿勒特希热标本中深度约为保留齿冠的 2/3。

m3 已高度磨蚀，具 1 褶和 3 坑，下前坑最宽，下后坑次之，下中坑最窄，下中坑与下次褶略交错排列，下次沟向下延伸较深，但未伸至牙齿基部。具前后分开的两齿根。

比较与讨论　上述地点标本的尺寸明显比 *Monosaulax tungurensis* 的大，比 *Anchitheriomys tungurensis* 的小，与 *Castor* 者相近或稍大。门齿釉质层扁平型，表面光滑无沟。前臼齿明显大于臼齿，第三臼齿不拉长而较缩短。所有颊齿具四条褶，褶沟相对窄细，白垩质充填薄弱；颊齿的褶沟中，以(下)次沟最深，但向下延伸未达基部，褶沟的持续依次为(下)次褶(沟)>(下)中褶(沟)>(下)后褶(沟)>(下)前褶(沟)；磨蚀晚期(下)前褶与(下)后褶分别封闭成前坑与后坑，使冠面呈前后双环结构；上颊齿具次前坑，下颊齿有下原前坑。这些形态明显不同于内蒙古中部地区发现的 *Anchitheriomys*、*Monosaulax*、*Castor* 及 *Dipoides* 等属者，而与 *Hystricops* 属的特征一致。

Hystricops 属很不分化，发现的材料也十分稀罕，除属型种 *H. venustus* 外，仅有 *H. browni* 一种。该属在北美分布于 Hemingfordian 早期至 Hemphillian 早期，即早中新世晚期—晚中新世早期(约 18.8-7.5 Ma，见 Flynn et Jacobs, 2008b)。

Hystricops venustus 的模式标本仅有 1 枚 p4 和 1 枚中间下颊齿(? m1)，其基本构造与内蒙古阿木乌苏地点相应牙齿的非常相似，但尺寸偏大(p4 为 11.5 mm × 8.4 mm)，p4 与 m1 或 m2 的长度比值较大，接近于 2，而内蒙古的不超过 1.5。*H. browni* 的模式标本为一件残破的上颌骨，其 P4 的长度稍大于内蒙古者，P4 和 M1 的次褶位置明显靠前、前沟和中沟向下延伸相对较深(Shotwell, 1963)。内蒙古 346 地点的 P4 前沟沟底距离釉质线超过 10 mm，远大于 *H. browni* 的 3.2 mm。*H. browni* 的时代较晚，其深的前沟和中沟可能属于较进步的性状。基于以上差异，上述内蒙古材料无法归入北美的 *H. venustus* 或 *H. browni*，故此建立新种。

在中国内蒙古通古尔地区，一枚采自敖尔顺查布的 p4 曾作为未定种有疑义地归入该属(邱铸鼎，1996b)。这枚下前臼齿无论是尺寸还是形态都与上述阿勒特希热地点的 p4 极为一致，因此也应归入新种。

Hystricops 属门齿的釉质层近扁平，不同于较圆凸型的 *Monosaulax* 和 *Steneofiber* 属，而与 *Castor* 属有相似之处。*Hystricops* 和 *Castor* 的颊齿都仅有四条褶和较窄的褶沟，但前者的个体略大、齿冠较低、褶沟充填的白垩质薄、前褶和后褶封闭早、保留有下原前坑和次前坑等。*Hystricops* 与 *Castor* 的相似和不同也许说明它们存在某种族裔关系，但由于材料不足，其关系以及系统演化目前难以确定。

Hystricops 在中国出现的时代为中中新世—晚中新世早期，涵盖在北美该属出现的时段范围内，因此，内蒙古中部地区的 *H. mengensis* 很可能与 *Monosaulax tungurensis* 一起，代表一次河狸科在中中新世期间自北美向东亚的迁移事件。

拟河狸亚科 Castoroidinae Allen, 1877

单沟河狸属 *Monosaulax* Stirton, 1935

模式种 *Steneofiber pansus* Cope, 1874：美国 Santa Fe Marls，中中新世（Barstovian 晚期）。

归入种 *Monosaulax curtus* (Matthew et Cook, 1909)，*M. typicus* Shotwell, 1968，*M. skinneri* Evander，1999，*M. tedi* Korth, 1999，*M. valentinensis* Evander, 1999，*M. progressus* Shotwell, 1968，*M. baileyi* Korth，2004：北美，早中新世晚期—晚中新世早期（early Late Arikareean–early Early Hemphillian）。*M. tungurensis* Li, 1962：内蒙古，中中新世中期—晚中新世早期（通古尔期—灞河期）。

特征（增订） 门齿釉质层圆凸型，表面光滑无沟。颊齿冠高中等，具有齿根，褶沟内有厚实的白垩质填充。第四前臼齿明显大于臼齿，第三臼齿不甚拉长。颊齿通常具四条褶沟，其中（下）次沟最深，但向下延伸未达基部，（下）前沟、（下）中沟和（下）后沟明显浅于下次沟。P4 的前沟比中沟深，M1-3 的前沟浅于中沟，下颊齿的下中沟明显深于下前沟与下后沟。次前坑与下原前坑不发育，存在时较小而浅。

评述 自 Stirton (1935)以 *Steneofiber pansus* 为模式种建立 *Monosaulax* 属后，由于正模的失踪，其有效性一度受到置疑，甚至被认为与 *Eucastor* 属系同物异名(Stout, 1967；Xu, 1994a)。经 Korth (2000) 重新发现正模后，属的有效性才以确定。不过，需要注意的是，*Monosaulax*、*Eucastor* 及 *Steneofiber* 三属的界限目前仍不是很清晰，尚需进一步研究和界定。

通古尔单沟河狸 *Monosaulax tungurensis* Li, 1963

（图 78；表 29）

"*Monosaulax*" *tungurensis*：Qiu, 1989, p. 542

"*Monosaulax*" *tungurensis*：邱铸鼎，1996b，53 页，图 30

Steneofiber hesperus：Xu, 1994a, p. 85, fig. 2

Steneofiber hesperus：Xu, 1995, p. 39

"*Monosaulax*" *tungurensis*：Qiu Z D et al., 2013, p. 177, appendix

"*Monosaulax*" sp.：Qiu Z D et al., 2013, p. 177, appendix

归入标本 苏尼特右旗阿木乌苏地点：一上颌骨残段带 P4，2 段门齿，颊齿 83 枚（20 P4, 20 M1/2, 3 M3, 2 dp4, 28 p4, 8 m1/2, 2 m3），V 19635.1-86。

测量 见表 29。

表 29 内蒙古阿木乌苏通古尔单沟河狸颊齿测量

Table 29 Measurements of cheek teeth of *Monosaulax tungurensis* from Amuwusu, Nei Mongol（mm）

Tooth	Length			Width	
	N	Mean	Range	Mean	Range
P4	17	4.71	3.90-6.00	4.89	3.30-5.90
M1/2	17	3.60	3.20-4.10	3.77	3.00-4.50
M3	2	3.70	3.60-3.80	3.75	3.70-3.80
dp4	2	4.60	4.30-4.90	3.35	3.30-3.40
p4	20	5.54	4.20-7.40	4.32	3.20-5.10
m1/2	7	3.81	3.60-4.0	4.19	3.50-4.60
m3	1		3.80		3.70

描述 门齿釉质层圆凸，表面光滑无纵沟。两段门齿的横截面分别为 4.7 mm × 4.0 mm 和 4.4 mm × 4.1 mm。颊齿冠高远不如 *Castor* 与 *Dipoides* 者，褶沟内具白垩质充填，次沟和下次沟深、向下延伸接近基部；具有齿根。

P4 明显比臼齿大，次三角形。牙齿向基部逐渐膨大，冠面形态随磨蚀而改变，但前褶（坑）与次褶近对向或交错排列，中褶（坑）明显朝内向后弯曲，后褶（坑）前外-后内向。极轻微磨蚀的标本上具有四条褶，其中前褶与次褶近对向排列，中褶和后褶近封闭；次沟深、几乎伸达牙齿基部，前沟明显比次沟浅、但比中沟与后沟都深，中沟一般略深于后沟。随着磨蚀，后沟最先消失，后褶最先封闭成后坑；进一步磨蚀后，中沟消失，中褶封闭成中坑；前沟持续较长，在磨蚀后期才消失，前褶封闭成前坑。少数标本上有次前坑（subparafossette），两件标本的后坑之后还发育有一个小坑，其可持续至颊侧褶全部封闭的磨蚀阶段。具有三齿根。

M1/2 明显小于 P4，冠面横宽、似矩形。基本形态与 P4 相似，前褶与次褶前外-后内向相对排列，前褶与后褶在磨蚀早期即分别封闭成前坑与后坑，中褶封闭成中坑相对较晚；前沟与后沟极浅，中沟较深，次沟最深。4 件标本上有明显的次前坑，其可持续到中褶封闭成中坑之后。此外，1 件轻度磨蚀标本的后尖柱上有一额外的小坑。具齿根。

M3 略长于 M1/2，冠面近圆三角形，基本形态与 M1/2 相似，但后部颊侧明显收缩。仅有的 3 件标本都处于初期磨蚀阶段，其前褶与后褶已分别封闭成前坑与后坑，中褶或开始封闭成中坑（1/3），或开放（2/3）。次沟深，向下延伸接近齿根。次前坑发育（2/3），能观察到后尖柱上小坑的痕迹（2/3）。

dp4 明显比 p4 小，齿冠也低。冠面具两条褶和两个坑，下中褶接近封闭，明显超前于开放的下次褶，两者前后交错排列；下前坑随磨蚀程度不同而形状有异，呈椭圆形或新月形，下后坑呈新月形，前外-后内向与下次褶相对排列。

p4 长大于宽，尺寸明显大于下臼齿。牙齿向基部逐渐膨大，冠面形态也随磨蚀而改变，但褶或沟基本上前外-后内向倾斜。年轻个体上，深的下次沟与下中沟将牙齿分为前后两部分，下前坑多（5/5）向前外方开放，后内方则或封闭（4/5）或开放（1/5），而下后坑的后内方或封闭（3/6）或开放（3/6）；下前沟和下后沟若发育，其深度远不如下中沟者。随磨蚀加深，下前褶与下后褶很快封闭成下前坑与下后坑，下中褶封闭成下中坑则较晚；冠面上从磨蚀初期的 4 褶经 2 褶 2 坑转变为 1 褶 3 坑。仅一件标本的下内尖柱上发育有一个明显的小坑。绝大多数标本具两个齿根，一件标本在前后齿根之间的颊侧还有一个小根。

m1/2 短宽，尺寸较小，冠面似矩形，但颊后侧较圆滑。随着磨蚀，下前褶最早封闭成下前坑，稍后下后褶封闭成下后坑，下中褶封闭成下中坑则较晚，下次褶持续最长，所有标本均未封闭。下中褶（坑）明显超前于下次褶，下次褶与下后褶（坑）前外-后内向相对排列。仅在一件轻度磨蚀的标本上前端有明显的下原前坑。

m3 长度略比 m1/2 大，但基本形态相似，只是后部较收缩。一枚牙齿磨蚀较轻，保留有明显的下原前坑。两枚牙齿的下前褶和下后褶分别封闭成下前坑和下后坑，下中褶尚开放，下次沟深。

比较与讨论 上述标本尺寸小；门齿的釉质层圆凸型、表面光滑无沟；颊齿齿冠比 *Castor* 与 *Dipoides* 的低，前臼齿明显大于臼齿，第三臼齿不明显拉长；颊齿的（下）次沟很深，向下延伸几乎到达牙齿基部，所有褶沟内有白垩质填充；P4 的前沟明显深于中沟和后沟，磨蚀后先形成中坑与后坑；上臼齿的中沟明显深于前沟与后沟，磨蚀后先形成前坑与后坑；下颊齿的下中沟明显深于下前沟和下后沟，磨蚀后先形成下前坑与下后坑，下次褶都与下后坑前外-后内向相对排列；次生的小坑较少发育。牙齿的这些形态与通古尔地区的 *Monosaulax tungurensis* 的特征高度一致，尺寸也相符，因此被归入该种（李传夔，1963；邱铸鼎，1996b）。

长期以来，*Monosaulax*、*Steneofiber* 和 *Eucastor* 这三属常被混用，正如 Flynn 和 Jacobs（2008b）指出的那样，欧亚大陆和北美归入这三个属中的多数种亟须重新厘定。

Stout（1967）曾认为 Stirton（1935）建立的 *Monosaulax* 属是 *Eucastor* 的晚出异名。"*Steneofiber*" *pansus* 的正型标本被重新发现后，经再鉴定及与 *Eucastor* 属型种 *E. tortus* 的比较，发现 *Monosaulax* 的颊齿齿冠较低、前臼齿褶沟浅，而 *Eucastor* 的齿冠高，前臼齿褶沟深，磨蚀后呈显著的"S"形，*Monosaulax* 属的有效性也由此得以恢复（Korth，2002a；Flynn et Jacobs，2008b）。我们赞同这一观点，即 *Monosaulax* 为有别于 *Eucastor* 的一个独立属。

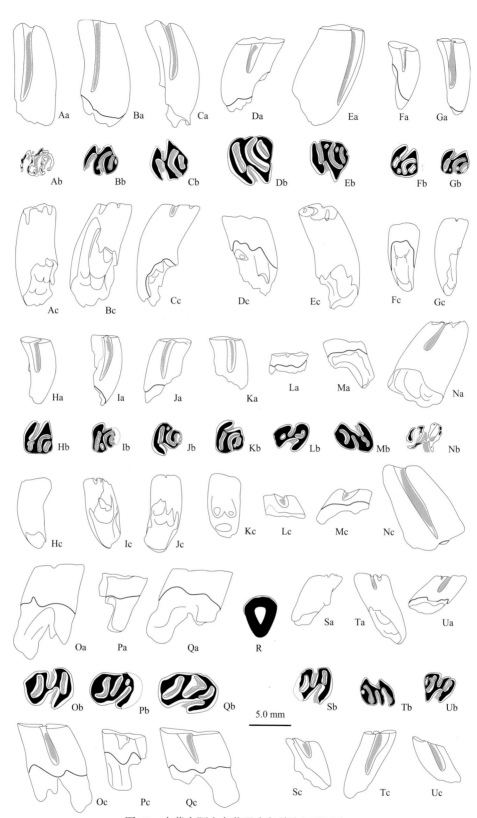

图 78　内蒙古阿木乌苏通古尔单沟河狸牙齿

Fig. 78　Teeth of *Monosaulax tungurensis* from Amuwusu, Nei Mongol

Aa, Ab, Ac. l P4（V 19635.2），Ba, Bb, Bc. l P4（V 19635.3），Ca, Cb, Cc. l P4（V 19635.4），Da, Db. Dc. r P4（V 19635.5），Ea, Eb, Ec. r P4（V 19635.6），Fa, Fb, Fc. l M1/2（V 19635.7），Ga, Gb. Gc. l M1/2（V 19635.8），Ha, Hb, Hc. l M1/2（V 19635.9），Ia, Ib, Ic, l M3（V 19635.10），Ja, Jb, Jc, r M3（V 19635.11），Ka,Kb,Kc. l M3（V 19635.12），La, Lb, Lc. l dp4（V 19635.13），Ma, Mb, Mc. l dp4（V 19635.14），Na, Nb, Nc. l p4（V 19635.15），Oa, Ob, Oc. l p4（V 19635.16），Pa, Pb, Pc. l p4（V 19635.17），Qa, Qb, Qc. l p4（V 19635.18），R. 门齿截面（incisor section）（V 19635.1），Sa, Sb, Sc. l m1/2（V 19635.19），Ta Tb, Tc. r m1/2（V 19635.20），Ua, Ub, Uc. l m3（V 19635.21）；Aa-Qa, Sa-Ua. 舌侧视（lingual view），Ab-Qb, Sb-Ub. 冠面视（occlusal view），Ac-Qc, Sc-Uc. 颊侧视（buccal view）

· 154 ·

在中国，*Monosaulax* 的材料除发现于内蒙古外，还报道于河北张北和云南禄丰、元谋，分别被记述为 *M. changpeiensis*，"*M.*" *tungurensis*，cf. *Monosaulax* sp.和 *Monosaulax* sp.（李传夔，1962，1963；邱铸鼎，1996b；邱铸鼎等，1985；蔡保全，1997）。徐晓风（Xu，1994a，1995）认为张北的"*M.*" *changpeiensis* 和通古尔的"*M.*" *tungurensis* 均是北美 *Steneofiber hesperus* 的同物异名，因此归入 *Steneofiber* 属。但是，Korth（1996）认为北美的 *S. hesperus* 完全不同于旧大陆 *Steneofiber* 属的种类以及中国的"*M.*" *changpeiensis* 和"*M.*" *tungurensis*，并以 *S. hesperus* 为模式种建立了 *Neatocastor* 新属。Flynn 和 Jacobs（2008b）则进一步认为北美根本就不存在 *Steneofiber* 属。不同学者对于 *Steneofiber* 属包含的种及时代的认定也存在较大的争议：Hugueney（1999b）认为欧洲的 *Steneofiber* 只包括 *S. eseri* 和 *S. depereti* 两个种，时代为晚渐新世至中中新世；吴文裕等（Wu et al.，2004）则认为该属包括了欧洲的 *S. dehmi*、*S. eseri*、*S. depereti* 和西亚的 *S. kumbulakensis* 四种，时代为晚渐新世至早中新世；Suraprasit 等（2011）甚至认为 *Steneofiber* 属包括 *S. castorinus*、*S. depereti*、*S. subpyrenaicus*、*S. hesperus*、*S. eseri*、*S. minutus*、*S. wenzensis* 及 *S. siamensis*，其时代为晚渐新世至上新世。这些争议使得如何准确区分 *Monosaulax* 及 *Steneofiber* 属变得非常复杂。

Wilson（1960）曾指出，*Monosaulax* 和 *Steneofiber* 的区别在于前者 P4 的前褶比中褶持续时间长（即前沟比中沟深），p4 的前缘多呈角状，下臼齿的下原尖柱较尖锐，下前前坑（preparafossette = proparafossettid in Hugueney，1999b）不甚发育。P4 前褶比中褶持续时间长这一特征，在北美 *M. tedi* 和内蒙古通古尔及阿木乌苏地点的 *M. tungurensis* 上都明显存在，且较稳定。我们认为这一特征应可以作为 *Monosaulax* 区别于 *Steneofiber* 的重要鉴定特征之一，此外，*Steneofiber* 颊齿的齿冠较低，冠面上保留有明显的次前坑及下原前坑，上颊齿颊侧及下颊齿舌侧褶沟明显浅，褶沟内无白垩质充填，这些形态构造明显比 *Monosaulax* 的原始。因此，我们比较赞同吴文裕等的意见，将 *Steneofiber* 的出现约束在欧亚大陆晚渐新世至中中新世时段，Suraprasit 等所归入 *Steneofiber* 的种类显然夹杂了其他属如 *Trogontherium* 和 *Eucastor* 的成员。另外，欧洲 *Steneofiber* 属的成员中是否含有 *Monosaulax* 分子也仍有待进一步的研究。

通古尔及阿木乌苏的 *Monosaulax tungurensis*，既不可归入北美的 *Neatocastor*，也不同于欧亚大陆的 *Steneofiber*，而应属于重新确定的 *Monosaulax* 属的成员。至于报道的中国其他地点的"*Monosaulax*"，其中河北张北的"*M.*" *changpeiensis* 的下颌骨较纤细，颏孔位置明显靠前，咬肌窝弱，颊齿齿冠较低，褶沟内无白垩质，下原前坑明显发达，显然不同于 *M. tungurensis* 者。由于"*M.*" *changpeiensis* 目前仅有下颌骨，看不到上颊齿特别是 P4 的形态，尚不能准确将之归入 *Monosaulax* 属内，考虑到其颊齿褶沟内无白垩质，也不能排除它属于 *Steneofiber* 的可能性。云南禄丰的 cf. *Monosaulax* sp.和元谋的 *Monosaulax* sp.，颊齿的褶沟内无白垩质填充，P4 的前沟浅于中沟，形态与云南昭通的"*Sinocastor*" *zhaotungensis* 及泰国清迈（Chiang Mai）和 Mae Moh 盆地的 *Steneofiber siamensis* 大有相似之处，很可能归入相同的一属（时墨庄等，1981；Suraprasit et al.，2011）。基于此，推测在中中新世或者更早的时候，*Steneofiber* 从欧洲经西亚扩散至中国北方，衍生为 *changpeiensis*，然后在中中新世适宜期内迅速向南扩散至华南及南亚。中中新世/晚中新世由于全球气候的转变特别是温度的降低，中国北方的 *changpeiensis* 被从北美扩散过来的 *Monosaulax* 及 *Hystricops* 取代，但在中国南方及南亚相对较温暖的地区，*Steneofiber* 则一直延续到晚中新世。

真河狸属 *Eucastor* Leidy，1858

模式种 *Eucastor tortus* Leidy，1858：美国 Nebraska，晚中新世。

归入种 *Eucastor leconti*（Merriam，1896），*E. dividerus* Stirton，1935，*E. phillisi* Wilson，1968，*E. malheurensis* Shotwell et Russell，1963，*E. burgensis* Korth，2002，*E. katensis* Korth，2002：北美，早中新世—晚中新世。*E. plionicus* sp. nov.：内蒙古，上新世早期（高庄期）；河北，上新世晚期（麻则沟期）。

特征 颊齿高冠，齿根于牙齿磨蚀后形成；门齿釉质层圆凸型；臼齿在磨蚀早期、特别是在较原始的种中出现有（下）次褶和（下）中坑形成的釉质圈（lakes）；（下）次沟长；（下）中沟短；具有（下）前坑和（下）后坑（磨蚀早期为两或三个上外褶和下内褶）；p4 齿冠比 *Monosaulax* 的高，齿沟较长；进步种类在牙齿磨蚀后期咀嚼面可能呈明显的"S"形构造。*Eucastor* 的模式种 *E. tortus* 与 *Monosaulax* 的模式种 *M. pansus* 相比，个体较小，后眶骨收缩显著，吻部伸长，上颌齿虚位长度比上颊齿列长大一倍多（依

Korth，2002a，b；Flynn et Jacobs，2008b）。

评述 研究者对 *Eucastor* 属的分类地位及归入种存在颇多争议：Hugueney（1999b）将欧洲的 *Eucastor* 种类均归入 *Schreuderia* 亚属，并对 *Eucastor* 属的归入置疑；Flynn 和 Jacobs（2008b）认为欧洲 *Eucastor* 的多数种可能属于 *Steneofiber*；Korth（2002b）与 Flynn 和 Jacobs（2008b）对北美 *Eucastor* 种类的确定又持不同观点。上述问题显然有待进一步研究。

Stirton（1935）提出过 *Monosaulax - Eucastor - Dipoides - Castoroides* 的演化路线。Korth（2002b）确信 *Eucastor* 的特征介于 *Monosaulax* 与 *Dipoides* 之间，*Eucastor* 颊齿的冠面构造较 *Monosaulax* 的简化，部分还出现了类 *Dipoides* 的"S"形构造，但 *Eucastor* 第三臼齿的形态仍较保守，始终未简化为"S"形。

Teilhard de Chardin（1942）报道过中国 *Eucastor* 的两个种：*E. stirtoni* 和 *E. youngi*，前者被认为是 *Trogontherium cuvieri* 的同物异名（Xu，1994a），后者一直被认为是 *Eucastor* 在中国上新世的代表性种类（Xu，1994a，1995；Flynn et Jacobs，2008b）。但是 *E. youngi* 的建立是基于对标本的错误鉴定，该种应为 *Castor anderssoni* 的同物异名（见下）。根据对中国已知河狸科化石标本的系统整理，除了本书描述的内蒙古高特格及河北泥河湾盆地稻地的 *E. plionicus* 新种材料之外，*Eucastor* 属很可能还见于安徽繁昌人字洞和河南新安县，但后两地点的化石产出层位和时代不清楚，材料也尚未研究。

上新真河狸（新种）*Eucastor plionicus* sp. nov.

（图 79；表 30）

Eucastor sp.：蔡保全，1987，128 页，表 1

Castorinae gen. et sp. indet.：李强，2006，18 页，图 11A，B，D

Castorinae indet.：Qiu Z D et al.，2013，p. 177，appendix

名称由来 plio-，希腊文前缀，地质时代，示该种出现的时代为上新世。

正模 年轻个体的右下颌支残段，带 i 和 p4—m2（V 19636）。

模式产地与层位 阿巴嘎旗高特格（DB 03-1 地点）；下上新统，高特格层（高庄期早期）。

归入标本 阿巴嘎旗高特格：DB 02-4 地点，M3 一枚，V 19637；DB 02-6 地点，m1 或 m2 一枚，V 19638。河北蔚县稻地：3 枚颊齿（1 DP4，1 M1/2，1 m1/2），V 19230.1–3。

测量 见表 30。

表 30 内蒙古高特格和河北蔚县稻地的上新真河狸颊齿测量

Table 30 Measurements of cheek teeth of *Eucastor plionicus* from Gaotege，Nei Mongol and Daodi，Hebei（mm）

Tooth	Length			Width	
	N	Mean	Range	Mean	Range
高特格 Gaotege					
? M3	1	–	4.20	–	5.20
p4—m2	1	–	15.20	–	
p4	1	–	5.50	–	4.20
m1	1	–	5.30	–	4.50
m2	1	–	5.10	–	4.40
m1/2	1	–	4.80	–	4.90
稻地 Daodi					
DP4	1	–	4.60	–	4.40
M1/2	1		4.70		4.20
m1/2	1		–		4.70

特征 个体小。下门齿釉质层圆凸型，表面光滑，门齿后部直接从下颊齿的舌侧下部穿过。下颌齿虚位长度明显短于下颊齿列的长度。颊齿高冠，具齿根，褶沟内无白垩质充填。下颊齿具有四条褶，咀

· 156 ·

嚼面磨蚀后仍保持类似于"*Monosaulax*"的双环形构造；下中褶与下次褶前后轻微交错排列；下次沟深，但未延伸至齿根部，下中沟远浅于下次沟，下前沟和下后沟极浅，稍加磨蚀下前褶和下后褶即封闭成下前坑和下后坑。上颊齿具三条褶，咀嚼面磨蚀后可能出现"S"形构造，后褶最宽，轻微磨蚀时横穿整个冠面，前褶与次褶斜向相对排列；磨蚀初期具小的次前坑和长而弯曲的后坑；次沟深，颊侧沟都很浅，稍加磨蚀只具中沟和前沟，中沟略深于前沟。

描述 下颌支的后部损缺。保留的门齿相对细小，其釉质层圆凸，表面光滑，侧面具生长纹，横断面圆三角形，磨蚀面呈长椭圆形，尖端的高度大致与下颊齿咀嚼面持平；下门齿后部从齿列的舌侧下部穿过，与齿列夹角约为20°。齿虚位前部向上弯曲，后部在 p4 前部下方变得陡直，侧面视近直角，虚位长 10.2 mm，明显短于颊齿列的长度（15.1 mm）。颏孔小而圆，位于齿虚位后壁、p4 前缘的正下方，与齿槽水平线之间的距离为 9.0 mm。咬肌脊弱，下支稍明显，上支极弱，两者交汇于 p4 与 m1 间的下方。咬肌窝明显，前缘到达 p4 后部之下，下缘高度大致与颏孔持平。咬肌窝前下方明显隆起，使下颌支显得肿胀。上升支前缘起于 m1 颊侧中部下方。下颌联合部后端伸达齿骨腹面 p4 前缘下方，向下形成明显的三角形凸起。下颌支前腹缘密布小的沟槽。p4 刚萌出，显然代表较年轻个体。下颊齿齿冠明显低于 *Castor* 和 *Dipoides* 者，冠面构造近似 *Castor* 型。

DP4 基部膨大，齿冠明显较 M1/2 者低，颊侧沟延伸至基部。冠面颊侧的前后角突出，脊和褶强烈前外-后内向倾斜，具三条褶（前褶、次褶和中褶）和两个坑（次前坑和后坑）；前褶与次褶斜向相对排列，中褶贯通冠面；前坑小而圆，后坑长而弯曲。次沟较深，前沟和后沟的外侧沟都远浅于次沟，后沟舌后缘的沟最浅，稍加磨蚀即会消失。褶沟无白垩质充填。具三齿根，舌侧根粗壮，颊侧前后双小根。

M1/2 齿冠比 DP4 的高，外侧沟远离牙齿基部。冠面形态与 DP4 的相似，同样具有三褶和两坑，中褶亦贯通咀嚼面，舌后缘也有极浅的沟；前沟与中沟明显浅于次沟。褶沟无白垩质充填。

M3 高度磨蚀，内外侧的沟均已消失，冠面上仅保留三个坑，自前向后可能依次为前坑、次坑和中坑。具明显的齿根。

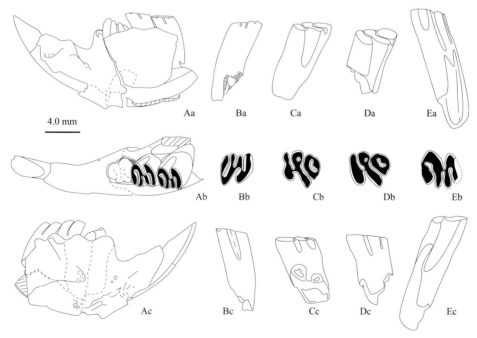

图 79 内蒙古高特格和河北稻地上新真河狸下颌支及颊齿

Fig. 79 Madibular fragment and cheek teeth of *Eucastor plionicus* from Gaotege, Nei Mongol and Daodi, Hebei

Aa, Ab, Ac. 附有门齿和 p4-m1 的破损下颌骨（right mandibular fragment with i and p4-m1）（正模 holotype, V 19636），Ba, Bb, Bc. l m1/2（V 19638），Ca, Cb, Cc. r DP4（V 19230.1），Da, Db, Dc. r M1/2（V 19230.2），Ea, Eb, Ec, r m1/2（V 19230.3）；Aa-Ea. 舌侧视（lingual view），Ab-Eb. 冠面视（occlusal view），Ac-Ec. 颊侧视（buccal view） m1/2 中等冠高；咀嚼面具四褶沟；下前沟和下后沟极浅，下次沟最深，但未延伸至齿根部；舌侧沟较浅，下前沟和下后沟尤其浅，稍加磨蚀即消失，下中沟略深，但远浅于下次沟，所有褶沟无白垩质充填；下前褶、下中褶、下后褶及下次褶近横向且较深入冠面，其中下中褶与下次褶近相对排列。具有明显的齿根

比较与讨论　上述标本的尺寸较小，根据 p4 处于萌发阶段及牙齿的磨蚀程度判断，高特格的下颌支可能属年轻个体者。尽管这些下颊齿与 *Castor* 属的一样具有四条褶，但其下门齿釉质层较圆凸，颊齿齿冠明显低，褶沟内无白垩质，上颊齿外侧沟及下颊齿内侧沟明显较 *Castor* 者浅，显然标本不会属于 *Castor* 的幼年个体者。同时这些牙齿也不可能是上新世 *Dipoides* 种类的幼年个体所有，因为颊齿具齿根，齿冠较低，咀嚼面形态复杂、不具简化的"S"形构造。无论是门齿还是颊齿的尺寸及形态，所代表的这一河狸又明显有别于内蒙古中部地区的 *Anchitheriomys* 和 *Hystricops*。这些颊齿也因褶沟内无白垩质，前臼齿不明显大于臼齿，上颊齿颊侧及下颊齿舌侧褶沟明显深，前坑、下前坑与下后坑封闭较晚且非常狭窄，上颊齿较偏"S"形而明显不同于内蒙古中部地区的 *Monosaulax tungurensis* 者。其下门齿釉质层较圆凸，臼齿不显著比前臼齿小，颊齿具齿根，褶沟内无白垩质；上颊齿在磨蚀早期具三条褶、四条沟和两个坑，磨蚀后可呈"S"形；下颊齿有四条褶和四条沟，磨蚀加深后呈类似于 *Monosaulax* 的双环形；次沟和下次沟明显较深，（下）前沟和（下）后沟持续时间短，（下）中沟的持续远短于（下）次沟。上述牙齿形态与 Korth（2002b）、Flynn 和 Jacobs（2008b）赋予 *Eucastor* 属的鉴别特征近一致。

对于 *Eucastor* 的组成一直存有争议。我们趋于认同 Korth（2002b）的观点，不赞同 Flynn 和 Jacobs（2008b）将 *Monosaulax tedi* 归入 *Eucastor* 属，因为无论其上颊齿还是下颊齿的冠面都未出现"S"形的简化趋势，褶沟较宽阔，仍保留原始的次前坑和下原前坑，P4 的前沟明显深于中沟等。

Hugueney（1999b）认为欧洲的 *Eucastor* 类或 *Schreuderia* 亚属的时代为 Astaracian 晚期至 Vallesian 晚期（MN7-10），即中中新世晚期至晚中新世早期。在北美，*Eucastor* 属被认为是 *Monosaulax-Dipoides* 演化路线的中间环节，其早期种类仍保留 *Monosaulax* 的颊齿模式，后期种类的颊齿齿冠增高、构造简化，发展出类似 *Dipoides* 的"S"形构造，其出现时代为早中新世晚期至晚中新世晚期（Korth，2002b；Flynn et Jacobs，2008b）。现知中国的 *Eucastor* 属仅发现于上新世，远比该属在北美或欧洲出现的时代晚，而且下颊齿的咀嚼面形态仍为 *Monosaulax* 型模式，简化的"S"形构造不发育，显得相当保守。考虑到时代记录最晚、地理距离及下颊齿保守的构造形态等因素，为此建立 *Eucastor plionicus* 新种，以示其上新世的时代属性。

新种很可能代表远东地区由 *Monosaulax* 属衍生出的一个独立支系，也是该属的最后成员。目前看来，*Eucastor* 在地史上的延续时间比此前想象的要长得多，它演化出 *Dipoides* 后，与其在晚中新世—上新世时期长期共存。安徽繁昌人字洞及河南新安发现的 *Eucastor* 材料，可能支持了这一说法，相信这些待研标本有助于了解 *Eucastor* 的系统演化和扩散事件。

假河狸属 *Dipoides* Schlosser，1902

模式种　*Dipoides problematicus* Schlosser，1902：德国，Salmendingen，晚中新世（MN11）。

归入种　*D. majori* Schlosser，1903：欧洲，晚中新世晚期（MN13）；中国内蒙古，上新世早期（高庄期）。*D. stirtoni* Repenning，1987，*D. williamsi* Stirton，1936，*D. wilsoni* Hibbard，1949，*D. rexroadensis* Hibbard，1949，*D. smithi* Shotwell，1955，*D. vallicula* Shotwell，1970，*D. tanneri* Korth，1998：北美，晚中新世—上新世。*D. anatolicus* Ozansoy，1961：中国内蒙古，晚中新世（保德期）；土耳其，晚中新世。*D. mengensis* sp. nov.：内蒙古，晚中新世（保德期）。

特征　一类小型河狸。门齿釉质层圆凸型，表面具极弱纹饰，但无明显纵沟。颊齿高冠，前臼齿略大于或近等于臼齿，（下）次褶与（下）中褶不对向排列，褶沟延伸几乎均达牙齿基部，褶沟内多有白垩质充填。早期种类的颊齿具有齿根，其年轻个体保留有前褶（下前褶）、后褶（下后褶）、前坑（下原前坑）和后坑（下后坑）。后期种类的颊齿无根，前臼齿具三条沟或褶，臼齿冠面呈典型的"S"形，仅具两条沟或褶，无前褶（下前褶）、后褶（下后褶）、前坑（下原前坑）和后坑（下后坑）（依 Flynn et Jacobs，2008b 修改）。

评述 关于 *Dipoides* 属名创建的有效性有不同意见。Hugueney（1999b）和徐晓风（Xu, 1994a, 1995）都使用了 *Dipoides* Jäger, 1835 作为该属的名称，然而，Mckenna 和 Bell（1997）、Flynn 和 Jacobs（2008b）认为 *Dipoides* Jäger, 1835 是裸记名称，而 *Dipoides* Schlosser, 1902 才是该属的有效名称。本书赞同使用 *Dipoides* Schlosser, 1902 作为该属的有效名称。

安纳托利亚假河狸 *Dipoides anatolicus* Ozansoy, 1961

（图 80-82；表 31）

Dipoides cf. *majori*: Schlosser, 1924, p. 27, pl. II

Dipoides majori: Young, 1927, p. 11, pl. 1, fig. 5

Dipoides majori: Teilhard de Chardin, 1942, p. 17, fig. 17

Dipoides cf. *majori*: Fahlbusch et al., 1984, p. 213

Dipoides majori: Xu, 1994a, p. 84, partim

Dipoides majori: Qiu Z D et al., 2013, p. 177, appendix

归入标本 化德县二登图 2（Ertemte 2 地点）：3 件破损的下颌支，分别带有 p4-m2、m2 和 m1-2，颊齿 6 枚（4 M1/2，2 dp4），V 19639.1-9。化德县哈尔鄂博 2（Harr Obo 2 地点）：1 件右下颌支残段带 p4 齿槽，5 枚颊齿（3 P4，1 M1/2，1 m1/2），V 19640.1-6。

测量 见表 31。

表 31 内蒙古二登图和哈尔鄂博安纳托利亚假河狸颊齿测量

Table 31 Measurements of cheek teeth of *Dipoides anatolicus* from Ertemte and Harr Obo, Nei Mongol（mm）

Tooth	Length			Width	
	N	Mean	Range	Mean	Range
二登图 2 Ertemte 2					
M1/2	3	5.02	4.78-5.15	5.07	4.97-5.24
dp4	2	5.05	4.74-5.35	3.14	3.01-3.27
p4-m2	1	–	19.20	–	–
m1-2	1	–	11.0	–	–
m1	1	5.45	5.0-5.90	5.0	4.80-5.20
m2	3	6.37	5.90-6.80	5.20	4.70-5.60
哈尔鄂博 2 Harr Obo 2					
P4	2	5.20	4.70-5.70	5.30	5.10-5.50
m1/2	1	–	5.10	–	4.80

描述 二登图地点中的一件下颌支保存较好，但下门齿前端、冠状突、髁突、角突均损坏。下门齿釉质层圆凸，表面光滑。齿虚位前部较平缓，后部在 p4 齿根前陡峭，侧面视齿虚位呈圆弧状。颏孔位于 p4 前下方、齿虚位最低处之下约 1 cm 处，发育为两个卵圆形小孔。齿虚位之下、下颌骨腹部前端形成显著的三角状突起。咬肌脊的上、下支均发育，但都较弱，上支相对略强于下支，其间有网状纹饰；咬肌脊呈锐角相交于 m1 中部下方，在 p4 后部下方形成结节；咬肌窝宽、深。上升支起于 m1 中部下方。下门齿腹面釉质层有极弱的纹饰。

P4 咀嚼面构造呈"S"形，仅具三条脊（原脊、中脊和后脊）和两条褶沟（次褶和中褶）。后脊短小，原脊与中脊、中脊与后脊之间的连接非常狭窄。次褶和中褶前后交错排列，延伸达牙齿基部，褶沟内充满白垩质。无齿根。

M1/2 齿柱强烈向后弯曲，冠面近长方形。咀嚼面构造简单，"S"形，也仅具三条脊和两条褶沟。中脊最长，后脊最短小，原脊与中脊、中脊与后脊之间的连接处非常狭窄。次褶和中褶前后交错排列，侧面持续到牙齿基部，褶沟内填充有厚实的白垩质。无齿根。

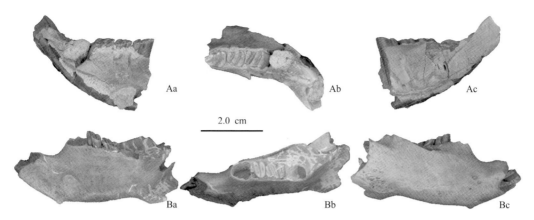

图 80　内蒙古二登图安纳托利亚假河狸下颌支

Fig. 80　Mandibular fragments of *Dipoides anatolicus* from Ertemte 2, Nei Mongol

Aa, Ab, Ac. 附有 p4-m2 的破损左下颌骨 (left mandibular fragment with p4-m2) (V 19639.1), Ba, Bb, Bc. 附有 m1 和 m2 的破损右下颌骨 (right mandibular fragment with m1and m2) (V 19639.2); Aa, Ba. 舌侧视 (lingual view), Ab, Bb. 冠面视 (occlusal view), Ac, Bc. 颊侧视 (buccal view)

dp4 冠面轮廓长三角形。保存的两枚牙齿均高度磨蚀，尺寸明显小于 p4，且具有齿根。冠面呈简单的"S"形构造。无下后尖和下前褶，下中褶(沟)与下次褶(沟)前后交错排列，褶沟内填充有厚实的白垩质。p4 轮廓与 dp4 的相似，但尺寸较大，咀嚼面构造也稍复杂。牙齿前端保留有小的下后尖和浅的下前褶，连接下原尖-下后尖与下内尖-下次尖之间的脊极狭窄。下中褶(沟)与下次褶(沟)前后交错排列，延伸几乎贯穿整个冠面。所有褶沟均延伸至牙齿基部，有白垩质充填。无齿根。

m1 和 m2 的冠面构造相似，都呈"S"形，无下后尖和下前褶。m1 略短于 m2，前端也稍窄。下中褶

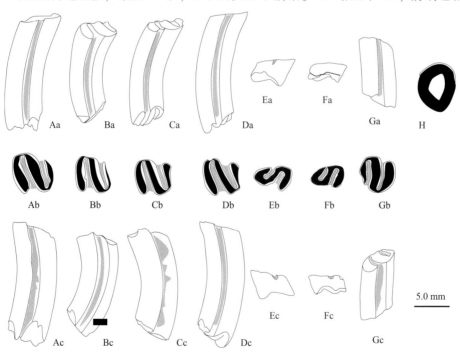

图 81　内蒙古二登图 2 和哈尔鄂博 2 安纳托利亚假河狸牙齿

Fig. 81　Teeth of *Dipoides anatolicus* from Ertemte 2 and Harr Obo 2, Nei Mongol

Aa, Ab, Ac. r P4 (V 19640.1), Ba, Bb, Bc. r P4 (V 19640.2), Ca, Cb, Cc. r M1/2 (V 19639.4), Da, Db, Dc. r M1/2 (V 19639.5), Ea, Eb, Ec. l dp4 (V 19639.6), Fa, Fb, Fc. l dp4 (V 19639.7), Ga, Gb, Gc. r m1/2 (V 19640.3), H. 门齿截面 (incisor section) (V 19639.3); Aa-Ga. 舌侧视 (lingual view), Ab-Gb. 冠面视 (occlusal view), Ac, Gc. 颊侧视 (buccal view)

（沟）与下次褶（沟）前后交错排列，前者前外向，后者近横向，下中褶（沟）的倾斜程度不如 dp4 和 p4 那样强烈。所有褶沟都延伸至牙齿基部，并充满白垩质。无齿根。

比较与讨论 上述标本尺寸比现生 *Castor fiber* 的小，门齿釉质层圆凸型，颊齿高冠，臼齿咀嚼面呈简化的"S"形，褶沟延伸到牙齿基部，并填充有厚的白垩质，无齿根。这些形态符合 *Dipoides* 的属征。

Dipoides anatolicus 是 Ozansoy（1961）根据土耳其 Anatolie Occidentale，Düz Pinar 的材料所建，出现的时代与欧洲的 MN12 或 13 带相当。中国 *Dipoides* 最早的报道见诸 Schlosser（1903）对一件购自天津中药铺下颌支的描述，命名为 *D. majori*，据 Teilhard de Chardin（1942）推断该标本可能产自山西省。稍后，Schlosser（1924）报道了内蒙古化德 Olan Chorea 的 *Dipoides* cf. *majori*。此后，归入 *D. majori* 的材料有产自山西保德"Tai-Chia-Kou"红土地层中的头骨一件，山西榆社"白层"（White Beds）中的一批标本，以及内蒙古大庙的一件下颌支（Young，1927；Teilhard de Chardin，1942；齐陶，1979）。*Dipoides* 的材料还发现于山西榆社马会组、高庄组和麻则沟组，并可以区分为两个种，即晚中新世马会组的 *D. anatolicus* 和上新世高庄组和麻则沟组的 *D. majori*，前者层位较低，个体较小，后者层位较高，个体较大（Flynn et al.，1991，1997）。此外，尚见于河北泥河湾东窑子头、内蒙古二登图、哈尔鄂博及高特格（汤英俊、计宏祥，1983；Fahlbusch et al.，1983；Li et al.，2003）。徐晓风（Xu，1994a，1995）对上述材料中的大部分进行了重新鉴定，将山西保德"Tai-Chia-Kou"及榆社马会组中的标本归入 *D. anatolicus*，将 Olan Chorea、榆社高庄组及麻则沟组的归入 *D. majori*。

图 82 的测量数据表明，上述标本的尺寸与山西榆社马会组中的 *D. anatolicus* 最接近，明显大于内蒙古大庙的"*D. major*"者，小于榆社的 *D. majori* 和高特格的"*D. sp.*"。除了牙齿尺寸较小外，下颌支也显得较纤细，颏孔位于 p4 前下方，明显靠前。这些形态可能属于较原始性状，与土耳其 *D. anatolicus* 的特征近一致。因此，二登图和哈尔鄂博的材料被归入 *D. anatolicus*。内蒙古化德 Olan Chorea 的 *D.* cf. *majori* 与上述标本相似，与二登图标本发现于同一地区，产出层位相近，也应归入 *D. anatolicus*。高特格河狸的牙

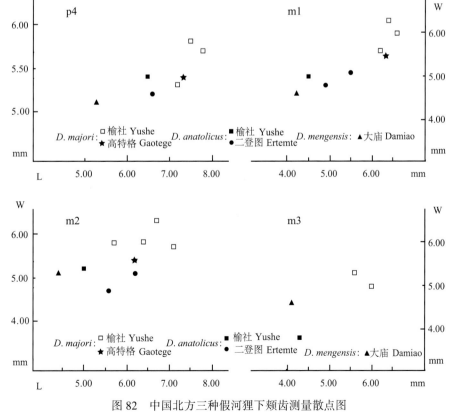

图 82 中国北方三种假河狸下颊齿测量散点图

Fig. 82 Scatter diagram showing length and width in the lower cheek teeth of *Dipoides majori*, *D. anatolicus* and *D. mengensis* from northern China

齿尺寸较大，颏孔位于 p4 前部正下方，相对靠后，p4 的下后尖较小，下前褶浅，与 *D. majori* 的一致。四子王旗大庙的下颌支（V 5816）纤细，颊齿尺寸明显小，p4 和 m2 具有齿根，p4 保留明显的下后坑，显得相当原始；宝格达乌拉的右 M1/M2 也具有齿根，应与大庙的下颌支一起代表目前中国 *Dipoides* 属最原始的新种（见下文描述）。

除此之外，德日进（Teilhard de Chardin, 1926b）在报道内蒙古高特格（=Gouochtock oula）地点的化石时，还提及到一枚名为"? *Dipoides* sp."的颊齿。后来多数研究者将其归入 *Pararhizomys* 属（Teilhard de Chardin et Young, 1931; Zhang et Flynn, 2005; Li, 2010b）。根据德氏的图版，这枚牙齿具有齿根，侧面褶沟很浅，并发育有珐琅质曲线，与早上新世 *Dipoides* 的颊齿无根、齿沟延伸至牙齿端部等明显不符，据此可将其排除。

榆社的 *D. anatolicus* 出现于下部层位，古地磁测年结果约为 6.0-5.5 Ma（Flynn et al., 1997），二登图和哈尔鄂博的年代通常被认为是晚中新世最晚期至最早上新世，大约 5.3 Ma 左右（Fahlbusch et al., 1983; Qiu et al., 2006），因此中国的 *D. anatolicus* 的大致年限为 6.0-5.3 Ma。*D. majori* 出现于山西榆社盆地上部层位，古地磁测定大致为 4.9-3.4 Ma，在内蒙古高特格出现于下部层位，古地磁年代约为 4.2 Ma（徐彦龙等，2007; O'Connor et al., 2008）。*Dipoides* 属在中国最晚有可能延续至更新世早期，代表是产自河北泥河湾东窑子头的一枚下门齿（汤英俊、计宏祥，1983）。中国的 *Dipoides* 大致具有以下的演化趋势：1）个体由小到大；2）下颌骨逐渐变得粗壮；3）颏孔位置逐渐往后移动；4）颊齿逐渐失去齿根，根部从底端封闭到开放，（下）次沟和（下）中沟逐渐持续到基部；5）颊齿咀嚼面构造逐步简化，下后坑逐渐消失。

Dipoides 属最早出现于北美的 Clarendonian 期（大约在 10 Ma），一直延续到 Blancan 晚期（大约在 2.5 Ma）；在欧洲最早出现于 Turolian 早期（MN11）（大约在 8 Ma），延续到上新世早期。Hugueney（1999b）认为欧洲的 *Dipoides* 和 *Eucastor* 属于同一个演化支系，并提出 *Dipoides* 属起源的两种可能：即或者从外地迁移而来；或者本土起源，与北美的 *Dipoides* 是平行演化关系。在中国，*Dipoides* 最早出现于内蒙古四子王旗大庙和宝格达乌拉，时代都为晚中新世保德期（大约在 7 Ma），略晚于欧洲，远比北美的晚。北美似乎存在一条 *Monosaulax-Eucastor-Dipoides-Castoroides* 的演化路径（Stirton, 1935; Korth, 1999）。北美的这一河狸演化链条在欧亚大陆是不完整的。根据现有资料，欧亚都没有晚期体型硕大的 *Castoroides* 属，也可能不存在真正意义上的 *Eucastor* 种类，北美的研究者也倾向于认为，欧亚晚中新世的所谓 *Eucastor* 多数种可能属于 *Steneofiber*，只有那些个体大、齿冠高，如中国山西榆社盆地早上新世发现的河狸才真正属于 *Eucastor*（Flynn et Jacobs, 2008b）。就此看来，*Dipoides* 属可能起源于北美，晚中新世向欧亚大陆扩散，并在晚中新世晚期至上新世早期成功地占据了北半球的大部分地区，但在更新世后即从欧亚大陆迅速消失。

梅氏假河狸 *Dipoides majori* Schlosser, 1903

（图 83、84；表 32）

Dipoides sp.: Li et al., 2003, p. 108, table 1

归入标本 阿巴嘎旗高特格：IM 0007 地点（相当于 DB 02-2），下颌支残段带 p4-m2 一件，4 枚颊齿（1 P4, 2 M1/2, 1 m1/2），V 19641.1-5；DB 02-5 地点，5 枚颊齿（2 M1/2, 2 p4, 1 m1/2），V 19642.1-5；DB 02-6 地点，3 枚颊齿（1 p4, 2 m1/2），V 19643.1-3。

测量 见表 32。

表 32　内蒙古高特格梅氏假河狸颊齿测量

Table 32　Measurements of cheek teeth of *Dipoides majori* from Gaotege, Nei Mongol（mm）

Tooth	Length			Width	
	N	Mean	Range	Mean	Range
P4	1	–	6.80	–	5.50
M1/2	3	5.50	4.80-5.90	5.67	5.0-6.30
p4-m2	1	–	19.40	–	

Tooth	Length			Width	
	N	Mean	Range	Mean	Range
p4	2	7.40	7.30–7.50	5.35	5.30–5.40
m1	1	–	6.30	–	5.50
m2	1	–	6.20	–	5.40
m1/2	4	6.45	6. 0–7.20	5.48	4.60–6.20

描述 下颌支严重破损，下门齿、齿虚位、冠状突、髁突、角突等均缺失。颏孔发育为两个卵圆形小孔，位于 p4 前部下方。上咬肌脊弱，前端位于 p4 后部下方，咬肌窝深、有弱的网状纹饰。上升支起于 m1 的后下方。颊齿咀嚼面构造简单，臼齿冠呈典型的"S"形。侧面视，下颊齿较直，上颊齿则强烈向后弯曲。冠面视，下颊齿褶沟前外-后内向倾斜，上颊齿的则较为横向。无齿根。

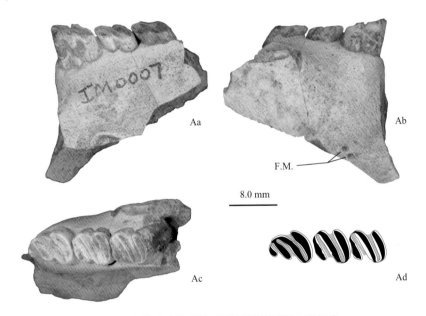

图 83 内蒙古高特格梅氏假河狸右下颌支及颊齿

Fig. 83 Right mandibular fragment with p4–m2 of *Dipoides majori* (V 19641.1) from Gaotege, Nei Mongol

Aa. 舌侧视(lingual view)，Ab. 颊侧视 (buccal view)，Ac, Ad. 冠面视(occlusal view)；F.M. 颏孔(mental foramen)

P4 比臼齿大，冠面由三条脊(前脊、中脊和后脊)和两个褶(次褶和中褶)组成，脊与脊之间的连接薄弱，后脊的舌侧后部膨大。中褶和次褶前后交错排列，褶沟内填充白垩质，次沟和中沟延伸至牙齿基部。

M1 和 M2 与 P4 相似，但较横宽，后脊相对前脊和中脊显得更弱些。

p4 在下颊齿中最长，前窄后宽，长三角形。咀嚼面由前外-后内向的四条脊(下原脊、下中脊、下次脊和下后边脊)和三个褶(下前褶、下中褶和下次褶)组成，其中下原脊最短，下中脊稍长，下次脊最长，其间连接非常薄弱；下前褶深入冠面浅，下中褶最深，下次褶次之，褶沟内充满白垩质，向下延伸至牙齿基部。

m1 与 m2 的大小和形状相似，冠面构造为典型的"S"形，比 p4 缺少了前部的下后尖和下前褶。脊间的连接非常弱，齿褶几乎贯穿冠面。下中褶和下次褶前后交错排列，褶沟内填充白垩质，向下延伸至牙齿基部。

比较与讨论 上述河狸牙齿的齿冠高，咀嚼面构造为简单的"S"形，无齿根，褶沟延伸至牙齿基部并有白垩质充填。这些形态与 *Dipoides* 的属征一致。

高特格标本明显比内蒙古四子王旗大庙的"*Dipoides major*"粗壮，而且颊齿无齿根、冠面构造更简化，以此也有别于宝格达乌拉地点的破损臼齿。与山西榆社马会、内蒙古二登图及哈尔鄂博地点 *D. anatolicus* 相应牙齿相比，其个体明显较大，下颌骨更粗壮，颏孔位置靠后。标本无论是尺寸还是形态均与榆社上部层位中的 *D. majori* 者一致，故归入该种。

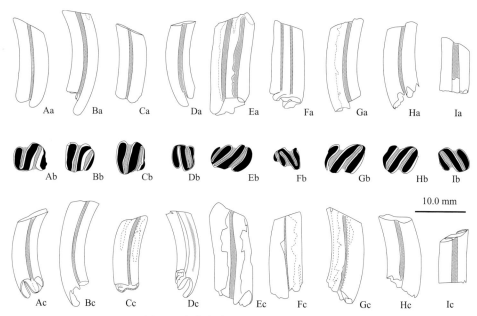

图 84　内蒙古高特格梅氏假河狸颊齿

Fig. 84　Cheek teeth of *Dipoides majori* from Gaotege, Nei Mongol

Aa, Ab, Ac. r P4 (V 19641.2), Ba, Bb, Bc. r M1/2 (V 19642.1), Ca, Cb, Cc. r M1/2 (V 19642.2), Da, Db, Dc. l M1/2 (V 19641.3), Ea, Eb, Ec. l p4 (V 19642.3), Fa, Fb, Fc. r p4 (V 19643.1), Ga, Gb, Gc. l m1/2 (V 19643.2), Ha, Hb, Hc. l m1/2 (V 19641.4), Ia, Ib, Ic. r m1/2 (V 19641.5); Aa–Ia. 舌侧视 (lingual view), Ab–Ib. 冠面视 (occlusal view), Ac–Ic. 颊侧视 (buccal view)

蒙假河狸（新种）*Dipoides mengensis* sp. nov.

（图 85）

Dipoides major：齐陶，1979，259 页，图 1

Dipoides sp.：Qiu Z D et al., 2013, p. 177, appendix

名称由来　meng，汉语拼音"蒙"，内蒙古自治区简称，示新种模式产地——内蒙古。

正模　左下颌支带 p4-m2 (V 5816, 见齐陶，1979，259 页，图 1)。

模式产地与层位　内蒙古四子王旗大庙；上中新统（保德期）。

归入标本　阿巴嘎旗宝格达乌拉地点(IM 0702)：一枚后部破损的 M1/2，V 19644。

测量　大庙标本的测量数据见齐陶(1979)；宝格达乌拉标本冠面保留长度 3.8 mm，宽度 5.9 mm，舌侧齿冠高 11.7 mm。

特征　属中个体较小种；下颌支相对纤细。颊齿具齿根；p4 咀嚼面保留下后坑，下前沟向下延伸明显短于下中沟。

描述　大庙标本：参见齐陶(1979)描述。

宝格达乌拉标本：咀嚼面平坦，呈"S"形构造。舌侧前缘釉质层单薄，可能为接触面，这枚牙齿应是中间颊齿，考虑到牙齿较向后弯曲，推测可能为左 M1 或 M2。中褶（沟）和次褶（沟）近横向深入冠面，前后交错排列，侧面视，次沟比中沟深，褶沟内填充白垩质。褶沟沟底封闭(图 85B)。

比较与讨论　内蒙古四子王旗大庙地点的标本最初由齐陶(1979)报道，指定为"*Dipoides major*"（"major"显然为 majori 之笔误）。对标本的重新观察，发现这件下颌支明显较山西榆社和化德二登图

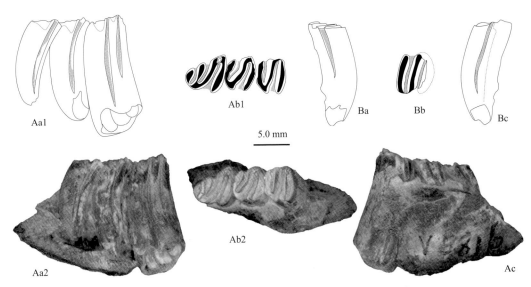

图 85　内蒙古大庙与宝格达乌拉地点蒙假河狸下颌支及颊

Fig. 85　Mandibular fragment and cheek teeth of *Dipoides mengensis* from Damiao and Baogeda Ula, Nei Mongol
Aa1, Aa2, Ab1, Ab2, Ac. 附有 p4-m2 的左下颌骨碎块（left mandibular fragment with p4-m2）（正模 holotype, V 5816），
Ba, Bb, Bc. r M1/2（V 19644）；Aa1, Aa2, Ba, 舌侧视（lingual view），Ab1, Ab2, Bb. 冠面视（occlussal view），Ac, Bc.
颊侧视（buccal view）

D. anatolicus 的更纤细，远不如山西榆社和高特格的 *D. majori* 的粗壮。此外，下颊齿的褶沟在底部封闭，
表明牙齿具有齿根，而且其 p4 还保留有清楚的下后坑，下前沟向下延伸明显短于下中沟。在假河狸属
中，这些形态被认为是较原始的性状，以此大庙标本有别于中国晚中新世晚期的 *D. anatolicus* 及上新世
早期的 *D. majori*。在后两者中，颊齿无齿根、冠面构造较简单。代表 *Dipoides* 属在宝格达乌拉出现的这
枚 M1/2，褶沟封闭，具有齿根，与大庙标本相似，被认为属于相同的一种。大庙河狸和宝格达乌拉的假
河狸同与三趾马动物群共生，根据相关的哺乳动物群对比和玄武岩测年约束，大庙和宝格达乌拉地点产
出 *Dipoides* 的年代可能都在 7 Ma 左右，早于山西榆社 *D. anatolicus* 最低层位的年代（约 6.0 Ma）（Flynn
et al., 1997；Qiu et al., 2006；Deng et al., 2011）。大庙和宝格达乌拉的河狸材料，代表了目前中国最原
始的 *Dipoides*。考虑到地理距离的因素，这里未将其归入北美或欧洲早期颊齿有根、冠面形态原始的
Dipoides 种类而指定为新种，命名为 *Dipoides mengensis*。

河狸亚科 Castorinae Hemprich, 1820

河狸属 *Castor* Linnaeus, 1758

模式种　*Castor fiber* Linnaeus, 1758（现生种）

归入种（化石种）　*Castor neglectus* Schlosser, 1902：欧洲，晚中新世。*C. californicus* Kellogg, 1911：北
美，晚中新世—上新世。*C. anderssoni*（Schlosser, 1924）：山西，晚中新世—早上新世（保德期—高庄期）；
内蒙古，晚中新世（保德期）；甘肃，早更新世；北京、辽宁，中更新世。

特征（增订）　一类大型河狸。门齿釉质层扁平型，表面光滑，纹饰极弱。颊齿高冠、具齿根。咀嚼
面构造为典型的 *Castor* 型，一般只具四个褶，上颊齿的前褶和后褶及下颊齿的下后褶很晚才封闭成前坑、
后坑和下后坑，颊齿（下）次沟伸达齿冠基部，其他沟则相对较短、但长短不一，沟内有厚白垩质填充。

评述　先前，发现于中国晚中新世至更新世个体较大、牙齿形态与现生河狸 *Castor fiber* 相似的化石
河狸，或被归入欧洲的 *Chalicomys* 属（Schlosser, 1924；Teilhard de Chardin, 1926b；Teilhard de Chardin et
Young, 1931），或被指定为 *Sinocastor* 属（Young, 1927, 1934；Teilhard de Chardin, 1942；辽宁省博物馆、
本溪市博物馆, 1986）。而徐晓风（Xu, 1994a, 1995）和王伴月（2005）又都将这些标本归入 *Castor* 属，并
认为 *Sinocastor* 是 *Castor* 的同物异名。Flynn 和 Jacobs（2008b）建议将 *Sinocastor* 降格为 *Castor* 的亚属。不

过，Rybczynski 等（2010）仍坚持 *Sinocastor* 是有效的独立属，认为中国新近纪的 *Castor* 类都属于 *Sinocastor*，*Castor* 在中国出现的时代在中更新世之后。但是，头骨和牙齿上的形态难以把 *Sinocastor* 和 *Castor* 区分开，前者为后者晚出异名的建议似乎更可取。目前的资料表明，*Castor* 在中国最早出现于晚中新世晚期，并一直延续至今。

安氏河狸 *Castor anderssoni*（Schlosser，1924）

（图 86-89；表 33）

Chalicomys anderssoni：Schlosser，1924，p. 22，pl. II，figs. 17-28，42-46

Chalicomys（Castor）anderssoni：Teilhard de Chardin，1926b，p. 43

Castor zdanskyi：Young，1927，p. 10，Taf. 1

Chalicomys broilii：Teilhard de Chardin et Young，1931，p. 4，fig. 1，pl. I，fig. 1

Castor sp.，*Sinocastor anderssoni*，*S. broili*，*S. zdanskyi*：Young，1934，p. 51

Castor broilii，*C. zdanskyi*：Stirton，1935，p. 447

Sinocastor anderssoni，*S. anderssoni* mut. *progressa*，*S. zdanskyi*，*Eucastor youngi*：Teilhard de Chardin，1942，p. 2，figs. 4-11，13

Sinocastor anderssoni：Fahlbusch et al.，1984，p. 213

Sinocastor anderssoni，*S. zdanskyi*：辽宁省博物馆、本溪市博物馆，1986，41 页

Eucastor youngi，*Castor zdanskyi*：Xu，1994a，p. 83

Castor zdanskyi?，Castoridae gen. et sp. indet. 1，2：李强，2006，16 页，图 9-11C

Sinocastor anderssoni：Rybczynski et al.，2010，p. 1

Castor zdanskyi：Qiu Z D et al.，2013，p. 185，appendix

选模 在早先的文献中没有指定该种的正模，这里采纳徐晓风（Xu，1994a）指定的一件右下颌残段带 p4-m3 为选模标本（见 Schlosser，1924，pl. II，fig. 43）。

归入标本 化德县二登图 2 地点：4 段门齿碎片和 15 枚颊齿（1 P4，3 M1/2，1 M3，3 dp4，2 p4，3 m1/2，2 m3），V 19645.1-19。化德县比例克地点：一件下颌支和 2 枚臼齿（1 M1/2，1 m3），V 19646.1-3。阿巴嘎旗高特格：DB 02-1 地点，一枚 p4，V 19647；DB 02-2 地点，一下颌支带 i2-m2，6 枚颊齿（2 P4，1 M1/2，1 M3，1 p4，1 m3），V 19648.1-7；DB 02-3 地点，一枚 M1/2，V 19649；DB 02-4 地点，两段门齿碎片和 6 枚牙齿（1 P4，1 M1/2，1 M3，2 p4，1 m1/2），V 19650.1-8；DB 02-5 地点，一带 m1-3 下颌支，13 枚颊齿（1 P4，5 M1/2，1 dp4，1 p4，4 m1/2，1 m3），V 19651.1-14；DB 02-6 地点，8 枚颊齿（1 P4，2 M1/2，2 dp4，2 p4，1 m1/2），V 19652.1-8。

测量 见表 33。

表 33 内蒙古中部安氏河狸颊齿测量

Table 33 Measurements of cheek teeth of *Castor anderssoni* from central Nei Mongol（mm）

Tooth	Length			Width	
	N	Mean	Range	Mean	Range
高特格 Gaotege					
P4	2	6.65	9.50-9.80	9.10	9.10-9.10
M1/2	7	6.90	6.10-8.10	7.91	7.40-8.20
M3	3	6.83	6.20-7.30	6.37	5.90-6.70
dp4	2	5.15	4.80-5.50	4.25	4.20-4.30
p4-m2	1	–	27.50	–	–
p4	4	10.68	8.50-12.10	8.28	6.70-9.30
m1	1	–	8.80	–	8.10
m2	1	–	8.30	–	8.10
m1/2	6	7.82	7.30-8.40	7.32	6.10-8.40
m3	2	8.80	8.70-8.90	7.05	6.70-7.40

Tooth	Length			Width	
	N	Mean	Range	Mean	Range
二登图 2 Ertemte 2					
P4	1	–	8.50	–	7.90
M1/2	3	6.50	6.20-6.70	7.03	6.10-7.70
M3	1	–	6.20	–	5.70
dp4	2	7.30	6.80-7.80	5.00	4.90-5.10
m1/2	1	–	6.70	–	5.0
m3	1	–	7.60	–	7.70
比例克 Bilike					
p4-m3	1	–	31.0	–	
p4	1	–	9.0	–	7.20
m1	1	–	7.20	–	8.10
m2	1	–	7.20	–	7.70
m3	2	7.05	6.90-7.20	6.00	5.90-6.10
M1/2	1	–	7.10	–	7.20

描述　比例克和高特格地点保存了较好的下颌支，齿列几乎完整，但冠状突、髁突和角突均破损。下颌支联合部后端伸达 p4 前缘正下方、齿骨腹面，向下形成明显的三角形凸起；齿虚位长 27.0 mm，前部较缓，后部在 p4 前下方陡直，侧面视近直角；颏孔大，卵圆形，位于 p4 前缘正下方、齿虚位后缘下方颊侧；上咬肌脊明显，下支不甚清晰，两者呈锐角交会于 p4 后部下方；咬肌窝深，有弱的网状纹饰；上升支前缘起于 m1 与 m2 之间；角突下缘强烈向内包卷。下门齿与颊齿列夹角约为 20°，釉质层扁平，表面光滑，纹饰极弱，侧面具有生长纹，磨蚀面呈铲形，尖端略低于颊齿咀嚼面，最大截面 9.20 mm × 9.70 mm。齿列长 31.2 mm（p4-m3）和 27.5 mm（p4-m2）。

上门齿釉质层较扁平，但横切面较下门齿短圆，呈圆三角形。颊齿咀嚼面构造为典型的 Castor 型：具四条开放的褶（沟），缺乏原始的次前坑和下原前坑等小坑，褶沟持续较长，（下）前褶和（下）后褶磨蚀后期才封闭成（下）前坑和（下）后坑，上颊齿的次褶与前褶近相对排列；次褶和下次褶均延伸至齿根部，褶沟填充白垩质。

P4 冠面近梯形。前缘较圆隆，后部颊侧凸起。次褶位置较靠前，近横向伸达齿宽之半；前褶轻微超前或与次褶相对；中褶位于前褶与次褶之后，弯曲地或后内向几乎贯穿冠面；后褶位于中褶之后，深入冠面最浅，深磨蚀后形成后坑。侧面的四条沟中，以次沟延伸最深，几达齿根；颊侧的三条沟深度不一，均远浅于次沟，其中中沟最深，前沟次之，后沟最浅。具齿根。

M1 和 M2 冠面似矩形，构造相似，不容易区分。尺寸明显比 P4 小，冠面较横宽，釉质层由舌前至颊后向逐渐变薄。磨蚀早期具四条褶，前褶轻微超前于次褶，两者近相对排列，中褶深入冠面最深；磨蚀后期褶沟内壁次级褶沟增多，前褶和后褶分别封闭成前坑和后坑，次褶向颊侧延伸更深，并与前坑相对排列；磨蚀晚期，前褶与次褶前后交错排列，中褶位于次褶之后，后内向延伸，后褶较横向、深入冠面最深，甚至与中褶贯通。侧面的四条沟中，次沟最深，延伸至齿根，颊侧沟中以中沟最长，前沟次之，后沟最短。齿根发达，舌侧具一板状齿根，颊侧具两个独立的小根。

M3 与 M1 和 M2 的构造基本相似，但较为狭窄，后部颊侧尖削。前褶与次褶近相对排列，中褶深、几乎贯穿冠面。磨蚀后期，内褶偏向舌侧，前褶与次褶的内角相对排列，中褶与后褶的内角完全贯通。次沟最深，中沟次之，前沟和后沟近等长。具有齿根。

p4 具四条开放的褶（沟），其中舌侧的下前褶、下中褶和下后褶在冠面上近横向或前外向延伸，颊侧的下次褶强烈地后内向倾斜，位于下中褶和下后褶之间、与下中褶交错排列；深度磨蚀标本的下次褶与

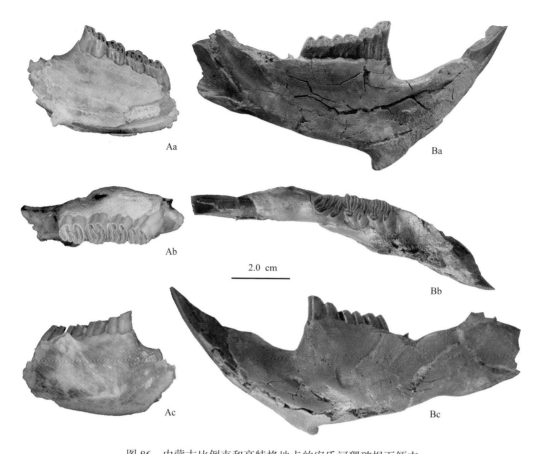

图 86　内蒙古比例克和高特格地点的安氏河狸破损下颌支

Fig. 86　Mandibular fragments of *Castor anderssoni* from Bilike and Gaotege, Nei Mongol

Aa, Ab, Ac. 附有 p4-m3 的右下颌骨碎块（right fragmentarly mandible with p4-m3）（V 19646.1），Ba, Bb, Bc. 附有 i-m2 的破损左下颌骨（left fragmentarly mandible with i and p4-m2）（V 19648.1）；Aa, Ba. 舌侧视（lingual view），Ab, Bb. 冠面视（occlusal view），Ac, Bc. 颊侧视（buccal view）

下中褶贯通。下次沟向下延伸至根部，比下前沟、下中沟和下后沟都长，其中下后沟最短；磨蚀后期，下后褶封闭成下后坑。具齿根。dp4 与 p4 形态相似，但尺寸较小，釉质层较薄，随着磨蚀下后褶、下前褶和下中褶先后封闭。

　　m1 和 m2 的尺寸相近，形态相似，轮廓近矩形，前缘较平直，舌侧褶沟特别是下前褶近横向，这些与 p4 者有所不同。下前褶深入冠面最深，下中褶超前于下次褶，两者交错排列。在一枚磨蚀轻微的标本中，下后尖上可以看到一个小的浅坑。下次沟最深，向下延伸至齿根；舌侧以下中沟最深，与下后沟近等，都未伸达齿根，下前沟和下后沟下缘近持平。具愈合的齿根。

　　m3 的形态与 m1 和 m2 相似，但轮廓较窄长，颊侧后部较收缩。下次沟最深，下中沟次之，下前沟与下后沟深度接近或下前沟稍深。在比例克标本中，下中褶中断，下前褶与下中褶在下中脊中断处前后贯通，下后褶内釉质的褶皱更发育。具愈合的齿根。

　　比较与讨论　上述标本具有 *Castor* 属的典型特征：尺寸大，下颌骨粗壮，门齿粗大、釉质层扁平、表面光滑、纹饰极弱，颊齿咀嚼面仅具四条褶（沟），褶沟持续时间较长，沟内有厚实的白垩质填充，（下）次褶向下延伸至齿根，其余褶沟深浅不一。

　　中国的 *Castor* 类化石，最早发现于内蒙古二登图，由 Schlosser（1924）作为 *Chalicomys anderssoni* 描述，随后该种报道于内蒙古高特格（Teilhard de Chardin, 1926b）。后有发现于山西保德陈家峁沟（Chen-Chia-Mao-Kou）的 *Castor zdanskyi*，保德红土层中的 *C. broilii* 和北京周口店的 *Castor* sp.（Young, 1927, 1934；Teilhard de Chardin et Young, 1931）。杨钟健（Young, 1934）将 *Chalicomys anderssoni*、*Castor*

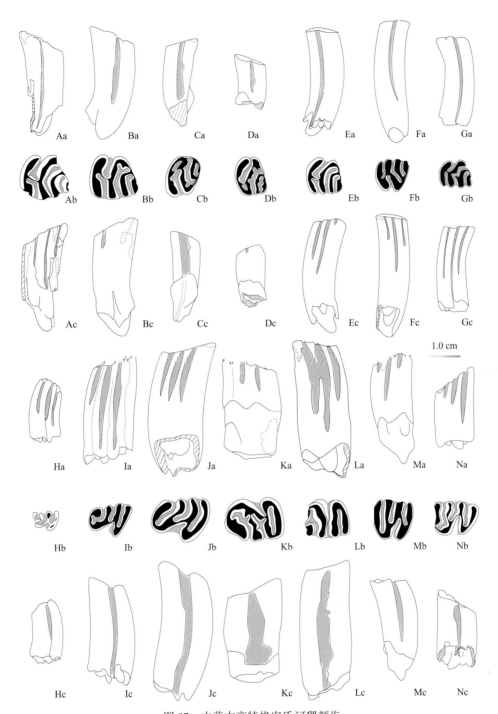

图 87　内蒙古高特格安氏河狸颊齿

Fig. 87　Cheek teeth of *Castor anderssoni* from Gaotege, Nei Mongol

Aa, Ab, Ac. r P4 (V 19650.1), Ba, Bb, Bc. r P4 (V 19651.1), Ca, Cb, Cc. l M1/2 (V 19651.2), Da, Db, Dc. r M1/2 (V 19649), Ea, Eb, Ec. r M1/2 (V 19652.1), Fa, Fb, Fc. l M3 (V 19651.3), Ga, Gb, Gc. r M3 (V 19648.2), Ha, Hb, Hc. r dp4 (V 19651.4), Ia, Ib, Ic. l p4 (V 19648.3), Ja, Jb, Jc. l p4 (V 19650.2), Ka, Kb, Kc. r p4 (V 19647), La, Lb, Lc. l p4 (V 19652.2), Ma, Mb, Mc. r m1/2 (V 19651.5), Na, Nb, Nc. l m3 (V 19651.6); Aa-Na. 舌侧视 (lingual view), Ab-Nb. 冠面视 (occlusal view), Ac-Nc. 颊侧视 (buccal view)

zdanskyi 和 *C. broilii* 归入其指定的中华河狸(*Sinocastor*)属。Stirton (1935)将上述三种都归入 *Castor* 属,并认为三者可能为同一个种, 即 *C. anderssoni*。Teilhard de Chardin (1942)认为 *Sinocastor* 是有效属, 但怀疑 *Castor broilii* 是 *C. anderssoni* 的同物异名。此后, 在中国新近系发现的这一类河狸, 以 *Sinocastor* 或

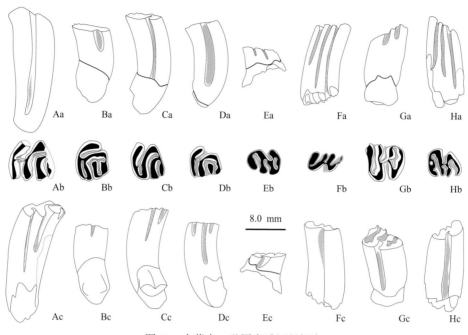

图 88　内蒙古二登图安氏河狸颊齿

Fig. 88　Cheek teeth of *Castor anderssoni* from Ertemte 2, Nei Mongol

Aa, Ab, Ac. r P4 (V 19645.1), Ba, Bb, Bc. r M1/2 (V 19645.2), Ca, Cb, Cc. r M1/2 (V 19645.3), Da, Db, Dc. r M3 (V 19645.4), Ea, Eb, Ec. r dp4 (V 19645.5), Fa, Fb, Fc. l p4 (V 19645.6), Ga, Gb, Gc. l m3 (V 19645.7), Ha, Hb, Hc. r m3 (V 19645.8); Aa–Ha. 舌侧视 (lingual view), Ab–Hb. 冠面视 (Occlusal view), Ac–Hc. 颊侧视 (buccal view)

Castor 的属名记述常见于文献之中 (Fahlbusch et al., 1983; Xu, 1994a, 1995; Flynn et al., 1997; Qiu et Storch, 2000; 郑绍华、张兆群, 2001; 王伴月, 2005)。虽然近年不少研究者认为 *Sinocastor* 是 *Castor* 的晚出异名，但 Rybczynski 等 (2010) 根据头骨的研究仍坚持 *Sinocastor* 属的有效性。

中国的这些 *Castor* 类，与欧洲 *Chalicomys* 属的模式种 *C. jaegeri* 相比，颊齿的构造明显较简单，其上缺乏原始的小坑，上颊齿次褶与前褶的内角近相对排列，显然与欧洲的 *Chalicomys* 属有所不同。与现生的 *C. fiber* 相比，颊齿的尺寸难以区分 (图 89)，构造相似，都有排列方式一致并较开放的四条褶沟，次沟和下次沟延伸至齿根。唯一不同的是上臼齿颊侧和下臼齿舌侧的 (下) 前沟、(下) 中沟、(下) 后沟延伸的深度：*C. fiber* 的均伸至齿根，而化石 *Castor* 类的则深浅不一，并未全部向下伸至齿根。因此，我们倾向将中国这些新近纪的化石材料归入 *Castor* 属。

至于山西保德红土层的 *Castor broilii* 和 *C. zdanskyi*，我们赞同前者为 *C. anderssoni* 的晚出异名。*C. zdanskyi* 的正模为一近老年个体，下颌骨形态与内蒙古二登图、比例克、高特格和山西榆社等地点 *C. anderssoni* 标本的特征一致，只是由于颊齿高度磨蚀，尺寸偏大，褶沟内壁明显褶皱。此外，德日进 (Teilhard de Chardin, 1942) 在描述 *C. zdanskyi* 一件下颌支 (Loc. 30.956) 时，注意到 p4 的下次褶与下中褶贯通，这一现象在高特格产出的老年个体材料中也存在。因此，同样赞同 *C. zdanskyi* 也是 *C. anderssoni* 晚出异名的观点。德氏在同文描述山西榆社的 "*Sinocastor anderssoni* mut. *progressa*" 时，强调了该种与 *Castor anderssoni* 唯一的区别是颊齿 (下) 前沟、(下) 中沟和 (下) 后沟显著地深。在我们看来这正是 *C. anderssoni* 演化到后期的进步特征，同样的情况亦见于早更新世甘肃龙担和中更新世辽宁本溪庙后山等地点的标本 (辽宁省博物馆、本溪市博物馆, 1986; 王伴月, 2005)。

德氏指定的 *Eucastor youngi* 无论是牙齿的尺寸还是形态与 *C. anderssoni* 的都高度一致，也应该归入该种。"*E. youngi*" 的正模包括 2 枚上臼齿及 1 枚 "右下臼齿"，其中的 "右下臼齿" (Teilhard de Chardin, 1942, fig. 13C) 实为左 M1/2，其冠面形成的前坑 (paf) 和后坑 (mtf) 显得较小，完全是由于牙齿到达磨蚀后期之故，相似的形态在高特格的材料中同样可见。因此，*E. youngi* 的建立是基于对牙齿的错误鉴定，

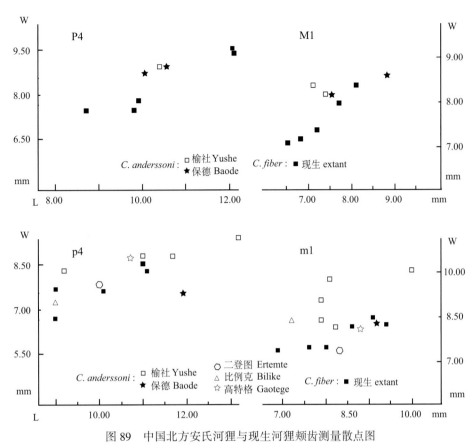

图 89 中国北方安氏河狸与现生河狸颊齿测量散点图

Fig. 89 Scatter diagram showing length and width in the premolars and the first molars of *Castor anderssoni* from northern China and the extent *C. fiber*

化石河狸中包括保德的 *C.* "*zdanskyi*", *C.* "*broilii*" 和榆社 30.956 地点的 *C.* "*zdanskyi*"; 现生河狸测量数据采自保存在 IVPP 的标本 (Specimens of *C. anderssoni* include those of *C.* "*zdanskyi*" and *C.* "*broilii*" from Baode, Shanxi, and *C.* "*zdanskyi*" from Loc. 30.956, Yushe, Shanxi; data for *C. fiber* are measured from the specimens kept in IVPP)

应予以废弃。

时墨庄等(1981)依据云南昭通褐煤层中的材料建立了 *Sinocastor zhaotungensis*, 而邱铸鼎等(1985)则认为标本不能归入"*Sinocastor*"属。根据描述和图示, "*S*". *zhaotungensis* 个体比 *Castor* 小, 颊齿齿冠低, 臼齿显著短于前臼齿, 经磨蚀的冠面已接近"S"形, (下)前褶、(下)中褶与(下)后褶均封闭成坑, 下次褶与下后坑斜向相对排列, 并保留有较原始的次生小坑。这些形态, 显然有悖于 *Castor* (= *Sinocastor*)属征。云南昭通的河狸与云南禄丰地点的 cf. *Monosaulax* sp. (邱铸鼎等, 1985)具有相似性, 与泰国清迈(Chiang Mai)及 Mae Moh 盆地的 *Steneofiber siamensis*(Suraprasit et al., 2011)都有可比之处, 可能属于与 *Monosaulax* 或 *Steneofiber* 类似、代表中新世晚期至晚中新世晚期在东南亚地区出现的一支较原始河狸类群。

除上述地点之外, *Castor* 化石还发现于青海共和盆地更新世地层及柴达木盆地东陵丘等地点, 这些零星牙齿的形态都无异于 *C. anderssoni* 的特征(郑绍华等, 1985a; Wang et al., 2007)。*Castor* 的化石也见于东北地区的更新世地层, 周明镇(1959)在记述东北第四纪啮齿类化石时, 认为由 Tokunaga 和 Naora (1939)命名为 *Castor orientalis* 的一件左下颌, 可能属于 *C. fiber*, 似乎代表了 *Castor* 化石的最晚记录。

总而言之, 这里支持 *Sinocastor* 为 *Castor* 的晚出异名的观点, 并认为 *C. broilii*、*C. zdanskyi* 和 *Eucastor youngi* 均为 *C. anderssoni* 的同物异名; 目前在中国发现的所有新近纪类 *Castor* 化石都应归入 *C. anderssoni*, 其与现生 *C. fiber* 的唯一区别仅仅是(下)前沟、(下)中沟和(下)后沟深浅不一, 未完全延伸至齿根。

关于 Castor 的起源问题，最早 Schreuder（1929）认为可能起源于欧洲的 Chalicomys 属，这一意见得到 Stirton（1935）的支持（他认为 Chalicomys 是 Palaeomys 的同物异名）。Chalicomys 的唯一种 C. jaegeri 在欧洲出现于晚中新世的 MN9-MN12，大约 11.0-6.5 Ma；Castor 被认为在欧洲出现较早，最早发现于 MN9 带，与 Chalicomys 几乎同时出现（Hugueney，1999b）。这样一来，Castor 似乎不一定由 Chalicomys 直接衍生而来。徐晓风（Xu，1994a）认为在欧洲存在 Steneofiber-Castor 的演化路线，但是，目前对于 Steneofiber 归入种的认定和出现的时间都存在诸多争议（Hugueney，1999b；Flynn et Jacobs，2008b；Suraprasit et al.，2011），在未对其作全面系统分析之前，讨论 Steneofiber-Castor 的演化路线需要格外谨慎。

中国产出化石 Castor anderssoni 的地点均在北方，层位的时代为晚中新世晚期至上新世早期，即保德期—高庄期，但大多缺乏精确的测年结果。根据已有的少数古地磁测年数据，C. anderssoni 在山西榆社盆地出现的年代约为 6.1-3.4 Ma，在甘肃灵台晚于 4.0 Ma，在内蒙古高特格大概为 4.2 Ma，出现的时间都比 Castor 在欧洲（~11 Ma）和北美（~7.5 Ma）首次出现的时间晚（Flynn et al.，1997；郑绍华、张兆群，2001；徐彦龙等，2007；O'Connor et al.，2008）。这也支持了关于 Castor 可能起源于欧洲，逐渐扩展至亚洲再至北美的意见（徐晓风，1994）。中国的 C. anderssoni 在经过晚中新世—上新世的繁荣后，一直延续到更新世早中期。更新世时期的 C. anderssoni，颊齿的（下）前沟、（下）中沟和（下）后沟进一步加深，已经很接近现生 C. fiber 者。单从颊齿的特征演化上来说，欧亚大陆现生的 C. fiber 是从 C. anderssoni 直接演化而来的可能性很大。

Castor 的地理分布受到生态环境的较严格限制，该属的现生种主要栖息在北温带水边树林和灌丛或寒带针叶林之中。C. anderssoni 在内蒙古二登图、比例克和高特格的出现表明，在晚中新世晚期至上新世早期，内蒙古中部地区应具有类似的生态环境，至少在这一段时期，该地区应该一直存在较大的水体和较多的林木。

跳鼠超科 Dipodoidea Fischer von Waldheim，1817

广义的跳鼠是一类小型—中型大小的啮齿动物，前肢明显比后肢短，尾巴一般很长，具有跳跃运动的本能，齿式通常为：1·0·1·3/1·0·0·3。跳鼠最早出现于亚洲和北美的始新世，一直延续至今。目前全球现生的跳鼠（广义）包括林跳鼠类、蹶鼠类和跳鼠类（狭义），计有 16 属 51 种。关于跳鼠较高阶元的分类及内涵，在研究者中仍未取得一致的看法，表 34 为这一类群常见的较高阶元分类方案。

表 34　跳鼠类高阶元常见的不同分类方案
Table 34　Various classification of dipoidids in high taxonomic level in literature

Ellerman, 1940	Simpson, 1945	Klingener, 1984	McKenna et Bell, 1997
Dipodidae	Zapodidae	Dipodidae	Dipodidae
Sicistinae	Sicistinae	Sicistinae	Sicistinae
Zapodinae	Zapodinae	Zapodinae	Lophocricetini
Cardiocraniinae	Dipodidae	Cardiocraniinae	Sicistini
Euchoreutinae	Dipodinae	Euchoreutinae	Zapodinae
Dipodinae	Cardiocraniinae	Allactaginae	Allactaginae
	Euchoreutinae	Dipodinae	Dipodinae
			Dipodini
			Cardiocraniini
			Paradipodinae
			Euchoreutinae

此外，Zazhigin 和 Lopatin（2000a）根据对中亚地区化石跳鼠的研究，建议建立五趾跳鼠科（Allactagidae）。Stein（1990）在对肢体肌肉进行比较解剖学研究后建议将蹶鼠 Sicista 置入独立的 Sicistidae 科，但也未得到普遍接受。至于对亚科一级的确定，不同作者更有自己的一套想法（Flynn，

2008b；Zazhigin et Lopatin，2000a，2001；De Bruijn，个人通讯）。看来，对这一类动物分类的争议还会继续下去。

在分类方案未取得一致看法之前，本书随同部分古生物学者，如 Simpson（1945）和 Daxner-Höck（1999）等，采用较为传统的分类方案，即将广义的跳鼠类动物分为林跳鼠科（Zapodidae）和跳鼠科（Dipodidae），把两者归入跳鼠超科（Dipodoidea），暂将林跳鼠科分为林跳鼠亚科（Zapodinae）、蹶鼠亚科（Sicistinae）和脊仓跳鼠亚科（Lophocricetinae），将跳鼠科分为三趾跳鼠亚科（Dipodinae）、五趾跳鼠亚科（Allactaginae）、心颅跳鼠亚科（Cardiocraniinae）和长耳跳鼠亚科（Euchoreutinae）。

跳鼠超科化石在内蒙古中部地区的新近纪地层中相当常见，上述 7 个亚科中的 6 个都有发现，其中嘎顺音阿得格、默尔根、铁木钦、二登图、哈尔鄂博和比例克地点的全部或部分材料已做过较详细的描述（Qiu，1985，2003；Fahlbusch，1992；邱铸鼎，1996b；Qiu et Storch，2000；Kimura，2010a，b）。本书仅描述工作区未进行详细研究的材料。

林跳鼠科 Zapodidae Coues, 1875

林跳鼠科动物是一类小—中型的跳鼠，具有中度的跳跃本能，地史上出现早，分布也广，现生种类广布全北区温带干旱、半干旱的草原和森林草原，但在荒漠、戈壁未见有其踪迹。该科动物具豪猪型头骨，听泡不扩大，颚骨不很宽，颈骨和中间跖骨不愈合；齿冠低—中高，丘-脊型齿。多数属的 P4 单尖、单齿根、细小；在极少数古老的属中可能保留有 P3，个别的现生属中 P3 和 P4 则完全退化消失；臼齿有较接近仓鼠类的咀嚼面构造，第一和第二臼齿相对伸长，m1 通常有下前边尖。

在内蒙古中部，林跳鼠科化石几乎发现于所有新近纪地点，是动物群中很重要的组成部分，计有 3 个亚科的 10 个属。

林跳鼠亚科 Zapodinae Coues, 1875

林跳鼠亚科的种类个体较小，齿冠低，丘-脊型齿，齿脊通常相对显著。上臼齿舌、颊侧主尖近对位排列，内谷较窄、浅且不对称；M1 和 M2 的前边脊、后边脊和中脊一般都很发育，但前边尖和中尖常常不明显，没有显著的后边脊舌侧支和后内谷。下臼齿外谷较宽；m1 和 m2 的下后边脊颊侧支和后外谷不发育；m1 长大于宽，下前边尖低、弱，下后边尖不发育（图 90）。

该亚科在内蒙古中部地区新近纪地层中的化石丰富，有 *Plesiosminthus*、*Litodonomys*、*Sinodonomys*、*Eozapus* 和 *Sinozapus* 五属。

近蹶鼠属 *Plesiosminthus* Viret, 1926

模式种 *Plesiosminthus schaubi* Viret，1926：法国 St-Gérand-le-Puy，晚渐新世。

归入种 *Plesiosminthus asiaticus* Daxner-Höck et Wu，2003：中国新疆，晚渐新世。*P. barsboldi* Daxner-Höck et Wu，2003：蒙古，晚渐新世/早中新世；中国内蒙古，早中新世。*P. vegrandis* Kimura，2010：中国内蒙古，早中新世。*P. promyarion* Schaub，1930：蒙古，晚渐新世；欧洲，渐新世（MP26－29）。*P. tereskentensis* Lopatin，1999：哈萨克斯坦，早中新世。*P. myarion* Schaub，1930：欧洲，早中新世。*P. winistoerferi* Engesser，1987，*P. conjunctus* Ziegler，1994：欧洲，晚渐新世（MP30）。*P. moralesi* Alvarez et al.，1996：西班牙，早中新世（MP29）。*P. grangeri*（Wood，1935），*P. sabrae*（Black，1958），*P. cartomylos*（Korth，1987）：北美，晚渐新世—早中新世。

特征 齿式如同跳鼠类中的蹶鼠：1·0·1·3/1·0·0·3。P4 像现生 *Sicista* 属的那样退化；但 M3 较为发育，具有正常上臼齿的构造。下臼齿中 m1 和 m2 的相对大小与 *Sicista* 的正好相反，即 m1 比 m2 大，而 *Sicista* 属中 m2 比 m1 大。另外，上臼齿的内谷和下臼齿的外谷不像 *Sicista* 的那样宽大和横向，而是非常倾斜地向咀嚼面的内侧收缩。颧弓非常低，如同 *Sicista* 的一样（引自 Viret，1926）。

评注 在牙齿的形态上，*Plesiosminthus* 属与 *Litodonomys*、*Parasminthus*、*Heosminthus* 和 *Schaubeumys* 属比较接近，但其上门齿背面有纵沟，臼齿脊型（齿尖呈不同程度的压扁状，齿脊发育），上臼齿具三齿

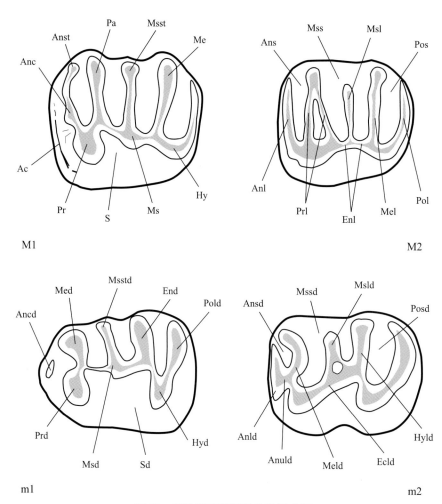

图 90　林跳鼠亚科臼齿构造模式图

Fig. 90　Nomenclature used for molars of Zapodinae

Ac, 前齿带（anterior cingulum）; Anc, 前边尖（anterocone）; Ancd, 下前边尖（anteroconid）; Anl, 前边脊（anteroloph）; Anld, 下前边脊（anterolophid）; Ans, 前边谷（anterosinus）; Ansd, 下前边谷（anterosinusid）; Anst, 前附尖（anterostyle）; Anuld, 下前小脊（anterolophulid）; Ecld, 下外脊（ectolophid）; End, 下内尖（entoconid）; Enl, 内脊（entoloph）; Hy, 次尖（hypocone）; Hyd, 下次尖（hypoconid）; Hyld, 下次脊（hypolophid）; Me, 后尖（metacone）; Med, 下后尖（metaconid）; Mel, 后脊（metaloph）; Meld, 下后脊（metalophid）; Ms, 中尖（mesocone）; Msd, 下中尖（mesoconid）; Msl, 中脊（mesoloph）; Msld, 下中脊（mesolophid）; Mss, 中间谷（mesosinus）; Mssd, 下中间谷（mesosinusid）; Msst, 中附尖（mesostyle）; Msstd, 下中附尖（mesostylid）; Pa, 前尖（paracone）; Pol, 后边脊（posteroloph）; Pold, 下后边脊（posterolophid）; Pos, 后边谷（posterosinus）; Posd, 下后边谷（posterosinusid）; Pr, 原尖（protocone）; Prd, 下原尖（protoconid）; Prl, 原脊（protoloph）; S, 内谷（sinus）; Sd, 下外谷（sinusid）

根，齿尖位于牙齿的四角，M2 和 M3 常有双原脊，m2 和 m3 屡见下原尖后臂。这些特征组合，特别是上门齿具纵向沟，使其不同于以上各属。

　　Schaubeumys 属出现于北美，一些学者将其并入 *Plesiosminthus* 属（Wilson，1960; Green，1977），但 Engesser（1979）注意到其与欧洲 *Plesiosminthus* 属在形态上的差别，特别是下外脊与下后脊连接而非与下原尖相连，建议把它们看作不同的两个属，笔者认同 Engesser 的这一观点和建议。

巴氏近鼩鼠 *Plesiosminthus barsboldi* Daxner-Höck et Wu，2003

（图 91，93；表 35）

Parasminthus cf. *P. tangingoli*：Qiu et al.，2006，p. 180，partim

Plesiosminthus cf. *P. barsboldi* (Lower Aoerban, Gashunyinadege): Qiu Z D et al., 2013, p. 177, appendix

归入标本 苏尼特左旗敖尔班(下): IM 0407 地点,颊齿 7 枚(3 P4, 1 M2, 2 M3, 1 m1), V 19653.1-7, IM 0507,一具 m1-3 的破碎下颌骨,牙齿 17 枚(3 I, 1 P4, 3 M1, 2 M2, 5 m1, 2 m2, 1 m3), V 19654.1-18。苏尼特左旗敖尔班(上)(IM 0772 地点): 臼齿 5 枚(1 M1, 1 M2, 1 M3, 2 m2), V 19655.1-5。

测量 见表 35。

表 35 内蒙古敖尔班巴氏近鼩鼠颊齿测量

Table 35 Measurements of cheek teeth of *Plesiosminthus barsboldi* from Aoerban, Nei Mongol (mm)

Tooth	Length			Width		
	N	Mean	Range	N	Mean	Range
敖尔班(下) Aoerban (L)						
P4	4	0.74	0.74-0.75	4	0.75	0.75-0.75
M1	3	1.18	1.15-1.22	3	1.19	1.16-1.20
M2	3	1.13	1.06-1.20	1	–	1.20
M3	2	0.75	0.74-0.76	2	0.83	0.80-0.85
m1	6	1.27	1.25-1.30	6	0.96	0.93-1.05
m2	2	1.23	1.20-1.25	2	0.93	0.90-0.95
m3	1	–	1.15	1	–	0.90
敖尔班(上) Aoerban (U)						
M1	1	–	1.15	1	–	1.14
M2	1	–	1.12	1	–	1.05
M3	1	–	0.70	1	–	0.85
m2	2	1.23	1.20-1.25	2	0.98	0.95-1.00

特征 *Plesiosminthus* 属中的大个体种。臼齿齿尖多少呈前后向压扁状;上臼齿的后脊与次尖前部相连; M1 无前齿带; M2 具有双原脊,其中的原脊 II 与原尖的连接弱。下臼齿的齿尖略错位排列,下中尖强大,下次脊与下次尖前部相连、下外脊短、连接下原尖的近中侧; m1 无次生脊, m2 下前边尖显著、与下后尖连接, m2 和 m3 的下原尖多有明显与下后尖连接的后臂。第三臼齿大,相对不甚退化; M3 与 M1 和 m3 与 m1 的比值分别为 0.83 和 0.86 左右(依 Daxner-Höck et Wu, 2003; Kimura, 2010a 修改)。

描述 保存的下颌骨很破碎,仅见上升支前缘起于 m2 和 m3 之间,骨体与齿列略斜交, m1-m3 长 3.55 mm, m3 与 m1 的长度比值为 0.88。臼齿低冠,尖-脊型齿。上臼齿主尖高且显著,布于牙齿四角,舌侧和颊侧主尖大体对位排列,舌侧的稍大、并略呈前内-后外向压扁,颊侧的明显前后向压扁。下臼齿主尖也略呈压扁状,颊侧的较大、位置稍靠后(除 m1 的下原尖与下后尖为对位排列外)。齿脊显著,齿谷深而窄。上臼齿三齿根,下臼齿双根。

上门齿背缘近中侧有一明显的纵向沟。P4 芽状,前中部具一显著的主尖,舌侧和颊侧各有一矮小的尖;主尖后部有强大、连接两小尖的半圆形齿脊;主尖前、后方与颊侧小尖连接;后缘有极弱的齿带;单齿根。

M1 圆方形,前部比后部稍宽。前边尖小,前附尖不明显,中尖中度发育。没有前齿带;前边脊发育,从原尖伸达牙齿前内角;原脊短,相对较弱,稍后向,与原尖后臂和内脊连接;中脊长,伸达颊缘;后脊横向,与次尖中部或稍偏前处连接。内脊短,从次尖前臂伸至原脊与原尖后臂的连接处;后边脊显著,在与次尖连接部分略收缩,外侧伸达下后尖后方。内谷前指向,外伸达齿宽三分之一左右。

M2 后部收缩变窄。前边尖和前附尖不发育,中尖小。前边脊显著,但无舌侧支;具双原脊,原脊 I 比原脊 II 强大,后者与原尖的连接在两个可观察的标本中均中断;中脊长,伸达颊缘;后脊横向,与次尖前部连接。内脊连接次尖前臂与原脊 II;后边脊与 M1 的相似,但弱得多。内谷狭窄,前指向。

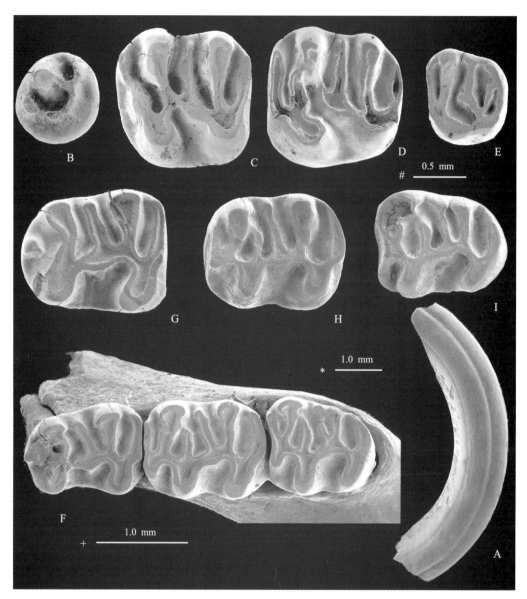

图 91　内蒙古敖尔班(下)巴氏近鼩鼠颊齿

Fig. 91　Cheek teeth of *Plesiosminthus barsboldi* from Aoerban（L），Nei Mongol

A. 左上门齿（left upper incisor）（V 19654.1），B. l P4（V 19654.2），C. r M1（反转 reversed，V 19654.3），D. l M2（V 19653.2），E. r M3（反转 reversed，V 19653.3），F. 附有 m1-3 的破损左下颌骨（left mandible with m1-3）（V 19654.1），G. l m1（V 19654.4），H. l m2（V 19654.5），I. l m3（V 19654.6）；A. 唇侧视（labial view），B-F. 冠面视（occlusal view）；比例尺（scale）. *-A, #-B-I, +-F

　　M3 圆梯形。构造与 M2 的相似，有很长的中脊，但次尖和后尖退化，未见双原脊，仅有与原尖前臂连接的原脊 I，内脊前部中断。内谷舌侧被连接原尖和次尖的脊封闭或近于封闭。

　　m1 近长方形，前部比后部稍窄。7 枚牙齿中有 5 枚具小的下前边尖，1 枚只有与下原尖连接的低弱细脊，下前边尖或孤立（2/5）、或与下原尖连接（3/5）；下中尖颇明显。下后脊与下原尖后臂构成显著的弧形脊；下中脊强大，斜向伸达下后尖舌后方，末端稍膨大；下次脊短粗，横向，与下次尖后臂连接；后边脊粗壮，但在接近下次尖处收缩，舌侧伸向下内尖后部，多数在低处与下内尖连接；下外脊直，连接下原尖和下次尖。下外谷宽阔，指向颊后方，内伸未达齿宽之半。

　　m2 次长方形。下前边尖显著，通过短粗的下前小脊与下后脊及下原尖的前臂连接；下中尖明显。下前边脊舌侧支明显比颊侧支发育；下后脊指向前外，在中部与下原尖的前臂连接；有显著、伸达下后尖后壁的下原尖后臂；下中脊长，伸达齿缘；下次脊横向，与下次尖前臂或下外脊后部连接；后边脊粗壮，但在接近下次尖处收缩，舌侧与下内尖相连；下外脊直，连接下原尖舌侧与下次尖前臂。下外谷轮廓与 m1 的相似，但较为狭窄。

m3 构造与 m2 的相似，仍保留有明显的下原尖后臂、下中脊和四个清楚的下内谷，但下次尖、下内尖和下后边脊退化。

比较与讨论 上述标本的上门齿背缘具有纵向沟，臼齿脊齿型，上臼齿宽、三齿根、具长的中脊，M1 和 M2 圆方形，M2 双原脊，下臼齿具长的下中脊，m1 具低小的下前边尖和清楚的下中尖，m2 和 m3 有下原尖后臂。这些形态和构造与欧亚大陆发现的 *Plesiosminthus* 属的牙齿特征一致。

内蒙古标本代表近蹶鼠属中个体较大的一种，比 *Plesiosminthus promyarion* 和 *P. moralesi* 都大，而且齿尖和齿脊较高，m2 和 m3 具有较发育的下原尖后臂；比下述敖尔班和嘎顺音阿得格地点发现的 *P. vegrandis* 也大（图 93）。此外，它还以 M1 没有舌侧齿带，M2 具双原脊而与 *P. moralesi* 有所不同。其牙齿的大小接近 *P. schaubi*、*P. myarion*、*P. asiaticus*、*P. tereskentensis*、*P. winistoerferi* 和 *P. conjunctus* 者，但以 M2 具双原脊、m2 有下原尖后臂而异于 *P. schaubi*，以臼齿齿尖更为前后向压扁、m2 和 m3 有较显著的下原尖后臂而异于 *P. myarion* 和 *P. conjunctus*，以上门齿的纵沟较深、臼齿的齿尖更呈压扁状、M1 没有前齿带而不同于 *P. asiaticus*，以 M1 和 M2 的宽度相对较大、臼齿齿尖更呈压扁状、齿谷较窄而易于与 *P. tereskentensis* 区别，以 m3 与 m1 的长度比值相对小、m2 和 m3 的下原尖后臂较弱、齿谷中没有附属小尖和附属脊而区别于 *P. winistoerferi*（Schaub，1930；Engesser，1987；Ziegler，1994；Alvarez et al.，1996；Lopatin，1999）。与北美的 *P. grangeri* 和 *P. sabrae* 相比，内蒙古标本尺寸都小，臼齿齿尖更为前后向压扁，M2 有双原脊，下臼齿的下外脊通常较强壮，m3 构造较复杂（见 Green，1977）。

在这些牙齿中，上门齿有明显的纵沟，M1 和 M2 主尖位置接近牙齿四角，尖、脊间的齿谷窄而深，M1 无前齿带，M2 的原脊 II 与原尖的连接相对弱、后脊与次尖前部相连，下臼齿的中尖显著，下第三臼齿大（同一齿列上 m3 与 m1 的长度比值为 0.88）。这些形态与蒙古渐新统/中新统过渡层"D 带"中 *Plesiosminthus barsboldi* 的特征很相似，牙齿尺寸和 m3 与 m1 的长度比值（0.91）也相当接近（见 Daxner-Höck et Wu，2003）。它们的不同，似乎仅仅是内蒙古标本的尺寸稍小（落入其变化范围的低端），上门齿的纵沟略浅，M1 和 M2 后脊舌侧的连接稍微靠后。在笔者看来，尽管有这些不同，但差异细微，不足以把它们当作不同的种。除以上标本外，*P. barsboldi* 的材料还发现于苏尼特左旗的嘎顺音阿得格地点（Kimura，2010a）。

Lopatin（1999）描述的 *Plesiosminthus tereskentensis*，虽然没有发现上门齿，但臼齿的构造和形态具有典型 *Plesiosminthus* 属的特征，如臼齿尖-脊型、M1 和 M2 三齿根、M1 的后边脊在接近次尖处收缩，M2 双原脊、原脊 II 与原尖的连接弱、m1 具弧形的下原尖-下后尖连接和倾斜的下中脊，m2 和 m3 有下原尖后臂，齿脊的连接方式为 *Plesiosminthus* 属所具备等。这些特征的组合，使它区别于已知的任何属。因此，把该种归入近蹶鼠属似乎不应存疑。

小近蹶鼠 *Plesiosminthus vegrandis* Kimura，2010
（图 92、93；表 36）

Parasminthus cf. *P. parvulus*：Qiu et al.，2006，p. 180

Plesiosminthus sp. nov.（Lower and Upper Aoerban，Gashunyinadege）：Qiu Z D et al.，2013，p. 177，appendix

归入标本 苏尼特左旗敖尔班（下）：IM 0407 地点，两件破碎上颌骨，分别附有 M1 和 M2，6 件破碎下颌骨（共附 5 m1、4 m2 和 3 m3），56 枚臼齿（9 M1，6 M2，5 M3，9 m1，15 m2，12 m3），V 19656.1-64；IM 0507，21 枚牙齿（2 I，2 P4，2 M1，3 M2，5 m1，6 m2，1 m3），V 19657.1-21。苏尼特左旗嘎顺音阿得格（IM 0401 地点）：M2 和 m1 各 1 枚，V 19658.1-2。苏尼特左旗敖尔班（上）（IM 0772 地点）：一件附有 M1 的破碎上颌骨，一件附有 m1 和 m2 的破碎下颌骨，臼齿 23 枚（7 M1，7 M2，6 m1，1 m2，2 m3），V 19659.1-25。

测量 见表 36。

表 36　内蒙古敖尔班和嘎顺音阿得格小近蹶鼠颊齿测量

Table 36　Measurements of cheek teeth of *Plesiosminthus vegrandis* from Aoerban and Gashunyinadege, Nei Mongol（mm）

Tooth	Length			Width		
	N	Mean	Range	N	Mean	Range
敖尔班（下）Aoerban（L）						
DP4/P4	2	1.03	0.95–1.10	2	1.03	0.95–1.10
M1	10	1.03	0.95–1.06	10	1.00	0.95–1.06
M2	8	0.95	0.85–1.00	8	0.91	0.85–1.00
M3	5	0.62	0.55–0.70	5	0.70	0.65–0.70
m1	18	1.06	0.95–1.16	18	0.79	0.75–0.85
m2	25	1.03	0.95–1.10	26	0.82	0.70–0.90
m3	15	1.02	0.80–0.95	15	0.74	0.70–0.80
嘎顺音阿得格 Gashunyinadege						
M2	1	–	1.05	1	–	1.00
m1	1	–	1.06	1	–	0.76
敖尔班（上）Aoerban（U）						
M1	8	1.07	1.04–1.06	8	1.04	1.00–1.10
M2	7	1.00	0.94–1.05	6	0.92	0.90–0.95
m1	6	1.14	1.12–1.15	6	0.83	0.80–0.87
m2	2	1.06	1.05–1.07	2	0.91	0.90–0.92
m3	2	0.93	0.90–0.95	2	0.82	0.80–0.84

特征　*Plesiosminthus* 属中的小种。臼齿齿尖多少呈压扁状，无明显的次生脊；M1 偶见弱的前齿带；M2 多有强的原脊 I 和弱的原脊 II。下臼齿的下中尖显著，m1 和 m2 的下次脊与下次尖前臂或下外脊后部相连；m2 的下原尖后臂发育弱，并倾向于与下中脊连接；m3 时有下原尖后臂。第三臼齿相对较退化；m3 与 m1 的长度比值在 0.80 或更小（依 Kimura，2010a 略修改）。

描述　上、下颌骨保存得不好，在下颌骨上尚可见上升支的前缘起于 m2 和 m3 之间，骨体与齿列略斜交，咬肌窝宽而浅，咬肌嵴不甚显著，颏孔很大、位于齿虚深弯的背侧缘，下颌孔相当大、椭圆形；在两件保存臼齿列的下颌支中，m1–m3 长分别为 2.90 mm 和 2.95 mm，m3 与 m1 的长度比值分别为 0.77 和 0.80。臼齿低冠，尖-脊型。上臼齿舌、颊侧主尖对位排列，舌侧的比颊侧的大且低、略呈前内-后外向压扁状，颊侧的明显前后向压扁；三齿根。下臼齿主尖颊侧比舌侧的大、位置稍靠后，但 m1 的下原尖与下后尖近于对位排列；双齿根。

上门齿背缘有明显的纵向沟。P4 芽状，前中部具一显著的主尖，舌侧和颊侧的小尖不明显；主尖后部有强大的半圆形齿脊，颊后方与齿脊连接；单齿根。

M1 次方形，长略大于宽，前部比后部稍宽。前边尖弱小或完全缺失，中尖不甚显著。18 枚牙齿中 4 枚有极弱的前齿带；前边脊发育，从原尖斜向伸达牙齿前内角，并与前尖基部相连；原脊短，稍后向，与原尖后臂和内脊连接；中脊长，伸达颊缘；后脊横向，多与次尖中部连接。内脊短、直或稍向外弯曲，从次尖前臂伸至原脊与原尖后臂的连接处；后边脊完整，但在与次尖连接部分略收缩，外侧伸达下次尖后方。内谷窄，前指，外伸达齿宽三分之一左右。

M2 呈后部稍收缩的次长方形，一般长大于宽。前边尖、前附尖和中尖都不很发育。前边脊长，从前边尖横向伸达前外角，并与前尖基部相连，舌侧支不发育；具双原脊，原脊 I 比原脊 II 强大，前者伸达原尖的前部或前臂，后者与内脊前部连接；中脊长，伸达颊缘；后脊横向，与次尖前部连接。内脊短，从次尖前臂伸达原脊 II 与原尖后臂的连接处；后边脊与 M1 的相似，但弱得多。内谷狭窄，前指，外伸不超过齿宽的三分之一。

　　M3 次三角形。原尖、前尖、前边脊和原脊 I 明显，并保留有与 M2 相似的构造要素，甚至中脊也还清楚，但次尖和后尖退化成脊形。内谷的舌侧被连接原尖和次尖的脊封闭。

　　m1 近长方形，前部比后部稍窄。下前边尖弱小，呈低矮的脊状或小尖状置于牙齿的前中部，或孤立，或以低脊与下原尖(少量)或下后尖(较多)连接(低脊偶见成小尖状出现，使在一些标本上似有两个前边尖)；下中尖颇明显。下后脊与下原尖后臂构成开阔的"V"形脊；下次脊短粗，横向，与下次尖或下次尖前臂连接；下中脊长，斜向伸达齿缘，近与下外脊成直角，末端常膨大成小的下中附尖；下次脊短，

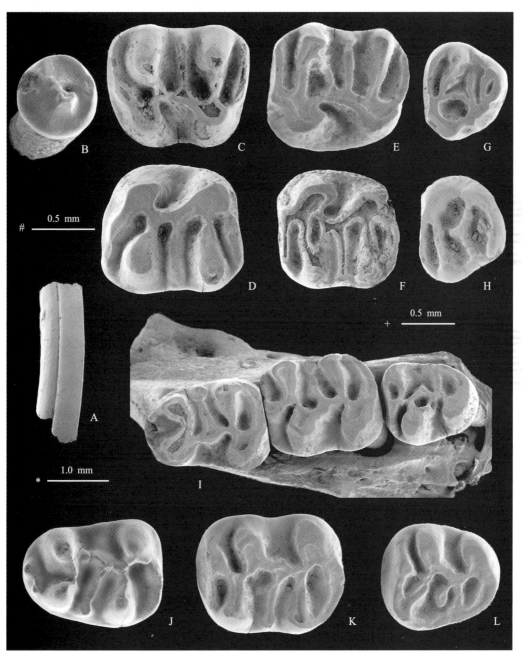

图 92　内蒙古敖尔班(下)小近蹶鼠颊齿

Fig. 92　Cheek teeth of *Plesiosminthus vegrandis* from Aoerban（L），Nei Mongol

A. 右上门齿（right upper incisor）（V 19657.1），B. l P4（V 19657.2），C. l M1（V 19656.2），D. r M1（V 19656.3），E. l M2（V 19656.4），F. r M2（V 19656.5），G. l M3（V 19656.6），H. r M3（V 19656.7），I. 附有 m1–3 的破损左下颌骨（left mandible with m1–3）（V 19656.1），J. r m1（V 19657.3），K. r m2（V 19656.8），L. r m3（V 19656.9）；A. 唇侧视（labial view），B–L. 冠面视（occlusal view）；比例尺（scale）. *-A, #-B-H, J-L, +-I

略后向，伸至下外脊与下次尖的连接处；后边脊粗壮，在接近下次尖处稍收缩，内侧在多数标本中伸至下内尖的舌后壁；下外脊直，连接下原尖后壁与下次尖。下外谷宽阔，指向颊后方，内伸未达齿宽之半。

m2 次长方形。下前边尖显著，通过短粗的下前小脊与下后脊及下原尖的前臂连接；下中尖明显。下前边脊的舌侧支和颊侧支近同等发育；在 28 枚牙齿中，有 17 枚具弱、并与下中脊连接的下原尖后臂，在没有这一后臂的牙齿中，下中脊与后臂连接处往往有所肿胀；下后脊、下原尖前臂交会于下前小脊后端；下中脊长，斜向伸达齿缘；下次脊横向或稍后向，与下次尖前臂或下外脊连接；后边脊粗壮，在接近下次尖处略收缩，舌侧与下内尖相连，封闭下后边谷；下外脊直，连接下原尖舌侧和下次尖前臂。下外谷形状与 m1 的相仿，但较为狭窄。

m3 构造与 m2 的相似，然下次尖、下内尖很退化，部分标本中仍保留有明显的下原尖后臂和下中脊。

比较与讨论 上述标本被归入 *Plesiosminthus* 属，因为其上门齿具有纵向沟，上白齿三齿根，M1 次方形，M2 具双原脊，m1 和 m2 有长、并向前内侧倾斜的下中脊，m2 和 m3 有下原尖后臂。这一种近蹶鼠与相同地点 *P. barsboldi* 的不同，不仅个体小（图 93），而且上白齿主尖不明显地布于牙齿四角，特别是 m2 的下原尖后臂发育较弱，而且伸向下中脊而不是与下后尖连接（这里认为属于该种的"独有衍征"）。所述材料代表近蹶鼠属个体很小的一种，其牙齿的尺寸和形态与嘎顺音阿得格的 *P. vegrandis* 标本的特征完全一致（Kimura，2010a）。

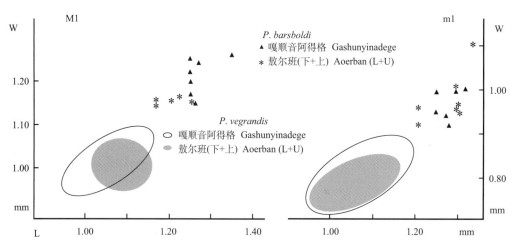

图 93　内蒙古敖尔班与嘎顺音阿得格巴氏近蹶鼠及小近蹶鼠 M1 和 m1 测量线点图

Fig. 93　Scatter diagrams showing length and width of M1 and m1 of *Plesiosminthus barsboldi* and
P. vegrandis from Aoerban and Gashunyinadege, Nei Mongol

嘎顺音阿得格材料数据系按统一方法重新测量（Data for the Gashunyinadege are remeasured by the same method）

Plesiosminthus vegrandis 牙齿尺寸的平均值比该属除 *P. promyarion* 外的种都小（Engesser，1987；Alvarez et al.，1996；Daxner-Höck et Wu，2003）。此外，它以 M2 具双原脊，m2 和 m3 有下原尖后臂而区别于 *P. schaubi* 和 *P. moralesi*，还以 M1 无舌侧齿带而不同于 *P. moralesi*；以 M1 的前边尖和中尖较弱、后边脊较连续，m1 和 m2 具明显的下中尖，M3 和 m3 的后部更退化而异于 *P. myarion*；以白齿齿尖更呈压扁状，M1 的前齿带不特别显著，m3 有下原尖后臂而易于与 *P. asiaticus* 相区别；与 *P. winistoerferi* 的不同主要在于 M3 无双原脊，m2 和 m3 的下原尖后臂很弱、齿谷中没有附属的小尖和脊；以白齿齿尖更趋压扁、M1 的宽度相对较大、M2 内脊与原尖间的连接较为紧密，以及 m2 的下原尖后臂较弱也与 *P. tereskentensis* 有所不同。它比北美的 *P. grangeri* 和 *P. sabrae* 明显小，齿尖更呈压扁状，M2 有双原脊，下白齿的下外脊较强壮（见 Green，1977）。

Plesiosminthus vegrandis 牙齿尺寸与 *P. promyarion* 的接近，形态也较相似，但其 M1 后脊与次尖的连接较为靠后，M2 内脊与原尖间的连接密切、不减弱，M3 较为退化（后边谷不清楚或无，内谷的舌侧封闭），m2 和 m3 的下原脊后臂较弱，而下中脊较强。它们的相似和差异，也许说明两者有较接近的亲缘关系，同时说明内蒙古的 *P. vegrandis* 具有较进步的形态特征。

Daxner-Höck 和 Wu（2003）把采自蒙古湖谷 Tavan Ovoony Deng 的一小型近鼩鼠归入 P. promyarion，材料不多，但所保存牙齿的尺寸和形态不仅与欧洲上渐新统常见的 P. promyarion 标本相当一致，与 P. vegrandis 的也十分接近。它们的不同仅仅是前者 M1 后脊与次尖的连接较为靠前，m1 的个体偏大。不排除在更多材料的发现后，证明它们属于相同的种。

亚细亚近鼩鼠 *Plesiosminthus asiaticus* Daxner-Höck et Wu，2003

（图94）

归入标本　苏尼特左旗敖尔班（下）（IM 0507 地点）：一枚 M1 和一枚 m2，V 19600.1-2。

测量（长×宽；Measurements，length × width）　M1：1.30 mm × 1.18 mm，m2：1.30 mm × 1.08 mm。

特征　*Plesiosminthus* 属中的大种；上门齿具有浅的纵沟；M1 常有前齿带，后脊往往伸至次尖；M2 具双原脊，原尖与原脊 II 的连接弱、有时中断；M3 与 M1 和 m3 与 m1 的长度比率分别为 0.76 和 0.84；m2 屡有（90%）下后脊 II；m1 具下中脊，下中脊有时还很显著；下外脊短；下次脊的颊侧连接在下次尖的前方（依 Daxner-Höck et Wu，2003）。

描述　M1 圆方形，长稍大于宽，前宽与后宽近等。前壁基部有显著的齿带；前边尖和中尖明显，无前附尖。前边脊未伸达牙齿前内角；原脊短，稍后向与原尖后臂和内脊连接；中脊长，伸达颊缘，但逐渐变低；后脊横向，与次尖中部连接。内脊短，向颊侧弯曲，从次尖前臂伸至原脊与原尖后臂的连接处；后边脊显著，在与次尖连接部略收缩，外侧伸达下后尖后方。内谷宽阔，近对称，外伸超过齿宽的三分之一。

m2 略破损，次长方形。下前边尖显著，通过短粗的下前小脊与下后脊及下原尖的前臂连接；下中尖明显。下前边脊发育，横向置于牙齿的前缘，舌侧支高，颊侧支低；有明显、伸达下后尖后基部的下原尖后臂（或下后脊 II，见 Daxner-Höck et Wu，2003）；下后脊横向，与下原尖前臂交会于下前小脊后端；下中脊长，斜向伸达内缘；下次脊横向，与下外脊连接；后边脊粗壮，在接近下次尖处略收缩，舌侧在低处与下内尖相连，封闭下后边谷；下外脊直，连接下原尖舌侧和下次尖前臂。下外谷宽阔，指向后内，内伸近达齿宽之半。

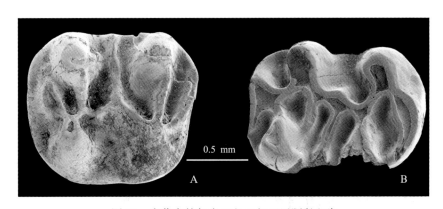

图94　内蒙古敖尔班（下）亚细亚近鼩鼠臼齿
Fig. 94　Molars of *Plesiosminthus asiaticus* from Aoerban （L），Nei Mongol
A. l M1 （V 19600.1），B. r m2 （V 19600.2）；冠面视（occlusal view）

比较与讨论　上述敖尔班的两枚牙齿，齿尖呈压扁状，齿脊显著。其中的 M1 圆方形，具长的中脊，后脊横向、与次尖连接，后边脊与次尖相连；m2 有下原尖后臂和长、前内向延伸的下中脊。牙齿的形态和构造具有 *Plesiosminthus* 属的基本特征，但标本尺寸比前述 P. vegrandis 的大，接近 P. barsboldi 者，形态上其 M1 具明显的前齿带，有较发育的前边尖，前边脊较弱，与上述两者都不同。代表这一鼩鼠的两枚牙齿，尺寸大小与新疆准噶尔盆地铁尔斯哈巴合的 P. asiaticus 标本接近，形态也很相似，特别是其 M1 有前齿带，前边尖较发育，前边脊弱，后脊与次尖的中部连接，m2 具下后脊 II，与模式标本的特征完全吻合（Daxner-Höck et Wu，2003）。

简齿鼠属 *Litodonomys* Wang et Qiu, 2000

模式种 *Litodonomys huangheensis* Wang et Qiu, 2000：甘肃永登县上西沟（兰州盆地），晚渐新世（塔朋布拉格期）。

归入种 *Litodonomys xishuiensis* Wang, 2003：甘肃，早中新世（？）。*L. lajeensis* (Li et Qiu, 1980)：青海，早中新世（谢家期）。*L. minimus* Kimura, 2010：内蒙古，早中新世（谢家期—山旺期）。*L. zayssanensis* (Lopatin et Zazhigin, 2000)：哈萨克斯坦 Batpaksunde，早中新世。

特征（增订） 个体中—小型林跳鼠；臼齿脊型齿，齿尖压扁状，齿脊显著。M1 和 M2 长大于宽，中部颊-舌向收紧，中尖弱小，中脊短—长；前边尖融会于原尖，并与前边脊组成前颊-后舌向斜嵴。M1 后边脊与次尖的连接处略收缩，内脊从次尖伸至原脊和原尖后臂的连接处；M2 原脊单一，横向或前指、与内脊和原尖的前臂会聚于前边尖；M1 和 M2 四齿根。m1 长度比 m2 的大，下前边尖发育弱，下后尖位置相对比下原尖的靠前，具有舌前向延伸的下中脊，下外脊连接下次尖和下原尖；m2 有发育的下前边脊，下中脊极短或缺失；m3 下次脊与下后边脊融合。

评注 目前 *Litodonomys* 仅发现于亚洲古北区的晚渐新世至早中新世地层。该属臼齿咀嚼面构造相对简单，齿尖多少呈压扁状，齿脊比较显著。臼齿的尖、脊形态和排列多少接近 *Plesiosminthus* 者，但其 M1 和 M2 都具有四齿根，长度明显大于宽度，M2 为单原脊，m1 的长度比 m2 大，m2 有显著的前边脊、下中脊甚为退化。其组合特征使它不难与同一地区相同时代常见的 *Parasminthus*、*Heterosminthus*、*Bohlinosminthus*、*Gobiosminthus* 和 *Shamosminthus* 相区别。

Lopatin 和 Zazhigin（2000）记述过的 *Xenosminthus* 属，齿尖压扁，M1 和 M2 四齿根，M2 的原脊和内脊会聚于前边尖，m2 构造简单、下中脊不发育或缺失，构造形态与 *Litodonomys* 几乎一致，在本书中被视作后者的晚出异名。

最小简齿鼠 *Litodonomys minimus* Kimura, 2010

（图 95；表 37）

Litodonomys sp. nov. (Aoerban and Gashunyinadege)：Qiu Z D et al., 2013, p. 177, appendix

归入标本 苏尼特左旗敖尔班（下）：IM 0407 地点，一件保存 M2-3 的上颌骨碎块，臼齿 20 枚（4 M1, 6 M2, 5 m1, 4 m2, 1 m3），V 19661.1-21；IM 0507，臼齿 21 枚（4 M1, 4 M2, 6 m1, 6 m2, 1 m3），V 19662.1-21。苏尼特左旗嘎顺音阿得格（IM 0401 地点）：一件保存 m1-3 的破碎下颌骨，V 19663。

测量 见表 37。

表 37 内蒙古敖尔班和嘎顺音阿得格最小简齿鼠颊齿测量

Table 37 Measurements of cheek teeth of *Litodonomys minimus* from Aoerban and Gashunyinadege, Nei Mongol（mm）

Tooth	Length			Width		
	N	Mean	Range	N	Mean	Range
敖尔班（下）Aoerban（L）						
M1	7	1.24	1.15-1.30	7	1.03	1.00-1.05
M2	9	1.13	1.10-1.20	9	1.03	0.95-1.10
M3	1	−	0.70	1	−	0.85
m1	7	1.29	1.15-1.40	7	0.90	0.85-0.95
m2	8	1.16	1.10-1.20	8	0.97	0.93-1.00
m3	2	0.73	0.70-0.75	2	0.73	0.70-0.75
嘎顺音阿得格 Gashunyinadege						
m1	1	−	1.30	1	−	0.90
m2	1	−	1.25	1	−	0.95
m3	1	−	0.80	1	−	0.80

特征 个体小；臼齿相对狭长，齿尖呈较压扁状；M1 前边尖不发育或缺失，后脊与次尖连接；m1 和 m2 常有显著的下中尖；m2 的下中脊极弱或完全缺失，下内尖多与下中尖相连(引自 Kimura，2010a)。

描述 颊齿齿脊相对比齿尖醒目。上臼齿舌、颊侧主尖对位排列，舌侧比颊侧的大，略呈前内-后外向压扁。下臼齿主尖颊侧的比舌侧的大，位置稍靠后，多少呈前内-后外向压扁。M1 和 M2 四齿根，M3 单根；下臼齿双根。

M1 次长方形，长大于宽，中部颊-舌向收紧。前边尖融入原尖构成牙齿前方强大的前颊-后舌向前边脊；中尖和中附尖不明显。原脊稍后伸，与原尖后臂和内脊连接；后脊横向，与次尖的前部或中部连接。中脊一般显著，一例中断，两例未伸达牙齿颊缘；内脊直，斜向从次尖前臂伸至原脊与原尖后臂的连接处，前部较弱，后部相当强壮；后边脊起于次尖，并不粗壮，且在接近次尖处强烈收缩，甚至中断，但中部肿胀，在 9 枚牙齿中的 5 枚有低脊与后脊连接。内谷长度大，不对称，从次尖前壁掠向前颊侧，外伸达齿宽的三分之一以上。

M2 长方形或梯形，长大于宽，向后部收缩变窄。前边脊发育，伸达原尖和前尖的前基部，舌侧支低弱，颊侧支较高而强壮；前小脊短粗，连接前边脊和原脊中部；原脊略前伸，与前边脊和原尖连接；后脊横向，与次尖前部或中部相连。中脊完整，伸达颊缘；内脊从次尖前臂伸至原脊和前小脊的相交处，前部弱，后部强壮；后边脊比 M1 的显著，一般在接近次尖处收缩，颊侧在两个牙齿中与次尖的后部连接。内谷狭长，明显不对称，形状与 M1 的大体相似。

M3 圆三角形。前边脊显著，融入原尖，没有舌侧支；前小脊短粗；原脊和内脊会聚于前小脊；中脊弱小，但完整；后脊前指与中尖相连；后部的次尖和后尖退化成牙齿后方脊，但颊侧的四个齿谷仍可辨别。

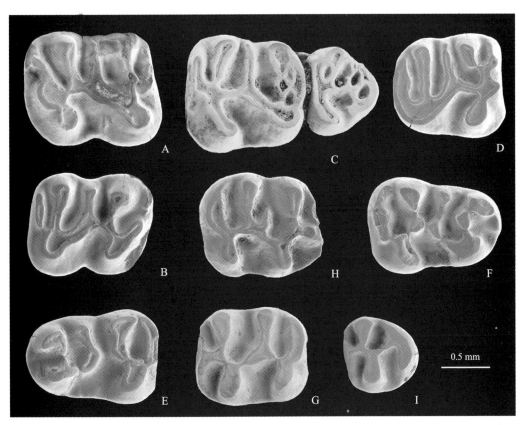

图 95　内蒙古敖尔班(下)最小简齿鼠颊齿

Fig. 95　Cheek teeth of *Litodonomys minimus* from Aoerban（L），Nei Mongol

A. l M1 (V 19661.2)，B. r M1 (V 19662.1)，C. 左上颌骨碎块附着的 M2-3 (left maxillary fragment with M2-3) (V 19661.1)，

D. r M2 (V 19662.2)，E. l m1 (V 19662.3)，F. r m1 (V 19661.3)，G. l m2 (V 19662.4)，H. r m2 (V 19661.4)，I. l

m3 (V 19662.5)；冠面视(occlusal view)

m1 前后向延伸，前部比后部稍窄。下前边尖弱（1 例）或缺失（5 例），或成为与下后尖连接的脊（2 例）；下后尖位置相对比下原尖的靠前；下中尖发育弱。下后脊短，呈后向弧形；下中脊发育，伸向下后尖舌后方，末端常肿胀；下次脊短粗、横向，与下外脊后部连接；后边脊粗壮，起于下次尖，在接近下次尖处不同程度地收缩，未见附有下后边尖，舌侧伸向下内尖后部，部分标本中后边脊在低处与下内尖连接；下外脊后内向弯曲，通常较弱，甚至中断（2/10）。下外谷宽阔，指向颊后方，内伸近达齿宽之半。

m2 次长方形。下前边尖发育，通过短粗的下前小脊与下后脊及下原尖的前臂连接；下中尖明显。下前边脊清晰，舌侧支和颊侧支近同等发育；下后脊近横向，与下原尖前臂连接；下中脊几乎都缺失，仅两例标本留其痕迹；下次脊强壮，横向，多与下中尖连接，仅一例与下中尖后部相连；下后边脊粗壮，在接近下次尖处明显收缩，半数未与下内尖相连；下外脊弱，连接下原尖后臂和下次尖前臂。在一枚下外脊前部近中断的牙齿中，下中尖向前伸出指向下前小脊的短刺。

m3 次三角形，长宽近等。前部形态和构造与 m2 的相似，有明显而连续的前边脊、清晰的下前小脊和短的下后脊；后部则明显收缩、退化，下次尖、下内尖和下后边脊融会成尖状的强脊。下外脊在一枚牙齿中发育正常，连接下原尖和下内尖；在另一枚牙齿中则缺失，但下内尖与下后尖间有齿脊相连。下外谷清晰，内侧谷仅保留下前边谷和下中间谷。

比较与讨论 Litodonomys 系王伴月和邱占祥（Wang et Qiu，2000）根据发现于甘肃兰州盆地的材料建立的一属，属型种为 L. huangheensis。后来，王伴月（2003）还根据发现于党河地区的材料命名了 L. xishuiensis 种。但这两个种的材料都很少，所有的标本也只有同一个体的两件下颌骨及一些脱落的下颊齿。目前归入该属的种不多，各种的材料也都很稀少。内蒙古敖尔班的材料虽然仅有单个牙齿，但数量较多，其发现有助于增加对这一属牙齿形态的认识。根据内蒙古的发现，王伴月和邱占祥（Wang et Qiu，2000）作为 Parasminthus sp. II 描述的一枚 M1（V 11766.1），其基本形态与敖尔班 Litodonomys 相应臼齿的特征吻合，牙齿的大小和尖、脊的形状与 L. huangheensis 的下臼齿也相匹配，很可能属于该种的一枚 M1。另外，李传夔和邱铸鼎（1980）记述采自青海西宁盆地早中新世谢家组的一枚 M2（V 5998），指名为"Plesiosminthus lajeensis"，并被后来的研究者（Wang，1985）归入 Parasminthus 属。西宁盆地发现的这一枚臼齿，属典型的脊型齿，具发育的中脊，有深且斜向前方的内谷，原脊前指、与内脊和原尖的前臂会聚于前小脊，这些形态与 Litodonomys 的特征一致而与 Plesiosminthus 属和 Parasminthus 属者都有所不同，显然应该归入 Litodonomys 属。最近对该属进行较深入研究的当属 Kimura（2010a）对内蒙古嘎顺音阿得格 L. minimus 的详细描述。该种的材料也不多，但牙齿的大小和形态完全落入敖尔班材料的变异范围，敖尔班的标本无疑可以归入这一种。

Litodonomys minimus 的个体明显比 L. huangheensis 和 L. xishuiensis 的小。此外，它的齿尖比 L. huangheensis 的更呈压扁状，下臼齿相对比 L. xishuiensis 的狭长，而且 M1 的前边尖发育弱、甚至缺失，m1 和 m2 的下中尖更为显著，m2 的下前小脊更明显。

Litodonomys minimus 的大小与谢家的"Plesiosminthus lajeensis"接近，但后者的后边脊甚为强壮，并与后尖连接封闭后边谷。因此，这里将其指定为 L. lajeensis，仍保留这一种名。

Litodonomys minimus 个体比 L. zayssanensis 的稍小，而且 m2 的中脊也弱得多。两者的差异还在于后者的下内尖常与下中尖的后部连接，而不是常与下中尖相连。

中华齿鼠属 Sinodonomys Kimura，2010

模式种 Sinodonomys simplex Kimura，2010：内蒙古苏尼特左旗嘎顺音阿得格，早中新世（谢家期晚期—山旺期早期）。

归入种 仅模式种。

特征 齿冠低，丘型齿；M1 和 M2 四齿根。独有衍征：上、下臼齿的中脊缺如或仅在第一和第二臼齿中留有痕迹；M1 的前壁稍扩张，前尖与内脊连接而与原尖分开；第一和第二臼齿都没有原尖后臂；m2 的下前边脊与前凹的下后脊 II 隔开。与 Litodonomys 属的共有衍征：滴水状的原尖顶端与前边脊连接；m1 下前边尖退化成连接下后尖基部的细脊，下后脊 II 直。与 Litodonomys 属的差异特征：M1、M2 和 m2

次梯形，比 *Litodonomys* 属的短 10%；m1 的下后尖不比下原尖前位（引自 Kimura，2010a）。

评注 尽管该属的齿尖比齿脊醒目，中脊不发育，但仍可考虑归入林跳鼠亚科，因为其上臼齿舌侧主尖和颊侧主尖近对位排列，内谷不对称，M1 和 M2 中尖不显著、有前边脊和后边脊、后脊和后边脊与次尖连接，下臼齿外谷宽阔，m1 下前边尖低、弱，m1 和 m2 的下后边脊近与下次尖相连。

简中华齿鼠（相似种） *Sinodonomys* cf. *S. simplex* **Kimura，2010**
（图 96）

材料 苏尼特左旗敖尔班（下）（IM 0407 地点）：一附有 m1 的破碎下颌骨，V 19664。

测量（长×宽；Measurements，length × width） m1：1.16 mm × 0.90 mm。

描述 材料中的下颌骨很破碎，但其上保存了两个重要的特征：其一，咬肌嵴似乎并不很发育，但位于 m1 下方的咬肌附着嵴前端结节却十分醒目；其二，m1 齿根下前方有两个显著、同等发育的颏孔。

m1 轮廓似长方形，但前缘呈弧形；齿冠不甚前后向延伸，前部也不特别狭窄。齿尖尖锥形，相对比齿脊显著；下前边尖呈低矮的脊形，后中部与下原尖舌侧连接；下中尖低弱。下后脊短、直，横向与下原尖相连；没有下中脊，也没有下原尖后臂；下次脊短，横向与下外脊后部相连；后边脊发育，与下次尖舌侧连接，在近连接处收缩，并在后方留下明显的弯凹，内侧伸至下内尖舌壁，没有舌侧支；下外脊完整，连接下原尖舌侧与下次尖前臂，但中部极低。下外谷宽阔，内伸超过齿宽的三分之二。

图 96 内蒙古敖尔班（下）简中华齿鼠（相似种）下颌骨碎块

Fig. 96 Mandibular fragment with m1 (V 19664) of *Sinodonomys* cf. *S. simplex* from Aoerban (L),
Nei Mongol；冠面视（occlusal view）

比较与讨论 归入该种的标本只有一件附有 m1 的下颌骨碎块。很独特的是该下颌骨具有两个大小接近的颏孔，这在一般啮齿动物中很少见，值得今后进一步注意。牙齿形态具有中华齿鼠属的特征，与发现于嘎顺音阿得格地点的属型种 *Sinodonomys simplex* 同一牙齿的形态很相似，即齿冠低、齿尖比齿脊显著，m1 的轮廓似长方形、不明显地前后向延伸，下前边尖脊形，下原尖与下后尖对位排列，没有下中脊和下原尖后臂，下后脊短、直，下外脊低（Kimura，2010a）。正型标本中只有一枚 m1，敖尔班标本与其的不同是：尺寸稍小，下前边尖与下原尖间有细脊相连。它与正型标本的差异可能属于种内变异，但也不排除具有分类上的意义，因材料都太少，这里暂将其指定为简中华齿鼠的相似种。

林跳鼠属 *Eozapus* **Preble，1899**

模式种 *Eozapus setchuanus* Pousargues，1896；四川西北；现生种。

归入种 *Eozapus similis* Fahlbusch，1992：内蒙古，晚中新世（保德期）。*E. major* sp. nov.：内蒙古，晚中新世早期（灞河期）。*E. intermedius* (Bachmayer et Wilson，1970)：中欧，晚中新世（MN10-MN11）。

特征(增订) 林跳鼠亚科中颊齿构造较简单、齿脊相对显著的一属;臼齿没有清楚的中尖,中脊和后边脊强大。M1 和 M2 的长度明显大于宽度,没有前边尖和后边尖;内脊在 M1 中连接原脊和次尖,在 M2 和 M3 中和原尖与次尖相连,因而内谷在 M1 中狭窄、明显向前延伸,在 M2 中则很浅,在 M3 中几乎不显;M2 和 M3 的原脊单一,与原尖连接。下臼齿的下外脊与牙齿中轴线斜交;m2 无下原尖后臂。

评注 Eozapus 为一现生属,分布于我国四川、甘肃和云南的部分地区;化石发现于欧亚大陆的古北区。该属最早见于欧洲晚中新世早期地层(Goetzendorf, MN9),但在晚中新世以后的地层中就再也没有被发现(Daxner-Höck, 1999);在亚洲最早记录于我国内蒙古晚中新世的巴伦哈拉根地点,最晚的化石见于二登图和哈尔鄂博晚中新世最晚期的地层。在地史上 Eozapus 似乎没有过明显的繁荣时期,在地层中并不常见,在动物群中也属于数量较少的种类。同时,它又是一类相当保守的啮齿动物,从晚中新世至今,其个体及牙齿形态都没有大的改变。

相似林跳鼠 *Eozapus similis* Fahlbusch, 1992

(图97; 表38)

归入标本 化德县二登图(Ertemte 2 地点):臼齿 30 枚(10 M1, 2 M2, 2 M3, 5 m1, 9 m2, 2 m3),V 19665.1-30。

测量 见表38。

表38 内蒙古二登图相似林跳鼠臼齿测量

Table 38 Measurements of molars of *Eozapus similis* from Ertemte, Nei Mongol (mm)

Tooth	Length			Width		
	N	Mean	Range	N	Mean	Range
M1	9	1.13	1.08-1.20	9	1.00	0.90-1.10
M2	2	1.04	1.02-1.06	2	0.91	0.90-0.92
M3	2	0.73	0.70-0.75	2	0.73	0.70-0.75
m1	5	1.18	1.10-1.25	5	0.83	0.80-0.85
m2	8	1.12	1.08-1.20	8	0.87	0.85-0.92
m3	2	0.93	0.90-0.95	2	0.78	0.75-0.80

特征 与现生的 *Eozapus setchuanus* 相比,牙齿尺寸明显小,但形态相似;m1 相对较大,m2 比较短,m3 相对于 m2 不那样缩短;下中尖与下中脊组成的嵴与下原尖和下后尖组成的嵴分离,或与下原尖的后部连接;下后尖与下中脊不相连(引自 Fahlbusch, 1992)。

描述 臼齿低冠,略显单面高冠(上臼齿的舌侧比颊侧高,下臼齿的颊侧比舌侧高),长度大于宽度;尖-脊型齿,齿尖压扁状,齿脊相对比齿尖醒目。上臼齿舌侧主尖比颊侧的大、但低,下臼齿正好相反。齿脊间未见连接齿脊的次生脊。上臼齿三齿根,下臼齿两齿根。

M1 长方形,前部比后部稍宽。前边尖和中尖不发育,没有前附尖。前边脊、中脊和后脊显著,高度近等,但比颊侧主尖低;前边脊斜向从原尖伸至前尖的前基部;中脊起于内脊,伸达颊缘,未见形成明显的中附尖;后边脊横向从次尖伸达后尖之后。原脊和后脊完整,但舌侧变细;前者稍后伸,与原尖后臂或内脊的前部连接;后者近横向,与次尖的中前部相连。内脊粗壮、直,斜向连接原脊和次尖。内谷长、前外向延伸,外伸未达牙齿宽度之半。

M2 次长方形,后部比前部窄。形态和构造大体与 M1 相似,不同的是:尺寸较小;次尖和后尖相对退化;前边脊横向从原尖伸至前尖前基部;中脊舌端倾向于与后脊会聚;内脊很靠舌侧,直接与原尖和次尖相连,使内谷变得很不清楚。

M3 圆方形。构造与 M2 相似,但尺寸较小,长度相对短,次尖更退化,中脊短、与后脊连接,后脊与后边脊相连。

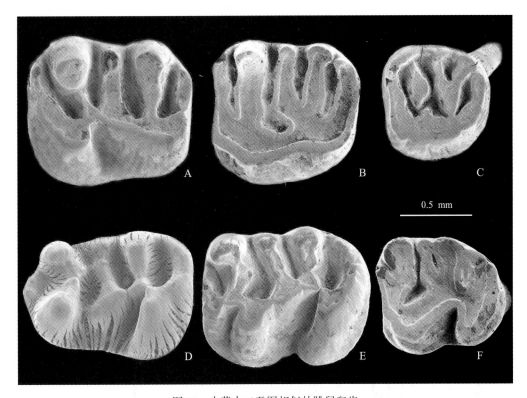

图 97　内蒙古二登图相似林跳鼠臼齿

Fig. 97　Molars of *Eozapus similis* from Ertemte, Nei Mongol

A. l M1 (V 19665.1), B. l M2 (V 19665.2), C. l M3 (V 19665.3), D. l m1 (V 19665.4),

E. l m2 (V 19665.5), F. l m3 (V 19665.6);冠面视(occlusal view)

m1 明显前后向延长, 前部比后部窄。下前边尖小, 低而弱, 靠近下原尖或有弱脊与其相连; 在 5 枚牙齿中, 1 枚的下前边尖呈脊形。下后脊完整、明显, 呈后向的"V"形。下中脊强大, 横向, 在与下外脊的连接处加厚, 末端未见有很明显的下中附尖; 下次脊发育, 但短, 颊侧伸至下次尖前臂与下外脊后部的连接处; 后边脊粗壮, 从下次尖伸达下内尖后部, 但为第 IV 内谷与下内尖分开; 下外脊完整、直、斜向, 前端与下原尖后部相连, 在连接处变弱, 在 1 枚牙齿中近于中断。下外谷长, 舌后向延伸, 内伸近达齿宽之半。

m2 次长方形。下前边脊细弱, 横向, 通过短粗的下前小脊与下后脊或下原尖前臂连接; 舌侧支显著, 伸达下后尖前方, 颊侧支低弱, 并迅速下降到下原尖前颊侧的基部。下后脊短粗, 前外向与下原尖前臂连接; 下中脊强壮, 伸达牙齿内缘; 下次脊稍后向, 颊侧伸至下次尖前臂与下外脊后部的连接处; 下后边脊形态与 m1 的很相似; 下外脊显著, 前端与下原尖后部连接。下外谷窄、长, 向后延伸, 内伸未达齿宽之半。

m3 构造与 m2 的相似, 但后部收缩、次尖很退化, 前边脊也较弱。

评述　Fahlbusch (1992)对采自二登图和哈尔鄂博的 *Eozapus similis* 材料做过很详细的描述, 以上标本为该种在二登图增加的地模标本。在内蒙古中部地区, *E. similis* 似乎仅在化德的二登图和哈尔鄂博地点出现。

较大林跳鼠(新种) *Eozapus major* sp. nov.

(图 98)

名称来由　major, 拉丁文 magnus (形容词, 大的)比较级, 示新种为属中较大的一种。

正模　右 M2 (V 19666)。

副模　1 枚 M2 (V 19667)。

模式产地与层位 苏尼特左旗巴伦哈拉根（IM 0801 地点）；上中新统下部，巴伦哈拉根层（灞河期）。

测量（长×宽；Measurements，length × width） M2：1.10 mm × 1.00 mm，1.05 mm × 0.90 mm。

特征 牙齿尺寸比现生种 *Eozapus setchuanus* 的略小，比化石种 *E. similis* 的明显大。齿脊相对细弱，齿谷较宽阔；M2 的原脊略伸向前方与原尖的前臂连接，前边脊和后边脊相对比原脊和后脊弱得多。

描述 M2 次长方形，长度大于宽度，后部比前部窄，舌侧齿冠比颊侧的高。牙齿尖-脊型，齿尖压扁状，舌侧主尖比颊侧的大、但低；前边尖和中尖不发育，没有明显的前附尖；齿脊比齿尖醒目，但并不很强壮，横脊间未见连接齿脊的次生脊。前边脊细弱，但完整，横向从原尖伸至前尖前基部，末端略肿胀；中脊起于内脊，在正模中较显著，伸达颊缘，但在副模中中部中断，舌侧部分伸向原脊；后边脊比前边脊稍为粗大，横向从次尖伸达后尖之后；原脊和后脊完整，相对比前边脊、后边脊和中脊都显著而较高，原脊略指向前内、与原尖前臂连接，后脊近横向、与次尖前部或中部相连；内脊短，纵向直接连接原尖和次尖。内谷很浅，甚至很不清楚；外侧谷显著、宽阔，向内延伸都在齿宽之半以上。三齿根（两颊侧根和一舌侧根），舌侧根最大。

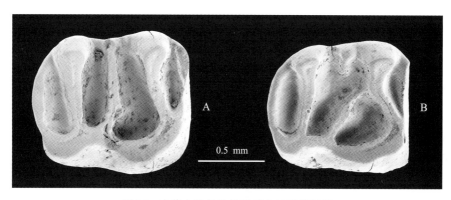

图 98 内蒙古巴伦哈拉根较大林跳鼠臼齿

Fig. 98 Molars of *Eozapus major* from Balunhalagen，Nei Mongol

A. r M2（正模 holotype，V 19666），B. r M2（V 19667）；冠面视（occlusal view）

比较与讨论 上述两枚 M2 呈长大于宽的次长方形，略显单面高冠，咀嚼面尖-脊形、构造简单，主尖压扁状，齿脊近横向、且相对齿尖显著，没有前边尖和后边尖，原脊单一，内脊短、直接与原尖和次尖相连，内谷很浅，这些形态与现代林跳鼠属（*Eozapus*）的特征一致。但牙齿尺寸比现生种 *E. setchuanus* 的小，比化石种 *E. similis* 的明显大，齿脊比两者的都细弱，而齿谷较宽阔，特别是其原脊的舌侧部分指向前方、前边脊和后边脊比原脊和后脊弱得多，与上述两种都有明显的不同。由于其原脊单一，也无法归入与其相似的 *Sminthozapus* 属。因此，尽管巴伦哈拉根的材料很少，这里仍然将其作为 *Eozapus* 属的一个新种处理。

在欧洲，奥地利的 Kohfidisch 裂隙堆积中产出 *Protozapus intermedius*（Bachmayer et Wilson，1970，1980）。Van de Weerd（1976）认为 *Protozapus* 是 *Eozapus* 的晚出异名，但鉴于地理分布上的原因，他保留了 *Protozapus* 作为有效属。Fahlbusch（1992）则认为地理分布上的距离不应该作为区分一个属地位的理由，因此把 *intermedius* 种归入 *Eozapus* 属。作者认同 Fahlbusch 的处置办法，但值得一提的是，在 *E. intermedius* 中，上臼齿原脊的舌侧部分也略为指向前，这一形态与新种相似。当然，欧洲这一种林跳鼠的个体比 *E. similis* 小，比新种更小。此外，其主尖不甚压扁，前边脊和后边脊相对短，后脊不甚横向，与新种明显不同。至于 Fahlbusch 认为，欧洲的 *E. intermedius* 可能是 *E. similis* 的祖先，这是值得今后注意的，但目前发现的材料很少，对该属认识还很不足，尚难对此作出定论。

中华林跳鼠属 *Sinozapus* Qiu et Storch，2000

模式种 *Sinozapus volkeri* Qiu et Storch，2000：内蒙古化德县比例克，早上新世（高庄期）。

归入种 *Sinozapus parvus* sp. nov.：内蒙古，晚中新世早期（灞河期）。*Sinozapus* sp.：内蒙古，晚中新世（保德期）。

特征（修订） 林跳鼠亚科中个体较大的一属；丘-脊型齿；臼齿多少单面高冠，没有明显的中尖，中脊和后边脊强大。M1 和 M2 近方形，没有前边尖和后边尖，内脊与次尖和原尖后臂连接，后边脊与次尖相连，常有趋于连接中脊、后脊和后边脊的纵向刺（spur）；M2 和 M3 具有与原尖前臂和后臂连接的双原脊，内谷浅；M2 和 M3 常有弱或不明显的原谷。m1 和 m2 的下外脊连接下原尖和下次尖、并近与牙齿中轴线平行，下外谷宽阔；m2 偶见发育程度不同的下原尖后臂。

评注 *Sinozapus* 属与在古北区发现的 *Parasminthus*、*Plesiosminthus*、*Eozapus* 和 *Sminthozapus* 属在形态上有很多相似之处，但彼此不难区别。*Sinozapus* 以相对更发育的齿脊，上臼齿颊侧主尖和下臼齿舌侧主尖前后向压扁，上臼齿内谷和下臼齿外谷较宽，齿脊间时见纵向刺而不同于渐新世和中新世早期的 *Parasminthus* 和 *Plesiosminthus*；以 M1 和 M2 相对方形，m1 和 m2 下外脊的延伸方向近似与牙齿的中轴线方向一致而异于 *Eozapus* 和 *Sminthozapus*。此外，*Sinozapus* 还以 M2 和 M3 具双原脊，有深的内谷，以及 m2 有下原尖后臂的痕迹而不同于 *Eozapus*；以 M3 具双原脊和齿脊间时见纵向刺而不同于 *Sminthozapus*。

法氏中华林跳鼠 *Sinozapus volkeri* Qiu et Storch, 2000

（图 99、100）

归入标本 阿巴嘎旗高特格（DB 02-2 地点）：M2 一枚，V 19668。

测量（长×宽；Measurements，length × width） M2：1.20 mm × 1.15 mm。

描述 *Sinozapus volkeri* 的模式标本产自化德县比例克地点，Qiu 和 Storch（2000）做过描述，现对正型地点的材料作以下补充、修订：

臼齿丘-脊型，齿脊相对强壮。臼齿单面高冠（上臼齿舌侧齿冠和下臼齿颊侧齿冠分别比另一侧的高），无明显的中尖，中脊和后边脊强大。上臼齿舌、颊侧主尖对位排列，舌侧的比颊侧的大、略呈新月形，颊侧的稍前后向压扁、比舌侧的高；下臼齿的舌侧主尖比颊侧的小但稍高，位置略靠前；上臼齿三齿根，下臼齿双齿根。

P4 芽状。主尖位于齿冠前中部，后部有强大的齿脊围绕。单齿根。

M1 次方形，后部稍收缩。前边脊、中脊和后脊强大，高度近等，但都比主尖低；前边脊从原尖伸达牙齿前颊侧角，其上未见有前边尖和前附尖；中脊起于内脊，伸达颊缘，末端未见中附尖；后边脊从次尖伸达后尖后部。原脊和后脊同样粗壮；前者稍后伸，与原尖后臂或内脊前部连接；后者横向或略前伸，与次尖前部或前臂连接。内脊短、向内弯曲，连接原尖和次尖。齿脊间常有倾向于连接的细脊或弱刺。内谷宽阔，外伸达牙齿宽度三分之一以上。

M2 次长方形，后部比前部窄。齿尖和齿脊的形态和排列如同 M1 者，但具有近同等发育程度的双原脊；原脊 I 与原尖前臂连接，原脊 II 与原尖后臂或内脊前部相连。齿脊间同样有倾向于连接的弱刺，在两枚牙齿中弱刺连接原脊 I 和原脊 II，两件标本中连接后脊和后边脊，1 枚牙齿中连接后脊和后边脊与后脊和中脊。内谷比 M1 的窄，外伸在牙齿宽度三分之一以下。

M3 次三角形，后部很窄。牙齿前部的尖、脊形态与 M2 者相似，但后部次尖和后尖甚为退化。双原脊见于所有标本，但在个别牙齿中原脊 II 较弱。中脊在多数标本中都很弱或完全缺失。偶见连接齿脊间的弱刺。

m1 长大于宽，前部比后部窄。下前边尖弱且变异明显：呈小尖状（3 例）、嵴状（4 例）或缺失（3 例）；下前边尖多与下原尖连接。除一枚牙齿外，下后脊均完整、连续，呈"V"形或开阔的"U"形。下中脊强大，从下外脊略向前内向伸达牙齿内缘，末端在部分标本中膨大成弱的下中附尖；下次脊发育，与下次尖前臂或下外脊后部连接；后边脊粗壮，从下次尖伸达下内尖后部，其上未见下后边尖；下外脊完整，连接下原尖和下次尖，近与牙齿中轴线平行。下外谷宽阔，内伸一般未达牙齿宽度之半。下后边脊上偶见短刺，在一个标本中短刺伸达下次脊。

m2 次长方形。下前边脊通过短的下前小脊与下后脊或下原尖前臂连接；舌侧支显著，伸达下后尖前方，颊侧支低弱，并迅速下降到下原尖颊侧前基部。多数下后脊伸向前外与下原尖前臂连接，有两例近横向与原尖相连；下中脊强壮，伸达牙齿内缘，在一枚牙齿中于接近下外脊处收缩，2枚牙齿中完全中断；下次脊、下后边脊和下外脊形态和构造与 m1 的很相似，只是后者稍为弯曲；在 10 枚牙齿中，半数具有下原尖后臂，其中三例伸达下中脊中部，与下中脊和下外脊封闭成一个残留在牙齿中心位置上的小坑。下中脊上偶见短刺，在 3 枚牙齿中短刺使下中脊与下内尖或下次脊连接。

m3 长大于宽，后部收缩、退化。下前边脊形态和连接方式与 m2 的相似，只是较为弱小。下后脊具有近同等发育程度的双下后脊，下后脊 I 与下原尖前臂连接，下后脊 II 与下中脊相连；下中脊在 2 枚牙齿中中断。下内尖、下次尖、下后边脊和下外谷都很退化，但仍清晰可辨。

高特格标本：只有一枚 M2 (Li et al., 2003；图 99)，大小较比例克 *Sinozapus volkeri* 相应牙齿的略小（见 Qiu et Storch, 2000)。基本形态也很相似：内谷明显，具有近同等发育的双原脊，原脊 I 和原脊 II 分别与原尖前臂和后臂连接。齿脊间未见纵向刺。

高特格标本的材料虽然稀少，但可能代表 *Sinozapus volkeri* 种在内蒙古中部地区出现最晚的群体。

小中华林跳鼠（新种）*Sinozapus parvus* sp. nov.

（图 99、100）

Sinozapus sp., Qiu et al., 2006, p. 181

Sinozapus sp. (Amuwusu, Huitenghe, Shala): Qiu Z D et al., 2013, p. 177, appendix

名称由来 parvus，拉丁文，小的，示新种为属中较小的一种。

正模 左 M1 (V 19669)。

副模 1 枚 m2，V 19670。

模式产地与层位 苏尼特右旗沙拉(IM 9610 地点)；上中新统，宝格达乌拉组？(灞河期晚期)。

归入标本 苏尼特右旗阿木乌苏：3 枚臼齿(1 M2, 1 m1, 1 破损 m2)，V 19671.1-3。苏尼特左旗巴伦哈拉根(IM 0801 地点)：M1、m1 和 m2 各一枚，V 19672.1-3。阿巴嘎旗灰腾河(IM 0003 地点)：M2 二枚，M3 一枚，V 19673.1-3。

测量(长×宽；Measurements, length × width) M1：0.95 mm × 1.05 mm，1.00 mm × 1.05 mm；M2：1.00 mm × 1.05 mm，1.00 mm × 0.95 mm，1.12 mm × 1.00 mm；M3：0.65 mm × 0.70 mm；m1：1.15 mm × 0.85 mm，1.14 mm × 0.94 mm；m2：1.20 mm × 0.95 mm，1.14 mm × 0.92 mm。

特征 与模式种 *Sinozapus volkeri* 相比，牙齿的尺寸小得多，齿脊发育弱，上臼齿的颊侧主尖和下臼齿的舌侧主尖不甚前后向压扁，中脊、后脊和后边脊间的纵刺不很显著，m2 的下原尖后臂较清楚，内谷和下外谷相对窄、浅。

描述 丘-脊型齿构造，齿脊显著。臼齿单面高冠，上臼齿舌侧齿冠和下臼齿颊侧齿冠分别比另一侧的高。上臼齿舌、颊侧主尖对位排列；舌侧比颊侧的大，并略呈新月形；颊侧的稍前后向压扁，比舌侧的高。下臼齿舌侧主尖比颊侧的小，但略高，位置稍靠前；臼齿无明显的中尖，中脊和后边脊强大。

M1 次方形，长度和宽度接近。前边脊、中脊和后脊完整，但并不十分强壮，比齿尖也低；前边脊从原尖略斜向伸达前尖的颊前侧；中脊长，伸达齿缘；后边脊从次尖伸达后尖颊后侧。原脊和后脊相对显著，前者稍舌后向与原尖后臂连接，后者与次尖相连。内脊短，连接原脊和次尖，稍向前外侧弯曲。在正模中，中脊和次脊间有近连接的弱刺。内谷窄，外伸宽度也不大。

M2 次长方形，后部稍收缩。齿尖和齿脊形态与 M1 的大致相似，但前边脊横向，并具有分别与原尖前臂和后臂连接的双原脊。双原脊近同等发育，中脊也显著；后脊与次尖前部连接，但在灰腾河标本中，后脊与次尖的中部相连。内脊短、直、很靠舌侧，连接原尖和次尖；在灰腾河标本中，一显著的纵向脊发育于原脊与中脊之间，并与原脊 I 的舌侧相连成一狭长的釉质岛(图 99D)。内谷甚浅。

M3 次圆形。前部的原尖、前尖和前边脊清晰，从内脊伸出的"纵向脊"及其与原尖围成的狭长釉岛尚清楚可见，但后部的次尖和后尖甚为退化、相互靠近。中脊低弱。

m1 长大于宽，前部比后部窄。下前边尖微小而低，与下原尖连接。下后尖通过下后脊与下原尖连

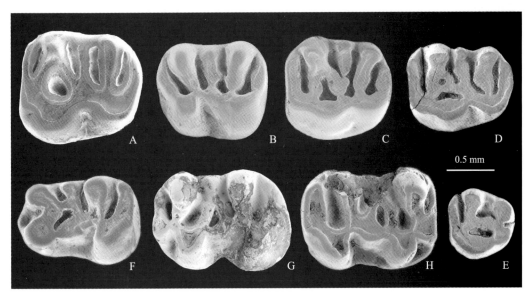

图 99　内蒙古高特格法氏中华林跳鼠与阿木乌苏、灰腾河和沙拉小中华林跳鼠以及二登图中华林跳鼠(未定种)臼齿

Fig. 99　Molars of *Sinozapus volkeri* from Gaotege, *S. parvus* from Amuwusu, Huitenghe and Shala, and *S.* sp. from Ertemte, Nei Mongol

Sinozapus volkeri：A. l M2（V 19668）；*S. parvus*：B. l M1（正模 holotype, V 19669）, C. l M2（V 19671.1）, D. r M2（反转 reversed, V 19673.1）, E. l M3（V 19673.2）, F. r m1（反转 reversed, V 19671.2）, G. l m2（V 19670）；*S.* sp.：H. r m2（V 19674）；冠面视（occlusal view）

接，组成向后的"V"形峰。下中脊强大，稍前内向伸达牙齿内缘，末端膨大成小的中附尖；下次脊发育，与下外脊后部连接；后边脊粗壮，从下次尖伸达下内尖后部；下外脊粗大，但低，连接下原尖和下次尖。下外谷宽阔，掠向舌后侧。下后脊与下中脊间有短刺相连。

m2 次长方形。下后脊与下原尖前臂会聚于下前边脊，下前边脊的舌侧支和颊侧支近同等发育；下中脊尚显著，略前内向伸达齿缘，但在巴伦哈拉根标本中较低，而且在接近下外脊处中断；下次脊、下后边脊和下外脊形状和连接方式与 m1 的很相似；具有明显的、伸达下中脊中部的下原尖后臂，该后臂与下中脊和下外脊在牙齿中部封闭成一个清楚的三角形小坑。齿脊上未见短刺。下外谷的形状如同 m1 者。

比较与讨论　新种与 *Sinozapus volkeri* 在牙齿形态上有很多相似之处：颊齿丘-脊型；白齿单面高冠，没有中尖，中脊和后边脊强大；M1 和 M2 近方形，脊间可见纵向刺；M2 具双原脊；m1 与 m2 的下外脊近与牙齿中轴线平行；m2 具下原尖后臂。但新种牙齿的尺寸明显小(图 100)，齿脊较弱，上白齿的颊侧主尖和下白齿的舌侧主尖相对较呈丘形，m2 的下原尖后臂较清楚，齿脊间的纵刺不甚显著，内谷和下外谷明显窄。新种与 *Sinozapus volkeri* 在牙齿个体和形态上的差异特征，可能属于相对原始的性状。

中华林跳鼠(未定种) *Sinozapus* sp.

（图 99、100）

一枚产自化德县二登图 2 的 m2（1.35 mm × 1.00 mm, V 19674）。牙齿次长方形。下前边脊舌侧支明显；下后脊与下前边尖连接；下中脊明显，伸达牙齿内缘；下次脊横向，与下外脊后部连接；下后边脊粗壮，从下次尖伸达下内尖后部；下外脊直，略斜向连接下原尖和下次尖；下原尖后臂强大，伸达下中脊中部，并围成明显的小坑；短刺不发育，只在下原尖前臂有一向下后尖凸出的刺；下外谷宽而浅。

牙齿的尺寸落入比例克 *Sinozapus volkeri* 相应牙齿变异范围的低端，比阿木乌苏和沙拉 *S. parvus* 的大得多(图 100)。形态上与 *S. volkeri* 和 *S. parvus* 基本相似，但其下后脊较为前向，下原尖前臂比 *S. volkeri* 的发育，脊间短刺的发育程度处于两者之间。也许这一牙齿代表从 *S. parvus* 向 *S. volkeri* 演化的过渡类

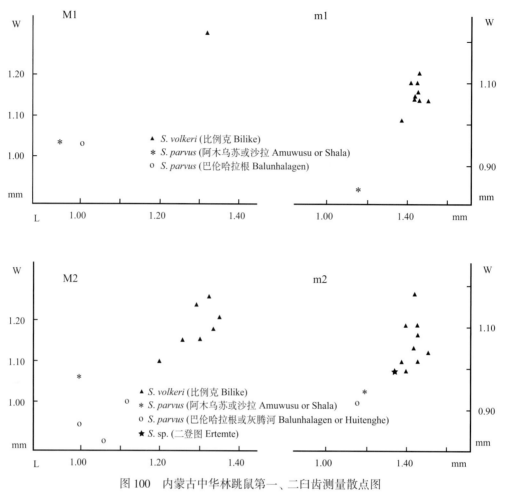

图 100　内蒙古中华林跳鼠第一、二臼齿测量散点图

Fig. 100　Scatter diagrams showing length and width of the first and second molars of *Sinozapus* from Nei Mongol

型，但由于材料过少，暂作未定种处理。

蹶鼠亚科 Sicistinae Allen, 1901

蹶鼠亚科是一类体型小、不擅长跳跃运动的跳鼠，地史上的出现比林跳鼠亚科晚，全北区分布。该类动物的听泡也不扩大，颈骨不愈合，后肢骨相对短，中间跖骨分离。上门齿通常平滑无沟；颊齿低冠，丘-脊型齿，主尖和主脊通常不同程度地向齿谷伸出次生脊或刺。上臼齿内谷和下臼齿外谷相对宽阔，且近对称。上臼齿的前部比后部稍宽，舌、颊侧主尖对位排列；M1 和 M2 的前边脊、后边脊和中脊都不很发育，但前边尖显著，后边脊有短的舌侧支和小的后内谷，有时有小的后边尖。下臼齿中的 m1 和 m2 有短的下后边脊颊侧支和小的后外谷；m1 长大于宽，有较显著、与下原尖连接的下前边尖和小的下后边尖（图 101）。

蹶鼠类在内蒙古中部地区的新近纪地层，特别是在晚中新世和上新世的地层中化石丰富，但目前只发现 *Sicista* 和 *Omoiosicista* 两属。

蹶鼠属 *Sicista* Gray, 1827

模式种　*Mus subtilis* Pallas, 1773；现生种。

归入种　化石种包括：*Sicista wangi* Qiu et Storch, 2000, 内蒙古，晚中新世—早上新世（保德期—高庄期）；*S. prima* Kimura, 2010, 内蒙古，早中新世；*S. ertemteensis* sp. nov., 内蒙古，晚中新世—早上新世；*S. bilikeensis* sp. nov., 内蒙古，早上新世。*S. bagajevi* Savinov, 1970, 哈萨克斯坦，晚中新世。*S. praeloriger*

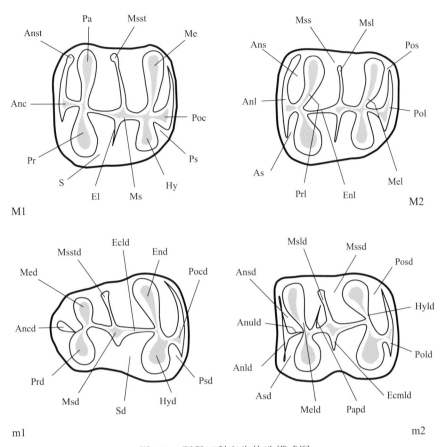

图 101　蹶鼠亚科臼齿构造模式图

Fig. 101　Nomenclature used for molars of Sicistinae

Anc, 前边尖 (anterocone)；Ancd, 下前边尖 (anteroconid)；Anl, 前边脊 (anteroloph)；Anld, 下前边脊 (anterolophid)；Anst, 前附尖 (anterostyle)；Ans, 前边谷 (anterosinus)；Ansd, 下前边谷 (anterosinusid)；Anuld, 下前小脊 (anterolophulid)；As, 前内谷 (anterosinus)；Asd, 下前内谷 (anterosinusid)；Ecld, 下外脊 (ectolophid)；Ecmld, 下外中脊 (ectomesolophid)；El, 内边脊 (enteroloph)；End, 下内尖 (entoconid)；Enl, 内脊 (entoloph)；Hy, 次尖 (hypocone)；Hyd, 下次尖 (hypoconid)；Hyld, 下次脊 (hypolophid)；Me, 后尖 (metacone)；Med, 下后尖 (metaconid)；Mel, 后脊 (metaloph)；Meld, 下后脊 (metalophid)；Ms, 中尖 (mesocone)；Msd, 下中尖 (mesoconid)；Msl, 中脊 (mesoloph)；Msld, 下中脊 (mesolophid)；Mss, 中间谷 (mesosinus)；Mssd, 下中间谷 (mesosinusid)；Msst, 中附尖 (mesostyle)；Msstd, 下中附尖 (mesostylid)；Pa, 前尖 (paracone)；Papd, 下原尖后臂 (假中脊, posterior arm of protoconid)；Poc, 后边尖 (posterocone)；Pocd, 下后边尖 (posteroconid)；Pol, 后边脊 (posteroloph)；Pold, 下后边脊 (posterolophid)；Pos, 后边谷 (posterosinus)；Posd, 下后边谷 (posterosinusid)；Pr, 原尖 (protocone)；Prd, 下原尖 (protoconid)；Prl, 原脊 (protoloph)；Ps, 后内谷 (posterosinus)；Psd, 下后外谷 (posterosinusid)；S, 内谷 (sinus)；Sd, 下外谷 (sinusid)

(Kormos, 1930)，乌克兰，早上新世。*S. pliocaenica* Erbaeva, 1976，俄罗斯外贝加尔，晚上新世。

特征(增订)　个体小、齿冠低；齿尖比齿脊高而显著，尖、脊间常有发育的次生脊。M1 和 M2 次方形，前宽一般稍大于后宽；主尖对位排列；内谷近对称；后边脊通过纵向脊与次尖连接，形成短的舌侧支和浅的后内谷；三齿根。M1 的前边尖很显著。m1 和 m2 长大于宽，主尖，特别是舌侧主尖略前后向压扁，后边脊的颊侧支和下后外谷明显；除 m1 前排主尖外，内、外侧主尖明显错位排列；下中脊长，但低而弱。m1 的前边尖发育，常与下原尖连接。

评注　蹶鼠属有 10 余个现生种，但已知的化石种并不多。该属的特征清楚，但种间的个体和形态接近，种内的形态变异大。因此，从文献上、或只根据少量的牙齿标本一般很难把不同的种区别开来。目前，对内蒙古中部所产化石种的确定，除牙齿尺寸的细微差异外，主要依据咀嚼面的复杂程度和齿尖、脊的排列方式。

Kimura（2010b）认为北美的 *Macrognathomys* 属系 *Sicista* 属的晚出异名，值得今后研究查实。

始蹶鼠 *Sicista prima* Kimura，2010
（图 102、103、107；表 39、43）

Sicista sp. nov.（Lower and Upper Aoerban）：Qiu Z D et al.，2013，p. 177，appendix

归入标本 苏尼特左旗敖尔班（下）：IM 0407 地点，1 附 M1 的破碎上颌骨，20 枚臼齿（5 M1，5 M2，1 M3，4 m1，3 m2，2 m3），V 19675.1–21；IM 0507，6 枚颊齿（2 M1，2 M2，1 m1，1 m2），V 19676.1–6。苏尼特左旗敖尔班（上）（IM 0772 地点）：臼齿 5 枚（2 M1，2 m1，1 m2），V 19677.1–5。

测量 见表 39。

表 39 内蒙古敖尔班始蹶鼠颊齿测量

Table 39 Measurements of cheek teeth of *Sicista prima* from Aoerban，Nei Mongol（mm）

Tooth	Length			Width		
	N	Mean	Range	N	Mean	Range
敖尔班（下）Aoerban（L）						
M1	7	0.95	0.90–1.02	7	0.93	0.90–1.00
M2	5	0.98	1.10–1.20	5	0.90	0.85–0.95
M3	1	–	0.65	1	–	0.70
m1	5	1.05	0.95–1.10	5	0.77	0.70–0.80
m2	4	1.02	1.00–1.05	4	0.78	0.75–0.80
m3	2	0.88	0.85–0.90	2	0.73	0.70–0.75
敖尔班（上）Aoerban（U）						
M1	2	0.95	0.94–0.95	2	0.95	0.94–0.95
m1	2	1.04	1. 02–1.05	2	0.78	0.74–0.81
m2	1	–	1.06	1	–	0.82

特征（修订） 个体很小，齿尖和齿脊相对较弱。M1 和 M2 的原脊与原尖连接，常见不完整的双后脊，但次生脊与主脊围成釉质岛未能超过三个；m1–3 的主尖不甚前后向压扁，m1 和 m2 的后内谷有从下次尖伸出的明显次生脊，m1 的下次脊横向与下外脊后部连接，m2 和 m3 具下原尖后臂。

描述 臼齿咀嚼面构造丘-脊型，齿尖高而显著，齿脊相对较弱。上臼齿的前部稍比后部宽，三齿根；舌、颊侧主尖近对位排列，颊侧比舌侧的略为高大。下臼齿两齿根；舌侧主尖比颊侧的高，多少呈前后向压扁状，位置靠前。

M1 圆方形，前部比后部稍宽，舌部比颊部略短。前边尖显著，多数与原尖连接，仅一例近于孤立；未见前附尖；中尖不明显。前边脊颊侧支发育、伸达牙齿前内角，但舌侧支低而弱；原脊低、短、横向或稍前向，多与原尖中部或前部连接（8/9），极少与原尖前臂相连（1/9）；中脊完整，但甚为低弱，都伸达外缘并与封闭中间谷外缘的纵向脊连接，末端未形成明显的中附尖；后脊短，半数具清楚的双后脊，后脊 I 横向与次尖连接，后脊 II 后向与次尖后臂或后边脊相连。内脊完整、近直，从次尖前臂伸至原尖颊侧；后边脊明显，附有小的后边尖，或通过后边尖与次尖后臂连接，或通过后脊 II 与后尖相连，舌侧支和颊侧支分别伸达次尖和后尖基部；明显的内边脊见于一例标本；次生脊低弱，与主脊围成一或两个小坑。内谷中度宽阔，近对称，外伸略超齿宽的三分之一；有小的后内谷。

M2 长大于宽，后部明显变窄，舌部比颊部稍短。前边尖和中尖很弱，前附尖不发育。前边脊显著，但舌侧支低弱；原脊前向，与原尖前部连接；中脊完整，但低而弱，伸达外缘；后脊 I 横向，与次尖连接，

4枚牙齿中两枚具与后边脊基部连接的后脊Ⅱ；内脊直，连接次尖前臂与原尖的颊侧；后边脊明显，附有小、靠近次尖并与次尖后臂连接的后边尖，舌侧支短；未见内边脊；原脊和后脊间有短、凸向中脊的次生脊和棱，但只有两例标本在中脊和后脊之间见有次生脊和内脊围成的一或两个釉质小坑。内谷宽度适中，近对称，外伸不超齿宽的三分之一；有小的后内谷。

  M3次三角形。前边脊的颊侧支、原尖和前尖清楚，中脊尚可辨认，但次尖和后尖非常退化，近于融会，内脊也不完整。

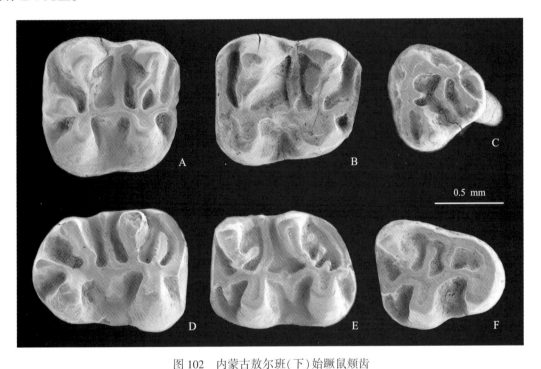

0.5 mm

图 102　内蒙古敖尔班(下)始蹶鼠颊齿

Fig. 102　Molars of *Sicista prima* from Aoerban (L), Nei Mongol

A. l M1 (V 19675.1), B. l M2 (V 19675.2), C. r M3 (V 19675.3), D. l m1 (V 19675.4), E. l m2 (V 19675.5),

F. l m3 (V 19675.6)；冠面视(occlusal view)

  m1前窄后宽。主尖高、锐利、多少前后向压扁和错位排列；下前边尖明显，与下原尖或下原尖前臂连接；下中尖不甚显著；下后边尖不发育。下后脊后向，与下原尖后臂或下外脊前部连接；下中脊低、长，伸达内缘，末端略膨大；下外中脊不清楚，但下中尖有外向凸棱；下次脊横向、短，多与下外脊或次尖前臂连接；下后边脊弱，与下次尖后臂连接，具弱的颊侧支和小的后外谷，舌侧伸达下内尖舌后部；下外脊直而完整，后方连接下次尖前臂，前方伸至下原尖与下后尖的连接处；在8枚牙齿的下后边谷中，有7枚具明显、从下次尖伸出的次生脊。下外谷宽阔、近对称，内伸未达齿宽之半。

  m2次长方形，后外角稍向后凸出。下前边尖和下中尖小；下后边尖不发育。下前边脊完整，从下后尖前基部伸向下原尖的前外，舌侧支短，颊侧支低，通过短粗的下前小脊与下原尖前臂连接；在一个牙齿中，下前小脊有向颊侧凸出的棱；下后脊横向，与下原尖前臂或下前小脊连接；具有伸向下中脊的下原尖后臂；下中脊伸达齿缘，但其颊侧部分明显弱，在一个标本中与下原尖后臂围成牙齿中部的小坑；下次脊后指，与下次尖前臂或下外脊后部连接；下后边脊细弱，与下次尖后臂相连，颊侧支弱，舌侧与下内尖连接；下外脊连接下原尖后臂和下次尖前臂；下次尖具有向下后边谷伸出的一或两条次生脊。下外谷宽阔、对称，内伸超过齿宽的三分之一；具浅的后外谷。

  m3长三角形，构造大体与m2的相似，有明显的下前边脊和下原尖后臂，但下内尖退化，融会于连接下次尖和下后尖的舌后侧脊。下外谷指向后方。

  比较与讨论 上述标本具有蹶鼠属(*Sicista*)的基本特征，即个体小、齿冠低，内谷和下外谷近对称，齿尖和齿脊间有次生脊，M1和M2次方形、齿尖对位排列、有短的后边脊舌侧支和浅的后内谷、三齿根，

M1 前边尖很显著，m1 和 m2 有短的下后边脊颊侧支和浅的后外谷。在内蒙古中部地区，蹶鼠属的化石于新近纪后期的地层中很常见，但较早地层中稀少。敖尔班标本属于一种个体很小的蹶鼠，形态与 *S. prima* 的特征吻合。*S. prima* 系 Kimura（2010b）根据发现于嘎顺音阿得格材料建立的一种很小的蹶鼠，敖尔班牙齿标本的尺寸与其接近，形态相似，不同的可能只是 M2 内脊的前部稍强，但嘎顺音阿得格只有 2 枚 M2，其强弱程度也不完全相同，与敖尔班标本的界限并不很清晰，有理由将这些标本视为相同的一种。模式产地的材料只有 10 余枚牙齿，敖尔班标本无疑有助于增强对这一早期蹶鼠牙齿特征的认识。

Sicista prima 的个体比现知的化石种都小（图 103），齿尖相对也弱。此外，它不同于内蒙古比例克早上新世的 *Sicista wangi* 在于：构造较简单，次生脊少；M1 的原脊不总横向与原尖连接，双后脊的牙齿不占多数；下臼齿的舌侧主尖前后向不甚压扁；m1 和 m2 下后边谷中有较明显的从下次尖伸出的次生脊；m1 的下次脊与下外脊的后部相连，而不是与下次尖连接；m2 和 m3 有下原尖后臂。它不同于哈萨克斯坦 Pavlodar 晚中新世的 *S. bagajevi* 在于：臼齿咀嚼面构造稍简单，次生脊不那么发育；M1 的后脊 II 较明显；m1 和 m2 后内谷（下后边谷）中的次生脊和 m2 中的下原尖后臂显著得多；m1 的下次脊与下外脊的后部连接。乌克兰 Nogaisk 早上新世 *S. praeloriger* 的 M1 和 M2 双原脊不完整，m1 具有双下次脊、下后边谷中没有从下次尖伸出的次生脊，m3 没有下原脊后臂的痕迹。俄罗斯外贝加尔 Beregovaya 晚上新世的

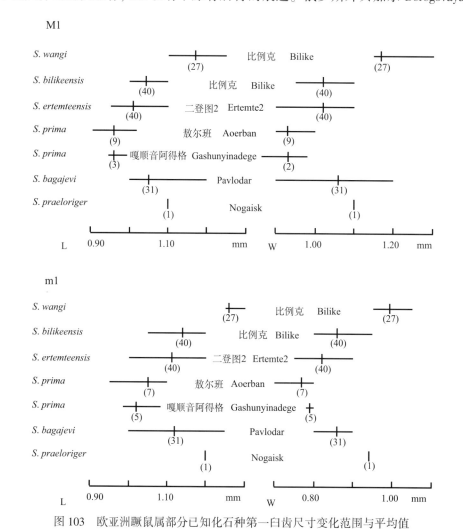

图 103　欧亚洲蹶鼠属部分已知化石种第一臼齿尺寸变化范围与平均值

Fig. 103　Size ranges and averages of length and width in the first molars of some known species of *Sicista* from Eurasia

Sicista bagajevi、*S. praeloriger* 和嘎顺音阿得格 *S. prima* 的测量数据分别引自 Savinov（1970）、Topachevsky（1965）和 Kimura（2010b）［Dimension data for *S. bagajevi*, *S. praeloriger* and *S. prima* of Gashunyinadegeare quoted from Savinov（1970）, Topachevsky（1965）and Kimura（2010b）, respectively］

S. pliocaenica 咀嚼面构造简单，M1 和 M2 没有次生脊，下臼齿主尖明显呈压扁状，m1 的下次脊与下次尖连接，m2 没有下原尖后臂，与内蒙古这一种蹶鼠也不同。

敖尔班和嘎顺音阿得格的 *Sicista prima* 显然是很原始的一种蹶鼠。它所具有的小个体，M1 的原脊横向和双后脊，m1 和 m2 的下后边谷中有从下次尖伸出的明显次生脊，m1 的下次脊与下外脊连接，可能属于该属的原始特征。

<h3 style="text-align:center">王氏蹶鼠 *Sicista wangi* Qiu et Storch，2000</h3>
（图 103、104、107；表 40、43）

Sicista sp.：Fahlbusch et al., 1983, p. 214, partim
Sicista sp.：Qiu, 1988, p. 838, table 1, partim
Sicista sp.：Qiu et Qiu, 1995, p. 64, partim
Sicista sp.：Qiu et Storch, 2000, p. 187, partim
Sicista sp.（Ertemte and Harr Obo）：Qiu Z D et al., 2013, p. 177, appendix, partim

归入标本 化德县二登图（Ertemte 2 地点）：1 附 M1 的破碎上颌骨，57 枚臼齿（19 M1，11 M2，3 M3，7 m1，10 m2，7 m3），V 19678.1-58。化德县哈尔鄂博（Harr Obo 2 地点）：5 枚臼齿（1 M1，1 M2，1 M3，1 m1，1 m2），V 19679.1-5。

测量 见表 40。

表 40 内蒙古二登图和哈尔鄂博王氏蹶鼠颊齿测量
Table 40 Measurements of cheek teeth of Sicista wangi from Ertemte and Harr Obo, Nei Mongol（mm）

Tooth	Length			Width		
	N	Mean	Range	N	Mean	Range
二登图 2 Ertemte 2						
M1	19	1.09	1.05-1.15	19	1.11	1.05-1.20
M2	11	1.14	1.10-1.20	11	1.07	1.00-1.10
M3	3	0.75	0.75-0.75	3	0.80	0.75-0.85
m1	7	1.21	1.20-1.25	7	0.96	0.95-1.00
m2	10	1.22	1.15-1.25	10	0.96	0.95-1.00
m3	7	0.97	0.90-1.00	7	0.80	0.75-0.85
哈尔鄂博 2 Harr Obo 2						
M1	1	–	1.20	1	–	1.20
M2	1	–	1.20	1	–	1.05
M3	1	–	0.70	1	–	0.80
m1	1	–	1.20	1	–	0.95
m2	1	–	1.25	1	–	1.10

特征（增订） 个体大，颊齿咀嚼面构造简单，臼齿的中脊相对显著，齿尖高而尖锐。M1 的原脊多数指向前方，与前边尖连接超过标本数的三分之二；次生脊未能与主脊围成三个釉质岛；内边脊见于少量标本。m1-3 的主尖呈前后向压扁状；m1 和 m2 从下次尖伸向下后边谷的次生脊短而弱。m1 的下次脊与下次尖连接。m2 和 m3 中的下原尖后臂不多见。

描述 王氏蹶鼠系依发现于比例克的材料所建，该地点几乎所有标本已有描述（Qiu et Storch，2000），现作以下补充：

M1 原脊指向前方，多数与前边尖连接（21/26），仅有 2 枚与原尖前臂连接、3 枚与原尖相连；后脊横向，与次尖连接；3 例标本有清楚的内边脊；次生脊不发育，低而少，只有 9 枚牙齿（占 33%）在前尖和中脊间围成一个低的釉质小坑。M2 原脊指向前方，多与原尖前臂或前边尖相连；两例标本有弱的内边脊；

次生脊在前尖和后尖间与中脊围成一个浅的釉质小坑的有7枚牙齿，两小坑的2枚；2枚牙齿中，后脊有一连接后边脊的低刺。m1的下后边谷中，仅一枚有从下次尖伸出一条较长的次生脊，另外3枚只有一凸棱。m2的下后脊略后向，与下原尖的前臂及下前小脊连接；未见有明显的下原尖后臂；两件标本的下后边谷中有从下次尖伸出的一条次生脊。

二登图2和哈尔鄂博2标本：

在二登图的一件标本中，可见门齿孔终止于M1前缘的正内侧。M1原脊指向前方，在20枚牙齿中都与前边尖连接；后脊横向，与次尖相连；两例标本有明显的内边脊；次生脊不发育，9枚牙齿有在前尖和后脊间围成的一个低的釉质小坑，5枚中围成两个；2枚牙齿中，后脊有与后边脊连接的低刺。M2原脊指向前方，多与原尖前部或前臂连接；内边脊不发育；前尖和后尖间的次生脊与中脊围成一个浅釉质小坑的有5枚牙齿，两小坑的1枚；2枚牙齿中，后脊有与后边脊连接的低刺。

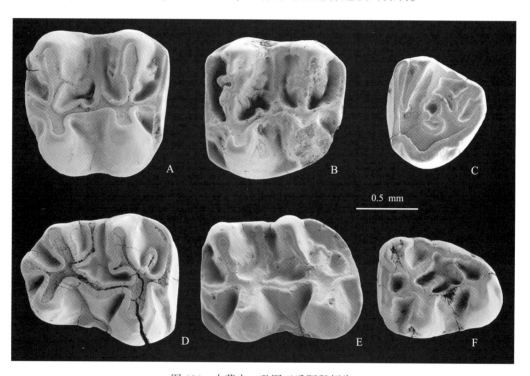

图104　内蒙古二登图王氏蹶鼠颊齿

Fig. 104　Cheek teeth of *Sicista wangi* from Ertemte, Nei Mongol

A. l M1 (V 19678.1), B. l M2 (V 19678.2), C. l M3 (V 19678.3), D. l m1 (V 19678.4), E. l m2 (V 19678.5),

F. l m3 (V 19678.6)；冠面视(occlusal view)

m1的下后边谷中，多数具有从下次尖伸出的明显次生脊(4/7)。m2的下后脊略后向，与下原尖前臂或下前小脊连接；多数牙齿具有短的下原尖后臂，其中4枚与下中脊连接形成假中脊；所有9枚牙齿的下后边谷中都有从下次尖伸出的次生脊。

比较与讨论　王氏蹶鼠(*Sicista wangi*)的主要特征是个体较大，颊齿咀嚼面上的次生脊少，中脊相对显著，M1的原脊多数与前边尖连接，m1的下次脊与下次尖相连。二登图和哈尔鄂博上述标本的大小和基本形态具有这一蹶鼠的特征。这些标本和模式地点标本的不同主要是牙齿尺寸的平均值稍小，次生脊稍明显。这些差异可能指示二登图和哈尔鄂博种群相对原始。

二登图蹶鼠(新种) Sicista ertemteensis sp. nov.

(图103、105、107；表41、43)

Sicista sp.：Fahlbusch et al., 1983, p. 214, partim

Sicista sp.：Qiu, 1988, p. 838, table 1, partim

Sicista sp.: Qiu et Qiu, 1995, p. 64, partim

Sicista sp.: Li et al., 2003, p. 108

Sicista sp.: Qiu et al., 2006, p. 165

Sicista sp. (Balunhalagen, Shala, Bilutu, Ertemte, Harr Obo and Gaotege): Qiu Z D et al., 2013, p. 177, appendix, partim

名称由来 示新种正型地点二登图。

正模 左 M1（V 19680）。

副模 671 枚臼齿（117 M1，123 M2，30 M3，168 m1，136 m2，97 m3），V 19681.1-671。

模式产地与层位 化德县二登图 2；上中新统，二登图组（晚保德期）。

归入标本 苏尼特右旗呼-锡公路原里程碑 346 km 附近上红层（346 地点）：M2 一枚，V 19682。苏尼特左旗巴伦哈拉根（IM 0801 地点）：臼齿 58 枚（13 M1，10 M2，17 m1，13 m2，5 m3），V 19683.1-58。苏尼特右旗沙拉（IM 9610 地点）：16 枚臼齿（3 M1，5 M2，1 M3，2 m1，3 m2，2 m3），V 19684.1-16。苏尼特左旗必鲁图（IM 0510 地点）：臼齿 19 枚（2 M1，6 M2，8 m1，2 m2，1 m3），V 19685.1-19。化德县哈尔鄂博（Harr Obo 2 地点）：1 附 m1 的破碎下颌骨，40 枚臼齿（9 M1，10 M2，9 m1，7 m2，5 m3），V 19686.1-41。阿巴嘎旗高特格：DB 02-1 地点，22 枚颊齿（1 P4，7 M1，3 M2，1 M3，5 m1，2 m2，3 m3），V 19687.1-22；DB 02-2，5 枚臼齿（1 M2，1 M3，3 m1），V 19688.1-5；DB 02-03，9 枚臼齿（2 M1，4 M2，1 m1，2 m2），V 19689.1-9；DB 03-1，4 枚臼齿（1 M1，1 M2，1 m1，1m2），V 19690.1-4；DB 03-2，3 枚臼齿（1 M1，1 m1，1 m3），V 19691.1-3。

测量 见表 41。

表 41 内蒙古中部地区二登图蹶鼠颊齿测量

Table 41 **Measurements of cheek teeth of *Sicista ertemteensis* from central Nei Mongol** (mm)

Tooth	Length			Width		
	N	Mean	Range	N	Mean	Range
巴伦哈拉根 Balunhalagen						
M1	12	0.95	0.85-1.05	13	0.96	0.90-1.05
M2	10	0.98	0.90-1.05	10	0.91	0.85-0.95
m1	16	1.04	0.92-1.10	17	0.80	0.72-0.85
m2	13	1.08	1.00-1.15	13	0.85	0.76-1.00
m3	4	0.86	0.85-0.90	4	0.71	0.65-0.75
必鲁图 Bilutu						
M1	2	1.05	1.05-1.05	2	1.06	1.02-1.10
M2	5	1.03	1.00-1.10	6	1.02	1.00-1.05
m1	7	1.04	1.00-1.10	8	0.80	0.75-0.85
m2	2	1.07	1.04-1.10	2	0.93	0.80-0.85
m3	1	-	0.95	1	-	0.75
二登图 2 Ertemte 2						
M1	40	1.02	0.95-1.10	40	1.20	0.90-1.10
M2	40	1.02	0.95-1.10	40	0.97	0.80-1.10
M3	20	0.65	0.60-0.70	20	0.73	0.65-0.80
m1	40	1.11	1.00-1.20	40	0.84	0.75-0.90
m2	40	1.03	0.95-1.10	40	0.99	0.90-1.10
m3	20	0.90	0.80-0.95	20	0.74	0.65-0.80
哈尔鄂博 2 Harr Obo 2						
M1	8	1.06	1.00-1.10	8	1.09	1.05-1.10
M2	6	1.03	1.00-1.10	6	1.02	1.00-1.05
m1	7	1.13	1.00-1.20	7	0.86	0.75-0.95

Tooth	Length			Width		
	N	Mean	Range	N	Mean	Range
m2	6	1.21	1.10-1.25	6	0.90	0.85-0.95
m3	5	0.90	0.85-0.95	5	0.75	0.70-0.80
沙拉 Shala						
M1	3	0.98	0.95-1.05	3	0.98	0.95-1.00
M2	5	1.51	0.95-1.00	5	0.94	0.90-0.95
M3	1	–	0.60	1	–	0.75
m1	2	1.03	1.00-1.05	2	0.78	0.75-0.80
m2	3	1.05	1.05-1.05	3	0.83	0.80-0.85
m3	2	0.88	0.85-0.90	2	0.65	0.65-0.65
高特格 Gaotege						
M1	8	1.07	1.03-1.10	7	1.09	0.90-1.10
M2	9	1.03	1.00-1.10	9	1.00	0.80-1.10
M3	2	0.73	0.70-0.75	2	0.83	0.75-0.90
m1	9	1.15	1.00-1.20	9	0.86	0.75-0.95
m2	5	1.12	1.10-1.15	5	1.12	0.85-0.95
m3	3	0.82	0.75-0.85	3	0.73	0.70-0.75
346 地点 Loc. 346						
M2	1	–	1.00	1	–	0.92

特征 个体中等大小，齿尖高而尖锐。M1 的原脊多横向，与原尖连接；次生脊与主脊围成三个釉质岛的牙齿约占总量的 10%；少量牙齿具内边脊。m1-3 的主尖明显前后压扁；半数以上的 m1 和 m2 后内谷有从下次尖伸出的次生脊。m1 的下次脊后向与下次尖连接。m2 常有假下中脊。部分 m2 和 m3 具下原尖后臂。

描述 臼齿丘-脊型，齿脊相对较弱。上臼齿三齿根；舌、颊侧主尖近对位排列，颊侧比舌侧的略为高大。下臼齿两齿根，主尖错位排列。

M1 次方形，前边宽度和外边长度分别比后边和内边的大。前边尖显著，与原尖连接；前附尖和中尖不明显。前边脊低，舌侧支短、甚至缺失；原脊横向，在二登图和哈尔鄂博的 116 枚牙齿中有 72 枚（约占 62%）的与原尖连接（巴伦哈拉根为 5/9，必鲁图为 2/2，沙拉为 2/3，高特格为 8/10），29 枚的与原尖前臂连接（巴伦哈拉根为 4/9，高特格为 2/10），只有 15 枚的与前边尖相连（巴伦哈拉根为 4/9，沙拉为 1/3，高特格为 2/10）；中脊低、弱，在半数标本中不完整，甚至稍经磨蚀即消失，末端常有小的中附尖；后脊多数横向，与次尖连接，极少数略前向与次尖前臂相连。内脊完整、近直，连接次尖和原尖；后边脊发育，通过后边尖与次尖颊侧连接，舌侧支短；明显的内边脊见于 15 枚牙齿（约占 10%）。次生脊低、短，与主脊围成的闭合釉质小坑不多见，近似围成三小坑仅有 17 枚牙齿（约占 12%），两小坑 61 枚，一小坑 51 枚，未围成小坑 17 枚；在 18 枚牙齿中（约占牙齿总量的 13%），后脊有与后边脊连接的后刺。

M2 梯形，后部明显变窄。前边脊发育，通过弱的前边尖与原尖前臂连接，有短的舌侧支，颊侧末端未形成明显的前附尖；原脊多与原尖或原尖前臂连接，极个别与前边尖相连；中脊低、弱，在近半数标本中发育不完全；后脊多数与次尖连接，极个别与次尖前臂相连；内脊直，连接次尖前臂与原尖后臂；后边脊发育，与次尖后臂连接，有短的舌侧支；明显的内边脊见于 21 枚牙齿（约占总量的 13%）。少数牙齿的次生脊与主脊围成三个釉质小坑，多数为两个或一个小坑，未围成小坑者极少；部分牙齿中原脊有连接前边脊的前刺，少量标本中，后脊有一连接后边脊的后刺。

M3 次三角形。原尖和前尖尚清楚，部分牙齿前边脊的颊侧支消失，大部分牙齿的中脊都不完整，次

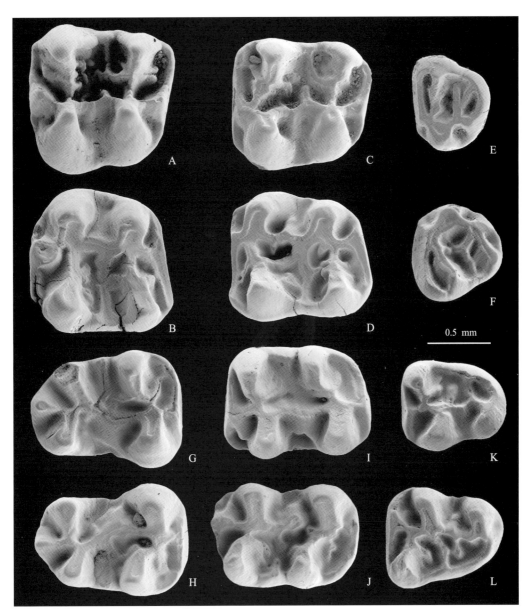

图 105　内蒙古二登图二登图蹶鼠颊齿

Fig. 105　Cheek teeth of *Sicista ertemteensis* from Ertemte 2, Nei Mongol

A. l M1（正模 holotype, V 19680），B. r M1，（V 19681.1），C. l M2（V 19681.2），D. r M2（V 19681.3），E. l M3（V 19681.4），

F. r M3（V 19681.5），G. l m1（V 19681.6），H. r m1（V 19681.7），I. l m2（V 19681.8），J. r m2（V 19681.9），K. l m3（V

19681.10），L. r m3（V 19681.11）；冠面视（occlusal view）

尖和后尖非常退化。

　　m1 前窄后宽。主尖锐利、略呈前后向压扁，舌侧比颊侧的稍高，位置偏前。下前边尖显著，与下原尖舌侧连接；下中尖小或不甚明显。下后脊短，后向与下外脊连接；下中脊低，中部在近半数标本中发育弱，超过半数的末端膨大、形成小的下中附尖；多数下中尖向颊侧凸出，但只有少数形成短的下外中脊；下次脊后向，与下次尖连接；后边脊弱，通过小的下后边尖与下次尖后臂连接，有短、弱的颊侧支和小的下后外谷；下外脊直而完整，后方连接下次尖前臂，前方伸至下原尖和下后尖的连接处；占多数牙齿的下后边谷中，有一或两条从下次尖或下次脊伸出、发育程度不同的次生脊。下外谷宽阔、近对称，向内延伸的宽度超过齿宽之半。

　　m2 次长方形。下前边尖和下中尖尚明显，部分标本的下前边尖有一明显的颊侧凸棱，多数下中尖向颊侧凸出，但只有少数形成短的下外中脊。下前边脊低、短，通过短粗的下前小脊与下原尖前臂或下后脊连接；下后脊略后向，连接下原尖前臂与下前小脊；部分标本具有伸向下中脊的下原尖后臂，在下中脊不完整的标本中下原尖后臂形成假中脊；下中脊的发育程度变异大，从长达齿缘至完全缺失；下次脊后指，与下次尖或下次尖前臂连接；下后边脊低弱，与下次尖后臂连接，有弱的颊侧支，舌侧与下内尖相连；下外脊连接下原尖后臂和下次尖前臂；大部分标本的下后边谷中都有发育程度不一的从下次尖伸出的一或两条次生脊。下外谷中度宽阔、对称，向内延伸宽度未超过齿宽之半。

m3 长大于宽，后部收缩。牙齿前部构造与 m2 的相似，保留有明显的下前边脊、下原尖和下后尖，甚至在部分标本中见有下原尖后臂，但下内尖退化，融会于连接下次尖和下后尖的舌后侧脊。

比较与讨论 新种 Sicista ertemteensis 的个体比 Sicista wangi 小，比 S. prima 大（图 103），但冠面构造比两者都复杂。此外，它不同于 Sicista wangi 还在于大部分 M1 的原脊与原尖或原尖前臂连接，而不是与前边尖相连，m2 的下原尖后臂和假中脊较常见；与 S. prima 的不同还在于 M1 未见双后脊，m1 的下前边尖很少直接与下原尖连接，下次脊多后向与下次尖连接而不是横向与下外脊后部相连（图 107）。

新种牙齿的尺寸与 S. bagajevi、S. praeloriger 和 S. pliocaenica 的都很接近，但咀嚼面上次生脊的复杂程度与它们的有所不同，没有前两者发育，但显然比后者复杂得多。据文献，次生脊与主脊围成的釉质小坑，在 S. bagajevi 所有的 M1 和 M2 中都有三个，在 S. praeloriger 中有三个的也各占 50%（Savinov，1970；Topachevsky et al.，1987），而在 S. ertemteensis 中，M1 和 M2 只分别各占 11% 和 26%。新种部分 M1 和 M2 有较清楚的内边脊，而在 S. bagajevi 和 S. praeloriger 中似乎不存在。

沙拉和高特格的标本数量相对都较少，但从牙齿的大小和形态很难把它们与二登图 2 和哈尔鄂博 2 的标本区别开来，故暂时把它们视作同一种。就牙齿的大小而言，两地所产标本都近似或完全落入二登图和哈尔鄂博标本的个体变异范围，但沙拉标本的平均值比二登图和哈尔鄂博的稍小，而高特格的则略大（图 103）。在沙拉的标本中，有 2 枚 M1 的原脊与前边尖连接，比例上似乎相对比与原尖连接的高，但这也可能与标本数量较少有关。总的来说，沙拉牙齿中的次生脊较显著，高特格中的却不那么发育。这些差异，或许说明沙拉种群的时代或生境与其有所不同。

346 地点只有一枚 M2，产出的层位比该种其他地点的都低，但尺寸和形态都落入二登图标本的变异范围之内。材料虽少，这里也将其暂时归入相同的一种。

比例克蹶鼠（新种）Sicista bilikeensis sp. nov.
（图 103、106、107；表 42、43）

Sicista sp.：Qiu, 1988, p. 838, table 1, partim

Sicista sp.：Qiu et Storch, 2000, p. 187, figs. 16-21

Sicista sp.（Bilike）：Qiu Z D et al., 2013, p. 177, appendix

名称由来 示新种发现地比例克。

正模 左 M1（11905.1）。

模式产地与层位 化德县比例克；下上新统，比例克层（高庄期）。

副模 4 件破碎的上颌骨，共附有 1 P4，4 M1；4 件破碎的下颌骨，共附有 3 m1，1 m2；690 枚臼齿（73 P4，123 M1，125 M2，45 M3，131 m1，112 m2，81 m3），V 11905.2-699。

归入标本 阿巴嘎旗宝格达乌拉（IM 0702 地点）：臼齿 3 枚（1 M1，1 M3，1 m3），V 19692.1-3。

测量 见表 42。

特征 个体中等大小，齿尖高而尖锐。M1 的原脊多数指向前方、与前边尖连接；次生脊与主脊围成三个釉质岛者超过牙齿总量的 20%；少量牙齿具有内边脊。m1-3 的主尖前后向压扁；半数以上的 m1 和几乎所有 m2 的下后内谷有从下次尖伸出的次生脊。m1 的下次脊后指向，并多与下次尖连接。部分 m2 和 m3 具下原尖后臂。

描述 颧弓起于 P4 前方，前弓后缘与 P4 前缘的水平距离小于 0.3 mm，腹侧咬肌附着嵴不很粗糙；门齿孔终止于 M1 前缘的正内侧。下颌咬肌窝浅、光滑，窝前咬肌附着嵴不很发育；颏孔大，位于齿缺最低弯处、距 m1 前缘约 0.5 mm；齿缺长在 3 mm 左右。

表42　内蒙古比例克和宝格达乌拉比例克蹶鼠颊齿测量

Table 42　Measurements of cheek teeth of *Sicista bilikeensis* from Bilike and Baogeda Ula, Nei Mongol（mm）

Tooth	Length			Width		
	N	Mean	Range	N	Mean	Range
比例克 Bilike						
M1	40	1.04	1.00-1.10	40	1.02	0.95-1.10
M2	40	1.05	0.95-1.10	40	0.90	0.90-1.05
M3	20	0.65	0.60-0.75	20	0.70	0.65-0.75
m1	40	1.14	1.05-1.20	40	0.86	0.80-0.95
m2	40	1.15	1.05-1.25	40	0.86	0.75-0.95
m3	20	0.86	0.80-0.90	20	0.73	0.65-0.80
宝格达乌拉 Baogeda Ula						
M1	1	-	1.10	1	-	1.16
M3	1	-	0.73	1	-	0.90
m3	1	-	0.85	1	-	0.70

颊齿丘-脊型,齿脊相对较弱。上臼齿三齿根;舌、颊侧主尖近对位排列,颊侧比舌侧的略为高大。下臼齿两齿根,主尖错位排列,前后向压扁。

M1 次方形,前缘和外缘分别略比后缘和内缘长。前边尖显著,与原尖连接;没有明显的前附尖,中尖也不发育。前边脊低,多有很短的舌侧支;原脊以前指向为主,在132 枚牙齿中,有106 枚的原脊与前边尖连接(占80%),与原尖前臂和原尖连接的分别为11 枚和13 枚,与原尖后臂相连的有两例;常有完整、但低而细弱的中脊,其末端多成小的中附尖;后脊横向,一般与次尖中部或前部连接。内脊完整、近直,连接次尖前颊侧和原尖的后颊侧;后边脊发育,通过小的后边尖与次尖颊侧连接,舌侧支短;明显的内边脊见于23 枚牙齿(约占18%)。次生脊低、短,与主脊围成三个近似闭合釉质小坑的牙齿有34 枚(占28%),两小坑44 枚(占36%),一小坑28 枚(占23%),未围成小坑15 枚(占13%);17 枚牙齿中(占牙齿总量的14%),后脊有一连接后边脊的刺。

M2 梯形,后部明显变窄。前边脊发育,通过弱的前边尖与原尖前臂连接,舌侧支短,颊侧末端的前附尖不发育;原脊多与原尖前部或原尖前臂连接,个别与前边尖相连;多数标本有完整、细弱的中脊,但其末端的中附尖一般不明显;后脊略前向,与次尖前部或前臂连接;内脊直,连接次尖前臂与原尖后臂;后边脊发育,通过小的后边尖与次尖颊侧连接,有短的舌侧支;明显的内边脊见于11 例标本(约占总量的9%)。次生脊与主脊围成三釉质小坑有15 枚牙齿(占13%),两小坑41 枚(占35%),一小坑44 枚(占37%),未围成小坑18 枚(占15%);23 枚牙齿中(占牙齿总量的19%),原脊有一连接前边脊的前刺。后脊有刺与后边脊连接的牙齿只有两枚。

M3 次三角形。原尖和前尖尚清楚,部分牙齿前边脊的颊侧支消失,大部分牙齿的中脊不完整,次尖和后尖非常退化,并形成牙齿上连接前尖和原尖的后方嵴。

m1 前窄后宽。主尖锐利,舌侧比颊侧的稍高、位置略靠前;下前边尖显著,与下原尖舌侧连接;下中尖小或不甚明显。下后脊后向,与下外脊前部连接;下中脊低、长,末端一般形成小的下中附尖,部分标本中部发育弱;下中尖在多数标本中向颊侧凸出,只有极少数形成短的下外中脊;下次脊后向,与下次尖连接;后边脊弱,通过极弱的下后边尖与下次尖的舌侧相连,有弱的颊侧支和小的后外谷;下外脊直、完整,后方连接下次尖前臂,前方伸至下原尖和下前边尖的连接处;在半数牙齿的下后边谷中,有一或两条从下次尖或下次脊伸出、发育程度不同的次生脊。下外谷宽阔、近对称,前部向内延伸达齿宽之半。

m2 次长方形。下前边尖和下中尖尚明显,下前边尖在个别标本中有颊侧凸棱;下中尖向颊侧凸出,但很少形成下外中脊。下前边脊短、低,与下后脊间由短粗的下前小脊连接;近半数牙齿具有下原尖后

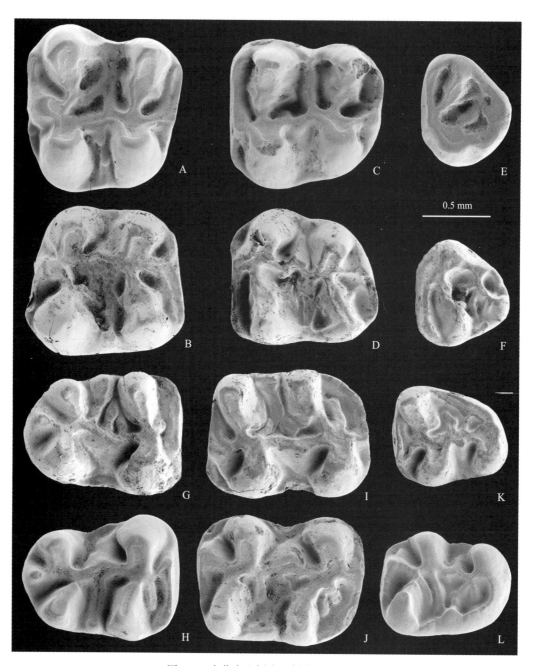

图 106　内蒙古比例克比例克蹶鼠颊齿

Fig. 106　Cheek teeth of *Sicista bilikeensis* from Bilike，Nei Mongol

A. l M1（正模 holotype，V 11905.1），B. r M1（V 11905.2），C. l M2（V 11905.3），D. r M2（V 11905.4），E. l M3（V 11905.5），
F. r M3（V 11905.6），G. l m1（V 11905.7），H. r m1（V 11905.8），I. l m2（V 11905.9），J. r m2（V 11905.10），K. l m2（V
11905.11），L. r m3（V 11905.12）；冠面视（occlusal view）

臂，其中部分与下中脊相连；下中脊发育程度变异大，从长达齿缘至完全缺失；下次脊后指，多与下次尖
或下次尖前臂连接，极少数与下外脊的后部相连；后边脊强大，常常通过很小的下后边尖与下次尖后臂
连接，颊侧支弱，舌侧与下内尖舌侧基部相连；下外脊连接下原尖和下次尖的舌侧；几乎所有标本的下
后边谷中都有从下次尖伸出的一或两条次生脊，但其发育程度不一。下外谷中度宽阔、对称，向内延伸
宽度未超过齿宽之半。

　　m3 长大于宽，后部收缩。牙齿前部构造与 m2 的相似，下前边脊、下原尖和下后尖相当清楚，部分
标本有下原尖后臂，但下内尖退化，融会于连接下次尖和下后尖的舌后侧脊。

比较与讨论 新种 *Sicista bilikeensis* 与新种 *S. ertemteensis* 的个体接近，牙齿咀嚼面上的特征也很相似，使其易于与 *S. wangi* 和 *S. prima* 相区别。其咀嚼面上的次生脊显然没有 *S. bagajevi* 和 *S. praeloriger* 的那样发育，次生脊或刺与主脊围成三个釉质小坑的比例较少，但咀嚼面构造比 *S. pliocaenica* 的复杂得多（表43）。另外，新种部分 M1 和 M2 有较清楚的内边脊。

表43 鼷鼠属各化石种 M1 和 M2 次生脊与主脊围成三个釉质小坑的比例统计
Table 43 Ratio of 3 enamel pits delimited by secondary ridges and main ridges on M1 and M2
in the discussed species of *Sicista*

类元与牙齿 Taxon & tooth	*S. prima*	*S. wangi*	*S. ertemteensis*	*S. bilikeensis*	*S. bagajevi*	*S. praeloriger*
M1	0	0	11%	28%	近100% nearly 100%	约50% about 50%
M2	0	0	26%	13%	近100% nearly 100%	约50% about 50%

注（note）：*Sicista bagajevi* 和 *S. praeloriger* 的测量数据分别引自 Savinov（1970）和 Topachevsky 等（1970）［Data for *S. bagajevi* and *S. praeloriger* are quoted from Savinov（1970）and Topachevsky et al.（1970），respectively］

Sicista bilikeensis 与 *S. ertemteensis* 的主要不同是 M1 原脊的指向和连接方式：前者多前指向、与前边尖连接；后者多数横向、与原尖相连（图107）。此外，*S. bilikeensis* 臼齿次生脊似乎较发育，在 M1 中与主脊围成三个釉质小坑的比例稍高（表43），从 m1 和 m2 下次尖伸向下后内谷的次生脊较为常见，m2 常有"假下中脊"。

M1	连接前边尖 connection to Anc	连接原尖前臂 to anterior arm of Pr	连接原尖 to Pr	连接内脊 to Enl
	N	%	%	%	%
S. ertemteensis	116	12.9	25.0	62.1	0
S. bilikeensis	132	80.3	8.3	9.8	1.5
S. wangi	26	80.8	7.7	11.5	0
S. prima	9	0	11.1	77.8	11.1

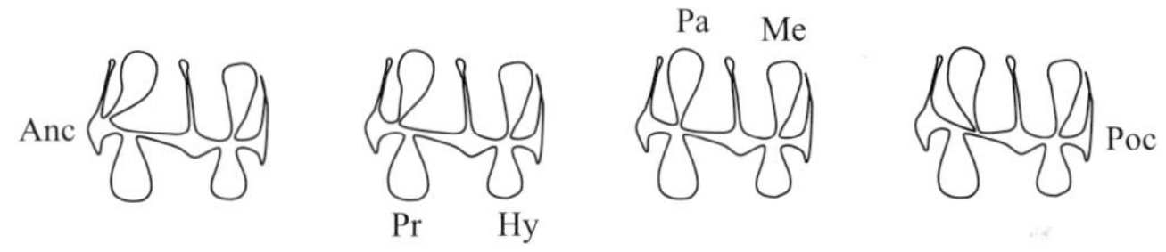

m1	连接下外脊 connection to Ecld	连接下次尖前部 to anterior Hyd	连接下次尖 to Hyd	连接下次尖后部 to posterior Hyd
	N	%	%	%	%
S. ertemteensis	118	0	15.3	73.7	11.0
S. bilikeensis	115	0	7.0	87.8	5.2
S. wangi	10	0	0	100	0
S. prima	8	50.0	37.5	12.5	0

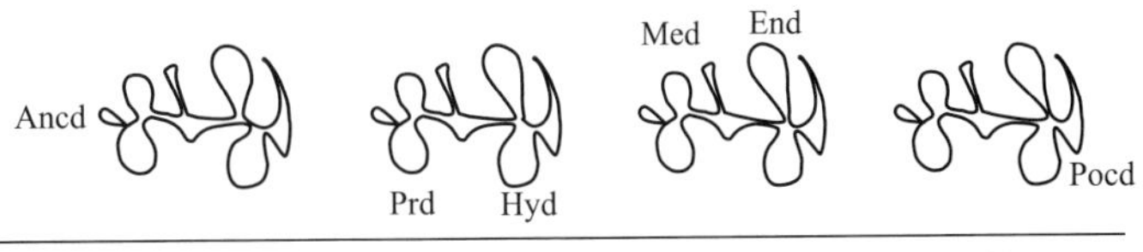

图 107 内蒙古鼷鼠属各化石种 M1 原脊和 m1 下次脊的指向与连接方式及所占比例示意图

Fig. 107 Sketch diagram showing direction and connection style and ratio of protoloph on M1 and hypolophid on m1 in the fossil species of *Sicista* from Nei Mongol

Sicista 属的演化趋势还不是很清楚，但其个体有逐渐增大、M1 的原脊有从横向到前向、m1 的下次脊有从横向到后向的大体演化趋向(图 107)。蹶鼠类咀嚼面构造的复杂程度，不同种有所不同，这可能是生境差异的一种指示，也可能代表不同的演化支系，但这需进一步的探究。

似蹶鼠属 *Omoiosicista* Kimura，2010

模式种 *Omoiosicista fui* Kimura，2010；内蒙古苏尼特左旗嘎顺音阿得格，早中新世，谢家期晚期—山旺期早期。

归入种 仅模式种。

特征(增订) 个体较大的蹶鼠；门齿孔终止于 M1 前缘的正内侧；臼齿趋于丘齿型，齿尖比齿脊高而显著，尖、脊间的次生脊不发育。M1 和 M2 前宽总大于后宽；前尖常有弱的后棱；后边脊连接次尖与后脊的联结处；三齿根。M1 圆方形，具明显的前边尖和前齿带；后脊后指，与次尖后部或次尖后臂连接。M2 双原脊，有明显的前边脊舌侧支。m1 和 m2 的下中脊长而横向，下次脊多与下外脊相连。m2 有下原尖后臂。

评注 在牙齿的尺寸和形态上，*Omoiosicista* 属与 *Sicista* 属有很多共同之处：尺寸较小；齿冠低，臼齿丘-脊型；上臼齿主尖近对位排列，内谷宽阔且近对称；M1 和 M2 的主脊不甚发育，但前边尖显著，有短的后边脊舌侧支和小的后内谷；M1 近方形；下臼齿外谷宽而近对称，m1 和 m2 具有短的下后边脊颊侧支和小的下后外谷、有显著的下前边尖和小的下后边尖。这些形态特征，表明 *Omoiosicista* 属符合 Sicistinae 亚科的定义。它不同于 *Sicista* 属主要在于个体稍大，齿尖和齿脊间的次生脊不发育，M1 有发育的前齿带、原脊和后脊略后指向并多与内脊连接，M2 有明显的双原脊，m1 和 m2 的下次脊较短、横向并多与下外脊的后部相连。

在牙齿的形态上，*Omoiosicista* 属与渐新世和早中新世的林跳鼠类有如下的不同。与 *Heosminthus* Wang，1985 的不同主要在于：M1 的后脊后指向，与次尖后部或后臂连接，而不是横向连接次尖的中部；m1 和 m2 有较长的下中脊和明显的后外谷。与 *Tatalsminthus* Daxner-Höck，2001 的不同主要在于：个体大；臼齿的中脊长；M2 具双原脊；m2 有下原尖后臂。与 *Parasminthus* Bohlin，1946 的不同在于：M1 和 M2 仅三齿根；M1 和 M2 的内谷和 m1 和 m2 的外谷宽而对称；M1 近圆方形而非似长方形；m1 和 m2 的后外谷较弱。与 *Shamosminthus* Huang，1992 的不同在于：M1 的后边脊从次尖伸出，而不是通过后脊与次尖后臂和后脊的联结处连接；M2 具双原脊；m1-3 有长的下中脊；m2 有下原尖后臂。与 *Gobiosminthus* Huang，1992 的不同在于：个体较小；M1 和 M2 的后脊不直接与后边脊连接；M2 具双原脊。与 *Bohlinosminthus* Lopatin，1999 的不同在于：M1 和 M2 仅有三齿根；M2 具双原脊。与 *Plesiosminthus* Viret，1926 的不同在于：齿尖不呈压扁状，颊齿咀嚼面上的齿尖相对显著；M1 和 M2 的内谷和 m1 和 m2 的外谷宽而对称；M1 的后脊与次尖后部或后臂连接，并有弱的后内谷；M2 有较明显的前边脊舌侧支；m1 和 m2 的下中脊横向，常有后外谷。与 *Litodonomys* Wang et Qiu，2000 的不同在于：齿尖明显丘形，齿脊相对弱；M2 双原脊；m1 下中脊横向；m2 有长的下中脊。与 *Heterosminthus* Schaub，1930 的不同在于：M1 和 M2 仅三齿根；M1 近圆方形而非似长方形；M1 的后边脊从次尖伸出，而不是通过后脊与次尖后臂和后脊的联结处连接，因而其后内谷不那么明显；m1 和 m2 的下次脊与下外脊的后部而不是与下中尖连接；没有下外中脊；下后外谷也弱得多。

富贵似蹶鼠 *Omoiosicista fui* Kimura，2010

(图 108；表 44)

Parasminthus cf. *P. tangingoli*：Qiu et al.，2006，p. 180，partim

Zapodidae gen. et sp. nov. 1 (Lower Aoerban and Gashunyinadege)：Qiu Z D et al.，2013，p. 177，appendix

归入标本 苏尼特左旗敖尔班(下)：IM 0407 地点，6 件破碎上颌骨(共附有 3 P4，3 M1，4 M2 和 1 M3)，4 件破碎下颌骨(共附 3 m1，3 m2 和 1 m3)，24 枚颊齿(3 P4，3 M1，5 M2，3 M3，4 m1，3 m2，3 m3)，V 19693.1-34；IM 0507，4 枚颊齿 (2 P4，1 M1，1 m3)，V 19694.1-4。

测量　见表44。

表 44　内蒙古敖尔班(下)富贵似蹶鼠颊齿测量
Table 44　Measurements of cheek teeth of *Omoiosicista fui* from Aoerban（L），Nei Mongol（mm）

Tooth	Length			Width		
	N	Mean	Range	N	Mean	Range
P4	8	0.64	0.60-0.70	8	0.67	0.65-0.70
M1	6	1.17	1.15-1.20	6	1.10	1.05-1.15
M2	9	1.08	1.00-1.15	9	1.03	1.00-1.10
M3	4	0.84	0.76-0.90	4	0.88	0.85-0.90
m1	6	1.22	1.10-1.30	7	0.93	0.85-1.00
m2	6	1.18	1.10-1.30	6	0.96	0.90-1.00
m3	5	1.02	1.00-1.15	5	0.82	0.75-0.85

特征　同属的增订特征。

描述　颧弓起于 P4 前方，前弓后缘与 P4 前缘的水平距离小于 0.3 mm，P4 前的颌骨部分十分陡峭，腹侧咬肌附着嵴的内侧末端粗糙，未见有眶下神经孔；门齿孔终止于 M1 前缘的正内侧。下颌咬肌窝浅而光滑，窝前咬肌附着嵴不很粗糙；颏孔大，位于 m1 前方约 0.5 mm 处。臼齿丘-脊型，齿尖高而显著，齿脊相对较弱。上臼齿的前部比后部稍宽，三齿根；舌、颊侧主尖对位排列，大小近等，舌侧的多少前后向压扁。下臼齿双齿根；颊侧主尖位置比舌侧的稍靠后(除 m1 的下原尖与下后尖为对位排列外)。

P4 芽状。主尖强大，位于冠面前中部，颊侧和舌侧有由弱脊在后方连接的小尖。单齿根。

M1 圆方形，长度比宽度略大。前边尖显著，靠近前尖，舌侧与原尖连接，前方在 6 枚牙齿中的 4 枚与前齿带连接；前附尖小或无，中尖低、弱。前齿带极发育，连续于牙齿前缘；前边脊发育弱，4 枚呈细脊从前边尖伸达牙齿前内角，2 枚伸至前尖前基部；原脊短，稍后向，与原尖后臂或内脊连接；中脊低、细长，伸达颊缘，末端多形成小的中附尖；后脊后向，与次尖后部或后臂连接。内脊低、完整，向外弯曲，连接次尖前臂和原尖后臂；后边脊显著，舌侧连接次尖后臂和后脊的联结处，颊侧伸达牙齿后外角，但与后尖隔开；前尖多有向后凸出的棱，在 4 枚牙齿中凸棱触及中脊。内谷宽阔，近对称，外伸近达齿宽的二分之一；有极弱的后内谷。

M2 长大于宽，后部明显变窄。前边尖和前附尖不发育，中尖也很小。前边脊显著，具舌侧支；双原脊，原脊 I 比原脊 II 强大，前者横向与原尖前臂和前小脊的联结处连接，后者后向与内脊前部相连；中脊低而细长，伸达颊缘，末端也常终止于小的中附尖；后脊横向，与次尖的前部连接；内脊弯曲，连接次尖前臂与原尖后臂。前尖多有后棱，4 枚牙齿中后棱触及中脊，1 枚牙齿的后尖有触及中脊的前棱。内谷宽阔、对称，外伸超过齿宽的三分之一；有极弱的后内谷。

M3 次三角形。构造与 M2 的相似，有清楚的前边脊、双原脊、中脊和后边谷，但次尖和后尖退化，内谷很小。

m1 前窄后宽。主尖圆锥形、高且锐利，舌侧比颊侧的稍高；下原尖与下后尖近对位排列，下次尖略比下内尖后位。在 6 枚牙齿中都可见到很小的下前边尖，其中 4 枚以细脊在低处与下原尖连接，2 枚近孤立；下中尖小。下后脊与下原尖后臂构成"V"形脊；下中脊低，中部弱，横向伸达内缘，末端终止于小的中附尖；下次脊短，与下外脊后部相连；后边脊发育，与下次尖后臂连接，常有弱的颊侧支，并形成小的后外谷和下后边尖，舌侧伸向下内尖后部，多数在低处与下内尖连接并封闭下后边谷；下外脊直，连接下原尖舌侧和下次尖前臂。下外谷宽阔、近对称，内伸近达齿宽之半。

m2 呈长大于宽的次长方形。下前边尖和下中尖都不甚显著。下前边脊舌侧支和颊侧支都发育，通过短粗的下前小脊与下原尖前臂连接；下后脊与下原尖前臂和下前小脊相连；具有短、伸向下后尖后壁或下中脊的下原尖后臂；下中脊细，但完整，伸达齿缘；下次脊横向，与下次尖前臂或下外脊后部连接；

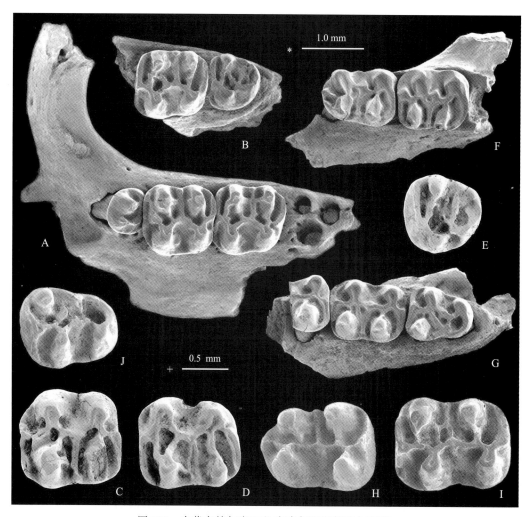

图 108　内蒙古敖尔班(下)富贵似蹶鼠颌骨与颊齿

Fig. 108　Jaws and cheek teeth of *Omoiosicista fui* from Aoerban (L), Nei Mongol

A. 附有 P4-M2 的破损左上颌骨 (left maxillary frament with P4-M2) (V 19693.1), B. 附有 M2 和 M3 的左上颌骨碎块 (left maxillary frament with M2 and M3) (V 19693.2), C. r M1 (V 19693.5), D. r M2 (V 19693.6), E. l M3 (V 19693.7), F. 附有 m1 和 m2 的右下颌骨碎块 (right mandibular fragment with m1 and m2) (V 19693.3), G. 附有 m1-3 的右下颌骨碎块 (right mandibular fragment with m1-3) (V 19693.4), H. l m1 (V 19693.8), I. l m2 (V 19693.9), J. l m3 (V 19693.10); 冠面视 (occlusal view); 比例尺 (scale). *-A, B, F, G, +-C-E, H-J

后边脊粗壮,与下次尖后臂相连,舌侧伸至下内尖基部;下外脊直,连接下原尖后臂和下次尖前臂。下外谷宽阔、对称;常见浅的下后外谷。

m3 长三角形,构造大体与 m2 的相似,仍保留有明显的下前边脊、下次尖和四个封闭的下内谷,但下内尖极退化,几乎失去下后脊和下原尖后臂,代之以连接下原尖前臂和下中脊的短脊。

比较与讨论　上述发现于敖尔班的小型跳鼠类,其牙齿尺寸和 *Plesiosminthus vegrandis* 的接近,形状和构造也多少有点相似,如 M1 和 M2 轮廓近似于圆方形、齿尖对位排列、三齿根,M2 具双原脊,m2 偶见下原尖后臂等。但这些臼齿的咀嚼面构造趋于丘齿型,齿脊较为低、弱,上臼齿的内谷和下臼齿的外谷宽大而近对称,M1 有较明显的前边尖和前齿带、后脊与次尖的后臂连接、具后内谷,M2 有显著的前边脊舌侧支,m1 和 m2 的下中脊较弱且横向、有较明显的后外谷。另外,两者第三臼齿的形态和构造也有很大的不同,区分起来并不困难。这些标本具有明显蹶鼠类的牙齿形态构造,而且与 *Omoiosicista fui* 的尺寸大小和形态特征完全一致,无疑可以归入到这一种。

Omoiosicista fui 系 Kimura (2010a) 根据发现于嘎顺音阿得格的材料建立的一个属种,但模式标本只有不足 10 枚牙齿。敖尔班标本不仅包含了该种颊齿列的所有牙齿,而且还有 10 件附有牙齿的破碎颌

骨，这一发现大大地增加了对这一属种的认识。

脊仓跳鼠亚科 Lophocricetinae Savinov，1970

脊仓跳鼠亚科是一类分布于亚洲古北区、个体小—中型、冠高低—中等、丘-脊型齿跳鼠，最早出现于渐新世，进入上新世后即灭绝。齿式为：1·0·1·3/1·0·0·3；臼齿似仓鼠型构造，舌、颊侧主尖多少错位排列。M1 和 M2 的前边脊、后边脊和中脊不很发育，前边尖、中尖和后边尖较显著，内谷中等大小、不对称；M1 具原尖舌后侧棱或原附尖，前边脊游离，原脊和后脊单一，后边脊通过后边尖或纵向脊与后脊相连，有短的后边脊舌侧支和小的后内谷；m1 和 m2 常有下前边尖和明显的下后边尖，外谷中

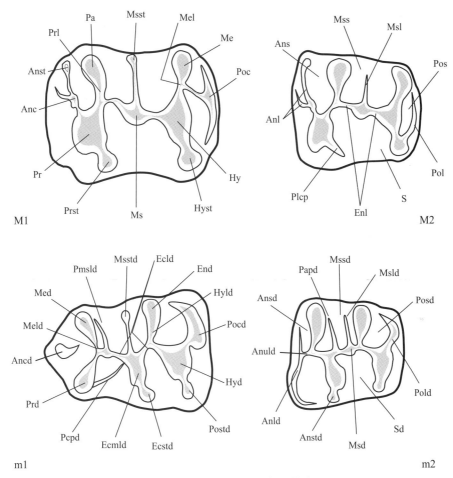

图 109　脊仓跳鼠亚科臼齿构造模式图

Fig. 109　Nomenclature used for molars of Lophocricetinae

Anc, 前边尖（anterocone）; Ancd, 下前边尖（anteroconid）; Anl, 前边脊（anteroloph）; Anld, 下前边脊（anterolophid）; Anst, 前附尖（anterostyle）; Anstd, 下前边附尖（anterostylid）; Ans, 前边谷（anterosinus）; Ansd, 下前边谷（anterosinusid）; Anuld, 下前小脊（anterolophulid）; Ecld, 下外脊（ectolophid）; Ecmld, 下外中脊（ectomesolophid）; Ecstd, 下外附尖（ectostylid）; End, 下内尖（entoconid）; Enl, 内脊（entoloph）; Hy, 次尖（hypocone）; Hyd, 下次尖（hypoconid）; Hyld, 下次脊（hypolophid）; Hyst, 次附尖（hypostyle）; Me, 后尖（metacone）; Med, 下后尖（metaconid）; Mel, 后脊（metaloph）; Meld, 下后脊（metalophid）; Ms, 中尖（mesocone）; Msd, 下中尖（mesoconid）; Msl, 中脊（mesoloph）; Msld, 下中脊（mesolophid）; Mss, 中间谷（mesosinus）; Mssd, 下中间谷（mesosinusid）; Msst, 中附尖（mesostyle）; Msstd, 下中附尖（mesostylid）; Pa, 前尖（paracone）; Papd, 下原尖后臂（posterior arm of protoconid）; Pcpd, 下原尖后脊（posterior crest of protoconid）; Plcp, 原尖舌后侧棱（posterolingual rib of protocone）; Pmsld, 假下中脊（psudomesolophid）; Poc, 后边尖（posterocone）; Pocd, 下后边尖（posteroconid）; Pol, 后边脊（posteroloph）; Pold, 下后边脊（posterolophid）; Pos, 后边谷（posterosinus）; Posd, 下后边谷（posterosinusid）; Postd, 下后边附尖（posterostylid）; Pr, 原尖（protocone）; Prd, 下原尖（protoconid）; Prl, 原脊（protoloph）; Prst, 原附尖（protostyle）; S, 内谷（sinus）; Sd, 下外谷（sinusid）

等大小、不对称；m1 的下次脊与下中尖或下外脊连接，有下外中脊，在下次尖和后边脊之间常有浅的后外凹（图 109）。

该亚科在内蒙古中部地区中新世的地层中化石丰富，共有 *Heterosminthus*、*Lophocricetus* 和 *Paralophocricetus* 三属。其中嘎顺音阿得格、默尔根和铁木钦地点的 *Heterosminthus* 属，以及二登图、哈尔鄂博及比例克地点的 *Lophocricetus* 和 *Paralophocricetus* 属的材料已做过较详细描述（Qiu，1985；邱铸鼎，1996b；Qiu et Storch，2000；Kimura，2010a，b）。

异蹶鼠属 *Heterosminthus* Schaub，1930

模式种 *Heterosminthus orientalis* Schaub，1930：甘肃永登县泉头沟，中中新世，通古尔期。

归入种 *Heterosminthus lanzhouensis* Wang et Qiu，2000：甘肃，晚渐新世。*H. intermedius* Wang，2003：甘肃，早中新世（?）。*H. gansus*? Zheng，1982：甘肃，晚中新世（?）。*H. mongoliensis* Zazhigin et Lopatin，2000：蒙古，早中新世。*H. firmus* Zazhigin et Lopatin，2000：中国内蒙古，早中新世；哈萨克斯坦，早中新世；蒙古，晚渐新世/早中新世（D 带）。*H. erbajevae* Lopatin，2001：中国内蒙古，早中新世；俄罗斯，早中新世。*H. honestus* Zazhigin et Lopatin，2000：哈萨克斯坦，早中新世。*H. nanus* Zazhigin et Lopatin，2000：中国内蒙古，早中新世；哈萨克斯坦，早中新世。*H. jucundus* Zazhigin et Lopatin，2000：哈萨克斯坦，中中新世。

特征（修订） 脊仓跳鼠亚科中个体较小、齿冠较低的一属；颊齿丘-脊型；臼齿齿尖稍错位排列，相对比齿脊显著；一般具有中尖。M1 和 M2 总有中脊，常有双前边脊，原脊与内脊连接，常见原尖舌后侧棱，仅极少数形成原附尖；M1 的后边脊舌侧支和后内谷显著。下臼齿无明显的颊侧齿带和附尖；m1 与 m2 的长度近似相等；m1 有下外中脊，下内尖与下中尖连接；m2 多为双齿根，常有伸向下后尖的下原尖后臂。

评述 *Heterosminthus* 属与其后裔 *Lophocricetus* 属和 *Paralophocricetus* 属在形态上有很多相似之处，其较进步种和 *Lophocricetus* 较原始种的相似性更为明显，对这些种的属性界定常常会遇到困难。但一般来说，*Heterosminthus* 属的个体较小，齿冠较低，M1 和 M2 的中尖、中脊显著，M1 的原附尖极不发育、内脊与原脊连接、后边脊与后脊相连，M2 常有双前边脊，下臼齿颊侧的齿带和附尖不发育，m1 与 m2 的长度接近，m2 的前边脊较弱、总有伸向下后尖的下原尖后臂。*Heterosminthus* 属与 *Lophocricetus* 属和 *Paralophocricetus* 属的重要区别是，其群体中多数成员的 M1 只有原尖舌后侧棱，而没有清楚的原附尖，m1 的长度大于 m2 或与 m2 的接近、颊侧的齿带和附尖不发育，m2 具下原尖后臂。

Zazhigin 和 Lopatin（2000b）对发现于亚洲古北区的 *Heterosminthus* 属进行过比较详细的研究，但他们命名的"*H. mugodzharicus*"，材料只有采自哈萨克斯坦西部上中新统下部的一枚 M1 和一枚 m1，其尺寸较大，M1 的中脊退化，有很显著的原附尖，m1 有十分明显的外齿带、外附尖和后边尖（下次小尖），下中尖已发育成强大的下外中脊。这两枚牙齿是否归入 *Heterosminthus* 属尚存疑。而他们（Zazhigin et al.，2002）描述的"*H. saraicus*"，根据上述原则，也被排除在 *Heterosminthus* 之外。另外，Lungu（1981）描述过一蹶鼠，命名为 *Sarmatosminthus gabunii*（*gabuniai*），其后被归入 *Heterosminthus* 属（Zazhigin et Lopatin，2000b），在此亦被从 *Heterosminthus* 属中剔除，因为其尺寸较大，M1 的原附尖很发育，m1 和 m2 具齿带和外附尖，m2 没有下原尖后臂，这些形态显然说明其更接近于 *Lophocricetus* 的构造特征。

东方异蹶鼠 *Heterosminthus orientalis* Schaub，1930
（图 110-113、115；表 45）

Protalactaga tungguerensis：Wood，1936，p. 1，fig. 1，a-c

Heterosminthus cf. *H. orientalis*（Amuwusu，Bilutu）：Qiu Z D et al.，2013，p. 177，appendix

正模 附有 m1-3 的右下颌支（Young，1927，pl. II，figs. 8，9；Schaub，1930，fig. 10），标本保存于瑞典乌普萨拉大学博物馆，标本号不明。

模式产地与层位 甘肃平丰县（即现在的永登县）咸水河村东泉头沟；中中新统，咸水河组上段（通古尔期）。

归入标本 苏尼特右旗呼-锡公路原里程碑 346 km 附近上红层（346 地点）：298 枚颊齿（16 P4，71 M1，51 M2，5 M3，61 m1，65 m2，29 m3），V 19695.1-298。苏尼特右旗呼-锡公路原里程碑 482 km 附近（IM 9604 地点，即阿巴嘎旗乌兰呼苏音地点）：9 枚臼齿（2 M2，4 m1，2 m2，1 m3，部分破损），V 19696.1-9。苏尼特右旗阿木乌苏地点：11 枚臼齿（1 M1，2 M2，5 m1，3 m2，其中 2 枚 m1 破损），V 19697.1-11。苏尼特左旗巴伦哈拉根（IM 0801 地点）：一具 m1-3 的下颌支，颊齿 246 枚（4 DP4/P4，56 M1，35 M2，4 M3，71 m1，60 m2，16 m3），V 19698.1-247。苏尼特左旗必鲁图（IM 0510 地点）：颊齿 87 枚（19 M1，15 M2，1 M3，28 m1，17 m2，7 m3），V 19699.1-87。

测量 见表 45。

表 45 内蒙古东方异蹶鼠颊齿测量

Table 45 Measurements of cheek teeth of *Heterosminthus orientalis* from Nei Mongol（mm）

Tooth	Length			Width		
	N	Mean	Range	N	Mean	Range
346 地点 Loc. 346						
M1	66	1.43	1.32-1.55	64	1.08	0.90-1.15
M2	47	1.26	1.15-1.35	47	0.96	0.85-1.05
M3	4	0.71	0.67-0.75	5	0.74	0.70-0.80
m1	60	1.28	1.17-1.50	61	0.89	0.75-0.96
m2	61	1.28	1.15-1.40	65	0.94	0.85-1.05
m3	27	0.91	0.75-1.05	27	0.74	0.65-0.85
482 地点 Loc. 9604						
m1	3	1.37	1.25-1.45	3	0.90	0.85-1.00
m2	1	–	1.35	1	–	0.95
m3	1	–	1.00	1	–	0.80
阿木乌苏 Amuwusu						
M1	1	–	1.50	1	–	1.15
M2	2	1.40	1.35-1.45	2	1.03	1.00-1.05
m1	2	1.38	1.35-1.40	4	0.94	0.90-0.95
m2	3	1.30	1.25-1.35	3	0.97	0.95-1.00
巴伦哈拉根 Balunhalagen						
M1	54	1.50	1.30-1.65	54	1.07	0.90-1.25
M2	35	1.31	1.15-1.45	34	1.00	0.88-1.12
M3	3	0.80	0.72-0.85	3	0.80	0.75-0.85
m1	69	1.34	1.12-1.50	68	0.95	0.90-1.04
m2	58	1.38	1.20-1.60	58	1.02	0.90-1.13
m3	16	0.91	0.85-0.95	16	0.78	0.70-0.85
必鲁图 Bilutu						
M1	19	1.53	1.35-1.65	19	1.06	0.95-1.15
M2	15	1.33	1.20-145	15	1.01	0.95-1.10
M3	1	–	0.85	1	–	0.70
m1	28	1.36	1.25-1.50	28	0.97	0.85-1.05
m2	17	1.40	1.25-1.55	16	1.03	0.90-1.15
m3	6	0.90	0.85-0.95	6	0.73	0.70-0.76

特征　个体中等大小。大部分 M1 和 M2 具原尖后舌侧棱，但形成原附尖者不足 10%；M2 少有双原脊。m1 和 m2 没有下中脊；标本中 m1 下原尖后脊出现少于四分之一，"假中脊"出现不足三分之一，下内尖与下中尖连接；m2 前边脊舌侧支发育弱，下外中脊极少见，下原尖和下后尖分开地与下前边尖连接；m3 明显退化。

描述　颊齿低冠，丘-脊型齿，齿脊相对弱。上臼齿主尖稍后倾，舌侧比颊侧的大、位置略靠前；下臼齿主尖微前倾，舌侧主尖比颊侧的小、位置略靠前；M1 和 M2 都有中脊和弱的中尖；m1 有下外中脊和小的下中尖，m2 具下原尖后臂；P4 单根，上臼齿除 M3 为三齿根外，其余均为四根，下臼齿双根，部分 m2 为三根。

　　P4 由主尖、舌侧和颊侧附尖组成；主尖位于前中部，附尖为围绕齿冠后缘的齿带连接。DP4 与 P4 相似，但尺寸较小，齿尖较弱。

　　M1 呈前后向伸长的次长方形，个体和形状变异明显，轮廓上或前部比后部稍窄，或前部比后部略

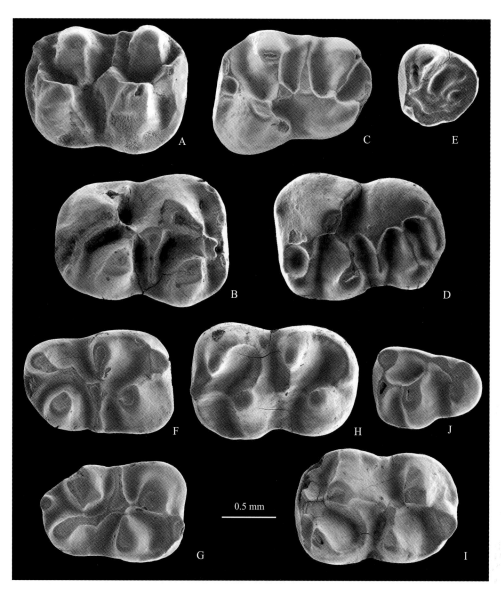

图 110　内蒙古 346 地点和巴伦哈拉根地点东方异蹶鼠臼齿

Fig. 110　Molars of *Heterosminthus orientalis* from Loc. 346 and Balunhalagen，Nei Mongol

A. l M1（V 19698.1），B. r M1（V 19695.1），C. l M2（V 19698.2），D. r M2（V 19695.2），E. l M3（V 19698.3），
F. l m1（V 19695.3），G. r m1（V 19698.4），H. l m2（V 19695.4），I. r m2（V 19698.5），J. l m3（V 19698.6）；冠
面视（occlusal view）

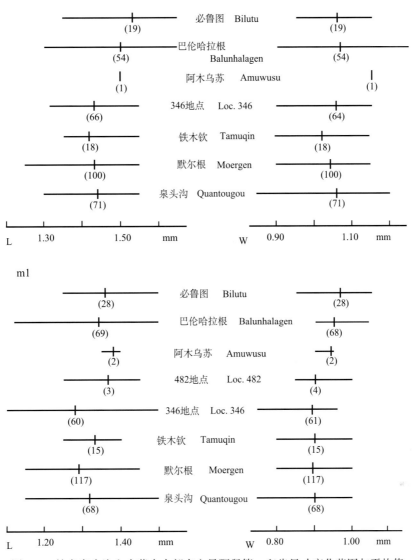

图 111 甘肃泉头沟和内蒙古中部东方异蹶鼠第一臼齿尺寸变化范围与平均值

Fig. 111 Size ranges and averages of length and width in the first molars of *Heterosminthus orientalis* from Quantougou, Gansu, and central Nei Mongol

宽。超过半数标本的原尖具有舌后侧棱，但只有极少数形成弱小的原附尖(图 112)。多数牙齿具双前边脊，前边脊较发育、末端在大部分标本中于牙齿的前外缘形成小的前附尖；前边尖不甚发育。所有标本都有横向的中脊，而且半数以上伸达外缘，长度未达半长者只占极少数(图 112)。原脊近横向，与内脊连接；后脊与次尖后臂相连；后边脊明显，长度占后缘长的三分之二以上，于中轴线处发育有弱并与后脊连接的后边尖；内脊直，前部低弱、伸达原尖后臂或原脊和原尖后臂的连接处。具四外谷；第一和第三外谷最长，形状相似，伸向舌后侧，向内延伸超过齿宽之半；第二外谷横向，向内延伸近达齿宽之半；第四外谷最小；内谷狭长，指向前外，向外延伸未超过齿宽之半。

M2 长大于宽，后部比前部窄。约半数标本的原尖具舌后侧棱，其中少数明显膨大。前边尖和前附尖比 M1 的略显著；多数具有双前边脊，前边脊在前边尖处分开，一般前支较发育，与前附尖连接，后支较弱，伸向前附尖。中尖和中脊比 M1 的发育，几乎所有中脊都伸达外缘，末端在约三分之一的牙齿中形成小的中附尖。原脊或横向伸达原尖，或略后指与内脊连接；未见有双原脊的标本；后脊横向或稍前指，与次尖或次尖前臂连接；后边脊短，其上未形成后边尖，通常直接从次尖伸出；内脊直，与原脊连接。齿谷与 M1 者相仿，但无后内谷，第四外谷近封闭。

A 原尖后舌侧构造变异 Variation of posterolingual structure	标本数 N	具原附尖 present Prst 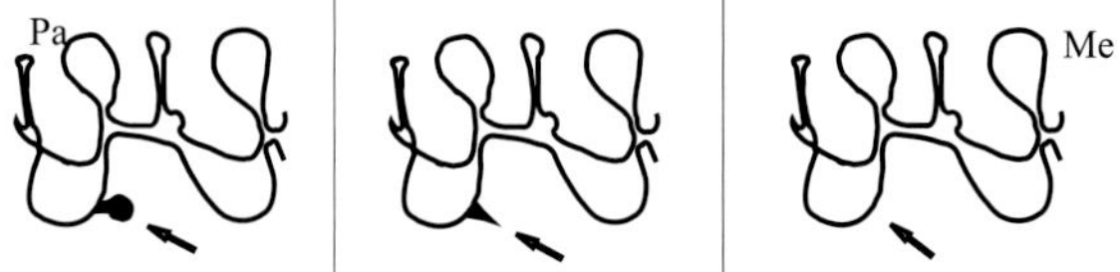	具脊棱 present Plcp	无尖和脊 lack
		%	%	%
必鲁图 Bilutu	18	5.5	55.6	38.9
巴伦哈拉根 Balunhalagen	53	5.7	39.6	54.7
铁木钦 Tamuqin	17	5.9	52.9	41.2
默尔根 Moergen	94	3.1	55.8	41.1
346地点 Loc. 346	67	4.5	50.7	44.8
泉头沟 Quantougou	92	2.8	33.3	63.9

B 中脊发育变异 Variation of mesoloph	标本数 N	长 long 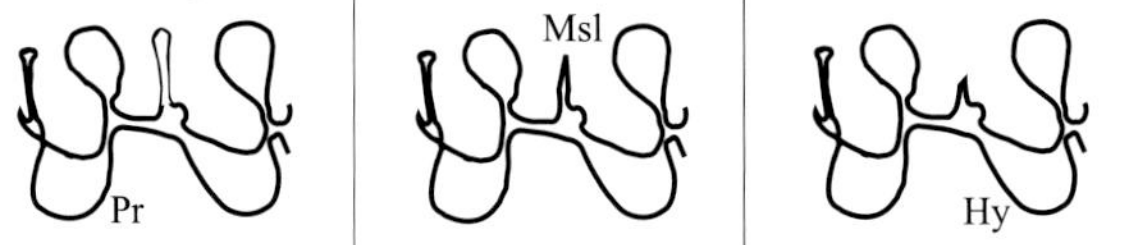	中长 medium Msl	短 short
		%	%	%
必鲁图 Bilutu	18	56.5	27.8	16.7
巴伦哈拉根 Balunhalagen	55	60.0	32.7	7.3
铁木钦 Tamuqin	17	64.7	29.4	5.9
默尔根 Moergen	100	76.0	20.0	4.0
346地点 Loc. 346	67	67.2	28.4	4.4
泉头沟 Quantougou	72	77.8	18.1	4.1

图 112 甘肃泉头沟和内蒙古中部东方异蹶鼠 M1 原尖后舌侧脊或棱(A，箭头所指处)和中脊(B)的发育变异

Fig. 112 Variation of posterolingual rib of protocone (A, arrow) and mesoloph (B) of M1 of *Heterosminthus orientalis* from Quantougou, Gansu, and central Nei Mongol

M3 次三角形，宽稍大于长，后部收缩退化。前边尖与前附尖融会于伸达前尖基部的前边脊。中尖和中脊尚可辨别。原脊前指，与前边尖或前边脊连接；后脊显著，与次尖前部相连；内脊短而弱。次尖与后边脊融合。

m1 前窄后宽。大部分标本见发育程度不同的下前边尖，完全缺失的少于 15%；几乎所有下前边尖都靠下后尖一侧，部分以细脊与其连接，极少数孤立于下后尖与下原尖的正前方。下中尖比下前边尖显著；几乎所有标本都有下外中脊，且在三分之二以上的牙齿中伸达齿缘(图 113)，其中近半数末端形成小的下外附尖；下中尖未向舌侧伸出下中脊。下后脊与下外脊前端连接；下次脊短、细，向前或近横向于较低处与下中尖相连，极少数牙齿的下次脊极低或完全缺失。下外脊前部显著，与下后脊和下原尖后臂的结合部连接，少于五分之一的标本有从结合部向下后尖后方伸出的"假中脊"，但只有少数伸达下后尖(图 113)；下外脊的后部发育弱，在近四分之一标本中低或中断，绝大部分连接下中尖和下次尖，极个别的从下次尖伸向下内尖。下原尖后脊细而弱，仅见于很少量的牙齿(图 113)，未见有与下外脊连接者。下后边脊强大，经下次小尖伸达下内尖舌后缘。下外谷宽阔，下外中脊分成前后两部分，前部指向舌前侧，向内延伸达牙齿宽度之半，后部较横向；第一和第二下内谷发育不良，第四下内谷显著、指向前方。

m2 似长方形，后部稍收缩，长度与 m1 接近。下前边尖显著，紧靠下后尖，常以低脊与下原尖连接。几乎所有标本的下原尖都有从舌后侧伸出、弯向下后尖的下原尖后臂("假中脊")，于多数标本中伸达下后尖基部。多数标本的下中尖都很弱小，只有极个别的牙齿具极弱的下外中脊。下前边脊的颊侧支尚属强大，但一般未与下后尖连接；舌侧支只残留于少数标本；下原尖和下后尖分开地与前边尖连接。下后脊前指，与下前边尖相连。下次脊短、横向或稍前倾与下中尖或下外脊连接。下外脊短，前端与下原尖

A 下外中脊发育变异 Variation of Ecmld

	标本数 N	长 long (Prd) %	中长 medium (Ecmld) %	短 short (Hyd) %
必鲁图 Bilutu	28	71.4	25.0	3.6
巴伦哈拉根 Balunhalagen	69	72.5	21.7	5.8
铁木钦 Tamuqin	15	73.4	13.3	13.3
默尔根 Moergen	115	67.8	22.6	9.6
346地点 Loc. 346	61	82.0	11.5	6.5
泉头沟 Quantougou	72	80.5	16.7	2.8

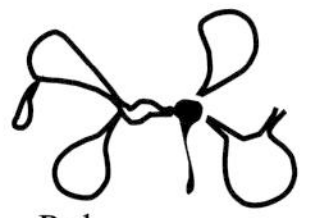

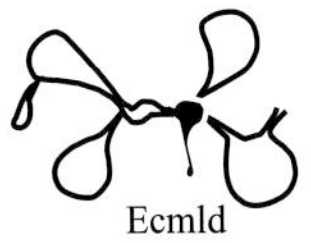

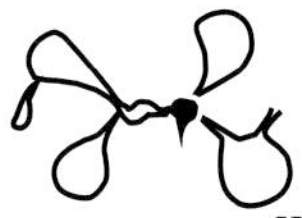

B 下原尖后脊发育变异 Variation of Prd posterior crest

	标本数 N	长 long (Med) %	短 short (Prd posterior crest) %	缺失 lack (End) %
必鲁图 Bilutu	17	5.9	17.6	76.5
巴伦哈拉根 Balunhalagen	56	3.6	10.7	85.7
铁木钦 Tamuqin	15	6.7	0	93.3
默尔根 Moergen	114	1.8	3.5	94.7
346地点 Loc. 346	61	1.6	3.3	95.1
泉头沟 Quantougou	68	7.4	4.4	88.2

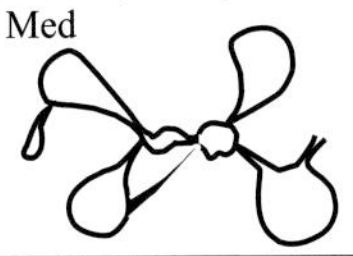

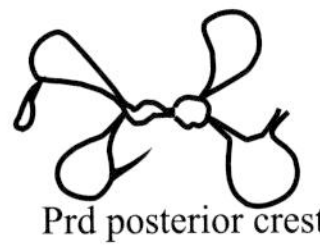

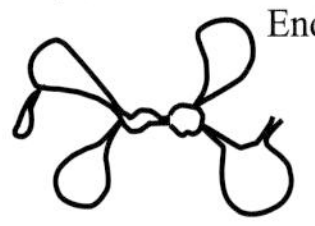

C 假下中脊发育变异 Variation of Pmsld

	标本数 N	长 long %	短 short (Pmdlf) %	缺失 lack %
必鲁图 Bilutu	28	0	14.3	85.7
巴伦哈拉根 Balunhalagen	69	14.5	26.1	59.4
铁木钦 Tamuqin	15	20.0	20.0	60.0
默尔根 Moergen	114	7.0	23.7	69.3
346地点 Loc. 346	61	6.5	11.5	82.0
泉头沟 Quantougou	73	11.0	16.4	72.0

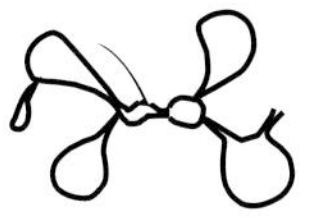

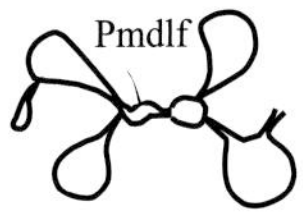

图 113 甘肃泉头沟和内蒙古中部东方异蹶鼠 m1 下外中脊（A）、下原尖后脊（B）和假下中脊（C）的发育变异

Fig. 113 Variation of ectomesolophid（A）, posterior crest of protoconid（B）and psudomesolophid（C） of m1 of *Heterosminthus orientalis* from Quantougou, Gansu, and central Nei Mongol

后臂连接，后部发育弱。下后边脊及其上的下次小尖都十分醒目。

m3 前部构造无异于 m2 者，但后部收缩。下次尖很小，下内尖与下次小尖融会于从下次尖伸向下后尖基部的舌后脊，下中尖退化，下外脊连接下原尖和退化了的下内尖或下次尖。极少标本保留清楚的下原尖后臂。

346 地点和巴伦哈拉根地点的标本较多，其余地点少些。这些地点发现的牙齿，个体大小和形态变异明显，但其尺寸的平均值十分接近，牙齿的形态、齿尖和齿脊的排列变异情况也很相似（图 111–113）。

特别是，多数 M1 和 M2 有双前边脊和发育的中脊，部分 M1 具有原尖舌后侧棱，但形成原附尖的标本不足 10%，多数标本的中脊都伸达牙齿外缘，m1 多具下前边尖和发育的下外中脊，"假中脊"在三分之二以下的标本中出现，而下原尖后脊也只见于不到 10% 的标本，m2 几乎都有较完整的下原尖后臂。482 地点和阿木乌苏标本数量相对很少，而牙齿的尺寸和形态大体都落入默尔根或 346 地点标本的变异范围之内，但其平均值略比其他地点的高，这也可能是由于标本较少之故。

比较与讨论 上述各地点标本，虽然在尺寸大小和形态上都有所差异，但相对还比较均一，并具有明显的共同特征，即相当多 M1 和 M2 的原尖具舌后侧棱而原附尖出现少，M2 原脊单一，m1 和 m2 通常没有下中脊，m1 下原尖后脊和"假中脊"很不发育、下内尖与下中尖连接，m2 前边脊舌侧支和下外中脊极退化，下原尖和下后尖分开与下前边尖连接。标本的尺寸和形态与中中新世常见的 *Heterosminthus orientalis* 的标本特征一致，因而归入相同的一种。

Heterosminthus orientalis 最先被指定为副仓鼠属（*Paracricetulus*；见 Young，1927），后被 Schaub（1930）订正为异蹶鼠属，材料只有发现于甘肃永登咸水河村东泉头沟的一具 m1-m3 的下颌支。20 世纪 80 年代对正型地点的发掘和筛洗，使这一属型种的地模标本大量增加。对增加材料的深入研究表明，产于内蒙古默尔根的小型异蹶鼠无疑与泉头沟的东方异蹶鼠同属一种（邱铸鼎，2000）。甘肃泉头沟和内蒙古默尔根异蹶鼠牙齿的尺寸大小、齿尖和齿脊的基本形状与排列方式确实都很接近（图 111-113），它们的不同仅仅在于前者 M1 原尖舌后侧脊或棱相对不那么发育，M2 中未见双原脊（在默尔根的 78 枚牙齿中，2 枚具双原脊），m1 下原尖后脊相对显著、下内尖与下中尖相连，m2 下外中脊和残留的前边脊舌侧支稍多见而显著，第三臼齿不那么退化（M3 的中脊和 m3 下原尖后臂相对清楚）。这些细微差异，似乎不足以把它们区分为不同的种，但或许说明甘肃的种群具有相对原始的特征。

异蹶鼠属在亚洲古北区的中新世地层中很常见，而且已经发现了数个种，其中以 *Heterosminthus orientalis* 的材料最丰富。以上的描述表明，*H. orientalis* 种内个体在大小和形态上变异明显，但它与其他种的界限尚清楚。特别是其 M1 和 M2 原尖舌后侧棱较发育、原附尖仅在个别标本中出现，m1 和 m2 下中脊缺失，m1 下原尖后臂和"假中脊"、以及 m2 前边脊舌侧支和下外中脊都十分退化，可能属于 *H. orientalis* 较明显的衍生性状。它与该属已知种的主要差别如下：

它以 m1 下原尖后脊和"假下中脊"不那么显著、常见，m2 前边脊的舌侧支不发育或完全缺失、没有连接下中尖和下原尖后臂的斜脊而不同于 *H. lanzhouensis*。

与 *H. intermedius* 的不同在于 m1 的"假下中脊"和 m2 下原尖后臂与下外中脊的发育程度，以及 m1 下次脊的连接方式。在 *H. intermedius* 中，m1 的"假下中脊"、m2 下原尖后臂和下外中脊较为显著，而在 *H. orientalis* 中较弱、甚至在多数标本中都缺失。在 *H. intermedius* 中，m1 的下次脊向前与下中尖前的下外脊连接，在 *H. orientalis* 中，下次脊都与下中尖相连。此外，*H. intermedius* 的 m3 不那么退化，下内尖和下原尖后臂都还很显著。

H. orientalis 的 m1 不总有明显的"假下中脊"，以此可以与 *H. mongoliensis* 相区别。

H. orientalis 与 *H. firmus* 的不同在于后者的 M2 常有双原脊，m1 具完整的下原尖后脊，m2 有连接下中尖和下原尖后臂的斜脊、有残留的下中脊。

与 *H. erbajevae* 的差别在于其 m1 和 m2 都没有下中脊，在 m2 中更没有连接下中尖与下原尖后臂中部的斜脊。

H. honestus 的 M2 常见双原脊，m1 的下外中脊与下原尖间有齿脊相连，m2 前边脊的舌侧支发育、多有下中脊和下外中脊，m3 不甚退化（下原尖后臂、下内尖、下后中间谷和下后边谷都很清晰），*H. orientalis* 与其易于区分。

H. orientalis 个体比 *H. nanus* 的大，M1 没有后者常见的内附尖，但有较显著的原尖舌后侧棱，m1 没有下中脊，m2 前边脊舌侧支和下外中脊不那么发育。

H. orientalis 不同于 *H. jucundus* 在于其 m2 前边脊的舌侧支不发育，下原尖和下后尖与前边尖的连接点分开，而不像 *H. jucundus* 那样，连接点合在一起或通过下前小脊与下前边尖相连。

以上归入蹶鼠属的种，除 *Heterosminthus jucundus* 外，产出的层位都比 *H. orientalis* 低（渐新世—早

中新世）。与 *H. orientalis* 相比，它们的 M1 和 M2 原尖舌后侧棱一般都不很发育，m1 和 m2 偶见有下中脊的残留痕迹，m1 的下外中脊较为常见、假中脊更为发育，m2 前边脊的舌侧支都很显著、常有下外中脊，m3 没有那样退化。这些特征是它们区别于 *H. orientalis* 的共同点，也可能属于蹶鼠属较为原始的性状。

郑绍华（1982）在记述甘肃天祝松山的小哺乳动物化石时，把几枚牙齿分别指定为"*Heterosminthus gansus* sp. nov.、*H. simplicidens* sp. nov. 和 *Protalactaga* cf. *tunggurensis* Wood，1936"。现在看来，这些牙齿都属于异蹶鼠类的一个种。这一异蹶鼠显然属于较为进步的一种，其 m1 和 m2 没有下中脊，m2 没有下原尖后臂。牙齿的尺寸，完全落入 *H. orientalis* 个体的变异范围，M1 没有原尖舌后侧棱，但其他形态也落入其变异范围，似可归入该种，然而材料太少，在此当做有疑义的种处理。

<h2 style="text-align:center">强健异蹶鼠 Heterosminthus firmus Zazhigin et Lopatin，2000</h2>

（图 114、115；表 46）

Heterosminthus sp.：Qiu et al.，2006，p. 180，partim

Heterosminthus sp.（Aoerban）：Qiu Z D et al.，2013，p. 177，appendix，partim

正模 破碎的右上颌骨，附有 M1-2（Zazhigin et Lopatin，2000b，fig. 3n，PIN，no. 4051/105）。

模式产地与层位 哈萨克斯坦 Ayaguz 地点；下中新统。

归入标本 苏尼特左旗敖尔班（下）：IM 0407 地点，一具 P4-M1 的破碎左上颌骨，一附有 m1-3 的破碎左下颌支，19 枚臼齿（4 M1，2 M2，1 M3，2 m1，6 m2，4 m3），V 19700.1-21；IM 0507，21 枚臼齿（2 M1，3 M2，1 M3，2 m1，7 m2，6 m3），V 19701.1-21。

测量 见表 46。

表 46 内蒙古敖尔班（下）强健异蹶鼠颊齿测量
Table 46 Measurements of cheek teeth of Heterosminthus firmus from Aoerban（L），Nei Mongol（mm）

Tooth	Length			Width		
	N	Mean	Range	N	Mean	Range
IM 0407 地点 Loc. IM 0407						
P4	1	–	0.50	1	–	0.60
M1	4	1.47	1.40-1.55	5	1.15	1.08-1.22
M2	2	1.48	1.46-1.50	2	1.14	1.12-1.15
M3	1	–	0.76	1	–	0.94
m1	3	1.41	1.36-1.47	3	1.05	1.00-1.12
m2	1	1.41	1.34-1.56	7	1.05	1.00-1.10
m3	5	1.05	1.00-1.15	5	0.91	0.85-0.95
IM 0507 地点 Loc. IM 0507						
M1	2	1.40	1.35-1.45	2	1.11	1.02-1.20
M2	3	1.29	1.15-1.45	2	1.14	1.12-1.15
M3	1	–	0.75	1	–	0.75
m1	2	1.48	1.46-1.51	2	1.03	1.00-1.05
m2	6	1.38	1.30-1.46	7	1.01	0.92-1.10
m3	6	1.13	1.08-1.26	6	0.92	0.88-1.00

特征（增订） 个体较大。M1 和 M2 的原脊舌后侧棱不发育；M2 常有双前边脊和双原脊。m1 的"假下中脊"通常显著，时见下原尖后脊；m2 有连接下中尖和下原尖后臂的斜脊，无下外中脊，下原尖和下后尖与前边尖的连接点分开［Zazhigin 和 Lopatin（2000b）在建立该种时没有赋予特征，根据原描述特此增订］。

描述 上颌骨和下颌骨都很破碎，仅见前颧弓后缘位于 P4 前方约 0.5 mm 处，腹侧咬肌附着嵴光滑、后外侧有小的眶下神经孔，门齿孔终止于 P4 内侧约 1.2 mm 处。在 m1 前根之下有明显凸起的咬肌附着嵴，其前方伸达齿虚位低处、颏孔的侧缘。颊齿低冠，丘-脊型齿，齿脊相对弱。上臼齿主尖略微向后倾斜，舌侧比颊侧的稍大、位置略靠前；下臼齿舌侧主尖比颊侧的小、位置略靠前；M1 和 M2 有弱的中尖和中脊、宽的内谷和 4 个外谷。第一和第四外谷最长，形状相似，指向后内侧；第二外谷横向，伸达牙齿纵轴；第四外谷最小。m1 和 m2 具宽阔、为下外中脊分开的下外谷和四下内谷；第一和第二下内谷发育不良，第四下内谷显著。m1 都有下外中脊，m2 具下原尖后臂；M1 和 M2 四根，M3 三根，下臼齿双根。

P4 由主尖和两个细小的附尖组成；主尖位于冠面中部偏颊侧，附尖的后内侧有齿带相连。

M1 圆长方形。原尖舌后侧具弱的齿棱，但未发育成原附尖。前边脊单一，前附尖弱小，前边尖显著、紧靠原尖；中尖小。中脊低，横向，伸达牙齿外缘，末端在多数标本中稍膨大，有形成中附尖的趋势。原脊后指，与内脊连接；后脊后指，与次尖后臂和后边脊会聚，并在连接处形成后边尖；后边脊低、弱，长度占牙齿后缘长的二分之一至三分之二左右；内脊完整、直，前部稍低弱，前方伸达原脊和原尖后臂的连接处。6 枚牙齿中，4 枚具弱的前齿带。

M2 呈前宽后窄的圆梯形，长大于宽。原尖舌后侧棱在多数牙齿中不发育，中尖一般不显著。中脊明显，伸达牙齿外缘。5 件标本都有双前边脊和双原脊；原脊 I 连接前尖和前边脊，原脊 II 略后指与内脊连接；后脊横向，与次尖或次尖前部连接；内脊略向颊侧弯曲，连接原尖和次尖；后边脊起于次尖，伸达后尖的唇后侧。

M3 次三角形，宽大于长，次尖和后尖退化，但中脊和四个外谷都还清楚。

m1 前窄后宽。下前边尖低、小，多与下后尖连接，个别孤立或分别与下原尖和下后尖相连；下中尖比下前边尖显著。下后脊一般与下原尖后臂组成宽阔、后指向的"V"形、尖端与下外脊前端连接的脊；在 5 枚牙齿中 4 枚具有"假下中脊"，"假下中脊"通常起于下外脊的前部，伸达牙齿内缘，并通过低脊与下后尖连接；下外中脊显著，横向或略指向前舌侧，几乎都伸达牙齿外缘，末端膨大或形成小的下外中附尖。下次脊短，前指，与下中尖连接；下后边脊完整，起于下次尖，在接近下次尖处收缩，中部形成显著的下后边尖，舌侧与下内尖在低处封闭下后边谷；下外脊斜向，略弯曲；在 5 枚牙齿中，4 枚具有连接下外中脊或下中尖的下原尖后脊（即 Zazhigin 和 Lopatin, 2000b 中的 ectolophid）。

m2 似长方形。下前边尖显著，下中尖发育弱。前边脊低，有弱的舌侧支；下后脊前向，与下原尖前臂分开地和下前边尖连接；下原尖后臂明显，多数与下后附尖脊（metastylid crest，见 Zazhigin et Lopatin, 2000b）相连。未见有明显的下中脊，但极个别标本中有下外中脊残留的痕迹；下次脊短，与很弱的下中尖连接；下后边脊完整，中部肿胀或形成下后边尖，舌侧与下内尖在低处封闭下后边谷；下外脊连接下次尖和下原尖，前部在 3 枚牙齿中很弱、甚至中断；在 13 枚牙齿中，9 枚具有连接下中尖与下原尖后臂的低脊［Zazhigin 和 Lopatin（2000b）称为下中脊］，该脊通常与下外脊和下原尖后臂围成小坑。

m3 似三角形，后部收缩，下次尖小，下内尖退化，下原尖后臂清楚，多数标本可见 4 个下内谷，个别牙齿保留了连接下中尖和下原尖后臂的脊。

比较与讨论　敖尔班下红层的这些异蹶鼠化石，虽然牙齿尺寸与前述 *Heterosminthus orientalis* 的接近（图 115），但以 M1 原尖舌后侧棱不发育、M2 具双原脊、m1 有长的"假下中脊"和下原尖后脊、m2 常有连接下中尖和下原尖后臂的斜脊、以及 m3 不甚退化（几乎都有下原尖后臂和下后边谷）而与其有所不同。在 *Heterosminthus* 属中，具有与此近似特征的已知种有 *H. lanzhouensis*、*H. intermedius*、*H. firmus*、*H. honestus*、*H. erbajevae*、*H. nanus* 和 *H. jucundus*。上述标本无论是尺寸还是形态都与其中 *H. firmus* 的最为接近，因此这里将其归入 *H. firmus*。敖尔班这一强健异蹶鼠与其他种的不同在于：以 M2 具有双原脊不同于 *H. lanzhouensis*、*H. intermedius* 和 *H. erbajevae*；以较大的牙齿尺寸，m1 的下原尖后脊更强、而连接下中尖与下原尖后臂的脊较弱，m2 的下中脊和下外中脊很退化而不同于 *H. honestus*；以较大的牙齿尺寸，上臼齿没有内附尖，M2 常见双前边脊和双原脊，m1 的"假下中脊"更显著，m2 中连接下中尖和下原尖后臂的脊更清楚而与 *H. nanus* 有别；以稍大的个体，M2 具有双原脊，m1 的"假下中脊"较发育，m2 下原尖和下后尖与前边尖的连接点分开（无下前小脊）而异于 *H. jucundus*。

Heterosminthus firmus 的模式标本产于哈萨克斯坦下中新统的 Ayaguz 层（Zazhigin et Lopatin, 2000b），

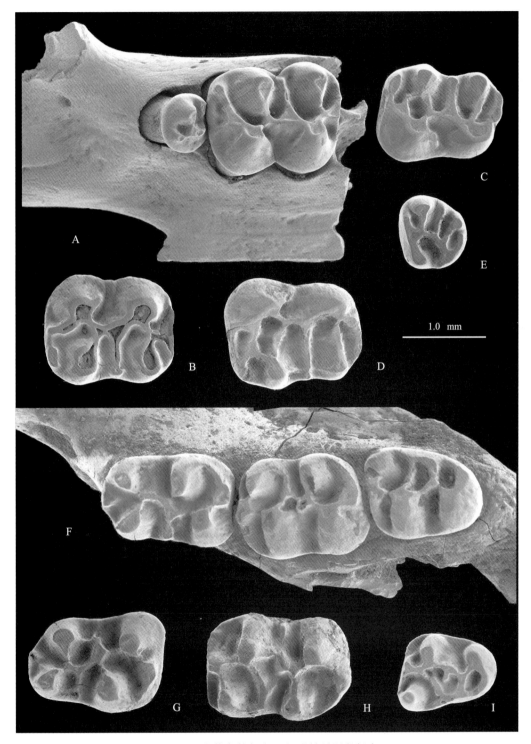

图 114　内蒙古敖尔班(下)强健异蹶鼠颊齿

Fig. 114　Cheek teeth of *Heterosminthus firmus* from Aoerban（L），Nei Mongol

A. 附有 P4 和 M1 的左上颌骨碎块（left maxillary fragment with P4 and M1）（V 19700.1），B. l M1（反转 reversed，V 19701.1），C. l M2（V 19700.2），D. r M2（V 19700.3），E. l M3（V 19700.3），F. 附有 m1–3 的左下颌骨碎块（left mandibular fragment with m1–3）（V 19700.2），G. l m1（反转 reversed，V 19700.4），H. r m2（V 19700.4），I. r m3（V 19700.5）；冠面视（occlusal view）

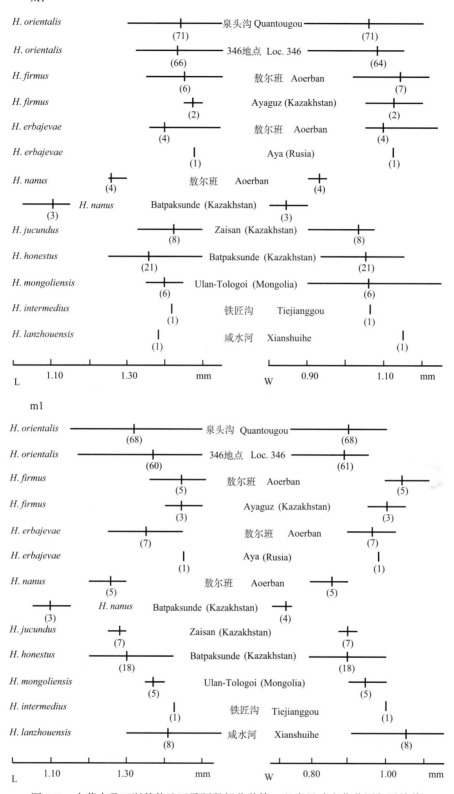

图115　内蒙古及亚洲其他地区异蹶鼠部分种第一臼齿尺寸变化范围与平均值

Fig. 115　Size ranges and averages of length and width in the first molars of some species of *Heterosminthus* from Nei Mongol and other regions of Asia

测量数据除 *Heterosminthus lanzhouensis* 和 *H. intermedius* 引自 Wang 和 Qiu（2000）、Wang（2003）外，其余引自 Zazhigin 和 Lopatin（2000b）［Dimension data for *H. lanzhouensis* and *H. intermedius* are quoted from Wang et Qiu（2000）and Wang（2003），and others are from Zazhigin et Lopatin（2000b）］

归入的材料还发现于蒙古上渐新统—上渐新统/下中新统的 D 带。正型地点发现的材料不多，蒙古的材料显示了明显种内形态变异。Daxner-Höck（2001）注意到，蒙古 *H. firmus* 的牙齿形态具有与 *H. lanzhouensis* 和 *H. mongoliensis* 相似的两种构造型式，还指出 *H. jucundus* 的牙齿形态和尺寸都落入 *H. firmus* 的变异范围。在内蒙古中部地区发现的异蹶鼠材料中，也有相似的情况（见下）。在笔者看来，*H. orientalis* 和 *H. mongoliensis* 的个体和形态差异并不是很大，*H. firmus*、*H. honestus*、*H. lanzhouensis*、*H. intermedius* 和 *H. jucundus* 也很相似。其实，在异蹶鼠类中，多数种的材料都较为欠缺，种内的形态变异情况不是很清楚，种间的界限多少有些模糊，一些种的确立显得证据不够充分。而在个别材料丰富的种中，种内个体和形态变异又显得十分明显。*H. orientalis* 牙齿的形态似乎在告诫人们，异蹶鼠牙齿种内的变异可能很大，根据不多材料确定的种可信度不会很高！但在目前材料不足的情况下又很难对每一个种作深入的分类厘定和订正。因此，对该属的多数种，尚需进一步的发现和研究。

　　Heterosminthus 曾被认为系从 *Plesiosminthus* 或 *Parasminthus* 演化而来（邱铸鼎，1996b；Wang et Qiu，2000）。随着近年蹶鼠类化石在中亚地区的大量发现，Zazhigin 和 Lopatin（2000b）、Daxner-Höck（2001）相信，该属起源于早渐新世 *Shamosminthus* Huang，1992 的可能性更大。显然，*Heterosminthus* 和 *Shamosminthus* 有更接近的祖裔关系是可信的，两者有相同的齿尖构造和相似的尖、脊排列，只要在演化过程中 *Shamosminthus* 的牙齿稍经改变，特别是 M1 的前部扩大，M2 的后脊从前向逐渐转而向后，M3 退化，即会出现 *Heterosminthus* 牙齿的构造型式。

叶氏异蹶鼠 *Heterosminthus erbajevae* Lopatin，2001
（图 115、116；表 47）

Heterosminthus sp.: Qiu et al., 2006, p. 180, partim

Heterosminthus sp. (Aoerban): Qiu Z D et al., 2013, p. 177, appendix, partim

　　正模　破碎的右下颌支，附有 m1（Lopatin，2001，fig. 1c-e，PIN，no. 4800/2）。

　　模式产地与层位　俄罗斯贝加尔地区 Aya 地点；中中新统。

　　归入标本　苏尼特左旗敖尔班（下）：IM 0407 地点，一具 m1 的破碎右下颌支，8 枚臼齿（3 M1，2 M2，1 M3，1 m1，1 m2），V 19702.1-9；IM 0507，m1 一枚，V 19703。苏尼特左旗敖尔班上红层（IM 0772 地点）：颊齿 14 枚（1 M1，6 M2，4 m1，2 m2，1 m3），V 19704.1-14。

　　测量　见表 47。

表 47　内蒙古敖尔班地点叶氏异蹶鼠颊齿测量

Table 47　Measurements of cheek teeth of *Heterosminthus erbajevae* from Aoerban, Nei Mongol（mm）

Tooth	Length			Width		
	N	Mean	Range	N	Mean	Range
敖尔班（下）IM 0407 地点 Loc. IM 0407 of Aoerban（L）						
M1	3	1.35	1.36-1.40	3	1.12	1.03-1.24
M2	2	1.33	1.32-1.34	1	–	1.00
M3	1	–	0.65	1	–	0.90
m1	2	1.37	1.35-1.39	2	0.96	0.93-0.98
m2	1	–	1.30	1	–	1.04
敖尔班（下）IM 0507 地点 Loc. IM 0507 of Aoerban（L）						
m1	1	–	1.30	1	–	0.96
敖尔班（上）IM 0772 地点 Loc. IM 0772 of Aoerban（U）						
M1	1	–	1.55	1	–	1.05
M2	4	1.31	1.26-1.40	6	1.02	0.95-1.05
m1	4	1.36	1.25-1.45	4	0.98	0.90-1.03
m2	2	1.33	1.30-1.35	2	0.98	0.95-1.00
m3	1	–	0.95	1	–	0.82

特征 牙齿轮廓相对比 *Heterosminthus orientalis* 的短宽。M1 和 M2 有原脊舌后侧粗棱和双前边脊及双前附尖；M3 退化，内脊和前边脊缺失；m1 具有长的下中脊（即"假中脊"）；m2 具连接下中尖和下原尖后臂中部的斜脊，m2 和 m3 有长的下原尖后臂（根据 Kimura，2010a 修订）。

描述 下颌骨咬肌窝宽阔；下咬肌嵴清楚，前部终止于 m1 前根之下、颏孔之后，并形成明显的凸起；无上咬肌嵴。颏孔大，位于齿虚位最大弯曲的后方。齿虚位大于 2.7 mm；下颌骨在 m2 处的深度为 2.9 mm。颊齿低冠，丘-脊型齿。上臼齿舌侧主尖比颊侧的稍大、位置略靠前；下臼齿舌侧主尖比颊侧的小、位置略靠前；M1 和 M2 中尖清晰，中脊完整；m1 有下外中脊，m2 具下原尖后臂；M1 和 M2 四齿根，下臼齿双齿根。

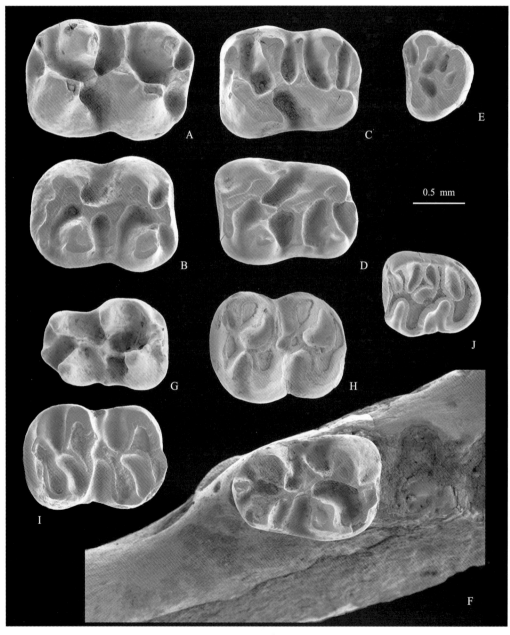

图 116　内蒙古敖尔班叶氏异跳鼠颊齿

Fig. 116　Cheek teeth of *Heterosminthus erbajevae* from Aoerban, Nei Mongol

A. l M1（V 19704.1），B. r M1（V 19702.2），C. l M2（V 19704.2），D. r M2（V 19702.3），E. l M3（V 19702.4），F. 附有 m1 的右下颌骨碎块（right mandibular fragment with m1）（V 19702.1），G. l m1（V 19704.3），H. l m2（V 19702.5），I. r m2（V 19704.4），J. r m3（V 19704.5）；冠面视（occlusal view）

M1 圆长方形。原尖舌后侧具弱棱，原附尖不发育。4 枚牙齿中 3 枚的前边脊单一，1 枚有极弱的前方前边脊，前附尖和前边尖弱小甚至不发育。中脊低、横向，伸达牙齿外缘，末端在两枚牙齿中稍膨大、形成小的中附尖。原脊后指，与内脊前部和原尖后臂连接；后脊后指，和次尖后臂分开地与后边尖连接；后边脊低、弱；内脊完整、直，前部稍弱，前方伸达原脊和原尖后臂的连接处。两枚牙齿具有前齿带的痕迹。

M2 呈前宽后窄的圆梯形，长大于宽。具短的原尖舌后侧棱和小的中尖。中脊横向伸达牙齿外缘。在 6 枚牙齿中 2 枚具双前边脊；8 件标本仅 1 件有极短的原脊 I；原脊 II 略后指与内脊连接；后脊横向，与次尖或次尖前部相连；内脊略向颊侧弯曲；后边脊起于次尖，伸达后尖唇后侧。

M3 次三角形，宽大于长，次尖和后尖退化，但中脊和四个外谷尚清晰，有内脊，原尖和次尖间在舌缘由短脊相连。

m1 前窄后宽。下前边尖低、小，以弱脊与下后尖连接；下中尖比下前边尖明显。下后脊一般与下原尖后臂组成后指向的"V"形脊，尖端与下外脊前端连接；在 7 枚牙齿中 4 枚具很弱、通过低的下后附尖脊与下后尖舌缘连接的"假中脊"；下外中脊完整，通常略指向前舌侧，末端在个别牙齿中终止于小的下外中附尖；下后边脊完整，但在接近下次尖处收缩，中部形成显著的下后边尖，舌侧与下内尖在低处封闭下后边谷；下次脊短，前指，连接下中尖；下外脊完整，斜向，前方伸达下后脊；在 7 枚牙齿中，4 枚残留有连接下外中脊或下中尖的下原尖后脊。

m2 似长方形。下前边尖显著，下中尖发育弱。前边脊低，舌侧支弱，而且在上红层的两枚牙齿中未见舌侧支；下后脊前向，与下原尖前臂分开地和下前边尖连接；下原尖后臂明显，或通过下后附尖脊与下后尖相连。无下中脊和下外中脊；下次脊短粗，与很弱的下中尖紧密连接；下后边脊完整，中部肿胀或形成下后边尖，舌侧与下内尖在低处封闭下后边谷；下外脊完整，但并不强壮，从下次尖伸达下原尖后部；在敖尔班的牙齿中，具有连接下中尖与下原尖后臂的低脊，该脊与下外脊和下原尖后臂围成小坑，但上红层的两件标本中都未见有连接下中尖与下原尖后臂的脊。

m3 只有上红层的一件标本。牙齿似三角形，后部收缩，下次尖小，下内尖退化，前边支舌侧支和下原尖后臂清楚，可见四个下内谷，具有连接下中尖和下原尖后臂的脊及脊围成的小坑。

比较与讨论　发现于敖尔班下红层和上红层的这些异蹶鼠化石，由于 M1 无原附尖、原尖舌后侧棱也不发育，m1 的"假中脊"较显著、偶见下原尖后脊的残留，m2 在个别标本中有连接下中尖和下原尖后臂的脊，m3 不甚退化（尚存下原尖后臂和连接下中尖与下原尖后臂的脊），使其易于与 *Heterosminthus orientalis* 和 *H. mongoliensis* 区分。另外，在这些标本中，除一枚 M2 具弱的原脊 I 外，其余都为单原脊，m1 的下原尖后臂相对也弱，因此与上述的 *H. firmus* 不同。在异蹶鼠属中，M1 原尖舌后侧棱不发育，M2 具单原脊，m2 有连接下中尖和下原尖后臂齿脊的种有 *H. lanzhouensis*、*H. intermedius*、*H. erbajevae* 和 *H. jucundus*。但 *H. lanzhouensis* 的 m1 有很发育的"假中脊"、下内尖常通过下次脊与下中尖之后的下外脊相连，m2 的前边脊的舌侧支很明显（Wang et Qiu, 2000）；*H. intermedius* 的 m1 没有下原尖后脊的痕迹，m2 有下外中脊（Wang, 2003）；*H. erbajevae* 的 m1 也没有下原尖后脊的痕迹、下内尖通过下次脊与下中尖后部相连（Lopatin, 2001）；*H. jucundus* 的 m2 具有长的前边脊舌侧支，部分标本中还有下外中脊（Zazhigin et Lopatin, 2000b）。敖尔班标本与上述各种的牙齿有差别，但是差异都不是很大。必须注意到的是，上述 4 种的材料都很少，种内变异情况不明，种间的区别也不特别明显，是否存在同物异名的可能性目前难以确定。

Heterosminthus erbajevae 的模式标本只有包括三枚牙齿的两件颌骨（Lopatin, 2001）。Kimura（2010a）在记述嘎顺音阿得格的跳鼠时，主要根据材料中的 M1 没有原附尖，M2 为单原脊，m1 具明显的"假中脊"，将部分标本归入 *H. erbajevae*。现在看来，尽管模式标本很少，嘎顺音阿得格标本与其也有细小的差异（如 m1 有下原尖后脊和明显的下后脊 II），但该种的指定有其合理性，因为所归入的标本在形态上确实与该种较为相似。敖尔班的这些牙齿，在大小上与嘎顺音阿得格标本接近，形态上尽管与 Kimura 所赋予的修订种征还有些不同（如 M3 具有内脊），但敖尔班标本落入嘎顺音阿得格标本正常的变异范围之内，因而也被暂时归入该种。Kimura（2010a）还认为甘肃党河地区发现的 *H. intermedius* 为 *H. erbajevae* 的

晚出异名，但在笔者看来，鉴于该属分类研究上的现状，还是暂时保留 *H. intermedius* 作为一个有区别的种为好，因为其 m1 没有下原尖后脊，m2 具有明显的下外中脊，这些尚与 *H. erbajevae* 有所不同。

矮小异蹶鼠 *Heterosminthus nanus* Zazhigin et Lopatin, 2000

(图 115、117；表 48)

正模 右 M1 (Zazhigin et Lopatin, 2000b, fig. 4q, PIN, no. 4059/2121)。

模式产地与层位 哈萨克斯坦 Batpaksunde 地点；下中新统 Akzhar 组。

归入标本 苏尼特左旗敖尔班(下)：IM 0407 地点，4 枚臼齿(2 m1, 2 m2), V 19705.1–4；IM 0507, 破碎上颌骨 2 件，分别带有 P4-M1 和 M1, 11 枚臼齿(2 M1, 1 M2, 1 M3, 5 m1, 2 m2)；V 19706.1–13。

测量 见表 48。

表 48 内蒙古敖尔班(下)矮小异蹶鼠颊齿测量

Table 48 Measurements of cheek teeth of *Heterosminthus nanus* from Aoerban (L), Nei Mongol (mm)

Tooth	Length			Width		
	N	Mean	Range	N	Mean	Range
敖尔班(下)IM 0407 地点 Loc. IM 0407 of Aoerban (L)						
m1	2	1.28	1.25–1.30	2	0.90	0.90–0.90
m2	2	1.25	1.20–1.30	2	0.90	0.85–0.95
敖尔班(下)IM 0507 地点 Loc. IM 0507 of Aoerban (L)						
M1	4	1.26	1.25–1.30	4	0.93	0.90–0.95
M2	1	–	1.05	1	–	0.80
M3	1	–	0.65	1	–	0.75
m1	3	1.25	1.20–1.30	5	0.85	0.80–0.88
m2	2	1.23	1.20–1.25	2	0.85	0.80–0.90

特征(增订) 个体小。M1 和 M2 多具单前边脊，无原附尖，原尖舌后侧棱不发育；M1 偶见内附尖和内中脊；M2 时见双原脊。m1 的"假中脊"显著，下原尖后脊弱；m2 前边脊舌侧支发育，有连接下中尖和下原尖后臂的斜脊，下原尖和下后尖分开地与前边尖连接 [Zazhigin 和 Lopatin (2000b)在建立该种时没有赋予种的特征，根据其描述特此增订]。

描述 在一件破损的上颌骨中，可见颧弓前支后缘约起于 P4 前方 0.25 mm 处，腹侧咬肌附着嵴内侧末端有一隆起，隆起后内侧的眶下神经孔显著。门齿孔的终止与 P4 的后缘处在同一水平线。颊齿低冠，丘-脊型齿，齿脊相对弱。上臼齿舌侧主尖比颊侧的大、位置略靠前；下臼齿舌侧主尖比颊侧的小、位置略靠前；M1 和 M2 有弱的中尖和中脊，内谷宽而长、不对称，四个外谷相对狭窄；m1 和 m2 下中尖明显，下外谷宽阔、近对称，m1 下外谷常被下外中脊分开。m1 下外中脊细弱，m2 具下原尖后臂；P4 单根，M1 和 M2 四根，M3 三根，下臼齿双根。

P4 由主尖、舌侧和颊侧附尖组成；主尖位于齿冠前部中间处，两附尖的后侧由齿带相连。

M1 圆长方形。在 4 枚牙齿中，未见原附尖，仅一枚的原尖具极弱的舌后侧棱。前边尖小，前附尖不发育，中尖尚明显，后边尖显著。前边脊单一、完整，伸达牙齿前外角；原脊后指，与内脊前部和原尖后臂连接；中脊完整，但低，横向伸达牙齿外缘，末端在一枚牙齿中稍膨大形成小的中附尖；后脊后指，和次尖后臂分开地与后边尖连接；后边脊低、弱，长度占牙齿后缘宽度的三分之二左右；内脊完整、直，前部伸达原脊与原尖后臂的连接处；在 4 枚牙齿中，一枚具伸达齿缘的内中脊，末端还形成小的内附尖，其余三枚未见内中脊，但在其中的一枚中有内附尖雏形。所有牙齿都具有清楚的前齿带。

M2 长大于宽，前宽后窄，圆梯形。原尖的舌后侧棱很弱，前边尖和前附尖不发育，中尖明显，没有后边尖。前边脊单一、完整，伸达原尖和前尖前基部，中部与原尖前臂相连；原脊单一，原脊 II 后指，与

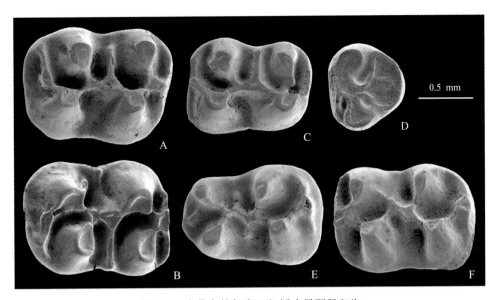

图 117 内蒙古敖尔班(下)矮小异蹶鼠臼齿

Fig. 117 Molars of *Heterosminthus nanus* from Aoerban（L），Nei Mongol

A. l M1（V 19706.1），B. r M1（V 19706.2），C. l M2（V 19706.3），D. r M3（V 19706.4），

E. l m1（V 19706.5），F. l m2（V 19705.1）；冠面视（occlusal view）

原尖后臂组成"V"形脊；中脊显著，但低，伸达外齿缘；后脊横向与次尖连接；后边脊起于次尖，伸达后尖唇后侧；内脊直，连接次尖前臂与原脊后部。

M3 次三角形，宽大于长，后部收缩退化。

m1 前窄后宽。在可鉴定的牙齿中，均有一低小的下前边尖，其中一枚的孤立，其余的与下后尖连接；下中尖比下前边尖显著。下后脊后指，与下原尖后臂组成"V"形脊，其尖端与下外脊前端连接；7 枚牙齿中 5 枚具有清楚的"假中脊"，其中 2 枚的通过下后附尖脊与下后尖舌缘连接；下外中脊虽低弱，但7 枚牙齿中 5 枚的伸达齿缘，仅 1 枚完全缺失；下次脊短，前指与下中尖连接；下后边脊完整，在接近下次尖处收缩，中部形成显著的下后边尖，舌侧与下内尖在低处封闭下后边谷；下外脊前部较显著，与下后脊和下原尖后臂的结合部连接；连接下外中脊的下原尖后脊仅见于 7 枚牙齿中的一枚。

m2 似长方形。下前边尖显著，但低小；下中尖弱。下前边脊舌侧支长，下后脊前向，与下原尖前臂分开地和下前边尖连接；4 件标本都有下原尖后臂，而且伸达或接近下后尖基部；没有下外中脊；下次脊短，前指与下中尖连接；下后边脊完整，在接近下次尖处收缩，中部形成弱小的下后边尖，舌侧与下内尖在低处封闭下后边谷；下外脊从下次尖前臂伸达下原尖后部；4 枚牙齿都有连接弱小下中尖和下原尖后臂的斜脊，随着磨蚀该脊会与下外脊和下原尖后臂围成小坑。

比较与讨论 在内蒙古中部的异蹶鼠中，上述敖尔班下红层标本所代表的种比其他种都小（图115）。在形态上，它以 M1 无原附尖、原尖舌后侧棱极弱、前边脊单一，m1 具"假中脊"和下原尖后脊，m2 有明显的下前边脊舌侧支及连接下原尖后臂与下中尖的斜脊而易于与 *Heterosminthus orientalis* 区分。虽然 *H. firmus* 和 *H. erbajevae* 的 M1 都没有原附尖，m1 也具"假中脊"和下原尖后脊，m2 有连接下原尖后臂与下中尖的斜脊，但前者的 M1 未见有内中脊和内附尖、M2 几乎都具有双原脊，而在 *H. erbajevae* 的m2 中，下前边脊舌侧支很不发育，因此这两种在形态上有所不同。此外，它以与 *H. orientalis* 的差异特征而区别于 *H. mongoliensis*；以 m1 下原尖后脊和"假中脊"不那么显著，下次脊总与下中尖连接（未见有与下外脊后部连接者）而不同于 *H. lanzhouensis* 和 *H. intermedius*；以 M2 原脊单一，m2 没有下外中脊而与*H. honestus* 有区别；以 m2 缺失下外中脊，下原尖和下后尖与前边尖的连接点分开，没有下前小脊而不同于 *H. jucundus*。

所描述的敖尔班标本与 *Heterosminthus nanus* 正模最为接近：个体都比其他已知种小；M1 无原附尖，

舌后侧棱极弱，前边脊单一，有内附尖；m1 有"假中脊"和下原尖后脊；m2 的前边脊舌侧支发育，有连接下中尖和下原尖后臂的斜脊，下原尖和下后尖分开地与前边尖连接。不同的是敖尔班标本的尺寸稍大，仅有的一枚 M2 为单原脊，m2 未见下外中脊。敖尔班发现的材料不多，H. nanus 的模式标本也很有限，上述牙齿形态的不同是否属于种内的变异性状还不清楚。这些标本，无法很确切地归入任何已知种，但将其命名为新种似乎理由也不够充分。鉴于这些牙齿与 H. nanus 模式标本在尺寸和形态上较为接近，特别是个体小，M1 偶见内中脊和内附尖，目前暂将其归入该种。类似的标本同样发现于嘎顺音阿得格地点（Kimura, 2010a）。

脊仓跳鼠属 *Lophocricetus* Schlosser, 1924

模式种 *Lophocricetus grabaui* Schlosser, 1924：内蒙古化德县二登图，晚中新世，保德期。

归入种 *Lophocricetus xianensis* Qiu et al., 2008：陕西、内蒙古，晚中新世。*L. saraicus* (Zazhigin et al., 2002)：俄罗斯伊尔库茨克，晚中新世（=MN12）。*L. minuscilus* Savinov, 1977：哈萨克斯坦、乌克兰，晚中新世（=MN10-MN11）。*L. complicidens* Topachevsky et al., 1984：乌克兰，晚中新世（=MN10）。*L. vinogradovi* Savinov, 1970：哈萨克斯坦，晚中新世（=MN12-MN13）。*L. reliquus* Zazhigin et al., 2002：蒙古，晚中新世（=MN13）。

特征（修订）　脊仓跳鼠亚科中个体较大、齿冠较高的一属，牙齿齿脊相对比 *Heterosminthus* 属的显著。上臼齿前部和下臼齿后部的主尖明显错位排列；大部分 M1 和 M2 具有显著的原附尖，但无次附尖。M1 次尖强大、位于牙齿的舌后部，一般有中尖，内脊前部常与前尖或原脊连接，后边脊通过纵向脊与后尖或后脊相连，有明显的后边脊舌侧支和后内谷，中脊短或无；M2 偶见双前边脊，后边脊与次尖连接。下臼齿常有明显的颊侧齿带和附尖；m1 长度比 m2 的大，常有强大的下外中脊（"G"），下次尖与下中尖或下内尖，或下次脊连接；m2 有强壮、后伸下原尖颊侧的前边脊，没有或极少有伸向下后尖的下原尖后臂。

评述　*Lophocricetus* 与 *Heterosminthus* 似有密切的祖裔关系。后者通过个体增大，齿脊增强，M1 与 M2 原附尖的发育和中尖、中脊的退化，M1 内脊和后边脊向颊侧的移动，M2 前边脊的退化，m1 相对于 m2 长度的加大、下外中脊的发育、下外脊向舌侧的移动和外附尖与齿带的发育，m2 下原尖后臂的消失，以及第三臼齿的退化而逐渐衍生出 *Lophocricetus* 属。在其演化过程中，这些形态的改变是个渐变过程，而且每个构造要素变化的速度并不完全同步，无一可作为区分这两属的独有特征。因此，对一类群系统分类位置的界定，不同的研究者有不同的看法和处置办法。Zazhigin 等（2002）认为，*Heterosminthus* 与 *Lophocricetus* 的不同是后者齿冠较高、齿尖明显对称排列、齿脊发育、M1 和 M2 的原尖与前尖连接而不是与内脊相连、M1 的次尖与后尖连接而不是与后边脊相连、m1 的次尖主要与下外脊连接而不是与下中尖相连、m2 的下原尖主要与下后尖连接而不是与前边脊相连。这些差异特征，确实见于典型的属型种，但在较进步的 *Heterosminthus* 种和较原始的 *Lophocricetus* 种中，这些特征总是处于过渡状态，而且当标本达到一定数量后还会发现其变异明显，使这些作为属界限的应用性大大降低。相对而言，如果把 M1 原附尖的发育程度、m1 和 m2 的长度比，以及 m2 下原尖后臂的发育作为属的区别准则，似乎会使界限变得清楚些。在 *Lophocricetus* 属中，大部分成员 M1 都有明显的原附尖，m1 长度相对比 m2 的大，m2 没有或很少具有下原尖后臂，而在 *Heterosminthus* 中，只有极个别成员的 M1 有弱的原附尖，m1 的长度小于或近似等于 m2 的长度，几乎所有成员的 m2 都有下原尖后臂。齿尖与齿脊的结构无疑也相当重要，在区分两属时可用作参考，对界定属中的不同种尤为有意义。

根据这一原则，*Heterosminthus* 属几乎被局限于早—中中新世，而 *Lophocricetus* 属被局限于晚中新世和早上新世。郑绍华（1982）记述的甘肃天祝 "*Heterosminthus gansus*"（同文描述的 *H. simplicidens* 和 *Protalactaga* cf. *P. tungguerensis* 与 *H. gansus* 应同属一种，见 Qiu, 1985），模式标本很少，无法了解其个体的变异范围。就现有标本而言，该种既具有 *Heterosminthus* 属的特征，如个体小、M1 的原附尖不发育、内脊与原脊连接，m1 的下内尖与下中尖连接；同时，它又具有 *Lophocricetus* 属的重要特征，如 m1 长度相对比 m2 的大，m2 没有下原尖后臂而有强大的颊侧前边脊。这里未把它归入 *Lophocricetus* 属，但其归属仍然是悬案。Zazhigin 等（2002）描述的 "*Heterosminthus saraicus*" 被归入 *Lophocricetus* 属，因为其个体较大，

M1 和 M2 有明显的原附尖, M1 的内脊与前尖连接, m2 的下前边尖强大而又没有下原尖后臂, m3 相当退化。然而，根据其 M1 和 M2 具有中脊、m1 后部主尖错位排列不甚、m1 的下次尖与下中尖相连，*L. saraicus* 似乎属于 *Lophocricetus* 属中较为原始的一种。

葛氏脊仓跳鼠 *Lophocricetus grabaui* Schlosser, 1924

（图 118、119；表 49）

选模　一具 m1-m3 右下颌支, PIU M3372.65（Schlosser, 1924, pl. 3, fig. 33）。作为拉氏收藏品保存于瑞典乌普萨拉大学博物馆（Schlosser 记述该种时未指定正模, Qiu 于 1985 年在描述正型地点增加的材料时将这一标本选定为正模）。

模式产地与层位　内蒙古化德县二登图 1；上中新统二登图组（保德期）。

归入标本　苏尼特左旗必鲁图（IM 0510 地点）：臼齿 22 枚（5 M1, 5 M2, 3 M3, 4 m1, 4 m2, 1 m3）, V 19707.1-22。

测量　见表 49。

表 49　内蒙古必鲁图葛氏脊仓跳鼠颊齿测量

Table 49　Measurements of cheek teeth of *Lophocricetus grabaui* from Bilutu, Nei Mongol（mm）

Tooth	Length			Width		
	N	Mean	Range	N	Mean	Range
M1	5	2.06	1.88-2.22	5	1.57	1.45-1.62
M2	5	1.58	1.50-1.68	5	1.42	1.27-1.50
M3	3	0.97	0.95-1.02	3	1.00	0.96-1.02
m1	4	1.80	1.70-1.95	3	1.43	1.35-1.48
m2	4	1.61	1.54-1.70	4	1.44	1.35-1.50
m3	1	–	0.98	1	–	0.95

特征（修订）　一种个体大、齿冠较高的脊仓跳鼠。M1 的原附尖强大，中尖一般显著，极个别具很弱的中脊，内脊和后边脊几乎在所有牙齿中分别与前尖和后尖连接。M2 的前边脊单一，低弱甚至缺失；原附尖发育比 M1 的弱，变异也大；极个别有弱的中尖，但无中脊；内脊几乎都与前尖连接，但经常发育不良。m1 多数有下前边尖和显著的下后边尖；下外中脊（"G"）强大；下次尖多数与下内尖连接。m2 无伸达下后尖的下原尖后臂。

描述　颊齿中等高冠，丘-脊型齿，齿脊相对弱。上臼齿主尖稍后倾；舌侧主尖比颊侧的大，锥形，舌侧前部主尖的位置略靠前；颊侧主尖前后向压扁。下臼齿主尖多少有些前后向压扁，舌侧后部主尖的位置略靠前；M1 中尖不同程度地发育；m1 没有下中脊，但有显著的下外中脊。上臼齿除 M3 为三齿根外，其余均为四根，下臼齿 m2 三根，m1 和 m3 双根。

M1 次长方形，长大于宽。次尖为最大的齿尖；前边尖小，甚至不发育；前附尖也很小，但比前边尖稍明显；原附尖很发育，成独立小尖，在轻磨蚀的标本中与原尖分开；中尖显著，前外-后内向卵圆形；无次附尖；后边尖明显，但比中尖弱。前边脊弱，但完整，伸达牙齿前外缘，末端常终止于前附尖；原脊短、细，连接原尖后外角和前尖的前内角，未见有中脊的痕迹；后脊短，完整，近横向；后边脊低弱，舌端和唇端低、分别伸达次尖和后尖基部；内脊细弱，前部与前尖后内侧连接，后部在一枚牙齿中中断。内谷中度宽阔，不对称，近横向；中间谷显著，掠向后内；内谷和中间外谷在冠面上的延伸都超过齿宽之半。

M2 长大于宽，向后渐窄。原尖最大；前边尖强大，位于牙齿前外角；前附尖、中尖和后边尖都不发育；原附尖呈粗棱形，未与原尖分开；无次附尖。前边脊短弱，连接原尖的前外角和前边；原脊短，连接原尖后外角和前尖的前内角；未见中脊；后脊与次尖和后尖融会成牙齿后方的横棱；后边脊很短，与次尖相连，颊侧只在一枚牙齿中与后尖连接、封闭后外谷；内脊短，一般低弱，前部与前尖的后内侧连接，后部在一枚牙齿中完全中断。内谷显著，不对称，近横向，向外延伸都超过齿宽之半；前边谷发育，仅比中间外谷稍小；中间外谷内伸近达齿宽之半。

M3 次三角形，宽稍大于长，后部收缩退化。原尖最大，前边脊强大，前尖显著，次尖、后尖与后边脊愈合形成牙齿后缘的新月形强尖，未见中尖与中脊的痕迹。原脊完整，内脊低弱、斜向连接前尖和次尖。

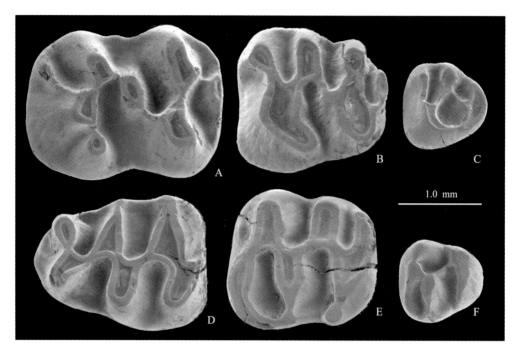

图 118　内蒙古必鲁图葛氏脊仓跳鼠臼齿

Fig. 118　Molars of *Lophocricetus grabaui* from Bilutu, Nei Mongol

A. l M1（V 19707.1），B. l M2（V 19707.2），C. l M3（V 19707.3），D. r m1（V 19707.4），E. l m2（V 19707.5），

F. l m3（V 19707.6）；冠面视（occlusal view）

m1 向后渐宽。下次尖最大；下原尖和下后尖紧靠；在 4 枚牙齿中 2 枚具细微、与下后尖连接的下前边尖，2 枚只有从下后尖伸出的细脊。下后脊短弱；没有下中脊，但所有牙齿都有从下中尖位置上向颊侧伸出的强大下外中脊（即 Schaub 所称的"G"）；下次脊融入下内尖和下外脊；下后边脊粗壮，起于下次尖，舌侧未封闭下后边谷，中部形成粗大的下后边尖；下外脊弯曲、细弱，但完整，前端连接下后尖的唇后侧。所有牙齿都不同程度地发育了紧靠下外中脊的下外附尖和明显、紧靠下次尖的下后边附尖。外谷和内侧谷（下中间谷和下后边谷）宽深、显著，前者近横向、向内延伸超过齿宽之半，后者稍后外向、外伸未达齿宽之半。齿带不很发育。

m2 似长方形，后部稍收缩，比 m1 明显短。下前边尖和下后边尖不明显；没有下中尖。下前边脊粗壮，从下后尖前臂伸出，在牙齿的前外角向后弯曲，呈新月形与下原尖或前外附尖连接；下外脊短，后指与下次尖连接；无下原尖后臂和下外中脊；下次脊融入下内尖和下外脊；下后边脊的形状如同 m1 者，但短弱得多，下外脊弯曲，完整，前端连接下原尖的舌后侧。所有牙齿都不同程度地发育了分别紧靠下原尖和下次尖的下前边附尖和下后边附尖。外谷和内谷的形状与 m1 者相似，只是下后边谷相对小。有弱的外齿带。

m3 次三角形，前部构造无异于 m2 者，后部很收缩。下次尖、下内尖和下后边脊融合成后缘上的新月形嵴。下外脊低弱，斜向连接下原尖和下内尖。

比较与讨论　上述必鲁图标本，牙齿的尺寸大，M1 具发育的原附尖，m1 的长度比 m2 的大，m2 没有下原尖后臂，具有 *Lophocricetus* 属的典型特征，而且在尺寸和形态上完全落入二登图和哈尔鄂博地点 *L. grabaui* 的变异范围，无疑可以归入该种。

Lophocricetus grabaui 是该属的模式种，主要特征是：个体大；绝大多数 M1 和 M2 具有显著的原附尖，但无次附尖，中脊退化或无；M1 具卵圆形的中尖，内脊与前尖连接，后边脊与后尖相连；m1 有发育的下外

中脊，下次尖与下内尖连接(Schlosser, 1924; Qiu, 1985)。其牙齿尺寸比除 *L. complicidens* 外的已知种都大（图 119）。此外，它以 M1 和 M2 的原附尖较发育、中脊退化，M1 的内脊和后边脊分别与前尖和后尖连接，m1 有强大的下外中脊、下次尖与下内尖连接而不同于 *L. saraicus* 和 *L. minuscilus*。以 M2 的双前边脊发育弱而异于 *L. vinogradovi* 及 *L. complicidens*。它还以 M1 的中脊几乎完全退化而不同于 *L. complicidens* 和 *L. reliquus*。另外，*L. reliquus* 的 M1 除具较清楚的中脊外，还有长、围绕次尖舌后侧的后边脊。

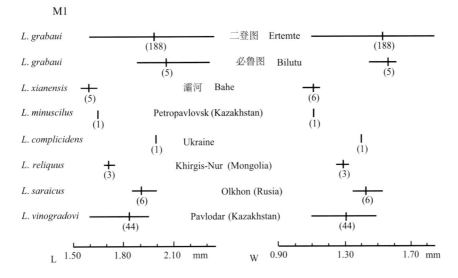

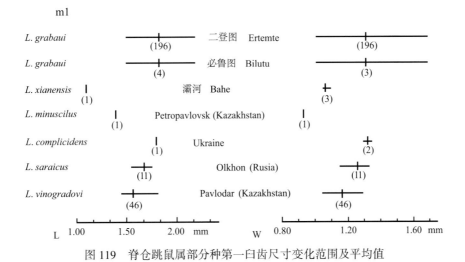

图 119 脊仓跳鼠属部分种第一臼齿尺寸变化范围及平均值

Fig. 119 Size ranges and averages of length and width in the first molars of some species of *Lophocricetus*
国外种的数据引自 Savinov（1970）、Topachevsky 等（1984）或 Zazhigin 等（2002）［Dimension data for
L. vinogradovi, *L. complicidens*, *L. saraicus*, *L. minuscilus* and *L. reliquus* are quoted from Savinov（1970），
Topachevsky et al.（1984），or Zazhigin et al.（2002）］

Lophocricetus grabaui 在二登图动物群和哈尔鄂博动物群中是一种很常见的啮齿动物，但在稍晚的比例克动物群中变得十分罕见，在高特格动物群中绝迹，或许指示从晚中新世到上新世期间，内蒙古中部的生态环境发生过重大的改变。

西安脊仓跳鼠 *Lophocricetus xianensis* Qiu, Zheng et Zhang, 2008

（图 120-122; 表 50）

Lophocricetus cf. *gansus*: Qiu et al., 2006, p. 181
Lophocricetus cf. *L. xianensis*: Qiu et al., 2008, p. 289

Lophocricetus cf. *L. gansus* (Huitenghe, Shala, Baogeda Ula), *L. gansus* (Bilutu): Qiu Z D et al., 2013, p. 177, appendix

归入标本 苏尼特左旗巴伦哈拉根(IM 0801 地点):臼齿 87 枚(24 M1, 17 M2, 4 M3, 23 m1, 13 m2, 6 m3), V 19708.1-87。阿巴嘎旗灰腾河(IM 0003 地点):9 件破碎上颌骨(共附有 8 M1, 2 M2, 1 M3), 7 破碎下颌支(共附有 7 m1, 4 m2), 162 枚颊齿(13 DP4/P4, 27 M1, 35 M2, 7 M3, 37 m1, 32 m2, 11 m3), V 19709.1-178。苏尼特右旗沙拉(IM 9610 地点):2 破碎上颌骨, 分别附有 M1, 205 枚颊齿(6 DP4/P4, 43 M1, 28 M2, 16 M3, 55 m1, 44 m2, 13 m3), V 19710.1-207。阿巴嘎旗宝格达乌拉:IM 9602 + IM 0702 地点, 5 破碎上颌骨(共附有 2 P4, 5 M1, 1 M2), 4 破碎下颌支(共附有 4m1, 3 m2), 59 枚颊齿(9 DP4/P4, 7 M1, 4 M2, 9 M3, 13 m1, 9 m2, 8 m3), V 19711.1-68; IM 0703 地点, 3 破碎上颌骨(共附有 2 P4, 3 M1, 1 M2), 2 分别附有 m1-2 和 m1 的破碎下颌支, 56 枚颊齿(5 DP4/P4, 10 M1, 5 M2, 4 M3, 19 m1, 13 m2, 6 m3), V 19712.1-61。苏尼特左旗必鲁图(IM 0510 地点):92 枚臼齿(19 M1, 13 M2, 4 M3, 25 m1, 24 m2, 7 m3), V 19713.1-92。

测量 见表 50。

表 50 内蒙古中部西安脊仓跳鼠颊齿测量

Table 50 Measurements of cheek teeth of *Lophocricetus xianensis* from central Nei Mongol (mm)

Tooth	Length			Width		
	N	Mean	Range	N	Mean	Range
巴伦哈拉根 Balunhalagen						
M1	24	1.70	1.58-1.85	24	1.24	1.15-1.35
M2	17	1.46	1.35-1.62	17	1.10	1.00-1.18
M3	4	0.86	0.65-1.07	4	0.88	0.85-0.90
m1	23	1.53	1.35-1.39	22	1.07	0.98-1.16
m2	13	1.45	1.30-1.60	13	1.16	1.10-1.25
m3	6	0.98	0.96-1.00	6	0.84	0.80-0.90
灰腾河 Huitenghe						
M1	30	1.78	1.50-1.96	31	1.24	1.10-1.35
M2	32	1.43	1.35-1.56	33	1.08	0.95-1.35
M3	8	0.76	0.72-0.80	8	0.82	0.76-0.86
m1	42	1.52	1.25-1.45	42	1.05	0.88-1.20
m2	33	1.41	1.25-1.50	35	1.15	1.02-1.30
m3	11	0.93	0.86-1.05	11	0.81	0.75-0.93
沙拉 Shala						
M1	33	1.73	1.55-1.85	33	1.13	1.00-1.35
M2	20	1.35	1.25-1.50	20	1.03	0.80-1.15
M3	14	0.76	0.65-0.90	14	0.76	0.60-0.90
m1	37	1.44	1.20-1.65	37	0.99	0.85-1.15
m2	38	1.22	1.20-1.45	38	1.07	0.95-1.25
m3	12	0.86	0.75-0.90	12	0.73	0.65-0.85
宝格达乌拉 Baogeda Ula						
M1	21	1.77	1.65-1.85	21	1.23	1.15-1.30
M2	9	1.40	1.35-1.45	10	1.11	1.04-1.20
M3	12	0.74	0.70-0.80	12	0.77	0.60-0.86
m1	28	1.50	1.30-1.75	30	1.05	0.95-1.25

Tooth	Length			Width		
	N	Mean	Range	N	Mean	Range
m2	27	1.39	1.35-1.45	24	1.15	1.05-1.30
m3	13	0.87	0.80-1.00	13	0.75	0.65-0.85
必鲁图 Bilutu						
M1	19	1.75	1.60-2.00	19	1.20	1.08-1.32
M2	13	1.48	1.35-1.70	13	1.07	0.98-1.15
M3	4	0.80	0.75-0.80	4	0.79	0.75-0.85
m1	25	1.52	1.40-1.75	25	1.04	0.98-1.13
m2	24	1.36	1.20-1.51	23	1.12	1.02-1.25
m3	7	0.94	0.88-1.05	7	0.82	0.73-0.90

特征 个体较小；M1 和 M2 常有发育程度不同的中尖和中脊；M1 多有明显的原附尖，内脊与前尖或原脊连接，后边脊常与后脊相连；M2 偶见双前边脊；m1 和 m2 具中等发育程度的外附尖和外齿带；m1通常有显著的下中尖和下外中脊，下次尖或与下中尖连接，或与下内尖、下次脊相连；m2 多为三根齿，通常没有下原尖后臂。

描述 颧弓起于 P4 前方约 0.8-1.2 mm 处，腹侧前缘咬肌附着嵴内侧末端的隆起明显，隆起的后内侧、P4 的前方约 0.8 mm 处有显著的眶下神经孔；门齿孔终止于 P4 后缘正内侧。下颌上升支起于 m1 与 m2 之间；水平支于 m1 外侧高在 3.0 mm 以上；窝前咬肌附着嵴伸达 m1 前根下方，并形成显著的嵴状结节；颏孔大，位于 m1 齿根前的齿缺低弯处。颊齿中等高冠，丘-脊型齿，齿脊相对弱。上臼齿主尖稍后倾；舌侧主尖稍比颊侧的大，位置多少靠前；前部主尖错位排列，后部主尖近对位排列。下臼齿主尖稍前倾；后部主尖错位排列，舌侧位置比颊侧的明显靠前，前部主尖近对位排列。M1 有显著的后内谷；m1有不同发育程度的下外脊与下外附尖。P4 单根，上臼齿除 M3 为三齿根外，其余均为四根，下臼齿 m2多为三根，m1 和 m3 双根。

DP4/P4 由主尖、舌侧和颊侧附尖组成；主尖位于齿冠前部中间处，舌侧附尖略比颊侧的明显。DP4比 P4 小，齿尖和齿脊稍弱。

M1 次长方形，长大于宽。次尖为最大尖；前边尖不甚显著；多数标本有小的前附尖；原附尖很发育，但较原尖低，在 133 枚可以观察到原附尖的牙齿中，107 枚呈独立状态（80% 多），其余的呈棱嵴形；大部分标本有清晰的中尖；无次附尖；后边尖通常显著。前边脊弱，但一般完整，末端与前附尖连接，没有明显的双前边脊；原脊短、低且细，连接原尖后外角和前尖的前内角；多数牙齿具有中脊，在 141 枚牙齿中，伸达齿缘的仅有 18 枚，半长或短刺状者多，完全缺失的也少；后脊略后指，和次尖后臂分开地与后边尖连接；后边脊低、弱，长度占牙齿后缘宽度的三分之二左右；内脊完整，但前部较弱，前端明显地与前尖后内角连接（即内脊前部和原尖后臂分开地与前尖连接）的占三分之二以上，其余多与原脊相连。内谷中度宽阔，不对称，前外向伸展；中间谷前部横向，后部掠向后内；内谷和中间谷后部在牙齿的延伸深度都超过牙齿的中线。

M2 长大于宽，前宽后窄。原尖为最大尖；前附尖一般显著，有时见前边尖，两者常与原尖前臂融合组成明显的前边脊；所有牙齿舌后侧都有原附尖或明显的棱脊，但原附尖成独立小尖者少数；多数标本都有清楚的中尖；后边尖不发育；小的中附尖存在于个别标本。前边脊通常单一，具明显双前边脊者在巴伦哈拉根和灰腾河的标本中稍多，沙拉、宝格达乌拉和必鲁图中略少，短的前边脊舌侧支在个别牙齿中发育；原脊短；大部分标本具有显著的中脊，在沙拉和灰腾河标本中伸达或近伸达外缘者近半数，所占比例相对较高，中脊完全缺失者极少，只是宝格达乌拉标本所占比例稍高；后脊略前向，与次尖的中前部连接；后边脊与次尖相连，于连接处略收缩，颊侧通常在低处与后尖连接，封闭后边外谷；内脊短，前部低、弱，少量标本中断开或近于断开，前端与前尖（少）或原脊连接（多），在宝格达乌拉标本中多见于伸达前尖的后内角。内谷显著，不对称，前外向，向外延伸在齿宽之半左右。中等磨蚀的牙齿中，后脊和后边脊常与次尖和后尖封闭后内谷。

M3 次三角形，后部收缩。原尖为最大尖，前尖清晰，次尖和后尖很退化，常与后边脊融合，形成牙齿上连接原尖和前尖的嵴。前边脊颇发育；中尖与次尖间有一明显、并常与后尖和后边脊封闭成牙齿后方小坑的脊。

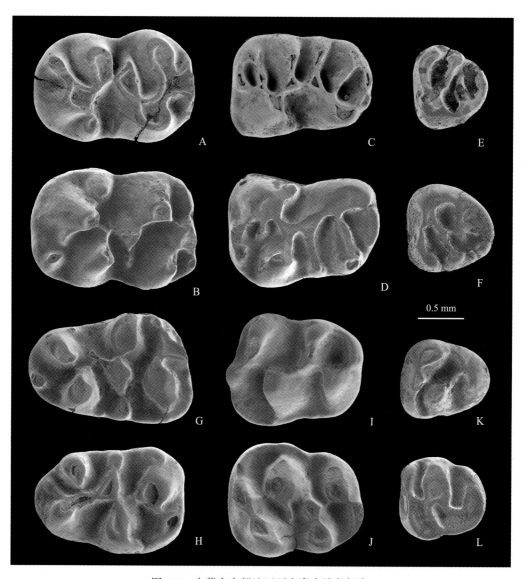

图 120　内蒙古中部地区西安脊仓跳鼠颊齿

Fig. 120　Cheek teeth of *Lophocricetus xianensis* from central Nei Mongol

A. l M1（V 19710.1），B. r M1（V 19709.1），C. l M2（V 19709.2），D. r M2（V 19713.1），E. l M3（V 19711.1），F. r M3（V 19710.2），G. l m1（V 19708.1），H. r m1（V 19713.2），I. l m2（V 19711.2），J. r m2（V 19709.3），K. l m3（V 19713.3），L. r m3（V 19710.3）；冠面视（occlusal view）

　　m1 前窄后宽。下次尖最大；大部分牙齿有发育程度不同的下前边尖，下前边尖多以细脊与下后尖连接，少数孤立；下原尖和下次尖近圆锥形，两尖在部分标本中孤立或近孤立；大部分牙齿都有显著的下中尖；半数左右有强大的下后边尖。下后脊后向；没有下中脊，但在很个别的标本中可以观察到"假中脊"或下原尖后脊的痕迹；下外中脊发育，中部常收缩，伸达牙齿外缘；下次脊短，前向与下中尖（多数）或下外脊（少量）相连；后边脊起于下次尖，伸达下内尖后基部，其上的下后边尖在多数标本中都很显著；下外脊细弱，后部甚至中断，前端与下后尖连接，后部可能很低，连接下次尖或与下中尖（在沙拉标本中为30/47，巴伦哈拉根为19/20，灰腾河为39/41，宝格达乌拉为12/32，必鲁图为19/24），或与下内尖（在沙拉标本中为11/47，巴伦哈拉根为0/20，灰腾河为0/41，宝格达乌拉为11/32，必鲁图为1/24），或与下次脊（在沙拉标本中为6/47，巴伦哈拉根为1/20，灰腾河为2/41，宝格达乌拉为9/32，必鲁图为4/24）相连。大部分牙齿都不同程度地发育有下外附尖，下后边附尖仅见于少数标本，而这些牙齿的外附尖通常比较强壮。外谷和内侧谷（下中间谷和后边谷）显著，前者近横向、向内延伸超过齿宽之半，后者稍后外向、向外延伸未达齿宽之半。齿带尚发育，一般从原尖的后方伸达次尖颊侧，个别绕过次尖的后部伸向下后边尖。

m2似梯形，后部收缩。下前边尖显著，常融入连接下后尖与外齿带的新月形前边脊；少量牙齿中有低而弱的前边脊舌侧支。下原尖在少数标本中孤立于下后尖和前边脊，多数以一细或低的脊与前边尖或下后尖前臂相连。个别牙齿保留不清楚的下中尖，下外中脊仅见于巴伦哈拉根和灰腾河的极个别标本。下外脊短，连接下原尖和下次尖。大部分牙齿没有下原尖后臂，仅少量不同程度地有所保留，其中以巴伦哈拉根标本保存的比例较高；在个别牙齿中甚至有连接下原尖后臂和下中脊的脊；细小的下前边附尖和下外附尖偶见于个别牙齿；外齿带通常发育，从下原尖伸达下次尖。

m3次长三角形，后部很收缩。前部的下原尖、下后尖和前边脊清晰，后部的下次尖、下内尖和后边脊愈合构成连接下后尖的嵴。

比较与讨论　上述标本，相同地点和不同地点的牙齿在尺寸和形态上都显示了明显的变异，但差异细微，目前尚难以将其分成不同的种。重要的是，这些牙齿具有以下共同的形态特征，即：几乎所有M1和M2都具有明显的原附尖或舌后侧棱；M1有中尖和中脊，有一定数量标本的内脊前端伸向前尖或前尖与原脊的连接处；M2的中脊长，偶见双前边脊；m1和m2具有清楚的下外附尖和外齿带；多数m1的下次尖与下中尖或下次脊连接；多数m2没有下原尖后臂。由于多数M1具有显著的原附尖，内脊前端在部分牙齿中伸向前尖，m1比m2的长度大，多数m2具有三齿根而没有下原尖后臂，表明了这些牙齿具有接近*Lophocricetus*属的形态特征，而不同于个体较小、形态典型的异蹶类（*Heterosminthus*）。又因几乎所有的M1和M2都具有中脊，多数M1的内脊前端与原脊连接，m1和m2的外齿带和外附尖较弱，多数m1的下外中脊未完全与下外中尖融会成强大的棱、下次尖的前端与下中尖或下次脊连接，极少数m2具有下原尖后臂，使其也有别于个体较大的*Lophocricetus grabaui*。上述牙齿的形态、构造与陕西蓝田灞河组发现的*L. xianensis*的标本特征几乎一致（Qiu et al., 2008），特别是多数M1具明显的原附尖、不同发育程度的中尖和中脊，内脊与前尖或原脊连接，M2的中脊长、偶见双前边脊，m1和m2具有中等发育程度的下外附尖和外齿带，m1下次尖多与下中尖或下次脊连接。它们的不同似乎只是内蒙古标本个别m2中有下原尖后臂，而这一构造在陕西标本未出现，这种差别也可能与蓝田发现的材料太少有关。

*Lophocricetus xianensis*具有许多介于*Heterosminthus*属和*Lophocricetus grabaui*间的形态特征，它既保留了异蹶鼠的基本构造（如M1和M2具有中脊；部分M1的内脊与原脊连接；极个别M2具双前边脊；部分m1的下次尖与下中尖连接，偶见"假中脊"和下原尖后脊；个别m2有下原尖后臂，甚至是下原尖后臂与下中尖间的脊），同时它又具有葛氏脊齿仓鼠的典型特征（如M1和M2具有显著的原附尖或原尖舌后棱；部分M1的内脊与前尖连接；m1的平均长度比m2的大，m1和m2的下外附尖和外齿带发育；m1下外中脊强壮，少数牙齿中下次尖与下内尖连接；m2在绝大多数标本中失去下原尖后臂等）。*L. xianensis*的形态特征似乎证实了*Lophocricetus*属是从*Heterosminthus*属演化而来，它代表这个过程中的一个中间类型（图121）。

具有从*Heterosminthus*属向*Lophocricetus grabaui*方向演化特征的中间类型种可能还包括哈萨克斯坦、俄罗斯、乌克兰、蒙古和中国的*L. minuscilus*、*L. vinogradovi*、*L. saraicus*、*L. complicidens*和*L. reliquus*。*L. minuscilus*的材料不多，它不同于*L. xianensis*可能在于M1的中脊和m1的下外中脊稍弱。*L. xianensis*与*L. saraicus*的差异在于牙齿的尺寸略小，M2的内脊不那么退化，m1下外脊的位置较为靠舌侧，m1和m2齿带和外附尖较发育（Zazhigin et al., 2002）。它比*L. vinogradovi*和*L. reliquus*都小，M1中脊较长，M2有中脊，m1和m2齿带和下外附尖的发育也弱。此外，M2具有双前边脊的标本比*L. vinogradovi*的少得多（Savinov, 1970; Zazhigin et al., 2002）。*L. complicidens*的材料少，其个体大，不同于*L. xianensis*可能还

M1 原附尖的发育 Development of Prst	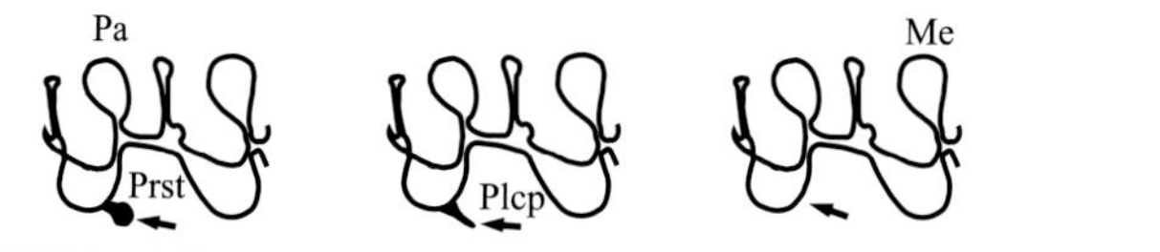 Pa ...	... Plcp	Me ...
L. grabaui (176)	96.6%	2.8%	0.6% 二登图 Ertemte
L. xianensis (40)	85.0%	15.0%	0 沙拉 Shala
H. orientalis (92)	2.9%	33.3%	63.8% 泉头沟 Quantougou
M1 中脊的发育 Development of Msl	...	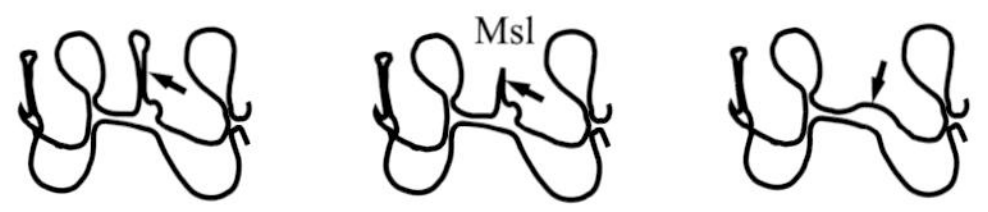 Msl ...	...
L. grabaui (176)	0	2.3%	97.7% 二登图 Ertemte
L. xianensis (45)	6.7%	84.4%	8.9% 沙拉 Shala
H. orientalis (72)	77.8%	18.1%	4.1% 泉头沟 Quantougou
M1 内脊的连接方式 Connection style of endoloph	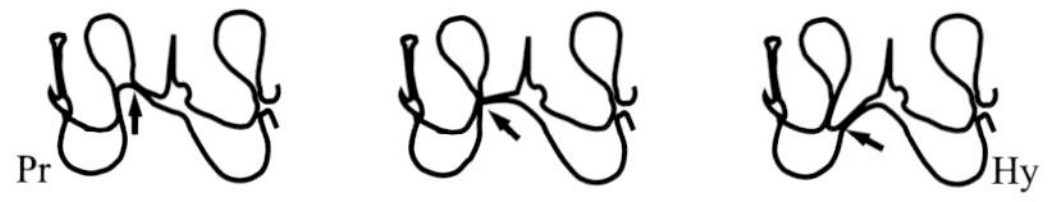 Pr ...	...	... Hy
L. grabaui (176)	98.9%	1.1%	0 二登图 Ertemte
L. xianensis (45)	77.8%	22.2%	0 沙拉 Shala
H. orientalis (71)	9.9%	88.7%	1.4% 泉头沟 Quantougou
m1 下次尖的连接方式 Connection style of hypoconid	...	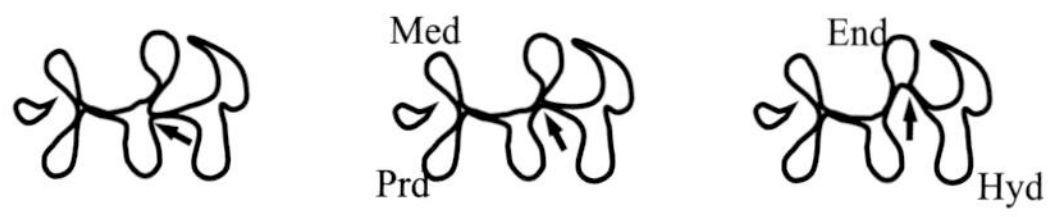 Med ... Prd	End ... Hyd
L. grabaui (103)	1.9%	1.9%	96.2% 二登图 Ertemte
L. xianensis (47)	63.8%	23.4%	12.8% 沙拉 Shala
H. orientalis (72)	87.5%	9.7%	2.8% 泉头沟 Quantougou
m2 下原尖后臂的发育 Development of Papd	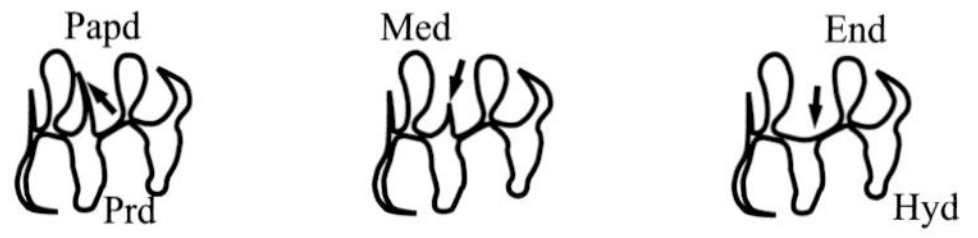 Papd ... Prd	Med ...	End ... Hyd
L. grabaui (143)	0	0.7%	99.3% 二登图 Ertemte
L. xianensis (42)	16.7%	11.9%	71.4% 沙拉 Shala
H. orientalis (79)	82.3%	13.9%	3.8% 泉头沟 Quantougou

图 121 甘肃东方异蹶鼠、内蒙古葛氏脊仓跳鼠和沙拉西安脊仓跳鼠 M1、m1 和 m2 形态构造（箭头所指处）的发育变异统计

Fig. 121 Statistics for the variation of M1, m1 and m2 of *Heterosminthus orientalis* from Gansu, and *Lophocricetus grabaui* and *L. xianensis* from Nei Mongol in morphology (arrow)

在于M1 和 M2 的中脊似乎较短弱，m1 和 m2 有较强的下外齿带(Topachevsky et al.，1984)。

发现于青海柴达木盆地深沟动物群的 *Lophocricetus* cf. *L. xianensis*，仅以其个体稍大，双前边脊在 M2 中较多见而被认为相似于蓝田灞河组的 *L. xianensis* (Qiu et Li, 2008)。然而，这一相似种牙齿的尺寸和形态完全落入内蒙古 *L. xianensis* 的变异范围之内，因此可以认为深沟的相似种与蓝田的 *L. xianensis* 同属一种。灞河群体 M1 尺寸的平均值都比内蒙古的稍小，或许说明其性状较原始，所代表的时代略早。

Daxner-Höck（2001)在记述蒙古湖谷地区的林跳鼠类时，把采自 Builstyn Khuday 洛组（"E 带"）的一

M1 原附尖的发育 Development of Prst	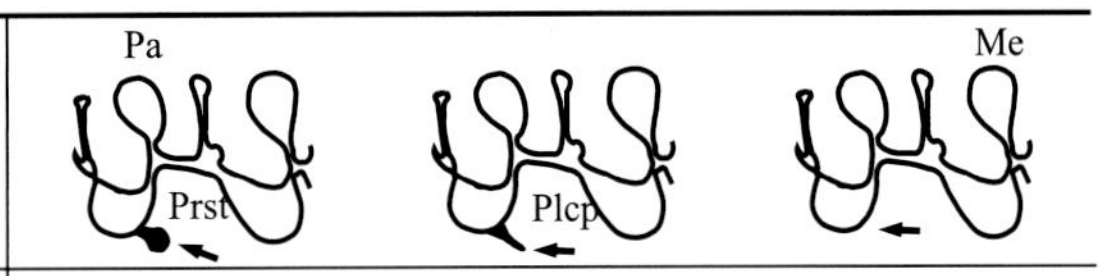 Pa		Me
	Prst	Plcp	
必鲁图(19) Bilutu	78.9%	20.5%	0.6%
宝格达乌拉(22) Baogeda Ula	81.8%	18.2%	0
沙拉(40) Shala	85.0%	15.0%	0
灰腾河(31) Huitenghe	93.5%	6.5%	0
巴伦哈拉根(21) Balunhalagen	80.9%	19.1%	0
M1 内脊的连接方式 Connection style of endoloph	 Pr		Hy
必鲁图(19) Bilutu	47.4%	52.6%	0
宝格达乌拉(22) Baogeda Ula	95.5%	4.5%	0
沙拉(45) Shala	77.8%	22.2%	0
灰腾河(31) Huitenghe	66.7%	33.3%	0
巴伦哈拉根(13) Balunhalagen	31.3%	68.7%	0
m1 下次尖的连接方式 Connection style of hypoconid	 Med Prd		End Hyd
必鲁图(24) Bilutu	79.2%	16.7%	4.1%
宝格达乌拉(32) Baogeda Ula	37.5%	28.1%	34.4%
沙拉(47) Shala	63.8%	23.4%	12.8%
灰腾河(41) Huitenghe	95.1%	4.9%	0
巴伦哈拉根(20) Balunhalagen	95.0%	5.0%	0
m2 下原尖后臂的发育 Development of Papd	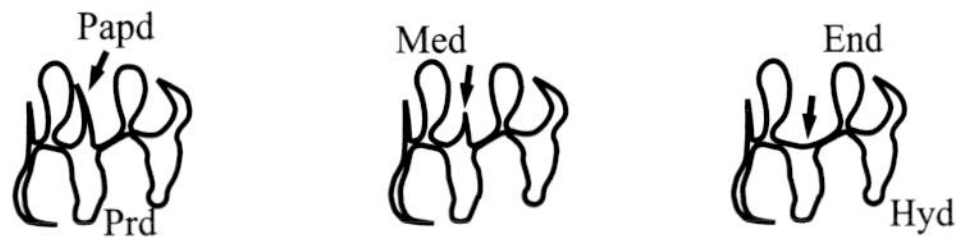 Papd Prd	Med	End Hyd
必鲁图(24) Bilutu	8.3%	16.7%	75.0%
宝格达乌拉(23) Baogeda Ula	0	4.3%	95.7%
沙拉(42) Shala	16.7%	11.9%	71.4%
灰腾河(35) Huitenghe	2.9%	28.6%	68.5%
巴伦哈拉根(13) Balunhalagen	61.5%	15.4%	23.1%

图 122　内蒙古西安脊仓跳鼠 M1、m1 和 m2 形态构造（箭头所指处）的发育变异统计

Fig. 122　Morphological variation of M1, m1 and m2 of *Lophocricetus xianensis* from Nei Mongol in morphology（arrow）

些脊仓跳鼠材料定为"*Heterosminthus gansus*"。其个体较大，M1 和 M2 的原附尖很发育，m1 的长度比 m2 的大，m2 没有下原尖后臂，这些形态与"*Heterosminthus gansus*"的有所不同，与 *Heterosminthus* 属大部分种也有很大的不同。另外，其M1的内脊明显地与前尖连接、中脊较为退化，m1 和 m2 的外齿带和外附尖都相当发育。在我们看来，蒙古湖谷地区的化石具有 *Lophocricetus* 属的基本特征，尺寸和形态都落入 *L. xianensis* 的变异范围之内，所代表的种在 *Lophocricetus* 属中也不会属于一个很原始的种。

内蒙古中部地区的 *Lophocricetus xianensis* 化石，发现于 5 个不同的地点，虽然目前无法将这些化石分为不同的种，但各地点的化石在尺寸和形态上确实有细微的差异。图 122 示其各群体的形态特征及相同群体内的部分形态变异。从图示及标本的描述和测量可以看到，宝格达乌拉标本的尺寸和形态与沙拉标本比较接近，不同主要是前者牙齿的平均值比后者的稍大，M1 和 M2 的中脊较为退化（平均长度短），M1 内脊前端更偏向颊侧（即内脊与前尖的连接，明显地与原脊和前尖的连接分开）、后边脊与后脊的连接也较为偏向颊侧（有一定数量后边尖与后尖舌侧，甚至是与后尖连接的标本），M2 双前边脊出现的频率较高，m1 下外脊的后部较为偏向舌侧（即有相对较多标本的下次尖与下次脊和下内尖连接）、下外中脊较强壮、外附尖和外齿带较显著，m2 的下原尖后臂极少见。灰腾河标本与沙拉标本的形态更为接近，两者都保留比宝格达乌拉标本更多原始的特征，如 M1 内脊前端与原脊连接的比例较高、中脊的平均长度较大，m1 下次尖与下中尖连接的数量多，在个别 m1 中都还残留有"假中脊"，m2 残留的下原尖后臂较常见等。巴伦哈拉根化石保留了更多与异蹶鼠属接近的特征，如尺寸较小，M1 的原附尖较低弱、中脊较长、内脊前端与原脊连接者多，M2 多见双前边脊，m1 的下次尖几乎都指向下中尖、"假中脊"出现的频率还很高，m2 在多数标本中都保留了下原尖后臂。必鲁图标本的尺寸和形态变异似乎更大，如 M1 原附尖的发育从强大到弱小，m1 的下次尖有与下内尖连接者、但又偶见"假中脊"的残余，多数 m2 没有下原尖后臂、但又存在很完整下原尖后臂的标本。在 *Lophocricetus* 属的演化中，个体大，M1 原附尖的显著、中脊的消失、内脊与前尖的连接，m1 和 m2 下外附尖和齿带的发育，m1 下外中脊的增强、下次尖与下内尖的连接，m2 下原尖后臂的消失都属于进步的性状（衍征），而 M1 具长的中脊、内脊与原脊连接，m1 保留"假中脊"和下原尖后脊、下次尖与下中尖连接，m2 具长的下原尖后臂，是与 *Heterosminthus* 属形态接近的特征，属于原始的性状（祖征）。另外值得注意的是，在这 5 个动物群的脊仓跳鼠亚科成员中，灰腾河动物群、沙拉动物群和宝格达乌拉动物群只有 *L. xianensis* 一种，而巴伦哈拉根和必鲁图除 *L. xianensis* 外，都包括了 *Heterosminthus* 属的成员。此外，必鲁图还有较晚期、二登图和哈尔鄂博动物群中很常见的 *L. grabaui*。综合以上牙齿形态和动物组合的分析，灰腾河、沙拉和宝格达乌拉 *L. xianensis* 群体的时代似乎较为接近，但灰腾河群体较原始，而宝格达乌拉群体较进步。巴伦哈拉根群体则最原始，其延续的时间可能也较长，而必鲁图群体的时代最晚，甚至其化石包括了部分再堆积的成分。这样的结论，似乎也能从野外地层的观察得到佐证。从脊仓跳鼠类的进化看，个体增大，M1 和 M2 中脊的退化、内脊前端和后边脊与后脊连接的向颊侧偏移，M1 原附尖逐渐增强，m1 下外脊后部向舌侧偏移、下外中脊的增强、外附尖和外齿带渐渐发育、"假中脊"迅速消失，以及 m2 下原尖后臂的退化是该种的演化方向。同时也是 *Heterosminthus–Lophocricetus* 这一啮齿类支系的演化趋向。

Lophocricetus xianensis 在内蒙古中部地区生存的时间似乎较长，化石也比较丰富，对其的深入研究显然具有地层划分的意义。但由于种内的形态变异明显，如果种群没有保存足够的化石，也很难对地层进行准确的划分。

未定亚科 Incertae Subfamilinae

林跳鼠（未定属种 1） Zapodidae gen. et sp. indet. 1

（图 123A）

一枚采自苏尼特左旗巴伦哈拉根（IM 0801 地点）的 M1/2（1.30 mm × 1.26 mm，V 19714）。牙齿梯形，前缘比后缘明显宽。尖-脊型齿，构造简单；齿尖略呈压扁状，主尖对位排列，齿冠颊侧比舌侧的稍高；前边尖和中尖不发育，前附尖和中附尖缺如；齿脊显著，横向间无次生脊。前边脊完整，从原尖斜向伸至牙齿前外角后下降至前尖的前基部；无中脊；后边脊比前边脊稍细，但完整，横向从次尖伸达后尖的后基部；原脊和后脊显著，前者略后指向、与内脊连接，后者近横向、与次尖的中前部相连；内脊粗壮且长，稍弯曲，连接次尖前臂和原尖前臂。内谷狭窄、不对称，前外向延伸，但向颊侧延伸未超过齿宽之半；外侧谷显著，向舌侧延伸都在齿宽之半以上，中间谷宽阔。三齿根。

臼齿的丘-脊齿型，主尖对位排列，内谷窄、不对称，前边脊和后边脊发育，没有前边尖和中尖，后边脊舌侧支和后内谷都不存在，这些形态特征符合林跳鼠亚科的定义。但这一 M1/2 没有中脊，不同于该

亚科上述除 *Sinodonomys* 外的所有属，而其内脊前端与原尖前臂连接，与 *Sinodonomys* 属的内脊和原脊相连也还有所差别。当然不排除巴伦哈拉根的这一林跳鼠可能与 *Sinodonomys* 属有较接近的亲缘关系，但由于材料太少，这里仍作为林跳鼠科未定的属种处理。

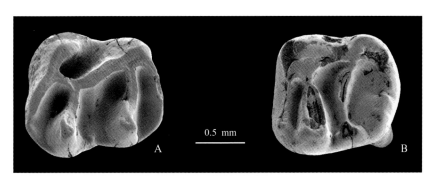

图 123　内蒙古巴伦哈拉根林跳鼠未定属种臼齿

Fig. 123　Molars of Zapodidae gen. et sp. indet. from Balunhalagen, Nei Mongol

Zapodidae gen. et sp. indet. 1：A. r M1/2（V 19714），Zapodinae gen. et sp. indet. 2：

B. r M3（V 19715）；冠面视（occlusal view）

林跳鼠（未定属种 2）　Zapodidae gen. et sp. indet. 2

（图 123B）

一枚 M3（1.12 mm × 1.20 mm，V 19715），采自苏尼特左旗巴伦哈拉根（IM 0801 地点）。牙齿近梯形，前缘比后缘稍宽。尖-脊型齿，主尖对位排列，没有前边尖；齿脊清晰，横脊间未见连接齿脊的次生脊。前边脊完整，从原尖近横向伸至牙齿的前外角，末端稍肿胀，有形成前附尖的趋向；中脊清楚，颊侧部分细弱，末端有形成中附尖的趋向；后边脊短，连接次尖和后尖；原脊发育，近横向与原尖连接，后脊缺如；内脊短，纵向直接连接原尖和次尖。内谷很浅；外侧谷显著，向舌侧延伸都在齿宽之半以上。三齿根。

标本形态同样具有林跳鼠亚科动物牙齿的特征：丘-脊型齿，主尖对位排列，前边脊和后边脊发育，没有前边尖等。但这一 M3 或以较大的尺寸，或以有发育的中脊而不同于该亚科上述的所有属者，也不同于前述的 Zapodidae gen. et sp. indet. 1，同样由于材料太少，这里亦作为林跳鼠科未定的属种处理。

跳鼠科 Dipodidae Fischer von Waldheim，1817

跳鼠科动物是一类小到中型、肢骨特化、擅长跳跃的啮齿类，可能于早中新世或渐新世晚期由林跳鼠类演化而来。现生的跳鼠分布于古北区南部，占据从北非、西亚向东到蒙古高原的广大地域，适应沙漠、荒漠草原及草原等开阔环境。跳鼠科动物的听泡明显扩大，颈骨愈合，后肢骨很长，中间跖骨愈合为"炮骨"，后足 3-5 趾骨，中等至高齿冠，齿脊显著。齿式为：1·0·1(0)·3/1·0·0·3；P4 构造简单、单齿根，在多数属中存在，个别消失；第一臼齿不特别伸长；m1 的下前边尖通常较退化。

中国新近纪的跳鼠科化石共有 3 个亚科和 8 个属，即 Allactaginae 的 *Protalactaga*、*Paralactaga*、*Allactaga* 和 *Brachyscirtetes*，Dipodinae 的 *Dipus*、*Stylodipus* 和 Cardiocraniinae 的 *Cardiocranius* 和 *Salpingotus*，分布于华北和西北早中新世—晚更新世地层中。

为了便于形态学研究，主要根据中尖和中脊的有无，上臼齿前边脊的发育程度，m1 下外中脊的存在与否，P4 的形态构造，跳鼠科的牙齿可以简单地分为五趾跳鼠型（*Allactaga*-type）和三趾跳鼠型（*Dipus*-type）两大类（图 124）。化石属 *Protalactaga*、*Paralactaga* 和 *Brachyscirtetes*，以及现生的 *Allactaga*、*Euchoreutes* 等属归入五趾跳鼠类型；化石属 *Plioscirtopoda* 和 *Scirtopoda* 及现生属 *Dipus*、*Cardiocranius*、*Salpingotus*、*Jaculus* 等都属于三趾跳鼠类型。

跳鼠科化石在内蒙古中部地区中中新世以来的地层中屡见不鲜，但通常在动物群中并不占有很重要

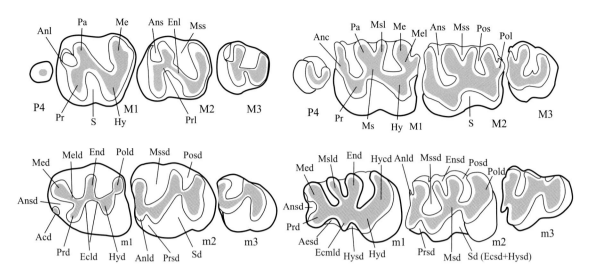

三趾跳鼠型 Dipus-type   五趾跳鼠型 Allactaga-type

图 124 跳鼠科颊齿构造模式图

Fig. 124 Nomenclature used for cheek teeth of Dipodidae

Acd, 下前边尖（anteroconid）；Aesd, 下前边外谷（anteroectosinusid）；Anc, 前边尖（anterocone）；Anl, 前边脊（anteroloph）；Anld, 下前边脊（anterolophid）；Ans, 前边谷（anterosinus）；Ansd, 下前边谷（anterosinusid）；Ecld, 下外脊（ectolophid）；Ecmld, 下外中脊（ectomesolophid）；End, 下内尖（entoconid）；Enl, 内脊（entoloph）；Ensd, 下内谷（entosinusid）；Hy, 次尖（hypocone）；Hycd, 下次小尖（hypoconulid）；Hyd, 下次尖（hypoconid）；Hysd, 下次谷（hyposinusid）；Me, 后尖（metacone）；Med, 下后尖（metaconid）；Mel, 后脊（metaloph）；Meld, 下后脊（metalophid）；Ms, 中尖（mesocone）；Msd, 下中尖（mesoconid）；Msl, 中脊（mesoloph）；Msld, 下中脊（mesolophid）；Mss, 中间谷（mesosinus）；Mssd, 下中间谷（mesosinusid）；Pa, 前尖（paracone）；Pol, 后边脊（posteroloph）；Pold, 下后边脊（posterolophid）；Pos, 后边谷（posterosinus）；Posd, 下后边谷（posterosinusid）；Pr, 原尖（protocone）；Prd, 下原尖（protoconid）；Prl, 原脊（protoloph）；Prsd, 下原谷（protosinusid）；S, 内谷（sinus）；Sd, 下外谷（sinusid）

依 Qiu（2003）和李强、邱铸鼎（2005），略修改［modified from Qiu（2003）and Li et Qiu（2005）］

的位置。这些材料包括 Allactaginae、Dipodinae 和 Cardiocraniinae 三个亚科的 6 个属。

五趾跳鼠亚科 Allactaginae Vinogradov, 1925

跳鼠科动物中个体较大的一类，现生种类的后足 5 趾，上门齿前缘平滑无沟。颊齿多高冠，丘-脊型齿，齿脊显著。颊齿构造为五趾跳鼠类型；上臼齿的前边脊发达、具明显的中尖和中脊，下臼齿有下中尖和下中脊，m1 具有明显的下外中脊(即下外中尖刺或"G"脊)；若存在 P4，其上具有清楚的尖、脊构造。

原跳鼠属 Protalactaga Young, 1927

模式种 *Protalactaga grabaui* Young, 1927：甘肃永登，中中新世，通古尔期。

归入种 *Protalactaga moghrebiensis* Jaeger, 1977：摩洛哥，中中新世。*P. irgizensis*（Zazhigin et Lopatin, 2000）：哈萨克斯坦，晚中新世。*P. major* Qiu, 1996：内蒙古、甘肃、新疆，中新世中期—晚中新世(通古尔期—灞河期)。*P. lantianensis* Li et Zheng, 2005：陕西、内蒙古，晚中新世(灞河期)。*P. lophodens* sp. nov.：内蒙古，晚中新世(灞河期)。

特征 五趾跳鼠亚科中个体最小的一属。颊齿低冠，丘-脊型齿；M1 和 M2 的前尖既不指向前边脊，也不与中脊相连；m1 和 m2 的下中脊与下内尖分开；m1 具较长的下外中脊，下原尖、下次尖、下内尖和下中附尖分别通过下外脊、下次脊和下中脊与下外中脊会聚于下中尖(依邱铸鼎，1996b)。

评述 *Protalactaga* 属的有效性少有疑问，仅 Shenbrot（1984）曾将其与 *Paralactaga* 合并为 *Paralactaga* 亚属，归入 *Allactaga* 属。不过，这一意见尚未获得多数研究者的赞同（Zazhigin et Lopatin, 2000a；邱铸鼎，1996b, 2000；Qiu, 2003；Kordikova et al., 2004；李强、郑绍华，2005；Wu et al., 2009）。本书作者仍然认为，*Protalactaga* 的个体小、齿冠低、齿尖趋于丘型、齿脊弱、M1 和 M2 的原脊与内脊前

部或中尖连接、m1 具显著的下外中脊、m1 和 m2 的下外脊、下次脊、下中脊和下外中脊会聚于下中尖，与 *Paralactaga* 属和 *Allactaga* 属可以分开，应为有效的一属。

Argyropulo（1939b）描述的哈萨克斯坦渐新世晚期的"*Protalactaga borissiaki*"，已被从 *Protalactaga* 属中剔除（邱铸鼎，1996b，2000），并被认为是 *Argyromys aralensis* 的晚出异名（Zazhigin et Lopatin，2000a；Kordikova et al.，2004）。摩洛哥 *P. moghrebiensis* 的有效性受到质疑（Zazhigin et Lopatin，2000a；Kordikova et al.，2004），但其 M1 和 M2 的前尖未与中脊连接，m1 具有强大的下中尖和下外中脊，m2 的下中脊近与下内尖+下次脊平行，形态符合 *Protalactaga* 属的特征（见 Jaeger，1977a，pl. I. 1–6）；至于其"M2 的后尖与次小尖连接"，可解释为较进步的性状，M3 和 m3 构造较简单也被认为属进步性的特征。*P. moghrebiensis* 可能为该属在北非演化出的较进步种。Benammi（1997）记述的北非 *P. sefriouii*，个体比 *P. moghrebiensis* 稍大，m3 形态略微复杂，不排除其为 *P. moghrebiensis* 同物异名的可能性。Zazhigin 和 Lopatin（2000a）根据哈萨克斯坦和蒙古材料建立的 *P. shevyrevae* 和 *P. aenigmatica* 两种，牙齿尺寸和形态与甘肃咸水河 *P. grabaui* 的不容易区分，也可能系 *P. grabaui* 的同物异名。Kordikova 等（2004）命名的 *P. mynsuensis*，大小与 *P. grabaui* 接近，其被强调的特征，即"m1 下前边尖缺失，下后尖和下内尖孤立，下中脊与下次脊连接"，在属型种 *P. grabaui* 里属于变异形态（邱铸鼎，2000），亦被认为是 *P. grabaui* 的晚出异名。另外，哈萨克斯坦西部的 *Allactaga irgizensis*（Zazhigin et Lopatin，2000a），正模（M1，GIN. 1106/4）的尺寸小，原脊横向与原尖后臂连接，近与中脊平行，m1（GIN. 1106/5）具有发达而长的下外中脊。这些特征显然符合 *Protalactaga* 的属征，应移入 *Protalactaga* 属。

葛氏原跳鼠 *Protalactaga grabaui* Young，1927
（图 125、126；表 51）

Protalactaga cf. *P. grabaui*：邱铸鼎、王晓鸣，1999，125 页

归入标本 苏尼特右旗呼-锡公路原里程碑 346 km 附近上红层（346 地点）：74 枚臼齿（18 M1，11 M2，10 M3，14 m1，11 m2，10 m3），V 19716.1–74。苏尼特右旗阿木乌苏：1 枚 M1，V 19717。苏尼特左旗巴伦哈拉根（IM 0801 地点）：29 枚臼齿（8 M1，7 M2，3 M3，4 m1，3 m2，4 m3），V 19718.1–29。苏尼特左旗必鲁图（IM 0510 地点）：2 枚 m1，V 19719.1–2。

测量 见表 51。

表 51 内蒙古 346、巴伦哈拉根、阿木乌苏和必鲁图地点的葛氏原跳鼠臼齿测量
Table 51 Measurements of molars of *Protalactaga grabaui* from Loc. 346, Balunhalagen, Amuwusu and Bilutu, Nei Mongol（mm）

Tooth	Length			Width		
	N	Mean	Range	N	Mean	Range
346 地点 Loc. 346						
M1	14	1.90	1.80–2.05	14	1.64	1.50–1.76
M2	9	1.73	1.63–1.86	9	1.46	1.31–1.57
M3	10	1.05	1.00–1.10	10	1.12	1.05–1.18
m1	11	1.92	1.79–2.01	13	1.43	1.33–1.57
m2	10	1.82	1.62–1.93	11	1.39	1.13–1.51
m3	10	1.43	1.35–1.53	10	1.18	1.09–1.26
巴伦哈拉根 Balunhalagen						
M1	8	1.99	1.84–2.15	8	1.66	1.43–1.77
M2	7	1.79	1.71–1.86	7	1.49	1.40–1.58
M3	3	1.10	1.07–1.16	3	1.14	1.10–1.20
m1	4	1.94	1.88–1.98	4	1.39	1.32–1.46

Tooth	Length			Width		
	N	Mean	Range	N	Mean	Range
m2	3	1.79	1.63－1.96	3	1.40	1.39－1.41
m3	4	1.51	1.46－1.55	4	1.21	1.14－1.27
阿木乌苏 Amuwusu						
M1	1	－	1.80	1	－	1.60
必鲁图 Bilutu						
m1	2	1.98	1.81－1.97	2	1.36	1.25－1.42

描述 M1 近长方形，颊后部稍凸出。舌侧齿尖较膨大，颊侧齿尖较小而圆，内外侧主尖近相对排列。绝大部分牙齿于原尖前臂前、牙齿前缘的正中间具有小而清楚、呈三角形的前边尖，前边尖强壮或极弱者都占少数。所有标本都具有横向、强大，但位置低的前边脊。原脊显著、单一，多后内向与原尖后臂连接（18/24），少数横向与原尖（2/24）或后内向与中尖（4/24）相连，但都不与中脊接触。磨蚀轻微的标本上可以看到清楚、呈三角形的中尖，随着磨蚀中尖与内脊融合。都具有长、横向或轻微后内向伸达颊侧齿缘、末端明显膨大的中脊。内脊粗壮，前外向与原尖后臂连接。后脊单支，后内向与次小尖连接。次小尖发育，位于次尖颊后部较低的位置上，与次尖之间多连接，很少数断开。后边脊发育，但较短小，未伸达后尖颊侧基部。齿谷开放。前谷横向；内谷和中谷横向或轻微前外向倾斜；后谷先横向，再折向后方；后边谷后外向倾斜。具四齿根。

M2 前宽后窄。前边尖在轻度磨蚀的牙齿上明显，深磨蚀后与前边脊、原尖前臂融合成嵴。前边脊粗壮，横向或末端朝后外向弯曲。原脊细弱、单一，或轻微前内向与原尖（11/18）、或横向与原尖后臂（7/18）连接。中尖在磨蚀轻微的牙齿中清晰，磨蚀加深后与内脊融合。中脊发达（但巴伦哈拉根一件标本的中断），横向或轻微后外向伸达齿缘，末端轻微膨大。内脊粗壮，近纵向或轻微前外向，多数与原尖后臂连接，极少数与原脊相连。后脊发育和连接方式变异明显，如在 346 地点的 10 枚牙齿中，4 枚的不发育，3 枚的横向与次尖连接，2 枚的后内向与后边脊连接，1 枚的后内向与次小尖相连。次小尖相对比M1 的弱得多，仅少数标本的较明显。后边脊弱。内谷比 M1 者更前外向倾斜。具四齿根。

M3 长大于宽。前边尖通常不清楚，前边脊发达、形成横脊。原脊单支，横向或前内向与原尖或原尖前臂连接。内脊几乎不发育，原尖与次尖之间多中断。中脊可长达齿缘，也可能短小。后尖退化，与后边脊融合。牙齿上的 4 齿谷（前谷、中谷和后谷及非常浅的内谷）仍可观察到。三齿根。

m1 前窄后宽。主尖错位排列，舌侧位置较颊侧的靠前。多数有小的下前边尖，其中绝大多数紧贴下后尖，极少数膨大并孤立于下前边谷。下后尖孤立，几乎不与下原尖和下中脊接触，磨蚀面近圆，但随着磨蚀逐渐变为前内-后外向的椭圆形。下原尖常通过后臂与下中尖连接。下中脊发达，从下中尖（但 346 地点中有一枚牙齿从下原尖后臂）伸达舌侧缘，并在末端膨大形成附尖。下外中脊长楔形，大致横向，多数伸至外缘，少数较短、弱。下内尖在少数标本中孤立于下中脊和下中尖，多数通过前外向的下次脊与下中尖连接。下外脊在磨蚀轻的标本上后部多断开，磨蚀后期则完整。下中尖发达，下中脊、下外中脊、下外脊和下次脊会聚于下中尖。在磨蚀轻微的标本上，多数可以看到明显的下次小尖，小尖位于下次尖舌侧后部较低处，其与下次尖之间的牙齿后缘明显凹入。下后边脊发达，下后边谷多封闭。两齿根。

m2 似长方形。下前边尖多数为尖状，极少为脊形。下前边脊通常不发育（9/14），少数（5/14）极弱。下后尖通过前外向的下后脊与下前边尖连接，与下原尖之间不相连。下原尖明显膨大，前部多与下前边尖连接，少数断开。下中尖不明显，随着磨蚀而消失。下中脊发达，多从下原尖后臂（11/14）、少数从下中尖（3/14）前内向伸达舌侧齿缘，末端轻微膨大。仅 1 枚牙齿有明显的下外中脊。下内尖通过短弱、前外向的下次脊与下中尖连接。下外脊后部多完整，但在磨蚀轻微的牙齿中断开。下次小尖常不明显；下后边脊封闭下后边谷。具两齿根。

m3 似三角形，形态与 m2 相似，但舌侧后部退化。下前边尖多明显、似三角形，少数较弱、呈脊形。

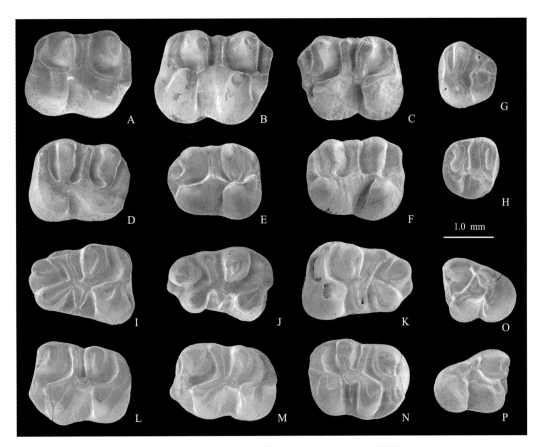

图 125　内蒙古 346、巴伦哈拉根和必鲁图地点的葛氏原跳鼠臼齿

Fig. 125　Molars of *Protalactaga grabaui* from 346 RM, Balunhalagen and Bilutu, Nei Mongol

A. l M1（V 19716.1），B. l M1（V 19718.1），C. r M1（V 19716.2），D. l M2（V 19716.3），E. r M2（V 19716.4），F. r M2
（V 19718.2），G. l M3（V 19716.5），H. r M3（V 19716.6），I. l m1（V 19716.7），J. l m1（V 19718.3），K. r m1
（V 19719），L. l m2（V 19716.8），M. l m2（V 19718.4），N. r m2（V 19716.9），O. l m3（V 19718.5），P. r m3（V 19716.10）；

冠面视（occlusal view）

下前边脊几乎不发育。下中脊多数（10/14）较长，2 枚较短，2 枚不发育。一枚牙齿的下中脊与下前边尖间具附加齿脊。下内尖或发达、孤立（5/14），或退化为小尖（9/14）。都有小的下原谷。具两齿根。

比较与讨论　上述牙齿的尺寸较小，齿冠低，臼齿丘-脊型，M1 和 M2 的原脊多与原尖、原尖后臂或中尖连接而不与中脊相连，m1 和 m2 的下中脊与下次脊或下内尖分开，m1 具发达的下中尖和下外中脊，下外脊、下次脊、下中脊和下外中脊会聚于下中尖。这些特征与 *Protalactaga* 的特征相符。

以上牙齿的尺寸明显小于 *Protalactaga moghrebiensis*、*P. major*、*P. lantianensis* 和 *P. irgizensis* 者，与内蒙古通古尔、甘肃泉头沟和蒙古 Sharga 2 的 *P. grabaui* 标本较接近（图 126）。形态上，其齿冠低，齿脊弱，M1 和 M2 的长度明显大于宽度，上、下第三臼齿不甚退化，m1 下后脊缺失、下后尖孤立，也与甘肃泉头沟和内蒙古默尔根 II 的 *P. grabaui* 标本一致（Young，1927；邱铸鼎，1996b，2000），因此被归入 *P. grabaui*。

如前所述，Zazhigin 和 Lopatin（2000a）定为 *Protalactaga shevyrevae* 和 *P. aenigmatica* 及 Kordikova 等（2004）命名的 *P. mynsuensis*，被认为是 *P. grabaui* 的同物异名。如果属实，那么 *P. grabaui* 无疑是该属迄今所知最原始的种类。其出现于早中新世晚期，一直延续到晚中新世早期，地理分布范围大，在蒙古、哈萨克斯坦、中国华北和西北的广阔地域都有其踪迹，属于 *Protalactaga* 属相当成功的一种。

较大原跳鼠 *Protalactaga major* Qiu，1996

（图 126、127；表 52）

归入标本　苏尼特右旗呼-锡公路原里程碑 346 km 附近上红层（346 地点）：20 枚臼齿（6 M1，8 M3，

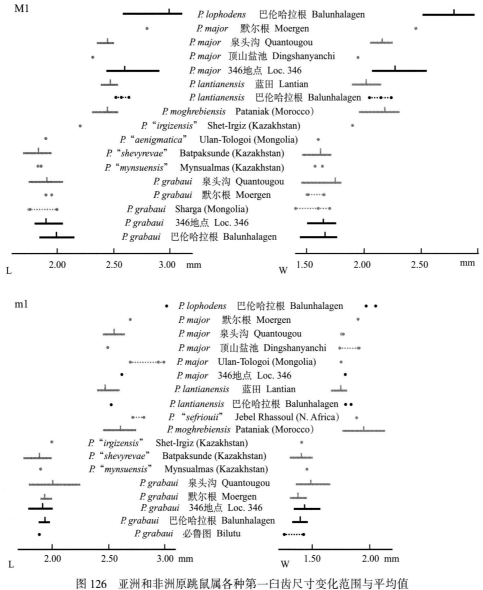

图 126　亚洲和非洲原跳鼠属各种第一臼齿尺寸变化范围与平均值

Fig. 126　Size range and average value of length and width in the first molars of various species of *Protalactaga* from Asia and North Africa

2 m1，1 m2，3 m3），V 19720.1-20。

测量　见表 52。

表 52　内蒙古 346 地点较大原跳鼠臼齿测量

Table 52　Measurements of molars of *Protalactaga major* from Loc. 346, Nei Mongol（mm）

Tooth	Length			Width		
	N	Mean	Range	N	Mean	Range
M1	5	2.60	2.43-2.91	5	2.27	2.07-2.54
M3	7	1.36	1.27-1.44	8	1.58	1.45-1.67
m1	1	–	2.62	1	–	1. 78
m2	1	–	2.84	1	–	2.20
m3	3	2.08	1.92-2.17	3	1.69	1.66-1.72

描述 M1 冠面长方形。齿尖前后向压扁状，齿脊粗壮，颊、舌侧主尖近相对排列，舌侧尖明显比颊侧尖强壮。前边尖不发育，前边脊发达，但位置低下。原脊单支，略后内向与原尖后臂连接。中尖不明显。中脊发达，从内脊前中部横向伸至颊侧缘，末端稍微膨大。中脊与原脊之间距离远，近于平行排列。内脊粗壮，前外向倾斜。次小尖小，明显比次尖低。后尖通过后内向的后脊与次小尖连接。后边脊发育，但短小，未封闭后边谷。具四齿根。

M3 短宽。前边脊发达；后部退化，次尖小，后尖退化为小尖或消失。后脊显著，连接后尖与次尖，与原脊之间也偶见连接。具三齿根。

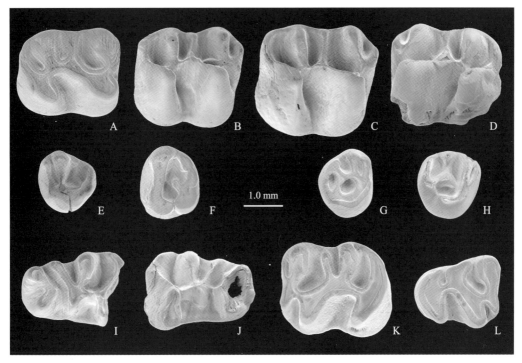

图 127　内蒙古 346 地点较大原跳鼠白齿

Fig. 127　Molars of *Protalactaga major* from Loc. 346, Nei Mongol

A. l M1（V 19720.1），B. l M1（V 19720.2），C. l M1（V 19720.3），D. r M1（V 19720.4），E. l M3（V 19720.5），F. l M3（V 19720.6），G. r M3（V 19720.7），H. r M3（V 19720.8），I. broken l m1（V 19720.9），J. r m1（V 19720.10），K. l m2（V 19720.11），L. r m3（V 19720.12）；冠面视（occlusal view）

m1 仅有 2 枚，均较残破。1 枚具有下前边尖。下后尖较下原尖略前位，下后尖通过后外向的下后脊与下原尖近直角形相交；下原尖和下后尖孤立于牙齿前部，与下中尖和下中脊隔开。下中尖显著，下外中脊、下中脊、下次脊和下外脊后部会聚于下中尖。下中脊发达，前内向伸至舌缘，末端明显膨大。下外中脊弱。下外脊仅存在于下中尖与下次尖之间。未磨蚀标本上能观察到下次小尖，下后边脊强壮。

m2 具较发达的下前边尖和下前边脊。下后尖位置比下原尖靠前，前者通过前外向的下后脊与下前边尖连接。下中尖不明显。下中脊前内向，从下外脊前中部伸至内缘，末端不膨大。下次脊指向下外脊前中部，不与下中脊相连。未见下次小尖。下后边脊发达。下外谷深。

m3 似长三角形。无下前边脊。下后尖位置明显靠前，与下前边尖融合，形成牙齿前部的横脊。下中脊与下内尖融合。下次尖融会于下后边脊。下原谷明显。下外谷深。

比较与讨论 上述标本符合 *Protalactaga* 的属征，即：颊齿丘-脊型；M1 和 M2 的原脊多与原尖、原尖后臂与中尖连接，不与中脊相连；m1 和 m2 的下中脊与下次脊或下内尖分开；m1 具发达的下中尖和下外中脊，下外脊、下次脊、下中脊和下外中脊会聚于下中尖。

在 *Protalactaga* 属中，*P. major* 的个体较大，齿脊较强壮，m1 的下原尖孤立（邱铸鼎，1996b）。所述牙齿的尺寸明显比 *P. grabaui* 和 *P. irgizensis* 的大，比 *P. moghrebiensis*、*P. lantianensis* 和甘肃泉头沟及新

· 243 ·

疆顶山盐池的 *P. major* 标本也稍大，与内蒙古默尔根 II 的 *P. major* 标本接近（图 126）。形态上与默尔根 II、泉头沟及顶山盐池 *P. major* 标本具有如下共同特征：齿脊相对强壮，齿尖呈明显压扁状；M1 和 M2 横宽，m1 下原尖和下后尖彼此紧靠，不与后部的尖、脊连接。因此，346 地点的材料被归入 *P. major* 种。

346 地点与默尔根 II 地点同属通古尔台地，分别位于台地的南、北缘，Wang 等（2003）对这两个地点剖面古地磁的测定表明，两地点的年代相差不大。*Protalactaga major* 最初见于通古尔，后发现于泉头沟和顶山盐池（邱铸鼎，1996b，2000；Wu et al.，2009），时代同为中中新世通古尔期。曾报道过的蒙古早中新世 Ulan-Tologoi 的 *P. major*，材料包括"3 枚 m1 和 1 枚 M1"。根据测量数据和图示，其中的"M1"尺寸过小，后部较窄长，可能是一枚 M2（Zazhigin et Lopatin，2000a，Fig. 3 f）。Ulan-Tologoi 的 *P. major* 标本尺寸明显大于内蒙古、甘肃和新疆的 *P. major* 标本（图 126）。形态上，前者 m1 的下原尖与下中尖间有齿脊相连，而后者的多断开。下原尖孤立的这一形态在中国的 *P. major* 中较稳定，也是该种区别于 *Protalactaga* 其他种的一个鉴别特征。因此，不排除蒙古的"*P. major*"为 *Protalactaga* 属一个新种的可能性。

蓝田原跳鼠 *Protalactaga lantianensis* Li et Zheng，2005
（图 126、128；表 53）

归入标本 苏尼特左旗巴伦哈拉根（IM 0801 地点）：10 枚臼齿（3 M1，2 M3，2 m1，2 m2，1 m3），V 19721.1–10。

测量 见表 53。

表 53　内蒙古巴伦哈拉根地点蓝田原跳鼠臼齿测量

Table 53 Measurements of molars of *Protalactaga lantianensis* from Balunhalagen，Nei Mongol（mm）

Tooth	Length			Width		
	N	Mean	Range	N	Mean	Range
M1	3	2.58	2.52–2.64	3	2.15	2.05–2.24
M3	2	1.38	1.29–1.46	2	1.55	1.52–1.58
m1	1	–	2.52	2	1.82	1.79–1.84
m2	2	2.70	2.62–2.77	2	2.06	2.03–2.08
m3	1	–	1.62	–	–	–

描述 M1 的前边尖不甚清楚，前边脊低。前尖通过短小的原脊，后内向在靠近中脊基部与中尖连接。中脊显著，从中尖略后外向伸至颊侧缘，末端轻微膨大。内脊粗壮，前外向指向前尖。后尖通过后内向的后脊与脊形的次小尖连接。次小尖与次尖间的后壁明显凹入。后边脊很短。后边谷极小且浅。具四齿根。

M3 不甚横宽。前边脊强壮。原脊前内向与原尖前臂中部连接。内脊短细。无中脊。后尖小，与后边脊融合。后脊弯曲，连接后尖与次尖。无内谷。中谷深入冠面。

m1 仅 1 枚保存较完好，其上无下前边尖。下后尖与下原尖明显伸长，彼此不很紧靠。下中脊位置非常靠前，紧贴下后尖，并与下后脊融合，远离下中尖和下次脊。下中尖大，下外中脊、下外脊和下次脊会聚于下中尖。下次脊短，指向前外。下外脊后部近中断。下次小尖明显，下后边脊强壮。

m2 具显著的下前边尖。下前边脊弱。下后脊前外向，与下前边尖连接。下原尖与下前边尖的连接弱，高处中断。下中尖不明显。下中脊从下原尖后臂横向或轻微前内向伸达内缘或终止于 3/4 长度的位置。下中脊远离下次脊，两者近平行排列。下内尖或孤立、或通过发达的下次脊与下外脊中部连接。下外脊后部中断。下次小尖明显。下后边脊短小。下中谷和下内谷在舌侧齿缘凹入。

m3 较残破。下原谷明显。具发达的下中脊。下内尖孤立。下外脊后部中断。

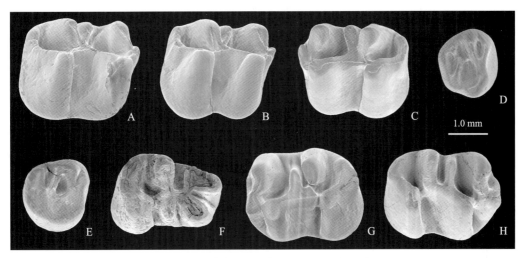

图 128 内蒙古巴伦哈拉根蓝田原跳鼠臼齿

Fig. 128 Molars of *Protalactaga lantianensis* from Balunhalagen, Nei Mongol

A. l M1 (V 19721.1), B. l M1 (V 19721.2), C. r M1 (V 19721.3), D. r M3 (V 19721.4), E. r M3 (V 19721.5),

F. r m1 (V 19721.6), G. l m2 (V 19721.7), H. r m2 (V 19721.8); 冠面视(occlusal view)

比较与讨论 巴伦哈拉根的这几枚臼齿具有 *Protalactaga* 属的基本特征, 其尺寸明显比 *P. grabaui* 和 *P. irgizensis* 的大, 但小于通古尔默尔根 II 的 *P. major* 及下文描述的 *P. lophodens* 新种, 稍大于甘肃泉头沟的 *P. major*、陕西蓝田的 *P. lantianensis* 标本及摩洛哥的 *P. moghrebiensis*, 落入 346 地点的 *P. major* 的变异范围之内(图 126)。形态上, 这些牙齿以齿尖不那样前后向压扁, M1 的原脊非常靠近中脊基部, 后边脊短小, m1 下原尖通过后臂与下中尖连接有别于 *P. major*, 而与陕西蓝田的 *P. lantianensis* 标本较一致。考虑到尺寸接近、形态相似, 巴伦哈拉根标本被归入 *P. lantianensis* 种。

已知的 *Protalactaga lantianensis* 仅见于陕西蓝田灞河组晚中新世早期地层中, 由于其兼具 *Protalactaga* 和 *Paralactaga* 两属的部分特征而被认为是 *Protalactaga* 属中最进步的种类(Li et Zheng, 2005)。巴伦哈拉根 *P. lantianensis* 种群个体较蓝田的稍大, 齿冠略高, M1 的原脊非常靠近中脊基部, 这些不同可能指示了前者的地质时代稍晚。

李强、郑绍华(2005)怀疑甘肃天祝松山的"*Paralactaga minor*"标本(见郑绍华, 1982)可归入 *Protalactaga lantianensis*, 不过由于材料过少, 目前尚难以确定其准确归属。

脊齿原跳鼠(新种) *Protalactaga lophodens* sp. nov.

(图 126、129; 表 54)

Protalactaga cf. *P. major*: 邱铸鼎、王晓鸣, 1999, 125 页

Protalactaga sp.: Wang et al., 2009, p. 121, table 1

Protalactaga sp.: Qiu Z D et al., 2013, p. 177, appendix

名称由来 loph, dens, 均为拉丁词, 分别意为"脊形的"和"牙齿", 二者联合示该种脊形的牙齿。

正模 左 M1 (V 19722)。

副模 24 枚臼齿(7 M1, 7 M2, 1 M3, 2 m1, 3 m2, 4 m3), V 19723.1-24。

模式产地与层位 苏尼特左旗巴伦哈拉根(IM 0801 地点); 上中新统下部, 巴伦哈拉根层(灞河期)。

归入标本 苏尼特右旗阿木乌苏地点: 3 枚颊齿(1 P4, 1 M3, 1 m2), V 19724.1-3。

测量 见表 54。

特征 *Protalactaga* 中个体最大者。齿冠较高, 臼齿齿尖明显脊形化。M1 和 M2 近方形, 中尖和次小尖不明显, 前边脊发达, 后边脊退化, 原脊和中脊多横向、分别与原尖和内脊中部相连, 后脊多后内向与后边脊连接。第三臼齿较退化。

表 54　内蒙古巴伦哈拉根和阿木乌苏脊齿原跳鼠臼齿测量

Table 54　Measurements of molars of *Protalactaga lophodens* from Balunhalagen and Amuwusu,

central Nei Mongol（mm）

Tooth	Length			Width		
	N	Mean	Range	N	Mean	Range
巴伦哈拉根 Balunhalagen						
M1	7	2.99	2.58-3.11	7	2.78	2.51-2.96
M2	7	2.61	2.51-2.71	7	2.45	2.30-2.66
M3	1	–	1.43	1	–	1.87
m1	1	–	3.02	2	2.01	1.96-2.05
m2	3	3.05	2.97-3.17	3	2.34	2.21-2.57
阿木乌苏 Amuwusu						
P4	1	–	1.04	1	–	1.02
M3	1	–	1.40	1	–	1.98
m2	–	–	–	1	–	2.03

描述　P4 构造简单，呈前高后低的反"C"形脊。单齿根，齿根朝前弯曲。

M1 长略大于宽。齿尖明显前后向压扁，舌侧主尖比颊侧的强壮，舌侧主尖明显前外-后内向拉伸，颊侧齿尖多呈横向脊形。无前边尖。前边脊粗壮。原脊远离中尖和中脊，多数（6/7）横向与原尖连接，极个别（1/7）横向与原尖后臂相连。中尖不明显。中脊发达，近与原脊平行，自中尖横向伸达颊侧缘，末端不明显膨大。内脊前细后粗，前部与原尖后臂连接。无次小尖。后脊与后边脊连接。后边脊通常较短小，少数（2/8）完全消失。内谷前外向深入冠面，前谷和中谷较大、较深，后边谷小而开放。具四齿根。

M2 基本形态与 M1 非常相似，略显窄长。前边脊发达，靠近前尖，深磨蚀的标本中与前尖融合。原脊远离中脊，多横向（6/7）或后内向（1/7）与原尖连接。中尖不清楚。中脊发达，与原脊近平行，自内脊中部横向伸达颊侧缘，末端轻微膨大。内脊粗壮，前外向倾斜。无次小尖。后边脊短小或退化，后脊后内向与后边脊连接，在深磨蚀的标本上，后尖与后边脊融合。前谷和后边谷较小。具四齿根。

M3 呈简单的"C"形脊。无前边尖和前边脊。前尖脊形，横向与原尖连接，形成牙齿前部粗壮的横脊。内脊弱，中断。无中脊。后尖退化，与齿缘融合。后脊弯曲。仅有宽横的中谷和小的后边谷。具三齿根。

m1 的下原尖和下后尖彼此靠近，两者长轴夹角近似直角，后部相连。下原尖与下中尖及下中脊不连接，下后尖后部与下中脊末端相连。下中尖发达，位于牙齿中部，下中脊、下次脊与下外中脊会聚于下中尖。下中脊发达，前内向，自下中尖伸至舌侧缘，末端膨大，并与下后尖连接。下外中脊粗壮，呈长楔形。下次脊短，前外向与下中尖连接。下外脊前部不发育，后部断开。下次小尖不明显。下后边脊粗壮而长。

m2 的颊侧主尖明显前外-后内向拉伸。下前边尖发达，位于牙齿前缘中部，具低的颊侧脊。下前边脊极弱。下后脊前外向与下前边尖连接。下原尖与下前边尖间在轻磨蚀的标本中中断，深磨蚀后相连。无下中尖。下中脊发达，远离下次脊，自下原尖后臂前内向伸至内缘，末端轻微膨大。下次脊略前外向与下外脊中部连接。下外脊后部在磨蚀轻的标本上中断。无下次小尖。下后边脊粗壮且长，磨蚀后与次尖形成牙齿后缘发达的斜脊。下原谷大，下外谷后内向深入冠面。

m3 无下前边脊。下前边尖向颊侧延伸的脊也几乎不发育，下原谷小，磨蚀加深后消失。轻磨蚀标本上具极小的下内谷；随着磨蚀下中脊与下内尖融合，下内谷消失。下外谷开放，深入冠面。下中谷大，下后边谷小。

比较与讨论　标本 M1 和 M2 的原脊多与原尖连接而不与中脊相连，m1 和 m2 的下中脊与下次脊或

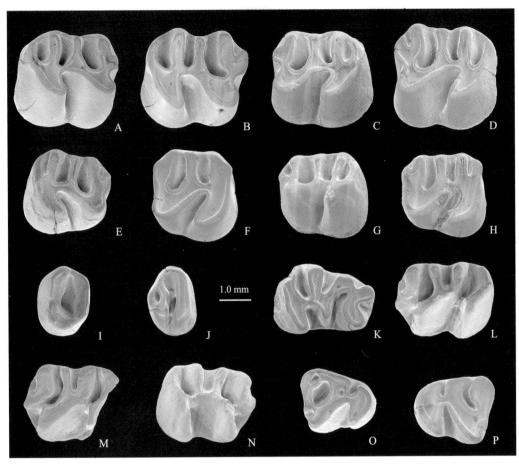

图 129　内蒙古巴伦哈拉根和阿木乌苏脊齿原跳鼠臼齿

Fig. 129　Molars of *Protalactaga lophodens* from Balunhalagen and Amuwusu, Nei Mongol

A. l M1（正模 holotype, V19722）, B. l M1（V 19723.1）, C. r M1（V 19723.2）, D. r M1（V 19723.3）, E. l M2（V 19723.4）, F. r M2（V 19723.5）, G. r M2（V 19723.6）, H. r M2（V 19723.7）, I. l M3（V 19724.1）, J. r M3（V 19723.8）, K. r m1（V 19723.9）, L. l m2（V 19723.10）, M. l m2（V 19724.2）, N. r m2（V 19723.11）, O. l m3（V 19723.12）, P. r m3（V 19723.13）; 冠面视(occlusal view)

下内尖分开，m1 具发达的下中尖和下外中脊，下次脊、下中脊、下外脊和下外中脊会聚于下中尖，形态符合 *Protalactaga* 的属征。

这些牙齿的尺寸偏大，比 *Protalactaga* 属所有已知种的都大(图 126)。形态上，齿冠较高，齿尖明显脊形；M1 和 M2 近方形，中尖和次小尖不明显，前边脊发达，后边脊退化，原脊多横向与原尖连接，中脊多横向与内脊中部相连，后脊多后内向与后边脊连接。这样的构造与已知种的特征明显不同。根据其大的尺寸和特化的冠面形态，这里将其指定为 *P. lophodens* 新种。

新种 *Protalactaga lophodens* 显示出一些较进步的特征，如个体大、齿尖脊形化、M1 和 M2 的后边脊退化、第三白齿退化等。不过，*P. lophodens* 的 M1 和 M2 原脊多横向与原尖连接并远离中脊，这在该属中似乎属于较保守的特征。如果认为 *P. lophodens* 是从 *P. major* 演化而来的话，根据邱铸鼎(1996b; Qiu, 2003)总结的 *Protalactaga-Paralactaga-Allactaga* 演化趋势，其 M1 和 M2 的原脊应偏向后内侧靠近中脊。尽管个体大，脊形化程度较高，*P. lophodens* 也不太可能是稍晚出现的 *Brachyscirtetes* 这一支的祖先，原因是 *P. lophodens* 的 M1 和 M2 磨蚀后，其前尖与前边脊融合，远离中脊，而在 *Brachyscirtetes* 中，前边脊变得非常强大，前尖靠后与中脊融合。因此，*P. lophodens* 可能代表 *Protalactaga* 属在晚中新世早期末演化出的一个盲端。

副跳鼠属 *Paralactaga* Young，1927

异名 *Proalactaga* Savinov，1970

模式种 *Paralactaga anderssoni* Young，1927：甘肃泾川瓦窑堡，晚中新世，保德期。

归入种 *Paralactaga suni* Teilhard de Chardin et Young，1931：陕西、内蒙古，晚中新世晚期—上新世早期。*P.? minor*（Zheng，1982）：甘肃，晚中新世。*P. parvidens* sp. nov.、*P. shalaensis* sp. nov.：内蒙古，晚中新世。*P. varians*（Savinov，1970）：哈萨克斯坦帕夫洛达，晚中新世。

特征 五趾跳鼠亚科中个体中等者，颊齿中等冠高、丘-脊型。P4 相对强壮；M1 和 M2 具有发育的前边脊、小的中尖、显著的中脊和弱小的后边脊与后边谷，前尖与中尖或中脊连接，后尖与后边脊相连；M3 可能有中脊。m1 下后尖的位置通常略比下原尖的向前凸出，有小的下中尖和短的下外中脊，下中脊常与下中尖和下次脊的连接处相连（依 Qiu，2003 修订）。

评述 关于 *Paralactaga* 属的有效性尚存争议。Savinov（1970）根据哈萨克斯坦的材料建立过 *Proalactaga* 属，模式种为 *Pr. varians*。Shenbrot（1984）将 *Protalactaga* Young 和 *Paralactaga* Young 降格为亚属，并将 *Paralactaga* 属的模式种 *Pa. anderssoni* 和 *Pr. varians* 归入 *Allactaga* 属，Zazhigin 和 Lopatin（2000a）认同这一归并。邱铸鼎（1996b；Qiu，2003）不赞同 Shenbrot 的观点，仍视 *Paralactaga*、*Protalactaga* 和 *Allactaga* 为三个有效的独立属。由于在属型种中，*Paralactaga* 的齿冠较高，齿尖和齿脊较粗壮，M1 和 M2 的原脊和后脊分别与中尖或中脊和后边脊连接（而在 *Protalactaga* 中原脊和后脊较横向、分别与内脊的前部和次尖或次小尖相连），第三臼齿较退化等，本书仍保留 *Paralactaga* 作为一个有效属。

除模式种外，*Paralactaga* 报道的种类并不多，仅 *P. suni*、*P. varians* 和 *P.? minor* 三种。但存在各种所发现的材料很有限、种内的形态变异不明、种间特征不清晰的情况，常常使新发现的材料难以归种。迄今能观察到它们之间的主要差别是：*P. anderssoni* 的个体比 *P. suni* 的小（图 132），M1 和 M2 只有三个齿根，可能代表比后者稍原始一点的种；目前普遍认为 Savinov（1970）命名的 *Proalactaga varians* 与 *Paralactaga anderssoni* 同为一属（Shenbrot，1984；Zazhigin et Lopatin，2000a；Qiu et Storch，2000；Qiu，2003；Liu et al.，2008），尽管前者的颊齿保留了一些 *Protalactaga* 的形态特征，如 M3 不退化，m1 的下外中脊较发达，但 M1 和 M2 的原脊多后内向与中脊融合、后脊多后内向与退化的后边脊连接、m1 的下次脊前外向与下中脊中部或基部相连，更符合 *Paralactaga* 属的特征，可能代表一个比 *P. anderssoni* 稍原始的种；*P.? minor* 的个体较小，能否归入 *Paralactaga* 属尚有疑问，Qiu（2003）、李强和郑绍华（2005）认为它可能属于 *Protalactaga* 属，但材料太少，尚难以确定。

孙氏副跳鼠 *Paralactaga suni* Teilhard de Chardin et Young，1931

（图 130-132）

Paralactaga sp.：蔡保全，1987，130 页，表 1

Paralactaga cf. *P. anderssoni*：张兆群，1999，172 页

选模 Teilhard de Chardin 和 Young（1931）在建立该种时，材料只有两件分别带 M1-2 和 M2-3 的上颌残块，两件标本共用一个编号 C/10。由于当初并未指定正模标本，现将其中带 M1-2 的左上颌骨（Teilhard de Chardin et Young，1931，pl. V，fig. 32）指定为 *P. suni* 的选模，重新编号为 RV 31051.1，另一带 M2-3 的右上颌骨碎块为选副模，编号为 RV 31051.2，标本现藏于 IVPP。

模式产地与层位 陕西神木，上中新统（保德期）。

归入标本 苏尼特左旗必鲁图（IM 0510 地点）：1 枚 M1，V 19725。阿巴嘎旗高特格：DB 02-1，6 枚颊齿（1 P4，1 M1，1 M2，1 m1 的前部，1 m2，1m3），V 19726.1-6；DB 02-2，1 m2，V 19727；DB 02-3，3 枚臼齿（1 M1，1 M2，1 m1），V 19728.1-3；DB 02-4，1 M1 和 1 m3，V 19729.1-2；DB 02-6，1 右下颌骨残段带 m1-3，V 19730；DB 03-1，1 m1，V 19731；DB 03-2，1m3，V 19732。

测量 （长×宽；Measurements，length × width）高特格（Gaotege），P4：1.30 mm × 1.31 mm；M1：

3.15 mm × 2.35 mm，3.35 mm × 2.55 mm，3.20 mm × 2.65 mm；M2：3.00 mm × 2.05 mm，2.95 mm × 2.01 mm；m1：3.52 mm × 2.63 mm，3.60 mm × 2.40 mm，3.50 mm × 2.60 mm；m2：3.35 mm × 2.40 mm，3.15 mm × 2.35 mm，3.30 mm × 2.50 mm；m3：2.00 mm × 1.95 mm，1.95 mm × 1.90 mm，2.05 mm × 1.85 mm，1.70 mm × 1.54 mm。必鲁图（Bilutu），M1：3.01 mm × 2.50 mm。

特征（增订）　*Paralactaga* 中个体较大者。M1 和 M2 的后边脊短、但明显，具四齿根；m1 的下前边尖微弱或无，m2 时见下前边脊，中脊或下中脊在第三臼齿仍能识别。

全模（syntypus）的重新描述　由于 Teilhard de Chardin 和 Young（1931）对于 *P. suni* 的描述极为简单，为便于对比，这里对原始标本进行重新测量和补充描述。

选模（Teilhard de Chardin et Young, 1931, pl. V, fig. 32；本书图 130 A）：M1-2 长 6.62 mm；M1：3.50 mm × 3.00 mm；M2：3.30 mm × 3.00 mm。

副选模（Teilhard de Chardin et Young, 1931, pl. V, fig. 33；本书图 130 B）：M2-3 长 5.20 mm；M2：3.50 mm × 2.50 mm；M3：1.80 mm × 2.00 mm。

上臼齿呈单面高冠，舌侧明显高于颊侧。M1 和 M2 具四齿根。

M1 近长方形。内外侧主尖相向排列，外侧主尖圆丘形、几乎等大，内侧主尖呈前外-后内向拉伸、大小接近。前边尖突出，前边脊粗壮且轻微前外向倾斜。原脊后内向，与中尖基部相连。中脊发达，伸达颊侧缘。后脊后内向，与次小尖相连。后边脊短。内谷较宽阔，后边谷浅小。

M2 轮廓与 M1 近似，只是后部稍拉长。前边尖和前边脊构成牙齿前缘近平直的横脊。原脊稍后内向，与中脊中部连接。中脊发达，伸达颊侧缘。后脊后内向，与次小尖相连；后边脊几乎不发育。内谷较宽阔，后边谷极为浅、小。

M3 后部退化。前尖通过短小、前外向的原脊与前边脊连接。中脊长，伸达颊侧。次尖小，后尖、次小尖和后边脊消失。

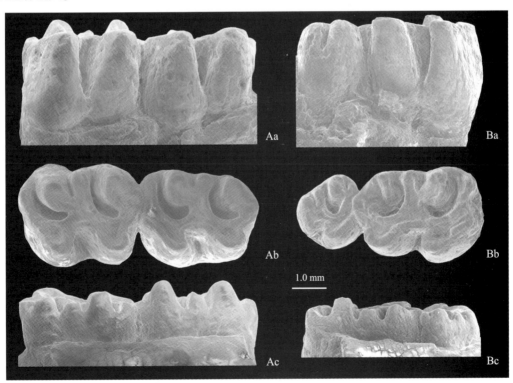

图 130　陕西神木孙氏副跳鼠上颌骨碎块

Fig. 130　Maxillary fragments of *Paralactaga suni* from Shenmu, Shaanxi

Aa, Ab, Ac. 附有 M1-2 的左上颌骨碎块（left maxillary fragment with M1-2）（选模 lectotype, IVPP RV 31051.1），Ba, Bb, Bc. 附有 M2-3 的右上颌骨碎块（right maxillary fragment with M2-3）（IVPP RV 31051.2）；

Aa, Ba. 舌侧视（lingual view），Ab, Bb. 冠面视（occlusal view），Ac, Bc. 颊齿视（buccal view）

描述 内蒙古标本：下颌支很破碎，咬肌脊仅有自前往后渐细的上支，前端终止于 m1 前齿根下方，形成明显的结节。咬肌窝表面光滑。上升支起于 m2 中部外侧。颏孔位于齿虚位最低处偏颊侧。下门齿后端从 m3 齿根下部穿过，m1–3 长 9.07 mm。下臼齿双齿根。

P4 已高度磨蚀。冠面前缘较圆，后部近平直。咀嚼面呈"C"字形，颊侧有后内向的浅窄谷。单根、粗壮，朝前弯曲。

M1 近矩形，长略大于宽。主尖相向排列。舌侧主尖稍前外-后内向拉伸，颊侧主尖较小、圆或呈前内-后外向压扁形。前边尖脊形，与前边脊构成前方发达的横脊。原脊短粗，后向与中脊中部连接。无中尖。中脊强大，横向或略后外向自内脊中部伸至齿缘，末端不膨大。内脊粗壮，前外向。后脊短、粗，后内向与次小尖或后边脊连接。次小尖和次尖间的后缘凹陷明显。后边脊极短。内谷深达齿冠基底。中谷和后边谷浅小。具有三或四齿根。

M2 外形与 M1 相似，但略前宽后窄，后部较拉长。颊侧主尖较圆，舌侧的明显前外-后内向拉伸。前边尖和前边脊组成比中脊和内脊都高的横脊。原脊后内向与中脊近基部连接。中脊发达，近横向伸达齿缘，末端略微膨大。内脊粗壮，斜向。后尖紧贴次小尖，后脊短。后边脊极短。具四齿根。

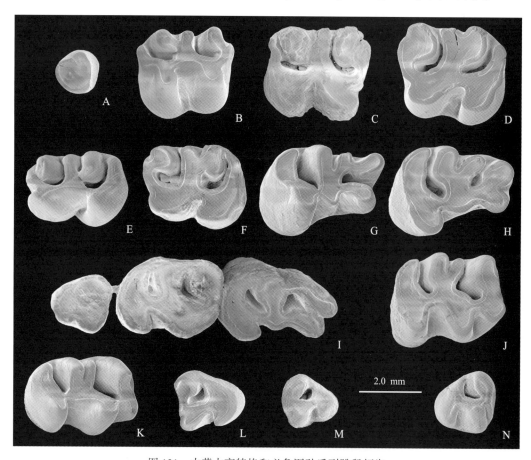

图 131　内蒙古高特格和必鲁图孙氏副跳鼠颊齿

Fig. 131　Cheek teeth of *Paralactaga suni* from Gaotege and Bilutu, Nei Mongol

A. l P4（V 19726.1），B. l M1（V 19725），C. l M1（V 19729.1），D. r M1（V 19728.1），E. r M2（V 19726.2），F. r M2（V 19726.3），G. r m1（V 19731），H. r m1（V 19728.2），I. r m1–3（V 19730），J. r m2（V 19726.4），K. r m2（V 19727），L. l m3（V 19726.5），M. l m3（V 19732），N. r m3（V 19729.2）；冠面视（occlusal view）

m1 冠面近梯形，前窄后宽。无下前边尖。下原尖和下后尖略侧向压扁，前后拉长。下后尖或孤立于下原尖和下中脊（1/4），或通过后外向的下后脊与下中脊中部连接而游离于下原尖（2/4），或通过近横向的下后脊与下原尖连接而不与下中脊接触（1/4）。下原尖通过后臂与下中尖连接。下中尖不尖锐，朝外轻微隆起。下外中脊弱。下中脊粗壮，从下中尖前内向伸达舌缘。下外脊直且近与纵轴平行。下次脊前外向与下次尖(1/2)或下中脊(1/2)连接。下次小尖与下后边脊融合，形成强大的弧形脊。外侧的下前外谷和下次谷较浅小。

m2近矩形，后部构造与m1者相似。下前边尖发达，位置比下后尖靠前，与下原尖前臂连接。下前边脊弱，磨蚀后消失。下后脊前外向，与下前边尖连接。无明显的下中尖。下中脊发达，前内向伸达齿缘，在磨蚀后期的牙齿中与下内尖融合。下次脊或前外向与下中脊近中部连接，或横向与相当下中尖的位置相连。下次小尖和下后边脊融合，与下次尖一起构成后部发达的斜脊。

m3近圆三角形。后部收缩退化。下前边尖极小，无下前边脊。下后尖、下原尖和下次尖尚显著。无下中脊和下内尖。下次尖和下后边脊形成粗壮的弧形脊。下前谷极小，下中谷深而封闭，下外边谷开放。

比较与讨论 高特格和必鲁图标本臼齿中等冠高，M1和M2的前边脊发达，原脊和后脊分别与中脊和后边脊连接，后边谷小，后边脊退化，m1和m2的下中脊后外向与下中尖或下次脊中部连接，m3退化，形态符合 *Paralactaga* 属的特征而不同于 *Protalactaga* 者(Qiu, 2003)。其形态与 *P. suni* 模式标本及该种在二登图、哈尔鄂博、比例克及宁县发现的标本比较一致，特别是M1和M2的后边脊短、四齿根以及m2具下前边脊方面尤为相似。牙齿的尺寸明显大于 *P. anderssoni* 模式标本，也大于甘肃天祝的 *P.? minor* 及哈萨克斯坦帕夫洛达的 *Pr. varians*，而基本落入内蒙古二登图、哈尔鄂博和比例克 *P. suni* 标本的变异范围(图132)。因此，以上材料被归入 *P. suni*。

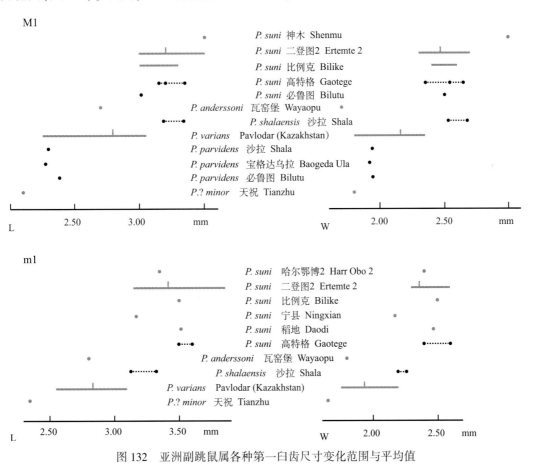

图 132 亚洲副跳鼠属各种第一臼齿尺寸变化范围与平均值

Fig. 132 Size range and average value of length and width in the first molars of various species of *Paralactaga* from Asia

根据目前的资料，*Paralactaga suni* 首次出现的时间大致为晚中新世晚期，如陕西神木和内蒙古二登图地点(Teilhard de Chardin et Young, 1931; Qiu, 2003)，上新世相对繁荣，最后延续到上新世晚期，如甘肃宁县地点(张兆群，1999)。除上述地点之外，*P. suni* 可能还出现于河北泥河湾盆地稻地晚上新世地点，材料仅有一枚 m1，最初由蔡保全（1987）记述为 *P. sp.*。这一牙齿的实际测量为 3.51 mm × 2.46 mm，尺寸远大于甘肃泾川的 *P. anderssoni* 者，与内蒙古二登图、比例克和高特格的 *P. suni* 极为接近，这里也将之归入 *P. suni* 种。简而言之，*Paralactaga suni* 是该属个体较大的一种，目前仅发现于中国北方晚中新世晚期至上新世晚期的地层。

安氏副跳鼠 *Paralactaga anderssoni* Young，1927

（图 133）

选模 杨钟健（Young，1927）在建立 *Paralactaga anderssoni* 时，没有指定正模，对描述的材料也未编号。Schaub（1934）进行重新鉴定时，排除了其中一些不属于 *Paralactaga* 的标本，并对部分臼齿进行了重新绘图，但仍未进行标本编号。现将其中的一枚 m1（Young，1927，Taf. 1，fig. 7 或 Schaub，1934，Taf. 15）作为 *P. anderssoni* 的选模。标本可能收藏于瑞典乌普萨拉大学博物馆，编号不明。

模式产地与层位 甘肃泾川瓦窑堡，上中新统（保德期）。

归入标本 苏尼特左旗巴伦哈拉根（IM 0801 地点）：6 枚臼齿（1 M2，2 m2，3 m3），V 19733.1-6。

测量（长×宽；Measurements，length × width） M2：2.70 mm × 2.28 mm；m2：2.28 mm × 2.15 mm，2.80 mm × 2.18 mm；m3：1.82 mm × 1.69 mm - 2.02 mm × 1.79 mm（3）。

特征 *Paralactaga* 属中个体较小者，比 *P. suni* 小；M1 和 M2 具三齿根。

描述 M2 前宽后窄，颊侧主尖位置较舌侧的稍靠前。前边尖明显，呈三角褶状，位于牙齿前缘中间。前边脊粗壮，近横向。前尖膨大，前部与前边脊接触，后部通过后向的原脊与中脊中部连接。中脊发达，自内脊前中部略微向后弯曲伸达颊侧缘，末端不膨大。内脊不甚倾斜，指向原尖后臂。后尖近圆，通过后内向的后脊与次小尖连接。无后边脊。前谷和后谷封闭，中谷小，无后边谷。

m2 近长方形。下前边尖呈三角褶状。无下后边脊。下后脊横向，与下前边尖融合。下原尖通过前臂与下前边尖连接。下中脊短，从下原尖后臂伸出，指向前内方。下次脊前外向，与下中脊基部连接。下外脊粗壮，连接下原尖后臂与下次尖。无下次小尖，下外中脊显著。

m3 近三角形。无下前边脊。下中脊和下内尖融合，非常退化。下外脊位置偏舌侧。下次尖与下后边脊融合。下原谷和下后边谷清晰。

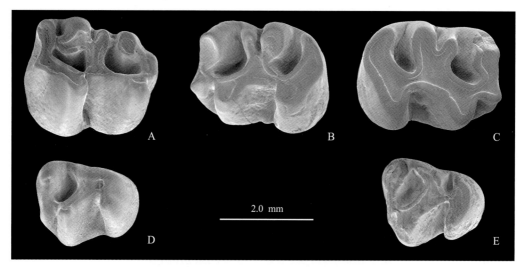

图 133　内蒙古巴伦哈拉根安氏副跳鼠臼齿

Fig. 133　Molars of *Paralactaga anderssoni* from Balunhalagen, Nei Mongol

A. l M2（V 19733.1），B. l m2（V 19733.2），C. r m2（V 19733.3），D. l m3（V 19733.4），

E. l m3（V 19733.5）；冠面视（occlusal view）

比较与讨论 巴伦哈拉根这几枚臼齿具有典型 *Paralactaga* 属的特征：齿冠较高，齿脊强壮；M2 的前边脊高，原脊后向与中脊中部连接，后脊不与次尖相连，后边脊退化；m2 下中脊短，与下内尖不分开；

m3 较退化。

这一副跳鼠的个体比 *Paralactaga suni* 小，也小于下述沙拉的 *P. shalaensis* 新种，但明显大于沙拉、宝格达乌拉及必鲁图的 *P. parvidens* 新种和甘肃天祝的 *P.? minor*。牙齿的尺寸最接近甘肃瓦窑堡的 *P. anderssoni*，也落入哈萨克斯坦 *P. varians* 的大小变异范围之中（图 132）。形态上，*P. varians* 的 M2 保留明显的后边脊，原脊与中脊基部连接，m2 具有明显的下前边脊，似乎显得比巴伦哈拉根相应牙齿的原始。基于其较小的尺寸和较进步的形态，标本被暂时归入 *P. anderssoni* 种。

小齿副跳鼠（新种）*Paralactaga parvidens* sp. nov.

（图 134）

Protalactaga sp. 1: Qiu et al., 2006, p. 181, appendix

Protalactaga sp. 1 and *P.* cf. *P. anderssoni*: Qiu Z D et al., 2013, p. 177, appendix

名称由来 parv-，拉丁词前缀，意为"小"；dens，拉丁词，意为"牙齿"，示该种牙齿尺寸很小。

正模 右 M1（V 19734）。

副模 6 枚臼齿（1 M2，2 M3，1 m2，2 m3），V 19735.1-6。

模式产地与层位 苏尼特右旗沙拉（IM 9610 地点）；上中新统，宝格达乌拉组？（灞河期晚期）。

归入标本 阿巴嘎旗宝格达乌拉：IM 0702 地点，2 枚 m3，V 19736.1-2；IM 0703 地点，1 件左上颌残段带 P4-M1，V 19737。苏尼特左旗必鲁图（IM 0510 地点）：3 枚臼齿（1 M1，1 破损 m1，1 m2），V 19738.1-3。

测量（长×宽；Measurements, length × width） 沙拉（Shala），M1：2.29 mm × 1.94 mm；M2：2.10 mm × 1.75 mm；M3：1.41 mm × 1.45 mm，1.34 mm × 1.38 mm；m2：2.32 mm × 1.72 mm；m3：1.74 mm × 1.70 mm。宝格达乌拉（Baogeda Ula），P4：0.88 mm × 0.91 mm；M1：2.27 mm × 1.92 mm；m3：1.87 mm × 1.37 mm，1.83 mm × 1.45 mm。必鲁图（Bilutu），M1：2.38 mm × 1.95 mm，2.67 mm × 1.93 mm。

特征 *Paralactaga* 属中个体较小者。齿脊相对齿尖低。M1 和 M2 的原脊后内向与中脊基部连接，中脊较细弱，多后外向倾斜，后边脊极不发育。M3 较方形，后尖不甚退化。

描述 门齿孔后缘与 P4/M1 接触面持平。P4 位置低下，冠面最高点大致与 M1 的前边脊持平，咀嚼面构造简单，单一的主尖位于前部，后内侧与位置较低的弧形齿脊连接，单齿根。

M1 长大于宽，后部比前部略宽。齿尖近丘型，颊侧主尖较舌侧的稍后位，两侧主尖交错排列。前边尖不甚显著，前边脊短粗，两者构成牙齿前缘低矮的横脊，其磨蚀面远低于中脊和内脊者。原脊短、粗，后内向与中脊基部连接。无明显的中尖。中脊细弱或显著，从内脊中部后外向伸达齿缘，末端不膨大。内脊粗壮，前外向指向前尖。后脊粗、短，后内向与脊形的次小尖连接。次小尖与次尖之间后壁的凹陷不明显。后边脊几乎消失。前谷横向，中谷小而浅，后边谷近消失。具四齿根。

M2 形状与 M1 相似，但前宽后窄。前边脊发达，较 M1 者高而粗壮。原脊后内向，与中脊基部连接。中脊自内脊中部后外向伸至外缘，末端不膨大。内脊粗壮，前外向。后尖小，与脊形的次小尖融合。无后边脊。前谷前外向，内谷比 M1 的浅而开阔，中谷浅小，无后边谷。具三或四齿根。

M3 近方形。前边脊发达。前尖或孤立，或通过前内向的原脊与前边尖连接。中脊或强壮，前外向与前尖后壁接触，或较弱，仅半长。内尖不甚退化，或孤立，或与次尖后臂融合。内谷几乎不发育。

m1 仅有必鲁图地点保留后部的标本，其下中脊后外向与下次脊基部连接。下后边脊强大。

m2 近长方形。下前边尖发达，呈三角褶状，与下后尖融合成牙齿前部斜脊。下原尖通过粗壮的前臂与下前边尖连接。无下前边脊。下后脊前外向，与下前边尖连接。下中脊短，自下原尖后臂前内向延伸。下外脊完整。

m3 伸长、后部退化。无下前边脊。下前边尖与下后尖融合。无下中脊和下内尖。下原谷小、清楚，下中谷封闭，下外谷深、开放。

比较与讨论 尽管上述地点的牙齿尺寸较小，接近于 *Protalactaga* 者，但形态上具有典型 *Paralactaga* 属的特征，即 M1 和 M2 的原脊与中脊基部连接，后脊不与次尖相连，后边脊退化；m2 的下

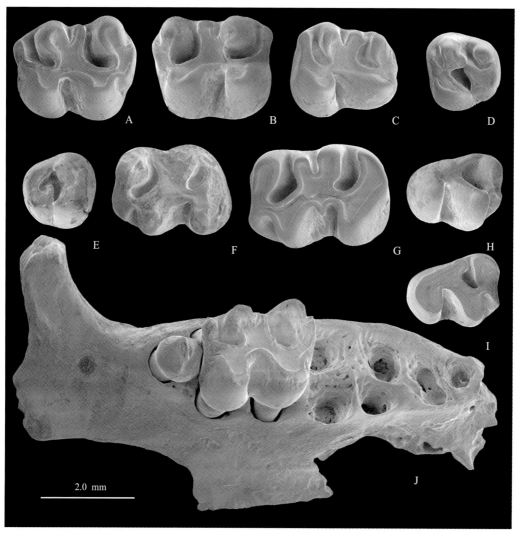

图 134　内蒙古沙拉、必鲁图和宝格达乌拉小齿副跳鼠臼齿和上颌

Fig. 134　Molars and maxillary of *Paralactaga parvidens* from Shala, Bilutu and Baogeda Ula, Nei Mongol

A. l M1（V 19738.1），B. r M1（正模 holotype, V 19734），C. l M2（V 19735.1），D. l M3（V 19735.2），E. r M3（V 19735.3），

F. l m2（V 19735.4），G. l m2（V 19738.2），H. r m3（V 19735.5），I. r m3（V 19736.1），J. 附有 P4-M1 的左上颌骨碎块

（left maxillary with P4-M1）（V 19737）；冠面视（occlusal view）

中脊与下次脊的基部连接；m3 非常退化。

　　这些牙齿与 *Paralactaga anderssoni* 模式标本相比，相应牙齿的尺寸明显较小（图 132），齿冠明显较低，M1 或 M2 的原脊后向与中脊基部连接，后边脊相对弱，M1 的前边尖和前边脊较低弱。与新近纪常见的 *P. suni* 相比，尺寸小得多，并具有与 *P. anderssoni* 一样的形态特征。与 *P. varians* 相比，尺寸更小，M1 和 M2 的后边脊和 M1 的前边脊更弱，m2 没有明显的下前边脊。与甘肃天祝的 *P.? minor* 相比，尺寸较小，M1 的原脊更为靠近中脊，m1 和 m2 的下中脊较靠近下次脊。与下述的 *P. shalaensis* 新种相比，尺寸小得多，颊齿脊形化程度较低，齿脊较弱，M1 的前边脊甚弱，原脊不与中脊中部连接，未见有短粗的后边脊，m2 的下中脊较长（见下）。

　　综上所述，沙拉、宝格达乌拉和必鲁图的材料有别于所有已知的 *Paralactaga* 的种类，被认为代表一个新的种。

沙拉副跳鼠（新种） *Paralactaga shalaensis* sp. nov.

（图 135）

Protalactaga sp. 2：Qiu et al.，2006，p. 181，appendix

Paralactaga sp. 2：Qiu Z D et al.，2013，p. 177，appendix

名称由来 示该种的模式产地沙拉地点。

正模 左 m1（V 19739）。

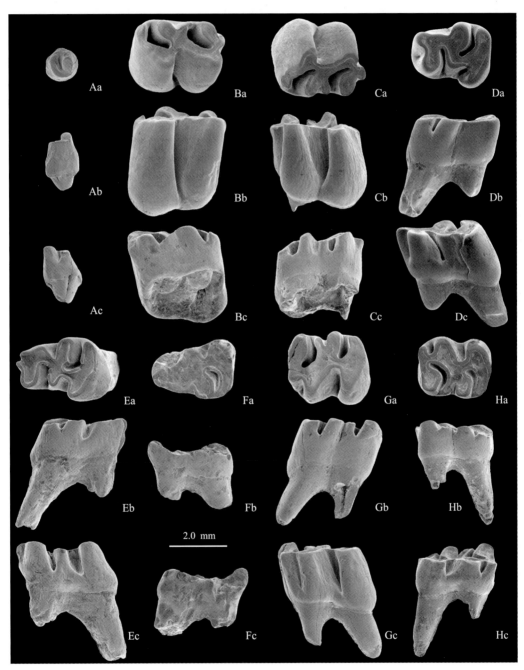

图 135 内蒙古沙拉沙拉副跳鼠颊齿

Fig. 135 Cheek teeth of *Paralactaga shalaensis* from Shala, Nei Mongol

Aa, Ab, Ac. r P4（V 19740.1），Ba, Bb, Bc. l M1（V 19740.2），Ca, Cb, Cc. r M1（V 19740.3），Da, Db, Dc. l m1（正模 holotype, V 19739），Ea, Eb, Ec. l m1（V 19740.4），Fa, Fb, Fc. r m1（V 19740.5），Ga, Gb, Gc. l m2（V 19740.6），Ha, Hb, Hc. r m2（V 19740.7）；Aa-Ha. 冠面视（occlusal view），Ab-Hb. 舌侧视（lingual view），Ac-Hc. 唇侧视（buccal view）

副模 颊齿 7 枚（1 P4, 2 M1, 2 m1, 2 m2），V 19740.1–7。

模式产地与层位 苏尼特右旗沙拉（IM 9610 地点）；上中新统，宝格达乌拉组？（灞河期晚期）。

测量（长×宽；Measurements, length × width） P4: 1.19 mm × 1.14 mm；M1: 3.18 mm × 2.53 mm, 3.34 mm × 2.68 mm；m1: 3.13 mm × 2.17 mm, 3.33 mm × 2.26 mm；m2: 2.70 mm × 2.02 mm, 3.13 mm × 2.54 mm。

特征 *Paralactaga* 属中个体较大者。臼齿齿冠较高，齿尖相对脊形。M1 的前边脊发达、指向前外方，原脊后内向与中脊中部连接。m1 和 m2 的下次尖、后边脊组成牙齿后部强大的齿脊；m1 的下原尖与下中尖间无连接，下原尖与下后尖融合，其组合体通过舌侧的纵脊向后与下中尖或下次脊相连；无游离的下中脊；m2 无下前边脊，下中脊短小。

描述 P4 冠面构造简单，由单一的主尖和齿脊组成。主尖高，位于牙齿前部；齿脊粗壮，从主尖舌侧后部向后颊侧延伸。单齿根。臼齿单面高冠，齿尖脊形，齿脊粗壮。

M1 前边尖不明显，前边脊发达、粗壮，前外向倾斜。原脊短粗，后内向与中脊中部连接。中脊后外向弯曲。内脊粗壮，前外向指向前尖。后脊短粗，与次小尖连接。后边脊短粗。中谷和后边谷浅、小。具四齿根。

m1 舌侧主尖位置比颊侧的明显靠前。牙齿前部形态奇特：下原尖与下中尖间无连接，下原尖近横向与下后尖融合，下原尖+下后尖组合体通过靠近舌侧齿缘的纵脊向后与下中尖或下次脊连接，无游离的下中脊。下中尖呈三角形，低而钝；有弱的下外中脊。下次脊前外向，与下中尖或下外脊前部连接。下次小尖和下后边脊融合，与侧向拉伸的下次尖组成后部强大的斜脊。下前边谷很浅，微凹；下前外谷横向；无下中谷；下内谷极浅，谷底竖直。

m2 下前边尖与下后尖位置持平，彼此融合构成前缘发达的横脊。无下前边脊。下中脊相对于脊形的下内尖较短细，后外向与下次脊连接。下外脊粗壮。下次小尖和下后边脊融合，与下次尖组成后部强大的斜脊。

比较与讨论 上述沙拉标本的尺寸较大，牙齿形态符合 *Paralactaga* 属的特征：M1 的原脊后内向与中脊中部连接，后脊后内向与次小尖相连，后边脊较退化；m1 的下外中脊弱；m2 的下中脊后外向与下次脊连接。

这一副跳鼠的个体远比 *Paralactaga anderssoni*、*P.? minor*、*P. varians* 及前述的 *P. parvidens* 新种大，与 *P. suni* 的接近（图 132）。形态上，它以较高的齿冠，明显脊形的齿尖，m1 无游离的下中脊、下原尖横向与下后尖连接而游离于下中尖、下后尖通过位于舌侧齿缘的纵脊与下中尖或下次脊连接，M1 的前边脊非常发达和前外向倾斜而不同于 *P. anderssoni*、*P.? minor*、*P. varians*、*P. suni* 及 *P. parvidens*。个体和形态都表明，它代表了 *Paralactaga* 属在晚中新世早期演化阶段出现的一个新种。

目前该种仅发现于内蒙古沙拉晚中新世早期地点，由于其 m1 的冠面形态非常特殊，容易与 *Paralactaga* 属的其他种相区别。

低冠蹶鼠属 *Brachyscirtetes* Schaub, 1934

模式种 *Allactaga wimani* Schlosser, 1924 = *Brachyscirtetes wimani* (Schlosser, 1924)：内蒙古二登图，晚中新世，保德期。

归入种 *Brachyscirtetes robustus* Savinov, 1970：哈萨克斯坦帕夫洛达，晚中新世；中国内蒙古，早上新世（高庄期）。*B. tomidai* Li, 2015：内蒙古，晚中新世（保德期）。

特征 个体很大的一属跳鼠。颊齿高冠、脊齿型、咀嚼面平坦、五趾跳鼠型构造。P4 甚为弱小；M1 和 M2 的中脊和后边脊通常不发育或较退化，随着磨蚀可能分别与前尖和后尖融合，原尖和前边脊、次尖与前尖在磨蚀后期分别融合而形成粗壮的斜脊。m1 的下中脊位置非常靠前、与下原尖连成斜脊，下外中脊粗壮、与下内尖连成斜脊；m2 的下中脊通常不发育或非常退化，随着磨蚀而与下内尖融合，下内尖与下原尖融合形成斜脊。第三臼齿不甚退化（修订自 Qiu, 2003）。

评述 *Brachyscirtetes* 属是一类个体大、具高冠和脊形齿的五趾跳鼠类群。该属迄今仅在中国北方、蒙古和哈萨克斯坦北部等数个晚中新世至早上新世地点被发现，化石也不丰富。

Brachyscirtetes 属最初由 Schaub（1934）建立。属型种的模式标本为 Schlosser（1924）记述的 *Allactaga wimani* 产自内蒙古二登图 1 的三枚 m1 和一些肢骨，以及 Young（1927）作为 *Paralactaga major* 记述、产自甘肃泾川瓦窑堡的一枚 m1。Savinov（1970）认为"*P. major*"与"*A. wimani*"系 *Brachyscirtetes* 属的两个不同种，认定 *B. major* 为有效种。Zazhigin 和 Lopatin（2000a）认同这一观点，并认为 *B. wimani* 以其"m1 的下后尖指向和下前边尖缺失"而区别于 *B. major*。"*B. major*"的材料仅有一枚 m1，其尺寸与二登图 2 地点发现的 *B. wimani* 者接近。值得注意的是，同样的一枚 m1，在 Young（1927, Taf. 1, fig. 15）和 Schaub（1934, Taf. 22）出示的图上有明显的不同，Schaub 的绘图似乎更精准一些，其稍后外向的下后尖与下原尖后臂连接，也与内蒙古二登图 2 的 *B. wimani* 的形态相似（Qiu, 2003）。至于 m1 下前边尖的发育，在跳鼠类中属于明显变异的形态。基于上述理由，*B. major* 被认为是 *B. wimani* 的同物异名。

最近，Li（2015）依据内蒙古四子王旗乌兰花晚中新世地点的材料建立了 *Brachyscirtetes* 属的第三个种 *B. tomidai*。其个体小、齿冠较低、臼齿中脊和下中脊不甚退化，可能代表迄今所知 *Brachyscirtetes* 属中最原始的种。

富田氏低冠蹶鼠 *Brachyscirtetes tomidai* Li, 2015

（图 136、137）

Paralactaga sp. 2：Qiu Z D et al., 2013, p. 177, appendix

归入标本 阿巴嘎旗宝格达乌拉：IM 0702 地点，7 枚臼齿（2 M1，1 M2，1 M3，3 m2），V 19741.1-7；IM 0703 地点，臼齿 3 枚（1 M2，2 m2），V 19742.1-3。

测量（长×宽；Measurements, length × width） M1：3.70 mm × 2.67 mm，3.70 mm × 2.87 mm；M2：3.31 mm × 2.54 mm，3.35 mm × 2.70 mm；M3：− × 2.36 mm；m2：3.43 mm × 2.68 mm，3.78 mm × 2.74 mm，3.69 mm × 2.95 mm，3.38 mm × 2.99 mm。

特征 个体小；M2 的前尖相对比 *Brachyscirtetes wimani* 和 *B. robustus* 的更显丘形；M2 的中脊和后边脊及 m2 的下中脊未分别与前尖、后尖和下内尖融合；m1 下原尖和下后尖近纵轴对称，两者之间夹角为钝角，前部下外脊长且近纵轴（依 Li, 2015）。

描述 M1 向后倾斜。单面高冠，齿尖前内-后外向压扁，咀嚼面平坦。前边尖不明显。前边脊位置较低，短、粗、横向。原尖强大，前臂前外向与前边脊连接。原脊后内向与内脊中部或中脊基部连接。中脊发达，从内脊中部后外向伸达颊侧缘，末端膨大。内脊粗壮，前外向指向前尖。次小尖不清楚，后脊后内向与后边脊连接。后边脊短，指向牙齿后外侧。内谷深，前谷和后谷封闭，中谷浅而开放，后边谷浅小。

M2 与 M1 外形相似，但较窄小，前边脊较横向。原脊后内向与中脊中部连接。中脊自次尖前臂后外向弯曲地伸达齿缘，末端不膨大。内脊粗壮，前外向指向前尖与原尖之间。后脊与次小尖或后边脊融合；后边脊短小，仅存在于磨蚀轻的牙齿，随着磨蚀而逐渐消失。内谷深、开放，前谷和后谷深、封闭；中谷和后边谷小而浅，随着磨蚀加深而消失。具有四齿根，其中舌侧的两个齿根非常粗壮，颊侧的两个则很细小。

M3 后部破损，咀嚼面高度磨蚀。前尖通过原脊前内向与前边脊连接。无中脊。保留有小的前谷。无内谷。后谷大，占据牙齿中央。具两齿根，前根很宽扁，后根非常小。

m2 近长方形。下前边尖、下原尖和下次尖呈三角褶状。下前边尖与下后尖融合成前部粗壮的横脊。无下前边脊。下原尖通过粗壮的前臂与下前边尖连接。下中脊短粗，从下原尖后臂前内向伸达齿缘，末端不膨大。下内尖脊形，前外向与下原尖后臂连接，构成强大的斜脊。下外脊粗壮，近纵向。下后边脊强壮，与下次尖融合，构成后部强大的弧形脊。下内谷浅小，随牙齿的磨蚀而逐渐消失。

比较与讨论 宝格达乌拉标本具有典型五趾跳鼠型的牙齿构造，其尺寸比 *Paralactaga* 者大，齿冠也高得多。这些臼齿单面高冠，齿尖明显脊形化，M1 和 M2 的中脊和后边脊短小、分别靠近前尖和后尖，m2 的下中脊弱、靠近下内尖，形态完全符合 *Brachyscirtetes* 属的特征。

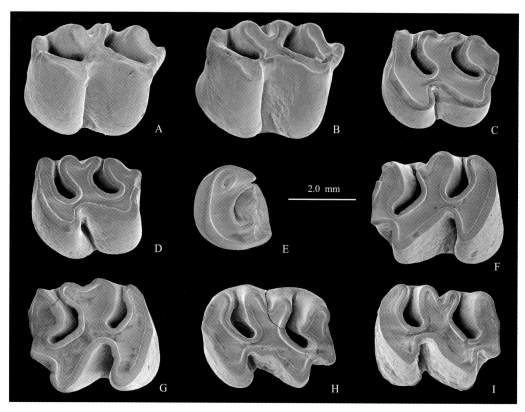

图 136　内蒙古宝格达乌拉富田氏低冠鼹鼠臼齿

Fig. 136　Molars of *Brachyscirtetes tomidai* from Baogeda Ula, Nei Mongol

A. l M1（V 19741.1），B. l M1（V 19741.2），C. l M2（V 19741.3），D. l M2（V 19742.1），E. l M3（V 19741.4），

F. l m2（V 19741.5），G. l m2（V 19741.6），H. r m2（V 19742.2），I. r m2（V 19742.3）；冠面视（occlusal view）

　　Li（2015）在测量 *B. tomidai* 的颊齿时注意到，由于 *Brachyscirtetes* 属的臼齿倾斜生长，其冠面的长度和宽度会随磨蚀而改变，因此借鉴了 Sen（1977）测量沙鼠类臼齿的方法，重新测量了内蒙古二登图和哈尔鄂博的 *B. wimani* 及比例克的 *B.* cf. *B. robustus* 标本，同时根据图示对甘肃瓦窑堡、内蒙古二登图、哈萨克斯坦帕夫洛达（Pavlodar）的 *B. wimani* 和 *B. robustus*（见 Schlosser，1924；Schaub，1934；Savinov，1970；Zazhigin et Lopatin，2000a）进行了测量和折算，结果发现宝格达乌拉这一低冠鼹鼠的个体明显小于上述各种，而非常接近内蒙古四子王旗的 *B. tomidai*（图 137）。宝格达乌拉的材料中，M1 和 M2 保留有明显的中脊和后边脊，m2 仍有显著的下中脊，这些特征与 *B. wimani* 和 *B. robustus* 也有所不同，而与

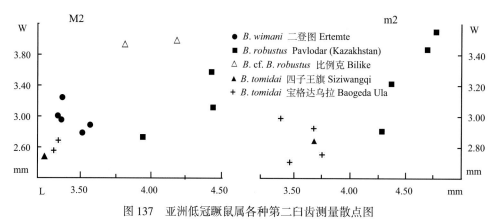

图 137　亚洲低冠鼹鼠属各种第二臼齿测量散点图

Fig. 137　Scatter diagram showing length and width in the second molars of various species of *Brachyscirtetes* from Asia

B. tomidai 一致，因此被归入该种。

内蒙古四子王旗和宝格达乌拉的 *Brachyscirtetes tomidai* 尺寸小，臼齿脊形化程度略低，M1 和 M2 保留较清楚的中脊和后边脊，m2 保留较明显的下中脊，被认为属于较原始的特征。而且这些形态与 *Paralactaga* 的特征有某些相似性。因此，有理由推测 *B. tomidai* 是该属现知最原始的一种，而且该属可能于晚中新世从 *Paralactaga* 属的一个群体演化而来。

在内蒙古宝格达乌拉、二登图、哈尔鄂博、比例克和高特格及哈萨克斯坦的帕夫洛达等晚中新世晚期至上新世早期的动物群中，*Brachyscirtetes* 都与 *Paralactaga* 和 *Dipus* 共生，它们可能分别占据不同的生态位。Savinov（1970）注意到 *Brachyscirtetes* 属与现生的 *Allactagulus* 在臼齿形态构造上的相似性，进而推测它们可能具有相似的食性和生境。*Brachyscirtetes* 与 *Allactagulus* 在臼齿形态上确实有相同之处，如臼齿咀嚼面平坦、齿尖高度脊形化、呈显著的褶角状前后彼此近于封闭成环（图 138）。现生的 *Allactagulus* 属是单型属，仅有小地兔 *A. pygmaeus* 一个种，杂食，既吃植物的绿色部分和种子，以及地下的茎、根，也吃昆虫，在中国主要栖息于砾石戈壁和丘陵地区的荒漠化草原中（马勇等，1987）。*Brachyscirtetes* 属的牙齿比 *A. pygmaeus* 者更高冠、更粗壮，这可能表明前者摄取的食物要更加坚硬，能适应比戈壁和荒漠草原更为恶劣的环境。

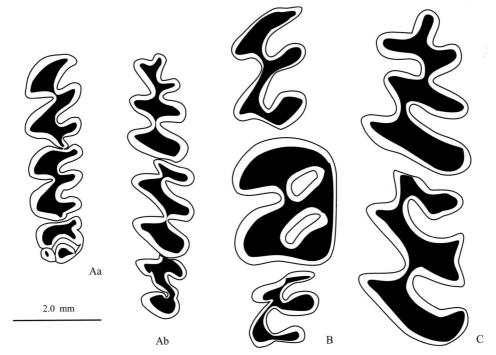

图 138　低冠蹶鼠与地兔臼齿冠面形态比较

Fig. 138　Comparison between *Allactagulus* and *Brachyscirtetes* in dental morphology

Aa, Ab. *A. pygmaeus*, M1–3 和 m1–3（现生 extant, IZ 26637），B. *B. wimani*, M1–3（二登图 Ertemte），C. *B. wimani*, m1–2（二登图 Ertemte）；Aa, B. 上臼齿（upper molars），Ab, C. 下臼齿（lower molars）；冠面视（occlusal view）

魏氏低冠蹶鼠 *Brachyscirtetes wimani*（Schlosser，1924）

（图 139）

Brachyscirtetes sp.：Qiu Z D et al., 2013, p. 177, appendix

归入标本　仅有 1 件后部破损的 m1，保留长度 3.46 mm，采自苏尼特左旗巴伦哈拉根（IM 0801 地点），V 19743。

描述　保留的牙齿前部相对细长。高冠，齿尖脊形，呈褶角状，咀嚼面平坦。无下前边尖。下后尖稍比下原尖前位，下后尖和下原尖分别前外-后内向和前内-后外向倾斜。下后脊后外向与下原尖后臂连接，下原尖与下后尖之间的夹角为锐角。下原尖+下后尖联合体通过粗脊后内向与下中脊的舌端连接，下原尖与下中脊舌端连成斜脊。下中脊从下中尖前内向伸达舌侧缘。下中尖与下原尖之间无直接连接。下外中脊发达，呈不甚尖锐的三角形。下内尖后内向倾斜，通过前外向的下次脊与下中尖及下中脊的基部连接，下内尖与下中尖连成斜脊。

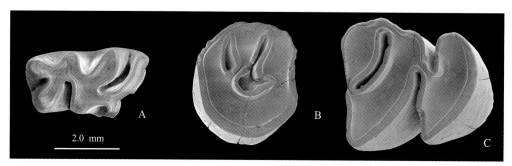

图 139　内蒙古巴伦哈拉根魏氏低冠鼹鼠和高特格粗壮低冠鼹鼠臼齿

Fig. 139　Molars of *Brachyscirtetes wimani* from Balunhalagen and *B. robustus* from Gaotege, Nei Mongol

Brachyscirtetes wimani: A. 1 m1 (V 19743); *B. robustus*: B. 1 M3 (V 19744), C. 1 m3 (V 19745); 冠面视(occlusal view)

比较与讨论　巴伦哈拉根这枚破损的 m1，以较大的尺寸，明显高的齿冠，脊形呈褶角状的齿尖，咀嚼面平坦，下原尖与下中脊舌端、下内尖与下中尖之间分别连成斜脊，符合 *Brachyscirtetes* 的属征。其尺寸和形态都落入内蒙古二登图和哈尔鄂博 *B. wimani* 标本的变异范围，特别是其下后尖指向前内，下后尖与下原尖的夹角为锐角，下中尖末端位置较靠前，下中尖与下后尖形成的斜脊强烈前外-后内向等都很一致，因此，被归入 *B. wimani*。

目前，*Brachyscirtetes wimani* 只在中国北方和蒙古的少数地点有零星的发现，这些地点包括中国内蒙古中部地区的二登图、哈尔鄂博、巴伦哈拉根和甘肃泾川瓦窑堡，蒙古的 Kirgiz-Nur，时代为晚中新世晚期至上新世早期(Schlosser, 1924; Young, 1927; Schaub, 1934; Zazhigin et Lopatin, 2000a; Qiu, 2003)。

粗壮低冠鼹鼠 *Brachyscirtetes robustus* Savinov, 1970

(图 139)

Brachyscirtetes sp.: Li et al., 2003, p. 108, table 1

Brachyscirtetes sp.: Qiu Z D et al., 2013, p. 177, appendix

归入标本　阿巴嘎旗高特格: DB 02-1 地点, 1 枚 M3, V 19744; DB 03-1 地点, 1 枚 m3, V 19745。

测量(长×宽; Measurements, length × width)　M3: 2.95 mm × 3.10 mm; m3: 3.85 mm × 3.52 mm。

描述　M3 横宽, 深度磨蚀。舌侧釉质层厚, 边缘光滑; 颊侧釉质层较薄, 边缘呈锯齿状。前、后齿缘趋于平直。咀嚼面形态简单, 无中脊。前边脊、原尖、次尖和后边脊融为"C"形脊; 前尖通过前内向的原脊与原尖连接; 后尖明显, 与后边脊融合。冠面上具两个封闭、前后排列、大小不一的齿谷。三齿根, 舌侧根非常粗壮, 颊侧的两个根相对细小。

m3 三角形, 深磨蚀。下原尖和下次尖呈尖锐的三角形褶角, 下后尖、下内尖及下后边脊的褶角较钝。前缘平直, 无下前边尖。下原尖和下内尖构成前外-后内向斜脊; 下外脊相对细弱, 前内-后外向连接下内尖与下次尖。下后边脊非常粗壮。下中谷已封闭, 呈前外-后内向弧形。下外谷和下后边谷窄而深, 前后交错排列, 下外谷比下后边谷更深入冠面。

比较与讨论　高特格的这两枚第三臼齿尺寸非常大, 齿尖高度脊形化, 无中脊和下中脊, m3 的下原尖和下次尖呈显著的三角形褶角, 形态符合 *Brachyscirtetes* 属的特征。

这一低冠鼹鼠的个体远大于四子王旗和宝格达乌拉的 *Brachyscirtetes tomidai*, 也大于二登图的 *B. wimani* (Qiu, 2003), 而与内蒙古比例克 *B.* cf. *B. robustus* 及哈萨克斯坦 *B. robustus* 标本非常接近。该 M3 明显横宽, m3 的下后边谷深延冠面, 与 Savinov (1970)描述 Pavlodar 的 *B. robustus* 标本近一致。至于

比例克的 *B.* cf. *B. robustus*，其臼齿尺寸与 Pavlodar 的 *B. robustus* 标本接近，但其 M3 的次尖非常退化，m3 的下后边谷不甚向颊侧延伸，与 Pavlodar 及高特格的 *B. robustus* 标本多少有所区别。

三趾跳鼠亚科 Dipodinae Fischer de Waldheim，1817

跳鼠科中个体中等大小的一类动物，现生种类的后足 3 趾、上门齿唇侧有明显的纵沟。颊齿中等高冠，丘-脊型齿。颊齿为三趾跳鼠型构造：上臼齿的前边脊细弱、极少见中尖和中脊；下臼齿也无下中尖和下中脊，m1 的下前边尖相对显著、无下外中脊；若存在 P4，一般为单尖锥状而无齿脊。

该亚科的化石在内蒙古中部地区晚中新世后期和上新世的地层中很常见，但只有 *Dipus* 一属。

三趾跳鼠属 Dipus Zimmermann，1780

异名 *Sminthoides* Schlosser，1924；*Scirtodipus* Savinov，1970

模式种 *Mus sagitta* Pallas，1773；现生种。

归入种 *Dipus kazakhstanicus*（Savinov，1970）：哈萨克斯坦，晚中新世。*D. conditor* Zazhigin et Lopatin，2001，*D. essedum* Zazhigin et Lopatin，2001，*D. singularis* Zazhigin et Lopatin，2001，*D. iderensis*（Zazhigin et Lopatin，2001），*D. perfectus*（Zazhigin et Lopatin，2001）：蒙古，上新世。*D. fraudator*（Schlosser，1924）：中国内蒙古、山西，俄罗斯（Tuva），蒙古（Khirgis-Nur），晚中新世至上新世。*D. pliocenicus* sp. nov.：内蒙古、山西、甘肃，上新世。*D. nanus* sp. nov.：内蒙古，晚中新世。*D.* sp.：河北，上新世；甘肃，更新世。

特征（修订） 中等大小的三趾跳鼠。P4 粗壮，单尖、单齿根。臼齿低冠，丘-脊型齿，典型的三趾跳鼠型构造；通常没有中尖和下中尖、中脊和下中脊。M1 和 M2 的主尖相向或轻微交错排列，后尖强大，内脊粗壮、倾斜；M1 的前边脊通常低、弱；m1 和 m2 多具下次小尖；m2 的下前边脊与下后尖连成横线。第三臼齿相对不甚退化（源自李强、邱铸鼎，2005）。

评述 长期以来，三趾跳鼠属（*Dipus*）被认为只有现生的 *D. sagitta*（Pallas，1773）一种。Qiu 和 Storch（2000）在描述内蒙古比例克的跳鼠标本时，注意到 Schlosser（1924）依据内蒙古二登图材料建立的 *Sminthoides* 属与 *Dipus* 在牙齿形态上仅有细小的差别。Zazhigin 和 Lopatin（2001）认为 *Sminthoides* 是 *Dipus* 的晚出异名，同时认为 *Scirtodipus* 是有效的属，但指出 *S. kalbicus* 与 *S. kazakhstanicus* 无区别。李强和邱铸鼎（2005）对 *Sminthoides* 属进行了重新研究，确认 *Sminthoides* 和 *Scirtodipus* 都是 *Dipus* 的晚出异名。

我们认为，除现生种 *D. sagitta* 和下述新种外，目前 *Dipus* 属共有 7 个化石种，即 *D. fraudator*、*D. kazakhstanicus*、*D. conditor*、*D. essedum*、*D. singularis*、*D. iderensis* 和 *D. perfectus*。

上新三趾跳鼠（新种）Dipus pliocenicus sp. nov.

（图 140、141、144；表 55）

Sminthoides fraudator：Qiu et Storch，2000，p. 191，figs. 22—27

Sminthoides fraudator：Li et al.，2003，p. 108，table 1

Dipus cf. *D. fraudator*：李强、邱铸鼎，2005，32 页

Dipus cf. *D. fraudator*：Qiu Z D et al.，2013，p. 177，appendix

名称由来 示新种发现于上新世地层。

正模 右 m2（V 19746）。

副模 具 P4—M1 破碎上颌骨一段，臼齿 29 枚（6 M1，3 M2，2 M3，11 m1，4 m2，3 m3），V 19747.1—30。

模式产地与层位 阿巴嘎旗高特格（DB 02-2 地点）；下上新统，高特格层（高庄期）。

归入标本 阿巴嘎旗高特格：DB 02-1 地点，84 枚臼齿（20 M1，12 M2，6 M3，15 m1，19 m2，12 m3），V 19748.1—84；DB 02-3 地点，36 枚臼齿（7 M1，4 M2，8 M3，6 m1，8 m2，3 m3），V 19749.1—36；DB 02-4，10 枚臼齿（1 M1，2 M2，4 m1，3 m2），V 19750.1—10；DB 03-1，25 枚颊齿（2 P4，4 M1，1 M2，

1 M3, 5 m1, 6 m2, 6 m3), V 19751.1-25; DB 03-2, 14 枚臼齿（2 M1, 3 M2, 4 m1, 4 m2, 1 m3), V 19752.1-14。

测量　见表55。

表55　内蒙古高特格上新三趾跳鼠颊齿测量

Table 55　**Measurements of cheek teeth of *Dipus pliocenicus* sp. nov. from Gaotege, Nei Mongol**（mm）

Tooth	Length			Width		
	N	Mean	Range	N	Mean	Range
P4	3	0.63	0.55-0.70	3	0.68	0.60-0.80
M1	41	1.81	1.60-2.00	41	1.61	1.45-1.75
M2	25	1.62	1.47-1.85	25	1.51	1.33-1.61
M3	17	1.29	1.07-1.50	17	1.20	1.06-1.50
m1	43	2.03	1.90-2.20	43	1.62	1.45-1.80
m2	41	1.76	1.56-1.95	41	1.65	1.50-1.80
m3	20	1.29	1.10-1.50	20	1.14	1.00-1.35

特征　个体较小的一种三趾跳鼠。M3 通常具有内脊。m1 和 m2 下次脊粗壮；m1 下后脊常发育；m2 舌侧后部明显收缩，下次脊位置偏舌侧，下后边脊短，下后边谷窄而浅；m3 下前边脊极弱或缺失。

描述　P4 单尖，轮廓近圆。从牙床上观察，P4 远低于臼齿列咀嚼面，其顶端大致位于 M1 釉质层基部。单根粗壮，朝前强烈弯曲。

M1 长大于宽，一般呈前后近等的次长方形，时见后宽大于前宽。前外尖不发育，前边脊低弱。原尖比前尖稍前位。在40枚完好的牙齿中，3枚前尖后缘向外谷伸出低弱的小刺，6枚外谷的齿缘上具明显的小附尖。内脊发达，多前外向偏前尖。下后边脊仅在1枚牙齿中发育。具四齿根。

M2 前宽后窄，后部稍显拉长。在23枚牙齿中，9枚具有明显的前外尖。前边脊相对比 M1 的强壮得多，仅3枚的较弱。内脊多为前外向与原尖和前尖的联合部连接。具四齿根。

M3 后部狭窄。次尖和后尖融合，通过内脊前外向与原尖和前尖的联合部连接。大多数标本的前边脊发达（14/17），仅3枚的较弱。多数具三齿根，少数具双或四齿根。

m1 前窄后宽，略显前内-后外向伸长。内外侧主尖错位排列，内侧主尖位置靠前。45枚牙齿中，8枚有一小的下前边尖，14枚中下前边尖呈下后尖前颊侧的小脊。下后尖前舌向拉伸，孤立（17/45）或通过下后脊与下原尖连接（28/45）。12枚的下外谷齿缘上有小的附尖。下内尖与下次尖之间的连接少有间断。具双齿根。

m2 前宽大于后宽。下后尖与下前边脊连成横脊，下前边脊在两枚牙齿中缺失。相对 m1 而言，齿尖间的连接更为紧密，下后边脊短，下后边谷窄，后内侧显得收缩。具两齿根。

m3 前宽后窄。下内尖和下次尖融合。下前边脊在20枚牙齿中仅1枚的稍明显，其余的非常弱、甚至完全消失。齿谷开放，下外谷比下内谷深。具两齿根。

比较与讨论　上述标本的形态具有 *Dipus* 属的典型特征：P4 粗壮、单根、单尖；臼齿丘-脊型齿、无中尖和中脊，M1 和 M2 主尖轻微交错排列、后尖强大、内脊粗壮、倾斜，M1 的前边脊弱，m1 和 m2 多具下次小尖，m2 的下前边脊与下后尖连成横嵴。高特格材料代表 *Dipus* 属的一个新种，其与已知种有如下区别：

D. sagitta（现生种），个体明显大（图141），齿冠较高，齿脊发达、粗壮，M1 和 M2 的前边脊发育、内脊明显缩短，m1 下前边尖发育弱、较少见，下后尖不孤立，下后脊显著；

D. fraudator 个体大，臼齿齿脊相对弱、多间断，M1 和 M2 的内脊较多地指向前尖，m1 常有小的下前边尖、下后尖多孤立、下后脊常缺失，m2 的下后边脊发达、下后边谷宽而深，m3 的下前边脊常发育；

D. kazakhstanicus 的个体明显大，P4 相对细弱，M1 和 M2 的前边脊较发育，M1-3 的内脊多直接与前尖连接；

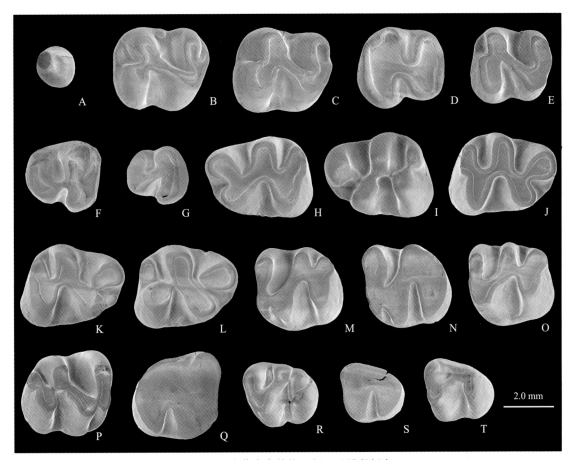

图 140　内蒙古高特格上新三趾跳鼠颊齿

Fig. 140　Cheek teeth of *Dipus pliocenicus* from Gaotege, Nei Mongol

A. l P4（V 19751.1），B. l M1（V 19748.1），C. l M1（V 19748.2），D. l M2（V 19748.3），E. l M2（V 19748.4），F. r M3（V 19748.5），
G. r M3（V 19751.2），H. l m1（V 19748.6），I. l m1（V 19747.1），J. r m1（V 19748.7），K. r m1（V 19747.2），L. r m1（V 19751.3），
M. l m2（V 19751.4），N. l m2（V 19751.5），O. l m2（V 19752.1），P. r m2（正模 holotype，V 19746），Q. r m2（V 19751.6），R. l m3
（V 19747.3），S. l m3（V 19751.7），T. l m3（V 19751.8）；冠面视（occlusal view）

D. conditor 个体较大，m1 的齿尖多孤立，齿脊发育弱；

D. essedum 的 M2 前尖后壁上常见后刺，m2 的下次尖与下内尖之间多中断，下次脊多不发育；

D. singularis 个体明显大，M1 和 M2 具有清楚的前边尖，M2 的前边尖特别发达；

D. iderensis 个体较大，M1 保留有微弱的后边脊，M3 的前边脊较弱，m2 舌侧后部不退化、下次脊位置较靠冠面中间、下后边谷较宽；

D. perfectus 个体明显大，m3 较退化。

Qiu 和 Storch（2000）描述的比例克"*Sminthoides fraudator*"标本，无论牙齿尺寸还是形态都与高特格的材料高度一致，被认为可以归入 *Dipus pliocenicus* 种，并代表该属在中国上新世早期的一个新成员。此外，山西榆社和甘肃灵台地点原作为"*Sminthoides fraudator*"报道的材料（Flynn et al.，1991；郑绍华、张兆群，2001）似乎也应该归入这一新种。

矮小三趾跳鼠（新种）*Dipus nanus* sp. nov.

（图 141、142）

Sminthoides? sp.：邱铸鼎、王晓鸣，1999，126 页

Dipus sp. nov.：Qiu et al.，2006，p. 181，appendix

Dipus sp. nov.：Liu et al.，2008，p. 126，table 1

Dipus sp. nov.：Qiu Z D et al.，2013，p. 177，appendix，partim

名称由来 nanus，拉丁词，意为矮小，示新种尺寸很小。

正模 右 M1（V 19753）；1.49 mm × 1.35 mm。

副模 4 枚臼齿（1 M1-1.55 mm × 1.40 mm，1 残破 M2，1 残破 M3，1 前部破损的 m1-宽 1.23 mm），V 19754.1-4。

模式产地与层位 苏尼特右旗沙拉（IM 9610 地点）；上中新统，宝格达乌拉组？（灞河期晚期）。

特征 极小型三趾跳鼠。臼齿低冠。M1 前部窄，保留有中尖和后边脊的痕迹，内脊与前尖连接；M2 内脊与原尖-前尖联合部相连，具残留的中脊；m1 齿脊弱，下次小尖不甚膨大。

描述 M1 前窄后宽。主尖轻微交错排列，舌侧尖较前位。无前边尖。前边脊低弱。原尖通过原脊后外向与前尖连接。内脊发达，前外向与前尖相连。在未磨蚀的标本上，可见内脊中部载有中尖。无中脊。次尖后臂与后脊连接，保留有极弱的后边脊。前谷开阔，较缓。内谷和中谷窄，齿缘无齿带和附尖。具四齿根。

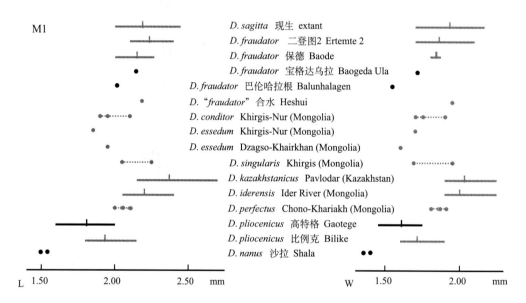

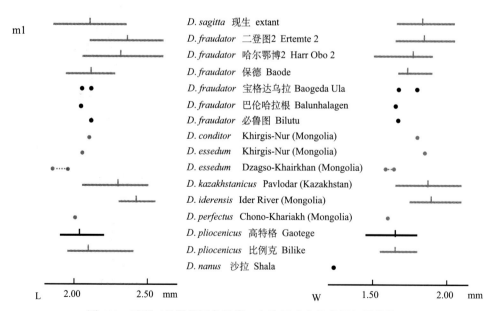

图 141 亚洲三趾跳鼠属各种第一臼齿尺寸变化范围与平均值

Fig. 141 Size ranges and average value of length and width in the first molars of various species of *Dipus* from Asia

M2 残破。内脊粗壮，前部与原尖-前尖联合部连接，内脊上保留有微弱的中脊。

M3 前部颊侧破损。前边脊显著。原尖后臂与原脊连接。具有中脊，内脊中断。

m1 前部破损。下原尖与下内尖之间无齿脊连接；下中谷和下外谷近横向贯通。无下中尖、下中脊和下外中脊。下内尖与下次尖在较高位置相连。下次尖近圆形。下次小尖小，位于下次尖后壁偏舌侧较低的位置上。下后边脊细长。

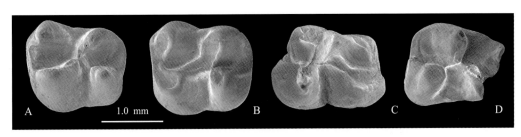

图 142　内蒙古沙拉矮小三趾跳鼠臼齿

Fig. 142　Molars of *Dipus nanus* from Shala, Nei Mongol

A. r M1（V 19754.1），B. r M1（正模 holotype V 19753），C. l M2（V 19754.2），D. r m1（V 19754.3）；冠面视（occlusal view）

比较与讨论　沙拉标本具有 *Dipus* 属的特征：臼齿丘-脊型，具三趾跳鼠型构造，M1 和 M2 的内脊粗壮而倾斜；M1 前边脊弱，具极弱的中尖而无中脊；M2 中脊弱，无中尖；m1 无下中尖、下中脊和下外中脊。

这一三趾跳鼠被指定为新种，命名 *Dipus nanus*。它以极小的个体（图 141）和具有一些较原始的特征而不同于已知种，如齿冠低、齿脊弱、M1 保留有弱的中尖和后边脊、M1 和 M2 残留有弱的中脊、m1 的齿脊和下次小尖弱、下后边脊长等，它代表该属迄今在蒙古高原上发现的最原始类型。

Kordikova 等（2004）依据哈萨克斯坦中中新世 Shomyshtin 组发现的跳鼠材料建立了 *Mynsudipus ustjurtensis* 新属、新种。该种个体小，其下颊齿构造已经简化为三趾跳鼠型，但上颊齿仍接近于五趾跳鼠型。哈萨克斯坦的发现可能表明三趾跳鼠类是从五趾跳鼠类演化而来，*M. ustjurtensis* 属于这个过程的中间类型。不过，归入该种的两枚 M2 在鉴定上可能存在问题，其尺寸和形态与其他标本似乎不相匹配，属于仓鼠而非跳鼠（见 Kordikova et al., 2004, Fig. 9p-q）。无论如何，可以说 *M. ustjurtensis* 代表了三趾跳鼠类中较原始的类型。与沙拉 *Dipus nanus* 新种相比，牙齿的尺寸很接近，但 *M. ustjurtensis* 上臼齿的前边脊较发达，中尖明显膨大，保留有退化的中脊，原脊并未与内脊融合成前唇-后舌向的斜脊。而 *Dipus nanus* 上臼齿的中脊已完全消失，原脊与内脊形成斜脊，具备了典型的三趾跳鼠型的牙齿特征。我们倾向于认为，新种很可能由一类与 *M. ustjurtensis* 相似的跳鼠演变而来，并代表 *Dipus* 属中最原始的种类或者是 *Mynsudipus* 的晚期代表。

伪三趾跳鼠 *Dipus fraudator*（Schlosser，1924）

（图 141、143、144）

Dipus sp. nov.: Qiu Z D et al., 2013, p. 177, appendix, partim

归入标本　苏尼特左旗巴伦哈拉根（IM 0801 地点）：2 枚 M1 和 1 枚 m2，V 19755.1-3。阿巴嘎旗宝格达乌拉：12 枚颊齿（2 P4，2 M1，2 m1，4 m2，2 m3），V 19756.1-12。苏尼特左旗必鲁图（IM 0510 地点）：6 枚臼齿（1 M1，1 m1，2 m2，2 m3），V 19757.1-6。

测量（长×宽；Measurements, length × width）　巴伦哈拉根（Balunhalagen），M1：2.01 mm × 1.54 mm；m1：2.04 mm × 1.65 mm。宝格达乌拉（Baogeda Ula），P4：0.69 mm × 0.71 mm，0.71 mm × 0.72 mm；M1：2.14 mm × 1.71 mm；m1：2.05 mm × 1.67 mm，2.11 mm × 1.80 mm；m2：1.92 mm × 1.60 mm，2.00 mm × 1.77 mm；m3：1.35 mm × 1.25 mm，1.46 mm × 1.41 mm。必鲁图（Bilutu），m1：2.11 mm × 1. 67 mm。

特征　三趾跳鼠中个体较小者，臼齿低冠，丘-脊型齿。M1 和 M2 具弱的前边脊，无中尖、中脊、后边脊和后边谷，前尖和后尖与次尖相连；m1 和 m2 的主尖错位排列，没有下中尖和下中脊（引自 Qiu, 2003）。

描述　P4 单尖、锥状，无齿脊。单齿根，齿根前弯。

M1 似长方形，后缘较圆凸。原尖和次尖近圆丘形，前尖和后尖略前外-后内向拉长，舌侧主尖位置较颊侧的靠前。前边尖极弱或缺如，若存在则位置非常低、微微凸起。前边脊也弱。前尖后壁常见有往后颊侧伸出的低但明显、达齿缘的后刺。内脊粗壮，前外向与前尖连接，后部略显膨大。无中尖和中脊。后尖与次尖间的后脊粗壮，并与两齿尖融为一体。原谷三角形，开口朝前；内谷窄，略微前外向深延冠面；中谷先横向后折向后部。四齿根。

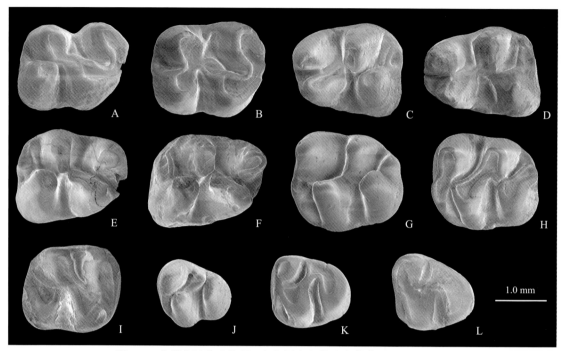

图 143　内蒙古巴伦哈拉根、必鲁图和宝格达乌拉伪三趾跳鼠臼齿

Fig. 143　Molars of *Dipus fraudator* from Balunhalagen, Bilutu and Baogeda Ula, Nei Mongol

A. l M1（V 19755.1），B. l M1（V 19756.1），C. l m1（V 19756.2），D. l m1（V 19756.3），E. r m1（V 19755.2），F. r m1（V 19757.1），G. l m2（V 19757.2），H. l m2（V 19756.4），I. r m2（V 19756.5），J. l m3（V 19756.6），K. l m3（V 19757.3），L. l m3（V 19756.7）；冠面视（occlusal view）

m1 近梯形，颊侧后部稍拉伸。颊、舌侧主尖交错排列，舌侧尖位置相对比颊侧的靠前。齿脊相对齿尖不甚发育。在 2 枚可以识别下前边尖的牙齿中，一枚的小而低，另一枚则缺失。下后尖或紧靠下原尖、基部相连，或孤立。无下中尖、下中脊和下外中脊。下外脊不完整，在轻磨蚀的标本中常中断。下次小尖发达，位于下次尖舌侧后部，咀嚼面随磨蚀而由三角形转变为椭圆形，后缘在两尖之间明显凹入。下次脊弱，连接下内尖和下次尖的基部。下后边脊短小，向下、向舌侧前部延伸至下内尖后壁基部，封闭下后边谷。下前边谷纵向，几与横向的下中谷连通；下外谷三角形，开阔，齿缘偶见微弱的附尖。

m2 近矩形，舌侧后部较收缩，下后尖、下前边尖和下前边脊依次渐低、联合形成前部强大的横脊。舌侧主尖位置明显较颊侧的靠前。下后尖与粗壮的下前边脊融合成前部强大的横脊；下前边脊向颊后部逐渐走低，伸至下原尖前基部，封闭下原谷。无下中尖、下中脊和下外中脊。下原尖和下内尖在磨蚀初期中断，到达磨蚀中期则连接，形成强大的前外-后内向斜脊。下次尖脊弱，磨蚀早期中断。磨蚀较轻的标本上可以观察到略显膨大的下次小尖，随着磨蚀下次小尖与下次尖及下后边脊融合成后部强大的斜脊。下中谷前外向弯曲，下外谷近横向，下后边谷大。

m3 近三角形。下前边脊强壮或弱，从下后尖颊后部向下伸达下原尖前基部。下内尖退化成舌侧小尖。下次尖占据牙齿后部，下次小尖和下后边脊缺失。仅有下原谷、下中谷和下外谷，下外谷深入牙齿冠面。

比较与讨论　上述地点的标本具有如下特征：臼齿丘脊形，具有典型的三趾跳鼠型构造，即上臼齿无中尖和中脊、下臼齿无下中尖和下中脊；M1 前边脊弱，内脊粗壮、倾斜；m1 齿尖交错排列，齿脊相对弱，下次小尖发达。这些形态符合 *Dipus* 属的鉴别特征。

所述牙齿的尺寸明显大于沙拉的 *Dipus naus* 新种，略大于高特格和比例克的 *D. pliocenicus* 者，稍小于内蒙古二登图和哈尔鄂博的 *D. fraudator* 标本，落入山西保德的 *D. fraudator* 标本和现生 *D. sagitta* 的变异范围之内(图 141)。其 M1 内脊多指向前尖，m1 下后尖常孤立，m2 下后边谷不明显收缩，m3 具有较发达的下前边脊，形态与二登图和保德 *D. fraudator* 标本的特征较为一致。鉴于标本与模式产地材料的相似性，故被归入 *D. fraudator* 种。

李强和邱铸鼎(2005)对中国的 *Dipus* 化石种类进行了初步厘定，在此基础上，这里略作补充:

Dipus sagitta 为现生种，作为化石记录发现于内蒙古萨拉乌苏上更新统的 *Dipus sowerbyi* 和陕西榆林上更新统的 *Dipus* cf. *D. sowerbyi* (Boule et Teilhard de Chardin, 1928; Teilhard de Chardin et Young, 1931) 可以归入该种。

D. fraudator 发现于内蒙古巴伦哈拉根、宝格达乌拉、必鲁图、二登图和哈尔鄂博(Schlosser, 1924; Schaub, 1930, 1934; Qiu, 2003)，山西保德(Liu et al., 2008)，出现时代为晚中新世。

D. pliocenicus 发现于内蒙古比例克(Qiu et Storch, 2000)、高特格，山西榆社(Flynn et al., 1991)和甘肃灵台(郑绍华、张兆群, 2001)，时代属上新世早期。

D. nanus，目前仅见于内蒙古沙拉，晚中新世早期。

蔡保全(1987)报道过河北泥河湾稻地晚上新世的 *Sminthoides* sp. nov.，重新观察表明，其牙齿的尺寸大，齿冠较高，接近于现生的 *D. sagitta*。郑绍华(1976) 报道的甘肃合水中更新世的 " *Sminthoides fraudator* "，尺寸落入二登图 *D. fraudator* 和现生种 *D. sagitta* 的变异范围(图 141)，但由于材料太少，其较高的齿冠和较强的齿脊有别于 *D. fraudator*，与 *D. sagitta* 也有所区别。鉴于标本的稀少，上述两地的 *Dipus* 材料都暂作未定种处理。

目前 *Dipus* 属的最早记录为内蒙古沙拉晚中新世早期的 *Dipus nanus*，其明显原始的性状和出现的层位较低，或许说明中国北方可能是该属的演化中心。晚中新世晚期，*Dipus* 属多样性迅速增加，演化出 *D. fraudator*、*D. conditor* 和 *D. kazakhstanicus*，分布于中国北方，蒙古和俄罗斯(Tuva)(Zazhigin et Lopatin, 2001)。上新世早期，在蒙古高原演化出 *D. pliocenicus*、*D. essedum*、*D. singularis*、*D. iderensis* 和 *D. perfectus*。推测 *Dipus* 在晚中新世—上新世多样性的增加可能是对上新世以来的全球气候干冷化的适应。

Dipus 属可能具有如下的演化趋势: 个体逐渐增大; 臼齿齿冠逐渐增高; 齿脊逐渐增强; M1 和 M2 内脊逐渐变粗，其前方连接向舌侧偏移; m1 下前边尖逐渐退化，下后脊逐渐增强(图 144); m3 的下前边脊逐渐退化至消失。

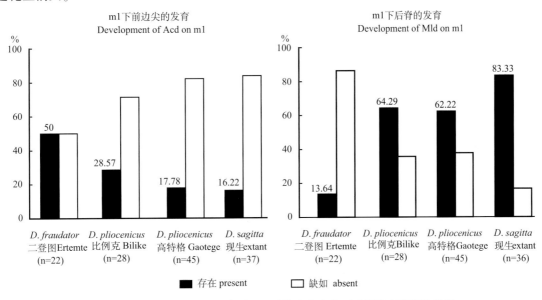

图 144　内蒙古三趾跳鼠属各种 m1 下前边小尖和下后脊发育情况柱状图

Fig. 144　Histogram showing the percentage of the appearance of Acd. and Mld. on m1 of several species of *Dipus* from Nei Mongol

心颅跳鼠亚科 Cardiocraniinae Vinogradov，1925

心颅跳鼠亚科为一类侏儒型跳鼠，个体很小，听泡巨大，顶骨异常狭小，后足 3 趾骨。颊齿低冠，丘-脊型齿。颊齿咀嚼面构造为三趾跳鼠类型，P4 单尖、锥状体、无齿脊，臼齿无中尖和中脊，M1 和 M2 的前边脊发育弱或缺失，内谷中等大小、不对称，m1 和 m2 的主尖错位排列，外谷宽阔、近对称，m1 下前边尖很不发育，具有下后边尖和后外凹；M3 和 m3 明显退化。

该亚科目前发现的化石很少，在内蒙古中部地区更为罕见，只有 *Salpingotus* 和 *Cardiocranius* 属的零星牙齿。

三趾心颅跳鼠属 *Salpingotus* Vinogradov，1922

原始三趾心颅跳鼠 *Salpingotus primitivus* Li et Zheng，2005

（图 145）

Cardiocranius sp.：Qiu et al.，2006，p. 181，appendix，partim

Cardiocranius sp.：Qiu Z D et al.，2013，p. 177，appendix，partim

归入标本 仅有产自苏尼特右旗沙拉（IM 9610 地点）的 1 枚 m1（1.05 mm × 0.81 mm，V 19758）。

描述 中度磨蚀，属成年个体。牙齿前窄后宽，略显前内-后外向拉伸。牙齿咀嚼面为三趾跳鼠型，即无下中尖和下中脊。齿尖相对比齿脊显著，齿尖中下次尖最大。无下前边尖。下后尖与下原尖近等大，前者较后者稍前位。下后脊短，后外向与下原尖后臂连接。下外脊短，近纵向，居牙齿中间。下内尖横向拉长，远离下次尖，位置非常靠前。下次脊短，前外向与下外脊前部连接。下次小尖明显，近三角形。下后边脊完整，包围下后边谷。下外谷宽，下中谷较窄。

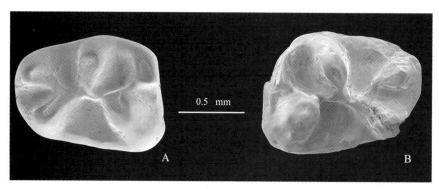

图 145　内蒙古沙拉原始三趾心颅跳鼠和小五趾心颅跳鼠臼齿

Fig. 145　Molars of *Salpingotus primitivus* and *Cardiocranius pusillus* from Shala，Nei Mongol

S. primitivus：A. l m1（V 19758）；*C. pusillus*：B. r m1（V 19759）；冠面视（occlusal view）

比较与讨论 沙拉的这枚 m1 尺寸极小，牙齿构造与现代侏儒跳鼠（cardiocraniines）的很相似，属三趾跳鼠类型，无下中尖和下中脊，应归入心颅跳鼠亚科。其下外脊较短，下次小尖发育，下中谷较窄，形态与 Li 和 Zheng（2005）建立的首个三趾心颅跳鼠化石种 *Salpingotus primitivus* 标本的特征完全一致，尺寸上也彼此接近，材料虽少，暂作该属、种处理。

五趾心颅跳鼠属 *Cardiocranius* Satunin，1903

小五趾心颅跳鼠 *Cardiocranius pusillus* Li et Zheng，2005

（图 145）

Cardiocranius sp.：Qiu et al.，2006，p. 181，appendix，partim

Cardiocranius sp.：Qiu Z D et al.，2013，p. 177，appendix，partim

材料 仅有产自苏尼特右旗沙拉（IM 9610 地点）的 1 枚 m1（1.09 mm × 0.84 mm，V 19759）。

描述 磨蚀程度较轻，属年轻个体。牙齿明显前内-后外向拉伸。冠面构造为三趾跳鼠型，无下中尖和下中脊。齿尖相对比齿脊显著。无下前边尖。下后尖明显比下原尖前位。下后脊长，后外向与下原尖前臂连接。下外脊前部较长。下内尖位置明显比下次尖超前，下次脊短，前外向与下外脊前部连接。下次小尖发育，三角形。下外谷宽，外侧齿缘有明显的附尖。下中谷宽，开口呈三角形。

比较与讨论　这枚 m1 的尺寸极小，冠面构造为三趾跳鼠类型，无下中尖和下中脊，亦可归入侏儒型跳鼠心颅跳鼠亚科。其下后尖位置明显超前于下原尖，下后脊和下次脊较长，下中谷较宽，与上述 *Salpingotus primitivus* 的有所不同，而与李强和郑绍华（2005）建立的首个 *Cardiocranius pusillus* 标本的形态一致，尺寸上也相符，故归入 *C. pusillus*。

仓鼠科 Cricetidae Fischer von Waldheim, 1817

新近纪以来，仓鼠科动物十分兴旺，种类多，分布广。仓鼠科的分类地位及内涵在研究者中尚未取得一致的意见。特别案例是，Simpson（1945）在其哺乳动物分类一书中，把仓鼠类动物归入一个科（Cricetidae），并将其与鼠科（Muridae）区别开来。长久以来，这一分类方案为古生物学者所接受，但研究现生动物的学者认为两者的形态差异仍处于科一级分类的标准之内，把 Cricetidae 作为 Muridae 的晚出异名（Nowak et Paradiso, 1983）。在最新的资料中，部分古生物学者也倾向于不把 Cricetidae 作为独立科一级的分类单元（McKenna et Bell, 1997），但废弃仓鼠科的方案似乎并未为所有的古生物学者所接受。在这些分类问题未得到解决前，本书暂时采用古哺乳动物学传统的分类方案，保留 Cricetidae 作为科级分类单元，把仓鼠科和鼠科归入鼠形超科（Muroidea）；把仓鼠科作为一个广义科，既包括真仓鼠类（hamster），也包括一些具丘-脊型齿的古仓鼠类，如 Eucricetodontinae，以及近代一些具脊型齿（田鼠型）的仓鼠类，如 Baranomyinae。无疑，这一方案纯属权宜之策，一旦有了更可靠的系统分类方案，这些分类单元将随之改变。

在内蒙古中部地区的新近纪地层中，仓鼠科的化石相当常见，包括 6 个亚科和 1 个未定亚科，共计 18 属。描述中的通用术语如图 146。

真古仓鼠亚科 Eucricetodontinae Mein et Freudenthal, 1971

真古仓鼠亚科是一类绝灭了的仓鼠动物，全北区分布，最早可能出现于亚洲晚始新世，在欧洲一直延续到晚中新世。其个体中等至较大；齿式：1·0·0·3/1·0·0·3；臼齿低—中等冠高；第一臼齿长度最大，第三臼齿退化；具四主尖及连接的齿脊；上臼齿的舌侧主尖和下臼齿的颊侧主尖似新月形，其间有纵向齿脊相连；有发育程度不等的附属脊（前边脊、后边脊和中脊等）；M1 和 M2 在早期的种类中三齿根，晚期种类四齿根，下臼齿双根。

在古仓鼠类中，这一亚科以其较大的个体，M1 的前边脊和前尖少有后刺、后边谷一般很显著，m1 的下原尖和下次尖常有后臂而易于与 Cricetodontinae Schaub, 1925 区分；以 M2 的原脊单一和 m1 常有次尖后臂、下中脊单一而不同于 Pseudocricetodontinae Engesser 1987。

该亚科在内蒙古中部地区发现的材料不很丰富，主要见于早中新世的地层，而且只有 *Metaeucricetodon* 一新属。

后真古仓鼠属（新属）*Metaeucricetodon* gen. nov.

模式种　*Metaeucricetodon mengicus* gen. et sp. nov：内蒙古苏尼特左旗敖尔班，早中新世，谢家期。

属名由来　Meta-，前缀，意"在后"（希腊词），示新属与 *Eucricetodon* 属的形态相似，但出现的时代稍晚。

归入种　仅模式种。

特征　真古仓鼠亚科中个体较大的一属，臼齿低冠，齿尖粗壮。M1 前叶显著，颊侧缘平直，前边尖简单；M1 和 M2 原脊和后脊近横向或略前向，中脊短而低，外脊很不发育，内脊直，内谷近对称，四齿根；M3 具三个清楚的颊侧谷，三根或四根；m1 的下前边尖简单、脊形；m1 和 m2 下后脊和下次脊近横向或稍前向，常有发育程度不同、游离的下原尖后臂和下次尖后臂，下中脊不发育，下外脊直，下外谷近

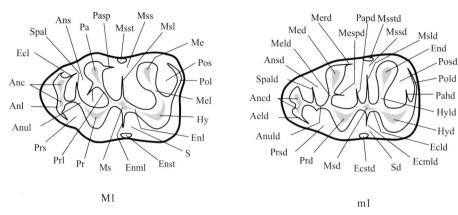

M1   m1

图 146　仓鼠科通用臼齿构造模式图

Fig. 146　Nomenclature used for molars of cricetids

Aeld, 下前外脊（anteroectolophid）；Anc, 前边尖（anterocone）；Ancd, 下前边尖（anteroconid）；Anl, 前边脊（anteroloph）；Anld, 下前边脊（anterolophid）；Ans, 前边谷（anterosinus）；Ansd, 下前边谷（anterosinusid）；Anul, 前小脊（anterolophule）；Anuld, 下前小脊（anterolophulid）；Ecl, 外脊（ectoloph）；Ecld, 下外脊（ectolophid）；Ecmld, 下外中脊（ectomesolophid）；Ecstd, 下外附尖（ectostylid）；End, 下内尖（entoconid）；Enl, 内脊（entoloph）；Enml, 内中脊（entomesoloph）；Enst, 内附尖（entostyle）；Hy, 次尖（hypocone）；Hyd, 下次尖（hypoconid）；Hyld, 下次脊（hypolophid）；Me, 后尖（metacone）；Med, 下后尖（metaconid）；Mel, 后脊（metaloph）；Meld, 下后脊（metalophid）；Merd, 下后尖嵴（metaconid ridge）；Mespd, 下后脊刺（metalophid spur）；Ms, 中尖（mesocone）；Msd, 下中尖（mesoconid）；Msl, 中脊（mesoloph）；Msld, 下中脊（mesolophid）；Mss, 中间谷（mesosinus）；Mssd, 下中间谷（mesosinusid）；Msst, 中附尖（mesostyle）；Msstd, 下中附尖（mesostylid）；Pa, 前尖（paracone）；Pahd, 下次尖后臂（posterior arm of hypoconid）；Papd, 下原尖后臂（posterior arm of protoconid）；Pasp, 前尖后刺（paracone spur）；Pol, 后边脊（posteroloph）；Pold, 下后边脊（posterolophid）；Pos, 后边谷（posterosinus）；Posd, 下后边谷（posterosinusid）；Pr, 原尖（protocone）；Prd, 下原尖（protoconid）；Prl, 原脊（protoloph）；Prs, 原谷（protosinus）；Prsd, 下原谷（protosinusid）；S, 内谷（sinus）；Sd, 下外谷（sinusid）；Spal, 前小脊刺（spur of anterolophule）；Spald, 下前小脊刺（spur of anterolophulid）

对称，双齿根；m3 具三个舌侧谷。

评注　*Metaeucricetodon* 属的个体较大，易于与中新世早、中期个体较小的仓鼠类，如 *Democricetodon*、*Spanocricetodon*、*Megacricetodon*、*Ganocricetodon* 和 *Paracricetulus* 等属相区别。其颊齿具有原始类型仓鼠的构造，即：第一臼齿前边尖简单，臼齿的横脊横向或稍前倾，上臼齿内谷和下臼齿外谷近对称，M3 具完整的三外谷，m1 和 m2 有游离的下原尖后臂和下次尖后臂等。个体及形态特征显示了新属接近中新世早期、甚至是起源于渐新世的一些古老仓鼠属，如 *Eucricetodon*、*Pseudocricetodon*、*Deperetomys*、*Cricetodon* 和 *Eumyarion* 等（Thaler，1966，1969；Mein et Freudenthal，1971）。

Eucricetodon 和 *Pseudocricetodon* 起源于渐新世，前者在欧洲最晚发现于 MN3 带，后者似乎进入中新世不久即灭绝。新属以个体较大，M1 和 M2、甚至 M3 具有四齿根而与它们有所不同。此外，由于 M1 有较发育的前边尖、较直的外侧齿缘而不同于前者，以臼齿的中脊较弱，M2 没有原脊 II，m1 未见有双中脊，m2 有显著的下次尖后臂而不同于后者（见 Hugueney，1999a）。*Deperetomys* 和 *Cricetodon* 牙齿的尺寸与新属的接近，而且 M1 和 M2 也有四齿根，但两者的上臼齿都具有发育的外脊，横脊不那么横向，上臼齿的后边谷较窄，下臼齿的后边谷较宽，m1 和 m2 都没有游离的下原尖后臂和下次尖后臂，易于与新属区分（见 De Bruijn et al.，1993）。*Metaeucricetodon* 与 *Eumyarion* 的主要区别在于：个体较大，M1 和 M2 四齿根，M2 前边脊的舌侧支较显著，m2 具有游离的下次尖后臂（见 Mein et Freudenthal，1971）。

在已知的早中新世古仓鼠类中，新属的牙齿形态与 *Eucricetodon* 的最为相似。在演化的过程中只要 *Eucricetodon* 的个体增大，上臼齿齿根增加，M1 前叶扩大，即会出现 *Metaeucricetodon* 的牙齿类型。因此，*Metaeucricetodon* 与 *Eucricetodon* 可能有较为密切的亲缘关系。

蒙后真古仓鼠(新属、新种) *Metaeucricetodon mengicus* gen. et sp. nov.

(图 147; 表 56)

Eucricetodon? sp.: Wang et al., 2009, p. 122, table 1

Eucricetodon? sp. (Lower and Upper Aoerban, Gashunyinadege, Balunhalagen and Bilutu): Qiu Z D et al., 2013, p. 177, appendix

名称由来 meng,汉语拼音"蒙",内蒙古自治区简称,示新种发现地内蒙古。

正模 左 M1 (V 19760)。

副模 破碎下颌支 1 件(附有破损的 m1 和 m2),m2 一枚,V 19761.1-2。

模式产地与层位 苏尼特左旗嘎顺音阿得格(IM 9605 地点);下中新统,敖尔班组(谢家期晚期—山旺期早期)。

归入标本 苏尼特左旗敖尔班(下):IM 0407 地点,附有 m1 和 m2 的破碎下颌支 1 件,12 枚颊齿(3 M1,4 M2,1 M3,2 m1,1 m2,1 m3),V 19762.1-13;IM 0507,破碎下颌支 1 件(附有 m1-3,其中 m1 和 m2 破损),V 19763。苏尼特左旗嘎顺音阿得格:IM 9606 地点,破碎上颌骨 1 件(附有破损的 M1 和 M2),破损 M2 一枚,V 19764.1-2;IM 0401,臼齿 10 枚(3 M1,3 M2,3 m1,1 m2),V 19765.1-10;IM 0406,附有 m1 和 m2 的下颌支碎块 1 件,臼齿 15 枚(6 M1,1 M2,2 M3,1 破损 m1,2 m2,3 m3),V 19766.1-16。苏尼特左旗敖尔班(上)(IM 0772 地点):臼齿 14 枚(2 M1,2 M2,3 M3,2 m1,4 m2,1 m3),V 19767.1-14。苏尼特左旗巴伦哈拉根(IM 0801 地点):臼齿 5 枚(2 M3,2 m1,1 m2),V 19768.1-5。苏尼特左旗必鲁图(IM 0510 地点):M1 和 M2 各一枚,V 19769.1-2。

测量 见表 56。

表 56 内蒙古蒙后真古仓鼠臼齿测量
Table 56 Measurements of molars of *Metaeucricetodon mengicus* from Nei Mongol (mm)

Tooth	Length			Width		
	N	Mean	Range	N	Mean	Range
敖尔班(下) Aoerban (L)						
M1	1	–	3.30	3	2.22	2.10–2.35
M2	4	2.33	2.25–2.40	4	2.21	2.10–2.30
M3	1	–	1.95	1	–	1.90
m1	4	2.89	2.80–2.95	4	2.06	2.05–2.10
m2	3	2.62	2.50–2.75	3	2.27	2.20–2.30
m3	2	2.28	2.25–2.30	2	2.00	1.85–2.15
嘎顺音阿得格 Geshunyinadege						
M1	10	2.99	2.75–3.25	8	2.06	1.80–2.20
M2	4	2.55	1.90–2.55	3	2.13	2.10–2.15
M3	2	2.05	1.85–2.25	1	–	1.80
m1	5	2.77	2.60–3.10	4	1.89	1.65–2.05
m2	5	2.36	2.25–2.50	5	1.99	1.70–2.15
m3	3	2.22	1.90–2.50	3	1.93	1.70–2.15
敖尔班(上) Aoerban (U)						
M1	1	–	3.00	2	2.08	2.05–2.10
M2	2	2.23	2.15–2.30	2	2.03	2.00–2.05
M3	3	1.98	1.85–2.15	3	1.83	1.75–1.90
m1	2	2.55	2.50–2.60	2	1.78	1.75–1.80

Tooth	Length			Width		
	N	Mean	Range	N	Mean	Range
m2	4	2.35	2.25–2.50	4	1.98	1.90–2.10
m3	1	–	2.55	1	–	1.90
巴伦哈拉根 Balunhalagen						
M3	2	1.80	1.80–1.80	2	1.83	1.70–1.95
m1	2	2.63	2.45–2.80	2	1.80	1.70–1.90
m2	1	–	2.05	1	–	1.85
必鲁图 Bilutu						
M1	1	–	2.70	1	–	1.80
M2	1	–	2.00	1	–	1.95

特征 同属。

描述 保存的上、下颌支都很破碎。在两件标本中见下颌支的齿虚位短而低，上升支起于 m2 后部，咬肌窝深、窝前下咬肌附着嵴显著，颏孔大、位于 m1 前下方，下颌骨在 m1 下方的高度分别为 5.5 mm 和 6.2 mm。臼齿低冠，咀嚼面丘-脊型，齿尖粗壮，齿脊显著，没有明显的上、下中尖。上臼齿舌、颊侧主尖对位排列，舌侧的稍大且略呈锥形；M1 和 M2 四齿根，M3 三根或四根（三根齿中的舌侧根很大，并常有明显的垂向沟）。下臼齿颊侧主尖位置比舌侧的稍靠后；双齿根。

M1 前叶强大，颊侧缘平直；前边尖发育，简单、脊形，仅一枚牙齿前壁具有把前边尖分开趋向的浅沟；前边尖的尖端位于牙齿中轴线偏颊侧。前边脊长，在前边尖两侧迅速下降并分别伸达原尖和前尖基部；原脊横向，与原尖中部连接；中脊见于所有牙齿，但短而低，在 15 件标本中长度超过半长的只有 1 件；后脊近横向，与次尖前部或前臂连接；后边脊低、弱，颊侧与后尖基部相连，在低处封闭后边谷；前小脊低、直，连接前边尖舌侧部分和原尖前臂（4 枚牙齿有游离的原尖前臂端部）；内脊直，完整，从次尖前臂伸达原脊与原尖的连接处；多数牙齿前边尖的颊后侧凸出或有一短刺，但未形成明显的外脊。内谷横向、近对称，比前边谷和中间谷都小，外伸未达齿宽之半；后边谷最小，长而狭窄。

M2 似长方形，长稍大于宽，后部一般略收缩。前边脊颊侧支比舌侧支长且高，舌侧支在一枚牙齿中甚弱；原脊单一，稍前向，通常与原尖前臂和前小脊的连接处连接，与前边脊连接的见于一枚磨蚀较深的牙齿；中脊相对比 M1 的发育，一般达半长，在两枚牙齿中近伸达颊侧缘；后脊多少前向，与次尖的前部或前臂连接；后边脊完整，伸达后尖基部；前小脊短，偏舌侧；内脊直，前端与原尖或原脊和原尖的连接处连接（即与原脊或分开或同点与原尖相连）。内谷比其他齿谷都宽，略向前外向伸展，但外伸未过齿宽之半。

M3 次三角形，次尖和后尖退化，次尖的退化尤为明显。前边脊颊侧支和舌侧支的形态如同 M2 者；原脊和后脊尚显著，前向，分别与原尖前臂和次尖前臂连接；中脊甚短；后边脊清楚，但一般未封闭窄长的后边谷；前小脊极短；内脊前端一般独立连接原尖。

m1 下前边尖简单、脊形，融会于分别伸向下原尖和下后尖基部的前边脊。在 9 枚牙齿中 7 枚有一从下后尖前方伸达下前边尖舌侧的细脊；下后脊近横向或稍前向，与下原尖前臂连接；所有牙齿都有发育程度不同、游离的下原尖后臂；下中脊不发育，仅个别标本有残留的痕迹；下次脊横向、与下次尖前臂或下外脊后部连接；在 11 枚牙齿的 9 枚中，有发育程度不同、游离于下后边谷的下次尖后臂；后边脊完整，舌侧伸达下内尖基部，并在低处封闭下后边谷；下前小脊细弱，连接下前边尖和下后脊，但仅见于 5 个牙齿，在下前小脊缺失的牙齿中，一般都有较清楚、从下后尖前方伸达下前边尖舌侧的细脊；下外脊直，从下次尖前臂伸至下原尖后侧。下外谷中等大小、近对称，内伸未达齿宽之半。

m2 下前边尖颊侧支和舌侧支都很显著，颊侧支绕过牙齿的前外角伸达下原尖基部；下后脊横向或稍前向，与下原尖前臂或下前小脊连接；下原尖后臂发育，多数游离于中间谷，个别近伸达下后尖后基

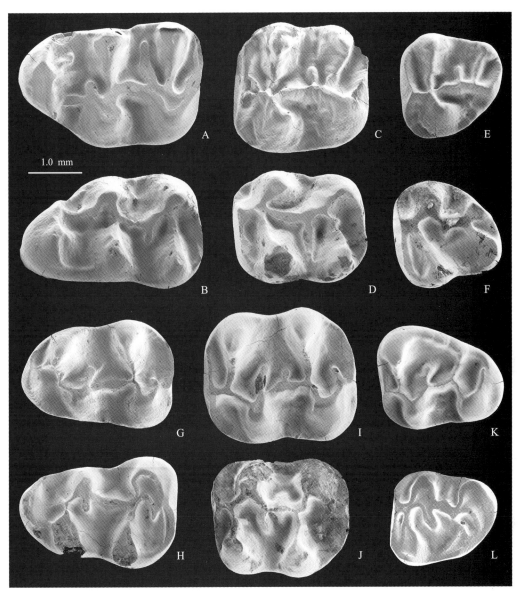

图 147　内蒙古敖尔班和嘎顺音阿得格蒙后真古仓鼠臼齿

Fig. 147　Molars of *Metaeucricetodon mengicus* from Aoerban and Gashunyinadege, Nei Mongol

A. l M1（正模 holotype, V 19760），B. r M1（V 19765.1），C. l M2（V 19762.1），D. r M2（V 19765.2），E. l M3（V 19767.1），
F. r M3（V 19762.2），G. l m1（V 19765.3），H. r m1（V 19762.3），I. l m2（V 19762.4），J. r m2（V 19767.2），K. l m3
（V 19762.5），L. r m3（V 19766.1）；冠面视（occlusal view）

部；下中脊不发育，仅在三枚牙齿中有残留痕迹；下次脊如同下后脊一样显著，一般横向，伸至下次尖前臂与下外脊的连接处，仅一枚牙齿中略向前与下外脊连接；游离的下次尖后臂见于所有 10 牙齿，但其发育程度不一，在部分标本中很明显；下后边脊完整，伸至下内尖基部，封闭下后边谷；下前小脊短粗，位于牙齿中线偏颊侧；下外脊直，前端伸达下原尖后臂或下原尖舌后部。下外谷横向，近对称，内伸未达齿宽之半。

m3 构造与 m2 的大体相似：下前边脊舌侧支和颊侧支明显，下后脊、下次脊、下外脊发育，具游离的下原尖后臂，有宽阔、近对称的下外谷及三个舌侧谷。但后部主尖，特别是下内尖明显退化，几乎看不到下次尖后臂的痕迹。在敖尔班上红层发现的一枚 m3 比较特殊，其长度相对较大、下后脊与下前边脊连接、下原尖的后臂较长。

比较与讨论　上述材料，以嘎顺音阿得格地点发现的最多，敖尔班下红层次之，敖尔班上红层、巴伦哈拉根和必鲁图地点的材料都很少。嘎顺音阿得格和敖尔班下红层中发现的牙齿，在尺寸和形态上都十分接近。对于其他地点的材料，值得一提的是：牙齿尺寸总的偏小；在仅有的三枚 M2 中，其内脊前端都与原脊和原尖的连接处连接，而在嘎顺音阿得格和敖尔班下红层的 M2 中较为常见的是内脊与原脊分开地与原尖相连；在巴伦哈拉根发现的两枚 m1 中，一枚的下次尖后臂甚弱，另一枚的几乎完全退化。然而，这些地点的标本多数都落入嘎顺音阿得格和敖尔班下红层标本的大小变异范围之内，具有相同构造的牙齿也同样可以在这两个地点发现的标本中找到。毕竟材料还不很丰富，种内形态变异信息有限，不排除它们代表不同的种，但根据现有标本还无法将其截然分开，所以目前暂将其归入相同的一种。较上部层位标本的尺寸和形态特征，也可能是该种或这一仓鼠属进化趋向的指示，即个体变小、M2 的内脊向颊侧偏移、m1 的下次尖后臂退化。

古仓鼠亚科 Cricetodontinae Schaub，1925

古仓鼠亚科也是一类绝灭了的仓鼠动物，全北区分布，最早出现于亚洲早中新世，在欧洲可能进入上新世。个体较小至中等大小；齿式：$1 \cdot 0 \cdot 0 \cdot 3/1 \cdot 0 \cdot 0 \cdot 3$；臼齿低—中等冠高，丘-脊型齿；臼齿由四主尖及其间连接的齿脊组成，但没有原尖后臂，中脊的发育变异大；第一臼齿的前边尖简单或双尖，第三臼齿退化；后边谷不显著；M1 和 M2 三齿根或四齿根，下臼齿双根。

该亚科在内蒙古中部地区发现的化石丰富，主要见于早中新世和中中新世地点，包括 *Megacricetodon*、*Democricetodon*、*Sonidomys* 和 *Cricetodon* 四属。描述中所使用的术语见图 146。

众古仓鼠属 *Democricetodon* Fahlbusch，1964

模式种 *Democricetodon crassus* Freudenthal in Freudenthal et Fahlbusch，1969 = *D. minor* Fahlbusch，1964：法国桑桑盆地；中中新世，阿斯塔拉斯期。

归入种 *Democricetodon* 在欧亚大陆和非洲北部地区都有发现，主要见于早中新世晚期至中中新世地层，已描述的除 *D. crassus* Freudenthal，1963 外，至少还有 *D. brevis*（Schaub，1925）、*D. affinis*（Schaub，1925）、*D. gailardi*（Schaub，1925）等 14 种以上。在我国，已报道的有内蒙古中中新世通古尔期通古尔组的 *D. lindsayi* Qiu，1996 和 *D. tongi* Qiu，1996，江苏泗洪早中新世山旺期下草湾组的 *D. suensis* Qiu，2010，以及新疆准噶尔早中新世的 *D. sui* Maridet et al.，2011 四种。

特征 个体小至很小。门齿孔后缘位于 M1 前缘之前；下颌支与齿列夹角大；齿缺凹下；颏孔位于下颌骨颊侧低处，冠面视颏孔不可见；下咬肌脊弯曲；下门齿齿尖比臼齿咀嚼面低；下颌孔与臼齿咀嚼面在一个平面上或稍高；侧视，m3 部分或全部被上升支遮掩。臼齿低冠，宽度相对比 *Megacricetodon* 的大；上臼齿三根；M1 前边尖简单（进步种类中可能有浅沟分开的倾向）；M2 的原尖和前尖间有近对称的双脊相连；M1 的原脊可能为双脊或仅为后向的单脊；中脊长度变异大，但一般较长；内脊略微弯曲；内谷横且直。下臼齿双根；m1 下前边尖简单（进步种类中可能稍复杂）。下中脊长度变异大，通常也较长，甚至在 m3 亦如此；下外脊略微弯曲；下外谷横向或向前指（依 Mein et Freudenthal，1971 修订）。

评述 *Democricetodon* 为一多型属，发现于古北区早中新世晚期至晚中新世早期的地层，我国蒙新地区的 *D. sui* 是该属记录较早的一种。在内蒙古中部地区，这一属的化石相当常见，从早中新世的敖尔班下红层至晚中新世的沙拉、甚至是必鲁图地点都有发现。其中通古尔台地默尔根层的材料已作过详细的描述（邱铸鼎，1996b）。

林氏众古仓鼠 *Democricetodon lindsayi* Qiu，1996

（图 148、149；表 57）

Democricetodon cf. *D. lindsayi*：邱铸鼎、王晓鸣，1999，124 页

Democricetodon cf. *D. lindsayi*：Wang et al.，2009，p. 122，table l

Democricetodon sp.：Qiu Z D et al.，2013，p. 177，appendix，partim

归入标本 苏尼特左旗嘎顺音阿得格：IM 9605 地点，臼齿 5 枚（1 破 M1，1 M2，1 破 m1，2 m2），V 19770.1-5；IM 9606，臼齿 9 枚（2 M1，其中一枚破损，2 M2，2 M3，2 m1，1 m3），V 19771.1-9；

IM 0401, 臼齿6枚(1 M1, 1 M2, 3 m2, 1 m3), V 19772.1-6; IM 0406, 1碎m1, V 19773。苏尼特左旗
敖尔班(上)(IM 0772地点): 臼齿10枚(3 M1, 5 m1, 其中一枚破损, 2 m2), V 19774.1-10。苏尼特右旗
呼-锡公路原里程碑346 km附近上红层(346地点): 臼齿62枚(14 M1, 13 M2, 3 M3, 10 m1, 14 m2, 8 m3),
V 19775.1-62; 阿巴嘎旗呼-锡公路原里程碑482 km处(乌兰呼苏音, IM 9604地点): 臼齿2枚(1破碎
M1, 1 M2), V 19776.1-2。苏尼特右旗阿木乌苏: 臼齿7枚(2枚破损M1, 1 M2, 1 M3, 1 m1, 2 m3),
V 19777.1-7。苏尼特左旗巴伦哈拉根(IM 0801地点): 臼齿103枚(16 M1, 20 M2, 9 M3, 22 m1, 27 m2,
9 m3), V 19778.1-103。阿巴嘎旗灰腾河(IM 0003地点): 臼齿4枚(3 M1, 其中2枚破损, 1 m1),
V 19779.1-4。苏尼特左旗必鲁图(IM 0510地点): 臼齿18枚(2 M1, 其中一枚破损, 3 M2, 3 M3, 6 m1,
2 m2, 2 m3), V 19780.1-18。

测量 见表57。

表 57 内蒙古中部林氏众古仓鼠臼齿测量

Table 57 Measurements of molars of *Democricetodon lindsayi* from central Nei Mongol（mm）

Tooth	Length			Width		
	N	Mean	Range	N	Mean	Range
M1	32	1.84	1.63-2.18	38	1.20	1.06-1.35
M2	41	1.40	1.25-1.60	41	1.21	1.05-1.40
M3	18	1.05	0.95-1.26	18	1.07	0.95-1.15
m1	43	1.62	1.45-1.90	43	1.12	1.00-1.25
m2	47	1.38	1.04-1.60	48	1.14	0.95-1.32
m3	21	1.39	1.04-1.60	19	1.02	0.94-1.14

特征(修订) 个体较大种。上、下臼齿中脊的长度一般较大。m1下前边尖大、简单, 圆—椭圆形,
较原始的群体中偶见下外中脊; m1和m2的下次脊前指与下外脊连接, 下外谷指向前内。M1前边尖宽,
通常简单, 极少具双分趋向, 常具原脊I, 少量有弱的前小尖刺; M2后脊多指向后内。

描述 齿冠低, 齿尖比齿脊相对显著, 但阿木乌苏和巴伦哈拉根标本的齿冠明显比嘎顺音阿得格和
敖尔班上红层的稍高, 齿尖也相对粗壮。主尖大小近等, 舌侧位置一般比颊侧的稍靠前; 上臼齿三根,
下臼齿双根。

M1前边尖简单、不对称; 前边脊显著, 由较长的舌侧支和较短的颊侧支组成, 两支分别伸达原尖和
前尖基部, 但不一定与其连接; 前小脊从原尖前臂向前伸至前边尖舌侧基部; 在33枚可鉴定的牙齿中,
15枚有短弱的前小脊刺或其残留的痕迹; 低的原脊I见于42枚牙齿中的19枚, 原脊II清楚, 后向与原
尖后臂或内脊前部连接; 中脊低而弱, 长短不一, 一般短至中长, 伸达齿缘者少, 长中脊似乎在低层位地
点中相对多见; 在37枚牙齿中, 31枚有完整、向后与后边脊相连的后脊, 在低层位地点中偶见前指向或
横向与次尖连接, 很个别具双后脊; 后边脊完整, 伸达后尖后部; 内脊低短, 连接次尖前臂和原尖后臂或
原脊。内谷宽阔、横向, 但不甚对称, 向外延伸在齿宽之半左右; 大部分都有狭窄、开放或封闭的后边
谷, 但在高层位中(如灰腾河地点), 后边谷更狭窄, 稍经磨蚀即消失。

M2前边脊舌侧支和颊侧支都很显著, 分别伸达原尖和前尖基部; 几乎都有显著、对称的双原脊, 原
脊I与原尖前臂或前小脊连接, 原脊II稍低弱, 连接原尖后臂或内脊前部; 中脊短至长; 后脊通常单一,
但少数缺失或有双后脊, 后脊I近横向与次尖或其前臂连接, 后脊II相对细弱、后向与后边脊相连; 后
边脊完整, 伸达后尖基部; 内脊短、弯曲, 连接次尖前臂和原尖后臂。内谷宽, 指向后外, 向外延伸近达
齿宽之半; 多有狭窄的后边谷, 但高层位地点的很窄, 甚至很不清楚。

M3次三角形, 次尖、后尖和中脊都很退化, 后尖甚至融会于连接前尖和次尖的后外脊。前边脊颊侧
支比舌侧支显著; 原脊I发育, 与前边脊或前小脊连接, 少量标本同时具有原脊II; 中脊低弱; 内脊短,
前方与原脊连接; 原尖后方常有一与次尖前臂连接并封闭内谷的脊。

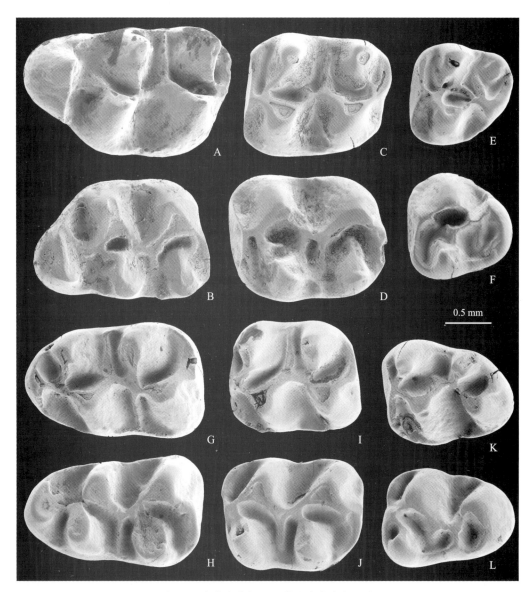

图 148　内蒙古中部地区林氏众古仓鼠臼齿

Fig. 148　Molars of *Democricetodon lindsayi* from central Nei Mongol

A. l M1（V 19771.1），B. r M1（V 19779.1），C. l M2（V 19775.1），D. r M2（V 19770.1），E. l M3（V 19775.2），F. r M3
（V 19778.1），G. l m1（V 19774.1），H. r m1,（V 19777.1），I. l m2（V 19775.3），J. r m2（V 19778.2），K. l m3
（V 19780.1），L. r m3（V 19775.4）；冠面视（occlusal view）

　　m1 下前边尖宽，脊形，不分开；下前边脊显著、半圆形，分别伸达下原尖和下后尖基部；下前小脊低、短，但清楚，前方伸至下前边尖后侧，后方与下原尖前臂和下后脊 I 形成的"轭"连接、少数与下原尖前臂或与下后脊 I 相连；下后脊通常明显，但都未见下后脊 II；下中脊低，多数伸达齿缘，少数短、指向下后尖；下次脊指向前外，与下次尖前臂或下外脊连接；下后边脊完整，连接下内尖舌后基部，并在低处封闭下后边谷；下外脊弯曲，连接下次尖与下原尖。下外谷宽阔，略指向前内方，向舌侧延伸达齿宽之半。

　　m2 下前边脊颊侧支和舌侧支都发育，但舌侧支短而不甚显著；下后脊 I 与下前小脊或下前边脊连接，无下后脊 II；下中脊低弱，也都几乎伸达齿缘，很少伸向下后尖；个别牙齿中有短的下外中脊；下次脊前指向，与下外脊相连；下后边脊完整，与下内尖连接或断开；下外脊弯曲，连接下次尖前臂与下原尖后臂；下外谷不很宽，指向前内，内伸近达齿宽之半。

　　m3 下前边脊颊侧支尚显著，但舌侧支短、弱，而且由于下后尖很靠前，随着牙齿的磨蚀，狭窄的下前边谷很快消失，舌侧支即与下后尖融会；下后脊 I 与下前边脊连接，无下后脊 II；下中脊完整、醒目；

下内尖很退化，甚至完全融会于连接下后尖与下次尖间的脊。下外谷横向，向内延伸未达齿宽之半。

Democricetodon lindsayi 系依内蒙古中部地区默尔根Ⅱ的材料而建名，下为对正模标本形态变异的再观察：

在 24 枚 M1 中，5 枚轻微磨蚀的牙齿中显示了前边尖双分的雏形，10 枚有发育程度不同的前小脊刺，低弱的原脊Ⅰ见于 12 件标本，中脊一般短至中长，2 枚的伸达齿缘；在 20 枚牙齿中后脊不完整者占 8 枚，横向与次尖连接者 1 枚，后指与后边脊相连的 11 枚；后边谷很窄，4 枚牙齿中几乎不存在。在 31 枚 M2 中，几乎都有对称、分别与原尖前臂和后臂连接的双原脊，仅有 1 枚的原脊Ⅱ缺失，1 枚中极弱；多数标本的中脊近伸达齿缘；大多数标本都有明显与次尖前臂连接的后脊Ⅰ，只有 5 枚中断或完全缺失；在 16 枚牙齿中有细弱并与后边脊连接的后边脊Ⅱ。M3 次尖、后尖和中脊都很退化，但一般都保留双原脊。m1 中未见有下后脊Ⅱ；下中脊低，在 33 枚牙齿中，长或伸达齿缘者占 22 枚，短、伸向下后尖的 10 枚，1 枚缺失。m2 下中脊多数伸达齿缘，伸向下后尖基部占少数；在 37 枚牙齿中，清楚的下外中脊仅见于 2 件标本。m3 的下后脊Ⅰ或与下原尖前臂联合后连接下前边脊，或与下原尖前臂分开地与下前边脊相连；下内尖多数退化成脊；下中脊尚明显，或伸达齿缘，或伸向下后尖。

比较与讨论 上述各地点的臼齿，尽管在尺寸和形态上变异明显，但基本构造和尖、脊的发育具有明显的同一性，有基本相似的特征，即臼齿都有较显著的中脊；M1 和 m1 的前边尖宽，不明显分开；上臼齿具有前小脊；部分 M1 和几乎所有的 M2 具有双原脊和狭小的后边谷，内脊连接次尖与原尖；m1 和 m2 一般没有下后脊Ⅱ，下次脊前向与下外脊连接等。这些同一性使无法按形态将其区分出不同的种类。由于臼齿的尺寸较大，M1 和 m1 的前边尖简单，M2 双原脊，表明它们具有 *Democricetodon* 属的特征而有别于个体和形态与其近似的 *Megacricetodon* 属。

Democricetodon 属的命名种多达 20 余个，主要发现于欧洲及地中海周边地区，在我国也有 4 种（Schaub，1925；Fahlbusch，1964，1966；Freudenthal，1963，1967；Freudenthal et Falhbusch，1969；Wessels et al.，1982；Kordos，1986；Tong et Jaeger，1993；邱铸鼎，1996b，2010；Kälin，1999；Theocharopoulos，2000；Maridet et al.，2000，2011b）。在这些已知种中，似乎也还存在一些种的材料不多、种间形态差异细微、种征不够清晰的问题。因此，不排除这一多型属包含了部分同物异名的可能性。

内蒙古的这一众古仓鼠，发现于多个地质时代不同的地点，牙齿尺寸和形态存在因地点不同而异的情况，如层位低的嘎顺音阿得格和敖尔班地点的标本，齿冠较低，齿尖偏弱，M1 和 M2 双原脊发育稍弱，后脊相对横向些，m1 的下外中脊多见些等，而层位高的巴伦哈拉根和灰腾河标本的情况则相反。如果把所有地点的标本放在一起，这些界线便变得十分模糊，用目前的分类方法难以将其截然分开。在中国的 4 种众古仓鼠中，记述于通古尔地区的 *D. lindsayi* 是个体较大者，上述材料代表的古仓鼠，牙齿的尺寸完全落入其变异范围之内（图 149），牙齿的基本构造也很一致。甚至通古尔地区 *D. lindsayi* 臼齿的一些形态变异，如中脊的长度、M1 前小脊刺和原脊Ⅰ的发育程度、m1 前小脊的连接方式和下外中脊的发育等，同样出现于上述标本中。微小的不同是：在通古尔 *D. lindsayi* 的臼齿中，很个别 M1 的前边尖有双分趋向，但在这里描述的标本中几乎看不到有任何分开的迹象。这些差异，可能与多数地点发现的材料不足、以及部分化石来源的层位比通古尔层稍低有关。尽管有这些差异，似乎也很难将它们当作不同的种看待，因此所描述的材料都被归入 *D. lindsayi* 种。

内蒙古 *Democricetodon lindsayi* 的牙齿尺寸明显比 *D. gracilis*、*D. romieviensis*、*D. anatolicus* 和 *D. doukasi* 的大，比 *D. crassus*、*D. affinis*、*D. gailardi*、*D. mutilus*、*D. freisingensis*、*D. kohatensis*、*D. hasznosensis*、*D. walkeri* 和 *D. fourensis* 的小，易于与它们区别。就个体而言，它相对接近 *D. brevis*、*D. franconicus*、*D. sulcatus* 和 *D. hispanicus*，但以上述的综合特征，即：M1 的前边尖和 m1 的下前边尖宽而简单，上中脊和下中脊长度通常在中等与长之间，M1 和 M2 的双原脊发育良好、后脊后向，m1 和 m2 的下外谷前指向，m2 后向的下次脊很少见，m3 具显著的下中脊等，可与欧洲和沿地中海地区的这些众古仓鼠种分开。

中国另外记述的 3 种众古仓鼠分别为发现于内蒙古通古尔默尔根中中新世的 *Democricetodon tongi*，江苏泗洪早中新世的 *D. suensis*，以及新疆准噶尔早中新世的 *D. sui*（邱铸鼎，1996b，2010；Maridet et al.，

2011b）。这里所描述的内蒙古众古仓鼠，牙齿的尺寸明显比 *D. tongi* 和 *D. sui* 者大，无需与其作进一步的比较；个体虽与 *D. suensis* 接近，但其齿冠较高，齿尖和齿脊相对强壮，M1 前小脊与前边尖连接点的位置一般不很偏舌侧、双原脊较发育、中脊平均长度大，M2 的双原脊发育好、未见"轴脊"（axioloph）、后脊常后指向，明显与 *D. suensis* 不同。

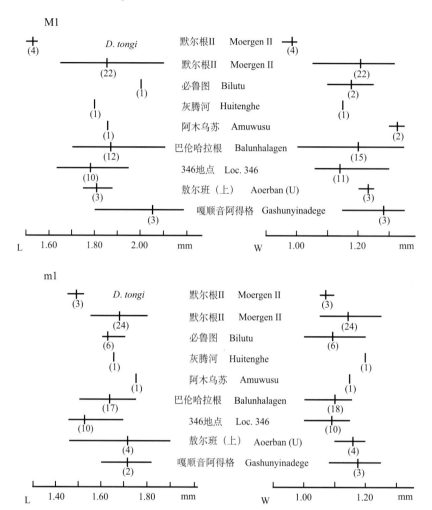

图 149　内蒙古林氏众古仓鼠(未指名者)和童氏众古仓鼠第一臼齿尺寸变化范围与平均值

Fig. 149　Size ranges and averages of length and width in the first molars of *Democricetodon lindsayi* and *D. tongi* from Nei Mongol

那些未指名者为 *D. lindsayi* (Those without written name are indicative of *D. lindsayi*)

内蒙古林氏众古仓鼠在内蒙古中部跨越的地质时代比较长，从早中新世至少到达晚中新世早期（必鲁图标本为搬运再沉积的可能性很大，详见 Wang et al., 2009）。由于一些地点发现的化石数量不多，目前还难以对其演化趋势作准确的评述。但从低层位到高层位的现有标本似乎存在以下事实：1) 齿冠增高，齿尖加强；2) M1 的后脊逐渐朝牙齿的后外向移动，因而使后边谷变得窄小（在较下部层位中有少量标本的后脊横向与次尖连接，后边谷的颊侧一般开放）；3) M1 和 M2 的原脊 I 逐渐显著；4) m1 的下外中脊逐渐消失。这些事实是否指示了 *Democricetodon lindsayi* 的演化方向，尚有待更多材料的证实。

苏氏众古仓鼠 *Democricetodon sui* Maridet, Wu, Ye et al., 2011

（图 150；表 58）

Democricetodon sp. 1: Wang et al., 2009, p. 122, table l

Democricetodon sp. 1 (Lower Aoerban): Qiu Z D et al., 2013, p. 177, appendix

归入标本 苏尼特左旗敖尔班(下)：IM 0407 地点，臼齿 17 枚(5 M1, 2 M2, 2 M3, 2 破损 m1, 5 m2, 1 m3)，V 19781.1-17；IM 0507，臼齿 2 枚(1 破损 M1, 1 m3)，V 19782.1-2。苏尼特左旗嘎顺音阿得格：IM 0401 地点，M1 一枚，V 19783；IM 0406，m2 一枚，V 19784。

测量 见表 58。

表 58　内蒙古敖尔班(下)和嘎顺音阿得格苏氏众古仓鼠臼齿测量
Table 58　Measurements of molars of *Democricetodon sui* from the Aoerban（L）and
Gashunyinadege，Nei Mongol（mm）

Tooth	Length			Width		
	N	Mean	Range	N	Mean	Range
M1	6	1.54	1.45-1.60	7	0.97	0.88-1.05
M2	2	1.08	1.00-1.15	2	1.00	1.00-1.00
M3	2	0.85	0.85-0.85	2	0.90	0.85-0.95
m1	1	–	1.35	1	–	0.90
m2	5	1.19	1.10-1.25	5	0.98	0.95-1.00
m3	2	0.94	0.92-0.95	2	0.73	0.70-0.75

特征 小型仓鼠，齿冠低，齿尖简单。第一臼齿的前边尖不分开。M1 的原脊通常单一，但也可能有不完整的原脊 I；M2 中原脊 I 比原脊 II 发育。M1 和 M2 的中脊位于牙齿中后部、靠近后尖处，后脊稍前指向。下臼齿的下中脊位于中间谷前部，m1 中间谷的前部比后部高。下臼齿的下后尖和下内尖位置分别相对比下原尖和下次尖的靠前；下后脊和下次脊几乎横向，前者与下前小脊的中部连接，后者与下外脊的后部相连；下次脊与下外脊的交会处常发育有小但清楚的下中尖；起于下中尖的下外中脊有可能会出现(引自 Maridet et al., 2011b)。

描述 臼齿低冠，齿尖比齿脊相对显著。主尖大小近等、舌侧位置相对比颊侧的稍靠前；上臼齿三根，下臼齿双根。

M1 前边尖大，简单、不对称(颊侧的较大)，前壁未见有分开前边尖的沟。前边脊显著，伸达原尖和前尖基部。前小脊低而短，从原尖前臂伸向前边尖舌后侧基部；在 6 枚牙齿中，4 枚有一低弱的前小脊刺；无明显的原脊 I，原脊 II 短、横向或稍后向与原尖后臂或内脊连接；中脊低弱，位于中间谷后部、靠近后尖，长短不一，但超过半长者只有一枚；在 7 枚牙齿中，后脊或横向与次尖连接(4 例)，或前指与次尖前臂相连(1 例)，或后伸至后边脊(2 例)；后边脊完整，伸达后尖后部；内脊低，但清楚，圆弧形弯曲，连接次尖的前臂和原脊；在一枚牙齿中，前尖具有指向颊侧、很弱的后刺。内谷宽阔、近横向，向外延伸未超过齿宽之半；前边谷和中间谷宽大，向内延伸超过齿宽之半，后边谷很狭窄。

M2 次方形，后部比前部略窄。前边脊舌侧支和颊侧支都很显著，前者陡、后者平缓，分别伸达原尖和前尖基部；原脊 I 发育，与原尖前臂连接，原脊 II 甚弱且不完整；中脊也低弱，但伸达颊侧；后脊与原脊平行，与内脊后部连接；后边脊完整，伸达后尖颊后基部，在低处封闭宽大的后边谷；内脊显著，呈新月形弯曲，连接次尖前臂和原尖后臂。原谷和前边谷清楚；中间谷比内谷宽大，两者的横向延伸都达到齿宽之半。

M3 次三角形，后部收缩。前边脊颊侧支比舌侧支显著；原脊 I 发育，近与前边脊连接，原脊 II 不完整；后尖很退化；原尖和次尖间有封闭内谷的脊。

m1 前后向延伸。下前边尖大，单一，宽脊形。下前边脊显著，近半圆形，两边分别伸达下原尖和下后尖基部；下前小脊低弱，前方伸达下前边尖后侧基部，后方与下原尖前臂和下后脊形成的"轭"相连；在 2 枚牙齿中都有横向或稍前指的下后脊 I，但没有下后脊 II；下中脊位于中间谷前部，低弱，但近伸达齿缘；下次脊横向，与下次尖前臂连接；下后边脊完整；下外脊低弱，连接下次尖与下原尖。下外谷宽阔，指向前方；中间谷宽大，向外延伸超过齿宽之半。

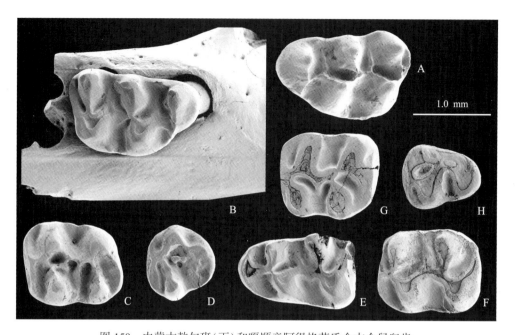

图 150 内蒙古敖尔班(下)和嘎顺音阿得格苏氏众古仓鼠臼齿

Fig. 150 Molars of *Democricetodon sui* from the Aoerban (L) and Gashunyinadege, Nei Mongol

A. l M1 (V 19781.1), B. r M1 (V 19781.2), C. r M2 (V 19781.3), D. l M3 (反转 reversed, V 19781.4), E. l m1 (V 19781.5), F. l m2 (V 19781.6), G. r m2 (V 19784), H. l m3 (V 19781.7);冠面视(occlusal view)

m2 次长方形。下前边脊颊侧支显著,伸达下原尖基部,舌侧支发育较弱;下后脊 I 与下原尖前臂合并连接于短的下前小脊,无下后脊 II;下中脊长,伸达或近伸达齿缘;一枚牙齿具有残留下外中脊的痕迹;下次脊横向或稍前指,与下外脊后部相连;下后边脊完整、显著,伸达下内尖舌后侧基部;下外脊明显,新月形,连接下次尖前臂与下原尖后臂。下外谷略前指向;下原谷清楚,但下前边谷很窄。

m3 前部与 m2 的相似,但后部的下次尖、下内尖明显退化,两者融会成牙齿后方嵴,下外脊低弱,未见下中脊,下外谷宽深、横向。

比较与讨论 上述敖尔班和嘎顺音阿得格地点的仓鼠标本,M1 和 m1 前边尖简单,M2 有双原脊,表明了其具有 *Democricetodon* 的形态特征。但这些牙齿的尺寸小,齿尖弱,M1 几乎看不到有原脊 I 的痕迹,后脊多横向与次尖连接,M2 的原脊 II 甚弱,M1 和 M2 中脊较短,使其很容易与前述 *D. lindsayi* 的区别开来,也不同于内蒙古中部地区个体较小的 *D. tongi* 者。

材料不多的这一小型众古仓鼠,不仅在个体上与新疆准噶尔盆地早中新世的 *Democricetodon sui* 标本很接近,而且在形态上也十分相似,如齿冠低,齿尖简单,第一臼齿的前边尖不分开,M1 原脊通常单一,M2 原脊 I 比原脊 II 发育,中脊短、在 M1 中靠后尖、在 m1 中靠下后尖,m1 和 m2 下后脊和下次脊接近横向等(见 Maridet et al., 2011b)。两者的不同仅仅是内蒙古标本的尺寸略微大些,M1 和 m1 的前边尖稍宽,M1 前小脊刺略明显、存在后指向的后脊(在新疆的 4 枚 M1 中,后脊横向或略前指,而在内蒙古的 7 枚牙齿中有 2 枚的后脊后指与后边脊连接)。内蒙古标本和新疆标本都不多,这些细微形态的不同属于不同种的差异还是相同种的变异,目前尚难断定。就现有材料,将内蒙古标本指定为新种似乎也不可取,因此这里暂时将其归入 *D. sui*。但无论如何,内蒙古标本所具有与新疆标本不同的特征,特别是其略大的尺寸,较宽的 M1 前边尖,以及 M1 存在一定数量后指向的后脊,这些特征属于众古仓鼠的衍生性状,或许表明内蒙古种群比新疆种群进步些。也就是说,内蒙古含 *D. sui* 层位的时代可能与新疆的很接近,但会稍晚些。

童氏众古仓鼠 *Democricetodon tongi* Qiu, 1996

(图 151;表 59)

Democricetodon sp.: Maridet et al., 2011b, p. 400

Democricetodon sp. 3（Gashunyinadege）, *D.* sp. 2（Upper Aoerban）: Qiu Z D et al., 2013, p. 177, appendix

归入标本　苏尼特左旗嘎顺音阿得格：IM 0401 地点, 臼齿 6 枚（2 M1, 1 M2, 2 M3, 1 m2）, V 19785.1-6; IM 0406, 臼齿 4 枚（2 M3, 1 m1, 1 m2）, V 19786.1-4。苏尼特左旗敖尔班(上)（IM 0772 地点）: 臼齿 4 枚（2 M2, 1 m1, 1 m2）, V 19787.1-4。苏尼特左旗巴伦哈拉根（IM 0801 地点）: 臼齿 11 枚（5 M1, 3 m1, 3 m2）, V 19788.1-11。

测量　见表 59。

表 59　内蒙古嘎顺音阿得格、敖尔班(上)与巴伦哈拉根童氏众古仓鼠颊齿测量

Table 59　Measurements of molars of *Democricetodon tongi* from Gashunyinadege, Aoerban（U）

and Balunhalagen, Nei Mongol（mm）

Tooth	Length			Width		
	N	Mean	Range	N	Mean	Range
M1	6	1.53	1.50-1.55	7	1.00	0.95-1.08
M2	3	1.22	1.15-1.25	3	1.00	0.96-1.05
M3	4	0.79	0.75-0.80	4	0.86	0.85-0.90
m1	4	1.30	1.30-1.30	3	0.93	0.90-0.95
m2	6	1.20	1.10-1.30	6	1.02	0.94-1.10

特征（修订）　小型古仓鼠, 齿冠低, 齿尖相对粗壮。M1 的前边尖宽、个别标本有微弱分开的趋向, 原脊经常不完整, 后脊横向或后指向; M2 中原脊 I 明显比原脊 II 发育。M1 和 M2 中脊低且长; m1 和 m2 下次脊横向或稍前向, 与下外脊的后部相连。

描述　臼齿低冠, 齿尖比齿脊醒目。舌侧主尖位置比颊侧的稍靠前; 上臼齿三根, 下臼齿双根。

M1 前边尖大、简单、不甚对称, 前壁在 4 枚牙齿中有 1 枚具宽而浅的沟, 有把前边尖分开的趋势。前边脊显著, 通常伸达原尖和前尖基部。前小脊低、短, 从原尖前臂伸向前边尖舌后基部; 一枚牙齿有低弱的前小脊刺; 仅一枚具有明显的原脊 I, 原脊 II 短、稍后向与原尖后臂或内脊连接; 中脊低, 其中一枚的伸达齿缘; 后脊或横向与次尖连接（1/5）, 或略后向与次尖后臂相连（1/5）, 或后向与后边脊相连（3/5）; 后边脊完整, 伸达后尖后部; 内脊低、近直, 连接次尖前臂和原脊。内谷宽阔、近横向, 向外延伸近达齿宽之半; 前边谷和中间谷宽大, 向内延伸也近达齿宽之半, 后边谷则很狭窄或无。

M2 次方形, 后部比前部略窄。前边脊舌侧支和颊侧支显著, 前者较陡、后者平缓, 分别伸达原尖和

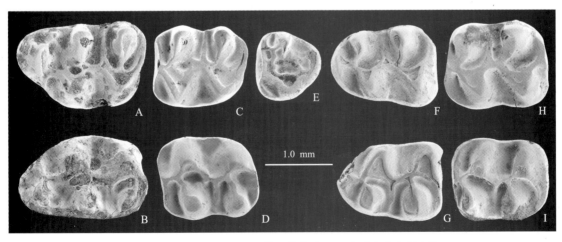

图 151　内蒙古嘎顺音阿得格和敖尔班(上)童氏众古仓鼠臼齿

Fig. 151　Molars of *Democricetodon tongi* from Gashunyinadege and Aoerban（U）, Nei Mongol

A. l M1（V 19785.1）, B. r M1（V 19785.2）, C. l M2（V 19785.3）, D. r M2（V 19787.1）, E. l M3（V 19786.1）, F. l m1 （V 19788.1）, G. r m1（V 19787.2）, H. l m2（V 19787.3）, I. l m2（反转 reversed, V 19788.2）; 冠面视（occlusal view）

前尖基部；原脊 I 发育，与前小脊或原尖前臂连接，原脊 II 稍弱；中脊低，伸达颊侧；后脊与原脊平行，与内脊后部连接；后边脊完整，伸达后尖颊后基部，在低处封闭宽大的后边谷；内脊显著，呈新月形弯曲，连接次尖前臂和原尖后臂。原谷和前边谷清楚；中间谷和内谷宽大，两者的横向延伸都达到齿宽之半。

M3 次三角形，后部收缩。前边脊颊侧支比舌侧支显著；原脊 I 发育，原脊 II 不完整；中脊尚清晰；后尖很退化；原尖和次尖间有封闭内谷的脊。

m1 短粗，前后向不特别延伸。下前边尖小，不分开。下前边脊显著，伸达下原尖和下后尖基部；下前小脊低、短，前方伸达下前边尖后侧基部，后方与下原尖前臂和下后脊形成的"轭"相连；在两枚牙齿中都有稍前指向的下后脊 I 而无下后脊 II；下中脊长，近伸达齿缘；下次脊略前指向，与下次尖前臂连接；下后边脊短；下外脊低弱，近直，连接下次尖与下原尖。下外谷和中间谷宽大，近对称，横向延伸近达齿宽之半。

m2 次长方形。下前边脊颊侧支发育，伸达下原尖基部，但舌侧支很弱；下前小脊短，后端与下后脊和下原尖前臂形成的"轭"连接；下后脊 I 发育，无下后脊 II；下中脊低，位于下中间谷靠近下后尖一侧，在 5 枚牙齿中 3 枚伸达齿缘；下次脊横向或稍前指，与下外脊后部或下次尖前臂相连；下后边脊完整、显著，伸达下内尖舌后侧基部；下外脊明显，新月形，连接下次尖前臂与下原尖后臂。下外谷略向前指；下原谷清楚，但下前边谷很窄。

比较与讨论　上述敖尔班和嘎顺音阿得格标本代表个体较小的一种众古仓鼠，牙齿尺寸与 *Democricetodon sui* 和 *D. tongi* 的模式标本接近，或许比前者稍大，比后者略小。在形态上它们之间也有许多相似之处，如齿冠都较低，M1 前边尖简单、无明显分开的趋向，原脊 I 通常很不发育，前尖无后刺，M2 双原脊的对称发育不明显，m1 相对短宽，下前边尖简单，下前边脊半圆形，无下外中脊，下中脊长等。但其齿尖相对粗壮，以及 M1 的前边尖较宽而与 *D. sui* 有所不同；相对而言，与 *D. tongi* 的模式标本形态更为接近，因而标本被归入 *D. tongi*。当然，它与通古尔组发现的 *D. tongi* 标本也还有细微的差异，如除个体似乎较小外，M1 原脊 I 的发育程度较低，尚存后脊明显横向的标本。敖尔班和嘎顺音阿得格的层位比通古尔组的低，化石所具有的这些形态差异，可能属于较原始的性状，指示了这两个群体的生存时代可能略早。

Maridet 等（2011b）描述过新疆准噶尔盆地 XJ 99005 地点的几件标本，指名 *Democricetodon* sp.。这一众古仓鼠的未定种，与 *D. sui* 共生，但个体稍大，齿尖较粗壮，M1 的前边尖宽度大、具有后指向的后脊，确实与内蒙古这些标本还有些不同，但无论在牙齿尺寸还是形态上与内蒙古上述的 *D. tongi* 材料都很接近，很可能属于相同的种。

亚洲已知的众古仓鼠，在牙齿的一般形态上与欧洲及地中海周边地区发现的种类十分相似，看不到有明显地区上的差异。因此，目前难以确定欧亚众古仓鼠的系统关系，亚洲众古仓鼠系统关系的重建也有待更多材料的发现。

苏尼特鼠属（新属）*Sonidomys* gen. nov.

模式种　*Sonidomys deligeri* sp. nov.：内蒙古通古尔，中中新世，通古尔期。

属名由来　Sonid，英译蒙语的"苏尼特"，mys，鼠（拉丁文），示新属发现于内蒙古的苏尼特右旗。

归入种　仅模式种。

特征　中等大小的古仓鼠。门齿孔后缘位于 M1 前缘前方，臼齿低冠，齿尖丰满（inflated），上臼齿舌侧尖的前臂和下臼齿颊侧尖的后臂明显粗壮。M1 和 M2 的原脊和后脊单一、后向，内谷窄、横向；m1 和 m2 的下后脊和下次脊单一、多少前向，下外谷横向、近对称；m2 和 m3 下前边脊的舌侧支融会或接近融会于下后尖；M1 的前边尖和 m1 的下前边尖宽大而简单。上臼齿三齿根，下臼齿双齿根。

差异特征　在牙齿的形态上，*Sonidomys* 属与 *Democricetodon* 和 *Copemys* 属有许多相似之处，但个体较大，大小仅次于非洲的 *D. walkeri*，M1 和 M2 只有后向的原脊 II（见 Wood，1936；Fahlbusch，1964；Tong et Jaeger，1993）。*Sonidomys* 属与 *Spanocricetodon* Li，1977 属的不同在于个体大和 m1 与 m2 有明显

的下中脊。它与形态较为接近的 *Ganocricetodon* Qiu, 2001 属的差异在于 M1 前边尖简单和 M1 与 M2 只有单一的原脊。以较大的个体，M1 和 M2 原脊单一、前尖无后刺、仅有三齿根而易于与 *Paracricetulus* Young, 1927 属区别（Qiu, 2001b）。*Sonidomys* 的个体比 *Primus* De Bruijn et al., 1981 属明显大，齿尖也粗壮得多。该属不同于 *Fahlbuschia* Mein et Freudenthal, 1971、*Pseudofahlbuschia* Freudenthal et Daams, 1988 和 *Karydomys* Theocharopoulos, 2000 属在于 M1 与 M2 只有单原脊，另外，其个体较前两者大，又以 M1 和 M2 只有后向的原脊和没有前尖后刺、m1 下前边尖的位置相对较远离下原尖和下后尖而区别于最后一种。*Sonidomys*、*Collimys* Daxner-Höck, 1972 的 M1 和 M2 虽然都没有前指向的原脊，但 *Collimys* 的个体小、M1 有显著的前小脊刺、m1 的前叶较复杂。*Sonidomys* 属的齿尖丰满，不像 *Rotundomys* Mein, 1966 那样呈脊形。此外，*Sonidomys* 属以 m1 仅有单一的下前小脊或没有后指向的下后脊也可以区别于 Cricetodontinae 亚科中的 *Cricetodon* 属（见 De Bruijn et al., 1993）和 Cricetinae 亚科中的 *Cricetulodon* 属（见 Hartenberger, 1966b）。

德氏苏尼特鼠（新属、新种）*Sonidomys deligeri* gen. et sp. nov.

（图 152；表 60）

名称由来　献给大力支持我们野外工作的内蒙古锡林郭勒盟文化站站长德力格尔先生。

正模　附有左 M1 的破碎上颌骨（V 19789）。

副模　臼齿 18 枚（2 M1, 2 M2, 2 M3, 6 m1, 2 m2, 4 m3），V 19790.1–18。

模式产地与层位　苏尼特右旗呼-锡公路原里程碑 346 km 附近上红层（346 地点）；中中新统，通古尔组中部（通古尔期中期）。

测量　见表 60。

表 60　内蒙古 346 地点德氏苏尼特鼠臼齿测量

Table 60　Measurements of molars of *Sonidomys deligeri* from Loc. 346, Nei Mongol（mm）

Tooth	Length			Width		
	N	Mean	Range	N	Mean	Range
M1	3	2.28	2.25–2.35	3	1.53	1.50–1.55
M2	2	1.63	1.60–1.65	2	1.35	1.30–1.40
M3	2	1.43	1.40–1.45	2	1.30	1.25–1.35
m1	5	1.94	1.90–2.00	5	1.37	1.35–1.40
m2	2	1.73	1.70–1.75	2	1.48	1.45–1.50
m3	3	1.33	1.30–1.40	4	1.18	1.10–1.25

特征　同属。

描述　门齿孔后缘位于 M1 前方约 1 mm 处。齿尖粗壮，相对比齿谷醒目，齿脊显著；主尖大小近等；上臼齿舌、颊侧主尖近对位排列，下臼齿舌侧主尖位置比颊侧的稍靠前；上臼齿三根，下臼齿双根。

M1 前边尖简单、宽且强大；前边脊横向，舌侧支和颊侧支分别伸达原尖和前尖基部，但未完全封闭原谷和前边谷；前小脊粗壮，从原尖前臂向前伸至前边尖后方中部；在一枚牙齿中残留有紧靠前边脊的前小脊刺；在 3 枚牙齿中，原脊 I 都缺失，但有短粗、与原尖后臂连接的原脊 II；中脊中等长，靠近后尖；后脊后指向与后边脊相连；后边脊甚弱，但尚完整，伸达后尖后部；内脊短，后部显著，连接次尖和原脊。原谷明显，但向内延伸未达齿宽之半；内谷狭窄、横向，向外延伸达齿宽之半左右；前边谷和中间谷显著，向后延伸，内伸超过齿宽之半；后边谷甚窄，牙齿稍经磨蚀即会消失。

M2 前边脊颊侧支比舌侧支显著，前者平缓，后者陡峻，分别伸达前尖和原尖基部；前小脊粗壮，斜向连接原尖前臂与前边脊中部；两枚牙齿都缺少原脊 I，原脊 II 很完整，连接原尖后臂或内脊前部；中脊在一枚牙齿中长度中等，靠近后尖，在另一枚中游离、伸达齿缘；后脊单一，与后边脊连接；后边脊完整，伸达后尖；内脊短、弯曲，后部十分粗壮，连接次尖与原脊。原谷狭窄；内谷宽，横向，近对称，向外延伸近达齿宽之半；前边谷和中间谷显著，向后延伸，向内延伸超过齿宽之半；后边谷甚窄。

M3 次三角形。前边脊颊侧支比舌侧支长而显著；前小脊短粗；两枚牙齿都有低的原脊 I；中脊伸至齿缘；次尖很退化，后尖完全退化成脊。

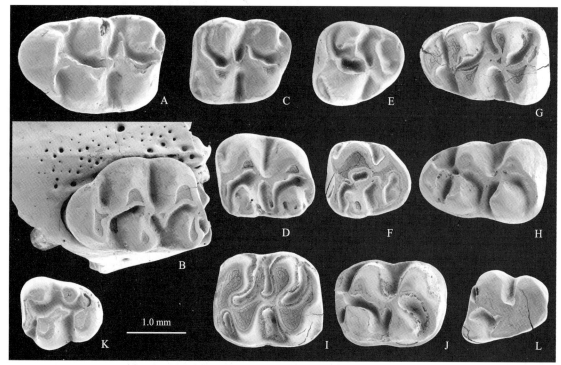

图 152　内蒙古 346 地点德氏苏尼特鼠臼齿

Fig. 152　Molars of *Sonidomys deligeri* from Loc. 346, Nei Mongol

A. l M1（正模 holotype, V 19789），B. l M1（反转 reversed, V 19790.1），C. l M2（V 19790.2），D. r M2（V 19790.3），E. r M3（反转 reversed, V 19790.4），F. r M3（V 19790.5），G. l m1（V 19790.6），H. r m1,（V 19790.7），I. l m2（V 19790.8），J. r m2（V 19790.9），K. l m3（V 19790.10），L. r m3（V 19790.11）；冠面视（occlusal view）

m1 的下前边尖显著，呈单一尖状，位于牙齿正前方；下前边脊发达，颊侧支比舌侧支长，分别伸向下原尖和下后尖基部；下前小脊低弱，前端连接下前边尖，后端与下原尖前臂和下后脊 I 形成的"轭"相连，该脊在一个牙齿中完全缺失；下后脊 I 短粗，下后脊 II 缺如；下中脊伸向下后尖，但未与其相连，在 6 枚牙齿中 3 枚伸达齿缘，2 枚中长，1 枚短；下次脊短，稍前指与下外脊连接；下后边脊粗壮，伸至下内尖基部，在低处封闭下后边谷；下外脊完整、弯曲，连接下次尖与下原尖。下原谷显著，向内延伸未达齿宽之半；下外谷宽阔，横向，近对称，向内延伸达齿宽之半；下前边谷下舌侧在低处封闭；下中间谷和下后边谷显著，伸向前外，向外延伸超过齿宽之半。

m2 下前边脊颊侧支发育，舌侧支短、靠近下后尖（稍经磨蚀即融会于下后尖）；下后脊 I 与下原尖分开地与下前边脊连接，无下后脊 II；下中脊长或中等长，都有靠近下后尖的趋向；在 2 枚牙齿中都未见下外中脊；下次脊前向，与下外脊相连；下后边脊完整，与下内尖连接，封闭下后边谷；下外脊显著，弯曲，连接下次尖前臂与下原尖后臂。下原谷狭小，向内延伸未达齿宽之半；下外谷窄宽，横向，近对称，向内延伸达齿宽之半左右；下前边谷很小，随着磨蚀很快消失；下中间谷和下后边谷显著，伸向前外，向外延伸超过齿宽之半。

m3 构造与 m2 的相似，但后部退化。下前边脊颊侧支在磨蚀轻微的牙齿中与下后尖分开，并围成很窄浅的下前边凹，稍磨蚀即与下后尖融会；下后脊 I 与下前边脊连接，无下后脊 II；下中脊极弱。后部的齿尖退化，但构造要素清晰，下内尖醒目，下后边谷分明。

讨论　在牙齿的形态上，新种 *Sonidomys deligeri* 与前述的 *Democricetodon* 属和下述的 *Cricetodon* 属有许

多相似之处，如牙齿齿冠较低，咀嚼面构造丘-脊型，M1 的前边尖和 m1 的下前边尖构造简单，中脊长度变异明显，M1 和 M2 有小的后边谷等。但它们又有明显的不同。与 Democricetodon 的差异主要是个体较大，齿尖相对于齿谷较醒目，上臼齿舌侧尖前臂和下臼齿颊侧尖后臂明显发育，M1 和 M2 只有单一、后向的原脊和后脊，内谷很窄且横向，m1 和 m2 的下外谷较横向且近对称。其个体比 Cricetodon 的小，而更为明显的不同是 m1 未见双下前小脊，缺失后向的下后脊。与两者相比，Sonidomys deligeri 的形态似乎与 Democricetodon 更为相似，或许说明它们有较接近的系统关系。作为一个新属，它不仅与 Democricetodon 和 Cricetodon 属的界限清楚，而且与我国目前发现的古仓鼠亚科的成员，如 Spanocricetodon、Primus 和 Ganocricetodon 等属也易区分，表明它代表古仓鼠亚科在亚洲多样性中的又一属级成员。

Sonidomys deligeri 具有 *Democricetodon* 属中较进步种类的形态特征，如较大的个体，粗壮的齿尖和宽大的 M1 前边尖等，似乎有理由推测它从后者衍生而来。但目前新属只见于内蒙古的 346 地点，并与中中新世常见的成员共生，更耐人寻味的是，它不仅未在一些化石较为丰富的早中新世地点（如敖尔班和嘎顺音阿得格）中被发现，也未出现在任何晚中新世、甚至是化石种类和数量都相当丰富的默尔根动物群，似乎在内蒙古中部地区出现的时间很短，其系统演化关系亦还有待更多材料的发现和进一步的研究。

巨尖古仓鼠属 *Megacricetodon* Fahlbusch, 1964

模式种 *Cricetodon gregarius* Schaub, 1925：法国 La Grive，中中新世，阿斯塔拉斯期，MN 7/8。

归入种 *Megacricetodon* 属除模式种外，已描述的至少有 *M. minor* (Lartet, 1851)，*M. bourgeoisi* (Schaub, 1925)，*M. crusafonti* (Freudenthal, 1963) 等 20 种以上，主要出现于早中新世晚期至晚中新世的早期。在我国，目前较为确定的只有 *M. sinensis* Qiu et al., 1981 和 *M. yei* Bi et al., 2008 两种，出现于早—中中新世，发现江苏和北方的蒙新高原地区。

特征 个体很小至中等大小。下颌支与齿列方向斜交，但夹角没有 *Democricetodon* 属的大；颏孔位于齿虚位高处，冠面视颏孔可见或被遮掩；咬肌脊非常发达，下咬肌脊弯曲；下门齿齿尖比臼齿咀嚼面低；侧视，m3 部分被上升支遮掩。臼齿低冠，相对比 *Democricetodon* 的细长；上臼齿三根；M1 前边尖分开；M1 和 M2 的前尖可能有后刺，但从不成连续的外脊；M1 的中脊长度发育变异大；总有后边谷，但可能会很小；原尖和前尖间的连接只有单脊或不对称的双脊。下臼齿双根；m1 下前边尖简单或分开；下中脊长度变异大；m3 很退化，为齿列中最短者，但有下中脊（依 Mein et Freudenthal, 1971 修订）。

评述 *Megacricetodon* 属分布于欧亚大陆的中新世，主要见于中中新世地层。该属的亚科分类位置尚有争议，在未得到确定之前，本书赞同 Mein 和 Freudenthal (1971) 的意见，根据头骨和颅后骨骼的形态特征暂将其置于 Cricetodontinae 亚科。

Megacricetodon 也为一多型属，常与 *Democricetodon* 属共生。在内蒙古中部地区，这一属的化石相当常见，从早中新世的敖尔班下红层至晚中新世的必鲁图地点都有发现。其中通古尔台地默尔根地点的材料已作过详细的描述（Qiu, 1996b）。

中华巨尖古仓鼠 *Megacricetodon sinensis* Qiu, Li et Wang, 1981

(图 153-155；表 61)

Megacricetodon cf. *M. sinensis*：Wang et al., 2009, p. 122, table 1

Megacricetodon sp. (Upper Aoerban, Gashunyinadege and Tairum Nur)：Qiu Z D et al., 2013, p. 177, appendix

归入标本 苏尼特左旗敖尔班（下）（IM 0407 地点）：臼齿 2 枚（1 M1，1 M2），V 19791.1-2。苏尼特左旗嘎顺音阿得格：IM 9605 地点，臼齿 11 枚（2 M1，1 m1，6 m2，2 m3），V 19792.1-11；IM 9606，破碎的上颌骨 3 件，分别具 M1-破损 M3、M2-3 和 M2-破损 M3，具 m1 的破碎下颌支 1 件，臼齿 23 枚（3 M1，3 M2，2 M3，8 m1，5 m2，2 m3），V 19793.1-27；IM 0401，臼齿 21 枚（4 M1，4 M3，6 m1，2 m2，5 m3），V 19794.1-21；IM 0406，臼齿 10 枚（3 M2，3 M3，3 m1，1 m2），V 19795.1-10。苏尼特左旗敖尔班（上）（IM 0772 地点）：一具 m2-3 的破碎下颌支，82 枚臼齿（19 M1，21 M2，2 M3，16 m1，20 m2，4 m3），V 19796.1-83。苏尼特右旗推饶木地点：M2 一枚，V 19797。苏尼特右旗呼-锡公路原里程碑

346 km 附近上红层（346 地点）：具 m1-2 破碎右下颌支 1 件，臼齿 132 枚（26 M1，34 M2，40 m1，29 m2，3 m3），V 19798.1-133。阿巴嘎旗呼-锡公路原里程碑 482 km 处（乌兰呼苏音，IM 9604 地点）：具 m1 破碎右下颌支 1 件，臼齿 10 枚（1 M1，4 M2，1 M3，2 m1，2 m2），V 19799.1-11。苏尼特左旗巴伦哈拉根（IM 0801 地点）：臼齿 27 枚（8 M1，2 M2，1 M3，8 m1，6 m2，2 m3），V 19800.1-27。苏尼特左旗必鲁图（IM 0501 地点）：臼齿 3 枚（1 m1，1 m2，1 m3），V 19801.1-3。

测量 见表 61。

表 61 内蒙古中部中华巨尖古仓鼠臼齿测量
Table 61 Measurements of molars of *Megacricetodon sinensis* from central Nei Mongol（mm）

Tooth	Length			Width		
	N	Mean	Range	N	Mean	Range
敖尔班+嘎顺音阿得格 Aoerban+Gashunyinadege						
M1	29	1.52	1.45-1.60	32	0.97	0.90-1.06
M2	28	1.11	1.00-1.20	26	0.98	0.90-1.05
M3	12	0.99	0.85-1.15	12	0.73	0.65-0.80
m1	29	1.37	1.25-1.50	26	0.89	0.85-1.00
m2	33	1.13	1.05-1.20	34	0.94	0.85-1.00
m3	15	0.99	0.95-1.05	15	0.81	0.75-0.90
346 地点 Loc. 346						
M1	15	1.46	1.35-1.55	21	0.93	0.85-1.00
M2	33	1.05	1.00-1.10	32	0.91	0.80-1.00
m1	32	1.30	1.25-1.40	37	0.84	0.75-0.95
m2	30	1.07	1.00-1.15	30	0.88	0.80-0.95
m3	3	0.97	0.90-1.05	3	0.77	0.75-0.80

特征 个体小，齿冠较低的一种巨尖古仓鼠。M1 具有明显双分、大小常不等的前边尖；m1 呈短宽的楔形，下前边尖简单、不分开；齿脊弱；上、下臼齿的中脊低、长短不一；M1 和 M2 前尖后刺不发育（引自 Qiu，1996b 修订）。

描述 上、下颌骨保存都不好，仅见门齿孔后缘大体与 M1 前缘持平，大的颏孔位于 m1 前腹侧，不甚显著的上、下咬肌嵴前方会聚于 m1 前根之下。臼齿丘-脊型，齿尖相对比齿脊显著；主尖锐利，大小近等；上臼齿舌侧主尖位置比颊侧的多少靠前，下臼齿舌侧主尖位置则比颊侧的明显靠前；上、下中尖都不发育；上臼齿三根，下臼齿双根。

M1 前边尖为明显的纵向沟分成舌侧小、颊侧大的两个小尖（似乎高层位标本的纵向沟比低层位的稍深些），多数标本小尖的后方由弱脊相连。部分牙齿有低的前齿带。前边脊几乎不发育。前小脊低、短，从原尖前臂向前或伸至前边尖舌侧的小尖（多数），或连接两小尖间的脊（少数）；很个别的牙齿中有极短的前小脊刺或其痕迹。无原脊 I，原脊 II 短、横向或稍后向与原尖后臂连接。中脊长短不一，多为中长—长，多数呈游离状，少数伸向后尖。后脊单一，少数略前向或横向与次尖或其前臂连接，多数或后向与次尖后臂或后边脊相连（图 155）。后边脊低，通常未封闭小的后边谷。内脊短、直，连接次尖前臂和原脊。前尖后刺不发育，少量标本中呈雏形，仅在个别牙齿中与中脊连接。内谷宽阔、横向，不甚对称，向外延伸达齿宽之半；原谷显著，但外伸未达齿宽之半；前边谷和中间谷向后延伸，内伸超过齿宽之半；后边谷甚为狭小。多数牙齿具有弱的内齿带。

M2 前边脊颊侧支和舌侧支近同等发育，前者平缓，后者较陡峻，分别伸向前尖和原尖基部。前小脊短、粗，前部与前边脊中部连接。原脊前指向，与原尖前部或前臂连接，少量牙齿中有原脊 II。中脊长短不一，多为中长。后脊通常单一，但在低层位地点（如嘎顺音阿得格和敖尔班上红层）有少量双后脊者；指向与连接方式有异，或前向与次尖前臂连接，或横向与次尖相连，或后向与次尖后臂或后边脊连接，低层位标本中后脊后向者比例较高，高层位标本中前向者比例较高（图155）；后脊在很少数标本中短缺。后边脊完整，伸至后尖基部。内脊完整，稍弯曲。少量牙齿有短的前尖后刺，后刺与中脊相连者极少。内谷、前边谷和后边谷形状与M1的相似，但原谷甚窄，后边谷的颊侧在低处封闭。多数牙齿内谷舌缘有弱的内齿带。

M3次三角形。前部构造无异于M2者，但后部的次尖和后尖，包括中脊都十分退化。内谷小，近对称。

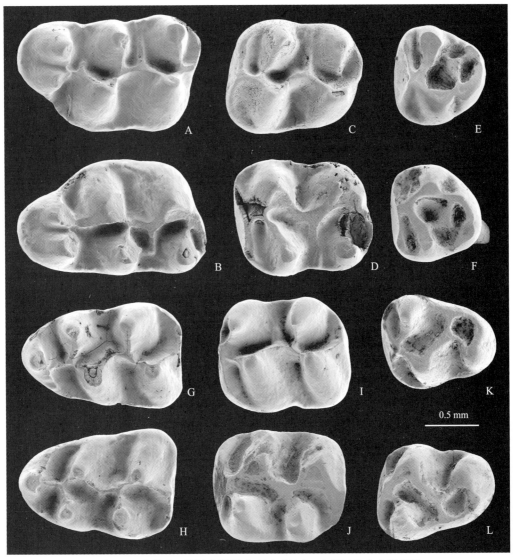

图153　内蒙古嘎顺音阿得格与敖尔班(上)中华巨尖古仓鼠臼齿
Fig. 153　Molars of *Megacricetodon sinensis* from Gashunyinadege and Aoerban (U)，Nei Mongol
A. l M1 (V 19796.1)，B. r M1 (V 19796.2)，C. l M2 (V 19796.3)，D. r M2 (V 19796.4)，E. l M3 (V 19794.1)，F. r M3 (V 19796.5)，G. l m1 (V 19796.6)，H. r m1，(V 19796.7)，I. l m2 (V 19796.8)，J. r m2 (V 19793.1)，K. l m3 (V 19794.2)，L. r m3 (V 19792.1)；冠面视(occlusal view)

m1下前边尖单一，尖状，位于牙齿前中部。下前边脊显著，锐利，颊侧支比舌侧支长，分别伸至下原尖和下后尖基部。下前小脊低弱，甚至中断(少量)，前端伸达下前边尖后方或稍偏颊侧处，后端多与下原尖前臂或下原尖前臂和下后脊Ⅰ形成的"轭"连接，少量与下后尖相连。下后脊单一、前指向与下原尖前臂或下前小脊连接。下中脊甚为低弱，甚至缺失，长伸达齿缘者很少，多数短至中长；伸向下后尖；很少数牙齿具有清楚的下外中脊。下次脊短，稍前指与下外脊连接。下后边脊粗壮，伸至下内尖基部，

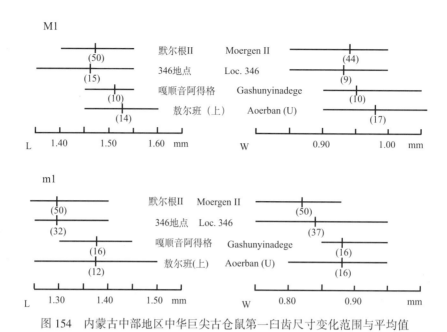

图 154 内蒙古中部地区中华巨尖古仓鼠第一臼齿尺寸变化范围与平均值

Fig. 154 Size ranges and averages of length and width in the first molars of *Megacricetodon sinensis* from central Nei Mongol

在低处封闭下后边谷。下外脊完整，弯曲，连接下次尖与下原尖。下外谷宽阔，稍前向，向内延伸达齿宽之半；下原谷和下前边谷较小，横向延伸都近达齿宽之半；下中间谷和下后边谷均显著，略向前延伸，向外延伸超过齿宽之半。

m2 下前边脊颊侧支发育、伸至下原尖颊侧前基部，舌侧支短、靠近下后尖或在部分标本中融会于下后脊和下后尖；下后脊单一，前伸至牙齿中部与下前边脊相连；下中脊见于多数牙齿，但一般都短，中长者少，伸达齿缘者更少；多数指向下后尖后基部；未见下外中脊。下次脊前向，与下外脊相连。下后边脊完整，舌侧伸至下内尖，在低处封闭下后边谷。下外脊显著，微弯，连接下次尖与下原尖。下外谷、下中间谷和下后边谷形状与 m1 的相似，但下原谷和下前边谷甚窄，下前边谷甚至消失。部分牙齿具弱的外齿带。

m3 前部构造与 m2 者无异，后部的下次尖十分退化，退化的下内尖几乎融会于连接下后尖与下次尖的舌后嵴，同时通过下次脊与下原尖的后臂相连；偶见下中脊的痕迹。下外谷宽、近对称，具封闭状态的下后边谷。

Megacricetodon sinensis 此前在内蒙古中部地区默尔根 II 发现的材料较多，下为对该地点标本形态变异的再观察：

M1 中分开前边尖的前沟一般深且明显，个别标本中舌侧前边尖的大小与颊侧的接近；在 51 枚牙齿中 26 枚的前边尖前壁有发育程度不同的齿带；前小脊前端伸至舌侧前边尖的占 15/46；残留的前小脊刺见于一例；原脊和后脊单一，前者或近横向与原尖后臂连接或稍后向与内脊前部相连，后者在 46 枚牙齿中 6 枚的近横向与次尖连接，22 枚与次尖后臂连接，18 枚与后边脊相连；48 枚牙齿中，中脊长的占 7 例、中长 18 例、短 16 例，缺失 7 例；前尖有后突的 4 枚，有明显后刺的 2 枚，其中一枚的后刺与中脊相

图 155 内蒙古中部地区中华巨尖古仓鼠臼齿的主要形态变异 ⟶

Fig. 155 Main morphological variation of molars of *Megacricetodon sinensis* from central Nei Mongol

A. M1 前小脊刺的发育情况和前小脊的连接方式（development of anterolophule spur and connection of anterolophule of M1）见箭头所指处（see arrow）；B. M1 后脊的连接方式和前尖刺的发育情况（connection of metaloph and development of paracone spur of M1）；C. M2 原脊的型式和后脊的连接方式（pattern of protoloph and connection of metaloph of M2）；D. M2 前尖刺的发育情况（development of paracone spur of M2）；E. m1 下前小脊和下中脊的发育情况（development of anterolophulid and mesolophid of m1）

A 地点与标本数						
敖尔班(上) IM 0772	N 0 \ 0	0 \ 0	1 \ 8.4%	11 \ 91.6%	8 \ 61.5%	5 \ 38.5%
嘎顺音阿得格 Gashunyinadege	N 0 \ 0	0 \ 0	0 \ 0	10 \ 100.0%	7 \ 70.0%	3 \ 30.0%
346地点 Loc. 346	N 0 \ 0	0 \ 0	4 \ 18.2%	18 \ 81.8%	11 \ 57.9%	8 \ 42.1%
默尔根II Moergen II	N 0 \ 0	0 \ 0	1 \ 2.2%	45 \ 97.8%	15 \ 32.6%	31 \ 67.4%

B 地点与标本数						
敖尔班(上) IM 0772	N 0 \ 0	5 \ 26.3%	14 \ 73.7%	15 \ 78.9%	3 \ 15.8%	1 \ 5.3%
嘎顺音阿得格 Gashunyinadege	N 0 \ 0	0 \ 0	10 \ 100.0%	8 \ 80.0%	2 \ 20.0%	0 \ 0
346地点 Loc. 346	N 1 \ 4.0%	8 \ 32.0%	16 \ 64.0%	14 \ 56.0%	5 \ 20.0%	6 \ 24.0%
默尔根II Moergen II	N 0 \ 0	6 \ 13.0%	40 \ 87.0%	42 \ 87.5%	5 \ 10.4%	1 \ 2.1%

C 地点与标本数						
敖尔班(上) IM 0772	N 20 \ 95.2%	1 \ 4.8%	3 \ 15.0%	8 \ 40.0%	6 \ 30.0%	3 \ 15.0%
嘎顺音阿得格 Gashunyinadege	N 4 \ 44.4%	5 \ 55.6%	1+3* \ 33.3%	0 \ 0	5+3* \ 66.7%	0 \ 0
346地点 Loc. 346	N 27 \ 79.4%	7 \ 20.6%	30 \ 88.2%	4 \ 11.8%	0 \ 0	0 \ 0
默尔根II Moergen II	N 31 \ 86.1%	5 \ 13.9%	30 \ 83.3%	6 \ 16.7%	0 \ 0	0 \ 0

* 为双后脊 with double posterolophs

D 地点与标本数			
敖尔班(上) IM 0772	N 15 \ 75.0%	5 \ 25.0%	0 \ 0
嘎顺音阿得格 Gashunyinadege	N 8 \ 88.9%	1 \ 11.1%	0 \ 0
346地点 Loc. 346	N 18 \ 52.9%	9 \ 26.5%	7 \ 20.6%
默尔根II Moergen II	N 24 \ 66.7%	10 \ 27.8%	2 \ 5.5%

E 地点与标本数						
敖尔班(上) IM 0772	N 0 \ 0	12 \ 100.0%	2 \ 12.5%	2 \ 12.5%	9 \ 56.3%	3 \ 18.7%
嘎顺音阿得格 Gashunyinadege	N 0 \ 0	19 \ 100.0%	1 \ 5.3%	2 \ 10.5%	13 \ 68.4%	3 \ 15.8%
346地点 Loc. 346	N 7 \ 17.5%	33 \ 82.5%	1 \ 2.5%	2 \ 5.0%	28 \ 70.0%	9 \ 22.5%
默尔根II Moergen II	N 4 \ 8.0%	46 \ 92.0%	0 \ 0	1 \ 2.0%	37 \ 74.0%	12 \ 24.0%

连。M2 在 36 件标本中，5 件除具原脊 I 外尚有低弱的原脊 II；原脊 I 与原尖前臂连接的占 27 例，与原尖相连 9 例；中脊长的有 6 枚、中长 15 枚、短 12 枚，缺失的 3 枚；后脊单一，一般前指向，6 例的近横向与次尖中部连接；前尖具有后突或后刺的占 12 例，后刺与中脊相连的 2 例；2 例具有弱的内中脊。M3 中部分具弱小的后尖，原尖和次尖间常有齿脊相连，部分标本有"轴脊"。m1 的下前小脊中断或接近中断的占 4 例，其后端与下后尖连接的 7 例；下中脊在 12 枚牙齿中缺如，一枚的中等长，其余都短；在一枚牙齿中有明显的下外中脊。m2 的下中脊在 7 件标本中缺失，其余的中等长或短。m3 的下内尖退化，并通过下次脊与下原尖相连；未见有下中脊的痕迹。

比较与讨论 上述材料产自内蒙古中部地区几个不同的地点和层位，其中以敖尔班上红层、嘎顺音阿得格、346 地点和默尔根 II 地点的标本较多，为种内的个体和形态变异提供了良好的信息。巴伦哈拉根、必鲁图和 482 地点的材料少些，但牙齿的个体和形态也完全落入上述地点标本的变异范围之内。敖尔班下红层只有两枚臼齿，而且这两枚牙齿都具有明显的风化和溶蚀现象，因此不排除其为从上部层位中冲流下来的可能性。也不排除巴伦哈拉根和必鲁图标本为下部层位再搬运的产物。

这些不同地点的牙齿在尺寸上十分接近，在基本构造上也显示了明显的一致性，但仍能观察到以下的差异：

在牙齿的尺寸上，似乎可以分成两组，即默尔根和 346 地点标本的尺寸较为接近，敖尔班上红层和嘎顺音阿得格地点的较为接近，而前者第一臼齿尺寸的平均值比后者的稍小，但它们的个体变异范围是重叠的（图 154）。

在牙齿的形态上，比较明显的不同似乎在于：1）在较高层位的默尔根和 346 地点的 M1 中，分开前边尖的前沟更深、舌侧前边尖相对比颊侧的发育；2）在较低层位地点的嘎顺音阿得格和敖尔班上红层标本的 M1 中，后脊多向后与次尖后臂或后边脊相连，少见有横向与次尖连接者（在其他地点的牙齿中或多或少有这一构造）；3）在敖尔班上红层的 M2 中，具双原脊者极少；4）在敖尔班上红层和嘎顺音阿得格地点的 M2 中，后脊前向与次尖前臂连接的比例明显较少、后向与后边脊连接的较多，前尖的后突或后刺也相对少见；5）敖尔班上红层和嘎顺音阿得格地点的 m1 中，下前小脊虽然也十分低弱，但较完整，几乎没有中断现象（这一脊在默尔根和 346 地点的少量牙齿中缺失或中断）；6）默尔根和 346 地点的 m1，下中脊相对更退化（图 155）。

从上述的比较看，敖尔班上红层和嘎顺音阿得格标本在牙齿尺寸和形态上比较接近而多少有别于默尔根和 346 地点者。这些不同似乎可以将标本分成两个类型，但在笔者看来，差异细微，不足以将其分成不同的种。这些差异只不过系不同时代种群在牙齿性状上的反映，而新增加材料的基本形态与通古尔台地默尔根 II 发现的 *Megacricetodon sinensis* 标本的形态特征完全一致，可以视为相同的种。

Megacricetodon 亦为多型属，出现的时代和分布地区与 *Democricetodon* 属很相似。在我国发现于长江以北，主要在蒙古高原和西北地区，除 *M. sinensis* 外报道过的尚有 *M. pusillus*、*M. yei*。Bi 等（2008）认为 *M. pusillus* 和 *M. sinensis* 的大小和形态相似，可能是同物异名。现在看来，他们的这一认定显然有理，两者的牙齿形态确实没有明显的不同，"*M. pusillus*" 很可能属于 *M. sinensis* 中的个体较小者。*M. sinensis* 与旧大陆已知种有过较为详细的比较（邱铸鼎，1996b），这里不再赘述。*M. yei* 牙齿尺寸的变异范围与 *M. sinensis* 的高度重叠，但其平均值明显大，与 *M. sinensis* 的主要不同还在于 M1 的前小脊刺、M1 和 M2 的前尖后刺，以及 M2 的双原脊较为多见。江苏泗洪的 *M. sinensis* 种群，在牙齿尺寸和形态上与敖尔班上红层和嘎顺音阿得格的似乎更为接近，或许说明它们处于接近的演化水平（Qiu，2010）。

从以上不同层位发现的材料看，*Megacricetodon sinensis* 在内蒙古中部似乎具有以下的演化趋向：个体变小；M1 前边尖的分离越来越明显，前小脊逐渐向颊侧偏移，M2 的后脊前指向越来越多，前尖后刺逐渐发育；m1 的前小脊退化。

古仓鼠属 *Cricetodon* Lartet, 1851

模式种 *Cricetodon sansaniensis* Lartet, 1851：法国桑桑盆地，中中新世，阿斯塔拉斯期。

归入种 *Cricetodon wanhei* Qiu, 2010：江苏，早中新世。*C. sonidensis* sp. nov.：内蒙古，早中新世/中

中新世。*C. versteegi* De Bruijn et al., 1993：土耳其 Kilçak 3a，早中新世。*C. kasapligili* De Bruijn et al., 1993：土耳其 Keseköy，早中新世。*C. tobieni* De Bruijn et al., 1993：土耳其 Horlak 1a，早中新世。*C. candirensis* Tobien, 1978：土耳其 Çandir，中中新世。*C. pasalarensis* Tobien, 1978：土耳其 Paşalar，中中新世；*C. cariensis* Sen et Ünay, 1979：土耳其 Sariçay，中中新世。*C. aliveriensis* Klein Hofmeijer et De Bruijn, 1988：希腊 Aliveri，早中新世。*C. aureus* Mein et Freudenthal, 1971 和 *C. meini* Freudenthal, 1963：法国 Vieux Collonges，早或中中新世；*C. albanensis* Mein et Freudenthal, 1971：法国 La Grive，中中新世。*C. hungaricus* Kordos, 1986：匈牙利 Haszons，中中新世。*C. jotae* Mein et Freudenthal, 1971：西班牙 Manchones，中中新世。

特征(修订)　古仓鼠亚科中个体小、中等或较大的一属，颊齿低冠，齿尖鼓胀。m1 的下前边尖成圆形的小尖，多数标本具有双下后脊或仅有下后脊 II；M1 前边尖单一或双分；m2 下前边脊的颊侧支与下后脊 II 融合；M1 和 M2 三或四齿根；下臼齿无游离的下次尖后臂(依 De Bruijn et al., 1993 所赋的特征修订)。

评述　*Cricetodon* 的种类比较多，主要见于欧洲和小亚细亚的下中新统和中中新统，在远东地区此前仅发现于我国江苏泗洪下中新统的下草湾组 (De Bruijn et al., 1993；Rummel, 1999；Qiu, 2010)。*Cricetodon* 属似乎具有以下的演化趋向，个体增大、M1 和 M2 的齿根增加、外脊发育、后脊越来越后指而导致后边谷逐渐缩小乃至消失，上臼齿的中脊和外中脊、下臼齿的下中脊和下外中脊退化，以及 m1 的下后脊 I 和第三臼齿退化。当然，也同样存在演化特征的镶嵌现象。

在内蒙古中部地区，这一属仅发现在敖尔班地区的上红层和巴伦哈拉根层，化石不是很丰富。

苏尼特古仓鼠(新种) *Cricetodon sonidensis* sp. nov.

(图 156；表 62)

Cricetodon sp. 1：Wang et al., 2009, p. 122, table 1
Cricetodon sp. 1：Qiu Z D et al., 2013, p. 177, appendix

名称由来　示新种发现地内蒙古苏尼特左旗。

正模　左 M1 (V 19802)。

副模　破碎上颌骨、下颌支各一件(分别附有 M1 和 m2)，臼齿 17 枚(3 M1, 4 M2, 3 M3, 3 m1, 3 m2, 1 m3)，V 19803.1–19。

模式产地与层位　苏尼特左旗敖尔班(上)(IM 0772 地点)；下中新统，敖尔班组，上(红色泥岩)段(山旺期)。

测量　见表 62。

表 62　内蒙古敖尔班(上)苏尼特古仓鼠臼齿测量

Table 62　Measurements of molars of *Cricetodon sonidensis* from Aoerban (U)，Nei Mongol (mm)

Tooth	Length			Width		
	N	Mean	Range	N	Mean	Range
M1	5	2.70	2.60–2.90	5	1.79	1.65–2.00
M2	3	2.18	2.10–2.25	4	1.84	1.75–1.90
M3	2	1.90	1.90–1.90	3	1.73	1.70–1.75
m1	3	2.60	2.50–2.70	3	1.68	1.60–1.75
m2	4	2.20	2.15–2.25	4	1.84	1.80–1.85
m3	1	–	2.15	1	–	1.65

特征　*Cricetodon* 属中个体中等大小者。齿冠较低，齿尖相对弱；上臼齿三齿根，外脊极弱，磨蚀早期保留清楚、开放的后边谷；M1 的前边尖分开微弱，原脊单一；M2 的前边脊舌侧支和前内谷不甚发育；M3 的构造较简单；m1 和 m2 有清楚的下外中脊；m1 具双下后脊，但下后脊 II 发育弱。

描述　所保存的上颌骨和下颌支都很破碎，但可见颧弓的起始和门齿孔的终止处于距 M1 前缘 0.4 mm 的相同水平线上，下颌骨的咬肌附着嵴很显著，前端伸达 m1 的前齿根，下颌支在 m2 下方的高度约为 5.0 mm。白齿齿冠不高，齿尖鼓胀，齿脊相对不甚显著，齿谷较窄。上白齿舌、颊侧主尖对位排列，而下白齿舌侧主尖比颊侧的位置明显靠前；白齿中尖弱，后边尖不发育；上白齿三齿根，下白齿双根。

M1 前叶中等大小。前边尖为一前边沟分成舌侧小、颊侧稍大的两个小尖，但前边沟很浅，以致在轻微磨蚀的牙齿中分开的前边尖都会消失而变成单尖；在 5 枚牙齿中，2 枚前边尖具伸达原尖的颊侧脊。前小脊显著，从原尖前臂直伸前边尖舌侧，在一枚牙齿中前小脊分叉，前端分别与前边尖的舌侧和颊侧连接；在 3 件标本中有一短的前小脊刺；无原脊 I，但有短、连接内脊的原脊 II；所有牙齿都有中脊，但长短不一，未见伸达颊缘者，超过半长也少；后脊与原脊平行，向后与后边脊相连；后边脊低弱，伸达后尖后部，与后脊围成后边谷，后边谷在中等磨蚀阶段的牙齿中仍然开放；内脊短、粗，稍弯曲，从次尖前臂伸达原脊。

M2 前边脊舌侧支很弱，颊侧支粗壮、伸达或接近伸达前尖；原脊略后向，与内脊连接；中脊短或半长；后脊与原脊平行，连接后边脊或次尖后臂；后边脊低弱，伸达后尖后壁，围成很小的后边谷；内脊显著，从次尖前臂伸达原脊。牙齿的前内角有一沟状、弱小的前内谷。在 4 枚牙齿中，3 枚具前尖后刺的雏形。

M3 前部构造与 M2 的相似，只是原脊较为横向；中脊在 3 枚牙齿中都伸达齿缘；后脊前向，与次尖

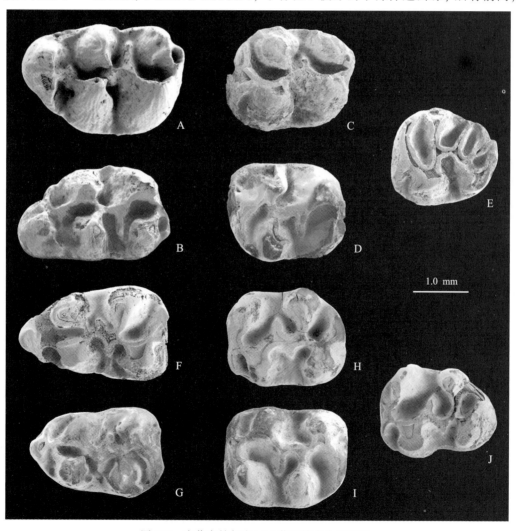

1.0 mm

图 156　内蒙古敖尔班(上)苏尼特古仓鼠白齿

Fig. 156　Molars of *Cricetodon sonidensis* from Aoerban（U），Nei Mongol

A. l M1（正模 holotype，V 19802），B. r M1（V 19803.1），C. l M2（V 19803.2），D. r M2（V 19803.3），E. l M3（V 19803.4），F. l m1（V 19803.5），G. r m1（V 19803.6），H. l m2（V 19803.7），I. r m2（V 19803.8），J. l m3（V 19803.9）；冠面视（occlusal view）

前臂连接，并与后边脊围成小但清楚的后外凹。

m1 下前边尖单一，位于牙齿前中部，具有逐渐向下延伸至下原尖前外侧基部的颊侧支；下前小脊低弱，连接下原尖前臂与下前边尖颊侧基部；在 3 枚牙齿中都有很短弱甚至断开的下后脊 II，2 枚具连接下前小脊的下后脊 I；下中脊短；低或短的下外中脊见于所有的 3 件标本；下次脊短，略前向与下次尖前臂或下外脊后部连接；下后边脊粗壮，伸达下内尖后基部，围成宽阔的后内谷；下外脊发育，弯曲，连接下次尖与下原尖。下外谷宽，近对称，向外延伸近达齿宽之半。

m2 下前边脊颊侧支发育，伸达下原尖基部，舌侧支模糊甚至完全缺失；下原尖前臂及下后脊 I 分开地与下前小脊连接；下后脊 I 融会于下前边脊颊侧支，无下后脊 II；下中脊游离，短至中长，5 枚牙齿中 3 枚具有下外中脊的痕迹；下次脊横向，与下外脊后部相连；下后边脊显著，几乎伸达下内尖；下外脊粗壮，短而较直。下外谷宽，近对称，向外延伸未达齿宽之半。

m3 与 m2 构造相似，但下次尖和下内尖明显退化，下次尖与下后边脊愈合成牙齿后方显著的齿尖。下中脊（或游离的下原脊后臂）和下外中脊依然明显；下次脊横向，与下外脊连接。

比较与讨论　De Bruijn 等（1993）在研究东地中海地区的仓鼠时，重新赋予了 *Cricetodon* 属的特征。上述标本的形态，符合该属征，即颊齿低冠，齿尖鼓胀，m1 的下前边尖圆形、界线清楚和具有双下后脊，M1 的前边尖单一或双分，m2 下前边脊的颊侧支与下后脊 II 融会，下白齿无游离的下次尖后臂。因此，敖尔班上红层的标本被归入 *Cricetodon* 属。

Cricetodon 属在中国目前仅有发现于江苏泗洪的 *C. wanhei* 一种（Qiu, 2010）。新种牙齿尺寸与 *C. wanhei* 的接近，但 M1 和 M2 只有三齿根、中脊较显著、前尖的后刺更弱，M1 的前边脊和后边谷较显著，M2 有稍明显的前边脊舌侧支和较清楚的前内谷，M3 的内谷没有 *C. wanhei* 常见的那样为原尖和次尖间出现的脊所封闭，m1 和 m2 的下外中脊较为明显。

Cricetodon 属在国外现知种中，M1 和 M2 具三齿根的只有发现于小亚细亚的 *C. versteegi*、*C. kasapligili* 和 *C. tobieni*（De Bruijn et al., 1993）。新种以较大的个体，M1 前边尖不明显分开、原脊单一且相对较为后向，M2 的前边脊舌侧支及前内谷较弱，m1 下次尖的前指向不那么明显，易于与 *C. versteegi* 区分。其牙齿尺寸依然比 *C. kasapligili* 和 *C. tobieni* 的大，另外 M2 的前边脊舌侧支及前内谷没有那样显著，而且 m1 具有双下后脊，与后两者也有所不同。

与中中新世的已知种（即欧洲的 *Cricetodon hungaricus*、*C. sansaniensis*、*C. jotae*、*C. albanensis* 和小亚细亚的 *C. candirensis*、*C. pasalarensis* 及 *C. cariensis*）相比，除 M1 和 M2 的齿根数不同外，新种 *C. sonidensis* 还以较小的个体，较弱的上白齿外脊，较清楚的上白齿后边谷，极弱的 M2 前边脊舌侧支，m1 具双下后脊而与它们有明显的区别。*C. sonidensis* 与 *C. meini* 个体接近，但其 M1 和 M2 只有三齿根，M1 的外脊不那么发育、后边谷和中脊不甚退化，M2 前边脊的舌侧支和前内谷不明显，m1 具双下后脊。在某些方面，如上白齿外脊和后边谷的发育程度、m1 具双下后脊和明显的下外中脊、以及第三白齿的轮廓与构造等，新种与 *C. aliveriensis* 多少相似，但其 M1 的前边尖没有那样分开，M2 前边脊的舌侧支较退化、前内谷不清楚，使两者仍有区别。

根据牙齿的尺寸大小、形态特征以及齿根数推测，新种 *Cricetodon sonidensis* 似乎代表演化上较为原始的一种，但它比个体较小、形态更原始的 *C. versteegi*、*C. kasapligili* 和 *C. tobieni* 还是要进步些，而比个体较大、牙齿形态具有明显衍生性状和四齿根的中中新世的种类显然原始。在这些方面，特别是其接近的牙齿尺寸，具弱的上白齿外脊和较清楚的后边谷，单一的 M1 原脊，成双的 m1 下后脊等，新种与 *C. wanhei*、*C. meini* 和 *C. aliveriensis* 相对近似，这种相似也许表明了它们处于较为接近演化阶段。目前还很难确定其指示的准确时代，但从新种在属中的演化水平看，它所代表的时代为早中新世晚期或中中新世的早期，即大体与欧洲 MN4-5 时代相当的可能很大。

冯氏古仓鼠（新种）*Cricetodon fengi* sp. nov.

（图 157；表 63）

Cricetodon sp. 2；Wang et al., 2009, p. 122, table 1

Cricetodon sp. 2：Qiu Z D et al., 2013, p. 177, appendix

名称由来 种名献给中国科学院古脊椎动物与古人类研究所的冯文清先生，感谢他长期以来在野外考察工作中的大力协助。

正模 左 M1（V 19804）。

副模 臼齿 3 枚（1 M2，1 M3，1 m2），V 19805.1-3。

模式产地与层位 苏尼特右旗呼-锡公路原里程碑 346 km 附近上红层（346 地点）；中中新统，通古尔组中部（通古尔期中期）。

归入标本 苏尼特左旗巴伦哈拉根（IM 0801 地点）：臼齿 13 枚（5 M1，2 M2，1 m1，5 m2），V 19806.1-13。苏尼特左旗必鲁图（IM 0510 地点）：臼齿 6 枚（1 M1，3 M2，2 m1），V 19807.1-6。

测量 见表 63。

表 63 内蒙古中部冯氏古仓鼠臼齿测量

Table 63 Measurements of molars of *Cricetodon fengi* from central Nei Mongol（mm）

Tooth	Length			Width		
	N	Mean	Range	N	Mean	Range
346 地点 Loc. 346						
M1	1	–	3.20	1	–	1.95
M2	1	–	2.40	1	–	2.05
M3	1	–	1.60	1	–	1.60
m2	1	–	2.15	1	–	1.75
巴伦哈拉根 Balunhalagen						
M1	4	2.94	2.80-3.10	5	1.87	1.85-1.90
M2	2	2.22	2.15-2.28	2	1.80	1.70-1.90
m1	1	–	2.40	1	–	1.50
m2	4	2.29	2.18-2.40	4	1.74	1.55-1.90
敖尔班（上）Upper Aoerban						
M1	5	2.70	2.60-2.90	5	1.79	1.65-2.00
M2	3	2.18	2.10-2.25	4	1.84	1.75-1.90
M3	2	1.90	1.90-1.90	3	1.73	1.70-1.75
m1	3	2.60	2.50-2.70	3	1.68	1.60-1.75
m2	4	2.20	2.15-2.25	4	1.84	1.80-1.85
m3	1	–	2.15	1	–	1.65
必鲁图 Bilutu						
M1	1	–	3.00	1	–	1.80
M2	3	2.22	2.20-2.25	3	1.85	1.80-1.90
m1	2	2.73	2.70-2.75	2	1.73	1.65-1.80

特征 与 *Cricetodon sonidensis* 相似，但个体较大，齿冠较高，齿尖相对强壮。第一臼齿的前边尖宽；上臼齿有较明显的外脊；M1 的前边尖分开略明显，后边谷甚弱、磨蚀早期即封闭；M2 的前边脊舌侧支相对显著；m1 的双下前小脊较发育。

描述 臼齿齿冠比 *Cricetodon sonidensis* 的稍高，齿尖鼓胀、明显比齿脊醒目，齿谷适度发育。上臼齿舌、颊侧主尖近对位排列，中尖弱，没有后边尖；下臼齿舌侧主尖位置比颊侧的略靠前，下中尖弱，下后边尖不发育；上臼齿只有两枚 M2 保存有齿根，一枚为四根（舌侧根分开），另一枚为三根（舌侧根愈合）；下臼齿两根。

M1 前叶中等大小。前边尖似比 *Cricetodon sonidensis* 的稍宽，前壁有一浅但明显的前边沟，颊侧具有伸向原尖的前边脊。前小脊粗壮，后部与原尖连接，前部与舌侧前边尖相连；在 7 枚牙齿中，4 枚的前小脊分叉，形成伸向或伸达颊侧前边尖的前小脊刺；原脊单一，略后向，与原尖后臂和内脊连接；中脊短，只在必鲁图标本中达到半长；后脊低、短，向后与后边脊相连；后边脊弱，伸达后尖后部，与后脊围成小、封闭的后边谷，但在正模中未见有后边谷的痕迹；内脊短、粗，稍弯曲，连接次尖前臂与原脊。内谷略伸向前外，向根部明显变窄，向外延伸达齿宽之半。

M2 前边脊舌侧支很弱甚至缺失，但总比 Cricetodon sonidensis 的明显些，颊侧支稍显著，伸达或接近伸达前尖；原脊短，略后指向，与内脊连接；中脊短或达半长；后脊后指，伸向后边脊；后边脊低、弱，伸达后尖后壁，把后边谷围成很小的齿坑；内脊显著，从次尖前臂伸达原脊。牙齿的前内角多有一沟状、弱小的前内谷。在 6 枚牙齿中，4 枚具明显的前尖后刺。

M3 三角形，前部构造与 M2 的相似，只是原脊较为横向，内脊与原尖颊侧连接。中脊伸达齿缘。后部的次尖和后尖退化。

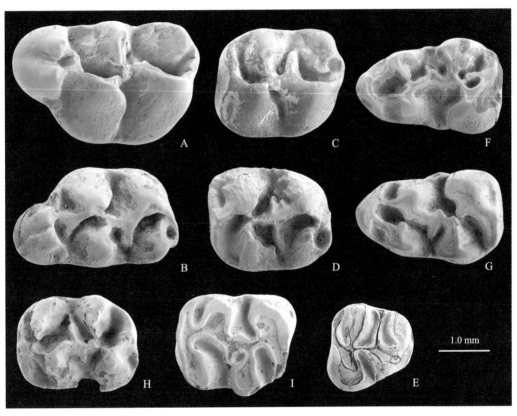

图 157　内蒙古中部冯氏古仓鼠臼齿

Fig. 157　Molars of *Cricetodon fengi* from central Nei Mongol

A. l M1（正模 holotype, V 19804）, B. r M1（V 19807.1）, C. l M2（V 19805.1）, D. r M2（V 19806.1）, E. l M3（V 19805.2）,

F. l m1（V 19807.2）, G. r m1（V 19807.3）, H. l m2（V 19806.2）, I. r m2（V 19806.3）；冠面视（occlusal view）

m1 下前边尖单一，位于牙齿前中部，具有逐渐向下延伸至下原尖前外侧基部的前边脊颊侧支；下前小脊明显，3 枚牙齿中都有完整的双下前小脊（其中舌侧的亦视作下后脊 I），分别从下原尖前臂和下后尖前臂直伸下前边尖的颊后侧和舌后侧；下后脊 II 短、弱，在磨蚀早期甚至断开；下中脊短；下外中脊低、短；下次脊短，近横向与下外脊后部连接；下后边脊粗壮，伸达下内尖后基部，围成宽阔的后边谷；下外脊发育，弯曲，前端与下原尖连接。下外谷宽阔，近对称，向根部明显变窄，向外延伸近达齿宽之半。

m2 似长方形。下前边脊颊侧支发育，伸达下原尖基部，在磨蚀早期的牙齿中可以观察到弱的下前边舌侧支；下原尖前臂及下后脊 I 前端分开地与下前小脊连接；下后脊 I 融会于下前边脊的颊侧支，无下后脊 II；下中脊游离，短至中长，5 枚牙齿中的 2 枚具有下外中脊的痕迹；下次脊横向，与下外脊后部相连；下后边脊显著，几乎伸达下内尖；下外脊粗壮，短而近直，连接下次尖和下原尖。下外谷宽，近对称，向外延伸未达齿宽之半。

比较与讨论 上述标本发现于 346 地点、巴伦哈拉根和必鲁图地点，层位相对比发现 *Cricetodon sonidensis* 的敖尔班上红层高。这些牙齿的基本构造和特征与 *C. sonidensis* 的很相似，只是个体稍大，齿冠较高，齿尖相对强壮，M1 和 m1 的前边尖较宽，M1 和 M2 有较明显的前尖后刺，M1 前壁的前边沟较明显、前边尖的分开稍显著，m1 有较强大的双下前小脊。虽然在尺寸和形态上这些牙齿与 *C. sonidensis* 的差异不十分显著，但似乎也不宜将其归入相同的种，现有的材料尚能将其与 *C. sonidensis* 标本分开，故暂指定为新种。新种 *C. fengi* 与 *C. sonidensis* 形态上的相似，似乎说明两者有较接近的亲缘关系，前者很可能就是后者的直接后裔，其所具有的一些不同的形态特征，显然属于较为进步的性状。

需要一提的是，必鲁图的化石层位属于晚中新世的河流相堆积，化石组合含有典型中中新世至晚中新世的成员，沉积物和化石的特征都说明必鲁图动物群会有所混杂（Wang et al.，2009）。不排除新种 *Cricetodon fengi* 在这一地点的化石属于早期沉积物的再堆积。

近古仓鼠亚科（新亚科） Plesiodipinae subfam. nov.

模式属 *Plesiodipus* Young，1927：甘肃永登泉头沟，中中新世，通古尔期。

亚科定义 个体中—大型，牙齿中等高冠，咀嚼面构造尖-脊型的一类古仓鼠。M1 和 m1 的前边尖通常横宽、简单；M1 的中脊、外脊及 m1 的下中脊、下内脊极弱或无；M1 和 M2 的后脊通常后向与后边脊连接，没有开放的后边谷；M2 和 M3 前边脊的颊侧支与原尖融合，前边脊的舌侧支和原谷几乎或完全缺失；m1 总有显著的前向下后脊；m2 和 m3 下前边脊的颊侧支与下后尖融合，下前边脊的舌侧支和下前边谷几乎、或完全缺失；上臼齿的前尖、次尖与强大的内脊，下臼齿的下原尖、下内尖与发育的下外脊联合、或倾向于联合形成"中间斜脊"。

归入属 *Plesiodipus* Young，1927：中国蒙新高原及周边地区，中中新世—晚中新世。*Gobicricetodon* Qiu，1996：中国蒙新高原，中中新世—晚中新世；俄罗斯贝加尔，中中新世。*Khanomys* gen. nov.：中国内蒙古中部地区，晚中新世。*Rhinocerodon* Zazhigin，2003：中国内蒙古中部地区，晚中新世；哈萨克斯坦，晚中新世—早上新世。*Tsaganocricetus* Topachevsky et Skorik，1988：哈萨克斯坦，早中新世。

评注 该亚科的牙齿形态与 Eucricetodontinae 和 Cricetodontinae 亚科的较接近，但其 M1 和 M2 的后脊后向与后边脊融合，上、下第二和第三臼齿的舌侧前边脊几乎或完全缺失，臼齿的部分齿尖和齿脊有联合形成强大"中间斜脊"的趋势。其上臼齿后脊与后边脊融合，以及舌侧前边脊在第二和第三臼齿中与颊侧前方主尖的融合，无疑属于仓鼠类的衍生性状；形成"中间斜脊"的趋势被认为是该亚科的独有衍征。

Plesiodipinae n. subfam. 等同于 Gobicricetodontinae Qiu，1996。鉴于这一亚科的 *Plesiodipus* 属最先被描述，建议选用这一亚科有代表性，且在中中新世地层中很常见的 *Plesiodipus* 作为模式属，并用 Plesiodipinae 取代 Gobicricetodontinae 亚科。

该亚科为亚洲古北区特有的一类古仓鼠，在内蒙古中部地区发现的材料丰富，包括了上述除 *Tsaganocricetus* 外的 4 个属。

近古仓鼠属 *Plesiodipus* Young，1927

模式种 *Plesiodipus leei* Young，1927；甘肃永登县泉头沟，中中新世，通古尔期。

归入种 *Plesiodipus progressus* Qiu，1996：内蒙古，中中新世晚期—晚中新世（通古尔期—灞河期）。*P. robustus* sp. nov.：内蒙古，晚中新世（灞河期—保德期）。

特征（增订） 个体中等大小的一类古仓鼠，臼齿丘-脊型齿，中—高冠。上臼齿前方舌侧主尖位置相对比颊侧的略靠前，下臼齿舌侧主尖位置则相对比颊侧的明显靠前；上臼齿的颊侧主尖和下臼齿的舌侧主尖呈斜向压扁状；无中尖，中脊或在很轻微磨蚀的牙齿中可能留有痕迹；齿尖和齿脊构成长短不一的三列斜脊，其中中列最长。上臼齿具两个颊侧谷，一或两个舌侧谷，颊侧谷后内向延伸；下臼齿具三个舌侧谷，两个颊侧谷，后两个舌侧谷明显地前外向延伸。M1 和 M2 无外脊，内谷小、近对称、并向根部逐渐变窄；M1 和 m1 的前边尖窄而简单；m1 和 m2 下原尖冠基的外壁陡直，下外谷小、近对称；m1 具双下前小脊或单一、粗壮的下前小脊，下后脊 I 发育，但后脊 II 极少见；m2 与 m3 的下外谷对向下后边谷；m3 与 m2 的长度近等。上、下臼齿的"中间斜脊"很显著。

评述 *Plesiodipus* 属出现于蒙新高原的中新世中期至晚中新世早期的地层，其中的 *Plesiodipus leei* 是中中新世地层较为常见的仓鼠类化石。在内蒙古中部地区包括三个种：*P. leei*，*P. progressus*，*P. robustus*。

李氏近古仓鼠 *Plesiodipus leei* Young，1927

(图 158、159、162；表 64)

Plesiodipus sp.：邱铸鼎、王晓鸣，1999，126 页

选模 杨钟健在描述新种时未指定正模，邱铸鼎(1996b)从其描述的模式标本中选取一具 M1-2 的破碎右上颌骨(Young，1927，Taf. 1，Fig. 27a)作为该种的选模。该标本作为"拉氏收藏品"保存于瑞典乌普萨拉大学博物馆，编号为 M.3417.167。

归入标本 苏尼特右旗推饶木地点：1 枚 m1，V 19808。苏尼特右旗呼-锡公路原里程碑 346 km 附近上红层(346 地点)：6 件破损的上颌骨(其中 2 件附 M1 和 M2，4 件仅附 M1)，5 件破损的下颌支(其中 1 件附 m1-3，2 件附 m1-2，1 件附 m2-3，1 件附 m1)，136 枚臼齿(23 M1，18 M2，20 M3，35 m1，24 m2，16 m3)，V 19809.1-147。苏尼特右旗阿木乌苏地点：M2 和 m2 各 1 枚，V 19810.1-2。苏尼特左旗巴伦哈拉根(IM 0801 地点)：一附 M1 的破损上颌骨，一附 m1-2 的破损下颌支，56 枚臼齿(13 M1，9 M2，2 M3，5 m1，12 m2，15 m3)，V 19811.1-58；苏尼特左旗必鲁图(IM 0510 地点)：5 枚臼齿(1 M2，1 m1，3 m3)，V 19812.1-5。

测量 见表 64。

表 64　内蒙古中部李氏近古仓鼠臼齿测量

Table 64　Measurements of molars of *Plesiodipus leei* from central Nei Mongol（mm）

Tooth	Length			Width		
	N	Mean	Range	N	Mean	Range
346 地点 Loc. 346						
M1	24	2.91	2.55-3.20	25	1.83	1.55-2.05
M2	17	2.24	2.05-2.65	17	1.74	1.65-1.90
M3	20	1.68	1.55-1.85	20	1.50	1.30-1.70
m1	30	2.35	2.10-2.75	33	1.50	1.25-1.70
m2	24	2.23	2.10-2.45	24	1.71	1.55-1.90
m3	16	2.15	1.85-2.35	16	1.56	1.35-1.75
推饶木 Tairum Nur						
m1	1	–	2.35	1	–	1.50
巴伦哈拉根 Balunhalagen						
M1	12	2.88	2.60-3.15	13	1.85	1.70-2.00
M2	8	2.35	2.15-2.55	8	1.81	1.65-2.00
M3	2	1.84	1.83-1.85	2	1.43	1.35-1.50
m1	6	2.33	2.30-2.40	6	1.52	1.45-1.60
m2	12	2.36	2.25-2.50	12	1.72	1.60-1.80
m3	14	2.15	1.85-2.40	14	1.49	1.40-1.65
阿木乌苏 Amuwusu						
M2	1	–	2.55	1	–	1.70
m2	1	–	2.25	1	–	1.65
必鲁图 Bilutu						
M3	1	–	1.70	1	–	1.70
m1	1	–	2.25	1	–	1.50
m3	3	2.18	2.15-2.25	3	1.65	1.50-1.80

特征(修订)　臼齿相对横宽，丘-脊型齿，适度高冠。M1 具两个舌侧谷，原谷明显，在磨蚀轻微的牙齿中偶见中脊的残留痕迹；下臼齿颊侧谷相对宽、深；m1 具双下前小脊，偶见下后脊 II，下后边谷显著。

描述　上颌骨和下颌支都严重破损，在 2 件标本中可见门齿孔后缘与 M1 的前齿根处于同一垂线上，在 4 件标本中颚孔前缘与 M1 中部持平。下颌咬肌窝宽阔而光滑，下咬肌附着嵴粗壮；颏孔不很大，位于 m1 前根约 1 mm 的齿虚位低处。臼齿中度冠高，齿尖和齿脊明显发育。上臼齿颊侧主尖和下臼齿舌侧主尖分别比另一侧的小，而且都呈前内-后外向压扁。上臼齿前方舌侧主尖位置略比颊侧的靠前，下臼齿舌侧主尖则比颊侧的明显靠前。M1 和 M2 颊侧与 m1 和 m2 舌侧各有两醒目、后内向和前外向倾斜的齿谷，冠面上各有三条长短不一、由齿尖和齿脊构成的斜脊。上臼齿原尖内壁和下臼齿下原尖外壁陡直，牙齿磨蚀至中期两齿尖呈方形。上、下臼齿都无中尖，上、下中脊的痕迹只在个别磨蚀十分轻微的标本中才能观察到。上臼齿内谷和下臼齿下外谷并不很大，前者向根部收缩，后者近对称。M1 和 M2 四齿根，M3 三根，下臼齿双根。

M1 前边尖简单、略呈压扁状。前边脊不发育；前小脊短粗，连接原尖前臂和前边尖的后中部；原脊短，与原尖颊侧中部或后部连接；后脊单一，后向与短的后边脊融会；内脊粗壮，连接次尖前臂与前尖形

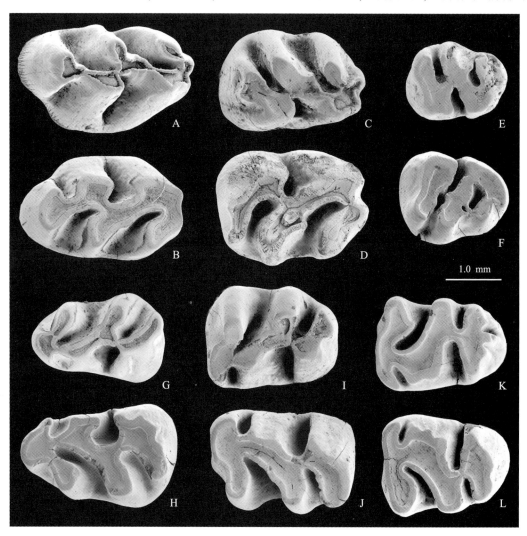

图 158　内蒙古中部李氏近古仓鼠臼齿

Fig. 158　Molars of *Plesiodipus leei* from central Nei Mongol

A. l M1（V 19809.1），B. r M1（V 19809.2），C. l M2（V 19809.3），D. r M2（V 19811.1），E. l M3（V 19809.4），F. r M3（V 19809.5），G. l m1（V 19809.6），H. r m1，（V 19809.7），I. l m2（V 19809.8），J. r m2（V 19811.2），K. l m3（V 19809.9），L. r m3（V 19809.10）；冠面视（occlusal view）

成强大的"中间斜脊"。原谷窄小，但明显，延伸近达冠部；内谷向外延伸达齿宽之半左右；前边谷和中间谷后内向伸达牙齿宽度之半以上。

M2 在轻磨蚀的标本中可以看到一个紧靠原尖的前边尖，稍经磨蚀即与原尖融会，形成牙齿强大的前方斜脊；连接原尖的原脊短而弱，伸至原尖中部；后脊融会于短、弱的后边脊，构成牙齿短的后方斜脊；内脊粗壮，连接次尖与前尖构成强大的"中间斜脊"。没有原谷，其他齿谷的形状与 M1 的相似。

M3 构造大体与 M2 的相似，但后部收缩，次尖和后尖很退化；前尖和后尖间常发育有一纵向齿脊，而且在大部分的牙齿中(16/20)把中间谷封闭。

m1 下前边尖简单、尖状，颊侧有中等发育程度的下前边脊。具有双下前小脊，分别从原尖前臂和下后脊 I 向前会聚于下前边尖，舌侧下前小脊一般发育良好，但在 346 地点少量的标本中(4/25)颊侧下前小脊仅在低处与下前边尖相连；在 346 地点和巴伦哈拉根的牙齿中，除分别有 3 枚和 1 枚的下后尖有一弱脊(疑似下后脊 II)与下原尖连接外，其他标本未见有下后脊 II；个别磨蚀轻微的牙齿保留有下中脊的残留痕迹；下次脊短粗，略前向或横向与下外脊后部连接；下后边脊似尖状，在与下次尖连接处收缩，舌侧远离下内尖；下外脊弯曲，后部发育弱。下原谷和下前边谷小，但清楚，向下延伸近达冠部；下外谷中等大小、近对称，向内延伸未达牙齿宽度之半；下中间谷显著，前部直伸下前边尖之后；下后边谷发育，形状和排列与下中间谷相似，向外延伸达齿宽之半以上。

m2 下前边尖脊形，与下后尖融会构成牙齿前方横棱。下次脊融入下外脊前部，与下内尖及下原尖融会构成"中间斜脊"；下后边脊形状与 m1 的很相似，但下后边谷较短。下原谷小，清楚；下外谷横向，向内延伸未达牙齿宽度之半，对向下后边谷；下前边谷不发育；下中间谷显著，向外延伸达齿宽之半以上；下后边谷短，向外延伸未达齿宽之半，颊端指向下外谷。

m3 长，长度与 m2 的接近，构造与 m2 也很相似，只是后部更收缩。

比较与讨论 *Plesiodipus leei* 系杨钟键(Young, 1927)记述甘肃永登泉头沟化石时建立，最先归入跳鼠科，后经 Schaub (1934)订正并归入仓鼠科。Wood (1935)在报道通古尔"狼营地"的小哺乳动物化石

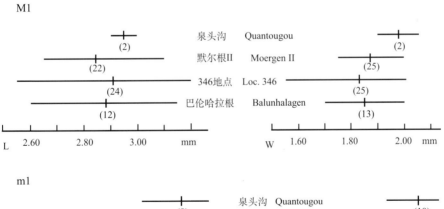

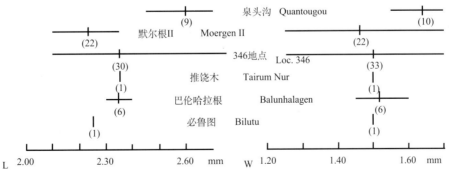

图 159　内蒙古中部和甘肃泉头沟李氏近古仓鼠第一臼齿尺寸变化范围与平均值

Fig. 159　Size ranges and averages of length and width in the first molars of *Plesiodipus leei* from Quantougou, Gansu and central Nei Mongol

泉头沟标本系按本书统一方法重新测量(Data of Quantougou specimens are remeasured)

时，将两枚下臼齿指定为 *Prosiphneus lupines*。20世纪末在通古尔地区的发现表明，所谓"*Prosiphneus lupines*"的牙齿在形态上与 *Plesiodipus leei* 的一致，尺寸接近，因而与通古尔的材料一起被归入该种（邱铸鼎，1996b）。通古尔标本与 *Plesiodipus leei* 模式标本及后来增加的材料，在牙齿尺寸上完全落入正常的变异范围（图159），形态也基本一致，只是内蒙古标本牙齿的齿冠稍高（邱铸鼎，2001a）。这些差异或许指示产出层位的时代和生境上多少有所不同，然而就目前的认识水平无法把甘肃和内蒙古标本界定为不同的种。

上述材料发现于不同地点，虽然牙齿的咀嚼面会因磨蚀阶段的不同而发生一些形态改变，但标本总的构造均一。346地点和巴伦哈拉根地点的标本较多，这两个地点标本的形态差异比较明显的是前者 M1 的原谷较清楚，m1 的双下前小脊分得稍开。但所有标本的形态完全落入默尔根地点 *Plesiodipus leei* 标本的变异范围（邱铸鼎，1996b），尺寸的平均值也很接近（图159），因此把它们都归入相同的一种。

进步近古仓鼠 *Plesiodipus progressus* Qiu, 1996

（图160、162；表65）

Plesiodipus aff. *P. progressus*：Wang et al., 2009, p. 112, table 1

Plesiodipus cf. *P. progressus*（Balunhalagen），*Plesiodipus* aff. *P. progressus*（Bilutu）：Qiu Z D et al., 2013, p. 177, appendix

归入标本　苏尼特左旗巴伦哈拉根（IM 0801 地点）：32 枚臼齿（6 M1, 7 M2, 1 M3, 7 m1, 9 m2, 2 m3），V 19813.1–32；苏尼特左旗必鲁图（IM 0510 地点）：4 枚臼齿（1 残破 m1, 3 m3），V 19814.1–4。

测量　见表65。

表65　内蒙古巴伦哈拉根进步近古仓鼠臼齿测量

Table 65　Measurements of molars of *Plesiodipus progressus* from Balunhalagen, Nei Mongol（mm）

Tooth	Length			Width		
	N	Mean	Range	N	Mean	Range
M1	5	2.86	2.75–3.00	6	1.70	1.50–1.80
M2	7	2.22	2.15–2.45	7	1.56	1.45–1.70
M3	1	–	1.55	1	–	1.35
m1	7	2.23	2.10–2.50	7	1.41	1.25–1.55
m2	9	2.33	2.25–2.45	9	1.54	1.50–1.60
m3	2	1.93	1.85–2.00	2	1.45	1.40–1.50

特征（修订）　臼齿相对狭长，脊型齿，适度高冠。M1 具两个舌侧谷，但原谷甚为浅小；下臼齿颊侧谷相对窄、浅；m1 的下前小脊单一、粗壮，下后边谷甚为窄浅。

描述　臼齿狭长，咀嚼面平坦，适度冠高，脊型齿。舌侧主尖位置或多或少比颊侧的靠前；M1 和 M2 颊侧与 m1 和 m2 舌侧分别各具两明显、后内向和前外向的齿谷，齿尖和齿脊在冠面上构成三条长短不一的斜脊。上臼齿原尖内壁和下臼齿下原尖外壁宽平而陡直。上、下臼齿没有中尖和中脊。上臼齿内谷和下臼齿外谷小而窄。M1 和 M2 四齿根，下臼齿双根。

M1 前边尖简单、呈压扁状。前边脊不发育；前小脊短，与原尖和前边尖连接，构成前部斜向粗脊；原脊短、细弱，与原尖颊侧中后部连接；后脊和后尖与后边脊融会，构成后部斜向短脊；内脊粗壮，连接次尖和前尖组成强大的"中间斜脊"。原谷浅小，下延接近根部；内谷呈"逗号"形，小但尚显著，向下延伸近达齿冠基部，外伸未达齿宽之半；前边谷和中间谷显著，后内向伸达牙齿宽度之半左右。

M2 前边脊与原尖融会，形成牙齿前部强大的长三角形尖；原脊相对弱，连接原尖后中部；后脊和后边脊与后尖融会，形成牙齿后部强大的短脊；内脊粗壮，连接次尖与前尖构成强大的"中间斜脊"。无原谷的痕迹；内谷小，近对称，向根部收缩，向外延伸未达齿宽之半；前边谷和中间谷显著，内伸在牙齿宽度之半左右。

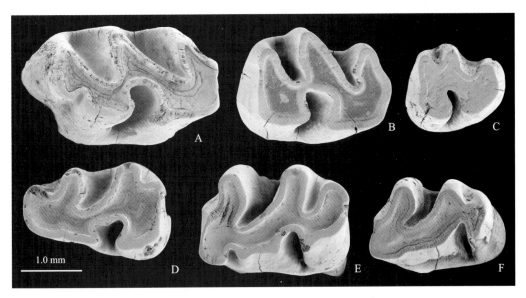

图 160　内蒙古巴伦哈拉根进步近古仓鼠臼齿

Fig. 160　Molars of *Plesiodipus progressus* from Balunhalagen, Nei Mongol

A. l M1（V 19813.1），B. l M2（V 19813.2），C. l M3（V 19813.3），D. l m1（V 19813.4），E. l m2（V 19813.5），

F. l m3（V 19813.6）；冠面视（occlusal view）

M3 构造大体与 M2 的相似，但后部收缩，次尖和后尖很退化，内谷略前指向，前边谷比较浅，中间谷相对宽而浅。

m1 下前边尖简单、粗壮，无明显的下前边脊。标本中，即使磨蚀程度不深也未见有双下前小脊的痕迹，单一的下前小脊短、粗，与下前边尖、下原尖和下后尖融会；下后脊短、前伸，下后脊 II 缺如；下次脊与下内尖、下外脊和下原尖融会，形成中部强大的弧形"中间斜脊"；下后边脊与下次尖融会，形成后部大体与"中间斜脊"平行的强脊；下外脊短、直而粗壮。下原谷浅小，稍经磨蚀即消失；下外谷亦小，向内延伸未达牙齿宽度的三分之一；下前边谷比下原谷稍宽阔；下中间谷前伸未超下原尖的前缘；下后边谷窄而浅，稍经磨蚀即消失。

m2 下前边尖与下后尖融会构成前方斜脊；下次脊与下内尖融入下外脊，并与下原尖融会成弧形的"中间斜脊"；下后边脊强大，融会于下次尖。下原谷很小，中期磨蚀阶段即趋消失；下外谷浅、小，内伸达齿宽三分之一左右，对向下后边谷；下前边谷开阔、构成牙齿前缘舌侧弯曲；下中间谷显著，外伸超过齿宽之半；下后边谷窄、浅，稍经磨蚀即消失。

m3 与 m2 相似，但尺寸较小，后部退化，下原谷和下后边谷更弱。

比较与讨论　上述标本具有与 *Plesiodipus* 牙齿基本一致的特征：上臼齿颊侧主尖和下臼齿舌侧主尖呈斜向压扁状，齿尖和齿脊构成三列斜脊，上臼齿具两个明显、后内向延伸的颊侧谷和一个明显的舌侧谷，下臼齿具三个舌侧谷和两个颊侧谷，M1 和 M2 无外脊，M1 和 m1 的前边尖简单，m1 和 m2 下原尖的外壁陡直，m2 与 m3 的下外谷对向下后边谷。但是，这些牙齿的形态与上述 *Plesiodipus leei* 者有所不同，而与 *P. progressus* 的特征一致，即臼齿较为狭长，更趋脊形，M1 的原谷浅小，下臼齿颊侧谷较窄、浅，以及 m1 的下前小脊单一、下后边谷浅小。

此前 *Plesiodipus progressus* 仅发现于通古尔台地上的默尔根 V（铁木钦地点），材料不多（邱铸鼎，1996b）。巴伦哈拉根和必鲁图标本与默尔根标本的微小差别似乎在于前两者下臼齿的外侧谷更浅、更退化。

粗壮近古仓鼠（新种） *Plesiodipus robustus* sp. nov.

（图 161、162；表 66）

Prosiphneus qiui（partim）：郑绍华等，2004，300 页，部分

Prosiphneus sp. 2 (Balunhalagen), *Prosiphneus* sp. (Huitenghe), *Prosiphneus* (Bilutu): Qiu Z D et al., 2013, p. 177, appendix

名称由来 示新种个体较大, 臼齿相对敦厚, 齿脊粗壮。

正模 右 M1 (V 19815)。

副模 35 枚臼齿(6 M2, 3 M3, 8 m1, 7 m2, 11 m3), V 19816.1-35。

模式产地与层位 苏尼特左旗巴伦哈拉根(IM 0801 地点); 上中新统下部, 巴伦哈拉根层(灞河期)。

归入标本 阿巴嘎旗灰腾河(IM 0003 地点): 臼齿 4 枚(1 M1, 1 M2, 1 m1, 1 m2), V 19817.1-4; 苏尼特左旗必鲁图(IM0510 地点): 10 枚臼齿(2 M1, 2 M2, 1 M3, 2 m1, 2 m2, 1 m3), V 19818.1-10。

测量 见表 66。

表 66　内蒙古中部地区粗壮近古仓鼠臼齿测量

Table 66　Measurements of molars of *Plesiodipus robustus* from central Nei Mongol (mm)

Tooth	Length			Width		
	N	Mean	Range	N	Mean	Range
M1	3	3.43	3.30-3.55	4	2.50	2.30-2.75
M2	8	2.81	2.55-3.10	8	2.25	1.95-2.85
M3	4	1.75	1.65-1.95	3	1.72	1.70-1.75
m1	11	2.86	2.55-3.25	11	2.04	1.85-2.20
m2	9	2.68	2.60-2.80	9	2.28	2.00-2.70
m3	11	2.39	1.90-2.75	11	2.01	1.70-2.30

特征 个体较大的一种近古仓鼠, 臼齿粗钝, 脊型齿, 齿脊粗壮, 齿冠高; 齿冠向根部明显扩大。上臼齿仅有一个舌侧谷; M1 原谷退化, 齿脊大致呈 "Ɛ" 形排列; 下臼齿颊侧谷中度宽、深; m1 的下前小脊单一、粗壮, 下后边谷适度向下延伸。

描述 臼齿敦厚, 尺寸较大, 齿脊粗壮, 趋于脊型齿, 齿冠高; 齿冠向根部扩张显著, 使咀嚼面积随着牙齿磨蚀逐渐加大。上臼齿前方舌侧主尖比颊侧的略前位, 下臼齿舌侧主尖都比颊侧的靠前。M1 和 M2 具两颊侧谷和一个舌侧谷, m1 和 m2 有三个舌侧谷和两颊侧谷, 冠面上各有三条长短不一、由齿尖和齿脊构成的斜脊。经磨蚀的牙齿, 上臼齿原尖的内壁不甚陡直, 但下臼齿下原尖的外缘比较直。上、下臼齿都无中尖, 也没有中脊。上臼齿的内谷和下臼齿的下外谷向根部收缩, 随着磨蚀迅速变小、变窄。上臼齿二—四齿根, 下臼齿双根。

M1 梯形, 前宽后窄。牙齿上的齿脊大致呈 "Ɛ" 形排列: 前边尖通过原尖的前臂或前小脊融入原尖, 构成前外-后内向强脊; 前尖通过粗壮的内脊融入次尖, 构成牙齿中间大致与前方脊平行排列的 "中间斜脊"; 后尖通过后向的后脊与次尖连接, 构成后方短脊; 原脊短粗, 连接前方脊和 "中间斜脊"。原谷完全退化, 只在磨蚀轻微的牙齿中可能留下凹弯; 内谷明显, 向下延伸近达齿冠基部, 向外延伸未超过齿宽之半; 前边谷和中间谷显著, 近平行排列, 明显伸向后内, 向内伸达齿宽之半以上。

M2 次梯形, 前宽后窄。构造与 M1 的相似, 但齿脊特别是前方脊近于横向排列, 颊侧谷不很明显地向后延伸。在一枚开始磨蚀的牙齿中, 后部残留有釉岛状的后边谷。

M3 次圆形, 构造大体与 M2 的相似, 但后部收缩, 后方脊和中间谷甚为退化。在一枚牙齿中, 后方脊与前尖间有一纵向脊, 使中间谷颊侧封闭。

m1 前窄后宽。下前边尖简单、粗壮, 尖状, 只在灰腾河的一枚牙齿中见有弱的颊侧前边脊。下前小脊单一、短、粗; 下后脊短、前伸与下原尖前臂连接, 没有下后脊 II; 下次脊短粗, 通过下外脊与下原尖融会, 形成强大的 "中间斜脊"; 下后边脊粗壮, 与下次尖融会, 形成后部强脊; 下外脊短, 直或稍微弯曲。下原谷比下前边谷浅小, 中期磨蚀阶段即可能会消失; 下外谷形状和大小随磨蚀而会有所改变, 但通常横向、近对称, 向内延伸小于牙齿宽度之半; 下前边谷比下原谷明显, 下延深度也较大; 下中间谷为最显著的齿谷, 前

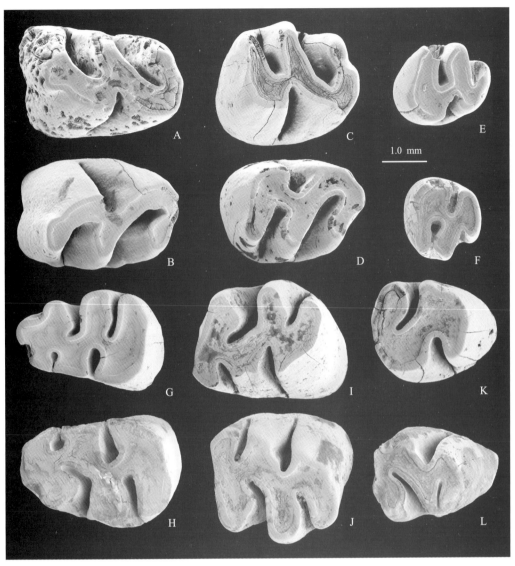

图 161　内蒙古中部粗壮近古仓鼠臼齿

Fig. 161　Molars of *Plesiodipus robustus* from central Nei Mongol

A. l M1（V 19818.1），B. r M1（正模 holotype，V 19815），C. l M2（V 19817.1），D. r M2（V 19816.1），E. l M3（V 19818.2），

F. r M3（V 19816.2），G. l m1（V 19816.3），H. r m1，（V 19817.2），I. l m2（V 19817.3），J. r m2（V 19818.3），K. l m3

（V 19816.4），L. r m3（V 19816.5）；冠面视（occlusal view）

伸达下原尖前缘，外伸达齿宽之半左右；下后边谷清楚，但到达磨蚀的中期即可能消失。

m2 圆梯形，前后部近等宽。下前边尖与下后尖融会构成前方近横向强脊；下次脊融入下内尖和下外脊，并连接下原尖构成强大的"中间斜脊"；下后边脊粗壮，融入下次尖构成较短、与"中间斜脊"大致平行排列的后部强脊。下原谷小，但下延深度大，到达磨蚀后期才会消失；下外谷比下原谷宽阔，但向内延伸未达牙齿宽度之半，对向下后边谷；下前边谷不发育，或表现为牙齿前缘开阔的凹弯；下中间谷是最为宽大的齿谷，外伸达齿宽之半以上；下后边谷发育，向外延伸近达齿宽之半，随着磨蚀即与下原谷同时消失。

m3 次三角形，构造与 m2 的相似，但尺寸较小，后部退化，下原谷和下后边谷更浅小，稍经磨蚀即趋消失。

比较与讨论　上述三个地点的标本在构造上具有明显的同一性，并显示了与 *Plesiodipus* 属的基本形态特征而被归入近古仓鼠属。牙齿的这些基本特征包括臼齿脊齿型，齿尖和齿脊构成三列斜脊，并具显著、由齿尖和齿脊构成的"中间斜脊"，上臼齿的颊侧主尖和下臼齿的舌侧主尖斜向压扁，上臼齿和下臼齿的颊侧具有两齿谷，M1 和 m1 的前边尖简单，m2 与 m3 的下外谷对向下后边谷排列等。虽然在尺寸和齿脊的粗壮程度上不同地点标本有所差异，与巴伦哈拉根地点的标本相比，灰腾河和必鲁图地点的牙齿尺寸稍大，齿脊更为粗钝。其中必鲁图标本中 M2 的前边双根愈合，m1 的下前边尖较小，冠面的轮廓明显向前会聚，但在我们看来，这些差异尚未超出一个种的范围。当然，灰腾河和必鲁图地点含化石的层位较高，不排除进一步的发现和研究会证明这两个地点所产化石代表不同的种，但目前在这三个地点发现的材料都不多，个体和形态变异情况很不清楚，还难以将其分开，只好暂将灰腾河和必鲁图化石所具有的这些特征看作衍生性状。鉴于这些牙齿的尺寸和形态与近古仓鼠属已知种有明显的不同，故这里将其指定为该属的一个新种。

新种 *Plesiodipus robustus* 比 *P. leei* 和 *P. progressus* 的个体都大（图 162），臼齿较粗钝，齿冠更高且明显向根部扩大，齿脊也更粗壮。另外，它与 *P. leei* 的差异还在于：咀嚼面构造更趋脊齿型；M1 未见有任何中脊的残留痕迹，原谷几乎完全退化，齿脊大致呈"ε"形排列；m1 的下前小脊单一、粗壮，下后边谷向下延伸浅。与 *P. progressus* 的不同还在于：臼齿轮廓较为横宽；M1 原谷更退化；下臼齿颊侧齿谷相对醒目；m1 的下后边谷较为宽、深，显著。

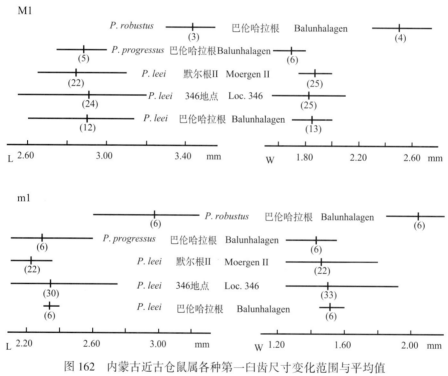

图 162　内蒙古近古仓鼠属各种第一臼齿尺寸变化范围与平均值

Fig. 162　Size ranges and averages of length and width in the first molars for varied species of *Plesiodipus* from Nei Mongol

默尔根标本系按本书统一方法重新测量（Data of Moergen specimens are remeasured）

Plesiodipus robustus 臼齿的轮廓相对横宽，上臼齿的颊侧谷明显向后延伸，下臼齿颊侧谷显著、下后边谷发育，这些特征与 *P. leei* 的较为相似，可能表明两者具有较接近的亲缘关系，甚至新种系从 *P. leei* 衍生而来。从 *P. leei* 到 *P. robustus*，这一支系明显具有牙齿尺寸增大，齿冠增高，逐渐脊齿化，M1 中脊和原谷退化，m1 下前小脊愈合为一、颊侧谷及下后边谷逐渐变得浅小的演化趋势。

此前郑绍华等（2004）当做 *Prosiphneus qiui* 描述的一枚 M2 和一枚 m2（IVPP V 14046），尽管尺寸比以上描述的标本稍小，但形态特征一致，应归入该新种。这枚"M2"齿脊显著，大致呈"ε"形排列，原谷退化，与新种 M1 的形态吻合。另外，该 m2 的下外谷对向下后边谷排列，与归入 *Prosiphneus qiui* 的其他m2 不同，而与新种的一致。

戈壁古仓鼠属 *Gobicricetodon* Qiu, 1996

模式种 *Gobicricetodon flynni* Qiu, 1996：内蒙古苏尼特左旗默尔根 II，中中新世，通古尔期。

归入种 *Gobicricetodon robustus* Qiu, 1996：内蒙古，中中新世晚期—晚中新世（通古尔期—灞河期）。*G.* aff. *G. flynni* Qiu, 1996：内蒙古，晚中新世早期（灞河期）。*G. arshanensis* sp. nov.：内蒙古，晚中新世（灞河期—保德期?）。*G. filippovi* Sen et Erbajeva, 2011：俄罗斯贝加尔湖区，中中新世。

特征（增订） 个体较大的一类仓鼠，臼齿丘-脊型齿；M1 和 M2 的主尖对位排列，原脊和后脊单一，常有短的中脊、弱的外脊，内谷狭窄、略前指向，在轻微磨蚀的牙齿中往往有残留的岛状后边谷，三根或四根。M1 和 m1 的前边尖简单或微弱分开。下臼齿双根，具较宽且近对称的下外谷；m1 和 m2 的主尖错位排列，常有极短的下中脊；m1 具双下后脊和双下前小脊。m3 与 m2 的长度近等，甚至比 m2 稍长。上、下臼齿的"中间斜脊"不很强壮。

评述 Topachevsky 和 Skorik（1988）报道过发现于哈萨克斯坦的 *Tsaganocricetus* 属，材料不多。该属的形态与 *Gobicricetodon* 属有相似之处，但齿尖似乎呈压扁状，齿谷中有白垩质充填，M2 的中脊很长、后尖和次尖明显退化，与内蒙古的属有所不同。另外，Sen 和 Erbajeva（2011）所作的支序分析也显示它们不同的系统发育关系，所以这里将其当作不同的属对待。*Gobicricetodon* 属的"中间斜脊"不如 *Plesiodups* 属的那样明显发育，但毫无疑问它和我国蒙新地区中中新统发现的 *Plesiodups* 等属一样，上臼齿和下臼齿的部分齿尖和齿脊有联合形成"中间斜脊"的倾向。

Gobicricetodon 属在我国的发现包括四种：*G. flynni*，*G.* aff. *G. flynni*，*G. robustus* 和 *G. arshanensis*，见于内蒙古中部地区中新世中期至晚中新世地层。其生存时间，似乎正处于仓鼠科在这一地区从古仓鼠类的衰退到近代仓鼠类兴起的暂短时段。

弗氏戈壁古仓鼠 *Gobicricetodon flynni* Qiu, 1996

（图 163、167；表 67）

Gobicricetodon sp.：邱铸鼎，1996b，102 页，部分

Gobicricetodon cf. *G. flynni*：邱铸鼎、王晓鸣，1999，123 页

Gobicricetodon cf. *G. flynni*：Qiu Z D et al., 2013, p. 177, appendix

归入标本 苏尼特右旗推饶木地点：一破损的右上颌骨，具 M1 和 M2，V 19819；苏尼特右旗呼-锡公路原里程碑 346 km 附近上红层（346 地点）：31 枚臼齿（4 M1，5 M2，4 M3，6 m1，6 m2，6 m3），V 19820.1–31。

测量 见表 67。

表 67 内蒙古中部弗氏戈壁古仓鼠臼齿测量

Table 67 Measurements of molars of *Gobicricetodon flynni* from central Nei Mongol（mm）

Tooth	Length			Width		
	N	Mean	Range	N	Mean	Range
推饶木 Tairum Nur						
M1	1	–	2.95	1	–	1.95
M2	1	–	2.15	1	–	1.90
346 地点 Loc. 346						
M1	3	3.15	3.15–3.15	4	2.09	2.00–2.15
M2	5	2.26	2.10–2.40	5	2.05	1.95–2.25
M3	4	2.04	1.90–2.15	3	1.88	1.75–2.00
m1	6	2.64	2.55–2.85	6	1.75	1.65–2.00
m2	5	2.47	2.35–2.55	6	1.95	1.85–2.00
m3	5	2.47	2.45–2.55	6	1.93	1.85–2.05

特征（修订） 个体较小，齿冠较低，齿尖相对弱，臼齿的上、下中脊短；M1 和 M2 多为三齿根，前尖后刺不发育；m1 下前边尖不甚横、宽，双下前小脊向前方会聚。

描述 臼齿丘-脊型齿，齿尖和齿脊显著；主尖大小近等，上臼齿舌、颊侧主尖近对位排列，下臼齿舌侧主尖位置比颊侧的明显靠前；上、下中尖不明显；在保存或可以判断齿根数的 8 枚上臼齿中，只有 1 枚 M2 为四根，其余三根，下臼齿双根。

M1 前边尖宽大、单一；前边脊粗壮，由稍长的舌侧支和短的颊侧支组成；前小脊短粗，连接原尖前臂和前边尖后中部，未见有清楚的前小脊刺；无原脊 I，原脊 II 略后向与原尖后臂连接；中脊很短，或显示为内脊上的外突；后脊单一，后向与后边脊融会，在 2 枚轻磨蚀的牙齿中尚存釉岛状的后边谷；内脊短粗，连接次尖前臂和原脊的靠前尖一侧；4 枚牙齿前尖后壁有后凸，但未发育成明显的前尖后刺，在两枚牙齿中有外脊的雏形。内谷中等大小，伸向前外，向外延伸近达牙齿宽度之半。内侧齿根强大。

M2 前边脊颊侧支与原尖前臂融合形成前方强棱，舌侧支和原谷只有痕迹；原脊横向，与原尖中部连接；中脊一般很短，但在推饶木标本中较长、并与较清楚的前尖后刺相连；后脊单一，后向与后边脊融合，在一枚未磨蚀的牙齿中与后边脊封闭小的后边谷；内脊粗壮，前端与靠前尖一侧的原脊相连，有形成"中间斜脊"的趋向；在 5 枚牙齿中，2 枚的前尖后凸发育成前尖后刺。内谷指向前外，向外延伸近达牙齿宽度之半；在推饶木的标本中具有较为显著的原谷。

M3 次三角形。前部构造无异于 M2 者，但后部的主尖很退化，后尖、次尖与后边脊融会成连接次尖和中脊的后方嵴；中脊长，4 枚牙齿中的 3 枚伸至齿缘；后脊清楚，在轻微磨蚀的牙齿中有与后边脊围成的小的后边谷。前尖后刺在一枚牙齿中很发育，在一枚中不清楚。

m1 下前边尖简单、尖状，位于牙齿前中部；下前边脊锐利，颊侧支长，从前边尖降至下原尖基部，舌侧支短或无；下前小脊显著，6 枚牙齿都有双下前小脊，分别由前伸的下原尖前臂和前伸的下后脊 I 构成，双脊向下前边尖会聚；下后脊 I 略前外向伸达下前边尖后中部，下后脊 II 短，一般较低弱，略后外向伸达下原尖舌侧中部；多数标本的下中脊短，达半长者也少（仅占 2/6）；下次脊短、粗，横向与下外脊后部连接；下后边脊粗壮，在与下次尖连接处稍收缩，形成下次尖舌后侧凹陷，舌侧未封闭下后边谷；下外脊完整、弯曲，连接下次尖与下原尖；没有明显的下外中脊，但所有标本下中尖的位置上都有清楚的外突；在两枚牙齿中残留有下次尖后臂的痕迹；下外谷宽阔、对称，向内延伸近达牙齿宽度之半。

m2 下前边脊颊侧支发育、向下降至下原尖颊侧前基部，舌侧支与下后脊和下后尖融会；下中脊见于磨蚀轻微的标本，该脊通常伸达下内尖基部；下次脊粗壮，横向或稍后向与下外脊后部连接；下后边脊形状与 m1 的很相似；下外脊显著，弯曲，连接下次尖与下原尖；在一枚牙齿中，下后脊的前部有一短刺。下外谷宽阔、对称。

m3 大而长，构造与 m2 的相似，只是下次尖退化，后部收缩，下后边脊伸向下内尖基部，近封闭下后边谷；下中脊为伸向下内尖的下原尖后臂所代替。

比较与讨论 上述材料产自同一露头的红层。下红层（推饶木地点）的标本很少，相对上红层（346 地点）的标本而言，下红层的尺寸稍小，齿冠略低，M1 前边脊较弱、有较显著的外脊和前尖后刺，M2 具较为明显的原谷和长的中脊。这些形态特征有些可能属于较原始的性状，但两个层位标本的基本形态差异不大。它们的尺寸比 *Gobicricetodon flynni* 的正模标本都要小些，但三地标本无论是牙齿的个体还是形态都完全落入一个种群的合理变异范围，因此将其视为相同的种。

Gobicricetodon flynni 最先发现于苏尼特左旗的默尔根 II 和呼尔郭拉金，材料不多，以上材料显然增加了对这一种的认识。这里需要作出更正的是，原先作为 *G. flynni* 下第三臼齿描述的标本（见邱铸鼎，1996b，图 52E）并不属于该种的牙齿，而是 *Protalactaga major* 的一个 m3。另外，作为 *Gobicricetodon* sp. 描述的两个牙齿（见邱铸鼎，1996b，图 56），明显遭受了不同程度的风化和溶蚀，使齿尖和牙齿的冠高有所改变，其中 m1 的基本构造无异于 *G. flynni* 者，尺寸也接近，虽则其下外中脊较显著，下次脊有后向小刺，但应属正常的形态变异，因此这里将其归入 *G. flynni* 种。而其中的 m2，具有明显的"中间斜脊"，大小和形态都表明它属于 *Plesiodipus leei* 者。

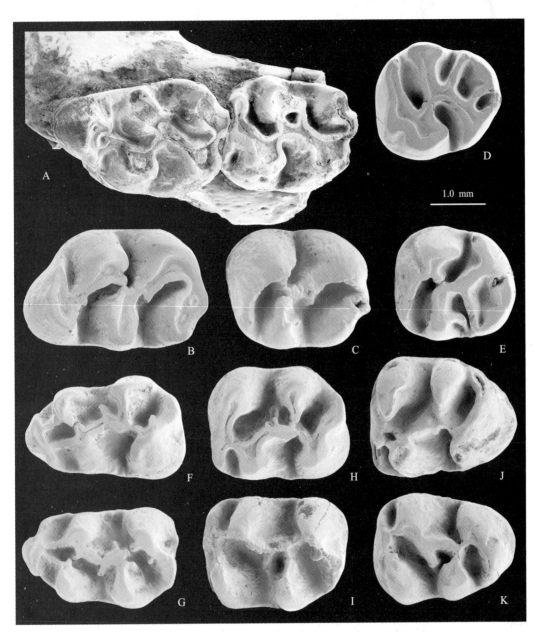

图 163　内蒙古推饶木地点与 346 地点弗氏戈壁古仓鼠臼齿

Fig. 163　Molars of *Gobicricetodon flynni* from Tairum Nur and Loc. 346, Nei Mongol

A. 破碎右上颌骨, 具 M1-2 (right maxillary fragment with M1-2) (反转 reversed, V 19819), B. r M1 (V 19820.1), C. l M2 (反转 reversed, V 19820.2,), D. l M3 (V 19820.3), E. r M3 (V 19820.4), F. l m1 (V 19820.5), G. l m1 (反转 reversed, V 19820.6), H. l m2 (V 19820.7), I. r m2 (V 19820.8), J. l m3 (V 19820.9), K. r m3 (V 19820.10); 冠面视(occlusal view)

弗氏戈壁古仓鼠(亲近种)　*Gobicricetodon* aff. *G. flynni* Qiu, 1996

(图 164、167; 表 68)

Plesiodipus sp.: 邱铸鼎、王晓鸣, 1999, 126 页, 部分

Gobicricetodon sp. 1: Qiu Z D et al., 2013, p. 177, appendix

　　归入标本　苏尼特右旗阿木乌苏(IM 0801 地点): 10 枚臼齿(2 M1, 1 M2, 3 m1, 1 m2, 3 m3), V 19821.1-10。苏尼特左旗巴伦哈拉根(IM 0801 地点): 76 枚臼齿(9 M1, 8 M2, 7 M3, 27 m1, 15 m2, 10 m3), V 19822.1-76。

　　测量　见表 68。

表68 内蒙古巴伦哈拉根和阿木乌苏弗氏戈壁古仓鼠(亲近种)颊齿测量

Table 68 Measurements of cheek teeth of *Gobicricetodon* aff. *G. flynni* from Balunhalagen and Amuwusu, Nei Mongol（mm）

Tooth	Length			Width		
	N	Mean	Range	N	Mean	Range
巴伦哈拉根 Balunhalagen						
M1	8	2.93	2.75–3.15	9	2.06	1.90–2.20
M2	8	2.23	2.05–2.40	8	1.99	1.80–2.10
M3	6	2.05	1.90–2.25	7	1.85	1.75–2.10
m1	25	2.67	2.35–2.85	25	1.81	1.75–1.95
m2	15	2.51	2.25–2.70	15	2.04	1.90–2.15
m3	10	2.60	2.30–2.75	10	1.92	1.75–2.05
阿木乌苏 Amuwusu						
M1	2	2.97	2.85–3.10	2	2.13	2.10–2.15
M2	1	–	2.30	1	–	2.10
m1	3	2.75	2.70–2.80	3	1.85	1.85–1.85
m2	–	–	–	1	–	2.00
m3	1	2.40	2.30–2.50	1	1.83	1.75–1.90

描述 臼齿丘-脊型齿，齿尖和齿脊都相当显著。主尖大小近等；上臼齿舌侧和颊侧的主尖近对位排列，下臼齿舌侧的比颊侧的前位；上、下中尖不明显。在保存或可以判断齿根数的10枚M1和M2中，有7枚为四根，但个别的舌侧根愈合；下臼齿双根。

M1前边尖显著、单一。前边脊一般较发育，由稍长的舌侧支和短的颊侧支组成；前小脊短粗，连接原尖前臂和前边尖后中部，未见明显的前小脊刺；无原脊Ⅰ，原脊Ⅱ短粗、稍后指与内脊连成"中间斜脊"；中脊几乎不显，仅在部分标本中留有痕迹；后脊与后边脊融会，但一般未见有后边谷，只是阿木乌苏的一枚牙齿留有小釉岛状的后边谷；内脊短粗，连接次尖前臂和原脊；原尖时见明显的后凸，个别标本前尖后壁也有不很清楚的后凸。内谷窄，指向前外，向外延伸小于齿宽之半；原谷小，但清晰；前边谷和中间谷发育，指向后内，向内延伸超过齿宽之半；后边谷在牙齿磨蚀初期即成封闭的小坑。

M2前边脊颊侧支与原尖前臂融会成强壮的脊，舌侧支和原谷只留下痕迹；原脊短粗，与原尖中部及内脊连成"Y"形；在7枚磨蚀浅或中度磨蚀的牙齿中，可以看到短的中脊；后脊单一，后向与次尖后臂连接，在轻度磨蚀的标本中留下与后边脊封闭的后边小坑；内脊粗壮；前尖有显著的后刺，在两枚牙齿中近与中脊连接；在中度磨蚀的标本中，中脊和前尖后刺消失，留下内脊连接次尖与前尖而形成的"中间斜脊"。内谷指向前外，向外延伸未达牙齿宽度之半；前边谷和中间谷形状与M1的相似，后者内伸近达齿宽的三分之二。

M3次长三角形。前部构造无异于M2者，但后尖、次尖退化；中脊显著，伸达齿缘，末端膨大或与后尖连接；后脊与次尖的后部连接，并与后边脊围成后边的小坑。内脊粗壮，与次尖连接。

m1下前边尖趋于脊状，在少量牙齿中(3/25)前壁有一浅沟，呈现双分趋向。下前边脊发育而锐利，有长、从前边尖下降至下原尖基部的颊侧支和很短的舌侧支；下前小脊显著，分别由前伸的下原尖前臂和下后脊Ⅰ构成(在极个别的牙齿中下后脊Ⅰ稍低)，双脊近平行地与下前边尖连接；具双下后脊，下后脊Ⅱ从下后尖前部或中部伸出，连接原尖中部或后部，一般较为低弱，在两枚牙齿中中断；下中尖不发育；下中脊短，在磨蚀早期都能看到，达半长的仅3枚；下次脊短粗，横向与下外脊后部连接；下后边脊粗壮，在与下次尖连接处稍收缩，未能封闭下后边谷；下外脊完整，连接下次尖与下原尖；半数标本有很短的下外中脊或其残留的痕迹；未见有下次尖后臂。下外谷宽阔，对称，向内延伸近达牙齿宽度之半；下中谷和下后边谷显著，略指向前外，外伸超过齿宽之半。

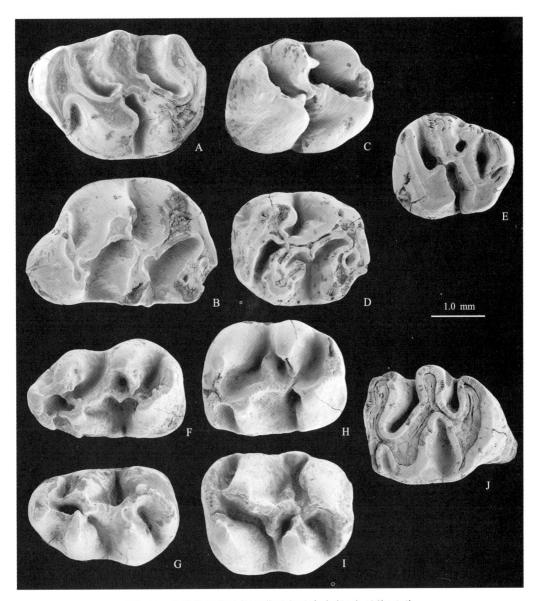

图 164　内蒙古巴伦哈拉根弗氏戈壁古仓鼠(亲近种)臼齿

Fig. 164　Molars of *Gobicricetodon* aff. *G. flynni* from Balunhalagen, Nei Mongol

A. l M1（Ⅴ19822.1），B. r M1（Ⅴ19822.2），C. l M2（Ⅴ19822.3），D. r M2（Ⅴ19822.4），E. l M3（Ⅴ19822.5），F. l m1（Ⅴ19822.6），G. r m1，（Ⅴ19822.7），H. l m2（Ⅴ19822.8），I. r m2（Ⅴ19822.9），J. l m3（Ⅴ19822.10）；冠面视(occlusal view)

m2 下前边脊颊侧支发育，伸至下原尖颊侧前基部，舌侧支完全与下后尖融会；下中脊短，伸向下内尖，稍经磨蚀即消失；下次脊粗壮，横向与下外脊连接；下后边脊形态与 m1 的很相似；下外脊显著，弯曲，连接下次尖与下原尖；在两枚牙齿中有下外中脊的痕迹；齿谷形状与 m1 的相似，但下前边谷不发育。

m3 大而长，构造与 m2 者相似，只是下次尖退化，后部收缩，下后边脊伸至靠下内尖基部；未见有明显的下中脊和下外中脊的痕迹。

比较与讨论　上述巴伦哈拉根和阿木乌苏地点的 *Gobicricetodon* 标本，牙齿的尺寸和形态与通古尔台地上发现的 *G. flynni* Qiu，1996 种接近，但有以下不同：齿冠较高；在巴伦哈拉根标本中有较多具有四齿根的 M1 和 M2；M1 和 M2 内脊、次尖和前尖形成"中间斜脊"的趋向较明显；M1 的中脊更退化，而 M2 的中脊和前尖后刺都很明显；m1 的下前边尖更趋于嵴形，而且在个别标本中呈现了双分的趋向，下前小脊近平行地与下前边尖连接。巴伦哈拉根和阿木乌苏的种群似乎是 *G. flynni* 的直接后裔，它们所具有的与

G. flynni 模式标本不同的牙齿形态，可能属于这一演化支系进步的特征。

粗壮戈壁古仓鼠 *Gobicricetodon robustus* Qiu，1996

(图 165、167；表 69)

Gobicricetodon sp.：邱铸鼎、王晓鸣，1999，125 页，部分

Gobicricetodon cf. *G. robustus*，*G.* sp. 1：Qiu Z D et al.，2013，p. 177，appendix

归入标本 苏尼特右旗阿木乌苏地点：7 枚臼齿（2 破损 M1，2 破损 M2，1 M3，1 破损 m1，1 m3），V 19823.1-7。苏尼特左旗巴伦哈拉根（IM 0801 地点）：一破碎的左上颌骨，附有 M2 和 M3，一破碎的右下颌支，附有 m2 和 m3，161 枚臼齿（29 M1，25 M2，26 M3，34 m1，28 m2，19 m3），V 19824.1-163。苏尼特左旗必鲁图（IM 0510 地点）：11 枚臼齿（1 破损 M1，2 M2，6 M3，1 m1，1 破损 m2），V 19825.1-11。

测量 见表 69。

表 69 内蒙古巴伦哈拉根粗壮戈壁古仓鼠臼齿测量

Table 69 Measurements of molars of *Gobicricetodon robustus* from Balunhalagen，Nei Mongol（mm）

Tooth	Length			Width		
	N	Mean	Range	N	Mean	Range
M1	24	3.78	3.55-4.05	25	2.66	2.50-2.80
M2	21	2.76	2.35-3.20	22	2.59	2.25-2.85
M3	23	2.62	2.35-3.00	24	2.42	2.20-2.60
m1	29	3.47	3.25-3.75	29	2.21	2.00-2.30
m2	26	3.06	2.70-3.20	26	2.42	2.20-2.60
m3	18	3.20	3.00-3.40	18	2.46	2.25-2.55

特征（增订） 个体硕大，齿冠较高，齿尖相对比齿脊显著，臼齿具有稍长的上、下中脊；M1 和 M2 四齿根，前尖后刺一般不清楚，但 M1 的原尖通常明显向后突出；m1 下前边尖横、宽，常有与下前边脊近垂直相交的双下前小脊。

描述 臼齿丘-脊型齿，齿尖相对比齿脊显著。上臼齿舌侧主尖和下臼齿颊侧主尖分别比对侧的稍大；上臼齿舌、颊侧主尖近对位排列，下臼齿舌侧主尖位置明显比颊侧的靠前；上、下中尖不很发育；M1 和 M2 的颊侧和 m1 和 m2 的舌侧分别有两个显著、向内或向外延伸超过齿宽之半的齿谷。M1 和 M2 四根，M3 三根，下臼齿双根。

M1 前边尖宽大，在一两个磨蚀轻微的牙齿中前边尖前壁有一很浅的沟，但未把前边尖分开。前边脊粗壮，舌侧支伸达原尖基部，未封闭原谷；前小脊显著，连接原尖前臂和前边尖后中部，未见明显的前小脊刺；无原脊 I；原脊 II 短，与原尖后臂和内脊连接成"Y"形；中脊很短，仅在两枚牙齿中达到中等长；后脊单一，后向与后边脊连接；后边脊很弱，伸向后尖后部，多数轻度磨蚀的牙齿都有由后脊和后边脊围成的小釉岛状后边谷；内脊短粗，连接次尖前臂和原脊；近半数牙齿前边尖的唇后壁鼓胀，而只有 4 件标本发育成很短的外脊；约三分之一牙齿的前尖后壁鼓胀，但都未形成前尖后刺；多数牙齿原尖舌后向凸出，有形成原尖后棱的趋向。内谷窄，前外向伸达牙齿宽度之半；原谷浅，轮廓尚清晰。

M2 前边脊颊侧支强壮，与原尖前臂融合形成粗脊，部分标本有前边脊舌侧支和原谷的痕迹，稍经磨蚀两者即消失；原脊横向，与原尖中部连接；都有中脊，但很少能达到中等长度；后脊单一，后向与弱的后边脊连接，在轻磨蚀的牙齿中能观察到两者围成的釉岛状小后边谷；内脊粗壮，从次尖前臂斜伸原脊；在 29 枚牙齿中，3 枚有清楚的前尖后刺。内谷窄，指向前外，外伸未达牙齿宽度之半。

M3 前部构造无异于 M2 者，但后部主尖退化，并融会成峰。中脊长，与后尖连接封闭后中间谷。多数牙齿有后脊与后边脊围成的小后边谷。前尖后刺在 5 枚牙齿中很发育，其中 1 枚的与中脊相连。

m1 下前边尖简单、尖状，位于牙齿前中部。下前边脊颊侧支发育，舌侧支不清楚；所有牙齿都有分

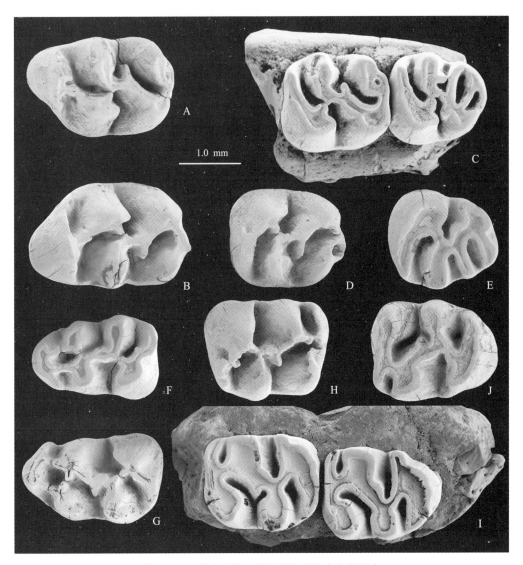

图 165　内蒙古巴伦哈拉根粗壮戈壁古仓鼠臼齿

Fig. 165　Molars of *Gobicricetodon robustus* from Balunhalagen，Nei Mongol

A. l M1（V 19824.1），B. r M1（V 19824.2），C. l M2-3（V 19824.3），D. r M2（V 19824.4），E. r M3（V 19824.5），F. l m1（V 19824.6），G. r m1，（V 19824.7），H. l m2（V 19824.8），I. r m2-3（V 19824.9），J. l m3（V 19824.10）；冠面视（occlusal view）

别从下原尖前臂和下后脊 I 向前伸出而构成的双下前小脊，双脊近平行排列、并垂直地与下前边尖相交，但双下前小脊并不都同等发育，在个别牙齿中其中之一会略低些；下后脊 II 短而弱，一般起于下后尖中部，连接下原尖舌侧中部或后部，在 3 枚牙齿中下后脊 II 明显起于下后尖前臂；多数牙齿都有短的下中脊；下次脊短粗，横向或略前向与下外脊后部连接；下后边脊粗壮，在与下次尖连接处稍收缩，舌侧也未能伸达下内尖；下外脊弯曲，后部较弱，连接下次尖与下原尖；个别牙齿有短但清楚的下外中脊；在一枚牙齿中残留有下次尖后臂的痕迹。下外谷宽、近对称，内伸近达牙齿宽度之半。

　　m2 下前边脊颊侧支发育，与下后尖融会，舌侧支不清楚；下中脊短，游离状或伸向下内尖；下次脊粗壮，近横向与下外脊后部连接；下后边脊形态与 m1 的很相似；下外脊显著，弯曲，连接下次尖与下原尖。下外谷比 m1 的短小，对向下后边谷，向内延伸在齿宽之半以上。

　　m3 大而长，构造与 m2 者相似，只是下次尖退化并与下后边脊融会成峰，后部收缩。下中脊的发育程度变异大，一般很短，游离或伸向下内尖；一枚牙齿具下外中脊。下外谷显著，对向下后边谷。

　　比较与讨论　该种的标本较多，尽管牙齿的尺寸和形状上有所变异，第三臼齿的变异尤为明显，但标本显示了高度的形态同一性，并具有 *Gobicricetodon* 属的特征，如个体较大，丘-脊型齿，"中间斜脊"不很强大，上臼齿主尖近对位排列、具弱的中脊、原尖和前尖间单脊连接，M1 和 m1 的前边尖简单，M2 和 M3、以及 m2 和 m3 前边脊的舌侧支分别与原尖和下后尖融会，下臼齿主尖略错位排列，有短的下中脊，m1 具双下前小脊和双下后脊；m3 长度接近或大于 m2 的长度。但上述牙齿硕大（图 167），M1 和 M2 都有四个齿根，齿冠相对较高，臼齿的中脊较显著，M1 原尖常见有棱状的后突，m1 的双下前小脊近于平行地与下前边脊垂直相交，这样的形态特征使其既容易与属型种 *G. flynni* 区分，也易于与上述的 *Gobicricetodon* aff. *G. flynni* 区分。

Gobicricetodon robustus 最先见于苏尼特左旗的默尔根 V（铁木钦地点）。正型地点的材料只有 3 枚下臼齿，其尺寸和形态完全落入上述阿木乌苏、巴伦哈拉根和必鲁图标本的变异范围之内。其中正模（m1）显得有点横宽，但具有相同长宽比的标本也出现于巴伦哈拉根地点的材料中，因此这里描述的标本被归入同一种。新材料的发现不仅证实了 *G. robustus* 种的存在，而且也丰富了对这一种的认识。*G. robustus* 与 *G. flynni* 很相似，与 *G.* aff. *G. flynni* 更相似，三者显然具有相当接近的族裔关系。同时，这些发现也使这一属的演化趋向变得清晰，即从中中新世早期的 *G. flynni* 到后来 *G. robustus* 的演化，似乎具有以下的特征：个体增大，齿冠增高，齿尖和齿脊增强，中脊逐渐变得明显，上臼齿齿根增加，M1 原尖的后突逐渐发育，m1 的双下前小脊从向前会聚逐渐到平行排列等。

发现于俄罗斯贝加尔湖地区中中新统的 *Gobicricetodon filippovi* 可能代表该属较原始的一种。其个体明显小，齿尖和齿脊较弱，M1 的前边尖有分开的趋势、原尖后突弱、三齿根，m1 的双下前小脊向前会聚，与 *G. robustus* 明显不同（见 Sen et Erbajeva，2011）。

阿尔善戈壁古仓鼠（新种）*Gobicricetodon arshanensis* sp. nov.

（图 166、167；表 70）

Gobicricetodon sp. 2（Amuwusu）：Qiu Z D et al.，2013，p. 177，appendix

名称由来 示新种正型地点内蒙古阿巴嘎旗灰腾河的别名阿尔善。

正模 附有 M1-3 的残破左上颌骨（V 19826）。

副模 残破上颌骨 4 件（1 件附 M1-2，3 件附 M1），残破下颌支 2 件，分别附有 m2-3 和 m2，臼齿 12 枚（2 M1，3 M2，3 M3，3 m1，1m2），V 19827.1-18。

模式产地与层位 阿巴嘎旗灰腾河（IM 0003）；上中新统，灰腾河层（灞河期晚期）。

归入标本 苏尼特右旗阿木乌苏地点：5 枚臼齿（2 M2，2 M3，1 m3），V 19828.1-5。苏尼特左旗必鲁图（IM 0510 地点）：13 枚臼齿（1 M1，1 M2，6 M3，4 m1，1 m3），V 19829.1-13。

测量 见表 70。

表 70　内蒙古灰腾河、阿木乌苏和必鲁图阿尔善戈壁古仓鼠（新种）臼齿测量

Table 70　Measurements of molars of *Gobicricetodon arshanensis* from Amuwusu，Huitenghe and Bilutu，Nei Mongol（mm）

Tooth	Length			Width		
	N	Mean	Range	N	Mean	Range
M1	7	3.49	3.35-3.65	8	2.33	2.25-2.45
M2	6	2.45	2.25-2.55	7	2.21	2.00-2.40
M3	11	2.20	1.95-2.35	10	2.07	1.90-2.30
m1	3	2.98	2.95-3.00	3	1.85	1.80-1.90
m2	3	2.55	2.50-2.60	3	2.18	2.10-2.25
m3	3	2.60	2.30-2.80	3	1.95	1.80-2.10

特征 牙齿尺寸与 *Gobicricetodon flynni* Qiu，1996 的接近，但齿冠较高；臼齿的上、下中脊，以及 M1 和 m1 的前边尖、M1-3 前尖后刺都较显著；M1 的前边尖在磨蚀初期分开，原尖通常具有明显的后突；

M1 和 M2 三或四齿根；m1 的双下前小脊近平行地与下前边脊连接。

描述 上、下颌骨都很残破，在 1 件标本中门齿孔后缘位于 M1 前方约 2 mm 处，颚孔向前伸达 M1 的后部。下颌咬肌窝宽阔而光滑，下咬肌嵴显著；颏孔大，位于齿缺颊侧最低弯曲部、m1 前方约 1.5 mm 处。臼齿丘-脊型，齿尖相对比齿脊显著；上臼齿舌侧主尖和下臼齿颊侧主尖分别稍比上臼齿颊侧和下臼齿舌颊侧的大；上臼齿舌、颊侧主尖近对位排列，下臼齿舌侧比颊侧的稍前位；臼齿中尖不很发育，都有短的中脊；M1 和 M2 颊侧和 m1 和 m2 舌侧分别有两个显著、向内或向外延伸接近或超过齿宽之半的齿谷。M1 和 M2 三根或四根，M3 三根，下臼齿双根。

M1 前边尖宽大，前壁有一浅沟，在一枚未磨蚀的牙齿中前边尖分开，但到达牙齿磨蚀中期阶段双尖和前壁沟都会消失。前边脊舌侧支粗壮，伸达原尖基部，但未封闭原谷；前小脊显著，连接原尖前臂和

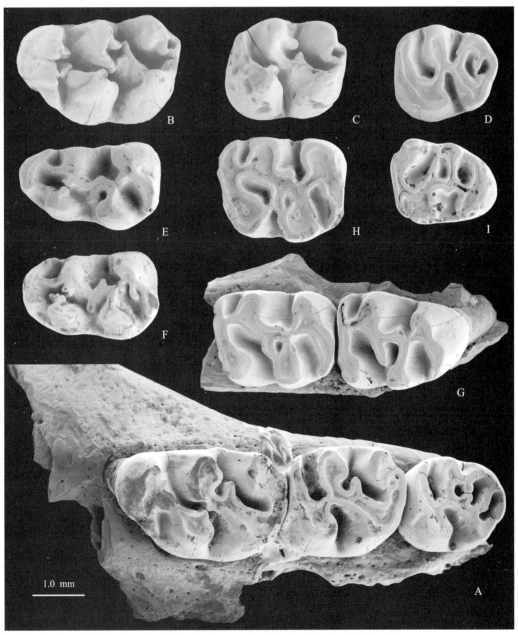

图 166　内蒙古灰腾河和必鲁图阿尔善戈壁古仓鼠臼齿

Fig. 166　Molars of *Gobicricetodon arshanensis* from Huitenghe and Bilutu, Nei Mongol

A. 破碎左上颌骨，具 M1–3（left maxillary fragment with M1–3）（正模 holotype, V 19826），B. l M1（V 19829.1），C. l M2（V 19829.2），D. l M3（V 19829.3），E. r m1（V 19827.1），F. r m1（V 19827.2），G. 破碎右下颌骨，具 m1–2（right mandibular fragment with m1–2）（V 19827.3），H. r m2（V 19827.4），I. l m3（V 19829.4）；冠面视（occlusal view）

前边尖后中部，未见明显的前小脊刺；无原脊 I，原脊 II 短、与原尖后臂和内脊连接成 Y 形；中脊短，清楚，多数近达中长；后脊单一，后向与后边脊连接；后边脊很弱，伸向后尖后部，稍加磨蚀即与后脊愈合，只在极轻度磨蚀的牙齿中才能见到后边脊与后脊围成的釉岛状后边小坑；内脊短粗，连接次尖前臂与原脊靠前尖一侧。前边尖唇后壁鼓胀，在中度磨蚀的标本中，都能看到短的外脊或其雏形；前尖后壁鼓胀，在中度磨蚀的牙齿中显示明显的前尖后刺；多数牙齿的原尖具后向凸棱。内谷短、窄，略指向前外，向外延伸未超过齿宽之半；原谷浅小。在保留有齿根的 5 枚牙齿中，1 枚为四根，三根牙齿的舌侧根很宽，有分开的趋势。

M2 前边脊颊侧支强壮，与原尖前臂融合形成粗棱，舌侧支和原谷只有痕迹；原脊短，略后指，伸达原尖中部，与内脊连接成"Y"形；都有短而显著的中脊；后脊单一，后向与弱的后边脊连接，在轻度磨蚀的牙齿中能看到两脊围成的釉岛状小后边谷；内脊粗壮，连接次尖与原脊；所有牙齿都有清楚的前尖后刺。内谷窄，指向前外，外伸未达牙齿宽度之半。在保存齿根的 3 枚牙齿中，1 枚为四根。

M3 前部的构造无异于 M2 者，但后部主尖退化，并融会成峰。中脊粗而长，与后尖连接，封闭后中间谷。多数牙齿中有后脊与后边脊围成的后边小坑。前尖后刺发育，在灰腾河的 4 枚牙齿中都与中脊连接，但在必鲁图的材料中只有其中的两枚与之相连（2/6）。

m1 下前边尖简单，脊状，位于牙齿前中部。下前边脊颊侧支发育，舌侧支不清楚；具近平行的双下前小脊，双脊分别由前伸的下原尖前臂和下后脊 I 构成，在一枚牙齿中舌侧下前小脊中部断开；下后脊 II 短而弱，从下后尖颊侧中部伸向下原尖舌侧中部；在磨蚀浅的牙齿中都可以观察到短的下中脊；下次脊短粗，横向与下外脊后部连接；下后边脊粗壮，但在与下次尖连接处稍收缩，舌侧未能伸达下内尖；下外脊弯曲，后部较弱，连接下次尖前臂与下原尖后臂；在磨蚀浅的牙齿中可以看到短的下外中脊或其痕迹；在一枚牙齿中有短的下次尖后臂。下外谷宽阔，近对称，内伸近达牙齿宽度之半。

m2 下前边脊颊侧支发育，舌侧支与下后尖融会；下中脊近中长，伸向下内尖，在中度磨蚀的牙齿中融入下内尖基部，构成"中间斜脊"；下次脊粗壮，近横向与下外脊后部连接；下后边脊形状与 m1 的相似；下外脊显著，弯曲，连接下次尖与下原尖。下外谷比 m1 的小，近对称，向内延伸达齿宽之半。

m3 大且比 m2 长，构造与 m2 的相似，只是下次尖退化，后部收缩。下中脊为从下原尖伸出的强大假中脊所代替，假下中脊伸达齿缘或伸向下内尖。

比较与讨论 上述标本具有 *Gobicricetodon* 属的形态特征，即个体较大，臼齿丘-脊型，"中间斜脊"不很强大，上臼齿主尖近对位排列，上、下臼齿有短的中脊，M1 和 m1 的前边尖较简单，M2 和 m2 前边脊的舌侧支分别与原尖和下后尖融会，下臼齿主尖略错位排列，m1 具双下前小脊和双下后脊；m3 的长度大。阿木乌苏和必鲁图地点的材料都很少，但牙齿的形态和构造与灰腾河标本都很接近，只是其第三臼齿的尺寸稍小、M3 的前尖后刺不甚发育。尽管有这些不同，似乎并不妨碍把它们都视为相同的种。这些材料所代表的戈壁古仓鼠，齿冠高，臼齿的中脊相对显著，第一臼齿的前边尖宽，上臼齿的前尖后刺发育，M1 的前边尖在磨蚀初期分开、原尖具有明显的后突，m1 的双下前小脊近平行地与下前边脊相接。这些牙齿的综合特征，与该属的已知种有较大的差别，故此建议将其确定为一新种。

新种牙齿尺寸比 *Gobicricetodon flynni*（图 167）稍大，齿冠也高，臼齿的上、下中脊较显著，M1 和 m1 的前边尖较宽大，M1 的前边尖有明显分开的趋向，M1-3 前尖后刺较发育，原尖常有向后的凸棱，m1 的双下前小脊近平行而不那么会聚地与下前边脊相接，M1 和 M2 中四齿根的概率高。另外，这些牙齿以稍大的尺寸，以 M1 具初步分开的前边尖、较显著的中脊和前尖后刺，M1 和 M2 具四齿根的概率较低而异于 *Gobicricetodon* aff. *G. flynni*。

新种不同于 *Gobicricetodon robustus* 在于：牙齿尺寸小；上、下中脊一般更显著；M1 的前边尖在磨蚀的初期有分开的趋势；M1-3 有较发育的前尖后刺；部分的 M1 和 M2 尚具有三齿根。

新种的个体比俄罗斯中中新世 *Gobicricetodon filippovi* 的大。牙齿形态上的不同在于：齿尖和齿脊较强，上臼齿原尖后突和前尖后刺显著、一些标本中具有四齿根，m1 的双下前小脊平行地向前与下前边脊相交。

从牙齿的尺寸和形态判断，新种极可能在晚中新世早期由 *Gobicricetodon flynni* 演化而来。在演化的

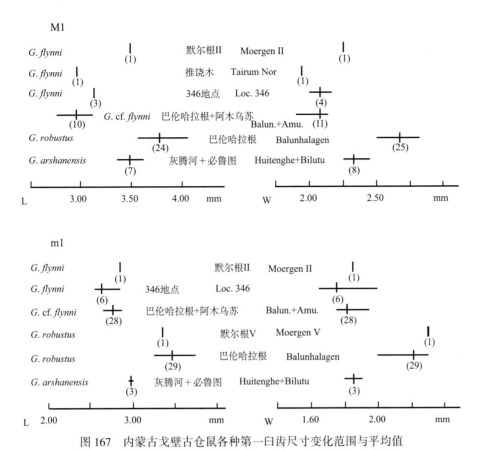

图 167　内蒙古戈壁古仓鼠各种第一臼齿尺寸变化范围与平均值

Fig. 167　Size ranges and averages of length and width in the first molars of various species of *Gobicricetodon* from Nei Mongol

过程中，后者的个体渐渐增大，齿冠增高，上臼齿舌侧齿根逐渐分开，臼齿的中脊逐渐增强，上臼齿的原尖后突和前尖后刺渐渐发育，M1 的前边尖逐渐加宽、分开，以及使 m1 的双下前小脊前部逐渐分离，即会出现 *G. arshanensis* 的牙齿构造模式。*G. arshanensis* 与 *G. robustus* 的牙齿形态更为相似，出现的时代可能比后者晚些，并具有较明显的衍生性状，但它们是否具有更接近的族裔关系尚无法判断，有待进一步的研究。

可汗鼠属（新属）　*Khanomys* gen. nov.

模式种　*Khanomys baii* gen. et sp. nov. 内蒙古苏尼特左旗巴伦哈拉根，晚中新世，灞河期。

属名由来　Khan，汉译蒙语的"可汗"，意为古代北亚部落的政治首领，属名献给蒙古高原上的部落领袖。

归入种　*Khanomys cheni* gen. et sp. nov.：内蒙古，晚中新世（灞河期—保德期）。

特征　个体较大、齿冠较高、尖-脊型齿古仓鼠。上臼齿的颊侧主尖和下臼齿的舌侧主尖呈明显的压扁状，臼齿中脊只在磨蚀轻微的牙齿中可能留有痕迹；M1 和 M2 原尖的位置略比前尖的靠前，原脊单一，中尖和前尖后刺缺如，内谷横或略前指向，三齿根；M1 和 m1 的前边尖简单；m1 的下前小脊和下后脊单一，下前小脊与下前边尖舌侧连接；m2 的下外谷与下后边谷错位排列。上、下臼齿的"中间斜脊"很显著。

差异特征　*Khanomys* 属的牙齿形态与 *Plesiodipus* 和 *Gobicricetodon* 属，以及 *Prosiphneus* 属中的一些种，如 *P. qiui* 较相似。但以较大的个体，较高的齿冠，M1 和 M2 的"中间斜脊"相对横向（与牙齿纵轴的夹角较大），m1 下前小脊单一，以及 m2 的下外谷与下后边谷错位排列而不同于 *Plesiodipus*。与 *Gobicricetodon* 的差异在于齿冠相对较高，上臼齿的齿尖不甚对位排列，齿脊相对比齿尖醒目，齿尖呈压扁状，齿谷相对窄，上、下臼齿无明显的中脊，在 M1 和 M2 中无外脊和前尖后刺的痕迹，m1 仅有单一的下前小脊和下后脊。

Khanomys 属与 *P. qiui* 的区别主要在于：个体稍小；齿冠略低；齿脊相对不甚发育；m1 的下前小脊和下后脊单一，下前小脊通常由伸下后脊 I（而非前伸的下原尖前臂）构成、位置总靠舌侧（而非中间），下前边脊的颊侧支通常发育，下原谷宽阔、明显比下前边谷大（而非近等大），下次尖相对丘形。

白氏可汗鼠（新属、新种） *Khanomys baii* gen. et sp. nov.

（图 168、170、171；表 71）

名称由来　献给大力协助我们野外工作的蒙古族牧民小白（汉译蒙语为 Jirimutu）。

正模　右 m1（V 19830）。

副模　臼齿 72 枚（20 M1, 16 M2, 4 M3, 12 m1, 11 m2, 9 m3），V 19831.1-72。

模式产地与层位　苏尼特左旗巴伦哈拉根（IM 0801 地点）；上中新统下部，巴伦哈拉根层（灞河期）。

归入标本　苏尼特左旗阿木乌苏（IM 0801 地点）：臼齿 10 枚（3 M1, 1M2, 1 M3, 1 m1, 2 m2, 2 m3），V 19832.1-10。

测量　见表 71。

表 71　内蒙古阿木乌苏和巴伦哈拉根白氏可汗鼠臼齿测量

Table 71　Measurements of molars of *Khanomys baii* from Amuwusu and Balunhalagen, Nei Mongol（mm）

Tooth	Length			Width		
	N	Mean	Range	N	Mean	Range
M1	22	3.06	2.70-3.50	22	2.17	2.00-2.30
M2	15	2.46	2.20-2.65	16	2.04	1.80-2.30
M3	5	2.06	1.85-2.30	5	1.90	1.85-1.95
m1	12	2.75	2.20-3.00	12	1.82	1.70-2.00
m2	12	2.51	2.30-2.85	13	2.00	1.90-2.10
m3	11	2.61	2.25-2.70	11	1.94	1.80-2.15

特征　个体相对较小、齿冠稍低、臼齿脊齿化程度略低的一种可汗鼠。M1 和 M2 釉岛状的后边谷很少见；M1 前边尖简单，前壁无沟；M2 的原谷通常不存在。

描述　臼齿齿冠高，齿尖不很鼓胀，齿脊显著，齿谷狭窄；上臼齿舌侧主尖和下臼齿颊侧主尖分别比对侧的显著；上臼齿颊侧主尖和下臼齿舌侧主尖呈明显的压扁状；上臼齿前方舌侧主尖和下臼齿舌侧主尖位置分别比对侧主尖的靠前。上、下臼齿无中尖，中脊不发育。上臼齿内脊连接前尖和次尖、下臼齿下外脊连接下原尖和下内尖，并分别构成上、下臼齿的"中间斜脊"。上臼齿三根，M1 和 M2 内侧根前后向、舌侧有一深沟；下臼齿双根。

M1 前边尖简单、尖状，前边脊不很发育。前小脊短、粗，连接原尖前臂和前边尖后中部；无原脊 I；原脊 II 短，连接原尖颊侧中部；中脊在稍经磨蚀的牙齿中消失；后脊单一，后向与后边脊连接；后边脊短、弱，在未磨蚀的牙齿中能见到与后脊围成极小的岛状后边谷，一经磨蚀即与后边脊融会；内脊粗壮，连接次尖前臂与前尖形成强大的"中间斜脊"；无任何前尖后刺的痕迹。原谷浅、小，但清楚；内谷狭窄，相对横向，长度向根部逐渐变小，外伸近达齿宽之半；前边谷和中间谷显著，形状相似，后内向延伸，向内延伸超过齿宽之半；釉岛状的后边谷极少见。

M2 前边脊颊侧支强壮、与原尖前臂融会形成粗棱，舌侧支只残留于个别磨蚀轻微的牙齿；原脊短，伸达原尖中部，形状与 M1 的很相似；后脊和后边脊构造也如同 M1 者，在个别开始磨蚀的牙齿中也能见到其围成的后边谷小坑；内脊粗壮，连接次尖与原脊形成"中间斜脊"。原谷通常消失；内谷形状与 M1 的相似，外伸未超过齿宽之半；前边谷和中间谷显著，前者横向、向内延伸达齿宽之半，后者后内向、延伸深度超过齿宽之半。

M3 前部构造与 M2 的无异，但次尖和后尖退化，牙齿的后部明显收缩；后尖与前尖间有弱脊封闭中间谷。

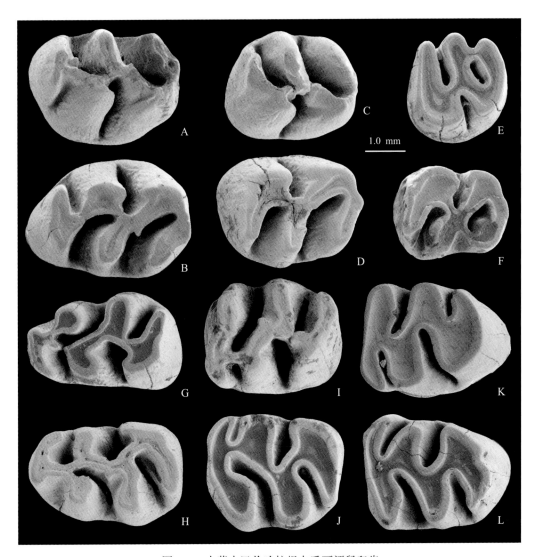

图 168　内蒙古巴伦哈拉根白氏可汗鼠臼齿

Fig. 168　Molars of *Khanomys baii* from Balunhalagen, Nei Mongol

A. l M1（V 19831.1），B. r M1（V 19831.2），C. l M2（V 19831.3），D. r M2（V 19831.4），E. l M3（V 19831.5），F. l M3
（V 19831.6），G. l m1（V 19831.7），H. r m1（正模 holotype, V 19830），I. l m2（V 19831.8），J. r m2（V 19831.9），K. l
m3（V 19831.10），L. r m3（V 19831.11）；冠面视（occlusal view）

　　m1 下前边尖简单、脊形。下前边脊颊侧支高而显著，后伸下原尖基部，但舌侧支不清楚；下前小脊短、
单一，与下后脊 I 和下原尖前臂连接，位于牙齿中轴线的舌侧；没有下后脊 II；短、弱的下中脊靠近下内尖，
但仅见于磨蚀轻微的牙齿；下次脊短粗，横向与下外脊后部连接；下后边脊粗壮，在与下次尖连接处不明显
收缩，舌侧也未能伸达下内尖；下外脊发育、弯曲，连接下次尖前臂与下原尖；下次尖有前外向的短棱。下
原谷明显比下前边谷大，颊侧开放，向内延伸超过齿宽之半；下外谷相对宽阔，近对称，下延深度大，长度
向根部逐渐变小，内伸近达牙齿宽度之半；下前边谷浅小；下中间谷显著，前外向伸达下前小脊之后，外伸
达齿宽之半；下后边谷也很发育，近横向，下延深度比下中尖谷的小，外伸达齿宽之半。

　　m2 近长方形。下前边脊的颊侧支发育，与下后尖融会构成前方粗棱，无舌侧支；下中脊的痕迹仅见
于开始磨蚀的牙齿；下次脊横向与下外脊后部连接；下后边脊形态与 m1 的很相似；下外脊弯曲，后部稍
弱；下次尖有前外向的短脊。下原谷浅小，略前内向，向内延伸小于齿宽的三分之一；下外谷显著，宽而
下延深度大，向内延伸超过齿宽之半，与下后边谷错位排列；下中间谷也相当发育，前外向伸达下前边
脊之后，外伸超过齿宽之半；下后边谷比下中间谷和下外谷都小，近横向，外伸未超过齿宽之半。

　　m3 与 m2 长度接近，构造与 m2 相似，只是后部收缩，下外谷较狭窄。

比较与讨论 *Khanomys* 属 m1 的下前小脊单一、并与下前边尖舌侧连接，这是该属的独有衍征。在牙齿的形态上，它与 *Plesiodipus* 和 *Gobicricetodon* 属，及 *Prosiphneus qiui* 种有以下共同的特征：1）上、下臼齿的齿脊相对显著，有较明显的"中间斜脊"；2）M1 和 m1 的前边尖简单；3）M1 没有原脊 I；4）M1 和 M2 的后脊后向，趋于与后边脊和后尖融合；5）M2 和 M3 前边脊的舌侧支与原尖融合，使前边脊的舌侧支和原谷几乎缺失；6）m2 和 m3 下前边脊的舌侧支与下后尖融合，使下前边脊的舌侧支和下前边谷几乎缺失。这些形态显然属于共同祖征，表明了它们具有较接近的亲缘关系，并有一个古仓鼠类的共同祖先。但似乎 *Khanomys*、*Plesiodipus* 和 *Gobicricetodon* 属并没有直接的祖裔关系，它们都向着个体增大、齿冠增高、牙齿脊型齿方向演化，并向着不同的方向特化（见上），进入晚中新世即先后绝灭。唯有 *Khanomys* 属的某个种群可能衍生出后来的 *Prosiphneus* 属。

此前，*Plesiodipus* 属被认为是东亚特有的鼢鼠类（Myospalacinae）的祖先类型（邱铸鼎等，1981；李传夔、计宏祥，1981）。*Khanomys* 属的发现，似乎表明它更可能是鼢鼠类啮齿动物的祖先类型，而非 *Plesiodipus* 属。在形态上，鼢鼠类原始的属种 *Prosiphneus qiui* 与 *Khanomys* 属的特征更为相似，只是 m1 的构造有较明显的不同，说明这两个属有较接近的亲缘关系。在 *Plesiodipus* 属中，"中间斜脊"与牙齿中轴的夹角小，m2 和 m3 下外谷与下后边谷错位排列，与 *Prosiphneus* 属有较大的差别。另外，*Plesiodipus* 属具有 M1 原谷退化，m1 颊侧谷及下后边谷逐渐变得浅小的演化趋势，这与后来 *Prosiphneus* 属的特征不符。因此，*Khanomys* 属更可能更接近鼢鼠类（Myospalacinae）的祖先类型。

陈氏可汗鼠（新属、新种）*Khanomys cheni* gen. et sp. nov.

（图 169-171；表 72）

名称由来 献给大力协助我们野外工作的阿巴嘎旗博物馆馆长陈海峰先生。

正模 左 M1（V 19833）。

副模 臼齿 46 枚（7 M1，11 M2，9 M3，9 m1，5 m2，5 m3），V 19834.1-46。

模式产地与层位 苏尼特右旗沙拉（IM 9610 地点）；上中新统，宝格达乌拉组（?）（灞河期晚期）。

归入标本 阿巴嘎旗灰腾河（IM 0003 地点）：一破碎头骨，附左 M1-2 和破损右 M2，臼齿 13 枚（6 M1，1 M2，3 m1，2 m2，1 m3），V 19835.1-14。苏尼特左旗必鲁图（IM 0510 地点）：臼齿 32 枚（3 M1，3 M2，5 M3，5 m1，10 m2，6 m3），V 19836.1-32。

测量 见表 72。

表 72 内蒙古陈氏可汗鼠臼齿测量

Table 72 Measurements of molars of *Khanomys cheni* from Nei Mongol（mm）

Tooth	Length			Width		
	N	Mean	Range	N	Mean	Range
沙拉 Shala						
M1	5	3.36	3.25-3.50	7	2.31	2.20-2.50
M2	8	2.43	2.25-2.65	10	2.26	2.10-2.40
M3	8	2.42	2.15-2.90	8	2.05	1.90-2.20
m1	4	3.04	2.95-3.20	8	2.02	1.90-2.20
m2	4	2.76	2.40-2.95	5	2.24	2.05-2.35
m3	5	2.59	2.25-2.80	4	2.05	1.95-2.25
灰腾河 Huitenghe						
M1	4	3.36	3.10-3.55	7	2.32	2.10-2.80
M2	2	2.73	2.65-2.80	2	2.43	2.05-2.80
m1	2	2.88	2.85-3.10	2	2.00	2.00-2.00
m2	2	2.55	2.50-2.60	2	2.10	2.05-2.15
m3	1	–	2.65	1	–	2.00

Tooth	Length			Width		
	N	Mean	Range	N	Mean	Range
必鲁图 Bilutu						
M1	1	–	3.25	3	2.25	2.15–2.40
M2	2	2.40	2.30–2.50	2	2.25	2.20–2.30
M3	5	2.25	2.05–2.40	5	2.04	1.90–2.15
m1	4	2.95	2.80–3.10	5	1.90	1.80–2.00
m2	7	2.58	2.25–2.50	10	2.10	1.95–2.25
m3	6	2.65	2.50–3.00	6	2.09	1.95–2.15

特征　个体较大，齿冠较高，臼齿更趋脊型齿的一种可汗鼠。M1 和 M2 在开始磨蚀阶段常见釉岛状的后边谷；M1 前边尖前壁有浅的凹坑；M2 通常有浅小的原谷。

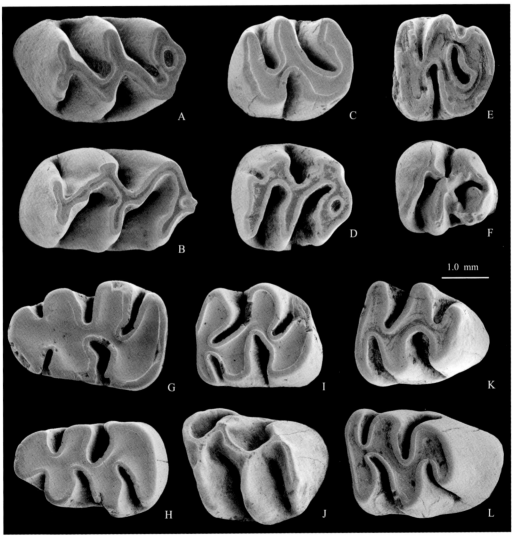

图 169　内蒙古中部陈氏可汗鼠臼齿

Fig. 169　Molars of *Khanomys cheni* from central Nei Mongol

A. l M1（正模 holotype，V 19833），B. r M1（V 19835.1），C. l M2（V 19836.1），D. r M2（V 19834.1），E. l M3（V 19836.2），

F. r M3（V 19836.3），G. l m1（V 19836.4），H. r m1（V 19835.2），I. l m2（V 19836.5），J. r m2（V 19835.3），K. r m3

（V 19834.2），L. r m3（V 19836.6）；冠面视（occlusal view）

描述　臼齿高冠，齿脊显著，随着磨蚀齿尖变大、齿谷变窄；上臼齿舌侧主尖和下臼齿颊侧主尖分别比对侧的略显著；上臼齿颊侧主尖和下臼齿舌侧主尖多少呈明显的压扁状；上臼齿前方舌侧主尖和下臼齿舌侧主尖位置分别比对侧的靠前。上、下臼齿都无中尖和中脊。

M1 前边尖简单、脊形，短的前边脊前壁在开始磨蚀的牙齿中有很浅的凹坑。前小脊短、粗，连接原尖前臂和前边尖后中部；原脊短，近横向与原尖后臂连接；后脊后向与后边脊相连；后边脊细弱，在开始磨蚀的牙齿中能见到与后脊围成极小的岛状后边谷，一经磨蚀即与后边脊融会；内脊粗壮，连接次尖前臂与前尖形成强大的"中间斜脊"；未见有任何前尖后刺的痕迹。原谷虽小但清楚，向根部延伸近达齿冠基部，外伸未超齿宽之半；内谷显著，相对横向，随着磨蚀向根部迅速变窄，外伸近达牙齿宽度之半；前边谷和中间谷显著，形状相似，后内向延伸深度在齿宽之半以上。

M2 前边脊颊侧支强壮，与原尖前臂融会形成粗棱，前边脊舌侧支在磨蚀轻微的牙齿中留有痕迹；原脊短，与原尖后臂连接，形状与 M1 的很相似；后脊和后边脊构造与 M1 的也很相似，在开始磨蚀的牙齿中亦有岛状后边谷；内脊粗壮，连接次尖与原脊形成强大的"中间斜脊"。原谷浅小，通常见于磨蚀轻微的牙齿；内谷颇显著，横向或略微指向后外，外伸未超过齿宽之半；前边谷和中间谷显著，前者横向，向内延伸达齿宽之半，后者伸向后内，延伸深度超过齿宽之半。

M3 前部构造与 M2 的无异，但牙齿的后部收缩，次尖和后尖退化；中间谷常被后尖与前尖间的弱脊封闭。

m1 下前边尖简单，咀嚼面尖-脊型。下前边脊颊侧支发育，后伸下原尖基部，舌侧支不清楚；下前小脊短、单一，与下后脊 I 和下原尖前臂连接，位于牙齿中轴线偏舌侧；无下后脊 II；下次脊短、粗，横向与下外脊连接；下后边脊粗壮，融入下次尖形成牙齿后方粗棱，舌侧未达下内尖；下外脊发育、弯曲，连接下次尖前臂与下原尖；下次尖有弱的前外向短脊。下原谷通常比下前边谷大，内延占齿宽之半左右；下外谷中度宽阔，但向根部逐渐变窄，下延深度大，内伸近达牙齿宽度之半；下前边谷浅小，向下延伸深度不大；下中间谷显著，前外向延伸，外伸达齿宽之半；下后边谷发育，近横向，下延深度比下中间谷的小，外伸达齿宽之半。

m2 似长方形。下前边脊颊侧支发育，与下后尖融会构成前方粗棱；下次脊和下外脊与下内尖融会；下后边脊形状与 m1 的很相似；下外脊弯曲；下次尖的前外向短棱不明显。下原谷浅小，略前内向，向内延伸未超过齿宽之半；下外谷显著，下延深度大，向内延伸超过齿宽之半，略指向前内，与下后边谷错位排列；下中间谷相当发育，下延深度最大，前外向延伸，对向下前边谷，外伸超过齿宽之半；下后边谷比下中间谷小，横向或略指向前外，外伸占齿宽之半左右。

m3 与 m2 长度接近、构造相似，但后部收缩，下内尖和下次尖退化、连成后方脊棱。

比较与讨论　上述牙齿的形态构造与 *Khanomys baii* 新种的很相似，明显的不同是尺寸的平均值较大，齿冠略高（图 170）。形态上比较明显的差异是臼齿更趋脊形，M1 和 M2 在开始磨蚀阶段釉岛状的后

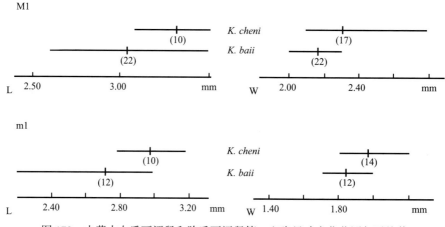

图 170　内蒙古白氏可汗鼠和陈氏可汗鼠第一臼齿尺寸变化范围与平均值

Fig. 170　Size ranges and averages of length and width in the first molars of *Khanomys baii* and *K. cheni* from Nei Mongol

边谷较常见，M1 前边尖脊形、且前壁有浅的凹坑，M2 通常有浅小的原谷(图 171)。

这些牙齿所代表的新种在形态上与原鼢鼠的也很接近，甚至显示出从 *Khanomys baii* 向 *Prosiphneus qiui* 过渡的特征，充分表明 *Khanomys* 属与 *Prosiphneus* 属有很接近的亲缘关系。*K. baii* - *K. cheni* - *Prosiphneus qiui* 支系的牙齿演化似乎具有尺寸增大，齿冠增高，齿脊增强，m1 的下原尖前臂和下后脊 II 逐渐发育的趋势。

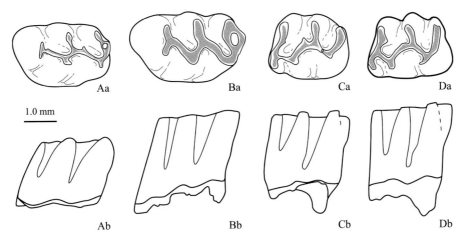

图 171　内蒙古白氏可汗鼠与陈氏可汗鼠 M1 和 m2 的形态和大小比较

Fig. 171　Scheme showing comparison of the M1 and m2 of *Khanomys baii* and *K. cheni* from Nei Mongol

Khanomys baii：Aa, Ab. M1 (V 19831.1)，Ca, Cb. m2 (V 19831.8)；*K. cheni*：Ba, Bb. M1 (V 19833)，Da, Db. m2
(反转 reversed, V 19835.12)；Aa–Da. 冠面视 (occlusal view)，Ab–Db. 舌侧视 (lingual view)

犀齿鼠属 *Rhinocerodon* Zazhigin, 2003

模式种　*Rhinocerodon pauli* Zazhigin, 2003：哈萨克斯坦巴甫洛达尔(Pavlodar)，晚中新世，Pavlodar 组(= MN12)。

归入种　*Rhinocerodon seletyensis* Zazhigin, 2003：哈萨克斯坦 Selety 河，晚中新世(= MN13)。*R. irtyshensis* Zazhigin, 2003：哈萨克斯坦巴甫洛达尔，最晚中新世或最早上新世(= MN13 上部或 MN14 下部)。*R. abagensis* sp. nov.：内蒙古，晚中新世(保德期)。

特征　(见 Zazhigin, 2003，但所称的下次尖这里确定为下次尖的颊侧前肋)。

评述　Zazhigin (2003)把 *Rhinocerodon* 属归入 Cricetodontinae 亚科，由于该属的牙齿形态具有以下特征，即第一前臼齿的前边尖简单、中尖和中脊缺失，上、下第二和第三臼齿的舌侧前边脊缺失，M1 和 M2 后脊与后边脊连接、没有开放的后边谷，m1 有前向的下后脊，以及臼齿具有"中间斜脊"，故这里将其并入 Plesiodipinae 亚科。尽管 *Rhinocerodon* 的 m1 构造较为特别，"中间斜脊"不明显，但其基本形态可与这一亚科其他属的比较，特别是其下外脊与下次尖和下原尖连接，有浅的下原谷而无下次谷。这些形态与 *Plesiodipus* 属的特征有较为相似之处。

在牙齿的基本形态上，*Rhinocerodon* 属和 *Plesiodipus* 属的相似，似乎说明两者有较接近的亲缘关系。中中新世的 *Plesiodipus* 属很有可能是 *Rhinocerodon* 属的祖先类型。

阿巴嘎犀齿鼠(新种) *Rhinocerodon abagensis* sp. nov.

(图 172、173；表 73)

名称由来　示新种正型地点所在地内蒙古阿巴嘎旗。

正模　左 m1 (V 19837)。

副模　臼齿 22 枚(3 M1，3 M2，3 M3，4 m1，3 m2，6 m3)，V 19838.1–22。

模式产地与层位　阿巴嘎旗宝格达乌拉(IM 0702 地点)；上中新统，宝格达乌拉组(保德期早期)。

归入标本 阿巴嘎旗宝格达乌拉北（IM 0703 地点）：1 枚 M1，V 19839。

测量 见表 73。

表 73　内蒙古宝格达乌拉阿巴嘎犀齿鼠臼齿测量
Table 73　Measurements of molars of *Rhinocerodon abagensis* from Bagadawula, Nei Mongol（mm）

Tooth	Length			Width		
	N	Mean	Range	N	Mean	Range
M1	3	3.12	3.00-3.30	4	1.85	1.80-1.90
M2	3	2.45	2.40-2.50	3	2.05	2.00-2.10
M3	3	2.40	2.35-2.50	3	2.00	1.90-2.10
m1	4	2.55	2.50-2.60	4	1.53	1.40-1.60
m2	3	2.45	2.35-2.50	3	1.87	1.80-1.95
m3	6	2.37	2.25-2.55	6	1.63	1.50-1.90

特征　*Rhinocerodon* 属中个体较大的一种。M1 无任何附属小尖，原尖和前尖间有明显的齿脊相连；m1 下前边脊的颊侧支不很发育，下后边谷向下延伸的深度大；m3 的后部较退化，下后边谷消失。

描述　臼齿近脊型齿，齿脊相当显著，内侧主尖和外侧主尖大小近等、呈压扁状；上臼齿舌、颊侧主尖大致对位排列，后部主尖位置明显比前部的靠紧，稍经磨蚀即融为一体；下臼齿舌侧主尖位置稍比颊侧的靠前；臼齿釉质层厚度均一，都没有中尖和中脊；M1 和 M2 四根，下臼齿双根。

M1 前边尖宽大、简单、前后向压扁、位于牙齿前颊侧，前边脊不发育；前小脊与原尖前臂和前边尖舌侧融合，构成强大的前方斜脊；前尖前方有一甚为细弱、在低处连接前尖与前边尖的齿脊（? 原脊 I），前尖舌侧有一短、连接原尖颊侧中部的脊（? 原脊 II）；后脊成双，对称地与内脊和后边脊连接，并围成浅、封闭的后边谷，在牙齿磨蚀早期后边谷即会消失；内脊粗壮，连接次尖前臂与前尖形成"中间斜脊"。原谷不清楚；内谷中等大小，向外延伸未超过齿宽之半；前边谷显著，略向后伸，向内延伸达齿宽的三分之二左右；中间谷大小和形状与内谷近似，两者对向排列。未见有任何附属小尖的痕迹。

M2 形态和构造大体与 M1 的相仿，但前方强脊不甚倾斜，后部收缩更明显。由于前边尖与前尖靠得很近，而且基部相连，使牙齿达到磨蚀的中期即会出现前尖与前边尖的连通。原脊短，连接原尖和内脊，发育程度变异大，在 3 枚牙齿中有 1 枚的完全中断；前尖前方有一指向前边脊的肋，经磨蚀后该肋可能成为分割前边谷的脊；后脊成双，对称地与内脊和后边脊连接，并围成封闭、深度似乎比 M1 略大的后边谷；内脊强壮，连接次尖前臂与前尖形成"中间斜脊"。内谷较狭窄，横向；中间谷与内谷对向排列。

M3 与 M2 相似，只是个体稍小，后部更收缩。

m1 狭长。下前边尖小、简单、略前后向压扁，位于牙齿中轴线偏颊侧；下前边脊不发育；具双下前小脊，分别由前伸的下原尖前臂和下后脊 I 构成，前者较粗、伸至下前边尖后部，后者稍弱、与下前边尖的舌后侧连接，双脊与下前边尖、下原尖和下后尖连成"镰刀形"构造，但磨蚀后期"镰刀形"构造消失，形成与某些脊形仓鼠或鼦类"前帽"相似的构造；下原尖和下次尖呈明显的压扁状、完全脊形化；下后脊 II 短，比下前小脊低，磨蚀初期即与镰刀形构造围成"釉岛"；下次脊短、横向或稍前向与下外脊连接；下后边脊粗壮，舌侧远离下内尖；下外脊清楚、直、连接下次尖前臂与下原尖后臂；下外谷中等大小，向牙齿根部迅速收缩，内伸未达牙齿宽度之半；下原谷和下前边谷浅而弱；下中间谷最为宽长，向根部延伸深度也最大，而且不明显收缩，外伸近达齿冠宽度之半；下后边谷向根部延伸深度仅次于下外谷和下中间谷，在磨蚀初期很显著、外伸达齿冠宽度之半，磨蚀后期变得浅小。

m2 下前边尖前后向压扁，位于牙齿前颊侧，后部和舌侧通过下原尖前臂和下后脊 I 分别与下原尖和下后尖连接；下前边脊不发育；下次脊横向融入下外脊，稍经磨蚀即出现强大的"中间斜脊"；下后边脊粗壮，与下次尖构成后方脊；下外脊稍弯曲、短但显著；下原谷明显比 m1 的宽，下中间谷前外向延伸，外伸超过齿宽之半。

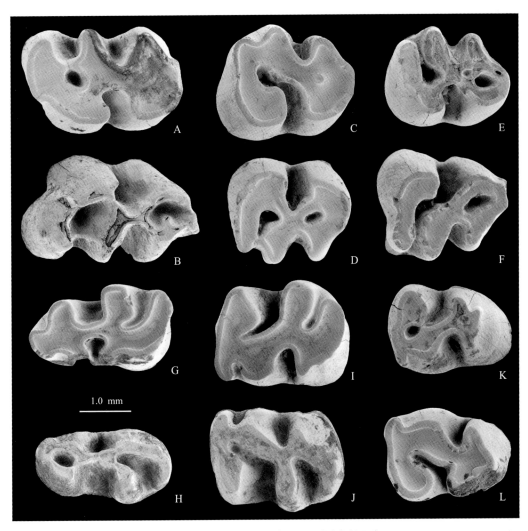

图 172　内蒙古宝格达乌拉阿巴嘎犀齿鼠臼齿

Fig. 172　Molars of *Rhinocerodon abagensis* from Baogeda Ula, Nei Mongol

A. l M1 (V 19838.1), B. l M1 (反转 reversed, V 19839), C. l M2 (V 19838.2), D. l M2 (反转 reversed, V 19838.3), E. l
M3 (V 19838.4), F. l M3 (反转 reversed, V 19838.5), G. l m1 (正模 holotype, V 19837), H. r m1 (V 19838.6), I. l m2
(V 19838.7), J. r m2 (V 19838.8), K. l m3 (V 19838.9), L. r m3 (V 19838.10); 冠面视 (occlusal view)

m3 与 m2 的不同主要是个体较小，下内尖和下次尖近融会，后部明显收缩，下后边谷极为短浅、磨蚀初期即消失。

比较与讨论　上述宝格达乌拉标本的形态具有 *Rhinocerodon* 属的特征，即：臼齿冠面近脊型，釉质层厚度均一，没有中尖和中脊；m1 的下前边尖分别与下原尖和下后尖连成"镰刀形"构造，下后脊 II 很低、在牙齿磨蚀早期与"镰刀形构造"围成"釉岛"，下后边脊融入脊形的下次尖形成牙齿唇后角上的强脊，下原谷和下前边谷浅小或缺，下外谷的大小变化大，下中间谷宽深；m2 和 m3 没有下前边脊舌侧支；M1 和 M2 四根；M1 有一低、连接前尖和前边尖的前小脊，后脊与次尖的前、后臂及内脊围成深度不大的"釉岛"，内脊前部与前尖而不与原尖连接，内谷、中间谷和前边谷宽而深；M2 的前尖常有低脊与前边尖连接，原尖并不总与前尖相连 (Zazhigin, 2003)。

目前，犀齿鼠属 (*Rhinocerodon*) 仅发现于哈萨克斯坦晚中新世中晚期、甚至是上新世早期的地层，共有三种：*R. pauli*、*R. seletyensis* 和 *R. irtyshensis*。宝格达乌拉材料所代表的犀齿鼠，个体比上述哈萨克斯坦的种都稍大 (图 173)。形态上与 *R. pauli* 似乎更为接近，但在所保存的 4 枚 M1 中都未见附属小尖，原尖和前尖间总有明显相连的齿脊。内蒙古犀齿鼠与 *R. seletyensis* 最明显的不同是其 m3 的后部较退化，几乎没有下后边谷。它与 *R. irtyshensis* 的差异在于 m1 下前边脊的颊侧支不发育，下后边谷向下延伸的深度大。鉴于与已知种的这些差别，宝格达乌拉材料被指定为新种，代表该属在我国的首次发现。

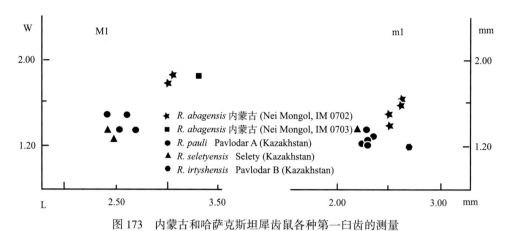

图 173 内蒙古和哈萨克斯坦犀齿鼠各种第一臼齿的测量

Fig. 173 Scatter diagrams showing length and width in the first molars of various species of *Rhinocerodon* from Nei Mongol and Kazakhstan

仓鼠亚科 Cricetinae Fischer de Waldheim，1817

一类中小型仓鼠。头骨光滑，仅少数种类成年个体具有稍明显的眶上嵴和顶嵴。鼻骨前端常超出门齿或与门齿齿槽齐平。脑颅不甚扩大，颧宽大于后头宽，听泡小。齿式：1·0·0·3/1·0·0·3；门齿无沟；臼齿丘-脊型，中—低冠；臼齿主尖交错排列；上臼齿三—四齿根，下臼齿双根；M1 前边尖膨大、增宽，通常近对称分开；M2 原尖和前尖常有双脊连接；M1 和 M2 前尖后刺不发育；下臼齿一般无下中尖。m1 下前边尖比古仓鼠类的相对拉长和增宽，单尖或双分，甚至分裂为多小尖。

仓鼠亚科在我国发现的化石属有 *Colloides*、*Sinocricetus*、*Nannocricetus*、*Kowalskia*、*Cricetinus*、*Allocricetus*、*Amblycricetus* 和 *Bahomys* 八属。内蒙古中部地区新近纪地层中化石丰富，发现于晚中新世早期至上新世早期地点，其中二登图、哈尔鄂博、比例克和高特格的标本已进行过较详细的描述（Wu，1991；Qiu et Storch，2000；Li，2010a）。

类山丘鼠属（新属） *Colloides* gen. nov.

模式种 *Colloides xiaomingi* sp. nov.

属名由来 后缀 -oides，意"类似，形似"（希腊词来源形容词），示新属与 *Collimys* 属类似。

归入种 仅有模式种。

特征 个体中等大小的一类仓鼠。臼齿齿冠中等高冠，丘-脊型齿，磨蚀面平坦，齿谷深且狭窄，中脊缺如或很短。M1 的前边尖不分开；M1 和 M2 的原脊和后脊单一，后指向；M3 可能具双后脊；m1 的下前边尖分开，下前小脊单一、前端常与舌侧下前边尖连接，下后脊和下次脊单一，前指向；m2 和 m3 没有下前边脊的舌侧支。上臼齿三齿根，下臼齿双齿根。

评注 新属 *Colloides* 与 *Collimys* Daxner-Höck，1972 和 *Pseudocollimys* Daxner-Höck，2004 在牙齿形态上有很多相似之处，如较高的臼齿齿冠，丘-脊型齿，平坦的臼齿磨蚀面，深且窄的齿谷，M1 前边尖不分开，M1 和 M2 只有原脊 II 和后脊 II，m1 的下前小脊单一、只有下后脊 I 和下次脊 I，以及都有相同的臼齿齿根数等，但新属 m1 的下前边尖前壁具有明显的沟将其分开，与欧洲两属的有所不同。此外，它与 *Collimys* 属的不同还在于臼齿的中脊缺失或很短，下臼齿没有下外中脊；与 *Pseudocollimys* 属的不同还在于上臼齿的主尖没有那样明显地错位排列，M1 的前边尖位于齿纵轴上而不明显地靠颊侧，m3 没有游离的下中脊。

Colloides 的牙齿形态与 *Sinocricetus*、*Nannocricetus* 和 *Kowalskia* 属也有些相似。但其 M1 的前边尖不分

开，M2 和 M3 没有任何原脊 I 和后脊 I 的痕迹，m1 的下前边尖分开明显而不同于 *Sinocricetus*；以 M1 和 m1 的前边尖较宽，M2 和 M3 只有单一的原脊，m3 的下内尖较退化而不同于 *Nannocricetus*；以齿冠较高，臼齿中脊弱得多、甚至完全缺失，M1 前边尖简单，M2 和 M3 的原脊单一，m1 的下前边尖强壮、明显分开而不同于 *Kowalskia*。

<h2 style="text-align:center">晓鸣类山丘鼠（新属、新种）*Colloides xiaomingi* gen. et sp. nov.</h2>

（图 174；表 74）

Cricetidae indet. (Balunhalagen, Amuwusu, Shala, Huitenghe)：Qiu Z D et al., 2013, p. 177, appendix

名称由来　献给对新近纪生物地层学研究做出重大贡献的美国洛杉矶自然历史博物馆研究员暨中国科学院古脊椎动物与古人类研究所客座研究员王晓鸣博士。

正模　右 m1（V 19840）。

副模　臼齿 11 枚（4 M1，1 M2，1 M3，3 m1，2 m2），V 19841.1-11。

模式产地与层位　苏尼特左旗巴伦哈拉根（IM 0801 地点）；上中新统下部，巴伦哈拉根层（灞河期）。

归入标本　苏尼特右旗阿木乌苏地点：臼齿 4 枚（3 M2，1 m1），V 19842.1-4。阿巴嘎旗灰腾河（IM 0003 地点）：1 枚 m3，V 19843。苏尼特右旗沙拉（IM 9610 地点）：臼齿 3 枚（1 M3，2 m3），V 19844.1-3。

测量　见表 74。

表 74　内蒙古晓鸣类山丘鼠臼齿测量
Table 74　Measurements of molars of *Colloides xiaomingi* from Nei Mongol（mm）

Tooth	Length			Width		
	N	Mean	Range	N	Mean	Range
M1	4	1.97	1.95-2.00	4	1.30	1.24-1.33
M2	4	1.42	1.35-1.46	4	1.20	1.15-1.25
M3	2	1.45	1.40-1.50	2	1.09	1.05-1.12
m1	5	1.88	1.80-1.98	5	1.22	1.10-1.30
m2	2	1.53	1.50-1.55	2	1.20	1.20-1.20
m3	3	1.17	1.10-1.20	3	0.95	0.90-1.00

特征　同属。

描述　臼齿中等高冠，丘-脊型齿，齿尖相对显著，齿谷深、窄，经磨蚀后的咀嚼面相对平坦。上臼齿颊、舌侧主尖近对位排列，下臼齿舌侧主尖明显比颊侧的靠前；臼齿中尖不发育，中脊缺失或很短；上臼齿三齿根，下臼齿双根。

M1 前边尖宽大，几乎位于齿纵轴线上，前壁略微向前凸出，没有分开的痕迹。前边脊粗壮，舌侧支伸达原尖基部；前小脊短、粗，连接原尖前臂和前边尖后中部，没有前小脊刺；无原脊 I；原脊 II 短，与原尖后臂连接；在仅有的巴伦哈拉根标本中未见有中脊；后脊单一，后向与后边脊连接；后边脊细弱；内脊短粗，连接次尖前臂和前尖舌后侧。原谷发育，但向外延伸未达齿宽之半；内谷窄，横向，向外延伸近达齿宽之半；前外向伸达牙齿宽度之半；前边谷和中间谷显著，两者的大小和形状相似，后内向延伸，内伸达齿宽之半；浅小的后边谷仅见于轻度磨蚀的牙齿。

M2 前边脊颊侧支发育，伸达前尖前颊侧基部，但未封闭前边谷，舌侧支的发育程度变异明显，从清晰到完全缺失；原尖通过短的前小脊与前边脊连接；没有原脊 I，原脊 II 与原尖后臂或内脊相连；中脊在副模标本中不存在，但在阿木乌苏 3 枚牙齿中的 1 枚甚至伸达齿缘；后脊后向，与后边脊或次尖后臂连接；后边脊细弱，伸达后尖；内脊粗壮，弯曲，前端与原脊连接。原谷的存在与前边脊颊侧支的发育有关，或很清楚，或完全缺失；内谷显著，近对称，外伸达齿宽之半；外侧谷形状与 M1 的相似。

M3 与 M2 相似，前部的形状和构造更如同 M2 者，但后部略收缩、退化，并具双后脊。

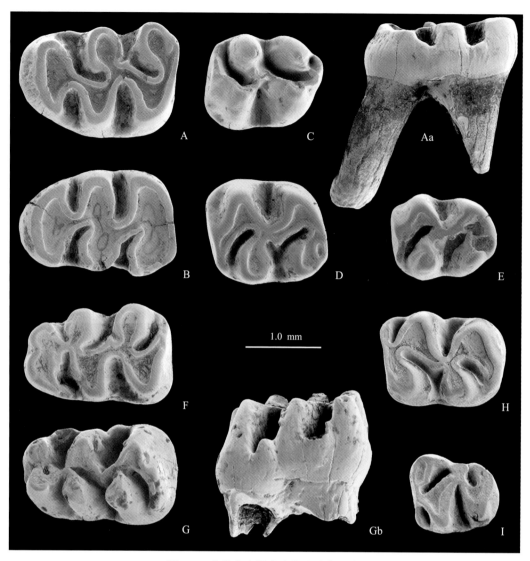

图174　内蒙古中部晓鸣类山丘鼠臼齿

Fig. 174　Molars of *Colloides xiaomingi* from central Nei Mongol

A, Aa, l M1（V 19841.1），B. r M1（V 19841.2），C. l M2（V 19841.3），D. r M2（V 19842.1），E. r M3（V 19844.1），F. l m1（V 19842.2），G, Gb. r m1（正模 holotype, V 19840），H. r m2（V 19841.4），I. l m3（V 19843）；A－I. 冠面视（occlusal view），Aa. 舌侧视（lingual view），Gb. 颊侧视（buccal view）

　　m1 下前边尖大，前壁有明显、近于把下前边尖分开的沟；下前边脊颊侧支发育，伸达下原尖前颊侧基部，没有下前边脊舌侧支；下前小脊短，连接舌侧下前边尖后壁和下后脊，在磨蚀轻微的标本中可以观察到其前端有分叉、并伸向颊侧下前边尖的趋势；下后脊单一、短，横向与下原尖前臂连接；下中脊很短或缺如；下次脊短，横向或略向前与下次尖前臂或下外脊后部连接；下后边脊发育，舌侧变细、向下伸至下内尖舌后基部；下外脊显著、弯曲，连接下次尖与下原尖。下原谷和下前边谷横向、近等大；下外谷不甚宽阔，横或略前内向延伸，内伸近达齿宽之半；下中间谷和下后边谷形状相似，前外向延伸，外伸亦达齿宽之半，但下后边谷比下中间谷弱小得多。

　　m2 下前边脊颊侧支发育，伸达下原尖外基部，舌侧支与下后尖融合；下后尖与下原尖前臂连接，没有下后脊 II；下次脊前向，与下外脊连接；下后边脊短，融入下次尖；下外脊短，弯曲；下外谷宽阔、横向、近对称，内伸超过齿宽度之半；下中间谷和下后边谷形状与 m1 的相似，但下后边谷较退化。

　　m3 构造简单，前部与 m2 的相似，后部收缩、退化。下原尖和下次尖相对显著，但下内尖甚为退化；下原尖后臂与下次尖前臂粗壮，两者会聚于下内尖；下后边脊短、粗，伸向下内尖，在基部封闭下后边谷；在灰腾河标本中，下后脊和下内尖舌侧有明显的齿脊相连。下外谷显著、横向，内伸超过牙齿宽度之半。

比较与讨论 新种 *Colloides xiaomingi* 的臼齿齿冠较高，冠面平坦，构造简单，第一臼齿的前边尖不分开，臼齿的主脊（上臼齿的原脊和后脊，下臼齿的下后脊和下次脊）单一，臼齿的中脊缺失。具有这种独特牙齿形态的仓鼠与此前在亚洲发现的仓鼠类动物者有明显的不同，在中国新近纪地层中尚属首次被发现。新种与欧洲的 *Collimys* Daxner-Höck，1972 和 *Pseudocollimys* Daxner-Höck，2004 有较多相似之处，虽然与其有所差异，但它们的相似性很可能说明其亲缘关系相对较为接近。在欧洲，所发现的具有类似形态构造的仓鼠的种类和数量也不多，其起源和系统关系都不很清楚，显然，对于这类仓鼠的进一步发现和研究十分必要。

上述内蒙古标本产自四个不同的地点和层位，但在牙齿尺寸和形态上尚显示了较为明显的同一性。值得注意的是，在巴伦哈拉根地点发现的 M1 和 M2，都没有中脊。在阿木乌苏的材料中没有 M1，而其 3 枚 M2 中都具有发育程度不同的中脊。由于目前发现的材料不多，这些不同属于种内变异，还是代表不同的种，值得今后注意。

中华仓鼠属 *Sinocricetus* Schaub，1930

模式种 *Sinocricetus zdanskyi* Schaub，1930：内蒙古化德县二登图，晚中新世，保德期。

归入种 *Sinocricetus progressus* Qiu et Storch，2000：内蒙古、甘肃，早上新世。*S. major* Li，2010：内蒙古，早上新世。*Sinocricetus* sp.：青海，晚中新世早期。

特征 具有现生属 *Cricetulus* 类型的下颌骨。与 *Nannocricetus* 和 *Kowalskia* 相比，臼齿较为高冠、强壮，齿谷较深；M1 的前边尖分开，后部有宽深的沟裂，颊侧前边尖通常与发育的颊侧前小脊或前小脊刺连接；中脊高、粗壮，但长短不一；部分 M1 和 M2 具有后脊 II；m1 下前边尖多从后部分裂；下臼齿的下次脊成对角线与下原尖后臂连接，与下中脊斜交；下后脊向前倾斜；m2 和 m3 多有下中脊（依 Wu，1991，略作修改）。

评述 *Sinocricetus* 属主要发现于华北晚中新世—晚上新世地层，常与 *Nannocricetus* 和 *Kowalskia* 属共生，为中国特有的地方性仓鼠属。该属共有 3 种，主要见于内蒙古中部、甘肃灵台、河北泥河湾和青海柴达木盆地（Wu，1991；郑绍华、张兆群，2001；Qiu et Storch，2000；李强等，2008；Qiu et Li，2008；Li，2010a）。在内蒙古中部地区，这一属的化石相当常见，从晚中新世早期的沙拉地点到早上新世的高特格地点均有发现。此外，李毅（1982）曾报道过甘肃宁县早更新世地层中发现的 *S. zdanskyi*，但未见有标本的描述和图示，鉴于该种在中国北方出现地点的时代都为晚中新世，它能否延续到更新世值得怀疑。

师氏中华仓鼠 *Sinocricetus zdanskyi* Schaub，1930

(图 175、176；表 75)

Sinocricetus sp.：Qiu et al.，2006，p. 181，appendix

Cricetidae indet. 2：Wang et al.，2009，p. 122，tab. 1，partim

Sinocricetus sp.：Qiu Z D et al.，2013，p. 177，partim

归入标本 苏尼特左旗巴伦哈拉根（IM 0801 地点）：2 枚 M2，V 19845.1–2。苏尼特右旗沙拉（IM 9610 地点）：15 枚臼齿（1 M1，4 M2，1 M3，5 m1，3 m2，1 m3），V 19846.1–15。阿巴嘎旗宝格达乌拉（IM 9602＝IM 0702 地点）：1 枚颊侧后部破损的右 M1，V 19847。苏尼特左旗必鲁图（IM 0510 地点）：6 枚臼齿（1 M2，1 M3，2 m1，1 m2，1 m3），V 19848.1–6。

测量 见表 75。

描述 臼齿丘-脊型齿；齿冠高；M1 和 M2 三或四齿根；m1 下前小脊双支，m2 下中脊与下后尖后壁连接；下臼齿双齿根。

M1 仅有宝格达乌拉地点一件保存较好的标本，其冠面肾形。前边尖宽，从后部深裂为等大的双小尖；具双支前小脊，前方分别与舌、颊侧前边尖连接，舌侧支强于颊侧支；宝格达乌拉标本的舌侧支具伸达颊侧的前小脊刺；原脊 I 弱或缺失，后脊 II 强壮；中脊短小或发达，横向延伸或紧贴后尖前壁或其间

表 75　内蒙古沙拉和必鲁图地点师氏中华仓鼠颊齿测量

Table 75 Measurements of cheek teeth of *Sinocricetus zdanskyi* from Balunhalagen, Shala and Bilutu, Nei Mongol（mm）

Tooth	Length			Width		
	N	Mean	Range	N	Mean	Range
沙拉 Shala						
M1	1	–	2.27	1	–	1.45
M2	3	1.65	1.61–1.68	3	1.39	1.38–1.41
M3	1	–	1.44	1	–	1.34
m1	2	1.98	1.96–2.00	2	1.30	1.28–1.31
m2	2	1.81	1.80–1.81	2	1.52	1.50–1.53
m3	1	–	1.75	1	–	1.35
必鲁图 Bilutu						
M2	1	–	1.60	1	–	1.32
M3	1	–	1.41	1	–	1.09
m1	1	–	2. 09	1	–	1.30
m2	1	–	1.71	1	–	1.33
巴伦哈拉根 Balunhalagen						
M2	2	1.36	1.30–1.42	2	1.28	1.25–1.30

有细脊相连。

M2 前边脊颊侧支伸至前尖前基部，明显比舌侧支高；原尖前臂与前边脊中部连接；在 6 枚可观察到原脊 I 的标本中，1 枚的弱，5 枚的缺失；7 枚牙齿都有短、游离或紧贴后尖前壁的中脊；2 枚牙齿有后脊 II。

M3 前部构造与 M2 者相似；后部较退化，后尖小；原脊 I 发育，比原脊 II 稍弱；无中脊；后脊 I 和 II 都发育，前者较强；后边谷小。

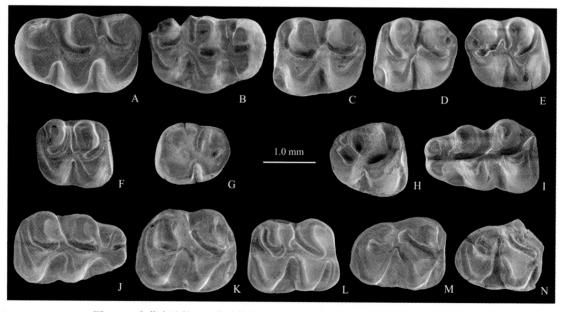

图 175　内蒙古沙拉、巴伦哈拉根、宝格达乌拉和必鲁图师氏中华仓鼠臼齿

Fig. 175　Molars of *Sinocricetus zdanskyi* from Shala, Balunhalagen, Baogeda Ula and Bilutu, Nei Mongol

A. l M1 (V 19846.1), B. r M1 (V 19847), C. l M2 (V 19846.2), D. l M2 (V 19848.1), E. r M2 (V 19845.1), F. r M2 (V 19845.2),

G. l M3 (V 19848.2), H. r M3 (V 19846.3), I. l m1 (V 19848.3), J. r m1 (V 19846.4), K. r m2 (V 19846.5), L. r m2 (V 19848.4),

M. r m3 (V 19846.6), N. r m3 (V 19848.5)；冠面视(occlusal view)

m1 狭长；下前边尖前部有极浅的沟，后部深裂成近等大的两小尖；下前小脊有较强的颊侧支和较弱的舌侧支，前方分别与舌、颊侧下前边尖连接；下后脊前向与下前小脊连接；无下中脊和下外中脊；多有下外附尖；下次脊前向与下原尖后臂连接；下后边脊强壮，内侧伸至下内尖后基部，封闭下后边谷；下中谷窄。

m2 下前边脊颊侧支粗壮，往后延伸至下原尖前基部，封闭下原谷；舌侧支短弱，紧贴下后尖；下后脊朝前与下原尖前臂会聚于下前边脊中部；有短、常与下后尖连接的下中脊；下次脊略前外向与下次尖前臂连接；下后边脊发达并封闭下后边谷；下外谷近横向。

m3 下前边脊舌侧支较 m2 的相对发达，舌、颊侧支分别封闭下原谷和下前边谷；下后脊远离下原尖前臂，各自朝前与下前边脊中部连接；无下中脊；下次脊短，横向或略前外向与下次尖前臂相连；下后边脊发达，封闭下后边谷；下外谷近横向。

比较与讨论　上述标本具有如下共同特征：臼齿丘-脊型齿，较高冠，具有高、长短不一的中脊和下中脊；M1 前边尖从后部深度分裂，前小脊双支，前小脊刺有时发育；M1 和 M2 的原脊 I 和后脊 I 不发育，多具四齿根；m1 下前边尖通常从后部裂开，下前小脊多为双脊，下后脊和下次脊明显指向前方。牙齿的形态与 Wu (1991) 修订的 *Sinocricetus* 属征接近一致。该属包括 *S. zdanskyi*、*S. progressus* 和 *S. major* 三种。*S. progressus* 牙齿尺寸偏小，齿冠较低，M1 前边尖和 m1 下前边尖的分裂程度也低，m1 下前小脊多单支，M1 和 M2 原脊 I 出现的频率较高等，与上述标本有所不同。*S. major* 的尺寸大，牙齿的中脊和下中脊发达，m2 强大的下中脊还与下后尖后壁连接，与上述标本显然也不同。青海柴达木盆地晚中新世早期的 *S.* sp.，个体小，齿冠低，第一臼齿（下）前边尖较窄、分裂程度低，与内蒙古这一仓鼠亦有所区别（Qiu et Li，2008）。然而，上述标本除巴伦哈拉根地点的牙齿外，尺寸和形态都完全落入二登图地点 *S. zdanskyi* 的变异范围内（图 176）。巴伦哈拉根的两枚 M2 稍小，但形态仍落入其变异范围，因此也被看做是 *S. zdanskyi* 新增加的材料。

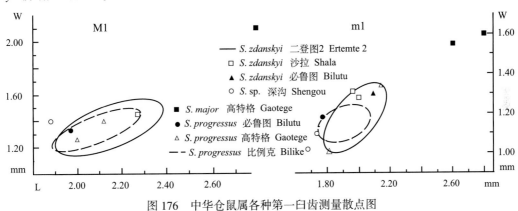

图 176　中华仓鼠属各种第一臼齿测量散点图

Fig. 176　Scatter diagram showing length and width in the first molars of various species of *Sinocrictus* from China

进步中华仓鼠 *Sinocricetus progressus* Qiu et Storch，2000
（图 176、177；表 76）

Cricetidae indet. 2, *Sinocricetus* sp.：Wang et al.，2009, p. 122, tab. 1, partim

Sinocricetus sp.：Qiu Z D et al.，2013, p. 177, appendix, partim

归入标本　苏尼特左旗必鲁图（IM 0510 地点）：16 枚臼齿（1 M1，2 M2，4 M3，2 m1，3 m2，4 m3），V 19849.1–16。

测量　见表 76。

描述　M1 前边尖宽，从后部深裂成两近等大的小尖；前小脊双支，前方分别与颊、舌侧前边小尖连接，颊侧支有伸达外齿缘的前小脊刺；原脊 I 和 II 都发育，前者稍弱；中脊发达、高，长度约为基部至外齿缘距离的 3/4，并与后尖前壁接触；无后脊 I，后脊 II 发育、封闭小的后边谷；内谷横向。

表 76　内蒙古必鲁图地点进步中华仓鼠臼齿测量

表 76　内蒙古必鲁图地点进步中华仓鼠臼齿测量

Table 76　Measurements of molars of *Sinocricetus progressus* from Bilutu, central Nei mongol（mm）

Tooth	Length			Width		
	N	Mean	Range	N	Mean	Range
M1	1	–	1.97	1	–	1.33
M2	2	1.34	1.33-1.34	1	–	1. 43
M3	4	1.18	1.11-1.22	4	1.10	1.00-1.14
m1	1	–	1.77	2	1.16	1.13-1.18
m2	3	1.46	1.44-1.48	3	1.20	1.14-1.31
m3	4	1.45	1.35-1.48	4	1.19	1.14-1.21

M2 较残破且高度磨蚀。可见舌、颊侧前边脊近同等发育，分别伸至原尖和前尖前基部；原脊 I 和 II 都发育，前者稍弱；中脊短、后外向与后尖前壁连接；无后脊 I，但具后脊 II；内谷横向。

M3 前部形态与 M2 者相似，但舌侧前边脊明显比颊侧支弱；后尖和次尖退缩；4 件标本都具有后脊 I，但仅 3 件有后脊 II；无明显的中脊；三齿根。

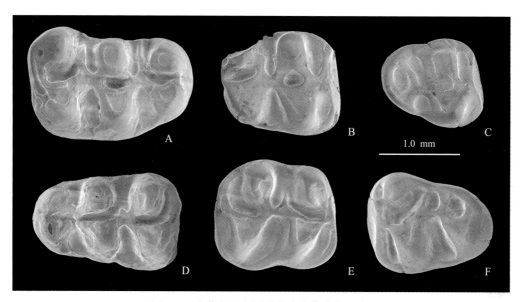

图 177　内蒙古必鲁图的进步中华仓鼠臼齿

Fig. 177　Molars of *Sinocricetus progressus* from Bilutu, Nei Mongol

A. r M1（V 19849.1），B. r M2（V 19849.2），C. r M2（V 19849.3），D. l m1（V 19849.4），E. r m2（V 19849.5），
F. l m3（V 19849.6）；冠面视（occlusal view）

m1 下前边尖宽，从后部分裂成近等大的双小尖，颊侧小尖向后伸至下原尖前基部；下前小脊双支、前方分别与唇、舌侧下前边小尖连接，舌侧支比颊侧支稍强壮；下后脊前向与下前小脊相连；下中脊呈萌芽状态；下次脊斜向与下原尖后臂连接；下后边脊发达，封闭下后边谷；下外谷指向前内。

m2 下前边脊颊侧支强壮、往后伸至下原尖前基部，舌侧支短小、贴近下后尖；下后脊向前与短的下前小脊连接；3 枚牙齿有细弱、弯曲、与下后尖后壁相连的下中脊；下次脊前外向与下次尖前臂连接；下后边脊发达，但未伸达下内尖后壁最外缘。

m3 前部形态与 m2 者相似，后部的下内尖退化为舌侧脊上小尖；下中脊明显、游离于下后尖和下内尖，伸达齿缘；下次脊横向与下次尖前臂连接；下后边谷封闭。

比较与讨论　必鲁图标本上臼齿具有短而高的中脊；M1 前边尖从后部二分，前小脊刺发育；m1 下前边脊宽、从后部浅裂，下后脊和下次脊长、前指向；m1 下中脊不发育；m2 和 m3 具下中脊。这些形态使其

有别于 *Kowalskia* 或 *Nannocricetus* 属，而符合 *Sinocricetus* 的属征。牙齿的尺寸偏小，但落入沙拉、必鲁图、二登图、哈尔鄂博 *S. zdanskyi* 和比例克 *S. progressus* 的变异范围的低端，明显比高特格 *S. major* 的小（图176）；大小上与青海柴达木盆地深沟动物群中的 *Sinocricetus* sp. 者最接近，但后者第一臼齿前边尖相对较窄，M1 前边尖不对称，形态上较为原始（Qiu et Li，2008）。其齿冠较低，齿尖、脊较弱，与 *S. zdanskyi* 和 *S. major* 的有所不同，而与早上新世比例克及高特格地点的 *S. progressus* 标本比较一致，因此被归入 *S. progressus*。与比例克和高特格标本相比，必鲁图 *S. progressus* 的 m2 和 m3 的下中脊似乎略微显著一些。

微仓鼠属 *Nannocricetus* Schaub，1934

模式种 *Nannocricetus mongolicus* Schaub，1934：内蒙古化德二登图，晚中新世晚期，保德期。

归入种 *Nannocricetus primitivus* Zhang et al.，2008：陕西、青海、内蒙古，晚中新世。

特征 个体较小的仓鼠；具 *Cricetulus* 型下颌。M1 的前边尖宽、居中对称、多从前部深度分裂，前小脊刺极少见；M1 和 M2 的中脊通常弱或不发育，出现时多后外向与后尖前壁连接；下臼齿的下中脊通常较弱或完全消失，下后脊和下次脊短小，下外脊弯曲且偏舌侧；m1 下前边尖长，单一或轻度二分（综合、修订自 Wu，1991；Zhang et al.，2008）。

评述 *Nannocricetus* 属常与 *Sinocricetus* 和 *Kowalskia* 属共生，为中国北方特有的地方性属，报道过3种：*N. mongolicus*、*N. primitivus* 和 *N. wuae*。模式种 *N. mongolicus* 发现于内蒙古二登图，后又见于内蒙古哈尔鄂博、比例克和高特格，甘肃灵台，河北泥河湾等地，时代上从晚中新世早期持续到上新世晚期。张兆群等（Zhang et al.，2008）根据内蒙古四子王旗的材料建立过 *N. wuae*，被认为是该属的最原始种。四子王旗标本似乎保留了较多 *Democricetodon* 属的形态特征，如 M1 前边尖窄、偏向颊侧、前部分裂浅，m1 的下前边尖都为单尖，m1 和 m2 的下中脊非常长。因此，本书作者倾向于认为 "*N.*" *wuae* 为 *Democricetodon* 属中较进步的种类，应从 *Nannocricetus* 属剔除。

在内蒙古中部地区，*Nannocricetus* 属的化石比较常见，从晚中新世早期的灰腾河地点到早上新世的高特格地点都有发现。

原始微仓鼠 *Nannocricetus primitivus* Zhang，Zheng et Liu，2008

（图178、179；表77、78）

Nannocricetus cf. *N. mongolicus*：邱铸鼎、王晓鸣，1999，126 页

cf. *Sinocricetus* sp.，*Nannocricetus* sp.：Qiu et al.，2006，p. 181，appendix

Nannocricetus sp.：Wang et al.，2009，p. 122，table 1

Nannocricetus sp.：Qiu Z D et al.，2013，p. 177，appendix，partim

归入标本 苏尼特左旗巴伦哈拉根（IM 0801 地点）：1 具 M1 的破碎上颌骨，22 枚臼齿（7 M1，3 M2，2 M3，6 m1，3 m2，1 m3），V 19850.1-23。阿巴嘎旗灰腾河（IM 0003 地点）：1 具 M1 的破碎上颌骨，2 分别具 m1-3 和 m2-3 的破碎下颌支，36 枚臼齿（6 M1，8 M2，4 M3，5 m1，6 m2，7 m3），V 19851.1-39。苏尼特右旗沙拉（IM 9610 地点）：94 枚牙齿（21 M1，20 M2，9 M3，13 m1，18 m2，13 m3），V 19852.1-94；阿巴嘎旗宝格达乌拉：IM 0702 地点，破碎上颌 5 件，破碎下颌 7 件，臼齿 65 枚（13 M1，11 M2，4 M3，15 m1，10 m2，12 m3），V 19853.1-77；IM 0703 地点，1 枚残破的左 m2，V 19854；IM 0709 地点，1 右 m2 和 1 右下颌碎片带 m3，V 19855.1-2。苏尼特左旗必鲁图（IM 0510 地点）：臼齿 46 枚（9 M1，6 M2，3 M3，10 m1，14 m2，4 m3），V 19856.1-46。

测量 见表77。

描述 残破的下颌支显示，颏孔位于下颌骨颊侧、m1 前齿根下前方，距齿虚最底部 0.51 mm、齿槽水平面 1.95 mm。下咬肌脊强于上咬肌脊，两者会聚于 m1 前下方。上升支起于 m1 与 m2 之间。臼齿的中脊和下中脊无或短弱；M1 前边尖分开，少见前小脊刺；m1 下前边尖窄，从后部轻度分裂；上臼齿三或四齿根，下臼齿双齿根。

M1 前边尖多从前部浅裂、从后部深裂，多数分成舌侧略小、颊侧稍大的两个小尖，两小尖偶见明显

分开、同等大小；明显的前边脊仅见于沙拉的一枚牙齿；前小脊粗壮，多从原尖前臂向前分叉与两小尖连接，少数单支与舌侧前边小尖相连；原脊 I 多缺失，少数短弱，个别清晰完整；原脊 II 粗壮、后内向与原尖后臂连接；中脊多短粗，多数后外向与后尖前壁连接，少量游离于后尖，极个别长达齿缘，必鲁图标本的中脊明显退化、斜外向与后尖融会；无后脊 I，后脊 II 在多数标本中发育、缺失者少，个别后内向与后边脊连接。内附尖和小的中附尖偶见于少量牙齿，个别标本的前边谷或原谷边缘还具小的附尖。除一件标本外，齿谷上几乎无齿带。

表 77　内蒙古中部地区部分地点的原始微仓鼠颊齿测量

Table 77　Measurements of cheek teeth of *Nannocricetus primitivus* from central Nei Mongol（mm）

Tooth	Length			Width		
	N	Mean	Range	N	Mean	Range
巴伦哈拉根 Balunhalagen						
M1	5	1.83	1.80–1.86	5	1.32	1.30–1.34
M2	2	1.44	1.35–1.52	2	1.26	1.21–1.29
M3	1	–	1.02	1	–	1.00
m1	4	1.70	1.64–1.74	4	1.12	1.08–1.15
m2	3	1.30	1.28–1.33	3	1.10	1.08–1.12
m3	1	–	1.19	1	–	0.93
灰腾河 Huitenghe						
M1	5	1.97	1.81–2.11	6	1.40	1.28–1.51
M2	7	1.53	1.47–1.59	8	1.34	1.23–1.43
M3	3	1.21	1.07–1.33	3	1.12	1.01–1.16
m1	6	1.79	1.66–1.86	6	1.14	1.08–1.18
m2	8	1.54	1.39–1.62	8	1.23	1.20–1.31
m3	8	1.42	1.35–1.54	8	1.11	0.94–1.22
沙拉 Shala						
M1	13	1.84	1.62–2.00	16	1.32	1.22–1.44
M2	18	1.43	1.27–1.57	17	1.27	1.14–1.34
M3	9	1.10	1.01–1.17	9	1.05	0.95–1.13
m1	8	1.73	1.66–..80	10	1.07	0.99–1.15
m2	17	1.43	1.29–1.49	16	1.18	1.04–1.31
m3	9	1.32	1.13–1.41	12	1.07	0.96–1.22
宝格达乌拉 Baogeda Ula, IM 0702						
M1	12	1.76	1.61–1.84	14	1.21	1.10–1.31
M2	13	1.35	1.22–1.46	12	1.14	1.04–1.24
M3	4	1.06	0.97–1.13	4	0.97	0.88–1.04
m1	10	1.62	1.54–1.77	15	1.03	0.97–1.14
m2	15	1.36	1.26–1.47	15	1.13	1.04–1.23
m3	11	1.28	1.14–1.33	12	0.97	0.89–1.05
必鲁图 Bilutu						
M1	7	1.82	1.75–1.88	7	1.21	1.14–1.28
M2	6	1.33	1.23–1.41	4	1.13	11.10–1.15
M3	3	1.13	1.10–1.15	3	0.99	0.94–1.04
m1	6	1.60	1.46–1.70	9	1.04	0.94–1.18
m2	11	1.37	1.29–1.45	12	1.13	1.05–1.20
m3	4	1.35	1.33–1.37	4	1.00	0.94–1.07

M2 冠面呈前舌-后颊向拉伸；前边脊舌、颊两支近同等发育，前者较后者稍平缓，分别延伸至前尖和原尖基部；前小脊短粗，向前与前边脊中部连接；原脊 I 与 II 几乎同等发育，原脊 I 多数前内向与前小脊连接，少量横向与原尖前臂相连，原脊 II 后内向与原尖后臂连接；大部分标本都有中脊，多为半长，或横向游离，或后外向与后尖前壁贴合，在宝格达乌拉标本中较退化、且多与后尖前壁靠近；少数标本具有后脊 I 和后脊 II，后者似乎稍比前者明显些，缺少后脊 I 和后脊 II 在宝格达乌拉的标本相对多些；原谷和前边谷近封闭；内谷宽，一些标本具齿带，个别具小的内附尖；有小的后边谷；宝格达乌拉标本具有四齿根者相对多。

M3 的前部构造与 M2 者相似，但后部舌侧收缩，次尖小，后尖十分退化，常见原脊 I、原脊 II，偶见中脊和后脊的痕迹。

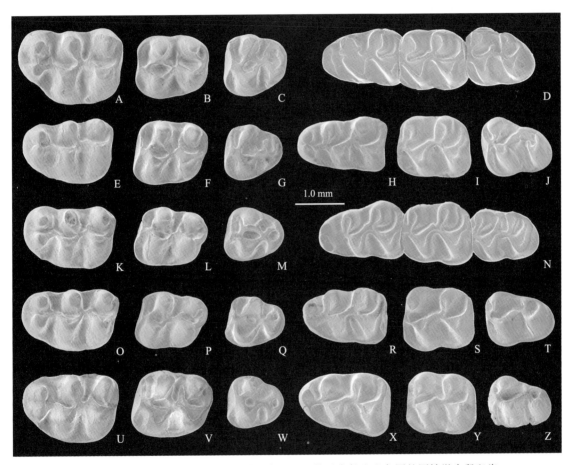

图 178 内蒙古沙拉、灰腾河、巴伦哈拉根、宝格达乌拉和必鲁图的原始微仓鼠臼齿

Fig. 178 Molars of *Nannocricetus primitivus* from Shala, Huitenghe, Balunhalagen, Baogeda Ula and Bilutu, Nei Mongol
A. l M1 (V 19851.1), B. l M2 (V 19851.2), C. l M3 (V 19851.3), D. r m1–3 (反转 reversed, V 19851.4), E. l M1 (V 19852.1),
F. l M2 (V 19852.2), G. l M3 (V 19852.3), H. l m1 (V 19852.4), I. l m2 (V 19852.5), J. l m3 (V 19852.6), K. l M1 (V 19853.1),
L. r M2 (V 19853.2), M. l M3 (V 19853.3), N. l m1–3 (V 19853.4), O. l M1 (V 19856.1), P. l M2 (V 19856.2), Q. l M3
(V 19856.3), R. l m1 (V 19856.4), S. l m2 (V 19856.5), T. l m3 (V 19856.6), U. l M1 (V 19850.1), V. l M2 (V 19850.2), W. l
M3 (V 19850.3), X. l m1 (V 19850.4), Y. l m2 (V 19850.5), Z. l m3 (V 19850.6); 冠面视 (occlusal view)

m1 的下前边尖短宽，极少数为较窄的单尖，多数从后部轻度二裂，在轻磨蚀牙齿中前部有浅沟；颊侧下前边脊延伸到下原尖基部，舌侧支不明显；下前小脊不发育和具双脊者少，多为较显著的单支，前方多与下前边尖的颊侧或中部连接，单支的下前小脊在宝格达乌拉和必鲁图标本中的比例相对较高；下后脊多前外向与小原尖前臂或下前小脊连接；无下中脊和下外中脊，但在宝格达乌拉的个别标本中有萌芽状态的下中脊；下次脊短，前外向与下外脊或下原尖后臂连接；下后边脊发达，伸至下内尖后基部；下后边谷横向，或封闭或开放；下外脊完整、弯曲；下外谷宽，后外向开口。

m2 下前边脊颊侧支发达、伸至下原尖颊侧基部，舌侧支短弱、紧贴下后尖或缺失；下后脊前外向或与下前边脊连接，或与下前小脊相连；多数无下中脊，少数有细弱、前内向与下后尖后壁连接的下中脊，但下中脊在宝格达乌拉标本中更不发育；下次脊短，前外向与下次脊前臂或下外脊连接；下外脊弯曲；下后边脊发达，封闭下后边谷；下外谷后外向开口。

m3 前部与 m2 的相似，但后部收缩，下内尖明显退化；大多保留有弱的舌侧下前边脊，部分具有弱甚至长度约为基部至齿缘距离的 2/3 的下中脊；下后边脊封闭下后边谷；下原谷相对横向。

比较与讨论 上述标本以其具有臼齿低冠、中脊和下中脊或缺或弱、M1 前边尖多从前部分裂、m1 下前边尖窄且多从后部轻度裂开、m1 和 m2 的下后脊和下次脊短而分别靠近下原尖前臂和下外脊的形态和构造，符合 *Nannocricetus* 的属征。该属仅有 2 种，*N. mongolicus* 和 *N. primitivus*，前者出现于内蒙古中部地区晚中新世晚期至晚上新世（Wu，1991；Qiu et Storch，2000；李强等，2008；Li，2010a），后者出现于陕西蓝田和青海柴达木盆地晚中新世早期（Zhang et al.，2008；Qiu et Li，2008）。灰腾河、沙拉和巴伦哈拉根标本的尺寸较均一，都稍大于二登图、哈尔鄂博和高特格的 *N. mongolicus* 及蓝田和柴达木的 *N. primitivus* 标本，而明显比比例克 *N. mongolicus* 的大（图 179）。宝格达乌拉和必鲁图标本相对较小，比二登图、哈尔鄂博、高特格的 *N. mongolicus* 及蓝田和柴达木的 *N. primitivus* 者小，落入比例克 *N. mongolicus* 的范围内。尽管在尺寸大小上有所差别，但具有共同的形态特征：M1 保留三齿根，M2 多为三齿根，M1 和 M2 常有后脊 II、中脊较发达且多横向紧贴后尖，m1 下前边尖相对较宽，m3 的下中脊较显著等。牙齿的这些形态，与属型种 *N. mongolicus* 者有所区别，而与 *N. primitivus* 较为一致。在形态上，巴伦哈拉根和灰腾河标本显示了与蓝田灞河和柴达木深沟 *N. primitivus* 标本的高度相似，沙拉、宝格达乌拉和必鲁图的标本则似乎出现了一些较为进步的特征：如沙拉标本中少数 M2 出现四齿根，m1 下前边尖相对较长、下前小脊单支；宝格达乌拉和必鲁图部分标本的中脊和下中脊较为退化，M1 和 M2 出现四齿根，M1 明显窄长，m1 下前边尖相对窄长等等。不过，考虑到其整体上仍保留一些较原始性状，如 M1 和 M2 特别是 M2 的中脊未完全退化且都具三齿根，m1 下前边尖的拉长不甚明显，m2 有弱的下中脊，故将其归入 *N. primitivus*。宝格达乌拉和必鲁图地点 *N. primitivus* 标本之间在形态上也存在细微的差别，前者 M1 多为三齿根，M2 较多地残留中脊，m1 下前边尖较为窄长，m2 舌侧下前边脊不甚退化、较多保留下中脊，这些特征显示了宝格达乌拉种群可能比必鲁图者相对原始一点。

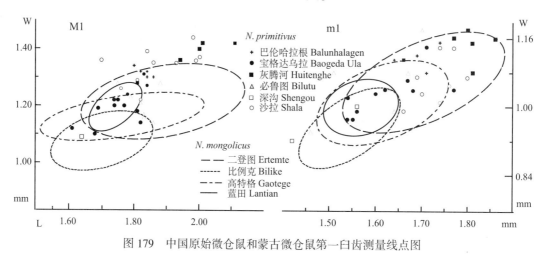

图 179　中国原始微仓鼠和蒙古微仓鼠第一臼齿测量线点图

Fig. 179　Scatter diagram showing length and width in the first molars of
Nannocricetus primitivus and *N. mongolicus* from China

关于 *Nannocricetus* 属的祖裔问题，郑绍华（1984a）和吴文裕（Wu，1991）都认为现生 *Cricetulus* 的小型种类很可能是从 *Nannocricetus* 演化而来，但 *Nannocricetus* 从何演化而来尚不清楚。张兆群等（Zhang et al.，2011）依据内蒙古四子王旗晚中新世早期的材料，报道了一种兼具 *Democricetodon* 和 *Nannocricetus* 两属特征的过渡类型 "*N.*" *wuae*。尽管本书作者并不赞同将之归入 *Nannocricetus* 属，但赞同其认为

Democricetodon 是 *Nannocricetus* 祖先的推论。我们认为"*N.*" *wuae* 应该是 *Democricetodon* 中最进步的种类，因为其 M1 保留了较窄且偏颊侧的前边尖、m1 单尖无任何分裂、m1 和 m2 保留长的下中脊等 *Democricetodon* 属的特征。尽管稍晚出现的 *N. primitivus* 保留了一些原始的特征，如 M1 和 M2 持有弱的中脊，m2 和 m3 有短的下中脊，但拥有了更多 *Nannocricetus* 属的特征，这些特征包括了 M1 的前边尖较宽、较居中对称并从前部较深地分裂，m1 下前边尖出现分裂、下中脊出现完全缺失等等，因此它是该属现知最原始的种。后期的 *N. mongolicus*，牙齿形态明显朝着简化的方向发展，几乎完全失去中脊和下中脊，主尖之间的齿脊缩短、变弱，m1 下前边尖明显拉长和分裂，越来越接近 *Cricetulus* 者。根据目前的证据，似乎存在从 *Democricetodon*–*Nannocricetus*–*Cricetulus* 的演化过程，在这一演化路线中，*Democricetodon* 向 *Nannocricetus* 的转化可能发生在晚中新世早期，*Nannocricetus* 向 *Cricetulus* 的转化可能出现于上新世晚期或早更新世。

李强(Li, 2010a)曾提出 *Nannocricetus* 牙齿形态演化的趋势，在此基础上，综合本书描述的增加材料，推测该属臼齿的演化趋向具有如下特征：M1 和 M2 的齿根从三齿根逐渐增加到四齿根；臼齿的中脊和下中脊逐渐退化至缺失；M1 和 M2 后脊 II 逐渐退化；M1 前边尖渐趋对称、前部分裂渐趋明显；m1 逐渐拉长，下前边尖逐渐变窄，下前小脊由双支演变为单支(表78)。

表78 微仓鼠属牙齿的演化趋势

Table 78 Showing dental evolutionary trends of *Nannocricetus*

性状 Feature	类元 Taxon		*N. primitivus*						*N. mongolicus*		
	牙齿 Tooth		蓝田 Lantian	灰腾河 Huitenghe	沙拉 Shala	巴伦哈拉根 Bal.	必鲁图 Bilutu	宝格达乌拉 Bao.	二登图 Ertemte	比例克 Bilike	高特格 Gaotege
PM	M1		53.33% 8/15	28.57% 2/7	64.29% 9/14	75% 3/4	11.11% 1/9	11.11% 1/9	11.11% 10/90	14.29% 4/28	18.18% 4/22
	M2		69.23% 9/13	100% 5/5	31.25% 5/6	100% 3/3	50% 2/4	7.69% 1/13	9.52% 8/84	7.69% 1/13	17.86% 5/28
LA	M2	弱 W	18.75% 3/16	12.5% 1/8	0	0	16.67% 1/6	27.27% 3/11	15.56% 14/90	29.41% 5/17	21.43% 6/28
		强 S	81.25% 13/16	87.5% 7/8	100% 17/17	100% 3/3	83.33% 5/6	72.73% 8/11	84.44% 76/90	70.89% 12/17	78.57% 22/28
	M3	弱 W	11.11% 1/9	0	10.53% 2/19	0	0	25% 1/4	28.85% 15/52	80% 8/10	53.85% 7/13
		强 S	88.89% 8/9	100% 4/4	89.47% 17/19	100% 1/1	100% 3/3	75% 3/4	71.15% 37/52	20% 2/10	46.15% 6/13
ALA	m2		33.33% 6/18	14.29% 1/7	47.06% 8/17	66.67% 2/3	57.14% 8/14	20% 3/15	31.91% 30/94	91.67% 22/24	67.65% 23/34
	m3		16.67% 2/12	0	16.67% 2/12	0	0	30.77% 4/13	9.09% 5/55	33.33% 3/9	36.36% 8/22
OM	m3		16.67% 2/12	85.71% 6/7	38.46% 5/13	0	50% 2/4	66.67% 8/12	17.02% 8/47	18.18% 2/11	34.62% 9/26

注(note)：PM，后脊 II 的出现(presence of metaloph II)；LA，舌侧前边脊的发育(development of lingual anteroloph)；ALA，舌侧下前边脊的缺失(absence of lingual anterolophid)；OM，下中脊的出现(occurrence of mesolophid)；W，弱(weak)；S，强(strong)；Bal. = 巴伦哈拉根(Balunhalagen)；Bao. = 宝格达乌拉(Baogeda Ula)

除了内蒙古、陕西、甘肃和河北等产地外，金昌柱等(Jin et al., 1999)曾报道过发现于山东沂南棋盘山晚上新世堆积物中的 *Nannocricetus* 属的材料，如果被证实的话，*Nannocricetus* 属广泛分布于中国北方古北区的晚中新世早期至晚上新世地层。

蒙古微仓鼠 *Nannocricetus mongolicus* Schaub，1934

(图 180、181；表 79)

Sinocricetus sp.：Wang et al.，2009，p. 122，table 1

Nannocricetus sp.：Qiu Z D et al.，2013，p. 177，appendix，partim

归入标本 苏尼特左旗巴伦哈拉根(IM 0801)：1 件下颌支残段，带 m1-3，7 枚臼齿(1 M1，1 M2，2 M3，1 m1，2 m3)，V 19857.1-8。苏尼特左旗必鲁图(IM 0510 地点)：1 枚左 m1，V 19858。

测量 见表 79。

表 79 内蒙古巴伦哈拉根和必鲁图蒙古微仓鼠颊齿测量

Table 79 Measurements of cheek teeth of *Nannocricetus mongolicus* from Balunhalagen and Bilutu，Nei mongol（mm）

Tooth	Length			Width		
	N	Mean	Range	N	Mean	Range
巴伦哈拉根 Balunhalagen						
M1	1	–	1.90	1	–	1.24
M2	1	–	1.42	1	–	1.22
M3	2	0.90	0.88-0.92	2	0.91	0.89-0.92
m1	2	1.68	1.67-1.69	2	1.04	0.99-1.09
m2	1	–	1.37	1	–	1.14
m3	3	1.17	1.10-1.26	3	0.93	0.92-0.95
必鲁图 Bilutu						
m1	1	–	1.90	1	–	1.16

描述 残破的下颌支显示了颏孔位于 m1 前齿根下前方，距齿虚最底部 0.50 mm，距齿槽水平面 1.79 mm。下咬肌脊强于上咬肌脊，两者会聚于 m1 前下方。上升支起始于 m2 前部。

M1 前边尖分裂为两个近等大的小尖。前小脊双支，前方分别与舌、颊侧小尖连接。无前小脊刺。原脊 I 低弱，原脊 II 显著。中脊短小，后外向与后尖前壁连接。无后脊 I 和 II。后边谷封闭。四齿根。

M2 略显前舌-后颊向拉伸。前边脊舌、颊侧支近同等发育，分别伸达前尖和原尖前基部，各自封闭前谷和原谷。原脊 I 和 II 同等发育。中脊弱，后外向与后尖前壁连接。无后脊 I，有后脊 II。后边谷小。四齿根。

M3 后部退化，后尖极度收缩。前边脊舌、颊侧支同等发育。原脊 I 明显，原脊 II 在一枚牙齿中后内向与原尖后臂连接，在另外一枚中纵向与次尖前臂相连。中脊在一枚牙齿中缺失，在一枚牙齿中发育弱。三齿根。

m1 的下前边尖狭窄。下前边尖为单尖或分成双尖；下前小脊或单一、前外向与下前边尖中部连接，或为双支、前方分别与两下前边小尖相连。下后脊短弱，前外向与下前小脊或下原尖前臂连接。无下中脊和下外中脊。下次脊极短，前外向与下次尖前臂连接，或几乎不发育。下后边脊粗壮，下后边谷近封闭或开放。下外谷开阔，指向前内。

m2 舌侧后部略显收缩。下前边脊仅有颊侧支，显著，伸达下原尖前基部。下后尖位置明显比下原尖靠前；下后脊短，直接与下前边脊融合。无下中脊和下外中脊。下次脊极短，前外向与下原尖后臂和下次尖前臂的联合部连接。下后边脊强壮。

m3 下后尖弱小，下内尖退化成小凸起。下前边脊的颊侧支显著，舌侧支甚弱。下后脊前外向与下前边脊连接。下中脊仅在一枚牙齿上发育。具小的下后边谷。

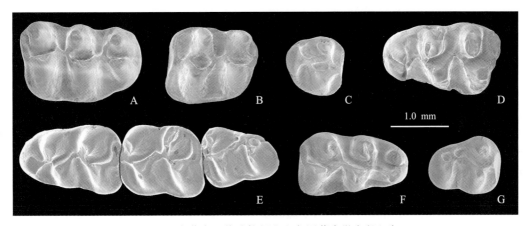

图180 内蒙古巴伦哈拉根和必鲁图蒙古微仓鼠臼齿

Fig. 180 Molars of *Nannocricetus mongolicus* from Balunhalagen and Bilutu, Nei Mongol

A. r M1 (V 19857.1), B. l M2 (V 19857.2), C. r M3 (V 19857.3), D. l m1 (V 19858), E. l m1-3 (V 19857.4),

F. r m1 (V 19857.5), G. r m3 (V 19857.6); 冠面视 (occlusal view)

比较与讨论　必鲁图和巴伦哈拉根的材料具有以下特征：牙齿构造较简单；上臼齿缺乏中脊，下臼齿缺乏下中脊，下后脊和下次脊短，下外脊弯曲并偏向舌侧；M1 前边尖二分为近等大的两个小尖；m1 的下前边尖明显拉长且分裂。形态符合 *Nannocricetus* 属征。牙齿尺寸明显大于蓝田和深沟的 *N. primitivus* 者，而基本落入二登图和高特格 *N. mongolicus* 标本的个体变异范围之内（图181）。必鲁图仅有的一枚 m1，尺寸稍大，但形态上与二登图 *N. mongolicus* 标本中的 V 8725.38 几乎完全一致，下前边尖都从前部深裂，而且也保留有下前边脊，这些特征应属于 *N. mongolicus* 正常的形态变异，因此仍将其归入该种。巴伦哈拉根的材料也因其 m1 的下前边尖明显拉长和分裂、缺乏下中脊、M1 和 M2 为四齿根、都缺失中脊，M1 的前边尖较宽、居中对称等而明显区别于较原始的 *N. primitivus*，然与内蒙古其他地点 *N. mongolicus* 标本的形态高度相似，无疑也应归入 *N. mongolicus*。

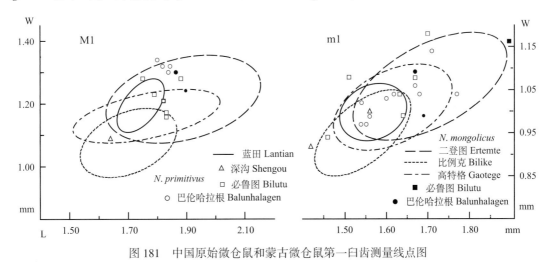

图181 中国原始微仓鼠和蒙古微仓鼠第一臼齿测量线点图

Fig. 181 Scatter diagram showing length and width in the first molars of *Nannocricetus primitivus* and *N. mongolicus* from China

科氏仓鼠属 *Kowalskia* Fahlbusch, 1969

异名　*Neocricetodon* Kretzoi, 1951; *Neocricetodon* Kretzoi, 1954; *Karstocricetus* Kordos, 1987; *Chuanocricetus* Zheng, 1993。

模式种 *Kowalskia polonica* Fahlbusch, 1969：波兰 Podlesice, 上新世(MN14)。

归入种 *Kowalskia magna* Fahlbusch, 1969, *K. schaubi?* (Kretzoi, 1951), *K. lavocati?* (Hugueney et Mein, 1965), *K. fahlbuschi* Bachmayer et Wilson, 1970, *K. intermedia* Fejfar, 1970, *K. moldavica* Lungu, 1981, *K. occidentalis* (Aguilar, 1982), *K. skofleki* (Kordos, 1987), *K. nestori* Engesser, 1989, *K. browni* Daxner-Höck, 1992, *K. ambarrensis* (Freudenthal et al. 1998), *K. seseae?* (Aguilar et al., 1995)：欧洲，晚中新世—上新世(MN10 – 15)。*K. yinanensis* Zheng, 1984：山东，上新世。*K. neimengensis* Wu, 1991, *K. similis* Wu, 1991, *K. zhengi* Qiu et Storch, 2000, *K. shalaensis* sp. nov.：内蒙古，晚中新世—上新世。*K. lii* (Zheng, 1993)：重庆，早更新世。*K. hanae* Qiu, 1995：云南，晚中新世。

特征 一类小到中型仓鼠。颊齿齿冠较低；上臼齿中脊显著，下臼齿有明显的下中脊，中脊和下中脊的位置较低；M1 和 M2 通常具有原脊 I 和原脊 II；M1 前边尖宽，前部通常较平直而不分裂，多从后部分开，常具有明显的前小脊刺；m1 的下前边尖前壁光滑、呈抛物线形，单一或从后部分裂；m3 不甚退化(修订自 Fahlbusch, 1969)。

评述 关于 *Kowalskia* Fahlbusch, 1969 属名的有效性一直存在颇多争议，所牵涉到的相关属有 *Neocricetodon* Kretzoi, 1930, *Neocricetodon* Schaub, 1934, *Epicricetodon* Kretzoi, 1951, *Neocricetodon* Kretzoi, 1951, *Neocricetodon* Kretzoi, 1954, *Cricetulodon* Hartenberger, 1966 和 *Karstocricetus* Kordos, 1987 等 (Daxner-Höck, 1992；Daxner-Höck et al., 1996；Freudenthal et al., 1998)。

Neocricetodon 最先是 Kretzoi (1930)依匈牙利 Csákvár 的材料指定，属型种为 *N. schaubi*，但是缺乏基本的标本描述、鉴别特征和图件等，依据国际动物命名法规，*Neocricetodon* Kretzoi, 1930 是裸记名称(nomen nudum)，属于不合格发表和不可用名称。稍后，Schaub (1934)使用相同的名称作为新属名订正了 Young (1927)描述的山西榆社的 *Cricetulus grangeri*。Young (1927) 文中标本特征描述和图版俱全，Schaub (1930, 1934) 又做了较为详细的补充描述，因此 *Neocricetodon* Schaub, 1934 勉强可以算是合格发表和可用名称。Kretzoi (1951)认为 *Neocricetodon* 已于 1930 年占先使用，因此他给 *Cricetulus grangeri* 建立了一个新属 *Epicricetodon*。显然 *Epicricetodon* Kretzoi, 1951 应是 *Neocricetodon* Schaub, 1934 的妄改名称(nomen vanum)和晚出异名。尽管 Kretzoi (1951, 1954)对他 1930 年提到的 *N. schaubi* 进行了非常简单的描述和正模指定，但并无任何图示，无法获得更多信息，严格意义上讲 *Neocricetodon* Kretzoi, 1951 和 *Neocricetodon* Kretzoi, 1954 都是不合格名称。退一步讲，即便两者属于合格发表名称，由于 *Neocricetodon* 已为 Schaub (1934)提前合格发表，它们都是 *Neocricetodon* Schaub, 1934 的晚出同名，也应废弃。简而言之，*Neocricetodon* Kretzoi, 1930, *Neocricetodon* Kretzoi, 1951 和 *Neocricetodon* Kretzoi, 1954 都是不可用名称，应予废除，*Neocricetodon* Schaub, 1934 是可用名称，*Epicricetodon* Kretzoi, 1951 为其晚出异名。

Fahlbusch (1969)根据波兰 Podlesice 上新世仓鼠标本，完备地对 *Kowalskia* 作出了标本描述、赋予了鉴别特征、提供了图版及属型种的指定，毫无疑问应属合格发表和可用名称。*Karstocricetus* 是 Kordos (1987)依据匈牙利 Tardosbánya 的材料建立的，Daxner-Höck 等(1996)和 Freudenthal 等(1998)都认为其属征与 *Kowalskia* 并无明显差别，应为后者的晚出异名，我们赞同这一观点。稍晚，郑绍华(1993)依据重庆(原属四川)巫山大庙龙骨坡仓鼠标本建立了川仓鼠属 *Chuanocricetus*，本书作者观察后认为，其属征也与 *Kowalskia* 者高度一致，前者应视为后者的晚出异名，前者唯一的种 *C. lii* 应转置于 *Kowalskia* 属内。*Cricetulodon* 是 Hartenberger (1966b)依据西班牙 Can Llobateresd 的材料建立的，该属以其臼齿中脊高度退化或完全缺失，以及 m1 下前小脊的位置明显靠舌侧而很容易与 *Kowalskia* 区分。简而言之，*Kowalskia* 是合格发表的属名，*Karstocricetus* 和 *Chuanocricetus* 是其晚出异名，*Cricetulodon* 与 *Kowalskia* 是不同的属。

至此，既然 *Neocricetodon* Schaub, 1934 和 *Kowalskia* Fahlbusch, 1969 都是可用的名称，那么后者是否就是前者的晚出异名？

Young (1927)和 Schaub (1930, 1934)关于 *Neocricetodon* Schaub, 1934 属及其模式种 *N. grangeri* 的描述比较简单，图版也不甚清楚，特征鉴别模糊。Daxner-Höck 等(1996)修理并重新描述了 *N. grangeri* 的原始标本，进行了特征的补充描述和出示了较清楚的图片。不过鉴于标本数量稀少和保存状态差等情况，他们也难以确定 *Kowalskia* 是否是 *Neocricetodon* 的晚出异名，因此，他们建议暂时使用鉴定特征更为

明确的 *Kowalskia* 这一名称。不过，Freudenthal 等（1998）认为 *Kowalskia* 就是 *Neocricetodon* 的晚出异名，仍坚持使用 *Neocricetodon* 这一名称。我们认为，Daxner-Höck 等（1996）对 *N. grangeri* 的特征进行的补充应视为对该属种的新修订（emendatio nova），无论是 Young（1927）和 Schaub（1930，1934），还是 Daxner-Höck 等（1996）都不能给研究者提供关于 *N. grangeri* 及 *Neocricetodon* 属足够多和准确的特征信息，不能解决其分类位置的归属，因此 *Neocricetodon* Schaub，1934 目前仍是疑难名称（nomen dubium）。本书作者赞同 Daxner-Höck 等（1996）的观点，在迄今 *N. grangeri* 材料稀少、属征模糊的情况下，应优先使用 *Kowalskia* 这一鉴别特征明确、内涵稍丰富的属名。

目前归入过 *Kowalskia* 或 *Neocricetodon* 的种类已近 30 种。Daxner-Höck 等（1996）和 Freudenthal 等（1998）先后对 *Kowalskia* 或 *Neocricetodon* 的归入种进行过整理，在他们的工作基础上，我们拟再作进一步的梳理。

不符合 *Kowalskia* Fahlbusch，1969 属征的种类：

"*Kowalskia hartenbergeri*"。Fahlbusch（1969，p. 48）在建立 *Kowalskia* 属时屡次提及，查证之，只不过是 Freudenthal（1967，p. 314）建立的 *Rotundomys hartenbergeri* 之笔误。

Kowalskia gansunica Zheng et Li，1982。模式产地甘肃天祝，Engesser（1989）对其归入 *Kowalskia* 存疑。经对该种原材料（仅有一件带 m1–3 下颌支，V 6282）的观察，其齿冠较高，下后脊和下次脊明显前外向倾斜，m1 和 m2 的下中脊位置较高，且与下后尖后壁通过短脊连接，形态似乎有别于 *Kowalskia* 属征，而与 *Sinocricetus* 属者更接近。

Kowalskia yananica Zheng et al.，1985。仅有一件产自陕西延安第四系黄土中的较完整的头骨，其上臼齿显著高冠，中脊很高和粗壮，并与后尖前壁连接，原脊 II 后内向与中脊相连，后边脊退化、与后尖后部融合，M1 前边尖从前部深裂。上述特征显然不符合 *Kowalskia* 的属征，应予以排除。它可能代表仓鼠亚科在华北更新世的一个新支系。

Kowalskia meini Agustí，1986。模式产地为西班牙的 Casa del Acero（MN12）。该种上臼齿的中脊较退化，多与后尖融合，下臼齿几乎缺失下中脊，形态与 *Kowalskia* 属征不相符，这里同意 Freudenthal 等（1998）的观点，应将之转置于 *Cricetulodon* 属。

Kowalskia? dalinica Wang，1988。产自陕西大荔早更新世地层，仅有一枚 m1。根据描述和图版，此 m1 高冠，下前边尖明显从前部深裂，显然不符合 *Kowalskia* 的属征，应从该属中剔除。由于材料稀少，尚无法对其确切的归属作出判断。

Kowalskia? polgardiensis（Freudenthal et Kordos，1989）。最初被记述为 *Cricetus polgardiensis*，模式产地为匈牙利 Polgardi 4（MN14），Freudenthal 等（1998）将之转置 *Pseudocricetus* 属。其中脊和下中脊较退化，M1 前小脊高。

Kowalskia lucentensis（Freudenthal et al.，1991）。最初被记述为 *Neocricetodon lucentensis*，模式产地西班牙 Crevillente 17。Freudenthal 等（1998）将其转置于 *Cricetulodon* 属。该种特征与 *Kowalskia meini* Agustí，1986 较相似，但 M1 的中脊通常较短且与后尖连接，下臼齿的下中脊非常退化。

Kowalskia plinii（Freudenthal et al.，1991）。模式产地西班牙 Crevillente 15，时代 Turolian。Freudenthal 等（1998）将其归入 *Apocricetus* 属。该种个体尺寸较大，m1 和 m2 缺乏下中脊，显然应排除出 *Kowalskia* 属。

Kowalskia progressa Topachevsky et Scorik，1992。产地为乌克兰 Franzovka 2。其 M1 的前边尖多从前部二裂，中脊多与后尖融合，与 *Kowalskia* 属征不符。

Kowalskia complicidens Topachevsky et Scorik，1992。产地为乌克兰 Franzovka 2。其 M1 和 M2 有发达的外脊，m1 的下前边尖从前部二裂，形态有悖于 *Kowalskia* 属征。

符合 *Kowalskia* Fahlbusch，1969 属征的种类：

Kowalskia polonica Fahlbusch，1969，*Kowalskia* 的属型种，模式产地为波兰 Podlesice，时代 MN14。

Kowalskia magna Fahlbusch，1969。模式产地同样为波兰 Podlesice（MN14）。Pradel（1988）对产自波兰 6 个地点的 *K. polonica* 和 *K. magna* 进行了较详细的报道。

Kowalskia fahlbuschi Bachmayer et Wilson，1970。模式产地为奥地利 Kohfidisch，MN11。Kretzoi（1985）根据匈牙利 Sümeg（MN10）的一枚 M1 建立的 *Neocricetodon transdanubicus*，稍后 Kordos（1987）认为它是 *K. fahlbuschi* 的同物异名。

Kowalskia intermedia Fejfar，1970。模式产地斯洛伐克 Ivanovce，MN15。

Kowalskia moldavica Lungu，1981。模式产地摩尔多瓦（Moldavia），可能与 MN10 的时代相当。

Kowalskia occidentalis（Aguilar，1982）。模式产地为西班牙 Crevillente 2（MN11）。原始材料最初被 De Bruijn 等（1975）归入 *K. fahlbuschi*，Aguilar（1982）将之归入 *Cricetulodon* 属，并建立了一个新种 *C. occidentalis*。Freudenthal 等（1991）转置 *Neocricetodon* 属。因 *Neocricetodon* Kretzoi，1930 是不可用名称，故该种应转置于 *Kowalskia* 属。

Kowalskia yinanensis Zheng，1984。模式产地为中国山东沂南，时代大致为晚上新世。

Kowalskia skofleki（Kordos，1987）。最初为 Kordos（1987）建立的 *Karstocricetus* 的属型种，由于 *Karstocricetus* 是 *Kowalskia* 的晚出异名，应转置于后一属，模式产地为匈牙利 Tardosbánya，MN12。

Kowalskia nestori Engesser，1989。模式产地为意大利 Baccinello（MN13/14），M1 和 M2 都具四齿根，m1 下前小脊多双支。

Kowalskia neimengensis Wu，1991，*K. similis* Wu，1991。都是依据内蒙古二登图和哈尔鄂博地点的材料建立，产出地层的时代一般认为是晚中新世最晚期至上新世最早期。

Kowalskia browni Daxner-Höck，1992。模式产地为希腊 Maramena，MN13。

Kowalskia lii（Zheng，1993）。为郑绍华（1993）建立的 *Chuanocricetus* 的模式种，我们认为 *Chuanocricetus* 是 *Kowalskia* 的晚出异名。时代可能为早更新世早期。

Kowalskia hanae Qiu，1995。模式产地云南禄丰，晚中新世。

Kowalskia ambarrensis（Freudenthal et al.，1998）。最初被记述为 *Neocricetodon ambarrensis*，模式产地为法国 Ambérieu 2C（MN10）。该种中等大小，M1 具三齿根，M2 具四根，M1 和 M2 多保留有后脊 II，m1 具双支的下前小脊，属于较原始的种类。

Kowalskia zhengi Qiu et Storch，2000。模式产地为内蒙古比例克，早上新世。

Kowalskia shalaensis sp. nov.（本书）。模式产地为内蒙古沙拉，晚中新世早期，其他地点见于灰腾河和宝格达乌拉，时代为晚中新世早期至晚期。

符合 *Kowalskia* Fahlbusch，1969 属征但种征存疑的种类：

Kowalskia lavocati?（Hugueney et Mein，1965）。最初被记述为 *Cricetulus lavocati*，模式产地为法国 Lissieu（MN13）。Franzen 和 Storch（1975）首次将其归入 *Kowalskia* 属，同时还描述了产自德国 Dorn-Dürkheim 的该种的相似种。Freudenthal 等（1998）对该种进行了简短评述，指出其正模（FSL 65212）并非 M2 而是 M3。由于原始材料稀少，缺乏关键性的 M1/m1 等，目前依然难以确定其最后的归属。

Kowalskia schaubi?（Kordos，1987）。模式产地为匈牙利 Csákvár，MN10。最初 Kretzoi（1930）记述为 *Neocricetodon schaubi*，不过此为裸记名称。尽管 Kretzoi（1951，1954）进行过简短描述并指定正模，但无任何图示，显然属不合格发表名称。Kordos（1987）给正模重新编号，进行了详细描述并配以较清晰图件。根据 Kordos（1987）的描述和图示，*K. schaubi* 符合 *Kowalskia* 的属征。其个体中等，属于 Wu（1991）划分的 *K.* cf. *fahlbuschi* 类群。由于材料稀少，目前尚难以将其与欧洲 *K.* cf. *fahlbuschi* 类群中的种类作详细对比。

Kowalskia seseae?（Aguilar et al.，1995）。原记述为 *Neocricetodon seseae*，模式产地为法国 Castelnou 1（MN12）。Freudenthal 等（1998）对该种进行了简单评述，指出其分类地位待定。根据描述和图版，该种的中脊和下中脊似乎较高且短，m1 下前小脊多双支。由于缺乏足够的材料，目前尚不能确定其属种的有效性。

综上所述，*Kowalskia* 属目前包括 17 个确定种和 3 个有疑问的种，其中在中国出现的计有 *K. yinanensis*、*K. neimengensis*、*K. similis*、*K. lii*、*K. hanae*、*K. zhengi* 和本书新建的 *K. shalaensis*。此外，中国该属未定种还见报于陕西蓝田灞河组和安徽繁昌（Zhang et al.，2008；金昌柱等，2009）。Lee（2004）报道过韩国江原（Bukpyeong）发现可能为该属的一枚 M1。其前边尖轻分，舌侧尖明显弱，后尖通过横向的后脊直接与次尖连接，形态似乎更符合 *Democricetodon* 的属征。

通常认为，*Kowalskia* 属是从中新世较早期常见的 *Democricetodon* 演化而来，最早出现于欧洲晚中新世早期，稍晚便迅速扩散至中亚、中国北方和南方的广大区域。该属在欧洲大约在上新世早期之后便趋于灭绝，在中国则一直延续到上新世晚期或更新世早期。

沙拉科氏仓鼠(新种) *Kowalskia shalaensis* sp. nov.

(图 182–184; 表 80)

Kowalskia sp.: 邱铸鼎、王晓鸣, 1999, 126 页

Kowalskia sp.: Qiu et al., 2006, p. 181, appendix

Kowalskia sp.: Qiu Z D et al., 2013, p. 177, appendix

名称由来 示该种的模式产地——内蒙古苏尼特右旗沙拉地点。

正模 右 M1 (V 19859)。

副模 40 枚臼齿(4 M1, 3 M2, 3 M3, 5 m1, 12 m2, 13 m3), V 19860.1–40。

模式产地与层位 苏尼特右旗沙拉(IM 9601 地点); 上中新统, 宝格达乌拉组? (灞河期晚期)。

归入标本 阿巴嘎旗灰腾河(IM 0003 地点): 一带 m1–2 的破损下颌支, 6 枚臼齿(1 M1, 1 M2, 1 M3, 3 m2), V 19861.1–7。阿巴嘎旗宝格达乌拉(IM 0702 地点): 1 枚 M1, V 19862。

测量 见表 80。

表 80　内蒙古灰腾河和宝格达乌拉沙拉科氏仓鼠颊齿测量

Table 80　Measurements of cheek teeth of *Kowalskia shalaensis* from Huitenghe, Shala and

Baogeda Ula, Nei Mongol (mm)

Tooth	Length			Width		
	N	Mean	Range	N	Mean	Range
灰腾河 Huitenghe						
M2	1	–	1.40	1	–	1.20
M3	1	–	1.13	1	–	1.05
m1	1	–	1.64	1	–	1.05
m2	4	–	1.38	4	1.15	1.10–1.18
沙拉 Shala						
M1	2	1.17	1.68–1.74	2	1.19	1.18–1.20
M2	3	1.36	1.28–1.45	3	1.15	1.13–1.20
M3	3	1.29	1.10–1.49	3	1.09	0.98–1.16
m1	3	1.59	1.45–1.69	4	1.00	0.93–1.11
m2	12	1.36	1.26–1.44	12	1.10	0.93–1.17
m3	13	1.36	1.24–1.49	11	1.07	1.02–1.11
宝格达乌拉 Baogeda Ula						
M1	1	–	1.72	1	–	1.14

特征 *Kowalskia* 属个体小型者; M1 和 M2 总有后脊 II; M1 前边尖相对窄, 舌侧前边尖明显小于颊侧前边尖, 常见明显的前小脊刺, 三齿根; M2 通常具后脊 I, 保留三齿根; m1 下前边尖较短, 下前小脊双支; m1 和 m2 下外中脊极不发育。

描述 M1 前边尖相对较窄, 偏颊侧, 前缘弧形或近平直, 从后部分裂为舌侧小、颊侧大的两个小尖; 前小脊单支、粗壮, 从原尖前臂向前伸至舌侧前边尖; 所有标本都有伸达齿缘的前小脊刺; 颊侧前边尖与前小脊和前小脊刺间无连接; 原脊 I 和 II 显著, 近同等发育或原脊 I 稍弱于原脊 II; 中脊低而长, 横

向伸达齿缘，末端不明显膨大；无明显的后脊I，但有后脊II；后边谷明显；三齿根。

M2 舌、颊侧前边脊近同等发育，分别延伸至前尖和原尖前壁基部；前小脊短粗；原脊I和II发育，近同等粗壮；中脊低、游离、横向伸达齿缘或近达齿缘，末端稍显肿胀；后脊I和II都发育，前者清楚、与次尖前臂连接，后者稍显著；后边谷明显；4枚牙齿中，3枚三齿根，1枚四根。

M3 前部形态与M2者相似，但舌侧前边脊明显弱；内脊、中脊和后脊围成一个完整（3/4）或不完整（1/4）的坑；次尖和后尖退化，1件标本的后尖呈脊形；中脊长。

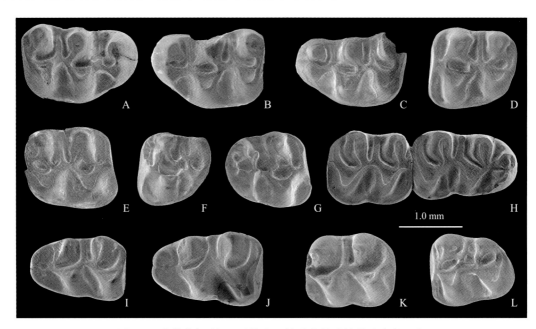

图 182　内蒙古灰腾河、沙拉和宝格达乌拉沙拉科氏仓鼠臼齿
Fig. 182　Molars of *Kowalskia shalaensis* from Huitenghe, Shala and Baogeda Ula, Nei Mongol
A. r M1（正模 holotype, V 19859），B. l M1（V 19860.1），C. l M1（V 19862），D. l M2（V 19860.2），E. r M2（V 19861.1），
F. l M3（V 19861.2），G. r M3（V 19860.3），H. r m1-2（V 19861.3），I. l m1（V 19860.4），J. l m1（V 19860.5），K. l m2
（V 19860.6），L. l m3（V 19860.7）；冠面视（occlusal view）

m1 下前边尖前缘抛物线形，多从后部轻度裂分，个别单尖，颊侧的脊延伸至下原尖前基部；下前小脊低，多成双支前方分别与舌、颊侧下前边小尖连接，个别单支与下前边尖中部相连；下后脊前外向与下前小脊或下原尖前臂相连；下中脊低位、游离、横向伸达齿缘，末端略微膨大；仅两枚牙齿有微弱的下外中脊；下次脊短，前外向与下外脊连接；下后边脊强壮，伸至下内尖后基部并封闭下后边谷；下外脊完整，前内-后外向倾斜；下外谷窄，前内向延伸。

m2 下前边脊颊侧支发达，伸至下原尖前基部并封闭下原谷，舌侧支短弱、且贴近下后尖；下前小脊短粗；下后脊短、前外向与下前小脊相连；下中脊发达，横向伸达齿缘，末端稍微膨大，多数游离，个别与下后尖后壁或下内尖前壁连接；下外中脊仅在一枚牙齿中发育，低而细弱，横向伸达齿缘；下次脊前外向与下外脊连接；下后边脊发达，封闭下后边谷；少量牙齿可见小而清晰的下前边谷；下外谷窄，明显前内向倾斜。

m3 前部构造与m2者相似，但下内尖十分退化；下中脊尚明显，伸达齿缘，呈游离状态或与下后尖后壁连接；3件标本有伸至齿缘的下外中脊；下次脊近横向与下次尖前臂连接；下外脊完整，位置靠近牙齿纵轴；具封闭的下后边谷。

比较与讨论　上述三地点标本具有以下特征：臼齿低冠，中脊和下中脊显著；M1 前边尖从后部分裂、前缘较平直，有前小脊刺；m1 的下前边尖单一或从后部轻微分裂，前缘抛物线形，形态与 *Kowalskia* 属的特征一致。与中国 *Kowalskia* 六个已知种相比，所述标本所代表的科氏仓鼠在牙齿尺寸和形态上都有所不同：

Kowalskia yinanensis 个体明显大（图 183），M1 前边尖宽、近等分，且具四齿根；

K. neimengensis 和 K. similis 的 M1 和 M2 多具四齿根，M1 后脊 I 和 II 弱，前边尖宽、近等分。另外后者的个体较大；

K. lii 个体明显大，M1 和 M2 都为四齿根、后脊 I 弱，M1 前边尖宽、近等分，臼齿次生小脊多；

K. hanae 个体大，M1 和 M2 出现四齿根，M1 后脊 I 和 II 弱、前边尖宽、近等分；

K. zhengi 牙齿的尺寸与这里描述的标本大小相仿，但 M1 和 M2 多具四齿根、后脊 II 不甚发育，M1 前边尖近等分；

另外，产自陕西蓝田和安徽繁昌的 *Kowalskia* sp.，前者的仅有一枚 m2，尺寸略大于沙拉标本，且有

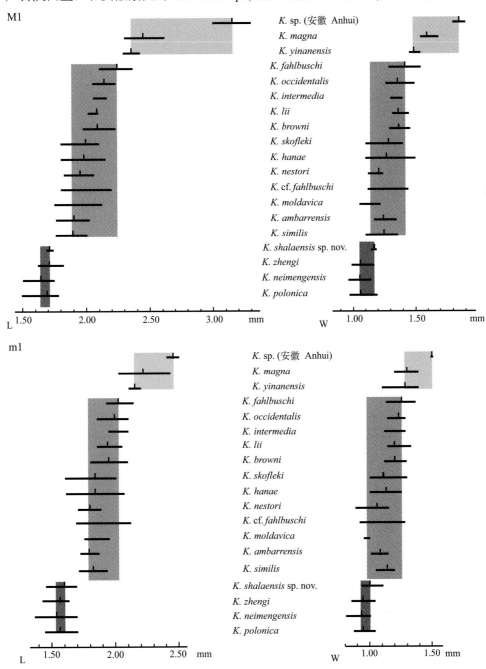

图 183　欧洲和亚洲科氏仓鼠各种第一臼齿尺寸变化范围与平均值

Fig. 183　Size range and average value of length and width in the first molars of various species of *Kowalskia* from Eurasia

强大的下外中脊，后者的尺寸显著大，M1 前边尖更宽，两前边小尖近等大，M1 和 M2 后脊 I、II 弱，M1 具四齿根等，都易于与新种区别。故这里把内蒙古这些标本指定为一新种。

新种 *Kowalskia shalaensis* 也容易与欧洲该属的 10 个种区别开来。其个体与 *K. polonica* 接近，但后者 M1 和 M2 具四齿根、后脊 I 弱，后脊 II 常缺失，M1 前边尖宽、近等分，m1 下前边尖较长，下前小脊多为单支。新种个体比其他 9 种都小（图 183），另外，*K. magna* 的 M1 和 M2 具四齿根、后脊 I 弱、后脊 II 常缺失，M1 前边尖宽、近等分，m1 下前边尖较长，下前小脊多为单支；*K. fahlbuschi* 的 M1 和 M2 多具四齿根；*K. intermedia* 的 M1 和 M2 后脊 II 常缺失，M1 前边尖宽、近等分，m1 下前边尖较长，分裂程度更高；*K. moldavica* 的 M1 后脊 I 较弱，m1 下前边尖较长和更宽；*K. nestori* 的 M1 和 M2 具有四齿根，M1 前边尖宽、近等分，m1 下前边尖较长，分裂程度更高；*K. occidentalis* 的 M1 和 M2 中脊较短，M1 出现四齿根、后脊 II 弱，m1 下前边尖较长、分裂程度较高；*K. skofleki* 的 M1 前边尖宽、近等分，m1 的下前边尖较长，分裂程度更高；*K. browni* 的 M1 和 M2 后脊 I 较发育，M1 出现四齿根、M1 前边尖宽、近等分，m1 下前边尖较长、分裂程度高；*K. ambarrensis* 的 M1 和 M2 中脊较短，M3 较退化，m1 下前边尖较宽，分裂较深。此外，新种也以其明显偏小的个体、M1 前边尖不对称、m1 下前边尖较短等区别于欧洲的 *K. lavocati*?、*K. schaubi*? 和 *K. seseae*? 三个存疑种。

吴文裕（Wu，1991）主要依据牙齿的尺寸大小将 *Kowalskia* 分为三个类群：大个体的 *K. magna* 类群、小个体的 *K. polonica* 类群和中等大小的 *K. cf. fahlbuschi* 类群，并认为三者存在某些共同的牙齿演化趋势，即 M1 和 M2 的齿根逐渐由三根增加到四根，后脊 II 逐渐缺失等等。根据图 183，我们认为，*K. polonica* 类群比较容易识别，它包括 *K. polonica*、*K. neimengensis*、*K. zhengi* 和 *K. shalaensis* 新种；*K. magna* 类群包括 *K. magna*、*K. yinanensis* 和安徽繁昌的 *K. sp.*，其中 *K. sp.* 个体非常大，可能是对上新世/更新世气候转变的一种适应；其余的大部分 *Kowalskia* 种类都可以归入 *K. cf. fahlbuschi* 类群，这里与 Wu（1991）稍有不同，即 *K. moldavica* 的大小实际上也落入 *K. cf. fahlbuschi* 类群的测量范围，中国的这一类群包括云南禄丰、元谋的 *K. hanae*，内蒙古二登图、哈尔鄂博、巴伦哈拉根和必鲁图的 *K. similis*，重庆巫山的 *K. lii* 和陕西蓝田的 *K. sp.*。

中国的 *Kowalskia* 中，*K. cf. fahlbuschi* 类群出现最早，可以蓝田灞河组的 *K. sp.* 为代表，出现于晚中新世早期，晚中新世中期曾一度成功扩散至中国南方，其存在的时间也最长，重庆巫山的 *K. lii* 表明其延续到早更新世。*K. polonica* 类群的出现稍晚，且局限分布于中国北方，从晚中新世早期至上新世早期，演化出 *K. shalaensis*、*K. neimengensis* 和 *K. zhengi* 系列；该类群可能在晚中新世早期起源于中国北方，上新世早期或更早扩散至欧洲（图 184）。*K. magna* 类群出现非常晚，种类也不多，地理分布上较偏东部；山东沂南上新世晚期的 *K. yinanensis* 代表了其在中国的首次出现，安徽繁昌更新世早期的 *K. sp.* 则为其最后代表。

关于 *Kowalskia* 的起源，比较一致认为是晚中新世早期从欧洲一类小型的众古仓鼠（*Democricetodon*）演变而来，稍后迅速在欧亚大陆扩散，成为晚中新世最为成功的仓鼠类之一（Kälin，1999）。*Kowalskia* 在上新世早期仍然比较繁荣，占据着欧亚大陆的古北区，但随即衰退，至上新世晚期基本上退出欧洲大陆，在远东地区则延续到更新世早期，可能受气候环境变化的影响，其地理分布也已明显向南迁移。*Kowalskia* 似乎与中国更新世以来的一些仓鼠有密切的关系。事实上，中国更新世早期就有某些与 *Kowalskia* 属特征相似的仓鼠种类，如重庆巫山的 *Amblycricetus sichuanensis* 和延安黄土里面的 "*Kowalskia*" *yananica* 等，相对于更新世其他仓鼠，两者与 *Kowalskia* 之间的相似度最高。郑绍华（1984a）根据头骨及牙齿的特征认为，中国北方更新世中后期常见的一类仓鼠，如 *Cricetinus varians*，也有可能是 *Kowalskia* 的后裔，这一观点很值得进一步研究。

内蒙科氏仓鼠 *Kowalskia neimengensis* Wu，1991

（图 183-185；表 81）

Kowalskia sp.：Wang et al.，2009，p. 122，table 1，partim

Sinocricetus sp.：Wang et al.，2009，p. 122，table 1，partim

Kowalskia sp.：Qiu Z D et al.，2013，p. 177，appendix，partim

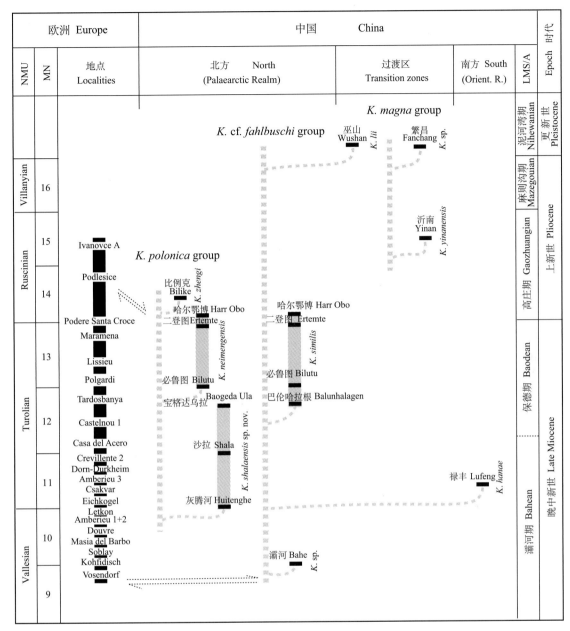

图 184　欧亚大陆科氏仓鼠的地层分布及系统演化关系

Fig. 184　Stratigraphic distribution and phylogenetic relationships of *Kowalskia* in Eurasia

归入标本　苏尼特左旗必鲁图(IM 0510 地点)：6 枚臼齿(1 M1, 1 M2, 1 m1, 3 m3)，V 19863.1−6。

测量　见表 81。

表 81　内蒙古中部必鲁图内蒙科氏仓鼠臼齿测量

Table 81　Measurements of molars of *Kowalskia neimengensis* from Bilutu, central Nei mongol（mm）

Tooth	Length			Width		
	N	Mean	Range	N	Mean	Range
M1	1	−	1.68	1	−	1.14
M2	1	−	1.21	1	−	1.09
m1	1	−	1.54	1	−	0.97
m3	3	1.26	1.18−1.31	3	1.06	1.02−1.10

描述 臼齿齿冠低，中脊和下中脊发达。

M1 前边尖宽、从后部分裂为近等大的小尖；前小脊双支，前方分别与舌、颊侧前边小尖连接，舌侧支强于颊侧支；无前小脊刺；原脊 I 和 II 都发育，但 I 较弱；中脊长，紧贴后尖、横向近伸达齿缘；无后脊 I，具后脊 II；内谷横向。

M2 前边脊舌、颊侧两支近同等长度，但颊侧支较高，各自往后延伸至前尖和原尖前壁基部；原脊 I 和 II 发育；中脊发育；具后脊 I，无后脊 II；内谷横向、宽；三齿根，舌侧根具垂向沟。

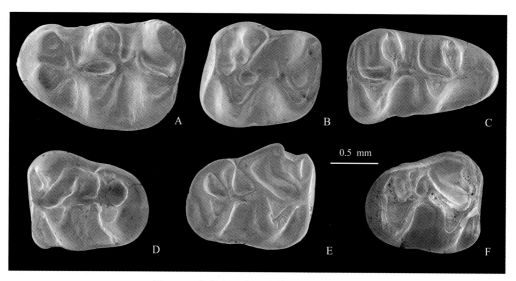

图 185　内蒙古必鲁图内蒙科氏仓鼠臼齿

Fig. 185　Molars of *Kowalaskia neimengensis* from Bilutu, Nei Mongol

A. l M1 (V 19863.1), B. l M2 (V 19863.2), C. r m1 (V 19863.3), D. l m3 (V 19863.4), E. r m3 (V 19863.5), F. r m3 (V 19863.6); 冠面视 (occlusal view)

m1 下前边尖宽、单尖、前缘抛物线形；下前小脊低、短粗，前方与下前边尖基部中间连接；下后脊短，前外向与下原尖前臂相连；下中脊低而长，伸达齿缘；无下外中脊；下次脊前外向与下外脊连接；下外脊发达，但位置极低；下外谷宽阔，开口朝后倾斜。

m3 下前边脊颊侧支明显强于舌侧支，前者延伸至下原尖前壁基部，后者短弱；下后脊朝前与下前边脊中部连接；下中脊发达，伸达齿缘；下内尖小；下次脊横向与下次尖前臂连接；下外脊纵向。

比较与讨论 必鲁图标本的齿冠低、具低而长的中脊和下中脊、M1 前边尖较宽且从后部二分、m1 下前边尖前缘呈抛物线形，形态与 *Kowalskia* 属征一致。牙齿的尺寸小，落入小个体的 *K. polonica* 类群的测量范围。该类群在中国包括 *K. neimengensis*、*K. zhengi* 和 *K. shalaensis* 新种。*K. shalaensis* 的 M1 前边尖窄且不对称，m1 下前边尖短，下前小脊保留双支，这些特征都有别于必鲁图标本。形态上，必鲁图标本落入二登图和哈尔鄂博的 *K. neimengensis* 标本和比例克 *K. zhengi* 的变异范围内（Wu, 1991; Qiu et Storch, 2000），由于标本太少，考虑到 M2 保留有三齿根，目前暂时将之归入稍原始的 *K. neimengensis*。

似法氏科氏仓鼠 *Kowalskia similis* Wu，1991

（图 183、184、186；表 82）

Sinocricetus sp.: Wang et al., 2009, p. 122, table 1, partim

Kowalskia sp.: Qiu Z D et al., 2013, p. 177, appendix, partim

归入标本 苏尼特左旗巴伦哈拉根（IM 0801）：5 枚牙齿（4 M1, 1 M2），V 19864.1-5。苏尼特左旗必鲁图（IM 0510）：4 枚牙齿（2 M1, 2 M2），V 19865.1-4。

测量 见表 82。

描述 M1 前边尖宽，前缘多平直，个别的前壁有凹坑，后部分裂为近等大的小尖。前小脊多具双支，个别为前方与舌侧前边小尖相连的单支，双支中前方分别与舌、颊侧前边小尖连接，颊侧支弱且不

表 82　内蒙古中部巴伦哈拉根和必鲁图的似法氏科氏仓鼠臼齿测量

Table 82　Measurements of molars of *Kowalskia similis* from Balunhalagen and Bilutu, central Nei Mongol（mm）

Tooth	Length			Width		
	N	Mean	Range	N	Mean	Range
巴伦哈拉根 Balunhalagen						
M1	3	1.99	1.94-2.03	3	1.31	1.27-1.35
M2	1	-	1.29	1	-	1.07
必鲁图 Bilutu						
M1	-	-	-	2	1.32	1.26-1.37
M2	2	1.48	1.46-1.49	2	1.23	1.17-1.29

完整，舌侧支和颊侧支发育有前小脊刺，各自前内向和横向伸达齿缘；大多数具原脊 I 和原脊 II，但原脊 I 通常较弱，个别甚至缺失；中脊显著，游离地伸达颊缘或长达距基部至外齿缘的 2/3 以上；后脊 I 仅在一枚牙齿中微弱发育，与后边脊连接的后脊 II 也仅见于巴伦哈拉根的两枚牙齿；内谷横向，中谷宽；可能三齿根。

M2 前边脊舌、颊侧支都较发达，舌侧支低于颊侧支，各自封闭原谷和前边谷；原脊 I 和 II 近同等发育；中脊游离、横向伸达齿缘；无后脊 I，具后内向与后边脊连接的后脊 II；内谷横向；可能具三齿根。

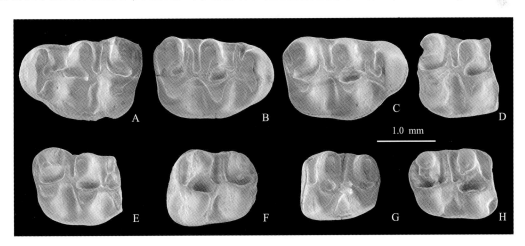

图 186　内蒙古巴伦哈拉根和必鲁图似法氏科氏仓鼠臼齿

Fig. 186　Molars of *Kowalskia similis* from Balunhalagen and Bilutu, Nei Mongol

A. l M1（V 19864.1），B. r M1（V 19864.2），C. l M1（V 19864.3），D. r M1（V 19865.1），E. r M1（V 19865.2），

F. l M2（V 19865.3），G. l M2（V 19864.4），H. r M2（V 19865.4）；冠面视（occlusal view）

比较与讨论　巴伦哈拉根和必鲁图标本以其齿冠低，M1 前边尖宽、从后部二分、具显著的前小脊刺，以及 M1 和 M2 有发达的中脊等特征而应归入 *Kowalskia* 属。其尺寸明显大于二登图、哈尔鄂博和必鲁图的 *K. neimengensis*，落入中等大小的 *K.* cf. *fahlbuschi* 类群中（图 183）。在中国，该类群包括北方内蒙古的 *K. similis* 和南方云南的 *K. hanae*（Wu，1991；邱铸鼎，1995）。上述标本的形态落入二者的变异范围之内，考虑到地理分布情况，将之归入属于同一区域的 *K. similis*。巴伦哈拉根标本的 M1 和 M2 仅有三齿根，根据齿根断面判断，必鲁图标本可能也只有三齿根，似乎较二登图和哈尔鄂博的 *K. similis* 要原始一些，可能指示了前者具有较低的产出层位。

仿田鼠亚科 Microtoscoptinae Kretzoi，1955

一类个体中等大小、灭绝了的田鼠形仓鼠（microtoid cricetids）。齿式：1·0·0·3/1·0·0·3；齿冠中等—高冠；臼齿有根，咀嚼面平坦，齿谷无白垩质充填，舌侧和颊侧褶谷（syncline）与另一方的脊棱(anticline)近对位排列，内外侧齿棱组成菱柱形的齿质区，齿质区由釉质层连接而其间几乎没有齿质。

一般认为这一亚科包括 *Paramicrotoscoptes* Martin，1975，*Goniodontomys* Wilson，1937，*Microtoscoptes* Schaub，1934 三属，但 Fejfar（1999）把 *Ischymomys* 亦归入这一亚科。虽则 *Ischymomys* 的 m1 脊棱有形成菱形或平行四边形的倾向，连接脊棱的纵向脊也很细弱，但脊棱不很对位排列，是否和另外三属同归一个亚科似有不同的意见。上述四属主要生存于新旧大陆的晚中新世，前两者分布于新大陆，后两者分布于旧大陆。目前，这一亚科在我国仅发现 *Microtoscoptes* 一属，也仅分布于内蒙古中部地区。Fahlbusch（1987）对该属发现于化德二登图及哈尔鄂博的材料已做过详细的描述。

这一仓鼠类的颊齿构造较为特殊，很难套用啮齿类一般"四尖式"的模式去表述，描述中所使用的术语暂时采用 Fahlbusch（1987）所拟（见图 187）。

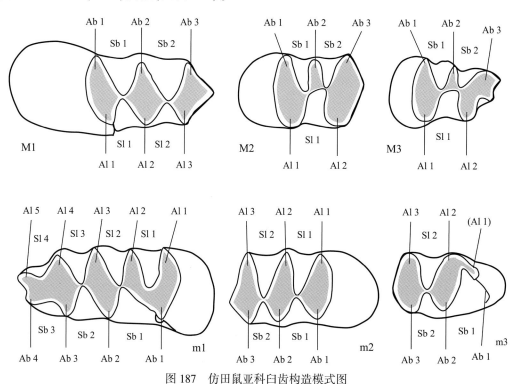

图 187　仿田鼠亚科臼齿构造模式图

Fig. 187　Nomenclature used for molars of microtoscoptines

A，脊棱(anticline)；S，褶谷 (syncline)；b，颊侧 (buccal)；l，舌侧 (lingual)

引自 Fahlbusch（1987）［after Fahlbusch（1987）］

仿田鼠属 *Microtoscoptes* Schaub，1934

模式种　*Microtoscoptes praetermissus* Schaub，1934：内蒙古化德县二登图；晚中新世；保德期。

归入种　*Microtoscoptes fahlbuschi* sp. nov.：内蒙古，晚中新世，保德期。*Microtoscoptes* sp.：内蒙古，晚中新世，灞河期。

特征　个体中等大小的田鼠型仓鼠类动物；颊齿有齿根，半高冠，齿谷中无白垩质充填，磨蚀面平坦、釉质层宽度均匀，舌侧和颊侧的脊棱对位排列；M2 和 M3 由三个颊侧脊棱和两个舌侧脊棱组成；m3 仅具两对脊棱，并常有附加的釉质后叶（引译自 Fahlbusch，1987）。

评述　Schaub（1934）最先命名这一属，但材料很少，在学者中对其科一级的分类地位颇有争议。其后，Fahlbusch（1987）根据模式产地增加的一批材料进行了详细研究，发现 *Microtoscoptes* 属的牙齿形态和珐琅质的显微构造与 Arvicolidae 科的特征有很大的不同，而与仓鼠科的更为接近，从而使对该属的认识前进了一步。该属除在内蒙古的化德和阿巴嘎地区有较多脱落牙齿的发现外，其他地点的材料不多，因此对其头骨和颅后骨骼的发现，以及其演化特征的研究有待进一步的努力。

法氏仿田鼠（新种）*Microtoscoptes fahlbuschi* sp. nov.

（图 188-190；表 83）

Microtoscoptes sp.：Qiu et al.，2006，p. 181

Microtoscoptes sp.：Qiu Z D et al.，2013，p. 177，appendix

名称由来　献给对研究仿田鼠属有重大贡献的德国故友法尔布施（V. Fahlbusch）先生。

正模　右 m1（V 19866）。

副模　分别附有 m1 的左、右破碎下颌支两件，臼齿 50 枚（9 M1，7 M2，14 M3，7 m1，6 m2，7 m3），V 19867.1-52。

模式产地与层位　阿巴嘎旗宝格达乌拉（IM 0702 地点）；上中新统，宝格达乌拉组（保德期）。

归入标本　苏尼特左旗巴伦哈拉根（IM 0801 地点）：臼齿 10 枚（4 M1，1 M2，3 M3，1 m2，1 m3），V 19868.1-10。苏尼特左旗必鲁图地点（IM 0510）：破损的 M1 一枚，m2 一枚，V 19869.1-2。

测量　见表 83。

表 83　内蒙古宝格达乌拉和巴伦哈拉根法氏仿田鼠臼齿测量

Table 83　Measurements of molars of *Microtoscoptes fahlbuschi* from Baogeda Ula and Balunhalagen, Nei Mongol（mm）

Tooth	Length			Width		
	N	Mean	Range	N	Mean	Range
宝格达乌拉 Baogeda Ula						
M1	6	2.25	2.10-2.40	7	1.29	1.15-1.45
M2	5	1.63	1.60-1.65	5	1.19	1.10-1.25
M3	10	1.68	1.40-1.80	10	1.02	0.85-1.15
m1	6	2.40	2.35-2.45	7	1.20	1.10-1.30
m2	4	1.79	1.65-1.90	6	1.15	1.00-1.25
m3	7	1.49	1.40-1.60	7	0.94	0.80-1.05
巴伦哈拉根 Balunhalagen						
M1	4	2.27	2.20-2.35	4	1.37	1.35-140
M2	1	–	1.20	1	–	1.15
M3	1	–	1.75	2	1.09	1.08-1.10
m2	1	–	2.06	1	–	1. 28
m3	1	–	1.45	1	–	1.00

特征　牙齿尺寸和形状与 *Microtoscoptes praetermissus* 的接近，但 M2 双根或三齿根，m1 的前帽较为复杂（Ab 4 长而大、颊侧有一浅褶，Ab 3 和 Sb 3 狭小，Sl 4 窄而深），M3 和 m3 的后叶较少退化。齿质区上没有或极少有孤立的釉质小坑。

描述　下颌支很残破，仅见附着 m1 的部分甚为宽厚，颊侧在 m1 后部明显向外凸出，在一件标本中 m1 齿根后外侧的宽沟上见有一显著的神经孔；下咬肌附着嵴显著；颏孔大，位于齿缺后部 m1 齿根的前颊侧。臼齿齿冠相当高，不同臼齿具有不同数目的棱柱（prism）；舌侧和颊侧的脊棱近对位排列并组成菱形或平行四边形的齿质区，齿质区的大小和形状随磨蚀阶段的不同会有所变化；臼齿咀嚼面平，釉质层厚度均匀；褶谷中无白垩质充填。

　　M1 有 3 对脊棱和两对褶谷。前方脊棱对组成的齿质区不甚呈菱形；舌侧和颊侧褶谷的顶端靠得很近，使连接齿质区的脊仅为狭窄的釉质层，这些纵向脊位于牙齿纵轴线的舌侧；舌侧褶谷向根部延伸深度比颊侧的略浅。具三齿根，前根强壮，支持前叶，颊后根次之，支持后外脊棱（Ab 3），舌后根最小，支持后内方的脊棱与褶谷(Al 2 + Sl 2)。

M2 由三个颊侧脊棱、二个舌侧脊棱、二个颊侧褶谷和一个舌侧褶谷组成；前方齿质区形状与 M1 的相似。齿根的发育情况并不一致，在宝格达乌拉保存齿根的 7 枚牙齿中，都有一个较强大的纵向前舌侧根(支持 Al 1 和 Sl 1)，一个稍小的前颊根(支持 Ab 1)，以及一个较小的圆形颊后根(支持 Ab 3)，在其中的 4 枚牙齿中这三个齿根分明，但在另外的 3 枚牙齿中，前舌侧根和前颊侧根完全愈合，形成一个强壮的齿根，使牙齿只有大小悬殊的双根。在巴伦哈拉根唯一的 M2 中，纵向的前舌侧根不发育，只有远

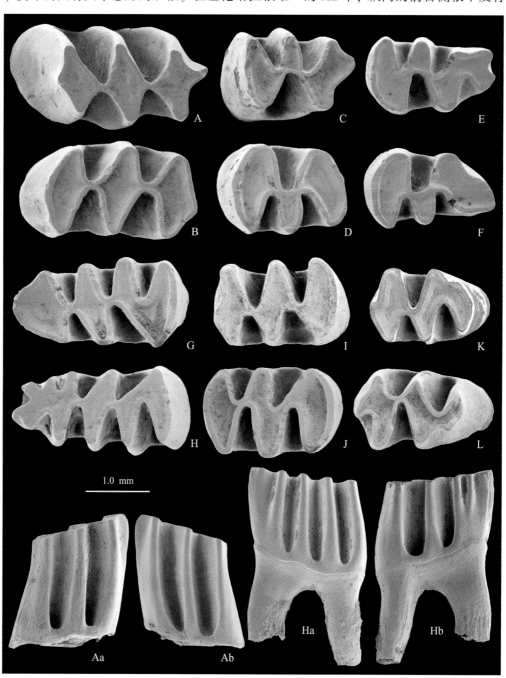

图 188　内蒙古宝格达乌拉法氏仿田鼠臼齿

Fig. 188　Molars of *Microtoscoptes fahlbuschi* from Baogeda Ula, Nei Mongol

A, Aa, Ab. l M1 (V 19867.1)，B. r M1 (V 19867.2)，C. l M2 (V 19867.3)，D. r M2 (V 19867.4)，E. l M3 (V 19867.5)，F. r M3 (V 19867.6)，G. l m1 (V 19867.7)，H, Ha, Hb. r m1 (正模 holotype, V 19866)，I. l m2 (V 19867.8)，J. r m2 (V 19867.9)，K. l m3 (V 19867.10)，L. r m3 (V 19867.11)；A–L. 冠面视(occlusal view)，Aa, Ha. 舌侧视(lingual view)，Ab, Hb. 颊侧视(buccal view)

离冠部分开的前齿根和后根。

M3 长度与 M2 的接近、甚至稍长，两者构造也相似，只是由 Al 2 和 Ab 3 组成的齿质区较窄，更为倾斜于牙齿的纵轴；在磨蚀轻微的牙齿中，后缘上有清楚的突刺（spur）；宝格达乌拉的 9 枚牙齿中，3 枚只有一个前齿根和一个后齿根，4 枚的前齿根明显分开，2 枚的前齿根前面有沟，但末端分开。

m1 由四个颊侧脊棱、五个舌侧脊棱、三个颊侧褶谷和四个舌侧褶谷组成，舌侧褶谷向根部下延的深度从前往后依次递增。前部（前叶）比较复杂，共有四个脊棱（Ab 3+4，Al 4+5），其中 Al 5 在牙齿最前端，长轴指向前舌侧；Al 5 与 Ab 4 之间有一显著、向下延伸深度不大的前边沟；Ab 4 长而大，颊侧有向根部下延、深度不大的褶沟；Ab 3 和 Sb 3 窄而小。中部由 Ab 2 和 Al 3 组成的齿质区呈平行四边形，并以釉质脊与前部和后部的齿质区连接。后部由 Ab 1 和 Al 1+2 构成"C"形齿质区。颊侧和舌侧的釉质层底线波浪形。双齿根，分别支持牙齿的前部和后部。

m2 有 3 对脊棱，彼此近对位排列，构成牙齿的三叶齿质区，三叶由狭窄、偏向颊侧的釉质脊连接；前两叶组成的齿质区呈四边形，后两叶组成的齿质区后缘成弧形。具两大小近等的双齿根，分别支持前叶和后叶。

m3 前部和中部与 m2 的同一部分相似，即两个四边形的齿质区由狭窄、偏向颊侧的釉质脊连接，但后部为一发育、由齿质与 Al 2 舌后部连接的新月形脊；在一枚磨蚀轻微的牙齿中见有清楚的 Sl 1；Ab 3 与 Al 3 间的前壁，在磨蚀的早期阶段有向下延伸深度不大的浅褶或弯曲。双齿根，后根明显向后弯曲。

比较与讨论 迄今，仿田鼠亚科共有 *Paramicrotoscoptes*、*Microtoscoptes* 和 *Goniodontomys* 三属，所发现的材料多为脱落牙齿。三属的牙齿尺寸接近，M1 和 m2 的形态彼此也极为相似，只是第三臼齿与中间臼齿的相对长度有较明显的不同，以及 M2 和 M3、m1 和 m3 的构造有所差异。因此，第三臼齿的相对大小，以及 M2 和 M3、m1 和 m3 的形态成为目前区分这些属和种的重要依据。上述标本由于其 M2 和 M3 只有二个舌侧脊棱，以及 m3 仅有二个完整的平行四边形齿质区，而与 *Microtoscoptes* Schaub，1934 属的特征一致，与 *Paramicrotoscoptes* Martin，1975 相近，但与 *Goniodontomys* Wilson，1937 属有较明显的不同。发现于北美上中新统的 *Goniodontomys* 属，其 M2 和 M3 舌侧脊棱的数目比上述两属多，而且 m3 有三个完整的平行四边形齿质区（Hibbard，1970；Martin，1975；文献中两位学者都把该属称为 *Microtoscoptes*），因此，内蒙古标本很容易与 *Goniodontomys* 属的相区分。*Paramicrotoscoptes* 发现于北美上中新统，上述标本 M1 与 M2 和 m1 与 m2 的形态与其相似，特别是 M2 也都只有两个舌侧脊棱和一个褶谷，但 *Paramicrotoscoptes* 属的第三臼齿长度大，形态也复杂得多，此外其齿质区常有孤立的珐琅质小坑（"釉岛"），显然也还有明显的差异。

上述宝格达乌拉等地材料中的 M1、M2、m1 和 m2 的尺寸大体落入化德二登图和哈尔鄂博 *Microtoscoptes praetermissus* 种（该种亦发现于俄罗斯晚中新世—上新世的一些地点）相应牙齿的个体变异范围之内，但第三臼齿相对比二登图的长（图 189、190；Mac et al.，1982；Fahlbusch，1987）。在形态上，这些牙齿与二登图和哈尔鄂博标本的不同是：M2 仅有双齿根或三齿根，看不到有四齿根的标本（二登图标本中 M2 至少有三个齿根，时见四根）；M3 的后叶（即由 Al 2 和 Ab 3 组成的齿质区）相对粗壮，没有那样退化；m1 的 Ab 4 长而大，颊侧在磨蚀轻微的牙齿中有一浅褶，Ab 3 和 Sb 3 都很狭小，Sl 4 窄而深（在二登图标本中看不到 Ab 4 颊侧有任何褶谷的痕迹），Ab 3 和 Al 4 发育，Sb 3 和 Sl 4 宽而浅（图 190）；m3 后部齿质与 Al 2 连接的新月形脊较显著，不甚退化。宝格达乌拉标本与二登图标本形态上的差异至少指示了该属牙齿性状在不同时代上的差异，说明 M2 齿根的增加、第三臼齿的退化、以及 m1 的简单化可能是这一属的进步特征。这点也许从动物群的组成能得到印证，因为二登图动物群的组成指示了其时代比宝格达乌拉的晚，即二登图动物群所含鼠科动物（murines）较为分化、进步（5 属，包括 *Apodemys* 和 *Orentolomys*），林跳鼠科中包含了较进步的 *Lophocricetus grabaui* 和 *Paralophocricetus pusillus* 种，而宝格达乌拉动物群的鼠科分异度较低（3 属），并含有代表 *Hansdebruijnia* 演化阶段较早的 *H. prepusilla* 种，*Lophocricetus* 属也是为较原始的 *L. xianensis*。鉴于上述新发现的仿田鼠材料与二登图和哈尔鄂博 *M. praetermissus* 种在牙齿形态和时代上的差异，这里将其归入新的一种。

Microtoscoptes 属与 *Paramicrotoscoptes* 属的相似性，表明了两者有较为接近的亲缘关系。*Paramicrotoscoptes*

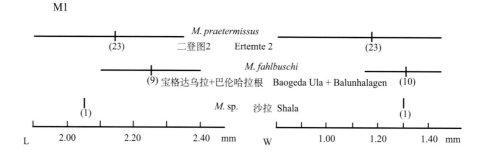

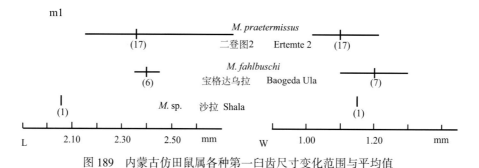

图 189　内蒙古仿田鼠属各种第一臼齿尺寸变化范围与平均值

Fig. 189　Size ranges and averages of length and width in the first molars of various species of *Microtoscoptes* from Nei Mongol

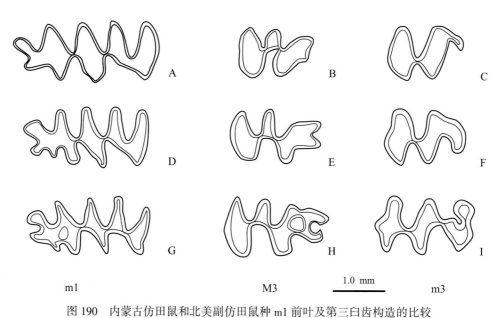

图 190　内蒙古仿田鼠和北美副仿田鼠种 m1 前叶及第三臼齿构造的比较

Fig. 190　Scheme showing comparisons of m1, M3 and m3 of *Microtoscoptes* from Nei Mongol with *Paramicrotoscoptes* from North America

M. praetermissus：A. l m1（V 7311.2），B. r M3（V 7311.143，反转 inverse），C. l m3（V 7311.72，反转 inverse）；

M. fahlbuschi：D. r m1（V 19866，反转 inverse），E. r M3（V 19867.12，反转 inverse），F. r m3（V 19867.10，inverse）；

Paramicrotoscoptes hibbardi：G. l m1（UNSM 47522），H. r M3（UNSM 47501，反转 inverse），I. l m3（UNSM 47532）

属只有 *P. hibbardi* 一种。新种与 *M. praetermissus* 和 *P. hibbardi* 相比，毫无疑问与前者更为相似，但有意思的是，新种 m1 前叶形态与 *P. hibbardi* 的更为相似，特别是在磨蚀轻微的牙齿中两者都有长而大的浅褶 Ab 4，这一特征显然与 *M. praetermissus* 较简单的 m1 前叶有所不同。新种的第三臼齿没有 *M. praetermissus* 的那样退化，但比 *P. hibbardi* 的简单得多，即在 *P. hibbardi* 中，M3 有两个后向的脊棱，可能属于这一牙齿退化的 Al 3 和 Ab 4，在新种的 M3 中，后叶只有刺突，可能代表残留的 Al 3 和 Ab 4；
P. hibbardi 中的 *m3*，有三对完整的脊棱和两对完整的褶谷，后叶横向、在中部与中叶连接，而新种 m3 的
后叶为一斜向、连接中叶舌后侧部的新月形脊，舌侧只有一个清楚的褶谷；在 *P. hibbardi* 磨蚀程度轻微
的牙齿特别是第三臼齿的齿质区常保留有"釉岛"，而新种中未见任何"釉岛"的痕迹。在 m1 前叶和第三
臼齿的构造上，新种所具有的牙齿形态特征，几乎介于 *M. praetermissus* 与 *P. hibbardi* 之间（图 190），或许
指示了其演化上比前者原始，比后者进步。巴伦哈拉根和必鲁图的标本很少，种征不很明朗，特别是必
鲁图的材料更是如此，把它归入新种带有随意性。

Paramicrotoscoptes 和 *Microtoscoptes* 属在牙齿形态的差异上如此有限，以致于有理由把它们视为同一
属，但鉴于地理上的距离和缺乏头骨和颅后骨骼的信息，暂且把它们视作有区别的属。由于两属的形态
相似，有理由设想它们为亲缘关系很接近的支系，而且 *Paramicrotoscoptes* 为这一支系的祖先类型，因为
它比 *Microtoscoptes* 更具原始的形态特征，即第三臼齿的长度较大，构造更复杂，牙齿的齿质区保留有珐
琅质小坑。在我们看来，仓鼠类许多相同的支系中，原始属种第三臼齿的长度会明显比进步属种的大、
构造也更为复杂；在脊形仓鼠类、鼢鼠类和 Arvicolidae 科中，原始属种牙齿齿质区的"釉岛"更多见。在
Paramicrotoscoptes-Microtoscoptes 支系中似乎具有如下明显的演化趋势，即 m1 前叶从复杂向简单的方向发
展，第三臼齿逐渐退化，牙齿上的"釉岛"逐渐消失。

仿田鼠（未定种） *Microtoscoptes* sp.
（图 189、191）

材料 苏尼特右旗沙拉（IM 9610 地点）：12 枚臼齿（1 M1，3 M2，1 M3，5 m1，1 m2，1 m3），半数或
多或少破损，V 19870.1-12。

测量（长×宽；Measurements，length × width） M1：2.05 mm × 1.30 mm；M2：1.50 mm × 1.25 mm，
1.45 mm × 0.95 mm，- × 1.05 mm；M3：- × 1.00 mm；m1：2.05 mm × 1.15 mm；m2：1.60 mm × 0.95 mm，
m3：1.50 mm × 1.95 mm。

描述 标本中的 M1 有 3 对脊棱和两对褶谷，由 Al 2 和 Ab 2 组成的中叶呈菱形，以略靠舌侧纵向
珐琅质脊与前叶和后叶连接，前叶的前缘和后叶的后缘呈弧形，舌侧褶谷向根部延伸的深度比颊侧的
略浅，三个齿根。M2 由 3 个颊侧脊棱和 2 个舌侧脊棱组成，三齿根，分别支持 Al 1+Sl 1，Ab 3 和 Ab
1；3 枚牙齿中一枚的后叶上有清楚的"釉岛"。M3 有点破损，但估计其长度接近 M2 者，后叶上保留
一个"釉岛"。

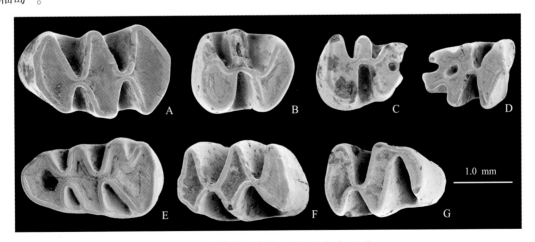

图 191 内蒙古沙拉仿田鼠（未定种）臼齿
Fig. 191 Molars of *Microtoscoptes* sp. from Shala, Nei Mongol

A. r M1（反转 reversed，V 19870.1.），B. r M2（反转 reversed，V 19870.2），C. l M3（V 19870.3），D. r m1（破损
damaged，V 19870.4），E. r m1（反转 reversed，V 19870.5），F. l m2（V 19870.6），G. r m3（反转 reversed，V 11912.7）；
冠面视（occlusal view）

m1 保存完好的只有一枚处于后期磨蚀的牙齿；牙齿由四个颊侧脊棱和五个舌侧脊棱组成，前部（前叶）的前边沟在一个标本中不清楚，前边沟向下延伸深度不大，达中期磨蚀阶段即消失；Al 5 为牙齿的最前端，Ab 4 不很长大，Ab 3 和 Sb 3 宽阔；两枚轻微磨蚀牙齿的前叶齿质区有"釉岛"，颊侧和舌侧的釉质层底线波浪形，双齿根。m2 有 3 对脊棱，彼此近对位排列，构成的齿质区由狭窄、偏向颊侧的釉质脊连接，双齿根。

m3 前部和中部与 m2 的相似，但后部为一由齿质与 Al 2 舌后侧连接的新月形脊，双齿根。

比较与讨论　上述标本的形态符合仿田鼠属的牙齿特征，而且与 *Microtoscoptes praetermissus* 和 *M. fahlbuschi* 的基本形态没有很大的不同，只是牙齿的尺寸稍小（图 189），齿质区有"釉岛"。另外，m1 前叶的构造简单，Ab 4 不很长大，这种形态似乎更接近 *M. praetermissus* 者。个体和牙齿形态的这些差别或许说明沙拉标本代表时代不同的一新种，但由于材料不足，这里暂当作未定种处理。

在沙拉地点，这一仿田鼠未定种与 *Ansomys* 和 *Orientoglis* 属共生，而这两较古老的啮齿类动物在宝格达乌拉和二登图动物群中已经绝迹。此外，沙拉动物群中尚未见一些在二登图动物群十分常见的、较为进步的啮齿类，如 *Lophocricetus grabaui* 和 *Microtodon atavus* 等，这些都说明了沙拉动物群的时代比宝格达乌拉和二登图动物群早。因此，沙拉仿田鼠未定种的个体较小，牙齿现"釉岛"或许是一种原始的形态特征。特别"釉岛"的存在是一种原始的性状，再次支持了前述推论，这也是 Fahlbusch（1987）生前期盼证实的。

巴兰鼠亚科 Baranomyinae Kretzoi，1955

一类个体中—小型的田鼠形仓鼠（microtoid cricetids）；齿式：1·0·0·3/1·0·0·3；臼齿中等高冠，近丘-脊型齿，有根，齿谷中无白垩质充填，无三角形脊棱，齿尖和齿脊连成棱柱，棱柱齿质区间有宽的齿质桥相连。

仓鼠类的分类系统异常复杂，对其亚科或族分类方案的认识有待统一。在目前的啮齿动物的分类中，一些亚科所包括的成员不多，如上述的 Microtoscoptinae 亚科只有三个属，Baranomyinae 亚科又是另一例子。一般认为巴兰鼠亚科也只有 *Microtodon*、*Anatolomys* 和 *Baranomys* 三属（McKenna and Bell，1997）。但法尔布施等（Fahlbusch et Möser，2004）认为，*Baranomys* 和 *Microtodon* 形态相似，应为同物异名。在欧洲有过关于 *Celadensia* 和 *Bjornkurtenia* 属的报道，两者形态与 *Microtodon* 和 *Anatolomys* 的特征有些相似，Fejfar 和 Storch（1990）亦将其归入 Baranomyinae 亚科，但材料很少。本文作者赞同法氏等的意见，即 *Celadensia* 和 *Bjornkurtenia* 属很可能与亚洲的 *Microtodon* 和 *Anatolomys* 属有一定的关系。

这一亚科仅生存于旧大陆的晚中新世和上新世，种类很少。在中国除内蒙古化德二登图和哈尔鄂博外，其他地点发现的材料都很零星。

小齿仓鼠属 *Microtodon* Miller，1927

模式种　*Microtodon atavus*（Schlosser，1924）：内蒙古化德二登图，晚中新世，保德期。

归入种　*Microtodon* cf. *M. atavus*（Schlosser，1924）：内蒙古，晚中新世—上新世（保德期—高庄期）。*Microtodon* sp.：内蒙古，晚中新世，保德期。*M. longidens*（Kowalski，1960）：欧洲，上新世，露西尼期。

特征　个体中等大小的田鼠形仓鼠；颊齿中等高冠，磨蚀面平坦、釉质层厚度均匀，主尖上的脊棱多少错位排列，脊棱的齿缘呈圆弧形。M1 有 3 个舌侧和 3 个颊侧脊棱，M2 和 M3 只有 2 个舌侧和 3 个颊侧脊棱；下臼齿有三个颊侧脊棱，m1 有四个舌侧脊棱；棱柱齿质区间有宽的齿质桥相连。上臼齿三或四齿根，下臼齿双根。

评述　*Microtodon* 属在我国只有一个命名种，发现于内蒙古化德二登图和哈尔鄂博的上中新统或下上新统，材料十分丰富，是动物群种最常见的种群。Fahlbusch 和 Möser（2004）对化德的材料做过详细的研究，对牙齿的尺寸和形态变异进行过详尽的记述。该属在我国其他地点发现的材料都不很多。

小齿仓鼠（未定种）*Microtodon* sp.

（图 192A）

一枚 m1，长 1.80 mm，宽 1.00 mm（V 19871），采自苏尼特左旗必鲁图地点（IM 0510）。标本处于开始磨蚀阶段，保存尚好，仅下内尖（Al 2）部分破损。牙齿中等高冠，脊型齿，磨蚀面平坦、釉质层厚度均匀，齿谷无白垩质充填，脊棱的舌侧和颊侧缘圆弧形。下前边尖（由 Ab 3 和 Al 4 组成）强大，半圆形，近对称，其上有显著凹坑，后部通过齿质桥与下原尖（Ab 2）和下后尖（Al 3）组成的棱柱前中部连接；下次尖（Ab 1）和下内尖（Al 2）明显比下原尖和下后尖更为错位排列；颊侧褶谷（下外谷和下原谷或 Sb 1 和 Sb 2）和舌侧前边的两个褶谷（下前边谷和下中谷或 Sl 2 和 Sl 3）深度接近，但舌侧后边的褶谷（下后边谷 Sl 1）窄而浅。

该标本显然具有 Microtodon 属的基本特征。与化德二登图 M. atavus 同一牙齿的形态很相似，尺寸也落入其变异范围之内，不同的是其下前边尖较强大，下原尖和下后尖不甚错位排列，下后边谷（Sl 1）明显窄、浅。在化德哈尔鄂博和比例克地点分别报道过 M. cf. M. atavus（Qiu et Storch, 2000；Fahlbusch and Möser, 2004）。与哈尔鄂博的同一牙齿相比，该 m1 的尺寸落入其变异范围的较低端，形态上存在与二登图 M. atavus 同样的差异；与比例克的相似种相比，尺寸略大，前边尖较对称，下原尖和下后尖不那么错位排列，褶谷较宽，下后边谷较窄而浅。必鲁图标本可能代表不同于 M. atavus 和 M. cf. M. atavus 的一个新种，但材料太少，暂且当作未定种处理。

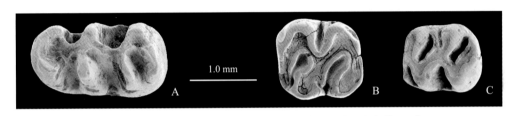

图 192　内蒙古必鲁图小齿仓鼠（未定种）与黎明鼠（未定种）臼齿

Fig. 192　Molars of *Microtodon* sp. and *Anatolomys* sp. from Bilutu, Nei Mongol

Microtodon sp., A. r m1（V 19871）；*Anatolomys* sp., B. r M2（V 19872.1），C. l m2（V 19872.2）；冠面视（occlusal view）

黎明鼠属 *Anatolomys* Schaub, 1934

模式种　*Anatolomys teilhardi* Schaub, 1934：内蒙古化德县二登图，晚中新世，保德期。

归入种　*Anatolomys* cf. *A. teilhardi* Schaub, 1934：内蒙古，晚中新世/上新世（保德期/榆社期—高庄期）。*Anatolomys* sp.：内蒙古，晚中新世（保德期）。

特征　个体较小的田鼠型仓鼠；臼齿低冠，咀嚼面釉质层宽度均匀。冠面构造与 *Microtodon* 属的大体相似，不同的是：冠面趋于丘-脊型；褶谷相对较窄，上臼齿的中间谷（Sb1）和前边谷（Sb 2）明显伸向后内，下臼齿的下中谷（Sl 2）和下后边谷（Sl 1）明显伸向前外；M1 和 M2 可能具短的中脊或其痕迹，有后脊和残留的后边谷（Sb 3），m1 和 m2 可能具有下中脊。上臼齿三齿根，下臼齿双根。

评述　*Anatolomys* 属比起 *Microtodon* 属更具接近丘齿形仓鼠的形态特征。在国外未见有该属的确实报道，中国发现的材料也很零星，而且只有发现于内蒙古化德二登图和哈尔鄂博地点上中新统的一个命名种。Fahlbusch 和 Möser（2004）对化德的材料做过较详细的描述。

黎明鼠（未定种）*Anatolomys* sp.

（图 192B、C）

一枚 M2（1.15 mm × 1.05 mm）和一枚 m2（1.10 mm × 0.95 mm），V 19872.1-2，采自苏尼特左旗必鲁图地点（IM 0510）。牙齿齿冠低，齿谷无白垩质充填，釉质层宽度均匀，M2 舌侧主尖明显比颊侧的发达，m2 颊侧主尖比舌侧的亦相对粗壮，主尖构成的脊棱在舌侧和颊侧缘都呈圆弧形。

该 M2 处于磨蚀较深阶段，但构造尚清楚；前边脊颊侧支强壮，通过短粗的前小脊融入原尖形成强脊，牙齿前内角留有前边脊舌侧支和原谷的痕迹；原脊短粗，略后向与原尖后臂相连；中脊很短，在靠近前尖后部留有痕迹；后脊同样短粗，后指向与次尖后臂连接；由于牙齿磨蚀接近后期，后边脊已不很清楚，但牙齿的后外角尚存弱的后边脊和狭窄的后边谷；内脊短粗，连接次尖前臂与前尖；内谷窄，横向，向外延伸未达牙齿宽度之半；前边谷和后边谷长，伸向后内，内伸超过牙齿宽度之半。

m2 下前边脊颊侧支显著，与下后尖融会构成前方强脊，没有下前边脊的舌侧支；下中脊细长，但明显，伸向下后尖舌后缘；下次脊略前指向，与下外脊中部连接；下后边脊十分粗壮，舌端低处有一细脊与下内尖相连；下外脊强大，弯曲，连接下次尖前臂与下原尖后臂；下外谷宽、大，近横向，内伸近达齿宽之半；下中谷和下后边谷较窄，伸向前外，外伸在牙齿宽度之半以上。

该标本显然具有 *Anatolomys* 属的基本特征。基本形态与化德二登图的 *A. teilhardi* 和哈尔鄂博及比例克的 *A. cf. A. teilhardi* 相应牙齿相似，较为明显的不同是 M2 中脊和 m2 下中脊更发育，内、外侧主尖的大小不甚悬殊，尺寸落入 *A. teilhardi* 变异范围的高端，而接近 *A. cf. A. teilhardi* 者（见 Fahlbusch and Möser，2004）。它同样可能代表一个新的种，但材料太少，这里也当作未定种处理。

未定亚科 Incertae Subfamilinae

一类个体中—小型的田鼠形仓鼠（microtoid cricetids）；齿式：1·0·0·3/1·0·0·3；齿冠中等—高冠；臼齿咀嚼面构造接近 arvicolids 者，有根，齿谷中无白垩质充填，有三角形的脊棱，棱柱齿质区间有或无齿质桥相连。

这一未定亚科除 *Microtocricetus* 属外，至少还包括有 *Ischymomys* 属。在前人的分类中，有把 *Microtocricetus* 归入 Cricetinae 亚科者（Fahlbusch et Mayr，1975），有归入 Cricetodontinae 亚科者（Topachevsky et Skorik，1988），或者不明确者（Kowalski，1993；Fejfar，1999）。迄今，*Microtocricetus* 属只发现数量有限的脱落牙齿，更没有关于其颅后骨骼的报道。就牙齿的构造而言，其与众多 Cricetinae 及 Cricetodontinae 亚科成员的形态似乎有较大的不同。

这一亚科仅出现于欧亚大陆的晚中新世，描述中使用的术语，采自 Fejfar（1999）所拟。

田仓鼠属 *Microtocricetus* Fahlbusch et Mayr，1975

模式种 *Microtocricetus molassicus* Fahlbusch et Mayr，1975：德国 Allgäu，晚中新世，MN9。

归入种 *Microtocricetus shalaensis* sp. nov：内蒙古，晚中新世（灞河期）。

特征 个体较小的仓鼠，臼齿半高冠，有齿根，磨蚀面平坦，釉质层厚度随着牙齿磨蚀而增大，齿谷中无白垩质充填；咀嚼面上有 4 脊棱（m1 上有 5 个）和 3 褶谷（m1 上有个）；脊棱和褶谷窄，多少横向，呈不规则错位排列，谷的深度不一（引自 Fejfar，1999）。

评述 该属此前只有一个命名种，出现于欧洲晚中新世早期，发现的材料不多，但分布于中欧到东欧。中国亦仅有晚中新世早期的一个种，发现于内蒙古，材料也很少。

沙拉田仓鼠（新种）*Microtocricetus shalaensis* sp. nov.

（图 193）

cf. *Microtocricetus* sp.（Shala）：Qiu Z D et al.，2013，p. 177，appendix

名称由来 示新种正型地点内蒙古苏尼特右旗沙拉。

正模 右 m1（V 19873）。

副模 臼齿 4 枚（1 M2，1 m1 的前部分，1 残破的 m2，1 m3），V 19874.1-4。

模式产地与层位 苏尼特右旗沙拉（IM 9610 地点）；上中新统，宝格达乌拉组（?）（灞河期晚期）。

测量（长×宽；Measurements，length × width） M2：1.70 mm × 1.20 mm；m1：2.15 mm × 1.15 mm；m2：- × 1.15 mm；m3：1.30 mm × 1.02 mm。

特征 牙齿的尺寸和形态与 *Microtocricetus molassicus* 的相似，但 M2 的中脊短、内脊位于牙齿纵轴线，m1 的下后尖与"前横脊"完全融为横向的崎棱、"外横脊"略短、下外脊的后部较发育，m3 的下中尖与下内尖完全融合。

描述 牙齿的磨蚀面平坦，谷中白垩质充填，有齿根。

M2 似长方形，后部比前部稍窄，后缘呈弧形。前部主尖比后部的略显著，舌侧主尖的位置比颊侧的稍靠前；原尖前臂伸至前边脊颊侧；前尖略向后，融入原尖后臂；次尖由一短粗的横脊与内脊和中脊相连；后尖前部为后中间谷与中脊和内脊隔开。前边脊粗壮，近横向；中脊短；后边脊显著，融入后尖和次尖后臂形成强大的弧形后方嵴；内脊窄而短，但完整，位于牙齿纵轴线。原谷显著，横向，向外延伸近达齿宽之半；内谷狭窄，略指向后外，对向前中间谷，外伸达齿宽之半；前边谷深而窄，后内向延伸，内伸超过齿宽之半；中间谷宽深，被中脊分为前、后部分，后中间谷浅、后内向延伸远远超过齿宽之半。

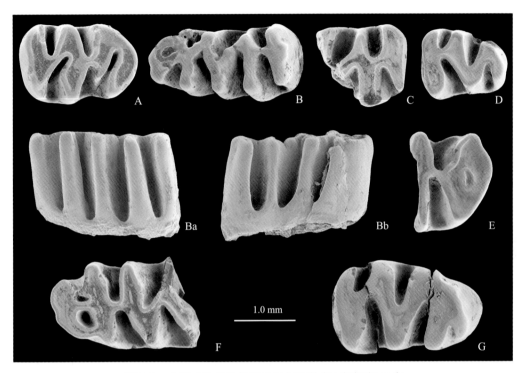

图 193　内蒙古沙拉沙拉田仓鼠与强壮鼠(未定种)臼齿

Fig. 193　Molars of *Microtocricetus shalaensis* and *Ischymomys* sp. from Shala, Nei Mongol

Microtocricetus shalaensis：A. r M2 (V 19874.1)，B, Ba, Bb. r m1 (正模 holotype, V 19873)，C. r m2 (破损 damaged, V 19874.2)，D. r m3 (V 19874.3)；*Ischymomys* sp., E. l M2 (破损 damaged, V 19875.1)，F. l m1 (破损 damaged, V 19875.2)，G. r m3 (V 19875.3)；A–G. 冠面视(occlusal view)，Ba. 舌侧视(lingual view)，Bb. 颊侧视(buccal view)

　　m1 狭长，中间部分稍宽。颊侧主尖相对比舌侧的弱，位置比舌侧对向的靠后；下前边尖脊形，简单，位于牙齿纵轴线的舌侧；下原尖前臂与下后尖颊侧连接，后臂通过强大的下外脊与下中尖相连；下内尖与"外横脊"(Äqs)连成粗壮的横嵴。没有下前边脊舌侧支，但颊侧支显著、与"前横脊"(Vqs)相连；下前小脊明显，连接下前边尖和下后尖与"前横脊"组成的脊棱，并与下前边脊颊侧支围成釉岛状小坑，与下原尖前臂连成明显的前内-后外向脊；"前横脊"弱，但清楚；"外横脊"短，未伸达齿缘；下后边脊融入下次尖连成略倾斜的后方嵴棱；下外脊完整，前部粗壮，后部高。颊侧的三个齿谷和舌侧的四个齿谷都不是很宽大，但向下延伸深度大，几乎都达冠部，舌侧谷外伸在齿宽之半以上，颊侧谷内伸未达齿宽之半。

　　m2 的前部破损。牙齿后部脊棱和褶谷构造大体与 m1 的相似，似乎颊侧主尖也相对比舌侧的弱小，位置靠后，下外脊的后部亦完整，但"外横脊"伸达齿缘。

　　m3 似三角形，后部收缩。下前边脊显著，但舌侧融入下后尖形成强大的前方嵴棱；下原尖前臂与下前边脊颊侧连接；下中尖与下内尖完全融合，并与下原尖和下次尖由粗脊连成强大的横向"V"形嵴棱；下次尖与"外横脊"融合，与短的下后边脊形成斜向的后方嵴棱。

　　比较与讨论　迄今，*Microtocricetus* 属只有欧洲发现的属型种(Fahlbusch et Mayr, 1975；Topachevsky et Skorik, 1988；Fejfar, 1999)。沙拉发现的上述材料，虽然很少，且甚为破碎，但充分展示了其田仓鼠属的牙齿特征，归入该属毋庸置疑。标本代表了 *Microtocricetus* 属在亚洲的首次记录，其尺寸与欧洲的 *M. molassicus* 接近，形态也很相似，不同仅仅是 M2 的中脊较短、内脊位于牙齿纵轴线上(比属型种的稍偏颊侧），m1 的下后尖与"前横脊"已完全融为显著的横向嵴棱、"外横脊"略短、下外脊后部较发育，m3 下中尖与下内尖完全融合。鉴于形态上的这些差异以及地理分布，尽管材料有限，这里也暂时将其定为该属的一新种。新种 M2 中脊的退化，m1"外横脊"的缩短、下外脊后部的发育，以及 m3 下中尖与下内尖的完全融合，可能为该属进步的性状，但无疑尚需更多材料的发现和进一步研究的证实。

强壮鼠属 *Ischymomys* Zazhigin，1972

模式种 *Ischymomys quadriradicatus*：哈萨克斯坦巴甫洛夫斯基（Petropavlovsk），晚中新世（见 Fejfar，1999）。

归入种 *Ischymomys ponticus* Topachevsky，Skorik et Rekovec，1978：乌克兰敖德萨，晚中新世。*Ischymomys* sp.：内蒙古，晚中新世（灞河期）。

特征 个体较大的仓鼠。臼齿高冠，有齿根（M2 和 M3 四齿根），釉质层相对薄、均匀，齿谷中无白垩质充填；臼齿舌侧和颊侧的脊棱和褶谷多少错位排列，中间脊棱有构成菱形齿质区的趋向，褶谷如同 Microtoscoptinae 者一样对顶排列，连接齿质区的脊也很狭窄；m1 前边尖的中央、上下第二和第三臼齿的后部常有持续深度大的釉岛状小坑；m1 下前边尖的前壁常常起伏不平（引自 Fejfar，1999）。

评述 该属此前有两个命名种，见于东欧和中亚上中新统。我国仅有内蒙古的零星发现。

强壮鼠（未定种） *Ischymomys* sp.

（图 193）

Cricetidae indet.（Shala）：Qiu Z D et al.，2013，p. 177，appendix

1 枚 M2 后部（- × 1.58 mm）、2 枚破损的 m1（- × 1.45 mm，- × 1.45 mm）和 1 枚 m3（2.20 mm × 1.40 mm），V 19875.1-4，化石采自苏尼特右旗沙拉地点。牙齿齿冠高，有齿根，磨蚀面平坦，齿谷无白垩质充填，釉质层薄且宽度均匀。

该 M2 仅保留两个对顶排列的褶谷，连接齿质区为狭窄的釉质脊，牙齿处于磨蚀较深阶段，但在后部齿质区上仍有持续的釉岛状小坑。

在一枚保存较好的 m1 中，牙齿的颊侧至少具有 4 个脊棱和 3 个褶谷；下前边尖显著，前壁不甚起伏，有与下原尖连接的强大颊侧前边脊，但无舌侧前边脊；下原尖与下后尖融会，构成近于横向的强脊；下中尖与"外横脊"融会，组成近似长菱形的斜向强脊；连接齿质区的纵向脊十分狭窄，几乎没有齿质充填；两枚 m1 的前部都有明显的釉岛状小坑。

m3 似三角形，后部不甚收缩。下前边脊显著，舌侧融入下后尖形成强大的嵴棱；下原尖前臂与下前边脊的颊侧连接；下中尖、下原尖和"外横脊"融会，形成牙齿中部粗壮的横向"V"形嵴；下次尖与下内尖融会，组成接近横向的强脊；下后边脊极弱，从下次尖伸出。

比较与讨论 上述标本少而破碎，但显示了 *Ischymomys* 属的基本特征，即牙齿尺寸大，齿冠高，有齿根，釉质层相对薄而均匀，齿谷中无白垩质充填，舌侧和颊侧的脊棱和褶谷多少错位排列，m1 和 m3 中间脊棱都有组成菱形齿质区的趋向，连接齿质区的脊狭窄、仅有很少的齿质充填，m1 前部和 M2 后部有釉岛状小坑。牙齿的尺寸和形态与哈萨克斯坦 *I. quadriradicatus* 和乌克兰 *I. ponticus* 标本的都可比较，尤其 m1 下前边尖的前壁不甚起伏与后者的更为相似（见 Fejfar，1999）。两枚牙齿代表强壮鼠在我国的首次发现，由于材料太少，保存又不好，将其定为新种或归入任何一种显然不可取，故此指定为未定种。

沙鼠科 Gerbillidae De Kay，1842

沙鼠科被认为是一类由早中新世古仓鼠类演化而来的啮齿动物（Jaeger，1977a；Flynn et al.，1985）。现生种类主要分布于非洲、阿拉伯半岛和亚洲干旱的沙漠—荒漠草原地区。沙鼠类动物听泡鼓胀，具有鼠形类齿式，臼齿丘-脊型齿或脊型齿，第一臼齿的前边尖较简单，第三臼齿通常很退化，上、下臼齿都没有中尖和中脊，早期种类与古仓鼠类的牙齿较相似，晚期种类的纵向脊退化，齿尖有连成横脊的趋向。

沙鼠类的较高系统分类在研究者中尚未取得一致的意见，有将其作为亚科隶属仓鼠科（Cricetidae）或鼠科（Muridae）者（Sen，1977；Jaeger，1977b；Li，1981；McKenna et Bell，1997；Flynn et al.，2003），也有学者认为，沙鼠类动物应自成一科，并可根据牙齿的形态分为 3 个亚科：米古仓鼠亚科（Myocricetodontinae）、裸尾沙鼠亚科（Taterillinae）和沙鼠亚科（Gerbillinae）（Chaline et al.，1977；Tong，1989；Wessels，1999）。在分类方案未得到落实之前，本书著者暂时将其置于科级分类阶元、隶属鼠型超科。

内蒙古中部地区的沙鼠科化石，仅发现于晚中新世晚期和上新世地点，共计两属，分别归入 Taterillinae 和 Gerbillinae 亚科，材料多为脱落的牙齿。本书所使用的牙齿构造术语如图 194 所示。

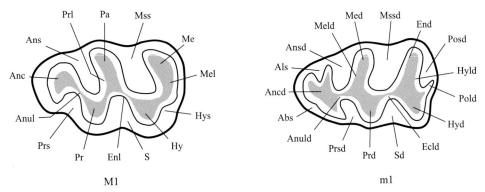

图 194　沙鼠科臼齿构造模式图

Fig. 194　Nomenclature used for molars of Gerbillidae

Abs，下前边尖舌侧褶谷（anterocolingual syncline）；Als，下前边尖颊侧褶谷（anterocobuccal syncline）；Anc，前边尖（anterocone）；Ancd，下前边尖（anteroconid）；Ans，前边谷（anterosinus）；Ansd，下前边谷（anterosinusid）；Anul，前脊（anterolophule）；Anuld，下前脊（anterolophulid）；Ecld，下外脊（ectolophid）；End，下内尖（entoconid）；Enl，内脊（entoloph）；Hy，次尖（hypocone）；Hyd，下次尖（hypoconid）；Hyld，下次脊（hypolophid）；Hys，次谷（hyposinus）；Me，后尖（metacone）；Med，下后尖（metaconid）；Mel，后脊（metaloph）；Meld，下后脊（metalophulid）；Mss，中谷（mesosinus）；Mssd，下中谷（mesosinusid）；Pa，前尖（paracone）；Pold，下后边脊（posterolophid）；Posd，下后边谷（posterosinusid）；Pr，原尖（protocone）；Prd，下原尖（protoconid）；Prl，原脊（protoloph）；Prs，原谷（protosinus）；Prsd，下原谷（protosinusid）；S，内谷（sinus）；Sd，下外谷（sinusid）

裸尾沙鼠亚科 Taterillinae Chaline，Mein et F. Petter，1977

该亚科牙齿的纵向脊极为退化或缺失，齿尖对联成横向齿棱，齿带退化，第三臼齿甚为退化。在内蒙古新近纪的地层中发现的化石仅有一属两种，材料也较为罕见。

阿布扎比鼠属 *Abudhabia* De Bruijn et Whybrow，1994

模式种　*Abudhabia baynunensis* De Bruijn et Whybrow，1994；阿拉伯联合酋长国阿布扎比，晚中新世，土洛里期。

归入种　*Abudhabia kabulense*（Sen，1983）：阿富汗喀布尔盆地，早上新世。*A. pakistanensis* Flynn et Jacobs，1999：巴基斯坦 Y387 地点，晚中新世（8.6 Ma）。"*A.*" *yardangi*（Munthe，1987）：利比亚萨哈比（Sahabi），早上新世。*A. radinskyi* Flynn et al.，2003：阿富汗 Tor Ghar，晚新近纪。*A. baheensis* Qiu et al.，2004：陕西，晚中新世（灞河期）。*A. abagensis* sp. nov.：内蒙古，晚中新世（保德期）。*A. wangi* sp. nov.：内蒙古，晚中新世（灞河期）。

特征　个体中等大小的啮齿动物，牙齿的构造特征介于米古仓鼠亚科和沙鼠亚科者之间。m1 总有尖状的下后边脊（后齿带）；M2 和 m2 具残留的前边脊（前齿带）；M1、M2 和 m2 的对向主尖构成横脊；m1 的对向主尖错位排列，下前边尖如同多数仓鼠类的一样有指向后颊侧的脊。上门齿具有纵向沟（引自 De Bruijn，1999a）。

阿巴嘎阿布扎比鼠（新种）*Abudhabia abagensis* sp. nov.

（图195、196；表84）

Abudhabia sp. 1（Baogeda Ula）：Qiu Z D et al., 2013, p. 177, appendix

名称由来　Abag，汉译蒙语，阿巴嘎（内蒙古一旗名），新种正型地点所在地。

正模　右 M1（V 19876）。

副模　破损的上颌骨一件，附有 M1 和 M2 的前部；臼齿 16 枚（4 M1，2 M2，2 M3，5 m1，3 m2），V 19877.1-17。

模式产地与层位　阿巴嘎旗宝格达乌拉（IM 0702 地点）；上中新统，宝格达乌拉组（保德期早期）。

测量　见表84。

表84　内蒙古宝格达乌拉阿巴嘎阿布扎比鼠臼齿测量

Table 84　Measurements of cheek teeth of *Abudhabia abagensis* from Baogeda Ula, Nei Mongol（mm）

Tooth	Length			Width		
	N	Mean	Range	N	Mean	Range
M1	3	2.30	2.25-2.40	5	1.51	1.45-1.60
M2	2	1.48	1.45-1.50	2	1.55	1.55-1.55
M3	2	0.73	0.70-0.75	2	1.00	0.95-1.05
m1	5	2.18	2.10-2.30	5	1.41	1.35-1.45
m2	3	1.44	1.36-1.50	3	1.42	1.35-1.45

特征　个体较小、齿冠稍高的阿布扎比鼠。牙齿横向齿棱间具低、弱的纵向脊；第一臼齿后边脊（后齿带）弱；M2 和 m2 的后部收缩，前边脊（前齿带）清楚，但不甚显著；m1 和 m2 有较明显的下外脊；M3 不甚退化，双齿根。

描述　上颌骨保存不完整。前颚孔后伸近与 M1 前缘在同一水平线上，颧弓前根起于 M1 前部，M1 前方 1 mm 处有一小孔。臼齿中等高冠，横向齿棱和齿谷显著，纵向齿脊甚弱；上臼齿舌侧主尖和颊侧主尖紧靠，且多少错位排列，稍经磨蚀即形成近于横向的粗棱；下臼齿舌侧主尖位置比颊侧的靠前，后唇、舌侧主尖在中等磨蚀阶段形成斜向粗棱；上、下臼齿都无中尖和中脊，也未见明显的附属小尖或齿带；由于纵向脊不发育，对向主尖错位排列，使横谷显著、且略显向后倾斜。M1 和 M2 三齿根，M3、m1 和 m2 双齿根。

M1 长椭圆形。前边尖显著，但简单，无任何分开痕迹，也不甚横向延展，宽度与磨蚀程度有关（约为中间齿棱宽度之半至三分之二之间）。在轻微磨蚀的牙齿中，原尖磨面稍显圆形，前尖略呈前后向压扁，原尖和前尖融成牙齿上的第二横脊（或中间棱）；次尖比后尖大，两者接近融会，构成比第二横脊短的第三横脊（后棱）；在轻微磨蚀的牙齿中，第三横脊后方于中线颊侧有不甚明显的突，这一突可能为退化了了的后边脊［相当于 De Bruijn 和 Whybrow（1994）、Flynn 等（2003）所称的后齿带］。磨蚀初期，原尖与前边尖后部之间和次尖与前尖舌后部之间有低脊连接，磨蚀中后期这一连接成为清楚的前脊和内脊。原谷比前边谷小，后者伸向后内；内谷和中谷宽阔；磨蚀初期，原谷与前边谷相通，内谷与中谷相通，分别组成显著、近于横向的齿谷，磨蚀中后期，齿谷被纵向脊隔开。

M2 圆方形，后部比前部稍窄。原尖最大，与前尖构成牙齿上的第一横脊（或中间棱）；次尖比后尖大，彼此融会成稍短的第二横脊（后边棱）；磨蚀初期，次尖舌后侧同样会保留退化了的后边脊。在保存的两个牙齿中都有弱的颊侧前边脊［相当于 De Bruijn 和 Whybrow（1994）、Flynn 等（2003）的前齿带］；前尖有一与前边脊连接的前突；磨蚀初期，次尖和后尖也分别有伸达原尖和前尖后基部的前突，在磨蚀稍深的标本中，前突成为连接两横脊的纵向脊。原谷不清楚，前边谷弱小；内谷和中谷显著，在轻微磨蚀的牙齿中彼此相通。

M3 很小，次三角形，长大于宽。原尖和前尖前部连接，构成前方横脊；后方为一连接原尖和前尖后部的齿尖，可能代表次尖和后尖的融合体。前齿根比后根强大。

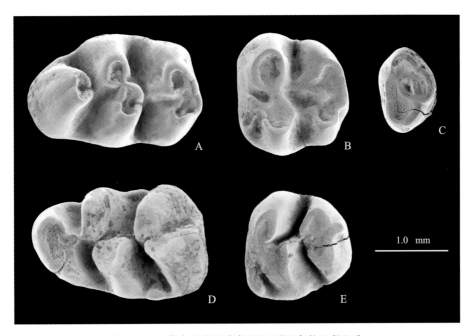

图 195　内蒙古宝格达乌拉阿巴嘎阿布扎比鼠臼齿

Fig. 195　Molars of *Abudhabia abagensis* from Baogeda Ula, Nei Mongol

A. r M1（正模 holotype, V 19876），B. r M2（V 19877.1），C. l M3（反转 reversed, V 19877.2），D. l m1（V 19877.3），

E. l m2（V 19877.4）；冠面视（occlusal view）

m1 似长方形，前缘窄、呈弧形，后缘宽、直。下前边尖强大，但简单，具有明显、几乎伸至下原尖前基部的颊侧脊。下原尖和下后尖大小近等，前部由短的下后脊相连，一经磨蚀即形成牙齿上略向后倾斜的中间齿棱；下次尖比下内尖稍小，彼此紧靠，构成比中间脊略窄、相对较横向的后方齿棱；牙齿中线偏外侧的下次尖舌后侧有一显著的小尖或突起［亦称后齿带，见 De Bruijn 和 Whybrow（1994）］，可能为残留的下后边脊或下次小尖。在磨蚀初期，下前脊和下外脊显得比齿尖低很多，但达到磨蚀中后期即变得醒目。下原谷与下前边谷近同等发育，相对狭窄；下外谷和下中谷显著，在轻微磨蚀的牙齿中两者近相通；下后边谷很弱，但即使到达磨蚀中期仍然清楚。

m2 圆方形，向后部逐渐变窄。下原尖最大，前部融入下后尖；下次尖与下内尖融会，构成后方强大的齿尖；下前边脊舌侧支缺失，但起于下原尖和下后尖联合部前方的颊侧支明显。下原尖后外部与下内尖前内部之间由弱的下外脊连接，磨蚀早期下外脊即会很清楚。下原谷窄小，略向前伸；下外谷宽大，近横向，内伸未超齿宽之半；下前边谷和下后边谷缺失；下中谷发育，前外向伸展，外伸近达齿宽之半。

比较与讨论　上述材料仅发现于宝格达乌拉地点。这些牙齿具有 *Abudhabia* 属的形态特征，即牙齿具有发育的横向齿棱和齿谷，但纵向齿脊很弱；第一臼齿的构造简单，前边尖强大；第二臼齿具前边脊；第三臼齿小而构造简单；M1 和 M2 具有后边脊的残留；m1 对向主尖错位排列，齿棱和横谷略倾斜，总有明显的尖状或脊状下后边脊。但这些标本与该属现知种的牙齿形态都有所不同，代表了 *Abudhabia* 的一新种。

此前，在我国 *Abudhabia* 属仅有发现于陕西蓝田早中新世的 *A. baheensis*（Qiu et al., 2004b）。新种的牙齿尺寸比蓝田种大（图 196），齿冠也高。另外，其 M1 和 M2 次尖和后尖更紧靠，使融合的后齿棱相对较窄，m1 和 m2 的下外脊较显著，m1 的下后边脊更退化、少见呈分离的尖状体出现，m2 的后部也较为收缩、退化。

新种比模式种 *Abudhabia baynunensis* 稍小，与其形态上的差异主要在于：主尖对较紧靠、更融会；纵

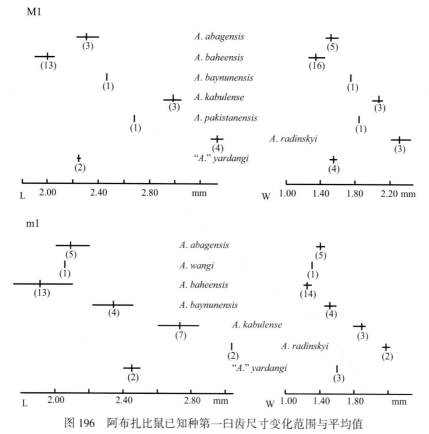

图 196　阿布扎比鼠已知种第一臼齿尺寸变化范围与平均值

Fig. 196　Size ranges and averages of length and width in the first molars of the known species of *Abudhabia*

A. *baheensis* 的测量数据引自 Qiu 等（2004b），A. *baynunensis*、A. *kabulense*、A. *pakistanensis*、A. *radinskyi* 和 "A." *yardangi* 的数据引自 Flynn 等（2003）［Data of A. *baheensis* from Qiu et al.（2004b），A. *baynunensis*, A. *kabulense*, A. *pakistanensis*, A. *radinskyi*, and "A." *yardangi* from Flynn et al.（2003）］

向脊相对明显；M3 构造稍复杂，没有那样退化；m1 的下后边脊较弱，几乎以附属下次尖的短脊出现；m2 的下前边脊较弱，其上没有附着任何小尖。与 A. *kabulense* 不同在于：牙齿的尺寸小得多；有较显著的纵向脊；M1 的前齿棱较窄；m1 下前边脊的颊侧支较发育；M2 和 m2 的前边脊较显著；M3 较少退化。A. *pakistanensis* 的材料很少，新种与其的不同是个体较小，M1 的前齿棱较窄，M2 的纵向脊较明显、但没有任何前边脊舌侧支的痕迹。新种的牙齿尺寸比阿富汗 A. *radinskyi* 的小得多，纵向脊较显著，M1 和 M2 的后部较收缩，M2 和 m2 的前边脊较明显，M3 不甚退化，具双齿根。Munthe（1987）描述过非洲的 *Protatera yardangi*，De Bruijn（1999a）认为该种可归入 *Abudhabia* 属，但 Flynn 等（1999，2003）对此持有异议，认为由于其齿冠较高，属的地位有待进一步研究。P. *yardangi* 材料也不多，而且属于磨蚀程度较深的标本，从原作者的描述（如有残留的纵向脊，m1 的第二和第三横脊倾斜、有明显的后边脊等）看，这一沙鼠似乎具有 *Abudhabia* 属的基本特征。新种不同于 "A." *yardangi* 在于个体较小，齿冠较低，M1 的前边尖无任何分开的痕迹。

目前 *Abudhabia* 属所发现的种不多，材料也稀少，但地理分布广泛，在晚中新世和早上新世期间，从北非到东亚都有其踪迹。新种 A. *abagensis* 在内蒙古的发现，代表了该属的最东和最北分布，这一发现扩大了该属的分布范围。在 *Abudhabia* 属中，相对而言，新种的牙齿形态与陕西蓝田的 A. *baheensis* 最为相似，两者的"主尖对"都相当紧靠，并具有低的纵向脊，第一臼齿的前脊相对明显，M1 的后边不很发育，m1 的下前边尖都有强大、伸达下原尖的颊侧脊，第二臼齿的前边脊发育适度，M3 不甚退化、具有双根。这些相似性或许表明了两者具有较接近的祖裔关系。A. *abagensis* 的牙齿尺寸较大，齿冠较高，M1、M2 和 m2 的后部较为收缩、退化，可能都属于较进步的形态特征。在 A. *baheensis*–A. *abagensis* 这一支系中，个体增大、齿冠增高、臼齿后部逐渐收缩，以及下外脊的加强可能属于其演化趋势。

王氏阿布扎比鼠（新种） *Abudhabia wangi* sp. nov.

（图196、197）

名称由来　献给与我们在内蒙古中部地区进行多年合作，并做出重大贡献的同行——内蒙古锡林郭勒盟文物保护管理站的王洪江先生。

正模　右 m1（V 19878）。

副模　一枚 M2，V 19879。

模式产地与层位　苏尼特左旗巴伦哈拉根（IM 0801 地点）；上中新统下部，巴伦哈拉根层（灞河期）。

测量（长 × 宽；Measurements，length × width）　M2：1.25 mm × 1.45 mm；m1：1.95 mm × 1.30 mm。

特征　个体较小的阿布扎比鼠，齿尖较弱、且略前后向压扁。牙齿的尺寸比 *Abudhabia abagensis* 的稍小，纵向脊较强而连续；M2 的颊侧前齿带小尖形，内谷和中谷不相通。m1 的下外谷与下中谷不相通。

描述　M2 圆方形，后部比前部明显窄。原尖大，呈前后向压扁状，与前尖构成牙齿上略斜向的第一横脊（或中间棱）；次尖比后尖大，两者融会成比第一横脊稍短的后边棱；前方有小尖状的颊侧前边脊或前齿带，后侧具退化的后边脊。次尖稍向前凸出，但无与原尖连接的纵向脊；前尖与后尖由显著的纵向脊相连。原谷浅小，前边谷弱小；内谷和中谷被前尖和后尖间的纵向脊隔开；内谷显著，向后外延伸的深度超过齿宽之半；中谷浅小、近对称，向内延伸达牙齿宽度的三分之一。

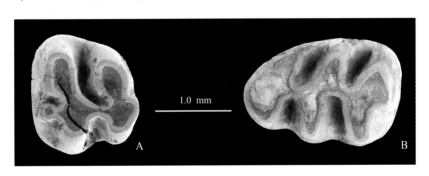

图197　内蒙古巴伦哈拉根王氏阿布扎比鼠臼齿

Fig. 197　Molars of *Abudhabia wangi* from Balunhalagen，Nei Mongol

A. r M2（V 19879），B. r m1（正模 holotype，V 19878）；冠面视（occlusal view）

m1 前后向延长，前缘窄、呈弧形，后缘宽、直。下前边尖强大，呈简单的"顿号"形，舌缘圆钝，颊侧脊明显、逐渐变细并几乎伸至下原尖前基部。主尖呈前后向压扁状；下原尖和下后尖大小近等，错位排列，由短的下后脊连成略向后倾斜的中间齿棱；下次尖比下内尖稍小，彼此紧靠，构成比中间齿棱略窄、相对较横向的后方齿棱；牙齿中线偏外侧的下次尖后内侧处有一显著的突起，代表退化了的下后边脊。下前脊和下外脊连续、粗壮。下原谷与下外谷的形状和排列相似，但前者略小，向内延伸近达牙齿宽度之半；下前边谷和下中谷形状和排列相似，但前者明显小，后者宽阔、向外延伸超过齿宽之半；下外谷与下中谷被下外脊隔开；下后边谷小，但清楚。

比较与讨论　这两枚牙齿有发育的横向齿棱和齿谷，M2 具前边脊，m1 前边尖强大、简单，主尖错位排列，有下后边脊，牙齿的这些形态显然具有 *Abudhabia* 属的基本特征。但由于两枚牙齿的尺寸偏小、齿尖较弱、呈明显的前后向压扁状，纵向脊强壮而与上述宝格达乌拉地点的 *A. abagensis* 有所不同，可能代表该属与 *Myocricetodon* 属形态更为近似的一新种。

新种 *Abudhabia wangi* 比陕西蓝田的 *A. baheensis* 大些（图196），形态上明显的不同是齿尖较弱、呈前后压扁状，纵向脊发育，以及其 M2 无舌侧前边脊，m1 的下后边脊较弱。新种的纵向脊比 *A. baynunensis* 的明显得多，但齿尖和 m1 的下后边脊较弱。与 *A. kabulense* 不同在于：牙齿的尺寸明显小，并有较显著的纵向脊，M2 有小尖形的前边脊，m1 下前边脊的颊侧支较发育。*A. pakistanensis* 的个体较大，齿尖强壮，M2 的纵向脊不发育、有前边脊舌侧支的痕迹。*A. wangi* 的牙齿尺寸比 *A. radinskyi* 的小得多，而且有显著的纵向脊，M2 的后部较收缩，并有前边脊。

Abudhabia 属被认为与 Myocricetodontinae 亚科有密切的关系（De Bruijn et Whybrow，1994）。*A. wangi* 最显著特征是其具有较完整的纵向脊，以及 M2 的前齿带呈小尖状。在 *Myocricetodon* 属中，牙齿的纵向脊通常比 *Abudhabia* 属的显著，M2 的前齿带也较发育。*A. wangi* 所具有的特征，或许可作为该属从 Myocricetodontinae 演化过来的证据。因此认为，牙齿所具有的完整纵向脊和尖形的 M2 前齿带是 *Abudhabia* 属中较原始的性状。

沙鼠亚科 Gerbillinae Alston，1876

该亚科牙齿的"新"纵向脊（次尖与前尖间的连接）发育，齿尖对错位排列或联成横向齿棱，齿带退化，第三臼齿很退化。在内蒙古中部地区晚中新世和上新世地点中化石常见，但在动物群中并不占统治地位，而且也只有一属两种。

假沙鼠属 *Pseudomeriones* Schaub，1934

模式种 *Lophocricetus abbreviatus* Teilhard de Chardin，1926；甘肃庆阳王家，晚中新世，保德期。

归入种 *Pseudomeriones rhodius* Sen，1983：希腊罗德岛（Rhodes），早上新世。*P. tchaltaensis* Sen，1977：土耳其，晚上新世。*P. latidens* Sen，2001：阿富汗 Molayan，晚中新世。*P. pythagorasi* Black et al.，1980：希腊 Samos，晚中新世。*P. complicidens* Zhang，1999：甘肃宁县，上新世；内蒙古，上新世。

特征 臼齿有根，但齿冠几乎与原鼢鼠（prosiphne）的一样高。m1 有三叶，每叶由两个交错的齿尖组成。m2 由两叶组成：前叶（似三角座）为由两个齿尖融会成的横棱，棱的内侧分叉，从顶端向唇侧延伸；后叶（跟座）似波状棱，主要由于内、外齿尖的交错不明显，以及稍前后向延伸。m3 和 m2 相似，但小，无前小尖。颊齿齿冠不成棱柱形，由基部到顶端逐渐变细（引自 Teilhard de Chardin，1926b，略修改）。

简齿假沙鼠 *Pseudomeriones abbreviatus*（Teilhard de Chardin，1926）

（图 198、199；表 85）

Pseudomeriones cf. *P. abbreviatus*（Gaotege）：Qiu Z D et al.，2013，p. 177，appendix

归入标本 苏尼特左旗巴伦哈拉根（IM 0801 地点）：M1 一枚，V 19880。苏尼特左旗必鲁图（IM 0510 地点）：一保留 m1 的右下颌支，臼齿 7 枚（1 M1，2 M3，2 m1，2 m2），V 19881.1-8。化德县二登图 2（Ertemte 2 地点）：一左上颌骨碎块，附 M1-2，左、右破碎左下颌支各一件，分别附有 m1，臼齿 78 枚（11 M1，19 M2，9 M3，18 m1，16 m2，5 m3），V 19882.1-81。化德县哈尔鄂博 2（Harr Obo 2 地点）：臼齿 14 枚（2 M1，5 M2，3 m1，3 m2，1 m3），V 19883.1-14。阿巴嘎旗高特格：DB 02-1 地点，臼齿 6 枚（3 M2，2 m1，1 m2），V 19884.1-6；DB 02-2 地点，臼齿 3 枚（1 M1，1 m1，1 m2），V 19885.1-3；DB 02-3 地点，臼齿 2 枚（1 m1，1 m3），V 19886.1-2；DB 02-4 地点，1 枚 m2，V 19887；DB 03-1 地点，1 枚 m2，V 19888；DB 03-2 地点，臼齿 4 枚（2 M1，1 M2，1 m3），V 19889.1-4。

测量 见表 85。

特征（增订） 下颌颏孔大，位于齿隙后部的背侧缘；咬肌嵴前端形成显著的结节，终止于颏孔的后侧方。M1 和 m1 适度伸长，前边尖显著、简单，前壁通常圆凸形；M2 前边脊弱，后齿棱宽度通常比前齿棱的小，内谷明显比中谷宽，三根或双根；m1 下前边尖呈半圆形或椭圆形，常有几乎伸至下原尖基部的颊侧脊。第三臼齿次三角形，中度退化，m3 具明显的后内向斜脊。

描述 上颌骨保存了部分前颚孔，其后缘与 M1 前根前缘处于同一水平线。颧弓前基部起于 M1 之前；M1 前方 0.9 mm 处有一明显的小孔；位于颧骨前的表层咬肌附着区宽阔。标本中的三件下颌支都很残破，但都保存了颏孔和咬肌嵴前端的结节。颏孔大，椭圆形，位于 m1 前方、齿隙后部的背侧缘。

表 85　内蒙古中部地区简齿假沙鼠臼齿测量

Table 85　Measurements of molars of *Pseudomeriones abbreviatus* from central Nei Mongol（mm）

Tooth	Length			Width		
	N	Mean	Range	N	Mean	Range
巴伦哈拉根 Balunhalagen						
M1	1	–	2.20	1	–	1.42
必鲁图 Bilutu						
M1	1	–	2.10	1	–	1.40
M3	2	0.90	0.85−0.95	2	1.04	0.95−1.12
m1	2	2.10	2.00−2.20	3	1.33	1.30−1.35
m2	2	1.33	1.30−1.35	2	1.33	1.30−1.35
二登图 2 Ertemte 2						
M1	7	2.18	2.05−2.30	9	1.47	1.40−1.55
M2	20	1.32	1.15−1.50	19	1.38	1.25−1.55
M3	9	0.82	0.75−0.90	9	0.97	0.85−1.00
m1	15	2.12	2.00−2.30	15	1.38	1.30−1.50
m2	16	1.34	1.20−1.45	16	1.37	1.25−1.45
m3	5	0.94	0.80−1.00	5	0.98	0.90−1.10
哈尔鄂博 2 Harr Obo 2						
M1	2	2.07	2.05−2.10	2	1.38	1.35−1.40
M2	4	1.33	1.25−1.45	5	1.43	1.35−1.55
m1	2	2.08	2.05−2.10	3	1.28	1.25−1.30
m2	3	1.27	1.15−1.35	3	1.40	1.35−1.45
m3	1	–	0.95	1	–	1.05
高特格 DB 02-1-4 地点 Loc. DB 02-1-4						
M1	1	–	2.00	1	–	1.35
M2	3	1.20	1.15−1.25	3	1.23	1.20−1.25
m1	4	1.89	1.75−2.00	4	1.28	1.15−1.35
m2	4	1.21	1.12−1.30	4	1.28	1.20−1.40
m3	1	–	0.85	1	–	0.90
高特格 DB 03-2 地点 Loc. DB 03-2						
M1	2	1.88	1.85−1.90	2	1.30	1.25−1.35
M2	1	–	1.25	1	–	1.25
m3	1	–	0.80	1	–	0.65

上咬肌嵴模糊，下咬肌嵴明显，两嵴会于 m1 前缘之下，前端伸达颏孔侧后方，形成很显著的结节；咬肌窝浅，宽阔；在一个标本中，齿虚位长度为 4 mm。臼齿中度高冠，齿尖前后向压扁状，对向主尖融成齿棱，纵向脊相对弱；由于臼齿向根部逐渐变大，以及部分棱柱生长不甚规则，使齿尖、齿脊和齿谷的大小和形状会因牙齿的磨蚀而发生改变；M1 和 m1 分别有两个明显的内、外齿谷；上、下臼齿都无中尖和中脊，也未见明显的附属小尖或齿带。M1 三齿根，M2 三根或双根，M3、m1 和 m2 双齿根。

M1 近椭圆形，适度伸长，中部宽度较大。前边尖显著、简单，前壁圆凸形，宽度会因磨蚀程度的不同而改变、但总比后方的中间棱和后方棱窄小；舌侧主尖比颊侧主尖位置偏前，由于对向主尖的错位排列和融会，所形成的中间齿棱和后方齿棱略前内-后外向倾斜。纵向脊短，但即使在开始磨蚀的牙齿中亦完整，前部（前脊）连接原尖与前边尖的后中部，后部（内脊）从前尖的舌后侧伸向次尖或后方齿棱的前中部；未见有后边脊。在轻微磨蚀的牙齿中，齿谷通常向后延伸，内侧谷和对向的外侧谷近同等发育或略窄浅；原谷最小，内谷和中谷显著；没有次谷和后边谷，但磨蚀初期后方齿棱的舌后缘弯曲，可能为退化了的次谷痕迹。

M2 次方形，后部通常比前部稍窄。舌侧主尖和颊侧主尖融会，形成两条强大的齿棱，前棱趋于横向，在轻磨蚀的牙齿中后棱略倾斜且宽度稍小。纵向脊短，但完整，位于牙齿中轴线的颊侧；在早中期磨蚀阶段，前齿棱的前唇缘有一小的前突，可能代表退化了的前边脊；在磨蚀初期，也可以观察到后边脊退化的痕迹。牙齿上只有一个内侧谷（内谷）和一个外侧谷（中谷）；内谷通常后外向延伸，外伸超过齿宽之半；中谷浅，呈开阔的"V"形或"U"形。在可以观察到齿根的 17 枚牙齿中，5 枚为双齿根，其余为三

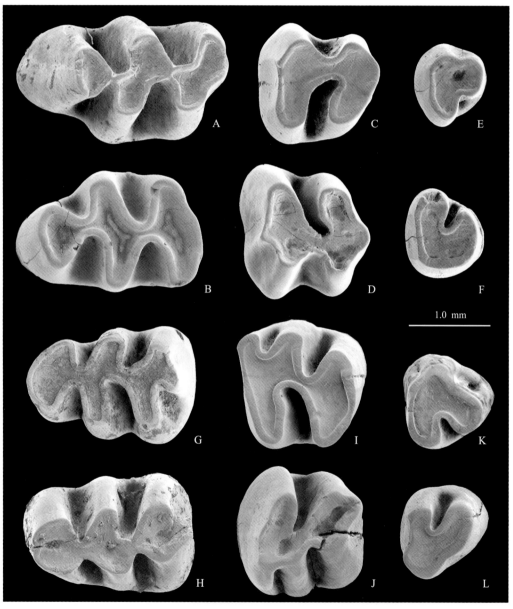

图 198　内蒙古中部地区简齿假沙鼠臼齿

Fig. 198　Molars of *Pseudomeriones abbreviatus* from central Nei Mongol

A. l M1（V 19883.1），B. r M1（V 19881.1），C. l M2（V 19883.2），D. r M2（V 19882.1），E. l M3（V 19882.2），F. r M3（V 19882.3），G. l m1（V 19882.4），H. r m1（V 19886.1），I. l m2（V 19882.5），J. r m2（V 19883.3），K. l m3（V 19882.6），L. r m3（V 19883,4）；冠面视（occlusal view）

齿根(多数的前双根在冠部愈合,根部分开);在上部层位(高特格地点)未见到有三齿根的牙齿。

M3 很小,次三角形,前宽后窄,宽大于长。牙齿明显退化,然有类似于 M2 中齿尖融会成的前齿棱和后齿棱,以及留下较明显的内谷,但后棱尖状,宽度比前棱小很多,很浅的外侧谷也只有在个别标本中才显现。前后齿根明显分离。

m1 适度延伸,前缘较窄、圆弧形,后缘宽、直。下前边尖比主尖都强大,但简单,左右不对称,半圆形—椭圆形,外侧具有发育、几乎伸至下原尖基部的颊侧臂。下原尖和下后尖大小近等,前者略后位,两者融会成略斜向的中间齿棱;在未磨蚀的牙齿中,下次尖比下内尖稍小,两尖紧靠,融会成相对较横向的后方齿棱,磨蚀后期后方齿棱比中间齿棱略宽。附属于下次尖后侧的下后边脊显著,但随着牙齿磨蚀变弱,磨蚀后期即消失;纵向脊短、完整,前部(下前脊)连接中间齿棱的前中部与下前边尖的后中部,后部(下外脊)从下原尖的舌后侧伸向后方齿棱的前中部。在磨蚀的牙齿中,内侧齿谷比对向的外侧谷显著,宽而深;下原谷在主谷中最小,内伸约占齿宽的三分之一;下中谷最大,前外向延伸,外伸超过齿宽之半;在开始磨蚀或轻微磨蚀的牙齿中可以观察到弱小的下后边谷。

m2 次方形,后部比前部窄。下前边脊舌侧支发育,与下原尖和下后尖融会,形成颊侧长舌侧短的三角形前方齿棱;下次尖与下内尖融会,构成后方强大的菱形或半圆形齿柱。下外脊短,连接下原尖舌后部与后齿棱前中部;只在磨蚀轻微的牙齿中,才能观察到极弱的下后边脊。下原谷狭小,但向下延伸近达根部;下外谷比下原谷显著,向内延伸未达齿宽之半;下中谷最明显,前外向延伸,外伸超过齿宽之半。

m3 很小,似三角形,前宽后窄。下原尖与下后尖融会而成的前方齿棱显著,横向;下次尖和下内尖融会成的后方尖与下原尖连接,构成显著的前外-后内向斜脊,留下较明显的下中谷,使牙齿近似于"7"字形。在个别标本中,可以观察到残存的下前边脊、下原谷和下外谷。双齿根前后明显分离。

比较与讨论 上述标本所代表的沙鼠具有简齿假沙鼠 *Pseudomeriones abbreviatus* 的基本形态特征:下颌骨体上的颏孔大,位于齿隙后部的背侧缘;咬肌嵴结节前端终止于颏孔的后侧方;第一臼齿适度伸长,前边尖显著、简单,m1 下前边尖椭圆形,有几乎伸至下原尖基部的颊侧脊;第二臼齿具有前边脊和极弱的后边脊,M2 后齿棱宽度通常比前齿棱的小、内谷明显比中谷宽;第三臼齿次三角形,构造较简单,m3 后方尖与下原尖连接而成的前外-后内向斜脊不很强大。在相同的层位中,这些牙齿的大小,M1 和 m1 前边尖的形状,M2 后边齿棱的宽度和 m1 及 m2 下后边脊的发育程度都显示了明显的形态变异。另外,在层位稍低的二登图和哈尔鄂博地点中,M1 前边尖前缘更趋圆弧形,M2 部分具三齿根,m1 下前边脊的颊侧支较发育。虽然有这些变异和不同,但这些牙齿在形态上具有明显的同一性,尺寸上也甚为接近(图 199),无法将其区分为不同的种。因此,这些材料连同此前描述过的比例克沙鼠标本(Qiu et Storch,2000),都被归入相同的一种。

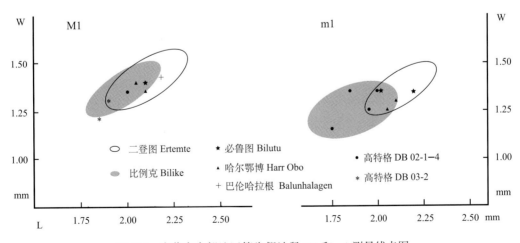

图 199　内蒙古中部地区简齿假沙鼠 M1 和 m1 测量线点图

Fig. 199　Scatter diagram showing length and width in M1 and m1 of *Pseudomeriones abbreviatus* from central Nei Mongol
比例克材料的数据按统一方法重新测量 (Data for the Bilike material are remeasured by the same method)

Pseudomeriones 属系 Schaub（1934）根据 Teilhard de Chardin（1926b）记述的 *Lophocricetus abbreviatus* 和杨钟键（Young，1927）记述的 *Gerbillus matthewi* 材料而建立的，模式产地为甘肃庆阳王家。除甘肃庆阳和内蒙古中部地区外，属型种 *P. abbreviatus* 还发现于甘肃泾川和灵台、山西榆社，以及阿富汗的 Pul-e Charkhi（Young，1927；李传夔，1981；Sen，1983；Flynn et al.，1991；张兆群、郑绍华，2000；郑绍华、张兆群，2001）。这些地点所发现的标本，尺寸接近，形态上没有明显的差异，目前尚无法将其区分为不同的种。

自 *Pseudomeriones abbreviatus* 被确立后，该属在欧亚大陆晚新近纪地层中先后又有新的发现，迄今，除 *P. abbreviatus* 外，所记述的还有欧洲晚中新世的 *P. pythagorasi* 和早上新世的 *P. rhodius*，土耳其晚上新世的 *P. tchaltaensis*，阿富汗晚中新世的 *P. latidens*，以及我国甘肃上新世的 *P. complicidens*，经多位学者进行了研究，为认识这一化石沙鼠属积累了许多有价值的资料（De Bruijn et al.，1970；Sen，1977，1983，2001；Black et al.，1980；李传夔，1981；Flynn et al.，1991；张兆群，1999；张兆群、郑绍华，2000；Qiu et Storch，2000；郑绍华、张兆群，2001）。在这些种中，有的材料不多，不同作者又会有自己的测量方法，因此对牙齿的种内变异难以进行较准确的评估。但从目前的认知水平看，它们在形态上尚能区别开来，似乎都属有效种。据现有资料，*P. abbreviatus* 与 *P. pythagorasi* 的不同主要在于第一臼齿相对较为狭长，齿谷较狭窄，对向主尖明显融会，m1 的下后边脊稍弱。它与 *P. rhodius* 的主要差异在于个体较小，第一臼齿不明显伸长，M1 的前边尖较窄小，m1 的下前边尖趋于椭圆形，M3 较退化。不同于 *P. tchaltaensis* 主要是颏孔位置较高，第一臼齿不那么细长，M2 内谷后外向延伸、内谷和中间谷宽度差异悬殊、部分具三齿根，m1 下前边尖近椭圆形、不前后向伸长。*P. abbreviatus* 与 *P. latidens* 的不同在于前者第一臼齿相对较为狭长，M2 前边脊较弱、内谷通常不特别后外向延伸、并不总有三齿根，m1 和 m2 的下后边脊较弱，m3 下前边脊的颊侧支不多见。*P. complicidens* 中，m1 的下前边尖构造较复杂，与 *P. abbreviatus* 的明显不同（见下）。

Pseudomeriones abbreviatus 出现于亚洲，与现生 *Meriones* 属的地理分布范围相似，分布于近代较为干旱的温带地区。它是该属分布最广，地史上持续时间最长的一种。在新近纪晚期动物群中也算常见，但群体的丰度不大，从未在动物群中占统治地位。可以认为 *P. abbreviatus* 在我国最早出现于晚中新世，并一直延续到晚上新世。内蒙古中部发现的材料表明，该种似乎有如下的演化趋势：个体变小，M1 前边尖增宽、前缘逐渐变平变直，M2 后边脊宽度加大、齿根减少，m1 下前边尖的颊侧臂渐弱。

复齿假沙鼠 *Pseudomeriones complicidens* Zhang，1999

（图 200、201；表 86）

Pseudomeriones sp.（Gaotege）：Qiu Z D et al.，2013，p. 177，appendix

归入标本 阿巴嘎旗高特格：DB 02-1 地点，一保留 M1 的左上颌骨碎块，臼齿 10 枚（1 M1，3 M2，3 m1，2 m2，1 m3），V 19890.1-11；DB 02-2 地点，臼齿 4 枚（3 M1，1 M2），V 19891.1-4；DB 02-3 地点，臼齿 4 枚（1 M1，1 M2，1 m1，1 m3），V 19892.1-4；DB 02-4 地点，3 枚 M1，V 19893.1-3；DB 03-1 地点，臼齿 3 枚（2 M1，1 m1），V 19894.1-3；DB 03-2 地点，臼齿 8 枚（7 M3，1 m3），V 19895.1-8。

测量 见表 86。

特征（增订） 个体稍大的假沙鼠。下颌颏孔位于近齿虚位背部。M1 前边尖横向延伸，前壁通常较平，有相对发育的次谷；M2 后棱与前棱宽度接近，没有前边脊；m1 下前边尖宽大，次三角形，具有较清楚的舌侧附加褶（谷）和较浅的颊侧附加褶，舌侧谷有时呈"V"形。第三臼齿相对较大，退化少；M3 次方形或圆方形，后齿棱明显；m3 的后内向斜脊强壮。

描述 在一件保存稍好的上颌骨中，前颚孔伸达 M1 前缘之后、与 M1 前边尖中部处于同一水平线。颧弓前基部起于 M1 之前；M1 前根之前 1 mm 处有一明显的小孔；位于颧骨前基部的表层咬肌附着区宽阔而深。臼齿中度高冠，齿尖压扁状，主尖对融会成棱，纵向齿脊较弱；由于臼齿向基部逐渐变得宽大，以及部分棱柱生长不甚规则，齿尖、齿脊和齿谷的大小与形状会因牙齿的磨蚀而发生改变；M1 和 m1 的内侧和外侧分别有两个深谷；上、下臼齿都无中尖和中脊，也未见有明显的附属小尖或齿带。M1 三齿

表 86　内蒙古高特格复齿假沙鼠臼齿测量

Table 86　Measurements of molars of *Pseudomeriones complicidens* from Gaotege, Nei Mongol（mm）

Tooth	Length			Width		
	N	Mean	Range	N	Mean	Range
高特格 DB 02-1-4 地点 Loc. DB 02-1-4						
M1	8	2.28	2.15−2.45	9	1.54	1.40−1.65
M2	5	1.19	1.15−1.25	5	1.46	1.40−1.50
m1	4	2.28	2.10−2.40	3	1.47	1.45−1.50
m2	2	1.23	1.20−1.25	2	1.55	1.50−1.60
m3	2	1.28	1.25−1.30	2	1.20	1.20−1.20
高特格 DB 03-1 地点 Loc. DB 03-1						
M1	1	−	2.25	1	−	1.50
高特格 DB 03-2 地点 Loc. DB03-2						
M3	7	0.94	0.85−1.00	6	0.98	0.90−1.05
m3	1	−	1.00	1	−	1.00

根，M2 三根或双根，M3、m1 和 m2 双齿根。

M1 适度伸长，牙齿中部宽度通常较大。前边尖显著、简单，前壁平或在磨蚀轻微的牙齿中稍呈圆弧形，宽度达中间棱的三分之二以上；舌侧主尖比颊侧的对向主尖位置偏前，主尖对融会成近横向或略前内-后外向的中间齿棱和后方齿棱。纵向脊短，但完整且显著，前部连接原尖与前边尖的后中部，后部连接前尖和次尖；后边脊模糊不清。齿谷向后延伸，内侧谷比对向的外侧谷略窄；原谷小，对向前边谷，外伸达齿宽三分之一左右；内谷显著，近对称，外伸近达齿宽之半，尖端指向中谷前部；次谷在磨蚀初期很清楚，但延伸远离根部，到达磨蚀中期即成为后方棱上的弯曲；前边谷和中谷显著，大小、形状和排列相似，后内向延伸达齿宽之半；没有后边谷。

M2 梯形，后部与前部宽度接近。舌侧主尖和对向的颊侧主尖融会成强大、略倾斜的齿棱，后齿棱与前齿棱宽度接近。纵向脊短，但显著，位于牙齿中轴线偏颊侧；在轻微磨蚀的牙齿中有一紧靠次尖的后突，但无清楚的后边脊。牙齿上只有一个内侧谷（内谷）和一个对向的外侧谷（中谷），其形状与排列与 M1 的很相似；内谷后外向延伸，磨蚀中期即变为横向，外伸超过齿宽之半；中谷浅，内伸在齿宽三分之一以下。

M3 次方形或圆方形，长宽近等，前缘比后缘略宽。牙齿不甚退化，有类似于 M2 中由齿尖融会成的前齿棱和后齿棱，其中后齿棱呈脊形，宽度比前齿棱稍小；磨蚀初期可以观察到连接前齿棱和后齿棱的纵向脊，纵向脊很靠外侧，把宽大的内谷和浅的中谷分开。

m1 适度延伸，前缘比后缘狭窄且呈圆弧形。下前边尖强壮，次三角形，左右不对称，宽度比中间齿棱小但接近后方棱，外侧具发育的颊侧臂；前内侧有清楚、但未伸达齿冠基部的舌侧褶谷，该附加褶直到牙齿磨蚀后期才消失；前外侧釉质层略向舌侧弯曲，有发育为颊侧褶谷的趋向。下原尖和下后尖大小近等，前者略后位，两者融会成中间齿棱，随着磨蚀中间齿棱逐渐变横；下次尖比下内尖稍小，两者紧靠、融会成相对横向的后方齿棱。下后边脊明显，从下次尖伸出，但随着磨蚀会迅速变得模糊，到达磨蚀后期即消失；纵向脊短，颇显著，前部连接中间齿棱的前中部与下前边尖的后中部，后部从下原尖舌后侧或伸向下内尖（磨蚀轻微时）或伸向后方棱的前中部（磨蚀达中期后）。外侧齿谷比对向的内侧谷略小，但形状和排列彼此相似；下原谷小，内伸约占齿宽的三分之一；下中谷最大，前外向延伸，外伸超过齿宽之半；下后边谷清楚，下延未达冠基部，随着磨蚀而逐渐变弱，乃至消失。

m2 次方形，后部比前部窄。下前边脊颊侧支粗壮，融入下原尖和下后尖融会而成的前方齿棱，颊侧为下原谷隔开；下次尖与下内尖融会，构成后方强大的菱形齿柱。下外脊短，连接下原尖与后齿棱；下后边脊极弱。下原谷窄小，向冠基部延伸近达根部；下外谷比下原谷显著，内伸未达齿谷之半；下中谷

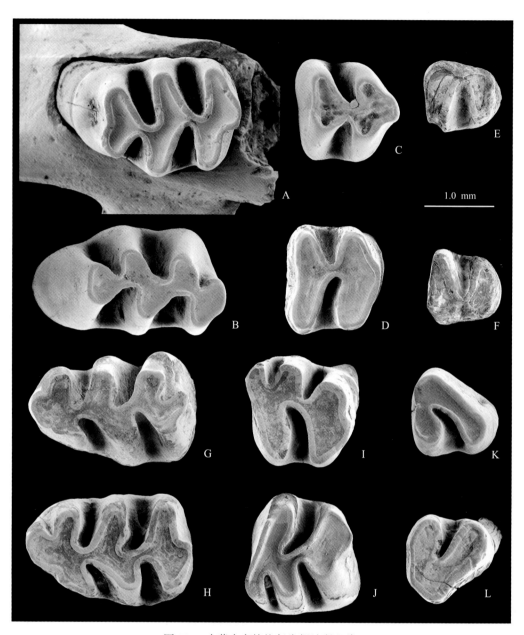

图 200   内蒙古高特格复齿假沙鼠臼齿

Fig. 200   Molars of *Pseudomeriones complicidens* from Gaotege, Nei Mongol

A. l M1 (V 19890.1), B. l M1 (反转 reversed, V 19893.1), C. l M2 (V 19892.1), D. r M2 (V 19891.1), E. l M3 (V 19895.1), F. r M3 (V 19895.2), G. l m1 (V 19890.2), H. l m1 (V 19892.2), I. l m2 (V 19890.3), J. r m2 (V 19890.4), K. r m3 (V 19890.5), L. r m3 (反转 reversed, V 19892.3);冠面视 (occlusal view)

显著，前外向延伸，外伸超过齿宽之半。

　　m3 三角形，长稍大于宽或近等。下原尖与下后尖融会成横向的前方齿棱；下次尖和下内尖融会成尖形的后方棱，构成显著的前外-后内向斜脊，并留下显著、前外向延伸的下中谷，使牙齿近似于"7"字形。

　　比较与讨论　上述沙鼠材料仅发现于内蒙古中部地区新近纪最高层位的高特格地点。这些标本具有假沙鼠属的基本形态特征：即臼齿有根，齿冠较高；交错的对向主尖组成齿棱；第一臼齿各有两个明显的内侧谷和外侧谷；第二臼齿基本为两叶，各具一个明显的内侧谷和一个外侧谷；m2 总有下原谷；m3 小。但这些牙齿的尺寸和形态与前述 *Pseudomeriones abbreviatus* 的有较明显的不同：个体的平均值较大，

即比 *P. abbreviatus* 大或落入其大小变异范围的高端(图 201);第一臼齿前边尖较宽,M1 前边尖的前壁较平坦,m1 下前边尖构造复杂、具附加的褶谷;M2 的后棱发育,宽度与前棱接近;第三臼齿较少退化、尺寸相对较大,M3 似方形、有较发育的后棱,m3 后内向斜脊强壮。由于这些差异明显,不应将其归入相同的一种。

在高特格的标本中,m1 的下前边尖较特别,其构造复杂、具有附加褶谷,这是除 *Pseudomeriones tchaltaensis* 和 *P. complicidens* 外,其他种所没有的重要形态特征(Sen,1977;张兆群,1999)。*P. tchaltaensis* 发现于土耳其的上上新统,其 m1 下前边尖只有浅的舌侧褶谷而无颊侧褶谷,与高特格 m1 标本中尚有很浅的颊侧附加谷有所不同。另外,土耳其标本中 M1 前边尖的前壁圆凸形,M2 有弱的前边脊,内谷、中谷宽度近等,M3 较退化,后齿棱弱、尖形,这些与高特格相应上臼齿的形态也有所差异。*P. complicidens* 发现于甘肃宁县的上新统,其 m1 下前边尖除具有较明显的舌侧附加褶(谷)外,颊侧尚有一较浅的褶,高特格标本与其相似,只是舌侧和颊侧的附加褶谷没有那样显著。另外,高特格标本中 M1 前边尖的前壁平直,与宁县标本一致,其牙齿的尺寸也很接近(图 201)。尽管与宁县标本有细微的不同,这里仍将其归入相同的一种。高特格 *P. complicidens* 群体中 m1 下前边尖的附加褶较弱,可能属于相对原始的性状,或许说明其产出层位的时代比宁县的略早。

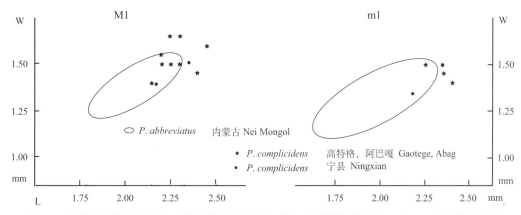

图 201　内蒙古高特格和甘肃宁县复齿假沙鼠及内蒙古地区简齿假沙鼠 M1 和 m1 的测量线点图

Fig. 201　Scatter diagrams showing length and width of M1 and m1 of *Pseudomeriones complicidens* from Gaotege, Nei Mongol and Ningxian, Gansu, and *P. abbreviatus* from Nei Mongol

宁县标本的数据按统一方法重新测量(Data for the Ningxian material are remeasured by the same method)

根据假沙鼠各种的形态特征,Sen(1983)和张兆群(1999)都提及该属的进化阶段或演化趋势问题,无疑很好解析了标本的形态和产出层位的关系。同时,还必须注意到 *P. complicidens* 的牙齿展示了一个饶有兴趣的形态特征,即与 *P. abbreviatus* 相比,其牙齿具有既原始又进步的混合特征。*P. complicidens* 的 M1 前边尖横向扩展,M2 的前边脊消失、后齿棱较宽,m1 的下前边尖复杂,显然属于衍生性状,而个体较大和较少退化的第三臼齿似乎属于较原始的特征。因此说,*P. abbreviatus* 可能不一定是 *P. complicidens* 的直接祖先,即便是从 *P. abbreviatus* 演化而来,其分化的时间也会比较早,似乎不大可能在上新世。

鼹科 Arvicolidae Gray,1821

鼹科是一类小到中型、适应多种生态环境的啮齿类动物,最早出现于欧亚大陆晚中新世末期。上新世以来广布新、旧大陆,属、种繁多,种群数量往往很大。该科的齿式为:1·0·0·3/1·0·0·3,牙齿高度特化,多数种类牙齿终生生长,臼齿高冠、咀嚼面平坦、结构复杂。

关于鼹类的高阶元分类尚有不同意见,主要有如下观点:作为 Arvicolinae 亚科或 Microtinae 亚科或归入鼠科(Hinton,1926;McKenna et Bell,1997;张荣祖,1997),或归入仓鼠科(马勇等,1987;谭邦杰,1992;罗泽珣等,2000;王应祥,2003);单独作为 Arvicolidae 科(Fejfar et Heinrich,1990;郑绍华,1993;

Martin，2008）。本书认同后一观点，暂将其作为独立的科处置。此外，Martin（2008）还将北美的 Arvicolidae 科分为 Promimomyinae、Arvicolinae、Ondatrinae、Nebraskomyinae、Pliophenacomyinae、Lemminae 及 1 个未定亚科。

中国发现的䶄类化石丰富，计有 *Mimomys*、*Borsodia*、*Villanyia*、*Allophaiomys* 等 18 个属或亚属，出现于早上新世至晚更新世地层，但对材料仍缺乏详细描述和系统研究。该科在内蒙古中部地区仅见于两个上新世地点，其中比例克的 *Aratomys bilikeensis* 已由 Qiu 和 Storch（2000）报道，其后被 Repenning（2003）视为 *Mimomys* 亚属。本书仅描述高特格地点的材料，标本数量近千件，包括了 2 属 3 种。

书中描述使用术语参见 Carls 和 Rabeder（1988）的拟定，珐琅质曲线参数和测量方法见图 202，HH 和 PA 指数的计算方法分别为：HH-Index $= \sqrt{\mathrm{Hsd}^2 + \mathrm{Hsld}^2}$，PA-Index $= \sqrt{\mathrm{Prs}^2 + \mathrm{As}^2}$。

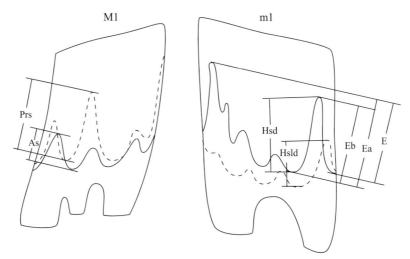

图 202　䶄科臼齿侧面珐琅质曲线参数及测量方法模式图

Fig. 202　Terminology and measuring method for sinuous line of Arvicolidae molars

引自 Carls 和 Rabeder（1988）和 Van de Weerd（1976）［after Carls et Rabeder（1988）and Van de Weerd（1976）］；

实线——颊侧 real line—buccal sinuous line，虚线——舌侧 broken line—lingual sinuous line

模鼠属 *Mimomys* Forsyth-Major，1902

模式种　*Arvicola pliocaenicus* Forsyth-Major，1902：意大利 Val d'Arno，上新世晚期。

特征　臼齿高冠，具齿根；m1 有 3 个交替排列的三角褶，下前边组合（ACC，anteroconid complex）具有一对发达的原始翼（PW，primary wings），原始翼的颊侧通常有一模鼠角（MK，*Mimomys* kante），下前边组合上有随着进化而变浅的釉岛（enamel islet）。M3 构造保持如同 *Promimomys* 属的一样简单。随着进化褶沟中白垩质从无到有，齿根数目由多变少（引自 Repenning，2003）。

评述　自 Forsyth-Major（1902）建立 *Mimomys* 属以来，归入种已超过 40 个，散布于欧亚及北美大陆的上新世—更新世地层。随着研究的深入，*Mimomys* 的分类日趋复杂，从中派生出许多新的属或亚属，如 *Cosomys*、*Ogmodontomys*、*Promimomys*、*Villanyia*、*Cseria*、*Ophiomys*、*Aratomys*、*Borsodia* 和 *Cromeromys* 等。对于上述分类单元，研究者或将之笼统地视为 *Mimomys* 的亚属，或作为独立于 *Mimomys* 的属使用（郑绍华、李传夔，1986；McKenna et Bell，1997；Kowalski，2001；Repenning，2003；Martin，2008）。

Repenning（2003）在回顾北美的 *Mimomys* 属时，把 *Cosomys*、*Ogmodontomys* 和 *Ophiomys* 等属作为 *Mimomys* 的亚属，并为该属赋予了上述属征，显然，这一属征具有广义的概念。Martin（2008）对北美的 *Mimomys* 属做了限定，仅包含了 *Cosomys* 属部分种类，所修订的属征与前述相差不大，因此，本书以 Repenning（2003）提供的属征作为 *Mimomys* 属的鉴别特征。

德氏模鼠（新种）*Mimomys teilhardi* sp. nov.

（图 203；表 87、88）

Aratomys bilikeensis：Li et al., 2003, p. 108, table 1, partim

Microtodon sp.：Li et al., 2003, p. 108, table 1

Mimomys teilhardi sp. nov.：李强，2006，53 页

Mimomys cf. *bilikeensis*：Qiu Z D et al., 2013, p. 177, appendix

名称由来 献给新种模式产地高特格地点的首次发现者、法国著名古生物学家德日进（Pierre Teilhard de Chardin）。

正模 左 m1（V 19896）。

副模 一下颌残段带 m1 及 314 枚臼齿（54 M1, 58 M2, 36 M3, 58 m1, 61 m2, 47 m3），V 19897.1-315。

模式产地与层位 阿巴嘎旗高特格（DB 02-1）；下上新统，高特格层（高庄期晚期）。

归入标本 阿巴嘎旗高特格：DB 02-2 地点，2 件下颌残段带 m1-2，132 枚臼齿（32 M1, 24 M2, 11 M3, 26 m1, 27 m2, 12 m3），V 19898.1-134；DB 02-3, 148 枚臼齿（31 M1, 28 M2, 21 M3, 24 m1, 22 m2, 22 m3），V 19899.1-148；DB 02-4, 55 枚臼齿（11 M1, 16 M2, 5 M3, 8 m1, 8 m2, 7 m3），V 19900.1-55；DB 02-5, 一下颌残段带 m1, 2 枚 M1, V 19901.1-3；DB 02-6, 一下颌残段带 m1, 10 枚臼齿（3 M1, 3 m1, 3 m2, 1 m3），V 19902.1-11；DB 03-1, 41 枚臼齿（4 M1, 9 M2, 7 M3, 9 m1, 6 m2, 6 m3），V 19903.1-41。

测量 见表 87。

表 87　内蒙古高特格德氏模鼠臼齿测量
Table 87　Measurements of molars *Mimomys teilhardi* from Gaotege, Nei Mongol（mm）

Tooth	Length			Width	
	N	Mean	Range	Mean	Range
M1	118	2.22	1.90-2.50	1.31	1.00-1.55
M2	126	1.81	1.55-2.05	1.18	0.90-1.60
M3	189	1.52	1.28-1.82	0.98	0.80-1.20
m1	102	2.55	2.17-2.85	1.19	0.90-1.35
m2	113	1.70	1.45-1.86	1.13	0.90-1.35
m3	83	1.38	1.10-1.64	0.90	0.75-1.15

特征 个体小。臼齿相对低冠；m1 的 HH 指数不超过 1.0，M1 的 PA 指数不超过 1.2。岛褶、模鼠角与棱褶持续长。M1 具三齿根，M2 多数具三齿根，极少出现双齿根，M3 一般为双齿根。褶沟中无白垩质填充。

描述 下颌骨支残破，角突、髁突和冠状突均破损，但可见下门齿磨蚀面呈明显拉长的铲形，齿虚位前部平缓，后部在 m1 前齿根下陡峭。颏孔小，位于 m1 前下方、齿虚位颊侧。下咬肌脊粗壮、上咬肌脊细弱，两者以锐角交会于 m1 后齿根之下。上升支始于 m1/m2 中间下方。内颞窝呈长方形，宽而浅。下门齿后端终止于 m2 与 m3 之间的下方。臼齿除 M2 和 M3 外，咀嚼面随磨蚀而变长、变宽，釉质层变厚；褶沟中无白垩质充填。

M1 前环之后有 4 个交错排列的三角褶。年轻个体舌侧褶沟后缘与颊侧褶沟前缘几乎平行；成年个体舌侧褶沟后缘前凸，颊侧褶沟前缘内凹，两者不再平行。年轻个体的 T4 后端尖锐，随着磨蚀而趋于圆滑。冠面上的 4 个齿峡（is, isthmus）始终开放，其中 is2 和 is4 明显比 is1 和 is3 宽。具三齿根。

M2 前环之后有 3 个交错排列的三角褶。BSA1 比其他褶角尖而薄。年轻个体前环前端和 T4 后端都有突起，后者比前者更显著，随着磨蚀而渐趋圆滑。冠面上的 3 个齿峡以前部的 is2 和 is3 较狭窄，在深磨蚀的标本上几乎完全封闭，而后部的 is4 则明显宽阔，始终开放。绝大多数（102/110）具三齿根，极少

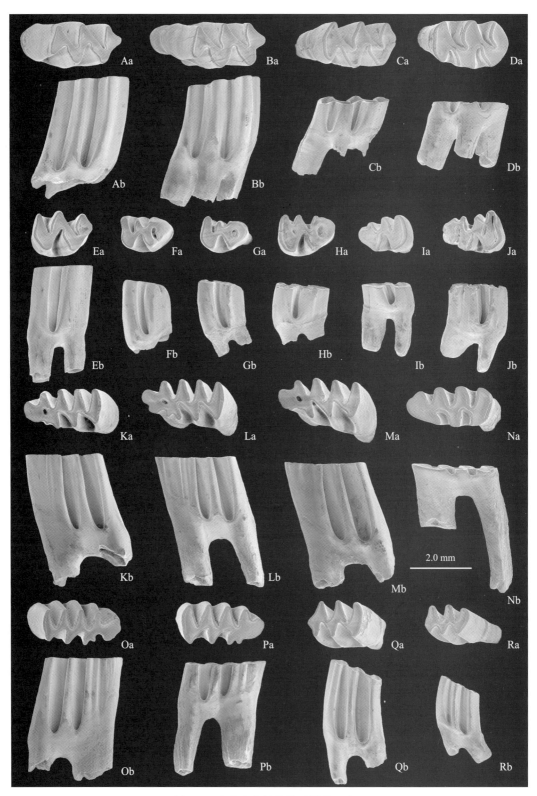

图 203　内蒙古高特格德氏模鼠臼齿

Fig. 203　Molars of *Mimomys teilhardi* from Gaotege，Nei Mongol

Aa, Ab. l M1（V 19897.1），Ba, Bb. l M1（V 19897.2），Ca, Cb. l M1（V 19897.3），Da, Db. l M1（V 19897.4），Ea, Eb. l M2（V 19897.5），
Fa, Fb. l M3（V 19897.6），Ga, Gb. l M3（V 19897.7），Ha, Hb. l M3（V 19897.8），Ia, Ib. r M3（V 19897.9），Ja, Jb. r M3（V 19897.10），
Ka, Kb. l m1（V 19897.11），La, Lb. l m1（正模 holotype, V 19896），Ma, Mb. l m1（V 19897.12），Na, Nb. l m1（V 19897.13），Oa, Ob. r
m1（V 19897.14），Pa, Pb. r m1（V 19897.15），Qa, Qb. l m2（V 19897.16），Ra, Rb. m3（V 19897.17）；Aa-Ra. 冠面视（occlusal view），
Ab-Rb. 侧面视（laterial view，上臼齿舌侧视 upper molars—lingual view，下臼齿颊侧视 lower molars—buccal view）

数(8/110)具双齿根。

M3 咀嚼面前部构造与 M2 的相似，后部形态随磨蚀而变化。轻度磨蚀标本颊侧有 3 个从前往后依次渐弱的褶角和 3 条始终开放的褶沟，BRA1 随磨蚀逐渐形成前部釉岛，BRA2 非常浅。舌侧有 3 褶角和 2 褶沟，随着磨蚀，LRSA3 和 T3 后壁连接，LRA3 封闭成后部釉岛。前、后部釉岛形成的先后顺序不定，但都未伸达牙齿基部，随着磨蚀釉岛都会消失。绝大多数(59/63)具双齿根，极少数(4/63)具三齿根。

m1 具典型的 Mimomys 构造，即由 1 个形态复杂的下前边尖组合(acc)、3 个基本的三角褶和 1 个后环组成，其中下前边尖组合由前帽、釉岛、模鼠角和唇舌两侧的原始翼组成。前帽形状随磨蚀而改变：未磨蚀或磨蚀早期具花环结构，磨蚀中期有圆形、卵圆形和前凹形等，一般都较偏向前舌侧；前帽前缘的釉质层最薄弱。前帽内的釉岛通常发育，随着磨蚀而从斜椭圆形变成圆形，至消失，T4 与 T5 贯通。模鼠角通常发育，向下延伸至釉质曲线处，持续长，而其前后的 BRA3 和棱褶(prism fold)持续时间较短，在老年个体中通常磨平。前帽上的 LRA4 在部分标本上较浅，磨蚀后呈唇舌向倾斜的三角形。齿峡开放，is1 和 is4 的封闭程度明显强于其他齿峡。双齿根，个别标本的前后齿根之间有一弱的小根。

m2 冠面构造类似于 m1 的后部，除后环外，有 4 个三角褶。颊侧三角褶小于舌侧三角褶。年轻个体齿冠前缘明显凸出，随着磨蚀与褶角一样也趋于圆滑。齿峡未完全封闭，is1 和 is3 的封闭程度明显强于 is2 和 is4。双齿根。

m3 冠面形态近似 m2，但后部收缩，牙齿强烈向后弯曲。T3 与 T4 完全贯通，T1 与 T2 之间相对 m2 者更为开阔、连贯。is2 远比 is1 和 is3 开阔，都未完全封闭。双齿根。

比较与讨论　上述标本以臼齿具有齿根，m1 的模鼠角发育、具有釉岛和棱褶等构造，符合广义 Mimomys 属的特征。Mimomys 属演化速度快，在不同的地理区域内有着独立的演化路径，如欧洲和北美都各自有不同的演化体系(Fejfar et Heinrich, 1990; Repenning, 2003)。鉴于这种情况，对高特格材料的比较主要基于中国的已知种类。

中国 Mimomys 的最早记录见于 Kormos(1934)的报道，他将 Teilhard de Chardin 和 Piveteau(1930)提及的河北泥河湾 Arvicolididae gen. indet. 命名为 M. chinensis 种。其后，Young(1935)记述了山西平陆的 M. orientalis；郑绍华等(1975)描述了产自甘肃合水板桥的 M. banchiaonicus；郑绍华(1976)简述了甘肃合水黄土中的 M. gansunicus 和 M. heshuinicus；薛祥煦(1981)记述了陕西渭南的 M. youhenicus；宗冠福等(1982)报道了山西屯留西村的 M. cf. banchiaonicus；郑绍华等(1985a)报道了产自青海贵德及共和盆地的零星材料。郑绍华和李传夔(1986)对中国的 Mimomys 作了初步总结，并依据山西襄汾的材料建立了 M. peii，次年，宗冠福(1987)、汤英俊和宗冠福(1987)分别依据云南和陕西的标本建立了 M. hengduanshanensis 和 M. hanzhongensis。蔡保全(1987)、郑绍华和蔡保全(1991)分别报道了河北泥河湾盆地的 M. orientalis 和 M. cf. youhenicus。稍晚，宗冠福等(1996)报道了产自横断山地区的 M. cf. hengduanshanensis。Qiu 和 Storch(2000)依据内蒙古比例克的材料建立了 Aratomys bilikeensis，后被 Repenning(2003)归入 Mimomys 中，该种在甘肃灵台和西藏札达盆地的上新世地层中也有零星发现(郑绍华、张兆群，2001; Wang et al., 2013)。青海昆仑山山口和河北泥河湾也陆续有 Mimomys 的出现，但这些材料一直未详细研究(蔡保全等，2004; Wang et al., 2013)。

上述种类中，河北泥河湾的 M. chinensis 后被 Zazhigin(1980)归入了 Villanyia 属，再后又与 M. heshuinicus 一起被 Flynn 等(1991)归入 Borsodia 属。M. gansunicus、M. cf. intermedius 和 M. hanzhongensis，由于 m1 不具模鼠角，白齿褶沟内有丰富的白垩质充填，应从 Mimomys 属中剔除，归入 Cromeromys 属可能更合适。M. hengduanshanensis 和 M. cf. hengduanshanensis 由于其白齿褶沟内无白垩质，m1 前帽无釉岛而应归入 Villanyia 属。排除上述不符合广义 Mimomys 的种类后，中国的 Mimomys 目前仅有 5 个种，分别为 M. orientalis、M. banchiaonicus、M. youhenicus、M. peii 和 M. (Aratomys) bilikeensis。

Mimomys orientalis 的模式标本仅有一枚年轻个体的 m1，遗憾的是，此件标本已遗失。郑绍华和李传夔(1986)把产自山西榆社的两件下颌骨和陕西渭南的一枚 M1 归入该种。此外，蔡保全(1987)、郑绍华和蔡保全(1991)将产自河北泥河湾上新世晚期的数百件标本也归入了该种。榆社及泥河湾的 M. orientalis 与高特格材料的不同主要在于：前者个体较大，m1 长度接近或超过 3 mm；褶沟有白垩质充填；珐琅质曲线起伏更剧烈，E 和 Eb（=Ep）等指数明显偏大（表 88）。

    Mimomys banchiaonicus 是一种大型模鼠，m1 冠面长近 4 mm，褶沟内白垩质非常丰富。其正模 m1（V 4755，见 Zheng et Li，1986，p. 89，fig. 4a）表面破损，重新测量的颊侧珐琅质曲线峰值比原文图中的高，舌侧 Hsld 值为 2.30，估计 HH 指数至少大于 3.25。无论是尺寸大小、有白垩质充填，还是侧面珐琅质曲线的参数值，*M. banchiaonicus* 明显不同于高特格者。

    Mimomys youhenicus 的 m1 冠面长度接近 3 mm，大于高特格的标本。此外，该种的褶沟内明显填充白垩质，m1 珐琅质曲线参数值明显高于高特格的标本（薛祥煦，1981），显然有别于高特格模鼠。

    Mimomys peii 的个体明显大，m1 冠面长度远超过 3 mm，白齿褶沟有丰富的白垩质填充，齿冠极高，釉质曲线的各项指数明显大。此外，M2 和 M3 已退化为双齿根。显然，早更新世的 *M. peii* 也区别于高特格模鼠。

    M. bilikeensis 与高特格模鼠有相似之处，如白齿的尺寸较小，m1 长小于 3 mm，白齿褶沟内无白垩质充填等。不过，高特格标本以下述形态和指数可与比例克 *M. bilikeensis* 区别开：1）尺寸略大；2）m1 的模鼠角更发育；3）齿冠较高，侧面珐琅质曲线起伏程度明显高，m1 的 HH 指数和 M1 的 PA 指数都明显大（表 88）；4）齿根数目不同，少数比例克的 M1 还保留有四齿根，M3 绝大多数具三齿根，而高特格的 M1 和 M3 分别退化为三和双齿根。

表 88　中国模鼠和原模鼠各种第一臼齿釉质曲线指数及参数比较

Table 88　Comparison of Chinese *Promimomys* and *Mimomys* in HH-index，PA-index，E，Ea and Eb parameters about dentine tract of the first molars

类元 Taxon	地点 Locality	指数及参数　最小/平均/最大(标本数)　　　Index and Value　Min/Mean/Max (N)				
		m1				M1
		HH	E	Ea	Eb	PA
P. asiaticus	淮南 Huainan	0.51 (1)	0.80 (1)	0.60 (1)	0.55 (1)	—
M. bilikeensis	比例克 Bilike	0.09/0.22/0.38 (74)	0.30/0.64/0.85 (72)	0.20/0.52/0.85 (64)	0.15/0.28/0.45 (74)	0.34/0.50/0.65 (52)
	灵台 Lingtai	—	—	—	—	0.65 (1)
M. teilhardi	高特格 Gaotege	0.21/0.47/0.87 (97)	0.30/0.92/1.45 (72)	0.35/0.86/1.55 (96)	0.25/0.51/1.15 (74)	0.40/0.76/1.19 (115)
M. orientalis	高特格 Gaotege	0.60/1.28/1.84 (15)	2.29/2.42/2.61 (15)	2.22/2.37/2.70 (15)	0.69/1.31/1.74 (15)	0.99/1.45/1.97 (25)
	榆社 Yushe	1.10 (1)	2.50 (1)	2.25 (1)	1.00−1.40 (2)	—
	泥河湾 Nihewan	—	1.30−2.40 (2)	—	—	—
	大南沟 Danangou	—	>1.75 (1)	>1.50 (1)	1.00 (1)	—
M. youhenicus	游河 Youhe	2.84−3.25 (2)	3.30 (1)	2.95 (1)	2.35−2.45 (2)	—
M. cf. *M. youhenicus*	大南沟 Danangou	—	>3.60 (1)	>3.00 (1)	>2.50 (1)	—
M. banchiaonicus	合水 Heshui	>3.25 (1)	?	?	?	—
M. peii	大柴 Dachai	>2.25 (2)	>5.30 (1)	~4.00−4.63 (2)	~2.25 (2)	7.64 (1)
	龙骨坡 Longgupo	—	>4.12 (1)	4.12 (1)	~0.79 (1)	—

另外，产自安徽淮南大居山的 *Promimomys asiaticus* 曾被认为是中国鼩科中最原始的种类（Jin et Zhang，2005）。不过，*Promimomys* 臼齿的珐琅质曲线一般较平缓或轻微起伏，应远低于褶沟沟底，但淮南 *P. asiaticus* 的下臼齿颊侧珐琅质曲线起伏较强烈，在褶角处形成的波峰向上超过褶沟沟底，其臼齿冠面釉质层厚度较均匀，m1 的下前边组合简单，无明显的模鼠角、釉岛和原始翼等，这些特征既与高特格材料的有所区别，也有悖于 *Promimomys* 的属征。或许大居山标本可能属于较老年个体，但我们认为 *P. asiaticus* 的分类地位多少存疑，它或者是一种较原始的 *Mimomys*，和新种 *M. teilhardi* 是同物异名。如果归入 *Promimomys* 属，也是该属中较进步的一种。

综上所述，高特格的材料以其尺寸较小（m1 长度未超过 3 mm）、褶沟无白垩质填充、侧面珐琅质曲线参数明显小等而区别于中国的 *Mimomys orientalis*、*M. youhenicus*、*M. banchiaonicus* 和 *M. peii* 四种；又以尺寸较大、模鼠角更发达、珐琅质曲线参数值高、M1 和 M3 分别退化为三和双齿根等特征而不同于比例克的 *M. bilikeensis*。因此，高特格的材料代表了中国 *Mimomys* 的一个新种。新种 *M. teilhardi* 在中国 *Mimomys* 系统演化中的位置应介于内蒙古比例克的 *M. bilikeensis* 和山西榆社及河北泥河湾的 *Mimomys orientalis* 之间，可能由前者直接演化而来，是该属在中国上新世早期的一个较原始的种类。

东方模鼠 *Mimomys orientalis* Young，1935

（图 204；表 88、89）

Aratomys bilikeensis：Li et al.，2003，p. 108，table 1，partim

Mimomys cf. *M. orientalis*：李强，2006，57 页

Mimomys cf. *M. orientalis*：Qiu Z D et al.，2013，p. 177，appendix

归入标本 阿巴嘎旗高特格（DB 03-2）：125 枚臼齿（35 M1，22 M2，10 M3，25 m1，20 m2，13 m3），V 19904.1-125。

测量 见表 89。

表 89 内蒙古高特格东方模鼠臼齿测量

Table 89 Measurements of molars of *Mimomys orientalis* from Gaotege, Nei Mongol（mm）

Tooth	Length			Width	
	N	Mean	Range	Mean	Range
M1	31	2.32	1.83-2.68	1.41	1.03-1.67
M2	22	1.86	1.51-2.06	1.27	0.92-1.45
M3	9	1.82	1.63-2.06	1.09	0.99-1.18
m1	18	2.78	2.28-3.15	1.33	1.09-1.52
m2	19	1.74	1.48-1.90	1.18	1.00-1.30
m3	13	1.49	1.32-1.62	0.93	0.81-1.07

描述 M1 舌侧三角褶较圆滑，颊侧者较尖锐。T4 后端突起，呈三角形。三角褶前壁向前突起，使得褶沟内角向后弯折，其中 BRA1 和 LRA2 的弯折较大。前环前壁有时具弱的褶沟。T3 与 T4 舌侧边缘明显凹陷，但不形成褶沟。齿峡 is2 和 is4 较 is1 和 is3 开阔，在深磨蚀的标本上，is1 和 is3 几乎完全封闭。侧面珐琅质曲线强烈起伏，在舌侧的 3 个褶角处形成波峰，其中 LSA2 处最高；在颊侧 BSA1 处波峰最高，BSA2 处则较平缓。多数（21/35）褶沟无白垩质充填，少数（14/35）的褶沟的内角有稀薄的白垩质附着。具三齿根。

M2 三角褶前壁突起，褶沟内角向后弯折。齿峡 is4 最开阔，is1 次之，is3 最窄。珐琅质曲线在唇、舌两侧起伏程度近似，在所有的 5 个褶角处形成波峰。半数（11/22）标本的褶沟有少量白垩质充填。在能够观察到齿根的牙齿中，半数（10/20）三齿根，半数双根，后者中多数（7/10）的前部齿根愈合，少数（3/10）根上有沟。

M3 的三角褶中，LSA4 和 BSA3 比较发达。BRA1 在所有标本上始终开放，无前釉岛。磨蚀轻微的标本(7/10)上，LRA3 开放，但其下部封闭，在深度磨蚀的标本(3/10)上 LRA3 封闭，形成后釉岛。珐琅质曲线在唇、舌两侧起伏不甚强烈。绝大多数的褶沟无白垩质充填，仅 1 件标本的 LRA3 和 BRA2 内角处有稀薄的白垩质出现。绝大多数(7/8)具三齿根，少数双根。

m1 下前边尖的组合形态多变。前帽多呈椭圆形，前舌-后颊向拉伸，偏向舌侧，或近居中轴。前帽

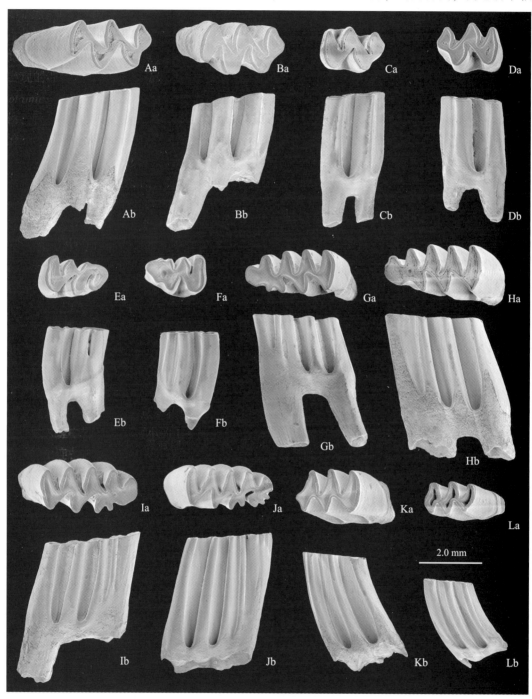

图 204　内蒙古高特格东方模鼠臼齿

Fig. 204　Molars of *Mimomys orientalis* from Gaotege，Nei Mongol

Aa, Ab. l M1（V 19904.1），Ba, Bb. l M1（V 19904.2），Ca, Cb. l M2（V 19904.3），Da, Db. r M2（V 19904.4），Ea, Eb. l M3（V 19904.5），Fa, Fb. r M3（V 19904.6），Ga, Gb. l m1（V 19904.7），Ha, Hb. l m1（V 19904.8），Ia, Ib. r m1（V 19904.9），Ja, Jb. r m1（V 19904.10），Ka, Kb. l m2（V 19904.11），La, Lb. l m3（V 19904.12）；Aa–La. 冠面视（occlusal view），Ab–Lb. 侧面视（laterial view，上臼齿舌侧视 upper molars—lingual view，下臼齿颊侧视 lower molars—buccal view）

的边缘在年轻个体上呈花环状，随磨蚀逐渐变得光滑。多数(14/22)有明显的模鼠角(MK)，少数或根本不发育(4/8)，或已磨蚀殆尽(4/8)，后者的颊侧保留明显的 MK 褶柱，不过 BRA3 和棱褶明显较舌侧的 LRA4 浅。少数(6/24)中等磨蚀的牙齿具有清晰的釉岛，2 枚磨蚀较轻者釉岛在冠面上未完全封闭，其余标本的或不发育，或因磨蚀而消失。三角褶后缘圆凸。所有齿峡都未完全封闭，其中 is2 和 is4 较 is1 和 is3 开阔。珐琅质曲线在舌侧起伏程度较低，舌侧曲线则剧烈起伏，其中在前帽处形成极高的波峰，牙齿磨蚀后，前帽颊侧的釉质层不连续，形成 ED (enamel discontinuity，见 Repenning，2003)，后环(PL)的波峰也较高，T2 和 T4 (=BPW)处者相对较低。多数(17/24)褶沟内无白垩质，少数(7/24)的部分褶沟内有薄的白垩质充填。双齿根。

m2 在年轻个体中 T4 前缘明显凸出，随着磨蚀会逐渐变得平直，T4 与 T3 几乎完全贯通。齿峡 is4 最开阔，is1 和 is3 相对较封闭。珐琅质曲线在颊侧的起伏较舌侧者强烈，在各个褶角处形成小的波峰。大多数(15/20)标本的褶沟内无白垩质，少数(5/20)的部分褶沟内有薄的白垩质填充。双齿根。

m3 形态与 m2 的相似，但明显窄小。齿峡 is1 和 is3 较封闭，is4 和 is2 较开阔。只有少数(3/13)褶内有薄的白垩质填充。双齿根，后齿根强烈朝后弯曲。

比较与讨论　　上述标本臼齿具有齿根，m1 的模鼠角显著、有釉岛和棱褶，形态构造符合广义 *Mimomys* 属的特征。牙齿尺寸大于内蒙古比例克的 *M. bilikeensis* 和高特格下部层位中的 *M. teilhardi* 者，但明显比甘肃合水的 *M. banchiaonicus* 和山西襄汾的 *M. peii* 小，而与陕西渭南的 *M. youhenicus* 和山西榆社及陕西渭南的 *M. orientalis* 接近。臼齿褶沟内有白垩质充填，但较为稀薄，不同于无任何白垩质填充的 *M. bilikeensis* 和 *M. teilhardi*，也异于白垩质厚实的 *M. banchiaonicus* 和 *M. peii*。臼齿侧面珐琅质曲线参数值大于 *M. bilikeensis* 和 *M. teilhardi*，小于 *M. youhenicus*、*M. banchiaonicus* 和 *M. peii* 者，而与山西榆社及河北泥河湾的 *M. orientalis* 较一致(表88)。因此，高特格的材料被归入 *M. orientalis*。

Mimomys 被认为是 *Microtodon-Promimomys-Mimomys-Arvicola+Lemmus* 这一演化路径中的一环(Fejfar et al.，1997；Chaline et al.，1999；Repenning，1968，2003；Fahlbusch et Möser，2004)。在中国，*Microtodon*、*Promimomys*、*Mimomys* 和 *Arvicola* 属都有发现，其中 *Microtodon* 仅有 *M. atavus* 及其相似种，局限地出现于内蒙古中部地区的必鲁图、二登图、哈尔鄂博和比例克等晚中新世晚期至上新世早期地点(Qiu et Storch，2000；Fahlbusch et Möser，2004)。从牙齿的形态上看，内蒙古的 *Microtodon* 很可能与远东的 *Mimomys* 有更接近的族裔关系，后者从前者演化而来。*Promimomys* 在中国发现于安徽淮南，也仅有 *P. asiaticus* 一种，其臼齿形态介于 *M. atavus* 和 *M. bilikeensis* 之间，但侧面珐琅质曲线的起伏程度明显较后两者高，珐琅质参数值与高特格的 *M. teilhardi* 接近，这显然属于较进步的性状，也表明 *M. atavus*、*P. asiaticus* 和 *M. bilikeensis* 之间不可能形成演化链。正如前述，*P. asiaticus* 可能代表了一种较进步的 *Promimomys*，或者根本和 *M. teilhardi* 就是同物异名。

从 *Microtodon atavus* 向 *Mimomys bilikeensis* 演化的路线可能是存在的，理由有二：1)两者 m1 前帽釉岛的形成方式相同(在欧洲和北美的 *Mimomys* 中，这个釉岛一般由 m1 前帽颊侧褶角向后延伸与颊侧原始翼封闭而成；而 *M. atavus* 和 *M. bilikeensis* 者则由前帽褶角在前方封闭或与舌侧原始翼(LSA4)封闭形成"假釉岛"(Qiu et Storch，2000；Fahlbusch et Möser，2004)；2)齿根数目相似，*M. atavus* 的 M1 为四齿根，*M. bilikeensis* 的 M1 还少量保留有四齿根。

高特格出现的 *Mimomys teilhardi* 新种和 *M. orientalis* 则是 *Microtodon atavus-Mimomys bilikeensis* 演化的进一步延续，形成 *M. bilikeensis-M. teilhardi-M. orientalis-M. youhenicus* 的演化系列，代表了远东在上新世时期一支独立的小型 *Mimomys* 演化路径。晚上新世的 *M. banchiaonicus* 和早更新世的 *M. peii* 可能自成一个体系，代表了另外一支大型 *Mimomys* 的演化路径。

总体来说，中国 *Mimomys* 属的演化趋势主要表现在以下几个方面：1)个体由小变大；2)齿冠由低变高，具体反映为釉质曲线各种指数和参数值逐渐变大；3) m1 模鼠角由弱变强；4)上臼齿齿根数目渐趋减少，表现为 M1 由四齿根转变为三根，M2 和 M3 由三齿根向双齿根转变；5)臼齿褶沟白垩质充填从无到有，由少至多；6)臼齿釉质层的分异逐渐增大；7) m1 的釉岛和 M3 后釉岛的相对深度逐渐变浅。

波尔索地鼠属 *Borsodia* Jánossy et Van der Meulen，1975

模式种 *Mimomys hungaricus* Kormos，1938：匈牙利 Osztramos-3，早更新世，Villanyian（MN17）。

归入种 目前尚无统一认识，按 Tesakov（1993，2004）大致有 *Borsodia novoasovica*、*B. steklovi*、*B. praehungarica*、*B. petenyii*、*B. arankoides*、*B. fejervaryi*、*B. newtoni*、*B. hungarica*、*B. lagurodontoides*、*B. prolaguroides*、*B. chinensis*、*B. parvisinuosa*、*B. paleoukraninica*、*B. paleodanubica*、*B. cotlovinensis*、*B. altisinuosa*、*B. tanaitica*、*B. tiligulica* 和 *B. topachevskii* 共19种。Kawamura 和 Zhang（2009）的归入仅有 5 种，包括 *B. newtoni*、*B. fejervaryi*、*B. arankoides*、*B. prolaguroides* 和 *B. klochnevi*。上述种类仍需进一步鉴定和归并。笼统地说，该属主要分布于欧亚大陆的上新世晚期至更新世早期地层。

特征（修订） 小型𫓧类。白齿具齿根；褶沟内无白垩质；m1 前帽缺失釉岛，模鼠角弱小或无；M1-3 具兔尾鼠类微角构造；M3 通常只在明显狭长的后环上具釉岛［修订自 Tesakov（1993，2004）和 Kawamura et Zhang（2009）］。

评述 *Borsodia* 属是 Jánossy 和 Van der Meulen（1975）以匈牙利北部 Osztramos-3 地点的材料为基础，用 *Mimomys newtoni hungaricus* 亚种作为属型种建立的一个 *Mimomys* 亚属。该亚属较容易同另外一个亚属或属 *Villanyia* 混淆。目前对于 *Borsodia* 的有效性和归入种尚无统一认识。Tesakov（1993）认为 *Borsodia* 的主要鉴定特征有：1) 褶沟无白垩质充填；2) m1 的前帽上无釉岛；3) M3 通常只在后环上出现一个釉岛。他同时认为 *Borsodia* 以个体更大、齿冠更高和臼齿形态更复杂区别于 *Villanyia*。Kawamura 和 Zhang（2009）认为，两者的区别在于牙齿釉质层微结构、m1 前帽模鼠角的有无、M1 和 M2 齿根数目及 M3 后环和釉岛的发育情况。我们认为 M1 和 M2 的齿根数、M3 釉岛的发育存在较大变异，不太合适作为属的鉴定特征，*Borsodia* 与 *Villanyia* 区别的最主要特征在于前者 M1-3 具有兔尾鼠微角构造（lagurine microangles，见 Chaline，1985），M3 的后环明显狭长。

蒙波尔索地鼠（新种）*Borsodia mengensis* sp. nov.

（图 205；表 90）

Aratomys bilikeensis：Li et al.，2003，p. 108，table 1，partim

Borsodia? sp.：李强，2006，62 页

名称由来 Meng，汉语拼音"蒙"，内蒙古的简称，示新种的模式产地内蒙古。

正模 左 m1（V 19905）。

副模 39 枚臼齿（4 M1，5 M2，14 M3，4 m1，5 m2，7 m3），V 19906.1-39 。

模式产地与层位 阿巴嘎旗高特格（DB03-2）；下上新统，高特格层上部（高庄期晚期）。

测量 见表 90。

表 90 内蒙古高特格蒙波尔索地鼠臼齿测量

Table 90 Measurements of molars of *Borsodia mengensis* from Gaotege，Nei Mongol（mm）

Tooth	Length			Width	
	N	Mean	Range	Mean	Range
M1	4	2.01	1.96-2.09	1.21	1.10-1.35
M2	4	1.88	1.76-1.98	1.21	1.14-1.28
M3	14	1.45	1.23-1.82	0.98	0.79-1.14
m1	5	2.36	2.14-2.60	1.04	1.00-1.15
m2	5	1.61	1.47-1.77	1.04	0.92-1.12
m3	6	1.31	1.21-1.41	0.85	0.67-0.97

特征 个体小，m1 的长度不超过 3.0 mm。臼齿齿冠较低，釉质曲线起伏相对较弱，参数值较小，其中 M1 的 PA 值小于 0.6，m1 的 HH 均值小于 1.5。上白齿齿根数较多，M1 具三齿根，M2 多具三齿根。

m1 没有模鼠角。

描述 M1 的 AL 的前缘较直，前舌-后唇向倾斜。LRA2 内角不向后弯折。T4 后端明显向后凸起，T4 与 T3 之间的舌侧缘强烈内凹，在舌侧形成延伸至珐琅质曲线处的第三条褶沟。齿峡 is1 和 is3 较狭窄，is2 和 is4 较开阔，T2 与 T3 几乎完全贯通。珐琅质曲线起伏不甚强烈，仅在 T4 后部凸起的棱褶上强烈抬升。褶沟无白垩质充填。所有标本均具三齿根。

M2 后部构造与 M1 的一样，T4 后端棱褶状、强烈向后凸出。另外，舌侧 LRA2 的内角显得更加宽阔，近方形。珐琅质曲线起伏也不甚强烈，但在 T4 后部凸起的棱褶上强烈抬升。褶沟内无白垩质。具三(3/4)或二(1/4)齿根，双根者前齿根有深沟。

M3 舌侧具 2 个褶角(LSA2 和 LSA3)，颊侧具 3 个褶角，其中后部的 BSA3 较弱小，深磨蚀后与后环融为一体。舌侧具 2 个褶沟，LRA2 横向、冠面上延续长，LRA2 的内角比较宽，LRA3 仅在 1 件标本上较深，绝大多数标本的非常浅；颊侧褶沟的 BRA1 在冠面延伸通常较浅，仅有 1 件稍深，BRA2 一般较

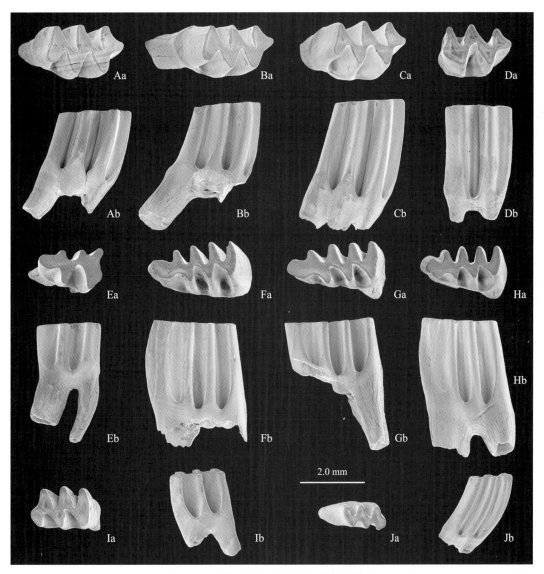

图 205 内蒙古高特格蒙波尔索地鼠臼齿

Fig. 205 Molars of *Borsodia mengensis* from Gaotege, Nei Mongol

Aa, Ab. l M1（V 19906.1），Ba, Bb. l M1（V 19906.2），Ca, Cb. l M1（V 19906.3），Da, Db. l M2（V 19906.4），Ea, Eb. r M3（V 19906.5），Fa, Fb. l m1（V 19906.6），Ga, Gb. l m1（V 19906.7），Ha, Hb. l m1（正模 holotype, V 19905），Ia, Ib. l m2（V 19906.8），Ja, Jb. r m3（V 19906.9）；Aa–Ja. 冠面视（occlusal view），Ab–Jb. 侧面视（laterial view，上臼齿舌侧视 upper molars—lingual view，下臼齿颊侧视 lower molars—buccal view）

BRA1 更深入冠面。釉岛不太发育，由于标本经磨蚀，未见后釉岛，仅 1 件具清楚的前釉岛。后环向后拉长。褶内无白垩质。双齿根。

m1 轮廓瘦长。咀嚼面釉质层厚度不均，前唇侧薄，往后渐厚。前帽构造简单，长椭圆形，纵向拉长，位置居中，颈部（LRA4 与 BRA3 相对之处）较宽，无模鼠角、釉岛和棱褶，磨蚀初期唇侧前缘具有浅的褶沟，随着磨蚀褶沟逐渐消失。褶沟的内角不甚尖锐，LRA4 持续时间长。齿峡 is2 和 is4 开阔，is1 和 is3 较狭窄。舌侧釉质曲线较平缓，远低于 BRA2 和 BRA1 沟底；唇侧的剧烈起伏，在前帽前唇侧和 BSA1 处形成较高尖峰，在 BSA3 和 BSA2 处形成超过 BRA2 和 BRA1 的小峰。所有褶沟均无白垩质充填。双齿根。

m2 具 3 对唇、舌侧交错排列的褶角。T4 前端突出，釉质层较薄，T4 与 T3 之间的舌侧有较深的凹陷。齿峡 is4 宽，其余的较窄。褶沟内角不太尖锐。舌侧釉质曲线起伏不大，LSA2 上的缓峰超过相邻 LRA2 和 LRA1 的谷底；唇侧釉质曲线较剧烈起伏，分别在 BSA3 和 BSA1 上形成较尖锐的波峰，而在 BSA2 上的较低。褶沟内无白垩质充填。双齿根。

m3 形态基本与 m2 者相似，但更显瘦小，BSA1 和 LSA1 更加圆滑。T4 与 T3 间的舌侧齿缘较平滑，不如 m2 那样深陷。齿峡 is4 很宽，将 T4 与 T3 连为一体。褶沟内角圆钝，褶沟内也无白垩质。唇侧釉质曲线的起伏较舌侧剧烈，但波峰高度都不大。双齿根。

比较与讨论 上述标本具有以下特征：个体较小；臼齿具有齿根；臼齿褶沟无白垩质充填；m1 前帽无模鼠角、釉岛及棱褶；M1 和 M2 的 T4 后端呈强烈的棱柱状；M2 和 M3 的 LRA2 内角明显呈方形，具典型的兔尾鼠微角构造；M3 后环明显狭长。这些形态符合 *Borsodia* 的属征。

Borsodia 是欧亚大陆晚上新世至早更新世时期很常见的䶄类，在欧洲及北亚出现的时间范围为 Villanyian 期至早 Biharian 期（Tesakov，1993，2004）。中国仅有 *B. chinensis* 一种，模式产地为河北泥河湾下沙沟，时代属早更新世。该种最早由 Teilhard de Chardin 和 Piveteau（1930）报道为 Arvicolidé gen. ind.，后被 Kormos（1934）指定为 *Mimomys chinensis*，Zazhigin（1980）将其归入 *Villanyia* 亚属，Flynn 等（1991）在记述山西榆社盆地的化石时转置于 *Borsodia* 亚属。除泥河湾外，该种的材料还见于辽宁林西、甘肃合水、青海共和、甘肃灵台和河北泥河湾马圈沟等早更新世地层（郑绍华、李传夔，1986；蔡保全等，2008）。上述地点 *B. chinensis* 的牙齿尺寸明显比高特格的大，臼齿齿冠也较高，齿根愈合较晚，M1 和 M2 退化为双齿根，珐琅质曲线起伏更明显、各参数值较大，显然具有较明显的衍生性状，与高特格地鼠的特征不同。

Tesakov（1993）将除中国外的欧亚 *Borsodia* 分为三个演化阶段：第一阶段在早 Villanyian 期（MN16），出现的为原始类型，如 *B. steklovi* 和 *B. novoasovica*，其 m1 的 HH 指数值范围为 1.0–2.5；第二阶段在 Villanyian 晚期的前段（MN17），代表种类为 *B. praehungarica*，齿冠增高，m1 的 HH 指数值范围为 2.5–4.5；第三阶段在 Villanyian 晚期的后段至 Biharian 早期，种类出现高度分异，有 *B. arankoides*、*B. fejervaryi*、*B. newtoni*、*B. petenyii*、*B. hungarica*、*B. lagurodontoides*、*B. prolaguroides* 等数个种，其齿冠进一步增高，m1 的 HH 值指数范围上升为 4.0–6.0，齿根逐渐消失。

高特格材料产自 DB 03-2 地点，剖面上层位稍高，古地磁测年数据大致在 3.9 Ma 左右（徐彦龙等，2007；O'Connor et al.，2008），早于 Villanyian 底界的 3.4 Ma。所代表的地鼠特征相当原始，如个体小，齿冠低，M1 和 M2 具三齿根、珐琅质曲线参数值低，m1 的 HH 指数值范围为 0.63–1.62，均值为 1.28，小于西西伯利亚 Biteke 的 *B. steklovi* 和亚述海 Shyrokino 的 *B. novoasovica*（Tesakov，1993）。按照 Carls 和 Rabeder（1988）的测量方法计算，高特格材料 M1 的 PA 指数值范围为 0.38–0.58，均值为 0.51；若按照 Tesakov（2004）的测量方法计算，其 M1 的 PA 指数值范围则为 0.52–0.82，均值为 0.68。无论用哪种方法计算，高特格标本 M1 的 PA 指数值都显著小于 Tesakov（2004）描述的 *B. cf. steklovi*（PA = 1.76）和 *B. novoasovica*（PA = 0.87–1.81，均值 1.54）等较原始种类。综上所述，高特格材料以上述原始特征区别于欧洲和北亚所有的 *Borsodia* 种，无疑代表了 *Borsodia* 属最原始的种，在此命名为 *B. mengensis* 新种。

此外，郑绍华和张兆群（2001）报道过甘肃灵台的 *Borsodia* n. sp.，但一直未作详细描述，尚无法与之对比。*Borsodia* n. sp. 出现于灵台综合剖面的第 V 段，为上新世晚期，很有可能与高特格新种属于相同种类。

一般认为 *Borsodia* 是现生兔尾鼠属 *Lagurus* 的祖先，存在 *Borsodia－Prolagurus－Lagurus* 的演化过程（Tesakov，1993，2004），*B. mengensis* 的发现表明这一演化可能始于上新世中后期。Tesakov（1993）认为，早期及中间阶段 *Borsodia* 的 m1 前帽一直保留有模鼠角，直到 Villanyian 晚期的后期才演化出模鼠角完全消失的、以 *B. fejervaryi* 为代表的一支。不过，高特格 *B. mengensis* 的 m1 前帽并没有模鼠角发育，这似乎表明中国可能存在一个与上述不同的 *Borsodia* 演化支系，在这一支系中 *Borsodia* 从出现开始便朝着失去模鼠角的方向演化。更新世早期中国北方常见的 *B. chinensis* 可能是高特格 *B. mengensis* 的直接后裔，是后者朝着个体增大、臼齿齿冠增高（釉质曲线参数值变大）、M1 和 M2 的齿根减少、M3 的后环更为拉长方向演化的产物。

鼢鼠科 Myospalacidae Lilljeborg，1866

鼢鼠科为一类高度特化、穴居、体型较大的啮齿动物。其吻短，头骨后部宽，枕面宽、或平、或凹、或凸，齿式为：$1 \cdot 0 \cdot 0 \cdot 3/1 \cdot 0 \cdot 0 \cdot 3$，臼齿高冠、脊型齿、有根或无根。该科分布于亚洲古北区，化石发现于中新世晚期至第四纪地层，现生仅有鼢鼠属（*Myospalax*），其中的 *Eospalax* 亚属为中国特有。由于其演化速度快，在地层年代的确定上具有重要意义。

关于鼢鼠类的高阶元分类，尚无统一的看法，归纳起来至少有以下观点：1）作为鼢鼠亚科归入鼠科（Alston，1876；Carleton et Musser，1984；McKenna et Bell，1997），或仓鼠科（Chaline et al.，1977；罗泽珣等，2000；王应祥，2003；Liu et al.，2013），或鼹形鼠科（Spalacidae）（Norris et al.，2004；Wilson et Reeder，2005）；2）作为鼢鼠族（Myospalacini）归入仓鼠亚科和仓鼠科（Simpson，1945；Michaux et al.，2001）；3）作为一个独立科，称为鼠鼹科（Myospalacidae）（Kretzoi，1961；Pavlinov et Rossolimo，1987；Rossolimo et Pavlinov，1997），或鼢鼠科（Siphneidae）（Teilhard de Chardin et Young，1931；Leroy，1941；郑绍华等，2004）。我们倾向视鼢鼠类为独立科，使用由 Lilljeborg 于 1866 年指定为 Myospalacini 提升而来的 Myospalacidae 名称，并考虑到国内研究者的使用习惯，汉译名仍采用鼢鼠科。

关于鼢鼠科属级分类，在研究者中远未取得比较一致的意见。Miller（1927）最先建立 *Myotalpavus* 属。Teilhard de Chardin 和 Young（1931）根据臼齿齿根的发育，将化石鼢鼠分为有根的 *Prosiphneus* 和无根的 *Siphneus*（*Myospalax*）。Kretzoi（1961）又增加了 *Mesosiphneus*，*Episiphneus* 和 *Allosiphneus*。郑绍华（Zheng，1994）依据 Teilhard de Chardin（1942）提出的头骨枕部形态（凸枕型、凹枕型和平枕型）和上臼齿形状（正 ω 型和斜 ω 型），门齿孔、副翼窝-中翼窝、后翼管的相对位置，颞脊与顶-鳞骨缝线的关系，以及臼齿珐琅质曲线的差别，在肯定 *Myotalpavus*、*Mesosiphneus*、*Episiphneus* 和 *Allosiphneus* 有效性的同时，又建立了 *Chardina*、*Pliosiphneus*、*Youngia* 属。在此基础之上，刘丽萍等（Liu et al.，2013）将鼢鼠类分为 2 族 9 属。将鼢鼠类二分为 *Prosiphneus* 和 *Myospalax* 二属显然过于简单，郑绍华等的工作无疑是研究的深入和提高。不过，鼢鼠类化石多为脱落的牙齿，其与头骨形态的关系还不很清楚，分类方案的实用性尚有待提高。我们部分地认同郑和刘的方案，即至少将鼢鼠分为 *Prosiphneus*、*Allosiphneus*、*Chardina*、*Mesosiphneus* 等属。本书所使用的术语及测量方法亦以郑绍华等（2004）为准。

内蒙古中部地区的鼢鼠类化石相当丰富，发现于多个晚中新世和上新世地点，其中二登图和比例克的标本和阿木乌苏地点的部分材料已有记述（Qiu et Storch，2000；郑绍华等，2004；崔宁，2010）。本书仅描述产自阿木乌苏、巴伦哈拉根、宝格达乌拉和高特格地点未作详细研究的标本。这些材料数千件，几乎都是脱落的牙齿，归入 2 属 4 种。

原鼢鼠属 *Prosiphneus* Teilhard de Chardin，1926

模式种 *Prosiphneus licenti* Teilhard de Chardin，1926：甘肃庆阳，晚中新世，保德期。

归入种 *Prosiphneus eriksoni*（Schlosser，1924）：内蒙古，晚中新世晚期（保德期）。*P. murinus* Teilhard de Chardin，1942：山西，晚中新世—早上新世（保德期—高庄期）。*P. tianzhuensis*（Zheng et Li，1982）：甘肃，晚中新世（保德期）。*P. qiui* Zheng et al.，2004：内蒙古，晚中新世早期（灞河期）。*P. haoi* Zheng et al.，2004：甘肃，晚中新世早中期（灞河期）。

特征　小型鼢鼠。间顶骨方形，位于人字脊两翼连线之后。枕盾面显著突出于人字脊之后（凸枕型）。头骨眶间区相对狭窄。枕区无鳞骨。M1 具二或三个齿根。m1 的 ac 偏向颊侧或居中，bra2 位置与 lra3 相对；M1 的珐琅质参数 A 和 m1 的珐琅质参数 a 和 e 值接近于零（引自 Liu et al.，2013 修订）。

评述　*Prosiphneus* 无疑是鼢鼠中最原始和基干的类群，国内学者曾认为该属可能由中中新世晚期的近古仓鼠 *Plesiodipus* 演化而来（邱铸鼎等，1981；李传夔、计宏祥，1981；邱铸鼎，1996b），郑绍华等（2004）甚至相信 *Prosiphneus* 起源于 *Plesiodipus* 中较进步的 *Pl. progressus*。然而，根据对内蒙古中部地区 *Plesiodipus* 的研究，*Pl. progressus* 在中中新世晚期至晚中新世早期已极为特化，不大可能衍生出 *Prosiphneus*（见前）。郑绍华等（2004）命名的 *P. qinanensis* 由于保留了一些 *Plesiodipus* 的特征而被认为是最原始的鼢鼠。不过，据对其正型标本的重新观察，正模（m1，IVPP V 14043）的 ac 偏向前颊侧，颊侧主尖明显较方形，下后尖（t3）不直接与下原尖（t2）连接，颊侧褶沟浅，bra1 呈方形；m2（V 14044.2）颊、舌侧褶沟近对向排列。我们认为这些并不符合 *Prosiphneus* 或鼢鼠科的鉴定特征，而与 *Plesiodipus* 的属征更接近，显然归入后者较合适。*Pr. qiui* 属于鼢鼠类中最原始的种，其保留有一些与 *Gobicricetodon* 和 *Khanomys* 属相似的形态，因此鼢鼠科从近古仓鼠亚科中与 *Gobicricetodon* 或 *Khanomys* 相似的一支演化而来，或者它们有共同祖先的可能性更大。

邱氏原鼢鼠　*Prosiphneus qiui* Zheng，Zhang et Cui，2004

（图 206、207；表 91）

Prosiphneus sp. nov.：Qiu，1988，p. 834
Pr. inexpectatus：Zheng：1994，p. 57，figs. 10，12
Prosiphneus sp. nov.：邱铸鼎，1996b，157 页，表 75
Prosiphneus sp. nov.：邱铸鼎、王晓鸣，1999，126 页

归入标本　苏尼特右旗阿木乌苏地点：28 枚臼齿（2 M1，4 M2，3 M3，6 m1，11 m2，2 m3），V 19907.1-28。苏尼特左旗巴伦哈拉根（IM 0801 地点）：145 枚臼齿（30 M1，29 M2，16 M3，26 m1，30 m2，14 m3），V 19908.1-145。

测量　见表 91。

表 91　内蒙古阿木乌苏和巴伦哈拉根邱氏原鼢鼠臼齿测量

Table 91　Measurements of molars of *Prosiphneus qiui* from Amuwusu and Balunhalagen，Nei Mongol（mm）

Tooth	Length			Width	
	N	Mean	Range	Mean	Range
阿木乌苏 Amuwusu					
M1	2	2.85	2.79-2.91	1.88	1.83-1.92
M2	3	2.33	2.23-2.42	1.94	1.70-2.08
M3	3	2.06	2.04-2.10	1.81	1.83-1.89
m1	3	2.78	2.64-2.89	1.50	1.33-1.68
m2	5	2.57	2.35-2.72	1.96	1.68-2.07
m3	2	2.54	2.48-2.60	1.79	1.61-1.97
巴伦哈拉根 Balunhalagen					
M1	21	2.93	2.50-3.21	1.85	1.09-2.41
M2	27	2.33	1.85-2.78	1.94	1.53-2.27
M3	14	2.23	1.88-2.57	1.88	1.68-2.12
m1	15	2.98	2.76-3.27	1.77	1.53-2.05
m2	24	2.62	2.31-3.06	2.01	1.65-2.33
m3	13	2.33	1.98-2.65	1.95	1.74-2.25

特征 个体相对较小。高冠齿，但在 *Prosiphneus* 属中为最低者。M1-3 的 T4 发育有釉岛，M3 的 BRA2 多封闭。年轻个体的上臼齿残留有中脊、下臼齿保留下中脊和下外中脊的痕迹，m1 的前部具有单或双釉岛。臼齿颊、舌两侧珐琅质曲线较平缓，大多远低于各侧褶沟沟底，M1 和 m1 的珐琅质参数值都较小（引自郑绍华等，2004）。

描述 M1 冠面长卵圆形，颊侧褶角较舌侧褶角尖锐，颊侧褶沟（BRA1 和 BRA2）后内向、延伸较深，舌侧褶沟（LRA1 和 LRA2）前外向、延伸浅，前部褶角（LSA1 和 BSA1）明显比后部褶角小，褶沟交错排

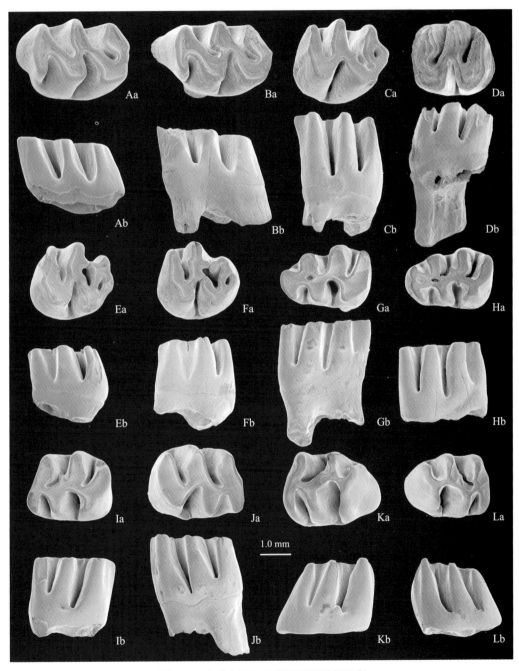

图 206　内蒙古阿木乌苏邱氏原鼢鼠臼齿

Fig. 206　Molars of *Prosiphneus qiui* from Amuwusu，Nei Mongol

Aa, Ab. l M1（V 19907.1），Ba, Bb. l M1（V 19907.2），Ca, Cb. l M2（V 19907.3），Da, Db. r M2（V 19907.4），Ea, Eb. l M3（V 19907.5），Fa, Fb. l M3（V 19907.6），Ga, Gb. l m1（V 19907.7），Ha, Hb. l m1（V 19907.8），Ia, Ib. l m2（V 19907.9），Ja, Jb. r m2（V 19907.10），Ka, Kb. l m3（V 19907.11），La, Lb. r m3（V 19907.12）；Aa-La. 冠面视（occlusal view），Ab-Lb. 侧面视（laterial view，上臼齿颊侧视 upper molars—buccal view，下臼齿舌侧视 lower molars—lingual view）

列。AL 横向，随着磨蚀通常由微凹的一字形变成前缘微凸的扇形。连接 AL 与 T1 之间的斜脊粗壮而长，少量轻微磨蚀标本的斜脊有向颊侧伸出的小突起或刺（？残留的原脊 I）。在巴伦哈拉根标本中，个别开始磨蚀的牙齿上，BSA2 前壁有一小刺（？残留的原脊 I），少量磨蚀轻微牙齿连接 T3 与 T2 齿脊的颊侧有一小突或刺，可能为退化的中脊痕迹，一些近达中等磨蚀程度的 T4 后部中央有明显的釉岛。珐琅质曲线远离褶沟底端，颊侧的较平缓、后方略微升高，舌侧的较起伏不平，在 LSA2 处呈波峰状。三齿根，但

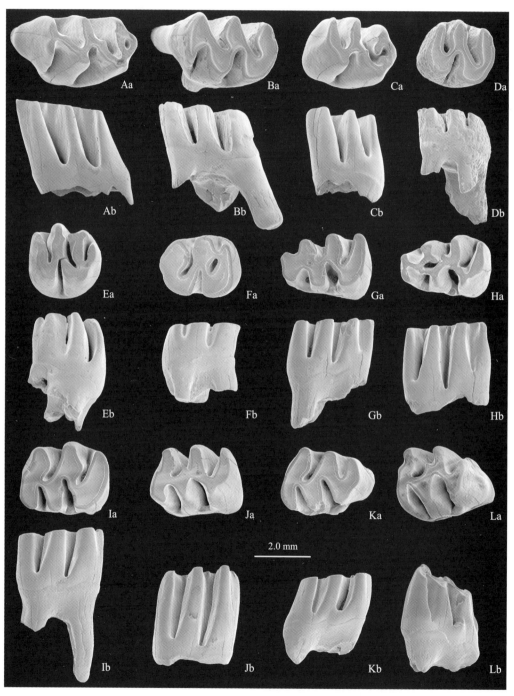

图 207　内蒙古巴伦哈拉根邱氏原鼢鼠臼齿

Fig. 207　Molars of *Prosiphneus qiui* from Balunhalagen，Nei Mongol

Aa，Ab. l M1（V 19908.1），Ba，Bb. l M1（V 19908.2），Ca，Cb. L M2（V 19908.3），Da，Db. l M2（V 19908.4），Ea，Eb. l M3（V 19908.5），Fa，Fb. r M3（V 19908.6），Ga，Gb. l m1（V 19908.7），Ha，Hb. l m1（V 19908.8），Ia，Ib. l m2（V 19908.9），Ja，Jb. l m2（V 19908.10），Ka，Kb. l m3（V 19908.11），La，Lb. l m3（V 19908.12）；Aa–La. 冠面视（occlusal view），Ab–Lb. 侧面视（laterial view，上臼齿舌侧视 upper molars—lingual view，下臼齿颊齿视 lower molars—buccal view）

在巴伦哈拉根的少数牙齿中(4/18)，颊侧齿根分开而成四齿根。

M2 前部与 M1 的不同是无 LSA1 和 LRA1，咀嚼面构造近正 ω 型。BSA1 横向，前端平直，比 BSA3 短；BSA2 比 BSA1 和 BSA3 都长而突出。BRA1 近横向或轻微后内向，深入冠面较浅，BRA2 明显后内向，深入冠面深。在磨蚀程度轻的标本中，部分连接 T2 和 T3 的脊上似有残留的中脊；另外，个别巴伦哈拉根标本中 T2 前壁有小的突起、T2 后壁有小的后刺。T4 有明显的釉岛，随着磨蚀加深釉岛消失。颊、舌侧的珐琅质曲线都低于褶沟底，舌侧的轻微起伏。三齿根，其中舌侧牙根较宽扁，但在巴伦哈拉根的少量牙齿中(5/20)具四根。

M3 形态大体与 M2 者相似，但后部较窄缩。BSA2 明显比 BSA1 和 BSA3 突出。一些标本上的 BSA2 后壁和 BSA3 前壁有小刺，多数标本的 T4 上有釉岛，少数 BSA3 后部有往后内向伸出的额外褶角。BRA2 较窄，BSA3 多向前凸起，紧贴或封闭 BRA2。侧面的珐琅质曲线较平缓，远离褶沟低端。三齿根。

m1 前缘较圆滑或中间轻微凹陷；冠面形态随着磨蚀而发生变化。在轻度磨蚀标本上，ac 由小的 bsa3 和横向拉长的 lsa4 组成，其上釉岛发育。舌侧褶沟比颊侧的明显深；bra2 和 bra1 在冠面上的延伸浅，开口较开阔，随磨蚀而逐渐变窄，沟底常发育有小的尖突；lra3 在冠面上的延伸浅，lra2 和 lra1 则较深；lra3 较 bra2 前位、两者相对排列；t3 与 t2 之间未形成齿质桥，但也存在釉岛；t2 与 t1 间的齿质桥窄，颊、舌侧各有一个小刺(可能为下外中脊和下中脊的残留)。中老年个体上，ac 上的釉岛消失，但 t3 与 t2 之间的釉岛仍存，连接 t2 与 t1 齿脊两侧的小刺不存在。珐琅质曲线都远低于褶沟沟底，且起伏较缓，颊侧高峰在 bsa2 处，舌侧则在 lsa3 处。双齿根。

m2 冠面近矩形，无 lsa4。lsa3 与 bsa3 融合构成前部强大的斜脊，前缘中部微凹。bra2 与 lra2 相对排列，bra1 和 lra1 交错排列。在磨蚀初期的牙齿上，连接 t2 和 t1 的脊舌侧有小刺，随着磨蚀逐渐消失。bsa1 远短于 bsa2 和 bsa3，与 lsa1 融合形成后部强大的斜脊 pl。颊、舌侧褶沟分别前内向和前外向深入冠面。1 件标本颊侧褶沟 bra1 的沟底齿带上有明显的尖突。珐琅质曲线低于褶沟底，颊侧的较平缓，舌侧的则明显起伏、在 lsa3 和 lsa2 处形成波峰。双齿根。

m3 冠面形态与 m2 者相似，但后部收缩，齿体明显向后弯曲，lsa1 较短、bsa1 拉长。bsa3 和 lsa3 融合形成牙齿前方粗壮的斜脊，bra2 窄、与 lra2 相对排列，pl 较窄小。在轻微磨蚀的标本上，连接 t2 与 t1 脊的舌侧残留有下中脊状的小刺，中等磨蚀后小刺消失。舌侧褶沟 lra2 沟底有小的尖突。珐琅质曲线远低于褶沟底，自前向后逐渐降低。双齿根。

比较与讨论 阿木乌苏和巴伦哈拉根材料具有如下形态特征：臼齿高冠，高度脊形化，齿尖成典型的三角褶状，M1 具前叶(AL)，m1 具前帽(ac)。形态上与中中新世晚期常见的 *Plesiodipus* 有相似之处，但 *Plesiodipus* 的 M1 前边尖(=前叶)通常较小或与原尖(=T1)形成斜脊，M2 呈强烈的斜 ω 型，m1 的下前边尖(=前帽)较短小，下后尖(=t3)不与下原尖(=t2)直接连接，m1-3 的下原尖(=t2)和下内尖(=t1)形成强大的斜脊，下后边谷(=lra1)深入冠面较浅。显然，所述标本的形态有别于 *Plesiodipus* 属者，而与鼢鼠中的 *Prosiphneus* 的特征一致。

Zheng 等(2004)依据内蒙古阿木乌苏的材料建立了 *Prosiphneus qiui*，本书描述的材料无论是在大小还是形态上都与其十分一致：臼齿上的珐琅质曲线不甚起伏，而且都远低于各侧褶沟底；磨蚀程度较轻的标本保留有釉岛、中脊、下中脊和下外中脊的痕迹；上臼齿多为三齿根等。本书描述的阿木乌苏材料产自 *P. qiui* 的模式地点，是该种材料的补充。巴伦哈拉根的牙齿的尺寸比阿木乌苏的略大，m1 前部多只保留 1 个釉岛，这里解析为进步的性状，可能指示了巴伦哈拉根化石层的时代比阿木乌苏者略晚。

正如在属征中的评述，由于"*Prosiphneus qinanensis*"与 *Plesiodipus* 的类似，它不应归入 *Prosiphneus* 属，又由于 *Pr. qiui* 与 *Plesiodipus* 属之间在形态上存在显著差异，使 *Prosiphneus* 不可能是由中中新世晚期的 *Plesiodipus* 属衍生而来。值得注意的是，*Pr. qiui* 的年轻个体上保留有釉岛、中脊、下中脊和下外中脊，其中 M1-3 后部的釉岛在中中新世晚期的 *Gobicricetodon* 如 *G. flynni* 中很常见，m1 的 ac 上的釉岛可视为由双支的下前边脊围合而成，t3 与 t2 之间的釉岛是由下后脊 I 和 II 围合而成，在 *Gobicricetodon* 上也可观察到类似情况。中脊、下中脊和下外中脊在 *Gobicricetodon* 上通常较发达，在 *Pr. qiui* 上已经非常退化，而且仅在年轻个体上出现。基于此，我们认为 *Pr. qiui* 是现知最原始的鼢鼠，似乎也有理由推测它与中中新世晚期常见的近古仓鼠类中的 *Gobicricetodon* 有较密切的关系，很可能是早期的某一种群，朝着齿冠增高和牙齿脊形化方向演化的后裔。

艾力克原鼢鼠 *Prosiphneus eriksoni*（Schlosser，1924）

（图 208；表 92）

Siphneus eriksoni：Schlosser，1924，p. 36，pl. III，figs. 5-11

Myotalpavus eriksoni：Miller，1927，p. 16

?*Prosiphneus eriksoni*：Flynn et al.，1991，p. 246，fig. 4，table 2

?*Prosiphneus eriksoni*：Tedford et al.，1991，p. 519，fig. 4，table 2

Pliosiphneus sp. 1：Zheng，1994，p. 51，figs. 2，7，10-12，table 1

Myotalpavus eriksoni：Zheng，1994，p. 66，figs. 5-7，table 1

Prosiphneus sp.：Qiu et al.，2006，p. 181，appendix

Prosiphneus sp.（Baogeda Ula）：Qiu Z D et al.，2013，p. 177，appendix

材料 阿巴嘎旗宝格达乌拉：IM 0702 地点，14 枚臼齿（4 M1，2 M2，5 m1，3 m2），V 19909.1-14；IM 0703，1 枚残破的右 M1，V 19910。

测量 见表 92。

表 92　内蒙古宝格达乌拉和二登图的艾力克原鼢鼠臼齿测量

Table 92　Measurements of molars of *Prosiphneus eriksoni* from Baogeda Ula and Ertemte，Nei Mongol（mm）

Tooth	Length			Width	
	N	Mean	Range	Mean	Range
宝格达乌拉 Baogeda Ula，IM0702					
M1	2	2.88	2.82-2.94	1.79	1.61-1.96
M2	2	2.36	2.35-2.37	2.06	1.84-2.27
m1	4	3.01	2.80-3.36	1.81	1.56-2.03
m2	2	2.69	2.56-2.89	2.35	2.20-2.51
二登图 2 Ertemte 2					
M1	20	2.99	2.74-3.25	2.05	1.59-2.50
M2	20	2.30	2.01-2.61	2.07	1.63-2.59
M3	20	1.95	1.63-2.30	1.73	1.40-2.03
m1	20	3.05	2.58-3.41	1.82	1.53-2.08
m2	20	2.61	2.27-2.83	2.15	1.62-2.52
m3	20	2.08	1.73-2.37	1.75	1.51-2.11

注：二登图 2 材料的数据系随机选取郑绍华等（2004）和崔宁（2010）研究过的部分标本［Measurements for Ertemte 2 material are taken from the specimens described by Zheng et al.（2004）and Cui（2010）］

特征 第一臼齿颊、舌侧的珐琅质曲线明显起伏，曲线的波峰高于相邻褶沟的沟底，但上升的高度仍远离冠面。M1 和 M2 分别具二和三齿根。M1 颊侧珐琅质参数 A 大于零。m1 的 ac 椭圆形，多偏向颊侧，磨蚀早期保留有釉岛；bra2 与 lra3 横向相对排列；舌侧珐琅质参数 a 值为零，b、c、d 和 e 值显著大（引自崔宁，2010 修订）。

描述 M1 的 AL 短宽，前缘随牙齿磨蚀从微凹变成微凸。LSA1 和 BSA1 比后部褶角小，LSA2 和 LSA3 似方形，BSA2 和 BSA3 呈三角形。舌侧褶沟 LRA1 在冠面上延伸最浅，LRA2 稍深，都较横向或轻微前外向。颊侧褶沟 BRA1 和 BRA2 强烈后内向深入冠面较深。颊侧褶沟向根部延伸也远大于舌侧褶沟；颊侧珐琅质曲线强烈起伏，波峰都超过褶沟底；舌侧珐琅质曲线前低后高，强烈起伏，LSA1 处的曲线较平直，远低于 LRA1 沟底，而 LSA2 和 LSA3 处的波峰则超过 LRA1 沟底。具双齿根，齿根扁平，前部齿根由前、舌齿根愈合而成。

M2 冠面构造正 ω 型。舌侧褶角 LSA2 和 LSA3 较圆滑，颊侧褶角 BSA1–3 则较尖锐，其中 BSA2 突出颊侧最长。舌侧褶沟 LRA2 近横向，深入冠面较浅，颊侧褶沟 BRA1 和 BRA2 深入冠面较深。无任何残留中脊的痕迹。T4 无釉岛发育。三齿根，前、后齿根较宽扁，舌侧中间小根较细小。

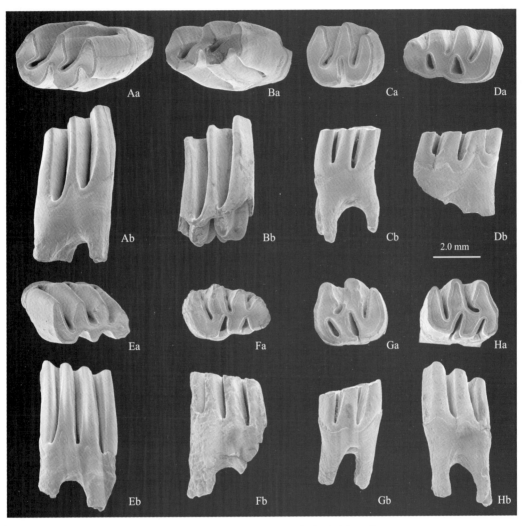

图 208　内蒙古宝格达乌拉艾力克原鼢鼠臼齿

Fig. 208　Molars of *Prosiphneus eriksoni* from Bageda Ula, Nei Mongol

Aa, Ab. r M1 (V 19909.1)，Ba, Bb. r M1 (V 19909.2)，Ca, Cb. r M2 (V 19909.3)，Da, Db. l m1 (V 19909.4)，Ea, Eb. r m1 (V 19909.5)，Fa, Fb. r m1 (V 19909.6)，Ga, Gb. l m2 (V 19909.7)，Ha, Hb. r m2 (V 19909.8)；Aa–Ha. 冠面视 (occlusal view)，Ab–Hb. 侧面视 (laterial view，上臼齿颊侧视 upper molars—buccal view，下臼齿舌侧视 lower molars—lingual view)

m1 颊侧褶角窄小，舌侧褶角则横向拉长。ac 小，椭圆形，两件磨蚀轻微的标本有釉岛，磨蚀加深后消失。lra3 和 bra2 近横向相对排列，ac 与 t3 之间的连接前外-后内向倾斜。t3 与 t2 磨蚀加深后形成斜脊。颊侧褶沟向根部延伸深度较舌侧的浅得多，bra2 和 bra1 沟底偶见小的尖突；在深磨蚀的标本中，bra2 和 bra1 封闭成环。无任何下中脊和下外中脊的残留。颊、舌侧珐琅质曲线起伏明显，lsa3 处的波峰最高，超过所有褶沟沟底，lsa2 处也形成小的波峰，超过 lra1 的沟底，几与 lra2 及 lra3 的沟底持平。双齿根。

m2 颊、舌侧各有 3 个褶角，颊侧褶角较圆且短，舌侧褶角较尖且长。bsa3 和 lsa3 构成牙齿前部粗大的横脊。颊侧褶角前内向延伸浅，舌侧褶角延伸较深，其中 lra2 指向前外侧，而 lra1 则近横向。珐琅质曲线在颊侧较平直，舌侧的则明显起伏，在 lsa2 处形成波峰，接近或稍高于 lra2 和 lra1 的沟底。双齿根。

比较与讨论 宝格达乌拉标本具有典型 *Prosiphneus* 的特征：臼齿具有分离的齿根；M2 的冠面形态为正 ω 型；m1 的 ac 较居中对称、相对牙齿长度较短，lra3 和 bra2 对向排列；M1 颊侧珐琅质参数 A 和 m1 舌侧珐琅质参数 a，d 和 e 接近 0 等。其尺寸明显较 *Prosiphneus qiui* 的大，齿冠较高，M1-3 和 m1 缺乏釉岛，无中脊和下中脊的残留，侧面珐琅质曲线相对较起伏，高度超过褶沟底。标本中 M1 和 m1 的珐琅质曲线参数 B、C 及 b、c 较大，大于甘肃庆阳和秦安的 *P. licenti*、山西榆社的 *P. murinus* 和甘肃天祝的 *P. tianzhuensis*（郑绍华等，2004）。根据臼齿的大小、形态和珐琅质曲线参数值判断，宝格达乌拉材料应归入 *P. eriksoni*。

Prosiphneus eriksoni 由 Schlosser（1924）依据内蒙古二登图 1 地点的材料建立，最先归入 *Siphenus*，Miller（1927）为之创建新属 *Myotalpavus*，Teilhard de Chardin 和 Young（1931）最后将其归入 *Prosiphneus* 属，废弃 *Myotalpavus*。20 世纪 80 年代对二登图地点进行过再次发掘，*P. eriksoni* 材料得到大量增加，郑绍华等曾对这批标本进行了珐琅质参数测量，崔宁做过详细的研究（Fahlbusch et al.，1983；郑绍华等，2004；崔宁，2010）。该种的材料还见于山西榆社高庄组和甘肃灵台剖面（Flynn et al.，1991；Tedford et al.，1991；崔宁，2010）。*P. eriksoni* 的相似种见报于内蒙古比例克早上新世地点（Qiu et Storch，2000），不过比例克的材料无论是臼齿尺寸还是珐琅质曲线参数上都明显比二登图和宝格达乌拉 *P. eriksoni* 的大。郑绍华等和崔宁都认为比例克的 *P.* cf. *P. eriksoni* 与 Teilhard de Chardin（1942）记述的山西榆社的 *P. lyratus* 为同一种，并将其归入 *Pliosiphneus* 属。如果他们的鉴定准确的话，那么到目前为止，*P. eriksoni* 仅出现于中国北方晚中新世晚期至上新世早期地层。

日进鼢鼠属 *Chardina* Zheng，1994

模式种 *Prosiphneus truncatus* Teilhard de Chardin，1942：山西榆社县高庄，上新世，高庄期。

归入种 *Chardina sinensis*（Teilhard de Chardin et Young，1931）：山西、陕西和甘肃，早上新世（高庄期）。*C. teilhardi*（Zhang，1999）：甘肃，上新世晚期（麻则沟期）。*C. gansuensis* Liu et al.，2013：内蒙古、甘肃，早上新世（高庄期）。

特征 间顶骨半圆形，位于人字脊之前；头骨枕盾面轻微突出于人字脊之后；枕上突弱；枕区鳞骨呈三角形；矢状区后部下凹，其宽度约为眶间宽度的 1.8 倍。臼齿具牙根，相对低冠；M1 的齿根愈合成单齿根；m1 的珐琅质参数 a 值接近零（引自 Liu et al.，2013）。

评述 郑绍华（1994）按照头骨枕突的形态，将鼢鼠科分为凸枕型的原鼢鼠亚科（Prosiphneinae）、凹枕型的中鼢鼠亚科（Mesosiphneinae）和平枕型的鼠鼹亚科（Myospalacinae），根据头骨特征建立了 *Chardina* 属，并将其归入凹枕型的中鼢鼠亚科之中。稍后，郑绍华（1997）初步总结了这三种类型鼢鼠 m1 的特征，其中 *Chardina* 属于臼齿有根的凹枕型鼢鼠，指出其 m1 具有以下特征：1）前帽（ac，=前叶或 AL）短宽，牙齿纵轴的颊侧部分比舌侧部分明显小；2）舌侧前褶沟（lra3）在冠面上延伸深，通常达到或超过齿宽之半，其前壁几与牙纵轴垂直；3）颊侧褶沟（bra2）在冠面延伸浅，明显位于舌侧前褶沟之后，前壁与齿纵轴斜交；4）前帽相对牙齿长度（acl/l）较大。刘丽萍等（Liu et al.，2013）进一步强调了该属的有效性，对属的特征及归入种进一步做了修订和厘定，并建立新种 *C. gansuensis*。

甘肃日进鼢鼠 *Chardina gansuensis* Liu，Zheng，Cui et al.，2013

（图 209、210；表 93-95）

Prosiphneus sinensis：Teilhard de Chardin et Young，1931，p. 14，pl. IV，fig. 1；pl. V，fig. 5

Prosiphneus spp.：Li et al.，2003，p. 108，table 1，partim

Chardina zhengi sp. nov.：李强，2006，68 页

Chardina sp.（Gaotege）：Qiu Z D et al.，2013，p. 177，appendix

材料 阿巴嘎旗高特格：DB 02-1 地点，40 枚臼齿（8 M1，4 M2，9 M3，10 m1，4 m2，5 m3），V 19911.1-40；DB 02-2，19 枚臼齿（2 M1，2 M2，4 M3，4 m1，1 m2，6 m3），V 19912.1-19；DB 02-3，32 枚臼齿（4 M1，2 M2，4 M3，10 m1，9 m2，3 m3），V 19913.1-32；DB 02-4，28 枚臼齿（6 M1，8 M2，

2 M3, 4 m1, 4 m2, 4 m3), V 19914.1-28; DB 02-5, 4 枚臼齿(3 M1, 1 m3), V 19915.1-4; DB 02-6, 5 枚臼齿(1 M1, 3 M2, 1 m1), V 19916.1-5; DB 03-1, 2 枚臼齿(1 M2, 1 m3), V 19917.1-2; DB 03-2, 6 枚臼齿(1 M1, 1 M2, 1 M3, 1 m1, 1 m2, 1 m3), V 19918.1-6。

测量 见表 93。

表 93 内蒙古高特格甘肃日进鼢鼠臼齿测量
Table 93 Measurements of molars of *Chardina gansuensis* from Gaotege, Nei Mongol (mm)

Tooth	Length			Width	
	N	Mean	Range	Mean	Range
M1	23	3.37	3.00-3.72	2.33	1.80-2.30
M2	19	2.63	2.30-3.00	2.39	1.80-2.90
M3	19	2.14	1.70-2.70	1.84	1.20-2.30
m1	23	3.70	2.80-4.30	2.22	1.30-2.80
m2	17	2.90	2.60-3.20	2.46	1.80-3.00
m3	15	2.24	1.80-2.80	2.00	1.70-2.30

特征(增订) 个体较小,第一臼齿的长度一般不超过 4 mm;齿冠相对较低;齿根高度愈合为单根;m1 的 ac 短宽、不对称,舌侧部分大于颊侧部分,bra2 与 lra3 明显交错排列;珐琅质曲线在颊、舌侧强烈起伏,参数值大于 *Prosiphneus* 者,明显小于 *Chardina truncatus* 者(增订源自崔宁,2010)。

描述 M1 的 AL 较窄小,LSA1 远小于后部的 LSA2 与 LSA3,BSA1 横向上也远窄于 BSA2 与 BSA3。舌侧褶角圆钝,颊侧褶角尖锐,BSA2 与 BSA3 向前凸起。连接三角褶的齿质桥狭窄。舌侧褶沟横向延伸浅、狭窄;颊侧褶沟后内向延伸则较深、开口宽阔。LRA2 向根部延伸最浅,LRA1 较深,BRA1 与 BRA2 最深。颊、舌侧的珐琅质曲线强烈起伏,在褶角处形成波峰,除在 LSA1 处较低外,其余处均远远高于相邻褶沟沟底。齿根愈合为前后向的扁长单根。

M2 冠面构造斜 ω 型。BSA1 后外向延伸,BSA3 与 BSA2 近横向,其中 BSA2 最长,BSA1 最短。舌侧 LRA2 大多后外向延伸浅,颊侧的 BRA1 与 BRA2 后内向延伸较深。LRA2 向根部延伸明显浅于 BRA1 与 BRA2,BRA1 略低于 BRA2 或与之相齐。颊、舌侧的珐琅质曲线强烈起伏,舌侧在 LSA2 与 LSA3 处形成波峰,远高于 LRA2 沟底,颊侧在 BSA1-3 形成波峰,其中在 BSA1 处较低,但也高于相邻的 BRA1,在 BSA2 与 BSA3 处则形成非常高的波峰,远远高于 BRA1 与 BRA2 的沟底。齿根同 M1 一样愈合为单根。

M3 咀嚼面形态基本上与 M2 者相似,但尺寸小,后部明显收缩,BSA1 往颊侧延伸的长度超过 BSA3。通常舌侧只有 LRA2,前外向延伸,少数轻微磨蚀标本(6/20)LSA3 之后还发育有一条小的褶沟。个别标本(3/20)T4 上有釉岛。颊、舌侧珐琅质曲线强烈起伏,在褶角处形成波峰,其中在 LSA2、BSA2 和 BSA3 处的波峰分别远高于 LRA2、BRA1 与 BRA2 的沟底。单齿根。

m1 前窄后宽。颊侧褶角圆钝,舌侧的 lsa1-3 相对尖锐。大多数标本的 ac 较大,椭圆形,前内-后外向拉伸,不对称,lsa4 大于 bsa3。在三枚磨蚀极轻的牙齿中,ac 前缘有明显的凹陷。在磨蚀程度较高的多数标本(17/27)上,lra3 与 bra2 交错排列,lra3 明显比 bra2 前位,磨蚀程度较轻的少数标本(10/27)上两者近对向排列。lra3-1 在冠面的延伸长度从前往后依次递增。连接三角褶之间的齿质桥狭窄。颊侧褶沟向根部延伸浅,舌侧的较深,其中 lra2 最深。珐琅质曲线强烈起伏,在褶角处形成波峰,都高于相邻褶沟沟底,颊侧褶角处的波峰高值比舌侧的小。单齿根。

m2 舌侧明显凸出。颊侧褶角圆钝,其中 bsa3 明显小于 bsa2 与 bsa1,并与 lsa3 形成前部粗壮、强烈后内向倾斜的斜脊;舌侧褶角 lsa1 长度明显短于 lsa2 与 lsa3 者。颊、舌侧褶沟交错排列,颊侧褶沟比相应的舌侧褶沟前位,都朝前倾斜;颊侧褶沟延伸较浅,舌侧褶沟的则非常深。颊侧褶沟向根部的延伸浅,舌侧褶沟明显深,bra2 与 bra1、lra2 与 lra1 近等深;珐琅质曲线强烈起伏,在褶角处形成波峰,远高于相邻褶沟沟底,舌侧的波峰高于颊侧者。单齿根。

m3 基本形态与 m2 的相似,但个体小,bsa3 明显小,后部的 bsa1 和 lsa1 很收缩,齿体明显朝后颊向

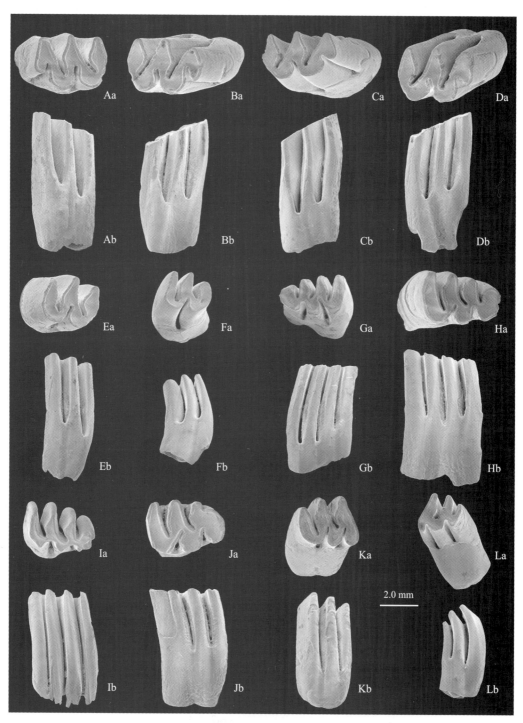

图 209　内蒙古高特格甘肃日进鼢鼠臼齿

Fig. 209　Molars of *Chardina gansuensis* from Gaotege，Nei Mongol

Aa，Ab. l M1（V 19911.1），Ba，Bb. r M1（V 19911.2），Ca，Cb. r M1（V 19911.3），Da，Db. r M1（V 19911.4），Ea，Eb. l M2（V 19911.5），Fa，Fb. l M3（V 19911.6），Ga，Gb. l m1（V 19911.7），Ha，Hb. r m1（V 19911.8），Ia，Ib. r m1（V 19911.9），Ja，Jb. r m1（V 19911.10），Ka，Kb. r m2（V 19911.11），La，Lb. l m3（V 19911.12）；Aa–La. 冠面视（occlusal view），Ab–Lb. 侧面视（laterial view，上臼齿颊侧视 upper molars—buccal view，下臼齿舌侧视 lower molars—lingual view）

弯曲。bra2 与 lra3 轻微交错或近对向排列。颊侧珐琅质曲线的起伏不强烈，但在 bsa1 与 bsa2 处的高度超过 bra1 与 bra2 的沟底；舌侧珐琅质曲线起伏较强烈，在 3 个褶角处均形成波峰，远高于其相邻的褶沟底。单齿根。

比较与讨论　高特格材料具有如下的特征：臼齿尺寸比 *Prosiphneus* 的大；齿根愈合为单根；上臼齿颊侧、下臼齿舌侧褶沟在冠面上的延伸深；m1 的 ac 短宽、不对称，舌侧部分明显大于颊侧部分；bra2 与 lra3 交错排列；珐琅质曲线强烈起伏，参数值较高。这些特征符合 Zheng（1994，1997）所赋予臼齿有根的凹枕型鼢鼠的定义。目前，凹枕型鼢鼠仅有 3 属，*Chardina*、*Mesosiphneus* 和 *Youngia*，其中 *Youngia* 的臼齿无齿根。虽然 *Mesosiphneus* 的臼齿有齿根，但其个体明显较大，珐琅质曲线剧烈起伏，参数值更高大，m1 的 a 值远大于零。无论是尺寸、形态还是珐琅质曲线参数，高特格的材料都与 *Chardina* 最为接近，因此归入该属。

现知 *Chardina* 属的 4 个种，*C. truncatus* 发现于山西榆社，甘肃灵台、秦安和河北泥河湾等地，时代为上新世早期至晚期；*C. sinensis* 发现于山西河曲、陕西府谷和神木（刘丽萍等将神木的 C/22 标本排除出该种），以及甘肃灵台和秦安，时代为晚中新世晚期至上新世早期；*C. teilhardi* 仅见于甘肃宁县水磨沟上新世晚期地点，最初归入 *Mesosiphneus*，最近转置于 *Chardina* 属；*C. gansuensis* 为刘丽萍等最近基于甘肃秦安董湾早上新世材料建立的新种，目前只见于模式地点和陕西神木城东山（Teilhard de Chardin et Young，1931；Teilhard de Chardin，1942；Flynn et al.，1991；张兆群，1999；郑绍华、张兆群，2001；崔宁，2010；Liu et al.，2013）。

高特格标本的尺寸比 *C. truncatus* 者小，珐琅质曲线参数值也明显低（图 210，表 94、95）。尺寸上与 *C. sinensis* 和秦安、神木 *C. gansuensis* 标本难以区分，曲线参数值上低于 *C. truncatus* 和 *C. teilhardi*，而稍高于 *C. sinensis* 者，但与秦安、神木 *C. gansuensis* 的标本较为一致。鉴于此，高特格的材料被归入 *C. gansuensis*。

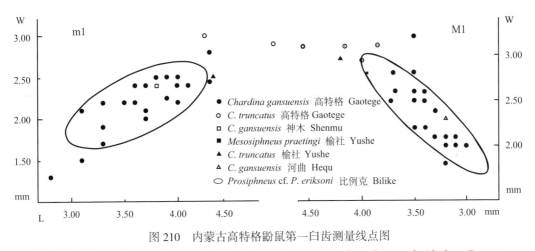

图 210　内蒙古高特格鼢鼠第一臼齿测量线点图

Fig. 210　Scatter diagram showing length and width in the first molars of myospalacids from Gaotege

表 94　中国原鼢鼠、日进鼢鼠和中鼢鼠上臼齿珐琅质参数测量

Table 94　**Measurements of parameters of enamel lines for the upper molars of *Prosiphneus*,**
**   *Chardina* and *Mesosiphneus* from China**

		P. cf. *P. eriksoni*	*C. gansuensis*		*C. truncatus*		*M. praetingi*
		比例克 Bilike	河曲 Hequ	高特格 Gaotege	榆社 Yushe	高特格 Gaotege	榆社 Yushe
M1	N		1	21	1	3	1
A	Range	0.15-2.10	0.60	1.10-2.70	>3.50	4.00，>4.0	>4.00
	Mean	0.99（46）		1.91（15）			
B	Range	0.80-2.90	1.80	1.90-3.40	>4.70	3.20，>3.40	>4.00
	Mean	1.97（46）		2.67（15）			
C	Range	0.80-2.40	1.80	1.60-2.80	4.10	3.90，>3.90	>4.40
	Mean	1.75（47）		2.14（15）			
D	Range	0.10-1.90	0.70	0.70-2.30	1.10	3.20，>3.60	>2.00
	Mean	1.12（44）		1.43（14）			

		P. cf. P. eriksoni	C. gansuensis		C. truncatus		M. praetingi
		比例克 Bilike	河曲 Hequ	高特格 Gaotege	榆社 Yushe	高特格 Gaotege	榆社 Yushe
M2	N	59	1	12	1	1	1
A	Range	0−1.90		0.90−3.60			
	Mean	0.96	0.30	1.65	3.00	3.00	4.20
B	Range	0−1.50		0−2.20			
	Mean	0.61	0.50	0.95	3.10	2.20	2.50
C	Range	0.75−1.90		1.15−2.10			
	Mean	1.29 (58)	1.10	1.71 (10)	3.40	>3.10	3.40
D	Range	0.40−2.30		1.00−1.90			
	Mean	1.18 (56)	0.70	1.52 (11)	1.50	>3.0	1.40
M3	N	41	−	15	1	1	1
A	Range	0−1.10		0−1.40			
	Mean	0.51	−	0.75 (14)	1.50	2.50	0
B	Range	0−0.50		0−1.10			
	Mean	0.12	−	0.16	0.90	0.90	0
C	Range	0.10−1.10		0.50−1.20			
	Mean	0.69	−	0.79	2.40	1.60	1.30
D	Range	0.10−0.80		0.50−1.20			
	Mean	0.41	−	0.79 (14)	2.00	1.50	1.10

表 95 中国原鼢鼠、日进鼢鼠和中鼢鼠下臼齿珐琅质参数测量

Table 95 Measurements of parameters of enamel lines for the lower molars of *Prosiphneus*, *Chardina* and *Mesosiphneus* from China

		P. cf. P. ericksoni	C. gansuensis		C. truncatus		M. praetingi
		比例克 Bilike	神木 Shenmu	高特格 Gaotege	榆社 Yushe	高特格 Gaotege	榆社 Yushe
m1	N	66	1	20	1	1	1
a	Range	0−0.80		0−0.99			
	Mean	0.02	0.30	0.22	0	0	0.80
b	Range	0.60−2.30		1.50−2.70			
	Mean	1.48 (57)	2.10	2.11 (13)	3.30	>3.10	4.20
c	Range	0.70−2.2		1.30−2.50			
	Mean	1.51 (57)	3.0	1.87 (15)	2.00	>3.20	4.30
d	Range	1.30−5.30		2.00−3.70			
	Mean	2.63 (40)	2.90	3.01 (7)	>4.60	>3.20	3.90
e	Range	0.60−4.50		1.30−4.30			
	Mean	2.12 (39)	1.90	2.79 (7)	>3.90	>2.20	>3.50
m2	N	66	1	11	1	2	1
b	Range	0.20−1.80		1.10−2.20			
	Mean	0.98 (64)	1.70	1.63	1.90	−	2.20
c	Range	0.60−2.10		1.00−2.30			
	Mean	1.25	1.90	1.69	1.70	3.20, 4.00	3.80
d	Range	0−4.00		1.30−2.80			
	Mean	2.03 (58)	3.0	2.06 (7)	>4.70	>4.40, 4.50	3.50
e	Range	0−3.20		1.20−2.55			
	Mean	1.58 (58)	1.70	1.72 (7)	>3.70	>3.70, 3.70	3.90

		P. cf. P. ericksoni	C. gansuensis		C. truncatus		M. praetingi
		比例克 Bilike	神木 Shenmu	高特格 Gaotege	榆社 Yushe	高特格 Gaotege	榆社 Yushe
m3	N	31	1	8	1	3	1
b	Range	0-0.70	0.80	0.60-1.50	>0.70	-, 3.20, -	1.50
	Mean	0.42		0.98			
c	Range	0.5-1.30	1.20	0.80-1.90	1.80	>2.40, 2.10, 2.30	1.90
	Mean	0.84		1.20			
d	Range	0-1.20	1.00	0.60-1.70	0.50	>1.90, 1.60, 1.60	1.10
	Mean	0.69 (30)		0.89			
e	Range	0-0.70	0	0.10-1.50	0	>1.30, 1.00, 0.70	0.80
	Mean	0.27 (30)		0.62			

峭枕日进鼢鼠 *Chardina truncatus* (Teilhard de Chardin, 1942)

(图 210、211；表 94-96)

Prosiphneus spp.：Li et al., 2003, p. 108, table 1, partim

Chardina cf. *C. truncatus*：李强，2006，63 页

Chardina sp. nov. (Gaotege)：Qiu Z D et al., 2013, p. 177, appendix

材料 阿巴嘎旗高特格：DB 02-1 地点，4 枚臼齿（1 m1，2 m2，1 残破 m3），V 19919.1-4；DB 02-2，3 枚臼齿（2 M1，1 M3），V 19920.1-3；DB 02-3，6 枚臼齿（1 M1，2 m1，2 m2，1 m3），V 19921.1-6；DB 02-4，7 枚臼齿（2 M1，2 M2，1 残破 m1，1 m2，1 m3），V 19922.1-7；DB 02-6，1 m2，V 19923。

测量 见表 96。

表 96 内蒙古高特格峭枕日进鼢鼠臼齿测量

Table 96　Measurements of molars of *Chardina truncatus* from Gaotege, Nei Mongol（mm）

Tooth	Length			Width	
	N	Mean	Range	Mean	Range
M1	4	4.14	3.85-4.55	3.07	2.96-3.10
M2	2	3.05	2.90-3.20	2.93	2.85-3.00
M3	1	-	2.70	-	2.25
m1	2	4.58	4.25-4.90	2.95	2.90-3.00
m2	4	3.31	3.10-3.50	2.71	2.20-2.90
m3	2	2.83	2.40-3.25	2.45	2.40-2.50

特征（增订） 个体较大，第一臼齿的长度接近或超过 4 mm；齿冠高；珐琅质曲线剧烈起伏，参数值大。

描述 M1 的 AL 窄小，LSA1 弱。舌侧褶角圆钝，颊侧褶角呈典型的三角褶状。舌侧的 LRA1 在冠面延伸较浅，LRA2 的延伸近达齿宽之半；颊侧的 BRA1 和 BRA2 的延伸较深，并强烈指向舌后向，开口宽阔。LRA1 向根部的延伸明显比 LRA2 深，颊侧褶沟深于 LRA1；珐琅质曲线剧烈起伏，在褶角处形成波峰，都远高于相邻的褶沟底；颊侧珐琅质曲线的波峰相对于褶沟底的绝对高度显著大于舌侧者。齿根愈合为前后扁长的单根。

M2 咀嚼面构造近斜 ω 型。舌侧褶角圆钝，颊侧褶角尖锐，BSA2 的长度大于 BSA1 和 BSA3 者。LRA2 后外向，BRA1 和 BRA2 后内向。LRA2 向根部的延伸明显浅于颊侧褶沟，BRA1 略深于 BRA2 或与之持平；珐琅质曲线剧烈起伏，在褶角处形成波峰，颊侧珐琅质曲线波峰相对于褶沟沟底的绝对值大于

舌侧者。单齿根。

M3 形态与 M2 的基本相似，但尺寸显著小，后部明显收缩。BSA3 较 BSA1 和 BSA2 明显圆钝。LRA2 近横向延伸近达齿宽之半，BRA1-2 后内向延伸超过齿宽之半。BRA1 沟底高于 BRA2，与 LRA2 近等深；颊侧珐琅质曲线的起伏高于舌侧者。单齿根。

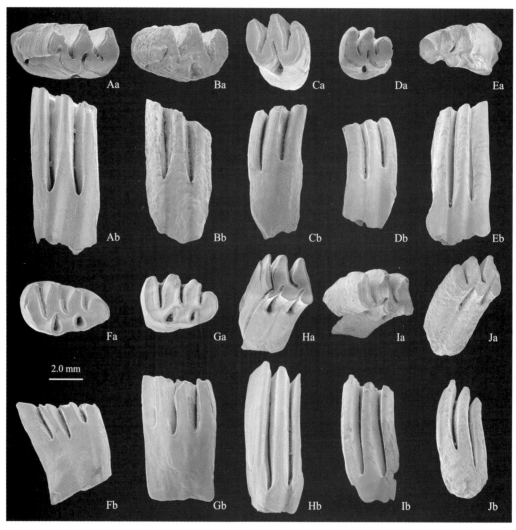

图 211　内蒙古高特格峭枕日进鼢鼠臼齿

Fig. 211　Molars of *Chardina truncatus* from Gaotege, Nei Mongol

Aa, Ab. l M1（V 19920.1），Ba, Bb. l M1（V 19921.1），Ca, Cb. l M2（V 19922.1），Da, Db. l M3（V 19920.2），Ea, Eb. boken l m1（V 19922.2），Fa, Fb. r m1（V 19921.2），Ga, Gb. r m1（V 19919.1），Ha, Hb. broken r m2（V 19921.3），Ia, Ib. r m2（V 19923），Ja, Jb. r m3（V 19922.3）；Aa-Ja. 冠面视（occlusal view），Ab-Jb. 侧面视（laterial view，上臼齿颊侧视 upper molars—buccal view，下臼齿舌侧视 lower molars—lingual view）

　　m1 前窄后宽。保存的标本均高度磨蚀。ac 椭圆形，前舌-后颊向拉伸，舌侧部分大于颊侧部分，明显不对称。颊侧褶角圆钝，舌侧褶角呈典型的三角褶状。lra3 与 bra2 交错排列，前者较后者前位。颊侧褶沟 bra1-2 浅，舌侧褶沟较深、延伸超过齿宽之半，lra3-1 从前往后依次加深。颊侧褶沟向根部延伸明显浅于舌侧者，舌侧褶沟以 lra2 最深，lra1 接近或稍浅于 lra2，lra3 最浅；颊侧珐琅质曲线起伏不甚强烈，舌侧者则剧烈起伏，在褶角处形成的波峰远高于相邻褶沟的沟底。单齿根。

　　m2 的前颊侧凸出，后缘较圆滑。bra3 小，与 lsa3 形成前部的斜脊。褶沟交错排列，颊侧者超前于相应的舌侧者，颊侧褶沟浅、前内向延伸，舌侧褶沟前外向延伸超过齿宽之半。lra2 和 lra1 向根部的延伸近等深；颊侧珐琅质曲线起伏不剧烈，舌侧珐琅质曲线则剧烈起伏，在褶角处形成的波峰远高于相邻褶沟沟底。单齿根。

m3 基本形态似 m2，但 lsa1 明显收缩，bsa3 也较弱小，齿体强烈朝后颊向弯曲。lra1 和 bra1 向根部的延伸比 lra2 与 bra2 者深；舌侧珐琅质曲线的起伏比颊侧的强烈，曲线在褶角处形成的波峰都远高于相邻褶沟沟底。单齿根。

比较与讨论　上述牙齿的尺寸较大，第一臼齿长度接近或超过 4 mm；m1 的 ac 短宽、不对称，舌侧部分明显比颊侧的大，bra2 与 lra3 交错排列；齿冠高，珐琅质曲线在颊、舌侧起伏强烈、参数值高，m1 的 a 值接近零。牙齿的这些形态和数据与 *Chardina* 属的特征一致。高特格标本在尺寸上远大于同一地点及陕西神木的 *C. gansuensis* 和比例克的 *Prosiphneus* cf. *P. eriksoni*，也明显大于陕西神木以及山西河曲和甘肃秦安的 *C. sinensis*，而与山西榆社 *C. truncatus* 和 *Mesosiphneus praetingi* 的接近(图 210)。在珐琅质曲线参数上，其上臼齿的 A、B、C、D 及下臼齿的 a、b、c、d 等值明显高于 *C. sinensis* 者，低于 *Mesosiphneus* 中最原始的 *M. praetingi*，而与山西榆社高庄组中的 *C. truncatus* 标本最接近(表 94、95；Liu et al.，2013，p. 229，table 2)，因此上述高特格材料暂时被归入 *C. truncatus*。

Chardina truncatus 最早发现于山西榆社盆地的下部层位，正模为一件带有左右 M1-3 的老年个体头骨(RV4005)(Teilhard de Chardin，1942)。后来，一些产自山西榆社盆地高庄组、河北泥河湾老窝沟及甘肃灵台和秦安的零星标本被先后归入该种(Flynn et al.，1991；郑绍华，1997；郑绍华、张兆群，2001；崔宁，2010；Liu et al.，2013)。*C. truncatus* 以个体较大，齿冠更高而不同于 *C. sinensis* 和 *C. gansuensis*。它和 *C. gansuensis* 在内蒙古高特格剖面上同时出现，分布的年代范围大致为 4.2-3.9 Ma(徐彦龙等，2007；O'Connor et al.，2008)，在秦安董湾似乎于 4.9 Ma 左右有过短暂的共存。*Chardina* 属被认为从凸枕型鼢鼠中演化而来，又是凹枕型鼢鼠的基干类群，由它衍生出更进步的 *Mesosiphneus* 和 *Youngia* 属(郑绍华，1997；Liu et al.，2013)，高特格的发现表明这种推测似乎有其合理性。

鼠科　Muridae Gray，1821

鼠科(狭义)被认为是一类由中中新世仓鼠类演化而来的啮齿动物，最早出现于南亚次大陆(Jacobs，1977；Flynn et al.，1985)。该科动物对环境的适应性强，现生属种很多，广布欧亚大陆和非洲。鼠科具鼠型类头骨，上、下颌骨每侧仅有三枚颊齿，臼齿低冠，丘型齿，上臼齿原尖和次尖的内侧附尖发育、形成牙齿三列纵尖，下臼齿的对向齿尖横向连接排成"肩标"状脊列。在研究者中，对鼠科的定义和内涵未取得一致的意见。根据分子生物学的研究，多数研究现生哺乳动物的学者和部分古哺乳动物学者认为，狭义鼠科与其他一些啮齿类动物(如仓鼠类和田鼠类)的形态差异不足以自成科级阶元，而应作为亚科，并与仓鼠亚科(Cricetinae)、田鼠亚科(Microtinae)等一起构成 Muridae 科(广义)，归入鼠形超科(Muroidea)(Carleton et Musser，1984；McKenna et Bell，1997)。在分类未得到落实之前，本书仍然采用部分古生物学者，如 Freudenthal 和 Martin-Suárez(1999)偏好的传统分类概念，即基于形态学原理，把具有上述形态特征的啮齿动物归入鼠科，隶属鼠型超科的分类方案。

内蒙古中部地区的鼠科动物，最早出现于晚中新世，在晚中新世晚期和上新世的动物群中十分常见，计有 9 属。其中部分材料，包括二登图地点的 5 属 5 种、哈尔鄂博的 6 属 6 种、比例克地点的 6 属 7 种，以及宝格达乌拉地点的 1 属 1 种都已进行过系统描述(Storch，1987；Qiu et Storch，2000；Storch et Ni，2002)。这里主要记述除上述地点外采集到的材料，以及根据观察，对已研究的部分属种作进一步的补充和订正。本书所使用的牙齿构造术语如图 212 所示.

原裔鼠属　*Progonomys* Schaub，1938

模式种　*Progonomys cathalai* Schaub，1938：法国 Montredon，晚中新世，瓦里西期(Vallesian，MN10)。

归入种　*Progonomys woelferi* Bachmayer et Wilson，1970：奥地利，晚中新世。*P. hussaini*(Cheema et al.，2000)：巴基斯坦 Jalalpur 地点，晚中新世。*P. sinensis* Qiu et al.，2004：陕西，晚中新世。*P. shalaensis* sp. nov.：内蒙古，晚中新世。

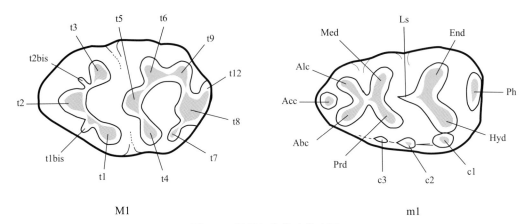

M1   m1

图 212　鼠科臼齿构造模式图

Fig. 212　Nomenclature used for molars of Muridae

Abc，颊侧下前边尖（anterobuccal cusp）；Acc，下前中尖（anterocentral cusp = tma）；Alc，舌侧下前边尖（anterolingual cusp）；bis，小附尖；c1-c3，下臼齿附属尖；End，下内尖（entoconid）；Hyd，下次尖（hypoconid）；Ls，纵刺（longitudinal spur）；Med，下后尖（metaconid）；Ph，后跟（posterior heel = cp）；Prd，下原尖（protoconid）；t1-t9，t12，上臼齿齿尖参考 Storch（1987）、Freudenthal et Martin-Suárez（1999）［Cited from Storch（1987）and Freudenthal et Martin-Suárez（1999）］

特征　臼齿狭长，齿尖间无纵向齿脊。M1 轮廓近似椭圆形，t1 不后位，无 t1bis，t4 与 t5 间有高脊连接，t4 有与 t8 连接的趋向、但其间未形成 t7。上臼齿的 t6 和 t9 通常分离。m1 的 tma 退化或缺如。上臼齿三齿根（综合 Mein et al.，1993；Freudenthal et Martin-Suárez，1999）。

评注　原裔鼠属（*Progonomys*）曾一度接近成为"废纸篓"，许多早期原始的鼠类动物都被归入该属。为了使其成为一个单系属，Mein 等（1993）对 *Progonomys* 属的定义作了限定，把以前所有指定为该属的种进行了厘定和澄清。我们赞同这一做法。

沙拉原裔鼠（新种）*Progonomys shalaensis* sp. nov.

（图 213、214）

名称由来　示新种正型地点所在地——苏尼特右旗沙拉。

正模　右 M1（V 19924）。

模式产地与层位　苏尼特右旗沙拉（IM 9610 地点）；上中新统，宝格达乌拉组（?）（灞河期晚期）。

测量（长×宽；Measurements, length × width）　M1：1.65 mm × 1.00 mm。

特征　个体比 *Progonomys sinensis* 小，M1 轮廓较狭长，齿冠略低，齿尖稍弱；t1 和 t2 无后刺；没有 t1bis 存在的任何痕迹。

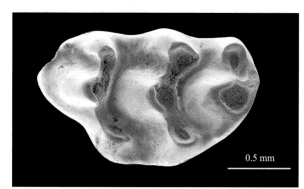

0.5 mm

图 213　内蒙古沙拉沙拉原裔鼠的 M1

Fig. 213　M1 of *Progonomys shalaensis* from Shala, Nei Mongol M1（正模 holotype, 反转 reversed, V 19924）；冠面视（occlusal view）

描述　材料只有一枚 M1。其轮廓狭长，长宽比为 1.65；t1 趋于椭圆形，位于 t5 前内侧、前缘几乎与 t3 后缘处于同一水平线，有低脊与 t2 连接；t2 比 t1 大，明显向后倾斜；t3 比 t1 小很多，有低脊与 t2 连接，与 t2 后缘的连线几乎垂直于牙齿的中轴线；t4 与 t6 大小接近，但位置稍后，两者以明显的脊与 t5 紧密连接；没有 t7；t8 大小和形状与 t5 的相似；t9 比 t4 小，但比 t3 大，与 t8 紧密连接且连线与牙齿的中轴线垂直；t12 清楚，与 t9 相连。纵向齿脊不发育，t1 和 t2 没有任何后刺，t6 和 t9 分开，t4 与 t8 间有甚为低、细的脊，两者似有连接的趋向。没有 t1bis，但前外缘有极弱的齿带，并显示了 t2bis 的雏形。

比较与讨论 在内蒙古中部地区发现的"鼠类"化石中，沙拉地点的这一 M1 尺寸小，仅比 *Micromys* 属的同一牙齿略大，但形态上与各个属种的 M1 都有所不同（见下）。这一牙齿的轮廓呈狭长的椭圆形，齿尖间无纵向齿脊，t1 位置靠前，无 t1bis，t4 与 t5 由明显的齿脊连接，t4 与 t8 间有低脊，无 t7，t6 与 t9 分开，牙齿的这些形态都表明了其具有原裔鼠（*Progonomys*）属的典型特征。

原裔鼠在我国迄今只有陕西蓝田发现的 *Progonomys sinensis* 一种（Qiu et al., 2004a）。沙拉标本比 *P. sinensis* 相同牙齿的尺寸小，外形也比其多数的 M1 狭长，即长、宽比值偏高（图 214）。此外，其齿冠略低，齿尖稍弱，没有任何纵向齿脊和 t1bis 的痕迹，t6 与 t9 明显分开。按照该属的演化趋向，沙拉标本的牙齿形态似乎具有比蓝田原裔鼠更原始的性状，可能代表与其有差异的一种。但只有一枚 M1，而且其上的一些形态特征，如没有 t1bis、以及 t6 与 t9 明显分离都完全落入 *P. sinensis* 的形态变异范围，将其指定为另外一种，多少显得有些勉强。

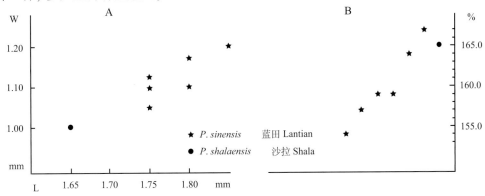

图 214　内蒙古沙拉和陕西蓝田原裔鼠 M1 测量（A）及长、宽比率（B）

Fig. 214　Scatter diagrams (A) and ratio (B) showing length and width of the M1 of *Progonomys* from Shala,

central Nei Mongol and Lantian, Shaanxi

蓝田材料的数据按统一方法重新测量 (Data for the Lantian material are remeasured by the same method)

在已知的 *Progonomys* 属中，*P. cathalai* 为较原始的一种，分布很广，从西欧到西亚晚中新世早期的地层都有发现（Schaub, 1938；Van de Weerd, 1976；De Bruijn, 1976；Bonis et Melentis, 1975；Mein et al., 1993；Ünay, 1981）。经 Mein 等（1993）的订正，虽然 *P. cathalai* 有了较为严格的定义，但不同群体在牙齿尺寸大小和形态上依然显示一定的变异性（见 Qiu et al., 2004a）。沙拉标本的形态和个体也都落入该种相应牙齿的变异范围之内。同样由于材料太少和地理分布距离，如果把这一牙齿归入 *P. cathalai*，似乎也不是明智之举。*P. woelferi* 比 *P. cathalai* 进步，个体较大，t6 和 t9 的连接、t1 后刺出现的概率都较高，t12 相对明显，沙拉标本似乎也易于与其区分。巴基斯坦 Jalalpur 地点 *P. hussaini* 中的 M1，个体比沙拉标本稍大，长、宽比值也稍低，两者完全有可能代表不同的种（见 Cheema et al., 2000）。

鉴于内蒙古标本与该属已知种在形态上的差异，以及地理分布上的距离，这里暂时将其确定为一新种。毫无疑问，新种的指定为权宜之计，多少有些随意性，甚至存疑，因为只根据一枚牙齿在大小和形态上与已知种的差异，既无法得知其整个齿系的形态特征，又缺少种内的变异情况。因此，对新种的准确鉴定，有待进一步的发现和研究。

汉斯鼠属 *Hansdebruijnia* Storch et Dahlmann, 1995

模式种 *Occitanomys neutrum* De Bruijn, 1976：希腊 Chomateri，晚中新世，土洛里期（MN13）。

归入种 *Hansdebruijnia perpusilla* Storch et Ni, 2002, *H. pusilla* (Schaub, 1938)：内蒙古，晚中新世。

特征（增订）　个体小。臼齿具有弱的"皇冠型构造"；M1 中 t1 和 t5 间的连接，以及 t3 和 t5 间的连接在多数标本中缺如，若出现亦很低、弱。M1 一般没有或只有发育弱的 t1bis。M1 和 M2 具有脊状的 t12。m1 具弱至清晰的 tma，以及通常轮廓清楚的 c1 与 c2；m1 和 m2 有纵刺，但发育上变异明显。

评注 Storch 和 Dahlmann（1995）根据 *Occitanomys? neutrum* De Bruijn，1976 命名了 *Hansdebruijnia* 属，并作为 *Occitanomys* 属中的亚属。Storch 和 Ni（2002）在记述内蒙古宝格达乌拉的 *H. perpusilla* 时，将 *Hansdebruijnia* 提升为属级分类单元，还把二登图动物群原先指定的 *O. pusillus* 归入该属。在所赋予的属征中，m1 被认为有清晰的 tma，但后来在宝格达乌拉发现的 *H. perpusilla* 地模标本表明，该种 m1 的 tma 很小，甚至可能不很清晰。

微小汉斯鼠 *Hansdebruijnia perpusilla* Storch et Ni，2002

（图 215、217；表 97）

归入标本 阿巴嘎旗宝格达乌拉：IM 0702 地点，臼齿 28 枚（8 M1，5 M2，6 m1，2 m2，7 m3），V 19925.1-28；IM 0703，臼齿 3 枚（1 破损 M1，1 M2，1 破损 m2），V 19926.1-3。

测量 见表 97。

表 97 内蒙古宝格达乌拉微小汉斯鼠臼齿测量

Table 97 Measurements of molars of *Hansdebruijnia perpusilla* from Baogeda Ula, Nei Mongol（mm）

Tooth	Length			Width		
	N	Mean	Range	N	Mean	Range
M1	7	1.64	1.60-1.70	8	1.08	1.05-1.10
M2	6	1.15	1.10-1.20	6	1.03	1.00-1.05
m1	6	1.46	1.40-1.55	6	0.94	0.90-0.95
m2	2	1.14	1.13-1.15	2	1.07	1.03-1.10
m3	6	0.87	0.80-0.95	7	0.82	0.80-0.85

特征（增订） 个体比 *Hansdebruijnia pusilla* 和 *H. neutrum* 都小。齿冠低；齿尖和齿脊纤细。M1 外形上相对狭长；臼齿"皇冠型构造"不显著：在 M1 上，t1 和 t3 无与 t5 连接的齿脊，t6 和 t9 间没有或只有很低弱的脊相连；在 m1 上，tma 微小或不清晰、纵刺不发育、前伸从不达下原尖-下后尖脊列。

描述 牙齿齿冠低；齿尖比齿脊显著，但齿尖瘦小，齿脊细弱且低矮；上臼齿齿尖向后倾斜，下臼齿齿尖向前倾斜。

M1 轮廓似杏仁形，明显前后向伸展，t1 与 t2 间略凹陷，后部适度尖削。t1 位于 t2 与 t3 连线之后，有低脊与 t2 相连，与 t5 间有谷隔开；t3 与 t2 紧靠，其间有脊连接，近半数标本 t3 有低弱的后突，但未形成明显的后刺；t4 与 t6 大小接近，但位置稍后，两者以明显的脊与 t5 连接；t4 以低脊与 t8 相连；t6 与 t9 间有细弱的低脊，经磨蚀后的牙齿其间的连接更显著；没有 t7；t9 比 t6 明显小，与 t8 间有弱脊相连；t12 清晰，与 t9 间有深褶隔开；t2、t5 和 t8 排列成纵向齿尖，其个体从前往后依次递减；t1bis 的雏形见于 8 枚牙齿中的 1 枚，未见有明显的 t2bis。三主根和一极小的中间根。

M2 呈不甚对称的倒陀螺形。t1 显著，前颊侧或与 t5 的前舌侧连接（5/6），或通过齿脊与 t3 直接相连（1/6）；t3 比 t1 细弱很多，脊形（大多数）或尖状（个别），多与 t5 的前颊侧连接（5/6）；t4 与 t6 大小接近，但其位置在多数标本中并不比 t6 的明显靠后，颊前侧以低、短的脊与 t5 连接，颊后侧有低脊与 t8 相连；t6 与 t9 间有细弱的低脊，经磨蚀后的牙齿其间的连接很清楚；没有 t7；t9 小，与 t8 间有弱脊相连；t12 尚清晰，脊形；t5 和 t8 近等大，明显向后倾斜；未见 t1bis 和 t2bis。在一枚保存三齿根的牙齿中，其舌侧根前后向伸长，舌侧有显著的深沟。

m1 似长方形，前缘窄、弧形，后缘宽、直。tma 甚弱，呈细小的尖状或弱脊形；两个下前边尖的发育和排列不甚对称，舌侧下前边尖较大、且略前内向延伸；下前边尖脊列与下原尖-下后尖脊列间有低的纵向脊连接，纵向脊与两脊列构成不对称的"X"形；下次尖-下内尖脊列与下原尖-下后尖脊列中的齿尖大小和排列相似。下次尖-下内尖脊列前缘近下内尖一侧多少向前凸出，前突在 6 枚牙齿中的 3 枚形成纵刺雏形；cp 弱小，呈横向卵圆形-脊形，置于舌侧一边，多有低脊与下次尖和下内尖的基部连接。外齿带中度发育，并形成显著的 c1 和小的 c2，其中 c1 以低脊与下次尖连接。双齿根。

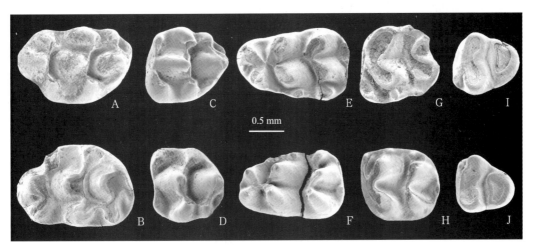

图 215　内蒙古宝格达乌拉微小汉斯鼠颊齿

Fig. 215　Cheek teeth of *Hansdebruijnia perpusilla* from Baogeda Ula, Nei Mongol

A. l M1 (V 19925.1), B. r M1 (V 19925.2), C. l M2 (V 19925.3), D. r M2 (V 19926.1), E. l m1 (V 19925.4), F. r m1 (V 19925.5), G. l m2 (V 19925.6), H. r m2 (V 19925.7), I. l m3 (V 19925.8), J. r m3 (V 19925.9); 冠面视(occlusal view)

　　m2 次方形。前颊尖显著，椭圆形，在牙齿的前外角上凸出，舌侧下前边尖与下原尖-下后尖脊列连接，后方与外齿带相连；下原尖与下后尖、下次尖与下内尖的前部分别由粗脊连接，排成双列"肩标"形脊。下次尖-下内尖脊列前缘向前凸出，形成短纵刺；cp 低而小，横向卵圆形，多有低脊与下次尖连接，随着牙齿的磨蚀会较早消失。外齿带适度发育，其上有大小近等的 c2 和 c1。双齿根。

　　m3 似三角形，前宽后窄。前颊尖低、小，但在所有标本中都清晰，尖状或脊形；下原尖与下后尖融会成前部横向强脊；下次尖与下内尖融合成前缘较直、后缘呈新月形的后部强尖；后部尖与前部横脊间会有低的舌侧脊连接，但未见任何纵刺的痕迹；无 cp，外齿带也不发育，但在 6 枚牙齿中 1 枚有小的 c1。双齿根。

　　比较与讨论　上述宝格达乌拉标本所代表的鼠类动物，个体小，臼齿具有弱的"皇冠型构造"，M1 的 t1 和 t5、t3 和 t5 间没有连接的齿脊，也几乎看不到 t1bis，但 t12 清晰，m1 有微小的 tma 和纵刺的雏形，以及轮廓清晰的 c1 与 c2。这些标本的形态，符合 *Hansdebruijnia* 属的特征，而且与 *H. perpusilla* 的特征一致。其实，宝格达乌拉 IM 0702 地点正是 *H. perpusilla* 的模式产地。当初，在建立这一种时只有几枚牙齿，新增加的标本，使该种的齿系仅缺少 M3，因此，新材料不仅使我们增加了对该种特征的认识，而且对其在大小和形态上的变异也有了更多的了解。

　　在 *Hansdebruijnia* 属的三个已知种中，*H. perpusilla* 是该属较原始的一种，其牙齿尺寸与 *H. neutrum* 的接近(Storch et Dahlmann, 1995)，不同主要是 M1 的 t1 和 t3 与 t5 没有任何相连接的齿脊，t6 与 t9 间的连接较为低、弱，m1 的 tma 弱小、纵刺更弱。它与内蒙古发现的 *H. pusilla* 最为相似(见 Storch, 1987)，差异主要是前者的个体较小(图 217)，M1 的前后向相对延长、后部轮廓尖削，臼齿的"皇冠型构造"较弱，即：M1 的 t1 和 t3 都没有与 t5 连接的齿脊，t6 与 t9 的连接低弱、甚至缺失；m1 的 tma 和 cp 弱小，纵刺不发育。

　　Hansdebruijnia perpusilla 属于"皇冠鼠"型鼠，目前仅发现于宝格达乌拉地点，而且属于该地点的较低层位。在宝格达乌拉地点的较高层位(IM 0709, 0902)，同样出现了类似于 *H. perpusilla* 的"皇冠鼠"，但其个体较大，而且牙齿已经获得了较显著的"皇冠型构造"，和这一种有了较明显的差异，不宜归入相同的一种(见下)。这样看来，*H. perpusilla* 在地史上的出现时间很短，演化的速度相对较快。

小汉斯鼠 *Hansdebruijnia pusilla* (Schaub, 1938)

(图 216–218; 表 98)

Stephanomys? pusillus: Schaub, 1938, p. 29

Orientalomys pusillus：De Bruijn et Van der Meulen, 1975, p. 317

"*Stephanomys*"? *pusillus*：Fahlbusch et al., 1983, p. 222

Occitanomys pusillus：Storch, 1987, p. 413

归入标本　苏尼特左旗巴伦哈拉根（IM 0801 地点）：臼齿 7 枚（2 M1, 2 M2, 1 m1, 2 m2），V 19927.1-7。阿巴嘎旗宝格达乌拉：IM 0709 地点，M1 和 M2 各一枚，V 19928.1-2；IM 0902 地点，附有左、右门齿和右 M1-3 的破碎头骨一件，附有部分门齿和一枚破碎 M1 的头骨前部 2 件，破碎的下颌支 3 件，分别附有 m1-3、m1-2 和 m1，臼齿 5 枚（1 M1, 3 m1, 1 m2），V 19929.1-11。苏尼特左旗必鲁图（IM 0510 地点）：附有 m1-3 的破碎下颌支一件，臼齿 27 枚（6 M1, 5 M2, 4 M3, 6 m1, 3 m2, 3 m3），V 19930.1-28。

测量　见表 98。

表 98　内蒙古中部地区小汉斯鼠颊齿测量

Table 98　Measurements of cheek teeth of *Hansdebruijnia pusilla* from central Nei Mongol（mm）

Tooth	Length			Width		
	N	Mean	Range	N	Mean	Range
巴伦哈拉根 Balunhalagen						
M1	2	1.68	1.60-1.75	2	1.23	1.20-1.25
M2	2	1.30	1.25-1.35	2	1.16	1.12-1.20
m1	1	–	1.60	1	–	1.10
m2	2	1.13	1.10-1.15	2	1.00	1.00-1.00
宝格达乌拉 Baogeda Ula						
M1	3	1.72	1.65-1.75	3	1.13	1.05-1.20
M2	2	1.13	1.10-1.15	2	1.20	1.20-1.20
M3	1	–	0.70	1	–	0.85
m1	6	1.54	1.50-1.60	6	1.03	1.00-1.10
m2	3	1.12	1.05-1.20	3	1.05	1.03-1.06
m3	1	–	0.80	1	–	0.85
必鲁图 Bilutu						
M1	4	1.71	1.70-1.75	5	1.21	1.15-1.26
M2	4	1.23	1.15-1.30	3	1.23	1.15-1.30
M3	4	0.87	0.85-0.90	4	0.81	0.80-0.82
m1	4	1.62	1.60-1.67	4	1.03	1.00-1.05
m2	4	1.13	1.10-1.15	4	1.11	1.07-1.15
m3	4	0.91	0.85-0.95	4	0.94	0.90-0.96

特征　个体比 *Hansdebruijnia perpusilla* 大；齿冠低。M1 的 t1bis 通常缺如，t12 明显。"皇冠型构造"显著：在 M1 上，t1 和 t4 分别以一短脊与 t5 和 t8 连接，t3 与 t5 连接几乎占三分之二的标本，三分之一的标本中 t3 有后刺，t6 和 t9 间总有齿脊相连；在 m1 上，tma 明显，纵刺前伸达下原尖-下后尖脊，外齿带发育，总附有 c1 和 c2。M2 的 t3 脊形（引自 Storch, 1987, 略加改动）。

描述　头骨甚为破碎。仅见眶下孔大，最大径约为 2.5 mm × 3.5 mm；前颌骨三角形，略微凹陷；附着表层咬肌区宽大，明显向近中面凹入，位于颧骨前基部的前近中侧；门齿孔宽约 1.4 mm，前端距上门齿约 1.3 mm；上颌齿虚位 5.7 mm，长度比上齿列大得多。下颌支保存稍好；水平支骨体与齿列夹角小，颊、舌侧面陡直；上升支前缘起于 m1 外侧，纵向大体与齿列方向平行；下颌骨齿虚位明显向下弯曲，长约 3.2 mm，比下臼齿列长度稍短（在一件标本中为 3.6 mm）；咬肌窝宽、浅，向前伸至 m1 前下方；下咬肌嵴不甚显著，但界线尚清晰；上咬肌嵴不发育；两嵴在前方交会处形成不很显著的结节；颏孔中等大小，位于齿虚位最大弯曲后部的颊侧处；m2 颊侧高度约为 3 mm。上升支几乎没有保存。上门齿弯曲，背侧无沟。臼齿低冠；齿尖中度鼓胀，比齿脊醒目得多；上臼齿齿尖向后倾斜，下臼齿齿尖略前倾。

M1 轮廓呈杏仁形，较为横宽，后部多少有些平钝。t1 显著，位于 t2 与 t3 之后，颊前方以低脊与 t2 连接，在宝格达乌拉和必鲁图的标本中其颊后侧都有低、几乎伸达 t5 舌侧的脊刺，但这一脊刺在巴伦哈拉根

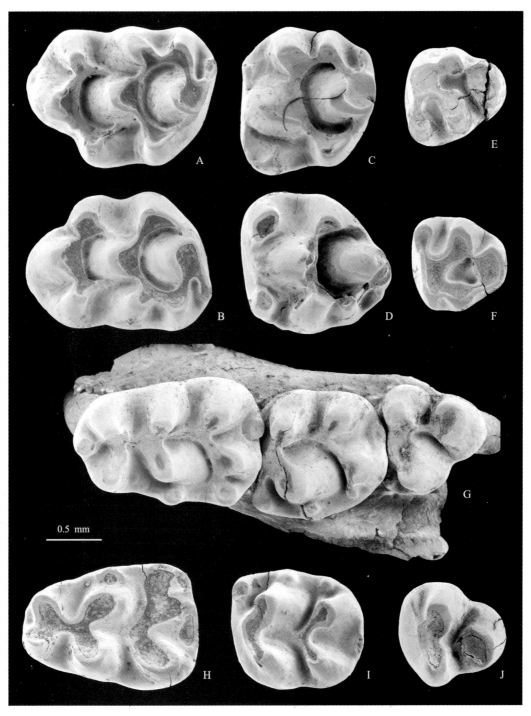

图 216 内蒙古巴伦哈拉根、宝格达乌拉和必鲁图小汉斯鼠颊齿

Fig. 216 Cheek teeth of *Hansdebruijnia pusilla* from Balunhalagen，Baogeda Ula and Bilutu，Nei Mongol

A. l M1（V 19928.1），B. r M1（V 19930.2），C. l M2（V 19930.3），D. r M2（V 19927.1），E. l M3（V 19930.4），F. r M3（V 19930.5），G. 附有 m1-3 的左下颌骨碎块（left mandibular fragment with m1-3）（V 19930.1），H. r m1（V 19929.1），

I. r m2（V 19927.2），J. r m3（V 19930.6）；冠面视（occlusal view）

的一枚M1中缺失；t3比t1小，与t2间有低脊相连，后方在8枚牙齿中7枚亦有脊刺，其中4枚的脊刺伸至t5颊侧，t3的舌后脊刺在巴伦哈拉根的一枚M1中也未出现；t4位置比t6的稍靠后，两者以低脊与t5相连；t4与t8间有低脊连接；t6与t9间总有相连接的齿脊；没有t7；t9比t6明显小，舌后侧与t8相连；t12清楚，与t9间有深褶隔开；t2、t5和t8显著，大小近等，三者纵向排列成强大的中列齿尖，中列齿尖比舌侧和颊侧列齿尖都明显；所有的9枚牙齿都未见到清楚的t1bis和t2bis。三齿根，在部分标本中有一极小的中间根。

M2似方形，但或多或少地向后部凸出。t1显著，凸显于牙齿的前内角，颊前侧或以低脊与t5的前舌侧连接(7/8)或与t3直接相连(1/8)，颊后侧多有伸达t5舌侧的低、短脊刺(6/8)；t3发育弱，脊形，与t5的颊前侧连接(7/8)；t4比t6小，但位置相对靠后，颊前侧以低脊与t5连接，颊后侧有低脊与t8相连；t6与t9间在9枚牙齿中的8枚有低脊连接，完全断开的仅有1枚；没有t7；t9比t6小，舌后侧与t8相连；t12清楚，脊形，在磨蚀轻微的牙齿中与t9间有深褶隔开；t5和t8近等大，向后倾斜；未见t1bis和t2bis。三齿根或四齿根，在一枚保存三个齿根的牙齿中，其舌侧根前后向伸长，舌侧有显著的深沟。

M3次三角形。t1显著；t3或与t5融会成牙齿前颊角上的一个尖状联合体；t4大，以粗脊与t5联合体连接；t6比t4小，两者相对位置处于垂直牙齿中轴的水平线上，t6在4枚牙齿中有3枚与t9连接，1枚分开；t8与t9融合，形成牙齿后方呈椭圆形的强壮齿尖；没有t12。三齿根。

m1似长方形，前缘稍窄、弧形，后缘宽、较直。牙齿都有孤立或紧靠下前边尖的tma，这一小尖在必鲁图标本中都较显著，但在巴伦哈拉根和宝格达乌拉标本中则较为弱小；两个下前边尖的发育和排列基本对称，但在巴伦哈拉根和宝格达乌拉中舌侧的下前边尖更为明显地前内向延伸；下前边尖脊列与下原尖-下后尖脊列间有低脊相连；下次尖-下内尖脊列与下原尖-下后尖脊列中的齿尖大小和排列相似。纵刺发育，在必鲁图标本中纵刺几乎都伸达下原尖-下后尖脊列(3/6达下后尖的基部，2/6达下原尖与下后尖

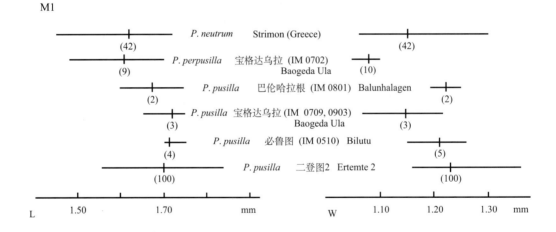

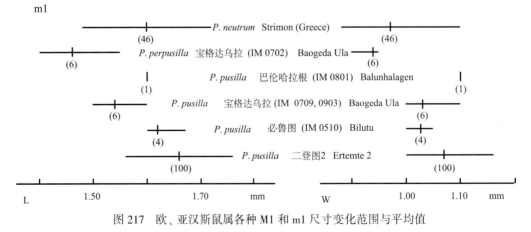

图 217　欧、亚汉斯鼠属各种 M1 和 m1 尺寸变化范围与平均值

Fig. 217　Size ranges and averages of length and width in M1 and m1 of various species of *Hansdebruijnia* from Eurasia

欧洲汉斯鼠的数据引自 Storch et Dahlmann（1995）［Data for the *H. neutrum* are cited from Storch et Dahlmann（1995）］

连接处的凹部，1/6 达下原尖舌侧），在巴伦哈拉根和宝格达乌拉标本中纵刺的发育稍弱，在后者其中的一枚牙齿中甚至未伸达下原尖-下后尖脊列；cp 低、弱，呈小尖状或脊形置于舌侧一边。外齿带中度发育，并形成显著的 c1 和小的 c2，其中 c1 以低脊与下次尖连接。双齿根。

m2 次方形。前颊尖显著，凸显于牙齿的前外角，舌前侧与下原尖-下后尖脊列连接，后方与外齿带相连；下原尖与下后尖、下次尖与下内尖的前部分别由粗脊相连，排成双列"肩标"形脊列。纵刺清楚，多数伸至下后尖的颊侧基部；cp 小而低，横向卵圆形，与下次尖由低脊连接，随着磨蚀较早消失。外齿带适度发育，其上总有紧靠下后尖的 c2，但除巴伦哈拉根的一件标本外未见有清楚的 c1。双齿根。

m3 似三角形，前宽后窄。所有标本都有低、脊形的前颊尖；下原尖与下后尖融会成前部横向强脊；下次尖与下内尖融合成半圆形—圆形的后部强尖；完整的纵刺见于 5 枚牙齿中的一枚；无 cp，外齿带也不发育。双齿根。

比较与讨论　以上标本，牙齿具"皇冠型构造"，M1 几乎看不到 t1bis，M1 和 M2 的 t12 清晰，m1 具 tma、c1 与 c2，m1 和 m2 有纵刺，形态符合 *Hansdebruijnia* 属的特征（Storch et Dahlmann，1995）。但白齿的尺寸大小、齿冠轮廓，特别是在齿尖和"皇冠型构造"的发育程度上，与前述的 *H. perpusilla* 有所不同，而与 *H. pusilla* 接近或一致。

Hansdebruijnia pusilla 系 Schaub（1938）最先根据采自内蒙古二登图材料、作为 *Stephanomys?* *pusillus* 描述的一种"皇冠鼠"。后来，根据更多的地模标本，Storch（1987）将其归入 *Occitanomys* 属；其后，Storch 和倪喜军（Storch et Ni，2002）又将该种置于 *Hansdebruijnia* 属。*H. pusilla* 与 *H. perpusilla* 的不同显然是明显的，这些差异至少包括：尺寸较大（图 217）；M1 较为横宽、后部略显平钝；白齿齿尖较粗壮、肿胀，"皇冠型构造"较强（即 M1 的 t1 和 t3 几乎都与 t5 连接，M1 和 M2 的 t6 与 t9 间总有显著的脊相连，m1 和 m2 的纵刺发育）；以及 m1 具有较明显的 tma。

Hansdebruijnia pusilla 在牙齿形态上与 *H. perpusilla* 很相似，表明两者具有很接近的亲缘关系，它与后

H. perpusilla	*H. pusilla*		
宝格达乌拉 （Baogeda Ula） IM 0702	宝格达乌拉（Baogeda Ula） 巴伦哈拉根（Balunhalagen） IM 0709, 0801, 0902		必鲁图（Bilutu） IM 0510

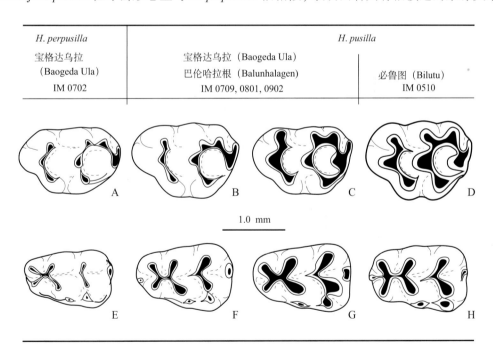

1.0 mm

图 218　内蒙古汉斯鼠属两个种的分布及 M1 和 m1 的演化趋势

Fig. 218　Distribution of the two species of *Hansdebruijnia* from Nei Mongol and suggested relationships of morphological trend in M1 and m1

Hansdebruijnia perpusilla：A. M1（V 19925.1，宝格达乌拉 Baogeda Ula），E. m1（V 19925.4，宝格达乌拉 Baogeda Ula）；*H. pusilla*：B. M1（V 19928.1，宝格达乌拉 Baogeda Ula），C. M1（反转 reversed，V 19927.3，巴伦哈拉根 Balunhalagen）；D. M1（V 19930.7，必鲁图 Bilutu），F. m1（V 19930.8，巴伦哈拉根 Balunhalagen），G. m1（V 19929.2，宝格达乌拉 Baogeda Ula），H. m1（V 19930.8，必鲁图 Bilutu）

者的形态区别特征显然属于衍生性状，也就是说它可能是从 *H. perpusilla* 演化而来。在从 *H. perpusilla*-*H. pusilla* 的演化过程中，臼齿所发生的改变包括牙齿尺寸的逐渐加大、变宽，齿尖逐渐鼓胀，M1 中 t1 和 t3 后刺渐渐加长、t6 与 t9 间的连接逐渐增强，m1 的 tma 渐渐加大、并同时抑制舌侧下前边尖前内向延伸，以及 m1 和 m2 中的纵刺渐渐发育、前伸。这一支系的演化方向，或许代表亚洲"皇冠鼠"类总的演化趋势。

巴伦哈拉根和宝格达乌拉地点(IM 0709, 0902)的材料不多，但显示了比必鲁图和二登图标本较原始的特征，如其 M1 中 t1 和 t3 与 t5 间连接的脊缺失或发育较弱，m1 的 tma 细小，舌侧下前边尖较明显地前内向延伸，纵刺较低、短。在宝格达乌拉地点，含 *Hansdebruijnia pusilla* 的化石层位(IM 0709, 0902)比产 *H. perpusilla* (IM 0702)的层位高，但可能比必鲁图、二登图和哈尔鄂博产 *H. pusilla* 的层位都较低。巴伦哈拉根标本的尺寸与宝格达乌拉地点的接近，m1 的 tma 和纵刺的发育程度也相似，但其 M1 中的纵向脊不发育，特征更原始，可能指示了产出层位更低。如果这不多的标本反映了各群体的真实面貌，那么有理由推测，巴伦哈拉根和宝格达乌拉的 *H. pusilla* 很可能代表 *H. perpusilla*-*H.pusilla* 演化支系中较原始的群体(图 218)。

类鼠王鼠属(新属) *Karnimatoides* gen. nov.

模式种 *Mus hipparionum* Schlosser, 1924：内蒙古化德县二登图，晚中新世，保德期。

属名由来 *Karnimata* 属后缀拉丁词 oides——形似、类似，意指新属与 *Karnimata* 的相似。

归入种 仅模式种。

特征 个体相对小，齿尖圆、显著，连接具早期的"皇冠型构造"。M1 轮廓杏仁状，t1 位置靠前，t3 偶见极短的后刺，t6 通常与 t9 连接，无 t7，t12 相对退化，偶见弱或发育程度中等的 t2bis；m1 和 m2 都有 c1 和 c2，但无纵刺；m1 多有小的 tma，舌侧下前边尖与下后尖间由低的前脊刺(anterior mure)连接；m3 具小但清楚的前颊尖。

评注 Storch (1987)把 Schlosser (1924)记述的内蒙古二登图 *Mus hipparionum* 归入 *Karnimata* Jacobs, 1978 属。按所赋予的特征，*Karnimata* 属的齿尖圆形、显著，牙齿没有"皇冠型构造"，M1 和 M2 的 t6 和 t9 总是分得很开。由于 *hipparionum* 种的齿尖显著而又较为圆形，与 *Karnimata* 属的形态显然有相似之处。尽管 Storch 注意到内蒙古的 *hipparionum* 具有"皇冠型构造"雏形的特征，他仍然将其纳入南亚的 *Karnimata* 属，并于 1987 年对该属的原定义作了修改。后来，Storch 和倪喜军重新鉴定了二登图的材料，发现 Storch 当年所说的 t6 和 t9 间没有连接的那些标本，"基本上系未磨蚀的牙齿"，重新观察使他们声明 *hipparionum* 的形态有悖于 *Karnimata* 属的特征，应从该属中剔除，但又未归入任何属(Storch et Ni, 2002)。本书作者认为，虽然 *hipparionum* 种与 *Karnimata* 属在牙齿形状上有相似的地方，但两者的差异足以把前者指定为不同于 *Karnimata* 的属。

三趾马层类鼠王鼠 *Karnimatoides hipparionus* (Schlosser, 1924)

(图 219；表 99)

Mus hipparionum：Schlosser, 1924, p. 43, partim

"*Mus*" *hipparionum*：Fahlbusch et al., 1983, p. 222

Karnimata hipparionum：Storch, 1987, p. 409

"*Karnimata*" *hipparionum* (Loc. Bilutu)：Qiu Z D et al., 2013, p. 177, appendix

选模 破碎左下颌支，附有 m1 和 m2 (Schlosser, 1924, pl. 3 fig. 27, PIU 104-M3431)，保存于瑞典乌普沙拉大学博物馆。由于 Schlosser (1924)最初对该种的描述没有指定正模标本，Storch (1987)选定该标本为正模。

材料 阿巴嘎旗宝格达乌拉(IM 0709)：臼齿 4 枚(1 M2, 1 M3, 2 m1)，V 19931.1-4。苏尼特左旗必鲁图(IM 0510 地点)：臼齿 10 枚(2 M1, 2 M2, 2 M3, 2 m1, 1 m2, 1 m3)，V 19932.1-10。

测量 见表 99。

表 99　内蒙古宝格达乌拉和必鲁图三趾马层类鼠王鼠颊齿测量

Table 99　Measurements of cheek teeth of *Karnimatoides hipparionus* from Baogeda Ula and Bilutu, Nei Mongol（mm）

Tooth	Length			Width		
	N	Mean	Range	N	Mean	Range
宝格达乌拉 Baogeda Ula						
M2	1	–	1.30	0	–	–
M3	1	–	1.05	1	–	0.90
m1	2	1.78	1.75–1.80	2	1.15	1.10–1.20
必鲁图 Bilutu						
M1	1	–	2.00	2	1.42	1.38–1.45
M2	2	1.33	1.30–1.35	2	1.33	1.30–1.35
M3	2	0.90	0.84–0.90	2	0.95	0.95–0.95
m1	1	–	1.75	2	1.13	1.10–1.15
m2	1	–	1.25	1	–	1.25
m3	1	–	1.10	1	–	1.10

特征　同属征。

描述　臼齿低冠；齿尖圆形，鼓胀，比齿脊醒目；上臼齿齿尖向后倾斜，下臼齿齿尖略前倾。

M1 轮廓呈杏仁形，较为横宽，后部多少有些尖削。t1 显著，前部位于 t2 与 t3 后缘连线之前，颊前方以低脊与 t2 连接，颊侧为深谷与 t5 隔开；t3 比 t1 小，紧靠 t2，其间有低脊相连，在两枚牙齿中的一枚后方有极为短小的脊刺；t4 大小与 t1 和 t6 接近，位置比 t6 的靠后，两者以高脊与 t5 相连；t4 与 t8 间的脊很低；可惜在两枚牙齿中 t9 和 t12 都已破损，但从保存在 t6 后侧的痕迹看，t9 与 t6 间似有相连的齿脊；没有 t7；t2、t5 和 t8 排成的中列齿尖并不比舌侧和颊侧列齿尖强壮很多；两枚牙齿都没有 t1bis，但其中一枚具很小的 t2bis。三齿根。

M2 次三角形。t1 显著，在 3 枚牙齿中 2 枚孤立于牙齿的前内角，1 枚的颊前侧以低脊与 t5 的舌前侧

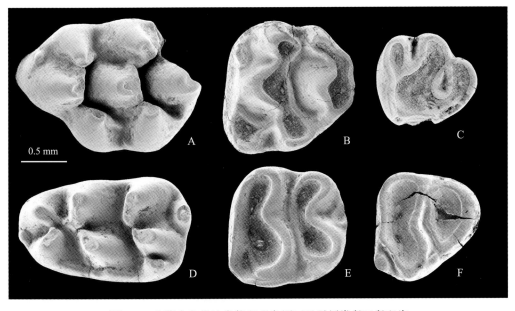

图 219　内蒙古宝格达乌拉和必鲁图三趾马层类鼠王鼠臼齿

Fig. 219　Molars of *Karnimatoides hipparionus* from Baogeda Ula and Bilutu, Nei Mongol

A. l M1（破损 damaged, V 19932.1），B. r M2（反转 reversed, V 19932.2），C. r M3（反转 reversed, V 19931.1），D. r m1（反转 reversed, V 19931.2），E. r m2（反转 reversed, V 19932.3），F. l m3（V 19932.4）；冠面视（occlusal view）

连接、后方以一细脊与 t4 相连；t3 小，尖形，或孤立、或前舌侧有弱脊与 t5 连接；t4 与 t6 大小近等，但位置稍靠后，颊前侧以强脊与 t5 连接，后侧有低脊与 t8 相连；t6 与 t9 间在 3 枚牙齿中的 2 枚有低脊连接，1 枚近于断开；没有 t7；t9 比 t6 小，舌后侧与 t8 相连；t12 不清楚。3 枚牙齿中 2 枚有四齿根，1 枚为三根。

M3 次三角形。t1 明显；t3 甚为弱小；t4 大，以高脊与 t5 连接；t5 显著，位于中轴线偏颊侧；t8 与 t9 融合；没有 t12。三齿根。

m1 前窄后宽。3 枚牙齿中 2 枚具有很小的 tma；舌侧下前边尖稍比颊侧下前边尖大，并较明显地前内向凸出；舌侧下前边尖与下后尖在牙齿中轴线偏舌侧处由低的前脊刺(anterior mure)连接，颊侧下前边尖和下原尖分别伸至前脊刺的前端和后端并构成近"X"形脊列。没有纵刺；cp 低，呈孤立的小尖形或脊形。外齿带中度发育，附有显著的 c1 和小的 c2，其中 c1 以低脊与下次尖连接。双齿根。

m2 仅有一枚磨蚀后期的牙齿，次方形，前宽后窄。下原尖与下后尖、下次尖与下内尖的前部分别由粗脊相连，排成双列"肩标"形脊列。无纵刺；cp 低、小、横向卵圆形，紧靠下次尖。外齿带发育，但其上的附属小尖不很明显。双齿根。

m3 也仅有一枚，似三角形，前宽后窄。具有明显、尖形的前颊尖；下原尖与下后尖融会成牙齿前部的横向强脊；下次尖与下内尖融合成半圆形的后部强尖，并与前部横脊在舌侧相连；无 cp 和外齿带。双齿根。

比较与讨论　宝格达乌拉和必鲁图标本所代表的鼠类动物，牙齿的尺寸较大，个体和形态都落入 *Karnimatoides hipparionus*（即 Storch 于 1987 年所描述的二登图和哈尔鄂博的 *Karnimata hipparionum*）的变异范围。虽然标本中 m1 和 m2 的 c1 和 c2 显得略小，但并不妨碍将其归入相同的一种。

本书将"*Karnimata*" *hipparionum* 指定为一新属。新属 *Karnimatoides* 与 *Karnimata* 属有很多相似之处，如它们的个体接近，牙齿相对低冠，齿尖都较圆而醒目，M1 的 t1 较前位，M1 和 M2 没有 t7，m1 的 tma 发育、前脊刺(anterior mure)连接舌侧下前边尖与下后尖、纵刺缺失，以及有相似的齿根数。但两者也有明显的不同，如新属 M1 的 t6 和 t9 在多数标本中由发育程度不同的脊连接、t3 在约三分之一的标本中有后刺，M1 和 M2 的 t12 很退化，m1 和 m2 中的 c2 往往较显著。而在 *Karnimata* 属中，M1 的 t6 总远离 t9、其间无连接的脊，t3 没有任何后刺的痕迹，M1 和 M2 的 t12 清晰，m1 和 m2 的 c2 不存在或很不清楚。两者的最大不同是该新属的牙齿具有"皇冠型构造"的雏形，而这种构造在 *Karnimata* 属的已知种中从未出现。然而，*Karnimatoides* 属与 *Karnimata* 属的相似，确实值得注意，它们是否存在某种亲缘关系，尚不得而知，有待今后的发现和研究。

Karnimatoides hipparionuus 在宝格达乌拉地点的出现，与 *Hansdebruijnia pusilla* 相似，层位都较高。有趣的是，在含有 *K. hipparionus* 的必鲁图、二登图和哈尔鄂博动物群中也同样含有 *H. pusilla*，似乎表明了两个种的密切共生关系。必鲁图和宝格达乌拉 *K. hipparionuus* 中 m1 和 m2 的 c2 较弱，可能属于较原始的性状。

姬鼠属 *Apodemus* Kaup，1829

模式种　*Mus agrarius* Pallas，1771 = *Apodemus agrarius*（Pallas，1771）：现生种。

归入种　现生种约 21 个；化石种欧洲有：*Apodemus lewisi*，*A. whitei*，*A. atavus*（= *A. dominans*），*A. alsomioides*，*A. caesareanus*，*A. levantinus*，*A. schaubi*，*A. microps*，*A. leptodus*，*A. mirabilis*，*A. primaevus*（= *A. gudrunae*），*A. jeanteti*，*A. maximus*，*A. manu*，*A. gorafensis*，*A. agustii*，*A. etruscus*，*A. debruijni*，*A. cingulatus*?，晚中新世—更新世。中国新近纪有：*A. orientalis*，内蒙古，晚中新世—早上新世；*A. qiui*，山西、甘肃和内蒙古，早上新世；*A. zhangwagouensis*，山西，早上新世；*A. lii*，内蒙古，早上新世；*A. dominans*，甘肃和重庆，早上新世—早更新世。

特征（增订）　个体中等大小，臼齿中度冠高。上臼齿的"皇冠型构造"只发育于后部；t4 与 t8 间有齿脊连接，在进步的种类中该脊发育成 t7；t6 和 t9 连接；t12 出现于较古老的种类中，在部分现生种中退化；在一些较古老的种类中，M3 的 t8 和 t9 常分开，但个别的 t9 会消失。下臼齿 m1 的下前中尖(tma)很发育，高度接近主尖，但在上新世的 *Apodemus jeanteti* 中缺失；颊侧齿带显著；纵刺极弱或完全缺失；m1可能有第三齿根的痕迹（源自 Freudenthal et Martin-Suárez，1999）。

李氏姬鼠 *Apodemus lii* Qiu et Storch，2000

（图 220–222）

归入标本　阿巴嘎旗高特格：DB 02-1 地点，3 m2，V 19933.1–3；DB 02-2，一件上颌残段带 M1，1 M1 和 1 颊侧及后部残破的 m1，V 19934.1–3。

测量（长×宽；Measurements，length × width）　M1：1.74 mm × 1.25 mm，1.70 mm × 1.25 mm；m2：1.15 mm × 1.00 mm，1.25 mm × 1.05 mm，1.15 mm × 1.00 mm。

描述　上门齿孔后缘近与 M1 舌侧根前缘持平，距前齿根前缘 0.85 mm；M1 具三齿根，颌骨的齿槽表明 M2 具四齿根。

M1 舌侧齿缘 t1 与 t2 间的凹陷浅，t3 略比 t1 前位，t3 后刺发育。t7 与 t4 断开，t12 发育。三齿根，前根、舌侧根和颊侧后根分别位于 t2+t3、t1+t4 和 t8+t9 之下，中间有一极小的根。

m1 颊侧及后部残破。下前中尖小但清晰，与舌、颊侧下前边尖连接；舌侧齿尖比颊侧的稍前位；下前边尖脊列与下原尖-下后尖脊列构成"X"形；纵刺弱。

m2 长大于宽。前颊尖发育，有弱纵刺，c1 不发育、c2 小。双齿根。

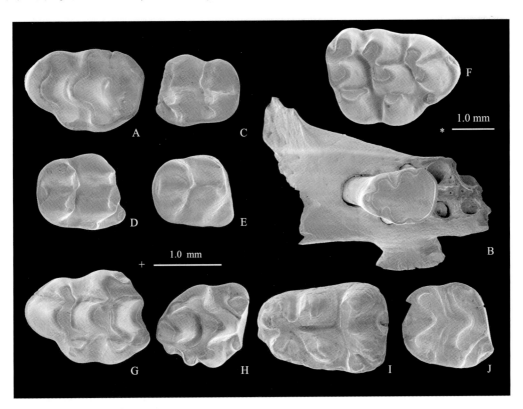

图 220　内蒙古高特格李氏姬鼠臼齿及上颌、邱氏姬鼠和二登图原始东方鼠臼齿

Fig. 220　Molars and maxillary of *Apodemus lii* and molars of *A. qiui* from Gaotege,

and molar of *Orientalomys primitivus* from Ertemte 2，Nei Mongol

Apodemus lii：A. l M1（V 19934.2），B. 附有 M1 的左上颌骨碎块（left upper maxillary fragment with M1）（V 19934.1），C. l m2（V 19933.1），D. r m2（V 19933.2），E. r m2（V 19933.3）；*Orientalomys primitivus*：F. r M1（V 19937）；*Apodemus qiui*：G. l M1（V 19936.1），H. r M2（V 19935.1），I. l m1（V 19936.2），J. r m2（V 19936.3）；冠面视（occlusal view）；比例尺（scale）. * -B，+-A，C-J

比较与讨论 高特格上述标本比同一地点 *Chardinomys yuesheensis* 的相应牙齿小，比 *Huaxiamys downsi*、*Allohuaxiamys gaotegeensis* 和 *Micromys tedfordi* 的明显大。形态上与 *M. tedfordi* 有类似之处，但其 M1 只有三齿根，t1 靠近 t2、置后于 t3，t3 与 t6 间的距离短，m1 的 tma 和颊侧附尖相对发达，这些形态不同于 *Micromys* 属的特征而与 *Apodemus* 属者一致。

在中国的 5 种化石姬鼠中，甘肃灵台的 *Apodemus dominans* 未作详细描述，无法与之比较。高特格姬鼠的个体较小，大小落入 *A. orientalis* 和 *A. lii* 的变异范围，稍小于比例克的 *A.* sp.，明显小于山西榆社的 *A. qiui* 和 *A. zhangwagouensis*（图 221）。其上颌骨门齿孔后缘较比例克 *A.* sp. 的更往后延伸（图 222），m2 颊侧齿带也弱，易于分开。*A. orientalis* 的 M2 具三齿根，有别于高特格标本。基于具有与 *A. lii* 较相似的特征，即较小的尺寸，M1 的 t12 发达，M2 有四齿根，m2 颊侧附尖弱等，高特格标本暂被归入 *A. lii* 种。

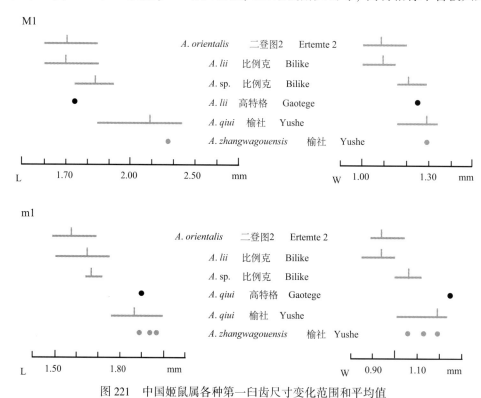

图 221　中国姬鼠属各种第一臼齿尺寸变化范围和平均值

Fig. 221　Size range and average value of length and width in the first molars of various species of *Apodemus* from China

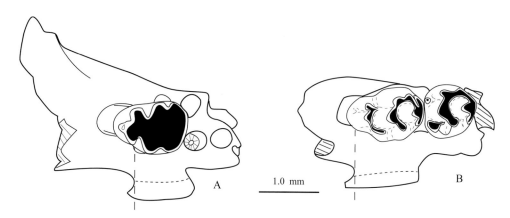

图 222　内蒙古高特格 *Apodemus lii* 和比例克 *A.* sp. 门齿孔后缘与 M1 前齿根相对位置比较

Fig. 222　Comparison between *Apodemus lii*（Gaotege）and *A.* sp.（Bilike）in relative position of the posterior margin of incisive foramen to the anterior root of M1

A. *Apodemus* sp.（V 11927），B. *A. lii*（V 19934.1）

M2 的齿根数被认为是区别 *Apodemus* 不同种较重要的鉴别特征。二登图晚中新世 *A. orientalis* 的 M2 为三齿根，比例克早上新世的 *A. lii* 与 *A.* sp.绝大部分为三齿根，少量为四齿根，榆社上新世中晚期的 *A. qiui* 和 *A. zhangwagouensis* 都为四齿根。高特格 *A. lii* 的 M2 具四齿根，下臼齿齿带较弱，这些形态可能表明其具有比例克的 *A. lii* 相对进步的性状。

邱氏姬鼠 *Apodemus qiui* Wu et Flynn, 1992

(图 220-221)

Apodemus sp.: Li et al., 2003, p. 108, table 1

Apodemus sp.: Qiu Z D et al., 2013, p. 177, appendix

归入标本　阿巴嘎旗高特格：DB 02-1 地点，2 M2（其中一枚颊侧残破），V 19935.1-2；DB 02-2，1 后部残破的 M1、1 m1 和 1 m2，V 19936.1-3。

测量（长×宽；Measurements, length × width）　M2：1.27 mm × 1.25 mm；m1：1.90 mm × 1.25 mm；m2：1.31 mm × 1.19 mm。

描述　M1 的 t1 明显大于 t3，t1 与 t5 连接，t3 比 t2 后位，t3 后刺明显，t7 强壮，t7-t4-t5-t6-t9-t8 连接成环。

M2 的 t1 几与 t4 等大，明显大于 t3。在保存完好的 M2 上，t7 脊形、与 t4 相连，同时与 t5、t6、t9 和 t8 连接成环，在残破的 M2 上 t7 与 t4 断开。完好的 M2 上具四齿根。

m1 的 tma 显著、孤立、近圆形。舌侧齿尖略比颊侧的靠前，舌、颊侧下前边尖与下原尖-下后尖脊构成“X”形。纵刺弱，未伸达前部脊列。c1 发达，与下次尖前部连接，不与颊侧前部齿带相连。c2 未见。后跟呈横向卵圆形。双齿根，无中央小根。

m2 高度磨蚀。前颊尖向前凸出。纵刺弱。c1 和 c3 明显。后跟卵圆形，双齿根。

比较与讨论　这 5 枚牙齿大小与山西榆社 *Apodemus qiui* 的接近，形态上如 M2 具四齿根，m1 下前中尖与 c1 发达等也与其相似，故被归入该种。

在山西榆社 *Apodemus qiui* 自下而上分布于高庄组顶部的 YS50 和 YS48 以及麻则沟组下部的 YS97 和 YS4 地点，古地磁测定大致为 4.7-4.3 Ma（Flynn et al., 1997；Opdyke et al., 2013）；在甘肃灵台主要分布于第 III 段，古地磁年龄约为 4.8-4.3 Ma（郑绍华、张兆群，2001）；在高特格出现于剖面的第 4 层，古地磁测定大致在 4.2 Ma 左右（徐彦龙等，2007；O'Connor et al., 2008），可能是 *A. qiui* 出现的最晚时间。

东方鼠属 *Orientalomys* De Bruijn et Van der Meulen, 1975

模式种　*Parapodemus similis* Argyropulo et Pidoplichka, 1939 = *Orientalomys similis*（Argyropulo et Pidoplichka, 1939）：乌克兰敖德萨（Odessa），上新世。

归入种　*Orientalomys galaticus*（Sen, 1975）：土耳其 Çalta，上新世（MN15）。*O. sibiricus*（Erbajeva, 1976）：俄罗斯 Transbaykalia，早更新世。*O. adirganus*（Tjutkova et Kaipova, 1996）：哈萨克斯坦 Adyrgan，早更新世。*O. schaubi*（Teilhard de Chardin, 1940）：北京，早更新世。*O. primitivus*（Cui, 2003）：内蒙古、甘肃，晚中新世。*O. sinensis* Qiu et Storch, 2000：内蒙古，上新世。*O. lingtaiensis*（Cui, 2003）：甘肃，上新世。

特征　小型鼠类。M1 和 M2 具不完整的“皇冠型构造”。M1 的 t1 和 t4 位置非常靠后，t1 远离 t2，其间无连接，t2 和 t3，以及 t1、t5 和 t6 连成斜线。下臼齿 m1 的下前中尖和颊侧附尖（c1、c2 和 c3）通常强壮（修订自 Storch, 1987）。

原始东方鼠 *Orientalomys primitivus*（Cui, 2003）

(图 220)

Orientalomys cf. *O. similis*: Storch, 1987, p. 408, figs. 22-27

Occitanomys n. sp.: 郑绍华、张兆群，2000，60 页，图 2；张兆群、郑绍华，2000，275 页，图 1，表 3

Occitanomys n. sp.：张兆群、郑绍华，2000，56 页，图 1；郑绍华、张兆群，2001，216 页，图 3

Chardinomys primitivus：崔宁，2003，290 页，图 1a, b

归入标本 化德县二登图（Ertemte 2 地点）：1 枚 M1，V 19937。

测量（长×宽；Measurements, length × width） M1：1.91 mm × 1.36 mm。

描述 M1 冠面呈卵圆形，舌侧前部的 t1bis 处凹入。t1 很靠后，位于 t5 中部并紧贴 t5，远离 t2 和 t3，t1 与 t2 之间无连接，其间底部有小的 t1bis。t2 前部有低而强的齿带。t3 稍微后置于 t2，t3 和 t2 连成前舌-后颊向的斜线，t3 无后刺，t3 靠近 t5 而远离 t6。t1、t5、t6 连成前舌-后颊向的斜脊。t4 明显靠后，位于 t8 前舌侧，与 t1、t6 均无连接，后部颊侧紧靠 t8。t6 较 t5 和 t1 后位，较 t4、t8 及 t9 靠前，与 t9 低位连接。无 t7。t8 和 t9 连接。t12 发育。具三齿根。

比较与讨论 该 M1 的 t2 和 t3，t1、t5 和 t6，以及 t4、t8 和 t9 从前往后分别连成三条斜线，t1 和 t4 位置明显靠后，t1 远离 t2，t1 和 t2 之间无连接。这些形态符合 De Bruijn 和 Van der Meulen（1975）赋予 *Orientalomys* 属的特征，并与 Storch（1987）描述内蒙古化德 *Orientalomys* cf. *O. similis* 的形态一致。

Storch（1987）在描述内蒙古化德的鼠类时，将采自二登图的 8 枚臼齿和哈尔鄂博的一枚 m1 归入 *Orientalomys* 属，并与 *O. similis* 种比较，基于其 M1 不发育的"皇冠型构造"，齿根数少等特征而作为相似种处理。后来，Qiu 和 Storch（2000）在记述内蒙古比例克早上新世动物群时认为，二登图 *Orientalomys* cf. *O. similis* 标本与 *O. similis* 的种征不符，建议从 *O. similis* 中剔除，但未指定种名。崔宁（2003）记述甘肃灵台的鼠类时，把二登图 *Orientalomys* cf. *O. similis* 中的 2 枚 M1（IVPP V 8469.2 和 V 9469.4）归入 *Chardinomys primitivus*，理由是"t6 以一深沟与 t8 和 t9 相隔"。正如下面对 *Chardinomys* 属的有效性和内涵的厘定中所述，"*C. primitivus*"并不符合 *Chardinomys* 的属征，却与 *Orientalomys* 的特征一致。至于 t6 与 t9 之间连接与否，在 *Orientalomys* 和 *Chardinomys* 中乃属变异形态，就像 t4 与 t5 之间的连接也存在变异一样，在标本数量有限的情况下，不足以作为属的特征使用。

重新对化德"*Orientalomys* cf. *O. similis*"和灵台"*Chardinomys primitivus*"标本的观察表明，本书描述的 M1 与其具有相同的形态特征，即 t2 和 t3，t1、t5 和 t6 各自形成斜线，t1 和 t4 的位置明显靠后，t1 远离 t2 且两者之间无连接，t7 缺如，有明显的 t12，t1bis 和前齿带发育，都只有三齿根，说明其符合 *Orientalomys* 属的特征，因此也将"*Chardinomys primitivus*"归入 *Orientalomys* 属，将"*Orientalomys* cf. *O. similis*"指定为 *O. primitivus* 种。另外崔宁（2003）曾提及比例克 *O. sinensis* 的部分标本与甘肃灵台的"*C. lingtaiensis*"相似，目前尚不能排除甘肃的"*C. lingtaiensis*"与内蒙古的 *O. sinensis* 是否为同物异名，但似乎可以肯定"*C. lingtaiensis*"具有 *Orientalomys* 属的特征，也应该归入该属。

Orientalomys primitivus 在内蒙古二登图和哈尔鄂博层位的时代被定为最晚中新世至上新世最早期，在甘肃灵台则分布于综合剖面的最下层，古地磁年龄约为 6.7–5.3 Ma。显然，*O. primitivus* 是该属最古老的种类，内蒙古比例克的 *O. sinensis* 和甘肃灵台的 *O. lingtaiensis* 可能为其后裔。更晚一点，*Orientalomys* 属即向西亚和东欧扩散，可能先后演化出 *O. similis*、*O. galaticus*、*O. sibiricus* 和 *O. adirganus* 种。在中国，该属一直延续到更新世早期，*O. schaubi* 为其最后代表。

日进鼠属 *Chardinomys* Jacobs et Li, 1982

模式种 *Chardinomys yusheensis* Jacobs et Li, 1982：山西榆社，上新世，高庄期。

归入种 *Chardinomys bilikeensis* Qiu et Storch, 2000：内蒙古，上新世早期（高庄期）。*C. nihowanicus*（Zheng, 1981）：山西，上新世晚期（麻则沟期）；河北、山西、甘肃，上新世晚期—更新世早期（麻则沟期—泥河湾期）。

特征（修订） 个体中等大小的鼠类，M1 和 M2"皇冠型构造"不发育、t12 通常缺如。M1 的前齿带和 t2bis（＝prestyle）显著，无 t7，t1 和 t4 位置非常靠后，t4-t5-t3 连线成舌后-颊前向倾斜，t1bis-t2-t3 连线成舌前-颊后向倾斜，两斜线夹角近直角。m1 的下前中尖及颊侧附尖发达，纵刺通常较弱。

评述 对 *Chardinomys* 属的有效性及归入种的认定上，似有不同的看法，焦点是对 *Chardinomys* 和 *Orientalomys* 的界定。*Chardinomys* 属的创建者认为，虽然该属在形态上与 *Orientalomys* 有相似之处，但其

M1 的 t4 (= enterostyle)、t5 (= protocone) 和 t3 (= labial anterocone) 与 t3 (= labial anterocone)、t2 (= lingual anterocone) 和 t1bis (= lingual prestyle) 各自连成斜线，前齿带和附尖更发达，M1 和 M2 无 *Orientalomys* 那样完整的"皇冠型构造"（Jacobs et Li, 1982）。郑绍华（Zheng, 1981）在指定河北泥河湾大南沟的"*O. nihowanicus*" 种时，将其与"*O. pusillus*"（= *Hansdebruijnia pusilla*）、*O. schaubi*、*O. similis* 及 *O. galaticus* 进行对比。Storch（1987）在描述内蒙古二登图和哈尔鄂博的鼠类标本时，把 *Chardinomys* 当作 *Orientalomys* 的同物异名，认为该属包括 6 个种，即 *O. similis*、*O. schaubi*、*O. galaticus*、*O. sibiricus*、*O. nihowanicus* 和 *O. yusheensis*。周晓元（1988）在记述山西静乐上新世的鼠类化石时，肯定了 *Chardinomys* 为有效属，并把"*O. schaubi*"和"*O. nihowanicus*"移入该属，同时建立了 *C. louisi* 种，并认为 *Chardinomys* 包括 *C. yusheensis*、*C. louisi*、*C. schaubi* 和 *C. nihowanicus* 四种。蔡保全和邱铸鼎（1993）在描述河北阳原、蔚县晚上新世鼠科化石时，指出了 *Chardinomys* 与 *Orientalomys* 之间的差异，认为两者都为有效属，前者包括 *C. yusheensis* 和 *C. nihowanicus* 两种，并指出 *C. louisi* 和汪洪（1988）建立的 *O. luoheensis* 都是 *C. nihowanicus* 的晚出异名，同时还排除了 *O. schaubi* 归入 *Chardinomys* 的可能（需要指出的是，作者当时将"nihowanicus"修改为"nihewanicus"，根据动物命名法则，这种改动显然无效）。Qiu 和 Storch（2000）在描述内蒙古比例克标本时，对 *Chardinomys* 和 *Orientalomys* 两属的区别和归入种作了进一步阐述。崔宁（2003）研究甘肃灵台的材料时，对 *Chardinomys* 的属征进行了修订，建立了 *C. primitivus* 和 *C. lingtaiensis* 新种，并认为 *C. bilikeensis* 是 *C. yusheensis* 的同物异名，*O. luoheensis* 仍属有效。

依上所述，争议的问题可简化为：1) *Chardinomys* 属是否为 *Orientalomys* 的晚出异名？2) 如果 *Chardinomys* 是有效属，归入的种有哪些？

Orientalomys 是 De Bruijn 和 Van der Meulen（1975）在描述希腊 Tourkonounia-1 早更新世的材料时，以敖德萨（Odessa）早更新世的 *Parapodemus similis* 为模式种建立的，正模是一件带 m1–3 的左下颌支（Argyropulo et Pidoplichka, 1939, No. 6585, figs. b, d, e），而 Jacobs 和 Li（1982）建立的 *Chardinomys* 属，模式种 *C. yusheensis* 的正型标本仅有上颌骨，显然两者不能直接进行对比。但我们注意到，*Orientalomys* 模式标本有一件附有 M1 和 M2 的上颌骨（见 Argyropulo et Pidoplichka, 1939, No. 6581, fig. a），可与榆社的 *C. yusheensis* 进行比较（图223）。

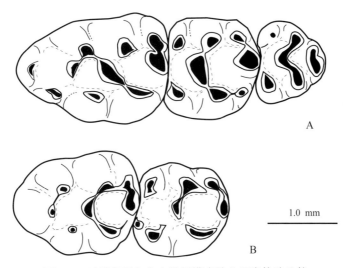

图223　日进鼠属和东方鼠属模式种上臼齿构造比较

Fig. 223　Comparison between *Chardinomys* and *Orientalomys* in dental pattern of upper molars

A. *C. yusheensis*（正模 holotype, IVPP V 5792 from Yushe）, B. *O. similis*（副模 paratype, No. 6581 from Odessa）

从图示可见，尽管 *Orientalomys similis* 的 M1 在其 t1 和 t4 较后位，t1 远离 t2，无 t7 和 t12 等方面与 *Chardinomys yusheensis* 的形态相似，但两者有明显的差异：1) *C. yusheensis* M1 的 t2 前部明显拉长，t2bis 和 t1bis 发达，而 *O. similis* 的 t2 前部不拉长，缺乏 t2bis 和 t1bis；2) *C. yusheensis* M1 的 t4、t5、t3 连成斜

脊，并与 t3、t2 的连线近垂直，而 *O. similis* 的 t5 和 t3、t4 和 t5 之间断开；3）*C. yusheensis* M1 的 t5 明显前颊-后舌向拉长，磨蚀面呈梭形，而 *O. similis* 的 t5 近圆锥状，磨蚀面呈半圆形或圆形；4）*C. yusheensis* M1 的"皇冠型构造"发育不完整，即 t5 与 t6 之间连接弱，t6 与 t9 不相连，而 *O. similis* M1 后部具有典型的"皇冠型构造"，t4、t5、t6、t9 和 t8 依次连接成环。由此可见，*Orientalomys* 和 *Chardinomys* 在形态构造上有明显的区别，故本书赞同 *Chardinomys* Jacobs et Li，1982 为有效属。

Stephanomys schaubi 的模式产地为中国北京附近周口店第 18 地点，时代为早更新世。最早由 De Bruijn 和 Van der Meulen（1975）转置于 *Orientalomys* 属，周晓元（1988）将其归入 *Chardinomys* 属，但大多数研究者都将其排除在 *Chardinomys* 属之外（Jacobs et Li，1982；蔡保全、邱铸鼎，1993；Qiu et Storch，2000；崔宁，2003）。根据原描述和插图（Teilhard de Chardin，1940，p. 60，fig. 36），"*Stephanomys*"*schaubi* 的 M1 和 M2 具典型的"皇冠型构造"，t5 不前外-后内向拉长，磨蚀后并不与 t3 连接，t6 与 t9 连接，这些都与 *Chardinomys* 属的特征不符，显然应排除在 *Chardinomys* 属之外，置于 *Orientalomys* 属是合适的。

在 "*Orientalomys*" *nihowanicus* 的 M1 中，t4、t5、t3 和 t3、t2、t1bis 各自连成近垂直相交的斜线，t5 明显前外-后内向拉长，t5 与 t6 之间多断开，t6 不与 t9 而与 t8 或 t8、t9 的联合部连接。这些特征与 *Chardinomys* 的属征一致，无疑应属于 *Chardinomys* 属。"*C. louisi*" 种（周晓元，1988），无论在牙齿尺寸还是形态上都与泥河湾的 *C. nihowanicus* 高度一致，应为后者的同物异名。

Chardinomys yusheensis 以 M1 常有呈显著尖状的 t1bis 和前齿带（相对原始的性状），以及 t5 与 t6 通常连接而区别于 *C. nihowanicus*。

"*Orientalomys*" *luoheensis* 被崔宁（2003）排除在 *Chardinomys* 之外，其 M1 和 M2 的 t6 与 t9 相连，t4、t5、t6、t9 连成环，这是较典型的"皇冠型构造"，确实不符合 *Chardinomys* 的属征，我们赞同将其从 *Chardinomys* 属中排除，归入 *Orientalomys* 属的意见。

比例克的 *Chardinomys bilikeensis* 与榆社和灵台的 *C. yusheensis* 相比，其臼齿显示了明显的原始性状，如 M1 齿冠较低，acc 横宽，M1 都为四齿根，m1 的 c3 较发达，后跟（Ph）弱、近脊形等，代表该属较原始的一种（图 224Da，Db）。

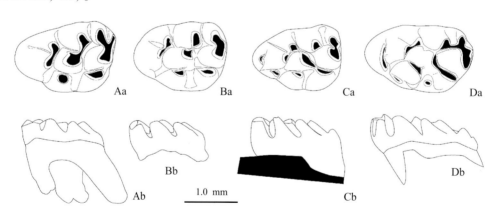

图 224　中国日进鼠属部分种 M1 形态比较

Fig. 224　Comparison of several species named after *Chardinomys* in morphology of M1

Aa, Ab. "*Chardinomys*" *primitivus*（甘肃灵台 Lingtai, Gansu）, Ba, Bb. "*C.*" *lingtaiensis*（甘肃灵台 Lingtai, Gansu）, Ca, Cb. *C. yusheensis*（山西榆社 Yushe, Shanxi）, Da, Db. *C. bilikeensis*（内蒙古比例克 Bilike, Nei Mongol）; Aa–Da. 冠面视（occlusal view）, Ab–Db. 颊齿视（buccal view）

"*Chardinomys*" *primitivus* 上臼齿的形态具有如下特征：M1 齿尖较圆且孤立；t3 位置靠前，后缘与 t1 和 t5 的前缘持平；t4、t3 和 t5 虽排成一线，但彼此断开；t5 圆丘形，与 t6 连接；t6 与 t9 连接；t12 显著（图 224Aa，Ab）。这些特征明显与 *Chardinomys* 的属征不符，应从 *Chardinomys* 属中剔除。我们注意到，崔宁（2003）提到 Storch（1987）描述的内蒙古二登图 *Orientalomys* cf. *O. similis* 的部分标本与 "*C.*" *primitivus* 特征一致。Qiu 和 Storch（2000）认为二登图的 *Orientalomys* cf. *O. similis* 不同于 *O. similis*，可能

是一新种。确实，灵台的"*C.*" *primitivus* 和二登图的 *Orientalomys* cf. *O. similis* 可能是同物异名，都应归入 *Orientalomys* 属。

"*Chardinomys lingtaiensis*"（崔宁，2003）M1 的 t3 明显靠前，其后缘与 t5 和 t1 前缘持平，t4 和 t5、t6 和 t9 之间多断开，t5 圆丘形、与 t6 连接（图 224Ba，Bb）。这些与 *Chardinomys* 的属征不符，应排除出 *Chardinomys* 属。该种的形态与"*C.*" *primitivus* 接近，但前者臼齿齿尖比后者的更向后倾斜和压扁，t1 与 t5、t3 与 t5 之间连接明显增强，显然应与"*C.*" *primitivus* 归入相同的属，可能代表比 *O. primitivus* 稍进步的一种。

经上甄别，目前 *Chardinomys* 属仅包括 3 种：*C. yusheensis* Jacobs et Li，1982、*C. nihowanicus*（Zheng，1981）和 *C. bilikeensis* Qiu et Storch，2000。

榆社日进鼠 *Chardinomys yusheensis* **Jacobs et Li, 1982**

（图 225、226；表 100、101）

Chardinomys sp.：Li et al.，2003，p. 108，table 1

Chardinomys sp.：Qiu Z D et al.，2013，p. 177，appendix

归入标本 阿巴嘎旗高特格：DB 02-1 地点，8 上颌残段分别带 M1-2 或 M1 或破碎 M2，2 残破下颌支，分别带破碎 m1 和 m2，216 枚臼齿（43 M1，43 M2，22 M3，49 m1，41 m2，18 m3），V 19938.1-226；DB 02-2，6 上颌残段分别带 M1-2 或 M1 或 M2，5 件下颌支残段分别带 m1-2 或 m1 或 m2，100 枚臼齿（25 M1，16 M2，11 M3，18 m1，18 m2，12 m3），V 19939.1-111；DB 02-3，4 上颌残段分别带 M1-2、M2-3、M1 和 M3，8 残破下颌支，分别带 m1-3 或 m1-2 或 m1 或 m2，125 枚臼齿（23 M1，23 M2，12 M3，25 m1，20 m2，22 m3），V 19940.1-137；DB 02-4，3 上颌残段分别带 M1-2 或 M1，1 带 m2 下颌支残段，8 枚臼齿（4 M1，1 M2，1 M3，1 m1，1 m3），V 19941.1-12；DB 03-1，41 枚臼齿（9 M1，7 M2，7 M3，5 m1，9 m2，4 m3），V 19942.1-41；DB 03-2，1 上颌残段带 M1，16 枚臼齿（9 M1，1 M3，3 m1，3 m2），V 19943.1-17。

测量 见表 100。

表 100　内蒙古高特格榆社日进鼠牙齿测量

Table 100　**Measurements of molars of *Chardinomys yusheensis* from Gaotege, Nei Mongol**（mm）

Tooth	Length			Width		
	N	Mean	Range	N	Mean	Range
M1	114	1.90	1.67-2.15	114	1.28	1.10-1.50
M2	72	1.27	1.15-1.40	72	1.24	1.05-1.40
M3	50	0.86	0.76-1.00	50	0.92	0.72-1.02
m1	93	1.70	1.56-2.00	93	1.16	1.00-1.40
m2	93	1.30	1.15-1.45	93	1.21	1.05-1.40
m3	58	0.99	0.85-1.15	58	0.93	0.75-1.10

描述 残破的上颌骨可以观察到：颧弓起于 M1 前方，M1 前齿根前方偏颊侧 0.5 mm 处有一明显的神经孔，门齿孔后缘伸达 M1 前缘稍后处。下颌骨无上咬肌嵴，下咬肌嵴发达、向前增厚，齿虚位强烈下凹，颏孔大、位于咬肌嵴前端齿虚位略靠下处。下门齿最前端与齿槽面持平。

M1 齿尖向后倾斜。三列主尖以中列的 t2、t5 和 t8 最大，其中 t8 是最大尖，颊侧的 t3、t6 和 t9 次之，舌侧的 t1 和 t4 最小。t1bis 和前齿带（ac）出现的频率很高，分别为 98/114 和 83/112，且多数呈尖形。相比之下，t2bis 不甚发育，112 件标本中只有 26 件有小尖状或脊形的 t2bis。t1 圆柱形，位置比 t3 靠后，远离 t2，紧靠 t5，其中间位置与 t5 前壁持平。t1 和 t5 紧靠，稍磨蚀即相连，在 112 枚牙齿中仅有 8 枚的 t1 完全独立于 t5。t3 的后壁略超前或持平于 t5 前壁，贴近 t2，分别与 t2 和 t5 连接，t3、t2 和 t1bis 连成一前内-后外斜线。t4 稍大于 t1，呈压扁状，其中间位置与 t8 前缘持平。t4 向前与 t5 连接(在 110 枚牙齿中，仅 1 枚的其间断开)，向后与 t8 低位相连(28/102)或断开(74/102)。t5 前外-后内向拉长，咀嚼面呈梭形，与 t3、t4 连接成牙齿上显著的中间斜脊，与 t6 之间多有低位连接(74/111)。t6 明显大于 t3，位置比 t4 稍靠前，极少(14/107)与 t9 连接，多与 t8-t9 联合部或直接与 t8 相连。无 t7。t9 横向伸开，呈脊形。通常看不到 t12，只在个别(15/101)磨蚀轻微的标本中有残存痕迹。在能观察到齿根的 101 件标本中，22 件具四齿根，78 件具五根，1 件为六根。

M2 的 t1 近等于或稍大于 t3，前者后部多(67/73)与 t5 连接，后者则多(51/72)孤立于 t5，t1 和 t3 之间多为 t5 隔开，但在 6/73 件标本上以一细脊与 t5 前部相连。t4 与 t5、t5 与 t6 之间通常连接，分别仅在 1 件标本上断开。无 t7 和 t12。72 件标本中半数的 t6 与 t9 连接，略少于半数的 t4 与 t8 相连。70 枚保存齿根的牙齿中有 28 枚具四齿根，40 枚具五根，2 枚具六根。

M3 的 t1 很显著，但 t3 极退化(35/47)甚至完全消失(12/47)。t5 偏颊侧，与 t6 几融合。t8 与 t9 通常(40/48)融合成一孤立的齿尖，但在 8 件标本中与前部的横脊有连接。三齿根。

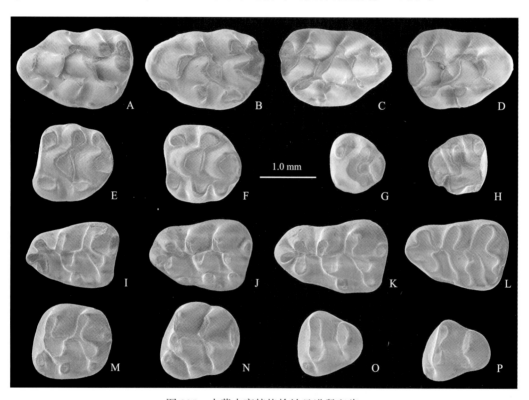

图 225　内蒙古高特格榆社日进鼠臼齿

Fig. 225　Molars of *Chardinomys yusheensis* from Gaotege，Nei Mongol

A. l M1（V 19938.1），B. l M1（V 19938.2），C. r M1（V 19938.3），D. r M1（V 19938.4），E. l M2（V 19938.5），F. l M2（V 19938.6），G. l M3（V 19938.7），H. r M3（V 19938.8），I. l m1（V 19938.9），J. l m1（V 19938.10），K. l m1（V 19938.11），L. l m1（V 19938.12），M. l m2（V 19938.13），N. l m2（V 19938.14），O. l m3（V 19938.15），P. l m3（V 19938.16）；冠面视(occlusal view)

m1 前窄后宽。除 1 件标本外都有下前中尖，该尖或孤立(44/84)、或与颊侧下前边尖连接(17/84)、或与舌侧下前边尖相连(13/84)、或与舌、颊侧下前边尖双连接(9/84)。颊侧下前边尖和舌侧下前边尖大小近等，形状相似，后者稍超前或对向前者，两尖或后部连接(47/84)或断开(37/84)；两者与由下原尖和下后尖组成的第二脊列间通过高位的脊连接或断开。在可观察的 97 件标本上有 68 件具纵刺，29 件则无。除 1 枚牙齿的 c1 不发育外，其余都有显著的尖锥状 c1 和 c2，两附属尖或近等大(22/82)、或前者大于后者(12/82)，或前者小于后者(48/82)。86 件标本近半数(35 例)有尖状的 c3。后跟发育程度不一，呈三角形、圆形、椭圆形或脊形。83 枚保存齿根的牙齿，大多数(76 例)三齿根(1 前 2 后)，仅 7 件为双根。

m2 前颊尖发达，基部与下原尖连接。在 85 件标本中，58 件具发育程度不同的纵刺。所有标本都具 c3，无 c2，81 件可观察的标本中有 30 件具 c1。在保存齿根的 71 枚牙齿中 27 件四齿根，44 枚为五齿根。

m3 前颊尖小而低，仅在 3 件标本中缺失。2 件标本上有极小的 c1。下次尖和下内尖融合成后方一不大、几与前部断开的齿尖，该尖仅在 4 件标本上与前部连接，在 1 枚牙齿中的颊侧后部有一附属小尖。在保存齿根的 41 件标本中，7 件双齿根（1 前 1 后），17 件三根（2 前 1 后），17 件四齿根（3 前 1 后）。

比较与讨论 上述高特格标本 M1 和 M2 的"皇冠型构造"不发育，t12 通常不清楚；M1 的前齿带和 t2bis 较发达，无 t7，t1 和 t4 位置非常靠后，t4、t5、t3 连接并形成后内-前外向斜线，t1bis、t2、t3 连接并形成前内-后外向斜线，两斜线夹角近直角；m1 的下前中尖及颊侧附尖显著。牙齿形态与日进鼠 *Chardinomys* 属的鉴别特征完全一致。

在所知 *Chardinomys* 属的 3 种中，牙齿尺寸变异范围彼此重叠，不太容易区分。总体上说，高特格的标本稍小于比例克的 *C. bilikeensis*，与 *C. yusheensis* 和 *C. nihowanicus* 者较接近（图 226）。

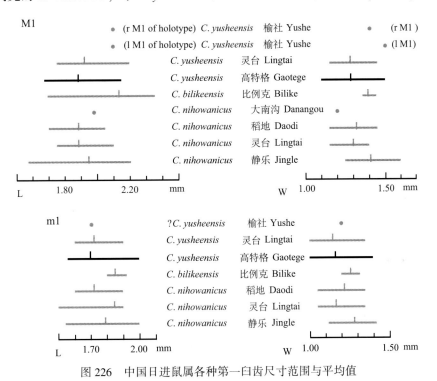

图 226　中国日进鼠属各种第一臼齿尺寸范围与平均值

Fig. 226　Size range and average value of length and width in the first molars of the known speices of *Chardinomys* from China

形态上，*Chardinomys bilikeensis* 齿冠明显偏低，ac 较大，M1 为四齿根，m1 的 c3 较发达，后跟更弱，且齿尖较趋脊形，有别于高特格的标本。*C. nihowanicus* M1 的 t5 与 t6、t6 与 t9 发生连接的频率较低，t1 及前齿带较弱，m1 的 c3 不发育，也与高特格标本有所不同（表 101）。*C. yusheensis* 正模的尺寸大小落入高特格标本测量范围的高端（图 226），其 M1 具有发达的前齿带和 t1bis，t6 与 t8-t9 的联合部连接，特征与高特格者一致。崔宁（2003）曾依据甘肃灵台的标本对 *C. yusheensis* 种征进行修订，认为 *C. yusheensis* 的 M1 应具四齿根，实际上 *C. yusheensis* 模式标本上的齿根没完全暴露出来，很难判断其准确的数目，但观察模式产地附近层位的新材料（吴文裕，个人交流），M1 几乎都为五齿根，与高特格者较一致（表 101），而灵台 *C. yusheensis* 的 M1 多具四齿根可能跟它的地质年代偏早有关。总之，高特格标本以相似的尺寸、M1 上具发达的前齿带和 t1bis、t5、t6 之间的连接相对紧密，都与榆社和灵台的 *C. yusheensis* 较接近，因此被归入该种。

表 101　中国日进鼠属各种 M1 的形态变异统计

Table 101　Statistics of variable morphology for M1 of *Chardinomys* from China

日进鼠 *Chardinomys*	地点 Locality	t5连接t6 t5-t6 connected	t5连接t9 t5-t9 connected	具t1bis t1bis present	具t2bis t2bis present	具ac ac present	齿根数 root number		
							4	5	6
C. yusheensis	榆社 Yushe (type)	0	0	2/2 100%	0	2/2 100%	?		
	榆社 Yushe	9/12 75%	1/11 9.09%	10/12 83.33%	1/12 8.33%	9/12 75%	1/12 8.33%	11/12 91.67%	0
	高特格 Gaotege	74/111 66.67%	14/107 13.08%	98/114 85.96%	26/112 23.21%	83/112 74.11%	22/101 21.78%	78/101 77.23%	1/101 0.01%
	灵台 Lingtai	19/29 65.52%	6/28 21.43%	30/32 93.75%	4/29 13.79%	30/32 93.75%	20/21 95.24%	1/21 4.76%	0
C. nihowanicus	稻地 Daodi	22/146 15.07%	2/145 1.38%	125/142 88.03%	32/144 22.22%	34/144 23.61%	1/102 0.98%	95/102 93.14%	6/102 5.88%
	静乐 Jingle	11/78 14.10%	2/77 2.60%	62/77 80.52%	16/78 20.51%	16/77 20.78%	0	50/50 100%	0
	灵台 Lingtai	16/40 40%	0	38/42 90.48%	8/35 22.86%	25/41 60.98%	2/25 8%	21/25 84%	2/25 8%
C. bilikeensis	比例克 Bilike	4/4 100%	0	5/5 100%	0	5/5 100%	3/3 100%	0	0

目前已知的 *Chardinomys* 都产自中国北方的晚中新世晚期—早更新世地层，最早记录是山西榆社的 *C. sp.*，其古地磁年龄约为 5.8 Ma。稍晚出现的是内蒙古比例克的 *C. bilikeensis*，根据动物群对比，时代为早上新世。更晚一点的是山西榆社、甘肃灵台和内蒙古高特格的 *C. yusheensis*，该种在山西榆社盆地分布于南庄沟段至醋柳沟段，古地磁年龄约为 4.8–4.3 Ma（Flynn et al.，1997），在甘肃灵台剖面上分布于 III–V 段，古地磁年龄大致为 4.8–3.3 Ma（郑绍华、张兆群，2001），在内蒙古高特格出现于第 4–6 层，古地磁年龄约为 4.4–3.9 Ma（徐彦龙等，2007；O'Connor et al.，2008）。最晚出现的种是 *C. nihowanicus*，在山西静乐和河北泥河湾稻地的时代为晚上新世（周晓元，1988；蔡保全、邱铸鼎，1993），在山西榆社似乎可以一直延续至 1 Ma 以后。*Chardinomys* 属似乎具有如下的演化趋势：臼齿齿冠逐渐增高；臼齿牙根逐渐增多，M1 和 M2 由原始的四齿根逐渐增多至五或六齿根，m2 和 m3 由三齿根增多至五齿根；M1 的 t1bis 和前齿带及 m1 的 c3 逐渐退化等。

华夏鼠属 *Huaxiamys* Wu et Flynn，1992

模式种　*Huaxiamys downsi* Wu et Flynn，1992：山西榆社，早上新世，高庄期。

归入种　*Huaxiamys primitivus* Wu et Flynn，1992：山西、甘肃，晚中新世—早上新世。

特征　具小型、低冠、皇冠型臼齿，齿尖强烈倾向后方。M1 的 t2 前壁明显向前凸出，t3 很后位，t2 与 t3 间的谷宽阔；t2 与 t1 连接成前外-后内向延伸的斜脊；无 t7。m1 的前中间尖（tma）小或缺失；舌侧下前边尖不同程度地前外-后内向膨胀，且较颊侧下前边尖更向前伸；牙齿经磨蚀后下前中尖与舌侧下前边尖相连；舌、颊侧下前边尖与下后尖-下原尖对构成不对称的"X"形；具发育不完全的纵刺。颊侧附尖退化，M1 三、M2 四，m1 和 m2 两或三齿根（引自吴文裕、Flynn，1992）。

唐氏华夏鼠 *Huaxiamys downsi* Wu et Flynn，1992

（图 227、228；表 102）

归入标本　阿巴嘎旗高特格：DB 02-1 地点，78 枚臼齿（14 M1，14 M2，6 M3，24 m1，16 m2，4 m3），V 19944.1–78；DB 02-2，1 带 m1-2 下颌支残段，40 枚臼齿（10 M1，4 M2，3 M3，11 m1，10 m2，2 m3），V 19945.1–41；DB 02-3，74 枚臼齿（16 M1，12 M2，4 M3，22 m1，14 m2，6 m3），V 19946.1–74；

DB 02-4, 1 M1 和 1 m3, V 20085.1-2; DB 03-1, 18 枚臼齿(5 M1, 4 M2, 3 m1, 5 m2, 1 m3), V 19947.1-18。

测量 见表102。

表102 内蒙古高特格唐氏华夏鼠臼齿测量

Table 102 Measurements of molars of *Huaxiamys downsi* from Gaotege, Nei Mongol（mm）

Tooth	Length			Width		
	N	Mean	Range	N	Mean	Range
M1	37	1.71	1.60-1.85	37	0.99	0.87-1.11
M2	32	0.94	0.82-1.00	32	0.86	0.84-0.95
M3	13	0.63	0.50-0.70	13	0.63	0.56-0.65
m1	57	1.28	1.12-1.45	57	0.83	0.67-0.95
m2	43	0.89	0.75-0.97	43	0.81	0.67-0.90
m3	14	0.63	0.57-0.65	14	0.59	0.52-0.67

描述 下颌骨的下咬肌嵴发达、自下后向上前增厚, 上咬肌嵴弱, 颏孔小、位于咬肌嵴前端略靠下、齿虚位凹处的外侧。

M1"皇冠型构造"明显, 齿尖强烈向后倾斜。t2 前壁狭尖, 明显向前延伸。t2 与 t1 前颊-后舌向拉长, 彼此高位连成脊, 两尖舌侧前壁之间的凹陷特别明显, 凹陷处少见附尖(t1bis)。t3 位于 t2 的后颊方, 前者前缘与后者后缘持平, 两者以一低而细的脊相连, t3 与 t2 之间的谷宽深, 大部分标本在颊侧为一齿带封闭, 少数开放或有小的 t2bis（=prestyle）。t4、t5 与 t3 位于同一直线, 但 t3 与 t4-t5 脊断开, t4-t5 脊与 t1-t2 脊平行。t1 与 t4 和 t5 无连接。t4、t5、t6、t9 和 t8 彼此相连成环形, t8 最大, t4 和 t8 有时断开。颊侧的 t3、t6 和 t9 大小相近, 略小于其他齿尖。无 t7。在未磨蚀和轻度磨蚀的标本上能清楚地看到

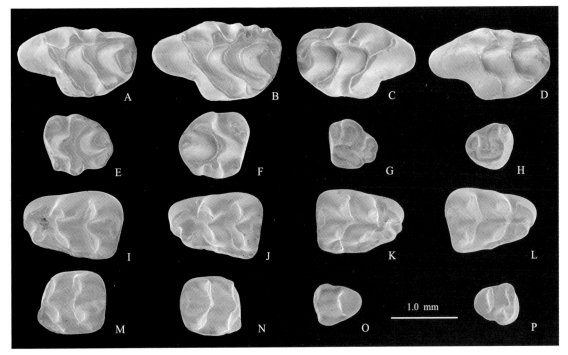

图 227 内蒙古高特格唐氏华夏鼠臼齿

Fig. 227 Molars of *Huaxiamys downsi* from Gaotege, Nei Mogol

A. l M1（V 19944.1）, B. l M1（V 19944.2）, C. r M1（V 19944.3）, D. M1（V 19944.4）, E. l M2（V 19944.5）, F. r M2（V 19944. 6）, G. l M3（V 19944.7）, H. r M3（V 19944.8）, I. l m1（V 19944.9）, J. l m1（V 19944.10）, K. r m1（V 19944.11）, L. r m1（V 19944.12）, M. l m2（V 19944.13）, N. r m2（V 19944.14）, O. l m3（V 19944.15）, P. r m3（V 19944.16）; 冠面视（occlusal view）

脊形的 t12，稍加磨蚀即与 t9-t8 的连接，并在 t8 颊侧后部围成小坑，随着磨蚀加深 t12 与 t8 和 t9 融为一体。绝大多数牙齿具三齿根，前根、后根、舌侧根分别位于 t2、t8 和 t1 下方，都朝前伸，齿冠底面中央另有一小齿根突（rootlet）；1 件标本具四齿根，即舌侧具双齿根。

M2 前方后圆。t1 大，倒逗号形，与 t5 前部相连。t3 较 t1 小得多。t4、t5、t6、t9 和 t8 彼此相连成环形，t5 与 t8 远比其他尖大，t9 小，有时退化成脊形。t4 与 t1 近等大或稍大于 t1。无 t7。一枚磨蚀轻微的牙齿能看到脊形的 t12。四齿根，时见小的中央齿根。

M3 圆三角形。t1 大、近独立、似三角形。无 t3，t4、t5 和 t6 连成箭头形脊。t9 有时缺失，有时与 t8 融合，t8 与 t9 之间后部有凹陷，t8 为圆形或脊形，位于齿冠后部中央。6 枚保留齿根的牙齿只有 1 枚为三根（前齿根的根部分叉），其余双根。

m1 前窄后宽，近三角形。下前中尖小，或在绝大部分标本中缺失。舌侧下前边尖前外-后内向膨胀，较颊侧下前边尖前位。下前中尖稍磨蚀后即融入舌侧下前边尖，成为其颊侧前部的延伸脊。舌、颊侧下前边尖与下后尖、下原尖通过脊构成不对称的"X"形。纵刺短。后跟横向拉长，近脊形。颊侧附尖退化为齿带状脊，但在 8 枚和 7 枚牙齿上分别可看到明显的 c1 和 c2。在保留齿根的 32 件标本中，17 件双根，15 件三根。

m2 圆方形。前颊尖为齿带状脊。纵刺极短。颊侧附尖退化为细的齿带状脊，有的甚至完全消失。后跟呈卵圆形或脊状，极易磨平。绝大多数牙齿具三齿根（前根 1，后根 2），仅 1 枚为双根，4 枚的前根下部裂开，形成四齿根。

m3 前颊尖仅在 1 件标本上出现，且很弱，其余都缺失。下原尖和下后尖清晰可辨，下次尖与下内尖融为一体。3 件标本可看到纵刺。双齿根。

比较与讨论　高特格这些小型鼠类的牙齿形态完全符合吴文裕和 Flynn（1992）赋予 *Huaxiamys* 属的特征。如个体小，低冠；齿尖强烈倾向后方；M1 的 t2 前壁强烈向前延伸，t3 后位，t2 与 t3 之间形成宽阔的谷，无 t7；m1 的下前中尖几乎不发育，舌侧下前边尖明显前外-后内向膨胀，位置超前于颊侧下前边尖等等。

Huaxiamys 属的种类不多，所发现的化石也不丰富。属型种 *H. downsi* 产自山西榆社、甘肃灵台、内蒙古高特格和河北泥河湾，时代均为早上新世；另一种 *H. primitivus* 发现于山西榆社晚中新世马会组，甘肃灵台和河北泥河湾的上新统（吴文裕、Flynn，1992；Flynn et al.，1997；郑绍华、张兆群，2001；Li et al.，2003；李强等，2008）。此外，蔡保全和邱铸鼎（1993）、Qiu 和 Storch（2000）先后报道过河北泥河湾红崖南沟上新世晚期和内蒙古比例克早上新世的相似种 *H. sp.*，张兆群和郑绍华报道过甘肃灵台的 *H. n. sp.*，后者被认为是该属最原始的类型（张兆群、郑绍华，2000）。我们认为灵台标本兼具 *Huaxiamys* 和 *Micromys* 属的特征，而与河北泥河湾稻地的"*H. primitivus*"（蔡保全等，2004）一样，在形态上与 *Huaxiamys* 和 *Micromys* 属又都有所差异，代表了鼠亚科在新近纪分化出的一个新支（见下）。

根据已知的测量数据，各地点 *Huaxiamys* 种间在牙齿的尺寸上并无明显差别（图 228）。不过，高特格标本具有以下特征：M1 的 t2 前壁向前迅速变窄，t2 和 t3 之间的齿谷较宽阔；m1 的 tma、m1 和 m2 的后跟和颊侧附尖高度退化，具双根或三齿根等。这些与模式种 *H. downsi* 的特征高度一致，因此归入该种。

高特格是目前发现 *Huaxiamys* 化石最多的一个地点，其丰富的材料有利于对这一稀少啮齿动物的认识。值得特别提出的是，M1 上 t12 的发育曾作为 *H. primitivus* 和 *H. downsi* 种之间的区别特征之一（吴文裕、Flynn，1992），但对高特格和榆社 *H. downsi* 材料的再观察发现，两地的标本中都只有部分存在 t12。M1 上是否出现 t12 与牙齿的磨蚀程度相关，在未磨蚀和磨蚀程度轻的标本中，t12 较明显，并且常与 t9 连成一体，稍加磨蚀尚能在 t8 颊侧后部看到由 t12 和 t8-t9 之间小脊围成的小坑，中度磨蚀即与 t8 融为一体。由此看来，t12 的存在与否并不适合作为两种的区别特征。

Huaxiamys 属在内蒙古中部，最早出现于上新世早期。但该属在山西最早出现于晚中新世，以榆社马会组的 *H. primitivus* 为代表，产出层位的古地磁年龄约为 6.1-5.2 Ma。该种在甘肃灵台出现较晚，主要分布于剖面的第 III 和第 IV 段，年代范围大致为 5.0-3.8 Ma。*H. downsi* 出现于上新世早期，在山西榆社

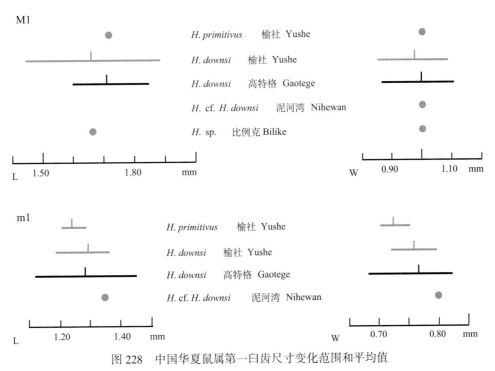

图 228 中国华夏鼠属第一臼齿尺寸变化范围和平均值

Fig. 228 Size range and average value of length and width in the first molars of *Huaxiamys* from China

分布于高庄组醋柳沟段，古地磁年龄约为 4.6–3.6 Ma，在甘肃灵台分布于第 IV 和第 V 段，年龄大致为 4.2–3.3 Ma（吴文裕、Flynn，1992；Flynn et al.，1997；郑绍华、张兆群，2001），在内蒙古高特格分布于第 4 和第 5 层，年龄约为 4.4–4.0 Ma（徐彦龙等，2007；O'Connor et al.，2008），在河北泥河湾分布于稻地老窝沟 L2 层，时代为上新世晚期（蔡保全等，2004）。*Huaxiamys* 的最后出现可能是河北泥河湾红崖南沟的 *H*. sp.，时代为上新世晚期（蔡保全、邱铸鼎，1993）。

综上所述，目前已知 *Huaxiamys* 存在于晚中新世晚期至上新世晚期，在内蒙古中部地区仅见于上新世。同 *Chardinomys* 一样，该属产出地点都集中在华北和西北地区，显示了很强的地方性。

异华夏鼠属（新属）*Allohuaxiamys* gen. nov.

模式种 *Allohuaxiamys gaotegeensis* gen. et sp. nov.：内蒙古高特格，早上新世，高庄期。

属名由来 前缀 Allo（希腊词），意为不同，示该属与 *Huaxiamys* 尽管相似但仍为不同的属。

归入种 *Allohuaxiamys* sp.：甘肃，晚中新世晚期；河北，上新世早期。

特征 个体小、齿冠低。M1 具"皇冠型构造"；t2 窄，向前延伸，但远不如 *Huaxiamys* 的狭长，前伸也短；t2 与 t1 趋于丘形，其间的连接低；t3 紧靠 t2，与 t6 相距较远；t2 和 t1、t6 和 t4 未形成两条平行的斜线；无 t1bis 和 t7，具 t12。

高特格异华夏鼠（新属、新种）*Allohuaxiamys gaotegeensis* gen. et sp. nov.

（图 229、230）

Huaxiamys downsi：Li et al.，2003，p. 108，table 1，partim

Huaxiamys sp.：Qiu Z D et al.，2013，p. 177，appendix，partim

名称由来 示新种的模式产地——内蒙古中部地区阿巴嘎旗的高特格地点。

正模 右 M1（1.45 mm × 0.90 mm，V 19948）。

副模 一枚 M1（1.46 mm × 0.90 mm），V 19949。

模式产地与层位 阿巴嘎旗高特格（DB 02-1 地点）；下上新统，高特格层（高庄期早期）。

特征 同属。

描述 M1 具明显的"皇冠型"构造，齿尖向后倾斜。t2 前壁向前延伸，前端窄、尖，t2 与 t1 之间明显凹陷。t2 与 t1 在正模中前外-后内向拉长，彼此有低的脊相连，脊形化程度低；在副模中 t2 与 t1 较为丘形，中间断开。t3 位于 t2 后颊方，其间有脊相连，两者组成前颊侧开放的浅谷。t1 通过低脊与 t5 舌侧前壁连接，与 t4 不相连。t4、t5 与 t3 形成斜线，但 t3 与 t5 和 t6 之间无脊连接。t2 和 t1、t5 和 t4 组成两条不平行的斜线，t4、t5、t6 与 t9 连接成环形包围 t8，无 t7，t4 与 t8 之间断开或连接，t9 与 t8 连接。在副模中能看到从 t8 后壁延伸出的发达的 t12。可能具三齿根。

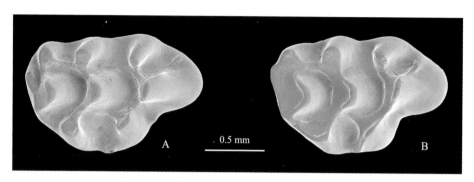

图 229　内蒙古高特格的高特格异华夏鼠臼齿

Fig. 229　Molars of *Allohuaxiamys gaotegeensis* from Gaotege, Nei Mongol

A. r M1（正模 holotype, V 19948），B. r M2（V 19949）；冠面视（occlusal view）

比较与讨论 上述两枚 M1 最初被归入 *Huaxiamys downsi* 之中（Li et al., 2003），后来在第二作者的博士论文中被指定为不同于 *Huaxiamys* 的新属、新种（李强，2006）。

高特格这两枚牙齿的尺寸极小，明显比同一地点 *Huaxiamys downsi* 的小，落入山西榆社 *H. downsi* 的 M1 变异范围低端。臼齿形态与 *Huaxiamys* 和 *Micromys* 两属都有相似之处：如齿尖向后倾斜，t2 呈窄尖向前延伸与 *Huaxiamys* 者类似；t12 发育，t1 后位，t3 超前于 t1，t3 与 t6 之间存在一定的距离等又与 *Micromys* 者相仿。

与 *Huaxiamys* 比较，标本尺寸偏小，M1 齿尖未呈薄片状，t2 前壁向前延伸但不是很远，t1-t2 脊形化程度度低，t3 紧靠 t2，t2 和 t1、t5 和 t4 未连成平行的斜线，具显著的 t12，这些与 *Huaxiamys* 的特征有明显差别（图 230）。与 *Micromys* 的 M1 比较，尺寸略小，齿尖较脊形，不具有 t7，t2 的前壁向前延伸，t3 与 t6 之间的距离较短，t6 与 t9 间的距离较大，齿根数少（图 230）。比较的结果表明，高特格标本既不能归入 *Huaxiamys*，也不宜归到 *Micromys*，似乎代表一新的物种，尽管材料很少，在此也指定为 *Allohuaxiamys gaotegeensis* 新属、新种。

张兆群和郑绍华（2000）在讨论灵台文王沟的鼠类化石时注意到，其"*Huaxiamys* n. sp."的 M1 在形态上与 *Huaxiamys* 属的特征并不十分相符，认为该未定新种具有 *Huaxiamys* 属较原始的性状。观察尚未详细描述的灵台"*H.* n. sp."标本发现，其 M1 与高特格的 *Allohuaxiamys gaotegeensis* 标本无论是尺寸大小还是咀嚼面构造都非常接近，唯一的差别是灵台 M1 的 t1 与 t5 之间的连接比高特格的弱。另外，河北泥河湾稻地老窝沟的一枚 M1，最初被指定为"*H. primitivus*"（蔡保全等，2004），后又作为未定种有疑问地归入 *Huaxiamys*（李强等，2008）。泥河湾标本在形态上与高特格的 *A. gaotegeensis* 并无太大的差别，其 t1 与 t5 之间也有连接，只是尺寸偏大，显然也应该归入 *Allohuaxiamys* 新属。由于材料过于稀少，甘肃灵台和河北泥河湾的 *Allohuaxiamys* 可否归入与高特格相同的种，还有待进一步的发现和研究。

Allohuaxiamys 最早出现于甘肃灵台，分布于剖面的第 I 至第 III 段，时代为晚中新世晚期至上新世早期，古地磁测定年龄大致为 6.5-4.5 Ma（郑绍华、张兆群，2001）。内蒙古高特格 *A. gaotegeensis* 的所在层位古地磁测定的年龄~4.2 Ma（徐彦龙等，2007；O'Connor et al., 2008）。在河北泥河湾盆地中出现略晚，时代上可能接近上新世偏晚期。以上表明，*Allohuaxiamys* 与 *Huaxiamys* 在地层中出现的时代基本一致，说明两者属于平行演化的关系，代表鼠亚科在新近纪时期独立的演化支系。*Huaxiamys*、*Allohuaxiamys* 与

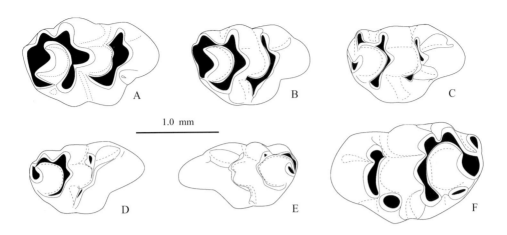

图 230　异华夏鼠属与巢鼠、华夏鼠和姬鼠属 M1 的形态比较

Fig. 230　Morphological comparison of *Allohuaxiamys* with *Micromys*, *Huaxiamys* and *Apodemus* in M1

A. *Micromys tedfordi*（内蒙古高特格 Gaotege, Nei Mongol），B, C. *Allohuaxiamys gaotegeensis*（内蒙古高特格
Gaotege, Nei Mongol, B. 副模 paratype, C. 正模 holotype），D. *Huaxiamys primitivus*（山西榆社 Yushe, Shanxi），
E. *H. downsi*（山西榆社 Yushe, Shanxi），F. *Apodemus lii*（内蒙古比例克 Bilike, Nei Mongol）

Micromys 三者臼齿形态上的高度相似性，似乎意味着它们有较接近的亲缘关系，甚至可能拥有共同的祖先。

巢鼠属 *Micromys* Dehne，1841

模式种　*Micromys agilis* Dehne，1841 = *Mus soricinus* Hermann，1780 = *Mus minutus* Pallas，1771：现生种。

归入种（化石种）　*Micromys paricioi* Mein, Moissenet et Adrover，1983，*M. praeminutus* Kretzoi，1959，*M. steffensi* Van de Weerd，1979，*M. bendai* Van de Weerd，1979：欧洲，晚中新世—上新世。*M. kozaniensis* Van de Weerd，1979：欧洲、中国内蒙古，上新世。*M. chalceus* Storch，1987：内蒙古、山西、甘肃，晚中新世—早上新世。*M. tedfordi* Wu et Flynn，1992：山西、甘肃，上新世。

特征　个体小，齿冠低，"皇冠型构造"不完整。M1 和 M2 在多数种中具四或五齿根，t7 和 t12 通常发育。M1 相对狭窄；t1 位置靠后；t3 紧靠 t2；t3 与 t6 远远分开，其间齿谷开阔。m1 狭长，下前中尖小，舌侧下前边尖比颊侧下前边尖大、位置略靠前；颊侧齿带和附属小尖弱，纵刺弱（引自 Storch，1987，修订）。

舒氏巢鼠 *Micromys chalceus* Storch，1987

（图 231）

归入标本　阿巴嘎旗宝格达乌拉（IM 0709）：m2 一枚，V 19950。苏尼特左旗必鲁图（IM 0510 地点）：M1 一枚，m2 两枚，V 19951.1-3。

测量（长×宽；Measurements，length × width）　IM 0709，m2：0.90 mm × 0.80 mm；IM 0510，M1：1.47 mm × 0.92 mm；m2：0.95 mm × 0.85 mm，1.00 mm × 0.88 mm。

特征　个体很小（M1 和 m1 的尺寸接近现生种 *Micromys minutus* 者）。M1 没有 t7（占三分之二的标本 t4 与 t8 间有脊相连，三分之一标本这一连接脊的前部不完整或缺如）；t6 和 t9 大小近等；t12 很发育；约半数标本有 t0（t1bis）；90% 的牙齿具三个主根及一个中间小根，10% 有四个主根加一个中间小根。M2 半数以上标本 t1 成对。m1 的颊侧齿带完整；常有弱或中等大小的 c1，几乎有五分之一标本的颊侧齿带上显示弱的 c2；tma 小而低矮；cp 相对强壮。m2 的颊侧齿带连续，前颊尖脊形（引自 Storch，1987）。

描述 M1 长椭圆形。t1 显著，前部位于 t2 与 t3 后缘连线之后，颊前方以低脊与 t2 连接，颊后方有低脊与 t5 相连；t3 比 t1 小，紧靠 t2，并以低脊与其连接；t4 大小与 t1 接近，位置比 t6 的靠后，颊前方以低脊与 t5 相连，颊后方由齿谷与 t8 隔开；t6 远离 t3，个体比 t9 大很多，颊后方以低脊与 t5 连接，后方与 t9 间有低脊相连；没有 t7；t12 小，但清晰，与 t9 间隔开；t2、t5 和 t8 排成的中列齿尖明显比舌侧和颊侧列齿尖强壮；没有 t1bis，t2bis 则很明显。

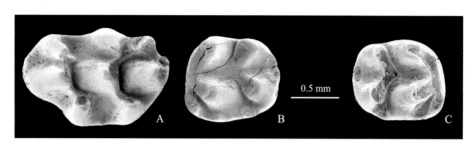

图 231　内蒙古宝格达乌拉和必鲁图舒氏巢鼠颊齿

Fig. 231　Cheek teeth of *Micromys chalceus* from Baogeda Ula and Bilutu, Nei Mongol

A. r M1（反转 reversed, V 19951.1）, B. l m2（V 19951.2）, C. r m2（V 19950）；冠面视（occlusal view）

m2 次方形，长稍大于宽。前颊尖显著，呈脊形凸显于牙齿前外角，舌前侧与下原尖-下后尖脊列连接；下原尖-下后尖、下次尖-下内尖脊列向前弯曲，前部很低。有低、短的纵刺，其中一枚伸达下原尖-下后尖脊列的弯曲处；cp 弱小而低，横向卵圆形，随着牙齿的磨蚀消失早。外齿带不很发育，低，也未形成清楚的附属小尖，但连续地从前唇尖伸至下次尖的颊后侧。双齿根。

比较与讨论 上述四枚臼齿，具有 *Micromys* 属的典型特征，即尺寸很小，M1 的 t6 与 t3 间有宽阔的齿谷远远分开，m2 的外齿带弱、其上没有清楚的附属小尖。材料虽然很少，但显示了其 *Micromys* 的属性。

Micromys 为一现生属，化石广布欧亚大陆自晚中新世以来的地层，种类很多。内蒙古的 *M. chalceus* 和欧洲的 *M. cingulatus*（MN 13）被认为是该属很原始的种（Storch, 1987；Storch et Dahlmann, 1995）。两者 M1 的 t7 都不发育，t12 清晰，绝大多数为三齿根，但后者的个体较大，m1 和 m2 的外齿带很发育、其上的附加小尖甚为强壮。宝格达乌拉和必鲁图标本的尺寸和形态，特别是 M1 没有 t7，t12 明显，m2 的颊侧齿带连续，但无附属小尖，具有脊形的前颊尖，与 *M. chalceus* 所具有的特征完全一致，因而被归入该种。

Micromys chalceus 在二登图动物群和哈尔鄂博动物群中相当常见，具有较高的化石丰度。新地点增加的材料极为稀少，但和 *Hansdebruijnia pusila* 与 *Karnimatoides hipparionus* 一起发现于宝格达乌拉、必鲁图、二登图和哈尔鄂博地点。这些鼠类化石种类组合的出现，也可能说明宝格达乌拉组上部和必鲁图层所代表的时代与二登图组的相对接近。它在宝格达乌拉地点的出现，层位也较高（IM 0709），或许亦系该种出现的较低层位。

戴氏巢鼠 *Micromys tedfordi* Wu et Flynn, 1992

（图 232、233；表 103）

Micromys cf. *M. kozaniensis*：Li et al., 2003, p. 108, table 1

Micromys cf. *M. kozaniensis*：Qiu Z D et al., 2013, p. 177, appendix

归入标本 阿巴嘎旗高特格：DB 02-1 地点，109 枚臼齿（31 M1, 24 M2, 2 M3, 20 m1, 23 m2, 9 m3），V 19952.1-109；DB 02-2，4 件上颌残段，59 枚臼齿（16 M1, 9 M2, 6 M3, 13 m1, 12 m2, 3 m3），V 19953.1-63；DB 02-3，1 件上颌残段，1 下颌支残段，58 枚臼齿（20 M1, 10 M2, 2 M3, 8 m1, 13 m2, 5 m3），V 19954.1-60；DB 02-4，7 枚臼齿（2 M1, 1 M2, 3 m1, 1 m2），V 19955.1-7；DB 03-1，19 枚臼齿（3 M1, 4 M2, 5 m1, 5 m2, 2 m3），V 19956.1-19；DB 03-2：仅 1 枚后部残破的 M1，V 19957。

测量　见表103。

表 103　内蒙古高特格戴氏巢鼠臼齿测量

Table 103　Measurements of molars of *Micromys tedfordi* from Gaotege, Nei Mongol（mm）

Tooth	Length			Width		
	N	Mean	Range	N	Mean	Range
M1	61	1.65	1.53−1.83	61	1.04	0.81−1.15
M2	42	1.05	1.00−1.15	42	0.94	0.87−1.06
M3	9	0.78	0.70−0.90	9	0.81	0.75−0.85
m1	45	1.47	1.25−1.60	45	0.86	0.75−1.05
m2	54	1.00	0.92−1.10	54	0.87	0.78−0.95
m3	19	0.77	0.67−0.85	19	0.68	0.65−0.73

描述　上颌骨在 M1 前齿根前方 0.9 mm 处有一明显的神经孔，门齿孔后缘伸达 M1 前齿根前 0.2 mm 处。颏孔位于咬肌脊前端前方，咬肌脊下支显著，上支几乎不发育。

M1 的 t1 较 t2 后位，前缘与 t2 的后缘基本持平，两者之间的舌侧齿缘凹陷明显；t1 的后刺在 40/70件标本中不同程度发育。t3 稍小于 t1，其后缘持平或超前于 t2 后缘，后刺在 23/66 标本上清楚。t4 与 t6 大小近等，位置相当或稍后位。t7 呈尖状或脊形，但在一枚牙齿中缺如；t7 与 t9 大小相近，明显小于 t4 和 t6，与 t4 多断开，仅在 13/68 件标本中相连。t4、t5、t6、t9 与 t8 连接成不完整的环。t12 在多数标本上清楚，在 16/59 上非常退化。t1bis、t2bis 和前齿带分别发育于 17/68、8/68 和 7/67 件标本；2 件标本 t1 与 t4 之间的齿带具一附属小尖；此外，另有 2 枚牙齿的 t3 与 t6 之间也有一附属小尖。具五齿根：前齿根、后齿根、舌侧根各一，颊侧根为二，分别位于 t2+t3、t8、t9、t1 和 t4 之下；一枚牙

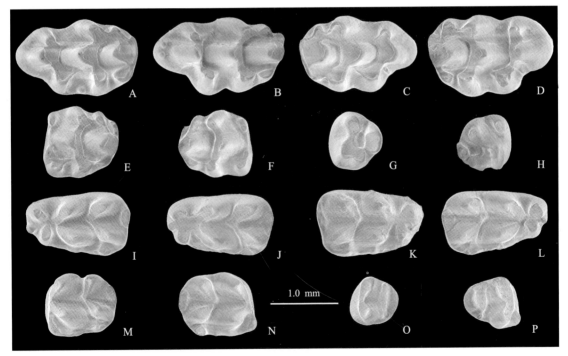

图 232　内蒙古高特格戴氏巢鼠的臼齿

Fig. 232　Molars of *Micromys tedfordi* from Gaotege, Nei Mongol

A. l M1（V 19952.1），B. l M1（V 19952.2），C. r M1（V 19952.3），D. r M1（V 19952.4），E. l M2（V 19952.5），F. r M2（V 19952.6），G. l M3（V 19953.1），H. r M3（V 19953.2），I. l m1（V 19952.7），J. l m1（V 19952.8），K. r m1（V 19952.9），L. r m1（V 19952.10），M. l m2（V 19952.11），N. r m2（V 19952.12），O. l m3（V 19952.13），P. r m3（V 19952.14）；冠面视（occlusal view）

齿还具有小根。

M2 呈盾形。t1 大，成明显双尖(18/36)、弱双尖(5/36)或单尖(13/36)出现。t3 弱，t4 在 t5 之后、持平或稍落后于 t6，都有偏脊形的 t7，t7 与 t4 之间多连接(20/32)。绝大多数具明显的 t12，仅在 5/33 件标本中非常退化甚至消失。五齿根，前后各二主根，颊侧主根之间具一小根，小根仅在 2 件标本上较弱。

M3 绝大部分(7/9)有 t1，仅在 2 枚牙齿中缺失；当存在 t1 时，一般较强大，稍磨蚀便与 t5 前方相连。t3 几乎不发育，t4、t5 和 t6 连成一偏向颊侧前方凸起的脊。t8 与 t9 融为一体，独立位于牙齿后部。无 t7 和 t12。在保留齿根的 5 件标本中，3 件具三根，1 件具双根，另 1 件具四根。

m1 瘦长。在能观察到下前中尖的 41 件标本中，2 件的缺失，其余的小但清楚；下前中尖多单独与舌侧下前边尖连接(28/39)，少数孤立(7/39)或分别与舌、颊侧下前边尖相连(4/39)。舌、颊侧下前边尖总与下原尖-下后尖脊列构成"X"形。纵刺发育，但未伸达下原尖-下后尖脊列。后跟强大，一般呈横向的卵圆形。所有标本都有尖状的 c1，41 件标本中有 23 件具有尖状的 c2，39 件标本中有 13 件具尖状的 c3；c2 和 c3 都明显小于 c1，两者常连成由颊侧下前边尖向后延伸的齿带。具两粗壮的齿根，在前后齿根之间的颊侧还有一发育程度不等的中央小根。

m2 前颊尖大，呈齿带状，突向前方；48 件标本中的 9 件能观察到一极低弱的舌侧下前边尖痕迹。所有标本都有 c1，绝大多数为尖状，只有 4 件呈脊形；41 件标本中的 23 件有小尖状的 c2，3 件有尖状的 c3，其余的 c2 和 c3 呈齿带状。后跟脊形。双齿根。

m3 前部形态无异于 m2 者。具小、清晰、尖状或脊形的前颊尖。下次尖与下内尖融合成牙齿后方舌侧尖，牙齿后方颊侧有明显的 c1。在保存齿根的 15 件标本中，14 件具双根，仅 1 件具三根(其前齿根二分)。

比较与讨论 上述标本的 M1 和 M2 各具五齿根，M1 的 t1、t2、t3 连接，t1 明显比 t2 和 t3 后位，t6 远离 t3，m1 和 m2 的颊侧附尖除 c1 外都较弱，形态与 *Micromys* 属征一致。

Micromys agilis (= *M. minutus*)是巢鼠属的唯一现生种，广布于古北界和东洋界北部。高特格巢鼠的个体比 *M. minutus* 大，M1 的 t3 位置相对比 t2 更靠前，M1 和 M2 的 t9 相对于 t7 较大，t12 发达，M3 的 t1 相对 t5 较小，t8 相对 t5 较大，m1 的下前中尖相对较小。

欧洲 MN15 的 *Micromys praeminutus* 个体与高特格巢鼠接近，但 m1 无下前中尖，m2 具三齿根，其已知材料很少，种内形态变异仍然未知(Kretzoi, 1959; Sulimski, 1964; Michaux, 1969)。*M. steffensi* 的个体较大，t1 和 t3 后刺发达、t7 和 t9 较强壮，M2 仅具四齿根；*M. bendai* 的个体稍大，M1 的 t1 与 t2 舌侧齿缘的凹陷较浅，M2 具四齿根；*M. kozaniensis* M2 的 t7 位置非常靠后，似乎也可以与高特格巢鼠区别开来(Van der Weerd, 1979)。西班牙 Celadas 4 上新世(MN14)的 *M. paricioi* 个体明显较小，而且 M1 的 t7 脊形、t9 相对较大、m1 的 tma 和 c1 较显著，可能属于比较原始的性状(Mein et al., 1983)。

Storch 和 Dahlmann (1995)记述过希腊最晚中新世 Maramena 的 *Micromys cingulatus* 种，是否应归入 *Micromys* 属存有争议。该种以 M1 和 M2 具三齿根，M1 的 t1 不靠后，t3 靠后，t3 与 t6 之间距离近，m1 和 m2 的颊侧附尖极其发达，形态明显有别于 *Micromys*，而更接近 *Apodemus* 属的特征，似乎应从 *Micromys* 属中剔除，转置 *Apodemus* 属。

与中国的化石巢鼠相比，高特格巢鼠的个体比 *M. chalceus* 明显大，M1 和 M2 多发育有尖状的 t7，M1 具五齿根(Storch, 1987)。与比例克的 *M. kozaniensis* 相比，两者个体接近，但比例克巢鼠上颌骨的门齿孔较为向后延伸、下颌骨的颏孔位置靠近齿虚位背面，M2 一般具四齿根，中央小根不太发育，少数 m1 的中央小根仍居中(Qiu et Storch, 2000)。高特格标本在形态和构造上与 *M. tedfordi* 的高度相似，如颏孔位置明显位于齿骨侧方，M1 和 M2 具五齿根，有不完整的"皇冠型构造"等(吴文裕、Flynn, 1992；郑绍华、张兆群, 2001)。

除了上述种类以外，尚有山西榆社 YS6 地点的 *M. aff. tedfordi* 和河北泥河湾的 *M. aff. M. tedfordi*，但两者颏孔的位置都更靠近齿虚位背面(图 233)，后者的 t9 相对 t6 较小，t3 的后刺也不太发育，与高特格巢鼠有所不同(吴文裕、Flynn, 1992；蔡保全、邱铸鼎, 1993)。

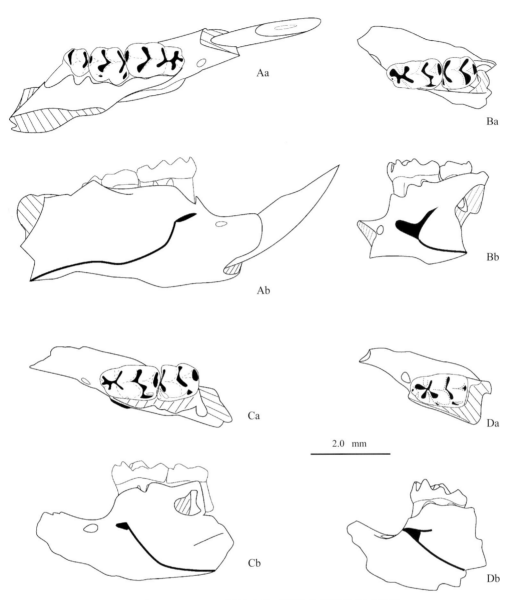

图 233 *Micromys* 属几个种下颌骨上颏孔的相对位置

Fig. 233 Location comparison of several species of *Micromys* in mental foramen

Aa, Ab. *Micromys kozaniensis*（比例克 Bilike, IVPP V 11904），Ba, Bb. *M. tedfordi*（高特格 Gaotege, V 19954.1），Ca, Cb. *M. tedfordi*（榆社 Yushe, V 8859），Da, Db. *M. aff. tedfordi*（榆社，Yushe, V 8865）；Aa–Da. 背面视（dorsal view），Ab–Db. 颊侧视（labial view）

上述的比较表明，高特格标本的颏孔位于齿骨侧面，M2 中央小根高度发育和 m1 中央小根完全偏处颊侧等，这些形态也与榆社 *M. tedford* 的特征最为接近。

吴文裕和 Flynn（1992）在研究榆社鼠类化石时，提到巢鼠类下颌骨颏孔的位置有逐渐由齿骨的侧面移向背面，m1 中央小根由中间移向颊侧的演化趋向。然而，比例克 *M. kozaniensis* 的颏孔位置几乎已在齿虚位的背面，但其时代可能较榆社 *M. tedfordi* 的略早。因此，颏孔位置的偏移不一定能说明巢鼠通常的演化趋势。关于 m1 的中央小根，在已知中国最原始的巢鼠，即最晚中新世内蒙古二登图和哈尔鄂博的 *M. chalceus* 中，中央居中的小根只在少数牙齿中发育，而在早上新世比例克 *M. kozaniensis* 中，大多数 m1 有中央小根，而且多数已经偏向颊侧，少数依然保持居中，在高特格 *M. tedfordi* 中，m1 的中央小根几乎全部偏处颊侧。因此，我们部分认同吴等的观点，即 *Micromys* 存在 m1 的中央小根逐渐发育，并且从中间位置逐渐偏向颊侧的演化趋势。

Micromys tedfordi 在内蒙古高特格地点出现于第4-6层，在山西榆社盆地出现于高庄组上部以及麻则沟组，在甘肃灵台剖面上出现于第II-V段。大致说来，该种在中国北方出现的时间比较一致，都为上新世早期，与古地磁年龄测定的时间也大体接近（Flynn et al., 1997；郑绍华、张兆群，2001；徐彦龙等，2007；O'Connor et al., 2008；Opdyke et al., 2013）。

四、内蒙古中部新近纪啮齿动物群的组成特征与对比

本书描述的新近纪啮齿动物化石计有 15 科、82 属、144 种。按以上系统描述及有关出版资料，内蒙古中部地区迄今所发现的新近纪啮齿动物，如果包括一个未定科，总共有 16 科 87 属 168 种，分别出现于相同或不同的化石组合之中（附录 1、2）。其中的 5 属（*Anchitheriomys*、*Paralophocricetus*、*Rhagapodemus*、*Allorattus* 和 *Pararhizomys*）以及 *Pliopetaurista rugosa* 和 *Myomimus sinensis* 等 24 种在此前已先后有过研究（Schlosser, 1924; Schaub, 1935, 1938; Stirton, 1934; Wu, 1985; Storch, 1987; Qiu, 1991; Qiu et Storch, 2000; Zazhigin et al., 2002; Li, 2010a, b; Kimura, 2010a, b），本书未作详细记述。为了便于阐明这一地区啮齿动物的系统演化特征，各地点的化石组合被称为动物群。需要提出的是，这里所使用的动物群是一个"狭义"的概念，即指在有限地区、基本产自同一层位或相同地质时期的化石组合，相当于部分同行所称的"地方（局部）动物群"（local fauna）（Tedford et al., 1987）。但通古尔动物群除外，它用在通古尔组中不同层位产出的化石组合，其涵盖的时间较长，代表内蒙古中部地区的一个中中新世动物群，或者相当于有些学者所建议的"通古尔年代动物群"（Tunggurian chronofauna）（Mirzaie Ataabadi et al., 2013）。这里试图通过啮齿动物系统演化关系和化石组合特征的分析，按时间先后将这一地区的新近纪啮齿动物群进行先后排序，并与相关动物群，特别是中国北方的新近纪啮齿动物群进行对比，以为内蒙古中部地区陆生哺乳动物地层年代框架的构建提供基石，探讨不同地质时期的生态环境。

目前，在内蒙古中部地区发现含化石较多的新近纪化石组合或地方动物群有以下 18 个。这些组合的时代不同，成员的多少和属性各异，有些组合显然还含有由于下部层位被流水切割，化石经搬运而再堆积的成分。有关各动物群的组成详见本书附录 3，下面大体按出现时间的先后，从早到晚，对各动物群的组成和特征进行——剖析（图 234）。

敖尔班（下）动物群　阿尔善高毕（大红山）地区敖尔班组下段所产的化石归入敖尔班（下）动物群。该动物群所含的啮齿动物，计有双柱齿鼠科（Distylomyidae）、拟速掘鼠科（Tachyoryctoididae）、山河狸科（Aplodontidae）、松鼠科（Sciuridae）、睡鼠科（Gliridae）、始鼠科（Eomyidae）、林跳鼠科（Zapodidae）和仓鼠科（Cricetidae）的 27 属 35 种，其中包括 5 新属，14 新种。双柱齿鼠科、拟速掘鼠科和山河狸科的属种在动物群中很常见，始鼠科和林跳鼠科相当分化，仓鼠科的成员主要为欧洲学者所称"大间断"后出现的"现代仓鼠"（modern cricetids）属，如 *Democricetodon* 和 *Megacricetodon*。

敖尔班（下）动物群是内蒙古中部地区时代很早的一个动物群，其中的 8 个科在渐新世晚期已经存在，而且除双柱齿鼠科和拟速掘鼠科外都分布于欧洲大陆。但该动物群的时代不可能属于渐新世，因为在已知的 27 属中有 14 属在欧洲或亚洲的早中新世才首次出现，如 *Ayakozomys*、*Tamias*、*Atlantoxerus*、*Ligerimys*、*Leptodontomys*、*Sicista*、*Democricetodon* 和 *Megacricetodon* 等，它也不会晚于早中新世，因为动物群中不存在中中新世才出现的属，如 *Sinotamias*、*Protalactaga*、*Plesiodipus* 和 *Gobicricetodon* 等。另外，值得一提的是，华北和西北地区上渐新统中常见的 Ctenodactylidae（梳趾鼠科）和 Tsaganomyidae（查干鼠科）在敖尔班（下）动物群中已经绝迹，而中中新统中常见的 Dipodidae 科和 Cricetidae 中的 Plesiodipinae（近古仓鼠亚科）却尚未被发现，似乎同样说明这一动物群的时代应该比渐新世晚，比中中新世早。

在属一级水平上，敖尔班（下）动物群的啮齿动物与亚洲早中新世地点的化石组合或多或少地共有相同的属。它与我国青海田家寨动物群共有 *Tachyoryctoides*、*Atlantoxerus* 和 *Litodonomys*，但缺少了后者中较为古老的 *Yindirtemys*、*Parasminthus* 和 *Eucricetodon*，而有较多早中新世才出现的属，如 *Plesiosminthus*、*Ligerimys* 和 *Democricetodon* 等，说明其时代比田家寨动物群要晚。与新疆早中新世索索泉动物群（索 2）至少共有 *Ayakozomys*、*Asianeomys*、*Palaeosciurus*、*Plesiosminthus*、*Litodonomys*、*Heterosminthus* 和

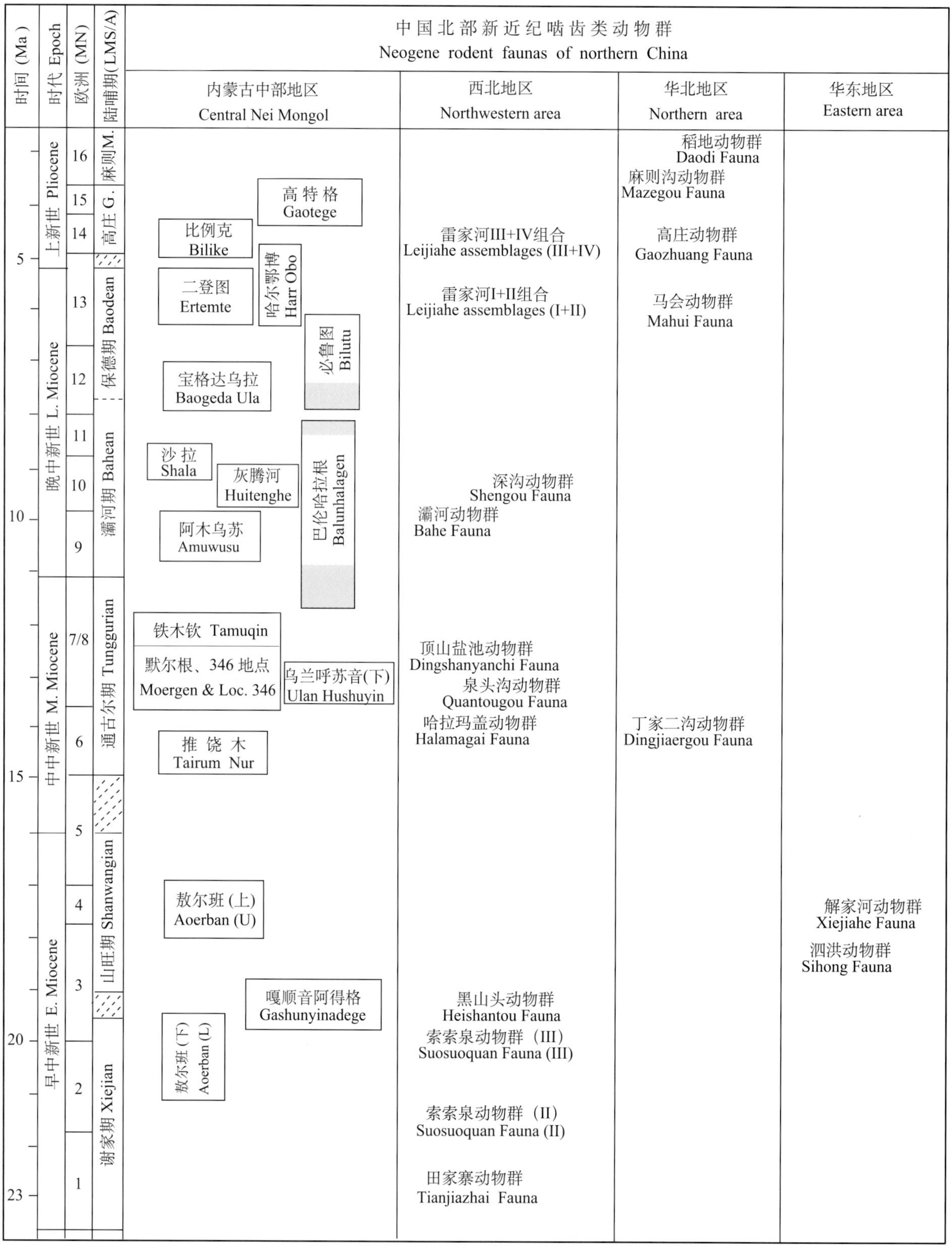

中 国 北 部 新 近 纪 啮 齿 类 动 物 群
Neogene rodent faunas of northern China

时间 (Ma)	时代 Epoch	欧洲 (MN)	陆哺期 (LMS/A)	内蒙古中部地区 Central Nei Mongol	西北地区 Northwestern area	华北地区 Northern area	华东地区 Eastern area

时间 (Ma): 5, 10, 15, 20, 23

时代 Epoch:
- 上新世 Pliocene
- 晚中新世 L. Miocene
- 中中新世 M. Miocene
- 早中新世 E. Miocene

欧洲 (MN): 16, 15, 14, 13, 12, 11, 10, 9, 7/8, 6, 5, 4, 3, 2, 1

陆哺期 (LMS/A):
- 麻则 M. / 高庄 G.
- 保德期 Baodean
- 灞河期 / 霸河期 Bahean
- 通古尔期 Tunggurian
- 山旺期 Shanwangian
- 谢家期 Xiejian

内蒙古中部地区 Central Nei Mongol:
- 高特格 Gaotege
- 比例克 Bilike
- 哈尔鄂博 Harr Obo
- 二登图 Ertemte
- 必鲁图 Bilutu
- 宝格达乌拉 Baogeda Ula
- 沙拉 Shala
- 灰腾河 Huitenghe
- 巴伦哈拉根 Balunhalagen
- 阿木乌苏 Amuwusu
- 铁木钦 Tamuqin
- 默尔根、346 地点 Moergen & Loc. 346
- 乌兰呼苏音(下) Ulan Hushuyin
- 推饶木 Tairum Nur
- 敖尔班 (上) Aoerban (U)
- 嘎顺音阿得格 Gashunyinadege
- 敖尔班 (下) Aoerban (L)

西北地区 Northwestern area:
- 雷家河III+IV组合 Leijiahe assemblages (III+IV)
- 雷家河I+II组合 Leijiahe assemblages (I+II)
- 深沟动物群 Shengou Fauna
- 灞河动物群 Bahe Fauna
- 顶山盐池动物群 Dingshanyanchi Fauna
- 泉头沟动物群 Quantougou Fauna
- 哈拉玛盖动物群 Halamagai Fauna
- 黑山头动物群 Heishantou Fauna
- 索索泉动物群 (III) Suosuoquan Fauna (III)
- 索索泉动物群 (II) Suosuoquan Fauna (II)
- 田家寨动物群 Tianjiazhai Fauna

华北地区 Northern area:
- 稻地动物群 Daodi Fauna
- 麻则沟动物群 Mazegou Fauna
- 高庄动物群 Gaozhuang Fauna
- 马会动物群 Mahui Fauna
- 丁家二沟动物群 Dingjiaergou Fauna

华东地区 Eastern area:
- 解家河动物群 Xiejiahe Fauna
- 泗洪动物群 Sihong Fauna

图 234　内蒙古中部新近纪啮齿动物群生物年代顺序及其与中国北方相关动物群的对比

Fig. 234　Biochronological assignment of the Neogene rodent faunas from central Nei Mongol and correlation with the related faunas from northern China

陆哺期一栏中的"高庄 G."代表高庄期 Gaozhuangian，"麻则 M."代表麻则沟期 Mazegouian

（"G." and "M." in the LMS/A column mean Gaozhuangian and Mazegouian, respectively）

Democricetodon 属，但缺少了渐新世较为常见的 *Parasminthus* 属，或许说明其时代比索 2 组合也稍晚些；与索 3 组合共有 *Prodistylomys*、*Tachyoryctoides*、*Atlantoxerus*、*Palaeosciurus*、*Litodonomys*、*Heterosminthus* 和 *Democricetodon* 属，同样缺少了 *Parasminthus* 属，但索 3 组合中出现了中中新世较为常见的 *Protalactaga* 和 *Cricetodon* 属，而缺少了像 *Asianeomys* 和 *Plesiosminthus* 一些较古老、在索 2 组合和敖尔班（下）动物群中都较常见的属，或许至少说明敖尔班（下）动物群的时代不一定会比索 3 组合晚，可能会稍早些。与江苏泗洪动物群共有 *Tachyoryctoides*、*Ansomys*、*Tamias*、*Democricetodon* 和 *Megacricetodon*，但江苏这一动物群中的 *Tachyoryctoides* 显得很进步，仓鼠类较为分化与进步，表明其时代比敖尔班（下）动物群的略晚些。泗洪动物群出现了兔形类中的 *Alloptox* 属，似乎也是个佐证。它与蒙古国湖谷地区（Valley of Lakes）D 层化石组合的共有属也较多，计有 *Prodistylomys*、*Tachyoryctoides*、*Plesiosminthus*、*Litodonomys*、*Heterosminthus* 和 *Democricetodon*，但未见较古老的 *Yindirtemys*，或许指示了其时代略晚（李传夔、邱铸鼎，1980；Qiu et Qiu，1995；邱占祥等，1997；孟津等，2006；Daxner-Höck et Badamgarav，2007；Qiu et Qiu，2013）。敖尔班（下）动物群中的 *Atlantoxerus*、*Palaeosciurus*、*Miodyromys*、*Ligerimys*、*Keramidomys*、*Leptodontomys*、*Pentabuneomys*、*Democricetodon* 和 *Megacricetodon* 属亦出现于欧洲早中新世动物群。值得注意的是，*Ligerimys* 和 *Pentabuneomys* 属在欧洲的出现仅局限于 MN3-4 带；敖尔班的 *D. sui* 在大小和形态上与欧洲较原始的 *D. franconicus* 接近，后者为该属在欧洲的最早代表，出现于 MN4 带，在土耳其出现于 MN3/4（Engesser，1999；Kälin，1999；Mein，1999；Ünay et al.，2001）。

综上所述，敖尔班（下）动物群是我国现知种类最多、材料最丰富的一个早中新世啮齿动物群，也是内蒙古中部地区迄今所知层位最低的一个新近纪动物群，其时代可能属于早中新世中期，或中国陆生哺乳动物年代地层系统（LMS/A）谢家期的晚期，大体与欧洲陆相哺乳动物分带 MN2-3 的时代相当（表 1、图 234）。

"现代"仓鼠 *Democricetodon* 和 *Megacricetodon* 属在敖尔班（下）动物群中同时出现，两属的并存在中中新世动物群中极为常见，而在较早的早中新世动物群中往往只有前者，因为 *Democricetodon* 的出现比 *Megacricetodon* 稍早，在欧洲两者的共存也仅仅出现于 MN4 带（Mein，1999；De Bruijn et al.，1993）。*Megacricetodon* 属的化石在敖尔班（下）组合中仅有两枚牙齿，其出现一方面可能表明敖尔班（下）动物群的时代属于早中新世中晚期，另一方面也不排除这两枚牙齿系从上红层冲流至下红层表面上的化石。

嘎顺音阿得格动物群　嘎顺音阿得格动物群产自苏尼特左旗嘎顺音阿得格谷地的红色砂泥岩，共含有 8 科 25 属 35 种，其中 3 新属，14 新种（附录 3）。动物群中的所有科和属，以及 29 种（近占 83%）都出现在敖尔班（下）动物群，可见这两个动物群在组成上高度相似，指示了两者存在的时期接近。但是，下述情况似乎又说明嘎顺音阿得格动物群的地质时代比敖尔班（下）动物群略晚：1）较原始的属，如双柱齿鼠科的 *Allodistylomys* 和山河狸科的 *Parameniscomys* 属已完全绝迹；2）出现了具较进步性状或者后期动物群存在的种，如 *Distylomys* 属中的 *tedfordi*，*Atlantoxerus* 属中的 *major*，*Leptodontomys* 属中的 *gansus*，*Democricetodon* 属中的 *lindsayi* 和 *tongi*；3）仓鼠科的分异度明显增大，"现代"仓鼠的种类和数量相对多；4）伴生的兔形目出现了 *Alloptox* 属（Wang et al.，2009）。

在属一级水平上，嘎顺音阿得格动物群的啮齿动物与青海田家寨动物群、新疆索索泉动物群（索 2、索 3 和布尔津黑山头）、江苏泗洪动物群及蒙古国湖谷地区（Valley of Lakes）的 D 层化石组合同样可以比较，近似于与敖尔班（下）动物群相同的情况，或多或少地共有相同的属。它与新疆索 3 和黑山头组合似乎较为接近，而比泗洪动物群早。因此，嘎顺音阿得格动物群为一个时代比敖尔班（下）动物群稍晚的早中新世动物群，可能属于早中新世的中晚期，或中国陆生哺乳动物年代地层系统（LMS/A）谢家期晚期—山旺期早期（表 1、图 234）。

敖尔班（上）动物群　苏尼特左旗阿尔善高毕地区敖尔班组上红色泥岩段所产的化石归入敖尔班（上）动物群，计有啮齿动物共 8 科 17 属 21 种，其中包括 2 新属，9 新种（附录 3）。这一动物群与敖尔班（下）动物群源于同一露头的剖面上，所在层位直观比后者靠上。由于上红层的化石没有下红层丰富，处理的砂样也少些，因此这一动物群的种类和含有的化石远没有敖尔班（下）动物群多。从现有的材料看，它与敖尔班（下）动物群和嘎顺音阿得格动物群的构成特征较为近似，所含的科和属一级动物几乎都在后两动物群中出现，但有以下的不同：1) 一些较原始动物科的消失或明显减退，即 Distylomyidae 科完全绝迹，Aplodontidae、Eomyidae 和 Zapodidae 科的分异度下降，种类和数量大为减少；2) 出现了 Mylagaulidae 科；3) 数个敖尔班（下）动物群和嘎顺音阿得格动物群中较古老属的消失，如 Tachyoryctoididae 科的 Tachyoryctoides 属（相反 Ayakozomys 属变得相对繁荣）、始鼠科中的 Asianeomys 和 Ligerimys 属，以及林跳鼠科中的 Litodonomys 属；4) Cricetidae 进一步分化，Megacricetodon 属的化石很丰富，出现了敖尔班（下）动物群和嘎顺音阿得格动物群中所没有的 Cricetodon 属。这些或许都说明了敖尔班（上）动物群的进步性。从某一角度说，与敖尔班（下）动物群和嘎顺音阿得格动物群相比，它的时代可能与后者更接近，因为在这两个动物群中，都不存在具有较原始性状的一些属（如 Allodistylomys、Parameniscomys 和 Tachyoryctoides 等），Cricetidae 的分化都较为明显，同时都含有兔形类中的 Alloptox 属，但两者最大的不同是敖尔班（上）动物群出现了后期动物群较多见的 Cricetodon 属，以及 Ayakozomys 属中较进步种 A. ultimus 的相对繁荣，或许说明其时代比嘎顺音阿得格动物群略晚。然而，敖尔班（上）动物群尚未见典型的中中新世分子，如通古尔动物群中的 Protalactaga、Plesiodipus 和 Gobicricetodon 等属，以及兔形类中的 Bellatona 属，表明了该动物群仍未进入中中新世。

敖尔班（上）动物群与青海田家寨动物群只共有 Atlantoxerus 属，既没有较为古老的 Yindirtemys 和 Parasminthus 属，也没有在敖尔班（下）动物群和嘎顺音阿得格动物群中与其共有的 Litodonomys 属，说明敖尔班（上）动物群的时代比田家寨动物群晚很多。与新疆索索泉动物群（索 3）共有 Atlantoxerus、Palaeosciurus、Heterosminthus、Cricetodon 和 Democricetodon 属，但缺少了 Parasminthus、Prodistylomys 和 Litodonomys 等古老属，而 Megacricetodon 属的成员很常见，表明了其时代与索 3 组合相对也接近，但显然较晚。它与索索泉动物群中的南干渠组合共有 Atlantoxerus、Heterosminthus、Cricetodon 和 Megacricetodon 属。与江苏泗洪动物群共有 Ansomys、Tamias、Cricetodon、Democricetodon 和 Megacricetodon 属，而且共有兔形类中的 Alloptox 属，两者的时代似乎较为接近。与山东解家河动物群也有可比较的 Ansomys。与宁夏丁家二沟动物群相比，两者共有 Atlantoxerus、Heterosminthus、Democricetodon 和 Megacricetodon 属，但缺少后者的 Protalactaga 和 Paralactaga 属，说明 Dipodidae 科尚未出现，时代明显较早（Qiu Z X et al.，2013）。敖尔班（上）动物群虽然与蒙古国湖谷地区 D 层化石组合共有 Plesiosminthus、Heterosminthus 和 Democricetodon 等，但亦缺少了 Yindirtemys、Prodistylomys、Tachyoryctoides、Litodonomys 等较古老的属，其时代也明显较后者晚。

因此，敖尔班（上）动物群的时代仍被指定为早中新世，或中国陆生哺乳动物年代地层系统（LMS/A）山旺期晚期，大体与欧洲陆相哺乳动物分带 MN4–5 的时代相当（图 234）。

推饶木动物群　出自苏尼特右旗推饶木地点通古尔组下部红层。该动物群含有的啮齿动物仅有 3 科 5 属 5 种，种类很少，材料也稀罕，显然不能反映堆积时期动物群体的全貌。在这不多的种类中，包括了早中新世敖尔班（下）动物群和嘎顺音阿得格动物群的残留分子，即 Distylomyidae 科中的 Distylomys 属和 Tachyoryctoididae 科中的 Ayakozomys 属，也还有中中新世地层中较常见的 Plesiodipus 和 Gobicricetodon 属。在 5 属中有 3 属与敖尔班（上）动物群共有，即 Ayakozomys 和 Megacricetodon 属，为此这一通古尔动物群的下部组合被认为与敖尔班（上）动物群最为接近，但基于 Plesiodipus 和 Gobicricetodon 属的存在，其时代显然晚些，被指定为中中新世早期。由于种类太少，产出层位与敖尔班组上段间的界线不明，两个动物群的关系仍有待进一步的发现和研究。

346 里程碑动物群　通古尔地区苏尼特右旗查干诺尔湖东北端，呼-锡公路原里程碑 346 km 处上红层（通古尔组中部）所产化石指定为 346 里程碑动物群。这一动物群与推饶木动物群同在一片露头，直观地叠置于其上，有啮齿动物 8 个科的 17 属 21 种，其中包括 2 新属，6 新种（附录 3）。

该动物群 8 个科中除跳鼠科外于渐新世均已出现，但属于一个较为现代化的动物群。与早中新世动物群相比，明显的不同是：1) 古老的双柱齿鼠科和拟速掘鼠科已经绝迹，河狸科出现；2) 山河狸科、松鼠科、睡鼠科和始鼠科的种类和数量明显减少，或者其中的一些原始的种类为进步的种替代，如山河狸科出现了 Ansomys lophodens，松鼠科出现了 Atlantoxerus orientalis 等；3) 林跳鼠科明显衰退，随着该科古老分子的消失，跳鼠科出现；4) 仓鼠科中古老属绝灭，"现代"仓鼠进一步分化；5) 出现了内蒙古中部地区早中新世动物群中所没有过的属，以及相同属中种的更新（新出现除河狸科的 *Hystricops* 属外，还有跳鼠科中的 *Protalactaga* 和仓鼠科中的 *Sonidomys* 属）。在这一动物群中，鼠形亚目的成员占有优势，林跳鼠科的 *Heterosminthus* 和仓鼠科中的 *Plesiodipus*、*Democricetodon* 与 *Megacricetodon* 属相当繁荣。该动物群与推饶木动物群共有 *Democricetodon*、*Megacricetodon*、*Plesiodipus* 和 *Gobicricetodon* 属，但其时代显然比后者晚，不仅因为其地层载体处在同一剖面的上部，而且缺少了推饶木动物群中较古老的成员 *Distylomys* 和 *Ayakozomys* 属。它的组成特征与敖尔班（上）动物群不同，与敖尔班（下）动物群和嘎顺音阿得格动物群更不同，也明显异于中中新世以后的动物群，因为它缺失了晚中新世及其后才出现的分子，如跳鼠科中的三趾跳鼠亚科（Dipodinae），仓鼠科中的仿田鼠亚科（Microtoscoptinae）和仓鼠亚科（Cricetinae），鼢鼠科（Siphneidae）和鼠科（Muridae）等的成员。

在我国，与 346 里程碑动物群可对比的相关动物群，除内蒙古中部地区外尚有甘肃永登中中新世泉头沟动物群和新疆准噶尔中中新世的哈拉玛盖动物群和顶山盐池动物群。在属一级水平上，它与泉头沟动物群共有 *Orientiglis*、*Heterosminthus*、*Protalactaga*、*Megacricetodon* 和 *Plesiodipus*，两者的组成相当接近，但缺少了后者中的沙鼠类动物（*Mellalomys* 和 *Myocricetodon*）和仓鼠科中的两个成员（*Ganocricetodon* 和 *Paracricetulus*）；这个动物群中 *Heterosminthus* 种的特征表明了其比甘肃动物群的进步（邱铸鼎，2001；Qiu，2001b）。346 里程碑动物群与哈拉玛盖动物群共有 *Tamias*、*Atlantoxerus*、*Miodyromys*、*Leptodontomys*、*Protalactaga*、*Democricetodon*、*Megacricetodon* 和 *Cricetodon*，相同的属相当多，但对后一动物群的属种尚未进行过详细的形态比较，目前还很难准确地评估两动物群所代表地质时代的近似度。与顶山盐池动物群共有 *Miodyromys*、*Keramidomys*、*Protalactaga*、*Heterosminthus*、*Democricetodon*、*Megacricetodon*、*Cricetodon* 和 *Plesiodipus*，表明这两个动物群非常接近。但也许是生境的不同或时代上的差异，顶山盐池动物群与甘肃泉头沟动物群更为接近，两者几乎共有除与 346 里程碑动物群相同的属外，还有与甘肃动物群相同而在内蒙古动物群中没有的 *Ganocricetodon* 和 *Paracricetulus*（Wu et al.，2009）。此外，该动物群中的 *Heterosminthus*、*Plesiodipus* 和 *Megacricetodon* 在青海盆地中中新世的车头沟组和咸水河组中也有零星的发现（邱铸鼎等，1981）。

综上所述，346 里程碑动物群是我国现知种类最多、材料最丰富的一个中中新世啮齿动物群，其时代还可能属于中中新世中期，或中国陆生哺乳动物年代地层系统（LMS/A）通古尔期中期，大体与欧洲陆相哺乳动物分带 MN7-8 的时代相当。

默尔根动物群 通古尔地区苏尼特左旗默尔根 II 地点采集到的化石归入默尔根动物群。该动物群由 7 个科的 15 属 18 种组成，其中 12 属（占 80%）和 15 种（占 83% 多）出现在 346 里程碑动物群，可见这两个动物群在组成上的高度相似性。两者的不同仅是默尔根动物群缺少了 Aplodontidae 科的成员、Zapodidae 科中的 *Sicista* 属和 Cricetidae 科的 *Cricetodon* 和 *Sonidomys* 属，而存在 Sciuridae 科中的 *Sinotamias* 属。在我们看来，这些差异很大程度上与埋藏和处理样品不足有关，只是在默尔根动物群中存在 *Sinotamias* 属（在时代较晚的动物群较常见）和缺少 *Sonidomys* 属（在内蒙古中部仅发现于 346 里程碑动物群）是否意味着有时代上的差异，有待进一步的发现和研究。据此，默尔根动物群和 346 里程碑动物群被认为是组成特征相似，时代很接近的动物群（图 234）。

乌兰呼苏音（下）动物群 阿巴嘎旗城镇西约 38 km，呼-锡公路原里程碑 482 km 处之南，原称"482 地点"下部层位所采化石称为乌兰呼苏音（下）动物群。这个组合的成员很少，但所含的 *Atlantoxerus*、*Heterosminthus*、*Protalactaga*、*Democricetodon* 和 *Megacricetodon* 属（附录 3）都出现在 346 里程碑动物群和默尔根动物群之中，表明其时代与这两个动物群会很接近。

铁木钦动物群 通古尔地区苏尼特左旗铁木钦地点及附近通古尔上部地层中所采集到的化石归入铁木钦动物群（Qiu et al.，2006）。该地点处理的土样少，获得的化石种类不多，也属于较小的组合。铁木钦动物群与默尔根动物群发现于通古尔台地的同一剖面之上部，包括啮齿动物 6 科 9 属 10 种。所有科和属，以及占 60% 的种，都可以或在 346 里程碑动物群或默尔根动物群中找到。其与默尔根动物群的明显不同是：存有 Aplodontidae 科和 Castoridae 科中的 *Hystricops* 属；仓鼠科 *Plesiodipus* 和 *Gobicricetodon* 属中的种明显进步。其时代显然比默尔根动物群晚，但仍属中中新世，因为它同样缺失晚中新世以后才出现的一些科和属。

因此，铁木钦动物群是通古尔动物群中的一个晚期组合，其时代属于中中新世晚期，或中国陆生哺乳动物年代地层系统（LMS/A）通古尔期的晚期（表1）。

阿木乌苏动物群　发现于苏尼特右旗朱日和地区阿木乌苏地点的河流相灰黄色砂质泥岩和含砾砂层之中，计有9科的20属25种，其中3新属和12新种。

阿木乌苏动物群在科级的组成上与前述的早中新世动物群和多数中中新世动物群的最大不同，是其缺少了古老的 Distylomyidae 和 Tachyoryctoididae 科，而出现了晚中新世以后常见的鼢鼠科。在属级组成上与346里程碑动物群和默尔根动物群有较多相同的成员，但同时也存在不少较进步的分子，如 Pseudaplodon、Sinozapus、Khanomys 和 Colloides 属等。另外，说明其比通古尔动物群更为现代化的理由，似乎还有通古尔组合中很常见的一些属或不再出现，如 Megacricetodon 属，或数量明显减少，如 Heterosminthus、Democricetodon 和 Plesiodipus 属等，以及出现了一些新的种，如 Protalactaga lophodens、Plesiodipus robustus 和 Gobicricetodon arshanensis。但是，在阿木乌苏动物群中，残留的中中新世常见成员还较多，而典型的晚中新世属、种尚少，说明它具有从中中新世晚期向晚中新世中晚期动物群过渡的组成特征。

阿木乌苏动物群与陕西晚中新世早期的灞河动物群和青海柴达木晚中新世深沟动物群相对较为接近，与前者共有 Tamias 和 Protalactaga 属，但它有较多中中新世的残存分子，而后者出现了 Lophocricetus 和 Progonomys 等较为进步的成员，因此其时代似乎比灞河动物群早（Qiu et al.，2004a，b）。与青海深沟动物群共有 Protalactaga 属，但后者也出现了 Lophocricetus 和更进步的 Muridae 科的成员 Huerzelerimys 属，因此阿木乌苏动物群似乎比深沟动物群更早些（Qiu et Li，2008）。

综上所述，阿木乌苏动物群的时代可能属于晚中新世早期，或中国陆生哺乳动物年代地层系统（LMS/A）灞河期的早期，大体与欧洲陆相哺乳动物分带 MN9–10 的时代相当。

巴伦哈拉根动物群　苏尼特左旗阿尔善高毕地区巴伦哈拉根层产出的化石归入巴伦哈拉根动物群，化石主要采自底部的砂泥岩。由于化石地点的材料富集，处理的样品也多，发现的啮齿动物有11科，至少40属53种，其中有3个新属和21个新种。

巴伦哈拉根组合与敖尔班（上）组合产自相同的剖面，它比后者更趋于现代化，与化石的产出层位靠上完全吻合。在科一级的组成上该动物群与默尔根动物群、346里程碑动物群和阿木乌苏动物群较为相似：古老的 Distylomyidae 和 Tachyoryctoididae 科已消失，林跳鼠科（Zapodidae）中古老的 Plesiosminthus 属也不再存在，而跳鼠科出现。在中中新世的346里程碑动物群和默尔根动物群中，已知的啮齿动物共有19属，其中15属（除河狸科的3个属和仓鼠中的 Sonidomys 属外）与其共有。巴伦哈拉根动物群与阿木乌苏动物群更为接近，两者出现了亚洲古北区晚中新世常见的鼢鼠科（Myospalacidae），属级动物在组成上也发生了明显的更替，出现了一些新的成员，如 Sinozapus、Khanomys、Colloides 等属，并共有16属20种（各占阿木乌苏动物群属、种的80%）。与阿木乌苏动物群的不同主要是：缺少了 Castoridae 科，出现了晚中新世常见 Gerbillidae 和 Muridae 科的成员；Sciuridae、Dipodidae 和 Cricetidae 科分异明显，出现了较多新分子，如 Tamiops、Hylopetes、Paralactaga、Nannocricetus 等。这些不同，充分说明了巴伦哈拉根动物群的时代比阿木乌苏动物群晚，比通古尔动物群更晚。

此外，巴伦哈拉根动物群还具有两个明显的特征：一是林跳鼠科和古仓鼠类的构成与中中新世通古尔动物群具有高度的相似性，即 Heterosminthus、Democricetodon、Megacricetodon、Gobicricetodon 和 Plesiodipus 共生且繁盛；二是出现了许多晚中新世动物群才具有的属，如 Lophocricetus、Brachyscirtetes、Nannocricetus、Sinocricetus、Abudhabia、Pseudomeriones、Prosiphneus 和 Hansdebruijnia 等。值得一提的是，巴伦哈拉根组合发现于不整合面之上的砂砾层，庞大而复杂，有大量的古仓鼠类（如 Democricetodon 和 Megacricetodon 等）与原鼢鼠（Prosiphneus）、仓鼠亚科的成员（Nannocricetus、Sinocricetus、Kowalskia）、沙鼠类（Pseudomeriones）和鼠类（Hansdebruijnia）共生，这种构成在欧亚大陆新近纪动物群中恐怕也是绝无仅有。这种庞杂组合至少可能有两方面的原因：其一，动物群跨越的地质时代长，从亚洲中东部新近纪啮齿动物的演化看，这样的组合指示了一个可从中中新世中期延续到晚中新世晚期的时段；其二，组合中可能含有下部层位经再搬运的种类，特别是在不整合面上的地层，更易于出现含化石的下部堆积物经流水切割、搬运再沉积，从而出现比沉积时代早的化石种类。必须看到，巴伦哈拉根含化石层的厚度不超过 5 m，岩性和岩相的特征似乎表明属于短期、相对连续的堆积，不大可能持续几百万年的时间。因此，我们更倾向于认为巴伦哈拉根组合是个混杂的动物群，既含有下部层位经短距离搬运后再堆积的组分，也可能含有少量上部层位经冲刷而留在取样层表面上的成员。从构成看，巴伦哈拉根组合中 *Heterosminthus*、*Democricetodon*、*Megacricetodon*、*Gobicricetodon* 和 *Plesiodipus* 共生，且化石都相当丰富（这是内蒙古中部地区中中新世动物群的组成特色），可能说明经搬运再沉积的化石，主要来自于中中新世地层，而早中新世地层中较常见的 distylomyids 和 tachyoryctoidids 在这里不是完全缺失就是化石极少，也许说明当时的流水并未切割到像敖尔班组下段那样低的早中新世层位。对于一个像巴伦哈拉根这样的混杂动物组合，要对组合及其载体进行生物地层学研究，尽量排除非沉积时期生存的化石成员，客观地去认识动物群体在堆积时期的真实面貌，乃必不可少。当然，要准确判断组合中那些较古老成员是属于再沉积的，那些是延续生存下来的，要分清新成员中那些可能属于出现较早，那些是从上部地层混杂进来的亦非易事。在我们看来，巴伦哈拉根组合中那些化石数量极少的古老属、种，在稍早的阿木乌苏动物群和稍晚的灰腾河和沙拉动物群都没有出现，如 *Ayakozomys*、*Ansomys borealis* 和 *Metaeucricetodon*，应该属于经搬运再沉积的成员。那些在通古尔组合和巴伦哈拉根组合中化石丰富，但在阿木乌苏动物群和灰腾河与沙拉动物群没有出现或化石稀少的属、种，如 *Heterosminthus orientalis*、*Democricetodon*、*Megacricetodon* 和 *Plesiodipus leei* 等，虽然会有属于残存下来的成分，但似乎大多应为重新沉积的类型。巴伦哈拉根组合中的 *Pseudomeriones obbreviatus*，材料只有一枚牙齿，按目前资料，其出现的时代为最晚中新世，因此其可能是某种原因从上部层位混杂进来的标本。然而，组合中的下述成员最可能属于巴伦哈拉根层堆积时期生存的分子：1）新出现的属，如 *Eozapus*、*Sinozapus*、*Khanomys*、*Colloides*、*Nannocricetus*、*Sinocricetus*、*Kowalskia*、*Abudhabia*、*Prosiphneus* 和 *Hansdebruijnia* 等，其中 *Khanomys* 和 *Colloides* 属只出现于晚中新世早期的地层，其余多数在晚中新世中晚期的地层中很常见，但其种在巴伦哈拉根组合中都显得性状原始，这些可以解析为出现较早的成员；2）新出现的种，如 *Keramidomys magnus*、*Protalactaga lantianensis*、*Cricetodon fengi* 和 *Plesiodipus robustus*，这些属在中中新世已经出现，但其种的形态进步；3）一些虽在中中新世已经出现的种，但在组合中化石相对丰富，如 *Ansomys lophodens*、*Atlantoxerus major* 和 *Gobicricetodon robustus*，这些种类在此前和此后的动物群中都没有过如此的繁荣，而在巴伦哈拉根动物群中占据了重要的地位，它们也可能属于巴伦哈拉根层堆积时期生存的种类，其存在对确定动物群的时代起着不可忽视的作用；4）松鼠科中树松鼠和鼯鼠类，即 *Tamiops*、*Pliopetaurista* 和 *Hylopetes* 属，它们的出现在该地区动物群中显得较突出，既说明了它们属于堆积时期的真正生存成员，也指示了堆积期间独特的生态环境。

巴伦哈拉根动物群与新疆准噶尔盆地中中新世中晚期顶山盐池动物群共有以下属：*Miodyromys*、*Keramidomys*、*Heterosminthus*、*Protalactaga*、*Plesiodipus*、*Cricetodon*、*Democricetodon* 和 *Megacricetodon*。两个动物群相同的属不少，但新疆动物群未见 Siphneidae、Muridae 和 Cricetinae 成员的踪迹，这一事实一方面说明了其时代比巴伦哈拉根动物群早，另一方面也很大程度地印证了后者为混杂动物群的可能性（Wu et al., 2009）。相对而言，它与蓝田灞河动物群和青海深沟动物群较为接近，与前者共有 *Tamias*、*Lophocricetus*、*Protalactaga*、*Paralactaga*、*Nannocricetus*、*Kowalskia* 和 *Abudhabia* 属，与后者共有 *Sinotamias*、*Pliopetaurista*、*Lophocricetus*、*Protalactaga*、*Nannocricetus* 和 *Sinocricetus* 属，甚至与两者共有 *Lophocricetus xianensis* 和 *Nannocricetus primitivus* 或 *Protalactaga lantianensis* 种，与陕西和青海动物群的明显的不同是其鼠类动物较为进步，或许说明巴伦哈拉根动物群的时代略晚，或者跨越晚中新世早期的时间稍长（Qiu et al., 2004b；Qiu 与 Li，2008）。

综上分析，巴伦哈拉根动物群是个混杂了的组合，啮齿类动物指示的时代是中中新世至晚中新世晚期，而真正的巴伦哈拉根动物群的时代更可能属于晚中新世的早期，或者中国陆生哺乳动物年代地层系统（LMS/A）的灞河期。

灰腾河动物群　阿巴嘎旗巴彦乌拉地区灰腾河地点发现的化石归入灰腾河动物群。该动物群的规模不大，但亦有 7 科 16 属 17 种，其中 3 新属和 6 新种。

灰腾河动物群的所有科都在阿木乌苏动物群中出现，只是没有其中喜水的 Castoridae。在属、种一级的组成上，它和阿木乌苏动物群也很接近，共有 11 属(近占总量的 70%)、8 种(近占 50%)，说明这两个动物群的相似度很高。与阿木乌苏动物群的不同主要是在属、种上的一些替换：个别起源于中中新世或之前的属，如 Pentabuneomys、Heterosminthus 和 Protalactaga 等不再存在；出现少量起源于晚中新世的属，如 Prospermophilus 和 Lophocricetus；较原始的种为较进步种代替，如 Khanomys cheni 替代了 K. baii。这些变化或许说明了灰腾河动物群的时代比阿木乌苏动物群晚些，但两者都还缺少 Muridae 的成员，而且还残留有一定数量中中新世的分子，表明它们属于晚中新世较早的时段。

内蒙古灰腾河动物群与陕西灞河动物群及青海深沟动物群比较接近，它们都残留一定数量中中新世的分子，同时又含有典型晚中新世的成员，共有了 Lophocricetus 和 Nannocricetus 属，甚至有相同的种，表明了它们时代接近，并具有晚中新世早期动物群的特征(Qiu et al., 2004b; Qiu et Li, 2008)。虽然灰腾河动物群与灞河动物群及深沟动物群很有可比性，但可能是生态环境不同、时代上有所差别，使啮齿动物在组成上有明显的差异，相同的属不很多，中中新世残留属为 Ansomys、Democricetodon、Plesiodipus 和 Gobicricetodon，新出现的属为 Khanomys 和 Colloides，而后两动物群的残留属为 Protalactaga 和 Myocricetodon，都新出现了鼠类(murines)的属。由于灰腾河动物群中残留较多中中新世的分子，而缺少了后两动物群都出现了的 Muridae 科的成员，或许说明其时代稍早些。

依上所述，灰腾河动物群的时代可能属于晚中新世早期，或中国陆生哺乳动物年代地层系统(LMS/A)灞河期的晚期，大体与欧洲陆相哺乳动物分带 MN10 的时代相当(图 234)。

沙拉动物群 发现于苏尼特右旗朱日和地区的沙拉地点，计有 8 个科的 23 属 26 种。其中 3 新属，12 新种。

在科一级的组成上，沙拉动物群与阿木乌苏动物群和灰腾河动物群都很接近，不同的是出现了 Muridae，以及 Cricetidae 的分异度进一步提高，属、种增多。该动物群分别有 8 属和 12 属发现于阿木乌苏动物群和灰腾河动物群，但它缺少了后两动物群中一些较为古老的属，如 Pentabuneomys、Heterosminthus、Protalactaga、Democricetodon、Plesiodipus 和 Gobicricetodon，而增加了数个晚中新世中晚期动物群较常见的新成员，如 Microtoscoptes、Paralactaga 和 Dipus 等，说明其生存时代比阿木乌苏动物群和灰腾河动物群都晚。但沙拉动物群仍含有少量较古老的属，如 Ansomys、Orientiglis、Khanomys 和 Colloides 等，Muridae 科还远未分化，只有很原始的 Progonomys 属，而且数量稀少，与晚中新世较后期动物群，如宝格达乌拉动物群和二登图动物群(见下)的情形尚有很大的不同，说明其时代相对较早。

沙拉动物群与晚中新世早期的内蒙古阿木乌苏动物群和灰腾河动物群、陕西灞河动物群和青海深沟动物群相比，似乎与后两者更为接近，因为它含有稍多相同的属，以及一些起源较早的成员，特别是都已出现了 Muridae 的成员(Qiu et al., 2004a; Qiu et Li, 2008)。它与欧洲晚中新世动物群共有的属较多，计有 Tamias、Pliopetaurista、Keramidomys、Leptodontomys、Microtocricetus、Ischymomys、Kowalskia 和 Progonomys。在欧洲，Pliopetaurista 最早出现于 MN10，Microtocricetus、Ischymomys 和 Progonomys 分布于 MN9-11 带(De Bruijn, 1999b; Fejfar, 1999; Freudenthal et Martin-Suárez, 1999)。

因此，根据动物群中含有一些较古老的属，Muridae 科出现但未分化，有仅在欧洲 MN9-11 带出现的相同属，推断沙拉动物群的时代略比阿木乌苏动物群和灰腾河动物群晚些，但仍可能属晚中新世早期，或中国陆生哺乳动物年代地层系统(LMS/A)灞河期的晚期，与欧洲陆相哺乳动物分带 MN10-11 的时代大致相当。

宝格达乌拉动物群 阿巴嘎旗成吉思宝格都地区宝格达乌拉组中、上部地层发现的化石归入宝格达乌拉动物群，至少有 8 科 18 属 19 种。该动物群的种类比较多，但缺少了在内蒙古中部地区中新世动物群一般很常见的松鼠科和始鼠科动物，因此它不一定能较客观、较完整地反映沉积时期的生物群体面貌。

相对而言，宝格达乌拉动物群与沙拉动物群的组成较为接近，两者含有稍多相同的属、甚至是相同的种，含有 Muridae 科的成员，Cricetinae 亚科的分异度较高。但沙拉动物群中一些较为古老的属，如 Ansomys、Orientiglis、Khanomys 和 Colloides 等不再存在，而出现了数个较进步的新成员，如 Myomimus、

Hansdebruijnia、*Karnimatoides* 和 *Micromys* 等，说明其时代比沙拉动物群晚。这一动物群同样含有与欧洲晚中新世动物群相同的属，其中欧洲的 *Myomimus* 未能进入 MN12 带，*Hansdebruijnia* 和 *Micromys* 则最早出现于 MN13 带（Daams，1999；Freudenthal et Martin-Suárez，1999）。

因此推断，宝格达乌拉动物群是内蒙古中部地区紧跟沙拉动物群之后的一个动物群，其时代估计属晚中新世中期，或中国陆生哺乳动物年代地层系统（LMS/A）保德期的早期，与欧洲陆相哺乳动物分带 MN12 的时代大致相当（图 234）。

必鲁图动物群　指苏尼特左旗阿尔善高毕地区必鲁图地点产出的化石组合。这一组合也相当庞杂，共有 9 科 34 属 45 种，既有少量敖尔班动物群和嘎顺音阿得格动物群中的分子（如 *Ansomys borealis* 和 *Metaeucricetodon mengicus*），更有内蒙古中部地区中中新世中、晚期和晚中新世早期动物群中很常见的成员（如 *Orientiglis*、*Keramidomys*、*Protalactaga*、*Democricetodon*、*Megacricetodon*、*Plesiodipus*、*Gobicricetodon* 和 *Khanomys* 等），还有晚中新世动物群才出现或大量存在的属（如 *Prospermophilus*、*Myomimus*、*Lophocricetus*、*Dipus*、*Microtodon* 和 *Micromys* 等）。如同巴伦哈拉根组合一样，这些发现于古河道冲刷面底部砂砾层的化石，也包含着欧亚新近纪动物群中不大可能并存的组分（即大量的古仓鼠不会与巢鼠共生），只能说明组合中含有下部层位二次、甚至是多次埋藏的分子。其中的 *Ansomys borealis* 在这一地区早中新世动物群中很常见，在中中新世动物群已变得稀少，在晚中新世早期的阿木乌苏动物群中就再也未出现，*Metaeucricetodon mengicus* 最早记录于早中新世，中中新世和阿木乌苏动物群中至今未发现，它们与必鲁图动物群真正成员共生的可能性不大；*Democricetodon*、*Megacricetodon*、*Plesiodipus* 和 *Gobicricetodon* 等属在中中新世通古尔期十分繁盛，其中一些甚至延续到晚中新世早期，但 *Megacricetodon* 在阿木乌苏动物群、沙拉及其更晚的动物群中都未出现，*Plesiodipus* 和 *Gobicricetodon* 在灰腾河组合中或不存在或很稀少，它们出现于必鲁图动物群属于二次埋藏的可能性很大（附录 3）。

再堆积化石的存在无疑会对动物群时代的确定产生影响，对于一个混杂动物群时代的确定，重要的是识别组合中地史上出现较晚的成员。值得注意的是，必鲁图组合中，有 17 个属在内蒙古中部地区目前只发现于晚中新世地层，即 *Sciurus*、*Prospermophilus*、*Pliopetaurista*、*Myomimus*、*Lophocricetus*、*Paralactaga*、*Dipus*、*Microtoscoptes*、*Kowalskia*、*Sinocricetus*、*Nannocricetus*、*Microtodon*、*Anatolomys*、*Psedomeriones*、*Hansdebruijnia*、*Karnimatoides* 和 *Micromys*，它们的存在能使我们把必鲁图动物群时代确定为晚中新世。上述的这些属，分别有 1 属、10 属、13 属和 18 属出现在阿木乌苏、沙拉、宝格达乌拉和二登图动物群（附录 1），表明了必鲁图动物群与后三个动物群的组成较为接近。沙拉动物群中，*Sciurus*、*Myomimus*、*Dipus* 和 *Psedomeriones* 等较进步的属还未出现，Muridae 科尚未分化，无疑表明沙拉动物群的时代较早。必鲁图动物群与宝格达乌拉和二登图动物群的对比具有以下特征：1）它含有宝格达乌拉动物群不存在而二登图动物群多见的 *Lophocricetus grabaui*；2）Muridae 科仅中度分化，所含的属和种群数量比宝格达乌拉的多，比二登图的少，但有与二登图相同的种，如 *Hansdebruijnia pusilla*，其特征明显比宝格达乌拉的 *H. perpusilla* 进步；3）在相同的属中（如 *Lophocricetus* 属），含有比二登图动物群 *L. grabaui* 明显原始的 *L. xianensis*；4）二登图动物群中一些很常见的属，如 *Paralophocricetus* 和 *Eozapus* 等，在必鲁图动物群中未出现，或十分罕见。

综上所述，必鲁图动物群是又一个明显混杂的组合，但它更可能属于宝格达乌拉动物群和二登图动物群之间的过渡动物群，时代涵盖了两者的大部分时段，整体可能比二登图动物群略早，属于晚中新世的中、晚期，或中国陆生哺乳动物年代地层系统保德期的中期，大致与欧洲 MN12-13 相当（图 234）。

二登图动物群　发现于经典地点化德地区的二登图地点，所发现的啮齿动物共有 11 科 32 属 34 种，是个种类多、材料丰富的动物群。根据内蒙古中部地区新近纪的化石记录，它又是一个能较为全面地反映堆积时期啮齿类动物群体生存状况的动物群。

二登图动物群啮齿类的多样性丰富，它几乎包括了内蒙古中部地区晚中新世出现的所有科。其特征是古老的山河狸科、睡鼠科和始鼠科的衰落和属一级发生了显著的更替；跳鼠科、仓鼠科和鼠科高度分化；松鼠科中的地松鼠属和仓鼠科中的脊齿型仓鼠属分异度高；林跳鼠科中的 *Lophocricetus* 和 *Paralophocricetus* 属，仓鼠科中的 *Microtodon* 属和鼢鼠科中的 *Prosiphneus* 属共生，并在动物群中占统治地位。

该动物群与宝格达乌拉动物群的组成接近，具 14 个共有属，占后者的 77% 多，与其的不同主要是：1）具有山河狸科、松鼠科和始鼠科的代表（可能是化石埋藏与采集上的原因）；2）仓鼠科中的 *Rhinocerodon* 属、沙鼠科中的 *Abudhabia* 属消失，未定科的 *Pararhizomys* 未出现；3）新出现了林跳鼠科的 *Paralophocricetus* 属，仓鼠科的 *Microtodon* 和 *Anatolomys* 属，以及鼠科的 *Apodemus* 和 *Orientalomys* 属；4）相同属中不同种的性状较进步（如 *Lophocricetus*，二登图中的 *L. grabaui* 比宝格达乌拉中的 *L. xianensis* 明显进步）。它与宝格达乌拉动物群的差异，说明了其进步性，动物群体的生存时代较晚。二登图动物群与必鲁图动物群也很相似，共有 18 属，但总体的存在时期可能晚些（见上）。

二登图动物群与山西榆社晚中新世马会动物群及高庄组下部的化石组合亦可比较，含有一定数量相同的属（Flynn et al., 1997）。与甘肃灵台晚中新世—早上新世的一些化石组合也有较多相同属（张兆群、郑绍华，2000；郑绍华、张兆群，2001）。但由于二登图动物群含有鼠科中较原始的 *Hansdebruijnia* 属和 *Micromys chalceus* 种，缺失上新世才出现的属 *Chardinomys*、*Huaxiamys*、*Allorattus* 和 *Mimomys* 属，说明它与灵台雷家河地区的 III 带或 IV 带的化石组合还有所不同，时代明显较早，可能与其 I 带或 II 带更为接近。二登图动物群中与欧洲晚中新世动物群的共有属至少有 *Tamias*、*Pliopetaurista*、*Hylopetes*、*Leptodontomys*、*Dipoides*、*Kowalskia*、*Apodemus* 和 *Micromys* 等十余属，在欧洲这些属多出现于土洛里晚期动物群。

二登图动物群是我国现知种类最多、材料最丰富的一个晚中新世啮齿动物群。依上判断，其时代可能属于晚中新世的晚期，或中国陆生哺乳动物年代地层系统保德期晚期，大体与欧洲陆相哺乳动物分带 MN13 的时代相当。

哈尔鄂博动物群　采自化德地区哈尔鄂博地点的化石指定为哈尔鄂博动物群，共有 11 科 31 属 33 种。其组成和特征与二登图动物群很相似，但可能是由于处理的样品少，个别稀有属、种，如 *Castor* 和 *Sinozapus* 属在这一动物群中未见出现。它与二登图动物群的明显差异是含有欧洲和南亚上新世才出现的 *Rhagapodemus* 属，以及在个别属，如 *Brachyscirtetes*、*Microtodon*、*Anatolomys* 的种显现出较进步的形态特征。因此说，哈尔鄂博动物群与二登图动物群非常接近，但并不排除其混杂了个别稍进步的成员，作为一个组合其时代可能进入了上新世。

比例克动物群　发现于化德地区比例克地点的砂质泥岩，共有啮齿动物 10 科 27 属 30 种，也是个种类较多、材料丰富的动物群。

在前述的动物群中，比例克动物群的组成特征与二登图动物群和哈尔鄂博动物群最为接近，即鼠形类动物占统治地位，跳鼠科、仓鼠科和鼠科高度分化。与二登图动物群共有 22 属（占其 80% 多）、11 种（占三分之一多），与哈尔鄂博动物群共有 20 属 10 种。它与两者的不同主要是：古老的山河狸科和始鼠科绝迹，鼢科出现；仓鼠科中的 *Microtoscoptes* 属消失，*Microtodon* 和 *Anatolomys* 属几乎绝迹，鼠科中的 *Hansdebruijnia* 和 *Karnimatoides* 属消失、在内蒙古地区只见于上新世的 *Chardinomys*、*Huaxiamys* 和 *Allorattus* 属出现；在一些相同的属中，出现了较进步种（如 *Hylopetes yani*、*Dipus pliocenicus*、*Kowalskia zhengi*、*Orientalomys sinensis* 和 *Micromys kozaniensis* 等）；在二登图动物群中十分常见的 *Prospermophilus*、*Lophocricetus*、*Paralophocricetus* 和 *Microtodon* 属已罕见，而在上新世才出现的 *Mimomys* 属就像二登图动物群中的 *Lophocricetus* 和 *Microtodon* 属一样兴旺，占据了比例克动物群中啮齿动物的统治地位。这些不同，无疑说明了比例克动物群具有比二登图动物群和哈尔鄂博动物群较进步的状态。与稍早的宝格达乌拉动物群相比，它缺少了较为古老的属、种，如 *Lophocricetus xianensis*、*Rhinocerodon*、*Abudhabia* 和 *Hansdebruijnia* 等，表明其时代更晚。

比例克动物群与甘肃灵台晚中新世—早上新世的一些化石组合也有较多相同的属，特别是与其雷家河 III 带或 IV 带组合共有 *Chardinomys*、*Huaxiamys*、*Allorattus* 和 *Mimomys*，这些属主要发现于上新世，说明比例克动物群与这些组合大致相当，时代较为接近（郑绍华、张兆群，2001）。它与山西榆社上新世高庄组中、上部的啮齿类组合似乎也可比较，共有 *Apodemus*、*Huaxiamys* 和 *Chardinomys* 等较进步的属或种（Flynn et al., 1997）。

比例克动物群是我国现知种类最多、材料最丰富的一个上新世啮齿动物群。组合的特征表明，其时代属于上新世早期，或中国陆生哺乳动物年代地层系统（LMS/A）高庄期的早期，可能大体与欧洲陆相哺乳动物分带 MN14-15 的时代相当（表 1、图 234）。

高特格动物群 阿巴嘎旗巴彦乌拉地区高特格地点三个层位采集到的化石暂时归入高特格动物群。该组合计有啮齿动物的 10 科（一个未定科）22 属 27 种。

在科一级的构成上，高特格动物群与二登图动物群、哈尔鄂博动物群和比例克动物群接近，但缺失了前两者较古老的山河狸科和始鼠科，也缺少了后者的睡鼠科，而存在一个未定科。在属和种级的组成上，它与比例克动物群更为相似，两者共有 15 属，10 种，特别是共有上新世才出现的 *Mimomys*、*Chardinomys* 和 *Huaxiamys* 等属。与比例克动物群的不同主要为部分属、种出现了更替，即失去一些较古老的属，如晚中新世和上新世早期较常见或尚存的 *Prospermophilus*、*Myomimus*、*Lophocricetus*、*Kowalskia* 和 *Orientalomys* 等，出现一些新属以及此前动物群未见的属，如 *Eucastor*、*Borsodia*、*Chardina* 和 *Allohuaxiamys*，以及新的种，如 *Sinocricetus major*、*Pseudomeriones complicidens* 和 *Mimomys teilhardi*。另外，与比例克动物群相比，其所含的松鼠类和蹶鼠类似乎较为衰退，而鼠科的成员相对繁荣、多样。因此，高特格动物群的时代被认为与比例克动物群最接近，但略晚。值得注意的是，这一动物群的材料来自三个不同的层位，其上部确实含有明显较进步的属、种，如 *Borsodia mengensis*，但都归入了同一动物群。这些成员是否指示动物群的时代进入了上新世晚期，尚有待进一步的发现和研究。

高特格动物群和比例克动物群一样，与甘肃灵台上新世 III 带或 IV 带有一些相同的属。与山西榆社上新世高庄组中、上部的啮齿类组合同样也可以比较。另外，在高特格动物群中，含有与河北晚上新世稻地动物群相同的属，如 *Sinocricetus*、*Nannocricetus*、*Pseudomeriones*、*Minomys*、*Borsodia*、*Dipus*、*Micromys*、*Apodemus*、*Chardinomys*、*Huaxiamys* 与 *Allohuaxiamys*，但稻地动物群的时代较晚，这不仅是因为这些属的大部分种较为进步，而且它存在像 *Ungaromys* 和 *Phodopus* 那样进步的成员（Cai et al.，2013）。

因此，高特格动物群被认为是内蒙古中部地区时代最晚的一个新近纪动物群，它稍晚于比例克动物群，但主体仍属于上新世早期，或中国陆生哺乳动物年代地层系统（LMS/A）高庄期的早期。同时，也不排除进一步的研究会证明高特格动物群含有上新世晚期或麻则沟期的成员（表 1、图 234）。

五、内蒙古中部新近纪啮齿动物的起源与演化历史

目前，在内蒙古中部地区发现的新近纪啮齿类化石，除本书描述的 15 科外，尚有以 *Pararhizomys* 属为代表的一个未定科。研究者中对啮齿动物亚目的分类方案仍未取得共识，但无论是传统的划分还是新近的划分，所发现的这些啮齿动物，除双柱鼠科外多数都为鼠形亚目（Myomorpha），少数可归入松鼠形亚目（Sciuromorpha）和河狸亚目（Castorimorpha）（Wood，1955；McKenna et Bell，1997）。值得注意的是，这一地区新近纪的啮齿动物缺失了亚洲南部当时已存在的豪猪形亚目。

在这些啮齿动物中，除跳鼠科、沙鼠科、䶄科、鼢鼠科和鼠科外，均起源于中新世之前。所有的种和绝大部分的属均已灭绝，但超过半数的科延续至今。各科在这一地区的地史分布如图 235 所示。

双柱鼠科　该科为亚洲北部的土著啮齿动物，出现于渐新世晚期，分布于蒙新高原。在内蒙古中部地区最早记录于早中新世的敖尔班组下红泥岩段，并仅发现于早中新世至中中新世早期的地层，在敖尔班（下）动物群和嘎顺音阿得格动物群中较为常见，但在敖尔班（上）动物群中却没有出现，最晚零星地见于中中新世早期的推饶木动物群。

这一地区的双柱鼠科共有 3 属 4 种，其中的 *Prodistylomys* 和 *Allodistylomys* 属为较原始的类型，而 *Distylomys* 属似乎系由 *Prodistylomys* 属衍生而来。该科在早中新世曾繁荣一时，进入早中新世晚期迅速衰退，并很快趋于灭绝。因此说，双柱鼠科是一类分布范围小、属种分化不大、生存时代短的啮齿动物。

拟速掘鼠科　该科亦为亚洲北部的土著动物，最早出现于渐新世晚期，分布于中亚和现代的蒙新高原地区。化石在内蒙古中部地区的记录与双柱鼠很相似，仅发现于早中新世至中中新世早期的地层。在敖尔班（下）动物群和嘎顺音阿得格动物群中较为常见，在敖尔班（上）动物群和推饶木动物群中则甚为稀少。

拟速掘鼠科在这一地区只有 2 属 4 种，最早记录于敖尔班下红层，其中的 *Tachyoryctoides* 属仅出现在敖尔班（下）动物群和嘎顺音阿得格动物群，而可能从渐新世晚期已经分化出来的 *Ayakozomys* 属生存的时间似乎稍长，但也未能进入中中新世中期。拟速掘鼠科中，*Ayakozomys* 乃属相对成功者，在 *Tachyoryctoides* 属趋于灭绝之后，其群体的数量迅速增多，并向着个体增大、颊齿横脊加强、纵向脊逐渐减弱，第三臼齿退化的方向演化，一直延续到中中新世的早期。在工作地区，拟速掘鼠科与双柱鼠科成员或多或少地出现于早中新世的动物群之中，但从不占有统治地位，两者同时出现，又同时灭绝，都是一类分布范围小、分异度不高、生存时代短的啮齿动物。

山河狸科　该科广布新大陆和旧大陆，最早出现于渐新世晚期，北美的种类较多，欧洲不多见。在亚洲，山河狸科最早记录于上渐新统，分布地区与双柱鼠科和拟速掘鼠科大体相似，但生存的时代相对长得多，从渐新世晚期一直延续到上新世的开始。在内蒙古中部的中新世地点中，多有山河狸科化石的发现，在个别地点尚属丰富。但在这一期间，过去报道过的渐新世属，如 *Promeniscomys* 和 *Haplomys* 等（王伴月，1987）已经不复存在，所见到的都为中新世才出现的新成员，这些属、种在这一地区的地史分布如图 236 所示。

山河狸科在这一地区共有 4 属 7 种，其中 *Ansomys* 是较为成功的一属，最早出现于早中新世谢家期的敖尔班（下）动物群，最晚见于晚中新世灞河期的沙拉动物群（必鲁图地点的化石可能为再堆积的产物），从 *A. borealis* 衍生出 *A. lophodens*，在晚中新世的初期达到相对繁荣的程度，但到了晚期即绝迹。该属最明显的演化趋向是齿尖逐渐弱化，齿脊不断增强。*Quadrimys* 和 *Parameniscomys* 属很稀罕，两者都出现在早中新世，生存的时间很短，似乎都未进入中中新世，后者与北美的 meniscomyines 可能有较接近的亲缘关系。山河狸科在早期的属、种衰退之后，晚中新世早期突然出现了 *Pseudaplodon* 属，其形态与欧

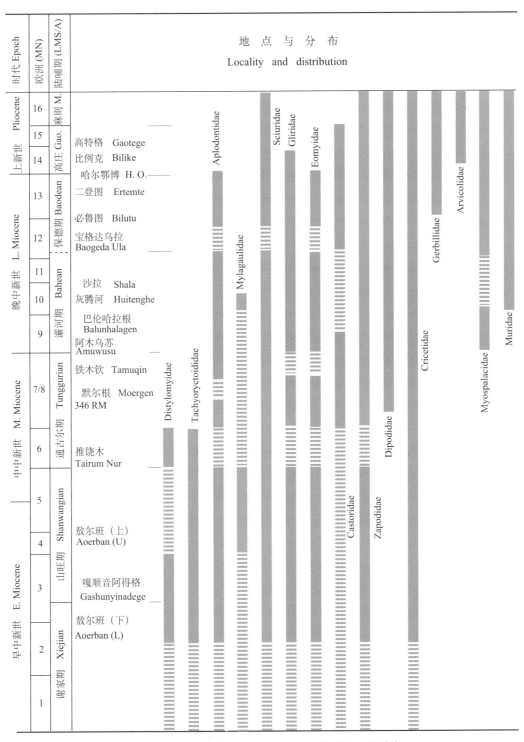

图 235　内蒙古中部地区新近纪啮齿目各科的地史分布

Fig. 235　Range chart of the families of Neogene rodents in central Nei Mongol

陆哺期一栏中的"高庄 Gao."代表高庄期 Gaozhuangian，"麻则 M."代表麻则沟期 Mazegouian，下同

("Gao." and "M." in the LMS/A column mean Gaozhuangian and Mazegouian, same as in below)

亚前期出现的山河狸属有明显的不同，而与北美的 aplodontines 相似，似乎与其有较接近的亲缘关系。其中的 *P. asiaticus* 出现于晚中新世的晚期，在动物群中虽然未占优势，但其化石并不算罕见，然而却未能进入早上新世。此后，山河狸动物不仅在内蒙古中部地区消失，在整个旧大陆也未见再出现。

圆齿鼠科　该科最早出现于渐新世，在北美的属、种较多，而且一直延续到上新世早期。在亚洲，

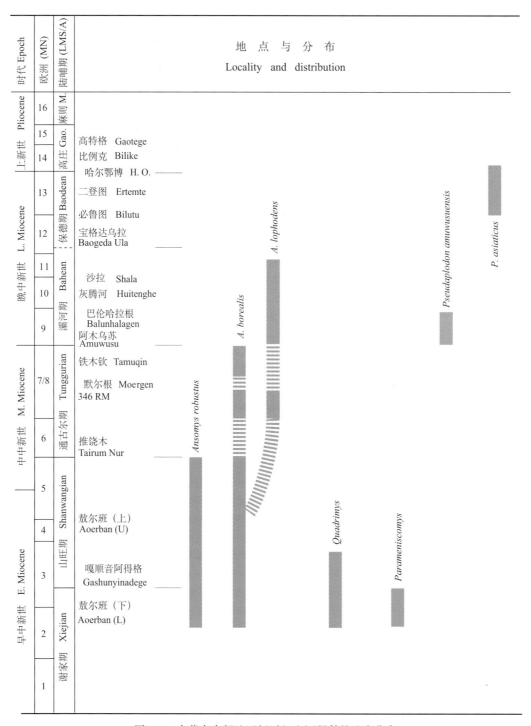

图 236　内蒙古中部地区新近纪山河狸科的地史分布

Fig. 236　Range chart of the Neogene Aplodontidae in central Nei Mongol

该科出现稍晚，最早见于中新世，只有 *Tschalimys* 一属，地理分布与山河狸科的接近。它可能系圆齿鼠类动物从北美迁入后，在亚洲中部独立演化出来的一属。在内蒙古中部地区，该属发现于早中新世敖尔班组上段和晚中新世早期的灰腾河层，材料十分零星。

　　松鼠科　松鼠科是很成功的一类啮齿动物，自始新世晚期或渐新世早期出现以来，一直延续至今。在内蒙古中部新近纪地层中，松鼠类化石丰富，几乎发现于所有化石地点，种类也多，但到了上新世，开始明显衰退。迄今，这一地区发现的新近纪松鼠类动物包括两个亚科的 11 属 19 种，其中松鼠亚科涵盖了花鼠族、树松鼠族、东方树松鼠族、旱松鼠族和旱獭族。松鼠科的这些成员，多数为欧亚古北区的广布属，少数为土著类型。内蒙古中部地区的新近纪松鼠科动物，花栗鼠类和地松鼠类占统治地位，树松鼠类和飞松鼠类不多，与欧洲这一时期松鼠出现的情形很不相同。各属在本区的地史分布如图237所示。

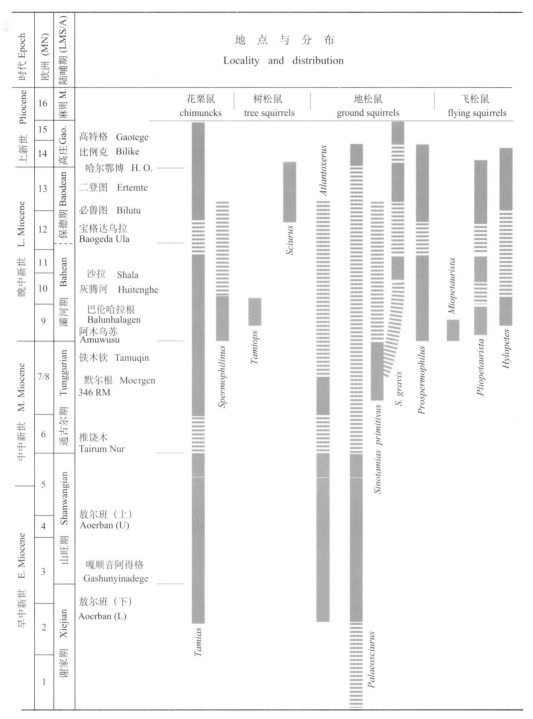

图 237　内蒙古中部地区新近纪松鼠科的地史分布

Fig. 237　Range chart of the Neogene Sciuridae in central Nei Mongol

在内蒙古中部新近纪地层中发现的花栗鼠类包括两个属：*Tamias* 和 *Spermophilinus*。前者在地层中很常见，最早出现于敖尔班（下）地点，最晚发现于高特格地点，在晚中新世的中期数量有所增加。该属的演化迟缓，从早中新世早期至上新世早期牙齿的形态变化不大。*Spermophilinus*（欧洲花鼠属）突然出现于晚中新世早期，可能系由欧洲迁入，存在的时间很短(不排除必鲁图标本为二次堆积)，在晚中新世的晚期之前即消失。

树松鼠类也有两个属：*Tamiops* 和 *Sciurus*。前者为东洋界的现生属，在内蒙古中部地区最早也出现于晚中新世的早期，显然属于从中国南部北迁而来的一类树栖松鼠，可能受环境制约，在这一地区生存的时间很短，所发现的化石亦稀少。后者出现稍晚，分布零星，化石数量也甚少。

地松鼠类共有 4 属：*Atlantoxerus*、*Palaeosciurus*、*Sinotamias* 和 *Prospermophilus*。其中 *Atlantoxerus* 和 *Palaeosciurus* 出现较早，主要生存在早中新世(巴伦哈拉根的 *Atlantoxerus* 标本可能为二次堆积)，与欧洲同属松鼠的出现和生存时代大体相当，只是消失的时间稍早。随着这两个属在中中新世的灭绝或衰落，中国土著松鼠属 *Sinotamias* 和 *Prospermophilus* 逐渐在中中新世和晚中新世兴起，并一直延续到上新世早期，其中的 *Prospermophilus* 在晚中新世晚期还十分兴旺。

飞松鼠类 3 属：*Miopetaurista*、*Pliopetaurista* 和 *Hylopetes*。它们都在晚中新世才出现，除 *Hylopetes* 外进入上新世即消失。在内蒙古中部新近纪地点中同样是分布零星、材料稀少的啮齿动物。

睡鼠科 欧洲是睡鼠类的发祥地和演化中心，睡鼠类在中新世早、中期的动物群中占有重要地位，种类繁多。与欧洲相比，该科在亚洲的多样性远没有那样丰富。中国的睡鼠类化石仅发现于北方地区，种类和材料都不多。在内蒙古中部的新近系，所发现的睡鼠类动物只有代表 Dryomyinae 和 Myomiminae 两个亚科的三个属——*Orientiglis*、*Miodyromys* 和 *Myomimus*；这里的多数动物群都含有睡鼠科动物，但始终只占很小的一部分。

Orientiglis 属最早记录于早中新世，并且一直延续到晚中新世早期(不排除必鲁图标本为二次堆积)。在亚洲睡鼠科的演化历史中，该属相对较为成功，它与欧洲的 *Microdyromys* 属似有较接近的亲缘关系，或者两者有共同祖先。*Miodyromys* 属在内蒙古中部地区与 *Orientiglis* 同时出现，但可能在晚中新世前即消失(不排除巴伦哈拉根标本为二次堆积)，其生存时期大体与欧洲同属的一致，都为中新世早、中期。随着这两属在晚中新世早期的灭绝或衰退，*Myomimus* 属从欧洲迁入，但它似乎也就延续到上新世的开始，最晚见于比例克动物群，在高特格动物群中已完全绝迹。此后，在中国的上新世和更新世地层中再也未发现过睡鼠动物的化石。

始鼠科 始鼠科为一类灭绝了的啮齿动物，全北区分布，中新世很常见。亚洲始鼠类动物的多样性也没有欧洲那样丰富，种类相对较少，延续时间也短。在内蒙古中部地区，始鼠科化石尚属丰富，几乎发现于所有中新世地点，但只占动物群中的小部分，共有 5 属 7 种，除其中的 *Asianeomys* 属起源于渐新世外，其他各属都在中新世首次出现。图 238 示各属种在本区的地史分布。

Ligerimys 出现于早中新世的敖尔班(下)动物群和嘎顺音阿得格动物群，与该属在欧洲存在的时间大体相同。以前 *Ligerimys* 被认为是欧洲的一个土著属，由 *Pseudotheridomys* 进化而来(Fahlbusch, 1970; Alvarez Sierra, 1987; Alvarez Sierra et al., 1996; Engesser, 1999)。内蒙古 *Ligerimys* 属的种个体较大，它有可能源于亚洲脊型齿始鼠，并独立进化，也可能为欧洲 *Ligerimys* 属向东扩散的结果。*Asianeomys* 属是亚洲土著的脊型齿始鼠，最早记录于新疆上渐新统(Wu et al., 2006)。内蒙古的 *A. fahlbuschi* 种，同样发现于新疆的下中新统，它与 *Ligerimys* 共生，并一起在较晚期的动物群中消失，无疑是该属较晚的代表。*Keramidomys* 属最早记录于敖尔班下红层，并可能延续到晚中新世的中期。它被认为源于 *Pseudotheridomys* 属，在欧洲出现的时间较晚(Engesser, 1999)。因此，亚洲可能是该属的发祥地。*Leptodontomys* 属与欧洲的 *Eomyops* 是否为同物异名的讨论估计还会继续下去，本书依然采用前一属名。在内蒙古中部地区，*Leptodontomys* 属最早与 *Keramidomys* 一起记录于敖尔班下红层，并一直延续到晚中新世最晚期。在欧洲，*Eomyops* 属也与 *Keramidomys* 属同一时间出现，近于并存，与内蒙古地区的 *Leptodontomys* 属和 *Keramidomys* 属并存的情形很相似，但欧洲这两个属的出现时间稍晚，因此也不排除 "*Eomyops*" 是 *Leptodontomys* 属的后裔。*Leptodontomys* 属在我国最晚记录于哈尔鄂博动物群，代表中国最后出现的始鼠类动物。*Pentabuneomys* 属被认为是 *Eomys* 属的后代，在欧亚大陆出现的时间大体接近，但其间类型没有找到。在内蒙古地区，该属一直延续到晚中新世的早期，比在欧洲生存的时间似乎稍长。

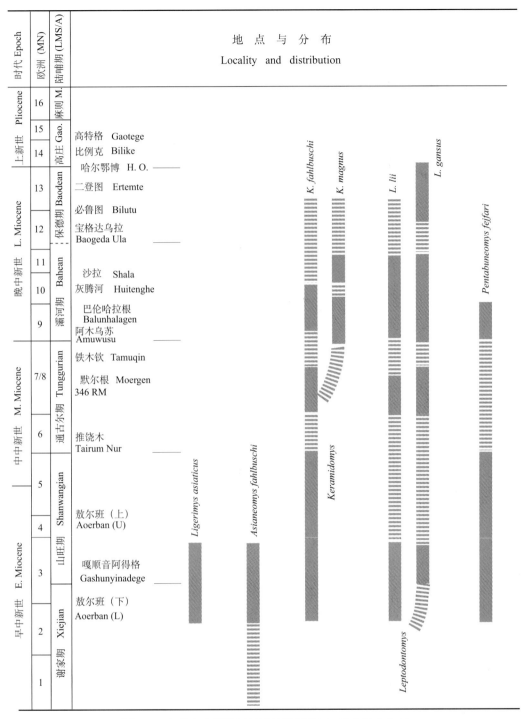

图 238 内蒙古中部地区新近纪始鼠科属、种的地史分布

Fig. 238 Range chart of the Neogene Eomyidae in central Nei Mongol

河狸科 河狸类为全北区分布的现生动物,起源于北美始新世晚期,在欧亚大陆出现的时间稍晚。在内蒙古中部地区河狸类最早出现于中中新世,并延续至早上新世,化石并不很丰富,种类在动物群中也未占有很重要的地位,而且只有河狸科,但共有6属8种。该科的地理分布较严格地受生态环境的限制,化石的埋藏与沉积环境也密切相关。因此,在一些化石种类和材料都较为丰富的动物群中(如敖尔班、嘎顺音阿得格、巴伦哈拉根和沙拉动物群),如果缺少河狸化石,一方面可能在相应地质时期的环境不适合河狸的生存,另一方面可能与部分地点为土状堆积有关,而并不说明当时在整个地区都没有河狸

的存在。图 239 示河狸科在本区的地史分布。

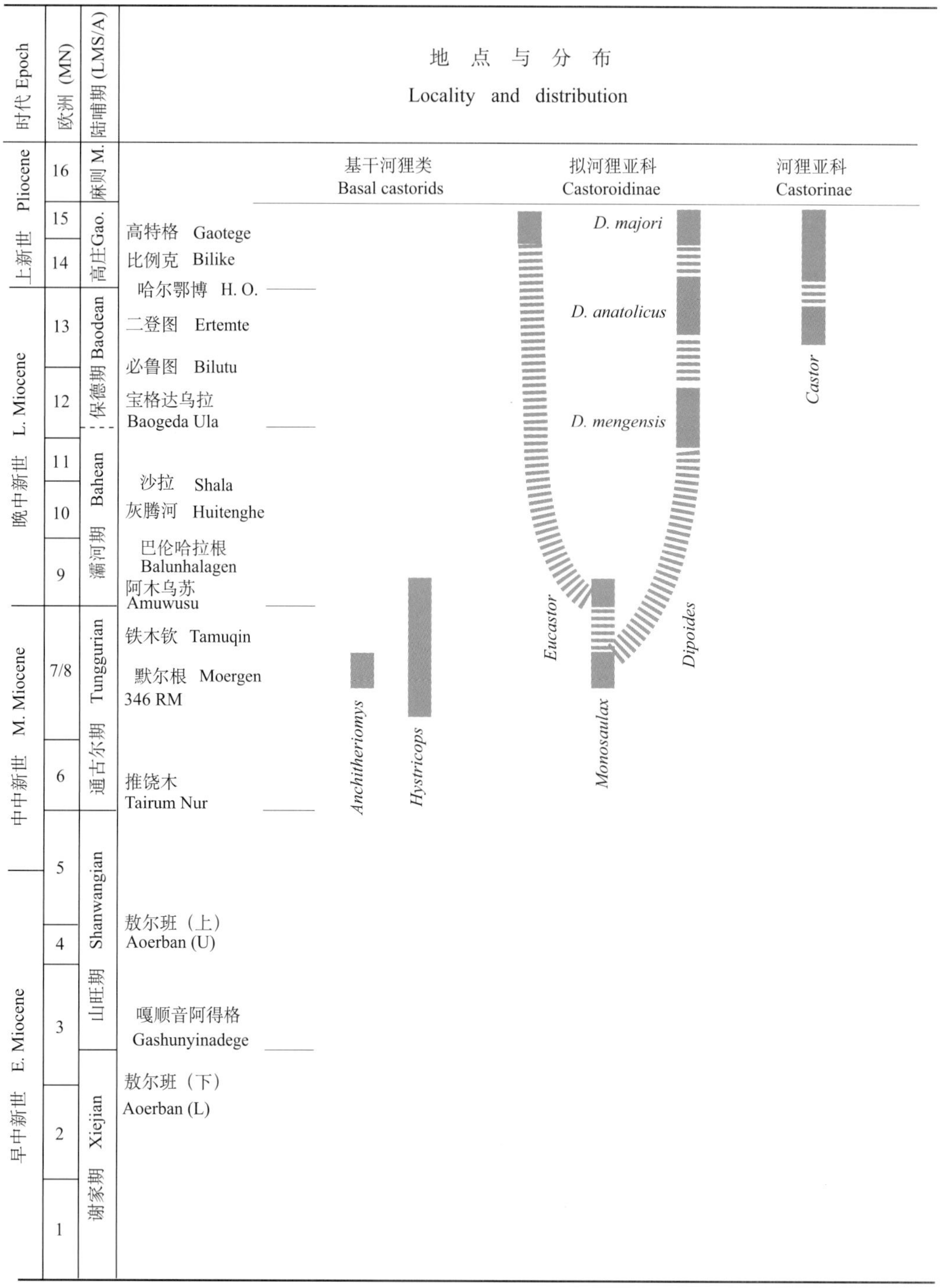

时代 Epoch	欧洲 (MN)	陆哺期 (LMS/A)	地 点 与 分 布 Locality and distribution

基干河狸类　　　　拟河狸亚科　　　　河狸亚科
Basal castorids　　　Castoroidinae　　　Castorinae

D. majori

D. anatolicus

D. mengensis

Castor

Eucastor　Monosaulax　Dipoides

Anchitheriomys　Hystricops

时代 Epoch	MN	LMS/A	地点
Pliocene 上新世	16	麻则 M.	
	15	高庄 Gao.	高特格 Gaotege
	14		比例克 Bilike
			哈尔鄂博 H. O.
L. Miocene 晚中新世	13	保德期 Baodean	二登图 Ertemte
			必鲁图 Bilutu
	12		宝格达乌拉 Baogeda Ula
	11	灞河期 Bahean	沙拉 Shala
	10		灰腾河 Huitenghe
	9		巴伦哈拉根 Balunhalagen
			阿木乌苏 Amuwusu
M. Miocene 中中新世	7/8	Tunggurian 通古尔期	铁木钦 Tamuqin
			默尔根 Moergen 346 RM
	6		推饶木 Tairum Nur
	5	Shanwangian 山旺期	
E. Miocene 早中新世	4		敖尔班（上）Aoerban (U)
	3		嘎顺音阿得格 Gashunyinadege
	2	Xiejian 谢家期	敖尔班（下）Aoerban (L)
	1		

图 239　内蒙古中部地区新近纪河狸科属、种的地史分布

Fig. 239　Range chart of the Neogene Castoridae in central Nei Mongol

　　基干河狸类（Basal castorids）　河狸科的基干类群在内蒙古中部新近纪有 *Anchitheriomys* 和 *Hystricops* 两属，最早都出现于中中新世中期，也是本区出现最早的河狸，发现于通古尔台地大体与默尔根 II 相同的层位。两个属在内蒙古同时突然出现，前者很快消失，后者发现于多个地点，在晚中新世早期的阿木乌苏地点仍有踪迹，延续的时间稍长。这两个属也存在于北美的中新世，其中 *Anchitheriomys* 除发现于内蒙古外还见于哈萨克斯坦和欧洲（Bendukidze，1997；Hugueney，1999b），但在旧大陆的出现都较晚，因此，它们很可能是从北美迁移而来。

拟河狸亚科（Castoroidinae）　拟河狸亚科的化石在本地区共有 *Monosaulax*、*Eucastor* 和 *Dipoides* 三属。其中 *Monosaulax* 出现最早，与 *Anchitheriomys* 和 *Hystricops* 同时发现于中中新世中期，它们的出现很可能代表河狸科在中中新世时期从北美向东亚扩散的一次重大事件，指示了这一地区环境上的转变，伴随着这一改变古老的啮齿类如双柱齿鼠类（distylomyids）和拟速掘鼠类（tachyorctoidids）绝灭，跳鼠类出现，现代仓鼠类开始繁荣。*Monosaulax* 属与 *Hystricops* 共存至晚中新世早期，并逐渐取代此前从欧洲扩散到中国北方的 *Steneofiber* 属。*Eucastor* 属的化石很少，出现也晚，在牙齿形态上保留了一些比北美同时代种类明显原始的特征。内蒙古的 *E. plionicus* 很可能是 *Monosaulax* 在远东地区衍生出的一个属种。*Dipoides* 为河狸科在内蒙古中部地区较为成功的一属，在新近纪晚期的多个地点都有发现，而且种类相对分化。该属在北美出现早，显然起源于北美，晚中新世期间向欧亚大陆扩散，并在晚中新世的晚期至早上新世时期成功地占据了北半球的大部分地区。在内蒙古晚中新世中期至上新世期间，*Dipoides* 属朝着个体增大、下颌骨加强、颏孔后移、齿沟向下延伸、简化咀嚼面构造、失去齿根的方向，先后衍生出 *D. mengensis*、*D. anatolicus* 和 *D. majori*，直到进入更新世才从欧亚大陆消失。

河狸亚科（Castorinae）　该亚科在这里仅有 *Castor* 一属，突然出现于晚中新世晚期的二登图动物群，进入上新世，在高特格动物群中还比较常见。该属在华北分布很广，山西、甘肃、青海和辽宁等地都有发现。其起源仍然不能确定，但由欧洲迁入的可能性较大，而且不能完全排除其起源于欧洲晚中新世的 *Chalicomys*，或者更早的 *Steneofiber* 属。然而，可以肯定，发现于华北地区的 *C. anderssoni* 是中国新疆北部地区现生 *C. fiber* 的直接先祖。

林跳鼠科　林跳鼠科动物全北区分布，起源于渐新世，一直延续至今。该科动物在晚渐新世和早中新世十分常见，在动物群中往往占有重要地位。在亚洲，其分化远比欧洲显著，种类多，群体数量大，甚至到晚中新世晚期和上新世早期都还繁荣。在内蒙古中部地区，林跳鼠科的化石相当丰富，发现于所有筛洗处理的新近纪地点，共有 10 属 25 种，归入 3 个亚科。图 240 示各亚科和属在本区的地史分布。

林跳鼠亚科（Zapodinae）　林跳鼠亚科的化石在内蒙古中部地区包括 5 属：*Plesiosminthus*、*Litodonomys*、*Sinodonomys*、*Eozapus* 和 *Sinozapus*。该亚科最早出现于渐新世，*Plesiosminthus* 和 *Litodonomys* 显然为渐新世延续下来的成员，其他三属在中新世才出现。随着 *Parasminthus* 属在进入早中新世后的迅速衰退，*Plesiosminthus* 属在内蒙古中部也迅速兴旺，种类多、群体数量也大。该属与 *Litodonomys* 和 *Sinodonomys* 属共生，但这三个较古老的林跳鼠属都未能延续到中中新世，进入通古尔期前即已绝灭。在整个通古尔期，这一亚科在内蒙古中部地区处于绝迹状态，直到晚中新世的灞河期才有所复苏，出现了 *Eozapus* 和 *Sinozapus* 属。虽然 *Eozapus* 持续到现代，*Sinozapus* 生存至早上新世，但化石都不多见，分布也零星。

蹶鼠亚科（Sicistinae）　该亚科只有两个属：*Omoiosicista* 和 *Sicista*，都为中新世首次出现的林跳鼠。前者可能由渐新世的蹶鼠演化而来，属于很稀有的动物，生存时间很短，似乎在早中新世末期以前即已灭绝。后者最早出现于中新世早期，在林跳鼠类和脊仓跳鼠类处于衰退后得以兴起，并一直持续至今，在这一地区晚中新世晚期和上中新世早期的动物群中属于较常见的动物。

脊仓跳鼠亚科（Lophocricetinae）　脊仓跳鼠亚科的分布局限于中亚和蒙新高原，共三属：*Heterosminthus*、*Lophocricetus* 和 *Paralophocricetus*。*Heterosminthus* 起源于渐新世，在早中新世曾繁荣一时，种类较多，但进入中中新世即开始衰退。尽管在中中新世的动物群中，其群体数量可能会较大，但种类单一，进入晚中新世早期即迅速消失。*Lophocricetus* 显然系由 *Heterosminthus* 衍生而来，在晚中新世的晚期较为兴旺，演化的速度快，生存的时间很短，似乎进入上新世即趋于灭绝。*Paralophocricetus* 突然在晚中新世末期出现，但也仅是一现昙花，在上新世早期即与 *Lophocricetus* 同时败落。其起源和与 *Lophocricetus* 的关系尚需进一步发现和研究。

跳鼠科　随着双柱鼠科、速掘鼠科和林跳鼠科在中中新世的灭绝或衰退，跳鼠科在亚洲中部出现，并一直延续至今。跳鼠科动物出现于旧大陆和非洲，现生的属、种主要分布在亚洲和非洲的干旱草原和荒漠地区。显然是由于生态环境上的差异，欧洲跳鼠科动物很少，出现晚，分布地区也局限。在内蒙古中部，该科动物化石共发现了 6 属 17 种，归入 3 个亚科，最早出现于中中新世中期，晚中新世有所分化，

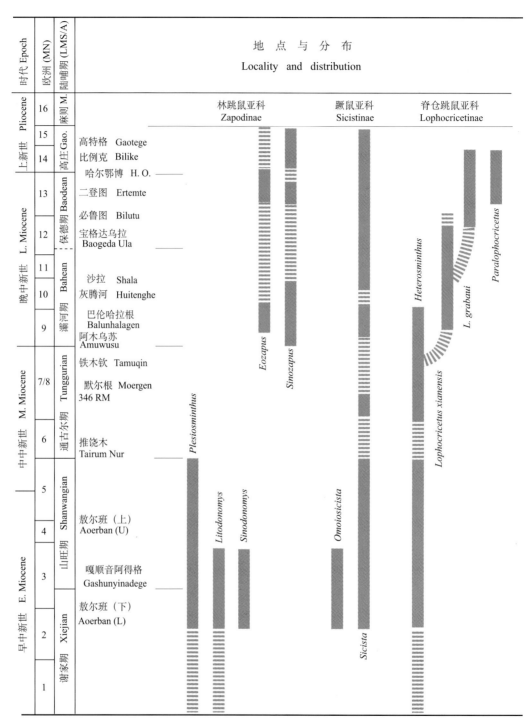

图 240　内蒙古中部地区新近纪林跳鼠各亚科和属的地史分布

Fig. 240　Range chart of the Neogene Zapodidae in central Nei Mongol

属、种相对较多，但在动物群中始终不占重要地位。图 241 示本区跳鼠科各亚科和属的地史分布。

　　五趾跳鼠亚科（Allactaginae）　五趾跳鼠亚科是该科动物最早出现的亚科，可能由渐新世起源的林跳鼠类演化而来，在内蒙古中部共有 3 属：*Protalactaga*、*Paralactaga* 和 *Brachyscirtetes*。*Protalactaga* 为该亚科最原始的属，显然是现代五指跳鼠（*Allactaga*）的祖先类型，化石最早记录于通古尔台地的 346 里程碑地点和默尔根地点，为跳鼠科出现最早的代表。该属在中中新世时分布较广，远及北非，在内蒙古至少一直生存到晚中新世早期，但种群的数量都不是很大。晚中新世早期开始，Allactaginae 多样性略为丰富，除了 *Protalactaga* 属外，出现了 *Paralactaga* 和 *Brachyscirtetes* 两属。*Paralactaga* 最早记录于晚中新世

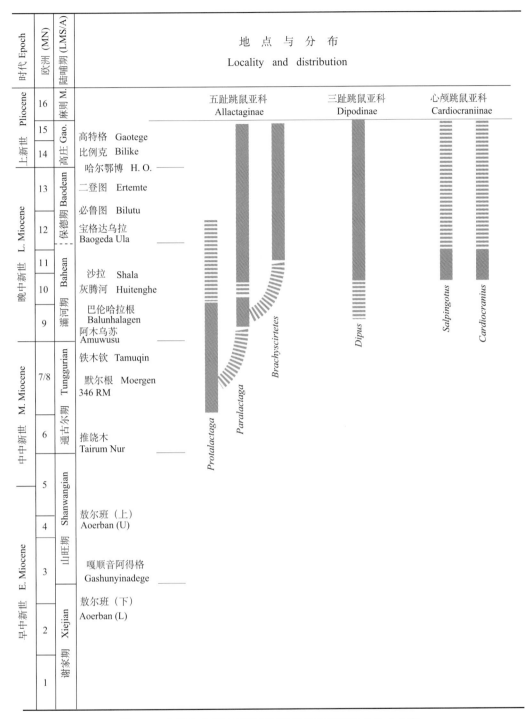

图 241　内蒙古中部地区新近纪跳鼠各亚科和属的地史分布

Fig. 241　Range chart of the Neogene Dipodidae in central Nei Mongol

早期，可能由 *Protalactaga* 演化而来，为 *Protalactaga* 向现代 *Allactaga* 属进化的中间类型。该属在 *Protalactaga* 属衰落之后，适当地得到发展，分化出的种类有所增加，并一直延续到上新世晚期，但种群的数量始终不很大。*Brachyscirtetes* 属出现的时间比 *Paralactaga* 稍晚，其起源可能与 *Paralactaga* 属有关，并与 *Paralactaga* 共存，但只持续到上新世早期。

　　三趾跳鼠亚科(Dipodinae)　该亚科只有 *Dipus* 一属，出现于晚中新世早期，并一直生存至今。内蒙古沙拉和巴伦哈拉根是现知 *Dipus* 属最早化石记录的地点，这可能意味着蒙古高原是该属重要的演化地区。在跳鼠类中，*Dipus* 属为相对成功者，虽然在动物群中从未占据统治地位，但晚中新世晚期和上新世早期有明显的分化，在内蒙古和亚洲中部地区演化出稍多的种类。推测这是 *Dipus* 对上新世以来全球气候干冷化适应的结果。

心颅跳鼠亚科（Cardiocraniinae） 新近纪的心颅跳鼠亚科动物在内蒙古中部地区共有两属：*Salpingotus* 和 *Cardiocranius*。该亚科动物虽然与三趾跳鼠亚科同时出现于晚中新世早期，并一直延续到现代，但其化石甚为稀少，分布也极为零星，起源和演化都还不清楚。

仓鼠科 新近纪是古老仓鼠趋于灭绝，"现代仓鼠"（modern cricetids）大量出现和分化时期。在欧亚大陆这一时期的动物群中，仓鼠科总是最丰富的一个类群。内蒙古中部新近纪仓鼠类共有 18 属 38 种，是该地区啮齿目中分异度最高的一个类群。本书把这些仓鼠归入 6 个亚科 1 个未定亚科，其中除 Eucricetodontinae 外都为新近纪首次出现，但只有 Cricetinae 延续至今（图 242）。

真古仓鼠亚科（Eucricetodontinae） 该亚科起源于渐新世，全北区分布。在内蒙古中部，仅发现 *Metaeucricetodon mengicus* 一属一种。该属很可能是 *Eucricetodon* 的后裔，也是真古仓鼠亚科在内蒙古的最后代表。*M. mengicus* 最早记录于敖尔班（下）地点，早中新世地点都有发现，但在动物群中属于很小的部分。在中中新世地点中未被发现，却在晚中新世的巴伦哈拉根和必鲁图地点有其残骸，这些保存在河流相堆积中的零星牙齿可能为二次堆积产物，因此推测该亚科动物只生存于早中新世的谢家期和山旺期。

古仓鼠亚科（Cricetodontinae） 该亚科是全北区中新世很常见的啮齿动物，在内蒙古中部共有 *Democricetodon*、*Sonidomys*、*Megacricetodon* 和 *Cricetodon* 四属（图 243）。*Democricetodon* 发现于敖尔班下红层，所在层位较低，显然比其在欧洲出现的时间早。该属在内蒙古地区的通古尔期最为兴旺，并至少延续到晚中新世（必鲁图的化石被认为属于二次堆积）。*Sonidomys* 可能由 *Democricetodon* 衍生而来，其种群的数量不多，生存的时间也很短。*Megacricetodon* 尽管在敖尔班下红层发现了两枚牙齿，不能排除其为混杂进来的标本，也可能系产自该层的上部，出现的时间似乎比 *Democricetodon* 晚些。在早中新世末期和中中新世，*Megacricetodon* 属相当繁盛，在动物群中占有较重要地位。它与 *Democricetodon* 共生，灭绝的时间似乎稍早（晚中新世巴伦哈拉根和必鲁图地点的化石都被认为可能系再沉积产物）。*Cricetodon* 最早记录于敖尔班上红层，出现的时间比 *Democricetodon* 和 *Megacricetodon* 都晚，可能也生存到晚中新世早期，种群数量始终不是很大。

近古仓鼠亚科（Plesiodipinae） 近古仓鼠亚科为中亚地区独立演化的一个支系，最早出现于中中新世早期（推饶木地点），其祖先尚难以确定。Plesiodipinae 属于较为成功的一个亚科，在内蒙古中部也有四属（图 243）。其中 *Plesiodipus* 属出现较早，分布也广，通古尔期期间十分繁荣，并出现了明显的分化，但进入晚中新世即逐渐衰退，并于晚中新世中期之前消失。*Gobicricetodon* 是该亚科中个体较大的属，与 *Plesiodipus* 属同时突然出现于中中新世早期，晚中新世早期大量繁衍，并与 *Plesiodipus* 属大致同时绝迹。*Khanomys* 属可能由 *Gobicricetodon* 演化而来，出现于晚中新世早期，但生存的时间很短，几乎与 *Democricetodon*、*Cricetodon*、*Plesiodipus* 和 *Gobicricetodon* 同时消失。*Rhinocerodon* 为一外来属，可能系在该亚科其他属趋于灭绝后从哈萨克斯坦地区向东扩散而来，在内蒙古出现于晚中新世中期（宝格达乌拉地点），进入晚中新世的晚期即消失。

仓鼠亚科（Cricetinae） 在古仓鼠亚科和近古仓鼠衰落之后，仓鼠亚科在内蒙古中部于晚中新世初期兴起，其起源可能与古仓鼠亚科中的 *Democricetodon* 属有关。该亚科在这一地区也出现了四属：*Colloides*、*Sinocricetus*、*Nannocricetus* 和 *Kowalskia*（图 243）。*Colloides* 属最早记录于晚中新世早期，出现的时间稍早，但种群数量很小，分布零星，进入晚中新世中期即消失。该属与欧洲的 *Collimys* 形态相似，可能有一定的亲缘关系。*Sinocricetus*、*Nannocricetus* 和 *Kowalskia* 在同一时间出现，晚中新世晚期还相当兴旺，在动物群中占有重要的地位。但进入上新世早期，*Kowalskia* 很快绝灭，*Nannocricetus* 明显衰落，只有 *Sinocricetus* 属尚存活力，并有所分化。

仿田鼠亚科（Microtoscoptinae） 仿田鼠亚科是仓鼠类中很小的一个亚科，现知仅有三属。在内蒙古中部地区，该亚科仅有 *Microtoscoptes* 属，突然出现于晚中新世早期，而且只记录于晚中新世地层。它可能是由新大陆迁入，并在亚洲独立演化的一个属，与北美的 *Paramicrotoscoptes* 似乎有较接近的亲缘关系。

巴兰鼠亚科（Baranomyinae） 该亚科在内蒙古仅有 *Microtodon* 和 *Anatolomys* 属，最早同时突然出现

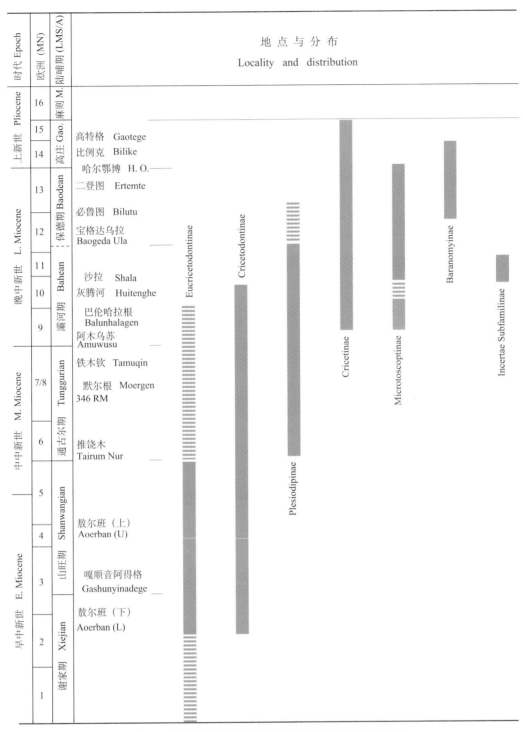

图 242　内蒙古中部地区新近纪仓鼠各亚科的地史分布

Fig. 242　Range chart of the Neogene Cricetidae in central Nei Mongol

于必鲁图动物群，在晚中新世晚期很常见，其中 *Microtodon* 属在二登图动物群和哈尔鄂博动物群中几乎占统治地位，但这两个属在进入上新世后即处于消失状态。*Microtodon* 与鼢科有密切的亲缘关系，可能衍生出亚洲的鼢类动物。

未定亚科（Incertae Subfamilinae）　也只有 *Microtocricetus* 和 *Ischymomys* 两属，都仅仅出现于沙拉动物群，材料甚为稀少。这一亚科可能由欧洲或中亚地区扩散而来，在内蒙古地区生存时间很短。

沙鼠科　在内蒙古中部地区，沙鼠科的属、种不多，目前只发现 *Abudhabia* 和 *Pseudomeriones* 两个属

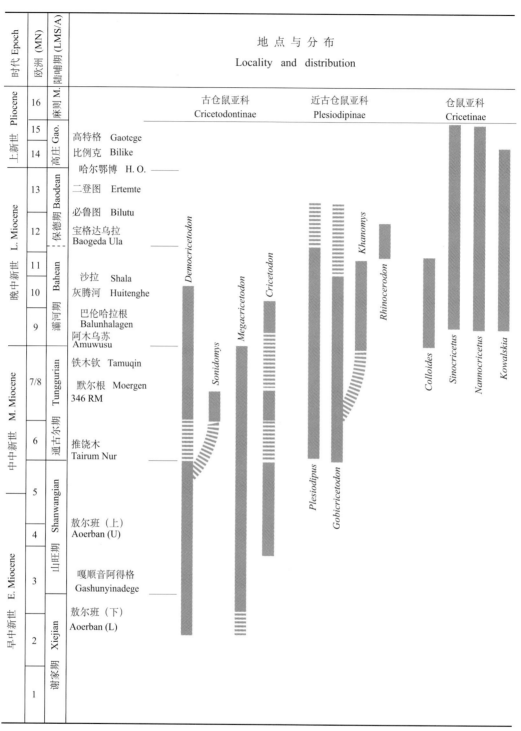

图 243　内蒙古中部地区新近纪古仓鼠、近古仓鼠和仓鼠亚科及其属的地史分布

Fig. 243　Range chart of the Neogene Cricetodontinae, Plesiodipinae and Cricetinae in central Nei Mongol

的四个种，分别可归入裸尾沙鼠亚科(*Taterillinae*)和沙鼠亚科(*Gerbillinae*)。*Abudhabia* 的最早记录见于晚中新世早期，分布于亚洲和北非广大的干旱地带。在内蒙古中部，最早出现于巴伦哈拉根地点，最晚见于宝格达乌拉地点(晚中新世中期)，生存的时间不长，显然未能延续到上新世。其在内蒙古的出现，代表了该属分布的最东北延伸。*Pseudomeriones* 最早也发现于巴伦哈拉根地点，但只有一件标本，这枚破损的牙齿被认为是混杂进来的，因此其出现的最低层位较为可靠的是必鲁图层(晚中新世晚期)，并持续地出现于最高层位的高特格地点(早上新世)。该属不甚分化，但从晚中新世至上新世，种群的数量有渐

趋增大的趋势，这可能是其对上新世内蒙古草原干旱化的适应。

Abudhabia 和 *Pseudomeriones* 在古北区的分布，指示了它们可能起源于亚洲或非洲的某一地区，并于晚中新世在亚洲、欧洲和非洲较干旱的地区扩散。在我国北方，各自产生了两个种，前者较明显的演化趋势之一是牙齿个体的增大，后者生存的时间稍长，除向着个体增大的方向发展外，m1 下前边尖的构造还逐渐复杂化。这两个属种群的数量都不是很大，但地理分布相对较广，其中 *Pseudomeriones* 的分布远至欧洲西班牙。

䶄科 该科为广布新旧大陆的现生啮齿动物，可能于晚中新世晚期起源于仓鼠科中的巴兰鼠类（baranomyines）。在内蒙古中部地区，该科只有 2 属 4 种，其中 *Mimomys* 出现较早，最早记录见于上新世早期的比例克地点，在上新世的地层中十分常见，属于这一期间动物群的重要组成部分；*Borsodia* 稍晚，仅出现于上新世早期的高特格地点。

内蒙古的 *Mimomys* 属可能起源于晚中新世的 *Microtodon* 属，其演化的速度异常迅速，进入上新世该属最原始的种 *M. bilikeensis* 迅速兴起、繁荣，并完全取代了晚中新世 *Microtodon atavus* 在动物群中的优势地位，稍后又衍生出 *M. telhardi* 和 *M. orientalis*，乃至上新世晚期的 *M. youheensis*。从 *M. bilikeensis* 到 *M. youheensis* 的这一系列，代表 *Mimomys* 属在远东独立的演化支系，这一支系似乎以 m1 前帽釉岛的形成方式而与欧美 *Mimomys* 的支系略有不同。*Borsodia* 的起源仍然有待进一步的研究，但从形态上看内蒙古的 *B. mengensis* 是该属最原始的类型，更是华北晚上新世—更新世常见的 *B. chinensis* 的直接祖先，甚至更新世以来的兔尾鼠属（*Lagurus*）也可能从该属衍生而来。从 *B. mengensis* - *B. chinensis* 演化的这一支系，其 m1 可能从一开始就失去了模鼠角。

鼢鼠科 鼢鼠科为现生啮齿动物，属于亚洲的土著成员，起源于亚洲近古仓鼠类（pleisodipines）。化石种和现生的种类都分布于亚洲古北区的中部，最早出现于晚中新世早期。在内蒙古中部地区最早记录于晚中新世早期的阿木乌苏地点和巴伦哈拉根地点，在晚中新世晚期和上新世的地层中十分常见，经常是这一时段动物群的重要组成部分。

内蒙古中部地区的鼢鼠科只有 2 属 5 种，其中的 *Prosiphneus* 属为较原始的类型，主要出现于晚中新世，*Chardina* 属较进步，出现于上新世（图 244）。内蒙古中部新近纪地点的材料证明，中国北方是鼢鼠科演化中心的一部分。这一地区早期的鼢鼠以白齿有根的凸枕型鼢鼠为主，如晚中新世早期阿木乌苏和巴伦哈拉根的 *Prosiphneus qiui*、晚中新世晚期宝格达乌拉和二登图的 *P. eriksoni* 及早上新世比例克的 *P.* cf. *P. eriksoni*。在上新世早期（大约在 4.5 Ma 左右），凹枕型的 *Chardina* 从凸枕型鼢鼠中分化出来，并继续迅速地朝着个体增大、齿冠增高、失去齿根的方向繁衍。

鼢鼠科被认为由仓鼠科中的近古仓鼠亚科演化而来，先前还以为 *Pleisiodipus* 属为其直接祖先，但通过内蒙古的发现和形态分析，它似乎与近古仓鼠亚科中的 *Gobicricetodon* 或 *Khanomys* 属有更接近的亲缘关系，很可能东亚在晚中新世以来十分繁盛的鼢鼠类都是该属某一支系的后裔（见前）。

鼠科 在内蒙古中部地区，鼠类（狭义）最早出现于晚中新世早期，属于较为成功的一科，共有 11 属 20 种。该科在晚中新世晚期开始明显分化，上新世早期的种数明显增多，在晚中新世晚期和上新世早期的动物群中很常见，其中有 2 属延续至今。图 245 示各属在本区的地史分布。

在鼠科的演化中，*Progonomys* 属被认为是较原始的鼠科（狭义）动物，欧亚大陆分布，在内蒙古中部地区仅出现于晚中新世早期的沙拉地点，材料甚少。*Hansdebruijnia* 最早记录于晚中新世早期的巴伦哈拉根地点，但并未在灰腾河和沙拉地点中出现，从形态上看它比 *Progonomys* 属进步，如果其化石系巴伦哈拉根层的原沉积，则可能说明该层包括了比沙拉时代稍晚的堆积。*Karnimatoides* 属突然出现于宝格达乌拉地点（保德期早期），它似乎与 *Karnimata* 属有较为接近的亲缘关系，在动物群中不很常见，而且未能延续到上新世。*Apodemus* 为较成功的属，最早记录于晚中新世晚期的二登图（保德期晚期），在其后的动物群中很常见，并一直延续至今。*Micromys* 在这一地区的出现比 *Apodemus* 早，也是相当成功的一属，在上新世有所分化，动物群中多见，亦延续至今。*Rhagapodemus* 可能由 *Apodemus* 属衍生而来，仅出现于哈尔鄂博地点，化石很稀少。*Orientalomys* 属和 *Apodemus* 属一样，最早也记录于二登图地点，但在动物群中的种群数量不大。该属在内蒙古的出现可能说明其起源于亚洲东部，但显然是在上新世期间向西亚和东

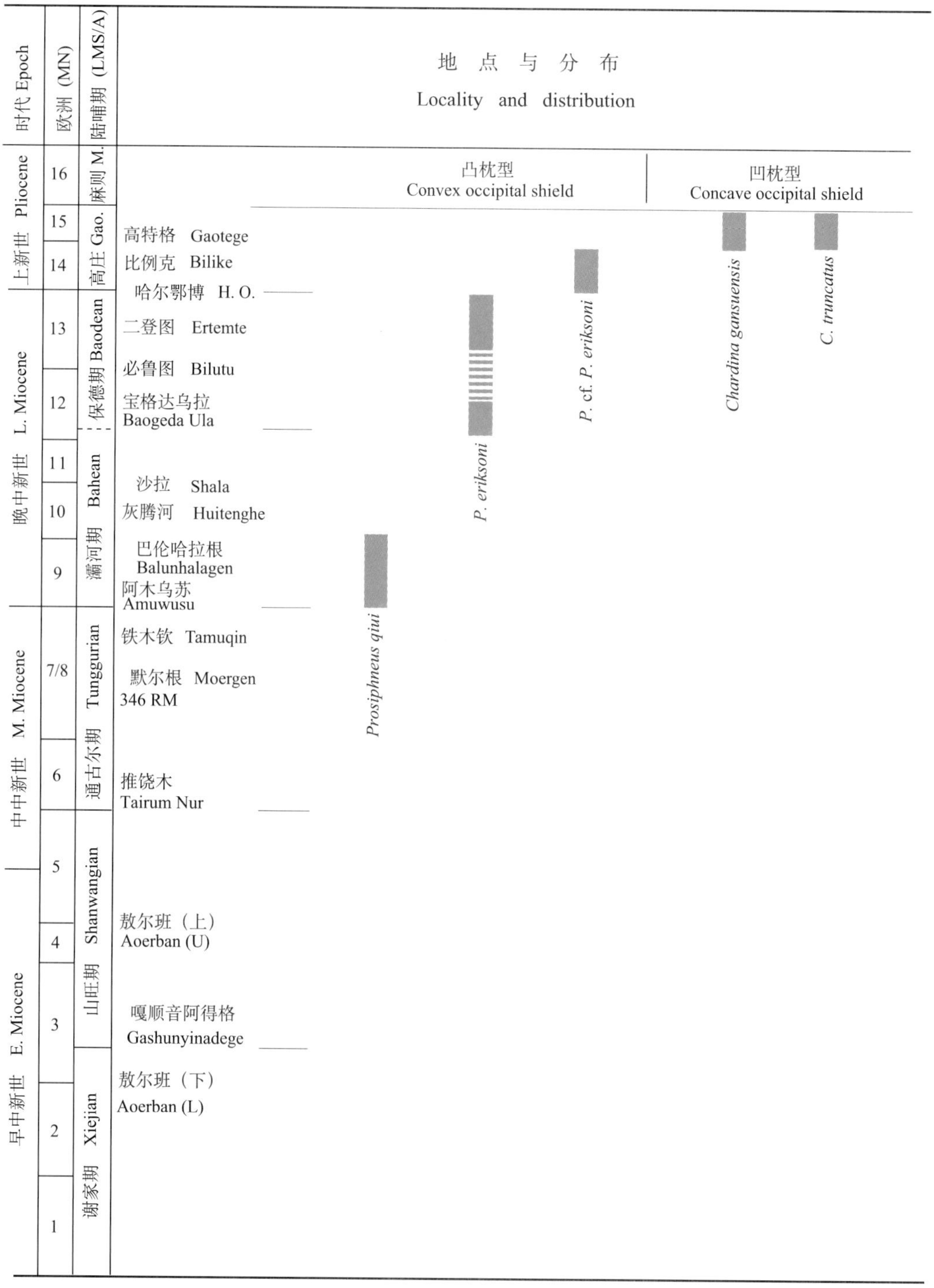

图 244　内蒙古中部地区新近纪鼢鼠科属、种的地史分布

Fig. 244　Range chart of the Neogene Myospalacidae in central Nei Mongol

欧扩散、并适度地分化，在中国它一直延续到更新世早期。*Chardinomys* 属的形态与 *Orientalomys* 属较相似，说明它们有接近的亲缘关系；在内蒙古中部地区它与 *Allorattus* 和 *Huaxiamys* 属一样，都在上新世早期才出现，它们的分布局限于远东的古北区，属于明显的地方性类型，在许多上新世地点都有发现，其中的 *Chardinomys* 在一些地点中还相当丰富。*Allohuaxiamys* 属于很稀少的动物，仅出现在这一地区新近系最上部层位(高特格地点)，种群也不大。其形态上与 *Micromys* 属和 *Huaxiamys* 属有许多相似之处，或许与前者有共同的祖先，并可能在晚中新世晚期或早上新世衍生出 *Huaxiamys* 属。

　　综上所述，内蒙古中部地区的啮齿动物在新近纪的演化似乎比较平稳，既大体遵循了古北区这一时

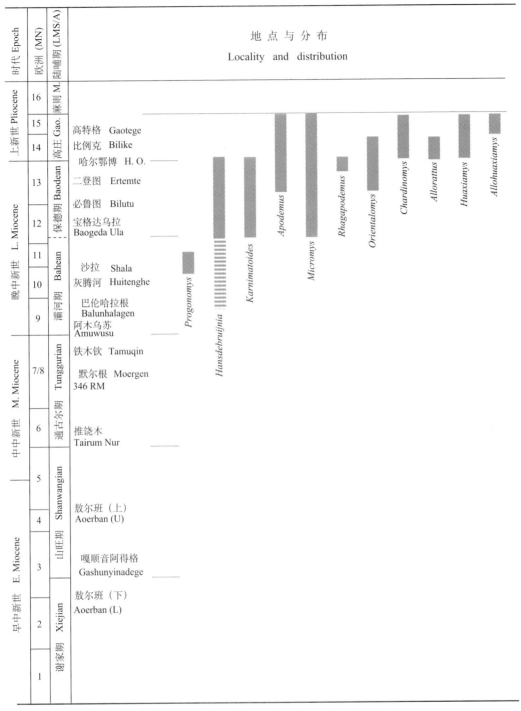

图 245　内蒙古中部地区新近纪鼠科各属的地史分布

Fig. 245　Range chart of the Neogene Muridae in central Nei Mongol

期啮齿动物更替的规律，也反映了亚洲和欧洲在这一期间气候和环境的差异。这些动物在新近纪各时期的演化，具有以下特征：

早中新世期间，所有的科均起源于渐新世或此前，古老的拟速掘鼠科和仓鼠科中的真古仓鼠亚科动物虽然并不鲜见，但已处于衰落状态。双柱鼠科、山河狸科和始鼠科相对繁盛、兴旺，林跳鼠科仍然繁荣。特别重要的事件是，"现代仓鼠"在这一时期出现。

中中新世期间，随着真古仓鼠亚科在早期的灭绝、双柱鼠科和拟速掘鼠科的很快消失、始鼠科和林跳鼠科的逐渐衰退，跳鼠科出现，河狸科迁入。仓鼠科中的古仓鼠亚科和近古仓鼠亚科，以及林跳鼠科

中的 *Heterosminthus* 属在这一期间的动物群中占统治地位。

晚中新世期间，随着仓鼠科中的古仓鼠亚科和近古仓鼠亚科，以及林跳鼠科中的 *Heterosminthus* 属的衰落或灭绝，鼢鼠科出现，鼠科和沙鼠科相继迁入，近代仓鼠（cricetines）和高冠、田鼠型仓鼠（microtines）出现。鼢鼠科、仓鼠亚科、田鼠型仓鼠和地松鼠在晚期达到相当繁荣的程度。末期，亚洲山河狸和始鼠的最后代表也从此消失。

早上新世期间，随着一些古老科的灭绝、仓鼠科和林跳鼠科的逐渐衰落，䶄科出现并大量繁衍，鼠科高度分化并出现多个地方性的属种。内蒙古中期的最后一个睡鼠也就在这一期间消失。

图 246 示新近纪啮齿动物在这一地区演化发生的重大事件。

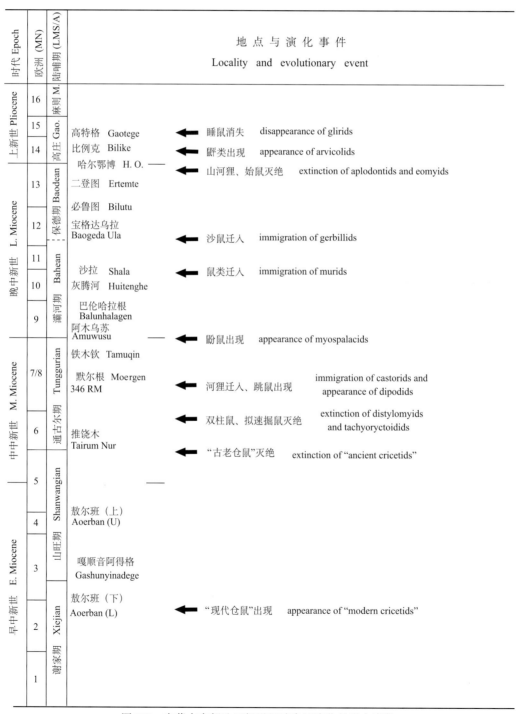

图 246　内蒙古中部地区新近纪啮齿目演化的重大事件

Fig. 246　Scheme showing evolutionary events of the Neogene rodents in central Nei Mongol

六、内蒙古中部新近纪啮齿动物的年代地层学

通过对哺乳动物演化关系的分析，将动物群进行先后排序，进而以国际地层指南（ISG）的原则和要求进行哺乳动物年代地层学的研究，这是我国新近纪哺乳动物研究的路径。按照动物群特征和代表性动物类型（指示化石、最先出现、最后出现和特征化石）的分析，我国新近纪陆生哺乳动物的年代被分为七个时期：谢家期、山旺期、通古尔期、灞河期、保德期、高庄期和麻则沟期。同时，基于哺乳动物化石和含化石地层的研究，一个初步的新近纪陆生哺乳动物年代地层系统（LMS/A）框架也已建立起来，这是我国近年在新近纪生物地层学研究领域中取得的进展之一（Qiu Z X et al., 2013）。

内蒙古中部新近纪的啮齿动物，在地质时代上跨越了新近纪中新世至上新世的大部分时段，被包含在 LMS/A 系统中从谢家期至高庄期的六个时期之中。以下拟对各个时期的啮齿动物进行年代地层学特征分析。由于分析局限于内蒙古中部地区，所以下文中的"归入动物群"只包括在本区所发现的动物群，"首次出现"（first appearance datum）仅指该分类单元在所研究地区的最早出现或迁入，"末次出现"（last appearance datum）也仅指其在本区的最后出现，并不一定意味该属、种最早出现或灭绝的实际时段，"指示化石"（index fossils）为仅出现于所示时段（期）的属、种，"特征化石"（characteristic fossils）系指该时段的常见者，但并不限于在所指时段的出现。

这一地区新近纪的部分剖面，曾进行过磁性地层学的研究（Wang et al., 2003, 2009; O'Connor et al., 2008）。关于这些古地磁资料，读者可参见有关文献。

谢家阶/期（Xiejian LMS/A） 谢家阶的单位层型（Unit-Stratotype）剖面位于青海湟中县谢家村附近。层型所含化石和归入的动物群表明，这一时期正是新近纪动物群开始现代化的阶段，啮齿动物所有的科都出现于渐新世或以前，渐新世曾经繁盛一时的圆柱齿鼠科、梳趾鼠科和拟速掘鼠科等不再出现或逐渐衰退，属一级既含有渐新世残存下来的成员，也有中新世的新成员，特别是"现代仓鼠类"已经出现（Qiu Z X et al., 2013）。

归入动物群 苏尼特左旗敖尔班（下）动物群。

指示化石 *Allodistylomys stepposus*、*Parameniscomys*、*Plesiosminthus asiaticus* 和 *Heterosminthus firmus*。

首次出现 *Ayakozomys*、*Quadrimys*、*Atlantoxerus*、*Orientiglis*、*Miodyromys*、*Ligerimys*、*Keramidomys*、*Leptodontomys*、*Pentabuneomys*、*Sinodonomys*、*Sicista*、*Omoiosicista*、*Democricetodon* 和 *Metaeucricetodon*。

末次出现 无。

特征化石 *Prodistylomys*、*Distylomys*、*Tachyoryctoides*、*Plesiosminthus* 和 *Litodonomys*。

敖尔班（下）动物群为本区出现最早的一个动物群，这里"首次出现"的属系指那些在其他地区没有出现、或者可能在本地区相当时段出现的属。

山旺阶/期（Shanwangian LMS/A） 山旺阶的单位层型剖面位于山东临朐山旺角岩山。层型剖面所含化石和所归入的泗洪动物群表明，这一时期的啮齿动物具有现代化初期的特色，在动物群中松鼠亚目和鼠形亚目占优势，始鼠科、睡鼠科和林跳鼠科相对繁荣，"现代仓鼠类"明显分化。

归入动物群 苏尼特左旗嘎顺音阿得格动物群和敖尔班（上）动物群。

指示化石 *Cricetodon sonidensis*。

首次出现 *Distylomys tedfordi*、*Tschalimys*、*Atlantoxerus major*、*Leptodontomys gansus*、*Democricetodon lindsayi*、*D. tongi* 和 *Cricetodon*。

末次出现 *Tachyoryctoides*、*Ansomys robustus*、*Quadrimys*、*Ligerimys*、*Asianeomys*、*Plesiosminthus*、*Litodonomys*、*Sinodonomys*、*Sicista prima*、*Omoiosicista*、*Heterosminthus erbajevae*、*H. nanus*、*Metaeucricetodon* 和

Democricetodon sui。

特征化石　*Ayakozomys*、*Ansomys borealis*、*Plesiosminthus* 和 *Megacricetodon sinensis*。

嘎顺音阿得格动物群与敖尔班(下)动物群的组成很相似，但一些较原始的属(如 *Allodistylomys* 和 *Parameniscomys*)已完全绝迹，却出现了新的、后期动物群中存在或常见的种(如 *Distylomys tedfordi*、*Atlantoxerus major*、*Leptodontomys gansus*、*Democricetodon lindsayi* 和 *D. tongi*)，仓鼠科的分异度明显增大、群体的数量显著增加。此外，这个动物群和敖尔班(上)动物群中都含有兔形目中的 *Alloptox* 属，这是后期动物群中很常见的成员。因此，这里将其归入山旺期。敖尔班(上)动物群似乎比嘎顺音阿得格动物群进步，表现在 Distylomyidae 科的消失和 Aplodontidae、Eomyidae 和 Zapodidae 科的衰退，Mylagaulidae 科的出现，Cricetidae 科的进一步分化，出现了 *Cricetodon* 属。因此，如果把山旺期进一步分为早期和晚期，那么敖尔班(上)可能代表晚期的动物群。

通古尔阶/期(Tunggurian LMS/A)　通古尔阶的单位层型剖面正在本工作区的通古尔台地，通古尔期的建立基于台地上通古尔组的化石。通古尔动物群具有山旺动物群进一步发展的特点，啮齿动物中古老的双柱鼠科和拟速掘鼠科在这一期间绝灭，睡鼠科、始鼠科和林跳鼠科衰退，跳鼠科和河狸科出现，仓鼠科中的古仓鼠进入高度分化时期。

归入动物群　苏尼特右旗推饶木动物群和346里程碑动物群、苏尼特左旗默尔根动物群和铁木钦动物群、阿巴嘎旗乌兰呼苏音(下)动物群。

指示化石　*Anchitheriomys*、*Protalactaga major*、*Sonidomys* 和 *Gobicricetodon flynni*。

首次出现　*Ansomys lophodens*、*Atlantoxerus orientalis*、*Sinotamias*、*Hystricops*、*Monosaulax*、*Sicista ertemteensis*、*Heterosminthus orientalis*、*Protalactaga*、*Plesiodipus progressus*、*Gobicricetodon* 和 *G. robustus*。

末次出现　*Distylomys* 和 *Ayakozomys*。

特征化石　*Heterosminthus orientalis*、*Democricetodon lindsayi*、*Megacricetodon sinensis* 和 *Plesiodipus leei*。

上述通古尔阶产出的动物群，特征相似，但组成上有所差别。推饶木动物群和铁木钦动物群的属、种不多，前者却含有较古老的 *Distylomys* 和 *Ayakozomys* 属，后者含有比346里程碑动物群和默尔根动物群明显进步的种类，如 *Plesiodipus progressus* 和 *Gobicricetodon robustus*。因此，这五个动物群可能代表三个不同的时期，其中推饶木动物群的时代较早，为通古尔期早期，346里程碑动物群、默尔根动物群和乌兰呼苏音动物群为中期，而铁木钦动物群属晚期。这与通古尔阶直观层序完全一致。

灞河阶/期(Bahean LMS/A)　灞河阶的单位层型剖面位于陕西蓝田水家嘴。层型剖面及归入堆积物所含化石表明，伴随着三趾马的出现，小哺乳动物也进入了更为现代化时期，啮齿动物中的鼠形类占绝对统治地位，始鼠科、睡鼠科继续衰退，同时出现了鼢鼠科和鼠科动物，仓鼠科中的近代仓鼠(Cricetinae)完全取代了中中新世的古仓鼠。动物群中的绝大多数属起源于中中新世或晚中新世，部分属在晚中新世很常见，因此说灞河动物群具有继承中中新世通古尔铲齿象动物群并向更为现代的保德期三趾马动物群过渡的特色(Qiu Z X et al., 2013)。

归入动物群　苏尼特右旗阿木乌苏动物群和沙拉动物群、苏尼特左旗巴伦哈拉根动物群和阿巴嘎旗灰腾河动物群。

指示化石　*Hylopetes bellus*、*Pseudaplodon amuwusuensis*、*Spermophilinus mongolicus*、*Tamiops*、*Eozapus major*、*Sinozapus parvus*、*Protalactaga lantianensis*、*P. lophodens*、*Paralactaga anderssoni*、*P. shalaensis*、*Dipus nanus*、*Salpingotus primitivus*、*Cardiocranus pusillus*、*Khanomys baii*、*Colloides*、*Microtocricetus*、*Ischymomys*、*Abudhabia wangi* 和 *Progonomys*。

首次出现　*Prospermophilus*、*Sinotamias gravis*、*Miopetaurista*、*Pliopetaurista*、*Hylopetes*、*Eozapus*、*Sinozapus*、*Lophocricetus*、*Paralactaga*、*Brachyscirtetes*、*Dipus*、*Khanomys*、*Sinocricetus*、*Nannocricetus*、*Kowalskia*、*Microtoscoptes*、*Microtodon*、*Anatolomys*、*Abudhabia*、*Prosiphneus* 和 *Hansdebruijnia*。

末次出现　*Ansomys*、*Tschalimys*、*Atlantoxerus*、*Sinotamias primitivus*、*Orientiglis*、*Miodyromys*、*Keramidomys*、*Pentabuneomys*、*Hystricops*、*Monosaulas*、*Heterosminthus*、*Lophocricetus xianensis*、*Protalactaga*、*Cricetodon*、*Democricetodon*、*Megacricetodon* 和 *Gobicricetodon robustus*。

特征化石　*Ansomys lophodens*、*Tamias*、*Lophocricetus xianensis*、*Gobicricetodon* 和 *Khanomys*。

上述灞河期的四个动物群，有三个产自河流相堆积，似乎说明了这一时期内蒙古中部地区河流的发育。河流堆积往往会出现化石的混杂现象，其中的巴伦哈拉根组合成分复杂，明显含有二次沉积的成员。另外，沙拉动物群含有稍多较晚期的属、种，时代略晚，特别是出现了较多外来的成员。

保德阶/期(Baodean LMS/A)　保德阶的单位层型剖面位于山西保德戴家沟。层型剖面为红色的土状堆积，盛产三趾马动物群化石，但主要为大中型哺乳动物。根据归入动物群组合特征，这一期间随着始鼠科、山河狸科和林跳鼠科的继续衰退或绝灭，跳鼠科有所发展，仓鼠科和鼠科出现了高度分化，种类和数量达到空前的高度，这是啮齿动物在保德期演化的显著特征。

归入动物群　阿巴嘎旗宝格达乌拉动物群、苏尼特左旗必鲁图动物群、化德二登图和哈尔鄂博动物群。

指示化石　*Hylopetes auctor*、*Pseudaplodon asiaticus*、*Dipoides mengensis*、*D. anatolicus*、*Eozapus similis*、*Brachyscirtetes tomidai*、*Rhinocerodon*、*Microtoscoptes praetermissus*、*Microtodon atavus*、*Anatolomys teilhardi*、*Abudhabia abagensis*、*Hansdebruijnia*、*Apodemus orientalis*、*Orientalomys primitivus*、*Karnimatoides* 和 *Micromys chalceus*。

首次出现　*Myomimus*、*Sciurus*、*Dipoides*、*Castor*、*Sicista wangi*、*S. bilikeensis*、*Paralophocricetus*、*Sinocricetus progressus*、*Pseudomeriones*、*Prosiphneus eriksoni*、*Apodemus*、*Orientalomys* 和 *Micromys*。

末次出现　*Leptodontomys*、*Eozapus*、*Dipus fraudator*、*Plesiodipus*、*Gobicricetodon*、*Khanomys*、*Microtoscoptes*、*Sinocricetus zdanskyi*、*Nannocricetus primitivus*、*Kowalskia neimengensis*、*Abudhabia* 和 *Hansdebruijnia*。

特征化石　*Tamias*、*Prospermophilus*、*Sicista ertemteensis*、*Lophocricetus grabaui*、*Paralophocricetus*、*Microtodon atavus*、*Anatolomys*、*Sinocricetus*、*Nannocricetus*、*Kowalskia*、*Hansdebruijnia pusilla* 和 *Micromys chalceus*。

在保德期，我国北方沙鼠科和跳鼠科属、种数量显著增加，仓鼠科中高冠、脊形齿类和松鼠科中地松鼠类在晚期大量出现，这也许指示了生态环境上的一些变化。在这些动物群中，必鲁图化石产自河流相堆积，从其组成看是个较为混杂的组合。

高庄阶/期(Gaozhuangian LMS/A)　高庄阶的单位层型剖面位于山西榆社盆地。层型剖面及归入堆积物所含化石表明，高庄期是保德期三趾马动物群的继续发展，并达到现代动物群的原始阶段。这一时期的啮齿动物，除始鼠科和山河狸科绝灭，以及新出现的鼢鼠科外，科一级与保德期的完全一样。在属一级，保德动物群中常见的一些成员在高庄期动物群中少见或消失，同时还出现了一些新的成员。高庄动物群含有现生动物群小哺乳动物的所有科，但科中的属只有一小部分延续至今。

归入动物群　化德县比例克动物群和阿巴嘎旗高特格动物群。

指示化石　*Hylopetes yani*、*Dipoides majori*、*Eucastor plionicus*、*Brachyscirtetes robustus*、*Dipus pliocenicus*、*Sinocricetus major*、*Kowalskia zhengi*、*Pseudomeriones complicidens*、*Mimomys bilikeensis*、*Apodemus lii*、*A. qiui*、*Orientalomys sinensis*、*Micromys kozaniensis*、*M. tedfordi*、*Chardinomys bilikeensis*、*C. yusheensis*、*Huaxiamys downsi*、*Allohuaxiamys gaotegeensis* 和 *Allorattus engesseri*。

首次出现　*Eucastor*、*Sinozapus volkeri*、*Mimomys*、*Borsodia*、*Chardina*、*Apodemus qiui*、*Micromys tedfordi*、*Chardinomys*、*Huaxiamys*、*Allohuaxiamys* 和 *Allorattus*。

末次出现　*Prospermophilus orientalis*、*Myomimus*、*Sinozapus*、*Sicista wangi*、*S. bilikeensis*、*Lophocricetus*、*Paralophocricetus*、*Microtodon*、*Anatolomys*、*Kowalskia*、*Orientalomys*、*Micromys kozaniensis*、*Chardinomys bilikeensis*、*Allohuaxiamys*、*Allorattus* 和 *Prosiphneus*。

特征化石　*Sicista*、*Micromys*、*Apodemus*、*Chardinomys*、*Mimomys* 和 *Huaxiamys*。

高特格动物群为本区新近纪最后的一个动物群，其"末次出现"的属、种系指那些在其他地区相当时期再也没有出现的成员。

内蒙古中部地区高庄期与保德期啮齿动物的主要不同是：Eomyidae、Aplodontidae 和 Gliridae 科已灭绝或接近消失，Cricetidae 和 Zapodidae 科继续衰退，Arvicolidae 科出现，Muridae 高度分化，出现了 *Chardinomys*、*Huaxiamys*、*Allohuaxiamys*、*Allorattus* 和 *Chardina* 属。

七、内蒙古中部新近纪啮齿类的地理分布
与生态环境指示

（一）地 理 分 布

在内蒙古中部新近纪啮齿目的 15 科中，广布新旧大陆的占多数，计有山河狸科（Aplodontidae）、圆齿鼠科（Mylagaulidae）、松鼠科（Sciuridae）、始鼠科（Eomyidae）、河狸科（Castoridae）、林跳鼠科（Zapodidae）、仓鼠科（Cricetidae）和䶂科（Arvicolidae）。属于亚洲地方性的仅有双柱鼠科（Distylomyidae）、拟速掘鼠科（Tachyoryctoididae）和鼢鼠科（Myospalacidae），其中前两科为灭绝科，分布于中亚和蒙古高原，后一科为现生科，分布于亚洲古北区。属于欧亚大陆和非洲分布的有睡鼠科（Gliridae）、跳鼠科（Dipodidae）、沙鼠科（Gerbilidae）和鼠科（Muridae），其中跳鼠科和沙鼠科主要分布在亚洲和非洲较为干旱地带。

在所有的 87 属啮齿动物中，占半数（43 属）局限地出现于中亚和/或蒙古高原（土著类型）。在中国除蒙新地区外，含有新近纪啮齿动物较多的地点有山东临朐解家河、江苏泗洪双沟和松林庄，以及云南禄丰石灰坝和元谋小河。内蒙古中部新近纪的啮齿类分布于上述地点的并不多，早中新世的解家河只有 3 属（*Ansomys*、*Tamiops* 和 *Sciurus*），与解家河同一时代的泗洪稍多，但也仅有 5 属（*Tachyoryctoides*、*Ansomys*、*Cricetodon*、*Democricetodon* 和 *Megacricetodon*），分布于晚中新世禄丰和元谋的也只有 5 属（*Tamiops*、*Miopetaurista*、*Pliopetaurista*、*Leptodontomys* 和 *Kowalskia*）。分布在其他地区的属，详见表 104。

表 104　内蒙古中部啮齿目各属的地理分布
Table 104　Geographic distribution of the genera of Rodentia from central Nei Mongol

分 类 单 元 Taxa	南亚 S. Asia	西亚 W. Asia	欧洲 Europe	北非 N. Afraica	北美 N. America
Prodistylomys					
Distylomys					
Allodistylomys					
Tachyoryctoides					
Ayakozomys					
Ansomys					*
Quadrimys					
Parameniscomys					
Pseudaplodon					*
Tschalimys					
Tamias	*	*	*		*
Spermophilinus		*			
Sciurus			*		*
Tamiops	*				
Atlantoxerus		*	*	*	

分 类 单 元 Taxa	南亚 S. Asia	西亚 W. Asia	欧洲 Europe	北非 N. Afraica	北美 N. America
Palaeosciurus			*		
Sinotamias					
Prospermophilus					
Miopetaurista			*		*
Pliopetaurista			*		
Hylopetes			*		
Orientiglis					
Miodyromys		*	*		
Myomimus			*		
Ligerimys			*		
Asianeomys					
Keramidomys		*	*		
Leptodontomys			*		*
Pentabuneomys			*		
Anchitheriomys			*		*
Hystricops					*
Monosaulax					*
Eucastor					*
Dipoides			*		*
Castor			*		*
Plesiosminthus			*		*
Litodonomys					
Sinodonomys					
Eozapus			*		
Sinozapus					
Sicista			*		
Omoiosicista					
Heterosminthus					
Lophocricetus					
Paralophocricetus					
Protalactaga		*		*	
Paralactaga					
Brachyscirtetes					
Dipus					
Salpingotus					
Cardiocranius					
Metaeucricetodon					
Democricetodon	*	*	*		
Sonidomys					
Megacricetodon	*	*	*	*	
Cricetodon		*	*		

分类单元 Taxa	南亚 S. Asia	西亚 W. Asia	欧洲 Europe	北非 N. Afraica	北美 N. America
Plesiodipus					
Gobicricetodon					
Khanomys					
Rhinocerodon					
Colloides					
Sinocricetus					
Nannocricetus					
Kowalskia	*		*		
Microtoscoptes			?		
Microtodon			*		
Anatolomys					
Microtocricetus			*		
Ischymomys					
Abudhabia	*	*	*	*	
Pseudomeriones			*		
Mimomys			*		*
Borsodia			*		
Prosiphneus					
Chardina					
Progonomys	*	*	*	*	
Hansdebruijnia			*		
Karnimatoides					
Apodemus	*		*		
Rhagapodemys	*		*		
Orientalomys			*		
Chardinomys					
Huaxiamys					
Allohuaxiamys					
Allorattus					
Micromys			*		
Pararhizomys					

注(note)：1)"南亚"包括印度次大陆和中国的云南；2)阴影部分示中亚和蒙古高原地方性属（"S. Asia" including Yunnan, China and the India Subcontinent；shadow indicating genera endemic to Central Asia and Mongolian Plateau）

　　动物的地理分布与自身对生存环境的适应有关，是动物扩散和交流的结果。表104说明，这一地区新近纪的啮齿动物在亚洲其他地区出现的属不多，在南部和西部分别只有9属和10属；分布于非洲和北美的也少，分别只有5属和14属；而在欧洲至少有36属，占总量的41%多。这一事实说明，新近纪期间内蒙古中部和欧洲之间的啮齿动物，通过中亚地区广泛地进行了交流和扩散。与欧洲间的交流和扩散，不同地质时期的频繁程度似乎有所不同，早中新世有10个属（*Tamias*、*Atlantoxerus*、*Palaeosciurus*、*Miodyromys*、*Ligerimys*、*Pentabuneomys*、*Plesiosminthus*、*Democricetodon*、*Megacricetodon* 和 *Cricetodon*），中中新世只有9个（*Tamias*、*Atlantoxerus*、*Miodyromys*、*Keramidomys*、*Leptodontomys*、*Anchitheriomys*、*Democricetodon*、

Megacricetodon 和 *Cricetodon*)，晚中新世则有 20 个(*Tamias*、*Spemophilinus*、*Miopetaurista*、*Pliopetaurista*、*Myomimus*、 *Keramidomys*、 *Leptodontomys*、 *Dipoides*、 *Castor*、 *Eozapus*、 *Democricetodon*、 *Microtoscoptes?*、*Kowalskia*、*Abudhabia*、*Pseudomeriones*、*Progonomys*、*Hansdebruijnia*、*Apodemus*、*Micromys* 和 *Microtocricetus*)，上新世减少到 12 个(*Tamias*、*Sciurus*、*Hylopetes*、*Sicista*、*Microtodon*、*Pseudomeriones*、*Mimomys*、*Borsodia*、*Apodemus*、*Rhagapodemus*、*Orientalomys* 和 *Micromys*)。因此说，在中新世期间欧洲和亚洲啮齿动物的交流和扩散是个趋于逐渐增强的过程，晚中新世晚期达到最高峰，而进入上新世即明显下降(图 247)。

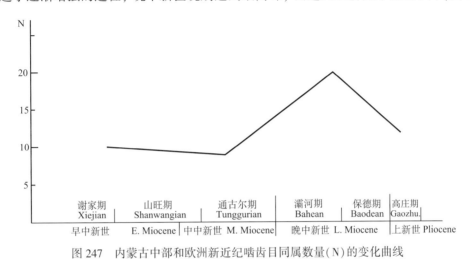

图 247　内蒙古中部和欧洲新近纪啮齿目同属数量(N)的变化曲线

Fig. 247　Distribution diagram showing congeneric numbers of Neogene rodents (N) of central Nei Mongol and Europe

分布于北非的相同属主要出现于中中新世和晚中新世的早期，而且它们同时亦见于亚洲西部，特别是这些属包括了适应干旱环境的跳鼠和沙鼠。这些事实似乎表明，内蒙古中部与非洲在这一期间，存在着适应干旱环境的啮齿动物通过西亚和阿拉伯半岛进行交流和扩散。

与北美分布相同的属远比与欧洲的少，无疑这与地理距离及白令海峡的存在有关。值得注意的是，与北美相同的属多数亦出现于欧洲，如 *Sciurus*、*Miopetaurista*、*Anchitheriomys*、*Dipoides*、*Castor*、*Plesiosminthus* 和 *Mimomys* 等，似乎说明在新近纪期间，啮齿动物在全北区有过一定规模的交流。

(二) 生 态 环 境

动物的分布与环境密切相关，环境变化是导致动物群组成改变的重要原因。啮齿动物对自然环境的适应很强，但其克服生物分布阻限能力比大、中型哺乳动物相对差，在长期的演化过程中易受环境的制约，其类元的亲缘关系与自然环境的相关性更为突出，这也正是基于啮齿动物分布恢复古环境的有利之处。内蒙古中部地区范围不大，但化石丰富，而且化石时代涵盖了新近纪的大部分时间，这不仅对动物演化的研究很有意义，对于较准确地推测这一时期的环境状况也极为有利。

根据现代动物地理分布的研究，中国的陆生动物区系分属古北界和东洋界，前者由适应温带气候环境的动物组成，后者分布着适应热带和亚热带气候环境动物，这两个区系大体以秦岭—淮河一线分开。内蒙古中部地区发现的 15 科啮齿动物中，少数(4 科)为灭绝科，多数(11 科)仍有现生属、种的代表，为现生科。在现生科中，属于广布科的仅有 Sciuridae、Cricetidae、Muridae 和 Arvicolidae；其他或为全北区分布，即 Castoridae 和 Zapodidae，或新北区分布(Aplodontidae)，但较多的还是古北区分布，即 Gliridae、Dipodidae、Gerbilidae 和 Myospalacidae。现生广布科中的 Cricetidae 在中国主要生存在长江以北地区。在灭绝科中，Distylomyidae 和 Tachyoryctoididae 的化石仅局限地出现于中亚和蒙新地区，是地方性很强的动物。内蒙古中部新近纪啮齿动物的现生科，无一属于东洋区特有分布，却与现代古北区啮齿动物的分布完全一致，这意味着内蒙古中部地区的新近纪啮齿动物指示了与现代温带相似的自然环境。另外，林跳鼠类和松鼠类中的地松鼠化石在这一地区丰富，在后期的动物群中跳鼠和沙鼠很常见，与中国中南地区新近纪动物群的组成很不一样,似乎说明这里的气候还相对较为干旱。

　　啮齿动物的组成总的指示了内蒙古中部新近纪为气候相对干旱的温带草原或森林草原环境。同时,动物的演化和动物群的更迭还大体说明这一期间的环境相对比较稳定,没有发生过很明显的改变。但早中新世林跳鼠类化石丰富,多样性明显;中中新世林跳鼠类衰退,同时出现了适应干旱环境的跳鼠类动物;晚中新世跳鼠种类和数量明显增加,而且出现了多种高齿冠的啮齿动物,如 *Microtoscoptes*、*Prosiphneus* 和 *Microtodon*;上新世高齿冠动物更加繁荣,*Mimomys* 大量繁衍,同时鼠类动物高度分化。这些事实可能说明内蒙古中部地区整个新近纪环境的变化是一个气候逐渐变得干旱的过程,伴随着这一变化环境有越来越草原化的趋向。这一过程和趋向,主要反映在随着环境的逐渐恶化,草食类啮齿动物逐渐增加,同时迫使部分动物的齿冠增高,以加强对硬草类食物的适应。

　　在这个环境逐渐、稳定改变的进程中,也并不排除有一定的波动和较明显的变化。中中新世河狸类动物的出现和一度繁盛,可能属于一个环境变化事件,至少说明这一期间的水源较为充沛,适应喜水动物河狸的生存,与今日这一地区的干旱情况大相径庭。这种情形可能一直维持到晚中新世的早期,那时不仅河流依然发育,动物兴旺,而且出现了要求林带和乔木的树松鼠和"飞松鼠",说明这一期间并不是纯粹的草原,而有河流、草原和林地多种生境的镶嵌。晚中新世晚期和上新世初期,这里的环境可能发生了比较急剧的变化,不仅使得一些较古老动物(山河狸科、始鼠科和睡鼠科)灭绝或衰退、高齿冠动物大量出现,而且出现了不少我国北方地方性的动物类型,表明这一地区的草原化和荒漠化变得更为明显。

　　内蒙古中部的新近纪啮齿动物,虽然有许多属在同一时期出现于欧洲,但并不表明这一期间内蒙古和欧洲的生态环境完全相同。其实,内蒙古和欧洲在这一期间啮齿动物的组成和分布有明显的不同,指示了两地的生态环境存在差异。欧洲西部和中部的大片地区,早中新世动物群可以表示为始鼠-仓鼠(古老)组合,在古老仓鼠灭绝后,成为非常特征的始鼠-睡鼠组合,在"现代"仓鼠出现后变成仓鼠("现代")-睡鼠组合,这一组合一直持续到晚中新世鼠科动物的出现,整整稳定了 800 万年(Kälin,1999)。内蒙古中部地区也大体经历了相同的进程,但组合上略有差异。这一地区早中新世动物群可以描绘为始鼠-山河狸-林跳鼠组合,在"现代"仓鼠出现后为仓鼠("现代")-睡鼠-跳鼠组合所代替,在鼠科出现之前这一组合也稳定地维持了很长的时间。然而,内蒙古的始鼠类动物远没有欧洲的那样兴旺,睡鼠类动物也远没有那样分化和繁荣,相反分布了较多的山河狸类、林跳鼠类和跳鼠类。睡鼠和始鼠的齿冠很低,推测多半生存在林木丛生地带,相对以软食性为主,而林跳鼠多半生活于灌丛,跳鼠适应干旱草原环境,这表明当时内蒙古中部可能近似于开阔的草原环境,气候相对干旱,而欧洲以森林为主,气候较为温湿。就像今日一样,内蒙古和欧洲同属古北区,但生态环境不完全相同,而这种不同可能在早中新世就已经存在了。

参 考 文 献

Adrover R, Mein P, Moissenet E. 1993. Los Sciuridae del Turoliense superior, Rusciniense y Villanyense de la región de Turuel. Paleontologia Evolució, 26/27: 85-106

Aguilar J P. 1982. Contributions á l'étude des micromammifères du gisement miocène supérieur de Montredon (Herault). Palaeovertébrata, 12 (3): 81-117

Aguilar J P, Calvet M, Michaux J. 1995. Les rongeurs du gisement karstique miocène supérieur de Castelnou-1 (Pyrénées-orientales, France). Géobios, 28 (4): 501-510

Agustí G. 1986. Nouvelles espèces de Cricetidés dans le Turolien moyen de Fortuna (Prov. Murcia, Espagne). Géobios, 19: 5-11

Alston E R. 1876. On the classification of the order Glires. Proc Zool Soc London, 1876: 61-98

Alvarez Sierra M A. 1987. Estudio sistemático y bioestratigráfico de los Eomyidae (Rodentia) del Oligoceno superior y Mioceno inferior español. Scripta Geol, 86: 1-207

Alvarez Sierra M A, Daams R, Lacomba Andueza J I. 1996. The rodents from the Upper Oligocene of Sayatón 1, Madrid Basin (Guadalajara, Spain). Proc Kon Ned Akad Wetensch, Ser B, 99 (1-2): 1-23

Andersson J G. 1923. Essays on the Cenozoic of northern China. Mem Geol Surv China, Ser A, (3): 1-152

Andrews R C. 1932. The new conquest of Central Asia, a narrative of the explorations of the Central Asiatic Expeditions in Mongolia and China, Natural History of Central Asia. Am Mus Nat Hist, 1: 1-678

Argyropulo A I. 1939a. New Cricetidae (Glires, Mammalia) from the Oligocene of middle Asia. C R (Doklady) Acad Sci URSS, 1: 111-114

Argyropulo A I. 1939b. Sciuromorpha and Dipodidae (Glires, Mammalia) from the Tertiarydeposits of Kazakhstan. Dokl Akad Nauk SSSR, 25 (2): 172-176

Argyropulo A I, Pidoplichka I G. 1939. Recovery of a representative of Murinae (Glires, Mammalia) in Tertiary deposits of the USSR. C R (Doklady) Acad Sci URSS, 23 (2): 209-212

Bachmayer F, Wilson R W. 1970. Small mammals (Insectivora, Chiroptera, Lagomorpha, Rodentia) from the Kohfidisch fissures of Burgenland, Austria. Ann Naturhist Mus Wien, 74: 533-587

Bachmayer F, Wilson R W. 1980. A third contribution to the fossil small mammal fauna of Kohfidisch (Burgenland), Austria. Ann Naturhist Mus Wien, 83: 351-386

Baudelot S. 1972. Etude des Chiroptères, Insectivores et Rongeurs du Miocène de Sansan. Thèse Doctoral d'Etat. Toulouse. 1-364

Benammi M. 1997. Nouveaux rongeurs du Miocène continental du Jebel Rhassoul (Moyenne Moulouya, Maroc). Géobios, 30 (5): 713-720

Bendukidze O G. 1993. Small mammals from the Miocene of southwestern Kazakhstan and Turgai. Tiblissi (Metsniereba). 1-139

Bendukidze O G. 1997. The Oligocene rodents of central and western Kazakhstan and their stratigraphic significance. In: Aguilar J P, Legender S, Michaux J (eds). Biochronologie Mammalienne du Cénozoique en Europe et Domains Réliex. Actes du Congrès Biochrorn, 21: 205-208

Bendukidze O G, De Bruijn H, Van den Hoek Ostende L W. 2009. A revision of Late Oligocene associations of small mammals from the Aral Formation (Kazakhstan) in the National Museum of Georgia, Tbilissi. Palacodiversity, 2: 343-377

Bi S D, Meng J, Wu W Y. 2008. A new species of Megacricetodon (Cricetidae, Rodentia, Mammalia) from the Middle Miocene of northern Junggar Basin, China. Am Mus Novit, 3602: 1-23

Bi S D, Meng J, Wu W Y et al. 2009. New distylomyid rodents (Mammalia: Rodentia) from the Early Miocene Suosuoquan Formation of northern Xinjiang, China. Am Mus Novit, 3663: 1-18

Bi S D, Meng J, Mclean S et al. 2013. A new genus of aplodontid rodent (Mammalia: Rodentia) from the Late Oligocene of northern Junggar Basin, China. PLOS ONE, 8 (1): e52625

Black C C. 1958. A new sicistine rodent from the Miocene of Wyoming. Breviora, 86: 1-7

Black C C, Kowalski K. 1974. The Pliocene and Pleistocene Sciuridae (Mammalia, Rodentia) from Poland. Acta Zool Cracov, 30 (6): 461-486

Black C C, Krishtalka L, Solounias N. 1980. Mammalian fossils of Samos and Pikermi. Part 1. The Turolian rodents and insectivores of Samos. Ann Carnegie Mus, 49: 359−378

Bohlin B. 1937. Oberoligozäne Säugetiere aus dem Shargaltein-Tal (western Kansu). Palaeont Sin, New Ser C, (3): 7−65

Bohlin B. 1946. The fossil mammals from the Tertiary deposit of Taben-buluk, western Kansu. Part 2: Simplicidentata, Carnivora, Artiodactyla and Primates. Palaeont Sin, New Ser C, (8B): 1−259

Bolliger T. 1992. Kleinsäugerstratigraphie in der miozänen Hörnlischüttung (Ostschweiz). In: Gregor H-J, Unger H J (eds). Kleinsäuger aus der Miozänmolasse der Ostschweiz. München: Documenta naturae. 75: 1−296

Boule M, Teilhard de Chardin P. 1928. Le Paléolithique de la Chine. Arch Inst Paléont Hum, 4: 27−102

Bouwens P, De Bruijn H. 1986. The flying squirrels Hylopetes and Petinomys and their fossil record. Proc Kon Ned Akad Wetensch, Ser B, 89 (2): 113−123

Cai B Q. 1987. A preliminary report on the Late Pliocene micromammalian fauna from Yangyuan and Yuxian, Hebei. Vert PalAsiat, 25 (2): 124−136 (in Chinese with English summary) [蔡保全. 1987. 河北阳原—蔚县晚上新世小哺乳动物化石. 古脊椎动物学报, 25 (2): 124−136]

Cai B Q. 1997. Rodentia. In: He Z Q (ed). Yuanmou Hominoid Fauna. Kunming: Yunnan Science Techonology Press. 66−69 (in Chinese) [蔡保全. 1997. 啮齿目. 见: 和志强 (编). 元谋古猿. 昆明: 云南科技出版社. 66−69].

Cai B Q, Qiu Z D. 1993. Murid rodents from the Late Pliocene of Yangyuan and Yuxian, Hebei. Vert PalAsiat, 31 (4): 267−293 (in Chinese with English summary) [蔡保全, 邱铸鼎. 1993. 河北阳原-蔚县晚上新世小哺乳动物化石. 古脊椎动物学报, 31 (4): 267−293]

Cai B Q, Zhang Z Q, Zheng S H et al. 2004. New advances in the stratigraphic study on representative sections in the Nihewan Basin, Hebei. Professional Papers of Stratigraphy and Palaeontology, 28: 267−285 (in Chinese with English abstract) [蔡保全, 张兆群, 郑绍华等. 2004. 河北泥河湾盆地典型剖面地层学研究进展. 地层古生物论文集, 28: 267−285]

Cai B Q, Li Q, Zheng S H. 2008. Fossil mammals from Majuangou section of Nihewan Basin, China and their age. Acta Anthropol Sin, 27 (2): 127−140 (in Chinese with English summary) [蔡保全, 李强, 郑绍华. 2008. 泥河湾盆地马圈沟遗址哺乳动物化石及年代讨论. 人类学学报, 27 (2): 127−140]

Cai B Q, Zheng S H, Liddicoat J C et al. 2013. Review of the litho-, bio-, and chronostratigraphy in the Nihewan Basin, Hebei, China. In: Wang X M, Flynn L J, Fortelius M (eds). Fossil Mammals of Asia-Neogene Biostratigraphy and Chronology. New York: Columbia Univ Press. 218−242

Carleton M D, Musser G G. 1984. Muroid rodents. In: Anderson S, Jones J K (eds). Orders and Families of Recent Mammals of the World. New York: Wiley-Interscience. 289−379

Carls N, Rabeder G. 1988. Arvicolids (Rodentia, Mammlia) from the earliest Pleistocene of Schernfeld (Bavaria). Beiträge zur Paläontologie von Österreich, 14: 123−237

Chaline J. 1985. Evolutionary data on steppe lemmings (Arvicolidae, Rodentia). In: Luckett W P, Hatenberger J L (eds). Evolutionary Relationship among Rodents. A Multidisciplinary Analysis. New York: Plenum Pub Corp. 631−641

Chaline J, Mein P, Petter F. 1977. Les grandes lignes d'une classification évolutive des Muroidea. Mammalia, 41: 245−252

Chaline J, Brunet-Lecomte P, Montuire S et al. 1999. Anatomys of the arvicoline radiation (Rodentia): palaeogeographical, palaeoecological history and evolution data. Ann Zool Fennici, 36: 239−267

Cheema I U, Raza S M, Flynn L J et al. 2000. Miocene small mammals from Jalalpur, Pakistan, and their biochronologic implications. Bull Natl Sci Mus, Ser C, 26 (1/2): 57−77

Chow M C. 1959. Pleistocene mammalian fossils from the northeastern provinces. Mem Inst Vert Paleont Paleoanthrop, Acad Sin, Ser A, 3: 13−17 (in Chinese) [周明镇. 1959. 东北第四纪哺乳动物化石志. 中国科学院古脊椎动物与古人类研究所甲种专刊, 3: 13−17]

Chow M C, Rozhdestvensky A K. 1960. Exploration in Inner Mongolia—a preliminary account of the 1959 field work of the Sino-Soviet Paleontological Expedition (SSPE). Vert PalAsiat, 4 (1): 1−10

Colbert E H. 1936. Palaeotragus in the Tung-Gur Formation of Mongolia. Am Mus Novit, 873: 1−13

Colbert E H. 1939a. A new anchitheriine horse from the the Tung-Gur Formation of Mongolia. Am Mus Novit, 1019: 1−13

Colbert E H. 1939b. Carnivora of the Tung-Gur Formation of Mongolia. Bull Am Mus Nat Hist, 76: 47−81

Cuenca G. 1988. Revisión de los Sciuridae del Aragoniense y del Rambliense en la fosa de Calatayud-Montalbán. Scripta Geol, 87: 1−116

Cuenca G. 1991. Quelques problèmes dans la classification des Sciuridae fossils, un exemple dans le genre *Heteroxerus*. Le Rongeur et l'Espace, Resp. M. Le Berre & L. le Guelte C. 195-202

Cui N. 2003. Fossil *Chardinomys* (Muridae, Rodentia, Mammlia) from Leijiahe sections, Lingtai, Gansu. Vert PalAsiat, 41 (4): 289-305 (in Chinese with English summary) [崔宁. 2003. 甘肃灵台雷家河剖面中的日进鼠 (*Chardinomys*). 古脊椎动物学报, 41 (4): 289-305]

Cui N. 2010. The classification, origin, evolution of Myospalcinae (Rodentia, Mammalian) and its environmental background. Ph. D. dissertation, IVPP. [崔宁. 2010. 鼢鼠类的分类、起源、演化及其环境背景. 中国科学院古脊椎动物与古人类研究所博士论文]

Daams R. 1976. Miocene rodents (Mammalia) from Cetina de Aragón (prov Zaragoza) and Buñol (prov Valencia), Spain. Proc Kon Ned Akad Wetensch, Ser B, 79 (3): 152-182

Daams R. 1999. Family Gliridae. In: Rössner G E, Heissig K (eds). The Miocene Land Mammals of Europe. München: Verlag Dr. Friedrich Pfeil Press. 301-318

Daams R, De Bruijn H. 1995. A classification of the Gliridae (Rodentia) on the basis of dental morphology. Hystrix, 6 (1/2): 3-50

Dashzeveg D. 1971. A new *Tachyoryctoides* (Mammalia, Rodentia, Cricetidae) from the Oligocene of Mongolia. Tr Sovm Sovet-Mongol Nauchno-Issled Geol Eksped. 3: 68-70

Daxner-Höck G. 1972. Cricetinae aus dem Alt-Pliozän vom Eichkogel bei Mödling (Neiderösterreich) und von Vösendorf bei Wien. Paläont Zeitschrift, 46 (3/4): 133-150

Daxner-Höck G. 1992. Die Cricetinae aus dem Obermiozan von Maramena (Mazedonien, Nordgriechenland). Paläont Z, 66 (3/4): 331-367

Daxner-Höck G. 1999. Family Zapodidae. In: Rössner G E, Heissig K (eds). The Miocene Land Mammals of Europe. München: Verlag Dr. Friedrich Pfeil Press. 337-342

Daxner-Höck G. 2001. New zapodids (Rodentia) from Oligocene-Miocene deposits in Mongolia. Part 1. Senckenbergiana lethaea, 81 (2): 359-389

Daxner-Höck G. 2004. *Pseudocollimys steiningeri* nov. gen. nov. spec. (Cricetidae, Rodentia, Mammalia) aus dem Ober-Miozän der Molassezone Oberösterreichs. Cour Forsch Inst. Senchenberg, 246: 1-13

Daxner-Höck G, Badamgarav D. 2007. Geological and stratigraphical setting. In: Daxner-Höck G (ed). Oligocene-Miocene Vertebrates from the Valley of Lakes (Central Mongolia): Morphology, Phylogenetic and Stratigraphic Implications. Ann Naturhist Mus Wien, 108 A: 1-24

Daxner-Höck G, Höck E. 2009. New data on Eomyidae and Gliridae (Rodentia, Mammalia) from the Late Miocene of Austria. Ann Naturhist Mus Wien, 111A: 375-444

Daxner-Höck G, Mein P. 1975. Taxonomische Probleme um das Genus Miopetaurista Kretzoi, 1962 (Fam. Sciuridae). Paläont Z, 49 (1/2): 75-77

Daxner-Höck G, Wu W Y. 2003. *Plesiosminthus* (Zapodidae, Mammalia) from China and Mongolia: migrations to Europe. In: Reumer J W F, Wessels W (eds). Distribution and Migration of Tertiary Mammals in Eurasia. A Volume in Honour of Hans de Bruijn, DEINSEA. 10: 127-151

Daxner-Höck G, Falbusch V, Kordos L, Wu W. 1996. The Late Neogene cricetid genera *Neocricetodon* and *Kowalskia*. In: Bernor R L, Fahlbusch V, Mittmann H W (eds). The Evolution of Western Eurasian Neogene Mammal Faunas. New York: Columbia Univ Press. 220-226

de Bonis L, Melentis J. 1975. Première découverte de Muridés (Mammalia, Rodentia) dans le Miocène de la région de Thessalonique. Premiécision sur l'age géologique des Dryopithécinés de Macédonie. C R Acad Sci Paris, Ser D, 280: 1233-1236

De Bruijn H. 1967. Miocene Gliridae, Sciuridae and Eomyidae (Rodentia, Mammalia) from Calatayud (Prov. Zaragoza, Spain) and their bearing on the biostratigraphy of the area. Boletin de Geológico y Minero de España, 78: 1-179

De Bruijn H. 1976. Vallesian and Turolian rodents from Biotia, Attica and Rhodes (Greece) 1 and 2. Proc Kon Ned Akad Wetensch, Ser B, 79 (5): 361-390

De Bruijn H. 1995. Sciuridae, Petauristidae and Eomyidae (Rodentia, Mammalia). In: Schmidt-Kittler N (ed). The Vertebrate locality Maramena (Macedonia, Greece) at the Turolian-Ruscinian Boundary (Neogene). Munchner Geowiss Abh, 28: 87-102

De Bruijn H. 1998. Vertebrates from the Early Miocene lignite deposits of the opencast mine Oberdorf (Western Styrian Basin, Austria): 6. Rodentia 1 (Mammalia). Ann Naturhist Mus Wien, 99 A: 99–137

De Bruijn H. 1999a. A late Miocene insectivore and rodent fauna from the Baynunah Formation, Emirate of Abu Dhabi, United Arab Emirates. In: Whybrow P, Hill A (eds). Fossil Vertebrates of Arabian. Newhaven: Yale Univ Press. 186–197

De Bruijn H. 1999b. Superfamily Sciuroidea. In: Rössner G E, Heissig K (eds). The Miocene Land Mammals of Europe. München: Verlag Dr. Friedrich Pfeil Press. 271–280

De Bruijn H, Mein P. 1968. On the mammalian fauna of the Hipparion-beds in the Calatayud-Teruel basin. Part V, The Sciurinae. Proc Kon Ned Akad Wetensch, Ser B, 71 (1): 73–90

De Bruijn H, Van der Meulen A J. 1975. The early Pleistocene rodents from Tourkobounia-1 (Athens, Greece). I-II. Proc Kon Ned Akad Wetensch, Ser B, 78 (4): 314–388

De Bruijn H, Whybrow P J. 1994. A late Miocene rodent fauna from the Baynunah Formation, Emirate of Abu Dhabi, United Arab Emirates. Proc Kon Ned Akad Wetensch, Ser B, 97 (4): 407–422

De Bruijn H, Dawson M R, Mein P. 1970. Upper Pliocene Rodentia, Lagomorpha and Insectivora (Mammalia) from the Isle of Rhodes (Greece). I, II, and III. Proc Kon Ned Akad Wetensch, Ser B, 73 (5): 536–584

De Bruijn H, Mein P, Montenat C, Van de Weerd A. 1975. Corrélations entre les gisements de rongeurs et les formations marins du Miocène terminal d'Espagne méridionale (prov. de Alicante et Muricia). Proc Kon Ned Akad Wetensch, Ser B, 78 (4): 282–313

De Bruijn H, Van der Meulen A J, Katsikatsos G. 1980. The mammals from the lower Miocene of Aliveri (Island of Evia, Greece)—Part 1. The Sccciuridae. Proc Kon Ned Akad Wetensch, Ser B, 83 (3): 241–261

De Bruijn H, Hussain S T, Leinders J M. 1981. Fossil rodents from the Murree Formation near Banda Daud Shah, Khat, Pakistan. Proc Kon Ned Akad Wetensch, Ser B, 84 (1): 71–99

De Bruijn H, Fahlbusch V, Saraç G et al. 1993. Early Miocene rodent fauna from the eastern Mediterranean area. Proc Kon Ned Akad Wetensch, Ser B, 96 (2): 151–216

Dehm R. 1950. Die Nagetiere aus dem Mittel-Miocan (Burdigalium) von Wintershof-West bei Eichstatt in Bayern. N Jb Miner Geol Paläont, Abh B, 91: 321–428

Deng T, Hou S K, Wang H J. 2007. The Tunggurian Stage of the continental Miocene in China. Acta Geol Sin, 81 (5): 709–721

Deng T, Liang Z, Wang S Q et al. 2011. Discovery of a Late Miocene mammalian fauna from Siziwang Banner, Inner Mongolia, and its paleozoogeographical significance. Chinese Sci Bull, 56 (6): 526–534

Elleman J R. 1940. The families and genera of living rodents. Vol I. London: British Mus Nat Hist, 560–598

Engesser B. 1972. Die obermiozäne Säugetierfauna von Anwil (Gaselland). Tätigkeitsber Naturforsch Ges Baselland, 28: 37–363

Engesser B. 1979. Relationships of some insectivores and rodents from the Miocene of North America and Europe. Bull Carnegie Mus Nat Hist, 14: 1–68

Engesser B. 1987. New Eomyidae, Dipodidae, and Cricetidae (Rodentia, Mammalia) of the lower freshwater molasses of Switzerland and Savoy. Eclog Geol Helvetiae, 80 (3): 943–994

Engesser B. 1989. The late Tertiary small mammals of the Maremma region (Tuscany, Italy). 2nd part: Muridae and Cricetidae (Rodentia, Mammalia). Boll Soc Paleont Italiana, 28 (2-3): 227–252

Engesser B. 1990. Die Eomyidae (Rodenta, Mammalia) der Molasse der Schweiz und Savoyens. Schweiz Paläont Abh, 112: 1–444

Engesser B. 1999. Family Eomyidae. In: Rössner G E, Heissig K (eds). The Miocene Land Mammals of Europe. München: Verlag Dr. Friedrich Pfeil Press. 319–335

Erbaeva M A. 1976. Fossiliferous bunodont rodents of the Transbaikal area. Geology and Geophysics, 194 (2): 144–149 (in Russian)

Evander R L. 1999. Rodents and lagomorphs (Mammalia) from the Railway Quarries local fauna (Miocene, Barstovian) of Nebraska. Paludicola, 2: 240–257

Fahlbusch V. 1964. Die Cricetiden (Mammalia) der Oberen Süsswassermolasse Bayerns. Abh Bayer Akad Wiss, 118: 1–136

Fahlbusch V. 1966. Cricetidae (Rodentia, Mammalia) aus der mittelmiocänen Spaltenfullüng Erkertshofen bei Eichstatt. Mitt Bayer Staatsslg Paläont hist Geol, 6: 109–131

Fahlbusch V. 1969. Pliozane und Pleistozane Cricetinae (Rodentia, Mammalia) aus Polen. Acta Zool Cracov, 14 (5): 99–138

Fahlbusch V. 1970. Populationsverschiebungen bei tertiären Nagetieren, eine Studie an olitozänen und miozänen Eomyiden Europas.

Bayer Akad Wissensch, math naturw Kl Abh N F, 145: 1–136

Fahlbusch V. 1973. Die stammesgeschichtlichen Beziehungen zwischen den Eomyiden (Mammalia, Rodentia) Nordamerikas und Europas. Mitt Bayer Staatssamml Paläont Hist Geol, 13: 141–175

Fahlbusch V. 1987. The Neogene mammalian faunas of Ertemte and Harr Obo in Inner Mongolia (Nei Mongol), China. —5. The genus *Microtoscoptes* (Rodentia: Cricetidae). Senckenbergiana lethaea, 67 (5/6): 345–373

Fahlbusch V. 1992. The Neogene mammalian faunas of Ertemte and Harr Obo in Inner Mongolia (Nei Mongol), China. —10. *Eozapus* (Rodentia). Senckenbergiana lethaea, 72: 199–217

Fahlbusch V, Mayr H. 1975. Microtoide Cricetiden (Mammalia, Rodentia) aus der Oberen Süsswasser-Molasse Bayerns. Päläontologische Zeitschrift, 49: 78–93

Fahlbusch V, Möser M. 2004. The Neogene mammalian faunas of Ertemte and Harr Obo in Inner Mongolia (Nei Mongol), China. — 13. The genera *Microtodon* and *Anatolomys* (Rodentia, Cricetidae). Senckenbergiana lethaea, 84 (1/2): 323–349

Fahlbusch V, Qiu Z D, Storch G. 1983. Neogene mammalian faunas of Ertemte and Harr Obo in Nei Monggol, China. —1. Report on field work in 1980 and preliminary results. Sci Sin, Ser B, 26 (2): 205–224

Fahlbusch V Z, Qiu Z D, Storch G. 1984. Neogene micromammal faunas fromInner Mongolia: Recent investigations on biostratigraphy, ecology and biogeography. In: Whyte R O (ed). The Evolution of the East Asian Environment: Volume II, Palaeobotany, Palaeozoology, and Palaeoanrthropology. Hongkong: 697–707

Fejfar O. 1970. Die plio-pleistozänen Wiebeltierfaunen von Hajnácka und Ivanovće (Slowakei, CSSR) IV. Cricetidae (Rodentia, Mammalia). Mitt bayer Staatssamml Paläont hist Geol, 10: 277–296

Fejfar O. 1972. Ein neuer Vertreter der Gattung *Anomalomys* Gaillard, 1900 (Rodentia, Mammalia). Neues Jahrbuch für Geologie und Paläontologie, Abhandlungen, 141: 168–193

Fejfar O. 1974. Die Eomyiden und Cricetiden (Rodentia, Mammalia) des Miozäns der Tschechoslowakei. Palaontograph A, 146: 99–180

Fejfar O. 1999. Microtoid cricetids. In: Rössner G E, Heissig K (eds). The Miocene Land Mammals of Europe. München: Verlag Dr. Friedrich Pfeil Press. 365–372

Fejfar O, Heinrich W-D (eds). 1990. International Symposium Evolution, Phylogeny and Biostratigraphy of Arvicolids (Rodentia, Mammlia). München: Verlag Dr. Friedrich Pfeil Press. 1–448

Fejfar O, Heinrich W-D, Pevzner M A *et al*. 1997. Late Cenozoic sequence of mammalian sites in Eurasia: An updated correlation. Palaeont, 133: 259–288

Fejfar O, Storch G. 1990. Eine pliozäne (ober-ruscinische) Kleinsäugerfauna aus Gundersheim, Rheinhessen. -1. Nagetiere: Mammalia, Rodentia. Senckenbergiana lethaea, 71: 139–184

Flynn L J. 1997. Late Neogene mammalian events in North China. Actes du Congres BioChron'97, Memoire Travaux E.P.H.E. Institut Montpellier, 21: 1183–1192

Flynn L J. 2008a. Eomyidae. In: Janis C M, Gunnell G F, Uhrn M D (eds). Evolution of Tertiary Mammals on North America. New York: Cambridge Univ Press. 415–427

Flynn L J. 2008b. Dipodidae. In: Janis C M, Gunnell G F, Uhrn M D (eds). Evolution of Tertiary Mammals on North America. New York: Cambridge Univ Press. 406–414

Flynn L J, Jacobs L L. 1999. Late Miocene small mammal faunal dynamics: The crossroads of the Arabian Peninsula. In: Whybrow P, Hill A (eds). Fossil Vertebrates of Arabian. Newhaven: Yale Univ Press. 410–419

Flynn L J, Jacobs L L. 2008a. Aplodontoidea. In: Janis C M, Gunnell G F, Uhen M D (eds). Evolution of Tertiary Mammals of North America. New York: Cambridge Univ Press. 377–390

Flynn L J, Jacobs L L. 2008b. Castoroidea. In: Janis C M, Gunnell G F, Uhen M D (eds). Evolution of Tertiary Mammals of North America. New York: Cambridge Univ Press. 391–414

Flynn L J, Jacobs L L, Lindsay E H. 1985. Problems in muroid phylogeny. In: Luckett W P, Hartenberger J L (eds). Evolutionary Relationships among Rodents. New York: Plenum Press. 589–616

Flynn L J, Teidford R H, Qiu Z X. 1991. Enrichment and stablility in the Pliocene mammalian fauna of North China. Paleobiol, 17: 246–265

Flynn L J, Wu W Y, Downs W R. 1997. Dating vertebrate microfaunas in the late Neogene record of northern China. Palaeogeogr Palaeoclimatol Palaeoecol, 133: 227–242

Flynn L J, Winkler A J, Jacobs L L et al. 2003. Tedford's gerbils from Afghanistan. In: Flynn L J (ed). Vertebrate Fossils and Their Context-Contributions in Honor of Richard H. Tedford. New York: Bull Am Mus Nat Hist, 279: 603−624

Forsyth-Major C I. 1902. Some jaws and teeth of Pliocene voles (*Mimomys* gen. nov.), from the Norwich Crag at Thorpe, and from the Upper Val d'Arno. Proc Zool Soc London, 1: 102−107

Franzen J L, Storch G. 1975. Die unterpliozäne (turolische) Wirbeltierfauna von Dorn-Dürkheim, Rheinhessen (SW-Deutschland). 1. Entdeckung, Geologie, Mammalia: Carnivora, Proboscidea, Rodentia. Grabungsergebnisse 1972 − 1973. Senkenbergiana lethaea, 56 (4/5): 233−303

Freudenthal M. 1963. Entwicklungsstufen der miozänen Cricetodontinae (Mammalia, Rodentia) Mittelspaniens und ihre stratigrafischen Bedeutung. Beaufortia, 10, 119: 51−157

Freudenthal M. 1967. On the mammalian fauna of the Hipparion-beds in the Calatayud-Teruel Basin. Part 3: *Democricetodon* and *Rotundomys* (Rodentia). Proc Kon Ned Akad Wetensch, B, 70 (3): 298−315

Freudenthal M, Daams R. 1988. *Democricetodon*, *Fahlbuschia*, *Pseudofahlbuschia* nov. gen., and *Renzimys* from the Aragonian and the lower Vallesian of the Calatayud-Teruel Basin. In: Freidemtja M (ed). Biostratigraphy and Paleoecology of the Neogene Micromammalian Faunas from the Calatayud-Teruel Basin (Spain). Leiden: Scripta Geol, Special issue, 1: 133−252

Freudenthal M, Fahlbusch V. 1969. *Cricetodon minus* Lartet, 1851 (Mammalia Rodentia): request for a decision on interpretation Z.N. (S) 1854. Bull Zool Nomenclature, 25 (4/5): 178−182

Freudenthal M, Kordos L. 1989. *Cricetus polgardiensis* sp. nov. and *Cricetus kormosi* Schaub, 1930 from the Late Miocene Polgardi localities (Hungary). Scripta Geol, 89: 71−100

Freudenthal M, Martin-Suárez E. 1999. Family Muridae. In: Rössner G E, Heissig K (eds). The Miocene Land Mammals of Europe. München: Verlag Dr. Friedrich Pfeil Press. 410−409

Freudenthal M, Martin-Suárez E. 2006. Gliridae (Rodentia, Mammalia) from the late Miocene fissure filling Biancone 1 (Gargano, province of Foggia, Italy). Palaeontologia Electronica, 9 (2): 1−23

Freudenthal M, Martin-Suárez E. 2007. *Microdyromys* (Gliridae, Rodentia, Mammalia) from the Early Oligocene of Montalbán (Prov, Teruel, Spain). Scripta Geol, 135: 179−211

Freudenthal M, Lacoba J I, Martín-Suárez E. 1991. The Cricetidae (Mammlia, Rodentia) from the late Miocene of Crevillente (prov.Alicante, Spain). Scripta Geol, 96: 9−16

Freudenthal M, Mein P, Suárez E. 1998. Revision of Late Miocene and Pliocene Cricetinae (Rodentia, Mammalia) from Spain and France. Treb Mus Geol Barcelona, 7: 11−93

Friant M. 1937. Le pretend genre *Pseudaplodon* de Gerrit S. Miller (*Aplodontia Asiatica* Schlosser) due Pontien de Mondolie. Ann Mag Nat Hist, 10 (19): 456−462

Ge X H, Ma W P, Liu J L et al. 2009. A discussion on the tectonic framework of Chinese mainland. Geology in China, 36 (5): 949−965 (in Chinese with English summary) [葛肖虹, 马文璞, 刘俊来等. 2009. 对中国大地构造格架的讨论. 中国地质, 36 (5): 949−965]

Green M. 1977. Neogene Zapodidae (Mammalia: Rodentia) from South Dakota. Jour Paleont, 51 (5): 996−1015

Hartenberger J L. 1966a. Les rongeurs du Vallésien (Miocène supérieur) de Can Llobateres (Sabadell, Espagne): Gliridae et Eomyidae. Bull Soc Géol France, 7 (8): 596−604

Hartenberger J L. 1966b. Les Cricetidae (Rodentia) de Can Llobateres (Néogène d'Espagne). Bull Soc Géol France, 7: 487−498

Hibbard C W. 1949. Pliocene Saw Rock Canyon fauna in Kansas. Contributions from the Museum of Paleontology, University of Michigan, 7: 91−105

Hibbard C W. 1970. The Pliocene rodent *Microtoscoptes disjunctus* (Wilson) from Idaho and Wyoming. Contr Mus Paleont Univ Michigan, 23: 95−98

Hinton M A C. 1926. Monograph of the voles & lemmings (Microtinae) living and extinct. Vol I. London: British Mus Nat Hist, 1−417

Hopkins S S B. 2004. Phylogeny and biogeography of the genus *Ansomys* Qiu, 1987 (Mammalia: Rodentia: Aplodontidae) and description of a new species from the Barstovian (Mid-Miocene) of Montana. Jour Paleont, 78: 731−740

Huang X S. 1992. Zapodidae (Rodentia, Mammalia) from the Middle Oligocene of Ulantatal, Nei Mongol. Vert PalAsiat, 30 (4): 249−286 (in Chinese with English summary) [黄学诗. 1992. 内蒙古阿左旗乌兰塔塔尔地区中渐新世的林跳鼠科化石. 古脊椎动物学报, 30 (4): 249−286]

Hugueney M. 1999a. Genera *Eucricetodon* and *Pseudocricetodon*. In: Rossner G, Heissig K (eds). The Miocene Land Mammals of Europe. München: Verlag Dr F Pfeil. 347−358

Hugueney M. 1999b. Family Castoridae. In: Rössner G E, Heissig K (eds). The Miocene Land Mammals of Europe. München: Verlag Dr. Friedrich Pfeil Press. 281−300

Hugueney M, Mein P. 1965. Lagomorphes et ronngeurs du Néogène de Lissieu (Rhône). Trav Labor Géol Fac Sci Lyon, 12: 109−123

Hugueney M, Mein P. 1968. Les Eomyidae (Mammalia, Rodentia) néogènes de la région lyonnaise. Géobios, 1: 187−203

Jacobs L L. 1977. A new genus of murid rodent from the Miocene of Pakistan and comments on the origin of Muridae. Paleo Bios, 25: 1−11

Jacobs L L. 1978. Fossil rodents (Rhizomyidae & Muridae) from Neogene Siwalik deposits, Pakistan. Bull Mus Northern Arizona Press, 52: 1−103

Jacobs L L, Li C K. 1982. A new genus (Chardinomys) of murid rodent (Mammalia, Rodentia) from the Neogene of China, and comments on its biogeography. Géobios, 15 (2): 255−259

Jaeger J J. 1977a. Les Rongeurs du Miocene moyen et superieur du Maghreb. Palaeovertebrata, 8 (1): 1−166

Jaeger J J. 1977b. Rongeurs (Mammalia, Rodentia) du Miocene de Beni-Mellal. Palaeovert Montpellier, 7 (4): 91−125

Jánossy D. 1972. Middle Pliocene Microvertebrate fauna from the Osztramos Loc. (Northern Hungary). Ann Hist Nat Mus Nat Hungary, 64: 27−52

Jánossy D, Van der Meulen A J. 1975. On *Mimomys* (Rodentia) from Osztramos-3, North Hungary. Proc Kon Ned Akad Wetensch, B, 78 (5): 381−391

Jin C Z (金昌柱), Zhang Y Q (张颖奇). 2005. First discovery of *Promimomys* (Arvicolidae) in East Asia. Chinese Sci Bull (科学通报), 50 (4): 15−157

Jin C Z, Kawamura Y, Taruno H. 1999. Pliocene and Early Pleistocene insectivore and rodent faunas from Dajushan, Qipanshan and Haimiao in North China and the reconstruction of the faunal succession from the Late Miocene to Middle Pleistocene. Journal of Geosciences, Osaka City University, 42 (1): 1−19

Jin C Z, Zhang Y Q, Wei G B et al. 2009. Rodentia. In: Jin C Z, Liu J Y (eds). Paleolithic Site-the Renzidong Cave, Fanchang, Anhui Province. Beijing: Science Press. 166−219 (in Chinese with English summary) [金昌柱, 张颖奇, 魏光飚等. 2009. 啮齿目. 见: 金昌柱, 刘金毅 (编著). 安徽繁昌人字洞. 北京: 科学出版社. 166−219]

Kälin D. 1997. *Eomyops hebeiseni* n. sp., a new large Eomyidae (Rodentia, Mammalia) of the Upper Freshwater Molasse of Switzerland. Eclogae Geol Helv, 90 (3): 629−637

Kälin D. 1999. Tribe Cricetini. In: Rössner G E, Heissig K (eds). The Miocene Land Mammals of Europe. München: Verlag Dr. Friedrich Pfeil Press. 373−387

Kawamura Y, Zhang Y Q. 2009. A preliminary revision of the extinct voles of *Mimomys* and its allies from China and the adjacent area with emphasis on *Villanyia* and *Borsodia*. Jorunal of Geosciences, Osaka City University, 52 (1): 1−10

Kellogg L. 1911. A fossil beaver from Kettleman Hills, California. University of California Publications in Geological Sciences, 6: 401−402

Kelly T S, Korth W W. 2005. A new species of *Ansomys* (Rodentia, Aplodentidae) from the Late Hemingfordian (Early Miocene) of northwestern Nevada. Paludicola, 5 (3): 85−91

Kimura Y. 2010a. New material of dipodid rodents (Dipodidae, Rodentia) from the early Miocene of Gashunyinadege, Nei Mongol, China. J Vert Paleont, 30 (3): 1860−1873

Kimura Y. 2010b. The earliest record of birch mice from the Early Miocene Nei Mongol, China. Naturwissenschaften, DOI 10.1007/s00114-010-0744-1

Klein Hofmeijer G, De Bruijn H. 1988. The mammals from the Lower Miocene of Aliveri (Island of Evia, Greece). Proc Kon Ned Akad Wetensch, B, 91 (2): 185−204

Klingener D. 1984. Gliroid and dipodoid rodents. In: Anderson S, Jones J K. eds. Orders and families of Recent mammals of the world. New York: John Wiley and Sons. 381−388

Kordikova E G, De Bruijn H. 2001. Early Miocene rodents from the Aktau Mountains (South-Eastern Kazakhstan). Senckenbergiana lethaea, 81 (2): 391−405

Kordikova E G, Heizmann E P J, De Bruijn H. 2004. Early-Middle Miocene vertebrate faunas from western Kazakhstan. Part 1.

Rodentia, Insectivora, Chiroptera, and Lagomorpha. N Jb Geol Paläont Abh, 231 (2): 219-276

Kordos L. 1986. Upper Miocene hamsters (Cricetidae, Mammalia) of Hasznos and Szentendre. A taxonomic and stratigraphic study. Magyar Állami Földt Int, 523-553

Kordos L. 1987. *Karstocricetus skofleki* gen. n. and the evolution of the Late Neogene Cricetidae in the Carpathian Basin. Fragm Mineral Paleont, 13: 65-88

Kormos T. 1930. Diagnosen neuer Säugetiere aus der oberpliozänen Fauna des Somlyoberges bei Püspökfurdo. Ann Mus Nat Hung, 27: 237-246

Kormos T. 1934. Premiere preuve de l'existence du genre*Mimomys* en Asie orientale. Trav Lab Geol Fac Sci, Lyon Fasc 24, Mem. 20: 3-8

Kormos T. 1938. *Mimomys newtoni* F. Major and *Lagurus pannonicus* Korm., zwei gleichzeitige verwandte Wühlmäuse von verschiedener phylogenetischen Entwicklung. Mathematischer und naturwissenschaftlicher Anzeiger der Ungarischen Akadamie der Wissenschaften, 57: 353-377

Korth W W. 1987. New rodents (Mammalia) from the late Barstovian (Miocene) Valentine Formation, Nebraska. Jour Paleont, 61 (3): 1058-1064

Korth W W. 1992. A new genus of proscirine rodent (Mammalia: Rodentia: Aplodontidae) from the Oligocene (Orellian) of Montana. Ann Carnegie Mus, 61: 171-175

Korth W W. 1996. A new genus of beaver (Mammalia: Castoridae: Rodnetia) from the Arikareean (Oligocene) of Montana and its bearing on castorid phylogeny. Ann Carnegie Mus, 65: 167-179

Korth W W. 1998. Rodents and lagomorphs (Mammalia) from the late Clarendonian (Miocene) Ash Hollow Formation, Brown County, Nebraska. Ann Carnegie Mus, 67: 299-348

Korth W W. 1999. A new species of beaver (Rodentia, Castoridae) from the earliest Bastovian (Miocene) of Nebraska and the phylogeny of *Monosaulax* Stirton. Paludicola, 2: 258-264

Korth W W. 2000. Rediscovery of lost holotype of *Monosaulax pansus* (Rodentia, Castoridae). Paludicola, 2: 279-281

Korth W W. 2001. Comments on the systematics and classification of the beavers (Rodentia, Castoridae). Journal of Mammalian Evolution, 8 (4): 279-296

Korth W W. 2002a. Topotypic cranial material of the beaver *Monosaulax pansus* Cope (Rodentia, Castoridae). Paludicola, 4: 1-5

Korth W W. 2002b. Review of the Castoroidine beavers (Rodentia, Castoridae) from the Clarendonia (Miocence) of northcentral Nebraska. Paludicola, 4: 15-24

Korth W W. 2004. Beavers (Rodentia, Castoridae) from the Runningwater Formation (Early Miocene, Early Hemingfordian) of western Nebraska. Ann Carnegie Mus, 73 (2): 61-71

Korth W W. 2007. A new species of *Ansomys* (Rodentia, Aplodentidae) from the Late Oligocene (latest Whitneyan-earliest Arikareean) of South Dakota. J Vert Paleont, 27 (3): 740-743

Kowalski K. 1960. Cricetidae and Microtidae (Rodentia) from the Pliocene of Weze (Poland). Acta Zool Cracov, 5: 447-505

Kowalski K. 1974. Middle Oligocene rodents from Mongolia. Paleont Pol, 30: 147-178

Kowalski K. 1993. *Microtocricetus molassicus* Fahlbusch and Mayr, 1975 (Rodentia, Mammalia) from the Miocene of Belchatów (Poland). Acta Zool Cracov, 36 (2): 251-258

Kowalski K. 2001. Pleistocene rodents of Europe. Folia Quaternaria, 72: 1-389

Kretzoi M. 1930. Ergebnisse der weiteren Grabungen in der Esterházy-höhle (Csákvárer Höhlung). In: Kadic O, Kretzoi M (eds). Mitt Höhl-uud Karstforsch, 2: 45-49

Kretzoi M. 1951. The *Hipparion*-fauna from Csákvár. Földt Közl, 81: 384-417

Kretzoi M. 1954. Rapport final des fouilles paléontologiques dans la grotte de Csákvár. Földt Int Evi Jel, 55-68

Kretzoi M. 1959. Insectivoren, Nagethiere und Lagomorphen der Jüngstpliozänen fauna von Csarnota im Villanyer Gebirge (Südungarn). Vertebrata Hungarica, 1: 237-246

Kretzoi M. 1961. Zwei Myospalaxiden aus dem Nordchina. Vertebrata Hungarica, 3 (1-2): 123-136

Kretzoi M. 1962. Fauna und Faunenhorizont von Csarnota. Jber ungar geol Anst, (1959): 344-395

Kretzoi M. 1985. A Sümeg-gerinci fauna és faunaszakasz. In: Hass J, Edelényi E (eds). Sümeg és környékének földtani felépitése. Geologica Hungarica, Ser. Geol. 20: 214-222

Lavocat R. 1961. Le Gisement de Vertébrés Miocènes de Beni Mellal (Maroc). Notes et Mém Ser Géol, 155: 5-122

Lee Y N. 2004. The first cyprinid fish and small mammal fossils from the Korean Peninsula. Jour Paleont, 24：489−493

Leroy P. 1941. Observations on living Chinese mole-rats. Bull Fan Mem Inst Biol Zool, 10：167−193

Li C K. 1962. A tertiary beaver from Changpei, Hopei Province. Vert PalAsiat, 6（1）：72−75（in Chinese with English summary）［李传夔. 1962. 河北张北第三纪河狸化石. 古脊椎动物与古人类, 6（1）：72−75］

Li C K. 1963. A new species of *Monosaulax* from Tung Gur Miocee, Inner Mongolia. Vert PalAsiat, 7（3）：344−376（in Chinese with English summary）［李传夔. 1963. 通古尔河狸化石的新材料. 古脊椎动物与古人类, 7（3）：344−376］

Li C K. 1977. A new Miocene cricetodont rodent of Fangshan, Nanking. Vert PalAsiat, 15（1）：67−75（in Chinese with English summary）［李传夔. 1977. 南京方山中新世仓鼠化石. 古脊椎动物与古人类, 15（1）：67−75］

Li C K. 1981. Pontian sand-rat from Yushe Basin, Shansi. Vert PalAsiat, 19（4）：321−326（in Chinese with English summary）［李传夔. 1981. 山西榆社上新世沙鼠化石. 古脊椎动物与古人类, 19（4）：321−326］

Li C K, Ji H X. 1981. Two new rodents from Neogene of Chilong Basin, Tibet. Vert PalAsiat, 19（3）：246−255（in Chinese with English summary）［李传夔, 计宏祥. 1981. 西藏吉隆上新世啮齿类化石. 古脊椎动物与古人类, 19（3）：246−255］

Li C K, Qiu Z D. 1980. Early Miocene mammalian fossils of Xining basin, Qinghai. Vert PalAsiat, 18（3）：198−214（in Chinese with English summary）［李传夔, 邱铸鼎. 1980. 青海西宁盆地早中新世哺乳动物化石. 古脊椎动物与古人类, 18（3）：198−241］

Li Q. 2006. Pliocene rodents from the Gaotege fauna, Nei Mongol（Inner Mongolia）. Ph. D. dissertation, IVPP.［李强. 2006. 内蒙古高特格上新世啮齿动物. 中国科学院古脊椎动物与古人类研究所博士论文］

Li Q. 2010a. Note on the cricetids from the Pliocene Gaotege locality, Nei Mongol. Vert PalAsiat, 48（3）：247−261

Li Q. 2010b. *Pararhizomys*（Rodentia, Mammlia）from the Late Miocene of Baogeda Ula, central Nei Mongol. Vert PalAsiat, 48（1）：48−62

Li Q. 2015. *Brachyscirtetes tomidai*, a new Late Miocene dipodid（Rodentia, Mammalia）from Siziwang Qi, central Nei Mongol, China. Historical Biology：An international Journal of Paleobiology, DOI：10.1080/09812963.2014.996218.

Li Q, Qiu Z D. 2005. Restudies in *Sminthoides* Schlosser, a fossil genus of three-toed jerboa from China. Vert PalAsiat, 43（1）：24−35（in Chinese with English summary）［李强, 邱铸鼎. 2005. 对拟蹶鼠属（*Sminthoides* Schlosser）的重新认识. 古脊椎动物学报, 43（1）：24−35］

Li Q, Zheng S H. 2005. Note on four species of dipodids（Dipodidae, Rodentia）from the Late Miocene Bahe Formation, Lantian, Shaanxi. Vert PalAsiat, 43（4）：283−296（in Chinese with English summary）［李强, 郑绍华. 2005. 记陕西蓝田晚中新世灞河组4种跳鼠（Dipodidae, Rodentia）化石. 古脊椎动物学报, 43（4）：283−296］

Li Q, Wang X M, Qiu Z D. 2003. Pliocene mammalian fauna of Gaotege in Nei Mongol（Inner Mongolia）, China. Vert PalAsiat, 41（2）：104−114

Li Q, Zheng S H, Cai B Q. 2008. Pliocene biostratigraphic sequence in the Nihewan Basin, Hebei, China. Vert PalAsiat, 46（3）：210−232（in Chinese with English summary）［李强, 郑绍华, 蔡保全. 2008. 泥河湾盆地上新世生物地层序列与环境. 古脊椎动物学报, 46（3）：210−232］

Li Y. 1982. A new Early Pleistocene fossil locality of Gansu Province. Vert PalAsiat, 20（4）：369（in Chinese）［李毅. 1982. 甘肃早更新世哺乳动物新地点. 古脊椎动物学报, 20（4）：369］

Liu L P, Zhang Z Q, Cui N et al. 2008. The Dipodidae（Jerboas）from Loc. 30 of Baode and their environmental significance. Vert PalAsiat, 46（2）：124−132

Liu L P, Zheng S H, Cui N et al. 2013. Myospalacines（Cricetidae, Rodentia）from the Miocene-Pliocene red clay section near Dongwan Village, Qin'an, Gansu, China and the classification of Myospalacinae. Vert PalAsiat, 51（3）：211−241

Lopatin A V. 1997. The first find of *Ansomys*（Aplodontidae, Rodentia, Mammalia）in the Miocene of Kazakhstan. Paleont Jour, 31（6）：667−670

Lopatin A V. 1999. New Early Miocene Zapodidae（Rodentia, Mammalia）from the Aral Formation of the Altynshokysu locality（North Aral region）. Paleont Jour, 33（4）：429−438（English translation from Russian）

Lopatin A V. 2000. New Early Miocene Aplodontidae and Eomyidae（Rodentia, Mammalia）from the Aral Formation of the Altynshokysu Locality（North Aral Region）. Paleont Jour, 34（2）：198−202

Lopatin A V. 2001. A new species of *Heterosminthus*（Dipodidae, Rodentia, Mammalia）from the Miocene of the Baikal Region. Paleont Jour, 35（2）：200−203（English translation from Russian）

Lopatin A V. 2004. Early Miocene small mammals from the North Aral Region（Kazakhstan）with special reference to their biostratigraphic significance. Paleont Jour, 32, Suppl: 217–323

Lopatin A V, Zazhigin V S. 2000. The history of Dipodoidea (Rodentia, Mammalia) in the Miocene of Asia: 2. Zapodidae. Paleont Jour, 34 (4): 449–454 (English translation from Russian)

Lungu A N. 1981. The *Hipparion* fauna from the Middle Sarmatian of Moldova: Insectivora, Lagomorpha, and Rodentia), Kishinev: Shtiintsa, 98–106 (in Russian)

Luo X Q, Chen Q T. 1990. Preliminary study on geochronology for Cenozoic basalts from Inner Mongolia. Acta Petrologica et Mineralogica, 9: 37–46 (in Chinese with English summary) [罗修泉, 陈启桐. 1990. 内蒙古新生代玄武岩地质年代的初步研究. 岩石矿物学杂志, 9: 37–46]

Luo Z X, Chen W, Gao W *et al* (eds). 2000. Fauna Sinica, Mammalia, Vol. 6: Rodentia, Part III: Cricetidae. Beijing: Science Press. 1–522 (in Chinese) [罗泽珣, 陈卫, 高武等(编著). 2000. 中国动物志, 兽纲, 第六卷: 啮齿目(下册), 仓鼠科. 北京: 科学出版社. 1–522]

Ma Y, Wang F G, Jin S K *et al*. 1987. Glires (Rodents and Lagomorphs) of Northern Xinjiang and Their Zoogeographical Distribution. Beijing: Science Press. 1–274 (in Chinese) [马勇, 王逢桂, 金善科等. 1987. 新疆北部地区啮齿类动物的分类和分布. 北京: 科学出版社. 1–274]

Mac V D, Pokatilov A G, Popova S M. 1982. Pliocene and Pleistocene of the Middle Baikal. Novosibirsk (Acad Nauk Sibir Div). 1–192 (in Russian)

Macdonald J R. 1956. A new clarendonian mammalian fauna from the Truchee Formation of western Nevada. Jour Paleont, 30 (1): 186–202

Maridet O, Berthet D, Mein P. 2000. Un nouveau gisement karstique polyphasée Miocène moyen de Four (Isère): étude des Cricetidae (Mammalia, Rodentia) et description de *Democricetodon fourensis* nov. sp. Geol France, 2: 71–79

Maridet O, Wu W Y, Ye J *et al*. 2011a. New discoveries of glirids and eomyids (Mammalia, Rodentia) in the Early Miocene of the Junggar Basin (northern Xinjiang, China). Swiss J Palaeontol, 130: 315–323

Maridet O, Wu W Y, Ye J *et al*. 2011b. Earliest occurrence of *Democricetodon* in China, in the Early Miocene of the Junggar Basin (Xinjiang), and comparison with the genus *Spanocricetodon*. Vert PalAsiat, 49 (4): 393–405

Martin J E. 1998. Two new sciurids, *Eutamias malloryi* and *Parapaenemarmota* (Rodentia), from the late Miocene (Hemphillian) of northern Oregon. In: Martin J E (ed). In Contribution to the Paleontology and Geology of the West Coast. Thomas Burke Memorial Washington State Museum Research Report, 6. 31–42

Martin L D. 1975. Microtine rodents from the Ogallala Pliocene of Nebraska and the early evolution of the Microtinae in North America. In: Smith G, Friedland N E (eds). Studies on Cenozoid Paleontology and Strtigraphy. C W Hibbard Mem, 3: 101–110

Martin R. 2008. Chapter 28 Arvicolidae. In: Janis C M, Gunnell G F, Uhen M D (eds). Evolution of Tertiary Mammals of North America. New York: Cambridge Univ Press. 480–497

Matthew W D, Cook H J. 1909. A Pliocene fauna from western Nebraska. Bull Am Mus Nat Hist, 26: 380–381

Mayr H. 1979. Gebissmorphologische Untersuchungen an miozanen Gliriden (Mammalia, Rodentia) Süddeutschlands. Thesis München. 1–380

McKenna M C, Bell S K. 1997. Classification of Mammals above the Species Level. New York: Columbia Univ Press. 1–631

Mein P. 1958. Les mammifères de la faune sidérolithique de Vieux-Collonges. Nouv Arch Mus Hist nat Lyon, fasc V: 1–122

Mein P. 1966. *Rotundomys*, nouveau genre de Cricetidae (Mammalia, Rodentia) de la faune néogène de Montredon (Hérault). Bull Soc Géol France, 7 (7): 421–425

Mein P. 1970. Les sciuropteres (Mammalia, Rodentia) Neogenes D'Europe occidentale. Géobios, 3 (3): 7–77

Mein P. 1999. European Miocene mammal biochronology. In: Rössner G E, Heissig K (eds). The Miocene Land Mammals of Europe. München: Verlag Dr. Friedrich Pfeil Press. 25–38

Mein P, Freudenthal M. 1971. Une nouvelle classification des Cricetidae (Mammalia, Rodentia) du Tertiaire de l'Europe. Scripta Geol, 2: 1–36

Mein P, Moissenet E, Adrover R. 1983. L'extension et l'âge des formations continentals Pliocènes du fossé de Teruel (Espagne). C R Acad Sci Paris, II, 296: 1603–1610

Mein P, Suárez E M, Agustí J. 1993. *Progonomys* Schaub, 1938 and *Huerzelerimys* gen. nov. (Rodentia): their evolution in western Europe. Scripta Geol, 103: 41–64

Meng J, Wang B Y, Bai Z Q. 1996. A new middle Tertiary mammalian locality from Sunitezuoqi, Nei Mongol. Vert PalAsiat, 34 (4): 297–304 (in Chinese with English summary) [孟津, 王伴月, 白志强. 1996. 内蒙古苏尼特左旗第三纪中期哺乳动物化石新地点. 古脊椎动物学报, 34 (4): 297–304]

Meng J, Ye J, Wu W Y *et al.* 2006. A recommended boundary stratotype section for Xiejian Stage from northern Junggar Basin: implications to related bio-chronostratigraphy and environmental changes. Vert PalAsiat, 44 (3): 205–236 (in Chinese with English summary) [孟津, 叶捷, 吴文裕等. 2006. 准噶尔盆地北缘谢家阶底界——推荐界线层型及其生物-年代地层和环境演变意义. 古脊椎动物学报, 44 (3): 205–236]

Michaux J. 1969. Muridae (Rodentia) du Pliocène supérieur d'Espagne et du Midi de la France. Palaeovertebrata, 3 (1): 1–25

Michaux J, Reyes A, Catzeflis F. 2001. Evolutionary history of the most speciose mammals: molecular phylogeny of muroid rodents. Mol Biol Evol, 18 (11): 217–2031

Miller G S. 1927. Revised determinations of some Tertiary mammals from Mongolia. Palaeont Sin, Ser C, 5: 1–20

Mirzaie Ataabadi M, Liu L P, Eronen J T *et al.* 2013. Continental-scale patterns in Neogene mammal community evolution and biogeography: A Europe-Asia perspective. In: Wang X M, Flynn L J, Fortelius M (eds). Fossil Mammals of Asia-Neogene Biostratigraphy and Chronology. New York: Columbia Univ Press. 629–655

MLP (Museum of Liaoning Province), MBC (Museum of Benxi City). 1986. Miaohoushan, A Site of Early Paleolithic in Benxi County, Liaoning. Beijing: Cultural Relics Press. 1–102 (in Chinese with English summary) [辽宁省博物馆, 本溪市博物馆. 1986. 庙后山, 辽宁省本溪市旧石器文化遗址. 北京: 文物出版社. 1–102]

Munthe J. 1987. Small mammal fossils from the Pliocene Sahabi Formation of Libya. In: Boaz N T, El-Arnauti A, Gaziry A W *et al* (eds). Neogene Paleontology and Geology of Sahabi. New York: Alan R Liss. 135–144

NCSC (National Commission on Stratigraphy of China). 2001. Chinese Stratigraphic Guide and Its Introduction (rivised). Beijing: Geological Publishing House. 1–59 (in Chinese) [全国地层委员会 (编). 2001. 中国地层指南及中国地层指南说明书 (修订版). 北京: 地质出版社. 1–59]

Norris R W, Zhou K, Zhou C *et al.* 2004. The phylogenetic position of the zokors (Myospalacinae) and comments on the families of muroids (Rodentia). Molecular Phylogenetics and Evolution, 31: 972–978

Nowak R M, Paradiso J L (eds). 1983. Walker's mammals of the world. 4th Vols. 1–2. Baltimore and London: The Johns Hopkins Univ Press. 1–1362

O'Connor J, Prothero D R, Wang X M *et al.* 2008. Magnetic stratigraphy of the lower Pliocene Gaotege beds, Inner Mongolia. In: Lucas S G, Morgan G S *et al* (eds). Neogene Mammals. New Mexico Mus Nat Hist Sci Bull, 44: 431–435

Opdyke N D, Huang K N, Tedford R H. 2013. Chapter 6- Erratum to: The plaeomagnetism and magnetic stratigraphy of the Late Cenozoic sediments of the Yushe Basin, Shanxi Province, China. In: Tedford R H (ed). Late Cenozoic Yushe Basin, Shanxi Province, China: Geology and Fossil Mammals-Volume I: History, Geology, and Magnetostratigraphy. Springer. 1–109

Osborn H F. 1929. The revival of central Asiatic life. Natural History, 29: 2–16

Osborn H F, Granger W. 1931. The shovel-tuskers, Amebelodontinae, of Central Asia. Am Mus Novit, 470: 1–12

Osborn H F, Granger W. 1932. *Platybelodon grangeri*, three growth stages, and a new serridentine from Mongolia. Am Mus Novit, 537: 1–13

Ozansoy F. 1961. Sur quelques mammifères fossiles (*Dinotherium*, *Serridentinus*, *Dipoides*) du tertiaire d'anatolie occidentale-turquie. Bull Al Res Explor Inst Turkey, 56: 86–93

Pavlinov J Y, Rossolimo O L. 1987. Systematic of the mammals of the USSR. In: Sokolov V Y (ed). Study of the faunas of the Soviet Union. Moscow: Moscow State Univ Press. 1–285 (in Russian)

Pilgrim G E. 1934. Two new species of sheep-like antelope from the Miocene of Mongolia. Am Mus Novit, 716: 1–13

Pradel A. 1988. Fossil hamsters (Cricetinae, Rodentia) from the Pliocene and Quaternay of Poland. Acta Zool Cracov, 31 (6): 235–296

Qi T. 1979. Notes on late Pliocene mammalian fossils from Damiao, Inner Mongolia. Vert PalAsiat, 17 (3): 259–260 (in Chinese) [齐陶. 1979. 记内蒙古大庙地区上新世晚期几种化石哺乳类. 古脊椎动物学报, 17 (3): 259–260]

Qiu Z D. 1981. A new sciuroptere from the middle Miocene of Linqu, Shandong. Vert PalAsiat, 19 (3): 228–238 (in Chinese with English summary) [邱铸鼎. 1981. 山东临朐中新世松鼠类一新种. 古脊椎动物学报, 19 (3): 228–238]

Qiu Z D. 1985. The Neogene mammalian faunas of Ertemte and Harr Obo in Inner Mongolia (Nei Mongol), China. — 3. Jumping mice-Rodentia: Lophocricetinae. Senckenbergiana lethaea, 66 (1/2): 39–67

Qiu Z D. 1987a. The Neogene mammalian faunas of Ertemte and Harr Obo in Inner Mongolia (Nei Mongol), China. — 6. Hares and pikas-Lagomorpha: Leporidae and Ochotonidae. Senckenbergiana lethaea, 67 (5/6): 375–399

Qiu Z D. 1987b. The Aragonian vertebrate fauna of Xiacaowan, Jiangsu: 7, Aplodontidae (Rodentia, Mammalia). Vert PalAsiat, 25 (4): 283–296 (in Chinese with English summary)［邱铸鼎. 1987b. 江苏泗洪下草湾中中新世脊椎动物群——7. 山河狸科（哺乳纲, 啮齿类）. 古脊椎动物学报, 25 (4): 283–296］

Qiu Z D. 1988. Neogene micromammals of China. In: Chen E K J (ed). The Palaeoenvironment of East Asia from the Mid-Tertiary. Hong Kong: University of Hong Kong, 2: 834–848

Qiu Z D. 1991. The Neogene mammalian faunas of Ertemte and Harr Obo in Inner Mongolia (Nei Mongol), China. 8. Sciuridae (Rodentia). Senckenbergiana lethaea, 71 (3/4): 223–255

Qiu Z D. 1994. Eomyidae in China. In: Tomida Y, Li C K, Setoguchi T (eds). Rodent and Lagomorph Families of Asian Origins and Diversification. Tokyo: Nat Sci Mus Monograph, 8. 49–55

Qiu Z D. 1995. A new cricetid from the Lufeng hominoid locality, late Miocene of China. Vert PalAsiat, 33 (1): 61–73 (in Chinese with English summary)［邱铸鼎. 1995. 云南禄丰晚中新世古猿地点的仓鼠类化石. 古脊椎动物学报, 33 (1): 61–73］

Qiu Z D. 1996a. History of Neogene micromammal faunal regions of China. Vert PalAsiat, 34 (4): 279–296 (in Chinese with English summary)［邱铸鼎. 1996a. 中国晚第三纪小哺乳动物区系史. 古脊椎动物学报, 34 (4): 279–296］

Qiu Z D. 1996b. Middle Miocene micromammalian fauna from Tunggur, Nei Mongol. Beijing: Science Press. 1–216 (in Chinese with English summary)［邱铸鼎. 1996b. 内蒙古通古尔中中新世小哺乳动物群. 北京: 科学出版社. 1–216］

Qiu Z D. 2000. Insectivora, dipodoidean and lagomorph from the middle Miocene Quantougou fauna of Lanzhou, Gansu. Vert PalAsiat, 38 (4): 287–302 (in Chinese with English summary)［邱铸鼎. 2000. 甘肃兰州盆地中中新世泉头沟动物群的食虫类、跳鼠类和兔形类. 古脊椎动物学报, 38 (4): 287–302］

Qiu Z D. 2001a. Cricetid rodents from the middle Miocene Quantougou Fauna of Lanzhou, Gansu. Vert PalAsiat, 39 (3): 204–214 (in Chinese with English summary)［邱铸鼎. 2001. 甘肃兰州盆地中中新世泉头沟动物群的仓鼠类. 古脊椎动物学报, 39 (3): 204–214］

Qiu Z D. 2001b. Glirid and gerbillid rodents from the middle Miocene Quantougou fauna of Lanzhou, Gansu. Vert PalAsiat, 39 (4): 299–306

Qiu Z D. 2002. Sciurids from the Late Miocene Lufeng hominoid locality, Yunnan. Vert PalAsiat, 40 (3): 177–193 (in Chinese with English summary)［邱铸鼎. 2002. 云南禄丰古猿地点的松鼠类. 古脊椎动物学报, 40 (3): 177–193］

Qiu Z D. 2003. The Neogene mammalian faunas of Ertemte and Harr Obo in Inner Mongolia (Nei Mongol), China.—12. Jerboas. Senckenbergiana lethaea, 83 (1/2): 135–147

Qiu Z D. 2006. Eomyids (Mammalia: Rodentia) from the late Miocene Lufeng and Yuanmou hominoid localities, Yunnan. Vert PalAsiat, 44 (4): 307–319

Qiu Z D. 2010. Cricetid rodents from the Early Miocene Xiacaowan Formation, Sihong, Jiangsu. Vert PalAsiat, 48 (1): 27–47

Qiu Z D, Li C K. 2004. Evolution of Chinese mammalian faunal regions and elevation of the Qinghai-Xizang (Tibet) Plateau. Science in China, Ser. D, 48 (8): 1246–1258

Qiu Z D, Li Q. 2008. Late Miocene micromammals from the Qaidam Basin in the Qinghai-Xizang Plateau. Vert PalAsiat, 46 (4): 284–306

Qiu Z D, Lin Y P. 1986. The Aragonian vertebrate fauna of Xiacaowan, Jiangsu. 5. Sciuridae (Rodentia, Mammalia). Vert PalAsiat, 24 (3): 191–205 (in Chinese with English summary)［邱铸鼎, 林一璞. 1986. 江苏泗洪下草湾中中新世脊椎动物群—— 5. 松鼠科（哺乳纲, 啮齿类）. 古脊椎动物学报, 24 (3): 191–205］

Qiu Z D, Ni X J. 2006. Small mammals. In: Qi G Q, Dong W (eds). *Lufengpithecus hudienensis* Site. Beijing: Science Press. 113–130 (in Chinese with English summary)［邱铸鼎, 倪喜军. 2006. 小哺乳动物. 见祁国琴, 董为（主编）. 蝴蝶古猿产地研究. 北京: 科学出版社. 113–130］

Qiu Z D, Qiu Z X. 2013. Early Miocene Xiejiahe and Sihong fossil localities and their faunas, eastern China. In: Wang X M, Flynn L J, Fortelius M (eds). Fossil Mammals of Asia-Neogene Biostratigraphy and Chronology. New York: Columbia Univ Press. 142–154

Qiu Z D, Storch G. 2000. The early Pliocene micromammalian fauna of Bilike, Inner Mongolia, China (Mammalia: Lipotyphla, Chiroptera, Rodentia, Lagomorpha). Senckenbergiana lethaea, 80 (1): 173–229

Qiu Z D, Sun B. 1988. New fossil micromammals from Shanwang, Shandong. Vert PalAsiat, 26 (1): 50-58 (in Chinese with English summary) [邱铸鼎, 孙博. 1988. 山东山旺新发现的小哺乳动物化石. 古脊椎动物学报, 26 (1): 50-58]

Qiu Z D, Wang X M. 1999. Small mammal faunas and their ages in Miocene of central Nei Mongol (Inner Mongolia). Vert PalAsiat, 37 (2): 120-139 (in Chinese with English summary) [邱铸鼎, 王晓鸣. 1999. 内蒙古中部中新世小哺乳动物群及其时代顺序. 古脊椎动物学报, 37 (2): 120-139]

Qiu Z D, Yan C L. 2005. New sciurids from the Miocene Shanwang Formation, Linqu, Shandong. Vert PalAsiat, 43 (3): 194-207

Qiu Z D, Li C K, Wang S J. 1981. Miocene mammalian fossils from Xining basin, Qinghai. Vert PalAsiat, 19 (2): 169-182 (in Chinese with English summary) [邱铸鼎, 李传夔, 王士阶. 1981. 青海西宁盆地中新世哺乳动物. 古脊椎动物与古人类, 19 (2): 169-182]

Qiu Z D, Han D F, Qi G Q et al. 1985. A preliminary report on a micromammalian assemblage from the hominoid locality of Lufeng, Yunnan. Acta Anthropol Sin, 4 (1): 13-32 (in Chinese with English summary) [邱铸鼎, 韩德芬, 祁国琴等. 1985. 禄丰古猿地点的小哺乳动物化石. 人类学学报, 4 (1): 13-32]

Qiu Z D, Zheng S H, Zhang Z Q. 2004a. Murids from the Late Miocene Bahe Formation, Lantian, Shaanxi. Vert PalAsiat, 42 (1): 67-76

Qiu Z D, Zheng S H, Zhang Z Q. 2004b. Gerbillids from the Late Miocene Bahe Formation, Lantian, Shaanxi. Vert PalAsiat, 42 (3): 193-204

Qiu Z D, Wang X M, Li Q. 2006. Faunal succession and biochronology of the Miocene through Pliocene in Nei Mongol (Inner Mongolia). Vert PalAsiat, 44 (2): 164-181

Qiu Z D, Zheng S H, Zhang Z Q. 2008. Sciurids and zapodids from the Late Miocene Bahe Formation, Lantian, Shaanxi. Vert PalAsiat, 46 (2): 111-123

Qiu Z D, Wang X M, Li Q. 2013. Neogene faunal succession and biochronology of central Nei Mongol (Inner Mongolia). In: Wang X M, Flynn L J, Fortelius M (eds). Fossil Mammals of Asia—Neogene Biostratigraphy and Chronology. New York: Columbia Univ Press. 155-186

Qiu Z X. 1989. The Chinese Neogene mammalian biochronology—its correlation with the European Neogene mammalian zonation. In: Lindsay E H, Fahlbusch W, Mein P (eds). European Neogene Mammal Chronology. NATO ASI series A: Life Sciences, 180: 527-556

Qiu Z X, Qiu Z D. 1995. Chronological sequence and subdivision of Chinese Neogene mammalian faunas. Palaeogeogr Palaeoclimatol Palaeoecol, 116: 41-70

Qiu Z X (邱占祥), Yan D F (阎德发), Chen G F (陈冠芳) et al. 1988. Preliminary report on the field work in 1986 at Tunggur, Nei Mongol. Chinese Sci Bull (科学通报), 33 (5): 399-404

Qiu Z X, Wang B Y, Qiu Z D et al. 1997. Recent advances in study of the Xianshuihe Formation in Lanzhou Basin. In: Tong Y S et al (eds). Evidence for Evolution—Essays in Honor of Prof. Chungchien Young on the Hundredth Anniversary of His Birth. Beijing: China Ocean Press. 177-192 (in Chinese with English summary) [邱占祥, 王伴月, 邱铸鼎等. 1997. 甘肃兰州盆地咸水河组研究的新进展. 见: 童永生等 (主编). 演化的实证——纪念杨钟健教授百年诞辰论文集. 北京: 海洋出版社. 177-192]

Qiu Z X, Qiu Z D, Deng T et al. 2013. Neogene land mammal stages/ages of China: Toward the goal to establish an Asian land mammal stage/age scheme. In: Wang X M, Flynn L J, Fortelius M (eds). Fossil Mammals of Asia—Neogene Biostratigraphy and Chronology. New York: Columbia Univ Press. 29-90

Rensberger J M. 1975. *Haplomys* and its bearing on the origin of the aplodontoid rodents. Jour Mamm, 56: 1-14

Rensberger J M. 1983. Successions of meniscomyine and allomyine rodents (Aplodontidae) in the Oligo-Miocene John Day Formation, Oregon. Univ Calif Pub Geol Sci, 24: 1-157

Rensberger J M, Li C K. 1986. A new prosciurine rodent from Shantung Province, China. Jour Paleont, 60: 763-771

Repenning C A. 1968. Mandibular musculature and the origin of the subfamily Arvicoline (Rodentia). Acta Zool Cracov, 13: 29-72

Repenning C A. 1987. Biochronology of the microtine rodents of the United States. In: Woodburne M O (ed). Cenozoic Mammals of North America, Geochronology and Biostratigraphy. Berkeley: Univ California Press. 236-268

Repenning C A. 2003. *Mimomys* in North America. In: Flynn L J (ed). Vertebrate Fossils and Their Context—Contributions in Honor of Richard H. Tedford. New York: Bull Am Mus Nat Hist, 279: 469-512

Rossolimo O L, Pavlinov J Y. 1997. Diversity of Mammals. Moscow: Moscow Univ Press. 1–310 (in Russian)

Rummel M. 1999. Tribe Cricetodontini. In: Rössner G E, Heissig K (eds). The Miocene Land Mammals of Europe. München: Verlag Dr. Friedrich Pfeil Press. 359–364

Rybczynski N. 2007. Castorid phylogenetics: implications for the evolution of swimming and tree-exploitation in beavers. J Mammal Evol, 14: 1–35

Rybczynski N, Ross E M, Samuels J X et al. 2010. Re-evaluation of Sinocastor (Rodentia: Castoridae) with implications on the origin of modern beavers. Plos One, 5 (11): e13990: 1–19

Savinov P R. 1970. Jerboas (Rodentia, Mammalia) from the Neogene of Kazakhstan. In: Material on Evolution of Terrestrial Vertebrates. Akad Nauk USSR, Otd Obshch Biol. 91–134 (in Russian)

Savinov P R. 1977. A new jerboa from northern Kazakhstan. Mater Hist Fauna Flora Kazakhstan, 7: 27–32

Schaub S. 1925. Die hamsterartigen Nagetiere des Tertiairs und ihre lebenden Verwandten. Abh Schweiz Paläont Gesell, 45: 1–114

Schaub S. 1930. Fossile Sicistinae. Eclog Geol Helvetiae, 23 (2): 616–637

Schaub S. 1934. Über einige fossile Simplicidentaten aus China und der Mongolei. Abh Schweiz Paläont Gesell, 54 : 1–40

Schaub S. 1938. Tertiäre und Quartäre Murinae. Abh Schweiz Paläont Gesell, 61: 1–39

Schaub S. 1958. Simplicidentata (Rodentia). In: Piveteau J (ed). Traité de paleontology. Tom 6 (2), L'Origine des Mammifères et les Asoects Fondamentaux de leur Évolution. Paris: Masson et Ci. 659–818

Schaub S, Zapfe H. 1953. Die fauna der moizanen Spaltenfüllung von Neudorf an der March (CSR). Simplicidentata. Ber Österr Akad Wiss Math naturw KL, 1, 162 (3): 181–251

Schlosser M. 1902. Beiträge zur Kenntniss der Säugetierreste aus den süddeutschen bohnerzen. Geol Paläont Abh Jena, 5: 21–23

Schlosser M. 1903. Die fossilen Säugetiere Chinas. Abh Bayer Akad Wiss, 22 (1): 1–221

Schlosser M. 1924. Tertiary vertebrates from Mongolia. Palaeont Sin, Ser C, 1 (1): 1–119

Schmidt-Kittler N, Vianey-Liaud M. 1979. Evolution des Aplodontidae Oligocenes Europeens. Palaeovertebrata, 9 (2): 32–82

Schreuder A. 1929. Conodontes (Trongontherium) and Castor from the Tegelian Clay compared with Castoridae from others localities. Archives du Musée Teyler, 6 (3): 99–321

Sen S. 1975. Euxinomys galaticus n. g. n. sp. (Muridae, Rodentia, Mammalia) du Pliocene de Çalta (Ankara, Turquie). Géobios, 8 (5): 317–324

Sen S. 1977. La faune de Rongeurs pliocènes de Calta (Ankara, Turquie). Bull Mus natn Hist. nat, Paris, 3e ser, n° 465, Sci Terre 61: 89–172

Sen S. 1983. Rongeurs et lagomorphs du gisement Pliocène de Pule-e Charkhi, basin de Kabul, Afghanistan. Bull Mus Nat Hist Nat, Sect C: Sci Terre, Ser 4, 5: 33–74

Sen S. 2001. Rodents and insectivores from the Upper Miocene of Molayan, Afghanistan. Palaeont, 44 (5): 913–932

Sen S, Erbajeva M A. 2011. A new species of Gobicricetdon Qiu, 1996 (Mammalia, Rodentia, Cricetidae) from the Middle Miocene Aya Cave, Lake Baikal. Vert PalAsiat, 49 (3): 257–274

Sen S, Ünay E. 1979. Sur quelques Cricetodontini (Rodentia) du Miocène moyen d'Anatolie. Proc Kon Ned Akad Wetensch, B, 82 (3): 293–301

Shenbrot G I. 1984. Dental morphology and phylogeny of five-toed jerboas of subfamily Allactaginae (Rodentia, Dipodidae). Sbornik Trud Zool Muz MGU, 22: 61–92 (in Russian)

Shevyreva N S. 1971. The first find of fossorial redents of the Family Mylagaulidae in the Soviet Union. Bull Acad Sci Gssr, 62 (2): 481–484

Shi M Z, Guan J, Pan R Q et al. 1981. Pliocene mammals collected from Lignite in Zhaotung, Yunnan. Mem Beijing Nat Hist Mus, 11: 1–15 (in Chinese with English summary) [时墨庄, 关键, 潘润群等. 1981. 云南昭通晚第三纪褐煤层哺乳动物化石. 北京自然博物馆研究报告, 11: 1–15]

Shotwell J A. 1955. Review of the Pliocene beaver Dipoides. Jour Paleont, 29: 129–144

Shotwell J A. 1956. Hemphilian mammalian assemblages from north-eastern Oregon. Bull Geol Soc Am, 67: 717–738

Shotwell J A. 1958. Evolution and biogeography of the aplodontid and mylagaulid rodents. Evol. 12: 451–484

Shotwell J A. 1963. Mammalian fauna of the Drewsey Formation, Bartlett Mountrain, Drinkwater and Otis Basin local faunas. Transactions of the American Philosophical Society, 53: 70–77

Shotwell J A. 1967. Late Tertiary geomoid rodents of Oregon. Bull Mus Nat Hist Univ Oregon, 9: 1–51

Shotwell J A. 1968. Miocene mammals of southeast Oregon. Bull Mus Nat Hist Univ Oregon, 14: 1–67

Shotwell J A. 1970. Pliocene mammals of southeast Oregon and adjacent Idaho. Bull Mus Nat Hist, Univ Oregon, 17: 1–103

Shotwell J A, Russell D E. 1963. Juntura Basin: studies in earth history and paleontology. Transactions of the American Philosophical Society, 53: 42–69

Simpson G G. 1945. The principles of classification and a classification of mammals. Bull Am Mus Nat Hist, 131: 1–350

Spock L E. 1929. Pliocene beds of the Iren Gobi. Am Mus Novit, 394: 1–8

Stehlin H G, Schaub S. 1951. Die Trigonodontie der simplicidentaten Nager. Schweiz Paläont Abh, 67: 1–385

Sterin B R. 1990. Limb myology and phylogenetic relationships in the superfamily Dipodoidea (birch mice, jumping mice, and jerboas). Zeitschrift für Zoologische Systematik und Evolutiosforschung, 28: 299–314

Stirton R A. 1935. A review of the Tertiary beavers. Univ Calif Pub Geol Sci, 23 (13): 391–458

Stirton R A. 1936. A new beaver from the Pliocene of Arizona with notes on the species of *Dipoides*. Journal of Mammalogy, 17: 279–281

Storch G. 1987. The Neogene mammalian faunas of Ertemte and Harr Obo in Inner Mongolia (Nei Mongol), China. —7. Muridae (Rodentia). Senckenbergiana lethaea, 67 (5/6): 401–431

Storch G. 1995. The Neogene mammalian faunas of Ertemte and Harr Obo in Inner Mongolia (Nei Mongol), China. —11. Soricidae (Insectivora). Senckenbergiana lethaea, 75 (1/2): 221–251

Storch G, Dahlmann T. 1995. The vertebrate locality Maramena (Macedonia, Greece) at the Turolian-Ruscinian boundary (Neogene). 10. Murinae (Rodentia, Mammalia). Munchner Geowiss Abh, 28: 121–132

Storch G, Ni X J. 2002. New Late Miocene murids from China (Mammalian, Rodentia). Géobios, 35: 515–521

Storch G, Qiu Z D. 1983. The Neogene mammalian faunas of Ertemte and Harr Obo in Inner Mongolia (Nei Mongol), China. —2. Moles—Insectivora: Talpidae. Senckenbergiana lethaea, 64 (2/4): 89–127

Stout T M. 1967. A revision of the geology and paleontology of the Bijou Hills, South Dakota. Am Mus Novit, 2300: 1–53

Sulimski A. 1964. Pliocene Lagomorpha and Rodentia from Weze-1 (Poland). Acta Palaeont Polon, 9 (2): 149–224

Suraprasit K, Chaimanee Y, Martin T, Jaeger J-J. 2011. First Castorid (Mammalia, Rodentia) from the Middle Miocene of Southeast Asia. Naturwissenschaften, 98: 315–328

Tan B J (ed). 1992. A Systematic List of the Mammals. Beijing: China Medical Science Press. 1–726 (in Chinese) [谭邦杰 (编著). 1992. 哺乳动物分类名录. 北京: 中国医药科技出版社. 1–726]

Tang Y J, Ji H X. 1983. A Pliocene-Pleistocene transitional fauna from Yuxian, northern Hebei. Vert PalAsiat, 21 (3): 241–251 (in Chinese with English summary) [汤英俊, 计宏祥. 1983. 河北蔚县上新世—早更新世的一个过渡哺乳动物群. 古脊椎动物与古人类, 21 (3): 241–251]

Tang Y J, Zong G F. 1987. Mammalian remains from the Pliocene of the Hanshui river Basin, Shaanxi, Vert PalAsiat, 25 (3): 222–235 (in Chinese with English summary) [汤英俊, 宗冠福. 1987. 陕西汉中地区上新世哺乳类化石及其地层意义. 古脊椎动物学报, 25 (3): 222–235]

Tedford R H, Galusha T, Skinner M F et al. 1987. Faunal succession and biochronology of the Arikareean through Hemphillian interval (Late Oligocene through earliest Pliocene epochs) in North America. In: Woodburne M O (ed). Cenozoic Mammals of North America, Geochronology and Biostratigraphy. Berkeley: Univ California Press. 153–210

Tedford R H, Flynn L j, Qiu Z X et al. 1991. Yushe Basin, China: Paleomagnetically calibrated mammalian biostratigraphic standard for the late Neogene of eastern Asia. J Vert Paleont, 11 (4): 519–526

Teilhard de Chardin P. 1926a. Étude géologique sur la région du Dalai-Nor. Mem Soc Géol France, 7: 1–56

Teilhard de Chardin P. 1926b. Description de mammifères Tertiaires de Chine et de Mongolie. Ann Paléont, 15: 1–52

Teilhard de Chardin P. 1940. The fossils from Locality 18 near Peking. Palaeont Sinica, N S, (C), 9: 1–94

Teilhard de Chardin P. 1942. New rodents of the Pliocene and lower Pleistocene of North China. Inst Geo-Biol, 9: 1–101

Teilhard de Chardin P, Piveteau J. 1930. Les mammifères fossiles de Nihowan (Chine). Ann Pal Sin, 19: 1–134

Teilhard de Chardin P, Young C C. 1931. Fossil mammals from northern China. Paleont Sin, Ser C, 9 (1): 1–66

Tesakov A S. 1993. Evolution of *Borsodia* (Arvicolidae, Mammalia) in the Villanyian and in the Early Biharian. Quternary International, 19: 41–45

Tesakov A S. 2004. Biostratigraphy of Middle Pliocene-Eopleistocene of eastern Europe (based on small mammals). Transactions of the Geological Institute, 554: 1–246 (in Russian)

Thaler L. 1966. Les rongeurs fossils du Bas-Languedoc dans leur rapports avec l'histoire des faunes et la stratigrafie d'Europe. Mém Mus Hist Nat, C, 17: 1–295

Thaler L. 1969. Rongeurs nouveaux de l'Oligocène moyen d'Espagne. Paleovert, 2 (5): 191–207

Theocharopoulos C D. 2000. Late Oligocene-Middle Miocene *Democricetodon*, *Spanocricetodon* and *Karydomys* n. gen. from the eastern Mediterranean area. Nan. Kapodistrian Univ Athens, Gaia 8, Athens. 1–91

Tjutkova Z A, Kaipova G O. 1996. Late Pliocene and Eopleistocene micromammal faunas of southeastern Kazakhstan. Acta Zool Cracov, 39 (1): 549–557

Tobien H. 1978. New species of Cricetodontini (Rodentia, Mammalia) from the Miocene of Turkey. Mainzer Geowiss Mitt, 6: 209–219

Tokunaga S, Naora N. 1939. Fossil remains excavated at Ku-Hsiang-Tung near Harbin. Rept Sci Exped, 2 (4): 1–230 (in Japanese with English summary)

Tong H. 1989. Origine et évolution des Gerbillidae (Mammalia, Rodentia) en Afrique du Nord. Mém Soc Géol, 155: 1–115

Tong H, Jaeger J J. 1993. Muroid rodents from the Middle Miocene Fort Ternan locality (Kenya) and their contribution to the phylogeny of muroids. Palaeontographica, A, 229: 51–73

Topachevsky V A. 1965. Insectivora and Rodentia of the late Pliocene Fauna of Nogaisk. Kiev (Naukova Dumka). 1–163 (in Russian)

Topachevsky V A, Skorik A F. 1988. The vole-toothed Cricetodontidae (Rodentia, Cricetidae) from Valesian of Eurasia and some questions of supergeneric systematics of the subfamily. Vestnik Zoologii, 5: 37–45 (in Russian with English summary)

Topachevsky V A, Skorik A F. 1992. Neogene and Pleistocene Cricetidae of early evolutionary stage of Southeastern Europe. Academy of Sciences of Ukraine Institute of Zoology: 1–242 (in Russian)

Topachevsky V A, Skorik A F, Rekovec L I. 1978. The most ancient voles of the Miocrotini tribe (Rodentia, Microtidae) from the South of the Ukrainian SSR. Kiev Vestn Zool, 1978: 35–41 (in Russian)

Topachevsky V A, Skorik A F, Rekovets L I. 1984. The earliest jerboas of the subfamily Lophocricetinae (Rodentia, Dipodidae) from the southwest of the European USSR. Kiev Vestn Zool, 4: 32–39

Topachevsky V A, Skorik A F, Rekovets L I. 1987. The Late Neogene and early Anthropogene rodents from sediments of Khadzhibay salt lake. Kiev (Naukova Dumka). 1–206 (in Russian)

Tseng Z J, Wang X M. 2007. The first record of the Late Miocene *Hyaenictitherium hyaenoides* Zansky (Carnivora: Hyaenidae) in Inner Mongolia and evolution of the genus. J Vert Paleont, 27 (3): 699–708

Tyutkova L A. 2000. New Early Miocene Tachyoryctoididae (Rodentia, Mammalia) from Kazakhstan. Selevinia, 1–4: 67–72

Ünay E. 1981. Middle and upper Miocene rodents from the Bayraktepe section (Çanakkale, Turkey). Proc Kon Ned Akad Wetensch, Ser B, 84 (2): 217–238

Ünay E, Atabey E, Sarac G. 2001. Small mammals and foraminifera from the Anatolian (Central Taurus) Early Miocene. Ann Carnegie Mus, 70 (4): 247–256

Van de Weerd. 1976. Rodent faunas of the Mio-Pliocene continental sediments of the Teruel-Alfambra region, Spain. Bull Utrecht Micropal, Spec Publ, 2: 1–217

Van de Weerd. 1979. Early Ruscinian rodents and Lagomorphs (Mammalia) from the lignites near Ptolemais (Macedonia, Greece). Proc Kon Ned Akad Wetensch, Ser B, 82: 127–170

Vianey-Liaud M. 1974. *Palaeosciurus goti* n. sp., écureuil Terrestre de l'Oligocène moyen du Quercy. Données nouvelles sur l'apparition des sciuridés en Europe. Ann Paléont, 60 (1): 103–122

Viret J. 1926. Nouvelles observations relatives á la faune de rongeurs de St. Gárand-le-Puy. Comp Acad Sci, 183: 72–73

Vorontsov N N. 1963. *Aralomys glikmani*, a new cricetid species. Paleont Jour, 4: 151–154

Wang B Y. 1985. Zapodidae (Rodentia, Mammalia) from the Lower Oligocene of Qujing, Yunnan, China. Mainzer Geowiss Mitt, 14: 345–367

Wang B Y. 1987. Discovery of Aplodontidae (Rodentia, Mammalia) from Middle Oligocene of Nei Mongol, China. Vert PalAsiat, 25 (1): 32–45 (in Chinese with English summary)[王伴月. 1987. 内蒙古中渐新世山河狸科化石的发现. 古脊椎动物学报, 25 (1): 32–45]

Wang B Y. 1988. Distylomyidae fam. nov. (? Ctenodactyloidea, Rodentia) from Nei Mongol, China. Vert PalAsiat, 26 (1): 45–56 (in Chinese with English summary)[王伴月. 1988. 内蒙古梳趾鼠类一新科——双柱鼠科. 古脊椎动物学报, 26 (1):

45-56]

Wang B Y. 1994. The Ctenodactyloidea of Asia. In: Tomida Y, Li C K, Setoguchi T (eds). Rodent and Lagomorph Families of Asian Origins and Diversification. Tokyo: Nat Sci Mus Monograph, 8. 35-47

Wang B Y. 1997. The mid-Tertiary Ctenodactylidae (Rodentia, Mammalia) of eastern and central Asia. Bull Am Mus Nat Hist, 234: 1-88

Wang B Y. 2002. Discovery of Late Oligocene *Eomyodon* (Rodentia, Mmmlia) from the Danghe Area, Gansu, China. Vert PalAsiat, 40 (2): 139-145

Wang B Y. 2003. Dipodidae (Rodentia, Mammalia) from the mid-Tertiary deposits in Danghe area, Gansu, China. Vert PalAsiat, 41 (2): 89-103 (in Chinese with English summary) [王伴月. 2003. 甘肃党河地区第三纪中期的跳鼠化石. 古脊椎动物学报, 41 (2): 89-103]

Wang B Y. 2005. Beaver (Rodentia, Mammalia) fossils from Longdan, Gansu, China—Addition to the Early Pleistocene Longdan Mammalian Fauna (1). Vert PalAsiat, 43 (3): 237-242 (in Chinese with English summary) [王伴月. 2005. 甘肃东乡龙担的河狸(啮齿类, 哺乳动物)化石——龙担哺乳动物群补充报道之一. 古脊椎动物学报, 43 (3): 237-242]

Wang B Y, Emry R J. 1991. Eomyidae (Rodentia: Mammalia) from the Oligocene of Nei Mongol, China. J Vert Paleont, 11 (3): 370-377

Wang B Y, Qi T. 1989. *Prodistylomys* gen. nov. (Distylomyidae, ?Ctenodactyloidea, Rodentia) from Xinjiang, China. Vert PalAsiat, 27 (1): 34-49 (in Chinese with English summary) [王伴月, 齐陶. 1989. 双柱鼠科一新属在新疆的发现. 古脊椎动物学报, 27 (1): 34-49]

Wang B Y, Qiu Z X. 2000. Dipodidae (Rodentia, Mammalia) from the Lower Member of Xianshuihe Formation in Lanzhou Basin, Gansu, China. Vert PalAsiat, 38 (1): 12-38

Wang B Y, Qiu Z X. 2012. *Tachyoryctoides* (Muroidea, Rodentia) from Early Miocene of Lanzhou Basin, Gansu Province, China. Swiss J Palaeontol, 131: 107-126

Wang H. 1988. An early Pleistocene mammalian fauna from Dali, Shaanxi. Vert PalAsiat, 26 (1): 59-72 (in Chinese with English abstract) [汪洪. 1988. 陕西大荔一早更新世哺乳动物群. 古脊椎动物学报, 26 (1): 59-72]

Wang X M, Qiu Z D, Opdyke N D. 2003. Litho-, bio- and magnetostratigraphy and paleoenvironment of Tunggur Formation (Middle Miocene) in central Inner Mongolia, China. Am Mus Novit, 3411: 1-31

Wang X M, Qiu Z D, Li Q et al. 2007. Vertebrate paleontology, biostratigraphy, geochronology, and paleoenvironment of Qaidam Basin in northern Tibetan Plateau. Palaeogeogr Palaeoclimatol Palaeoecol, 254: 363-385

Wang X M, Qiu Z D, Li Q et al. 2009. A new Early to Late Miocene fossiliferous region in central Nei Mongol: lithostratigraphy and biostratigraphy in Aoerban strata. Vert PalAsiat, 47 (2): 111-134

Wang X M, Tseng Z J, Takeuch G T. 2012. Zoogeography, molecular divergence, and the fossil record—the case of an extinct fisher, *Pekania palaeosinensis* (Mustelidae, Mammalia), from the Late Miocene Baogeda Ula Formation, Inner Mongolia. Vert PalAsiat, 50: 293-307

Wang X M, Li Q, Xie G P et al. 2013. Mio-Pleistocene Zanda Basin biostratigraphy and geochronology, pre-Ice Age fauna, and mammalian evolution in western Himalaya. Palaeogeogr Palaeoclimatol Palaeoecol, 374: 81-95

Wang Y X (ed). 2003. A Complete Checklist of Mammal Species and Subspecies in China. Beijing: China Forestry Publishing House. 1-382 (in Chinese with English summary) [王应祥 (编著). 2003. 中国哺乳动物种和亚种分类名录与分布大全. 北京: 中国林业出版社. 1-382]

Wei Y P. 2010. *Atlantoxerus* from the Middle Miocene of northern Junggar Basin and their environmental significance. Vert PalAsiat, 48 (3): 220-234 (in Chinese with English summary) [魏涌澎. 2010. 新疆准噶尔盆地北缘中中新世阿特拉旱松鼠及其生态环境讨论. 古脊椎动物学报, 48 (3): 220-234]

Wessels W. 1999. Family Gerbillidae. In: Rössner G E, Heissig K (eds). The Miocene Land Mammals of Europe. München: Verlag Dr. Friedrich Pfeil Press. 395-400

Wessels W, De Bruijn H, Hussain S T et al. 1982. Fossil rodents from the Chinji Formation, Banda Daud Shah, Kohat, Pakistan. Proc Kon Ned Akad Wetensch, Ser B, 85 (3): 337-364

Wilson D E, Reeder D M. 1993. Mammal Species of the World. 2nd edition. Washington: Smithsonian Institution Press. 1-1206

Wilson D E, Reeder D M. 2005. Mammal Species of the World. 3rd edition. Vol 2. Baltimore: The Johns Hopkins Univ Press. 745-2142

Wilson R L. 1968. Systematics and faunal analysis of a lower Pliocene vertebrate assemblage from Trego County, Kansas. Contributions from the Museum of Paleontology, Universtiy of Michigan, 22: 75–126

Wilson R W. 1937. New middle Pliocene rodent and lagomorph faunas from Oregon and California. Carnegie Inst Washington Publications, 487: 1–19

Wilson R W. 1960. Early Miocene rodents and insectivores from Colorado. Univ Kansas Paleont Contrib Vertebrata, 7: 1–93

Wood A E. 1935. Two new genera of cricetid rodents from the Miocene of western United States. Am Mus Novit, 789: 1–3

Wood A E. 1936. Cricetid rodents described by Leidy and Cope from the Tertiary of North America. Am Mus Novit, 822: 1–8

Wood A E. 1955. A revised classification of the rodents. Journal of Mammalogy, 36 (2): 165–187

Wu W Y. 1985. The Neogene mammalian faunas of Ertemte and Harr Obo in Inner Mongolia (Nei Mongol), China. —4. Dormice—Rodentia: Gliridae. Senckenbergiana lethaea, 66 (1/2): 69–88

Wu W Y. 1986. The Aragonian vertebrate fauna of Xiacaowan, Jiangsu—4. Gliridae (Rodentia, Mammalia). Vert PalAsiat, 24 (1): 32–42 (in Chinese with English summary) [吴文裕. 1986. 江苏泗洪下草湾中中新世脊椎动物群 4. 睡鼠科 (哺乳纲, 啮齿目). 古脊椎动物学报, 24 (1): 32–42]

Wu W Y. 1988. The first discovery of Middle Miocene rodents from the northern Junggar Basin, China. Vert PalAsiat, 26 (4): 250–264 (in Chinese with English summary) [吴文裕. 1988. 准噶尔盆地北缘中中新世啮齿类. 古脊椎动物学报, 26 (4): 250–264]

Wu W Y. 1991. The Neogene mammalian faunas of Ertemte and Harr Obo in Inner Mongolia (Nei Mongol), China. —9. Hamsters: Cricetinae (Rodentia). Senckenbergiana lethaea, 71 (3/4): 275–305

Wu W Y. 1993. Neue Gliridae (Rodentia, Mammalia) aus untermiozanen (orleanischen) Spaltenfullungen Suddeutschlands. Documenta Naturae, 81: 1–149

Wu W Y, Flynn L J. 1992. New murid rodents from the Late Cenozoic of Yushe Basin, Shanxi. Vert PalAisat, 30 (1): 17–38 (in Chinese with English summary) [吴文裕, Flynn L J. 1992. 记山西榆社晚新生代鼠科化石新属种. 古脊椎动物学报, 30 (1): 17–38]

Wu W Y, Meng J, Ye J et al. 2004. *Propalaeocastor* (Rodentia, Mammlia) from the Early Oligocene of Burqin Basin, Xinjiang. Am Mus Novit, 3461: 1–16

Wu W Y, Meng J, Ye J et al. 2006. The first finds of Eomyids (Rodentia) from the Late Oligocene-Early Miocene of the northern Junggar Basin, China. Beitr Palaont, 30: 469–479

Wu W Y, Meng J, Ye J et al. 2009. The Miocene mammals from Dingshanyanchi Formation of North Junggar Basin, Xinjiang. Vert PalAsiat, 47 (3): 208–233

Wu W Y, Ni X J, Ye J et al. 2013. Mylagaulids (Mammalia: Rodentia) from the Early Middle Miocene of North Junggar Basin. Vert PalAsiat, 51 (1): 55–70

Xu X F. 1994a. Evolution of Chinese Castoridae. In: Tomida Y, Li C K, Setoguchi T (eds). Rodent and Lagomorph Families of Asian Origins and Diversification. Tokyo: Nat Sci Mus Monograph, 8. 77–98

Xu X F. 1994b. Origin of modern beavers. Quaternary Science, 14 (4): 354–361 (in Chinese with English summary) [徐晓风. 1994. 现生河狸的起源. 第四纪研究, 14 (4): 354–361]

Xu X F. 1995. Phylogeny of beavers (Family Castoridae): applications to faunal dynamics and biochronology since the Eocene. Unpublished Ph.D. dissertation, Southern Methodist University

Xu Y L, Tong Y B, Li Q et al. 2007. Magnetostratigraphic dating on the Pliocene mammalian fauna of the Gaotege section, central Inner Mongolia. Geological Review, 53 (2): 250–261 (in Chinese with English abstract) [徐彦龙, 仝亚博, 李强等. 2007. 内蒙古高特格含上新世哺乳动物化石地层的磁性年代学研究. 地质论评, 53 (2): 250–261]

Xue X X. 1981. An Early Pleistocene mammlian fauna and its stratigraphy of the river You, Weinan, Shensi. Vert PalAsiat, 19 (1): 35–44 (in Chinese with English summary) [薛祥煦. 1981. 陕西渭南一早更新世哺乳动物群及其层位. 古脊椎动物与古人类, 19 (1): 35–44]

Ye J, Meng J, Wu W Y. 2003. Oligocene/Miocene beds and faunas from Tieersihabahe in the northern Junggar Basin of Xinjiang. Bull Am Mus Nat Hist, 13: 568–585

Young C C. 1927. Fossil Nagetiere aus Nord-China. Paleont Sin, Ser C, 5 (3): 1–82

Young C C. 1934. On the Insectivora, Chiroptera, Rodentia and Primates other than *Sinanthropus* from Locality 1 in Choukoutien. Palaeont Sin, Ser C, 8 (3): 1–140

Young C C. 1935. Miscellaneous mammalian fossils from Shansi and Honan. Palaeont Sin, Ser C, 9 (2): 1–56

Zazhigin V S. 1980. Late Pliocene and Anthropogene Rodents of the south of western Siberia. Transactions of Academy of Sciences of the USSR, 339: 1–156 (in Russian)

Zazhigin V S. 2003. New genus of Cricetodontinae (Rodentia: Cricetidae) from the Late Miocene of Kazakhstan. Russian Journal of Theriology, 2 (2): 65–69

Zazhigin V S, Lopatin A V. 2000a. The history of the Dipodoidea (Rodentia, Mammalia) in the Miocene of Asia: 3. Allactaginae. Paleont Jour, 34 (5): 553–565 (English translation from Russian)

Zazhigin V S, Lopatin A V. 2000b. The history of the Dipodoidea (Rodentia, Mammalia) in the Miocene of Asia: 1. *Heterosminthus* (Lophocricetinae). Paleont Jour, 34 (3): 319–332 (English translation from Russian)

Zazhigin V S, Lopatin A V. 2001. The history of the Dipodoidea (Rodentia, Mammalia) in the Miocene of Asia: 4. Dipodinae at the Miocene-Pliocene Transition. Paleont Jour, 35 (1): 60–74

Zazhigin V S, Lopatin A V, Pokatilov A G. 2002. The history of the Dipodoidea (Rodentia, Mammalia) in the Miocene of Asia: 5. *Lophocricetus* (Lophocricetinae). Paleont Jour, 36 (2): 180–194 (English translation from Russian)

Zhang C F, Wang Y, Deng T, Wang X et al. 2009. C4 expansion in the central Inner Mongolia during the latest Miocene and Early Pliocene. Earth and Planetary Science Letters 287: 311–319

Zhang R Z, Jin S K, Quan G Q et al (eds). 1997. Distribution of Mammalian Species in China. Beijing: China Forestry Publishing House. 1–280 (in Chinese) [张荣祖, 金善科, 全国强等(编著). 1997. 中国哺乳动物分布. 北京: 中国林业出版社. 1–280]

Zhang Z Q. 1999. Pliocene micromammal fauna from Ningxian, Gansu Province. In: Wang Y Q, Deng T (eds). Proc VII Ann Meet Chinese Soc Vert Paleont. Beijing: China Ocean Press. 167–177 (in Chinese with English summary) [张兆群. 1999. 甘肃宁县上新世小哺乳动物群. 见王元青, 邓涛 (主编). 第七届中国古脊椎动物学学术年会论文集. 北京: 海洋出版社. 167–177]

Zhang Z Q, Flynn L J. 2005. New materials of *Pararhizomys* from northern China. Palaeont Electron, 8 (1), 5A: 1–9

Zhang Z Q, Zheng S H. 2000. Late Miocene-Early Pliocene biostratigraphy of Loc. 93002 section, Lingtai, Gansu. Vert PalAsiat, 38 (4): 282–294 (in Chinese with English summary) [张兆群, 郑绍华. 2000. 甘肃灵台文王沟 (93002 地点) 晚中新世—早上新世生物地层. 古脊椎动物学报, 38 (4): 282–294]

Zhang Z Q, Zheng S H, Liu L P. 2008. Late Miocene cricetids from the Bahe Formation, Lantian, Shaanxi Province. Vert PalAsiat, 46 (4): 307–316

Zhang Z Q, Wang L H, Liu Y et al. 2011. A new species of Late Miocene hamster (Cricetidae, Rodentia) from Damiao, Nei Mongol. Vert PalAsiat, 49 (2): 201–209

Zheng S H. 1976. A Middle Pleistocene micromammal fauna from Heshui, Gansu Province. Vert PalAsiat, 14 (2): 112–119 (in Chinese with English summary) [郑绍华. 1976. 甘肃合水一中更新世小哺乳动物群. 古脊椎动物与古人类, 14 (2): 112–119]

Zheng S H. 1981. New discovered small mammals in the Nihowan Bed. Vert PalAsiat, 19 (4): 348–358 (in Chinese with English summary) [郑绍华. 1981. 泥河湾地层中小哺乳动物的新发现. 古脊椎动物与古人类, 19 (4): 348–358]

Zheng S H. 1982. Middle Pliocene micromammals from the Tianzhu Loc. 80007 (Gansu Province). Vert PalAsiat, 20 (2): 138–147 (in Chinese with English summary) [郑绍华. 1982. 甘肃天祝松山第二地点中上新世小哺乳动物. 古脊椎动物与古人类, 20 (2): 138–147]

Zheng S H. 1984a. Revised determination of the fossil cricetine (Rodentia, Mammalia) of Choukoutien district. Vert PalAsiat, 22 (3): 179–197 (in Chinese with English summary) [郑绍华. 1984a. 周口店地区仓鼠材料的重新观察. 古脊椎动物学报, 22 (3): 179–197]

Zheng S H. 1984b. A new species of *Kowalskia* (Rodentia, Mammalia) of Yinan, Shandong. Vert PalAsiat, 22 (4): 251–260 (in Chinese with English summary) [郑绍华. 1984b. 科氏仓鼠(*Kowalskia*) 一新种. 古脊椎动物学报, 22 (4): 251–260]

Zheng S H. 1993. Quaternary rodents of Sichuan-Guizhou area, China. Beijing: Science Press. 1–270 (in Chinese with English summary) [郑绍华 (编著). 1993. 川黔地区第四纪啮齿类. 北京: 科学出版社. 1–270]

Zheng S H. 1994. Classification and evolution of the Siphneidae. In: Tomida Y, Li C K, Setoguchi T (eds). Rodent and Lagomorph Families of Asian Origins and Diversification. Tokyo: Nat Sci Mus Monograph, 8. 57–76

Zheng S H. 1997. Evolution of the Mesosiphneinae (Siphneidae, Rodentia) and environmental change. In: Tong Y S et al (eds).

Evidence for evolution—Essays in honor of Prof. Chungchien Young on the Hundredth Anniverary of His Birth. Beijing：China Ocean Press. 137-150（in Chinese with English abstract）［郑绍华. 1997. 凹枕型鼢鼠（Mesosiphneinae）的进化历史及环境变迁. 见：童永生等（编）. 演化的实证——纪念杨钟健教授百年诞辰论文集. 北京：海洋出版社. 137-150］

Zheng S H, Cai B Q. 1991. Micromammalian fossils from Danangou of Yuxian, Hebei. In：Institute of Vertebrate Paleontology and Paleoanthropology（ed）. Contributions to the XIII INQUA. Beijing：Beijing Sci Tech Pub House. 100-131（in Chinese with English summary）［郑绍华, 蔡保全. 1991. 河北蔚县东窑子头大南沟剖面中的小哺乳动物化石. 见：中国科学院古脊椎动物与古人类研究所（编）. 第十三届国际第四纪大会论文选. 北京：北京科学技术出版社. 100-131］

Zheng S H, Li Y. 1982. Some Pliocene lagomorphs and rodents from Loc. 1 of Songshan, Tianzu Xian, Gansu Province. Vert PalAsiat, 20（1）：35-44（in Chinese with English summary）［郑绍华, 李毅. 1982. 甘肃天祝松山第一地点上新世兔形类和啮齿类动物. 古脊椎动物与古人类, 20（1）：35-44］

Zheng S H, Li C K. 1986. A review of Chinese *Mimomys*（Arvicolidae, Rodentia）. Vert PalAsiat, 24（2）：81-109（in Chinese with English summary）［郑绍华, 李传夔. 1986. 中国的模鼠（*Mimomys*）化石. 古脊椎动物学报, 24（2）：81-109］

Zheng S H, Zhang Z Q. 2000. Late Miocene-Early Pleistocene micromammals from Wenwanggou of Lingtai, Gansu, China. Vert PalAsiat, 38（1）：58-71（in Chinese with English summary）［郑绍华, 张兆群. 2000. 甘肃灵台文王沟晚中新世—早更新世小哺乳动物. 古脊椎动物学报, 38（1）：58-71］

Zheng S H, Zhang Z Q. 2001. Late Miocene-Early Pleistocene biostratigraphy of the Leijiahe area, Lingtai, Gansu. Vert PalAsiat, 39（3）：215-228［郑绍华, 张兆群. 2001. 甘肃灵台晚中新世—早更新世生物地层划分及其意义. 古脊椎动物学报, 39（3）：215-228］

Zheng S H, Huang W B, Zong G F et al. 1975. The Huanghe Elephant. Beijing：Science Press. 1-46（in Chinese）［郑绍华, 黄万波, 宗冠福等（编著）. 1975. 黄河象. 北京：科学出版社. 1-46］

Zheng S H, Wu W Y, Li Y et al. 1985a. Late Cenozoic mammalian faunas of Guide and Gonghe basins, Qinghai Province. Vert PalAsiat, 23（2）：89-134（in Chinese with English summary）［郑绍华, 吴文裕, 李毅等. 1985a. 青海贵德、共和两盆地晚新生代哺乳动物. 古脊椎动物学报, 23（2）：89-134］

Zheng S H, Yuan B Y, Gao F Q et al. 1985b. Fossil mammals and their evolution. In：Liu D S et al. Loess and the Environment. Beijing：Science Press. 113-141（in Chinese）［郑绍华, 袁宝印, 高福清等. 1985b. 哺乳动物及其演化. 见：刘东生等. 黄土与环境. 北京：科学出版社. 113-141］

Zheng S H, Zhang Z Q, Cui N. 2004. On some species of *Prosiphneus*（Siphneidae, Rodentia）and the origin of Siphneidae. Vert PalAsiat, 42（4）：297-315（in Chinese with English summary）［郑绍华, 张兆群, 崔宁. 2004. 记几种原鼢鼠（啮齿目, 鼢鼠科）及鼢鼠科的起源讨论. 古脊椎动物学报, 42（4）：297-315］

Zhou X Y. 1988. The Pliocene micromammalian fauna from Jingle, Shanxi—A discussion of the age of Jingle Red Clay. Vert PalAsiat, 26（3）：181-197（in Chinese with English summary）［周晓元. 1988. 山西静乐上新世小哺乳动物群及静乐组的时代讨论. 古脊椎动物学报, 26（3）：181-197］

Ziegler R. 1994. Rodentia（Mammalia）aus den oberoligozänen Spaltenfüllungen Herrlingen 8 und Harrlingen 9 bei Ulm（Baden-Württemberg）. Stuttgarter Beiträge zur Naturkunde, Serie B（Geologie und Paläontologie）, 196：1-81

Ziegler R, Fahlbusch V. 1986. Kleinsäuger-Faunen aus der basalen Obern Süsswasser-Molasse Niederbayerns. Zitteliana, 14：3-80

Zong G F. 1987. Note on some mammalian fossils from the Early Pleistocene of Di-qing County, Yunnan. Vert PalAsiat, 25（1）：69-76（in Chinese with English abstract）［宗冠福. 1987. 云南迪庆州更新世早期哺乳动物的发现. 古脊椎动物学报, 25（1）：69-76］

Zong G F, Tang Y J, Xu Q Q et al. 1982. The Early Pleistocene in Tunliu, Shanxi. Vert PalAsiat, 20（3）：236-247（in Chinese with English abstract）［宗冠福, 汤英俊, 徐钦琦等. 1982. 山西屯留西村早更新世地层. 古脊椎动物与古人类, 20（3）：236-247］

Zong G F, Huang X S, Chen W Y et al. 1996. Cenozoic Mammals and Environment of Hengduan Mountains Region. Beijing：China Ocean Press. 1-279（in Chinese with English abstract）［宗冠福, 黄学诗, 陈万勇等. 1996. 横断山区新生代哺乳动物及其生活环境. 北京：海洋出版社. 1-279］

汉-拉学名索引

拉-汉学名索引

附录 1　内蒙古中部地区新近纪啮齿类动物名单及各种的发现地点

Appendix 1　List of Neogene rodents and localities of their species found in central Nei Mongol

双柱鼠科 Distylomyidae

 原双柱鼠属 *Prodistylomys*

  蒙原双柱鼠 *Prodistylomys mengensis*   A(L)†, GS

 双柱鼠属 *Distylomys*

  特氏双柱鼠 *Distylomys tedfordi*   GS, TN

  布尔津双柱鼠 *Distylomys burqinensis*   A(L), GS

 异双柱鼠属 *Allodistylomys*

  草原异双柱鼠 *Allodistylomys stepposus* A(L)†

拟速掘鼠科 Tachyoryctoididae

 拟速掘鼠属 *Tachyoryctoides*

  巨拟速掘鼠 *Tachyoryctoides colossus*   A(L), GS†

  普通拟速掘鼠 *Tachyoryctoides vulgatus* A(L), GS†

 阿亚科兹鼠属 *Ayakozomys*

  满都拉图阿亚科兹鼠 *Ayakozomys mandaltensis* A(L), GS†, BH

  最后阿亚科兹鼠 *Ayakozomys ultimus*   A(L), GS, A(U)†, TN

山河狸科 Aplodontidae

 半圆鼠属 *Ansomys*

  北方半圆鼠 *Ansomys borealis*   A(L), GS†, A(U), 346, TM, BH, BT

  粗壮半圆鼠 *Ansomys robustus*   A(L)†, GS, A(U)

  脊齿半圆鼠 *Ansomys lophodens*   346, AM, BH†, HT, SL, BT

 方齿鼠属 *Quadrimys*

  奇异方齿鼠属 *Quadrimys paradoxus* A(L)†, GS

 副新月鼠属 *Parameniscomys*

  蒙副新月鼠 *Parameniscomys mengensis* A(L)†

 假山河狸属 *Pseudaplodon*

  亚洲假山河狸 *Pseudaplodon asiaticus* ET, HO

  阿木乌苏假山河狸 *Pseudaplodon amuwusuensis* AM†

圆齿鼠科 Mylagaulidae

 察里圆齿鼠属 *Tschalimys*

  奇氏察里圆齿鼠(相似种) *Tschalimys* cf. *T. ckhikvadzei* A(U), HT

松鼠科 Sciuridae

 松鼠亚科 Sciurinae

 花鼠属 *Tamias*

  二登图花鼠 *Tamias ertemtensis*   A(L), GS, A(U), 346, MG *, TM *, AM, BH, HT, SL, BT, ET *, HO *, BK *, GT

 欧洲花鼠属 *Spermophilinus*

  蒙古欧洲花鼠 *Spermophilinus mongolicus* AM, BH†, BT

松鼠属 *Sciurus*

    松鼠（未定种）*Sciurus* sp.   BT，ET＊，HO＊

花松鼠属 *Tamiops*

    小花松鼠 *Tamiops minor*   BH†

阿特拉旱松鼠属 *Atlantoxerus*

    东方阿特拉旱松鼠 *Atlantoxerus orientalis*   346，MG＊，UH＊，BH，BT

    细弱阿特拉旱松鼠 *Atlantoxerus exilis*   A（L）†，GS，A（U），BH

    较大阿特拉旱松鼠 *Atlantoxerus major*   GS，A（U）†，BH

    阿特拉旱松鼠（未定种）*Atlantoxerus* sp.   A（L），346

古松鼠属 *Palaeosciurus*

    敖尔班古松鼠 *Palaeosciurus aoerbanensis*   A（L）†，GS，A（U）

中华花鼠属 *Sinotamias*

    原始中华花鼠 *Sinotamias primitivus*   MG＊，BH

    厚重中华花鼠 *Sinotamias gravis*   SL，ET＊，HO＊，BK，GT

原黄鼠属 *Prospermophilus*

    东方原黄鼠 *Prospermophilus orientalis*   BH，HT，SL，BT，ET＊，HO＊，BK＊

鼯鼠亚科 Pteromyinae

    中新鼯鼠属 *Miopetaurista*

        中新鼯鼠（未定种）*Miopetaurista* sp.   AM

    上新鼯鼠属 *Pliopetaurista*

        ＊皱纹上新鼯鼠 *Pliopetaurista rugosa*   ET＊，HO＊

        皱纹上新鼯鼠（相似种）*Pliopetaurista* cf. *P. rugosa*   BH，BT

        优美上新鼯鼠（相似种）*Pliopetaurista* cf. *P. speciosa*   BH，SL

    箭尾飞鼠属 *Hylopetes* Thomas，1908

        ＊祖先箭尾飞鼠 *Hylopetes auctor*   ET＊，HO＊

        美丽箭尾飞鼠 *Hylopetes bellus*   BH†

        阎氏箭尾飞鼠 *Hylopetes yani*   BK†

睡鼠科 Gliridae

  林睡鼠亚科 Dryomyinae

    东方睡鼠属 *Orientiglis*

        吴氏东方睡鼠 *Orientiglis wuae*   A（L），GS，A（U），346，MG，AM，BH，HT，SL，BT

  微睡鼠亚科 Myomiminae

    中新睡鼠属 *Miodyromys*

        中亚中新睡鼠 *Miodyromys asiamediae*   A（L），GS，A（U），346，MG，BH

    小睡鼠属 *Myomimus*

        ＊中华小睡鼠 *Myomimus sinensis*   ET，HO，BK

        中华小睡鼠（相似种）*Myomimus* cf. *M. sinensis*   BU，BT

始鼠科 Eomyidae

  卢瓦鼠属 *Ligerimys*

    亚洲卢瓦鼠 *Ligerimys asiaticus*   A（L）†，GS

  亚洲始鼠属 *Asianeomys*

    法氏亚洲始鼠 *Asianeomys fahlbuschi*   A（L），GS

  凯拉鼠属 *Keramidomys*

    法氏凯拉鼠 *Keramidomys fahlbuschi*   A（L），GS，A（U），346，MG＊，BH，HT，BT

    大凯拉鼠 *Keramidomys magnus*   AM，BH†，SL，BT

  小齿鼠属 *Leptodontomys*

    甘肃小齿鼠 *Leptodontomys gansus*   GS，346，MG＊，AM，BH，HT，SL，BT，ET＊，HO＊

    李氏小齿鼠 *Leptodontomys lii*   A（L），GS，346，MG＊，AM，BH，HT，SL，BT

　　　　五尖始鼠属 *Pentabuneomys*

　　　　　　菲氏五尖始鼠 *Pentabuneomys fejfari*　　　　　　　A（L），GS，A（U），AM，BH†

河狸科 Castoridae

　　基干河狸类 Basal castorids

　　　　＊近兽鼠属 *Anchitheriomys*（＝*Amblycastor*）

　　　　　　＊通古尔近兽鼠 *Anchitheriomys tungurensis*　　　MG＊

　　　　豪狸属 *Hystricops*

　　　　　　蒙豪狸 *Hystricops mengensis*　　　　　　　　　346，TM，AM†

　　拟河狸亚科 Castoroidinae

　　　　单沟河狸属 *Monosaulax*

　　　　　　通古尔单沟河狸 *Monosaulax tungurensis*　　　　MG＊，AM

　　　　真河狸属 *Eucastor*

　　　　　　上新真河狸 *Eucastor plionicus*　　　　　　　　GT†

　　　　假河狸属 *Dipoides*

　　　　　　安纳托利亚假河狸 *Dipoides anatolicus*　　　　　ET，HO

　　　　　　梅氏假河狸 *Dipoides majori*　　　　　　　　　GT

　　　　　　蒙假河狸 *Dipoides mengensis*　　　　　　　　　BU†

　　河狸亚科 Castorinae

　　　　河狸属 *Castor*

　　　　　　安氏河狸 *Castor anderssoni*　　　　　　　　　ET，BK GT

林跳鼠科 Zapodidae

　　林跳鼠亚科 Zapodinae

　　　　近䶎鼠属 *Plesiosminthus*

　　　　　　巴氏近䶎鼠 *Plesiosminthus barsboldi*　　　　　A（L），GS，A（U）

　　　　　　小近䶎鼠 *Plesiosminthus vegrandis*　　　　　　A（L），GS，A（U）

　　　　　　亚细亚近䶎鼠 *Plesiosminthus asiaticus*　　　　A（L）

　　　　简齿鼠属 *Litodonomys*

　　　　　　最小简齿鼠 *Litodonomys minimus*　　　　　　　A（L），GS＊

　　　　中华齿鼠属 *Sinodonomys*

　　　　　　＊简中华齿鼠 *Sinodonomys simplex*　　　　　　GS＊

　　　　　　简中华齿鼠（相似种）*Sinodonomys cf. S. simplex*　　A（L）

　　　　林跳鼠属 *Eozapus*

　　　　　　相似林跳鼠 *Eozapus similis* 2　　　　　　　　ET，HO＊

　　　　　　较大林跳鼠 *Eozapus major*　　　　　　　　　BH†

　　　　中华林跳鼠属 *Sinozapus*

　　　　　　法氏中华林跳鼠 *Sinozapus volkeri*　　　　　　BK＊，GT

　　　　　　小中华林跳鼠 *Sinozapus parvus*　　　　　　　AM，BH，HT，SL†

　　　　　　中华林跳鼠（未定种）*Sinozapus* sp.　　　　　ET

　　蹶鼠亚科 Sicistinae

　　　　蹶鼠属 *Sicista*

　　　　　　始蹶鼠 *Sicista prima*　　　　　　　　　　　A（L），GS＊，A（U）

　　　　　　王氏蹶鼠 *Sicista wangi*　　　　　　　　　　ET，HO，BK＊

　　　　　　二登图蹶鼠 *Sicista ertemteensis*　　　　　　346，BH，SL，BT，ET†，HO，GT

　　　　　　比例克蹶鼠 *Sicista bilikeensis*　　　　　　　BU，BK†

　　　　似蹶鼠属 *Omoiosicista*

　　　　　　富贵似蹶鼠 *Omoiosicista fui*　　　　　　　　A（L），GS＊

　　脊仓跳鼠亚科 Lophocricetinae

　　　　异䶎鼠属 *Heterosminthus*

东方异蹶鼠 *Heterosminthus orientalis*	346，MG，UH∗，TM∗，AM，BH，BT
强健异蹶鼠 *Heterosminthus firmus*	A(L)
叶氏异蹶鼠 *Heterosminthus erbajevae*	A(L)，GS∗，A(U)
矮小异蹶鼠 *Heterosminthus nanus*	A(L)，GS∗
脊仓跳鼠属 *Lophocricetus*	
葛氏脊仓跳鼠 *Lophocricetus grabaui*	BT，ET∗，HO∗，BK∗
西安脊仓跳鼠 *Lophocricetus xianensis*	BH，HT，SL，BU，BT
∗副脊仓跳鼠属 *Paralophocricetus*	
∗小副脊仓跳鼠 *Paralophocricetus pusillus*	ET，HO，BK
未定亚科 Incertae Subfamilinae	
林跳鼠(未定属种1) *Zapodidae gen. et sp. indet. 1*	BH
林跳鼠(未定属种2) *Zapodidae gen. et sp. indet. 2*	BH
跳鼠科 Dipodidae	
五趾跳鼠亚科 Allactaginae	
原跳鼠属 *Protalactaga*	
葛氏原跳鼠 *Protalactaga grabaui*	346，MG∗，UH∗，TM，∗AM，BH，BT
较大原跳鼠 *Protalactaga major*	346，MG∗
蓝田原跳鼠 *Protalactaga lantianensis*	BH
脊齿原跳鼠 *Protalactaga lophodens*	AM，BH†
副跳鼠属 *Paralactaga*	
孙氏副跳鼠 *Paralactaga suni*	BT，ET∗，HO∗，BK∗ GT
安氏副跳鼠 *Paralactaga anderssoni*	BH
小齿副跳鼠 *Paralactaga parvidens*	SL†，BU，BT
沙拉副跳鼠 *Paralactaga shalaensis*	SL†
低冠蹶鼠属 *Brachyscirtetes*	
富田氏低冠蹶鼠 *Brachyscirtetes tomidai*	BU
魏氏低冠蹶鼠 *Brachyscirtetes wimani*	BH，BT，ET∗，HO∗
粗壮低冠蹶鼠 *Brachyscirtetes robustus*	GT
∗粗壮低冠蹶鼠(相似种) *Brachyscirtetes* cf. *B. robustus*	BK
三趾跳鼠亚科 Dipodinae	
三趾跳鼠属 *Dipus*	
上新三趾跳鼠 *Dipus pliocenicus*	BK，GT†
矮小三趾跳鼠 *Dipus nanus*	SL†
伪三趾跳鼠 *Dipus fraudator*	BH，BU，BT，ET∗，HO∗
心颅跳鼠亚科 Cardiocraniinae	
三趾心颅跳鼠属 *Salpingotus*	
原始三趾心颅跳鼠 *Salpingotus primitivus*	SL
五趾心颅跳鼠属 *Cardiocranius*	
小五趾心颅跳鼠 *Cardiocranius pusillus*	SL
仓鼠科 Cricetidae	
真古仓鼠亚科 Eucricetodontinae	
后真古仓鼠属 *Metaeucricetodon*	
蒙后真古仓鼠 *Metaeucricetodon mengicus*	A(L)，GS†，A(U)，BH，BT
古仓鼠亚科 Cricetodontinae	
众古仓鼠属 *Democricetodon*	
林氏众古仓鼠 *Democricetodon lindsayi*	GS，A(U)，346，MG∗，UH∗，TM∗，AM，BH，HT，BT
苏氏众古仓鼠 *Democricetodon sui*	A(L)，GS
童氏众古仓鼠 *Democricetodon tongi*	GS，A(U)，MG∗，TM∗，BH，

苏尼特鼠属 *Sonidomys*

    德氏苏尼特鼠 *Sonidomys deligeri*   346†

巨尖古仓鼠属 *Megacricetodon*

    中华巨尖古仓鼠 *Megacricetodon sinensis*   A（L），GS，A（U），TN，346，MG＊，UH＊，TM＊，BH，BT

古仓鼠属 *Cricetodon*

    苏尼特古仓鼠 *Cricetodon sonidensis*   A（U）†

    冯氏古仓鼠 *Cricetodon fengi*   346†，BH，BT

近古仓鼠亚科 Plesiodipinae

    近古仓鼠属 *Plesiodipus*

        李氏近古仓鼠 *Plesiodipus leei*   TN，346，MG＊，AM，BH，BT

        进步近古仓鼠 *Plesiodipus progressus*   TM＊，BH，BT

        粗壮近古仓鼠 *Plesiodipus robustus*   AM，BH†，HT，BT

    戈壁古仓鼠属 *Gobicricetodon*

        弗氏戈壁古仓鼠 *Gobicricetodon flynni*   TN，346＊，MG＊

        弗氏戈壁古仓鼠（亲近种）*Gobicricetodon* aff. *G. flynni*   AM，BH

        粗壮戈壁古仓鼠 *Gobicricetodon robustus*   TM＊，AM，BH，BT

        阿尔善戈壁古仓鼠 *Gobicricetodon arshanensis*   AM，HT†，BT

    可汗鼠属 *Khanomys*

        白氏可汗鼠 *Khanomys baii*   AM，BH†

        陈氏可汗鼠 *Khanomys cheni*   HT，SL†，BT

    犀齿鼠属 *Rhinocerodon*

        阿巴嘎犀齿鼠 *Rhinocerodon abagensis*   BU†

仓鼠亚科 Cricetinae

    类山丘鼠属 *Colloides*

        晓鸣类山丘鼠 *Colloides xiaomingi*   AM，BH†，HT，SL

    中华仓鼠属 *Sinocricetus*

        师氏中华仓鼠 *Sinocricetus zdanskyi*   BH，SL，BU，BT，ET＊，HO＊

        进步中华仓鼠 *Sinocricetus progressus*   BT，BK＊，GT

    ＊较大中华仓鼠 *Sinocricetus major*   GT

    微仓鼠属 *Nannocricetus*

        原始微仓鼠 *Nannocricetus primitivus*   BH，HT，SL，BU，BT

        蒙古微仓鼠 *Nannocricetus mongolicus*   BH，BT，ET＊，HO＊，BK＊，GT

    科氏仓鼠属 *Kowalskia*

        沙拉科氏仓鼠 *Kowalskia shalaensis*   HT，SL†，BU

        内蒙科氏仓鼠 *Kowalskia neimengensis*   BT，ET＊，HO＊

        似法氏科氏仓鼠 *Kowalskia similis*   BH，BT，ET＊，HO＊

    ＊郑氏科氏仓鼠 *Kowalskia zhengi*   BK

    ＊似法氏科氏仓鼠（相似种）*Kowalskia* cf. *K. similis*   BK

仿田鼠亚科 Microtoscoptinae

    仿田鼠属 *Microtoscoptes*

        ＊开端仿田鼠 *Microtoscoptes praetermissus*   ET＊，HO＊

        法氏仿田鼠 *Microtoscoptes fahlbuschi*   BH，BU†，BT

        仿田鼠（未定种）*Microtoscoptes* sp.   SL

巴兰鼠亚科 Baranomyinae

    小齿仓鼠属 *Microtodon*

        ＊祖先小齿仓鼠 *Microtodon atavus*   ET

        ＊祖先小齿仓鼠（相似种）*Microtodon* cf. *M. atavus*   HO，BK

        小齿仓鼠（未定种）*Microtodon* sp.   BT

黎明鼠属 *Anatolomys*

    * 德氏黎明鼠 *Anatolomys teilhardi*　　　　　　ET

    * 德氏黎明鼠（相似种）*Anatolomys* cf. *A. teilhardi*　　HO，BK

    黎明鼠（未定种）*Anatolomys* sp.　　　　　　BT

未定亚科 Incertae Subfamilinae

  田仓鼠属 *Microtocricetus*

    沙拉田仓鼠 *Microtocricetus shalaensis*　　　SL†

  强壮鼠属 *Ischymomys*

    强壮鼠（未定种）*Ischymomys* sp.　　　　　SL

沙鼠科 Gerbillidae

  裸尾沙鼠亚科 Taterillinae

    阿布扎比鼠属 *Abudhabia*

      阿巴嘎阿布扎比鼠 *Abudhabia abagensis*　　　BU

      王氏阿布扎比鼠 *Abudhabia wangi*　　　　　BH†

  沙鼠亚科 Gerbillinae

    假沙鼠属 *Pseudomeriones*

      齿假沙鼠 *Pseudomeriones abbreviatus*　　BH，BT，ET，HO，BK＊，GT

      复齿假沙鼠 *Pseudomeriones complicidens*　　GT

  䶄科 Arvicolidae

    模鼠属 *Mimomys*

      * 比例克模鼠 *Mimomys*（*Aratomys*）*bilikeensis*　　BK

      德氏模鼠 *Mimomys teilhardi*　　　　　　GT†

      东方模鼠 *Mimomys orientalis*　　　　　　GT

    波尔索地鼠属 *Borsodia*

      蒙波尔索地鼠 *Borsodia mengensis*　　　　GT†

鼢鼠科 Myospalacidae

  原鼢鼠属 *Prosiphneus*

    邱氏原鼢鼠 *Prosiphneus qiui*　　　　　AM，BH

    艾力克原鼢鼠 *Prosiphneus eriksoni*　　　BU，ET，HO

    * 艾力克原鼢鼠（相似种）*Prosiphneus* cf. *P. eriksoni*　　BK

  日进鼢鼠属 *Chardina*

    甘肃日进鼢鼠 *Chardina gansuensis*　　　GT

    峭枕日进鼢鼠 *Chardina truncatus*　　　　GT

鼠科 Muridae

  原裔鼠属 *Progonomys*

    沙拉原裔鼠 *Progonomys shalaensis*　　　SL†

  汉斯鼠属 *Hansdebruijnia*

    微小汉斯鼠 *Hansdebruijnia perpusilla*　　BU

    小汉斯鼠 *Hansdebruijnia pusilla*　　　　BH，BU，BT，ET＊，HO＊

  类鼠王鼠属 *Karnimatoides*

    三趾马层类鼠王鼠 *Karnimatoides hipparionus*　　BU，BT，ET＊，HO＊

  姬鼠属 Apodemus

    * 东方姬鼠 *Apodemus orientalis*　　　　　ET

    李氏姬鼠 *Apodemus lii*　　　　　　　　BK＊，GT

    邱氏姬鼠 *Apodemus qiui*　　　　　　　GT

    * 姬鼠（未定种）*Apodemus* sp.　　　　　BK＊

  * 胀尖姬鼠属 *Rhagapodemus*

    * 胀尖姬鼠（未定种）*Rhagapodemus* sp.　　HO＊

东方鼠属 *Orientalomys*

    原始东方鼠 *Orientalomys primitivus*   ET, HO ∗

  ∗ 中华东方鼠 *Orientalomys sinensis*   BK ∗

日进鼠属 *Chardinomys*

  ∗ 比例克日进鼠 *Chardinomys bilikeensis*   BK ∗

    榆社日进鼠 *Chardinomys yusheensis*   GT

华夏鼠属 *Huaxiamys*

    唐氏华夏鼠 *Huaxiamys downsi*   GT

  ∗ 华夏鼠 *Huaxiamys* sp.   BK ∗

异华夏鼠属 *Allohuaxiamys*

    高特格异华夏鼠 *Allohuaxiamys gaotegeensis*   GT†

∗ 异家鼠属 *Allorattus*

  ∗ 恩氏异家鼠 *Allorattus engesseri*   BK ∗

巢鼠属 *Micromys*

    舒氏巢鼠 *Micromys chalceus*   BU, BT, ET ∗, HO ∗

  ∗ 科赞巢鼠 *Micromys kozaniensis*   BK ∗

    戴氏巢鼠 *Micromys tedfordi*   GT

未定科 Incertae familiae

  ∗ 副竹鼠属 *Pararhizomys*

    ∗ 三趾马层副竹鼠 *Pararhizomys hipparionum*   BU ∗, GT ∗

注(note)：

（1）∗ - 已记述、发表(published taxon)

（2）† - 新种模式产地(type locality of new species)

（3）化石地点缩写(abbreviation of fossil locality)：

    A(L) - 敖尔班(下)，Aoerban (L)；AM-阿木乌苏，Amuwusu；A(U)-敖尔班(上)，Aoerban (U)；BH-巴伦哈拉根，Balunhalagen；BK-比例克，Bilike；BT-必鲁图，Bilutu；BU-宝格达乌拉，Baogeda Ula；ET-二登图，Ertemte；GS-嘎顺音阿得格，Gashunyinadege；GT-高特格，Gaotege；HO-哈尔鄂博，Harr Obo；HT-灰腾河，Huitenghe；MG-默尔根，Moergen；SL-沙拉，Shala；TM-铁木钦，Tamuqin；TN-推饶木，Tairum Nur；346-346 里程碑地点，Loc. 346 RM；UH-乌兰呼苏音(下)，Ulan Hushuyin (L)

附录 2 内蒙古中部地区主要化石地点的地理坐标、所在旗县及野外编号一览

Appendix 2 Main fossil localities in central Nei Mongol and their geographic coordinate, subordinated counties, and numbers

地点名称 (Locality)	坐标 (Geographic coordinate)	所在旗县 (S. C.)	编号 (No)
敖尔班(下) Aoerban (L)	43°20′15.8″N, 113°53′29.4″E	苏尼特左旗	IM 0407
	43°21′00.7″N, 113°54′23.3″E	苏尼特左旗	IM 0507
嘎顺音阿得格 Gashunyinadege	43°33′29.8″N, 113°33′22.7″E	苏尼特左旗	IM 9605
	43°33′28.8″N, 113°33′24.2″E	苏尼特左旗	IM 0401
	43°33′50.6″N, 113°32′28.5″E	苏尼特左旗	IM 0406
敖尔班(上) Aoerban (U)	43°20′27.4″N, 113°54′45.7″E	苏尼特左旗	IM 0772
推饶木 Tairum Nur	43°24′55.6″N, 113°07′02.1″E	苏尼特右旗	
346 里程碑 Loc. 346 RM	43°24′53.4″N, 113°07′06.1″E	苏尼特右旗	
默尔根 Moergen	43°44′27.9″N, 112°55′05.8″E	苏尼特左旗	IVPP 86020a
铁木钦 Tamuqin	43°44′18.2″N, 112°55′08.9″E	苏尼特左旗	IVPP 86020b
乌兰呼苏音 Ulan Hushuyin	43°55′57.5″N, 114°29′47.8″E	阿巴嘎旗	IM 9604
巴伦哈拉根 Balunhalagen	43°20′20.5″N, 113°53′48.4″E	苏尼特左旗	IM 0801
阿木乌苏 Amuwusu	42°22′03.1″N, 112°44′27.3″E	苏尼特右旗	
沙拉 Shala	42°19′58.0″N, 112°52′17.0″E	苏尼特右旗	IM 9610
灰腾河 Huitenghe	43°24′17.3″N, 115°26′28.9″E	阿巴嘎旗	IM 0003
宝格达乌拉 Baogeda Ula	44°08′31.6″N, 114°35′40.3″E	阿巴嘎旗	IM 9601
	44°08′22.6″N, 114°35′43.2″E	阿巴嘎旗	IM 9602
	44°08′20.9″N, 114°35′38.2″E	阿巴嘎旗	IM 0702
	44°09′51.5″N, 114°35′50.0″E	阿巴嘎旗	IM 0703
	44°06′03.3″N, 114°38′32.6″E	阿巴嘎旗	IM 0709
	44°08′24.2″N, 114°35′55.8″E	阿巴嘎旗	IM 0902
必鲁图 Bilutu	43°20′21.4″N, 113°54′37.7″E	苏尼特左旗	IM 0510
二登图 2 Ertemte 2	41°52′59.5″N, 114°05′53.6″E	化德县	
哈尔鄂博 2 Harr Obo 2	41°52′59.5″N, 114°05′53.6″E	化德县	
比例克 Bilike	42°08′11.5″N, 114°29′35.0″E	化德县	
高特格 Gaotege	43°29′55.2″N, 115°26′36.3″E	阿巴嘎旗	DB 02-1
	43°29′54.5″N, 115°26′36.3″E	阿巴嘎旗	DB 02-2
	43°29′55.8″N, 115°26′48.1″E	阿巴嘎旗	DB 02-3
	43°29′53.1″N, 115°26′45.7″E	阿巴嘎旗	DB 02-4
	43°29′55.2″N, 115°26′36.3″E	阿巴嘎旗	DB 03-1
	43°29′55.7″N, 115°26′33.9″E	阿巴嘎旗	DB 03-2

附录3 内蒙古中部地区新近纪啮齿类动物群名单
Appendix 3 Faunal list of Neogene rodents from central Nei Mongol

敖尔班(下)动物群
Aoerban (L) Fauna

Distylomyidae
  Prodistylomys mengensis
  Distylomys burqinensis
  Allodistylomys stepposus
Tachyoryctoididae
  Tachyoryctoides colossus
  T. vulgatus
  Ayakozomys mandaltensis
  A. ultimus
Aplodontidae
  Ansomys borealis
  A. robustus
  Quadrimys paradoxus
  Parameniscomys mengensis
Sciuridae
  Tamias ertemtensis
  Atlantoxerus exilis
  Atlantoxerus sp.
  Palaeosciurus aoerbanensis
Gliridae
  Orientiglis wuae
  Miodyromys asiamediae
Eomyidae
  Ligerimys asiaticus
  Asianeomys fahlbuschi
  Keramidomys fahlbuschi
  Leptodontomys lii
  Pentabuneomys fejfari
Zapodidae
  Plesiosminthus barsboldi
  P. vegrandis
  P. asiaticus
  Litodonomys minimus
  Sinodonomys cf. *S. simplex*
  Sicista prima
  Omoiosicista fui

Heterosminthus firmus
  H. erbajevae
  H. nanus
Cricetidae
  Metaeucricetodon mengicus
  Democricetodon sui
  Megacricetodon sinensis

嘎顺音阿得格动物群
Gashunyinadege Fauna

Distylomyidae
  Prodistylomys mengensis
  Distylomys tedfordi
  D. burqinensis
Tachyoryctoididae
  Tachyoryctoides colossus
  T. vulgatus
  Ayakozomys mandaltensis
  A. ultimus
Aplodontidae
  Ansomys borealis
  A. robustus
  Quadrimys paradoxus
Sciuridae
  Tamias ertemtensis
  Atlantoxerus exilis
  A. major
  Palaeosciurus aoerbanensis
Gliridae
  Orientiglis wuae
  Miodyromys asiamediae
Eomyidae
  Ligerimys asiaticus
  Asianeomys fahlbuschi
  Keramidomys fahlbuschi
  Leptodontomys gansus
  L. lii
  Pentabuneomys fejfari

Zapodidae

  Plesiosminthus barsboldi

  P. vegrandis

  Litodonomys minimus

  Sinodonomys simplex

  Sicista prima

  Omoiosicista fui

  Heterosminthus erbajevae

  H. nanus

Cricetidae

  Metaeucricetodon mengicus

  Democricetodon lindsayi

  D. sui

  D. tongi

  Megacricetodon sinensis

敖尔班（上）动物群
Aoerban（U）Fauna

Tachyoryctoididae

  Ayakozomys ultimus

Aplodontidae

  Ansomys borealis

  A. robustus

Mylagaulidae

  Tschalimys cf. *T. ckhikvadzei*

Sciuridae

  Tamias ertemtensis

  Atlantoxerus exilis

  A. major

  Palaeosciurus aoerbanensis

Gliridae

  Orientiglis wuae

  Miodyromys asiamediae

Eomyidae

  Keramidomys fahlbuschi

  Pentabuneomys fejfari

Zapodidae

  Plesiosminthus barsboldi

  P. vegrandis

  Sicista prima

  Heterosminthus erbajevae

Cricetidae

  Metaeucricetodon mengicus

  Democricetodon lindsayi

  D. tongi

  Megacricetodon sinensis

  Cricetodon sonidensis

推饶木动物群
Tairum Nur Fauna

Distylomyidae

  Distylomys tedfordi

Tachyoryctoididae

  Ayakozomys ultimus

Cricetidae

  Megacricetodon sinensis

  Plesiodipus leei

  Gobicricetodon flynni

346 里程碑动物群
346 RM Fauna

Aplodontidae

  Ansomys borealis

  A. lophodens

Sciuridae

  Tamias ertemtensis

  Atlantoxerus orientalis

  Atlantoxerus sp.

Gliridae

  Orientiglis wuae

  Miodyromys asiamediae

Eomyidae

  Keramidomys fahlbuschi

  Leptodontomys gansus

  L. lii

Castoridae

  Hystricops mengensis

Zapodidae

  Sicista ertemteensis

  Heterosminthus orientalis

Dipodidae

  Protalactaga grabaui

  P. major

Cricetidae

  Democricetodon lindsayi

  Sonidomys deligeri

  Megacricetodon sinensis

  Cricetodon fengi

  Plesiodipus leei

  Gobicricetodon flynni

默尔根动物群
Moergen Fauna

Sciuridae

  Tamias ertemtensis

Atlantoxerus orientalis

Sinotamias primitivus

Gliridae

Orientiglis wuae

Miodyromys asiamediae

Eomyidae

Keramidomys fahlbuschi

Leptodontomys gansus

L. lii

Castoridae

Anchitheriomys tungurensis

Monosaulax tungurensis

Zapodidae

Heterosminthus orientalis

Dipodidae

Protalactaga grabaui

P. major

Cricetidae

Democricetodon lindsayi

D. tongi

Megacricetodon sinensis

Plesiodipus leei

Gobicricetodon flynni

乌兰呼苏音（下）动物群

Ulan Hushuyin（L）Fauna

Sciuridae

Atlantoxerus orientalis

Zapodidae

Heterosminthus orientalis

Dipodidae

Protalactaga grabaui

Cricetidae

Democricetodon lindsayi

Megacricetodon sinensis

铁木钦动物群

Tamuqin Fauna

Aplodontidae

Ansomys borealis

Sciuridae

Tamias ertemtensis

Castoridae

Hystricops mengensis

Zapodidae

Heterosminthus orientalis

Dipodidae

Protalactaga grabaui

Cricetidae

Democricetodon lindsayi

D. tongi

Megacricetodon sinensis

Plesiodipus progressus

Gobicricetodon robustus

阿木乌苏动物群

Amuwusu Fauna

Aplodontidae

Ansomys lophodens

Pseudaplodon amuwusuensis

Sciuridae

Tamias ertemtensis

Spermophilinus mongolicus

Miopetaurista sp.

Gliridae

Orientiglis wuae

Eomyidae

Keramidomys magnus

Leptodontomys gansus

L. lii

Pentabuneomys fejfari

Castoridae

Hystricops mengensis

Monosaulax tungurensis

Zapodidae

Sinozapus parvus

Heterosminthus orientalis

Dipodidae

Protalactaga grabaui

P. lophodens

Cricetidae

Democricetodon lindsayi

Plesiodipus leei

P. robustus

Gobicricetodon aff. *G. flynni*

G. robustus

G. arshanensis

Khanomys baii

Colloides xiaomingi

Myospalacidae

Prosiphneus qiui

巴伦哈拉根动物群

Balunhalagen Fauna

Tachyoryctoididae

Ayakozomys mandaltensis

Aplodontidae

  Ansomys borealis

  A. lophodens

Sciuridae

  Tamias ertemtensis

  Spermophilinus mongolicus

  Tamiops minor

  Atlantoxerus orientalis

  A. exilis

  A. major

  Sinotamias primitivus

  Prospermophilus orientalis

  Pliopetaurista cf. P. rugosa

  P. cf. P. speciosa

  Hylopetes bellus

Gliridae

  Orientiglis wuae

  Miodyromys asiamediae

Eomyidae

  Keramidomys fahlbuschi

  K. magnus

  Leptodontomys gansus

  L. lii

  Pentabuneomys fejfari

Zapodidae

  Eozapus major

Sinozapus parvus

  Sicista ertemteensis

  Heterosminthus orientalis

  Lophocricetus xianensis

  Zapodidae indet. 1

  Zapodidae indet. 2

Dipodidae

  Protalactaga grabaui

  P. lantianensis

  P. lophodens

  Paralactaga anderssoni

  Brachyscirtetes wimani

  Dipus fraudator

Cricetidae

  Metaeucricetodon mengicus

  Democricetodon lindsayi

  D. tongi

  Megacricetodon sinensis

  Cricetodon fengi

  Plesiodipus leei

  P. progressus

  P. robustus

· 504 ·

  Gobicricetodon aff. G. flynni

  G. robustus

  Khanomys baii

  Colloides xiaomingi

  Sinocricetus zdanskyi

  Nannocricetus primitivus

  N. mongolicus

  Kowalskia similis

  Microtoscoptes fahlbuschi

Gerbillidae

  Abudhabia wangi

  Pseudomeriones abbreviatus

Myospalacidae

  Prosiphneus qiui

Muridae

  Hansdebruijnia pusilla

灰腾河动物群
Huitenghe Fauna

Aplodontidae

  Ansomys lophodens

Mylagaulidae

  Tschalimys cf. T. ckhikvadzei

Sciuridae

  Tamias ertemtensis

  Prospermophilus orientalis

Gliridae

  Orientiglis wuae

Eomyidae

  Keramidomys fahlbuschi

  Leptodontomys gansus

  L. lii

Zapodidae

  Sinozapus parvus

  Lophocricetus xianensis

Cricetidae

  Democricetodon lindsayi

  Plesiodipus robustus

  Gobicricetodon arshanensis

  Khanomys cheni

  Colloides xiaomingi

  Nannocricetus primitivus

  Kowalskia shalaensis

沙拉动物群
Shala Fauna

Aplodontidae

  Ansomys lophodens

Sciuridae

    Tamias ertemtensis

    Sinotamias gravis

    Prospermophilus orientalis

    Pliopetaurista cf. *P. speciasa*

Gliridae

    Orientiglis wuae

Eomyidae

    Keramidomys magnus

    Leptodontomys gansus

    L. lii

Zapodidae

    Sinozapus parvus

    Sicista ertemteensis

    Lophocricetus xianensis

Dipodidae

    Paralactaga parvidens

    P. shalaensis

    Dipus nanus

    Salpingothus primitivus

    Cardiocranius pusillus

Cricetidae

    Khanomys cheni

    Colloides xiaomingi

    Sinocricetus zdanskyi

    Nannocricetus primitivus

    Kowalskia shalaensis

    Microtoscoptes sp.

    Microtocricetus shalaensis

    Ischymomys sp.

Muridae

    Progonomys shalaensis

宝格达乌拉动物群
Baogeda Ula Fauna

Gliridae

    Myomimus cf. *M. sinensis*

Castoridae

    Dipoides mengensis

Zapodidae

    Sicista bilikeensis

    Lophocricetus xianensis

Dipodidae

    Paralactaga parvidens

    Brachyscirtetes tomidai

    Dipus fraudator

Cricetidae

    Rhinocerodon abagensis

Sinocricetus zdanskyi

Nannocricetus primitivus

Kowalskia shalaensis

Microtoscoptes fahlbuschi

Gerbillidae

    Abudhabia abagensis

Myospalacidae

    Prosiphneus eriksoni

Muridae

    Hansdebruijnia perpusilla

    H. pusilla

    Karnimatoides hipparionus

    Micromys chalceus

Incertae familiae

    Pararhizomys hipparionum

必鲁图动物群
Bilutu Fauna

Aplodontidae

    Ansomys borealis[*]

    A. lophodens

Sciuridae

    Tamias ertemtensis

    Spermophilinus mongolicus

    Sciurus sp.

    Atlantoxerus orientalis[*]

    Prospermophilus orientalis

    Pliopetaurista cf. *P. rugosa*

Gliridae

    Orientiglis wuae[*]

    Myomimus cf. *M. sinensis*

Eomyidae

    Keramidomys fahlbuschi[*]

    K. magnus

    Leptodontomys gansus

    L. lii

Zapodidae

    Sicista ertemteensis

    Heterosminthus orientalis[*]

    Lophocricetus xianensis

    L. grabaui

Dipodidae

    Protalactaga grabaui[*]

    Paralactaga suni

    P. parvidens

    Dipus fraudator

Cricetidae

    Metaeucricetodon mengicus[*]

*Democricetodon lindsayi**
*Megacricetodon sinensis**
*Cricetodon fengi**
*Plesiodipus leei**
*P. progressus**
*P. robustus**
*Gobicricetodon robustus**
*G. arshanensis**
*Khanomys cheni**
Sinocricetus zdanskyi
S. progressus
Nannocricetus primitivus
N. mongolicus
Kowalskia neigengensis
K. similis
Microtoscoptes fahlbuschi
Microtodon sp.
Anatolomys sp.
Gerbillidae
Pseudomeriones abbreviatus
Muridae
Hansdebruijnia pusilla
Karnimatoides hipparionus
Micromys chalceus
*可能为再搬运成员(may be a reworked element)

二登图动物群
Ertemte Fauna

Aplodontidae
Pseudaplodon asiaticus
Sciuridae
Tamias ertemtensis
Sciurus sp.
Sinotamias gravis
Prospermophilus orientalis
Pliopetaurista rugosa
Hylopetes auctor
Gliridae
Myomimus sinensis
Eomyidae
Leptodontomys gansus
Castoridae
Dipoides anatolicus
Castor anderssoni
Zapodidae
Eozapus similis
Sinozapus sp.
Sicista wangi

S. ertemteensis
Lophocricetus grabaui
Paralophocricetus pusillus
Dipodidae
Paralactaga suni
Brachyscirtetes wimani
Dipus fraudator
Cricetidae
Sinocricetus zdanskyi
Nannocricetus mongolicus
Kowalskia similis
K. neimengensis
Microtoscoptes praetermissus
Microtodon atavus
Anatolomys teilhardi
Gerbillidae
Pseudomeriones abbreviates
Myospalacidae
Prosiphneus eriksoni
Muridae
Hansdebruijnia pusilla
Karnimatoides hipparionus
Apodemus orientalis
Orientalomys primitivus
Micromys chalceus

哈尔鄂博动物群
Harr Obo Fauna

Aplodontidae
Pseudaplodon asiaticus
Sciuridae
Tamias ertemtensis
Sciurus sp.
Sinotamias gravis
Prospermophilus orientalis
Pliopetaurista rugosa
Hylopetes auctor
Gliridae
Myomimus sinensis
Eomyidae
Leptodontomys gansus
Castoridae
Dipoides anatolicus
Zapodidae
Eozapus similis
Sicista wangi
S. ertemteensis
Lophocricetus grabaui

Paralophocricetus pusillus

Dipodidae

  Paralactaga suni

  Brachyscirtetes wimani

  Dipus fraudator

Cricetidae

  Sinocricetus zdanskyi

  Nannocricetus mongolicus

  Kowalskia similis

  K. neimengensis

  Microtoscoptes praetermissus

  Microtodon cf. *M. atavus*

  Anatolomys cf. *A. teilhardi*

Gerbillidae

  Pseudomeriones abbreviates

Myospalacidae

  Prosiphneus eriksoni

Muridae

  Hansdebruijnia pusilla

  Apodemus orientalis

  Rhagapodemus sp.

  Orientalomys primitivus

  Karnimatoides hipparionus

  Micromys chalceus

比例克动物群
Bilike Fauna

Sciuridae

  Tamias ertemtensis

  Sinotamias gravis

  Prospermophilus orientalis

  Hylopetes yani

Gliridae

  Myomimus sinensis

Castoridae

  Castor andersoni

Zapodidae

  Sinozapus volkeri

  Sicista wangi

  S. bilikeensis

  Lophocricetus grabaui

  Paralophocricetus pusillus

Dipodidae

  Paralactaga suni

  Brachyscirtetes cf. *B. robustus*

  Dipus pliocenicus

Cricetidae

  Sinocricetus progressus

Nannocricetus mongolicus

Kowalskia zhengi

K. cf. *K. similis*

Microtodon cf. *M. atavus*

Anatolomys cf. *A. teilhardi*

Gerbillidae

  Pseudomeriones abbreviatus

Avicolidae

  Mimomys (*Aratomys*) *bilikeensis*

Myospalacidae

  Prosiphneus cf. *P. eriksoni*

Muridae

  Apodemus lii

  Apodemus sp.

  Orientalomys sinensis

  Chardinomys bilikeensis

  Huaxiamys sp.

  Allorattus engesseri

  Micromys kozaniensis

高特格动物群
Gaotege Fauna

Sciuridae

  Tamias ertemtensis

  Sinotamias gravis

Castoridae

  Eucastor plionicus

  Dipoides majori

  Castor andersoni

Zapodidae

  Sinozapus volkeri

  Sicista ertemteensis

Dipodidae

  Paralactaga suni

  Brachyscirtetes robustus

  Dipus pliocenicus

Cricetidae

  Sinocricetus progressus

  S. major

  Nannocricetus mongolicus

Gerbillidae

  Pseudomeriones abbreviatus

  P. complicidens

Arvicolidae

  Mimomys teilhardi

  M. orientalis

  Borsodia mengensis

Myospalacidae

Chardina gansuensis

  C. truncatus

Muridae

  Apodemus lii

  A. qiui

  Chardinomys yusheensis

Huaxiamys downsi

Allohuaxiamys gaotegeensis

Micromys tedfordi

Incertae familiae

  Pararhizomys hipparionum

PALAEONTOLOGIA SINICA

Whole Number 198, *New Series C*, *Number* 30

Edited by

Nanjing Institute of Geology and Palaeontology

Institute of Vertebrate Paleontology and Paleoanthropology

Chinese Academy of Sciences

Neogene Rodents from Central Nei Mongol, China

by

Qiu Zhuding   Li Qiang

(*Institute of Vertebrate Paleontology and Paleoanthropology*, *Chinese Academy of Sciences*)

With 247 Figures and 104 Tables

SCIENCE PRESS

Beijing, 2016

LIST OF PUBLICATIONS "PALAEONTOLOGIA SINICA"
NEW SERIES C

Whole Number 102, New Series C, No.1, 1937

The Pliocene Camelidae, Giraffidae, and Cervidae of South Eastern Shansi By P. Teilhard de Chardin and M. Trassaert

Whole Number 105, New Series C, No.2, 1937

A New Dinosaurian from Sinkiang By C. C. Young

Whole Number 107, New Series C, No.3, 1937

Oberoligozane Saugetiere aus dem Shargaltein-Tal (Western Kansu) By B. Bohlin

Whole Number 114, New Series C, No.5, 1938

The Fossils from Locality 12 of Choukoutien By P. Teilhard de Chardin

Whole Number 115, New Series C, No.6, 1938

Cavicornia of South-Eastern Shansi By P. Teilhard de Chardin and M. Trassaert

Whole Number 121, New Series C, No.7, 1941

A Complete Osteology of *Lufengosaurus huenei* Young (gen. et sp. nov.) from Lufeng, Yunnan, China By C. C. Young

Whole Number 123a, New Series C, No.8a, 1942

The Fossil Mammals from the Tertiary Deposit of Taben-buluk, Western Kansu. Part I: Insectivora and Lagomorpha By B. Bohlin

Whole Number 123b, New Series C, No.8b, 1946

The Fossil Mammals from the Tertiary Deposit of Taben-buluk, Western Kansu. Part II: Simplicidentata, Carnivora, Artiodactyla, Perissodactyla, and Primates By B. Bohlin

Whole Number 124, New Series C, No.9, 1940

The Fossils from Locality 18 Near Peking By P. Teilhard de Chardin

Whole Number 125, New Series C, No.10, 1940

The Upper Cave Fauna of Choukoutien By W. C. Pei

Whole Number 126, New Series C, No.11, 1941

The Fossil Mammals from Locality 13 of Choukoutien By P. Teilhard de Chardin

Whole Number 132, New Series C, No.12, 1947

On *Lufengosaurus magnus* Young (sp. nov.) and Additional Finds of *Lufengosaurus hunei* Young By C. C. Young

Whole Number 134, New Series C, No.13, 1951

The Lufeng Saurischian Fauna in China By C. C. Young

Whole Number 137, New Series C, No.14, 1954

Fossil Fishes from Locality 14 of Choukoutien By H. T. Liu

Whole Number 141, New Series C, No.15, 1958

Devonian Fishes from Wutung Series Near Nanking, China By T. S. Liu and K. P'an

Whole Number 142, New Series C, No.16, 1958

The Dinosaurian Remains of Laiyang, Shantung By C. C. Young

Whole Number 147, New Series C, No.17, 1963

The Chinese Kannemeyerids By A. L. Sun

Whole Number 150, New Series C, No.18, 1963

Fossil Turtles of China By H. K. Yeh

Whole Number 151, New Series C, No.19, 1964

The Pseudosuchians in China By C. C. Young

Whole Number 153, New Series C, No.20, 1977

Mammalian Fauna from the Paleocene of Nanxiong Basin, Guangdong By M. Z. Zhou, Y. P. Zhang, B. Y. Wang and S. Y. Ding

Whole Number 155, New Series C, No.21, 1978

Gongwangling Pleistocene Mammalian Fauna of Lantian, Shaanxi By C. K. Hu and T. Qi

Whole Number 160, New Series C, No.22, 1981

The Early Tertiary Fossil Fishes from Sanshui and Its Adjacent Basin, Guangdong By J. K. Wang, G. F. Li and J. S. Wang

Whole Number 162, New Series C, No.23, 1983

The Dinosaurian Remains from Sichuan Basin, China By Z. M. Dong, S. W. Zhou and Y. H. Zhang

Whole Number 173, New Series C, No.24, 1987

A Paleocene Edentate from Nanxiong Basin, Guangdong By S. Y. Ding

Whole Number 175, New Series C, No.25, 1987

The Chinese Hipparionine Fossils By Z. X. Qiu, W. L. Huang and Z. H. Guo

Whole Number 186, New Series C, No.26, 1997

Middle Eocene Small Mammals from Liguanqiao Basin of Henan Province and Yuanqu Basin of Shanxi Province, Central China By Y. S. Tong

Whole Number 191, New Series C, No.27, 2004

Early Pleistocene Mammalian Fauna from Longdan, Dongxiang, Gansu, China By Z. X. Qiu, T. Deng and B. Y. Wang

Whole Number 192, New Series C, No.28, 2006

Fossil Mammals from the Early Eocene Wutu Formation of Shandong Province By Y. S. Tong and J. W. Wang

Whole Number 193, New Series C, No. 29, 2007

Paracerathere Fossils of China By Z. X. Qiu and B. Y. Wang

Neogene Rodents from Central Nei Mongol, China

Qiu Zhuding   Li Qiang

(*Institute of Vertebrate Paleontology and Paleoanthropology, Chinese Academy of Sciences*)

Summary

Contents

I. INTRODUCTION

  Terrestrial deposits with dense Neogene fossil records are widely distributed in the middle part of the Nei Mongol Autonomous Region (Inner Mongolia). Investigations of the sediments and mammals in this region can be dated back to the beginning of the 20th century by Swedish geologist J. G. Andersson in the Huade area, French paleontologist P. Teilhard de Chardin at Gaotege, and American scientists from the American Museum of Natural History at Tunggur (Andersson, 1923; Teilhard de Chardin, 1926a, b; Andrews, 1932). These pioneering works and subsequent research of the material not only initiated biostratigraphic studies in this region, but also rendered these places as important classic Neogene localities in China (Schlosser, 1924; Teilhard de Chardin, 1926b; Miller, 1927; Osborn, 1929; Osborn et Granger, 1931, 1932; Pilgrim, 1934; Colbert, 1936, 1939a, b). Nevertheless, field work in this area was suspended due to wars and political instabilities. After a 30 year intermission, a brief visit to this area was organized jointly by Chinese and Soviet Union paleontologists in 1959 (Chow et Rozhdestvensky, 1960), but the exploration failed to continue because of political reasons. After another 20 year hiatus, biostratigraphic research in this area resumed by a joint Sino-German reinvestigation at Ertemte in 1980, and by an expedition led by Dr. Qiu Zhanxiang from the Institute of Vertebrate Paleontology and Paleoanthropology (IVPP) at Tunggur in 1986. These successful fieldworks at the classic localities encouraged the researchers to make further investigation and excavations, and some new localities with fossiliferous exposures have been added in this region (Meng et al., 1996; Qiu et Storch, 2000).

  In 1995, supported by the National Natural Science Foundation of China and the National Geographic Society, Dr. Wang Xiaoming and the first writer launched a project attempting to relocate the classic localities, to find new fossil localities and material, to establish lithological and biochronologic frameworks for correlation within strata and mammalian faunas in this area, to conduct paleomagnetic studies of key sections, and to summarize evidence for paleoenvironments of the regime. Financially supported by the National Natural Science Foundation of China, the US National Science Foundation, and the Chinese Academy of Sciences, we visited central Nei Mongol almost every year from 2000 to 2011, and successively collected more than 50 tons of matrix from a number of the exposures. As a result, several assemblages of fossil small mammals were recovered from multiple localities, thanks to the adoption of screen washing technique, as well as some remains of large and medium-sized mammals. Substantial advances were achieved in increased taxonomic sampling, particularly among small mammals, in filling long gaps in geologic time, and to a lesser extent, in securing magnetic and radioisotopic dates of fossiliferous sequences. Preliminary studies indicate that the Neogene sediments in central Nei Mongol spanned most of the time ranging from Early Miocene through Early Pliocene and the faunal units contained represent most of the epochs. As a result, a Neogene mammal succession in this area has been developed by faunal seriation, and a preliminary framework of Neogene biostratigraphy and biochronology has been established for this area (Qiu et al., 2006, 2013; Wang et al., 2009).

Remains of mammals collected from this region mostly are of small mammals, including insectivores, chiropterans, rodents and lagomorphs. Almost all localities produced small mammals, and most localities contained more than 20 taxa of micromammals. The Aoerban assemblage, the Tunggur assemblage, the Ertemte assemblage and the Bilike assemblage found in this region are considered the most diverse and abundant micromammalian faunas known from the early Miocene, middle Miocene, late Miocene and early Pliocene of China, respectively. Furthermore, these assemblages are from a limited geographic area with little topographic differentiation, show stable community structure, and exhibit overall gradual changes in generic composition through geologic time. Such a favorable circumstance is conducive to minimize ecologic or zoogeographic complications in tracing faunal succession and testing biochronological significance. Our stratigraphic framework also helped to anchor an investigation of the plant succession and paleoenvironments of the region (Zhang et al., 2009).

A preliminary faunal list of Neogene mammals from central Nei Mongol has been updated by Qiu and others in 2013. Materials collected during the past more than 30 years from Moergen and Bilike, and mostly from Ertemte and Harr Obo, and a few from Gashunyinadege, Baogeda Ula and Gaotege have been described in detail (Moergen: Qiu, 1996b. Bilike: Qiu et Storch, 2000. Ertemte and Harr Obo: Storch et Qiu, 1983; Qiu, 1985, 1987a, 1991, 2003; Wu, 1985, 1991; Fahlbusch, 1987, 1992; Storch, 1987, 1995; Fahlbusch et Möser, 2004. Gashunyinadege: Kimura, 2010a, b. Baogeda Ula: Storch et Ni, 2002; Tseng et Wang, 2007; Li, 2010b; Wang et al., 2012. Gaotege: Li, 2010a). The purpose of this work is to describe the rodents that were collected but unstudied from this region in the last 25 years, to define and characterize their biochronology through an in-depth analysis of the assemblages, and to refine their geographic distribution. Detailed descriptions of other mammals will be presented in separate studies.

The Neogene was a time of modernization in the evolution of mammals, the formation of the modern mammal pattern of composition at higher taxonomic ranks. Protrogomorph rodents continued an earlier trend of declining, and sciuromorph and myomorph rodents began a great diversification during this time interval. In the Neogene, mammals differentiated into distinct distributions in North and South China. The northern faunas reflect a temperate, relatively arid steppe environment, similar to the present Palearctic Region, while the faunas in the south indicate a tropical or subtropical forest environment with characteristics of the Oriental Region. Remains of Neogene mammals in China are mostly recovered from the north, mainly in the Mongolian-Xinjiang highland and its adjacent areas. Fossil rodents found in this region contain 87 genera (10 new) and 168 species (53 new), belonging at least to 15 families (Appendix 1), and accounting to 67.4% genera and 69.4% species of the animal diversity known in the Neogene deposits of equivalent ages in northern China. Among them, 36 genera are congeneric to European representatives. This again testifies that central Nei Mongol is an important region in biostratigraphic and biochronologic study, because of these rich Neogene assemblages with their highly diverse and abundant fossil materials.

All the specimens described are housed in the Institute of Vertebrate Paleontology and Paleoanthropology (IVPP), the Chinese Academy of Sciences, Beijing. "IVPP V xxxx" is a catalogue number of specimens in the institute. Detail specimens for each taxon described are given in the Chinese text. "IM xxxx" or "DB xxxx" represent the number of fossil localities (IM is the abbreviation for Inner Mongolia, DB for Dabaishan in Bayan Ula area). The term "Fauna" used here, with the exception of "Tunggur Fauna", refers to an essentially contemporaneous assemblage derived from a limited geographic area and almost corresponds to the "Local Fauna" as used by some American paleontologists (Tedford et al., 1987). The Tunggur Fauna is used for the diverse samples from the Tunggur Formation in the Tunggur Tableland, and obviously covers a certain period of time, which is roughly equivalent to the Tunggurian chronofauna of others (Mirzaie Ataabadi et al., 2013). The "earliest appearance" and the "latest appearance" refer to the local lowest and highest occurrence of certain taxa or immigrants to this region. "LMS/A" is abbreviated from Chinese Neogene Land Mammal Stages/Ages (Qiu Z X et al., 2013).

The measurements are taken in mm, unless otherwise explained.

II. FOSSIL LOCALITIES AND GEOLOGIC SETTING

The central Nei Mongol is a continental margin lying between the Sino-Korean plate and the Siberia plate. It was a terrain controlled by the Late Mesozoic-Cenozoic strike-slip fault (Ge et al., 2009). The Neogene sediments are usually flat-lying, free of structural disturbances, and typically scattered in small depressions, mainly with red earthy deposits in the lower part, brick red, pale brown or grayish white silty clays and sandstones in the middle, and light-colored siltstones and mudstones from fluviolacustrine or alluvial deposits in the upper parts. The exposures are usually less than 50 m in thickness. Although the sections are relatively short, they often contain rich fossil-bearing beds of small mammals. The fossil localities are scattered in a triangular area enclosed by three major cities or towns of the region: Xilinhot to the northeast, Erlian (Erenhot) to the northwest, and Huade to the south, and around the Hunshandake Dunes (Fig. 1). They are mainly centered in the following areas. For administrative division, geographical coordinates, and catalogued numbers, the readers are referred to Appendix 2.

(1) AERSHAN GOBI AREA

Aershan is a well known spring located about 65 km southeast of Sonid Zuoqi. Red Neogene deposits, about 60 m thick, are well exposed in a 3 km × 2 km area at Aoerban of this region (Fig. 1). The fossiliferous sediments were first discovered in 2004, following a lead by local Mongolians, and the mammal faunal succession and the stratigraphic sequences were initially discussed by Wang et al. (2009). The Aoerban section contains in ascending order three lithological units: the Aoerban Formation, the Balunhalagen Bed and the Bilutu Bed. The Aoerban Formation consists of red and grayish-green mudstones and siltstones, with a maximum thickness of 42 m. It is divided into three members: the Lower Red Mudstone Member (LRMM), the Middle Green Mudstone Member (MGMM), and the Upper Red Mudstone Member (URMM). The lower boundary of the formation is not exposed, and its upper boundary is marked by a disconformity with the overlying Balunhalagen bed. The assemblage of small mammals from this formation is determined as middle and late Early Miocene in age. The Balunhalagen bed consists of about 10 m of basal gravels and orange red sandstones and siltstones. The Bilutu bed, composed of about 8 m of basal gravels and light-colored fine-grained sandy mudstones in the lower part and marl in the upper part, is in unconformable contact with the underlying Balunhalagen bed. Vertebrate fossils are abundant throughout the Dahongshan exposures. Individual localities (sites) are numerous, the following five of which, representing four fossiliferous horizons, were so far extensively sampled for small mammals.

Aoerban (L)　The lower red member of Aoerban Formation produced the most abundant fossils in the Dahongshan area. Several tons of matrix from Loc. IM 0407 and 0507 were collected for screen-washing. Fossils from the sites close to IM 0407, e.g. IM 0712–0721, are referred to this locality. Small mammals found in the lower red mudstone member are assigned to the Lower Aoerban Fauna.

Aoerban (U) Fossils found in the upper member of Aoerban Formation are less abundant than the lower one. Loc. IM 0772 was chosen to screen-wash for small mammals. Mammals from this member are referred to the Upper Aoerban Fauna.

Balunhalagen Three sites are known from the Balunhalagen bed, but only Loc. IM 0801 produced the fossil small mammals. Remains were collected from the base of the bed. Sediments in this locality seem to be accumulated during the early Late Miocene, but might contain older fossils reworked from lower horizons.

Bilutu Locality IM 0510 is the only site that yielded remains of small mammals. The Bilutu bed cuts into the Balunhalagen bed at this locality. Fossils were also collected from the lower part of the beds. As discussed below, mammals from this locality appear to belong to a mixed assemblage due to the reworking of sediments from below.

(2) GASHUNYINADEGE AREA

Meng and others first investigated this area, and introduced its biostratigraphy (Meng et al., 1996). This area is a valley about 35 km southwest of Sonid Zuoqi and about 40 km northwest of Dahongshan (Fig. 1). The Neogene sediments lie in angular unconformity over a granite basement and consist of residual reddish and yellowish sandy clays. They range from less than 1 to 10 m in thickness and are exposed along several gullies in a 1 km × 2.5 km area of the valley, probably contemporary with the Aoerban Formation. Fossil remains scatter in the middle part of the section from several sites. Localities IM 9605, 9606, 0401 and 0406 were sampled in screen-washing, of which IM 0401 and 0406 produced quite rich material. All the mammals yielded in this area are assigned to the Gashunyinadege Fauna, most of which are of small mammals.

(3) TUNGGUR AREA

Tunggur area is a platform composed of the Tunggur Formation between Erlian and Sonid Zuoqi. Rich and well-preserved fossil mammals were initially discovered and described by parties from the American Museum of Natural History (e.g., Spock, 1929; Osborn et Granger, 1931; Colbert, 1939b). Several classic localities produced the *Platybelodon* fauna along the edges of the tableland, in exposures of the Tunggur Formation along the north, west and south rims of the tableland. The formation consists of red, beige-colored, and grayish white sandstones and mudstones, with a maximum thickness of less than 80 m in individual sections; its lower boundary is not exposed and its upper boundary is marked by a disconformity with the overlying Baogeda Ula Formation seen in Genghis Baogedu (Shengshan) area. A direct relationship between the northern and southern exposures cannot be observed in the tableland. However, according to lithological characters and fossils contained, the Tunggur Formation seems to be subdivided into three parts: the lower part of the formation is mainly made up of red or lavender mudstones exposed both in the south and north; the middle is composed of red, beige-colored and grayish white fluvial deposits in the northern exposures, but less so in the southern exposures; and the upper comprises light-colored sandy mudstones seen only in the north. Remains of mammals were recovered from the three parts, but dominantly from the middle of the formation. The following are the main localities producing relatively rich small mammals in the area.

Tairum Nur It is located about 20 km northeast of Jianchang (Qagan Nor) at the southern rim of the Tunggur tableland. Remains of small mammals collected from the dull red mudstones of the lower Tunggur Formation at this place are referred to the same assemblage. Osborn and Granger's (1932) name Tairum Nur is adopted for this fauna. A lower jaw fragment of a distylomyid rodent collected by the Third Central Asiatic Expedition from the American Museum of Natural History, and named as *Distylomys tedfordi* by Wang (1988) is probably from this locality.

Loc. 346 RM   This site is on the north side of the original H-X (Hohhot-Xilinhot) Highway Road Mark 346, close to Tairum Nur. Fossil small mammals were collected from a lens of sandy mudstones in the grayish-red mudstones of the middle Tunggur Formation at the upper part of the exposure.

Moergen   The locality, about 20 km east of Saihan Gobi, Sonid Zuoqi, was sampled in 1986. A lens of sandy mudstones in the grayish white mudstones of the middle Tunggur Formation produced rich small mammals. The fauna seems to be nearly contemporary with the 346 RM Fauna.

Tamuqin   It is in the same section as Moergen, originally named as Moergen V (Qiu, 1996b). Yellowish gray and grayish-red sandstone, directly above strata containing the Moergen assemblage, yielded some large and small mammals.

(4) GENGHIS BAOGEDU AREA (= Shengshan Area)

Two formations, the Tunggur Formation and the Baogeda Ula (Baogedawula, Mongolian for Sacred Mountain, equals Shengshan in Chinese) Formation, are exposed in the Genghis Gaogedu area about 46 km northwest of the town Abag Qi. The Tunggur Formation occurs on the south and north sides of the H-X Highway Road, about 16 km southwest and 7 km north of Baogeda Ula, and is possibly the easternmost extension of the Tunggur Formation. The Baogeda Ula Formation, composed of fluviolacustrine deposits with intercalated basalts and a maximum thickness of about 70 m, is mainly exposed along the southern and the western edges of Qagan Ula Hill. Its type section, located about 7 km northeast of the village of Baogeda Ula is capped by layers of basalts. The capping basalts have yielded dates ranging from 14.57 to 3.85 Ma (Luo et Chen, 1990). Sample locations of these dates, however, are not specific enough to be sure of which basalt corresponds to those that cap the vertebrate fossil localities, although a date (7.11 ±0.48 Ma) was singled out for sample B48 of Luo and Chen (1990: table 1) to be a possible candidate (Qiu et al., 2006: fig. 2).

Ulan Hushuyin   This fossil site (originally called "Hohhot-Xilinhot Highway Road Mark 482") is located about 38 km west of Abag Qi town. Exposures of red mudstones of the Tunggur Formation in a 2 km^2 and less than 5 m thick deposit produced some remains of small mammals close to the Moergen Fauna, supported by the presence of *Atlantoxerus*, *Heterosminthus*, *Protalactaga*, *Democricetodon*, *Megacricetodon*, *Alloptox*, and *Bellatona*. The lower boundary of the section is not exposed; the upper boundary is marked by a disconformity with the overlying "*Hipparion* horizon" of grayish red and white argillaceous sandstones and basal gravels. The "*Hipparion* horizon", less than 2 m thick, is thought to be the base of the Baogeda Ula Formation, but a direct relationship with the exposure of the latter is not visible.

Baogeda Ula   Remains of *Hipparion* were first reported from the grayish white sandy mudstones in the middle part of the type section at Zhurihe Hill (IM 9601) by a geological team from the Bureau of Geology and Mineral Resources of Nei Mongol Autonomous Region in 1991. More materials of various fossil mammals, especially those of small mammals, have been added to the *Hipparion* fauna in the last decade by screen-washing (Qiu et Wang, 1999; Qiu et al., 2006). Except for a hyaenid studied by Tseng and Wang (2007), a mustelid by Wang et al. (2012), murids by Storch and Ni (2002) and a *Pararhizomys* by Li (2010b), no other specimens have been described in detail. Material of small mammals was mainly collected from the middle of the Baogeda Ula Formation. The locality includes several sites of different fossiliferous horizons, of which IM 0702 and 0703 are more productive, and IM 0709 and 0902 are slightly higher in position.

(5) JURH AREA

Jurh (Zhurihe) is a sumu town located about 40 km south of Sonid Youqi (Saihan Tal). Small exposures of Neogene deposits are scattered east and west of the town. Two localities to the west were sampled for small mammals since 1986.

Amuwusu It is located about 13 km west of Jurh. Neogene sediments, consisting of reddish mudstones and grayish yellow channel sandstones and with a thickness of less than 10 m (no lower boundary is visible), are exposed in a less than 1 km² area. Remains of mammals were collected from the grayish yellow sandy mudstones and sandstones in the middle part of the section. Small mammal fossils are less abundant and diverse in this locality than many of the others, but large mammals are well represented and led to the initial discovery of this site.

Shala This site is located about 7 km southwest of Jurh. The small exposure, about 5 m thick, consists of grayish red mudstones below, and yellow sandy mudstones and channel sandstones above. Mammal remains were collected from the upper deposits by screen-washing. The Shala Fauna seems to be younger than the Amuwusu Fauna.

(6) HUADE AREA

In the early part of last century, Andersson (1923) began to investigate the richly fossiliferous Neogene sediments in the Huade area in the southern part of this region. Now, five fossil localities, Ertemte, Harr Obo, Olan Chorea, Tuchengzi, and Bilike are known from this area. Olan Chorea was a site at which Andersson (1923) found some remains of mammals; however, no small mammals were added in latter investigations; Tuchengzi produced mainly larger mammals, and a couple of teeth of small mammals are not included in this description. The following are localities that produced abundant materials of small mammals.

Ertemte 2 The site is near Andersson's Ertemte 1 locality, lying 4 km southeast of the county town Huade. Lacustrine deposits, consisting of slight grey, reddish yellow clay or sandy mudstones, are restricted within a small area about several hundred meters southeast of the small hill Ertemte. The fossil-bearing bed is in a layer of light grey to brown, calcareous sandy clay or clayey sand, 20–80 cm in thickness and 1–3 meters below the surface. In 1980, new excavations and screen-washing operations were carried out in this locality by paleontologists from China and Germany (Fahlbusch et al., 1983), and additionally more than 10,000 specimens were collected by us in 2004. It is considered a locality producing the most diverse and abundant Neogene small mammals in central Nei Mongol.

Harr Obo 2 The site is situated 300 m north of the village Gongweizi and about 3 km north of Ertemte 2, also close to the Andersson's locality, where some remains of perissodactyls and artiodactyls were found (Andersson, 1923; Schlosser, 1924). In the field campaign in 1980, some remains of small mammals were collected by the Chinese and German scientists from a pile of reddish brown marl and fine to coarse-grained matrix dug out from an irrigation well of seven meters depth. Neither the stratigraphic position nor the thickness are known. Taxonomically, the assemblage from this site is close to the Ertemte 1, but seems to contain a few advanced members.

Bilike The locality lies about 50 km northeast of the county town of Huade, and 1.5 km south of the village Bilike. The Neogene deposits exposed at a hill called "Longgushan" (Dragon Bone Hill in Chinese) are composed of more than 10 m of gray-brownish red silt and sandy clay. Remains of mammals, mainly of small mammals, concentrate in thin layers and lenses of grayish green silt and brownish gray silty clay in the middle part of the section. Associated with the remains of small mammals are fragments of *Hipparion*, proboscideans and cervids. The quarry was found by Qiu Zhanxiang and others in the 1970s, and most materials were collected in the field seasons of 1986 and 1991 (Qiu, 1988; Qiu et Storch, 2000).

(7) BAYAN ULA AREA

Bayan Ula is a hill situated about 80 km southwest of Xilinhot and 10 km north of Honggeer Gol Sumu in the eastern part of the study region (Fig. 1). Scattered Neogene deposits are exposed along the Bayin River (also known as Gaogesitai River), the Huiteng River, and their drainage regions in this area. Investigations of this area were initiated in 1920s (Teilhard de Chardin, 1926a, b), and important taxonomic additions of small mammals have been made from the following two localities since 2000 (Li et al., 2003).

Huitenghe   This site is 4 km southwest of Bayan Ula (a volcanic cone, also known as Daheishan) at the junction where the Huiteng River (Chiton-gol of Teilhard de Chardin, 1926a) joins the Gaogesitai River. The Neogene sediments, overlain by a layer of basalts, are a sequence of red, grayish brown sandy mudstones of about 10 m thick. Teilhard de Chardin (1926b) called this "basin du Chiton-gol" and briefly described a few large mammals (*Martes anderssoni*, a hyaenid, *Chilotherium* sp., *Hipparion* sp., a new moschid, *Moschus primaevus*, two other artiodactyls, and a proboscidean). Remains of small mammals were collected by screen-washing from a 300 m² outcrop about 400 m west of a spring called Aershan.

Gaotege   Gaotege (also known as Dabaishan) is an isolated hill located about 12 km northwest of Bayan Ula. It is a place where Teilhard de Chardin and Licent made a collection in 1924. Neogene sediments at this site, exceeding 70 m in thickness, are predominantly a series of light-colored and fluviolacustrine deposits. On the southern face of the hill, exposures of grayish siltstones and mudstones yield five fossiliferous layers (Layers 2, 3, 4, and the bottom and the top of layer 5, see Li et al., 2003; Li, 2010a) at the middle part of the section. Among them, layer 2 mainly produced remains of larger mammals. The sites in other layers DB 02-1-5, DB 03-1, 3 yielded small mammals. Sites DB 02-1, 2, 3, 4 and 5 belong to the same fossil-bearing beds.

A preliminary study indicates that the fossil localities in central Nei Mongol produced a number of faunal sequences spanning most of the Neogene, but they are rather scattered with usually short fossil-bearing sections. In view of the paucity of independent dating and of demonstrable superpositional relationship of assemblages, the faunal succession must rely heavily on studies of phylogenetic relationship and faunal change. Fortunately, among these localities we have the Aoerban section in Dahongshan area, spanning the Early to Late Miocene, with superbly exposed strata and distinct lithologic characteristics, the Tairum Nur and Loc. 346 RM sections, and the Moergen and Tamuqin sections in Tunggur area, containing two demonstrable superpositional sequences, which may fill the gap in the temporal distribution of mammals between the Early Miocene and Late Miocene in Dahongshan, and the Baogeda Ula locality in Shengshan area, including the boundary between the Middle Miocene and the Late Miocene. A preliminary Neogene biostratigraphic and biochronologic framework in central Nei Mongol has been established by seriating mammal faunas based on evolution of mammals and faunal correlation (Qiu et Wang, 1999; Qiu Z D et al., 2006, 2013; Wang et al., 2009). Table 1 shows the framework modified by the study of rodents.

III. SYSTEMATIC DESCRIPTION

Rodentia Bowdich, 1821

Distylomyidae Wang, 1988

The Family Distylomyidae includes rodents with hystricomorphous infraorbital foramen and sciurognathous lower jaw, and hypsodont cheek teeth with distinctly asymmetrical dental pattern. It was originally established as a distinct family, referred to the Superfamily Ctenodactyloidea, and subsequently demoted to a subfamily within the Family Ctenodactylidae (Wang, 1988, 1994, 1997; Wang et Qi, 1989). Recent studies by Bi and others (2009) on the discoveries from Xinjiang, including cranial materials and upper dentitions, have suggested resurrecting the Family Distylomyidae. On the basis of the cheek teeth with high crowns, simple structure and asymmetrical dental pattern, we follow Bi and others in allocation of distylomyids at the family rank. However, our revised definition of Distylomyidae, based on the added materials from Nei Mongol, suggests that the features "upper molars without the mure" and "cheek teeth not significant increase of size posteriorly" should be deleted.

Remains of these animals collected from central Nei Mongol are found in the localities of Early and Middle Miocene age. They are mainly isolated cheek teeth, including the following four speciesin three genera: *Prodistylomys* Wang et Qi, 1989, *Distylomys* Wang, 1988 and *Allodistylomys* gen. nov.

Prodistylomys Wang et Qi, 1989

Type species *Prodistylomys xinjiangensis* Wang et Qi, 1989: Chibaerwoyi, Junggar, Xinjiang; Early Miocene.

Emanded diagnosis Cheek teeth hypsodont and rooted; lower cheek teeth not increasing in size posteriorly. Upper molars bilophodont with lingual dentine isthmus connecting trigon to talon; p4/dp4 with relatively blunt anterior protrusion of trigonid, distinct hypoflexid, and narrow dentine isthmus between trigonid and talonid; lower molars with long subelliptical trigonid larger buccally than lingually, and S-shaped anterior margin with anteriorly curved buccal part and posteriorly concave lingual one on trigonid; hypoflexid wider than mesoflexid; mesoflexus, mesoflexid and hypoflexid usually with cement.

Prodistylomys mengensis sp. nov.
(Figs. 3, 4, 9; Table 2)

Prodistylomys xinjiangensis: Wang, 1997, p. 58, table 23.
Prodistylomys/Distylomys sp. (Lower Aoerban and Gashunyinadege): Qiu Z D et al., 2013, p. 177, appendix, partim.

Etymology Meng, the abbreviation for Nei Mongol (Inner Mongolia) in Chinese. Named after Nei Mongol, where this new species was found.

Holotype Right M1/2 (V 19403).

Type locality Aoerban (Lower red clay), Sonid Zuoqi (IM 0507).

Geological age and horizon Early Miocene; late Xiejian; lower member of Aoerban Formation.

Paratypes Fifty-seven cheek teeth, V 19404.1−57.

Referred specimens Aoerban (L), Sonid Zuoqi: Loc. IM 0721, one M1/2, V 19405; IM 0511, one mandibular fragment with p4, V 19406. Gashunyinadege, Sonid Zuoqi: Loc. IM 9605, five cheek teeth, V 19407.1−5; IM 9606, one m3, V 19408; IM 9607, one M1/2 and one m1/2, V 19409.1−2; IM 0401, one mandibular fragment with p4−m1, eleven cheek teeth, V 19410.1−12; IM 0406, thirty-eight cheek teeth, V 19411.1−38.

Measurements See Table 2 in the Chinese text.

Diagnosis Small-sized species of *Prodistylomys*. P4/DP4 with shallow furrow on lingual and buccal walls; upper molars with kidney-shaped trigon; upper molars, especially M3 without lingual dentine isthmus in early stages of wear; p4/dp4 with trigonid shaped as an isosceles triangle; flexids always with cement on m1 and m2.

Remarks Since the assignment of *Prodistylomys xinjiangensis* by Wang and Qi in 1989, two more species of the genus, *P. lii* and *P. wangae*, have been reported from the Early Miocene Suosuoquan Formation, Xinjiang. Nevertheless, materials of this genus are still rather scarce, and information of its upper dentition is only known from a worn M3 (Wang et Qi, 1989; Bi et al., 2009). The collections from central Nei Mongol have added to our knowledge of the genus in dental morphology, and provided more evidence for distinguishing it from the genus *Distylomys*.

Prodistylomys is similar to *Distylomys* in dental morphology, both with bilophodont cheek teeth except for P4/DP4, and asymmetrical dental pattern of upper cheek teeth corresponding with the lower ones. *Prodistylomys* differs from *Distylomys* mainly in having roots in the adults, in the upper molars having lingual dentine isthmus and kidney-shaped trigon, in the p4/dp4 with less anteriorly-protruding trigonid, and in the trigonid of lower molars being long and subelliptical with S-shaped anterobuccal margin. It seems that the presence of a lingual dentine isthmus on upper molars, the shape of trigonid on lower cheek teeth, and the presence of roots in *Prodistylomys* are more diagnostic characters that can be used for distinguishing its isolated cheek teeth from those of *Distylomys*. In *Distylomys*, the lower molars have a triangular trigonid with nearly right-angular anterobuccal margin, but with no sign of roots. In *Prodistylomys*, the lower molars have a long subelliptical trigonid with S-shaped anterobuccal margin, and distinct roots in the adults. The root development of *Prodistylomys* probably is a similar phenomenon in other rodents with hypsodont teeth and weak roots, such as in some taxa of myospalacids and arvicolids, i.e. development of roots is related to ages of individuals.

Development of roots, crown height, presence or absence of metaflexid on the cheek teeth, shape of lingual apex of m1 trigonid, relative length of talonid of m2, and thickness of cement in the flexids were used to distinguish the three species of *Prodistylomys*. *P. lii* was distinguished from *P. xinjiangensis* by its lower crown, more developed roots and absence of metaflexid in lower cheek teeth, and *P. wangae* was thought to differ from *P. xinjiangensis* in its thinner cement in the flexids, presence of rounded lingual apex of m1 trigonid, and absence of the metaflexid in lower molars (Bi et al., 2009). However, it is noteworthy that the assignments of the three species are based on rare materials, and that the type specimen of *P. xinjiangensis* is in an early stage of wear. Our discoveries from Nei Mongol demonstrate that the development of roots and cement in the flexids are distinctly variable; the crown height, the presence of metaflexid, the shape of lingual apex of trigonid, and the relative length of talonid can be correlated with tooth wear. In the early stages of wear, as in the type specimen of *P. xinjiangensis*, the lower cheek teeth usually have distinct metaflexid, angular lingual apex of trigonid, and relatively longer talonid. With wear of the tooth, the metaflexid would become gradually shallower and finally disappear, the lingual apex would gradually change from angular to rounded, and the talonid would shorten in length. As mentioned above, the root development of *Prodistylomys* probably is related to age. Since the three species of *Prodistylomys* from the early Miocene Suosuoquan Formation are similar in size and morphology, and the validity of *P. lii* and *P. wangae* must await further evidence.

The three species of *Prodistylomys* from Suosuoquan fall within the range exhibited by the *Prodistylomys* from Nei Mongol as to their dental pattern, but fall in two distinct categories as to their size (Fig. 4). Mainly for its small size, the materials from Nei Mongol are treated as a new species of this genus, namely *P. mengensis*. A damaged p4/dp4 and an m2 from Wrtu, Nei Mongol, assigned to *P. xinjiangensis* by Wang (1997), are similar to *P. mengensis* in size and morphology, and should be referred to the new species.

Distylomys Wang, 1988

Type species   *Distylomys tedfordi* Wang, 1988: Tairum Nor, Tunggur, Nei Mongol; Middle Miocene (Tunggurian).

Emended diagnosis   Incisive foramen small; tooth rows convergent anteriorly; mental foramen at diastema; distinct ventral masseteric crest extending below p4/dp4; sciurognathous angular process. Dental formula: $1 \cdot 0 \cdot 1 \cdot 3/1 \cdot 0 \cdot 1 \cdot 3$. Cheek teeth hypselodont, not distinctly increasing in size posteriorly, asymmetrical pattern of upper and lower ones. P4/DP4 nonmolariform with single prism; upper molars bilophodont without dentine isthmus between trigon and talon; p4/dp4 molariform, either nearly equal to or longer than m1, with trigonid protruding distinctly anteriorly, almost equally developed hypoflexid and mesoflexid, and narrow dentine isthmus between trigonid and talonid; lower molars bilophodont with a central dentine isthmus connecting trigonid to talonid, and triangular trigonid with larger buccally than lingually, and nearly right-angular anterior margin; mesoflexid and hypoflexid deep and wide, opposite to each other and with cement.

Distylomys tedfordi Wang, 1988

(Figs. 5, 9; Table 3)

Prodistylomys/Distylomys sp. (Gashunyinadege): Qiu Z D et al., 2013, p. 177, appendix, partim.

Referred specimens Gashunyinadege, Sonid Zuoqi: Loc. IM 9605, thirteen cheek teeth, V 19412.1–13; IM 9606, one M1/2, V 19413; IM 0401, eighteen cheek teeth, V 19414.1–18.

Measurements See Table 3 in the Chinese text.

Emended diagnosis Small-sized species of *Distylomys* with higher position of the mental foramen in diastema, and p4/dp4 nearly equal to m1 in length.

Remarks Based on three mandibular fragments from Nei Mongol, Wang (1988) named the genus *Distylomys* and included two species, *D. tedfordi* of Middle Miocene and *D. qianlishanensis* of Late Oligocene. Although *D. tedfordi* was considered to be distinguishable from *D. qianlishanensis* by the more acute anterior apex and the presence of metaflexid on p4/dp4, and the relatively wider talonid of cheek teeth, the jaws and cheek teeth of the two species are rather similar in morphology (Wang, 1988). The talonid on p4/dp4 of the type specimen of *D. tedfordi* is indeed relatively wider than that of the latter, but this is not true in m1 and m2. Our added material shows that the width of teeth, the apex shape of cheek teeth, and the presence of metaflexid is related to wear stage. The type specimen of *D. tedfordi* shows a metaflexid, relatively acute anterior apex and wider talonid of p4/dp4, because it is in early wear. Nevertheless, the type specimen of *D. tedfordi* is distinctly smaller than that of *D. qianlishanensis* in size, which makes it reasonable to tentatively treat it as a separate species.

The above material from Gashunyinadege is referred to the genus *Distylomys* because of the hypselodont cheek teeth lacking lingual dentine isthmus, the trapezoidal trigon with distinctly anterolingual-posterobuccally directed lingual edge on upper molars, the presence of anteriorly protruded trigonid on p4/dp4, and the triangular trigonid with angular anterobuccal margin on lower molars. The size of this distylomyid is close to that of the type species *D. tedfordi* from Tairum Nor (Tunggur), Nei Mongol (Fig. 7), and it is also smaller than *D. burqinensis* from Xinjiang (see below).

Distylomys burqinensis Bi et al., 2009

(Figs. 6, 7, 9; Table 4)

Prodistylomys/Distylomys sp. (Lower Aoerban and Gashunyinadege): Qiu Z D et al., 2013, p. 177, appendix, partim.

Referred specimens Aoerban (L), Sonid Zuoqi: Loc. IM 0407, one maxillary fragment with P4/DP4, one mandibular fragment with p4/dp4–m2, one hundred and twenty three cheek teeth, V 19415.1–125; IM 0507, two mandibular fragments with p4/dp4–m2, twenty seven cheek teeth, V 19416.1–29; IM 0721, one mandibular fragment with p4/dp4–m3, twenty one cheek teeth, V 19417.1–22; IM 0744, twenty cheek teeth, V 19418.1–20. Gashunyinadege, Sonid Zuoqi: Loc. IM 9605, four cheek teeth, V 19419.1–4; IM 9606, one M1/2, V 19420; IM 0401, thirteen cheek teeth, V 19421.1–13.

Measurements See Table 4 in the Chinese text.

Remarks The Nei Mongol material mentioned above possesses essential characters that differ from diagnosis of the genus *Prodistylomys*. These characters are the hypselodont cheek teeth, the absence of dentine isthmus between the trigon and the talon, the relatively long p4/dp4, the triangular trigonid with larger buccally than lingually, and right-angular anterior margin on lower molars, and the cement-filled flexi(ids). They are referred to *Distylomys burqinensis* due to their similarity in dental morphology: the roughly transverse and parallel bilophodont M1/2 with trapezoidal trigon and anterolingual-posterobuccally directed lingual edge of the trigon, the p4/dp4 equal to or longer than m1, having a distinctly anteriorly protruded trigonid, and the similar ratios of length and width of molars. In additional, they have close average values in size of the first and second molars (Fig. 7).

The species *Distylomys burqinensis* was named by Bi and others in 2009, based on rich materials from the Early Miocene Suosuoquan Formation, Xinjiang. However, it is not easy to set it apart from both *D. tedfordi* and *D. qianlishanensis* by the given diagnosis, mainly because of inadequately or indistinctly characterized features and the scarce material of the latter two species. The material from Nei Mongol shows that some characters given by Bi and others, such as the wider m1, the more acute lingual apex of m1 trigonid, and the more triangular lower molar trigonids, are either minor or related to wear of teeth. Nevertheless, it is so far impossible to eliminate the possibility that the Xingjiang distylomyid represents an independent species, because of its long p4/dp4 (longer than m1) with distinctly anteriorly protruded trigonid, and its intermediate size between *D. tedfordi* and *D. qianlishanensis* (Fig. 7). In view of the differences in its size and morphology, it is provisionally retained as a valid species.

Allodistylomys gen. nov.

Type species *Allodistylomys stepposus* sp. nov.; Aoerban (L), Sonid Zuoqi, Nei Mongol; Early Miocene (Xiejian).

Etymology Allo- (Greek), different. In allusion to the new genus differing from *Prodistylomys* and *Distylomys*.

Diagnosis Cheek teeth hypsodont and rooted; lower cheek teeth increasing in size posteriorly. p4/dp4 shorter than m1, with rounded anterior and lingual apex of trigonid, weakly developed hypoflexid, and wide dentine area between trigonid and talonid; lower molars plump buccally with subelliptical trigonid, and curved or crescentic anterobuccal margin of trigonid; m3 distinctly longer than m2, with wider talonid than trigonid; mesoflexid and hypoflexid usually with cement.

Allodistylomys stepposus gen. et sp. nov.
(Figs. 8, 9)

Etymology Stepposus, steppic. In allusion to the new species found from the Mongolian steppe.

Holotype Left mandibular fragment with p4/dp4—m3 (V 19422).

Type locality Aoerban (L), Sonid Zuoqi (IM 0507).

Geological age and horizon Early Miocene; late Xiejian; lower member of Aoerban Formation.

Referred specimens Aoerban (L), Sonid Zuoqi (Loc. IM 0507): One mandibular fragment with damaged p4/dp4 and m1–2, V 19423.

Measurements See the Chinese text on page 21.

Diagnosis Same as for the genus.

Remarks The new taxon *Allodistylomys stepposus* is grouped in the family Distylomyidae together with the genera *Distylomys* and *Prodistylomys*, because of the shared morphology in mandible and lower dentition, i.e. the thick lower jaw with short and shallow diastema, small mental foramen lying nearly on the dorsal side of the diastema, narrow and long masseteric fossa extending beneath p4/dp4, and with distinct ventral masseteric crest but without dorsal one; the high-crowned and bilophodont lower molars with narrow dentine isthmus connecting the trigonid to the talonid. *Allodistylomys* differs from *Prodistylomys* and *Distylomys*, however, in its lower-crowned cheek teeth increasing in size posteriorly, in m3 being distinctly longer than m2 with wider talonid than trigonid, characters similar to some genera in Ctenodactylidae, such as *Tataromys* and *Yindirtemys*. In addition, the new genus is distinguishable from *Prodistylomys* by its p4/dp4 having rounded anterior and lingual apex of trigonid, undeveloped hypoflexid, and wide dentine area between the trigonid and talonid, lower molars having plumper trigonid buccally and more curved anterobuccal margin of trigonid. It can be easily distinguished from *Distylomys* by the lower cheek teeth with roots, p4/dp4 being shorter than m1, having no anteriorly protruded and lingually acute trigonid, and having indistinct hypoflexid but wide dentine area between the trigonid and the talonid, and by the lower molars having subelliptical trigonid with crescent anterobuccal margin (Fig. 9).

Tachyoryctoididae Schaub, 1958

Tachyoryctoididae is a group of rodents adapted to fossorial life. They are endemic to central and eastern Asia and had in a short geological range, making their first appearance in Late Oligocene and becoming extinct in early Middle Miocene. The contents of the family and their systematic position have been disputed for a long time among researchers. They were either thought to be related to the Rhizomyidae (Bohlin, 1937, 1946; Kowalski, 1974; Li et Qiu, 1980), or to the Spalacinae or Anomalomyinae (Flynn et al., 1985), or to Cricetidae (Argyropulo, 1939a; Schaub, 1958; Vorontsov, 1963; Dashzeveg, 1971), or to a separate family Tachyoryctoididae (Fejfar, 1972; Klein Hofmeijer et De Bruijn, 1988; Tyutkova, 2000; Wang et Qiu, 2012). The dispute will continue, although the group has currently been assigned as subfamily Tachyoryctoidinae, including the genera *Tachyoryctoides*, *Ayakozomys*, *Eumysodon*, *Argyromys* and *Aralocricetodon* (McKenna et Bell, 1997; Bendukidze et al., 2009). Before systematics of the group is settled, we tentatively follow Wang and Qiu (2012) in regarding tachyoryctoidids as a family-level taxon and in only recognizing *Tachyoryctoides*, *Ayakozomys*, and *Eumysodon* in the Tachyoryctoididae.

Materials of Tachyoryctoididae in our working areas were collected from the Miocene localities. Remains of the family are commonly known in the Early Miocene localities, including the following two genera and four species.

Tachyoryctoides Bohlin, 1937

Type species *Tachyoryctoides obrutschevi* Bohlin, 1937: Shargaltein-Tal, Gansu; Late Oligocene.

Diagnosis Large-sized muroids with myomorphous skull and sciurognathous mandible. Lateral masseter muscle attachment area lies within maxilla; infraorbital foramen large, without ventral slit; glenoid fossa extending backwards to meet occipital crest, situated above and lateral to auditory bulla; and border of choana is opposite the middle of M3. Horizontal portion of mandible thick, with a vertically concave lingual surface; masseteric fossa extending below m1−m2, with a strong and flaring lower ridge. Molars moderately high-crowned and lophodont, with transverse lophs(ids) usually perpendicular to the longitudinal axis, lophs(ids) are thin with wide and deep reentrants in early wear; three buccal and one lingual reentrants are present on upper molars, three lingual and two buccal reentrants on lower molars; mesoloph(id) usually very weak or absent; entoloph and ectolophid extend obliquely; this sinus extends towards anterosinus on upper molars, enlarged mesosinusid and sinusid extend toward the small protosinusid and posterosinusid, respectively, on lower molars. On m1, the anterolophid is missing a distinct anteroconid at its extremity, the metaconid is usually linked to the protoconid in its lower part, whereas the metalophid varies from incomplete to complete depending on wear. The anterolophulid is present on m2 − 3. The i2 has a flat buccal surface and extends posteriorly to below the mandibular notch (quoted from the emendation by Wang et Qiu, 2012).

Tachyoryctoides colossus sp. nov.

(Figs. 11, 12; Table 5)

Tachyoryctoides sp. 1 (Lower Aoerban and Gashunyinadege): Qiu Z D et al., 2013, p. 177, appendix.

Etymology Colossus (Greek), huge, referring to its large size.

Holotype　Damaged skull with fragmentary mandibles and complete upper and lower tooth rows (V 19424).

Type locality　Gashunyinadege, Sonid Zuoqi (IM 0406).

Geological age and horizon　Early Miocene; late Xiejian–early Shanwangian; Aoerban Formation.

Paratype　One damaged skull with fragmentary mandibles and complete upper and lower tooth rows, V 19425.

Referred specimens　Aoerban (L), Sonid Zuoqi: Loc. IM 0507, three mandibular fragments with m1–2, m2 and m2–3, respectively, V 19426.1–3; IM 0511, one M2, V 19427. Gashunyinadege, Sonid Zuoqi (IM 9605), one fragmentary mandible without tooth, V 19428.

Measurements　See Table 5 in the Chinese text.

Diagnosis　Large-sized *Tachyoryctoides* with molars lacking any vestige of mesoloph(id)s. M1 probably with remnant of protosinus; M3 with open posterosinus; m1 without independent anterolophulid and anterosinusid, but with buccally open protosinusid; m3 nearly equal to m2 in length, and lacking posterosinusid. Upper molars with three roots.

Remarks　Characters of the mentioned skulls and teeth correspond to the diagnosis of *Tachyoryctoids* emended by Wang and Qiu, 2012. These are the large infraorbital foramen, the glenoid fossa being situated above and lateral to the auditory bulla and extending backwards to meet the occipital crest, the thick mandible with strong lower masseteric ridge, the lophodont molars with three buccal and one lingual reentrants on the upper molars, and three lingual and two buccal ones on the lower molars, the developed entoloph on the upper molars and the ectolophid on the lower molars extending obliquely, the sinus extending towards anterosinus on upper molars, the enlarged mesosinusid and sinusid extending towards the small protosinusid and posterosinusid, respectively on lower molars, the presence of anterolophulid on m2–3, and the lower incisor extending posteriorly beneath the mandibular notch.

Bohlin (1937) created *Tachyoryctoides*, and recognized three species of the genus, *T. obrutschewi*, *T. intermedius* and *T. pachygnathus*, based on three jaw fragments from the late Oligocene deposits of Shargaltein-Tal, Gansu. The size difference of the mandibular fragments and teeth between *T. obrutschewi* and *T. pachygnathus* are distinctly indicative of their different species, but *T. intermedius* is here considered synonymous with *T. obrutschewi*, because of their close size and morphology (not with *T. pachygnathus* as thought by Bendukidze and others in 2009). After Bohlin's discovery, materials of *Tachyoryctoides* were collected from numerous localities in China, Kazakhstan and Mongolia, and several species of the genus were reported from central and eastern Asia. Up to now, the named species include *T. obrutschewi* from the Late Oligocene of Mongolia (Dashzeveg, 1971; Kowalski, 1974; Daxner-Höck et Badamgarav, 2007), *T. kokonorensis* from the Early Miocene of Xining in Qinghai and of Lanzhou in Gansu (Li et Qiu, 1980; Wang et Qiu, 2012), *T. engesseri* and *T. minor* from the Early Miocene of Lanzhou, Gansu (Wang et Qiu, 2012). In addition, we follow some researchers in considering *Aralomys* Argyropulo, 1939 as a junior synonym of *Tachyoryctoides* (Dashzeveg, 1971; Kowalski, 1974; Kordikova et De Bruijn, 2001; Bendukidze et al., 2009). Moreover, we consider that "*T. minor*" possesses characters that set it apart from *Tachyoryctoides*, and should be transferred to the genus *Ayakozomys* Tyutkova, 2000 (see below). Thus, we include the previously named species into the genus *Tachyoryctoides*: *T. obrutschewi*, *T. pachygnathus*, *T. kokonorensis*, *T. engesseri*, *T. gigas* and *T. glikmani*.

The above specimens assigned to *Tachyoryctoides colossus* sp. nov. differ from all known species in the larger size of jaws and teeth (Fig. 12). Additionally, *T. colossus* differs from *T. obrutschewi* in lacking mesolophid and an independent anterolophulid on m1, and in the absence of posterosinusid on m3. It is close to *T. pachygnathus* in size with similarly strong mandible and close in alveolar length of lower molars, but differs in having distinctly wider molars. Size of its molars is slightly larger than that of *T. kokonorensis* and *T. engesseri*, but height of cranium and mandible are more than one third larger than those of *T. kokonorensis*, and one fourth to one third larger than *T. engesseri*. Besides, the new species is different from *T. kokonorensis* in having no trace of mesoloph on M1 and M2, in lack of an independent anterolophulid but having an open protosinusid on m1; from *T. engesseri* in the absence of any remnant mesoloph on M1 and M2, and of posterosinusid on m3. It is easily distinguished from *T. gigas* and *T. glikmani* by its larger size (Fig. 12), and by the lack of mesolophid and posterior spur of metalophid on m1.

Among the known *Tachyoryctoides*, the new species shows similarity to *T. kokonorensis* and *T. engesseri* in size and morphology, suggesting that these three species are closely related. Although the skulls and mandibles of *T. colossus* are distinctly more robust than those of *T. kokonorensis* and *T. engesseri*, the dental pattern is virtually identical, as well as the size of cheek teeth. Characters used for differentiating the three species are based mainly on the degree of reduction of the mesoloph on M1 and M2, the structure of the anterior portion of m1 (the presence or absence of an independent anterolophulid, the protosinusid enclosed or open buccally), and the appearance or disappearance of a posterosinusid on m3. The new species has no trace of a mesoloph on M1 and M2, differing either from *T. kokonorensis* with short mesoloph, or *T. engesseri* with vestige of mesoloph. It lacks an independent anterolophulid, has a buccal open protosinusid on m1, similar to *T. engesseri*, but differing from *T. kokonorensis*. The new taxon has no posterosinusid on m3, similar to *T. kokonorensis*, but differing from *T. engesseri*. The three species show similar characters but differing mosaic combinations in the morphology of cheek teeth. It is clear that differences between them are limited to size and minor details of the dental pattern. It is noteworthy that a question about validity of the three species deserves further attention because of their great similarities in dental morphology and minor differences of teeth. It seems to us that these differences are not sufficient to justify their species distinction. Unfortunately, the three species are represented by limited material, and intraspecific variation remains unknown. In view of the distinct differences of skull and mandible in size, and certain morphological differences existing in cheek teeth, for the time being we maintain the three names as separate species. Further study should solve whether these different characters are enough to separate the taxa, and whether the minor differences are features subject to intraspecific variation, or if they represent various evolutionary stages within one lineage. It could not be excluded that later work will show that the three species are synonymous.

Tachyoryctoides vulgatus sp. nov.

(Figs. 12, 13; Table 6)

Tachyoryctoides sp. 2 (Lower Aoerban and Gashunyinadege): Qiu Z D et al., 2013, p. 177, appendix.

Etymology Vulgatus, Latin, ordinary, alluding to its general characters of the genus *Tachyoryctoides* in cheek teeth.

Holotype A maxillary fragment with M1 and M2 (V 19429).

Type locality Gashunyinadege, Sonid Zuoqi (IM 0406).

Geological age and horizon Early Miocene; late Xiejian−early Shanwangian; Aoerban Formation.

Paratypes One mandibular fragment with damaged m1, 6 molars, V 19430.1−7.

Referred specimens Aoerban (L), Sonid Zuoqi: Loc. IM 0407, three molars, V 19431.1−3; IM 0507, three maxillary fragments with M1, M2 and M2, respectively, one fragmentary mandible with m1−2, 6 molars, V 19432.1−10; IM 0717, one M3 and one m2, V 19433.1−2. Gashunyinadege, Sonid Zuoqi: Loc. IM 9605, one m2, V 19434; IM 9606, one mandibular fragment with m2−3, one M3, V 19435.1−2.

Measurements See Table 6 in the Chinese text.

Diagnosis Relatively small-sized *Tachyoryctoides* lacking mesoloph(id)on molars. M1−3 with open posterosinus; m1 with remnant anterolophulid in a few specimens, but lacking any vestige of the crest in the majority, with anterosinusid combining protosinusid into a broad and lingually semi-closed valley; m3 less reduced with length nearly equal to that of m2, and with posterosinusid. Upper molars with four roots.

Remarks The specimens in question possesses typical features of *Tachyoryctoides*, i.e. 1) the lophodont molars without anterocone(id)s and mesocone(id)s; 2) the presence of three buccal and one lingual reentrants in upper molars, and three lingual and two buccal ones in lower molars; 3) the developed entoloph in upper molars and the ectolophid in lower molars extending obliquely; 4) the sinus extending towards anterosinus in upper molars, the enlarged mesosinusid and sinusid extending towards the protosinusid and posterosinusid, respectively in lower molars; 5) the distinctly broader sinusid than the posterosinusid in m1 and m2; 6) the presence of anterolophulid in m2 and m3, and 7) the less reduced M3 and m3, which have the same elements and structures, and almost the same length as the M2 and m2, respectively. Nevertheless, these materials could not be referred to *T. colossus* described above, due to their distinctly smaller dimensions (Fig. 12), presence of a broad valley combined by the protosinusid and anterosinusid on m1, presence of a posterosinusid on m3, and having four roots in the upper molars. This tachyoryctoidid is also distinguishable from other known species of the genus in size and morphology, thus is here assigned to another new taxon of *Tachyoryctoides*.

The new species, *Tachyoryctoides vulgatus*, differs from *T. obrutschewi* in having more anteroposteriorly compressed main cusps and wider reentrants on the lower molars, in m1 being longer relative to the width (Fig. 12), lacking mesolophid and distinct anterolophulid, but having a broad anterior valley combined by the protosinusid and the anterosinusid, and in m3 being more reduced posteriorly. It differs from *T. pachygnathus* in smaller size, and shorter and wider lower molars. Compared with *T. kokonorensis*, the new form is smaller, the reentrants are narrower, the M1 and M2 lack mesolophs, the m1 lacks distinct anterolophulid, and the m3 has posterosinusid. It differs from *T. engesseri* in smaller size, the absence of a short mesoloph on M1 and M2, and presence of a broader anterior valley on m1. It is easily distinguished from *T. gigas* and *T. glikmani* by its absence of a mesolophid and a posterior spur of metalophid on m1. In addition, the new tachyoryctoidid differs from *T. gigas* in m3 being longer relative to m2, and from *T. glikmani* in m1 lacking a distinct anterolophulid.

Among the known *Tachyoryctoides*, the new species is distinctly different from the Oligocene *T. obrutschewi* and *T. pachygnathus*, and the Early Miocene *T. gigas* and *T. glikmani* of Kazakhstan, but shares some common dental features with *T. kokonorensis*, *T. engesseri* and *T. colossus*. These characters are the more anteroposteriorly compressed main cusps, the relatively wider reentrants, the undeveloped mesoloph(id)s, and the less reduced M3 and m3. These may suggest that the four species are closely related, probably representing an evolutionary lineage.

Ayakozomys Tyutkova, 2000

Type species *Ayakozomys sergiopolis* Tyutkova, 2000: Eastern Kazakhstan; Early Miocene.

Emended diagnosis Horizontal portion of mandible thick with wide masseteric fossa extending below m1, and strong lower masseteric ridge. Molars moderately high-crowned and lophodont, with transverse ridges developed and longitudinal ridges very reduced or missing; M1 and M2 with an entomesoloph merged by entostyle and entostyle crest, mesosinus extending to lingual side and open lingually in majority; M1 with anteroloph, protocone and protoloph forming a strong and acute angle-shaped ridge anteriorly, entomesoloph connecting entoloph or protoloph and forming a strong ridge in the middle, metaloph, hypocone and posteroloph usually a continuous loop posteriorly; lower molar with anterolophid joining metaconid, and having the same number of lingual and buccal valleys and similarly directed sinusid and mesosinusid as in *Tachyoryctoides*; m1 with wide sinusid extending towards entoconid, and posterosinusid even wider than sinusid. The i2 with a flat labial surface, triangular cross section, and large pulp cavity.

Differential diagnosis *Ayakozomys* differs from *Tachyoryctoides* in: 1) having more lophodont cheek teeth; 2) the mesoloph(id) completely lacking in molars; 3) the upper molars having entomesoloph merged by the entostyle and the entostyle crest, interrupting entoloph; 4) the anterolophid joining the metaconid on lower molars; 5) the metaloph forming lingually a continuous loop with the posteroloph on M1; 6) relatively smaller and more reduced M3; 7) having a more marked posterosinusid equal to or wider than the sinusid in m1. *Ayakozomys* differs from *Eumysodon* in: 1) having distinctly anteroposteriorly compressed main cusps; 2) the lack of mesolophid and posterior arm of protoconid in lower molars; 3) the anterolophid joining the metaconid in lower molars; 4) having an extremely reduced posterosinusid in m3.

Remarks Based on material from Kazakhstan, Tyutkova (2000) created the genus *Ayakozomys* and recognized the diagnostic characters for the taxon, i.e. the lophodont cheek teeth with distinctly anteroposteriorly compressed main cusps, the absence of mesoloph(id)s in molars, the unbifurcated anterolophid connected metaconid in m1 and m2. These characters seem to be of enough importance to justify generic distinction of *Ayakozomys* from other members of tachyoryctoidids.

Bendukidze and others (2009) correctly refer specimens previously published by Kordikova and De Bruijn (2001) from the Miocene of Aktau Mt., Kazakhstan under the name Tachyoryctoidinae gen. A. sp. 1 and by Ye et al. (2003) from the Suosuoquan Formation of Junggar, Xinjiang under the name Tachyoryctoidinae gen. et sp. nov. to the genus *Ayakozomys*. In addition, the m2 from Altynshokysu, Kazakhstan, assigned to *Tachyoryctoides* sp. (Lopatin, 2004, Pl. 8, fig. 3), seems to be referable to *Ayakozomys*, because of the lophodonty, the anterolophid connecting to the metaconid, and the wide and deep posterosinusid.

Ayakozomys is characterized by the presence of an entomesoloph merged by the entostyle and the entostyle crest in M1 and M2, which is one of the most important characters that distinguish *Ayakozomys* from other genera of Tachyoryctoididae. Kordikova and De Bruijn (2001) noticed this structural element, but they called it a mesocone. Terminology of the element, whether a mesocone or an internally extended portion of protoloph, remains open. We tentatively call it an inter-central crest or entomesoloph, because it is a loph occupying the position of entostyle and connecting with a reduced entoloph or protoloph (Fig. 14).

Ayakozomys mandaltensis sp. nov.
(Figs. 15, 16; Table 7)

Aralomys sp. (Lower Aoerban and Gashunyinadege): Qiu Z D et al., 2013, p. 177, appendix.

Etymology Mandalt, Mongolian, name of the county town, Sonid Zuoqi where produced the new species.

Holotype Right damaged mandible with m1-3 (V 19436).

Type locality Gashunyinadege, Sonid Zuoqi (IM 9607).

Geological age and horizon Early Miocene; late Xiejian-early Shanwangian; Aoerban Formation.

Paratype One damaged M1, V 19437.

Referred specimens Aoerban (L), Sonid Zuoqi: Loc. IM 0407, twelve molars, V 19438.1-12; IM 0507, one maxillary fragment with M2 and M3, two mandibular fragments with m1-2, m2, respectively, twelve molars, V 19439.1-15; IM 0511, two mandibular fragments with m1 and m2 and m2, respectively, one m1, V 19440.1-3; IM 0711, one mandibular fragment with m2, two m1 and one m2, V 19441.1-4. Gashunyinadege, Sonid Zuoqi: Loc. IM 9605, one fragmentary mandible with m1-2, one M1 and one m1, V 19442.1-3; IM 9606, two maxillary fragments with M2, respectively, one M3, V 19443.1-3; IM 0401, one maxillary fragment with M2 and M3, one fragmentary mandible with m1 and m2, four molars, V 19444.1-6; IM 0406, four molars, V 19445.1-4. Balunhalagen (IM 0801): one damaged m1, V 19446.

Measurements See Table 7 in the Chinese text.

Diagnosis Relatively large-sized *Ayakozomys*. Cheek teeth with almost equal development of transverse lophs and valleys; M1 usually having remnant of entoloph, entomesoloph connecting to the reduced entoloph or the protoloph; M2 usually having complete protoloph connecting to the protocone or the anteroloph; m2 with more or less oblique lophids, and ectolophid between the posterolophid and the hypolophid or the entoconid; less reduced m3 with the same structure as in m2 in the anterior portion of the tooth.

Remarks *Ayakozomys*, created by Tyutkova, is based on a handful of isolated teeth from Kazakhstan, and only the type species of the genus, *A. sergiopolis* has been known until now. Material collected from Nei Mongol, including fragmentary jaws bearing partial to complete dentitions, and displaying certain intraspecific variation in dental morphology (Figs. 14, 16), broadens our knowledge of the genus *Ayakozomys*.

As for the specimens Tyutkova referred to the type species, we agree with Bendukidze and others (2009) in transferring the m2 and m3 (Tyutkova, 2000, fig. 3a) from the genus *Ayakozomys*, to *Tachyoryctoides*. Our reasons to consider the two lower molars to be excluded from *Ayakozomys* are that the cusps of the teeth are not so anteroposteriorly compressed, and there is no sign of a posterosinusid on m2. According to the specimens from Nei Mongol, the posterosinusid of m2 is almost as deep as the sinusid. If the tooth in their fig. 3a belongs to an m2 of *Ayakozomys*, a posterosinusid would be persistent in such a stage of wear, because the sinusid in the drawings is still wide and distinct, and only in *Tachyoryctoides* can an m2 have so distinct a sinusid after the disappearance of the posterosinusid. In addition, we doubt if the less lophodont M1 in Tyutkova's drawing (fig. 1b) belongs to *Ayakozomys*, because of its anterolingual-posterobuccally directed anterosinus and posterosinus, which sets it apart from both the other M1 drawn by Tyutkova (fig. 1a) and the M1 specimens from Nei Mongol.

The new species *Ayakozomys mandaltensis* from Nei Mongol differs from *A. sergiopolis* in larger size, in narrower valleys on the molars, more transverse entomesoloph, which is usually separated from the hypocone on M1 and M2 (only judging from the drawings of fig. 1a and c, fig. 2 and fig. 3c in Tyutkova, 2000).

A recently described tachyoryctoidid under the name *Tachyoryctoides minor* from the Early Miocene of Lanzhou, Gansu, seems to represent a smaller species of *Ayakozomys* found in China. Specimens of the taxon include a well preserved m2 and M3, and a damaged m1 and m3 (Wang et Qiu, 2012). Of the four teeth, the m3 seems to be too large with relatively distinctly bunodont cusp to match others, and may be referable to *Tachyoryctoides*. The others correspond in morphology to the diagnosis of *Ayakozomys*, i. e. the distinctly lophodont molars, the anterolophid connecting to the metaconid on m1 and m2, and the more reduced M3 (relatively smaller size with few similarities in structure to *Tachyoryctoides* as on M2). Thus, *T. minor* is here transferred to *Ayakozomys*. Both holotypes of *A. sergiopolis* and *A. minor* are an m2, which are almost of the same size. Minor differences of two specimens seem to be the wider valleys and more pronounced anterolophulid of *A. minor*. According to the specimens of *Ayakozomys* from Nei Mongol, the size of valleys can be correlated with wear of tooth, and the development of anterolophulid is variable. Therefore, further work is necessary to explore if *A. minor* is synonymous with *A. sergiopolis*. The published specimens under the Genus A, species 1 from Kazakhstan and Tachyoryctoidinae gen. et sp. nov. from Xinjiang, China, referred to *Ayakozomys* by Bendukidze and others (2009), are smaller in size than the corresponding teeth of the new species.

All the materials, except a damaged m1 from Balunhalagen, are from relatively low Early Miocene horizons at Aoerban and Gashunyinadege. It cannot be ruled out that this m1 is possibly reworked from a lower horizon.

Ayakozomys ultimus sp. nov.
(Figs. 17–20; Table 8)

Aralomys sp. 2 (Upper Aoerban), *Tachyoryctoides* sp. (Tairum Nur): Qiu Z D et al., 2013, p. 177, appendix.

Etymology Ultimus (Latin), ultimate, alluding to ultimate occurrence of the tachyoryctoidid in central Nei Mongol.

Holotype Right M1 (V 19447).

Type locality　Aoerban (U), Sonid Zuoqi (IM 0772).

Geological age and horizon　Early Miocene; Shanwangian; upper member of Aoerban Formation.

Paratype　One mandibular fragment with m1, and sixty eight molars, V 19448.1–69.

Referred specimens　Aoerban (L), Sonid Zuoqi: Loc. IM 0411, one mandibular fragment with m2, V 19449. Gashunyinadege, Sonid Zuoqi: Loc. IM 9605, one M2, V 19450; IM 0401, one maxillary fragment with M2, two molars, V 19451.1–3; IM 0406, one fragmentary mandible with damaged m1 and m2, one m3, V 19452.1–2. Aoerban (U), Sonid Zuoqi: IM 0770, one broken mandible without teeth, V 19453; IM 0776, one m3, V 19454; IM 0778, one M1 and one M2, V 19455.1–2. Tairum Nur, Sonid Youqi: three mandibular fragments with m1 and m2 or m2 and m3, one M1, V 19456.1–4.

Measurements　See Table 8 in the Chinese text.

Diagnosis　Relatively large-sized *Ayakozomys*. Cheek teeth with thick crests, showing more striking lophs than valleys. M1 and M2 usually having no sign of entoloph, with entomesoloph melding with the protoloph to form a prominent ridge in the middle of the tooth; the protoloph usually failing to join the protocone or the anteroloph on M2; m2 with anteroposteriorly compressed configuration and transverse ridges, but lack of the posterior portion of ectolophid; m3 distinctly reduced with metaconid incorporated into entoconid, hypoconid fusing with posterolophid to form a cusp-liked and isolated ridge.

Remarks　The specimens described exhibit features of *Ayakozomys*, i.e. the rather thick mandible with wide masseteric fossa and distinct lower masseteric ridge, the lophodont cheek teeth with moderate height of crown, the developed transverse ridges and reduced longitudinal ridges, the presence of an entomesoloph, and a continuous loop formed by the metaloph and the posteroloph lingually on M1 and M2, the anterolophid connecting to the metaconid on the lower molars, the broad posterosinusid on m1. These characters set the material apart from other genera of tachyoryctoidids, but the teeth can't be referred to *A. mandaltensis*, although they are close in size to the corresponding teeth of the latter (Fig. 20). Morphologically, the molars differ from those of *A. mandaltensis* mainly in: the more striking crest than valleys, the absence of entoloph and the presence of a well-propotioned ridge formed by fusion of the entomesoloph and protoloph on M1 and M2, the lack of a connection between the protoloph and protocone on M2, the distinctly anteroposteriorly compressed m2 with more transverse ridges, and the absence of an ectolophid between the hypolophid and posterolophid, the more reduced m3 (the entoconid fused with metaconid, the hypoconid combined with the posterolophid to form an isolated ridge). These differences seem to us of importance to consider them specifically different from *A. mandaltensis*. A possibility of assignment of this species to a new genus or subgenus cannot be excluded in further study, but it is here tentatively assigned a new species under the genus *Ayakozomys*, in view of the limited material available and knowledge of the family Tachyoryctoididae.

Judging from the drawing in Tyutkova (2000), the new species *Ayakozomys ultimus* differs from *A. sergiopolis* in larger size (Fig. 20), in usually having a separated entomesoloph from the hypocone on M1 and M2, in lack of a connection between the protoloph and the protocone on M2, the presence of more transverse ridges, but the absence of ectolophid between the hypolophid and the posterolophid on m2, and the more reduced m3. The new species can be distinguished from *A. minor* (Wang et Qiu, 2012) by its larger size (Fig. 20), more transverse ridges and the lack of ectolophid between the hypolophid and the posterolophid on m2, and the mesosinus connecting to the sinus on M3.

The M1 from Suosuoquan, Xinjiang under the name Tachyoryctoidinae gen.et sp. nov. (Ye et al., 2003; referred here to *Ayakozomys* sp.), is distinctly smaller than those of the new species, but seems to be matched in size with the teeth of *A. minor*. Nevertheless, a precise determination must wait until more material becomes available. The three teeth from Aktau Mt., Kazakhstan under the name Genus A, species 1 (Kordikova et De Bruijn, 2001) are closer to the corresponding teeth of *A. ultimus* in size, but the M1 has a distinctly anteroposteriorly compressed configuration with broad posterosinus, and the m3 has a connection between the posterolophid and the entolophid, characters differing from the new species.

Ayakozomys ultimus represents a holdover of Tachyoryctoididae in central Nei Mongol. Its lowest stratigraphic occurrence is the Lower Member of Aoerban Formation, but the Upper Member of the formation produced more material of this taxon. Absence of *Tachyoryctoides* and *A. mandaltensis* in the upper Aoerban Formation and younger horizons seems to imply that *A. ultimus* flourished later, until extinction of the group in the later Early Miocene.

It is likely that the genus *Ayakozomys* has its closest affinities with *Tachyoryctoides*, although no evidence is available indicate that it could have been derived from the Oligocene *Tachyoryctoides*. The two genera probably have a common ancestry, and *Ayakozomys* represents an evolutionary lineage with trends towards development of entomesoloph and typification of lophodont dentition. In *Ayakozomys* there exists a general evolutionary trend toward enlargement of size, gradual strengthening of transverse ridges, weakening the longitudinal connections of cheek teeth, and reducing the third molars.

Aplodontoidea Brandt, 1855

Remains of the Superfamily Aplodontoidea in central Nei Mongol are only recovered from the Miocene (mainly in the Early Miocene localities), including at least four genera and seven species of the family Aplodontidae and one genus and one species of Mylagaulidae. We follow Flynn and Jacobs (2008a) in recognizing two families, Aplodontidae and Mylagaulidae, in the Aplodontidea before higher-level systematics is settled.

Aplodontidae Brandt, 1855

Ansomys Qiu, 1987

Type species   *Ansomys orientalis* Qiu, 1987: Shuanggou, Sihong, Jiangsu; Early Miocene (Shanwangian).

Emended diagnosis   Cheek teeth brachydont, with high cusps and crests. Upper cheek teeth with lingual surface of protocone dorsoventrally curved, buccal surfaces of paracone and metacone nearly flat, large or bifid mesostyle forming a broad, squared or handle-shaped buccal flexure of ectoloph, single metaconule, no hypocone; lower cheek teeth with main cusps anteroposteriorly compressed, hypoconid more or less posterobuccally extended, mesostylid and hypoconulid usually distinct, mesoconid present or absent, and with very weak or crestlike metaconid in the lower molars (combined, sources: Qiu, 1987b; Hopkins, 2004).

Ansomys borealis sp. nov.
(Figs. 20, 23; Table 9)

Ansomys? sp.: Qiu, 1996b, p. 35, fig. 21.

Ansomys sp. 1 (Lower and Upper Aoerban and Gashunyinadege, partim): Qiu Z D et al., 2013, p. 177, appendix.

Etymology   From boreal (Latin, northern), referring to its record in northern China.

Holotype   Right M1/2 (V 19457).

Type locality   Gashunyinadege, Sonid Zuoqi (IM 0406).

Geological age and horizon   Early Miocene; late Xiejian–early Shanwangian; Aoerban Formation.

Paratypes   Ten cheek teeth, V 19458.1–10.

Referred specimens   Aoerban (L), Sonid Zuoqi: Loc. IM 0407, eleven cheek teeth, V 19459.1–11; IM 0507, six cheek teeth, V 19460.1–6; IM 0726, one fragmentary mandible with incisor and damaged m1, fourteen cheek teeth, V 19461.1–15; IM 0744, three fragmentary mandibles with eroded c–m3, p4–m1, and m1-m2, respectively, V 19462.1-3. Gashunyinadege, Sonid Zuoqi: IM 9605, one fragmentary mandible with m1 and m2, nine cheek teeth, V 19463.1-10; IM 9606, fourteen cheek teeth, V 19464.1-14; IM 0401, twenty-four cheek teeth, V 19465.1-24; IM 0406, twelve cheek teeth, V 19466.1-12. Aoerban (U), Sonid Zuoqi (Loc. IM 0772): seventy-six cheek teeth, V 19467.1-76. H-X Highway Road original mark 346 (Loc. 346), Sonid Youqi: twenty-six cheek teeth, V 19468.1-26. Balunhalagen, Sonid Zuoqi (IM 0801): twenty-six cheek teeth, V 19469.1-26. Bilutu, Sonid Zuoqi (IM 0510): eight cheek teeth, V 19470.1-8.

Measurements See Table 9 in the Chinese text.

Diagnosis Anterobuccal crest of metacone poorly developed and forming a buccal flexure of ectoloph with mesostyle on P4-M2 usally low, even incomplete; upper molars with anterior arm of protocone connected to the anteroloph; M3 subcircular. Lower cheek teeth with distinct mesoconid unconnected to hypoconid, hypolophid attached to ectolophid rather than hypoconulid in almost all p4, crest-shaped metaconid on lower molars, p4 and m1 usually with distinct mesostylid and mesostylid crest; subrectangular and posteriorly-expanded m3 with relatively reduced entoconid and hypolophid. Enamel in basins smooth, accessory crest undeveloped.

Remarks This apolodontid taxon represented by a large sample shows homogeneous dental pattern, but distinct variation in size. Nevertheless, the size variation is so continuous that no different taxa can be distinguished, and their average value of measurements for the first and second molars from different localities is close (Fig. 23). The material available demonstrates diagnostic characters for *Ansomys*, and is assigned to a new species of the genus.

Ansomys, including nine known species, is a cosmopolitan genus distributed in the Oligocene and/or Miocene of the Old World and the New World (Schmidt-Kittler et Vianey-Liaud, 1979; Rensberger et Li, 1986; Qiu, 1987b; Qiu et Sun, 1988; Lopatin, 1997; Hopkins, 2004; Kelly et Korth, 2005; Korth, 2007). The new species, *A. borealis*, differs from the type species, *A. orientalis*, by the weaker development of the buccal flexure of ectoloph in upper cheek teeth, the anterior crest of hypoconulid disconnected from the mesostylid crest in a majority of the lower cheek teeth, the subcircular M3, the little-reduced entoconid and hypolophid on m3, and by the smooth enamel in the basin of cheek teeth with undeveloped accessory crests. It is easily distinguished from *A. shanwangensis* by its smaller size, undeveloped accessory crest, more prominent protoconule and weakly developed buccal flexure of ectoloph in upper molars, and by the circular M3 and more reduced entoconid on m3. *A. shantungensis* (Rensberger et Li, 1986) is the only species known from the Oligocene in China, and is represented by only one m1. The new species can be distinguished from the Oligocene taxon by its hypoconid less prominent and less expanded posterobuccally, and more pronounced metalophid and metastylid crest. *A. crucifer* is also represented by one tooth, a p4 from the lower Miocene of northern Aral region, Kazakhstan. It is characterized by its talonid basin having a cruciform structure consisting of the hypolophid and the crests of the mesostylid and hypoconulid. Such a structure is present in a few p4s of the Nei Mongol specimens, but absent in the majority. A further comparison must wait until more material of *A. crucifer* is discovered from Kazakhstan. *A. borealis* is easily distinguishable from *A. descendens* (Dehm, 1950) by its anterior arm of protocone connected with the anteroloph in upper molars, and the mesoconid disconnected from the anterobuccal arm of hypoconid. It differs from *A. hepburnensis* mainly in having smooth lingual wall of the protocone on upper molars, a subcircular outline of M3, and less developed entoconid and entoconid crests in lower molars; from *A. nexodens* (Korth, 1992) in smaller size, poorly developed accessory crests, stronger metastylid crests on lower molars, and in the absence of anterobuccal cingulum on the protoconid of m3; from *A. nevadensis* in having a crestlike metaconid on lower moalrs, lacking ectostylid either on m1 or m2; and from *A. cyanotephrus* mainly in less developed accessory crests, subcircular M3 with distinctly reduced metacone, having crestlike metaconid, p4 being larger than m1, distinctly reduced entoconid on m3.

The new species are known from several localities ranging from the Early Miocene to Late Miocene ages in central Nei Mongol. It is not certain whether *Ansomys borealis* persisted in the late Miocene by the small number of teeth preserved in channel deposits in some localities, such as Bilutu, which is thought to contain reworked remains (Wang et al., 2009). It can be considered that the taxon flourished there during the Early and Middle Miocene by their large number of specimens from the Lower Aoerban, Gashunyinadege and Loc. 346 localities. The evolutionary trend of this species is unknown, except for the gradual development of the buccal flexure of ectoloph, shown by the stronger flexure of ectoloph on upper cheek teeth from Loc. 346 than those from Aoerban and Gashunyinadege.

Bi Shengdong and others (2013) described a new genus and species of aplodontid from northern Junggar, China and named it *Proansomys dureensis*. Our Nei Mongol new species shares some characters with *P. dureensis*, such as the brachydont cheek teeth without distinct accessory lophules, the poor flexure of ectoloph that is not fully crested to close the central valley on P4−M2, the subcircular M3, and the weakly developed mesostylid on lower cheek teeth. Nevertheless, *Ansomys borealis* differs from *P. dureensis* in having relatively developed flexure of ectoloph on P4−M2, a zigzag protoloph on most upper molars, a complete hypolophid connected to ectolophid on p4, a crest-shaped metaconid on molars, relatively distinct accessory lophules, and more developed mesoconid and mesoconid crest on p4 and m1. These similarities and differences seem to imply that the two taxa have close affinities, and *A. borealis* may have descended from *P. dureensis*.

Ansomys robustus sp. nov.
(Figs. 24−26; Table 10)

cf. *Ansomys* sp. nov. (Lower Aoerban and Gashunyinadege): Qiu Z D et al., 2013, p. 177, appendix.

Etymology   Referring to its large size.

Holotype   Left mandibular fragment with p4−m2 (V 19471).

Type locality   Aoerban (L), Sonid Zuoqi (IM 0744).

Geological age and horizon   Early Miocene; late Xiejian; lower member of Aoerban Formation.

Referred specimens   Aoerban (L), Sonid Zuoqi (IM 0407): four cheek teeth, V 19472.1−4. Gashunyinadege, Sonid Zuoqi: IM 9605, four cheek teeth, V 19473.1−4; IM 0401, eleven cheek teeth, V 19474.1−11; IM 0406, one fragmentary mandible with p4−m2, senven cheek teeth, V 19475.1−8. Aoerban (U), Sonid Zuoqi (Loc. IM 0772): one P4, V 19476.

Measurements   See Table 10 in the Chinese text.

Diagnosis   Similar to *Ansomys borealis* in morphology of lower jaw and dentition: P4−M2 with partly crested ectoloph; M3 subcircular; p4 with hypolophid usually attached to ectolophid; lower cheek teeth with crest-shaped metaconid and distinct mesoconid unconnected to hypoconid; p4 and m1 with relatively distinct mesostylid and mesostylid crest; m3 subrectangular and posteriorly-expanded. Different from *A. borealis* in larger size, having relatively higher crowns and stronger cusps, zigzag protoloph in most upper molars, small metastylid with buccal metastylid crest, shallow notch between mesostylid and metastylid crest, and more distinct accessory lophules in lower cheek teeth.

Remarks   The apolodontid represented by a small sample from Aoerban and Gashunyinadege localities shows some similarities to *Proansomys*, but has more developed buccal flexure of ectoloph on P4−M2, a zigzag protoloph on most upper molars, the hypolophid attached to the ectolophid on p4, a crest-shaped metaconid on molars, more distinct accessory lophules on the lower cheek teeth, more prominent mesostylids and mesostylid crests on p4 and m1. These characters seem to refer the taxon to the genus *Ansomy* rather than *Proansomys*. It resembles *Ansomys borealis* sp. nov. in morphology of lower jaw and cheek teeth, i.e. the strong mandible with developed and curved dorsal masseteric crest and indistinct ventral one, the wide masseteric fossa and large mental foramen, the brachydont cheek teeth with lingual surface of protocone dorsoventrally curved, the flat buccal surfaces of metacone and paracone, the single metaconule, the weak development of anterobuccal crest of metacone and buccal flexure of ectoloph, and the lack of hypocone in upper cheek teeth, the anterior arm of protocone connecting to the anteroloph in upper molars, the distinct mesoconid disconnected from the hypoconid in lower cheek teeth, the anteroposteriorly compressed main cusps and crest-shaped metaconid in lower molars, the subcirclar M3 and posteriorly expanded m3, and the smooth and undeveloped accessory crest in the basin of teeth. It is assigned to a new species of *Ansomys* due to its larger size (Figs. 25, 26), higher crowned cheek teeth with stronger cusps, frequent presence of small metastylid with buccal metastylid crest and shallow notch between the mesostylid and metastylid crest in the lower cheek teeth.

Fig. 26 shows average width and length and approximate average areas of m1/2 measured for the known species of *Ansomys* (except *A. crucifer* represented only by a p4 which is smaller than that in *A. robustus*), which indicates that *A. robustus* is the largest species of the genus so far known. The new species is also distinguishable from others by the same differential diagnosis as designed for *A. borealis*.

Ansomys lophodens sp. nov.

(Figs. 26, 27; Table 11)

Ansomys sp. (Amuwusu, Bilutu, Huitenghe and Shala), *Ansomys* sp. 2 (Balunhalagen): Qiu Z D et al., 2013, p. 177, appendix.

Etymology Lopho (Greek), crest; dens (Latin), tooth. Referring to the new species having simply lophodont ectolophid lacking or with undeveloped mesoconid on the lower cheek teeth.

Holotype Left m2 (V 19477).

Type locality Balunhalagen, Sonid Zuoqi (IM 0801).

Geological age and horizon Late Middle Miocene—early Late Miocene; late Tunggurian—early Bahean; Balunhalagen beds.

Paratype Two hundred and fifty nine cheek teeth, V 19478.1–259.

Referred specimens H-X Highway Road original mark 346 (Loc. 346), Sonid Youqi: one m1/2, V 19479. Amuwusu, Sonid Youqi: thirty five cheek teeth, V 19480.1–35. Huitenghe, Abag (IM 0003): one mandibular fragment with m1 and m2, one p4, V 19481.1–2. Shala, Sonid Youqi (IM 9610): one m1/2 and one m2, V 19482.1–2. Bilutu, Sonid Zuoqi (IM 0510): thirty eight cheek teeth, V 19483.1–38.

Measurements See Table 11 in the Chinese text.

Diagnosis Medium-sized species of *Ansomys* with premolars larger than molars, and relatively narrow P4 and wide p4. Upper molars with anterior arm of protocone connected to anteroloph, weakly developed protoconule, relatively complete ectoloph flexure consisting of anterobuccal crest of metacone and crest-shaped mesostyle, mesostyle crests present in more than half of M1/2, and subcircular M3. Lower cheek teeth with mesoconid undeveloped or lacking; p4 with strong hypolophid usually attached to ectolophid and connected to mesolophid crest in some specimens; lower molars lacking ectomesolophid and with metaconid crest-like; p4 having three roots usually. Enamel in basins smooth and accessory crest undeveloped.

Remarks The new aplodontid represented by the described teeth shows some characters similar to those of *Ansomys borealis* and *A. robustus* in dental morphology, such as the brachydont cheek teeth, the dorsoventrally curved lingual surface of protocone, the presence of buccal flexure of ectoloph, the single metaconule, the anteroposteriorly compressed main cusps of lower molars, the crest-shaped metaconid, and the disconnection of ectolophid to the anterobuccal arm of hypoconid. However, these teeth can be referred neither to *A. borealis* nor to *A. robustus*, due to their undeveloped or absent mesoconid on the lower cheek teeth. In addition, their size is distinctly smaller than that of the corresponding teeth of *A. robustus* (Fig. 26). Although they fall within the size range exhibited by *A. borealis* the relatively narrow P4 and short p4 with three-roots, the poorly developed protoconule, the more complete buccal flexure of ectoloph, the frequent presence of mesostyle crest on the upper molars, and the lack of ectomesolophid on the lower molars prevent referral to those two species.

The new species *Ansomys lophodens* is characterized by its undeveloped or lacking mesoconid in the lower cheek teeth, by which it can be easily distinguished from all known species of the genus. In addition, *A. lophodens* differs from *A. orientalias* and *A. shanwangensis* in having undeveloped accessory crests in the cheek teeth, three-roots in most p4s, and subcircular outline of M3; from *A. shantungensis* in having more anteroposteriorly compressed main cusps and less posterobuccally expanded hypoconid; from *A. descendens* in the anterior arm of protocone connected with anteroloph in upper molars, and the anterobuccal arm of hypoconid disconnected from the ectolophid in lower molars; from *A. hepburnensis* in larger size, having smooth lingual wall of protocone and straight protoloph in upper molars; from *A. nexodens* in smaller size, having poorly developed accessory crests, and lacking anterobuccal cingulum on the protoconid of m3; from *A. nevadensis* in having a crestlike metaconid on lower moalrs, lacking ectostylid either on m1 or m2; and from *A. cyanotephrus* in mainly having less developed accessory crests, subcircular M3, distinctly crest-shaped metaconid, p4 being larger than m1, and more pronounced mesostylid and mesostylid crests.

Ansomys lophodens occurs in localities younger in age than those yielding the other species of the genus in central Nei Mongol. The higher horizons and the similarity to *A. borealis* in dental morphology seem to imply that the new species has its closest affinities with *A. borealis* and might have been derived from the latter. The more complete buccal flexure of ectoloph in upper cheek teeth, the reduced mesoconid in lower cheek teeth, and the presence of three roots in p4 are interpreted as advanced features for the genus *Ansomys*.

Quadrimys gen. nov.

Type species *Quadrimys paradoxus* sp. nov.; Aoerban, Sonid Zuoqi, Nei Mongol; Early Miocene (Xiejian).

Etymology From Latin quadrus, "quadrangle", referring to the nearly square outline of its M1−2 and m1−2.

Diagnosis Cheek teeth brachydont and buno-lophodont. Upper cheek teeth with pronounced hypocone and single metaconule, buccal surfaces of paracone and metacone steep, developed parastyle and mesostyle forming crestlike buccal flexures of ectoloph closing anterobuccal basin and central basin; protoconule not positioned in protoloph; metaloph lacking; P4 with anterocone style; M1−2 and m1−2 nearly square in outline. Simple-patterned lower cheek teeth with high metaconid, prominent mesoconid and mesostylid, and crest from buccal margins of hypoconid connecting to the base of mesoconid; entolophid complete, but hypoconulid and mesostylid crest absent; lower molars with lingually directed crest from protoconid joining entolophid, but lacking metalophid and hypolophid.

Remarks Diagnostic characters of *Quadrimys* are the presence of a pronounced hypocone, the developed parastyle and mesostyle forming crestlike buccal flexures of ectoloph, which buccally close the anterobuccal basin and central basin, the protoconule not being born by the protoloph, and the absence of metaloph in upper cheek teeth, the presence of an anterocone style in P4, the nearly square outline of M1−2 and m1−2, the presence of a complete entolophid but lacking a hypoconulid and a hypolophid on the lower cheek teeth, the presence of a strong crest from protoconid connecting to entolophid and the absence of metalophid on lower molars. The new genus cannot be grouped into any subfamilies of Aplodontidae so far known. It does not correspond to the definition of the subfamily "Prosciurinae" in having a distinct hypocone and a developed ectoloph in upper cheek teeth, in the presence of a strong crest from the protoconid connecting to the entolophid in lower molars. It does not fit the given diagnosis of Allomyinae by its square outline of M1−2 and m1−2, single metaconule, complete entolophid, and lack of metaloph and hypolophid. By the presence of hypocone, continuous entolophid and lack of hypolophid *Quadrimys* cannot be allocated to the subfamily Meniscomyinae. *Quadrimys* possesses quite distinct characters, i.e. the brachydont cheek teeth with relative high cusps and crests, the presence of hypocone and parastyle in upper cheek teeth, and the unreduced trigonid in the lower ones, that sets it apart from the subfamily Aplodontinae. In addition, its cheek teeth disagree with the diagnosis of Ansomyinae in possessing prominent hypocone, parastyle, ectoloph and metaconid, developed mesostyle forming crestlike buccal flexures of ectoloph completely closing the central basin, and having no metalophid, hypolophid and hypoconulid in the lower molars. This aplodontid probably represents a new subfamily, but we consider it inadvisable to create such a new rank, and to discuss more about its systematic position, because of the inadequate material and evidence.

Quadrimys paradoxus gen. et sp. nov.
(Fig. 28; Table 12)

Aplodontidae gen. et sp. nov. (Lower Aoerban, Gashunyinadege): Qiu Z D et al., 2013, p. 177, appendix.

Etymology   From paradoxus (Latin), meaning fantastic or bizarre, referring to the new aplodontid having peculiar cheek teeth.

Holotype   Right maxillary fragment with M2 and M3 (V 19484).

Type locality   Aoerban (L), Sonid Zuoqi (IM 0407).

Geological age and horizon   Early Miocene; late Xiejian; lower member of Aoerban Formation.

Paratype   Six cheek teeth, V 19485.1-6.

Referred specimens   Aoerban (L), Sonid Zuoqi: Loc. IM 0544, one maxillary fragment with P3 and damaged P4 and M1, one fragmentary M1/2, and one p4, V 19486.1-3; IM 0726, three damaged cheek teeth, V 19487.1-3; IM 0507, one m1/2 and one p4, V 19488.1-2. Gashunyinadege, Sonid Zuoqi: Loc. IM 9605, one eroded m1/2 and one damaged m3, V 19489.1-2; IM 0401, one damaged m3, V 19490.

Measurements   See Table 12 in the Chinese text.

Diagnosis   Same as for the genus.

Remarks   The described specimens exhibit a suite of features that correspond to the characters of aplodontids, i.e. the cheek tooth formula being P2/1 and M3/3, the crests isolating enamel lakes in cheek teeth, the upper cheek teeth showing subtriangular paracone and metacone, strong conules, an ectoloph with pronounced parastyle and mesostyle, the lower cheek teeth having distinct mesostylid. However, the mountain beaver differs from the other aplodontids found in central Nei Mongol in morphology, and it is easily distinguished from all known aplodontid genera by its nearly square outline of M1-2 and m1-2, the upper cheek teeth having a prominent hypocone and parastyle, but no metaloph, and by the lower cheek teeth having a continuous crest extending from the protoconid to the complete endolophid, but no hypolophid and hypoconulid.

With scarce material *Quadrimys paradoxus* is only known from Aoerban (L) and Gashunyinadege, two localities of Early Miocene age. A precise determination of subfamily relationships and the affinities of the rare animal must await more adequate material and further research.

Parameniscomys gen. nov.

Type species   *Parameniscomys mengensis* sp. nov: Aoerban, Sonid Zuoqi, Nei Mongol; Early Miocene (Xiejian).

Etymology   From Greek para, "near" or "beside", and *meniscomys*, type genus of Meniscomyidae.

Diagnosis   Cheek teeth brachydont and buno-lophodont. M1/2 distinctly wider than long, without hypocone, but with single metaconule, undeveloped parastyle, protoloph and metaloph, buccal faces of paracone and metacone nearly vertical, prominent mesostyle forming cusplike buccal flexures of ectoloph closing the central basin, strong protoconule and metaconule connecting to the anteroloph and posteroloph, respectively.

Parameniscomys mengensis gen. et sp. nov.

(Fig. 29)

Etymology　Meng, the abbreviation for Nei Mongol (Inner Mongolia) in Chinese. Named after Nei Mongol, where this new species was found.

Holotype　Left M1/2 (V 19491).

Type locality　Aoerban (L), Sonid Zuoqi (IM 0407).

Geological age and horizon　Early Miocene; late Xiejian; lower member of Aoerban Formation.

Paratype　Two fragments of M1/2, V 19492.1-2.

Measurements　M1/2: 2.25 mm × 3.30 mm.

Diagnosis　Same as for the genus.

Remarks　The type specimen is characterized by the subtriangular paracone and metacone, strong conules, pronounced ectoloph and prominent mesostyle, which are aplodontid features. Nevertheless, the three molars can be referred to neither *Ansomys* nor *Quadrimys*, nor to *Pseudaplodon* or a mylagaulid found in central Nei Mongol (see below). Compared with the M1/2 of *Ansomys*, the type specimen shows some similarities in outline, but differs in larger size, in having relatively stronger conules connecting to both anteroloph and posteroloph, more prominent mesostyle distinctly protruding buccally, and in having poorly developed protoloph and metaloph. It is similar to the corresponding tooth of *Quadrimys* in sharing higher cusps and crests relative to the crown height, more pronounced and cusplike mesostyle, and the protoconule connecting to the anteroloph and not positioned in the protoloph, but is different in having a subrectangular outline (not square), in lack of hypocone and parastyle, in the presence of a much stronger protoconule and metaconule, and fewer roots.

This Nei Mongol mountain beaver can be distinguished from European *Plesiopermophilus* and *Sciurodon* by the absence of any trace of hypocone, and the undeveloped protoloph and metaloph, or the single metaconule in M1/2. It is distinguishable from all members of "Prosciurinae" by the presence of complete ectoloph and prominent mesostyle; and from all the genera of the subfamily Allomyinae by its single metaconule and the absence of hypocone. It cannot be grouped in Aplodontinae because of its smaller size and lower crown height, but much higher cusps and crests relative to the crown height. By comparison, the specimens mentioned demonstrate more features similar to the characters of Meniscomyinae, e.g. the pronounced and cusplike mesostyle distinctly protruding buccally and closing the central basin, the absence of hypocone, and the single metaconule, etc.

Five genera, *Promeniscomys*, *Meniscomys*, *Niglarodon*, *Rudiomys* and *Sewelleladon* are included in the subfamily Meniscomyinae. Among them, *Promeniscomys* is known from the Oligocene of Nei Mengol, and the others from North America (Rensberger, 1983; Wang, 1987). The Aoerban teeth are similar to the M1 of the type spicemen of *Promeniscomys* in tooth contour, and in having buccally protruding mesostyle, but differ in larger size, having nearly vertically buccal faces of paracone and metacone, more robust protoconule and metaconule, protoconule connecting to the anteroloph, more prominent mesostyle, undeveloped protoloph and metaloph, and in lack of buccal cingulum. In comparison with the comparable American genera of the subfamily, the M1/2 differs from that of *Meniscomys* in being shorter than wide, having larger and more buccally protruding mesostyle, and discontinuous protoloph; and from that of *Niglarodon* in the metaloph unconnected to the paracone, anterolingual fossette larger than the anterobuccal one, and unequally large posterolingual and posterobuccal fossettes.

Our comparisons seem to indicate that the mentioned specimens cannot be referred to any comparable genera of Aplodontidae. Therefore, a new genus and species is named for the teeth, although the material is rather scarce. The new genus shows close affinities with the subfamily Meniscomyinae, but a precise determination of higher rank must await more materials.

Pseudaplodon **Miller, 1927**

Type species *Aplodontia asiatica* Schlosser, 1924 = *Pseudaplodon asiaticus* (Schlosser, 1924): Ertemte, Huade, Nei Mongol; Late Miocene (Baodean).

Emended diagnosis Medium-sized aplodontine with relatively lower crowned and rooted cheek teeth. Premolars distinctly larger than molars; upper cheek teeth with prominent mesostyle and developed accessory crests separating basins, but conules undeveloped and hypocone absent; lower cheek teeth with protoflexid extending nearly to base of crown, and complete entolophid; p4 with weak mesostylid and anteroflexid persisting despite wear; lower molars lacking mesostylid; m3 less reduced with posteroflexid opening to base of crown. Ectolophid extending from anterior arm of hypoconid to metalophid on p4−m2.

Remarks *Pseudaplodon* resembles American *Tardontia*, *Liodontia* and *Aplodontia* in possessing hypsodont cheek teeth, most enamel lakes tending to disappear during wear, prominent mesostyles protruding buccally in upper cheek teeth, reduced trigonid and large talonid in lower cheek teeth, which demonstrates features of the subfamily Aplodontinae. The genus differs from *Tardontia* in lower crown height, retention of enamel lakes into later wear, and more reduced m3. It is different from *Liodontia* in larger size, much lower crown height, rooted cheek teeth, more disctinct protoflexid persisting to the base of crown, and in having posteroflexid in m3. It is distinguishable from *Aplodontia* by its smaller size, rooted cheek teeth with retention of enamel lakes into later wear, relatively shorter M3 and m3, less buccally-protruding mesostyle in upper cheek teeth, lack of mesostylid in lower molars, and the presence of posteroflexid in m3.

Pseudaplodon asiaticus (**Schlosser, 1924**)
(Figs. 30, 31; Table 13)

Lectotype Right dentary fragment with p4−m3 (Schlosser, 1924, Pl. II, fig. 15), as Lagrelius collection kept in the Uppsala University, Sweden.

Type locality Ertemte 1, Huade, Nei Mongol.

Geological age and horizon Late Miocene; late Baodean; Ertemte Formation.

Referred specimens Ertemte 2, Huade: one maxillary fragment with M1, two fragmentary mandibles with alveoli of p4−m3 and p4 respectively, forty-four cheek teeth, V 19493.1−47.

Measurements See Table 13 in the Chinese text.

Diagnosis Smaller species of *Pseudaplodon* with relatively hypsodont cheek teeth, weak cusps and crests. M3 with relatively less persistent enamel lakes; p4 without anteroconid, but relatively continued entolophid, and three-rooted.

Remarks This aplodontid is identified as *Pseudaplodon asiaticus* in size and morphology. *P. asiaticus* was originally described as *Aplodontia asiatica* by Schlosser in 1924 based on a mandibular fragment with moderately worn p4−m3 and another p4 from Ertemte 1 and Olan Chorea, Huade. The added materials from Ertemte 2 have enriched our knowledge of this species, especially in the morphology of upper cheek teeth and the dental structures at different stages of wear (Fig. 31).

In addition, two foregoing conclusions involving *Pseudaplodon* in the literature as to the validity and affernities with *Tardontia* seem to be approved by our studies (Friant, 1937; Macdonald, 1956; Shotwell, 1958; Flynn et Jacobs, 2008a). Morphologically, the Ertemte aplodontid is similar to the extant *Aplodontia rufa* in having high-crowned cheek teeth with rapid disappearance of cusps and crests during wear, prominent mesostyles in upper cheek teeth, and abnormal development of trigonid and talonid in lower cheek teeth, but it differs in smaller size, presence of roots in cheek teeth, absence of mesoconid in lower molars, and lack of posteroflexid in m3. Therefore, the generic name assigned by Miller for the Ertemte form is appropriate and should be valid. Secondly, *Pseudaplodon asiaticus* is more similar to *Tardontia occidentale* in having roots and distinct protoflexid, but no mesoconid in lower molars, and in having anteroflexid in p4 and posteroflexid in m3. The younger age and primitive features rule out the possibility that *P. asiaticus* is a descendant from American *T. occidentale*, or conversely. The similarities of the two genera in dental morphology may be explained as parallelism or conservation of primitive conditions.

Pseudaplodon asiaticus is also known from Harr Obo of Huade County, unfortunately the specimens have not yet been described in detail (Fahlbusch et al., 1983).

Pseudaplodon amuwusuensis sp. nov.

(Fig. 32)

Meniscomyinae gen. et sp. indet.: Qiu et Wang, 1999, p. 125.
Meniscomyinae indet.: Qiu et al., 2006, p. 180, appendix.
Meniscomyinae indet.: Qiu Z D et al., 2013, p. 177, appendix.

Etymology　Named after Amuwusu, Sonid Youqi, where this new species was found.

Holotype　Left p4 (V 19494).

Type locality　Amuwusu, Sonid Youqi.

Geological age and horizon　Late Miocene; early Bahean; Amuwusu beds.

Paratype　One M3, V 19495.

Measurements　M3: 3.15 mm × 3.35 mm; p4: 4.15 mm × 3.25 mm.

Diagnosis　Huge species of *Pseudaplodon* with moderately hypsodont cheek teeth, strong cusps and crests. M3 less reduced with relatively larger width and more persistent enamel lakes; p4 with low and small anteroconid, discontinued entolophid and double roots.

Remarks　The two teeth described from Amuwusu represents the biggest mountain beavers ever found in central Nei Mengol. There is likelihood of the upper molar in question being an M3, because there is no sign of a facet on the posterior wall of the tooth in its moderate wear, and the tooth has an oblique posterolophid and asymmetrical outline of paracone and metacone. The teeth are characterized by their high crown, the M3 having prominent mesostyles protruding buccally, the most enamel lakes tending to disappear during wear, and the p4 having rather reduced trigonid relative to talonid. These features obviously correspond to the definition of the subfamily Aplodontinae. The aplodontid, especially, possesses distinct characters that agree with the diagnosis of the genus *Pseudaplodon*, e.g. the rooted cheek teeth, the absence of hypocone on M3, the undeveloped conules, the presence of prominent mesostyle and the developed accessory crests separating basins on M3, and the presence of protoflexid and anteroflexid that extend nearly to the base of crown on p4. Nevertheless, the two teeth could not be referred to the species *P. asiaticus* from Ertemte, because of the less reduced M3 with more persistent enamel lakes, and the p4 with small anteroconid, discontinued entolophid and double roots, as well as their larger size and stronger cusps and crests.

The Amuwusu specimens were preliminarily reported as an indeterminate genus and species under the name Miniscomyinae (Qiu et Wang, 1999; Qiu Z D et al., 2006, 2013). Further observation seems to show that their morphology does not fit the definition of the subfamily because of the M3 having undeveloped conules, but developed accessory crests separating basins, the p4 having metastylid crest, but lacking a distinct mesostylid and a connection between the mesostylid and protoconid (Rensberger, 1983). Therefore, the two teeth are assigned to a new species of the genus *Pseudaplodon*, but a possibility of the species described here belonging to a new genus of the Aplodontinae cannot be precluded, due to the huge size and the characters differing from *P. asiaticus*.

The less reduced M3 (relatively larger width, more persistent enamel lakes), and the double-rooted p4 with anteroconid are here interpreted as primitive characters for *Pseudaplodon*.

Mylagaulidae Cope, 1881

Tschalimys Shevyreva, 1971

Type species　*Tschalimys ckhikvadzei* Shevyreva, 1971: Sarybulak, Zaisan, Kazakhstan; early Middle Miocene.

Diagnosis　Small sized and hypsodont promylagauline. Occlusal surface of P4 longer than wide, with slightly lingually expanded anterocone, distinct parastyle and mesostyle; six deeply downward-extending fossettes present: antero-and posterobuccal fossettes, antero-and posterolingual fossettes, buccal-and lingual central fossettes; the anterobuccal fossette and the anterolingual fossette connected anteriorly. With wear the connection between anterior fossettes disappears, and the lingual central fossette as well. p4 with long, strong metastylid crest extending from metaconid to mesostylid, blocking lingual fossettid; mesostylid distinct; anterior-and posterior fossettids large; mesoconid flattened buccally initially but becoming distinct with wear, forming Y-shaped buccal inflection with stronger posterior branch (posterior labial inflection) than anterior one. Both P4 and p4 with open-ended single root (adopted from Wu et al., 2013) .

Tschalimys cf. *T. ckhikvadzei* Shevyreva, 1971

(Fig. 33)

Referred specimens　Aoerban (U), Sonid Zuoqi (Loc. IM 0772): one m1/2, V 19496. Huitenghe, Abag (IM 0003): one M1/2, V 19497.

Measurements　M1/2: 2.05 mm × 1.90 mm; m1/2: 2.00 mm × 1.65 mm.

Remarks　The mylagaulid represented by the two described teeth is characterized by its high crowned and rooted teeth, the M1/2 having prominent protoconule and metaconule, but lacking mesostyle, the protoloph and metaloph separately connecting to protocone, the presence of two lingual fossettes, two buccal fossettes and one central fossette during wear, and the m1/2 being subrectanglar with shorter distance between the protoconid and hypoconid than the metaconid and entoconid, having small mesostylid, but lacking a clearly mesoconid, the mesostylid connecting with the protoconid, the entoconid joining the ectolophid via the anterior arm of entoconid and a transverse crest, the distinct metastylid crest extending to mesostylid and blocking the lingual fossettid, the presence of a large anterior and posterior fossettids, and the buccally flattened ectolophid. It corresponds, in most of the features that can be compared, with the less completely known *Tschalimys* from the Middle Miocene of central Asia.

Tschalimys ckhikvadzei known from Zaisan Basin, Kazakhstan is the first mylagaulid reported from Asia (Shevyreva, 1971). Subsequently, Wu (1988) described *Sinomylagaulus halamagaiensis* from the Junggar Basin, Xinjiang. Both taxa are similar in size and morphology in the premolars. They are high-crowned and rooted, with the anterocone expanded lingually, and the weak parastyle and mesostyle developed as a ridge. Differences of the two promolars were mainly the presence of only one central fossette and two isolated anterior fossettes in the Kazakhstan specimen, while the Xinjiang P4 has two central fossettes and the anterior fossette consisting of two connected fossettes (Shevyreva, 1971; Wu, 1988). Recently, by means of CT scanning technology, Wu and others (2013) discovered that their differences were caused by different wear stages of the teeth, and pointed out that *S. halamagaiensis* is a synonym of *T. ckhikvadzei*.

The two teeth from Nei Mengol cannot be directly compared with the specimens from Zaisan of Kazakhstan and Junggar of Xinjiang. Nevertheless, the M1/2 from Nei Mengol is comparable to the P4 of Zaisan and Junggar in having prominent conules, strong protoloph and metaloph, similar enamel lakes in wear, and in shape and numbers. The m1/2 also demonstrates obvious similarity with the p4 from Junggar in morphology, such as the possession of a distinct mesostylid, the presence of large anterior and posterior fossettids, the distinct metastylid crest extending to mesostylid and blocking the lingual fossettid, and the ectolophid flattened buccally (Wu et al., 2013). This does not imply that the Nei Mengol specemens must be referred to *Tschalimys ckhikvadzei*, but it is reasonably treated as a taxon conformable to that species, given the scarce material from Nei Mongol as well as for the type species of *T. ckhikvadzei*.

Sciuridae Fischer von Waldheim, 1817

Fossil squirrels are commonly known in Neogene faunas of central Nei Mongol, and comprise at least 11 genera of two subfamilies. However, almost all the genera and species are known by isolated cheek teeth, and the remains are identified generally as chipmunks and ground squirrels, and as flying squirrels in a few cases. Materials from Ertemte, Harr Obo and Bilike have been described in detail (Qiu, 1991; Qiu et Storch, 2000).

Sciurinae Fischer von Waldheim, 1817
Tamiini Weber, 1928

Tamias Illiger, 1811

Type species   *Sciurus striatus* Linnaeus, 1758; Eastern America; recent.

Emended diagnosis   Small squirrels with a fully sciuromorphous zygomasseteric structure, long and slender diastema, and masseteric fossa terminating anteriorly beneath p4. Upper molars subquadrate with unexpanded protocone, low but complete protoloph and metaloph more or less converging towards protocone and bearing indistinct conules, and metaloph constricted at the contact with the protocone; lower cheek teeth with a mesoconid in variable development, entoconid incorporated in posterolophid, anterolophid connecting protoconid, a longitudinal ectolophid and wide buccal valley; m1 and m2 rhomboidal in occlusal outline with untypical angular distolingual corner; m2 and m3 with an incomplete metalophid and open trigonid valley. Limb elements intermediately proportioned between those of tree and ground squirrels.

Tamias ertemtensis (Qiu, 1991)
(Figs. 35, 36; Table 14)

Eutamias ertemtensis: Qiu, 1991, p. 225.

Eutamias aff. *E. ertemtensis*: Qiu, 1996b, p. 38, partim.

Eutamias ertemtensis: Qiu et Storch, 2000, p. 183.

Eutamias cf. *E. ertemtensis*, *E.* aff. *E. ertemtensis*, *Eutamias* sp.: Qiu Z D et al., 2013, p. 177, appendix.

Referred specimens   Aoerban (L), Sonid Zuoqi: Loc. IM 0407, nine cheek teeth, V 19498.1-9; IM 0507, one M1/2, V 19499. Gashunyinadege, Sonid Zuoqi: IM 9606, six cheek teeth, V 19500.1-6; IM 0401, eight cheek teeth, V 19501.1-8; IM 0406, four cheek teeth, V 19502.1-4. Aoerban (U), Sonid Zuoqi (IM 0772): twenty-four cheek teeth, V 19503.1-24. H-X Highway Road original mark 346 (Loc. 346), Sonid Youqi: thirty-three cheek teeth, V 19504.1-33; Amuwusu, Sonid Youqi: ten cheek teeth, V 19505.1-10. Balunhalagen, Sonid Zuoqi (IM 0801): two hundred cheek teeth, V 19506.1-200. Huitenghe, Abag (IM 0003): one maxillary fragment with M1 and M2, five mandibular fragments with 4 p4, 5 m1, 5 m2, thirty-two cheek teeth, V 19507.1-38. Shala, Sonid Youqi (IM 0510): nineteen cheek teeth, V 19508.1-19. Bilutu, Sonid Zuoqi (IM 0510): thirty-nine cheek teeth, V 19509.1-39. Gaotege, Abag: Loc. DB 02-1, eight cheek teeth, V 19510.1-8; DB 02-2, one M1/2, V 19511; DB 02-3, three M1/2, V19512.1-3; DB 0301, one m1/2, V 19513.

Measurements   See Table 14 in the Chinese text.

Remarks All the isolated teeth described above show continuous variation in size and morphology. Both M1/2 and m1/2 from different localities have a close average value (Fig. 36). No break can be detected in size or morphology, neither in the material from a single locality nor for the specimens from different ones.

These teeth are characterized by the small dimension, the subquadrate M1 and M2 without protoconule, but a rudimentary metaconule, the protoloph and metaloph converging towards the protocone, the metaloph constricted at its contact with the protocone, the rhomboidal m1 and m2 with a variably developed mesoconid, an obtuse entoconid corner, and entoconid incorporated in the posterolophid. These materials possess characters of chipmunks, and are referred to *Tamias ertemtensis* (Qiu, 1991) because they fall within the range exhibited both as to size and morphology.

Tamias ertemtensis, known from the Late Miocene and Early Pliocene of Huade in Nei Mongol with rich material, differs from *T. sibiricus*, the extant chipmunk from N. Asia, in slightly smaller size, in M1 and M2 having a weaker mesostyle and metaconule, higher protoloph and metaloph, and more constricted metaloph at the protocone. It can be distinguished from the Pleistocene *T. wimani* by smaller size, weaker mesoconid and entoconid of molars, and from early Late Miocene *T. lishanensis* by smaller size, poor development of anteroloph of P4, less contracted protocone of P4 – M3, slightly marked entoconid corner of p4 – m3. The Nei Mongol chipmunk is different from *T. sihongensis* from the Early Miocene of Jiangsu in having a less expanded parastyle in P4, in the absence of protoconule in M1 and M2, and lack of metaloph in M3, and in entoconid more incorporated in the posterolophid. In addition, *Tamias ertemtensis* is easily distinguished from the Neogene *T. orlovi* and *T. eviensis* of Europe, *T. urialis* of South Asia, and *T. ateles* of North America (Qiu, 1991; Qiu et Storch, 2000).

Tamias ertemtensis appears to be a rather common chipmunk in central Nei Mongol during the Neogene. These discoveries seem to confirm again the chipmunk in this area had relatively slow evolutionary rates. The dental pattern of *Tamias ertemtensis* from the Early Miocene Aoerban Fauna through the Pliocene Gaotege Fauna is quite stable.

Spermophilinus De Bruijn et Mein, 1968

Type species *Sciurus bredai* Von Meyer, 1848: La Grive, France; Late Miocene.

Diagnosis Infra-orbital foramen large, oval and reaching zygomatic plate; infra-orbital canal absent; angle between zygomatic plate and the plane of upper-dentition occlusal surface 40°; interorbital region narrow; two depressions posterior to incisors for attachment of cheek pouch musculature; suture between premaxilla and maxilla being bending posteriorly opposite infraorbital foramen. Anterior end of mandible being level with alveolar border; diastermal portions of mandible long and shallow; masseteric fossa ending below anterior roots of m1; dorsal limit of the condylid process situated just above the level of occlusal surface of lower cheek teeth. Occlusal surface of M1－2 subquadrate; protoloph and metaloph converging toward protocone; metaloph slightly constricted at protocone, mesostyls small or absent. Upper incisers striated, laterally compressed, and acutely curved. Entoconids indistinct and incorporated in posterolophids; entoconid corner of m1 – 2 rounded; m1 – 2 not compressed or somewhat compressed; protoconid separated from anterolophid in m1－2; mesoconids prominent in lower molars; mesostylids small or absent. Anterior surface of lower incisers striated (based on the diagnosis given by De Bruijn and Mein in 1968).

Spermophilinus mongolicus sp. nov.

(Fig. 37; Table 15)

Eutamias cf. *E. ertemtensis* (Amuwusu), *Eutamias* sp. (Balunhalagen et Bilutu): Qiu Z D et al., 2013, p. 177, appendix, partim.

Etymology After the new species found in the Mongol (Mongolia) Plateau.

Holotype Left m1 (V 19514).

Type locality Balunhalagen, Sonid Zuoqi (IM 0801).

Geological age and horizon Late Middle Miocene—early Late Miocene; late Tunggurian—early Bahean; Balunhalagen beds.

Paratype Fifty-six cheek teeth, V 19515.1—56.

Referred specimens Amuwusu, Sonid Youqi: three molars, V 19516.1—3. Bilutu, Sonid Zuoqi (IM 0510): fifteen cheek teeth, V 19517.1—15.

Measurements See Table 15 in the Chinese text.

Diagnosis Size close to that of *Spermophilinus bredai*. Parastyle moderately protruding anteriorly and anteroloph usually longer than half width of the tooth on P4; P4—M2 usually with week and lophate mesostyle; p4—m2 often with an obtuse entoconid corner due to less incorporation of entoconid into the posterolophid; the valley separating the anterolophid and protoconid relatively narrow on lower molars; m1 and m2 with relatively distinct metalophid.

Remarks The isolated teeth described above are similar to those of *Tamias ertemtensis* in basic dental morphology, such as the subquadrate M1 and M2 without protoconule, but an incipient metaconule, the protoloph and metaloph converging towards the protocone, the metaloph constricted at protocone, the rhomboidal m1 and m2 with entoconid incorporated in the posterolophid. However, these teeth cannot be referred to *Tamias ertemtensis* because of their larger size, heavier build, less convergence of the protoloph and metaloph towards the protocone on P4—M2, relatively stronger mesoconid and the anterolophid usually separating from the protoconid in the lower cheek teeth. These specimens fit the diagnosis of *Spermophilimus* as given by De Bruijn and Mein (1968) in morphology, and may represent the first discovery of the genus in Asia.

The new species *Spermophilinus mongolicus* is close to *S. bredai* in size, but differs from it in having a longer anteroloph of P4, a relatively weaker mesoconid of lower cheek teeth, and a usually less prominent valley between the anterolophid and protoconid of lower molars. It is slightly smaller than *S. turolensis*, differing from the latter in less incorporation of the entoconid in posterolophid and having a distinctly obtuse entoconid corner on p4—m2, as well as having a longer anteroloph on P4, a weaker mesoconid on lower cheek teeth, and a usually narrower anterobuccal valley on lower molars. *S. mongolicus* is easily distinguished from *S. giganteus* by its smaller size, longer anteroloph of P4, more distinct mesoconid and separation of anterolophid from protoconid on the lower molars. It differs from *S. besanus* in slightly larger size, in having a lophate mesostyle on upper molars, a more developed metalophid on the lower molars, and more posteriorly elongated m3.

Zheng and Li (1982) named a sciurid as "*Spermophilinus minutus*" based on the last two lower molars from Tianzhu, Gansu, and Qiu (1991) transferred it to *Sinotamias* because its anterolophid joins the protoconid, and the constricted buccal valley extends posterointernally in both m2 and m3.

Sciurini Fischer von Waldheim, 1917

***Sciurus* Linnaeus, 1758**

***Sciurus* sp.**

(Fig. 38)

Referred specimens Bilutu, Sonid Zuoqi (Loc. IM 0510): two premolars (1 eroded DP4, 1 P4 2.50 mm × 2.80 mm), V 19518.1—2.

Remarks The two premolars are quite large, which can be matched in size with that of *Atlanoxerus* and flying squirrels described below, but cannot be referred to these in morphology. The P4 corresponds to that of *Sciurus* in features: slightly expanded protocone, low and blunt cusps and crests, complete and slightly converging protoloph and metaloph bearing no protoconule and metaconule. It demonstrates similarities to *Sciurus* sp. from Ertemte, Huade, in outline, size and morphology, and probably represents another record of the genus in central Nei Mongol.

Nannosciurini Forsyth Major, 1893

Tamiops Allen, 1906

Type species   *Sciurus macclellandi* Horsfield, 1840; Oriental Province; recent.

Emended diagnosis   Small squirrels with relatively blunt cusps and low crests. P4 — M2 usually with complete, nearly parallel or slightly converging protoloph and metaloph, or metaloph slightly constricted at protocone; without protoconule but occasionally a very weak metaconule and a small or spur-like mesostyle; and anterior valley distinctly wider than posterior one. Moderately posteriorly-expanded M3 lacking metaloph. p4—m2 with more or less incorporated entoconid, angular entoconid corner and frequently a small or spur-like mesostylid; lower cheek teeth with anterolingual-posterobuccally directed ectolophid bearing no mesoconid, anterolingually extending buccal valley, and narrow and shallow trigonid. Crenulated enamel surface present in unworn cheek teeth.

Remarks   *Tamiops* is an extant genus of tree squirrels distributed mainly in the Oriental Region. It resembles *Blackia*, a genus consideered a flying squirrel and known from many Neogene localities of Europe, in size and dental pattern. So far as information of the dentition is concerned, the systematic position of *Blackia* seems to be questionable, and its phylogenetic relationships to the genus *Tamiops* remain obscure.

Tamiops minor sp. nov.

(Figs. 39, 40)

Sciuridae indet.: Qiu Z D et al., 2013, p. 177, appendix.

Etymology   Referring to its relatively smaller size.

Holotype   Left M1/2 (V 19519).

Type locality   Balunhalagen, Sonid Zuoqi (IM 0801).

Geological age and horizon   Late Middle Miocene−early Late Miocene; late Tunggurian−early Bahean; Balunhalagen beds.

Paratype   Six cheek teeth, V 19520.1−6.

Measurements   See the Chinese text on page 80.

Diagnosis   Relatively small-sized *Tamiops*. P4 and M1/2 with complete and nearly parallell protoloph and metaloph bearing no protoconule and metaconule; M1/2 with spur-like mesostyle; m1/2 being longer than wide with entoconid almost incorporated in the posterolophid, hypoconid extremely protruding posterobuccally, and lack of a distinct mesostylid.

Remarks   The small dimension, the lower cusps and crests, the complete and nearly parallel protoloph and metaloph bearing no protoconule and metaconule on P4 and M1/2, the incorporated entoconid and the angular entoconid corner on m1/2, the anterolingual-posterobuccally directed ectolophid bearing no mesoconid and the anterolingually extending buccal valley on lower cheek teeth, and the rugose enamel surface in unworn cheek teeth fully fit in the characters of *Tamiops*. These teeth are the smallest ones among the known fossil species of the genus (Fig. 40), and represent a new form, here named *T. minor*.

Tamiops minor differs from *T. swinhoei*, a living species and also known from the Pleistocene, in smaller size, having weaker development of cusps and crests, less constricted metaloph at the protocone on M1/2, and lack of a mesostylid on m1/2. The new species is comparable to the extant species *T. macclellandi* in size and morphology, but is distinguishable by less coverging protoloph and metaloph and having a spur-like mesostyle on M1/2, and more merged entoconid and more posterobuccally protruding hypoconid on m1/2. Except for its smaller size, *Tamiops minor* can be distinguished from the Early Miocene *T. asiaticus* from Shanwang, Shandong by the absence of a mesostylid on p4 and m1/2; from the Late Miocene *T. atavus* from Lufeng and Yuanmou, Yunnan by the hypoconid extremely protruding posterobuccally on p4 and m1/2, the less delimited entoconid and the absence of mesostylid on m1/2, and M3 less expanded posteriorly (Qiu et Yan, 2005; Qiu et Ni, 2006).

The genus *Tamiops* has essentially remained unchanged in dental morphology from the first record (*T. asiaticus*) in the Early Miocene to the living species (such as *T. macclellandi* and *T. swinhoei*) of the present day. *Blackia*, a genus of small sciurids from the European Neogene, also exhibits remarkable stability of the dental features through time. It affords food for thought about similarities of the two genera in size and morphology of dentition. Especially, both genera share relatively low, weak and nearly parallel protoloph and metaloph bearing indistinct protoconule and metacounule on P4−M2, lack of mesoconid, the anterolingually extending buccal valley and the anterolingual-posterobuccally directed ectolophid on lower molars, and the presence of crenulated enamel surface in unworn cheek teeth. There is no doubt that if European *Blackia* had been found in China it would have been allocated to *Tamiops*, and vice versa. A relatively distinct difference of the two genera is the more densely rugged enamel surface in unworn cheek teeth of the European *Blackia*, but to the present authors, this difference is of specific and by no means of generic grade. The similarity of Asian *Tamiops* and European *Blackia* in dental pattern, obviously, poses some questions, such as the systematic position of *Blackia* and its phylogenetic relationships to the genus *Tamiops*, because *Blackia* was assigned to flying squirrels in Pteromyinae, while the extant *Tamiops* is a general tree squirrel belong to Sciurinae.

Xerini Murray, 1866

Atlantoxerus Forsyth Major, 1893

Type species *Sciurus getulus* Linnaeus, 1758 = *Atlantoxerus getulus* (Linnaeus, 1758): northern Africa; recent.

Diagnosis Similar to *Heteroxerus* in dental pattern, but usually larger. Unilateral hyposodont cheek teeth with strong cusps and crests; P4−M2 with short metaloph usually separated from the protocone, often with hypocone in variable development, occasionally with poorly developed protoconule, and always with prominent metaconule; lower cheek teeth with entolophid, seldom mesoconid, narrow buccal valley, usually without anterobuccal cingulum (combined, sources: De Bruijn et Mein, 1968; De Bruijn et al., 1970; Cuenca, 1988).

Atlantoxerus orientalis Qiu, 1996
(Figs. 41, 44; Table 16)

Atlantoxerus sp. (Balunhalagen and Bilutu): Qiu Z D et al., 2013, p. 177, appendix.
Atlantoxerus xiyuensis: Wei, 2010, p. 225.

Referred specimens H-X Highway Road original mark 346 (Loc. 346), Sonid Youqi: fourteen cheek teeth, V 19521.1−14; Balunhalagen, Sonid Zuoqi (IM 0801): forty-three cheek teeth, V 19522.1−43; Bilutu, Sonid Zuoqi (IM 0510): three molars, V 19523.1−3.

Measurements See Table 16 in the Chinese text.

Diagnosis (improved) Medium-sized *Atlantoxerus* with distinct unilateral hyposodont cheek teeth. P4−M2 with small mesostyle, metaconule usually more striking than metacone, which is close to or connected with posteroloph; M3 with metaloph, weak protoconule, and distinct metaconule. Lower cheek teeth with indistinct hypoconulid, metalophid unconnected to metaconid, developed entolophid connected with posterolophid, and prominent ectolophid bending posterointernally.

Remarks The isolated teeth described are characterized by their distinct unilateral hyposodonty, presence of small mesostyle, prominent metaconule usually connected to the posteroloph but separated from the protocone on P4—M2, presence of a weak protoconule, a distinct metaloph and a metaconule on M3, and existence of undeveloped hypoconulid, incomplete metalophid, strong ectolophid, developed entolophid connected with the posterolophid on the lower cheek teeth. These characters fit the diagnosis of *Atlantoxerus orientalis* Qiu, 1996, and the size of the teeth is also close. The added materials collected from Loc. 346, Balunhalagen, and Bilutu broaden our knowledge of the species because of the scarce material from the type locality.

In addition to *Atlantoxerus orientalis*, three species of this genus *A. junggarensis*, *A. giganteus* and *A. xiyuensis* from the Middle Miocene in the Junggar Basin, Xinjiang, and an indeterminate species from the Early Miocene in Xining Basin, Qinghai and the Pliocene at Bilike, Nei Mongol have been documented in China (Li et Qiu, 1980; Wu, 1988; Qiu et Storch, 2000; Wei, 2010). *A. junggarensis* is distinctly larger than *A. orientalis* in size. Its cheek teeth are higher crowned with weak protoconule on P4—M3, metaconule close to the posteroloph but disconnected from the crest on P4—M2, metaloph and metaconule undeveloped on M3; weaker entolophid, more developed metalophid, and deeper, more transverse buccal valley on lower cheek teeth. It is easy to differentiate *A. orientalis* from *A. junggarensis*. *A. giganteus* is named based on one P4, clearly distinguished from *A. orientalis* by its bigger size, higher crown, and more distinct protoconule. Nevertheless, characters of the premolar cannot preclude the possibility of it representing a larger-sized P4 of *A. junggarensis*. *A. xiyuensis* is close to *A. orientalis* in size. Its teeth show basic characters of *A. orientalis* in morphology, such as the distinct unilateral hyposodonty, the presence of a small mesostyle on P4—M2, the metaconule being more marked than the metacone and close to the posteroloph but separated from the protocone, the presence of incomplete metalophid and developed entolophid and ectolophid on m3. *A. xiyuensis* also exhibits a similar variation of dental morphology as in *A. orientalis*, such as the variable development of protoconule and mesostyle. Thus, this species from Xinjiang is here considered to be a synonym of *A. orientalis*. The indeterminate species from Qinghai is represented by an m1/2, which is smaller than that of *A. orientalis* with lower crown, weaker entolophid and more complete metalophid. This molar seems to be identical with that of *A. exilis* sp. nov. (see below). Material of the indeterminate species from Bilike is also rare and poorly preserved (Qiu et Storch, 2000). Judging from the p4 and the identifiable M1/2, the Bilike teeth possess no characters of *Atlantoxerus* and should be referred to *Sinotamias* (see below).

Atlantoxerus orientalis differs from *A. blacki* mainly in having the metaconule close to or connected to the posteroloph on P4—M3, and the entolophid disconnected from the hypoconid on m2. It differs from *A. adroveri* in having a mesostyle on M1/2, a metaloph on M3; from *A. rhodius* in the metaconule connected with the posteroloph on P4—M2, in having a weakly developed metalophid on lower cheek teeth; from *A. idubedensis* in having a relatively poorly developed hypocone on upper molars, the metaconule close to or connected with the posteroloph on P4—M2, and the absence of an anterior cingulum on lower cheek teeth; from *A. tadlae* in the lack of a distinct protoconule and the metaconule usually connected with the posteroloph on P4—M2, the presence of a metaconule on M3, and the anteroconid being undeveloped and the metalophid weakly developed; from *A. margaritae* mainly in having the metaconule connected with the posteroloph on P4—M2, the shorter entolophid on lower molars, and a relatively posteriorly expanded m3; from *A. huvelini* in having a distinct metaloph and metaconule on M3, and a more prominent entolophid on lower molars.

Atlantoxerus exilis sp. nov.

(Figs. 42, 44; Table 17)

Sciurid sp.: Liet Qiu, 1980, p. 201.

Atlantoxerus sp.: Qiu et Qiu, 1995, p. 61.

Atlantoxerus sp. (Lower Aoerban and Gashunyinadege): Qiu Z D et al., 2013, p. 177, appendix, partim.

Etymology From exilis (Latin), meaning feeble, referring to its much less heavily built dentition.

Holotype   Left M1/2 (V 19524).

Type locality   Aoerban (L), Sonid Zuoqi (IM 0407).

Geological age and horizon   Early Miocene; late Xiejian; lower member of Aoerban Formation.

Paratype   Three cheek teeth, V 19525.1−3.

Referred specimens   Aoerban (L), Sonid Zuoqi (Loc. IM 0507): one m1/2, V 19526. Gashunyinadege, Sonid Zuoqi (Loc. IM 0406): one mandible fragment with m1 and m2, four cheek teeth, V 19527.1−5. Aoerban (U), Sonid Zuoqi (Loc. IM 0772): six cheek teeth, V 19528.1−6. Aoerban (U), Sonid Zuoqi (Loc. IM 0772): two dp4, V 19529.1−2.

Measurements   See Table 17 in the Chinese text.

Diagnosis   Medium-sized *Atlantoxerus* with relatively lower-crowned and less unilaterally hyposodont cheek teeth. P4 − M2 with slightly contracted protocone, indistinct hypocone, small mesostyle, and prominent metaconule usually smaller than or roughly equivalent to the metacone, and separated from posteroloph and often disconnected to protocone; lower cheek teeth with indistinct hypoconulid, low and relatively weak entolophid, but strong ectolophid straight or bending posterointernally; m1/2 with developed metalophid usually connected to metaconid, entolophid joining posterolophid; m3 with transverse metalophid extending to talonid, entolophid failing to connect with posterolophid.

Remarks   The isolated teeth described correspond in characters to the diagnosis of the genus *Atlantoxerus*. These characters are the unilateral hyposodont cheek teeth, shorter metaloph bearing marked metaconule on P4− M2, the presence of entolophid and delimited entoconid, and the lack of anterobuccal cingulum on lower molars. These teeth, however, cannot be referred to the previously described species *A. orientalis*, because of their distinctly lower crown, less unilateral hyposodonty, less heavily built cusps and crests, more or less contracted protocone, indistinct hypocone, and smaller metaconule disconnected with the posteroloph on P4−M2, weakly developed entolophid but more complete metalophid on lower molars. It is likely that these specimens represent a new taxon of *Atlantoxerus*.

The new species *Atlantoxerus exilis* is easily distinguished from *A. giganteus* and *A. junggarensis* by its small size, lower crown and much less unilateral hyposodonty. It is different from *A. adroveri* mainly in having the metaconule disconnected from the posteroloph on P4 − M2. It differs from *A. blacki* in the entolophid always joining the posterolophid. Among the other known species of the genus, both *A. rhodius* and *A. idubedensis* have the metaconule separated from the posteroloph on P4−M2 and the entolophid connected with the posterolophid on lower molars, but they have a more developed hypocone on P4−M2, with the former having a more pronounced metaconule than the metacone, and a stronger entolophid and metalophid on lower molars, and with the latter being smaller in size and having reduced anterobuccal cingulum on lower molars. *A. tadlae* has a small protoconule on P4−M3 and a distinct anteroconid on lower cheek teeth. *A. margaritae* has a distinct hypocone on P4−M3, a longer and more developed entolophid, and the posterolophid separated from the entoconid by a notch on lower molars, and less expanded m3. *A. huvelini* has no a distinct entolophid on lower molars. Therefore, the new species is distinguishable from all the other known species of *Atlantoxerus* (Lavocat, 1961; De Bruijn et Mein, 1968; De Bruijn et al., 1970; Jaeger, 1977b; Wu, 1988; Cuenca, 1988, 1991; Adrover et al., 1993).

An m1/2 from Tianjiazhai, Qinghai, which was first assigned by Li and Qiu (1980) to "Sciurid sp.", and subsequently allocated to *Atlantoxerus* (Qiu and Qiu, 1995), shows agreement with the new species in morphology, i.e. the low crown, the less unilateral hyposodonty, the presence of a small entoconid delimited from the mesostylid by a notch, the possession of a weak entolophid connected to the posterolophid, and a relatively developed metalophid. Minor differences of the tooth from the corresponding specimens of *A. exilis* from Nei Mongol are the slightly smaller size, the weaker entolophid and the shallower sinusoid between the posterolophid and entolophid. Smaller size, lower crown, weakly developed entolophid and more complete metalophid are here interpreted as primitive features in *A. exilis*.

Atlantoxerus major sp. nov.

(Figs. 43, 44; Table 18)

Atlantoxerus sp. (Gashunyinadege and Balunhalagen): Qiu Z D et al., 2013, p. 177, appendix, partim.

Etymology　Referring to its relatively larger size.

Holotype　Right M1/2 (V 19530).

Type locality　Aoerban (U), Sonid Zuoqi (IM 0772).

Geological age and horizon　Early Miocene; Shanwangian; upper member of Aoerban Formation.

Paratype　Seven cheek teeth, V 19531.1–7.

Referred specimens　Gashunyinadege, Sonid Zuoqi (Loc. IM 9606): one m3, V 19532. Balunhalagen, Sonid Zuoqi (Loc. IM 0801): five cheek teeth, V 19533.1–5.

Measurements　See Table 18 in the Chinese text.

Diagnosis　Relatively larger-sized *Atlantoxerus* with moderately unilateral hyposodont cheek teeth. P4 and M1/2 with anteroposteriorly-elongated protocone, indistinct hypocone, mesostyle absent, and prominent metaconule roughly equivalent to metacone and separated from posteroloph and protocone; M1/2 with anterior valley broader than posterior one; M3 with a very small protoconule, pronounced metaconule and weak metaloph; lower cheek teeth with small entoconid, low and weak entolophid connected to posterolophid; m1/2 with small mesostylid, marked metalophid usually connected to base of metaconid, and weak ectolophid enlarged as a mesoconid-like cusp.

Remarks　The described teeth are different from those of *Atlantoxerus orientalis* Qiu, 1996 in larger size (Fig. 44), less unilateral hyposodonty, undeveloped hypocone and mesostyle, metaconule disconnected from the posteroloph on M4 and M1/2, and weakly developed entolophid and ectolophid bearing a distinct mesoconid-like cusp on the lower molars. They resemble those of *A. exilis* sp. nov. in some characters of dental pattern, such as the less unilaterally hyposodont cheek teeth with relatively low crown, the indistinct hypocone, the metaconule disconnected to the posteroloph, and the low and weak entolophid joining the posterolophid. Nevertheless, they are larger than the corresponding teeth of *A. exilis* in size, have an anteroposteriorly elongated protocone on P4– M3, lack mesostyle on P4 and M1/2, the anterior valley exceeds width of the trigon basin on M1/2, and have a striking mesoconid-like cusp on the lower molars and an entolophid connected to the posterolophid on m3. These characters seem to imply that these specimens represent a new species of *Atlantoxerus*, which shows close affinities with *A. exilis*.

The new form *Atlantoxerus major* is smaller than *A. giganteus*, *A. junggarensis* and *A. huvelini*, but larger than *A. rhodius*, *A. adroveri*, *A. blacki* and *A. idubedensis*. It differs from *A. giganteus* and *A. junggarensis* in lower crowned cheek teeth with poorly developed cusps and crests, and is easily distinguished from *A. adroveri* by its presence of the metaconule disconnected with the posteroloph on P4 – M3. By the presence of a poorly developed hypocone and the absence of a mesostyle on P4 and M1/2, or by its anterior valley wider than the trigon basin on M1/2, or by the relatively low and weak entolophid and the presence of a mesoconid-like cusp on the lower molars, *A. major* is distinguishable from the other known species of the genus.

Atlantoxerus sp.

(Fig. 45)

Referred specimens　Aoerban (L), Sonid Zuoqi (IM 0407): one m3 (2.20 mm × 1.95 mm, V 19534). Loc. 346, Sonid Youqi: one m1/2 (2.10 mm × 1.85 mm, V 19535).

Remarks　The two teeth are well matched in size, and show distinct homogeneity in morphology, i.e. the entoconid incorporated in the posterolophid, the lack of an anteroconid, mesoconid and mesostylid, the presence of a small and shallow sinusoid encircled by the entolophid and posterolophid, the long metalophid enclosing the trigonid basin with the anterolophid, no sign of anterobuccal cingulum, the distinctly higher trigonid basin than the talonid basin. These characters imply that they represent a form of ground squirrel attributed to Xerini. The lower molars are comparable with those corresponding teeth of either *Heteroxerus* or *Atlantoxerus* of the tribe in size and some dental characters. In view of the slightly closer size and the absence of an anterobuccal cingulum which is frequently present in *Heteroxerus*, the two teeth are here referred to the genus *Atlantoxerus*. By the association of the above features, especially the lack of anteroconid and mesostylid, the development of entolophid, the long and complete metalophid enclosing the trigonid basin with the anterolophid, the Nei Mongol sciurid can be distinguished from all the known species of *Atlantoxerus*. It is close to *A. blacki* and *A. idubedensis* in size, but *A. blacki* has a distinct anteroconid as *A. tadlae* does, and *A. idubedensis* has a reduced anterobuccal cingulum on lower molars. Such a complete, long and high metalophid in the m2 and m3 as on these two teeth is not seen in *A. adroveri*, *A. rhodius*, *A. huvelini*, *A. junggarensis*, *A. orientalis*, *A. exilis* or *A. major*. The present m2 and m3 may represent a new form of *Atlantoxerus*, but the material available is too poor to allow the definition of a new species.

Marmotini Pocock, 1923

Palaeosciurus Pomel, 1853

Type species   *Palaeosciurus feignouxi* Pomel, 1853: Lagny, France; Early Miocene(?).

Diagnosis   Mandible slender with long and shallow diastema, showing ground squirrel characteristics at least in the geologically older species. M1 and M2 subquadrate with protoloph and metaloph more or less converging towards protocone and slightly constricted at their contact with the protocone, mesostyle and metaconule present; lower cheek teeth with weak or prominent entoconid, distinct mesoconid and mesostylid, entoconid separated from mesostylid by a notch; m1 and m2 usually with an angular entoconid corner and rugged enamel on talonid, and anterolophid connected with protoconid (combined sources: Dehm, 1950; Vianey-Liaud, 1974; Ziegler et Fahlbusch, 1986).

Palaeosciurus aoerbanensis sp. nov.

(Fig. 46)

Eutamias sp. (partim), *Oriensciurus* sp.: Qiu Z D et al., 2013, p. 177, appendix.

Etymology   After the type locality Aoerban in Sonid Zuoqi, Nei Mongol.

Holotype   Right mandibular fragment with p4–m3 (V 19536).

Type locality   Aoerban (L), Sonid Zuoqi (IM 0407).

Geological age and horizon   Early Miocene; late Xiejian; lower member of Aoerban Formation.

Paratype   One DP4, V 19537.

Referred specimens   Gashunyinadege, Sonid Zuoqi (IM 0401): one M1/2, V 19538. Aoerban (U), Sonid Zuoqi (IM 0772): four damaged or eroded molars, V 19539.1–4.

Measurements   See the Chinese text on page 93.

Diagnosis   Relatively smaller-sized *Palaeosciurus* with masseteric fossa ending beneath a point between p4 and m1. Upper molars with protocone unexpanded anteroposteriorly, protolophs and metalophs distinctly converging towards protocone, without a protoconule but a prominent metaconule. Lower molars with moderately developed entoconid, mesoconid and mesostylid, entoconid separated from mesostylid by a distinct notch; m1 and m2 with relatively developed metalophid. Enamel on talonid basin rugose.

Remarks   The taxon represented by these specimens shows ground squirrel characteristics in lower jaw and dental morphology of generalized sciurids. However, these materials can be referred neither to the above *Tamias* and *Spermophilinus* of Tamiini, nor *Prospermophilus* and *Sinotamias* of Marmotini, because of the lager dimensions, the pronounced metaconule on M1/2, the more developed entoconid and mesoconid, the presence of a distinct notch between the entoconid and mesostylid on lower cheek teeth, and the anterolophid connected with the protoconid on lower molars. Characters of these specimens are identical with features of the genus *Palaeosciurus* previously only known in Europe.

The new species *Palaeosciurus aoerbanensis* differs from *P. feignouxi* in smaller size, in having a more developed entoconid, and a more distinct notch between the entoconid and mesostylid on lower cheek teeth. It is also smaller than *P. fissurae*. In addition, the masseteric fossa extends more anteriorly and there is a more pronounced metaconule on M1/2, a less distinct entoconid, and less angular entoconid corner on lower cheek teeth. *P. aoerbanensis* can be distinguished from *P. goti* by its slightly larger size, less anteroposteriorly-expanded protocone, more converging protoloph and metaloph towards the protocone, more pronounced metaconule of M1/2, and more developed metalophid of lower molars. Compared with *P. sutteri*, the new form is smaller in size with less anteroposteriorly expanded protocone, weakly developed metaconule and mesostyle on M1/2, less striking entoconid and mesoconid, but more developed metalophid on m1 and m2.

Ziegler and Fahlbusch (1986) suggested that *Palaeosciurus* might well be the ancestor of *Sciurus* on the basis of the skulls and mandibles showing ground squirrel characteristics in the geologically older species *P. goti* and *P. feignouxi*, and dentition of the youngest *P. sutteri* showing more resemblance to those of the tree squirrel *Sciurus*. This hypothesis seems not to have been endorsed by De Bruijn (1998), because the long hiatus in the record between the last occurrence of *P. sutteri* (MN6) and the first appearance of the unquestionable *Sciurus* (MN14) in Europe. The record of the genus *Palaeosciurus* in Asia and the occurrence of *Sciurus* at Shanwang (late Early Miocene in age) and Lantian (early Late Miocene) may support the speculation by Ziegler and Fahlbusch (Qiu et Yan, 2005; Qiu et al., 2008).

Sinotamias Qiu, 1991

Type species *Sinotamias gravis* Qiu, 1991: Ertemte, Huade, Nei Mongol; Late Miocene.

Emended diagnosis Teeth similar to those of *Prospermophilus* and *Sciurotamias* in structure, but slightly larger than *Prospermophilus* in size with more heavily built cusps and crests. Upper molars with somewhat compressed and anteroposteriorly expanded protocone, complete protoloph, metaloph constricted at protocone, M1 and M2 with protoloph and metaloph converging towards protocone, protoconule absent but a metaconule usually present, and mesostyle undeveloped; lower molars with entoconid being incorporated into posterolophid, mesoconid and mesostylid small or absent, distinct ectolophid curving posterolingually, anterolophid joining protoconid, rounded entoconid corner, low trigonid, narrow buccal valley bending posterointernally.

Sinotamias primitivus Qiu, 1996
(Fig. 47)

Eutamias cf. *E. ertemtensis*: Qiu, 1996b, p. 38, partim.

Referred specimens Balunhalagen, Sonid Youqi (IM 0801): five cheek teeth, V 19540.1–5.

Measurements See the Chinese text on page 95.

Remarks The characters of the described specimens fit the diagnosis of *Sinotamias* by the heavily built cusps and crests, the P4 with slightly converging protolophs and metalophs, weak metaloph constricted at the protocone and bearing prominent metaconule, but lacking protoconule, and the lower molars with entoconid incorporated in the posterolophid, distinct ectolophid curving posterolingually. These teeth are referred to *S. primitivus*, because of the relatively smaller size, the less heavily built cusps and crests, the lack of mesoconid and presence of anterior cingulid, and the less bent ectolophid on the lower molars (Qiu, 1996b).

Sinotamias gravis Qiu, 1991

(Fig. 47; Table 19)

Atlantoxerus sp.: Qiu et Storch, 2000, p. 185, partim.

Sinotamias sp. (Shala), *Sciurotamias* sp. (Gaotege): Qiu Z D et al., 2013, p. 177, appendix.

Referred specimens   Shala, Sonid Youqi (IM 9610): nine cheek teeth, V 19541.1–9; Gaotege, Abagaqi: DB 02-1, one M1/2, V 19542; DB 02-2, one p4, V 19543; DB 03-1, one m1/2, V 19544.

Measurements   See Table 19 in the Chinese text.

Remarks   The specimens described are similar to the teeth of *Prospermophilus orientalis* in basic morphology, such as the M1 and M2 with converging arrangement of protolophs and metalophs, weak metaloph constricted at the protocone and bearing prominent metaconule, lower molars with entoconid incorporated in the posterolophid, distinct ectolophid curving posterolingually. However, these teeth fit more the diagnosis of *Sinotamias* than *Prospermophilus* by their larger size and heavily built dentition. They cannot be referred either to *S. minutus* (Zheng et Li, 1982) or *S. primitivus*, because of the larger size, the more heavily built cusps and crests, lack of mesoconid on the lower molars, and distinct bend of ectolophid. They are identical with those of *S. gravis*, and fall within the range exhibited by *S. gravis* from Ertemte in dental pattern.

Qiu and Storch (2000) described an indeterminate species of the genus *Atlantoxerus* from Bilike based on a few teeth. A reexamination of those specimens shows no similarity to *Atlantoxerus*, but to the specimens from Gaotege in morphology. Published specimens by Qiu and Storch (2000) under the name *Atlantoxerus* sp. from Bilike should be referred to *Sinotamias*. Both specimens from Gaotege and Bilike seem to be larger than those from Ertemte in size. This is here interpreted as a derived status for the individuals from the two localities, but it is not excluded that they represent a new form as more material is unearth.

The genus *Sinotamias* shares some characters with both *Prospermophilus* and *Sciurotamias*, such as the less anteroposteriorly compressed cheek teeth, the relatively heavily built cusps and crests, the prominent metaconule, the distinctly constricted metaloph at the protocone, the entoconid incorporated in the posterolophid, etc. The genus *Sinotamias* was suggested to have a common origin with *Prospermophilus*, and gave rise to the living rock squirrels *Sciurotamias* (Qiu, 1991). *Sinotamias* seems to occur earlier but disappear later than *Prospermophilus* and shows close affinities with the genus *Sciurotamias*. Conceivably, a dentition of *Sinotamias*, like that of *Sinotamias gravis* from Gaotege if increased in size, strengthened in cusps and crests, and straightened in the ectolophid of lower molars, could converge toward the dental pattern of *Sciurotamias*, especially that of *S. praecox* from the Pleistocene of Zhoukoudian (Teilhard de Chardin, 1940).

Prospermophilus Qiu et Storch, 2000

Type species   *Spermophilus orientalis* Qiu, 1991: Ertemte, Huade, Nei Mongol; Late Miocene (Baodean).

Emended diagnosis   Relatively small-sized squirrels with lower crowned cheek teeth. Upper molars with pointed protocone, complete protoloph, weak metaloph constricted at or disconnected from protocone, protoloph and metaloph more or less converging towards protocone, protoconule absent but prominent metaconule present; lower molars with entoconid indistinct or incorporated into posterolophid, mesoconid and mesostylid lacking, distinct ectolophid usually curving posterolingually, anterolophid often joining base of protoconid, rounded entoconid corner, low trigonid, deep and narrow buccal valley usually bending posterointernally.

Prospermophilus orientalis (Qiu, 1991)

(Figs. 48, 49; Table 20)

Prospermophilus sp. (Bilutu), *Prospermophilus* cf. *P. orientalis* (Huitenghe, Shala): Qiu Z D et al., 2013, p. 177, appendix.

Referred specimens   Balunhalagen, Sonid Zuoqi (IM 0801): five cheek teeth, V 19545. 1 – 5. Huitenghe, Abag (IM 0003): one mandibular fragment with p4 – m2, fourteen cheek teeth, V 19546.1 – 15. Shala, Sonid Youqi (IM 9610): thirteen cheek teeth, V 19547.1 – 13. Bilutu, Sonid Zuoqi (IM 0510): five cheek teeth, V 19548.1 – 5.

Measurements   See Table 20 in the Chinese text.

Remarks   The specimens described are referred to *Prospermophilus orientalis* on the basis of the very weak metaloph constricted at or disconnected from the protocone, and the prominent metaconule on M1 and M2, the entoconid completely incorporated in posterolophid, the distinct ectolophid curving posterolingually, the lower trigonid basin, and the lack of mesoconid on lower molars. These teeth roughly fall within the size range of *P. orientalis* from Ertemte, the type locality of this species (Fig. 49). *P. orientalis*, showing ground squirrel characteristics, are commonly known from the upper Miocene and lower Pliocene in central Nei Mongol. No great changes of this species took place in dental pattern through time, but slight increase in size. The Shala population is smaller and the Bilike population is larger than others. This might be indicative of time difference, and can be interpreted as more derived for Bilike.

Pteromyinae Brandt, 1855

Only a few Pteromyinae genera and species with scarce material have been collected from the Miocene of central Nei Mongol until now. In addition to the taxa described below, *Pliopetaurista rugosa* and *Petinomys auctor* are documented from the Late Miocene of Ertemte and Harr Obo, Huade (Qiu, 1991). Since the great similarities of dental morphology between the extant genera *Petinomys* and *Hylopetes*, the authors follow Bouwens and De Bruijn (1986) in using the name *Hylopetes* for the Huade taxon previously assigned to *Petinomys*.

Miopetaurista Kretzoi, 1962

Miopetaurista sp.

(Fig. 50)

Referred specimens   Amuwusu, Sonid Youqi: two M1/2 (2.40 mm × 3.00 mm, 2.35 mm × 2.90 mm), one p4 (2.80 mm × 2.35 mm), one m3 (3.80 mm × 3.00 mm), V 19549.1 – 4.

Remarks   Assignment of these teeth to *Miopetaurista* is based on the M1/2 without hypocone and lingual cingulum, nearly parallel in alignment of the protoloph and metaloph bearing no protoconule and metaconule, on the p4 and m3 with delimited entoconid and strong mesoconid, and on the m3 with anterolophid connected to the protoconid, and with anterobuccal cingulum and anterosinusid. This flying squirrel resembles *Parapetaurista tenurugosa* from the Early Miocene of Sihong, Jiangsu in having nearly parallel protoloph and metaloph of M1/2 without protoconule and metaconule, but it shows larger size with more reduced mesoloph on M1/2, stronger mesoconid on m3, and less sculptured enamel surface (Qiu et Lin, 1986). The flying squirrel is a rather small-sized species of *Miopetaurista* with less crenulated enamel, close to *M. dehmi* in size, but smaller than *M. asiatica* from Lufeng and Yuanmou, Yunnan, and other species of the genus from Europe (De Bruijn et al., 1980; Qiu, 2002). It is treated as an indeterminate species of *Miopetaurista* due to the inadequate material.

Pliopetaurista Kretzoi, 1962

Pliopetaurista cf. P. rugosa Qiu, 1991

(Fig. 50)

Pliopetaurista sp.: Qiu Z D et al., 2013, p. 177, appendix.

Referred specimens Balunhalagen, Sonid Zuoqi (IM 0801): two cheek teeth (1 M1/2—2.65 mm × 3.15 mm, 1 p4—2.95 mm × 2.20 mm, V 19550.1-2). Bilutu, Sonid Zuoqi (IM 0510): one M1/2 (2.65 mm × 3.40 mm), V 19551.

Remarks The three teeth are referred to *Pliopetaurista* due to possession of the following characters: the M1/2 has a pronounced and delimited hypocone, the protoloph and metaloph converge towards the protocone, weak protoconule and strong metaconule; the p4 with prominent entoconid.

This flying squirrel from Nei Mongol is larger than *Pliopetaurista bressana* and *P. meini* in size, and has a more complete metaloph on M1/2 than in the two European species. It is smaller than *P. pliocaenicus* and has less distinct lingual cingulum on M1/2. It is close to *P. dehneli* in size, but has a more developed protoconule and simpler pattern of accessory lophules behind the metaloph on M1/2. Two species of this genus, the larger *P. rugosa* and the smaller *P. speciosa* are known in the Late Miocene of China (Qiu, 1991; Qiu et Ni, 2006). The three teeth are assigned to *Pliopetaurista* cf. *P. rugosa* because they are matched in size and morphology to *P. rugosa* known from Ertemte of Nei Mongol, except for the absence of a lophate mesostyle and less prominent lophules arising from the protoloph and metaloph.

Pliopetaurista cf. P. speciosa Qiu et Ni, 2006

(Fig. 50)

Pliopetaurista sp.: Qiu Z D et al., 2013, p. 177, appendix.

Referred specimens Balunhalagen, Sonid Zuoqi (IM 0801): one damaged m3 (2.85 mm × 2.35 mm), V 19552. Shala, Sonid Youqi (IM 9610): three cheek teeth (1 damaged M1/2—1.95 mm × ? mm, 1 M3—2.45 mm × 2.75 mm, 1 damaged m1/2), V 19553.1-3.

Remarks The squirrel represented by these teeth is smaller than the above mentioned *Miopetaurista* sp. and *Pliopetaurista* cf. *P. rugosa*, and is characterized by the presence of converging protoloph and metaloph, the strong metaconule on M1/2, the larger mesoconid located rather lingually, the anterolophid connecting to the protoconid, and the absence of anterobuccal cingulum and anterosinusid on m3. It shows essential similarity in dental pattern to *Pliopetaurista*, *Albanensia*, *Forsythia* and *Aliveria*, but differs from *Albanensia* in much smaller size, in having less crenulated enamel surface, and having no metaloph on M3; from *Forsythia* and *Aliveria* in the lack of mesostyle on M1/2, of metaloph on M3, and of anterobuccal cingulum and anterrrosinusid on m3. It is assigned as *Pliopetaurista* cf. *P. speciosa*, because the M3 and the damaged m1/2 are similar to the corresponding teeth of the species from Yuanmou, Yunnan.

Hylopetes Thomas, 1908

Type species *Hylopetes phayrei* (Blyth, 1859): Southeastern Asia; Recent.

Emended diagnosis Small-sized pteromyines with lower crowned cheek teeth, relatively blunt cusps and lophs, and nearly quadrilaterial outline of M1-2 and m1-2. On M1 and M2 hypocone absent, protocone more or less compressed, protoconule and metaconule lacking, protoloph and metaloph sub-parallel in orientation, mesoloph undeveloped. Metaloph absent on M3. Entoconid distinct and forming an angular entoconid corner, mesoconid and mesostylid usually pronounced on m1 and m2, especially in some of the young forms. Enamel on the basins finely wrinkled.

Hylopetes bellus sp. nov.

(Figs. 51, 53)

Etymology　From bellul (Latin), meaning beautiful.

Holotype　Left M1/2 (V 19554).

Type locality　Balunhalagen, Sonid Zuoqi (IM 0801).

Geological age and horizon　Late Middle Miocene-early Late Miocene; late Tunggurian-early Bahean; Balunhalagen beds.

Paratype　Three molars, V 19555.1-3.

Measurements　See the Chinese text on page 105.

Diagnosis　Relatively small-sized *Hylopetes* with low-crowned cheek teeth. M1/2 with relatively constricted protocone, protoloph and metaloph showing no constriction labially of the protocone, mesostyle and mesoloph undeveloped. Less quadrilaterally-shaped m1/2 with the entoconid almost merged with the posterolophid, mesoconid and mesostylid rather weak, and anterolophid connecting to the protoconid. Enamel on the basins slightly sculptured.

Remarks　The squirrel represented by the specimens from Balunhalagen shares some characters with *Tamiops minor* described above and *Hylopetes auctor* from Ertemte in dental pattern, such as the relatively low cusps, the constricted protocone and the sub-parallel alignment of protoloph and metaloph bearing no protoconule and metaconule on M1/2, the angular entoconid corner, and the anterolingual-posterobuccally directed ectolophid on m1/2, and the finely wrinkled enamel on the basins. Nevertheless, features of these teeth correspond more to the diagnosis of the genus *Hylopetes* than *Tamiops*, because the larger dimension, the subquadrilateral outline of M1-2 and m1-2, and the presence of an anteroconid on p4 and a small mesoconid closed to the hypoconid on m1/2. The Balunhalagen specimens are assigned to a new species of *Hylopetes* rather than *H. auctor* because of their smaller size, lower cusps, more constricted protocone of M1/2, less delimited entoconid, weaker mesostylid and indistinct notch between the anterolophid and protoconid on m1/2.

The new species *Hylopetes bellus* is easily distinguished from the extant *H. alboniger* and *H. phayrei* by its smaller size, less strong cusps, and less rugose enamel on the basins. It is close to the European *H. hungaricus* in size, but differs from it in having poorly developed lophs, especially the anteroloph and posteroloph showing no lingual expansion, and in the absence of mesoloph on M1/2 (Black et Kowalski, 1974). *H. bellus* differs from *H. macedoniensis* in smaller size, in the metaloph showing no constriction at the protocone on M1/2, a less delimited entoconid, poorly developed mesoconid and mesostylid, and the anterolophid connecting to the protoconid on m1/2 (Bouwens et De Bruijn, 1986).

Hylopetes are flying squirrels inhabiting various kinds of forest throughout the Oriental Region. It occurrs in the Balunhalagen assemblage with *Tamiops* and *Pliopetaurista*, which usually require some tall trees. This seems to suggest an environment of the fossil-bearing area unlike the condition of arid grassland today.

Hylopetes yani sp. nov.

(Figs. 52, 53)

Tamiasciurus cf. *yusheensis*: Qiu et Storch, 2000, p. 184, partim.

Sciurus yusheensis: Qiu Z D et al., 2013, p. 177, appendix, partim.

Etymology　Named in honor of Mr. Defa Yan, our late colleague, who found the type locality of the new species.

Holotype　Left M1/2 (V 11899.4).

Type locality Bilike, Huade.

Geological age and horizon Early Pliocene; early Gaozhuangian; Bilike beds.

Paratypes Seven cheek teeth, V 11899.3, 5, 7–11.

Measurements See the Chinese text on page 106.

Diagnosis Relatively larger-sized *Hylopetes* with higher-crowned cheek teeth and stronger cusps and lophs. Metaloph showing no labial constriction of the protocone; mesoloph absent on M1/2; relatively large and long p4 with small anteroconid, distinct mesoconid and delimited entoconid; m1/2 with prominent entoconid, mesoconid and mesostylid, complete metalophid, and anterolophid connecting to protoconid.

Remarks These teeth are among the specimens from Bilike, which were arbitrarily assigned as "*Tamiasciurus yusheensis*" or "*Sciurus yusheensis*" (Qiu et Storch, 2000; Qiu Z D et al., 2013). They possess characters corresponding to diagnosis of the genus *Hylopetes*: small size, brachydonty; low and blunt cusps and lophs; nearly quadrilaterial outline of M1/2 and m1/2; M1/2 with constricted protocone, absent hypocone, and sub-parallel protoloph and metaloph bearing no protoconule and metaconule; m1/2 with delimited entoconid, pronounced mesoconid and mesostylid, and angular entoconid corner; finely wrinkled enamel on the basins. The *Hylopetes* shows similarities to *H. auctor* from Ertemte and Harr Obo in morphology, but its size is larger (Fig. 53), crown is higher, cusps and lophs are stronger, p4 is larger and longer with anteroconid and more prominent mesoconid, m1/2 have more developed metalophid and mesoconid, and distinct connection between the anterolophid and the protoconid. It differs from *H. bellus* in distinctly larger size, higher crown, stronger cusps and lophs, more distinct mesoconid and mesostylid on m1/2. The fossil *Hylopetes* is easily distinguishable from the extant *H. alboniger* and *H. phayrei* by its smaller size, weaker cusps, and less rugose enamel on the basins. Thus, these teeth are assigned to a new species of the genus.

Compared with the European *H. hungaricus*, the new species *Hylopetes yani* is larger in size, has relatively poorly developed lophs, no mesoloph on M1/2. It is close to *H. macedoniensis* in size, but different from the European form in the metaloph showing no distinct constriction at the protocone on M1/2, the p4 being relatively longer, m1/2 having more developed mesoconid and mesostylid, more complete metalophid, the anterolophid connecting to the protoconid, and the enamel surface being more sculptured.

Hylopetes yani is closer to *H. auctor* than other species of the genus in dental morphology. This probably indicates that the two species have close affinities. An evolutionary trend in *Hylopetes* seems to be towards the increasing of size, the heightening of crown, the strengthening of cusps and lophs, and the gradual development of the mesoconid, mesostylid and ruggedness on the basins.

Gliridae Thomas, 1897

The family Gliridae is well recorded in most Neogene localities of central Nei Mongol. Remains of glirids from this area, however, mainly are isolated cheek teeth, which include three genera and four species of the subfamilies Dryomyinae and Myomiminae.

Dryomyinae De Bruijn, 1967

Orientiglis gen. nov.

Type species *Microdyromys wuae* Qiu, 1996 = *Orientiglis wuae* (Qiu, 1996): Moergen, Inner Mongolia; Middle Miocene (Tunggurian).

Etymology Orient (Latin), orient; glis (Latin), dormice. In allusion to the new genus of Gliridae occurred in East Asia.

Diagnosis Small-sized Gliridae with cheek teeth having concave occlusal surface, indistinct main cusps and relatively main ridges and accessory ridges equal in thickness. M1 and M2 with short and weak anterotropes and posterotropes in a few specimens besides the six main ridges, precentroloph longer than and separated from postcentroloph, and posterior entolophs complete; anteroloph lingually free in majority of M1, but almost connecting with entoloph in M2; m1 and m2 usually with anterotropids and posterotropids, frequently with short extra ridges between metalophid and mesolophid.

Remarks The new genus *Orientiglis* is characterized by its concave occlusal surface of cheek teeth with relatively complicated dental pattern, anteroloph lingually free in the majority of M1. It resembles *Microdyromys* in small size, in having concave occlusal surface of cheek teeth and moderately complex dental pattern, the precentroloph longer than the postcentroloph, the presence of anterotropes and posterotropes in m1 and m2, and the relatively larger premolars and the last molars, but differs from the latter in the anteroloph being almost lingually free on M1 and connected to the entoloph on M2, and the near absence of ornamentation on the lingual side of upper check teeth.

Orientiglis can be distinguished from all the other genera of the subfamily Dryomyinae found in the Miocene: from *Dryomys* and *Eliomys* by its decisively concave occlusal surface of molars, and more complex dental pattern; from *Glirulus* by its simpler occlusal structure, and the presence of anteriorly interrupted entoloph in the majority of M1. It is also different from *Paraglirulus* and *Anthracoglis* in having an interrupted entoloph on M1, the absence of ornamentation on the lingual border of upper check teeth, or the less molarized premolars (Engesser, 1972; Daams et De Bruijn, 1995).

<h3 align="center">*Orientiglis wuae* (Qiu, 1996)</h3>

(Figs. 55–57; Table 21)

Microdyromys wuae: Qiu, 1996b, p. 69.

Miodyromys sp.: Qiu, 1996b, p. 74, partim.

Microdyromys wuae: Qiu, 2001a, p. 299.

Microdyromys aff. *orientalis*: Maridet et al., 2011a, p. 318.

Microdyromys sp. (Lower Aoerban, Gashunyinadege, Loc. 346, Balunhalagen, and Shala), *Miocrodyromys* sp. 1 (Amuwusu), and *Miocrodyromys wuae* (Huitenghe): Qiu Z D et al., 2013, p. 177, appendix.

Referred specimens Aoerban (L), Sonid Zuoqi: Loc. IM 0407, four cheek teeth, V 19556.1–4; IM 0507, one M1 and one M2, V 19557.1–2. Gashunyinadege, Sonid Zuoqi: IM 9605, one M2 and one M3, V 19558.1–2; IM 9606, eight cheek teeth, V 19559.1–8; IM 0401, nineteen cheek teeth, V 19560.1–19; IM 0406, three m2, V 19561.1–3. Aoerban (U), Sonid Zuoqi (IM 0772): seven cheek teeth, V 19562.1–7. H-X Highway Road original mark 346 (Loc. 346), Sonid Youqi: eleven cheek teeth, V 19563.1–11. Amuwusu, Sonid Youqi: three molars, V 19564.1–3. Balunhalagen, Sonid Zuoqi (IM 0801): one hundred and eleven cheek teeth, V 19565.1–111. Huitenghe, Abag (IM 0003): one mandibular fragment with m1–2, four cheek teeth, V 19566.1–5. Shala, Sonid Youqi: thirty-two cheek teeth, V 19567.1–32. Bilutu, Sonid Zuoqi (IM 0510): twenty cheek teeth, V 19568.1–20.

Measurements See Table 21 in the Chinese text.

Diagnosis Same as for the genus.

Remarks The teeth described above are variable in size and morphology, but they show obvious morphological homogeneity: the concave occlusal surface, the indistinct main cusps, the close thickness of main ridges and extra ridges, the anteroloph lingually free in majority of M1 but connecting to the entoloph in M2, the presence of prototropes and absence of posterotropes on M1 and M2, the longer precentroloph than the postcentroloph, the usual presence of anterotropids and posterotropids on m1 and m2. When the specimens from various localities are observed together, however, no separate group can be divided. The M1 from Lower Aoerban seems to be wider than others, but falls into a normal variation of size (Fig. 56). Minor morphological differences include the development of extra ridges between the metalophid and mesolophid on m1 and m2, i.e. the extra ridges are absent in the molars from the localities of lower horizons, such as Gashunyinadege and Loc. 346, but short and weak extra ridges are frequent in molars from the localities of higher horizons, such as Balunhalagen and Bilutu (Fig. 57). Nevertheless, we consider it inadvisable to separate these specimens into different species because of the scarcity of m1 and m2 from the localities of lower horizons, but the possibility of an assignment of the material described here to different taxa cannot be excluded when more material becomes available.

This dormouse is assigned to a new genus *Orientiglis* mainly because of its difference in development of endoloph between M1 and M2, absence of ornaments on the lingual side of upper cheek teeth, nearly equal height of accessory and main ridges, frequent presence of extra ridges between the metalophid and mesolophid. It is referred to the subfamily Dryomyinae De Bruijn, 1967 due to its lower crowned cheek teeth with concave occlusal surface, indistinct main cusps, generally complex dental pattern, narrower extra ridges than main ridges, and the presence of endoloph in M2 (De Bruijn, 1967; Daams, 1999).

Microdyromys wuae from Moergen II, Nei Mongol and Quantougou, Gansu, named on the basis of a handful of isolated teeth, is reasonably considered to represent a new genus because its nearly equal height of accessory and main ridges, presence of extra ridges between the metalophid and mesolophid on m1 and m2, and absence of lingual ornaments on upper cheek teeth, contrast with the diagnosis of *Miocrodyromys*. In addition, the teeth from Moergen II fall within the range exhibited by *Orientiglis* as to size and dental pattern. Wu (1986) created *M. orientalis* based on several teeth from Xiacaowan, Sihong, Jiangsu. It may also be transferrable to *Orientiglis* because of the similar dental morphology, i.e. the presence of a lingually free anteroloph in the single M1, of a lingually connected anteroloph in the sole M2, and possession of anterotropids and posterotropids in both m1 and m2. The published specimen (as m1, but probably should be an m2) from Burqin, Xinjiang, assigned to *Microdyromys* aff. *orientalis* by Maridet and others (2011a) falls within the size and morphology of the m2 of *O. wuae* from Nei Mongol. An m2 with the same structure as "*Microdyromys* aff. *orientalis*" can be seen in the localities of a lower horizon. Thus, the m2 from Xinjiang is also referred to this species.

Orientiglis wuae made its first occurrence in the Lower Aoerban of Early Miocene and last record in the Late Miocene at Bilutu. In this species there seems to exist a general evolutionary trend to reduce gradually the premolars, and to increase the extra ridges between the metalophid and mesolophid of m1 and m2.

Myomiminae Daams, 1981

Miodyromys Kretzoi, 1943

Type species *Miodyromys hamadryas* Forsyth Major, 1899: Grosslappen, Germany, Middle Miocene (MN7/8).

Emended diagnosis Medium-sized Gliridae with concave occlusal surface. Upper cheek teeth with U-shaped trigon, marked by protoloph and metaloph joining separately the lingual border. M1 and M2 with six main ridges, anterior centroloph longer than posterior one, anterior centroloph usually fusing with posterior one, or one or both of centrolophs fusing with extra ridge(s), extra ridges developed only in trigon, anteroloph and posteroloph isolated at buccal border; protoloph and anterior centroloph either connected or separated buccally, protoloph usually connected to lingual end of posteroloph; m1−3 with two or three roots, five main ridges, one to four extra ridges, posterotrope stronger and longer than other accessory ridges (combined sources: Baudelot, 1972; Mayr, 1979; Daams, 1999).

Miodyromys asiamediae Maridet et al., 2011

(Fig. 58)

Miodyromys sp.: Qiu, 1996b, p. 74, partim.

Prodryomys sp. (Lower Aoerban, Gashunyinadege): Qiu Z D et al., 2013, p. 177, appendix.

Referred specimens Aoerban (L), Sonid Zuoqi: Loc. IM 0407, one p4, V 19569; IM 0507, three cheek teeth, V 19570.1–3. Gashunyinadege, Sonid Zuoqi: IM 9605, one mandibular fragment with p4–m3, one p4 and one m3, V 19571.1–3; IM 9606, one p4, V 19572; IM 0401, one maxillary fragment with eroded M2 and M3, six cheek teeth, V 19573.1–7; IM 0406, one m1 and one m2, V 19574.1–2. Aoerban (U), Sonid Zuoqi (IM 0772): one m1 and one m2, V 19575.1–2. H-X Highway Road original mark 346 (Loc. 346), Sonid Youqi: one M2 and one m1, V 19576.1–2. Balunhalagen, Sonid Zuoqi (IM 0801): fifteen cheek teeth, V 19577.1–15.

Measurements See the Chinese text on page 116.

Diagnosis Middle-sized *Miodyromys* with the following unique combination of characters: metacone better developed than paracone in upper cheek teeth; P4 large relative to M1 and having a U-shaped trigon; M1 proportionally wide (L/W = 0.81) with anterior centroloph longer than posterior one, and a well-developed extra ridge between the protoloph and anterior centroloph; extra ridge between prosterior centroloph and metaloph absent; in m2, both extra ridges between anterolophid and metalophid and between mesolophid and posterolophid well developed, but central extra ridges absent; lower premolars noticeably elongated (mean L/W = 1.13), and two roots merged into a single one (with two pulp cavities) (quoted from Maridet et al., 2011a).

Remarks These teeth described demonstrate homogeneity in size and morphology, although the specimens from Balunhalagen display relatively distinct variation. They show similarity to those of *Orientiglis wuae* in morphology, but larger size, and relatively stronger ridges, fewer extra ridges, proportionally wider M2 with the anteroloph isolated from the protocone. They represent a glirid differing from *O. wuae*. The glirid is characterized by its concave occlusal surface, protoloph and metaloph joining separately the entoloph on the upper cheek teeth, M1 and M2 having six main ridges, with the anterior centroloph longer than the posterior one, the extra ridges developed only in the trigon, the anteroloph and posteroloph isolated at the buccal border, the anteroloph isolated from the protocone, m1 and m2 having five main ridges, with the posterotrope stronger and longer than the other accessory ridges. These dental characters fit the definition of the genus *Miodyromys* (Baudelot, 1972; Mayr, 1979; Daams, 1999). Furthermore, the specimens exhibit a suite of characters which are highly diagnostic for the species *M. asiamediae* from the Early Miocene of Burqin, Xinjiang by their medium size, metacone better developed than the paracone on upper cheek teeth, U-shaped trigon of P4, relatively wider M1 and M2 (L/W = 0.96 and 0.81 for M1, and 0.79 and 0.79 for M2), well-developed extra ridge between the protoloph and anterior centroloph, absence of central extra ridge, noticeably elongated p4 (L/W = 1.05 – 1.10 for the specimens from the lower horizons) with two roots merged into a single one, extra ridges well developed between the anterolophid and metalophid, and between the mesolophid and posterolophid, but lacking central accessory ridge.

Four teeth of an indeterminate species of *Miodyromys* have been reported from the Middle Miocene of Moergen II, Nei Mongol (Qiu, 1996b). A reexamination of these teeth shows that the p4 and m3 of the sample should be referred to *Orientiglis wuae* (see before). The M1 and M2 (Qiu, 1996b, Fig. 40A, B) are essentially identical with the corresponding teeth of *Miodyromys asiamediae* in size and morphology, except for the metaloph failing to reach the metacone in the M1, and in the M2 the posterior centroloph being longer than the anterior one, the extra ridge being present between the posterior centroloph and metaloph, and the missing extra ridge between the anterior centroloph and protoloph. Judging from the pleating of the posterior centroloph at its middle part, we infer the M2 from Moergen is a morphological variant of *M. asiamediae*.

The Balunhalagen sample was collected from a higher fossil-bearing bed. The reduction of p4 and m3, and the presence of weak extra ridges in individual lower molars are here interpreted as derived characters for *Miodyromys asiamediae*.

<h1 style="text-align:center">*Myomimus* Ognev, 1924</h1>

<h2 style="text-align:center">*Myomimus* cf. *M. sinensis* Wu, 1985</h2>

(Fig. 59)

Myomimus sinensis (Bilutu), Gliridae indet. (Baogeda Ula): Qiu Z D et al., 2013, p. 177, appendix.

Referred specimens Baogeda Ula, Abag: IM 0702, one P4 and one p4, V 19578.1−2; IM 0703, one M1, V 19579. Bilutu, Sonid Zuoqi (IM 0510): four cheek teeth, V 19580.1−4.

Measurements See the Chinese text on page 119.

Remarks The several teeth from the two localities can be referred neither to *Orientiglis wuae* nor *Miodyromys asiamediae* because of the rather reduced premolars, the relatively simple molar structure, and the stronger ridges. They are comparable to corresponding teeth of *Myomimus sinensis* from Ertemte, Harr Obo and Bilike faunas, especially in having the distinctly small premolars relative to the molars, the poorly developed extra ridges on molars, and the presence of a cingulum on the inner wall of M2 (Wu, 1985; Qiu et Storch, 2000). Minor differences observed are the simpler structure of P4, and only two roots on m2 in the described specimens. Here we refer the sample to *Myomimus sinensis* for the inadequate material of this dormouse.

<h2 style="text-align:center">Eomyidae Deperet et Douxami, 1902</h2>

The family Eomyidae is well recorded in the Miocene in central Nei Mongol, which includes the following five genera and seven species of the subfamily Eomyinae. Remains of eomyids from this area, however, mainly are isolated cheek teeth.

<h2 style="text-align:center">Eomyinae Winge, 1887</h2>

<h2 style="text-align:center">*Ligerimys* Stehlin et Schaub, 1951</h2>

Type species *Ligerimys florancei* Stehlin et Schaub, 1951: Suèvres, France; Early Miocene.

Diagnosis Small to large sized eomyid with lophodont cheek teeth and usually flat occlusal surface. Mesoloph in upper molars either absent or reduced to a short crest or a tubercle; four well-developed transverse crests in D4, P4 and M1/2, but sometimes only three in M3; development of mesolophid in p4 to m2 variable from complete to totally absent; development of anterolophid also displaying variability, usually present in p4, variable from large to completely merged with metalophid in m1 and m2, very reduced or absent in m3; in lower molars, ectolophid sometimes interrupted, and mesolophid, hypolophid, posterior branch of protoconid, and anterior branch of hypoconid arranged in an X-form (combined, sources: Alvarez Sierra, 1987; Engesser, 1999).

<h2 style="text-align:center">*Ligerimys asiaticus* sp. nov.</h2>

(Figs. 61, 62)

Ligerimys sp. (Lower Aoerban and Gashunyinadege): Qiu Z D et al., 2013, p. 177, appendix.

Etymology Indicating the first record in Asia.

Holotype Right M1/2 (V 19581).

Type locality Aoerban (L), Sonid Zuoqi (IM 0407).

Geological age and horizon Early Miocene; late Xiejian; lower member of Aoerban Formation.

Referred specimens Aoerban (L), Sonid Zuoqi (IM 0507): one m1/2, V 19582. Gashunyinadege, Sonid Zuoqi (IM 9605): one M1/2, V 19583.

Measurements M1/2: 1.75 mm × 2.35 mm, 1.60 mm × 2.00 mm; m1/2: 2.00 mm × 1.90 mm.

Diagnosis Large-sized species of *Ligerimys*. Molars showing slight unilateral hypsodonty. M1/2 with compressed and distinctly posterolingually elongated protocone, buccally open IIs+IIIs, but without mesoloph; m1/2 with total incorporation of anterolophid and metalophid, complete and strong mesolophid, lingual main cusps incorporated into a high and continuous entolophid, but ectolophid interrupted; long IIsd in m1/2 extending buccally about two third of width.

Remarks The specimens described above are referred to the genus *Ligerimys* due to the lophodont teeth with nearly flat occusal surface, four well-developed transverse crests, but without mesoloph on M1/2, and the crests (mesolophid, hypolophid, posterior branch of protoconid, and anterior branch of hypoconid) arranged in an X-form on m1/2. The three molars from Aoerban (L) and Gashunyinadege obviously represent the first record of *Ligerimys* found in Asia. Although the material of this eomyid is rather scarce, it is assigned to a new species of *Ligerimys* because of its large size and differentiable morphology.

The new species *Ligerimys asiaticus* is mainly characterized by its large size, having a posterolingually elongated protocone, and absence of mesoloph on M1/2, and by its anterolophid completely fused with the metalophid, having a strong mesolophid, high entolophid, and a nearly interrupted ectolophid on m1/2. The new species from Nei Mongol is larger than all the known species of the genus from Europe (Fig. 62). In morphology, it can be easily distinguished from *L. florancei*, *L. lophidens*, *L. antiquus*, *L. freudenthali*, *L. fahlbuschi*, *L. palomae* and *L. oberlii* by its completely lacking mesoloph and anterolophid on M1/2 and m1/2, respectively. In these European forms, a remnant mesoloph on M1/2, and an incomplete incorporation of anterolophid and metalophid on m1/2 can usually be observed. In addition, *L. florancei* has a posteriorly directed metaloph on M1 and M2, and a rather lingually located ectolophid on m1 and m2; *L. lophidens* also has the ectolophid close to the midline, and the entolophid being interrupted on m1 and m2; *L. antiquus* and *L. fahlbuschi* have a continued ectolophid, but a discontinued entolophid on m1 and m2; *L. freudenthali* has the mesolophid very reduced and the posterolophid narrowing at the hypoconid on m1 and m2; in *L. palomae* the protocone of M1 and M2 is not elongated, and the mesolophid and entolophid of m1 and m2 are rather reduced or imcomplete. *L. magnus* is close to *L. asiaticus* in size and in the absence of any sign of mesoloph on M1/2, but differs from the new species in having a buccally enclosed exterior sinus (IIs + IIIs) on M1 and M2, an incomplete incorporation of anterolophid and metalophid, and a usually weakly developed mesolophid on m1 and m2. *L. asiaticus* is different from *L. ellipticus* in having a posterolingually elongated protocone and an enclosed Is on M1/2, and a high and continued entolophid on m1/2.

Ligerimys was considered to be a genus derived from *Pseudotheridomys* and endemic to Europe (Engesser, 1999). The presence of *L. asiaticus* in the Early Miocene faunas of Nei Mongol has extended the distribution of these eomyids. Nevertheless, we are still unclear about where *L. asiaticus* originated, and what affinities of Chinese *Ligerimys* may have with European species.

Asianeomys Wu et al., 2006

Type species *Asianeomys junggarensis* Wu et al., 2006: Tieersihabahe, Junggar, Xinjiang; Late Oligocene.

Emended diagnosis Small to medium-sized eomyids, cheek teeth brachydont with buno-lophodont pattern. Upper cheek teeth with protoloph connecting lingually to anteroloph or anterior arm of protocone, entoloph anteriorly joining or directing to posterior end of protocone, ectosinus II always longer than ectosinus I; P4 relatively larger with or without anteroloph and ectosinus I; three-rooted M1 and M2 without distinct lingual branch of anteroloph, having protoloph connecting lingually to the point near the junction of anteroloph and anterior arm of protocone, or directing or meeting anterior arm of protocone, metaloph meeting lingually anterior arm of hypocone; M3 usually having metaloph. Lower cheek teeth with hypolophid often connected buccally with ectolophid or anterior arm of hypoconid, and occasionally with hypoconid; three-rooted p4 usually lacking anteroconid; m1 and m2 four-rooted with hypolophid usually joining buccally anterior arm of hypoconid; hypolophid and entosinusid IV present on m3. Entoloph and ectolophid seldom interrupted.

Asianeomys fahlbuschi Wu, Meng, Ye et al., 2006

(Figs. 63, 64; Table 22)

Asianeomys sp. (Lower Aoerban and Gashunyinadege): Qiu Z D et al., 2013, p. 177, appendix.

Referred specimens Aoerban (L), Sonid Zuoqi: Loc. IM 0407, forty-eight cheek teeth, V 19584.1−48; IM 0507, six cheek teeth, V 19585.1−6. Gashunyinadege, Sonid Zuoqi: IM 9605, fourteen cheek teeth, V 19586.1−14; IM 9606, five cheek teeth, V 19587.1−5; IM 0401, twenty-nine cheek teeth, V 19588.1−29; IM 0406, one fragmentary mandible with m1, eighteen cheek teeth, V 19589.1−19.

Measurements See Table 22 in the Chinese text.

Emended diagnosis M1/2 and M2 usually with a posterior spur of paracone, protoloph directly connecting to anterior arm of protocone, mesoloph curved, metaloph nearly transverse and meeting anterior arm or anterior part of hypocone, and posteroloph sometimes bulging anteriorly at midpoint; p4 lacking anteroconid and having three roots; m1 and m2 with metalophid joining protoconid or its posterior part. Entoloph and ectolophid on molars thin and usually complete.

Remarks These specimens described correspond in characters to the diagnosis of the genus *Asianeomys* given by Wu and others in 2006. The relatively abundant materials from Nei Mongol have widened our knowledge of the genus and have given a better understanding of the intraspecific variation of previously described species.

The genus *Asianeomys* is characterized by its similarity to *Eomys* in the upper cheek teeth lacking the lingual branch of anteroloph, having the protoloph connecting to the anterior arm of protocone, the metaloph joining to the anterior arm of hypocone, the entoloph directing or meeting the posterior end of the protocone, and by its sharing with *Pseudotheridomys* in the connection style of hypolophid on lower cheek teeth, i.e. the hypolophid joins buccally the anterior arm of hypoconid. It is closely similar to *Eomyodon* in size and morphology, but differs in having seldom interrupted entoloph and ectolophid, the entoloph closer buccally and directed toward or meeting the protocone, and the transverse hypolophid joining the hypoconid or its anterior arm (see Wu et al., 2006). In addition, *Asianeomys* is different from *Eomyodon* in having its entosinusid IV longer than the entosinusid III. These differences seem to substantiate *Asianeomys* as a separate genus.

Four species of *Asianeomys*, *A. junggarensis*, *A. fahlbuschi*, *A. engesseri* and *A.* sp. have been assigned for the eomyids from the Junggar Basin, Xinjiang (Wu et al., 2006). *A. junggarensis* is characterized by its protoloph extending anterolingually to the point near the junction of the anteroloph and anterior arm of the protocone to form a rather short ectosinus I on P4, M1 and M2, and the metalophid meeting the anterior arm of protoconid on m1/2, which are found in neither the other eomyid material of Junggar nor in the specimens described above from Nei Mongol. It is reasonable to endorse the late Oligocene *A. junggarensis* as a separate species. Nevertheless, the distinctness of the other Xinjiang species from each other is cast in doubt by the discoveries of the eomyids from Nei Mongol. The three early Miocene forms from Suosuoquan-II are defined based on several isolated teeth mainly by means of size, presence or absence of posterior spur of paracone, shape of ectosinus IV, length of mesoloph on M1/2, and development of anteroconid on m1/2. Observation of the specimens from Nei Mongol shows that the characters serving as specific definitions of Junggar eomyids can be seen in the Nei Mongol material, but cannot be applied for species delineation. That is to say that all the specimens referred to *A. fahlbuschi*, *A. engesseri* and *A.* sp. from Suosuoquan-II (except two M3 referred to *A. fahlbuschi*, i.e. V 14455.3 and V 14455.4, which seem not to be eomyid, but zapodid, see Wu et al., 2006, Plate 1, figs. 2c and 2d), fall within the range of variation exhibited in the eomyids from lower Aoerban and Gashunyinadege in terms of dental pattern and size (Fig. 64). Thus, we suggest retaining the priority of

A. fahlbuschi only (and refer the Nei Monggol material to this species), but synonymize *A. engesseri* and *A.* sp. with the former.

Keramidomys Hartenberger, 1966

Type species *Pseudotheridomys pertesunatoi* Hartenberger, 1966: Can Llobateres, Spain; Late Miocene.

Emended diagnosis Small-sized eomyids with lophodont cheek teeth. P4 and p4 molariform, with the former usually lacking anteroloph and ectosinus I; three-rooted M1 and M2 lacking lingual branch of anteroloph, protocone posterolingually elongated, short Is reaching only middle of tooth, and having three roots; m1 and m2 with hypolophid joining ectolophid, and four roots. Mesolophs and mesolophids of cheek teeth usually long and occasionally absent; entoloph often interrupted and ectolophid sometimes poorly developed in middle part; M3 and m3 usually less reduced (modified from Engesser, 1999).

Keramidomys fahlbuschi Qiu, 1996

(Figs. 65–68; Table 23)

Keramidomys sp. (Lower and Upper Aoerban, Gashunyinadege, Balunhalagen, and Bilutu): Qiu Z D et al., 2013, p. 177, appendix.

Referred specimens Aoerban (L), Sonid Zuoqi: Loc. IM 0407, one fragmentary mandible with p4 and m1, forty cheek teeth, V 19590. 1 – 41; IM 0507, one fragmentary mandible without teeth, V 19591. Gashunyinadege, Sonid Zuoqi: Loc. IM 9605, six cheek teeth, V 19592.1 – 6; IM 9606, one mandibular fragment with m1 and m2, four cheek teeth, V 19593.1 – 5; IM 0401, nine cheek teeth, V 19594.1 – 9; IM 0406, one M3, V 11912. Aoerban (U), Sonid Zuoqi (IM 0772): one M3 and one m1/2, V 19595.1 – 2. H-X Highway Road original mark 346 (Loc. 346), Sonid Youqi: sixteen cheek teeth, V 19596.1 – 16. Balunhalagen, Sonid Zuoqi (IM 0801): fifty one cheek teeth, V 19597.1 – 51. Huitenghe, Abag (IM 0003): eight cheek teeth, V 19598.1 – 8. Bilutu, Sonid Zuoqi (IM 0510): seventeen cheek teeth, V 19599.1 – 17.

Measurements See Table 23 in the Chinese text.

Emended diagnosis Relatively small species of genus. Cheek teeth with main cusps less incorporated into crests, mesocones and mesoconids frequently visible, and occlusal surface slightly concave; molars always with five loph(id)s, long mesolophs and mesolophids frequently ending free at margin of teeth; p4 often with remnant of anteroconid, and two roots; m1 and m2 with less elongated hypoconid and relatively complete ectolophids.

Remarks The teeth in question are variable in size and morphology, but the variation is so continuous that no different taxa can be distinguished currently. They show similarities to those of *Asianeomys* described above from Aoerban (L) and Gashunyinadege in the lophodont cheek teeth with the main cusps incompletely merged in the crests, the upper molars lacking lingual branch of anteroloph, the less reduced M3 and m3. Nevertheless, these specimens cannot be referred to *Asianeomys*, but to *Keramidomys fahlbuschi*, due to their smaller sized cheek teeth with long mesoloph and mesolophid, M1 and M2 having elongated protocone and interrupted entoloph, hypolophid connected with ectolophid in m1 and m2, and p4 only having two roots.

Keramidomys fahlbuschi known by a few teeth from Moergen II, is heretofore the only recognized species of the genus found in China (Qiu, 1996b). The added materials have enriched our knowledge of this species, especially its intraspecific variation. Observation of the specimens from central Nei Mongol shows that all the teeth from the type locality Moergen II fall within the range of variation exhibited by the specimens described from the above localities in pattern and size (Fig. 68), except the tooth referred as a p4 (V10364.2; Qiu, 1996b, Fig. 36, C), which should be excluded from eomyids.

It is worth noting the different characters of dental variation at different localities. Cheek teeth from the localities of lower horizons, such as the lower Aoerban and Gashunyinadege, show less merging of the cusps and crests, more visible mesocones and mesoconids, more mesolophs and mesolophids ending free, and more teeth with the entoloph directed to the posterior end of protocone than in cheek teeth from the localities of higher horizons, such as Balunhalagen and Huitenghe (Figs. 65, 66). These differences are probably indicative of different stage of evolution of different populations of *Keramidomys fahlbuschi*. A probable evolutionary trend in this species seems towards lophodonty of cheek teeth by the main cusps incorporating into the crests, the gradual development of ectoloph in upper molars and entolophid in lower molars, and the gradual buccal shift of the entoloph in upper molars.

Keramidomys fahlbuschi is similar to *K. carpathicus* and *K. thaleri* of Europe. Minor differences seem to include less lophodonty of the cheek teeth, and frequent presence of visible mesocone and mesoconid.

Keramidomys magnus sp. nov.

(Figs. 69-71; Table 24)

Asianeomys sp. (Amuwusu, Bilutu, Shala): Qiu Z D et al., 2013, p. 177, appendix.

Etymology   Referring to its relatively larger size.

Holotype   Right M1/2 (V 19600).

Type locality   Balunhalagen, Sonid Zuoqi (IM 0801).

Geological age and horizon   Late Middle Miocene-early Late Miocene; late Tunggurian-early Bahean; Balunhalagen beds.

Paratypes   One hundred and seventy-six cheek teeth, V 19601.1-176.

Referred specimens   Amuwusu, Sonid Youqi: eight cheek teeth, V 19602.1-8. Shala, Sonid Youqi: twelve cheek teeth, V 19603.1-12. Bilutu, Sonid Zuoqi (Loc. IM 0510): forty-one cheek teeth, V 19604.1-41.

Measurements   See Table 24 in the Chinese text.

Diagnosis   Relatively large species of *Keramidomys*. Cheek-teeth with main cusps completely incorporated into crests, and slightly concave occlusal surface; five-lophed molars always with long mesolophs and mesolophids frequently connecting with paracones and metaconids, respectively; P4 lacking anteroloph; M1 and M2 having long ectosinus extending about medial line of tooth, with Is, IIs and IVs closed buccally in higher position in most cases; two-rooted p4 with distinct anterolophid; m1 and m2 with less elongated hypoconid and relatively complete ectolophids. Isd, IIsd and IVsd closed lingually in higher position in most cases.

Remarks   These teeth possess a suite of characters that fit the diagnosis of the genus *Keramidomys*. These characters are the relatively small size for eomyids, the typical lophodont cheek teeth with long mesolophs and mesolophids, the posterolingually elongated protocones, the often interrupted entolophs and the shorter Is on M1 and M2, and the connection of the hypolophid to the ectolophid on m1 and m2. Nevertheless, they are different from those of *K. fahlbuschi* in being larger (Fig. 71), with more lophodont cheek teeth, having more developed ectolophs in upper cheek teeth and entolophids in lower ones, and deeper sinuses in M1 and M2. They are, for this reason, identified as a new species.

The new species, *K. magnus*, is also larger than all known species of *Keramidomys* from Europe, and shows similarities with *K. thaleri*, *K. mohleri* and *K. ermannorum* in having lophodont molars with five loph(id)s and the long mesoloph(id)s. The new species, however, differs from *K. thaleri* in its distinctly larger size, more merged main cusps, more developed lingual and buccal connections of loph(id)s. It differs from *K. mohleri* in having more distinct lingual and buccal connections of mesoloph(id)s in molars, and more complete ectolophids in lower molars. *K. ermannorum* has a planar occlusal surface, differing from the new species. *K. carpathicus* is distinguishable from the new form by its distinctly smaller size and the rather reduced M3 and m3. *K. magnus* is different from *K. anwilensis* in having long mesoloph(id)s. The Nei Mongol new eomyid is easily distinguished from *K. pertesunatoi* and *K. reductus* by its indistinctly reduced molars with pronounced mesoloph(id)s.

Generally, *Keramidomys magnus* mostly resembles *K. fahlbuschi* in morphology, indicative of close affinity. Apparently a dentition of *K. fahlbuschi* from the Early Miocene Lower Aoerban Fauna could convert with size increase and the main cusps gradually incorporated into the crests, and the ectolophs and entolophids developed progressively, into the dental pattern of *K. magnus* from the Balunhalagen Fauna of late Middle Miocene/early Late Miocene age. Therefore, the larger size, the stronger lophodont cheek teeth, and the more developed ectolophs and entolophids may be derived characters in *K. magnus*, because it comes from a higher horizon than *K. fahlbuschi*. The two species from central Nei Mongol demonstrate an evolutionary gradation similar to the line *K. thaleri*–*K. mohleri*–*K. ermannorum*, a conservative line as recognized by Engesser in 1999. The *K. fahlbuschi*–*K. magnus* line also underwent limited morphological changes during the Miocene. The close similarities of the new species with the European *K. mohleri* and *K. ermannorum* from MN8 and MN9 may indicate their close evolutionary stage.

Leptodontomys Shotwell, 1956

Type species *Leptodontomys oregonensis* Shotwell, 1956: Oregon, USA; Late Miocene (Hemphillian).

Emended diagnosis Usually small-sized eomyids with bunodont cheek teeth. Upper molars with lingual branch of anteroloph, short mesoloph, complete entoloph, nearly transverse sinus, and long IIs and IVs surpassing midline of tooth; lower molars with small mesoconid, spaning anterolophid, complete ectolophid, and usually backwards hypolophid joining posterior arm of hypoconid or posterolophid; M3 and m3 less reduced, with m3 frequently having a hypolophid (after Hugueney et Mein, 1968; Engesser, 1999; Flynn, 2008a).

Remarks *Leptodontomys* was created based on material from North America. Some tiny eomyids with bunodont and similar dental pattern from Europe were formerly assigned to this genus (Hugueney et Mein, 1968; Fahlbusch, 1973; Fejfar, 1974). Engesser (1979) considered the European eomyids as different from *Leptodontomys* from the New World, and proposed the genus *Eomyops* for the former. Qiu (1994) noticed that *Leptodontomys gansus* from Songshan, Gansu, and Ertemte, Nei Mongol, is intermediate between European *Eomyops* and North American *Leptodontomys* in most of the characters that Engesser emphasized to distinguish the two genera. The presence of a ridged lower incisor in the European eomyids seems to be an important diagnostic feature of *Eomyops* distinguishing it from *Leptodontomys*. The condition of the lower incisor of Chinese "*Leptodontomys*" is unknown. Until the incisor is recovered, the nomen *Leptodontomys* for the small bunodont eomyid is provisionally used.

Leptodontomys gansus Zheng et Li, 1982
(Figs. 72, 73; Table 25)

Leptodontomys aff. *gansus*: Qiu, 1996b, p. 64.

Leptodontomys sp. (Gashunyinadege, Amuwusu, Huitenghe, and Bilutu), *Leptodontomys* cf. *L. lii* (Balunhalagen), *Leptodontomys* aff. *gansus* Zheng et Li, 1982 (Loc. 346): Qiu Z D et al., 2013, p. 177, appendix, partim.

Referred specimens Gashunyinadege, Sonid Zuoqi: Loc. IM 9606, one M1/2 and one m1/2, V 19605.1– 2. H-X Highway Road original mark 346 (Loc. 346), Sonid Youqi: one M3 and one p4, V 19606.1–2. Amuwusu, Sonid Youqi: one M1/2, V 19607. Balunhalagen, Sonid Zuoqi (IM 0801): thirty-five cheek teeth, V 19608.1–35. Huitenghe, Abag (IM 0003): one mandibular fragment with m2, nine cheek teeth, V 19609.1– 10. Shala, Sonid Youqi (IM 9610): nine cheek teeth, V 19610.1–9. Bilutu, Sonid Zuoqi (IM 0510): fourteen cheek teeth, V 19611.1–14. Ertemte 2, Huade: one mandibular fragment with p4–m2, sixty-one cheek teeth, V 19612.1–62. Harr Obo 2, Huade: one M1/2, V 19613.

Measurements See Table 25 in the Chinese text.

Emended diagnosis Relatively small species of the genus. Cheek teeth with weaker development of main cusps. Molars with short and thick mesoloph(id)s, and pronounced lingual branch of anteroloph on upper molars and buccal branch of anterolophid on lower molars; m1 and m2 with hypolophid directed backwards to join posterior arm of hypoconid or posterolophid, and nearly right-angle junction of posterolophid and hypolophid; m3 with relatively reduced hypolophid.

Remarks The specimens described correspond to the characters of *Leptodontomys* Shotwell, 1956 or *Eomyops* Engesser, 1979 in molar pattern, and are identical with those of *L. gansus* in size and morphology. These characters are the rather small size, the bunodont cheek teeth with weaker development of main cusps, the short and thick mesoloph(id)s, the complete longitudinal crests, the presence of lingual branch of anteroloph and long IIs and IVs on upper molars, and the backwardly directed hypolophid joining the posterior arm of hypoconid or the posterolophid on lower molars, the right-angled junction of posterolophid and hypoconid on the m1 and m2, and the very reduced hypolophid on m3.

Three species of *Leptodontomys* are known from China, *L. gansus* and *L. lii* from Nei Mongol or Gansu, and *L. pusillus* from Yunnan (Zheng et Li, 1982; Qiu, 1996b, 2006). They are easily differentiated by size and morphology. Fig. 73 shows the length and width of M1/2 and m1/2 of *L. gansus* and *L. lii* from northern China. *L. gansus* differs from *L. lii* in smaller size, and having weaker development of main cusps. It can be distinguished from *L. pusillus* by its slightly larger size. Both *L. gansus* and *L. lii* are different from *L. pusillus* in having more developed lingual branch of anteroloph on upper molars, and stronger hypolophid directed backwards to join the posterior arm of hypoconid or the posterolophid on lower molars.

Leptodontomys gansus is slightly smaller than *Leptodontomys/Eomyops catalaunicus*, and differs from the latter in having more prominent lingual branch of anteroloph, shorter mesoloph(id)s, and more reduced m3. It is different from *L./E. bodvanus* in having relatively shorter and wider m1/2 with more developed posterolophid and shorter mesolophid. The main differences of *L. gansus* from *L./E. oppligeri* is the lack of a bifurcation of mesoloph(id)s in molars. *L. gansus* is easily distinguished from *L./E. heberseni* by its much smaller size, weaker cusps, wider sinus(id)s, deeper ectosinus of upper molars, more developed IVsd of lower m1/2, and presence of right-angled junction of posterolophid and hypoconid on m1/2 (Hartenberger, 1966a; Jánossy, 1972; Engesser, 1990; Kälin, 1997).

Leptodontomys lii Qiu, 1996
(Figs. 73, 74; Table 26)

Pentabuneomys sp. (Lower Aoerban, Gashunyinadege, Shala, and Bilutu), *Leptodontomys* sp. (Amuwusu, Huitenghe, and Bilutu), *Leptodontomys* cf. *L. lii* (Balunhalagen, part): Qiu Z D et al., 2013, p. 177, appendix.

Referred specimens Aoerban (L), Sonid Zuoqi: Loc. IM 0407, one mandibular fragment with m2, thirteen cheek teeth, V 19614.1-14; IM 0507, one damaged M1/2, V 19615. Gashunyinadege, Sonid Zuoqi: IM 9605, one mandibular fragment with p4-m2, one M3 and one m3, V 19616.1-3; IM 0401, five cheek teeth, V 19617.1-5. H-X Highway Road original mark 346 (Loc. 346), Sonid Youqi: seven cheek teeth, V 19618.1-7. Amuwusu, Sonid Youqi: one m1/2, V 19619. Balunhalagen, Sonid Zuoqi (IM 0801): sixty-one cheek teeth, V 19620.1-61. Huitenghe, Abag (IM 0003): eight cheek teeth, V 19621.1-8. Shala, Sonid Youqi (IM 9610): twenty-six cheek teeth, V 19622.1-26. Bilutu, Sonid Zuoqi (IM 0510): ten cheek teeth, V 19623.1-10.

Measurements See Table 26 in the Chinese text.

Emended diagnosis Relatively larger species of genus. Slightly high crowned cheek teeth with more prominent main cusps. Molars with short or moderately long mesoloph(id)s, and pronounced lingual branch of anteroloph on upper molars and buccal branch of anterolophid on lower malars; lower molars with hypolophid directed backwards to join posterior arm of hypoconid or posterolophid, and frequently right-angled junction of posterolophid and hypolophid on m1 and m2; hypolophid rather reduced on m3.

Remarks These described teeth can be referred to *Leptodontomys lii* Qiu, 1996 of Moergen II, due to larger size cheek teeth with slightly higher crowns, more prominent main cusps and more pronounced mesoloph(id)s, differing from those of *L. gansus*. The eomyid is distinguishable from *L. pusillus* by its larger size, more developed lingual branch of anteroloph on upper molars, and stronger hypolophid joining the posterior arm of hypoconid or the posterolophid on lower molars.

Leptodontomys lii is close to *Leptodontomys/Eomyops catalaunicus* in size, but much smaller than *L./E. heberseni*, and slightly larger than *L./E. bodvanus* and *L./E. oppligeri*. In morphology, it differs from *L./E. catalaunicus* mainly in the presence of right-angled junction of posterolophid and hypoconid in m1/2; from *L./E. bodvanus* in having longer mesoloph of M1/2, more developed posterolophid and shorter mesolophid of m1/2, from *L./E. oppligeri* in the absence of a bifurcated mesoloph(id) in molars, from *L./E. heberseni* in having more reduced third molars, more developed IVsd on m1/2, and the presence of right-angled junction of posterolophid on m1/2 (Hartenberger, 1966a; Jánossy, 1972; Engesser, 1990; Kälin, 1997). *L. lii* is different from *L. oregonensis* in larger size, and from *L. quartzi* in more developed IVsd of m1/2 (Shotwell, 1956, 1967).

Leptodontomys lii resembles *L. gansus* in dental morphology, and the two forms are differentiated mainly by size of teeth. Fig. 73 shows that the two species share similar changes of molar size, i.e. molars from lower horizons (such as Lower Aoerban and Gashunyinadege) are larger than those from the higher horizons (Shala and Ertemte for instance). This appears to imply that there exists the general evolutionary trend to reduce the size of molars in the genus *Leptodontomys*.

The *Leptodontomys/Eomyops* group, including nearly ten species, is widespread in the Neogene deposits of Eurasia and North America. Most of these taxa, however, are represented only by scarce materials, and in many cases the interspecific differences are subtle and intraspecific variation unknown. The connection of the hypolophid with the hypoconid in *L. pusillus* from Yunnan, China, and the massive *E. hebeiseni* from Europe are rather unusual in this group. It is no doubt that a taxonomic clarification of the group is needed for further research.

Pentabuneomys Engesser, 1990

Type species *Eomys*? *rhodanicus* Hugueney et Mein, 1968 = *Pentabuneomys rhodanicus* (Hugueney et Mein, 1968): Vieux Collonges, France; Early Miocene (MN 4).

Diagnosis Medium-sized eomyids with bunodont cheek teeth, having distinctly rounded cusps in occlusal view, pronounced mesocone in upper cheek teeth and distinct mesoconid in the majority of lower cheek teeth. Distinct lingual anteroloph present on M1 and M2. Lingual syncline of upper and buccal syncline of lower cheek teeth generally symmetrical. Mesoloph and mesolophid usually short, if present at all. IVsd on p4, m1 and m2 well developed, shorter on m1 than m2 (Engesser, 1999).

Pentabuneomys fejfari sp. nov.

(Fig. 75; Table 27)

Pentabuneomys sp. (Lower and Upper Aoerban, Gashunyinadege): Qiu Z D et al., 2013, p. 177, appendix, partim.

Etymology Named in honor of Dr. Oldrich Fejfar from Charles University of Praha, Czech Republic, for his great contributions to the study of rodents.

Holotype Left M1/2 (V 19624).

Type locality Balunhalagen, Sonid Zuoqi (IM 0801).

Geological age and horizon Late Middle Miocene–early Late Miocene; late Tunggurian–early Bahean; Balunhalagen beds.

Paratypes Thirty-eight cheek teeth, V 19625.1−38.

Referred specimens Aoerban (L), Sonid Zuoqi (IM 0507): one M3, V 19626. Gashunyinadege, Sonid Zuoqi (IM 0406): one M3 and one m1/2, V 19627.1−2. Aoerban (U), Sonid Zuoqi (IM 0772): one damaged M1/2, V 19628. Amuwusu, Sonid Youqi: one P4 and one m1/2, V 19629.1−2.

Measurements See Table 27 in the Chinese text.

Diagnosis Close to *Pentabuneomys rhodanicus* (Hugueney et Mein, 1968) in size, but mesocone on upper cheek teeth and mesoconid on lower cheek teeth less developed, mesoloph and mesolophid relatively longer, metaloph on M3 and hypolophid on m3 more reduced.

Remarks The above described cheek teeth essentially correspond in morphology to the diagnosis of *Pentabuneomys* as given by Engesser in 1990: medium-sized eomyids with bunodont cheek teeth, rounded cusps, distinct mesocone(id)s, nearly symmetrical sinus of upper molars and developed IVsd of p4−m2.

The new species *Pentabuneomys fejfari* is close to the type species *P. rhodanicus* in size, but differs from the European form in having less developed mesocone(id)s, relatively longer mesoloph(id)s, and more reduced metaloph and hypolophid on M3 and m3, respectively.

The genus *Pentabuneomys* is similar to *Eomys* and *Leptodontomys/Eomyops* in dental morphology. Their bunodont cheek teeth share some basic characters, i.e. the complete and curved entoloph and ectolophid, the metaloph connected with the anterior arm of hypocone or entoloph, the hypolophid connected with the posterior arm of hypoconid or the posteroloph, the presence of lingual anteroloph in upper molars, the connection between the anterolophid and metalophid in lower molars, and the less reduced last molars. The morphological similarity presumably indicates that they have the same ancestral stock. Both *Pentabuneomys* and *Leptodontomys/Eomyops* possess developed lingual anteroloph in upper molars and long IVsd in p4−m2. This appears to imply that they have even closer affinity. They are so similar in dental morphology as to be difficult to distinguish some of the named taxa, *Eomyops hebeiseni* and *P. rhodanicus* for instance. It seems to us that the generic definition of the two species deserves further attention in view of their closeness in size and similar morphology. Engesser (1990) emphasized that the differential diagnosis of *Pentabuneomys* from *Eomyops* includes the larger size, the more rounded cusps, and the more pronounced mesocone(id)s, while Kälin (1997) stresses that *Eomyops hebeiseni* differs from *Pentabuneomys* in having mesoloph(id)s. Actually, *P. rhodanicus* is slightly smaller than *E. hebeiseni*; a short mesoloph(id) is present in some teeth of *P. rhodanicus*; and the roundness and degree of development of a cusp is subtle. In our overall consideration of these taxa, the new species would bridge the gap of differences between *P. rhodanicus* and *E. hebeiseni* because it is intermediate between the two European forms in size, in the shape of cusps, and in the development of mesocone(id)s. Mesoloph(id)s in *P. fejfari* are even longer than those of *E. hebeiseni*. Thus, whether or not *Pentabuneomys* is a synonym of *Leptodontomys/Eomyops*, and whether *E. hebeiseni* should be grouped in *Pentabuneomys*, would remain open.

Castoridae Hemprich, 1820

Beavers are medium to large-sized rodents adapted to fossorial and semiaquatic habitats. They made their first appearance in North America in the Late Eocene and survived to the present day. These animals were widely distributed over the Holarctic Region during the middle Tertiary, and particularly diverse in North America. Beavers are sciuromorphous rodents having heavy incisors with uniserial enamel, and high crowned, lophate and large fourth premolars in the dental battery. There are some different views on classification of castorids in higher-taxonomic level, and we follow Flynn and Jacobs (2008b) in grouping two families, the Eutypomyidae and Castoridae.

Remains of beavers are frequently present in the late Neogene deposits of central Nei Mongol, but never diverse and abundant. There is only one family, the Castoridae, including six genera and eight species found in this region. Partial materials from the Tunggur tableland, and the localities Ertemte and Bilike have been described (Schlosser, 1924; Li, 1963; Qiu, 1996b; Qiu et Storch, 2000). This work deals with only those from localities Aletexire, 346 RM, Tamuqin, Amuwusu, Baogeda Ula, Harr Obo, and Gaotege, as well as new specimens from Ertemte and Bilike. Altogether, they are included in the following five genera and seven species.

BASAL CASTORIDS

Hystricops **Leidy, 1858**

Type species *Hystricops venustus* Leidy, 1858: Niobrara, America; Middle Miocene.

Emended diagnosis Large beavers (size between *Anchitheriomys* and *Castor*). Incisor with flattened and smooth enamel. Cheek teeth with roots, synclines filled with cement, premolars distinctly larger than molars, third molars not elongated. Structure of cheek teeth similar to those of *Monosaulax*: hypostria (-id) the longest reentrant, but terminating well above base of enamel; parastria nearly as long as hypostria, hypostriid long, but metastriid and mesostriid short; paraflexid and metaflexid first closed to form double lakes after wear. Parafossettid and metafossettid narrower than those in *Monosaulax* (based on characters given by Flynn and Jacobs in 2008b).

Remarks *Hystricops* is a genus first recorded in the middle Miocene of America, which was named based on scarce material. Specimens from central Nei Mongol, also few, have broadened our knowledge of the genus.

Hystricops mengensis **sp. nov.**

(Fig. 77; Table 28)

Hystricops? sp.: Qiu, 1996b, p. 56, fig. 31.

Castor sp.: Qiu et al., 2006, p. 164, appendix

Hystricops? sp. (Moergen), *Castor* sp. (Amuwusu): Qiu Z D et al., 2013, p. 177, appendix.

Etymology Meng, the abbreviation for Nei Mongol (Inner Mongolia) in Chinese. Named after Nei Mongol (Inner Mongolia), where this new species was found.

Holotype Left p4 (V 19630).

Type locality Amuwusu, Sonid Youqi.

Geological age and horizon Late Miocene; early Bahean; Amuwusu beds.

Paratype One piece of incisor, twelve cheek teeth, V 19631.1-13.

Referred specimens H-X Highway Road original mark 346 (Loc. 346), Sonid Youqi: one mandibular fragment with m1-m3, one piece of incisor, one P4, V 19632.1-3. Tamuqin, Sonid Zuoqi (Loc. IVPP 86020b): one mandibular fragment with p4-m2, V 19633. Aletexire (Tunggur tableland), Sonid Youqi: one p4, V 19634.

Measurements See Table 28 in the Chinese text.

Diagnosis Size smaller than *Hystricops venustus* and *H. browni*. Ratio of p4 to m1 or m2 smaller than *H. venustus* (less than 1.5); hypoflexus on P4 and M1 situated more posteriorly than those in *H. browni*, and parastria and mesostria terminating more above base of enamel.

Remarks The described specimens are relatively large in size, distinctly larger than those of *Monosaulax tungurensis*, but smaller than *Anchitheriomys tungurensis* (see below). In morphology, they can't be referred to *Anchitheriomys*, *Monosaulax*, *Castor* and *Dipoides* known from the Miocene of central Nei Mongol by combined characters, i.e. the flattened and smooth incisor enamel, the much larger premolars than molars, the reduced third molars, the relatively narrow synclines with weakly filled cement on all cheek teeth, the long hypostria (-id) failing to terminate at the bases of enamel, the progressive disappearance of paraflexus (-id), metaflexus (-id), mesoflexus (-id) and hypoflexus (-id) after wear, the presence of two lakes closed by paraflexus (-id) and metaflexus (-id) in the late stages of wear, and the development of parafossette on upper cheek teeth and proparafossettid on the lowers. These characters are considered corresponding to the features of *Hystricops* Leidy, 1858.

The new species *Hystricops mengensis* is similar to *H. venustus* in morphology, but differs in smaller size, and smaller ratio of p4 to m1/2 (nearly 2.0 in the latter). It is slightly smaller than *H. browni* and can be distinguished from the American taxon by its more posteriorly-set hypoflexus on P4 and M1, and the parastria and mesostria terminating more above base of enamel (10.0 mm above in *H. mengensis*, and 3.2 mm in *H. browni*).

Hystricops possesses relatively flattened incisor enamel, by which the genus differs from *Monosaulax* and *Steneofiber*, but resembles *Castor*. In addition, both *Hystricops* and *Castor* have four flexi (-ids) and four narrow striae (-ids) on the cheek teeth. Minor differences include the slightly larger size, the lower crowns, the thinner cement filling synclines, the paraflexi (-ids) and metaflexi (-ids) closed very early, and retained proparafossettid and subparafossette. Whether or not close affinity is implied, more precise conclusion awaits more complete evidence.

Castoroidinae Allen, 1877

Monosaulax Stirton, 1935

Type species *Steneofiber pansus* Cope, 1874: Santa Fe Marls, USA; Middle Miocene (Barstovian).

Emended diagnosis Incisor with smooth and rounded enamel. Cheek teeth mesodont with roots, premolars distinctly larger than molars, and usually four thick cement-filled striae (-ids), of which hypostria (-id) is the longest but not extending to bases of crowns; parastria longer than mesostria on P4, but shorter on M1–3; third molars not elongated; mesostriid distinctly longer than parastriid and metastriid on lower cheek teeth; subparafossette and proparafossettid undeveloped or small and short if they are present.

Monosaulax tungurensis Li, 1963

(Fig. 78; Table 29)

"*Monosaulax*" *tungurensis*: Qiu, 1989, p. 542.
"*Monosaulax*" *tungurensis*: Qiu, 1996b, p. 53, fig. 30.
Steneofiber hesperus: Xu, 1994a, p. 85, fig. 2.
Steneofiber hesperus: Xu, 1995, p. 39.
"*Monosaulax*" *tungurensis*: Qiu Z D et al., 2013, p. 180, appendix.
"*Monosaulax*" sp.: Qiu Z D et al., 2013, p. 177, appendix.

Referred specimens Amuwusu, Sonid Youqi: one maxillary fragment with P4, two fragmentary incisors, eighty three cheek teeth, V 19635.1–86.

Measurements See Table 29 in the Chinese text.

Remarks The Amuwusu specimens can be assigned to *Monosaulax tungurensis* Li, 1963 because they exhibit the following suite of dental characters: 1) size is close; 2) incisor enamel is rounded without ornamentation; 3) crowns of cheek teeth are lower than those of *Castor* and *Dipoides*; 4) premolars are distinctly larger than molars and the third molars are not elongated; 5) hypostriae (-ids) nearly extend to the bases of crowns; 6) all the striae (-ids) are filled with cement; 7) parastria is distinctly longer than mesostria and metastria on P4 (mesofossette forms first after wear); 8) mesostria is distinctly longer than parastria and metastria on upper molars (first formed parafossette and metafossette after wear); 9) mesostriid is distinctly longer than parastriid and metastriid on lower cheek teeth (first formed parafossettid and metafossettid after wear); 10) hypoflexids abuts (opposites) to metaflexids in anteroexternal-posterointernal row; 11) few accessory lakes present on cheek teeth.

Differences between *Monosaulax*, *Steneofiber* and *Eucastor* are subtle, and the validity of *Monosaulax* was once called into question (Stout, 1967). We follow some researchers (Korth, 2000; Wu et al., 2004; Flynn et Jacobs, 2008b) in considering *Monosaulax* as a separate genus, which differs from *Steneofiber* in having higher crowned cheek teeth with few subparafossette and longer buccal striae on upper cheek teeth, few proparafossettid and longer lingual striids on the lowers, and in having cement filled in synclines. It can be distinguished from *Eucastor* by its lower crowned cheek teeth with shorter striae (-ids).

In China, materials of *Monosaulax* have also been published by Li (1962) from Zhangbei (Changpei), Hebei under the name *M. changpeiensis*, by Qiu (1996b) from Tunggur, Nei Mongol under the name "*M.*" *tungurensis*, by Qiu and others (1985), and Cai (1997) from Lufeng or Yuanmou, Yunnan under the name cf. *Monosaulax* sp. or indeterminate species of the genus. *M. changpeiensis*, represented by a fragmentary mandible only, is distinguishable from *M. tungurensis* by its slender mandible with distinctly anteriorly situated mental foramen and weaker masseteric fossa, and by lower crowned cheek teeth with developed proparafossettid, but without cement in the striids. There is a possibility that *M. changpeiensis* should be assinged to the genus *Steneofiber* because of the lower crowned cheek teeth and the absence of cement in the striids, but a more precise definition awaits more materials, especially the upper dentition. "Cf. *Monosaulas* sp." from Lufeng and *Monosaulax* sp. from Yuanmou are characterized by their absence of cement filled synclines, and the shorter parastria than the mesostria on P4, which are similar to "*Sinocastor zhaotungensis*" from Zhaotong, Yunnan and *Steneofiber siamensis* from Chiang Mai and Mae Moh, Thailand in morphology (Shi et al., 1981; Suraprasit et al., 2011). Accordingly, it might be inferred that the Asian *Steneofiber* probably migrated from Europe during the middle Miocene or slightly earlier, was represented as *S. changpeiensis* in northern China, and then rapidly spread to southern China and South Asia. *S. changpeiensis* was replaced by *Monosaulax* and *Hystricops* migrating from North America, while the genus *Steneofiber*, apparently adapted to the warm environment, survived to the Late Miocene in southern Asia.

Eucastor Leidy, 1858

Type species   *Eucastor tortus* Leidy, 1858: Nebraska, America; Late Miocene.

Emended diagnosis   Incisor with rounded enamel. Cheek teeth hypsodont with roots formed after wear; worn molars showing two lakes [hypoflexus (-id) and mesofossette (-id) in early wear and especially in more primitive species]; hypostria (-id) long; mesostria (-id) short; para- and metafossettes (-ids) present (two or three external flexi and internal flexids in early wear); p4 higher crowned with longer striids than in *Monosaulax*; "S" pattern may develop in late wear in advanced species. *Eucastor tortus* smaller in size, with greater postorbital constriction, and with rostrum elongated relative to *Monosaulax pansus* (upper diastema more than twice length of upper cheek tooth row) (see Flynn et Jacobs, 2008b).

Remarks   There are some different opinions on generic position of *Eucastor* among the researchers (Hugueney, 1999b; Korth, 2002b; Flynn et Jacobs, 2008b). However, the genus is believed to be allied to *Monosaulax* and *Dipoides*.

Two species, *Eucastor stirtoni* and *E. youngi*, were reported from China by Teilhard de Chardin in 1942. Nevertheless, the former has been transferred to the genus *Trogontherium*, and the latter, in our opinion, is a synonym of *Castor anderssoni* (see below).

Eucastor plionicus sp. nov.

(Fig. 79; Table 30)

Eucastor sp.: Cai, 1987, p. 128, table 1.

Castorinae gen. et sp. indet.: Li, 2006, p. 18, figs. 11A, B, D.

Castorinae indet.: Qiu Z D et al., 2013, p. 177, appendix.

Etymology Referring to the geological age of the new species occurring in the Pliocene.

Holotype Right mandibular fragment with incisor and p4—m2 (V 19636).

Type locality Gaotege, Abag (DB 03-1).

Geological age and horizon Early Pliocene; late Gaozhuangian; Gaotege beds.

Referred specimens Gaotege, Abag: Loc. DB 02-4, one M3, V 19637; DB 02-6, one m1/2, V 19638. Daodi, Hebei: three cheek teeth, V 19230.1—3.

Measurements See Table 30 in the Chinese text.

Diagnosis Small size *Eucastor*. Lower incisor with rounded and smooth enamel, and extending posteriorly beneath molars and terminating in lingual capsule. Diastema distinctly shorter than cheek tooth row in lower jaw. Cheek teeth hypsodont with roots, without cement-filled synclines. Four flexids on lower cheek teeth (retaining "*Monosaulax*" pattern after wear), with mesoflexid adjacent to hypoflexid; hypostriid long, but not reaching crown bases; mesostriid much shorter than hypostriid; parastriid and metastriid very short (showing paraflexid and metaflexid in early stages of wear). Three flexi on upper cheek teeth (possibly developing "S" pattern after wear), with the metaflexus the widest (extending the width of tooth in early wear), paraflexus abutting to hypoflexus obliquely, a subparafossette and a long and curved metafossette present in early stages of wear; hypostria long, but buccal striae short (the mesostria slightly longer than the parastria in early wear).

Remarks In most characters the Gaotege specimens correspond to the features of *Eucastor* as mentioned by Korth (2002b) and Flynn and Jacobs (2008b). These characters are the rounded lower incisor enamel, the less distinctly larger premolars than molars, the rooted cheek teeth lacking cement in synclines, the upper cheek teeth with three flexi, four striae and two fossettes, which can develop an "S" pattern after wear, the lower cheek teeth with four flexids and striids, which develop "*Monosaulax*" pattern after wear, the distinctly longer hypostriae (-ids), the short persistence of parastriae (-ids) and metastriae (-ids), and the shorter persistence of mesostriae (-ids) than hypostriae (-ids). Although the lower cheek teeth are similar to those of *Castor* in having four flexids, they are lower crowned without cement in the synclines, and the external striae and the internal striids are distinctly shorter than those in *Castor*. This material cannot be referred to *Dipoides* because of the lower crowns and rooted cheek teeth with more complex patterns, and lacking "S" pattern. It is distinguishable from those of *Anchitheriomys* and *Hystricops* found in Nei Mongol in size and morphology.

There have been some different ideas on the content of *Eucastor* since the genus was first erected. In this point, we disagree with Flynn and Jacobs (2008b) in transferring *Monosaulax tedi* to the genus *Eucastor*, because *tedi* shows no "S" pattern on cheek teeth, wider synclines, retaining of subparafossette and proparafossettid, and the distinctly longer parastria than the mesostria on P4.

Eucastor is recorded in China for the first time in the Early Pliocene. It occurs much later than in Europe and North America, and shows primitive status on lower cheek teeth (i.e. "S" pattern undeveloped, but retaining "*Monosaulax*" pattern). Therefore, the new species may have arrived by immigration in the Miocene, and developed locally, surviving into the Pliocene.

Dipoides Schlosser, 1902

Type species *Dipoides problematicus* Schlosser, 1902: Salmendingen, Germany; Late Miocene.

Emended diagnosis Small-sized castorid. Incisor enamel with weak ornamentation. Cheek teeth hypsodont, with hypostria (-id) not opposite (abutting) mesostria (-id), these striae extend to bases of crowns and are filled with cement. In primitive species, roots develop, parastria (-id), metastria (-id), parafossette, proparafossettid and metafossette (-id) are retained in early stages of wear; in advanced forms, roots absent, premolars with three flexi (-ids) or striae (-ids), molars "S" pattern with two flexi (-ids) or striae (-ids), lacking paraflexus (-id), metaflexus (-id), parafossette, proparafossettid and metafossette (-id) (improved from Flynn et Jacobs, 2008b).

Dipoides anatolicus Ozansoy, 1961
(Figs. 80–82; Table 31)

Dipoides cf. *majori*: Schlosser, 1924, p. 27, pl. II.
Dipoides majori: Young, 1927, p. 11, pl. 1, fig. 5.
Dipoides majori: Teilhard de Chardin, 1942, p. 17, fig. 17.
Dipoides cf. *majori*: Fahlbusch et al., 1984, p. 213.
Dipoides majori: Xu, 1994a, p. 84, partim.
Dipoides majori: Qiu Z D et al., 2013, p. 177, appendix.

Referred specimens   Ertemte 2, Huade: three mandibular fragments with p4 – m2, m2, and m1 – 2, respectively, six cheek teeth, V 19639.1–9. Harr Obo 2, Huade: one mandibular fragment with p4 alveole, five cheek teeth, V 19640.1–6.

Measurements   See Table 31 in the Chinese text.

Remarks   The beaver teeth from Huade are distinctly smaller than those of *Castor fiber* in size. They fit the diagnosis of *Dipoides* by their high crowns, absence of roots, typical "S" pattern, striae (-ids) extending to the bases of crowns and filled with cement, and by the incisor enamel with weak ornamentation.

The first Chinese *Dipoides* was documented by Schlosser in 1903 from a drugstore under the name *D. majori*; later he (1924) described *Dipoides* cf. *majori* from Olan Chorea, Nei Mongol. Afterwards, materials of *Dipoides* were successively reported from Baode and Yushe of Shanxi, Damiao and Huade of Nei Mongol, Nihewan of Hebei (Young, 1927; Teilhard de Chardin, 1942; Qi, 1979; Tang et Ji, 1983; Fahlbusch et al., 1984; Flynn et al., 1991, 1997; Li et al., 2003). Xu (1994a, 1995) referred the materials from Tai-Chia-Kou of Baode and Mahui Formation of Yushe to *D. anatolicus*, and assigned the material from Olan Chorea to *D. majori*. Fig. 82 shows that the described Huade specimens are close to those of *D. anatolicus* from Mahui in measurement, but larger than that of "*D. major*" from Damiao and smaller than those of *D. majori* from higher horizons of Yushe. The Huade *Dipoides* is also similar to *D. anatolicus* from Turkey in having relatively slender mandible with slightly anteriorly situated mental foramen, as well as equal size (Ozansoy, 1961). Therefore, the materials from Ertemte and Harr Obo together with those of Olan Chorea in the same area are referred to *D. anatolicus*.

Dipoides anatolicus seems to be more derived than the "*D. major*" (assigned to *D. mengensis*, below) from Damiao, but slightly more primitive than the *D. majori* from Gaotege. The genus in China appears to survive to the early Pleistocene, and shows size increases; its mandible gradually strengthens, mental foramen shifts posteriorly, roots gradually disappear, structure of cheek teeth simplifies and metafossettid reduces in the course of time.

Dipoides majori Schlosser, 1903
(Figs. 83, 84; Table 32)

Dipoides sp.: Li et al., 2003, p. 108, table 1

Referred specimens   Gaotege, Abag: Loc. IM 007, one mandibular fragment with p4 – m2, four cheek teeth, V 19641.1–5; DB 02-5, five cheek teeth, V 19642.1–5; DB 02-6, three cheek teeth, V 19643.1–3.

Measurements   See Table 32 in the Chinese text.

Remarks   The described specimens agree with the characters of *Dipoides* in having high crowns, "S" pattern of cheek teeth, no roots, flexi (-ids) and striae (-ids) filled with cement and extending to the bases of crowns. The beaver is larger than "*D. major*" described by Qi (1979) from Damiao, Nei Mongol (i. e.

D. mengensis, below) in size of mandible and teeth. It differs from the Damiao taxon in lacking roots and in having simpler structure on the cheek teeth, by which it is also distinguishable from a damaged molar from Baogeda Ula, Nei Mongol (see below). Compared with *D. anatolicus* from Ertemte and Harr Obo, Nei Mongol and Mahui, Shanxi, it is distinctly larger in size, with stronger mandible and relatively posteriorly situated mental foramen. These specimens are identical with those of the younger *D. majori* from Yushe Basin.

Dipoides mengensis sp. nov.

(Fig. 85)

Dipoides major: Qi, 1979, p. 259, fig. 1.

Dipoides sp.: Qiu Z D et al., 2013, p. 177, appendix.

Etymology Named after Nei Mongol (Inner Mongolia), where this new species was found.

Holotype Left mandibular fragment with p4−m2 (V5816, see Qi, 1979, p. 259, fig.1).

Type locality Damiao, Siziwangqi.

Geological age and horizon Late Miocene; Baodean; Damiao beds.

Referred specimens Baogeda Ula, Abag: IM 0702, one damaged M1/2, V 19644.

Measurements See Qi (1979) for the fragmentary mandible; the damaged M1/2 is 3.80 mm long, 5.90 mm wide and 11.70 mm high.

Diagnosis Small sized *Dipoides*. Mandible relatively slender. Cheek teeth without roots; p4 retaining metafossettid, parastriid shorter than mesostriid.

Remarks Qi (1979) reported a beaver under the name *Dipoides major* from Damiao, Siziwangqi, Nei Mongol. Reexamination of the specimen, a fragmentary mandible, shows that the lower jaw is distinctly more slender than those of *D. anatolicus* from Yushe of Shanxi and Ertemte of Nei Mongol, and much weaker than *D. majori* from Yushe and Gaotege. In addition, roots in the Damiao specimens are closed, metafossettid is present and the parastriid is shorter than the mesostriid on p4. All these characters in *Dipoides* are here interpreted as primitive. The new species represented by the material from Damiao and Baogeda Ula appears to be the most primitive taxon of *Dipoides* found in China.

Castorinae Hemprich, 1820

Castor Linnaeus, 1758

Type species *Castor fiber* Linnaeus, 1758: Eurasia; extant species.

Emended diagnosis Large beavers. Lower incisor with slightly rounded enamel. Cheek teeth hypsodont and "*Castor*" patterned with roots, usually four flexi (-ids) filled with thick cement, paraflexi and metaflexi in upper cheek teeth, and metaflexids forming parafossettes, metafossettes and metafossettids in late stages of wear in lower cheek teeth, hypostriae (-ids) extending to bases of crowns, but other grooves variably shorter.

Remarks In China, larger beavers found in the late Miocene ranging to Pleistocene with morphology similar to the extant *Castor fiber* used to be referred to the European genus *Chalicomys* (Schlosser, 1924; Teilhard de Chardin, 1926b; Teilhard de Chardin et Young, 1931), or *Castor* and *Sinocastor* (Young, 1927, 1934; Teilhard de Chardin, 1942; MLP et MBC, 1986). Xu (1994a, 1995) and Wang (2005), however, grouped them to *Castor*, and considered *Sinocastor* to be a synonym of *Castor*. Flynn and Jacobs (2008b) suggested to subsume *Sinocastor* at subgeneric level. Nevertheless, Rybczynski and others (2010) still persisted in regarding *Sinocastor* as a separate genus based on cranial characters, and considered that *Castor* appeared in China after the middle Pleistocene. It seems to the present authors that differences in skull and dentition of these taxa are insufficient to warrant generic separation and we consider *Sinocastor* a junior synonym of *Castor*.

Castor anderssoni (Schlosser, 1924)

(Figs. 86–89; Table 33)

Chalicomys anderssoni: Schlosser, 1924, p. 22, pl. II, figs. 17–28, 42–46.

Chalicomys (*Castor*) *anderssoni*: Teilhard de Chardin, 1926b, p. 43.

Castor zdanskyi: Young, 1927, p. 10, Taf. 1.

Chalicomys broilli: Teilhard de Chardin et Young, 1931, p. 4, fig. 1, pl. I, fig. 1.

Castor sp., *Sinocastor anderssoni*, *S. broili*, *S. zdanskyi*: Young, 1934, p. 51.

Castor broilii, *C. zdanskyi*: Stirton, 1935, p. 447.

Sinocastor anderssoni, *Sinocastor anderssoni* mut. *Progressa*, *S. zdanskyi*, *Eucastor youngi*: Teilhard de Chardin, 1942, p. 2, figs.
    4–11, 13.

Sinocastor anderssoni: Fahlbusch et al., 1984, p. 213.

Sinocastor anderssoni, *S. zdanskyi*: MLP et MBC, 1986, p. 41.

Eucastor youngi, *Castor zdanskyi*: Xu, 1994a, p. 83.

Castor zdanskyi?, Castoridae gen. et sp. indet. 1, 2: Li, 2006, p. 16, fig. 9–11C.

Sinocastor anderssoni: Rybczynski et al., 2010, p.1.

Castor zdanskyi: Qiu Z D et al., 2013, p. 185, appendix.

Lectotype   Following Xu (1994a) in assigning a right mandibular fragment with p4 – m3 figured by Schlosser 1924 (pl. II, fig. 43) as the lectotype of this species.

Referred specimens   Ertemte 2, Huade: four pieces of incisor fragments, fifteen cheek teeth, V 19645.1– 19; Bilike, Huade: one mandibular fragment, one M1/2, one m3, V 19646.1–3. Gaotege, Abag: Loc. DB 02-1, one p4, V 19647; DB 02-2, one mandibular fragment with i2–m2, six cheek teeth, V 19648.1–7; DB 02-3, one M1/2, V 19649; DB 02-4, two incisor fragments and six teeth, V 19650.1–8; DB 02-5, one mandibular fragment with m1–3, thirteen cheek teeth, V 19651.1–14; DB 02-6, eight cheek teeth, V 19652.1–8.

Measurements   See Table 33 in the Chinese text.

Remarks   The described specimens exhibit a suite of characters which are diagnostic for the genus *Castor* Linnaeus, 1758. These characters are the larger size, the sturdily built mandible, the large incisor with relatively smooth enamel, the cheek teeth with four flexi (-ids) filled with cement and persisting long, the hypostriae (-ids) extending to the bases of crowns, and the other grooves variably shorter.

As mentioned above, larger Chinese fossil beavers with morphology similar to *Castor fiber* used to be assigned to *Chalicomys*, *Castor*, or *Sinocastor*. These materials include "*Chalicomys anderssoni*" from Ertemte and Gaotege, Nei Mongol (Schlosser, 1924; Teilhard de Chardin, 1926b), "*Castor zdanskyi*" from Chenjiamaogou (Chen-Chia-Mao-Kou), Baode and "*C. broilii*" from the "*Hipparion* Red Clay" of Baode, Shanxi, "*Castor* sp." from Zhoukoudian, Beijing (Young, 1927, 1934; Teilhard de Chardin et Young, 1931). Young (1934) named *Sinocastor* and transferred *Chalicomys anderssoni*, *Castor zdanskyi* and *Castor broilii* to his new genus. Stirton (1935) pointed out that *Sinocastor* and *Castor* were synonymous, and specimens of *Chalicomys anderssoni*, *Castor zdanskyi* and *C. broilii* should be conspecific and synonymized as *Castor anderssoni*. There are still different opinions on the validity of *Sinocastor*, and assignments to *Sinocastor* or *Castor* for this kind of beaver appears in the literature (Teilhard de Chardin, 1942; Fahlbusch et al., 1984; Xu, 1994a, 1995; Flynn et al., 1997; Qiu et Storch, 2000; Zheng et Zhang, 2001; Wang, 2005; Rybczynski et al., 2010).

In comparison with European *Chalicomys jaegeri*, the type species of the genus, the above mentioned Chinese beavers show distinctly simpler structure, lacking primitive fossettes (-ids), hypoflexi abutting (opposite) to paraflexi on upper cheek teeth. Compared with *Castor fiber*, these fossil beavers show similarity in size and structure (Fig. 89), the four flexi (-ids) in the same arrangement, the hypostriae (-ids) also extending to the bases of crowns. Minor differences are the length of the buccal synclines on upper molars and the lingual synclines on lower molars, which all extend to the bases of crowns in *C. fiber*, but vary in length (not all extend to the bases) in the fossil species. Therefore, we tend to follow Xu (1994a, 1995) and Wang (2005) in referring these Neogene beavers to the genus *Castor*, rather than *Sinocastor*.

After examining the specimens of *Castor broilii* and *C. zdanskyi*, we agree with Teilhard de Chardin (1942) in considering *C. broilii* to be a synonym of *C. anderssoni*. The type specimen of *C. zdanskyi* is a fragmentary mandible of an old individual, which is identical with those of *C. anderssoni* from Ertemte, Yushe, Bilike and Gaotege. In addition, we note that the assignment of "*Eucastor youngi*" is based on a mistaken identification on the type specimen (the "right lower molar" should be a left M1/2, see Teilhard de Chardin, 1942, fig. 13C). The material of "*Eucastor youngi*" should also be referred to *C. anderssoni*. In short, it is likely that all these Neogene and early Pleistocene beavers belong to one species of *Castor*, including that represented by a few isolated teeth from Qinghai (Zheng et al., 1985a; Wang et al., 2007).

The living beavers *Castor fiber* and *C. canadensis* are semiaquatic, preferring streams and small lakes having growths of trees. Occurrence of *Castor* at Ertemte, Bilike and Gaotege may indicate that a closed environment existed, at least locally, in central Nei Mongol during the late Miocene to early Miocene.

Dipodoidea Fischer von Waldheim, 1817

There are differences of opinion regarding higher-level systematics of jumping mice, birch mice and jerboas. Before the phylogenetic classification is settled, we follow some palaeontologists, such as Simpson (1945) and Daxner-Höck (1999) in grouping these rodents in the superfamily Dipodoidea and in two families Zapodidae and Dipodidae. There are also different opinions in regard to the subfamilial classification of Zapodidae and Dipodidae among researchers (Flynn, 2008b; Zazhigin et Lopatin, 2000a, 2001; De Bruijn, pers. comm.). We recognize three subfamilies in the Zapodidae, i.e. Zapodinae, Sicistinae and Lophocricetinae, and four in the Dipodidae, i.e. Dipodinae, Allactaginae, Cardiocraniinae and Euchoreutinae.

Remains of dipodoids are commonly known from central Nei Mongol, which include the following 6 subfamilies. Materials from Gashunyinadege, Moergen, Tamuqin, Ertemte, Harr Obo, and Bilike have been described in detail in large part (Kimura, 2010a, b; Qiu, 1985, 1996b, 2003; Fahlbusch, 1992; Qiu et Storch, 2000). Here we deal mainly with those unstudied materials from other localities of this region.

Zapodidae Coues, 1875

Zapodidae are small- to medium-sized rodents showing moderately saltatorial adaptations. Origin of zapodids can be traced back to the Eocene in Asia and North America. They are widely distributed over the whole Holarctic Region. The extant zapodids, such as jumping and birch mice, live in a variety of habitats in the temperate zone of North America, Asia and Europe, but not in deserts. Like the extant zapodids, the extinct ones likely had a hystricomorphous zygomasseteric skull structure, the auditory bullae unenlarged, the three central metatarsalia not united, and three toes as in most representatives of dipodids. They have low- to medium-crowned and buno-lophodont cheek teeth; a small P4 in most of the genera, but a peglike P3 in the oldest forms and lacking both premolars in extant *Napeozapus*; and a cricetid-like tooth pattern in the molars, with the first two molar usually elongated anteroposteriorly, and the m1 usually with anteroconid.

Remains of zapodids are commonly found in the Neogene deposits of Nei Mongol, and occur at almost all the localities. Altogether, they are distributed to three subfamilies and nine genera.

Zapodinae Coues, 1875

Zapodines are relatively small-sized dipodoids with lower-crowned and buno-lophodont molars, and lophs usually more striking than cusps. The upper molars show nearly opposite arrangement of lingual and buccal main cusps, and relatively narrow and asymmetric sinus. M1 and M2 have well-developed anterolophs, mesolophs and posterolophs, but poorly or moderately developed anterocone and mesocone, indistinct lingual posteroloph and posterosinus. The lower molars show usually wide sinusids; the m1 and m2 do not have distinct buccal posterolophid and posterosinusid; the m1 is longer than wide with low and weak anteroconid, and undeveloped posteroconid (Fig. 90).

Plesiosminthus Viret, 1926

Type species *Plesiosminthus schaubi* Viret, 1926: St-Gérand-le-Puy, France; Late Oligocene.

Diagnosis The same dental formula as in the saltatory sminthines: 1 · 0 · 1 · 3/1 · 0 · 0 · 3. P4 reduced as in the extant *Sicista*, but M3 rather developed, and with the normal structure of upper molars. In lower molars, m1 larger than m2, contrary to that of *Sicista* in which m2 is larger than m1. In addition, the sinuses of upper molars and sinusids of lower molars (wide and transvers in *Sicista*), are distinctly oblique and pinched toward the interior of the occlusal surface. Zygomatic arch very low as in *Sicista* (adapted from Viret, 1926).

Remarks The genus *Plesiosminthus* is similar to *Litodonomys*, *Parasminthus*, *Heosminthus* and *Schaubeumys* in morphology. It is characterized by its grooved upper incisor, lophodont molars, three-rooted M1 and M2, frequent double protolophs on M2, and having usually a posterior arm of protolophid on m2 and m3. In the combination of these characters, especially in having grooved upper incisor, it differs from the above genera.

Some researchers grouped the genus *Schaubeumys* from North America with *Plesiosminthus* (Wilson, 1960; Green, 1977). We follow Engesser (1979) in recognizing the differences of the two taxa and considering them as separate genera.

Plesiosminthus barsboldi Daxner-Höck et Wu, 2003

(Figs. 91, 93; Table 35)

Parasminthus cf. *P. tangingoli*: Qiu et al., 2006, p.180, partim.

Plesiosminthus cf. *P. barsboldi* (Lower Aoerban, Gashunyinadege): Qiu Z D et al., 2013, p. 177, appendix.

Referred specimens Aoerban (L), Sonid Zuoqi: IM 0407, seven cheek teeth, V 19653.1−7); IM 0507, one dentary fragment with m1−3, seventeen teeth including three upper incisors, V 19654.1−18. Aoerban (U), Sonid Zuoqi (IM 0772): five molars, V 19655.1−5.

Measurements See Table 35 in the Chinese text.

Emended diagnosis Large-sized *Plesiosminthus* with more or less anteroposteriorly compressed cusps. Upper molars with metaloph-connection anterior to hypocone, no anterior cingulum of M1, double protolophs of M2, weak connection of protoloph II and protocone; lower molars with somewhat alternately-arranged cusps, prominent mesoconid, entoconid-connection anterior to hypoconid, short ectolophid with median connection to protoconid, no secondary ridges on m1, distinct anteroconid connecting to metaconid on m2, posterior arm of protoconid usually connecting to posterior wall of metaconid on m2 and m3. Third molars relatively large and less reduced, with high M3/M1 and m3/m1 length ratio (about 0.83 and 0.86, respectively). (Based on Daxner-Höck et Wu, 2003; Kimura, 2010a).

Remarks The specimens described show characters of the genus *Plesiosminthus*, i.e. the grooved upper incisor, the buno-lophodont molar patterns, the three-rooted and rather wide upper molars with long mesoloph, the roundly quadrate M1 and M2, the double protolophs on M2, the double rooted lower molars with long mesolophid, the presence of low and tiny anteroconid, the distinct mesoconid on m1, and the presence of a posterior arm of protoconid on m2 and m3.

These materials represent a relatively large species of *Plesiosminthus*, which differs from *P. promyarion* and

P. moralesi in larger size, higher cusps and crests, and more developed posterior arm of protoconid on m2 and m3. It is also larger than *P. vegrandis* from Aoerban and Gashunyinadege (see below). Moreover, it is different from *P. moralesi* in the absence of lingual cingulum on M1, and the presence of double protolophs on M2. It is close to *P. schaubi*, *P. myarion*, *P. asiaticus*, *P. tereskentensis*, *P. winistoerferi* and *P. conjunctus* in size, but differs from *P. schaubi* in having a double protoloph on M2, and a posterior arm of protoconid on m2; differs from *P. myarion* in having more compressed molar cusps, and more prominent posterior arm of protoconid on m2 and m3; differs from *P. asiaticus* in having a deeper groove on upper incisor, cusps more compressed, and lacking anterior cingulum on M1; differs from *P. tereskentensis* in relatively wider M1 and M2, more compressed cusps, and narrower and deeper valleys; and differs from *P. winistoerferi* in having relatively lower m3/m1 length ratio, weakly developed posterior arm of protoconid on m2 and m3, and no additional conules or ridges in the valleys. Compared with the North American *P. grangeri* and *P. sabrae*, the Nei Mongol zapodine is smaller with more compressed cusps, double protolophs on M2, stronger ectolophid on lower molars, and more complex m3 (see Green, 1977).

The described teeth correspond in most characters to the diagnosis of *Plesiosminthus barsboldi* from Unkheltseg, Mongolia, as given by Daxner-Höck and Wu in 2003. These characters are the pronounced longitudinal groove on upper incisor, the main cusps situated close to the four corners of upper molars, the narrow and deep valleys between the high cusps and lophs, the absence of anterior cingulum on M1, the interruption of connection between the protocone and protoloph II on M2, the prominent mesoconid on lower molars, and the relatively larger size of m3. In addition, they fall within the size range of Unkheltseg teeth and are close to those of *P. barsboldi* in the length ratio of m3/m1. Minor differences are the slightly smaller size on average, the shallower longitudinal groove of upper incisor, and the metaloph-connection being less anterior to the hypocone on M1 and M2. It is likely that the differences are too small to treat them as separate species. The Aoerban specimens in question are identical with *P. barsboldi* from Gashunyinadege as described by Kimura (2010a).

Plesiosminthus tereskentensis was described by Lopatin (1999) without knowledge of the upper incisor. However, the molars of *tereskentensis* seem to demonstrate the salient features of *Plesiosminthus* and are deemed mostly referable to the genus. These features are the bunolophodont molar patterns, three-rooted M1 and M2, very weak connection of the posteroloph with the hypocone on M1, double protolophs and interrupted connection of protoloph II with protocone on M2, arched connection of protoconid and metaconid, and anteriorly slanting mesolophid on m1, presence of posterior arm of protolophid on m2 and m3, and other arrangement of the crests.

Plesiosminthus vegrandis Kimura, 2010
(Figs. 92, 93; Table 36)

Parasminthus cf. *P. parvulus*: Qiu et al., 2006, p.180.
Plesiosminthus sp. nov. (Lower etand Upper Aoerban, Gashunyinadege): Qiu Z D et al., 2013, p. 177, appendix.

Referred specimens   Aoerban (L), Sonid Zuoqi: IM 0407, two maxillary fragments with M1 and M2, respectively, 6 dentary fragments with 5 m1, 4 m2 and 3 m3, 56 molars, V 19656.1–64; IM 0507, 21 teeth including two upper incisors, V 19657.1–21. Gashunyinadege, Sonid Zuoqi: IM 0401, one M2 and one m1, V 19658.1–2. Aoerban (U), Sonid Zuoqi (IM 0772): one maxillary fragment with M1, one mandibular fragment with m1 and m2, twenty three molars, V 19659.1–25.

Measurements   See Table 36 in the Chinese text.

Emended diagnosis   Small-sized *Plesiosminthus* with more or less anteroposteriorly compressed cusps, and without secondary ridges. M1 occasionally with weak antero-cingulum; M2 usually with strong protoloph I and weak protoloph II. Lower molars with prominent mesoconid, entoconid-connection anterior to anterior arm of hypoconid or posterior part of ectolophid on m1 and m2; posterior arm of protoconid poorly developed, extending toward or connecting to mesolophid on m2; m3 sometimes with posterior arm of protoconid. M3 and m3 relatively more reduced with lower length ratio to M1 and m1 (about 0.80 or less for m3/m1). (Improved upon Kimura, 2010a).

Remarks The above described specimens are referred to *Plesiosminthus* because of the grooved upper incisor, buno-lophodont molar patterns, three-rooted upper molars, double protolophs on M2, long and oblique mesolophid on m1 and m2, and presence of posterior arm of protoconid on m2 and m3. The zapodine represented by this material is distinguished from *P. barsboldi* found at the same locality not only by its smaller size (Fig. 93), but also by the different situation of the four main cusps on M1 and M2, especially the autapomorphous undeveloped posterior arm of protoconid extending towards the mesolophid rather than joining the metaconid on m2. It is a small species of the genus and identical with *P. vegrandis* from Gashunyinadege both in size and morphology (Kimura, 2010a).

Plesiosminthus vegrandis is smaller than all the species of the genus, except *P. promyarion*. In addition, it differs from *P. schaubi* and *P. moralesi* in having double protoloph on M2, and in the presence of posterior arm of protoconid on m2 and m3; from *P. myarion* in having weaker anteroloph and mesocone, more complete posteroloph on M1, more distinct mesoconid on m1 and m2, and more reduction of M3 and m3; from *P. asiaticus* in having more compressed cusps, poor development of anterior cingulum on M1, and the presence of posterior arm of protoconid on m3; from *P. winistoerferi* in having no double protoloph on M3, weaker posterior arm of protoconid on m2 and m3, and the absence of additional conules or crests in the valleys; from *P. tereskentensis* in having more compressed cusps, relatively wider M1, continuous connection of protoloph II and protocone on M2, and poorly developed posterior arm of protoconid on m2 (Engesser, 1987; Alvarez et al., 1996; Lopatin, 1999; Daxner-Höck et Wu, 2003). It can be easily distinguished from *P. grangeri* and *P. sabrae* of North America by its smaller size, more compressed cusps of molars, the double protolophs on M2, and the stronger ectolophid on lower molars (Wood, 1935; Black, 1958).

Plesiosminthus vegrandis is similar to *P. promyarion* in size and morphology, but the former has a metaloph-connection more posterior to the hypoconid on M1, the entoloph always connects to the protocone on M2, M3 is more reduced (indistinct or absent posterosinus and enclosed sinus), and there is a weaker posterior arm of protoconid but stronger mesolophid on m2 and m3. This may imply that the two species are closely allied, and *P. vegrandis* possesses more advanced characters.

Daxner-Höck and Wu (2003) recognized *P. promyarion* based on a small sample from Tavan Ovoony Deng, Valley of Lakes, Central Mongolia. The Late Oligocene zapodine is very close to *P. vegrandis* in size and morphology. Minor differences are the metaloph connection more anterior to the hypocone on M1 and larger size of the m1 in the *P. promyarion*. Possibility of synonymy of the two taxa cannot be excluded completely, pending recovery of more material from Mongolia in the future.

Plesiosminthus asiaticus Daxner-Höck et Wu, 2003

(Fig. 94)

Referred specimens Aoerban (L), Sonid Zuoqi: IM 0507, one M1 and one m2, V 19600.1-2.

Measurements M1: 1.30 mm × 1.18 mm, m2: 1.30 mm × 1.08 mm.

Diagnosis Large species of *Plesiosminthus*; upper incisors with shallow longitudinal groove; anterior cingulum of M1 often present; metaloph of M1 extends frequently to the hypocone; protoloph of M2 double; connection of protocone and protoloph II of M2 weak, sometimes interrupted; length ratio of M3/M1 (0.76) and m3/m1 (0.84); metalophid II of m2 frequently present (90%); mesoconid of m1 present, sometimes pronounced; ectolophid short; hypolophid-connection anterior to the hypoconid (cited from Daxner-Höck et Wu,

2003).

Remarks   The M1 and m2 are larger than the corresponding teeth of *Plesiosminthus vegrandis* from Aoerban and Gashunyinadege, but close to those of *P. barsboldi* in size. However, the two teeth cannot be referred to *P. barsboldi*, because the M1 has a distinct anterior cingulum. They exhibit a suite of characters which are highly diagnostic for the species of jumping mice *P. asiaticus* from Tieersihabahe, Junggar Basin, Xinjiang (Daxner-Höck et Wu, 2003). These are the close size of teeth, the presence of anterior cingulum and relatively distinct anterocone, the poor development of anteroloph, and the transverse metaloph extending to the hypocone on M1, and the possession of a distinct metalophid II on m2.

<h2 style="text-align:center">Litodonomys Wang et Qiu, 2000</h2>

Type species   *Litodonomys huangheensis* Wang et Qiu, 2000: Shangxigou, Yongdeng, Gansu (Lanzhou Basin); Late Oligocene.

Emended diagnosis   Small to medium-sized zapodine with bunodont-lophodont or lophodont cheek-teeth. M1 and M2 longer than wide, buccolingually constricted at middle, usually with weak mesocone and variable mesoloph, anterocone incorporated with protocone and anteroloph to form a strong anterobuccal-posterolingual crest; M1 with constricted posteroloph at the contact with hypocone, entoloph connecting hypocone to conjunction of protoloph and posterior arm of protocone; M2 with single protoloph oriented anteriorly and converging on anterocone with entoloph and anterior arm of protocone; M1 and M2 with four roots. The m1 is longer than m2, with poorly developed anteroconid, anteriorly shifted metaconid in relation to position of protoconid, distinct mesolophid extending anterolingually, and ectolophid connecting protoconid to hypoconid; anterolophid distinct, but mesolophid very weak or absent on m2; m3 with hypolophid corporated in posterolophid.

Remarks   *Litodonomys* is known from the Upper Oligocene and Lower Miocene in the Asian Palaearctic Region, and characterized by its relatively simple dental pattern with lophodont cheek teeth. Its molars are more or less similar to those of *Plesiosminthus* in morphology, but differ in M1 and M2 being longer than wide and with four roots, M2 having single protoloph, m1 being longer than m2, m2 having distinct anterolophid and very reduced mesolophid. By sharing these characters it is easily distinguished from other contemporary zapodids from the same area, such as *Parasminthus*, *Heterosminthus*, *Bohlinosminthus*, *Gobiosminthus* and *Shamosminthus*.

The dental morphology of the genus *Xenosminthus* Lopatin et Zazhigin, 2000b corresponds to the diagnosis of *Litodonomys* Wang et Qiu, 2000, such as the lophodont M1 and M2 with four roots, the protoloph and entoloph converging anterocone on M2, the mesolophid undeveloped or absent on m2. Thus, *Xenosminthus* is considered a junior synonym of *Litodonomys*.

<h2 style="text-align:center">Litodonomys minimus Kimura, 2010</h2>
(Fig. 95; Table 37)

Litodonomys sp. nov. (Aoerban and Gashunyinadege): Qiu Z D et al., 2013, p. 177, appendix.

Referred specimens   Aoerban (L), Sonid Zuoqi: IM 0407, one maxillary fragment with M2-3, twenty molars, V 19661.1-21; IM 0507, twenty-one molars, V 19662.1-21. Gashunyinadege, Sonid Zuoqi (IM 0401): one fragmentary mandible with m1-m3, V 19663.

Measurements   See Table 37 in the Chinese text.

Diagnosis   Size small; molars relatively long and narrow with rather compressed cusps; anterocone poorly developed or absent, and metaloph connected to hypocone on M1; mesoconid usually distinct on m1 and m2; mesolophid very weak or completely lacking, and entoconid frequently connecting with mesoconid on m2.

Remarks   The Aoerban specimens described fit the diagnosis of *Litodonomys* by the four-rooted M1 buccolingually constricted at the middle, with weak mesocone and prominent mesoloph, the anterocone incorporated into the protocone to form a strong anteroloph anterobuccal-posterolingually, the protoloph of M2 converging on anterocone with entoloph and the anterior arm of protocone, the metaconid of m1 anteriorly shifted in relation to the position of the protoconid, the m2 with distinct anterolophid, but almost lacking mesolophid. They correspond in all features with the specimens of *L. minimus* from Gashunyinadege, Nei Mongol, as described by Y. Kimura in 2010. Our collection from Aoerban has enhanced our knowledge of the genus *Litodonomys*, almost all known species of which are based on a few mandibular fragments or a few isolated teeth. On the basis of the discoveries, the M1 (V 11766.1) assigned by Wang and Qiu (2000) to *Parasminthus* sp. II from Xiagou of Lanzhou Basin seems to correspond to M1 of *L. huangheensis* (Wang et Qiu, 2000). The M2 (V 5998) from Xiejia, Qinghai, named by Li and Qiu (1980) as *Plesiosminthus lajeensis* (subsequently transferred to *Parasminthus* by Wang in 1985) should be referred to *Litodonomys*, because of lophodonty, developed mesoloph, deep and extending forward sinus, and anteriorly directed protoloph converging on anterocone with entoloph and the anterior arm of protocone.

Litodonomys minimus is distinctly smaller than *L. huangheensis* and *L. xishuiensis*. In addition, it has more compressed cusps than in *L. huangheensis*, and has less developed anterocone on M1, relatively longer and narrower lower molars, more prominent mesoconid on m1 and m2, and more pronounced anterolophid on m2 than in *L. xishuiensis*. It is close to *L. lajeensis* in size, but differs from it in having weaker posteroloph and open posterosinus on M2. *L. minimus* is slightly smaller than *L. zayssanensis*, and differs from the zapodine from Kazakhstan in having poorly developed mesolophid and entoconid frequently connecting to mesoconid on m2.

Sinodonomys Kimura, 2010

Type species *Sinodonomys simplex* Kimura, 2010: Sonid Zuoqi, Nei Mongol; Early Miocene.

Diagnosis Low-crowned bunodont pattern: four-rooted upper first and second molars. Autapomorphies: mesoloph and mesolophid both absent or vestigial on M1-2 and m1-2; anterior wall of M1 slightly expanded; paracone connecting to endoloph independently of protocone on M1; posterior arm of protocone(id) absent on M1-2 and m1-2; anterolophid of m2 isolated from anteriorly concave metalophid I. Synapomorphies with *Litodonomys*: droplet-shaped protocone of M1 having a connection at its apex; anteroconid reduced to a small crest on the base of metaconid on m1; metalophid II of m1 straight. Differs from *Litodonomys* in having subquadrate M1-2 and m2, ~10% shorter than *Litodonomys*; metaconid not shifted anteriorly on m1 (cited from Kimura, 2010a).

Sinodonomys cf. *S. simplex* Kimura, 2010
(Fig. 96)

Referred specimen Aoerban (L), Sonid Zuoqi: IM 0407, one mandibular fragment with m1, V 19664.

Measurements m1: 1.16 mm × 0.90 mm.

Remarks The mandibular fragment shows two equally developed mental foramina anterior to the root of m1. This seems to seldom occur in rodents and is deemed interesting enough to deserve mention.

The m1 fits the diagnosis of *Sinodonomys*, and corresponds in features with the m1 in the paratype specimens from Gashunyinadege, i.e. the low-crowned bunodont pattern, the subrectangular outline (less extended anteroposteriorly), the crest-like anteroconid, the opposite arrangement of protoconid and metaconid in position, the lack of mesolophid and posterior arm of protoconid, the short and straight metalophid, and the low ectolophid (Kimura, 2010a). It differs from the Gashunyinadege m1, the only tooth in the type material, in being slightly smaller and having a connection between the anteroconid and the protoconid. Due to the scarce material, *S. simplex* is tentatively assigned for the Aoerban specimen.

Eozapus Preble, 1899

Type species *Eozapus setchuanus* Pousargues, 1896: Sichuan, China; extant.

Emended diagnosis Zapodines with relatively simple cheek-teeth in pattern and relatively prominent crests. Molars without distinct mesocon(id)s, but with strong mesoloph(id)s and posteroloph(id)s. M1 and M2 distinctly longer than wide in occlusal outline, lacking anterocone and posterocone; ectoloph connecting hypocone with protoloph in M1, directly with protocone in M2 and M3, so that the sinus is narrow and directed strongly forward in M1, shallow in M2, and almost lacking in M3. Single protoloph connecting to protocone in M2 and M3; m1 and m2 with ectolophid crossing long axis of tooth. A posterior arm of protoconid is absent in m2.

Eozapus similis Fahlbusch, 1992
(Fig. 97; Table 38)

Referred specimens Ertemte 2, Huade: thirty molars, V 19665.1–30.

Measurements See Table 38 in the Chinese text.

Diagnosis Species of *Eozapus*, distinctly smaller than *E. setchuanus* (Pousargues, 1896) but similar in morphology; m1 relatively larger, m2 comparatively short, m3 not as shortened (compared to m2); mesoconid-mesolophid complex separated from protoconid-metaconid complex or connected to back of protoconid; mesolophid-metaconid connection never seen (cited Fahlbusch, 1992).

Remarks Material of *Eozapus similis* from Ertemte and Harr Obo has been described by Fahlbusch in 1992 in detail. The above specimens are added material from the type locality of the species.

Eozapus major sp. nov.
(Fig. 98)

Etymology Major (Latin), magnus (compar.), referring to its relatively larger size in the genus.

Holotype Right M2 (V 19666).

Type locality Balunhalagen, Sonid Zuoqi (IM 0801).

Geological age and horizon Late Middle Miocene–early Late Miocene; late Tunggurian–early Bahean; Balunhalagen beds.

Paratype One M2 (V 19667).

Measurements M2: 1.10 mm × 1.00 mm, 1.05 mm × 0.90 mm.

Diagnosis Species of *Eozapus*, slightly smaller than *E. setchuanus* (Pousargues, 1896) but distinctly larger than *E. similis* Fahlbusch, 1992. Crests relatively weaker, but valleys wider than those of *E. similis*. M2 with protoloph directed anterolingually and connecting to anterior arm of protocone, and anteroloph and posteroloph distinctly more slender than protoloph and metaloph.

Remarks The two teeth from Balunhalagen have relatively simple dental pattern, and are longer than wide in occlusal outline, and slightly unilaterally hypsodont with relatively transverse and prominent crests. They lack an anterocone and a posterocone, but possess a single protoloph, a short entoloph connecting hypocone directly with protocone, and a very shallow sinus. These characters correspond to the diagnosis of the genus *Eozapus*. However, the two M2s are smaller than that of the extant species *E. setchuanus*, and distinctly larger than the fossil species *E. similis*. In addition, they differ from the two species in having weaker crests and broader ectosinuses, an anterolingually directed protoloph, and the anteroloph and posteroloph distinctly more slender than the protoloph and metaloph. Thus, they are referred to a new species of *Eozapus*, although the material is scarce.

We follow Van de Weerd (1976) and Fahlbusch (1992) in considering *Protozapus* Bachmayer et Wilson, 1970 to be a synonym of *Eozapus* Preble, 1899, and referring *P. intermedius* to the genus *Eozapus* as Fahlbusch did. *E. major* is similar to the European zapodine in having an anterolingually directed protoloph on M2, but differs in lager size, having more compressed cusps, relatively longer anteroloph and posteroloph, and more transverse metaloph.

Sinozapus Qiu et Storch, 2000

Type species *Sinozapus volkeri* Qiu et Storch, 2000: Bilike, Huade, Nei Mongol; Early Pliocene (Gaozhuangian).

Emended diagnosis Relatively large-sized zapodine with buno-lophodont cheek-teeth. Molars more or less unilaterally hypsodont, without distinct mesocone(id), but with strong mesoloph(id) and posteroloph(id). M1 and M2 nearly square in occlusal outline, with entoloph connecting the posterior arm of protocone with the hypocone, posteroloph joining the hypocone, tendency to develop longitudinal spurs on mesoloph, metaloph and posteroloph, without anterocone and posterocone. M2 and M3 with two strong protolophs and shallow sinus, and frequently with weak protosinus; m1 and m2 with wide sinusid, ectolophid connecting protoconid with hypoconid, which is parallel to long axis of tooth. A posterior arm of protoconid occasionally present on m2.

Remarks *Sinozapus* shows some similarities to *Parasminthus*, *Plesiosminthus*, *Eozapus* and *Sminthozapus* in morphology (Qiu et Storch, 2000). It is different from *Parasminthus* and *Plesiosminthus*, however, in having more developed crests, more compressed buccal cusps in upper molars and lingual cusps in lower molars, wider sinus and sinusid, and in having occasionally longitudinal spurs between the ridges. *Sinozapus* differs from *Eozapus* and *Sminthozapus* in M1 and M2 having a nearly square outline, in m1 and m2 having the ectolophid oriented parallel to the long axis of the tooth. In addition, it can be distinguished from *Eozapus* by M2 and M3 having double protolophs and deep sinus, and m2 having posterior arm of protocone; and from *Sminthozapus* by the presence of longitudinal spur, and the M3 having double protolophs.

Sinozapus volkeri Qiu et Storch, 2000
(Figs. 99, 100)

Referred specimen Gaotege, Abag: Loc. DB 02-2, one M2, V 19668.
Measurements M2: 1.20 mm × 1.15 mm.
Remarks The M2 from Gaotege falls within the range exhibited by *Sinozapus volkeri* from Bilike both in size and morphology, which may represent the latest population of the genus in central Nei Mongol.

Sinozapus parvus sp. nov.
(Figs. 99, 100)

Sinozapus sp.: Qiu et al., 2006, p. 181.
Sinozapus sp. (Amuwusu, Huitenghe, Shala): Qiu Z D et al., 2013, p. 177, appendix.

Etymology Parvus (Latin), small, referring to its small size in the genus.
Holotype Right M1 (V 19669).
Type locality Shala, Sonid Youqi (IM 9602).
Geological age and horizon Late Miocene; late Bahean; Baogeda Ula Formation (?).
Paratype One m2 (V 19670).
Referred specimens Amuwusu, Sonid Youqi: three molars, V 19671.1-3. Balunhalagen, Sonid Zuoqi (IM 0801): three molars, V 19672.1-3. Huitenghe, Abag (IM 0003): two M2, and one M3, V 19673.1-3.
Measurements See the Chinese text on page 190.

Diagnosis Small species of *Sinozapus*. Molars with relatively weak crests, buccal main cusps on upper molars and lingual main cusps on lower molars less anteroposteriorly compressed, longitudinal spurs on mesoloph, metaloph and posteroloph poorly developed, posterior arm of protoconid on m2 relatively distinct, and sinus on upper molars and sinusid on lower molars narrow and shallow.

Remarks The new species is much smaller than the type species *Sinozapus volkeri* (Fig. 100), and it differs from the latter in having relatively weaker crests relative to cusps, less anteroposteriorly compressed main cusps, more distinct posterior arm of protoconid on m2, weaker longitudinal spurs and narrower sinus(id) on molars. The differences appear to imply that the new species is more primitive than *S. volkeri* from the early Pliocene.

Sinozapus sp.
(Figs. 99, 100)

An m2 (1.35 mm × 1.00 mm, V 19674) showing *Sinozapus* dental pattern is known from Ertemte 2. It falls into the small end of size range of the corresponding tooth of *S. volkeri*, and is much larger than *S. parvus*, but similar to the two species in basic morphology, except for its more anteriorly directed metalophid, and more developed posterior arm of protoconid relative to that of *S. volkeri*. In addition, the longitudinal spurs on the crests seem to be of an intermediate developmental condition between the two species. This may represent an intermediate stage of evolution between *S. volkeri* and *S. parvus*.

Sicistinae Allen, 1901

Sicistines are small-sized dipodoids with lower-crowned and buno-lophodont cheek teeth, and usually with secondary ridges or spurs extending from the main cusps and crests. Sinus on the upper molars and sinusid on the lower molars are rather wide and subsymmetrical. Upper molars are slightly wider anteriorly than posteriorly, with opposite arrangement of lingual and buccal main cusps. M1 and M2 have less developed anterolophs, mesolophs and posterolophs, but pronounced anterocone, short lingual posteroloph and small posterosinus; M1 is subquadrate. The first two lower molars have a short buccal posterolophid and small posterosinusid; m1 is longer than wide with a distinct anteroconid joining the protoconid, and a small posteroconid (Fig. 101).

Sicista Gray, 1827

Type species *Mus subtilis* Pallas, 1773; extant.

Emended diagnosis Small-sized and low-crowned dipodoids with buno-lophodont molars having sometimes accessory spurs between the cusps and lophs. M1 and M2 subquadrate and slightly wider anteriorly than posteriorly; main cusps distinctly opposite in arrangement; sinus nearly symmetrical; posteroloph joining the hypocone and forming short lingual posteroloph and small posterosinus; three-rooted. Anterocone in M1 pronounced. m1 and m2 are longer than wide with anteroposteriorly compressed main cusps, distinct buccal posterolophid and posterosinusid, alternate arrangement of lingual and buccal cusps, except the first pair in m1, and long, but low and weak mesolophids; m1 with developed anteroconid usually joining protoconid.

Sicista prima Kimura, 2010
(Figs. 102, 103, 107; Tables 39, 43)

Sicista sp. nov. (Lower and Upper Aoerban): Qiu Z D et al., 2013, p. 177, appendix

Referred specimens Aoerban (L), Sonid Zuoqi: IM 0407, 1 maxillary fragment with M1, twenty molars, V 19675.1–21; IM 0507, six molars, V 19676.1–6. Aoerban (U), Sonid Zuoqi (IM 0772): five molars, V 19677.1–5.

Measurements See Table 39 in the Chinese text.

Emended diagnosis Small-sized *Sicista* with relatively weaker cusps and crests. M1 with protoloph joining protocone, frequently double metalophs, and less than three enamel pits delimited by secondary ridges and main ridges. m1－3 with main cusps less compressed anteroposteriorly; m1 and m2 with distinct secondary ridges extending from the hypoconid in the posterosinusid; m1 with transverse hypolophid connecting to the posterior part of ectolophid; m2 and m3 having posterior arm of protoconid.

Remarks The described specimens belong undoubtedly to the genus *Sicista*, because of the small-sized and low-crowned molars with nearly symmetrical sinus(id), and accessory ridges and spurs from the cusps and lophs, the subquadrate M1 and M2 with oppositely arranged main cusps, short lingual posteroloph and small posterosinus, the pronounced anterocone on M1, and the buccal posterolophid and posterosinusid on m1 and m2. This Aoerban birch mouse is identical with *S. prima* described by Kimura (2010b) from Gashunyinadege both in size and morphology. The discovery at Aoerban has broadened our knowledge of the small and primitive *Sicista*, which was based on a few teeth.

Sicista prima, smallest species of *Sicista* so far known (Fig. 103), differs from *Sicista wangi* in having more complicated occlusal pattern with more secondary ridges and spurs, transverse protoloph connecting with protocone rather than anterocone, double metalophs on M1, less anteroposteriorly compressed main cusps on lower molars, distinct secondary ridges from hypoconid in the posterosinusid of m1 and m2, hypolophid connecting with the posterior part of ectolophid rather than the hypoconid, and in having posterior arm of protoconid on m2 and m3. It is distinguished from *S. bagajevi* by the slightly simpler occlusal pattern with less developed secondary ridges and spurs, more distinct metaloph II on M1, more prominent secondary ridges extending from the hypoconid in the posterosinusid on m1－2, and by the hypolophid connecting with the posterior part of ectolophid on m1. *S. praeloriger* has incomplete double protoloph on M1 and M2, double hypolophids and no secondary ridges extending from the hypoconid in the posterosinusid on m1, and no sign of posterior arm of protoconid on m3. *S. pliocaenica* is also distinguishable from *S. prima* by its simpler occlusal pattern without secondary ridges and spurs on M1 and M2, more compressed main cusps on lower molars, hypolophid joining with hypoconid on m1, and the absence of posterior arm of protoconid on m2.

Sicista prima is the earliest record of this genus, and was discovered from the lower horizons of the Neogene in Nei Mongol. The small size, the transverse protoloph and double metalophs on M1, the presence of distinct secondary ridges extending from the hypoconid in the posterosinusid on m1－2, and the hypolophid-ectolophid connection on m1 may be interpreted as primitive characters for the genus *Sicista*.

Sicista wangi Qiu et Storch, 2000
(Figs. 103, 104, 107; Tables 40, 43)

Sicista sp.: Fahlbusch et al., 1983, p. 214, partim.

Sicista sp.: Qiu, 1988, p. 838, table 1, partim.

Sicista sp.: Qiu et Qiu, 1995, p. 64, partim.

Sicista sp.: Qiu et Storch, 2000, p. 187, partim.

Sicista sp. (Ertemte and Harr Obo): Qiu Z D et al., 2013, p. 177, appendix, partim.

Referred specimens Ertemte 2, Huade: 1 maxillary fragment with M1, fifty seven molars, V 19678.1－58. Harr Obo 2, Huade: 5 molars, V 19679.1－5.

Measurements See Table 40 in the Chinese text.

Emended diagnosis Larger-sized *Sicista* with simple occlusal morphology of teeth, relatively strong mesoloph(id) of molars, and high and pointed cusps. Majority of M1s (>2/3) with anteriorly directed protoloph joining anterocone; less than 3 enamel pits delimited by secondary ridges or spurs on M1; distinct enteroloph between protocone and hypocone present in a few of M1s. Main cusps on m1−3 compressed anteroposteriorly; m1 and m2 with weak and short secondary ridges extending from the hypoconid in the posterosinusid; m1 with posteriorly directed hypolophid connecting with hypoconid; posterior arm of protoconid present in a few m2s and m3s.

Remarks　The specimens from Ertemte 2 and Harr Obo 2 correspond in character to the diagnosis of *Sicista wangi* described by Qiu and Storch in 2000, i. e. large size, simple occlusal morphology, relatively strong mesoloph(id)s, protoloph joining anterocone on the majority of M1s, hypolophid connecting to hypoconid on m1. They differ from those of Bilike, the type locality, in slightly smaller size and more developed secondary ridges and spurs. This may imply that the two populations are more primitive than the Bilike one.

Sicista ertemteensis sp. nov.
(Figs. 103, 105, 107; Tables 41, 43)

Sicista sp.: Fahlbusch et al., 1983, p. 214, partim.

Sicista sp.: Qiu, 1988, p. 838, table 1, partim.

Sicista sp.: Qiu et Qiu, 1995, p. 64, partim.

Sicista sp.: Li et al., 2003, p. 108.

Sicista sp.: Qiu et al., 2006, p. 165.

Sicista sp. (Balunhalagen, Shala, Bilutu, Ertemte, Harr Obo and Gaotege): Qiu Z D et al., 2013, p. 177, appendix, partim.

Etymology　After the locality producing the new species.

Holotype　A left M1 (V 19680).

Type locality　Ertemte 2, Huade.

Geological age and horizon　Late Miocene; late Baodean; Ertemte Formation.

Paratype　Six hundred and seventy-one molars, V 19681.1−671.

Referred specimens　H-X Highway Road original mark 346 (Loc. 346), Sonid Youqi: one M2, V 19682. Balunhalagen, Sonid Zuoqi (IM 0801): fifty-eight molars, V 19683.1−58. Shala, Sonid Youqi (IM 9610): sixteen molars, V 19684.1−16. Bilutu, Sonid Zuoqi (IM 0510): nineteen molars, V 19685.1−19. Harr Obo 2, Huade: one lower dentary fragment with m1, forty molars, V 19686.1−41. Gaotege, Abag: DB 02-1, twenty-two cheek teeth, V 19687.1−22; DB 02-2, five molars, V 19688.1−5; DB 02-3, nine molars, V 19689. 1−9; DB 03-1, four molars, V 19690.1−4; DB 03-2, three molars, V 19691.1−3.

Measurements　See Table 41 in the Chinese text.

Diagnosis　Median-sized *Sicista* with high and pointed cusps. Majority of M1 with transverse protoloph joining protocone; about 10% of M1 with 3 enamel pits delimited by secondary spurs and main lophs; presence of a distinct enteroloph between protocone and hypocone in a few M1s. Main cusps in m1−3 compressed anteroposteriorly; m1−2 with secondary spurs extending from hypoconid in posterosinusid in more than half of m1 or m2s; m1 with posteriorly directed hypolophid connecting with hypoconid; a pseudomesolophid frequently present in m2; m2 and m3 having posterior arm of protoconid in some of the teeth.

Remarks　This new species of birch mice is smaller than *Sicista wangi*, but larger than *S. prima* (Fig. 103). It has more complicated occlusal pattern with more secondary ridges and spurs than both *S. wangi* and *S. prima*. In addition, it differs from *S. wangi* in its protoloph connecting with protocone and the anterior arm of protocone in the majority of specimens, frequent presence of posterior arm of protoconid or pseudomesolophid on m2; from *S. prima* in the absence of double metaloph on M1, the anteroconid of m1 seldom directly connected with protoconid, and the hypolophid joining hypoconid rather than the posterior part of ectolophid (Fig. 107).

The new form *Sicista ertemteensis* is close to *S. bagajevi*, *S. praeloriger* and *S. pliocaenica* in size, but differs in the development of secondary ridges and spurs. Tooth morphology is more complex than in *S. pliocaenica*, but less so than in *S. bagajevi* and *S. praeloriger*. According to the literature, nearly all M1s and M2s of *S. bagajevi* possess 3 enamel pits delimited by secondary ridges and main ridges, and around 50% of the teeth in *S. praeloriger* (Savinov, 1970; Topachevsky et al., 1987). Nevertheless, occurrence of 3 pits is around one tenth and one fourth of the teeth, respectively, in the new species. Furthermore, the taxon shows a distinct enteroloph on some M1 and M2, which does not seem to exist in *S. bagajevi* and *S. praeloriger*.

The Shala and Gaotege assemblages are relatively small. At present, it is not easy to distinguish them from those of Ertemte 2 and Harr Obo 2 in size and morphology. The teeth from Shala and Gaotege fall within the size range of Ertemte and Harr Obo, but are on average smaller in the Shala samples and larger in the Gaotege samples. In general, secondary ridges or spurs in the Shala teeth are more developed and in the Gaotege sample are relatively simple. These differences may be indicative of a more primitive Shala population and a relatively advanced Gaotege one.

Loc. 346 produced only one M2. Although the specimen is from a lower horizon than other material of the species, it falls within the range exhibited by *Sicista ertemteensis* from Ertemte 2 both as to size and pattern.

Sicista bilikeensis sp. nov.
(Figs. 103, 106, 107; Tables 42, 43)

Sicista sp.: Qiu, 1988, p. 838, table 1, partim.
Sicista sp.: Qiu et Storch, 2000, p. 187, figs. 16–21, partim.
Sicista sp. (Bilike): Qiu Z D et al., 2013, p. 177, appendix.

Etymology　After the locality producing the new species.

Holotype　A left M1 (V 11905.1).

Type locality　Bilike, Huade.

Geological age and horizon　Early Pliocene; Gaozhuangian; Bilike beds.

Paratype　Four maxillary fragments with 1 P4 and 4 M1; four lower dentary fragments with 3 m1, 1 m2; six hundred and ninety molars, V 11905.2–699.

Referred specimens　Baogeda Ula, Abag (IM 0702): three molars, V 19692.1–3.

Measurements　See Table 42 in the Chinese text.

Diagnosis　Medium-sized *Sicista* with high and pointed cusps. Majority of M1 with anteriorly directed protoloph joining the anterocone; more than 20% of M1 with 3 enamel pits delimited by secondary ridges and main lophs; presence of a distinct enteroloph between protocone and hypocone on a few M1. Main cusps on m1–3 compressed anteroposteriorly; more than half of m1 and almost all m2 with secondary ridges extending from hypoconid on posterosinusid; dominant m1 with posteriorly-directed hypolophid connecting with hypoconid; m2 and m3 having posterior arm of protoconid in some teeth.

Remarks　The new species *Sicista bilikeensis* is similar to *S. ertemteensis* in size and occlusal pattern, by which it is easily distinguished from *S. wangi* and *S. prima* from the Neogene of central Nei Mongol. It has less complicated occlusal structures with less secondary ridges delimiting 3 enamel pits on M1 and M2 than in *S. bagajevi* and *S. praeloriger*, but more complicated than in *S. pliocaenica* (Table 43). In addition, *Sicista bilikeensis* has a distinct enteroloph on some M1 and M2.

Sicista bilikeensis differs from *S. ertemteensis* mainly in the direction and connection style of protoloph on M1. The former has an anteriorly orientated protoloph connecting to the anterocone in the majority of M1, while the latter has the protoloph being mostly transverse and joining to the protocone (Fig. 107). Furthermore, secondary ridges and spurs on M1 seem to be more developed in *S. bilikeensis* than in *S. ertemteensis* (Table 43), secondary spurs extending from the hypoconid in the posterosinusid occur frequently in m1 and m2, and a pseudomesolophid is often present on m2.

The evolutionary trend of the genus *Sicista* remains obscure, but likely shows size increases and shift of the protoloph on M1 from transverse to anteriorly directed, and the hypolophid on m1 roughly shifting from transverse to posteriorly directed through time (Fig. 107). The genus seems to contain different evolutionary lineages with different trends, i.e. towards complication or simplification in occlusal morphology of teeth. Nevertheless, differences in dental pattern of different species may be indicative of different ecological niches for *Sicista*.

Omoiosicista Kimura, 2010

Type species *Omoiosicista fui* Kimura, 2010: Gashunyinadege, Sonid Zuoqi, Nei Mongol; Early Miocene (Shanwangian).

Emanded diagnosis Relatively larger sicistines with incisive foramen posteriorly extending as far as anterior edge of M1, buno-lophodont molars, higher and more distinct cusps than crests, and undeveloped secondary ridges or spurs extending from the main cusps and ridges. Three-rooted M1 and M2 always slightly wider anteriorly than posteriorly, often with posterior paracone-spur, and the posteroloph connecting to conjunction of hypocone and metaloph. M1 round-square in outline, with distinct anterocone and anterior cingulum, posteriorly directed protoloph and metaloph joining usually to entoloph and posterior arm of hypocone, respectively. M2 double protoloph, with relatively distinct lingual anteroloph. m1 and m2 with long and transverse mesolophid, and short hypolophid usually connecting to ectolophid; m2 with posterior arm of protoconid.

Remarks The genus *Omoiosicista* shows many common features with *Sicista* in size and dental morphology. These features are the relatively small sized cheek teeth with low and buno-lophodont crowns, the M1 and M2 being slightly wider anteriorly than posteriorly with opposite arrangement of lingual and buccal main cusps, wide and subsymmetrical sinus, weakly developed main crests, but pronounced anterocone, short lingual posteroloph and small posterosinus, the subquadrate M1, the wide and subsymmetrical sinusids on the lower molars, the presence of short buccal posterolophid and small posterosinusid on m1-2, and the distinct anteroconid and small posteroconid on m1. Thus, *Omoiosicista* is grouped into Sicistinae together with the genus *Sicista*. It differs from *Sicista* mainly in larger-sized molars with undeveloped secondary ridges or spurs, having distinct anterior cingulum and more or less posteriorly-directed protoloph and metaloph usually connecting to the entoloph on M1, always double protolophs on M2, hypolophid usually joining ectolophid on m1 and m2.

Omoiosicista can be distinguished from all the zapodines known from the Asian Palearctic Region of the Oligocene and early Miocene by dental morphology. It differs from *Heosminthus* mainly in the metaloph being posteriorly directed and connecting posteriorly to the hypocone or the posterior arm of hypocone on M1, having longer mesolophid and more distinct posterosinusids on m1 and m2; from *Tatalsminthus* in larger size, having longer mesoloph(id)s on molars, double protolophs on M2, and a posterior arm of protoconid on m2; from *Parasminthus* in having three roots on M1 and M2, round-square outline of M1, wide and nearly symmetrical sinus on the upper molars and sinusid on the lower ones, and weaker posterosinusids on m1 and m2; from *Shamosminthus* in posteroloph extending from the hypocone rather than connecting at the junction of the posterior arm of hypocone or the metaloph on M1, having double protolophs on M2, long mesolophids on m1-3, and posterior arm of protoconid on m2; from *Gobiosminthus* in smaller size, having no metaloph directly joining the posteroloph on M1 and M2, with double protolophs on M2; from *Bohlinosminthus* in having three roots on M1 and M2, double protolophs on M2; from *Plesiosminthus* in the more bunodont molars with posterior metaloph-connection to the hypocone, wider and symmetrical sinus(id)s on the molars, and usually a weak posterosinus on M1, more pronounced lingual anteroloph on M2, more transverse mesolophid and usually posterosinusids on m1 and m2; from *Litodonomys* in more bunodont molars with poorly developed crests, double protolophs on M2, transverse mesolophid on m1, and long mesolophid on m2; from *Heterosminthus* in having three roots on M1 and M2, the round-square M1 with posteroloph extending from hypocone and much less distinct posterosinus, m1 and m2 with hypolophid connecting to the posterior part of ectolophid rather than to the mesoconid, much weaker posterobuccal valley, and no ectomesolophids.

Omoiosicista fui Kimura, 2010

(Fig. 108; Table 44)

Parasminthus cf. *P. tangingoli*: Qiu et al., 2006, p. 180, partim.

Zapodidae gen. et sp. nov. 1 (Lower Aoerban and Gashunyinadege): Qiu Z D et al., 2013, p. 177, appendix.

Referred specimens　Aoerban (L), Sonid Zuoqi: IM 0407, six maxillary fragments all together with 3 P4, 3 M1, 4 M2 and 1 M3, four lower dentary fragments with 3 m1, 3 m2 and 1 m3, twenty-four cheek teeth, V 19693.1–34; IM 0507, four cheek teeth, V 19694.1–4.

Measurements　See Table 44 in the Chinese text.

Diagnosis　Same as for the genus.

Remarks　The sicistine represented by the specimens from Aoerban is close to *Plesiosminthus vegrandis* from the same locality in size, and shows general similarity to the latter in dental morphology, such as the square (with rounded corners) M1 and M2 with three roots and opposite arrangement of main cusps, the presence of double protolophs on M2, the possession of posterior arm of protoconid on m2, etc. However, these teeth show a suite of characters that sets it apart from *P. vegrandis*, such as the nearly bunodont molars with relatively weaker crests, wide and symmetrical sinus(id)s in the molars, the M1 having distinct anterocone and anterior cingulum, posteriorly directed metaloph joining the posterior arm of hypocone, and a posterolingual valley, the presence of distinct lingual anteroloph on M2, the presence of weaker and transverse mesolophid, and the posterobuccal valleys on m1 and m2. In addition, their third molars are quite different from those of *P. vegrandis* in morphology. The Aoerban specimens seem to possess characters corresponding to the definition of sicistines, and agree with the diagnosis of *Omoiosicista fui*, which was created based on a handful of teeth from Gashunyinadege. The discovery at Aoerban, including 10 fragmentary jaws, has widened our knowledge of this interesting genus and species.

Lophocricetinae Savinov, 1970

Lophocricetines are small to medium-sized dipodoids with low to medium-crowned and buno-lophodont cheek teeth. The molars show cricetid-like tooth pattern and more or less alternate arrangement of lingual and buccal main cusps. M1 and M2 have less developed anterolophs, mesolophs and posterolophs, but distinct anterocone, mesocone and posterocone, and moderate and asymmetrical sinus; M1 has posterolingual rib of protocone or protostyle, free anteroloph, single protoloph, and the posteroloph connecting the metaloph via the posteocone or a longitudinal crest, short lingual posteroloph and small posterosinus; m1 and m2 usually have a small anteroconid and a distinct posteroconid, and moderate and asymmetrical sinusid; m1 has an ectomesolophid, a hypolophid-mesoconid/ectolophid connection, and a weak posterior sulcus (Fig. 109).

Heterosminthus Schaub, 1930

Type species　*Heterosminthus orientalis* Schaub, 1930: Quantougou, Yongdeng, Gansu; Middle Miocene (Tunggurian).

Emended diagnosis　Relatively small-sized with buno-lophdont and low-crowned cheek teeth. Molars with distinct mesocone(id) and showing more or less alternate arrangement of lingual and buccal main cusps, and relatively pronounced cusps relative to crests; M1 and M2 frequently with double anteroloph, a strong mesoloph, an entoloph-protoloph connection, and protocone often with a posterolingual rib, but seldom a distinct protostyle; M1 with distinct lingual branch of posteroloph, and posterosinus. On lower molars ectocingulids and ectostylids very weakly developed or absent; m1 and m2 nearly equal in length, m1 always having an ectomesolophid, and with entoconid usually joining mesoconid; the mostly two-rooted m2 usually with a posterior arm of protoconid extending to metaconid.

Remarks *Heterosminthus* is similar to *Lophocricetus* in general morphology. The essential differences of the two genera are the development of protostyle on M1, the presence or absence of ectocingulid and ectostylid on m1 and m2, the relative length of m1 to m2, and the presence or absence of a posterior arm of protoconid on m2. *Heterosminthus* differs from *Lophocricetus* in M1 having only a posterolingual rib of protocone, but not a distinct protostyle in the majority of the population, m1 and m2 lacking ectocingulid and ectostylids, m1 being smaller than or equal to m2 in length, and m2 with a posterior arm of protoconid.

Discoveries from Kazakhstan and Mongolia, and studies by Zazhigin and Lopatin (2000b) have broadened our knowledge of Lophocricetinae, and provided very valuable evidence in understanding the phylogenetic relationships of the subfamily. Nevertheless, "*Heterosminthus mugodzharicus*" may be a questionable assignment for two teeth (Zazhigin et Lopatin, 2000b), because of their larger size, the reduced mesoloph and the developed protostyle of M1, and distinct ectocingulid, ectostylid and ectomesolophid of m1. The generic designation of this taxon seems to require more material, especially for the m2. "*H. saraicus*" (Zazhigin et Lopatin, 2000b) and "*Heterosminthus gabuniai*" (Lungu, 1981) are here excluded from the genus based on these principles.

Heterosminthus orientalis Schaub, 1930
(Figs. 110–113, 115; Table 45)

Protalactaga tunggurensis: Wood, 1936, p. 1, fig.1, a–c.
Heterosminthus cf. *H. orientalis* (Amuwusu, Bilutu): Qiu Z D et al., 2013, p. 177, appendix.

Referred specimens H-X Highway Road original mark 346 (Loc. 346), Sonid Youqi: two hundred ninety-eight cheek teeth, V 19695.1–298. Loc. 482, Abag: nine molars, V 19696.1–9. Amuwusu, Sonid Youqi: eleven molars, V 19697.1–11. Balunhalagen, Sonid Zuoqi (IM 0801): one mandibular fragment with m1–3, two hundred forty-six cheek teeth, V 19698.1–247. Bilutu, Sonid Zuoqi (IM 0510): eighty-seven molars, V 19699.1–87.

Measurements See Table 45 in the Chinese text.

Diagnosis Medium-sized *Heterosminthus*. M1 and M2 with posterolingual rib of protocone in majority, which forms a distinct protostyle in less than 10% of the molars; most M2s with single protoloph; mesolophid lacking in m1 and m2; m1 with entoconid connecting to mesoconid, posterior crest of protoconid in less than one quarter and "pseudomesolophid" in less than one third of this tooth locus; m2 with poorly developed lingual branch of anterolophid, ectomesolophid seldom present, and protoconid and metaconid adjoining anteroconid at separate points; m3 distinctly reduced.

Remarks The described specimens from these localities show the following common characters: presence of a distinct posterolingual rib of protocone in quite a number of M1s and M2s, but a distinct protostyle in a few; single protoloph on M2; usually lacking mesolophid on m1 and m2; poor development of posterior crest of protoconid and pseudomesolophid, and entoconid connecting to mesoconid on m1; distinct reduction of lingual anterolophid and ectomesolophid, and the protoconid and metaconid adjoining the anteroconid at separate points on m2. These molar characters fit the diagnosis of *Heterosminthus orientalis*, a relatively advanced species of the genus.

Comparison of the Nei Mongol material with the specimens of *Heterosminthus orientalis* from Quantougou, Gansu, the type locality, shows dental characters both in size and morphology (Figs. 111–113). Minor differences of the Gansu specimens from those of Nei Mongol are the less developed posterolingual rib of protocone on M1, the absence of double protoloph on M2 (2 out of 78 teeth having two protolophs in the Moergen material), the more frequent presence of posterior crest of protoconid on m1, the more distinct lingual branch of anterolophid and frequent presence of ectomesolophid on m2, and the lesser reduction of m3. This may not imply that the Nei Mongol material can be distinguished as a separate form from the Gansu specimens, but Quantougou may sample a slightly more primitive population than does Nei Mongol.

Heterosminthus are commonly known in the Miocene of the Palaearctic Province of Asia, and several species have been recognized. Nevertheless, quite a number of the referred species of the genus were represented by limited material and their intraspecific variation was unknown. Affirmation of some species relationships seems to await a future time, when more adequate material is discovered. *H. orientalis* shows distinct variation in size and morphology. On the basis of our current understanding of these species within the genus, it differs from *H. lanzhouensis* in having less developed posterior crest of protoconid and pseudomesolophid on m1, and less pronounced or absent lingual branch of anterolophid on m2. *H. intermedius* has a prominent pseudomesolophid on m1, a developed posterior arm of protoconid and ectomesolophid on m2, and the hypolophid joining the ectolophid in front of mesoconid on m1 (Wang et Qiu, 2000; Wang, 2003). In addition, m3 in *H. intermedius* is less reduced, still with quite distinct entoconid and protoconid. *H. orientalis* is distinguished from *H. mongoliensis* by the much more developed pseudomesolophid on m1. It differs from *H. firmus* in the less frequent presence of a double protoloph on M2, in having a complete posterior crest of protoconid on m1, lacking an oblique connection between mesoconid and posterior arm of protoconid, and the presence of a remnant mesolophid on m2. *H. orientalis* can be distinguished from *H. erbajevae* by the lack of mesolophid on m1 and m2, and the absence of oblique connection between mesoconid and posterior arm of protoconid on m2. *H. honestus* has a double protoloph on M2, a connection between protoconid and ectomesolophid on m1, a distinct lingual anterolophid, a mesolophid and ectomesolophid on m2, and has a less reduced m3, in which it is different from *H. orientalis*. *H. orientalis* is distinctly larger than *H. nanus*. In addition, it has no entostyle, but a more distinct posterolingual rib of protocone on M1, no a mesolophid on m1, and less developed lingual anterolophid and ectomesolophid on m2. It differs from *H. jucundus* in m2 having less developed lingual anterolophid, and the protoconid and metaconid adjoining the anteroconid at separate points.

All the known species, except *Heterosminthus jucundus*, occur in older geological horizons (from the Late Oligocene to Early Miocene) than *H. orientalis* does. In comparison with *H. orientalis*, they are characterized by the less developed protostyle or posterolingual rib of protocone on M1 and M2, occasional presence of mesolophid on m1 and m2, frequent presence of posterior crest of protoconid and relatively developed pseudomesolophid on m1, more distinct lingual branch of anterolophid and ectomesolophid on m2, and less reduced m3. It is likely that these characters are primitive features for the genus.

Zheng (1982) assigned *Heterosminthus gansus*, *H. simplicidens* and *Protalactaga* cf. *tunggurensis* based on several teeth from Tianzhu, Gansu. It seems to us that they are of a single taxon of *Heterosminthus* similar to or identical with *H. orientalis*. These teeth fall within the size range of the specimens of *H. orientalis* from Gansu and Nei Mongol. Both the m1 and m2 lack a mesolophid, a posterior arm of protoconid is absent on m2, a posterolingual rib of protocone is also absent on M1. It seems that they also fall within the variation of *H. orientalis* in morphology. Due to the scarce material, *H. gansus* is here treated as a questionable species.

Heterosminthus firmus Zazhigin et Lopatin, 2000
(Figs. 114, 115; Table 46)

Heterosminthus sp.: Qiu, 2006, p. 180.
Heterosminthus sp. (Aoerban): Qiu Z D et al., 2013, p. 177, appendix.

Referred specimens Aoerban (L), Sonid Zuoqi: IM 0407, one left maxillary fragment with P4 and M1, one lower dentary fragment with m1 – 3, nineteen molars, V 19700.1 – 21; IM 0507, twenty-one molars, V 19701.1 – 21.

Measurements See Table 46 in the Chinese text.

Emended diagnosis Larger-sized *Heterosminthus* with poorly developed posterolingual rib of protocone on M1 and M2, usually double anteroloph and protoloph on M2, posterior crest of protoconid and prominent "pseudomesolophid" on some m1, m2 lacking ectomesolophid, having a connection between mesoconid and posterior arm of protoconid, and protoconid and metaconid adjoining anteroconid at separate points (mainly based on the description of Zazhigin et Lopatin, 2000b).

Remarks The Aoerban specimens described above differ from those of *Heterosminthus orientalis*, but fit the diagnosis of *Heterosminthus firmus* by the weaker posterolingual rib of protocone and no protostyle on M1, double protoloph on M2, presence of posterior crest of protoconid and long "pseudomesolophid" on m1, having a distinct lingual anterolophid and connection between the mesoconid and the posterior arm of protoconid on m2, and only slightly reduced on m3 (almost all having posterior arm of protoconid and posterosinusid). The Aoerban *H. firmus* also shows some similarities to *H. lanzhouensis*, *H. intermedius*, *H. honestus*, *H. erbajevae*, *H. nanus*, and *H. jucundus*. Nevertheless, it differs from *H. lanzhouensis*, *H. intermedius* and *H. erbajevae* in M2 having double protoloph; from *H. honestus* in larger size (Fig. 115), in m1 having stronger posterior crest of protoconid, but weaker posterior arm of protoconid, and m2 having almost no sign of mesolophid and ectomesolophid; from *H. nanus* in larger size, in the lack of endostyle on upper molars, the presence of double anteroloph and protoloph on M2, having more prominent "pseudomesolophid" on m1, more distinct connection between the mesoconid and the posterior arm of protoconid on m2; and from *H. jucundus* in larger size, having double protoloph on M2, more pronounced "pseudomesolophid" on m1, and the protoconid and metaconid adjoining the anteroconid at separate points on m2.

In addition to the type locality of the species (Ayaguz, Kazakhstan), *Heterosminthus firmus* is also known from biozone D, at Unkeltseg, Mongolia. Daxner-Höck (2001) noticed the variation in the material from the Oligocene-Miocene transition, and pointed out that the teeth of *H. jucundus* fall within the range exhibited by *H. firmus* in morphology. The Nei Mongol specimens of *Heterosminthus* also show noticeable intraspecific variation. At the present, nearly ten species of *Heterosminthus* have been named in the Asian Palaearctic regions. It is noteworthy that some of them were defined based on a handful of specimens, and individuals of some species demonstrate distinct variation in morphology. Further research may reveal some synonyms of the named taxa.

Zazhigin and Lopatin (2000b) and Daxner-Höck (2001) reasonably infer that *Heterosminthus* could have been derived from *Shamosminthus* rather than from *Parasminthus* or *Plesiosminthus* as Qiu (1996b) and Wang and Qiu (2000) speculated. *Heterosminthus* is very similar to *Shamosminthus* in structure of teeth. A gradually widened anterior portion of M1, a progressively shifted metacone of M2 from anterior to posterior position, and further reduction of the M3 would change the teeth of *Shamosminthus* into ones similar to those of *Heterosminthus*.

Heterosminthus erbajevae Lopatin, 2001
(Figs. 115, 116; Table 47)

Heterosminthus sp.: Qiu, 2006, p. 180.

Heterosminthus sp. (Aoerban): Qiu Z D et al., 2013, p. 177, appendix.

Referred specimens Aoerban (L), Sonid Zuoqi: IM 0407, one right mandibular fragment with m1, eight molars, V 19702.1 – 9; IM 0507, one m1, V 19703. Aoerban (U), Sonid Zuoqi (IM 0772): fourteen molars, V 19704.1 – 14.

Measurements See Table 47 in the Chinese text.

Emended diagnosis Proportionally wider and shorter than *Heterosminthus orientalis*; thickened rib of protocone present on M1—2; double anteroloph and anterocone present on M1—2; reduced M3 with endoloph and anterocone absent; mesolophid long on m1; an oblique connection between mesoconid and middle of posterior arm of protoconid present on m2; long posterior arm of protoconid on m2—3 (as emended by Kimura, 2010a).

Remarks These specimens from Aoerban can be referred neither to *Heterosminthus orientalis* nor *H. mongoliensis*, because of the absence of protostyle and poorly developed posterolingual rib of protocone on M1, the presence of pronounced "pseudomesolophid" and occasional occurrence of posterior crest of protoconid on m1, the presence of connection between the mesoconid and posterior arm of protoconid on m2, and the less reduced m3. They are distinguished from those of *H. firmus* by the single protoloph of M2, and the weaker posterior crest of protoconid on m1. In *Heterosminthus*, *H. lanzhouensis*, *H. intermedius*, *H. erbajevae* and *H. jucundus* share the common characters of poor development of posterolingual rib of protocone on M1, the single protoloph on M2, and the connection between the mesoconid and posterior arm of protoconid on m2. Nevertheless, the Aoerban dipodoid represented by these materials differs from *H. lanzhouensis* in the weaker "pseudomesolophid", and the entoconid connecting to the mesoconid (never to the ectolophid behind the mesoconid) on m1, and the poorly developed lingual anterolophid on m2; from *H. intermedius* in having a posterior crest of protoconid on m1, and lack of ectomesolophid on m2; from *H. erbajevae* in having remnant of posterior crest of protoconid, and the entoconid connecting to the mesoconid (never behind the mesoconid) on m1; and from *H. jucundus* in the m2 having a very weak or lacking lingual anterolophid, and no ectomesolophid. It is noteworthy that the assignment of the four species is based on a few teeth, and the interspecific differences are minor. It seems to us that the possibility of synonyms of these named taxa cannot be excluded.

It is reasonable for Kimura (2010a) to refer some Gashunyinadege specimens to the species *Heterosminthus erbajevae*, mainly on the basis of the absence of protostyle on M1, the single protoloph on M2, and the distinct "pseudomesolophid" on m1. Although there are minor differences (such as the m1 lacking a posterior crest of protoconid and a prominent metalophid II in the type material), the Gashunyinadege specimens are mostly similar to the type material. The teeth from Aoerban are close to those of Gashunyinadege in size, and fit the diagnosis of *H. erbajevae* emended by Kimura (2010a), except for the presence of an entoloph on M3. Kimura considered *H. intermedius* to be a synonym of *H. erbajevae*. In view of the inadequate material and current taxonomic research of the genus *Heterosminthus*, we suggest to tentatively retain them as separate species, because *H. intermedius* has a posterior crest of protoconid on m1 and a pronounced ectomesolophid on m2 (Wang, 2003).

Heterosminthus nanus Zazhigin et Lopatin, 2000
(Figs. 115, 117; Table 48)

Referred specimens Aoerban (L), Sonid Zuoqi: IM 0407, four molars, V 19705.1—4; IM 0507, two maxillary fragments with P4—M1 and M1, respectively, eleven molars, V 19706.1—13.

Measurements See Table 48 in the Chinese text.

Emended diagnosis Small *Heterosminthus*. M1 and M2 usually with single anteroloph, protostyle lacking, a very weak posterolingual rib of protocone present; entostyle and entomesoloph occasionally present on M1; a double protoloph often on M2. The m1 usually has a distinct "pseudomesolophid" but weak posterior crest of protoconid; m2 with long lingual branch of anterolophid, a connection between the mesoconid and the posterior arm of protoconid, and the protoconid and metaconid adjoining the anteroconid at separate points (emended mainly based on the description of Zazhigin and Lopatin, 2000b).

Remarks Among *Heterosminthus* known from central Nei Mongol, the described species represented by the material from the Lower Aoerban of Aoerban is the smallest (Fig. 115). In morphology, these teeth can be easily distinguished from *H. orientalis* by the absence of protostyle, very weak posterolingual rib of protocone and single anteroloph on M1, the presence of "pseudomesolophid" and posterior crest of protoconid on m1, and the distinct lingual anterolophid and the connection between the mesoconid and the posterior arm of protoconid on m2. Although both *H. firmus* and *H. erbajevae* show similarities to the small taxon in dental morphology, such as the absence of a protostyle on M1, the presence of "pseudomesolophid" and posterior crest of protoconid on m1, possession of a connection between the mesoconid and the posterior arm of protoconid on m2, they lack an entostyle and entomesoloph on M1. Moreover, there is double protoloph on almost all M2s in *H. firmus*, and the lingual anterolophid is poorly developed in *H. erbajevae*. In addition, the small Aoerban species is distinguishable from *H. mongoliensis* by characters differing from *H. orientalis*. It differs from *H. lanzhouensis* and *H. intermedius* in having a less developed posterior crest of protoconid and "pseudomesolophid", and in hypolophid joining mesoconid (never the ectolophid as in *H. lanzhouensis* or *H. intermedius*) on m1 (Wang et Qiu, 2000; Wang, 2003); from *H. honestus* in having a single protoloph on M2, and lack of an ectomesolophid on m2; from *H. jucundus* in the absence of ectomesolophid, and the protoconid and metaconid adjoining the anteroconid at separate points (no anterolophulid) on m2 (Zazhigin et Lopatin, 2000b).

The isolated teeth described above are here provisionally referred to the species *Heterosminthus nanus*, based mainly on their small dimensions and the presence of an entostyle and entomesoloph on M1. These specimens are mostly similar to the type material of the species from Batpaksunde, Kazakhstan (Zazhigin et Lopatin, 2000b), in spite of some differences of the Aoerban material, such as the slightly larger dimension, the single protoloph on the one M2, and the lack of ectomesolophid on m2. Both the Aoerban and Batpaksunde samples are rather small. We expect that these differences prove to be intraspecific variation when more materials are recovered. Specimens with similar characters of *H. nanus* were also reported from Gashunyinadege (Kimura, 2010a).

Lophocricetus Schlosser, 1924

Type species　*Lophocricetus grabaui* Schlosser, 1924: Ertemte, Huade, Nei Mongol; Late Miocene (Baodean).

Diagnosis (improved)　Large-sized lophocricetines with relatively higher crowned teeth and more developed crests than in *Heterosminthus*. Anterior main cusps on upper molars and posterior main cusps on lower molars in distinctly alternate arrangement; pronounced protostyle present on the majority of M1 and M2 but without hypostyle; M1 usually with mesocone and large hypocone located posterolingually, entoloph connecting with paracone or protoloph, posteroloph connecting with metacone or metaloph via a short and longitudinal crest, a distinct lingual branch of posteroloph and posterosinus present, mesoloph short or absent; M2 with double anteroloph occasionally, and posteroloph connecting with hypocone. Distinct buccal cingulids and ectostylids often existing on lower molars; m1 longer than m2; m1 with strong ectomesolophid ("G"), hypoconid joining either the mesoconid or entoconid, or the hypolophid; m2 with a strong crescentic anterolophid projecting buccally and turning posteriorly to join the protoconid buccally, and posterior arm of protoconid absent or rarely present on the tooth.

Remarks　It is obvious that *Heterosminthus* and *Lophocricetus* were closely allied. An increase of size and strengthening of crests, a development of protostyle and reduction of mesocone and mesoloph on M1 and M2, a buccal shift of entoloph on M1, a lingual shift of posterior ectolophid and development of ectostylid and cingulid on m1, a development of anterolophid and lack of posterior arm of protoconid on m2, and reduction of M3 and m3 would change the molar pattern of *Heterosminthus* into that of *Lophocricetus*.

Among the known lophocricetines, there exist several intermediate types with varied transitional dental characters between the type species of *Heterosminthus* (*H. orientalis* from the Middle Miocene) and *Lophocricetus* (*L. graubi* from the uppermost Miocene). Thereby, there are differences of opinion in regard to the criteria for generic definition of the two end member taxa. The developed level of protostyle on the majority of M1, the ratio of m1 to m2, and the presence or absence of "posterior arm of protoconid" on the majority of m2s are emphasized here in distinguishing the two genera. The genus *Heterosminthus* always lacks a distinct protostyle on M1, m1 is shorter than or equal to m2, and a distinct "posterior arm of protoconid" usually presents on m2 in the majority of specimens. In contrast, *Lophocricetus* has a developed protostyle on M1, a longer m1 than m2, and usually lacks a "posterior arm of protoconid" on m2. The arrangement of main cusps and development of crests serve as defining characters of the two genera and distinguishing species within a genus.

Based on these principles, *Heterosminthus* is confined mainly to the Early and Middle Miocene, while *Lophocricetus* is Late Miocene and Early Pliocene. In addition, the species "*saraicus*" from Olkhon Island, Irkutsk, assigned by Zazhigin and others (2002) to *Heterosminthus*, should be ascribed to *Lophocricetus*, because of its larger size, presence of a distinct protostyle on M1 and M2, the entoloph connecting to the paracone on M1, m1 being longer than m2, the presence of a strong anterolophid and the absence of a "posterior arm of protoconid" on m2, and rather reduced m3. However, it is a relatively primitive species of *Lophocricetus*, judging from the presence of a short mesoloph on M1 and M2, and the hypoconid connecting to mesoconid on m1. Generic assignment of "*H. gansus*" from Tianzhu, Gansu (including specimens of *H. simplicidens* and *Protalactaga* cf. *P. tunggurensis*, see Zheng, 1982) is questionable. Materials of the species are scarce and intraspecific variation is unknown. It seems to us that the taxon possesses some diagnostic characters of the genus *Heterosminthus* (small size, lack of protostyle but entoloph connecting to protoloph on M1, and entoconid joining mesoconid on m1), but others of *Lophocricetus* (m1 longer than m2, absence of a posterior arm of protoconid but a strong anterolophid on m2).

Lophocricetus grabaui Schlosser, 1924

(Figs. 118, 119; Table 49)

Referred specimens Bilutu, Sonid Zuoqi (IM 0510): twenty-two molars, V 19707.1–22.

Measurements See Table 49 in the Chinese text.

Diagnosis (improved) Large-sized lophocricetines with relatively higher crowned teeth. M1 with strong protostyle, distinct mesocone and weak mesoloph on a few specimens, and entoloph and posteroloph connecting with paracone and metacone, respectively, in almost all specimens; M2 with single anteroloph low or absent, weaker protostyle than in M1, poorly developed mesocone in a few specimens, poorly developed entoloph always connecting to paracone, mesoloph absent; m1 with anteroconid, pronounced posteroconid, strong ectomesolophid, and hypoconid connecting with entoconid in the majority; m2 without a posterior arm of protoconid extending to metaconid.

Remarks The Bilutu specimens possess characters of *Lophocricetus* in dental morphology, i. e. the developed protostyle on M1, the longer m1 than m2, and the lack of "posterior arm of protoconid" on m2. They fall within the range shown by *L. grabaui* from Ertemte and Harr Obo both as to size and pattern, thus, can be referred to the species.

Lophocricetus grabaui is the type species of this genus, which is characterized by its large size, M1 and M2 with pronounced protostyle but without hypostyle, mesoloph reduced or absent, M1 with the entoloph and posteroloph dominantly connecting with paracone and metacone respectively, and m1 with prominent ectomesolophid, and the hypoconid joining the entoconid (Schlosser, 1924; Qiu, 1985). It is larger than all known species of the genus, except *L. complicidens* (Fig. 119). Morphologically, it differs from *L. saraicus* and *L. minuscilus* in M1 and M2 having more developed protostyle, very reduced or no mesoloph, entoloph and posteroloph respectively connecting to paracone and metacone in a stable majority of M1, in m1 having a strong ectomesolophid, and hypoconid always joining the entoconid. It differs from *L. vinogradovi* and *L. complicidens* in poor development of a double anteroloph in M2. It is distinguishable from *L. complicidens* and *L. reliquus* by the seldom presence of a mesoloph on M1. In addition, *L. reliquus* has a posterior cingulum extending to the lingual wall of hypocone on M1.

The species is commonly known in the Ertemte and Harr Obo faunas, but scarce or absent in the Pliocene faunas. This may be indicative of a marked change of environment during the period from Late Miocene to Pliocene in central Nei Mongol.

Lophocricetus xianensis Qiu, Zheng et Zhang, 2008

(Figs. 120–122; Table 50)

Lophocricetus cf. *gansus*: Qiu et al., 2006, p. 181.

Lophocricetus cf. *L. gansus* (Huitenghe, Shala, Baogeda Ula), *L. gansus* (Bilutu): Qiu Z D et al., 2013, p. 177, appendix.

Referred specimens Balunhalagen, Sonid Zuoqi (IM 0801): eighty-seven molars, V 19708. 1 – 87. Huitenghe, Abag (IM 0003): nine maxillary fragments altogether with 8 M1, 2 M2, 1 M3, seven dentary fragments altogether with 7 m1 and 4 m2, 162 cheek teeth, V 19709.1–178. Shala, Sonid Youqi (IM 9610): 2 maxillary fragments with M1, 205 cheek teeth, V 19710.1–207. Baogeda Ula, Abag: IM 9602 + IM 0702, five maxillary fragments altogether with 2 P4, 5 M1 and 1 M2, four lower dentary fragments altogether with 4 m1 and 3 m2, fifty-nine cheek teeth, V 19711.1–68; IM 0703, three maxillary fragments altogether with 2 P4, 3 M1 and 1 M2, two lower dentary fragment with m1–2 and m1, fifty-six cheek teeth, V 19712.1–61. Bilutu, Sonid Zuoqi (IM 0510): ninety-two molars, V 19713.1–92.

Measurements See Table 50 in the Chinese text.

Diagnosis (improved) Relatively small-sized *Lophocricetus*. M1 and M2 usually with mesocone and mesoloph in variable development, M1 usually with distinct protostyle, entoloph connecting either to paracone or protoloph, and posteroloph to metaloph; M2 occasionally with double anteroloph; m1 and m2 with moderately developed ectostylids and cingulids; m1 usually with pronounced mesoconid and ectomesolophid, and hypoconid connecting to mesoconid or hypolophid; m2 often with three roots, and usually without a posterior arm of protoconid.

Remarks The teeth described from five localities show distinct variation in size and morphology, but they share common features, i.e. the presence of a protostyle or strong posterolingual rib of protocone in almost all M1s and M2s, the presence of mesocone and mesoloph, and the entoloph extending to the paracone or protoloph on M1, the presence of long mesoloph and occasional presence of double anteroloph on M2, the m1 and m2 having distinct ectostylids and cingulids, the hypoconid connecting to the mesoconid or hypolophid in the majority of m1, and the absence of posterior arm of protoconid in most m2. These specimens are referred to the genus *Lophocricetus* rather than *Heterosminthus*, because of the presence of pronounced protostyle in the majority of M1, the entoloph extending to the paracone in some M1, the longer m1 than m2, and the three-rooted m2 lacking a posterior arm of protoconid in the majority of specimens. They are different from those of *L. grabaui* Schlosser, 1924 described above in being smaller, in having mesoloph on M1 and M2, the entoloph connecting to protoloph on M1, the weaker ectostylids and cingulids on m1 and m2, and the hypoconid connecting to the mesoconid in most of m1s. Characters of the Nei Mongol specimens, however, fit the diagnosis of *L. xianensis* from the Bahe Formation of Lantian, Shaanxi in size and morphology (Qiu et al., 2008).

Lophocricetus xianensis possesses a suite of transitional characters in dental morphology between *Heterosminthus* and *Lophocricetus grabaui*. It retains some typical features of *Heterosminthus*, e.g. the presence of mesoloph on M1 and M2, the entoloph extending to protoloph on some M1, the occasional presence of double anteroloph on M2, the connection between hypoconid and mesoconid, and the remnants of "pseudomesolophid" and posterior crest of protoconid on some m1s, the presence of posterior arm of protoconid, and even the connection between the posterior arm of protoconid and mesoconid on some m2s. However, it has significant features of *L. grabaui*, e.g. the distinct protostyle or posterolingual rib of protocone on M1 and M2, the entoloph extending to paracone on some M1s, the developed ectostylids and cingulids on m1 and m2, the strong ectomesolophid, and the presence of connection between the hypoconid and entoconid on some m1, and the lack of posterior arm of protoconid in the majority of m2s. The dental characters of *L. xianensis* seem to imply that *L. grabaui* may have evolved from *Heterosminthus* in the early Late Miocene, and *L. xianensis* may represent an intermediate form between a *Heterosminthus* and *L. grabaui* (Fig. 121).

In *Lophocricetus*, species with such transitional features between a *Heterosminthus* and *L. grabaui* seem to include *L. minuscilus*, *L. vinogradovi*, *L. saraicus*, *L. complicidens* and *L. reliquus* (Savinov, 1970, 1977; Topachevsky et al., 1984; Zazhigin et al., 2002). *L. xianensis* may differ from *L. minuscilus* in having stronger mesoloph on M1 and ectomesolophid on m1. It is smaller than *L. saraicus* with less reduced entoloph on M2, more lingual position of ectolophid and more developed cingulids and ectostylids on m1. The Chinese taxon is smaller than *L. vinogradovi* and *L. reliquus* with longer mesoloph on M1, and with mesoloph on M2, weak cingulids and ectostylids on m1. In addition, M2s with double anteroloph are much fewer in *L. xianensis* than in *L. vinogradovi*. *L. complicidens* is larger than *L. xianensis*, and differs from the latter in having shorter mesoloph on M1 and M2 and more developed cingulids on m1 and m2.

Lophocricetus cf. *xianensis* was reported from the Shengou Fauna of the Qaidam Basin, Qinghai, which was considered to be distinguishable from *L. xianensis* from Lantian in slightly larger size (Qiu et Li, 2008). However, the teeth from Qaidam Basin fall within the size and morphological range of *L. xianensis* from Nei Mongol. Thus, the Shengou lophocricetine is here grouped into *L. xianensis*.

Daxner-Höck (2001) assigned a lophocricetine from Builstyn Khuday (Biozone E), Valley of Lakes, Mongolia to "*Heterosminthus gansus.*" Judging from its larger size, presence of well-developed protostyle on M1 and M2, the entoloph adjoining paracone and rather reduced mesoloph of M1, m1 longer than m2, well developed cingulids and ectostylids on m1 and m2, lack of posterior arm of protoconid on m2, it seems to us that the Mongolian taxon might be referable to *Lophocricetus* rather than to *Heterosminthus*. In addition, the teeth of "*H. gansus*" from Builstyn Khuday fall within the range exhibited by *L. xianensis* from Nei Mongol both in size and dental morphology.

Fig. 122 shows some dental features and intraspecific variations of the *Lophocricetus xianensis* populations in central Nei Mongol. Specimens from Baogeda Ula are similar to those of Shala, minor differences of the former from the latter are the slightly larger size on average, the more reduced mesolophs, the buccal position of entoloph (the entoloph extending to the paracone) and the connection of posteroloph and metaloph on M1-2, the more lingual position of posterior part of ectolophid (the hypoconid connecting to the entoconid or hypolophid), the stronger ectomesolophid, ectostylids and cingulids on m1, and the less frequent posterior arm of protoconid on m2. The Huitenghe specimens seem to be more similar to the Shala ones. Both retain more primitive features than those of Baogeda Ula, such as the higher frequency of the entoloph joining the protoloph and the longer mesoloph on M1, the hypoconid usually connecting to the mesoconid, and the occasional presence of "pseudomesolophid" on m1, and the more frequent occurrence of the posterior arm of protoconid on m2. The Balunhalagen teeth show more primitive characters close to *Heterosminthus*, such as smaller size, weaker protostyle, longer mesoloph and entoloph usually connecting with protoloph on M1, the dominant hypoconid connecting with the mesoconid and more frequent "pseudomesolophid" on m1, and the usual presence of posterior arm of protoconid on the majority of m2. Specimens from Bilutu exhibit more distinct variation in morphology, e.g. the development of M1 protostyle is variable from very small to large, the joint occurrence of the hypoconid connecting to the hypolophid and "pseudomesolophid", etc. In the evolution of *Lophocricetus*, the larger size, the prominent protostyle, the lack of mesoloph, and the entoloph connecting with paracone on M1, the developed ectostylids and cingulids on m1 and m2, the strong ectomesolophid and the hypoconid connecting with hypolophid on m1, and the absence of posterior arm of protoconid on m2, are considered to be advanced characters (apomorphies). The long mesoloph and the entoloph connecting with protoloph on M1, the remnant of "pseudomesolophid" and posterior crest of protoconid, and the hypoconid connecting with mesoconid on m1, and the long posterior arm of protoconid on m2, can be commonly seen in *Heterosminthus*, so are thought to be primitive features (plesiomorphies). *L. xianensis* is the only representative of the subfamily Lophocricetinae in the Baogeda Ula, Shala and Huitenghe faunas, while it is associated with *H. orientalis* in both Balunhalagen and Bilutu faunas. In addition, the Bilutu Fauna contains *L. grabaui* (commonly at Ertemte and Harr Obo in Nei Mongol). Juding from our analysis of faunal composition and dental morphology, it is likely that the Huitenghe, Shala and Baogeda Ula populations are more close in age, with the Huitenghe older and the Baogeda Ula younger. The Balunhalagen population seems to be the oldest and span a longer period. The Bilutu population, however, is the youngest, but may have some mixed members as reworked fossils from the underlying strata.

Through time, *Lophocricetus xianensis* shows a size increase, reduction of mesoloph and lingual shifting of the M1 and M2 entoloph, strengthening of protostyle of M1, buccal shifting of the m1 posterior ectolophid, development of ectomesolophid and external cingulids, and gradual disappearance of "pseudomesolophid" on m1, and reduction of posterior arm of protoconid on m2. This is also the evolutionary tendency of the *Heterosminthus-Lophocricetus* lineage.

Incertae Subfamilinae

Zapodidae gen. et sp. indet. 1

(Fig. 123A)

One M1/2 (1.30 mm × 1.26 mm, V 19714) collected from Balunhalagen, Sonid Zuoqi (IM 0801) exhibits a suite of characters that fit the definition of Zapodinae; its buno-lophodontpattern, nearly opposite arrangement of lingual and buccal main cusps, narrow and asymmetrical sinus, well-developed anterolophs and posterolophs, lack of anterocone and mesocone, and absence of lingual posteroloph and posterosinus. However, it differs from the corresponding teeth of zapodine genera described above by its lack of mesoloph, except for those of *Sinodonomys* Kimura, 2010. It is distinguishable from *Sinodonomys* by its entoloph connecting with the anterior arm of protocone, not with protoloph as in *Sinodonomys*. Limited by only one tooth, it is here treated as an indeterminate genus and species of Zapodidae.

Zapodidae gen. et sp. indet. 2

(Fig. 123B)

An M3 (1.12 mm × 1.20 mm, V 19715) from Balunhalagen, Sonid Zuoqi (IM 0801) also shows characters corresponding to the definition of Zapodinae. The rare zapodine represented by the specimen differs from all the taxa of the subfamilies described above either by its relatively larger size or the presence of a mesoloph.

Dipodidae Fischer von Waldheim, 1817

Dipodidae are small- to medium-sized rodents good at saltatorial locomotion and highly adapted to an arid and open steppe environment. They may have evolved from a line of Zapodidae in the Early Miocene. The extant dipodids are distributed over the southern Palaearctic region, inhabiting northern Africa and western Asia, through central Asia to northern China. Dipodids have an enlarged auditory bulla, a union of the three central metatarsals, three or five toes, single-cusped and single-rooted P4 developed in most but absent in a few species, a moderate elongation of the first molars relative to the second ones, and a usually reduced anteroconid of m1.

According to dental morphology, especially the presence or absence of mesocone(id) and mesoloph(id), dipodid molars can be divided into two patterns, the *Allactaga* type and the *Dipus* type (Fig. 124). Molars in the former type show pronounced mesocone(id)s and mesoloph(id)s, developed anteroloph on upper molars, usually distinct ectomesolophid on m1, distinct cusp and crest on P4 if it is present, whereas in the latter a mesocone(id) and mesoloph(id) on molars and an ectomesolophid on m1 are absent, crest is lacking on the P4 if present. *Protalactaga*, *Paralactaga*, *Allactaga* and *Euchoreutes* are referred to the *Allactaga* type, and *Brachyscirtetes* and *Alactagulus* with slightly modified molars are inferred to this type as well. *Plioscirtopoda*, *Dipus*, *Cardiocranius*, *Salpingotus*, *Jaculus* and *Scirtopoda* are considered to be of the *Dipus* type.

Remains of dipodids were collected from almost all of Late Neogene localities, but were never predominant in the assemblages. Altogether, they are included in six genera belonging to three subfamilies.

Allactaginae Vinogradov, 1925

Protalactaga Young, 1927

Type species *Protalactaga grabaui* Young, 1927: Yongdeng, Gansu; Middle Miocene (Tunggurian).

Diagnosis Smallest allactagine rodent with bunolophodont and brachydont molars. Paracone joining neither anteroloph nor mesoloph in M1 and M2; mesolophid separated from entoconid on m1 and m2; m1 with developed ectomesolophid ("G"). Protoconid, hypoconid, entoconid, mesostylid and "G" converging on mesoconid via ectolophid, hypolophlid and mesolophid on m1 (cited from Qiu, 1996b).

Remarks *Protalactaga* Young is considered to be a valid genus which is differentiated from either the fossil genus *Paralactaga* or the extant *Allactaga* by its small size, lower crowned molars with more prominent cusps than crests, paracone joining the anterior entoloph or mesocone on M1 and M2, pronounced ectomesolophid on m1, and ectolophid, hypolophid, mesolophid and ectomesolophid converging on mesoconid on m1 and m2.

"*Protalactaga borissiaki*" reported from the Late Oligocene of Kazakhstan has been excluded from the genus *Protalactaga* and considered to be a synonym of *Argyromys aralensis* (Qiu, 1996b, 2000; Zazhigin et Lopatin, 2000a; Kordikova et al., 2004). The validity of *P. moghrebiensis* was questioned (Zazhigin et Lopatin, 2000a; Kordikova et al., 2004), but morphology of the species, i.e. the paracone disconnected with the mesoloph on M1 and M2, the presence of pronounced mesoconid and ectomesolophid on m1, and the mesolophid nearly paralleling the entoconid and hypolophid on m2, does correspond to the diagnosis of *Protalactaga*. The presence of connection between metacone and metaconule on M2, and the simple M3 and m3 in *P. moghrebiensis* are interpreted as derived characters. The similarities in measurements and characters lead us to infer that *P. sefriouii* named by Benammi (1997) from Morocco is a synonym of *P. moghrebiensis*. Specimens assigned to *P. shevyrevae* and *P. aenigmatica* by Zazhigin et Lopatin (2000a) from Kazakhstan and Mongolia, and to *P. mynsuensis* by Kordikova and others (2004) fall within the range, both in size and pattern, exhibited by *P. grabaui* from Quantougou, the type locality of the genotypic species, and all may be referred to that species. In addition, the type specimens of *Allactaga irgizensis* described by Zazhigin and Lopatin in 2000 from western Kazakhstan, are characterized by small size, the transverse protoloph connecting to the posterior arm of protocone on M1 (GIN. 1106.4), and the long and pronounced ectomesolophid. These features appear to agree with the diagnosis of *Protalactaga* rather than *Allactaga*.

Protalactaga grabaui Young, 1927

(Figs. 125, 126; Table 51)

Protalactaga cf. *P. grabaui*: Qiu et Wang, 1999, p. 125.
Protalactaga cf. *P. grabaui*: Qiu Z D et al., 2013, p. 177, appendix.

Referred specimens   H-X Highway Road original mark 346 (Loc. 346), Sonid Youqi: seventy-four molars, V 19716.1–74. Amuwusu, Sonid Youqi: one M1, V 19717. Balunhalagen, Sonid Zuoqi (IM 0801): twenty-nine molars, V 19718.1–29. Bilutu, Sonid Zuoqi (IM 0510): two m1, V 19719.1–2.

Measurements   See Table 51 in the Chinese text.

Remarks   By their small size, low crowned and buno-lophodont molars, transverse protoloph connecting to the posterior arm of protocone or mesocone on M1 and M2, mesolophid separated from the hypolophid on m1 and m2, and m1 with pronounced ectomesolophid which converges on mesoconid together with the ectolophid, hypolophid and mesolophid, the specimens described above fit the diagnosis of *Protalactaga* Young, 1927 emended by Qiu in 1996b. These teeth are small in size, distinctly smaller than those of *P. moghrebiensis*, *P. major*, *P. lantianensis* and *P. irgizensis*, but close to those of *P. grabaui* from Quantougou, Gansu, Tunggur, Nei Mongol and Sharga 2, Mongolia (Fig. 126). In morphology, they also exhibit characters diagnostic for *P. grabaui*, but are different from the other four species in being lower crowned, having weakly developed crests, and in having M1 and M2 distinctly longer than wide, M3 and m3 less reduced, and m1 metalophid wanting (Young, 1927; Qiu, 1996b, 2000).

Protalactaga grabaui is considered to be the most primitive species of the genus. It appeared for the first time in the late Early Miocene and survived to early Late Miocene. The species has remarkably large geographical ranges in central Asia, from western Kazakhstan extending to central Nei Mongol (Young, 1927; Zazhigin et Lopatin, 2000a; Qiu, 2000; Kordikova et al., 2004).

Protalactaga major Qiu, 1996
(Figs. 126, 127; Table 52)

Referred specimens   H-X Highway Road original mark 346 (Loc. 346), Sonid Youqi: twenty molars, V 19720.1–20.

Measurements   See Table 52 in the Chinese text.

Remarks   The isolated teeth from Loc. 346 are relatively large in size, distinctly larger than those of *P. grabaui* and *P. irgizensis*, but close to those of *P. major* (Fig. 126). In morphology, they share characters with *P. major* from Moergen II, Nei Mongol, Quantougou, Gansu, and Dingshanyanchi, Xinjiang, in having relatively stronger crests, distinctly compressed cusps, shorter and wider M1 and M2, closely situated protoconid and metaconid unconnected with the posterior cusps and crests on m1 (Qiu, 1996b, 2000; Wu et al., 2009).

Based on three m1s and one M1, *Protalactaga major* was reported from Ulan-Talogoi, Mongolia, Early Miocene. Judging from the drawing and measurements, the "M1" may be an M2 because of the small size and narrow posterior portion of the tooth (Zazhigin et Lopatin, 2000a, Fig. 3f). A possibility of an assignment of the Ulan-Talogoi taxon to a new species of *Protalactaga* may be suggested by its smaller size, and presence of connection between protoconid and mesoconid.

Protalactaga lantianensis Li et Zheng, 2005
(Figs. 126, 128; Table 53)

Referred specimens   Balunhalagen, Sonid Zuoqi (IM 0801): ten molars, V 19721.1–10.

Measurements   See Table 53 in the Chinese text.

Remarks   The Balunhalagen specimens fall within the size range of the teeth of *Protalactaga major* from Loc. 346 (Fig. 126), but differ in having less anteroposteriorly compressed cusps, the protoloph close to the mesoloph and the posteroloph narrow and short on M1, the protoconid connected with mesoconid on m1. Size and morphology seem consistent with *P. lantianensis* rather than *P. major*.

Protalactaga lantianensis is known from the lower Upper Miocene of Lantian, Shaanxi, and shares some characters with the genus *Paralactaga*. It is considered to be the most advanced species of *Protalactaga*. The slightly larger size of the Balunhalagen population than the Lantian one may imply that the former is younger than the latter in age.

Paralactaga minor (Zheng, 1982) was suggested to be transfered to *P. lantianensis* by Li and Zheng (2005). However, this is not justified because of the paucity of materials available.

Protalactaga lophodens sp. nov.
(Figs. 126, 129; Table 54)

Protalactaga cf. *P. major*: Qiu et Wang, 1999, p. 125.

Protalactaga sp.: Wang et al., 2009, p. 121, table 1.

Protalactaga sp.: Qiu Z D et al., 2013, p. 177, appendix.

Etymology   Loph and dens (Latin), crest and tooth, respectively, alluding to lophodonty of the new species.

Holotype   Left M1 (V 19722).

Type locality   Balunhalagen, Sonid Zuoqi (IM 0801).

Geological age and horizon   Early Late Miocene; Bahean; Balunhalagen beds.

Paratype   Twenty-four molars, V 19723.1–24.

Referred specimens   Amuwusu, Sonid Youqi: three cheek teeth, V 19724.1–3.

Measurements   See Table 54 in the Chinese text.

Diagnosis   The largest species of *Protalactaga* with relatively hypsodont and distinctly lophodont molars. Nearly quadrate M1 and M2 with prominent anteroloph, indistinct mesocone and hypoconule, protoloph and mesoloph usually transverse and connected to protocone and middle part of entoloph, respectively, metaloph usually posterolingually directed to join the reduced posteroloph. M3 distinctly reduced.

Remarks   The Balunhalagen and Amuwusu specimens in most characters correspond to the diagnosis of the genus *Protalactaga* by the protoloph connected with protocone on M1 and M2, the mesolophid separated from hypolophid or entoconid on m1 and m2, the prominent mesoconid and ectomesolophid which converge on the mesoconid together with the hypolophid, mesolophid and ectolophid on m1 (Qiu, 1996b). They are differentiated in size as well as in morphology, however, from those of all known species of the genus (Fig. 126). Thus, these teeth are assigned to a new species of *Protalactaga*.

The new species *Protalactaga lophodens* shows some derived features, such as its larger size, lophodont molars, distinctly reduced posteroloph on M1 and M2, and the evidently reduced M3. In the meantime, it retains some primitive characters, i.e. the transverse protoloph connected to protocone, and the protoloph far apart from the mesoloph. *P. lophodens* appears to be a specialized offshoot of the genus. The younger large-sized and lophodont allactagine *Brachyscirtetes* shows some similarities to the new species. However, it is unlikely that the new form is an ancestor of *Brachyscirtetes*, because the paracone on M1 and M2 is anteriorly located and would be merged with the anteroloph after wear in *P. lophodens*, while it is posteriorly located and merged with the mesoloph in *Brachyscirtetes*.

Paralactaga Young, 1927

Type species   *Paralactaga anderssoni* Young, 1927: Wayaobao (Wa-Yao-Po), Gansu; Late Miocene (Baodean).

Diagnosis   Medium-sized allactagines with relatively prominent P4, buno-lophodont and mesodont molars. M1 and M2 with developed anteroloph, small mesocone, pronounced mesoloph, weak posteroloph and posterosinus, paracone joining mesocone or mesoloph, metacone joining posteroloph; mesoloph probably present on M3; m1 with small mesoconid and short ectomesolophid, and mesolophid usually connected with the conjunction of mesoconid and hypolophid (modified from Qiu, 2003).

Remarks *Paralactaga* is known from Kazakhstan and China (Young, 1927; Teilhard de Chardin et Young, 1931; Savinov, 1970; Zheng, 1982; Qiu, 2003). Almost all of the named species of the genus were represented by scarce material and their interspecific differences are subtle. This often makes identification difficult for new material. As far as we can observe, *P. anderssoni* differs from *P. suni* in smaller size and having three roots on M1 and M2, probably representing a relatively primitive species. *Proalactaga varians* (Savinov, 1970) can be grouped into the genus *Paralactaga* (Shenbrot, 1984; Zazhigin et Lopatin, 2000a; Qiu et Storch, 2000; Qiu, 2003; Liu et al., 2008). Although it shares some characters with *Protalactaga*, such as the less reduced M3, the pronounced ectomesolophid on m1, it possesses the diagnostic characters of *Paralactaga*, i.e. the protoloph on M1 and M2 usually posteriorly directed and joining the mesoloph, the metaloph posteriorly directed and joining the reduced posteroloph, and the hypolophid on m1 anteriorly directed to connect with the mesolophid. Thus, *P. varians* probably represents a species more primitive than *P. anderssoni*. *P. minor* is small and its systematic position remains an open question.

Paralactaga suni Teilhard de Chardin et Young, 1931
(Figs. 130–132)

Paralactaga sp.: Cai, 1987, p. 130, table 1.
Paralactaga cf. *P. anderssoni*: Zhang, 1999, p. 172.

Lectotype Maxillary fragment with M1–2 (Teilhard de Chardin et Young, 1931, pl. V, fig. 32) (IVPP RV 31051.1).

Type locality Shenmu, Shaanxi.

Geological age and horizon Late Miocene; Baodean.

Referred specimens Bilutu, Sonid Zuoqi (IM 0510): one M1, V 19725. Gaotege, Abag: Loc. DB 02-1, six cheek teeth, V 19726.1–6; DB 02-2, one m2, V 19727; DB 02-3, three molars, V 19728.1–3; DB 02-4, one M1 and one m3, V 19729.1–2; DB 02-6, one mandibular fragment with m1–3, V 19730; DB 03-1, 1 m1, V 19731; DB 03-2, one m3, V 19732.

Measurements See the Chinese text on page 248.

Diagnosis (emended) Relatively large species of *Paralactaga*. M1–2 with short, but distinct posteroloph, and four roots; m1 with tiny or lacking anteroconid; anterolophid sometimes present on m2; mesoloph(id) visible on the third molars.

Remarks The Bilutu and Gaotege specimens exhibit a suite of characters diagnostic of the genus *Paralactaga*. These are the mesodont molars with developed anteroloph, the paracone and metacone joining the mesoloph and posteroloph via the protoloph and metaloph, respectively, and the posterosinus reduced on M1 and M2, the posterobuccally directed mesolophid connected to the base of mesoconid or the hypolophid on m1 and m2, and the distinctly reduced m3. These teeth are distinctly larger than those of *P. anderssoni*, *P.? minor* and *P. varians*, but fall within the size range of *P. suni* from Ertemte, Harr Obo and Bilike, Nei Mongol (Fig. 132). In morphology, this jerboa is closely identical with *P. suni* from central Nei Mongol and Ningxian, Gansu, especially in sharing the short posteroloph and four roots on M1 and M2, and the presence of anterolophid on m2 (Zhang, 1999; Qiu, 2003).

Paralactaga suni is restricted to northern China and recorded for the first time in the Upper Miocene. It relatively flourished during the early Pliocene and survived to the end of Pliocene. The last population may be represented by an m1 reported by Cai (1987) as an indeterminate species of *Paralactaga* from the upper Pliocene of Nihewan, Hebei. The m1 (3.51 mm × 2.46 mm) is larger than that of *P. anderssoni*, but matches that of *P. suni* from Nei Mongol, thus is referred to the species.

Paralactaga anderssoni Young, 1927
(Fig. 133)

Lectotype   Left m1 (Young, 1927, Taf. 1, fig. 1; Schaub, 1934, Taf. 15), probably in the Lagrelius collection kept in the Museum of Uppsala University, Sweden.

Type locality   Wayiaopu, Jingchuan, Gansu.

Geological age and horizon   Late Miocene; Baodean.

Referred specimens   Balunhalagen, Sonid Zuoqi (IM 0801): six molars, V 19733.1-6.

Measurements   See the Chinese text on page 252.

Diagnosis (emended)   Relatively small-sized species of *Paralactaga*, smaller than *P. suni*. M1-2 with three roots.

Remarks   The Balunhalagen jerboa is distinctly smaller than *Paralactaga suni*, and larger than *P.? minor*, but close to *P. anderssoni* and falls within size variation of *P. varians* (Fig. 132). It differs from *P. varians* in having less reduced posteroloph and the protoloph joining the middle mesoloph on M2, and in the lack of anterolophid on m2. The described specimens are tentatively referred to *P. anderssoni* mainly based on their size.

Paralactaga parvidens sp. nov.
(Fig. 134)

Protalactaga sp. 1: Qiu et al., 2006, p. 181, appendix.

Paralactaga sp. 1 and *Paralactaga* cf. *P. anderssoni*: Qiu Z D et al., 2013, p. 177, appendix.

Etymology   Parvi and dens (Latin), small and tooth, meaning small dentition of the new species.

Holotype   Right M1 (V 19734).

Type locality   Shala, Sonid Youqi (IM 9610).

Geological age and horizon   Late Miocene; late Bahean; Baogeda Ula Formation (?).

Paratype   Six molars, V 19735.1-6.

Referred specimens   Baogeda Ula, Abag: IM 0702, two m3, V 19736.1-2; IM 0703, one maxillary fragment with P4-M1, V 19737. Bilutu, Sonid Zuoqi (IM 0510): three molars, V 19738.1-3.

Measurements   See the Chinese text on page 253.

Diagnosis   Small-sized *Paralactaga* with relatively higher cusps than crests. M1 and M2 with protoloph connected to base of mesoloph, mesoloph thin and posterointernally directed, and reduced posteroloph; M3 rather quadrate-shaped with less reduced metacone.

Remarks   Although the described teeth are small and close to those of *Protalactaga* in size, they show characters of *Paralactaga* in morphology: the protoloph joining the base of mesoloph, the metaloph joining the distinctly reduced posteroloph on M1 and M2, the mesolophid connected with the base of hypolophid on m2, and the rather reduced m3.

These specimens seem to represent a new species of *Paralactaga*. It differs from *P. anderssoni* in smaller size, having the protoloph joining the base of mesoloph rather than the middle mesoloph, and a more reduced posteroloph on M1-2, and lower and weaker anterocone and anteroloph on M1. The new species can be distinguished from *P. suni* by its much smaller size and by the characters used to differentiate from *P. anderssoni*. *P. varians* is different from the new form in distinctly larger size, having more developed posteroloph on M1-2 and stronger anteroloph on M1, and a pronounced anterolophid on m2. The new jerboa differs from *P.? minor* in smaller size, in having the protoloph situated closer to the mesoloph on M1, and the mesolophid to the hypolophid on m1-2.

Paralactaga shalaensis sp. nov.

(Fig. 135)

Protalactaga sp. 2: Qiu et al., 2006, p. 181, appendix.

Paralactaga sp. 2: Qiu Z D et al., 2013, p. 177, appendix.

Etymology　After the type locality of the new species.

Holotype　Left m1 (V 19739).

Type locality　Shala, Sonid Youqi (IM 9610).

Geological age and horizon　Late Miocene; late Bahean; Baogeda Ula Formation (?).

Paratype　Seven cheek teeth, V 19740.1−7.

Measurements　See the Chinese text on page 256.

Diagnosis　Large *Paralactaga* with relatively high crown and lophate cusps. M1 with developed and anterobuccally directed anteroloph, and protoloph connected to middle of mesoloph; m1 and m2 with a strong ridge formed by hypoconid and posterolophid; m1 lacking connection between protoconid and mesoconid, the fused protoconid and metaconid joining mesoconid or hypolophid via a lingually-positioned and longitudinal crest, and a free mesolophid lacking; m2 missing anterolophid but with a small and short mesolophid

Remarks　The Shala specimens are large in size and possess the diagnostic features of *Paralactaga* by their posterolingually directed protoloph and metaloph connecting to the mesoloph and metacone, respectively, and distinctly reduced posteroloph on M1, poorly developed ectomesolophid on m1, and posterobuccally directed mesolophid connecting to the hypolophid. This jerboa is much larger than *P. anderssoni*, *P.? minor*, *P. varians* and *P. parvidens*, but close to *P. suni* (Fig. 132). It differs from all known species of the genus in having rather hypsodont, more lophate cusps, m1 lacking anterior mesolophid and connection between the protoconid and mesoconid, the metaconid connected with mesoconid or hypolophid via a lingually positioned and longitudinal crest, and a very pronounced and anterobuccally slanting anteroloph present on M1.

Brachyscirtetes Schaub, 1934

Type species　*Allactaga wimani* Schlosser, 1924: Ertemte, Nei Mongol; Late Miocene (Baodean).

Diagnosis　Larger allactagine rodent with hyposodent, lophodont and *Allactaga*-type molar pattern, and flat chewing surface of molars. P4 poorly developed; M1 and M2 usually with undeveloped or indistinct mesoloph and posteroloph, mesoloph and posteroloph fused with paracone and metacone, respectively, with wear of the teeth; protocone and hypocone fused with anteroloph and paracone, respectively, to form a strong oblique ridge when well-worn; m1 with a distinctly anteriorly located mesolophid forming an oblique ridge with the protoconid, a prominent ectomesolophid forming an oblique ridge with the entocone; m2 usually with undeveloped or indistinct mesolophid fused with the entoconid with wear of the tooth, and entoconid merged with protoconid to form an oblique ridge. Third molars relatively unreduced (modified from Qiu, 2003).

Remarks　Schaub (1934) created *Brachyscirtetes* based on a couple of m1s and several pieces of limb bones assigned by Schlosser (1924) to *Allactaga wimani* and by Young (1927) to *Paralactaga major*, from Ertemte, Nei Mongol and Wayaobao, Gansu. The occurrence of this genus is restricted in central and northern Asia. Three species, *B. wimani*, *B. robustus* and *B. tomidai* are known from the late Late Miocene to Early Pliocene, but are never predominant in the faunas (Savinov, 1970; Qiu, 2003; Li, 2015).

　　Savinov (1970) noted that the presence of an anteroconid on m1 in the Ertemte specimens and a different orientation of the metaconid on m1 between the specimens from Ertemte and Wayaobao. Thus, he suggested retaining both *wimani* and *major* as valid species of *Brachyscirtetes*, and Zazhigin and Lopatin (2000a) agree with this idea. After a reexamination of these specimens, however, we found that the direction of metaconid on the Wayaobao m1 figured by Schaub (1934, Fig. 22) appears to be more precise, and falls within the range of variation exhibited by *B. wimani* from Ertemte both as to size and morphology, except for the presence of anteroconid. It seems to us that the presence or absence of an anteroconid on m1 is variable in dipodids. Therefore, there seems to be good reason for continuing to recognize "*B. major*" as synonymous with *B. wimani*.

Brachyscirtetes tomidai Li, 2015
(Figs. 136, 137)

Referred specimens　Baogeda Ula, Abag: IM 0702, seven molars, V 19741.1−7; IM 0703, three molars, V 19742.1−3.

Measurements　See the Chinese text on page 257.

Diagnosis　Smaller-sized *Brachyscirtetes*. M2 with relatively bunodont paracone, mesoloph and posteroloph failing to be merged with paracone and metocone, respectively; m1 with symmetrical protoconid and metaconid at an obtuse angle, and long and longitudinally located anterior ectolophid; mesolophid not incorporated into entoconid in m2 (cited from Li, 2015).

Remarks　The Baogeda Ula specimens agree with the diagnosis of *Brachyscirtetes* by their large size, partially hypsodont and lophodont molars, narrow and short mesoloph and posteroloph close to the paracone and metacone on M1 and M2, respectively, mesolophid weak and close to entoconid on m2. The jerboa is smaller than *B. wimani* from Ertemte and Harr Obo, Nei Mongol and Pavlodar, Kazakhstan, *B.* cf. *B. robustus* from Bilike, Nei Mongol, and *B. robustus* from Pavlodar, Kazakhstan, but close in size to *B. tomidai* from Siziwangqi, Nei Mongol (Fig. 137). In morphology, it is similar to *B. tomidai* but differs from the other known species of *Brachyscirtetes* in having distinct mesoloph and posteroloph on M1 and M2, and pronounced mesolophid on m2. Thus, these isolated teeth are referred to the species *B. tomidai*.

The small size, the relatively less lophodont molars, the retained distinct mesoloph and posteroloph on M1 and M2, and a clear mesolophid on m2 are interpreted as of primitive status in *Brachyscirtetes*, and as characters closely similar to the features of *Paralactaga*. This seems to be the basis for assuming that *Brachyscirtetes* has been derived from *Paralactaga*.

Brachyscirtetes coexisted with *Paralactaga* and *Dipus* during the later Late Miocene and Early Pliocene in Kazakhstan and central Nei Mongol. They might occupy different niches. We follow Savinov (1970) in his conjecture that *Brachyscirtetes* had the same diet and habit with the extant *Allactagulus*, because of the flat chewing surface and the similar dental morphology (Fig. 138). The extant *A. pygmaeus*, the monotype of the genus, is adapted to Gobi Desert steppe environments and its diet of plants and inserts. *Brachyscirtetes* is more hypsodont with stronger ridges on the teeth than *A. pygmaeus*. This seems to imply that *Brachyscirtetes* inhabited a more demanding environment with abrasive food than *Allactagulus* did.

Brachyscirtetes wimani (Schlosser, 1924)
(Fig. 139)

Brachyscirtetes sp.: Qiu Z D et al., 2013, p. 177, appendix.

Referred specimen　Only a damaged m1 collected from Balunhalagen, Sonid Zuoqi (IM 0801), V 19743.

Remarks　The jerboa represented by this m1 is referred to *Brachyscirtetes wimani*. In morphology, the tooth is identical with *B. wimani* from Ertemte and Harr Obo, especially in having an anterolingually directed metaconid, the protoconid at an acute angle to the metaconid, the distinctly anteriorly located end of the mesoconid, and the rather anterobuccally oriented ridge formed by the mesolophid and metaconid.

As the type species, *Brachyscirtetes wimani* is also known from Wayaobao, Gansu, and Kirgiz-Nur, Mongolia, as well as from Nei Mongol. It is recorded in deposits of the uppermost Miocene and lower Pliocene

(Schlosser, 1924; Young, 1927; Schaub, 1934; Zazhigin et Lopatin, 2000a; Qiu, 2003).

Brachyscirtetes robustus Savinov, 1970

(Fig. 139)

Brachyscirtetes sp.: Li et al., 2003, p. 108, table 1.

Brachyscirtetes sp.: Qiu Z D et al., 2013, p. 177, appendix.

Referred specimens　Gaotege, Abag: Loc. DB 02-1, one M3, V 19744; DB 03-1, one m3, V 19745.

Measurements　M3: 2.95 mm × 3.10 mm; m3: 3.85 mm × 3.52 mm.

Remarks　The two teeth are referred to *Brachyscirtetes robustus* because of the large size and similar morphology. The jerboa is identical to *B. robustus* from Pavlodar, Kazakhstan in having a similar size, a transversely expanded M3, and a distinctly buccally-extended posterosinusid on m3. The Gaotege jerboa is close to *B.* cf. *B. robustus* from Bilike in size, but differs from it in having a less reduced hypocone on M3, and a distinctly buccally-extended posterosinusid on m3.

Dipodinae Fischer de Waldheim, 1817

Dipus Zimmermann, 1780

Type species　*Mus sagitta* Pallas, 1773 = *Dipus sagitta* (Pallas, 1773): recent.

Diagnosis (improved)　Medium-sized jerboa with three toes; brachydont and buno-lophodont molars with typical *Dipus*-type pattern, and mesocone(id) and mesoloph(id) usually absent. P4 strong, single-cusped and single-rooted; M1 and M2 with slightly alternate arrangement of main cusps, strong metacone, robust and oblique entoloph; anteroloph usually weak and low on M1; hypoconulid frequently present on m1 and m2; anteroconid incorporated into metacone to form a transverse ridge on m2. The third molars less reduced.

Remarks　*Sminthoides* Schlosser, 1924 has been recognized to be a synonym of the extant genus *Dipus* Zimmermann, 1780 (Qiu et Storch, 2000; Zazhigin et Lopatin, 2001; Qiu, 2003; Li et Qiu, 2005). There have been some different opinions on the validity of *Scirtodipus* assigned by Savinov in 1970 based on material from Pavlodar, Kazakhstan (Zazhigin et Lopatin, 2001; Li et Qiu, 2005). We do not think that the differences emphasized by Savinov (1970) to distinguish *Scirtodipus* from *Sminthoides* are sufficient to warrant generic separation, and still consider *Scirtodipus* a junior synonym of *Dipus*.

Dipus pliocenicus sp. nov.

(Figs. 140, 141, 144; Table 55)

Sminthoides fraudator: Qiu et Storch, 2000, p. 191, figs. 22-27.

Sminthoides fraudator: Li et al., 2003, p. 108, table 1.

Dipus cf. *D. fraudator*: Li et Qiu, 2005, p. 32.

Dipus cf. *D. fraudator*: Qiu Z D et al., 2013, p. 177, appendix.

Etymology　Referring to the Pliocene occurrence of the new species.

Holotype　Right m2 (V 19746).

Type locality　Gaotege, Abag (DB 02-2).

Geological age and horizon　Lower Pliocene; Gaozhuangian; Gaotege beds.

Paratype　One maxillary fragment with P4-M1, twenty-nine molars, V 19747.1-30.

Referred specimens　Gaotege, Abag: Loc. DB 02-1, eighty-four molar, V 19748.1-84; DB 02-3, thirty-six molars, V 19749.1-36; DB 02-4, ten molars, V 19750.1-10; DB 03-1, twenty-five cheek teeth, V 19751.1-25; DB 03-2, fourteen molars, V 19752.1-14.

Measurements　See Table 55 in the Chinese text.

Diagnosis Relatively small-sized *Dipus*. M3 usually with entoloph; m1 and m2 with strong connection between hypoconid and entoconid; metalophid frequently developed on m1; distinctly posterolingually compressed m2 with lingually located hypolophid, short posterolophid, and narrow posterosinusid; posterolophid very weak or absent on m3.

Remarks The Gaotege specimens can be confidently assigned to *Dipus* because they exhibit the following suite of dental characters: 1) P4 is strong, single-cusped and sigle-rooted; 2) molars are lophodont without mesocone(id) and mesoloph(id); 3) on M1−2 the main cusps are alternately arranged, metacone is robust, and entoloph is strong and oblique; 4) anteroloph is weak on M1; 5) hypoconulid is present in the majority of m1−2s; 6) anterolophid is incorporated into metacone to form a transverse ridge. These teeth are different from those of the known species in morphology, and represent a new form.

Dipus fraudator differs from the new species in distinctly larger size (Fig. 141), in havingpoorly developed crests, entoloph usually directed toward the paracone on M1 and M2, small anteroconid and isolated metaconid, but metalophid missing on m1, prominent posterolophid and wide posterosinusid on m2, and developed anterolophid on m3. *D. kazakhstanica* is also distinctly larger than the new form (Fig. 141), and differs from it in having a small and weak P4, more developed anteroloph on M1−2, and entoloph directly joining the paracone on most M1−3s. *D. conditor* is large in size, and frequently lacks connections between the cusps on m1. *D. essedum* often has a mure on the posterior wall of M2, usually lacks hypolophid on m2. *D. singularis* is larger than the new form, and has a distinct anterocone on M1 and M2, especially a developed anterocone on M2. *D. iderensis* is a larger jerboa with remnant of posteroloph on M1, weak anteroloph on M3, less reduced entoconid and wider posterosinusid on m2. *D. perfectus* is larger with a rather reduced m3.

Size and characters of the molar structure of the jerboa which was assigned to *Sminthoides fraudator* by Qiu and Storch (2000) from Bilike, Nei Mongol, by Flynn and others (1991) from Yushe, Shanxi, and by Zheng and Zhang (2001) from Lingtai, Gansu indicate that the taxon should be transferred to the new species *Dipus pliocenicus*. Up to now, the new form is only known from the Pliocene.

Dipus nanus sp. nov.
(Figs. 141, 142)

Sminthoides? sp.: Qiu et Wang, 1999, p. 126.
Dipus sp. nov.: Qiu et al., 2006, p. 181, appendix.
Dipus sp. nov.: Liu et al., 2008, p. 126, table 1.
Dipus sp. nov.: Qiu Z D et al., 2013, p. 177, appendix, partim.

Etymology Nanus (Latin), undersized, referring to the small size of the new species.

Holotype Right M1 (1.49 mm × 1.35 mm; V 19753).

Type locality Shala, Sonid Youqi (IM 9610).

Geological age and horizon Late Miocene; late Bahean; Baogeda Ula Formation (?).

Paratype Four molars (1 M1—1.55 mm× 1.40 mm, 1 damaged M2, 1 broken M3, 1 damaged m1—1.23 mm wide), V 19754.1−4.

Diagnosis Tiny-sized *Dipus* with brachydont molars. Anteriorly narrow M1 with remnant of mesocone and posteroloph, entoloph connected with paracone; M2 with remnant of mesoloph, and entoloph joining the yoke of protocone and paracone; m1 with weak crests and undeveloped hypoconulid.

Remarks The Shala specimens show dental characters of *Dipus*, i.e. the buno-lophodont molars, the typical *Dipus*-type dental pattern, the strong and oblique entoloph on M1−2, the presence of weak anteroloph and mesocone, and the absence of a distinct mesoloph on M1, the presence of weak mesoloph and absence of mesocone on M2, the lack of mesoconid, mesolophid and ectomesolophid on m1. The three-toed jerboa is assigned to a new species, which is distinguished from all known species of *Dipus* by its very small size and primitive characters of dental morphology, such as the brachydont molars, the poorly developed connections between the cusps, the remnant of mesoloph and posteroloph on M1, the presence of weak mesoloph on M1–2, the undeveloped hypoconulid and long posterolophid on m1.

Kordikova and others (2004) named *Mynsudipus ustjurtensis* based on the dipodid materials from the middle Miocene Shomyshtin Formation, Kazakhstan. The taxon is small in size, with *Dipus* type of lower cheek teeth, but close to *Allactaga* type of upper ones. However, two M2s (see Kordikova et al., 2004, Fig. 9p–q) in the referred materials appear to belong to cricetid rather than dipodid, because they are not consistent, both in size and morphology, with other specimens assigned to this species. The discovery in Kazakhstan possibly implies that three-toed dipodids have evolved from five-toed dipodids, and *M. ustjurtensis* is an intermediate form in transition. Compared with the new species *Dipus nanus* from Shala, the rather primitive three-toed dipodid *M. ustjurtensis* has a close dimension in cheek teeth, but with a more pronounced anteroloph, a more bulging mesocone, a reduced but distinct mesoloph, and the protoloph not yet merging with the entoloph to form an anterobuccal-posterolingual crest on the upper molars. In contrast to that of *M. ustjurtensis*, a mesoloph is absent in *Dipus nanus*, and its protoloph is incorporated to the entoloph to form an oblique crest in the upper molars of the Shala dipodid. Therefore, we tend to consider that the new species is the most primitive *Dipus* or a very advanced *Mynsudipus*, which may have derived from a form of dipodids similar to *M. ustjurtensis*.

Dipus fraudator (Schlosser, 1924)
(Figs. 141, 143, 144)

Dipus sp. nov.: Qiu Z D et al., 2013, p. 177, appendix, partim.

Referred specimens Balunhalagen, Sonid Zuoqi (IM 0801): two M1 and one m2, V 19755.1–3. Baogeda Ula, Abag: twelve molars, V 19756.1–12. Bilutu, Sonid Zuoqi (Loc. IM 0801): six molars, V 19757.1–6.

Measurements See the Chinese text on page 265.

Remarks Size of the teeth described above is slightly larger than *Dipus pliocenicus* from Bilike and Gaotege, and smaller than *D. fraudator* from Ertemte and Harr Obo, but falls within the range of *D. fraudator* from Baode, Shanxi, and the extant *D. sagitta* (Fig. 141). These teeth are referred to *D. fraudator* because of the entoloph pointing to the paracone on M1, the isolated metaconid on m1, the less compressed posterosinusid on m2, and the more developed anterolophid on m3. These characters all agree with *D. fraudator* from Ertemte and Baode (Qiu, 2003; Liu et al., 2005).

Building on the preliminary revision of Chinese *Dipus* by Li and Qiu in 2005, emendations are presented as follows:

D. sagitta is an extant species. It is recorded for the first time as a fossil in the upper Pleistocene of Sjara-osso-gol, Nei Mongol and Yulin, Shaanxi, and was published as *D.* cf. *D. sowerbyi* (Boule et Teilhard de Chardin, 1928; Teilhard de Chardin et Young, 1931);

D. fraudator is known from the upper Miocene at Balunhalagen, Baogeda Ula, Bilutu, Ertemte and Harr Obo, Nei Mongol (Schlosser, 1924; Schaub, 1930, 1934; Qiu, 2003), and Baode, Shanxi (Liu et al., 2008);

D. pliocenicus is found in the lower Pliocene, Bilike and Gaotege, Nei Mongol, Yushe, Shanxi, and Lingtai, Gansu (Flynn et al., 1991; Qiu et Storch, 2000; Zheng et Zhang, 2001);

D. nanus is from lower upper Miocene, Shala, Nei Mongol.

Cai (1987) reported "*Sminthoides* sp. nov." from the upper Pliocene, Nihewan, Hebei, and Zheng (1976) referred some material from Heshui, Gansu to "*Sminthoides fraudator*". There is no doubt that these taxa should be transferred to *Dipus*, but these teeth are rather high crowned and show some similarities to *D. sagitta* in morphology. They are here treated as an indeterminate species of *Dipus* because of the paucity of materials.

The genus *Dipus* is recorded for the first time at Shala of early Late Miocene age. The largest number of species is present during Baodean and Gaozhuangian. It is possible that the Mongolian highland was the evolutionary center of this genus. That *Dipus* increased in diversity and abundance in later Late Miocene and Early Pliocene may imply a drying environment and spread of grassland conditions of this period.

The evolution of the genus may include a tendency toward an increase in size and crown height, strengthening connections between the cusps, enlarging and lingually shifting of entoloph on M1 – 2, gradual reducing anteroconid and strengthening metalophid on m1 (Fig. 144), and reducing anterolophid on m3.

Cardiocraniinae Vinogradov, 1925

Salpingotus Vinogradov, 1922

Salpingotus primitivus Li et Zheng, 2005
(Fig. 145)

Cardiocranius sp.: Qiu et al., 2006, p. 181, appendix, partim.

Cardiocranius sp.: Qiu Z D et al., 2013, p. 177, appendix, partim

Referred specimen   Only one m1 (1.05 mm × 0.81 mm) collected from Shala, Sonid Youqi (Loc. IM 9610), V 19758.

Remarks   The Shala m1 is tiny and exhibits characters of the extant cardiocraniines, such as the absence of mesoconid and mesolophid, the typical *Dipus*-type molar pattern. It is tentatively referred to *Salpingotus primitivus*, because of the close size, the developed hypoconulid, and the narrow mesosinusid (Li et Zheng, 2005).

Cardiocranius Satunin, 1903

Cardiocranius pusillus Li et Zheng, 2005
(Fig. 145)

Cardiocranius sp.: Qiu et al., 2006, p. 181, appendix, partim.

Cardiocranius sp.: Qiu Z D et al., 2013, p. 177, appendix, partim.

Referred specimen   Only one m1 (1.09 mm × 0.84 mm) collected from Shala, Sonid Youqi (Loc. IM 9610), V 19759.

Remarks   This Shala m1 is also tiny and shows some similar morphology to *Salpingotus primitivus*, e.g. the absence of mesoconid and mesolophid, and the typical *Dipus*-type molar pattern. However, it is differentiated from the latter in its metaconid located anterior to the protoconid, in having longer metalophid and hypolophid, and the mesosinusid being wider. Size and characters of this specimen correspond to the diagnosis of *Cardiocranius pusillus* (Li et Zheng, 2005).

Cricetidae Fischer von Waldheim, 1817

Cricetidae as a separate family has long been controversial, and the systematic relationship between its subfamilies remains largely unknown. Before phylogenetic classification is settled, we continue to follow some paleontologists in using the traditional Cricetidae as a generalized taxonomic unit to accomodate some taxa that are known as fossil Muroidea with cricetid pattern of teeth. It is obvious that the content of these taxonomic units in this text could be improved as new information on the phylogeny becomes available.

Remains of cricetid rodents are quite abundant in central Nei Mongol, and include at least the following 18 genera of 6 subfamilies.

Eucricetodontinae Mein et Freudenthal, 1971

Metaeucricetodon gen. nov.

Type species *Metaeucricetodon mengicus* sp. nov.: Aoerban, Sonid Zuoqi, Nei Mongol; Early Miocene (Xiejian).

Etymology From Greek meta, "after" or "soon afterwards", and *Eucricetodon*, type genus of the Eucricetodontinae.

Diagnosis Larger-sized eucricetodontines with low crowned molars and heavily built cusps. M1 with rather straight buccal border by enlargement of prelobe, and simple anterocone; M1 and M2 with transverse or slightly anteriorly directed protoloph and metaloph, low and short mesoloph, undeveloped and straight entoloph, nearly symmetrical sinus, and four roots; M3 with complete ectosinus, and three or four roots; m1 with simple blade-shaped anteroconid; m1 and m2 with nearly transverse metalophid and hypolophid, free posterior arms of protoconid and hypoconid, short mesolophid, straight ectolophid, nearly symmetrical sinusid, and two roots; m3 with evident entosinusids.

Remarks The new genus *Metaeucricctodon* can be easily distinguished by its large size from all the "ancient cricetids", such as *Democricetodon*, *Spanocricetodon*, *Megacricetodon*, *Ganocricetodon* and *Paracricetulus* known from the Early or Middle Miocene of Eurasia. It is comparable to *Eucricetodon*, *Pseudocricetodon*, *Deperetomys*, *Cricetodon*, and *Eumyarion* in size and morphology, i.e. the simple anterocone(id) of the first molars, the transverse protoloph and metaloph on upper molars and the metalophid and hypolophid on lower molars, nearly symmetrical sinus and sinusid of molars, the complete ectosinuses on M3 and entosinusids on m3, and the presence of free posterior arms of protoconid and hypoconid on m1 and m2. However, *Metaeucricetodon* differs from *Eucricetodon* and *Pseudocricetodon* in larger size and having four roots on M1 and M2, even on some M3. In addition, *Metaeucricetodon* has straighter buccal border due to enlargement of the prelobe on M1 than in *Eucricetodon*, and has relatively weak mesoloph(id) on molars, lacks protoloph II on M2 but has pronounced posterior arm of hypoconid on m2 (differs in this from *Pseudocricetodon*). Both *Deperetomys* and *Cricetodon* have prominent ectoloph on upper molars, oblique transverse crests (protoloph, metaloph, metalophid and hypolophid) on molars, narrow posterior sinus on upper molars and wide posterior sinusid on lower molars, and no free posterior arms of protoconid and hypoconid on m1 and m2. *Metaeucricetodon* differs from *Eumyarion* mainly in larger size, having four roots on M1 and M2, and the presence of a marked lingual anteroloph on M2 and a free posterior arm of hypoconid on m2.

Metaeucricetodon demonstrates great similarities to *Eucricetodon* in dental morphology. This may imply that the two genera were closely allied, and that *Metaeucricetodon* might have been derived from *Eucricetodon*. The increase in size and addition of roots to the teeth of *Eucricetodon* would morph them into something similar to *Metaeucricetodon*.

Metaeucricetodon mengicus gen. et sp. nov.
(Fig. 147; Table 56)

Eucricetodon? sp.: Wang et al., 2009, p. 122, table 1.

Eucricetodon? sp.: Qiu Z D et al., 2013, p. 177, appendix.

Etymology Meng, the abbreviation for Nei Mongol (Inner Mongolia) in Chinese. Named after Nei Mongol, where this new species was found.

Holotype Left M1 (V 19760).

Type locality Gashunyinadege, Sonid Zuoqi (IM 9605).

Geological age and horizon Early Miocene; late Xiejian–early Shanwangian; Aoerban Formation.

Paratype One mandibular fragment with damaged m1 and m2, and one m2, V 19761.1-2.

Referred specimens Aoerban (L), Sonid Zuoqi: IM 0407, one mandibular fragment with m1 and m2, twelve molars, V 19762.1-13; IM 0507, one mandibular fragment with damaged m1-2, and m3, V 19763. Gashunyinadege, Sonid Zuoqi: IM 9606, one maxillary fragment with damaged M1 and M2, and one damaged M2, V 19764.1-2; IM 0401, ten molars, V 19765.1-10; IM 0406, one mandibular fragment with m1 and m2, fifteen molars, V 19766.1-16. Aoerban (U), Sonid Zuoqi (IM 0772): fourteen molars, V 19767.1-14. Balunhalagen, Sonid Zuoqi (IM 0801): five molars, V 19768.1-5. Bilutu, Sonid Zuoqi (IM 0510): one M1 and one M2, V 19769.1-2.

Measurements See Table 56 in the Chinese text.

Diagnosis Same as for the genus.

Remarks The locality Gashunyinadege produced more material of this taxon than the others. The teeth from the lower red mudstone at Aoerban seem to be quite homogenous with those from Gashunyinadege in size and structure. Materials from the upper red mudstone at Aoerban, Balunhalagen and Bilutu are relatively rare, but it is worth noting that these teeth are overall smaller than those from Gashunyinadege and the lower red mudstone of Aoerban in size. Moreover, all three M2s from these localities show that the entoloph joins the conjunction between the protocone and protoloph (i.e. the entoloph and protoloph adjoining the protocone at the same point). Most M2 from Gashunyinadege and the lower red mudstone, however, have the entoloph and protoloph adjoining the protocone at separate points. In addition, the posterior arm of hypoconid on two m1s from Balunhalagen is either very week or very reduced. However, most molars from these sites fall within the size range of teeth from Gashunyinadege and the Lower Red Mudstone, and the same structure of M2 can be found at the two assemblages. Nevertheless, no break can be detected that would allow distinction of different taxa at this moment, but the size and morphological differences of the specimens with higher stratigraphic occurrence may imply evolutionary trends in this lineage, i.e. size decrease, the buccal shift of entoloph on M2, and the reduction of posterior arm of hypoconid on m1 over the course of time.

Cricetodontinae Schaub, 1925

Democricetodon Fahlbusch, 1964

Type species *Democricetodon crassus* Freudenthal, 1969 = *D. minor* Fahlbusch, 1964: Sansan, France; Middle Miocene.

Diagnosis See Mein and Freudenthal, 1971.

Remarks *Democricetodon* is a polymorphous genus widely distributed in the Miocene of the Old World. Remains of this animal are commonly known from the Miocene of central Nei Mongol, among which those from the Tunggur area have been described (see Qiu, 1996b).

Democricetodon lindsayi Qiu, 1996
(Figs. 148, 149; Table 57)

Democricetodon cf. *D. lindsayi*: Qiu et Wang, 1999, p. 124.

Democricetodon cf. *D. lindsayi*: Wang et al., 2009, p. 122, table 1.

Democricetodon sp.: Qiu Z D et al., 2013, p. 177, appendix, partim.

Referred specimens Gashunyinadege, Sonid Zuoqi: IM 9605, five molars, V 19770.1-5; IM 9606, nine molars, V 19771.1-9; IM 0401, six molars, V 19772.1-6; Loc. IM 0406, one broken m1, V 19773. Aoerban (U), Sonid Zuoqi (IM 0772): ten molars, V 19774.1-10. H-X Highway Road original mark 346 (Loc. 346), Sonid Youqi: sixty-two molars, V 19775.1-62. H-X Highway Road original mark 482, Abag (IM 9604): one damaged M1 and one M2, V 19776.1-2. Amuwusu, Sonid Youqi: seven molars, V 19777.1-7.

Balunhalagen, Sonid Zuoqi (IM 0801): one hundred and three molars, V 19778.1–103. Huitenghe, Abag (IM 0003): four molars, V 19779.1–4. Bilutu, Sonid Zuoqi (IM 0510): eighteen molars, V 19780.1–18.

Measurements　See Table 57 in the Chinese text.

Diagnosis (improved)　Relatively larger *Democricetodon*, usually with medium or long mesoloph on upper molars and mesolophid on lower molars. M1 with wide and simple anterocone, protoloph I in some and spur of anterolophule in a few specimens; M2 with posterolingually directed metaloph; m1 with large, simple, and round or oval anteroconid, and an occasional ectomesolophid in primitive populations; m1 and m2 with anterobuccally directed hypolophid connected with ectolophid, and anterolingually directed sinusid.

Remarks　The described specimens from several different localities show distinct variability in size and morphology, but they are commonly characterized by the presence of mesoloph(id)s on molars, wide and simple anterocone(id) on the first molar, anterolophule on upper molars, double protoloph on some M1s and the majority of M2s, narrow posterosinus, and the endoloph connecting the hypocone to the protoloph on M1 and M2, the lack of metalophid II, and the anteriorly directed hypolophid joining the ectolophid on m1. These specimens exhibit a suite of characters that is highly diagnostic for the genus *Democricetodon*, and fits the diagnosis of *D. lindsayi* known from the Tunggur Formation of Nei Mongol. They fall within the molar size range of *D. lindsayi* (Fig. 149). All the variable morphology shown in the Tunggur *D. lindsayi* can be found in these specimens, such as the development of mesoloph(id), the presence of anterolophule spur and protoloph I on M1, the development of ectomesolophid on m1, etc. Minor difference lies in the few specimens showing tendency of split anterocone on M1, which occurs in a few specimens from Tunggur. Such a difference may be due to sampling bias. The variation is so continuous in regard to size and pattern that no distinct taxa can be detected.

The added teeth of *Democricetodon lindsayi* are distinctly larger in size than the corresponding teeth of *D. gracilis*, *D. romieviensis*, *D. anatolicus* and *D. doukasi*, and smaller than those of *D. crassus*, *D. affinis*, *D. gailardi*, *D. mutilus*, *D. freisingensis*, *D. kohatensis*, *D. hasznosensis*, *D. walkeri* and *D. fourensis* (Schaub, 1925; Freudenthal, 1963, 1967; Fahlbusch, 1964; Wessels et al., 1982; Kordos, 1986; Tong et Jaeger, 1993; Theocharopoulos, 2000; Maridet et al., 2000). They are close to *D. brevis*, *D. franconicus*, *D. sulcatus* and *D. hispanicus* in size (Schaub, 1925; Fahlbusch, 1966; Freudenthal, 1967). Nevertheless, they are distinguishable by the following association of characters, i.e. the wide and undivided anterocone(id) of the first molar, the long mesoloph(id) of molars, the development of double protoloph and the usually posteriorly-directed metaloph of M1 and M2, the anteriorly-directed sinus and hypolophid of m1 and m2, and the presence of mesolophid on m3.

As for the other three species of *Democricetodon* from China, *D. lindsayi* is close to *D. suensis* from the Early Miocene of Sihong, Jiangsu in size, but differs from it in having higher crowned molars with relatively stronger cusps and crests, anterolophule ending in general less lingually at edge of anteroloph and mesoloph being on average longer on M1, more developed double protoloph and lack of an "axioloph" on M2, and much less frequent ectomesoloph and double hypolophid on m2 (Qiu, 2010). Both *D. tongi* and *D. sui* are smaller forms of *Democricetodon*, which are easily distinguishable from *D. lindsayi* (Qiu, 1996b; Maridet et al., 2011b).

It is likely that *Democricetodon lindsayi* had a long stratigraphical range, spanning an interval from late Early Miocene to early Late Miocene, but no clear information about the evolutionary tendency of the species can be provided at present because of the inadequate material from most of the fossil sites. However, the following trends seem observable: 1) the dental crown is slightly higher and the cusps are stronger in the younger horizons than in the older; 2) the transverse metaloph connecting to hypocone on M1 is more frequent earlier, so that the posterosinus is more distinct and open (the metaloph is usually posteriorly directed and connects to the posteroloph in the later horizons); 3) the development of the protoloph I on M1 and M2 becomes gradually more distinct from the lower horizon to the higher; 4) the ectomesolophid on m1 disappears with time.

Democricetodon sui Maridet, Wu, Ye et al., 2011

(Fig. 150; Table 58)

Democricetodon sp. 1: Wang et al., 2009, p. 122, tab. 1.

Democricetodon sp. 1 (Lower Aoerban): Qiu Z D et al., 2013, p. 177, appendix.

Referred specimens   Aoerban (L), Sonid Zuoqi: IM 0407, seventeen molars, V 19781.1-17; IM 0507, one damaged M1 and one m3, V 19782.1-2. Gashunyinadege, Sonid Zuoqi: IM 0401, one M1, V 19783; 0406, one m2, V 19784.

Measurements   See Table 58 in the Chinese text.

Diagnosis   Small-sized *Democricetodon* with low-crowned teeth and gracile cusps. Anterocone and anteroconid undivided in first molar. In M1, protoloph usually single but an incomplete protoloph I may present, whereas the protoloph I is better developed in M2. Mesoloph located posteriorly in the mesosinus, closer to metacone, and slightly oblique and anteriorly connected in M1 and M2. In contrast, mesolophid of each lower molar located anteriorly in mesosinus, and in m1 anterior part of mesosinusid often higher than the posterior part. In lower molars, metaconid and entoconid anteriorly located relative to the protoconid and hypoconid, respectively. Metalophid and hypolophid almost transverse; metalophid joining the middle of anterolophulid and hypolophid joining ectolophid between the apex of the curve and the hypoconid. Small but clearly developed mesoconid often present at the junction of hypolophid and ectolophid. Ectomesolophid, starting from the mesoconid, present or absent (from Maridet et al., 2011).

Remarks   The described specimens fit the diagnosis of *Democricetodon* given by Fahlbusch in 1964 in their sample of anterocone(id) of the first molars, and double protoloph of M2. Nevertheless, they can be referred neither to the above described *D. lindsayi* nor to *D. tongi*, a small taxon from central Nei Mongol, by their small size, weak cusps, almost lack of protoloph I and presence of transverse metaloph on M1, weaker protoloph II on M2, and short mesoloph on M1 and M2 (see Qiu, 1996b).

The tiny *Democricetodon* represented by the small sample resembles *D. sui*, except for its slightly larger size, wider anterocone(id) on the first molar, more distinct spur of anterolophule and posteriorly directed metaloph on some M1. In view of the high similarity of the Nei Mongol *Democricetodon* to *D. sui* from Junggar, Xinjiang, and the inadequate material of Junggar, on which the holotype of *D. sui* is based, it is considered inadvisable to create for the Nei Mongol specimens a new species at this moment. Thus, the above described specimens are tentatively referred to the species *D. sui*. The slightly larger size, wider anterocone(id) of the first molar, the posteriorly-directed metaloph of *D. sui* from Nei Mongol are considered to be derived features in *Democricetodon*. That is to say, the age of the *D. sui* bearing beds in Nei Mongol may be very close to that in Xinjiang, but younger than the latter.

Democricetodon tongi Qiu, 1996

(Fig. 151; Table 59)

Democricetodon sp.: Maridet et al., 2011b, p. 400.

Democricetodon sp. 3 (Gashunyinadege), *D.* sp. 2 (Upper Aoerban): Qiu Z D et al., 2013, p. 177, appendix.

Referred specimens   Gashunyinadege, Sonid Zuoqi: IM 0401, six molars, V 19785.1-6; IM 0406, four molars, V 19786.1-4. Aoerban (U), Sonid Zuoqi (IM 0772): four molars, V 19787.1-4. Balunhalagen, Sonid Zuoqi (IM 0801): eleven molars, V 19788.1-11.

Measurements   See Table 59 in the Chinese text.

Diagnosis (improved)   Small *Democricetodon* with low-crowned molars and relatively massive aspect of cusps. M1 with wide and simple anterocone that shows slight tendency of division, incomplete protoloph I, and transverse or posteriorly-directed metaloph; M2 with more developed protoloph I than protoloph II; M1 and M2 with low but long mesoloph; m1 and m2 with transverse or slightly anteriorly-directed hypolophid connected with the posterior ectolophid.

Remarks   The teeth from Upper Aoerban and Gashunyinadege represent another small species of *Democricetodon* from Nei Mongol. It is close to *D. sui* and *D. tongi* in size and morphology, having lower crowned cheek teeth, simple anterocone, incomplete protoloph I and lacking paracone spur on M1, asymmetrically developed protoloph on M2, semicircular anterolophid, long mesolophid and usually lacking ectomesolophid on m1, etc. The taxon differs from *D. sui* in having relatively massive aspect of cusps and wider anterocone of M1, but is more identical with *D. tongi*. Thus, the described specimens are referred to this species. It is certain that these teeth show minor differences from those of *D. tongi* from Tunggur, such as the less developed protoloph I of M1, and presence of transverse metaloph in M1, as well as their smaller size. These differences are here interpreted as primitive characters, which is consistent with greater age of Gashunyinadege and Upper Aoerban than Tunggur.

An indeterminate species of *Democricetodon* published by Maridet and others (2011b) from Junggar Basin, Xinjiang, collected from Loc. XJ 99005, is associated with *D. sui*. The taxon is similar to *D. sui*, but differs from it in slightly larger size, larger cusps, wider anterocone and posteriorly directed metaloph on M1. It seems to be referable to *D. tongi*, due to the close similarities both in size and morphology.

Sonidomys gen. nov.

Type species   *Sonidomys deligeri* sp. nov.: Tunggur, Inner Mongolia; Middle Miocene (Tunggurian).
Etymology   After the Sonid Zuoqi where is produced the type species of the new genus.
Diagnosis   Medium-sized cricetodontines with posterior border of foramen incisivum situated before the M1, low crowned molars and distinct inflated cusps, robust anterior arms of lingual cusps in upper molars and posterior arms of buccal cusps in lower molars. M1 and M2 with single, posteriorly-directed protoloph and metaloph, and narrow and transverse sinus; m1 and m2 with single and more or less anteriorly-directed metalophid and hypolophid, and transverse and nearly symmetrical sinusid; buccal branch of anterolophid almost or completely incorporated in metalophid in m2 and m3; M1 and m1 with rather wide but simple anterocone(id). Upper molars three-rooted and lower molars two-rooted.

Differential diagnosis   *Sonidomys* differs from *Democricetodon*, *Fahlbuschia*, *Pseudofahlbuschia*, *Karydomys*, and *Copemys* in having only a posteriorly directed protoloph in M1 and M2. It can be easily distinguished from *Spanocricetodon* by larger size and by a long mesolophid in m1 and m2. It differs from *Ganocricetodon* in having simple anterocone in M1, single protoloph in M1 and M2. *Sonidomys* differs from *Paracricetulus* in lager size, M1 and M2 having single protoloph and three roots, but lacking posterior spur of paracone. *Sonidomys* is much larger than *Primus*, and with distinctly inflated cusps. *Sonidomys* is similar to *Collimys* and *Renzimys* in its lack of anterior protoloph in M1 and M2, but differs from the former in larger size, in the absence of anterolophule spur in M1, in having a simple anteroconid complex in m1, and differs from *Renzimys* in having a simple anterocone in M1. *Sonidomys* is different from *Rotundomys* in the cusps being inflated rather than lophate. In addition, the new genus differs from *Cricetodon* and *Cricetulodon* in m1 having only a single anterolophulid, but metalophid not posteriorly-directed.

Sonidomys deligeri gen. et sp. nov.
(Fig. 152; Table 60)

Etymology   Named in honor of Mr. Deliger from the Administration Station of Cultural Relics of Xilinguole League, Inner Mongolia, who organized many aspects of our field works.

Holotype　A left maxillary fragment with M1 (V 19789).

Type locality　Loc. 346 RM, Sonid Youqi.

Geological age and horizon　Middle Miocene; middle Tunggurian; middle member of Tunggur Formation.

Paratype　18 molars, V 19790.1 – 18.

Measurements　See Table 60 in the Chinese text.

Diagnosis　Same as for the genus.

Remarks　*Sonidomys deligeri* shows similarities to the genera *Cricetodon* and *Democricetodon* of Cricetodontinae in dental morphology, such as the lower crowned and bunolophodont cheek teeth, the simple anterocone(id) of the first molar, the variable length of mesoloph(id), and the presence of a small posterosinus in M1 and M2. Compared with the two genera, the new taxon seems to be more closely allied with *Democricetodon* than *Cricetodon*. It is likely that the genus *Sonidomys* joins *Spanocricetodon*, *Ganocricetodon* and *Primus* as Asian varieties of Cricetodontinae.

Sonidomys deligeri possesses some derived characters, such as the larger size, the inflated cusps, and the large and wide anterocone(id), which are present in some advanced species of *Democricetodon*. This seems to imply that the new genus *Sonidomys* was derived from *Democricetodon*. Nevertheless, the genus is only recorded with limited material at the Middle Miocene Locality Loc. 346, and no information about its phylogenetic reconstruction can be provided at present.

Megacricetodon Fahlbusch, 1964

Type species　*Cricetodon gregarius* Schaub, 1925: La Grive, France; Middle Miocene.

Diagnosis　See Mein and Freudenthal, 1971.

Remarks　*Megacricetodon* is also a polymorphous genus usually associated with *Democricetodon* and widely distributed in the Early Miocene and Middle Miocene of the Old World. Remains of this animal are commonly known in the Miocene of central Nei Mongol, among which those from the Tunggur area have been described (see Qiu, 1996b).

Megacricetodon sinensis Qiu, Li et Wang, 1981
(Figs. 153 – 155; Table 61)

Megacricetodon cf. *M. sinensis*: Wang et al., 2009, p. 122, table 1.

Megacricetodon sp. (Upper Aoerban, Gashunyinadege and Tairum Nur): Qiu Z D et al., 2013, p. 177, appendix.

Referred specimens　Aoerban (L), Sonid Zuoqi (IM 0407): one M1 and one M2, V 19791.1 – 2. Gashunyinadege, Sonid Zuoqi: IM 9605, eleven molars, V 19792.1 – 11; IM 9606, three maxillary fragments with M1, M2 and broken M3, M2 – 3, and M2 and damaged M3, respectively, one mandibular fragment with m1, twenty three molars, V 19793.1 – 27; IM 0401, twenty one molars, V 19794.1 – 21; IM 0406, ten molars, V 19795.10. Aoerban (U), Sonid Zuoqi (IM 0772): one mandibular fragment with m2 – 3, eighty-two molars, V 19796.1 – 83. Tairum Nur, Sonid Youqi: one M2, V 19797; H-X Highway Road original mark 346 (Loc. 346), Sonid Youqi: one mandibular fragment with m1 – 2, one hundred and thirty two molars, V 19798.1 – 133. H-X Highway Road original mark 482, Abag (IM 9604): one mandibular fragment with m1, ten molars, V 19799.1 – 11. Balunhalagen, Sonid Zuoqi (IM 0801): twenty seven molars, V 19800.1 – 27. Bilutu, Sonid Zuoqi (IM 0510): three molars, V 19801.1 – 3.

Measurements　See Table 61 in the Chinese text.

Diagnosis　Small *Megacricetodon* with brachydont cheek teeth and weaker crests than cusps. Anterocone bilobed and usually unequal on M1; m1 wedge-shaped with a simple and untwinned anteroconid; mesoloph(id) of molars low and variable in length (long to absent); a posteriorly directed spur of paracone usually undeveloped.

Remarks Materials *Megacricetodon sinensis* from Aoerban (U), Gashunyinadege, Loc. 346 and Moergen II are relatively abundant and afford an opportunity to study the limits of individual variation of this species. The two weathered and eroded teeth from Aoerban (L) may be from the upper strata of Aoerban and re-deposited in their current positions.

Although the teeth from these localities show great homogeneity, distinct variation could be observed in size and morphology. The length and width of the first molars from Aoerban (U) are closer to those from Gashunyinadege, but slightly larger than those from Moergen II and Loc. 346 in average value (Fig. 154). In morphology, minor differences among the materials are: 1) in the specimens from Moergen II and Loc. 346, the groove dividing the anterocone into buccal and lingual conules on M1 is deeper than that in Aoerban (U) and Gashunyinadege, and the lingual conule is relatively larger than the buccal one relative to that in Aoerban (U) and Gashunyinadege; 2) metalophs on M1 are posteriorly-directed, connecting to the posterior arm of hypocone or posteroloph in the samples from Gashunyinadege, but not in all specimens from Aoerban (U), Moergen II and Loc. 346; 3) few double protoloph of M2 occur in the specimens from Aoerban (U); 4) in the M2 of Aoerban (U) and Gashunyinadege samples, the posteriorly-directed metaloph connecting to the posteroloph is in distinctly higher frequency, the paracone spur is scarce; 5) an interrupted anterolophulid on m1 is not seen in the specimens from Aoerban (U) and Gashunyinadege; 6) the mesolophid of m1 is more reduced in the samples of Moergen and Loc. 346. Fig. 155 shows the morphological variation of *Megacricetodon sinensis* from central Nei Mongol in development of the anterolophule spur and paracone spur, and connection of the anterolophule and metaloph on M1, development of the paracone spur and connection of metaloph on M2, and in development of the anterolophulid and mesolophid on m1.

According to the approximation and differences of size and morphology, the teeth appear to be divided into two groups, one of which is represented by the materials from Aoerban and Gashunyinadege, and the other by those from Moergen II and Loc. 346. Nevertheless, the continuous variations and minor differences between the two groups make it difficult to define different species. It seems to us that these differences are of different status for different populations of different ages, and it is reasonable to treat the whole sample as a single species *Megacricetodon sinensis*.

Three species of the genus *Megacricetodon*, *M. sinensis*, *M. pusillus*, and *M. yei* have been documented in the Neogene of northern China (Qiu et al., 1981; Qiu, 1996b; Bi et al., 2008). Bi et al. (2008) correctly note that *M. pusillus* may be a synonym of *M. sinensis*, a smaller sized *M. sinensis*. *M. yei* falls into the larger end of the size range of *M. sinensis*. It differs from the latter mainly in higher percentage of anterolophule spur in M1, frequent occurrence of paracone spur in M1 and M2, and higher frequency of double protoloph in M2.

Judging from the specimens from central Nei Mongol, the evolutionary trend of *Megacricetodon sinensis* seems to be characterized by a decrease of size, gradual splitting of anterocone and buccal shifting of anteroloph in M1, increase of anteriorly-directed metaloph and development of paracone spur on M2, and reduction of anterolophulid in m1.

Cricetodon **Lartet, 1851**

Type species *Cricetodon sansaniensis* Lartet, 1851: Sansan, France; Middle Miocene.

Diagnosis Small-, medium- or large-sized Cricetodontinae with low-crowned cheek teeth. Cusps of cheek teeth "inflated". Anteroconid of m1 bearing a small rounded cusp. Majority of m1s with double metalophid or metalophid II only. Anterocone of M1 single or double. Buccal branch of m2 anterolophid incorporated in metalophid I. M1 and M2 with three or with four roots. Free posterior arm of hypoconid absent in all lower molars (from De Bruijn et al., 1993).

Remarks *Cricetodon* is rather diverse, with remains found widely in the Early and Middle Miocene of Europe and Asia Minor (De Bruijn et al., 1993; Rummel, 1999). In eastern Asia, it was known only from the Xiacaowan Formation, early Miocene at Sihong, Jiangsu, China (Qiu, 2010). The genus seems to display an evolution tendency of increase in size, increase of root number of M1 and M2, development of ectoloph, gradual disappearance of the posteroectosinus of upper molars due to the backward shift of metaloph, reduction of the transversal ridges (mesoloph and entomesoloph on upper molars, and mesolophid and ectomesolophid on lower molars), lacking protoloph I of M1 and metalophid I of m1, and reduction of the third molars.

Cricetodon sonidensis sp. nov.
(Fig. 156; Table 62)

Cricetodon sp. 1: Wang et al., 2009, p. 122, table 1.
Cricetodon sp. 1: Qiu Z D et al., 2013, p. 177, appendix.

Etymology After the county name Sonid Zuoqi, where the new species is produced. Sonid is a Chinese transliteration of Mongolian.

Holotype Left M1 (V 19802).

Type locality Aoerban (U), Sonid Zuoqi (IM 0772).

Geological age and horizon Early Miocene; Shanwangian; upper member of Aoerban Formation.

Paratype One maxillary fragment with M1 and one mandibular fragment with m2, seventeen molars, V 19803.1–19.

Measurements See Table 62 in the Chinese text.

Diagnosis Medium-sized species of *Cricetodon* with relatively lower crowned cheek teeth and weaker cusps. Upper molars with three roots, poorly developed ectoloph, but clear and open posterosinus in early stage of wear; M1 with indistinct bifurcation of anterocone and single protoloph; M2 with weak lingual branch of anteroloph and anterosinus; M3 relatively simple in structure. Ectomesolophid evident in m1 and m2; double metalophid, and weakly developed metalophid II in m1.

Remarks The described specimens in most characters correspond to the diagnosis of *Cricetodon* given by De Bruijn and others in 1993. These characters are the low-crowned cheek teeth, the "inflated" cusps of molars, the small rounded anteroconid cusp and double metalophid on m1, the buccal branch of anterolophid incorporated in the metalophid I on m2, and the absence of free posterior arm of hypoconid on lower molars.

The new species is close in size to *Cricetodon wanhei*, the only named species of the genus known from eastern Asia, but differs from it in M1 and M2 having three roots, slightly stronger mesoloph and weaker posterior spur of paracone, in M1 with more distinct anteroloph and posterosinus, in M2 with distinct lingual branch of anteroloph and anterosinus, in M3 lacking a connection between the protocone and the hypocone to enclose the lingual sinus, and in m1 and m2 having a more pronounced ectomesolophid (Qiu, 2010).

Cricetodon sonidensis is similar to *C. versteegi*, *C. kasapligili* and *C. tobieni* known from Asia Minor in having three-rooted M1 and M2, but can be distinguished from them by its larger size, and more reduced lingual branch of anteroloph and anterosinus on M2. In addition, it differs from *C. versteegi* in having less divided anterocone, single and more backwardly directed protoloph on M1, from *C. kasapligili* and *C. tobieni* in having double metalophid on m1 (De Bruijn et al., 1993).

All the previously named species of *Cricetodon* from the Middle Miocene, i.e. *C. hungaricus*, *C. sansaniensis*, *C. jotae*, *C. albanensis* of Europe and *C. candirensis*, *C. pasalarensis* and *C. cariensis* of Asia Minor, are large in size with four-rooted M1 and M2, strong ectolophs and reduced posterosinus on upper molars, distinct lingual branch of anteroloph on M2, double metalophid on m1, which are easily distinguishable from the new Chinese form (Mein et Freudenthal, 1971; Tobien, 1978; Sen et Ünay, 1979; Kordos, 1986).

The new species, *C. sonidensis*, is comparable to *C. meini* in size, but differs from it in having three-rooted M1 and M2, less developed ectoloph and less reduced posterosinus and mesoloph on M1, indistinct lingual branch of anteroloph and anteroentosinus on M2, and double metalophid on m1 (Freudenthal, 1963). It more or less resembles *C. aliveriensis* in some respects, such as the development of ectoloph and posterosinus on upper molars, the presence of double metalophid and evident ectomesolophid on m1, and the similar outline and structure of the third molars, but differs in having less clearly split anterocone of M1, and more reduced lingual branch of anteroloph and anterosinus of M2 (Klein Hofmeijer et De Bruijn, 1988).

Comparison of *Cricetodon sonidensis* with the other species of the genus seems to show that the new species is closer to *C. wanhei*, *C. meini* and *C. aliveriensis* in evolutionary grade rather than the three-rooted *C. versteegi*, *C. kasapligili* and *C. tobieni* know from the Early Miocene, or other named species from the Middle Miocene.

Cricetodon fengi sp. nov.
(Fig. 157; Table 63)

Cricetodon sp. 2: Wang et al., 2009, p. 122, table 1.
Cricetodon sp. 2: Qiu Z D et al., 2013, p. 177, appendix.

Etymology Named in honor of Mr. Feng Wenqing from the Institute of Vertebrate Paleotology and Paleoanthropology, Chinese Academy of Sciences, who helped the authors greatly in our field works.

Holotype Left M1 (V 19804).

Type locality H-X Highway Road original mark 346 (Loc. 346), Sonid Youqi.

Geological age and horizon Middle Miocene; middle Tunggurian; middle member of Tunggur Formation.

Paratype There molars, V 19805.1–3.

Referred specimens Balunhalagen, Sonid Zuoqi (IM 0801): twelve molars, V 19806.1–12. Bilutu, Sonid Zuoqi (IM 0510): six molars, V 19807.1–6.

Measurements See Table 63 in the Chinese text.

Diagnosis Similar to *Cricetodon sonidensis*, but slightly larger in size with higher crowned and stronger-cusped cheek teeth. Relatively wider anterocone(id) in M1 and m1; more distinct bifurcation of anterocone, but weak and close posterosinus in early stage of wear in M1; relatively distinct lingual branch of anteroloph in M2; double anterolophulids more pronounced in m1.

Remarks These teeth are identical to those of *Cricetodon sonidensis* in most characters, except for their larger size, higher crown, stronger cusps, wider anterocone on M1 and anteroconid on m1, more developed ectolophs on M1 and M2, more distinct anterior valley and bifurcation of anterocone on M1, and stronger anterolophulids on m1. Although they show close similarities to *C. sonidensis* in size and morphology, it is considered inadvisable to refer these specimens to the same species because of these differences. Thus a new taxon, *C. fengi*, is assigned for them. It is likely that the new species is closely allied to *C. sonidensis* from a lower horizon. The above differences of *C. fengi* from *C. sonidensis* are here interpreted as derived character state in the evolution from *C. sonidensis* to *C. fengi*.

It is necessary to mention that the Bilutu fossil-bearing beds are Late Miocene channel deposits. The Bilutu assemblage seems to contain reworked fossils from underlying strata of Middle Miocene through early Late Miocene age (Wang et al., 2009). The question of whether the Bilutu beds are of primary deposits containing *Cricetodon fengi* remains open.

Plesiodipinae subfam. nov. = Gobicricetodontinae Qiu, 1996

Type genus *Plesiodipus leei* Young, 1927, Quantougou, Yongdeng, Gansu; Middle Miocene (Tunggurian).

Subfamily definition   A group of medium to large sized cricetids with mesodont and buno-lophodont cheek teeth. Anterocone in M1 and anteroconid in m1 usually wide and single-cusped; mesoloph and ectoloph in M1, and mesolophid and entolophid in m1 very weak or absent; metaloph in M1 and M2 incorporated in posteroloph; buccal branch of anteroloph in M2 and M3 and lingual branch of anterolophid in m2 and m3 nearly or completely absent; anteriorly-directed metalophid always present in m1; paracone via entoloph in upper molars and protoconid via ectolophid in lower molars incorporated in or tending to be incorporated in hypocone and entoconid, respectively, to form a "*medial diagonal ridge*" across the crown.

Included genera   *Plesiodipus* Young, 1927; *Gobicricetodon* Qiu, 1996; *Khanomys* gen. nov.; *Rhinocerodon* Zazhigin, 2003; *Tsaganocricetus* Topachevsky et Skorik, 1988.

Remarks   The new subfamily is an endemic group that occurred in the Middle Miocene to early Late Miocene in part of northern Asia. It shares some dental features with Eucricetodontinae and Cricetodontinae, but differs from them in the posteriorly directed metaloph incorporated in the posteroloph in M1 and M2, nearly or completely lacking the lingual branch of anteroloph(id) on the second and third molars, and in having a "*medial diagonal ridge*" formed by cusps and crests. The incorporation of metaloph and posteroloph in the upper molars, the merger of the lingual branch of anteroloph and buccal main cusp in second upper and lower molars are suggested to be derived for cricetids. The tendency of incorporation of a "*medial diagonal ridge*" is thought to be an autapomorphy for the subfamily Plesiodipinae.

Plesiodipinaeis equivalent to previous Gobicricetodontinae Qiu, 1996. *Plesiodipus* is the first described genus of this subfamily, therefore, we suggest discarding the name Gobicricetodontinae and creating a new name Plesiodipinae with a representative genus *Plesiodipus* Young, 1927 as a type genus for this group.

Plesiodipus **Young, 1927**

Type species   *Plesiodipus leei* Young, 1927; Quantougou, Yongdeng, Gansu; Middle Miocene.

Diagnosis (revised)   Medium-sized hamsters with bunolophodont-lophodont and moderate to high crowned cheek teeth. Molars without mesocone(id), but remnant of mesoloph(id) may be present in the early stage of wear. Buccal main cusps in upper molars and lingual ones in lower molars compressed obliquely; protocone more anteriorly located than paracone in upper molars and lingual cusps distinctly more anteriorly located than the buccal ones in lower molars; cusps and crests in molars aligned in three rows, of which the middle rows cross the crown diagonally. Two buccal and one or two lingual valleys present in upper molars, of which the buccal ones distinctly extend posterointernally; three lingual and two buccal valleys in lower molars, of which the last two lingual ones distinctly extend anteroexternally. Ectoloph absent, sinus small, nearly symmetrical and narrowing towards the base in M1 and M2; anterocone in M1 and anteroconid in m1 simple and narrow; m1 and m2 with small and nearly symmetrical sinusid, and straight buccal protoconid on the basic wall; single or double anterolophulid, thick anterophulid, and metalophid I present, but metalophid II seldom present in m1; sinusid extending towards posterosinusid in m2 and m3; m3 nearly equal to m2 in length. "*Medial diagonal ridge*" pronounced on molars.

Plesiodipus leei **Young, 1927**
(Figs. 158, 159, 162; Table 64)

Plesiodipus sp.: Qiu et Wang, 1999, p. 126.

Lectotype   No holotype was designated by Young in 1927. Qiu (1996b) chose the maxillary fragment with M1-3 described by Young (1927, Taf. 1, Fig. 27a) as the lectotype of the species.

Referred specimens   Tairum Nur, Sonid Youqi: one m1, V 19808. H-X Highway Road original mark 346 (Loc. 346), Sonid Youqi: six maxillary fragments, five mandibular fragments, and one hundred and thirty-six molars, V 19809.1–147. Amuwusu, Sonid Youqi: one M2 and one m2, V 19810.1–2. Balunhalagen, Sonid Zuoqi (Loc. IM 0801): one maxillary fragment with M1, one mandibular fragment with m1–2, fifty six molars, V 19811.1–58. Bilutu, Sonid Zuoqi (Loc. IM 0510): five molars, V 19812.1–5.

Measurements See Table 64 in the Chinese text.

Diagnosis (improved) Molars relatively wider, bunolophodont, and moderately high-crowned. M1 with distinct protosinus, and occasionally with remnant of mesoloph in the early stage of wear; lower molars with relatively wider and deeper buccal valleys; double anterolophulid and distinct posterosinusid present, and metalophid II occasionally present in m1.

Remarks The characters of the specimens described correspond to the diagnosis of *Plesiodipus* Young, 1927. The teeth from the four sites fall within the range exhibited by the molars of *P. leei* from the type locality Quantougou, Gansu, and from Moergen II, Sonid Zuoqi as to morphology and size (Qiu, 1996b, 2001a). On average, the specimens from Balunhalagen and Amuwusu are slightly higher crowned and larger-sized, with smaller protosinus on M1, and two closer anterolophulids on m1 than those from Tairum Nur and Moergen (Fig. 159). This may be indicative of their more derived status than in Tairum Nur and Moergen, which seems to be consistent with the higher stratigraphic occurrence of the former.

Plesiodipus progressus Qiu, 1996
(Figs. 160, 162; Table 65)

Plesiodipus aff. *P. progressus*: Wang et al., 2009, p. 112, table 1.

Plesiodipus cf. *P. progressus* (Balunhalagen), *Plesiodipus* aff. *P. progressus* (Bilutu): Qiu Z D et al., 2013, p. 177, appendix.

Referred specimens Balunhalagen, Sonid Zuoqi (IM 0801): thirty two molars, V 19813.1–32. Bilutu, Sonid Zuoqi (IM 0510): four molars, V 19814.1–4.

Measurements See Table 65 in the Chinese text.

Diagnosis (improved) Molars relatively narrow and long, lophodont, and moderately high-crowned. M1 with two lingual valleys, but the protosinus rather shallow; lower molars with relatively narrow and shallow buccal valleys; m1 with single but thick anterolophulid, and rather narrow and shallow posterosinusid.

Remarks The form of *Plesiodipus* represented by the new specimens is different from *P. leei*, but identical with *P. progressus* from Tamuqin (Moergen V) in the Tunggur tableland. These teeth are all in agreement with those of the latter both in nature and size. They are characterized by more elongated outline, more compressed cusps, having reduced protosinus of M1, narrower and shallower buccal valleys of lower molars, single anterolophulid and small posterosinusid on m1, which are in strong contrast to *P. leei*.

Plesiodipus progressus with limited material was only known from Moergen V, Sonid Zuoqi (Qiu 1996b). Minor differences of the Balunhalagen and Amuwusu populations from that of Tamuqin are in the shallower and more reduced buccal sinusids on lower molars. This may be interpreted as derived status for the additional materials described herein.

Plesiodipus robustus sp. nov.
(Figs. 161, 162; Table 66)

Prosiphneus qiui: Zheng et al., 2004, p. 300, partim.

Prosiphneus sp. 2 (Balunhalagen), *Prosiphneus* sp. (Huitenghe), *Prosiphneus* (Bilutu): Qiu Z D et al., 2013, p. 177, appendix.

Etymology Referring to its large size, heavily built molars with strong ridges.

Holotype Right M1 (V 19815).

Type locality Balunhalagen, Sonid Zuoqi (IM 0801).

Geological age and horizon Late Middle Miocene–early Late Miocene; late Tunggurian–early Bahean;

Balunhalagen beds.

Paratype Thirty-five molars, V 19816.1–35.

Referred specimens Huitenghe, Abag (IM 0003): four molars, V 19817.1–4. Bilutu, Sonid Zuoqi (IM0510): ten molars, V 19818.1–10.

Measurements See Table 66 in the Chinese text.

Diagnosis Relatively larger-sized species of *Plesiodipus*. Heavily built and lophodont molars with high crown expanding towards the base, and strong ridges. Upper molars with single lingual valley; M1 with roughly "ε"-like ridges and almost completely reduced protosinus; lower molars with moderately wide and deep valleys buccally; m1 with single and thick anterolophulid, and moderately developed posterosinusid.

Remarks The teeth from the three localities described demonstrate distinctly homogenous morphology, and fit the diagnosis of the genus *Plesiodipus*, i.e. the lophodont molars with obliquely compressed main cusps, three rows of oblique ridges consisting of cusps and crests, two buccal valleys, simple anterocone(id) on the first molars, sinusid extending towards posterosinusid on m2 and m3. Due to distinct differences from known species, these teeth are referred to a new species of the genus, although those from Huitenghe and Bilutu are slightly larger in size with stronger crests and probably merged roots in the upper molars. In Huitenghe and Bilutu specimens, these features are treated as a more progressive degree of evolution, which may be consistent with their higher stratigraphic occurrence.

The new species *Plesiodipus robustus* is larger than *P. leei* and *P. progressus* in size (Fig. 162). It has more heavily built molars with higher crown distinctly expanding towards the base, and stronger crests. In addition, it differs from *P. leei* in: 1) molars are more lophodont; 2) on M1 there is no vestige of mesoloph, the protosinus is almost completely lost, and the ridges are in roughly "ε"-like arrangement; 3) on m1 the anterolophulid is single and thick, the posterosinusid is shallow. *P. robustus* is also distinguishable from *P. progressus* by its wider outline of molars, more reduced protosinus on M1, more developed valleys buccally on lower molars, and more pronounced posterosinusid on m1.

Plesiodipus robustus is comparable with *P. leei* in having relatively wider contour of molars, distinctly posteriorly-extending buccal valleys of upper molars, prominent buccal valleys and developed posterosinusid on lower molars. This seems to imply that the two species were probably closely allied. It is likely that along the lineage *P. leei–P. robustus* exists the general evolutionary trend to enlarge the size, increase the crown height of molars, strengthen the ridges, reduce the mesoloph and protosinus of M1, incorporate the anterolophules, and gradually decrease the buccal valleys and the posterosinusids of m1.

One M2 and one m2 among the specimens from Amuwusu underthe name *Prosiphneus qiui* (IVPP V 14046; Zheng et al., 2004) possess features of *Plesiodipus robustus*, and can be referred to this species. The "M2" is lophodont with the ridges of roughly "ε"-like arrangement, reduced protosinus, which is consistent with the M1 of *P. robustus* in morphology. The m2 has the sinusid extending towards the posterosinusid, differing from other m2s of *P. qiui*. Therefore, they should be referred to the new species.

Gobicricetodon Qiu, 1996

Type species *Gobicricetodon flynni* Qiu, 1996: Moergen II, Sonid Zuoqi, Nei Mongol; Middle Miocene.

Diagnosis (revised) Relatively large-sized hamsters with buno-lophodont molars. M1 and M2 with oppositely arranged main cusps, single protoloph and metaloph, short mesolophs and weak ectolophs, narrow and slightly anteriorly-directed sinus, remnant posterosinus in early wear, and three or four roots; simple or very slightly twinned anterocone(id) in M1 and m1. Lower molars with two roots, and wide and nearly symmetric sinusid; alternative arrangement of main cusps and very short mesolophids in m1 and m2; double metalophid and anterolophulid in m1; m3 nearly equal to or longer than m2 in length. "*Medial diagonal ridge*" moderately developed in molars.

Gobicricetodon flynni Qiu, 1996
(Figs. 163, 167; Table 67)

Gobicricetodon sp.: Qiu, 1996b, p.102, partim.
Gobicricetodon cf. *G. flynni*: Qiu et Wang, 1999, p. 123.
Gobicricetodon cf. *G. flynni*: Qiu Z D et al., 2013, p. 177, appendix.

Referred specimens Tairum Nur, Sonid Youqi: one maxillary fragment with M1 and M2, V 19819; H-X Highway Road original mark 346 (Loc. 346), Sonid Youqi: thirty one molars, V 19820.1–31.

Measurements See Table 67 in the Chinese text.

Diagnosis (improved) Relatively small-sized *Gobicricetodon* with lower crowned and weaker cusped molars, and less distinct mesolophs and mesolophids in molars. M1 and M2 with three roots and undeveloped paracone spurs in majority; m1 with less wide anteroconid and double anterolophulid converging to join anteroconid.

Remarks The materials described here are from two different horizons of red clay at nearly the same outcrop Loc. 346. Relative to the specimens from the upper horizon (Loc. 346), the teeth from the lower one (Tairum Nur) show slightly smaller size and lower crowns, weaker anteroloph but more pronounced ectoloph and paracone spur on M1, and longer mesoloph and more distinct protosinus on M2. Some of these characters may imply more primitive status of the sample from the lower red clay, but it is not unreasonable to refer these specimens to one species. These specimens and the type specimen appear to display a reasonable range of variation both as to size and morphology.

Gobicricetodon flynni were first documented with a handful of specimens from the northern part of the Tunggur tableland (Qiu, 1996b). The added materials have broadened our knowledge of this endemic taxon and demonstrate that the two lower molars described as *Gobicricetodon* sp. (Qiu, 1996b, Fig. 56) need to be reassigned: the m1 can be referred to *G. flynni*, and the m2 to *Plesiodipus leei*. In addition, the m3 described as *G. flynni* (Qiu, 1996b, Fig. 52E) should not be referred to this species, but to *Protalactaga major* in the same publication.

Gobicricetodon aff. *G. flynni* Qiu, 1996
(Figs. 164, 167; Table 68)

Plesiodipus sp.: Qiu et Wang, 1999, p. 126, partim.
Gobicricetodon sp. 1: Qiu Z D et al., 2013, p. 177, appendix.

Referred specimens Amuwusu, Sonid Youqi: ten molars, V 19821.1–10. Balunhalagen, Sonid Zuoqi (IM0801): seventy six molars, V 19822.1–76.

Measurements See Table 68 in the Chinese text.

Remarks It seems evident that these teeth described above possess a suite of characters corresponding to the genus *Gobicricetodon*. This taxon is very similar to *G. flynni* known from Tunggur tableland both in size and morphology, except for its higher crown, higher frequency of four-rooted M1 and M2, more developed "*medial diagonal ridge*" built around the paracone, hypocone and entoloph, more reduced mesoloph on M1, more pronounced mesoloph and paracone spur on M2, and stronger anteroconid and nearly parallel anterolophulids on m1.

Gobicricetodon aff. *G. flynni* is probably descended from *G. flynni*. Some of these characters, such as the higher-crowned cheek teeth, more frequent four-rooted M1s and M2s, more developed "*medial diagonal ridge*", and the stronger anteroconid of m1, may be interpreted as derived features for the indeterminate species of

Gobicricetodon. Therefore, it is considered inadvisable to treat these specimens from Balunhalagen and Amuwusu as the same species as *G. flynni*.

Gobicricetodon robustus Qiu, 1996

(Figs. 165, 167; Table 69)

Gobicricetodon sp.: Qiu et Wang, 1999, p. 125, partim.

Gobicricetodon cf. *G. robustus*, *G.* sp. I: Qiu Z D et al., 2013, p. 177, appendix.

Referred specimens Amuwusu, Sonid Youqi: seven molars, V 19823.1–7. Balunhalagen, Sonid Zuoqi (IM 0801): one left maxillary fragment with M2 and M3, one right mandibular fragment with m2 and m3, one hundred and sixty-one molars, V 19824.1–163. Bilutu, Sonid Zuoqi (IM 0510): eleven molars, V 19825.1–11.

Measurements See Table 69 in the Chinese text.

Diagnosis (improved) Large *Gobicricetodon* with relatively higher crowned molars, more striking cusps relative to crests, and slightly longer mesoloph(id)s. M1 and M2 with four roots and indistinct paracone spurs, and a distinct posterior protrusion of protocone in most M1; m1 with wide anteroconid, and double anterolophulid join anterolophid in parallel.

Remarks The described specimens of *Gobicricetodon* are characterized by their larger size, rather high crown, more distinct mesoloph(id), four-rooted M1 and M2, M1 having a prominent protrusion of protocone, and the double anterolophulid joining, in parallel, to the anterolophid on m1, by which the taxon is distinguished from the type species *G. flynni* and the above mentioned *G.* aff. *G. flynni*. The features of the m1 and m2 are highly diagnostic for *G. robustus*, and the specimens from the type locality completely fall within the range exhibited by the teeth from Balunhalagen both as to size and morphology. Thus, these described specimens are referred to *G. robustus*.

Gobicricetodon robustus was named based on a limited collection of material from Moergen V (Tamuqin), Nei Mongol (Qiu, 1996b). The added material from central Nei Mongol has confirmed the validity of the species and broadened our knowledge of the animals. The similarity of *G. robustus* with *G. flynni* and *G.* aff. *G. flynni* in morphology seems to imply that they were closely allied. It is likely that an evolutionary trend in the *G. flynni*–*G. robustus* lineage is towards the increase of size, heightening of crown, strengthening of cusps and crests, development of mesoloph(id), increase of root numbers in M1 and M2, development of the posterior protrusion of M1, and parallel double anterolophulids of m1.

Gobicricetodon robustus differs from *G. filippovi* known from the Middle Miocene of Aya Cave, Baikal, Russia in distinctly larger size, stronger cusps and crests, much less divided anterocone of M1, much pronounced posterior protrusion of protocone in M1, and in having 4 roots in M1 and M2, and parallel double anterolophulids in m1.

Gobicricetodon arshanensis sp. nov.

(Figs. 166, 167; Table 70)

Etymology After another name for the type locality of the new species. Arshan means spring in Mongolian.

Holotype A left maxillary fragment with M1–3 (V 19826).

Type locality Huitenghe, Abag Qi (0003).

Geological age and horizon Late Miocene; Bahean; Huitenghe beds.

Paratype Four maxillary fragments with M1 (3) or M1–2 (1), two mandibular fragments with m2–3 and m2, respectively, 12 molars, V 19827.1–18.

Referred specimens Amuwusu, Sonid Youqi: five molars, V 19828.1–5. Bilutu, Sonid Youqi (IM

0501): thirteen molars, V 19829.1–13.

Measurements　See Table 70 in the Chinese text.

Diagnosis　A species of *Gobicricetodon* close to *G. flynni* Qiu, 1996 in size, but having higher crowned molars with longer mesoloph(id)s, more developed anterocone(id) on M1 and m1, more pronounced paracone spurs on M1–3, initial divided anterocone and distinct posterior protrusion of protocone on M1, three or four roots on M1 and M2, double anterolophulids nearly parallel and connected to anteroconid on m1.

Remarks　Characters of the specimens described correspond to the diagnosis of the genus *Gobicricetodon*. These are the relatively larger-sized and buno-lophodont molars with moderately developed "*medial diagonal ridge*" and short mesoloph(id)s, upper molars with oppositely arranged main cusps, slightly anteriorly directed sinus, M1 and m1 with relatively simple anterocone(id), M2 and m2 with lingual branch of anteroloph(id) incorporated in protocone and metaconid, respectively, lower molars with alternative arrangement of main cusps, and wide and nearly symmetrical sinusids, m1 with double metalophids and double anterolophulids, m3 slightly longer than m2.

The new species, *Gobicricetodon arshanensis*, differs from the type species *G. flynni* in generally larger size (Fig. 167), higher crown of molars, in having slightly more distinct mesoloph(id)s, wider anterocone(id) on M1 and m1, bifurcation of anterocone on M1 in very early stage of wear, more prominent paracone spurs and posterior protrusion of protocone on M1–3, m1 having double parallel anteroconids, higher frequency of four-rooted M1 and M2. It differs from *G. robustus* in smaller size, in having slightly more pronounced mesoloph(id)s, divided anterocone on M1 in very early stage of wear, stronger paracone spurs on M1–3, and in having three roots in some M1 and M2. *G. arshanensis* can be distinguished from *G. filippovi* by its larger size, stronger cusps and crests, pronounced paracone spurs and posterior protrusion of protocone in upper molars, four-roots in some M1 and M2, and double parallel anterolophulids joining the anterolophid.

Judging from the size and dental morphology, there is a strong possibility that the new species may have evolved from *Gobicricetodon flynni* sometime in the early Late Miocene. Over the course of time, a *G. flynni*–*G.* aff. *G. flynni*–*G. arshanensis* lineage would show a size and root increase, a heightening of crown, gradual development of the anterocone(id)s and mesoloph(id)s of molars, and the posterior protrusion of protocone and paracone spurs of upper molars, gradually bifurcating anterocone of M1, and gradually arranging the double anterolophulid of m1 from convergent to parallel. *G. arshanensis* also shares some derived characters of teeth with *G. robustus*. They were probably closely allied, however, their affinities remain uncertain.

Khanomys gen. nov.

Type species　*Khanomys baii* sp. nov: Balunhalagen, Sonid Zuoqi, Nei Mongol; Late Miocene (Bahean).

Etymology　From Mongolian "khan", ancient tribal chieftain in North Asia.

Diagnosis　Relatively large-sized hamsters with rather hypsodont and buno-lophodont molars. Buccal main cusps on upper molars and lingual ones on lower molars compressed; vestige of mesoloph(id)s may be present in very early stage of wear; M1 and M2 with more anteriorly-located protocone than paracone, single protoloph, transverse or slightly anteriorly directed sinus, three roots, and lacking paracone spur and mesocones; M1 and m1 with simple anterocone(id); m1 with single metalophid, and single anterolophulid connected to the anteroconid lingually; m2 with alternatively arranged sinusid and posterosinusid. "*Medial diagonal ridge*" well developed on molars.

Differential diagnosis　*Khanomys* is similar to the genera *Plesiodipus* Young, 1927 and *Gobicricetodon* Qiu, 1996, and to *Prosiphneus qiui* Zheng et al., 2004 in morphology. However, the new genus differs from *Plesiodipus* in larger and higher-crowned molars, in having relatively transverse "*medial diagonal ridge*" in M1 and M2, single anterolophulid in m1, and alternately arranged sinusid and posterosinusid. It differs from

Gobicricetodon in molar morphology with relatively higher crown, less oppositely arranged main cusps, more lophodont dental pattern, without distinct mesoloph(id)s, and lacking ectoloph and paracone spur in M1 and M2, and single anterolophulid and metalophid present in m1. *Khanomys* is distinguishable from *Prosiphneus qiui* by: smaller size; slightly lower-crowned molars with less developed crests; m1 with single metalophid and single anterolophulid located more lingually, usually developed buccal anterolophid, wider protosinusid than anterosinusid, and more cusp-like hypoconid.

Khanomys baii gen. et sp. nov.

(Figs. 168, 170, 171; Table 71)

Etymology　Named in honor of Mr. Bai (Jirimutu in Mongolian), a herdsman from Sonid Zuoqi, Nei Mongol, who greatly assisted the authors in the field.

Holotype　Left m1 (V 19830).

Type locality　Balunhalagen, Sonid Zuoqi (IM 0801).

Geological age and horizon　Late Middle Miocene—early Late Miocene; late Tunggurian—early Bahean; Balunhalagen beds.

Paratype　Seventy-two molars, V 19831.1–72

Referred specimens　Amuwusu, Sonid Youqi: ten molars, V 19832.1–10.

Measurements　See Table 71 in the Chinese text.

Diagnosis　A slightly smaller-sized *Khanomys* with relatively lower crowned and less lophodont molars. Posterosinus, as a small circular enamel-lake, seldom present on M1 and M2 in the early stage of wear; anterocone simple with smooth anterior wall on M1; protosinus usually absent on M2.

Remarks　*Khanomys* possesses as an autapomorphy a single m1 anterolophulid connected lingually to the anteroconid. It shares the following primitive characters with *Plesiodipus*, *Gobicricetodon*, and *Prosiphneus qiui*: 1) relatively developed crests and the presence of "*medial diagonal ridge*" in molars; 2) simple anterocone(id) of M1 and m1; 3) absence of protoloph I in M1; 4) posteriorly directed metaloph incorporated in posteroloph with metacone in M1 and M2; 5) lingual branch of anteroloph incorporated in protocone in M2 and M3, and 6) lingual branch of anterolophid incorporated in metaconid in m2 and m3. This seems to suggest that the new genus *Khanomys* has close affinities with the above genera and species. It is likely that *Khanomys*, *Plesiodipus*, and *Gobicricetodon* were derived from a *Cricetodon*-like ancestral stock, and constitute a narrow clade. They show the general evolutionary trend towards enlargement of size, heightened crowns and strengthened crests, and different details of specialization. *Khanomys*, however, probably gave rise to the genus *Prosiphneus*.

Plesiodipus was presumed to have given rise to the east Asiatic endemic group Myospalacinae (Qiu et al., 1981; Li et Ji, 1981). However, it is *Khanomys*, not *Plesiodipus*, that shows more similarity to the early myospalacines, such as *Prosiphneus qiui*. Thus, the new genus might have given rise to the Myospalacinae. In *Plesiodipus* the "*medial diagonal ridge*" of molars is more obliquely arranged, and the sinusids extend towards the posterosinusid in m2 and m3, differing from those of *Khanomys* and *Prosiphneus*. In addition, *Plesiodipus* exhibits a trend in reduction of the protosinus in M1, and reduction of the buccal valleys and posterosinusid in lower molars, again differing from those features in *Khanomys* and *Prosiphneus*. These differences indicate that *Khanomys* is more allied to *Prosiphneus* than *Plesiodipus*.

Khanomys cheni gen. et sp. nov.

(Figs. 169–171; Table 72)

Etymology　Named in honor of Mr. Chen Haifeng, the director of the Abag Qi Museum, Nei Mongol, who helped us greatly in our field works.

Holotype Left M1 (V 19833).

Type locality Shala, Sonid Youqi (IM 9610).

Geological age and horizon Late Miocene; late Bahean; Baogeda Ula Formation (?).

Paratype Forty-six molars, V 19834.1–46.

Referred specimens Huitenghe, Abag Qi (IM 0003): one maxillary fragment with left M1 and M2 and damaged right M2, thirteen molars, V 19835. 1 – 14. Bilutu, Sonid Zuoqi (IM 0510): thirty two molars, V 19836.1–32.

Measurements See Table 72 in the Chinese text.

Diagnosis A slightly larger-sized *Khanomys* with relatively higher crowns and more lophodont molars. Posterosinus, as a small circular enamel-lake, often present on M1 and M2 in the early stage of wear; crest-like anterocone with depressed anterior wall on M1; small and shallow protosinus usually present on M2.

Remarks The described teeth are similar to those of *Khanomys baii* sp. nov. in morphology, but differ from the latter in being larger in average size and higher crowns (Figs. 170, 171). Morphologically, they are different from those of *K. baii* in being more lophodont, frequent presence of posterosinus on M1 and M2, crest-like anterocone with depressed anterior wall on M1, and presence of protosinus on M2.

The new species represented by these teeth is closely similar to some species of *Prosiphneus* in morphology, and even shows some intermediate features between *Khanomys baii* and *Prosiphneus qiui*. This seems to be indicative of close affinities of the genus *Khanomys* with *Prosiphneus*. Hypothetically, a dentition of *K. baii* with increased size, heightened crowns, strengthened crests, gradual development of the anterior arm of protoconid and the metalophid II on m1, would morph into the dental pattern of a primitive *Prosiphneus*.

Rhinocerodon Zazhigin, 2003

Type species *Rhinocerodon pauli* Zazhigin, 2003; Pavlodar, Kazakhstan; Late Miocene.

Diagnosis (see Zazhigin, 2003, except for the determination of hypoconid of m1, which we call an anterobuccal rib of hypoconid).

Remarks *Rhinocerodon* is referred to the subfamily Plesiodipinae because of its similar dental morphology, i.e. the first molars with simple anterocone(id), but without mesocone(id) and mesoloph(id), the second and third molars without lingual branches of anteroloph(id)s, the metaloph connected with posteroloph and the absence of an open posterosinus in M1 and M2, the presence of metalophid I in m1, and the presence of a *"medial diagonal ridge"* on molars. Although the peculiarity of the m1 with indistinct *"medial diagonal ridge"* crossing the crown, it has basic morphology similar to other genera of the subfamily in other teeth. As for the m1, it possesses the ectolophid connecting the hypoconid to the protoconid, and a shallow protosinusid but no hyposinusid, similar to the genus *Plesiodipus*.

Similarities of *Rhinocerodon* to *Plesiodipus* may imply that the two genera were closely allied. It might be possible that *Plesiodipus* from the Middle Miocene was an ancestral form of the genus *Rhinocerodon*.

Rhinocerodon abagensis sp. nov.
(Figs. 172, 173; Table 73)

Etymology After the type locality of the new species, Abag Qi (Banner) in Nei Mongol.

Holotype A left m1 (V 19837).

Type locality Baogeda Ula, Abag Qi (IM 0702).

Geological age and horizon Late Miocene; early Baodean; Baogeda Ula Formation.

Paratype Twenty-two molars, V 19838.1–22.

Referred specimens North of Baogeda Ula, Abag Qi (Loc. IM 0703): one M1, V 19839.

Measurements See Table 73 in the Chinese text.

Diagnosis A relatively large species of *Rhinocerodon*. M1 with distinct connection between protocone and paracone, but without styles; buccal branch of anterolophid undeveloped, and posterosinusid deeply extending to the crown base in m1; m3 rather reduced without distinct posterosinusid.

Remarks The specimens from Baogeda Ula possess the morphological features of the genus *Rhinocerodon* Zazhigin, 2003. These characters are the lophodont molars with nearly uniform enamel thickness but lacking mesocone(id)s and mesoloph(id)s; the narrow and long m1 with a sickle-shaped structure formed by the protoconid and metaconid connecting to the anteroconid via the anterolophulid and metalophid I, respectively; the low metalophid II joining the sickle-shaped structure to close an anterosinusid in early wear stages; the strong posterolophid incorporated in the hypoconid to form a strong ridge on the posterobuccal part of the tooth; the small or absent proto- and anterosinusids; the variable size of buccal sinusids; the deep and long mesosinusid; the lack of lingual branches of anterolophid on m2 and m3; the four-rooted M1 and M2; the presence of the low anterophule connecting the anterocone and paracone, the posterosinus closed by the metalophs, entoloph and posteroloph, and the entoloph connecting to posterior part of paracone on M1; a low crest linking the paracone and anterocone, and the protocone connecting with the paracone occasionally on M2 (Zazhigin, 2003).

The species of *Rhinocerodon* represented by these specimens is the first record of the genus in China. Three species of the genus, *R. pauli*, *R. seletyensis*, and *R. irtyshensis* are known from the upper Miocene (probably also from the basal Pliocene) of Kazakhstan (Zazhigin, 2003). The new species *R. abagensis* is somewhat larger than the Kazakhstan forms (Fig. 173). It is closely similar to *R. pauli* in morphology, but differs from the latter in the absence of any sign of styles on M1, and has a distinct connection between the protocone and paracone of the tooth. It can be easily distinguished from *R. seletyensis* by its more reduced m3 without a posterosinusid. The new form differs from *R. irtyshensis* in m1 having an undeveloped buccal branch of anterolophid and a posterosinusid extending more to the crown base.

Cricetinae Fischer de Waldheim, 1817

Colloides gen. nov.

Type species *Colloides xiaomingi* sp. nov.: Balunhalagen, Sonid Zuoqi, Nei Mongol; Late Miocene (Bahean).

Etymology From Greek, "oides" for similar or analogous, a suffix denoting the new genus analogous to *Collimys* known from Europe.

Diagnosis Medium-sized cricetids with relatively hypsodont, buno-lophodont molars, flat wear surface and deep and narrow valleys. Molars having short or absent mesoloph(id); anterocone undivided on M1; M1 and M2 with single and posteriorly directed protoloph and metaloph; double metaloph probably present on M3; m1 with split anteroconid, single anterolophulid connecting to lingual anteroconid, and single and anteriorly-directed metalophid and hypolophid; lingual anterolophid absent on m2 and m3. Three roots in upper molars and two roots in lower molars.

Remarks The new genus *Colloides* shows some similarities to *Collimys* Daxner-Höck, 1972 and *Pseudocollimys* Daxner-Höck, 2004 in dental morphology, such as the rather high crown, the flat wear surface, the deep and narrow valleys, the undivided anterocone on M1, the presence of only protoloph II and metaloph II on M1 and M2, the single anterolophulid and presence of only metalophid and hypolophid on m1, and the same number of roots in molars. However, *Colloides* can be distinguished from both European genera by its split anteroconid on m1. In addition, it differs from *Collimys* in having very short or no mesoloph(id) on molars, and absence of ectomesolophid on lower molars. The new genus differs from *Pseudocollimys* in the main cusps being less alternately arranged, the anterocone located on the longitudinal axis rather than buccal side on m1, and in lack of a free mesolophid on m3.

Colloides shares some general characters with *Sinocricetus*, *Nannocricetus* and *Kowalskia* in morphology. It differs from *Sinocricetus* in having an undivided anterocone in M1, lack of protoloph I and metaloph I in M1 and M2, and presence of a split anteroconid in m1; from *Nannocricetus* in having a wide anterocone(id) in the first molar, single protoloph in M2 and M3, and rather reduced entoconid in m3; from *Kowalskia* in having higher crown, much weaker mesoloph(id) in molars, simple anterocone in M1, single protoloph in M2 and M3, and split anteroconid of m1.

Colloides xiaomingi gen. et sp. nov.
(Fig. 174; Table 74)

Cricetidae indet. (Balunhalagen, Amuwusu, Shala, Huitenghe): Qiu Z D et al., 2013, p. 177, appendix.

Etymology   Named in honor of Dr. Wang Xiaoming from Natural History Museum of Los Angeles County, USA, for his great contributions to the study of Neogene biostratigraphy.

Holotype   Right m1 (V 19840).

Type locality   Balunhalagen, Sonid Zuoqi (IM 0801).

Geological age and horizon   Late Middle Miocene—early Late Miocene; late Tunggurian—early Bahean; Balunhalagen beds.

Paratype   Eleven molars, V 19841.1–11.

Referred specimens   Amuwusu, Sonid Zuoqi: four molars, V 19842.1–4. Huitenghe, Abag Qi (IM 0003): one m3, V 19843. Shala, Sonid Youqi (IM 9610): one M3 and two m3, V 19844.1–3.

Measurements   See Table 74 in the Chinese text.

Diagnosis   Same as for the genus.

Remarks   The new species *Colloides xiaomingi* is characterized by its unusual dental morphology, by which it differs from all cricetids in the Neogene of China. These are the relatively hypsodont molars, the flat chewing surface, the simple molar structure, the undivided anterocone(id) on the first molars, the single main crest (protoloph and metaloph on upper molars, and metalophid and hypolophid on lower molars), and the lack of mesoloph(id) of molars. The similarity of the new species to European *Collimys* and *Pseudocollimys* in some dental morphology seems to imply that these taxa have relatively close affinities.

The described materials are from four different localities and horizons, and showdistinct homogeneity in morphology. It is noteworthy, nevertheless, that the three M1s from Balunhalagen completely lack the mesoloph. No M1 is known from Amuwusu, but the three M2s from there present variable mesolophs. Due to the scarcity of available material, it is not certain whether this is an intraspecific variation or an implication of different taxa.

Sinocricetus Schaub, 1930

Type species   *Sinocricetus zdanskyi* Schaub, 1930: Ertemte, Huade, Nei Mongol; Late Miocene (Baodean).

Diagnosis   Cricetine with *Cricetulus*-like mandible. In comparison with *Nannocricetus* and *Kowalskia*, molars are higher crowned and more robust with deeper sinuses/sinusids. Anterocone of M1 deeply and widely bifid posteriorly, with buccal cusp always connected to normally well-developed buccal spur of anterolophule or in some cases to the anterolophule. Mesoloph high and strong with variable length. Metaloph II still present in some M1 and M2. Anteroconid of m1 bifid posteriorly. In lower molars hypolophid connected with posterior arm of protoconid in a diagonal line, meeting mesolophid (when present) obliquely. Metalophid directed obliquely forward. Mesolophid frequently present on m1 and m2 (amended after Wu, 1991).

Sinocricetus zdanskyi Schaub, 1930

(Figs. 175, 176; Table 75)

Sinocricetus sp.: Qiu et al., 2006, p. 181, appendix.

Cricetidae indet. 2: Wang et al., 2009, p. 122, tab. 1, partim.

Sinocricetus sp. (Shala, Baogeda Ula, Bilutu): Qiu Z D et al., 2013, p. 177, appendix, partim.

Referred specimens Balunhalagen, Sonid Zuoqi (IM 0801): two M2, V 19845.1－2; Shala, Sonid Youqi: fifteen molars, V 19846.1－15. Baogeda Ula, Abag (IM 9602): one damaged M1, V 19847. Bilutu, Sonid Zuoqi (IM 0510): six molars, V 19848.1－6.

Measurements See Table 75 in the Chinese text.

Remarks Characters of the teeth from these four localities correspond to the diagnosis of *Sinocricetus* revised by Wu in 1991. These characters are the buno-lophodont and relatively higher crowned molars with strong mesoloph and mesolophid of variable length, the M1 having deeply and widely posteriorly bifid anterocone, the double anterolophule and often developed spur of anterolophule, the M1 and M2 lacking protoloph I and II, and usually four roots.

Sinocricetus is endemic to northern China, and includes three species, *S. zdanskyi*, *S. progressus* and *S. major* (Schaub, 1934; Wu, 1991; Qiu et Storch, 2000; Li, 2010a). The specimens described above essentially fall within the range exhibited by *S. zdanskyi* from Ertemte, Huade both in size and morphology. They can be distinguished from those of *S. progressus* by larger size (Fig. 176), higher crown, higher degree of division in anterocone(id) of the first molars, double anterolophulid on m1, less frequent presence of protoloph I on M1 and M2, and from those of *S. major* by smaller size, and weakly developed mesoloph(id)s. In addition, the Nei Mongol *S. zdanskyi* represented by these specimens differs from an indeterminate species of *Sinocricetus* reported from the early Late Miocene of Shengou, Qinghai in larger size, higher crowned molars, and wider and more divided anterocone(id)s on the first molars (see Qiu et Li, 2008).

Sinocricetus progressus Qiu et Storch, 2000

(Figs. 176, 177; Table 76)

Cricetidae indet. 2: Wang et al., 2009, p. 122, tab. 1, partim.

Sinocricetus sp. (Bilutu): Qiu Z D et al., 2013, p. 177, appendix, partim.

Referred specimens Bilutu, Sonid Zuoqi (IM 0510): sixteen molars, V 19849.1－16.

Measurements See Table 76 in the Chinese text.

Remarks The Bilutu specimens exhibit some characters, i.e. the relatively lower crowned molars with weaker cusps and crests, which are highly diagnostic for the species *Sinocricetus progressus*, but different from *S. zdanskyi* and *S. major*. In general size, they fall within the range of *S. progressus* teeth from Bilike and Gaotege, and fall into the small end of *S. zdanskyi* from Shala, Bilutu, Ertemte and Harr Obo, but distinctly smaller than those of *S. major* from Gaotege (Fig. 176). In comparison with the *S. progressus* from Bilike and Gaotege, the Bilutu sample has slightly stronger mesolophids on m2 and m3.

Nannocricetus Schaub, 1934

Type species *Nannocricetus mongolicus* Schaub, 1934: Ertemte, Huade, Nei Mongol; Late Miocene (Baodean).

Diagnosis (amended) Small-sized cricetines with *Cricetulus*-like mandible. M1 with relatively wide, symmetrical and deeply anteriorly bifid anterocone, and seldom developed spur of anterolophule; mesolophs usually weak or lacking on M1 and M2, and usually connected with metacone when it is present; mesolophids usually poorly developed or completely absent, metalophid and hypolophid short and weak, and ectolophid curved and situated lingually on lower molars; anteroconid relatively long, single-cusped or slightly bifid on m1.

Remarks *Nannocricetus* is another endemic genus confined to northern China. Three species of the genus, *N. mongolicus*, *N. primitivus* and *N. wuae*, have been reported for the early Late Miocene to the Late Pliocene (Schaub, 1934; Wu, 1991; Qiu et Storch, 2000; Zhang et al., 2008; Zheng et Zhang, 2001; Li et al., 2008; Li, 2010a; Zhang et al., 2011). *N. wuae* was considered as the most primitive for the genus. However, the species retains more characteristics of the genus *Democricetodon*, such as the narrow, buccally located and shallowly anteriorly bifid anterocone of M1, the single-cusped anteroconid of m1 and the very long mesolophids of m1 and m2, and is here considered as the most derived species of *Democricetodon*.

Nannocricetus primitivus Zhang, Zheng et Liu, 2008
(Figs. 178, 179; Tables 77, 78)

Nannocricetus cf. *N. mongolicus*: Qiu et Wang, 1999, p. 126

cf. *Sinocricetus* sp., *Nannocricetus* sp.: Qiu et al., 2006, p. 181, appendix.

Nannocricetus sp.: Wang et al., 2009, p. 122, table 1.

Nannocricetus sp.: Qiu Z D. et al., 2013, p. 177, appendix, partim.

Referred specimens Balunhalagen, Sonid Zuoqi (IM 0801): one mandibular fragment, twenty-two molars, V 19850.1–23. Huitenghe, Abag Qi (IM 0003): one maxillary fragment with M1, two mandibular fragments with m1–3 and m2–3, respectively, thirty-six molars, V 19851.1–39. Shala, Sonid Youqi (IM 9610): ninety-four molars, V 19852.1–94. Baogeda Ula, Abag Qi: IM 0702, five maxillary fragments, seven fragmentary mandibles, sixty-five molars, V 19853.1–77; IM 0703, one damaged m2, V 19854; IM 0709, one fragmentary mandible with m3 and one m2. V 19855.1–2. Bilutu, Sonid Zuoqi (IM 0510): forty six molars, V 19856.1–46.

Measurements See Table 77 in the Chinese text.

Remarks The described specimens fit the diagnosis of *Nannocricetus* by their low-crowned molars with poorly developed mesoloph(id)s, anteriorly bifid anterocone on M1, narrow and slightly posteriorly bifid anteroconid on m1, short and buccally located metalophid and hypolophid on m1 and m2. As mentioned above, there are two species in this genus distributed in the Late Miocene and Pliocene of northern China, *N. mongolicus* known from the late Late Miocene and *N. primitivus* from the early Late Miocene (Wu, 1991; Zhang et al., 2008; Qiu et Li, 2008). The cricetine represented by these specimens is characterized by its retaining three roots in some M1s, high frequency of three roots in M2, usually having metaloph II and relatively developed mesoloph which are transverse and close to the metacone on M1 and M2, relatively wider anteroconid on m1 and more distinct mesolophid on m3. These characters appear to prevent assignment of this cricetine to *N. mongolicus*, but are in agreement with *N. primitivus* from Bahe, Shaanxi and Shengou, Qinghai (see Zhang et al., 2008; Qiu et Li, 2008).

Among these specimens, teeth from Shala, Baogeda Ula and Bilutu show more derived features than those from Balunhalagen and Huitenghe, such as the presence of four roots on a few M2s, the relatively long anteroconid and single anterolophule on m1 in the Shala specimens, the relative reduction of mesoloph(id), the presence of four roots on some M1s and M2s, the distinctly narrow and long M1, and the rather narrow anteroconid on m1 in the Baogeda Ula specimens. In comparison with specimens from Bilutu, the Baogeda Ula specimens show more three-rooted M1, more M2 retaining weak mesoloph, narrower and longer anteroconid on m1, less reduced lingual anterolophid and highly frequent presence of mesolophid on m2. This is here interpreted as a more primitive status for the Baogeda Ula specimens than the Bilutu ones. In *Nannocricetus* there seems to exist the general evolutionary trend toward increasing the root and losing the metaloph II in M1 and M2, reducing the mesoloph(id), gradually forming equally bifid anterocone and deepening anteriorly the furrow of anterocone in M1, gradually elongating the m1, narrow anteroconid of m1, and increasing the anterolophulid from single to double.

We follow Zheng (1984a) and Wu (1991) in inferring that *Nannocricetus* probably gave rise to the genus *Cricetulus*, and Zhang and others (2011) in considering that *Nannocricetus* might have been derived from a *Democricetodon*-like ancestor. We endorse an evolutionary line of *Democricetodon-Nannocricetus-Cricetulus*, and hypothesize that the genus *Nannocricetus* was derived from a certain population of *Democricetodon* in early Late Miocene, and disappeared around the Late Pliocene/Early Pleistocene transition, as it gave rise to *Cricetulus*.

Nannocricetus mongolicus Schaub, 1934
(Figs. 180, 181; Table 79)

Sinocricetus sp.: Wang et al., 2009, p. 122, table 1.

Nannocricetus sp. (Bilutu): Qiu Z D et al., 2013, p. 177, appendix, partim.

Referred specimens Balunhalagen, Sonid Zuoqi (IM 0801): one mandibular fragment with m1-3, seven molars, V 19857.1-8. Bilutu, Sonid Zuoqi (IM 0510): one m1, V 19858.

Measurements See Table 79 in the Chinese text.

Remarks The specimens from Balunhalagen and Bilutu exhibit a suite of characters that agree with the definition of *Nannocricetus*, i. e. the rather simple structure of molars without mesoloph(id)s, the short metalophid and hypolophid, and the curved and lingually located ectolophid in lower molars, the equally bifid anterocone in M1, and the elongated and bifid anteroconid in m1. These teeth are larger than the corresponding molars of *N. primitivus* from Bahe, Shaanxi and Shengou, Qinghai, but completely fall within the size range of *N. mongolicus* from Ertemte, the type locality of the species, and from Gaotege, Nei Mongol (Fig. 181). They are referred to *N. mongolicus* rather than *N. primitivus* not only because of their close size but also the similar morphology. The m1 from Bilutu resembles the tooth of *N. mongolicus* (IVPP V 8725.38) from Ertemte in having a deeply anteriorly bifid anteroconid, and retaining the anterolophid (Wu, 1991). The specimens from Balunhalagen are characterized by the distinctly elongated, bifid anteroconid, the lack of mesolophid on m1, the four-rooted M1 and M2 lacking mesoloph, and the relatively larger and midline positioned anterocone on M1. It seems evident that these specimens possess quite a number of characters that set them apart from *N. primitivus*.

Kowalskia Fahlbusch, 1969

Nomen prius *Neocricetodon* Kretzoi, 1951; *Neocricetodon* Kretzoi, 1954; *Karstocricetus* Kordos, 1987; *Chuanocricetus* Zheng, 1993.

Type species *Kowalskia polonica* Fahlbusch, 1969: Podlesice, Poland; Pliocene (MN14).

Diagnosis Small- to medium-sized cricetines with brachydont molars. Molars with relatively low but prominent mesoloph(id)s; M1 and M2 usually with protoloph I and II; M1 with wide, posteriorly bifid and anteriorly smooth anterocone, and usually developed spur of anterolophule; anteroconid anteriorly smooth and parabola-like, and single-cusped or posteriorly bifid on m1; m3 relatively less reduced (modified after Fahlbusch, 1969).

Remarks There are differences of opinion in regard to the validity of *Kowalskia*, and this controversy is involved in the genus *Neocricetodon* (Daxner-Höck, 1992; Daxner-Höck et al, 1996; Freudenthal et al., 1998). We follow Daxner-Höck and others (1996) in retaining the genus *Kowalskia* until this issue is settled.

Kowalskia is a diverse genus with wide geographic distribution in the Late Neogene of the Old World. Based on the emended diagnosis, we restricted the content of the genus as follows.

Nineteen species are included in *Kowalskia*, i.e. *K. polonica*, *K. magna*, *K. fahlbuschi*, *K. intermedia*,

K. moldavica, *K. occidentalis*, *K. yinanensis*, *K. skofleki*, *K. nestori*, *K. neimengensis*, *K. browni*, *K. lii*, *K. hanae*, *K. ambarrensis*, *K. zhengi*, *K. shalaensis* sp. nov., *K. lavocati?*, *K. schaubi?*, *K. seseae?*. The taxon "*Chuanocricetus lii*" described by Zheng in 1993 is transferred as *K. lii* in this work.

We follow Daxner-Höck and others (1996) in excluding the following species from *Kowalskia*, i.e. "*K.*" *meini*, "*K.*" *plinii*, "*K.*" *lucentensis*, "*K.*" *yananica*, "*K.*"? *dalinica*. The four other species, i.e. *K. gansunica*, *K.?* *polgardiensis*, *K. progressa*, and *K. complicidens* are considered not belonging to *Kowalskia* because of one or more of the following reasons: anteriorly divided anterocone of M1, mesoloph turned posteriorly and connected to the metacone, developed buccal crest connecting the paracone and metacone on M1 and M2, very short mesoloph(id), oblique metalophid and hypolophid, mesolophid turned anteriorly and connected to the metaconid on m1 and m2.

Kowalskia shalaensis sp. nov.
(Figs. 182–184; Table 80)

Kowalskia sp.: Qiu et Wang, 1999, p. 126.
Kowalskia sp.: Qiu et al., 2006, p. 181, appendix.
Kowalskia sp.: Qiu Z D et al., 2013, p. 177, appendix.

Etymology After the type locality of the new species, Shala, Nei Mongol.

Holotype Right M1 (V 19859).

Type locality Shala, Sonid Youqi (IM 9610).

Geological age and horizon Late Miocene; late Bahean; Baogeda Ula Formation (?).

Paratype Forty molars, V 19860.1–40.

Referred specimens Huitenghe, Abag Qi (IM 0003): one mandibular fragment with m1–2, six molars, V 19861.1–7. Baogeda Ula, Abag Qi (IM 0702): one M1, V 19862.

Measurements See Table 80 in the Chinese text.

Diagnosis Small-sized *Kowalskia*. Three-rooted M1 and M2 always with metaloph II; M1 with relatively narrow and unequally divided anterocone having the lingual anterocone distinctly smaller than the buccal one, and always with a spur of anterolophule; M2 usually with metaloph I; m1 with short anteroconid and double anterolophulid; ectomesolophid undeveloped on m1 and m2.

Remarks The described specimens show characters as follows: low-crowned molars with prominent mesoloph(id)s; posteriorly divided anterocone with smooth and straight anterior wall, and anterocone spur of anterolophule present on M1; m1 showing single-cusped or slightly posteriorly split, and anteriorly rounded anteroconid. These features agree with the diagnosis of *Kowalskia* given by Fahlbusch in 1969. The cricetine represented by these specimens is assigned to a new species which is different from the other six species of the genus known from China both in size and morphology, especially in having unequally bifid anterocone and three-rooted M1.

The new species, *Kowalskia shalaensis*, is distinctly smaller than *K. yinanensis* (Fig. 183), and differs from it in having a narrower and unequally bifid anterocone with the lingual one distinctly smaller than the buccal one. It differs from *K. neimengensis* and *K. similis* in having weakly developed and asymmetric anterocone, and stronger metaloph I and II on M1. The new species can be distinguished from *K. lii* by distinctly smaller size, stronger metaloph I on M1 and M2, narrower and asymmetric anterocone on M1, and absence of accessory lophodonty on molars. *K. shalaensis* is differentiated from *K. hanae* in smaller size, having stronger metaloph I and II, and narrower and asymmetric anterocone on M1; it is distinguishable from *K. zhengi* by its stronger metaloph II on M1 and M2, and asymmetric anterocone on M1. In addition, by the combined structures, i.e. the smaller size, the pronounced mesoloph, the development of metaloph I and II, and three roots on M1 and M2, the narrower and asymmetric anterocone on M1, the shorter anteroconid of m1 with double anterolophulid, the new species can be distinguished from all European species.

Kowalskia is generally considered as a descendant of *Democricetodon* which was very successful and flourished during Late Miocene and Early Pliocene (Fahlbusch, 1969; Fejfar, 1970; Kälin, 1999). The genus disappeared at the end of Pliocene in Europe, but survived to the Early Pleistocene in East Asia. *Kowalskia* seems to be closely allied to some Chinese cricetines of Pleistocene age. There is a strong possibility that *Amblycricetus sichuanensis* and "*Kowalskia*" *yananica* may have evolved from the genus sometime in the Early Pliocene. *Cricetinus varians* might also be derived from *Kowalskia*.

Kowalskia displays a long and complex evolutionary history, and probably comprised more than one evolutionary lineage. On the basis of size and dental morphology, Wu (1991) divided all known species of *Kowalskia* into three groups, the *K. polonica* group, the *K.* cf. *fahlbuschi* group and the *K. magna* group. We agree with Wu in grouping the three evolutionary lineages, and the new species *K. shalaensis* can be referred to the *K. polonica* group, according to size (Fig. 183). In China, the *K.* cf. *fahlbuschi* group occurred the earliest, as *K.* sp. from Lantian of early Late Miocene, and has a long history. It spread to the South during the middle Late Miocene, as *K. hanae* from Lufeng and Yuanmou (Qiu, 1995), and persisted into Early Pleistocene, as *K. lii* from Wushan (Zheng, 1993). The *K. polonica* group occurred in China slightly later than the *K.* cf. *fahlbuschi* group, and was confined to the North. It seems to be of importance in Late Miocene and Early Pliocene faunas, and three species, including *K. shalaensis*, *K. neimengensis* and *K. zhengi*, have been identified with abundant remains in Nei Mongol. The earlier occurrences of this group in China than in Europe may indicate an Asiatic origin with dispersal to Europe of Early Pliocene or earlier age (Fig. 184). The occurrence of the *K. magna* group with fewer species is the latest, and is confined to East China. *K. yinanensis* from the Late Pliocene in Yinan, Shandong, represents the first appearance of the group in China, and an indeterminate species from the Early Pleistocene of Fanchang, Anhui, may be the last representative of the group.

Kowalskia neimengensis Wu, 1991
(Figs. 183–185; Table 81)

Kowalskia: Wang et al., 2009, p.122, table 1, partim.
Sinocricetus sp.: Wang et al., 2009, p.122, table 1, partim.
Kowalskia sp.: Qiu Z D et al., 2013, p. 177, appendix, partim.

Referred specimens　Bilutu, Sonid Zuoqi (IM 0510): six molars, V 19863.1–6.

Measurements　See Table 81 in the Chinese text.

Remarks　The Bilutu specimens fall into the size range of the *Kowalskia polonica* group (Fig. 183; Wu, 1991). Three species of this group, *K. neimengensis*, *K. zhengi*, and *K. shalaensis* sp. nov., are known from China. *K. shalaensis* differs from the Bilutu *K. neimengensis* in having a narrower and asymmetric anterocone on M1, a shorter anteroconid and a double anterolophulid on m1. The Bilutu specimens fall within the variation of *K. neimengensis* and *K. zhengi* in morphology. They are temporarily referred to *K. neimengensis* for the presence of three roots on M2.

Kowalskia similis Wu, 1991
(Figs. 183, 184, 186; Table 82)

Sinocricetus sp.: Wang et al., 2009, p. 122, table 1, partim.
Kowalskia sp.: Qiu Z D et al., 2013, p. 177, appendix, partim.

Referred specimens　Balunhalagen, Sonid Zuoqi (IM 0801): five molars, V 19864.1–5. Bilutu, Sonid Zuoqi (IM 0510): four molars, V 19865.1–4.

Measurements　See Table 82 in the Chinese text.

Remarks　The above specimens described are larger than those of *Kowalskia neimengensis* from Ertemte, Harr Obo and Bilutu in size, and fall into the size range of the *K.* cf. *fahlbuschi* group (Fig. 183; Wu, 1991). Two species, *K. similis* from Ertemte and Harr Obo and *K. hanae* from Lufeng and Yuanmou, are assigned to the group. The specimens fall within the morphological variation of the two species. They are arbitrarily referred to *K. similis* for the close geographic distribution. The three-rooted M1 and M2 in the specimens from Balunhalagen and Bilutu are interpreted as more primitive for Ertemte and Harr Obo.

Microtoscoptinae Kretzoi, 1955

Microtoscoptes Schaub, 1934

Type species　*Microtoscoptes preatermissus* Schaub, 1934; Ertemte, Huade, Nei Mongol; Late Miocene (Baodean).

Diagnosis　Medium-sized cricetid with rooted, semi-hypsodont cheek teeth without cement. Chewing surface flat. Equal enamel width all around the wear surface. Buccal and lingual prismatic anticlines opposite. M2 and M3 with 3 buccal and 2 lingual anticlines. In m3 only two pairs of anticlines, often with additional posterior enamel lobe (after Fahlbusch, 1987).

Remarks　*Microtoscoptes* is similar to the genera *Paramicrotoscoptes* and *Goniodontomys* of North America in size and morphology of M1 and m2. Differentiation of the three genera is mainly based on the size of the third molars relative to the second ones, and on the morphology of M2 and M3, m1 and m3 (Fig. 190; Wilson, 1937; Hibbard, 1970; Martin, 1975).

Microtoscoptes fahlbuschi sp. nov.
(Figs. 188-190; Table 83)

Microtoscoptes sp.: Qiu et al., 2006, p. 181.
Microtoscoptes sp.: Qiu Z D et al., 2013, p. 177, appendix.

Etymology　Named in honour of Prof., Dr. Volker Fahlbusch who made great contributions to the studies of the genus *Microtoscoptes*.

Holotype　Right m1 (V 19866).

Type locality　Baogeda Ula, Abag Qi (IM 0702).

Geological age and horizon　Late Miocene; early Baodean; Baogeda Ula Formation.

Paratype　Two mandibular fragments with m1, fifty molars, V 19867.1-52.

Referred specimens　Balunhalagen, Sonid Zuoqi (IM 0801): ten molars, V 19868.1-10. Bilutu, Sonid Zuoqi (IM 0510): one damaged M1 and one m2, V 19869.1-2.

Measurements　See Table 83 in the Chinese text.

Diagnosis　A microtoid cricetid close to *Microtoscoptes praetermissus* in size and morphology, except for M2 with two or three roots, m1 with more complex anterior part of the crown (long and large Ab 4 with a shallow buccal groove, narrower Ab 3 and Sb3, narrower and deeper Sl 4), and less reduced posterior lobe of the third molars. No or infrequent enamel pit present on the dentine area of molars.

Remarks　The microtoid cricetid represented by the specimens from Baogeda Ula, Balunhalagen and Bilutu is easily distinguished from *Goniodontomys* by the only presence of 2 lingual anticlines on M2 and M3, and of 2 complete parallelograms of dentine areas on m3. It differs from *Paramicrotoscoptes* in having more reduced third molars and in lack of an isolated enamel pit inside dentine areas of molars (Fig. 190).

The new species *Microtoscoptes fahlbuschi* is similar to *M. praetermissus* from Ertemte and Harr Obo in the dental morphology, except for the relatively longer and less reduced third molars with stronger posterior lobe on

M3 and m3, the presence of two roots in some M2, and the longer and larger Ab 4 with a shallow buccal groove, narrower Ab 3 and Sb 3, and narrower and deeper Sl 4 on m1 (see Fahlbusch, 1987). The increase of root number of M2, the reduction of M3 and m3, and simplification of m1 may be advanced features of the genus *Microtoscoptes*. This inference is probably borne out in an indirect way by the composition of the two faunas. The Ertemte Fauna contains diverse and advanced murids (five genera including *Apodemus* and *Orientolomys*) and more derived zapodids, such as *Lophocricetus grabaui* and *Paralophocricetus pusillus*, whereas the Baogeda Ula Fauna has only three genera of murids with a more primitive species of *Hansdebruijnia* and relatively more primitive *Lophocricetus*, *L. xianensis*.

The basic conformity in morphology between *Microtoscoptes* and *Paramicrotoscoptes* suggests that the North American *Paramicrotoscoptes* is closer to the Asian *Microtoscoptes* than to *Goniodontomys*. It is reasonable to suspect that the differences of *Microtoscoptes* from *Paramicrotoscoptes* are of generic importance. We agree to retain them as separate genera until sufficient information on jaw and skull morphology is known. The interesting morphologic characters of the new species are that: 1) the anterior lobe of m1 shows some similarities to that of the North American *P. hibbardi* in having a long and large Ab 4 with a shallow buccal fold in the early stage of wear; 2) the third molars are less reduced than those of *M. praetermissus*, but much simpler than those of *P. hibbardi*. There are two backward anticlines (probably representing the reduced Al 3 and Ab 4) on M3 of *P. hibbardi*, but only two spurs on the back wall in *M. praetermissus* (possible vestiges of the two anticlines). *Microtoscoptes fahlbuschi* seems to show intermediate characters between *P. hibbardi* and *M. praetermissus* in m1 and the last molars, especially in M3 (Fig. 190).

Although it is considered inadvisable to group *Paramicrotoscoptes* and *Microtoscoptes* as one genus at present, the two genera do demonstrate close phylogenetic relationships. *Paramicrotoscoptes* might be close to the ancestry of *Microtoscoptes*, because the former possesses more primitive features, e.g., the long and complex third molars, and the presence of an enamel pit on the dentine area of molars. It seems to us that the long and complex last molars are more primitive features in cricetids, and the occurrence of enamel pits are primitive in microtoid cricetids, siphneines and arvicolids. It is likely that the *Paramicrotoscoptes-Microtoscoptes* line evolved toward simplifying the anterior lobe of m1, shortening and reducing the last molars, and gradually losing the isolated enamel pits on the dentine of molars.

Microtoscoptes sp.
(Figs. 189, 191)

Referred specimens　Twelve molars from Shala, Sonid Youqi, about half of the teeth are more or less damaged, V 19870.1–12.

Measurements　M1: 2.05 mm × 1.30 mm; M2: 1.50 mm × 1.25 mm, 1.45 mm × 0.95 mm, − × 1.05 mm; M3: − × 1.00 mm; m1: 2.05 mm × 1.15 mm; m2: 1.60 mm × 0.95 mm, m3: 1.50 mm × 1.95 mm.

Remarks　Morphology of the Shala specimens agrees well with the diagnosis of the genus *Microtoscoptes*, and essentially is similar to that of *M. praetermissus* and *M. fahlbuschi*, but differs in smaller size and in having isolated enamel pits on the dentine areas. In addition, structure of the anterior lobe on m1 is relatively simple with small and short Ab 4, which is more similar to *M. praetermissus* than to *M. fahlbuschi*. This microtoid cricetid may represent a new form of different age, but the material is inadequate to create a new species.

Associated with the Shala microtoscoptine are *Miodyromys*, *Microdyromys* and *Asianeomys* (Qiu Z D et al., 2013). These relatively ancient rodents did not occur with *Microtoscoptes praetermissus* and *M. fahlbuschi* in the Ertemte Fauna and the Baogeda Ula Fauna. In addition, some rodents, such as *Lophocricetus grabaui* and *Microtodon atavus*, which are commonly known in the Ertemte Fauna, are absent in the Shala Fauna. This seems to indicate that the Shala Fauna is older than the Baogeda Ula and Ertemte faunas. It also implies that the small size, and the presence of enamel pits are primitive features, which was fortunately substantiated by Fahlbusch (1987) when he was alive.

Baranomyinae Kretzoi, 1955

Microtodon Miller, 1927

Type species   *Microtodon atavus* (Schlosser, 1924): Ertemte, Huade, Nei Mongol: Late Miocene (Baodean).

Diagnosis   Medium-sized microtoid cricetid with semi-hypsodont cheek teeth lacking cement. Chewing surface flat; enamel width equal all around the wear surface; buccal and lingual prismatic anticlines more or less alternate; all the prisms showing rounded lingual or buccal edges. M1 with three lingual and three buccal anticlines, but M2 and M3 with only two lingual anticlines and three buccal ones; lower molars with three buccal anticlines; m1 with four lingual anticlines. Dentine areas of prisms connected by wide dentine bands. Upper molars three or four-rooted and lower molars two-rooted.

Microtodon sp.
(Fig. 192A)

Referred specimens   An m1 (1.80 mm × 1.00 mm) from Bilutu, Sonid Zuoqi (IM 0510), V 19871.

Remarks   Characters of the m1 correspond to the diagnosis of the genus *Microtodon*. The tooth is similar to the corresponding tooth of *M. atavus* from Ertemte and Harr Obo in morphology and size, but differs from the latter in having a relatively larger and stronger anteroconid, in less alternate arrangement of the protoconid and metaconid, and much narrower and shallower posterosinusid. The m1 seems to be smaller than those of *M*. cf. *M. atavus* from Harr Obo. It is larger than the m1 of *M*. cf. *M. atavus* from Bilike, and different from the latter in having more symmetric anteroconid, less alternate arrangement of the protoconid and metaconid, wider synclines, and shallower posterosinusid.

The molar may represent a new form of *Microtodon*, but the material is too rare to name a new species.

Anatolomys Schaub, 1934

Type species   *Anatolomys teilhardi* Schaub, 1934: Ertemte, Huade, Nei Mongol; Late Miocene (Baodean).

Diagnosis   Relatively small-sized microtoid cricetid with brachydont cheek teeth, and enamel width equal all around the wear surface. Molar structure generally similar to that of *Microtodon*, except for its tooth pattern closer to buno-lophodont than to lophodont, narrower synclines, more posterolingual extension of anterosinus and mesosinus in upper molars and more anterobuccal extension of mesosinusid and posterosinusid in lower molars, probable presence of short mesoloph, remnant of metaloph and posterosinus on M1 and M2, and presence of mesolophid on m1 and m2. Upper molars three-rooted and lower molars two-rooted.

Anatolomys sp.
(Fig. 192B, C)

Referred specimens   M2 (1.15 mm × 1.05 mm) and m2 (1.10 mm × 0.95 mm) from Bilutu, Sonid Zuoqi (IM 0510), V 19872.1–2.

Remarks   The indeterminate species of *Anatolomys* is essentially similar to *A. teilhardi* from Ertemte and to *A*. cf. *A. teilhardi* from Harr Obo and Bilike in morphology of M2 and m2. Minor differences are its greater development of mesoloph on M2 and mesolophid on m2, and relatively more striking lingual main cusps of M2 and buccal main cusps of m2 than the opposite ones, respectively. In addition, size of the specimens is close to that of *A.* cf. *A. teilhardi*, but falls into the large end of the variation of the corresponding teeth of *A. teilhardi* (Fahlbusch et Möser, 2004).

Incertae Subfamilinae

Microtocricetus Fahlbusch et Mayr, 1975

Type species *Microtocricetus molassicus* Fahlbusch et Mayr, 1975: Hammerschmiede, Germany; Late Miocene (MN 9).

Diagnosis Small-sized cricetids with semihypsodont and rooted molars, flat wear surface, enamel walls thicken during wear, and valleys lack cement. Molars having 4 (5 in lower molars) anticlines and 3 (4 in lower molars) synclines; both anticlines and synclines narrow and more or less transversal with irregular alternation and depth (cited from Fejfar, 1999).

Microtocricetus shalaensis sp. nov.
(Fig. 193)

cf. *Microtocricetus* sp. (Shala): Qiu Z D et al., 2013, p. 177, appendix.

Etymology After the type locality of the new species, Shala in Nei Mongol.

Holotype Right m1 (V 19873).

Type locality Shala, Sonid Youqi (IM 9610).

Geological age and horizon Late Miocene; late Bahean; Baogeda Ula Formation (?).

Paratype Four molars, V 19874.1–4.

Measurements M2: 1.70 mm × 1.20 mm; m1: 2.15 mm × 1.15 mm; m2: − × 1.15 mm, m3: 1.30 mm × 1.02 mm.

Diagnosis Similar to *Microtocricetus molassicus* in size and morphology, except for the short mesoloph and entoloph located at longitudinal axis on M2, the metaconid incorporated into the anterior-transversal ridge, the shorter external-transversal ridge, and the stronger posterior portion of the ectolophid on m1, and the complete merger of the mesoconid and the entoconid on m3.

Remarks *Microtocricetus molassicus* known from Europe is the only other species of the genus. The new species *M. shalaensis* represents the first record of *Microtocricetus* in Asia. It resembles *M. molassicus* in size and morphology, but differs in having a distinctly shorter mesoloph and a more buccally located entoloph on M2, a stronger anterior ridge merged by the metaconid and the anterior transversal ridge, a shorter external transversal ridge, and a more developed posterior ectolophid on m1, and the mesoconid completely merged with the entoconid on m3. The reduction of the mesoloph on M2, and of the external transversal ridge on m1, the development of posterior portion of ectolophid of m1, and the complete incorporation of the mesoconid and entoconid on m3 are here interpreted as derived characters for *Microtocricetus*.

Ischymomys Zazhigin, 1972

Type species *Ischymomys quadriradicatus* Zazhigin, 1972: Petropavlovsk, Kazakhstan; Late Miocene.

Diagnosis Relatively large-sized microtoid cricetid with hypsodont prismatic, cementless and rooted molars (four roots in M2 and M3); enamel walls of molars relatively thin, thickness not differentiated; the synclines/anticlines slightly alternating with tendency to form a rhombic dentine fold in the middle of the occlusal surface; the vertices of the synclines touch medially, similar to the condition in the Microtoscoptinae. Stable enamel islets in the central anteroconid of m1 and in the distal lobe of lower and upper second and third molars, long persisting during the wear. The mesial wall of the anteroconid in m1 is variably undulated (cited from Fejfar, 1999).

Ischymomys sp.

(Fig. 193)

Referred specimens   An M2 fragment ($- \times 1.05$ mm), two m1 ($- \times 1.45$ mm, $- \times 1.45$ mm), and an m3 (2.20 mm $\times$ 1.40 mm) from Shala, Sonid Youqi; V 19875.1-4.

Remarks   The Shala specimens fit the diagnosis of *Ischymomys* Zazhigin, 1972 by their relatively large size, hypsodont prismatic and cementless, thin and undifferentiated enamel walls, slightly alternating synclines/anticlines with tendency to form a rhombic dentine fold in the middle of the occlusal surface, vertices of the synclines touch medially as in the Microtoscoptinae, presence of enamel islets in the distal lobe of M2 and central anteroconid of m1. They represent the first record of the genus known in China and are comparable in size and morphology with *I. quadriracicatus* Zazhigin, 1972 from Kazakhstan and *I. ponticus* Topachevsky et al., 1978 from Ukraine. They are even more similar to teeth of the later in having weaker undulated mesial wall of the anteroconid on m1. The Shala specimens are assigned to an indeterminate species of *Ischymomys* due to the inadequate material.

Gerbillidae De Kay, 1842

Gerbils are suggested to have descended from a line of Myocricetodontinae in the early Miocene. The extant members, sand rats, are a group of rodents distributed mainly in the xeric regions of Africa, the Arabian Peninsula and Asia. They have inflated auditory region, the same dental formula of myomorph animals, bunolophodont or lophodont molars with rather reduced M3 and m3, usually simple anterocone(id) on the M1 and m1, and lacking mesocone(id)s and mesoloph(id)s. They are similar to myocricetines in dental pattern in the early relatives, and their longitudinal connections are usually reduced and cusp-pairs of the molars form transverse ridges in the later ones. There are differences of opinion in regard to the phylogenetic classification of gerbils within muroids. Before higher level systematics is settled, we follow some paleontologists in considering gerbils as a family-level taxon and in recognizing three subfamilies in the Gerbillidae, i.e. the Myocricetodontinae Lavocat, 1961, the Taterillinae Chaline et al., 1977, and the Gerbillinae Alston, 1876 (Jaeger, 1977b; Tong, 1989; Chaline et al., 1977; Wessels, 1999).

Materials of Gerbillidae in central Nei Mongol were collected from the late Miocene and Pliocene localities. They are mainly isolated molars, including the following two subfamilies and two genera.

Taterillinae Chaline Mein et F. Petter, 1977

Abudhabia De Bruijn et Whybrow, 1994

Type species   *Abudhabia baynunensis* De Bruijn et Whybros, 1994: Baynunah, Emirate of Abu Dhabi; Late Miocene.

Diagnosis   Medium-sized rodent with dental characters that are intermediate between the Gerbillinae and the Myocricetodontinae. m1 always with posterior cingulum developed as an isolated cusp. M2 and m2 with remnants of anterior cingulum. Cusp-pairs of M1, M2, and m2 forming transverse ridges. m1 with alternating main cusps and an anteroconid with a posterobuccally directed crest as in most cricetids. Upper incisor having one longitudinal groove (cited from De Bruijn, 1999a).

Abudhabia abagensis sp. nov.

(Figs. 195, 196; Table 84)

Abudhabia sp. (Baogeda Ula): Qiu Z D et al., 2013, p. 177, appendix.

Etymology   After the type locality of the new species, Abag, Nei Mongol.

Holotype Right M1 (V 19876).

Type locality Baogeda Ula, Abag Qi (IM 9602).

Geological age and horizon Late Miocene; early Baodean; Baogeda Ula Formation.

Paratype One maxillary fragment with M1 and anterior portion of M2, and sixteen molars, V 19877.1–17.

Measurements See Table 84 in the Chinese text.

Diagnosis Relatively smaller-sized *Abudhabia* with moderately high-crowned molars. Low and weak longitudinal crests present between transverse ridges in molars. First molars with relatively weak posteroloph(id) (posterior cingula); M2 and m2 with moderately developed anteroloph(id), and distinctly narrower posterior portion than anterior one; rather pronounced ectolophid present in m1 and m2; less reduced M3 with double roots.

Remarks The described teeth are characterized by the suppression of longitudinal connections of transverse ridges, the emphasis of transverse valleys, the large but simple anterocone(id) on the first molars, the presence of anteroloph(id) on the second molars, the small and simple third molars, the presence of remnants of posteroloph on M1 and M2, and the cusps of m1 being not directly opposed pairs, but staggered slightly. Characters of these specimens would fit generic diagnosis of *Abudhabia* given by De Bruijn et Whybrow in 1994, but the material from Baogeda Ula appears to represent a new species.

The new species is larger in molar size than *Abudhabia baheensis* from Lantian, Shaanxi (Fig. 196) and higher crowned. The hypocone and metacone in the new form are more confluent posteriorly, hence the posterior ridge is distinctly narrower than the middle ridge on M1 and M2. In addition, the ectolophids are relatively more prominent on m1 and m2, the posterolophid is more reduced on m1, and the posterior portion of m2 is relatively narrower in the new form than in *A. baheensis* (Qiu et al., 2004a).

The new species is slightly smaller than *Abudhabia baynunensis*, and differs in morphology from the type species mainly in having more closely connected cusp-pairs with relatively pronounced longitudinal connections on molars, M3 less reduced with more complex structure, less frequent presence of loph-like posterolophid on m1, and weaker anterolophid on m2. It is distinguishable from *A. kabulense* from Pul-e Charkhi, Afghanistan by its much smaller size, presence of more distinct longitudinal crests between the transverse ridges on molars, narrower anteroloph of M1, more developed anterobuccal crest of m1, more prominent anteroloph(id) of M2 and m2, and less reduced M3 (Sen, 1983). It differs from *A. pakistanensis* from Loc Y387, Pakistan, in smaller size, having less transversely elongated anteroloph on M1, the presence of longitudinal crest but absence of lingual branch of anteroloph on M2 (Flynn et Jacobs, 1999). The Nei Mongol gerbil can be easily distinguished from *A. radinskyi* from Tor Ghar, Afghanistan by its much smaller size, presence of longitudinal crests, distinctly narrower posterior portion of M1 and M2, more distinct anteroloph(id) on M2 and m2, less reduced M3 with two roots (Flynn et al., 2003). De Bruijn and Whybrow (1994) suggested referral of *Protatera yardangi* (Munthe, 1987) from Sahabi, Libya, to the genus *Abudhabia*, but this assignment was questioned by Flynn and Jacobs (1999) and Flynn and others (2003). The new species is different from "*A*" *yardangi* in smaller size, lower crown height, and simple anterocone on M1.

Abudhabia are widely distributed in the Late Miocene and Early Pliocene, known from northern Africa to eastern Asia. In China the new gerbil *A. abagensis* is of another species of the genus after *A. baheensis* from Lantian, Shanxi. The Nei Mongol sample represents the northern and eastern extension of *Abudhabia* in distribution. Among fossil gerbils, *A. abagensis*, comparatively speaking, is similar to *A. baheensis* in dental morphology. The two species share relatively close cusp-pairs connections, low and weak longitudinal connections of transverse ridges, distinct anterolophule(id) on the first molars, poorly developed posteroloph on M1, strong anterobuccally directed crest on the anteroconid of m1, moderate development of anteroloph(id) on the second molars, less reduced M3 with double roots. These similarities seem to imply that the two forms were closely allied. The larger size, the greater crown height, and the narrower posterior portion of M1, M2 and m2 in *A. abagensis* are interpreted as progressive features. This conjecture seems to be consistent with the higher stratigraphic occurrence of the new species than *A. baheensis*. It is likely that the lineage *A. baheensis* – *A. abagensis* has the general evolutionary trend of enlargement of the size, heightening of the crown, reduction of the posterior portion of molars and strengthening of the ectolophids of m1 and m2.

Abudhabia wangi sp. nov.

(Figs. 196, 197)

Etymology Named in honor of Mr. Wang Hongjiang from the Station of Cultural Relic Protection and Management of Xilin Gol League, Nei Mongol Region.

Holotype Right m1 (V 19878).

Type locality Balunhalagen, Sonid Zuoqi (IM 0801).

Geological age and horizon Late Middle Miocene–early Late Miocene; late Tunggurian–early Bahean; Balunhalagen beds.

Paratype One M2, V 19879.

Measurements M2: 1.25 mm × 1.45 mm; m1: 1.95 mm × 1.30 mm.

Diagnosis *Abudhabia* smaller than *A. abagensis* in size, with relatively weak and anteroposteriorly compressed cusps, complete and prominent longitudinal crests, cusp-like buccal anteroloph on M2, sinus separated from mesosinus on M2 and sinusid separated from mesosinusid on m1 by the longitudinal crests, respectively.

Remarks The two teeth described correspond in most structures to the diagnosis of *Abudhabia* as given by De Bruijn and Whybrow in 1994. However, they cannot be referred to *A. abagensis* from Baogeda Ula as described above, because of their smaller size (Fig. 196), weaker and anteroposteriorly compressed cusps, and stronger longitudinal crests. Mainly based on the presence of pronounced longitudinal crests, they are assigned to a new species of *Abudhabia* that is closer in dental morphology to *Myocricetodon*.

The new species *Abudhabia wangi* is distinguished from all the known species of the genus by its prominent longitudinal crests. In addition, it is different from *A. baheensis* and *A. baynunensis* in having weaker cusps, lacking lingual anteroloph on M2, in having poorly developed posterolophid on m1 (De Bruijn et Whybrow, 1994; Qiu et al., 2004a); from *A kabulense* in smaller size, having cusp-like anteroloph on M2, and more developed buccal anterolophid on m1 (Sen, 1983); from *A. pakistanensis* in smaller size, having weaker cusps and lacking lingual anteroloph on M2 (Flynn et Jacobs, 1999). *A. wangi* is much smaller than *A. radinskyi* and differs from it in having anterior cingulum on M2 (Flynn et al., 2003).

The genus *Abudhabia* is considered to be allied to Myocricetodontinae (De Bruijn et Whybrow, 1994). *A. wangi* is characterized mainly by its strong longitudinal crests and cusp-like anteroloph on M2, which are also present in the genus *Myocricetodon*. The presence of distinct longitudinal crests in the new species seems to be evidence of *Abudhabia* evolving from Myocricetodontinae. Thus, the complete longitudinal crests and cusp-like anteroloph on M2 in *A. wangi* are here interpreted as primitive characters for *Abudhabia*.

Gerbillinae Alston, 1876

Pseudomeriones Schaub, 1934

Type species *Lophocricetus abbreviatus* Teilhard de Chardin, 1926 = *Pseudomeriones abbreviates* (Teilhard de Chardin, 1926): Wangjia, Qingyang, Gansu; Late Miocene.

Diagnosis Molars with roots, but crowns as high as those of prosipheines. m1 with three lobes, each composed of two alternate cusps. m2 consisting of two principle lobes with anterior lobe like a trigonid and formed by two transverse crests extending buccally from the apex, and a posterior lobe like a talonid as a crest that undulates due to two indistinct alternating cusps, one buccal and one lingual, as a slightly anteroposteriorly extended and rippled ridge. m3 similar to m2, but smaller without anterocuspid. Crown of cheek teeth not prismatic, but narrowing from base upwards (adapted from Teilhard de Chardin, 1926, but we note some technical errors in the original, corrected here).

Pseudomeriones abbreviatus (Teilhard de Chardin, 1926)
(Figs. 198, 199; Table 85)

Pseudomeriones cf. *P. abbreviatus* (Gaotege): Qiu Z D et al., 2013, p. 177, appendix

Referred specimens Balunhalagen, Sonid Zuoqi (IM 0801): one M1/2, V 19880. Bilutu, Sonid Zuoqi (IM 0510): one fragmentary mandible with m1, seven molars, V 19881.1–8. Ertemte 2, Huade: one maxillary fragment with M1–2, two fragmentary mandibles with m1, respectively, seventy eight molars, V 19882.1–81. Harr Obo 2, Huade: fourteen molars, V 19883.1–14. Gaotege, Abag: Loc. DB 02-1, six molars, V 19884.1–6; DB 02-2, three molars, V 19885.1–3; DB 02-3, two molars, V 19886.1–2; DB 02-4, one m2, V 19887; DB 03-1, one m2, V 19888; DB 03-2, four molars, V 19889.1–4.

Measurements See Table 85 in the Chinese text.

Diagnosis (amended)   Mandible with large mental foramen situated dorsobuccally to the posterior part of diastema, masseteric crest terminated as a distinct tuberosity posterobuccally to the mental foramen. Moderately elongated M1 and m1 with pronounced and simple anterocone(id) having curved anterior wall; M2 with weakly developed anteroloph, the first cusp-pair ridge usually wider than the second, the sinus distinctly wider than the mesosinus, and two or three roots; m1 with semi-circular or oval-shaped anteroconid having a strong buccal arm nearly reaching the base of protoconid. The third molars sub-triangular and moderately reduced, with m3 having moderately developed posterolingual ridge.

Remarks This jird represented by the specimens from different localities and horizons in central Nei Mongol is characterized by: the large mental foramen located anterior to m1 and dorsobuccal to the posterior part of diastema, the masseteric crest terminated anteriorly as a distinct tuberosity situated posterobuccal to the mental foramen; the first molars moderately elongated with pronounced and simple anterocone(id) possessing more or less curved anterior wall, with semi-circular or oval-shaped anteroconid on m1 having a strong buccal arm; the second molars with anteroloph(id) and very weak posteroloph(id), with the M2 having the first cusp-pair ridge usually wider than the second one, the sinus always distinctly wider than the mesosinus, and two or three roots; the third molars sub-triangular and simple in structure, with the m3 having a moderately developed anterobuccal-posterolingually directed ridge fused by the protoconid and posterior cusp. These teeth show some variations in size, in shape of the anterocone(id) of the first molar, in width of posterior ridge of M2, and in development of the posterolophids of m1 and m2. Furthermore, M1s show more curved anterior walls, the M2s have more three-rooted specimens, m1s have stronger buccal arm on anteroconid in older localities, such as Ertemte, than at higher horizons, Gaotege for example. Despite these variations and differences, the teeth described are homogenous in morphology and close in size (Fig. 199). Thus, they are referred to *Pseudomeriones abbreviatus* together with the previously described material from Bilike, Nei Mongol (Qiu et Storch, 2000).

Pseudomeriones is a fossil jird genus defined by Schaub (1934), according to material from King-yan-fou (Qingyang) and Wa-yao-po (Jingchuan), Gansu, described as *Lophocricetus abbreviatus* by Teilhard de Chardin (1926b) and *Gerbillus matthewi* by Young (1927), respectively. Except the localities of Gansu and Nei Mongol mentioned, *P. abbreviatus* was also reported from Yushe, Shanxi (Li, 1981; Flynn et al., 1991), Lingtai, Gansu (Zhang et Zheng, 2000; Zheng et Zhang, 2001), and Pul-e-Charkhi of Afghanistan (Sen, 1983). A comparison of all the Chinese specimens at hand shows no significant differences among them.

The genus *Pseudomeriones* is widely known from Eurasia, and includes six named species, *P. abbreviatus*, *P. pythagorasi*, *P. rhodius*, *P. tchaltaensis*, *P. latidens*, and *P. complicidens* (Teilhard de Chardin, 1926b; Sen, 1977, 1983, 2001; Black et al., 1980; Zhang, 1999). Although some species have scarce material and unknown intraspecific variation, they appear to be valid species that are distinguishable within the genus. *P. abbreviatus* present in the Neogene of Nei Mongol can be distinguished from *P. pythagorasi* by its greater elongation of the first molars, narrower valleys, more confluent cusp-pairs, weaker development of the m1 posterolophid; from *P. rhodius* by smaller size, less elongation of the first molars, narrower anterocone of M1, ellipse or semicircular anteroconid of m1, and more reduced M3; from *P. tchaltaensis* by higher location of the mental foramen, relatively less elongation of the first molars, M2 with distinctly wider sinus than mesosinus, and three roots in some specimens, and m1 having elliptical or semicircular anteroconid; from *P. latidens* by more elongation of the first molars, M2 with weaker anteroloph, less extension of the sinus, and two roots in some of the specimens, poorly developed posterolophids on m1 and m2, and less frequent anterolophid on m3; from *P. complicidens* by its simple anteroconid on m1 (see below).

Pseudomeriones abbreviatus existed from Late Miocene to Early Pliocene in China. The discovery in central Nei Mongol seems to show that size of the species decreases, anterocone widens and flattens its anterior wall in M1, posterior ridge widens and roots decrease in M2, and buccal arm of anteroconid weakens over the course of time.

Pseudomeriones complicidens Zhang, 1999
(Figs. 200, 201; Table 86)

Pseudomeriones sp. (Gaotege): Qiu Z D et al., 2013, p. 177, appendix

Referred specimens   Gaotege, Abag Qi: Loc. DB 02-1, one maxillary fragment with M1, teen molars, V 19890.1-11; DB 02-2, four molars, V 19891.1-4; DB 02-3, four molars, V 19892.1-4; DB 02-4, three M1, V 19893.1-3; DB 03-1, three molars, V 19894.1-3; DB 03-2, eight molars, V 19895.1-8.

Measurements   See Table 86 in the Chinese text.

Diagnosis (emended)   Relatively larger-sized species of *Pseudomeriones*. Mandible with large mental foramen situated nearly the dorsal side of the diastema. M1 with wide anterocone having usually flat anterior wall, and relatively developed hyposinus; anteroloph absent and the width of the two cusp-pair ridges nearly equal in M2; m1 with larger and sub-triangular anteroconid having a distinct anterocolingual syncline and a shallow anterocobuccal syncline, and sometime V-shaped lingual synclines. The third molars relatively large and less reduced, with the sub-quadrate M3 having distinct posterior ridge, and the m3 having strong posterolingual ridge.

Remarks   These jird teeth known only from Gaotege possess general characters of the genus *Pseudomeriones*, but they are distinguishable from those of *P. abbreviatus* described above. Differences are the slightly larger size (Fig. 201), the wider M1 anterocone with flat anterior wall, the m1 anteroconid with a distinct anterocolingual syncline and a shallow anterocobuccal syncline, the pronounced M2 posterior ridge with width almost equal to the anterior ridge, the relatively larger, less reduced M3 and m3, with sub-quadrate M3 having a prominent posterior ridge, and the m3 having a strong posterolingual ridge.

Within the genus *Pseudomeriones*, only the species *P. tchaltaensis* from the Late Miocene of Turkey and *P. complicidens* from the Pliocene of Ningxian, Gansu possess a triangular m1 anteroconid with additional syncline (Sen, 1977, 1983; Zhang, 1999). *P. tchaltaensis*, however, has only a shallow anterocolingual syncline, but no anterocobuccal one on the anteroconid of m1. In addition, it has a curved anterior wall of anterocone on M1, a weak anteroloph and equal width of sinus and mesosinus on M2, a more reduced M3 with cusp-like posterior ridge. The Gaotege jird is similar to the Ningxian *P. complicidens* in size (Fig. 201), in having anterocolingual and anterocobuccal synclines on the anteroconid of m1, and a flat anterior wall of anterocone on M1. Minor differences are the narrower anterocolingual syncline and the less distinct anterocobuccal one. Despite the differences, the material of the Gaotege jird is referred to the species *P. complicidens*. The less development of synclines on the anteroconid of m1 is here interpreted as primitive for the Gaotege jird.

Sen (1983) and Zhang (1999) suggested the evolutionary trends or evolutionary grade of the genus *Pseudomeriones*, according to the dental morphology of various species. Their hypothesis explains very well the consistency of stratigraphic occurrence and dental characters of these species. In the meantime, it should be noted that *P. complicidens* exhibits an intriguing blend of derived and primitive characters relative to *P. abbreviatus*. The wide anterocone of M1, the disappearance of anteroloph of M2, and the complexity of the anteroconid of m1 may be derived features in *P. complicidens*. The larger-sized and less reduced M3 and m3 seem to be non-progressive characters. Therefore, *P. complicidens* possesses characters which probably exclude it directly from the *P. abbreviatus* lineage, but may be a sideline within *Pseudomeriones*. Even if *P. abbreviatus* is the direct ancestor of *P. complicidens*, they would have diverged before the Pliocene.

Arvicolidae Gray, 1821

Arvicolids are eurytopic rodents widely distributed over the Old and NewWorlds. They made their first occurrence in Eurasia in later Late Miocene. In the Pliocene and Pleistocene a massive adaptive radiation took place across the continents and they formed the major part of many rodent assemblages. Among paleontologists worldwide there have been differing opinions on the generic-level and the higher-level classification of these animals. The present authors temporarily follow some colleagues (Fejfar et Heinrich, 1990; Zheng, 1993; Martin, 2008) in considering arvicolids as a family-level taxon. The terminology used for molars basically follows Carls and Rabeder (1988), and the measuring method is adopted from Carls and Rabeder (1988), and Van de Weerd (1976) in this book.

Remains of arvicolids in central Nei Mongol were collected from the Early Pliocene localities Bilike and Gaotege, including 2 genera and 4 species. Among them, those from Bilike have been described as *Aratomys bilikeensis* by Qiu et Storch (2000), which was transferred to *Mimomys* as a subgenus of the genus by Repenning in 2003. The present work engages mainly fossils from Gaotege.

Mimomys Forsyth-Major, 1902

Type species *Mimomys pliocaenicus* Forsyth-Major, 1902: Vald'Amo, Italia; Late Pliocene.

Diagnosis Arvicolines with high-crowned, rooted teeth; m1 with simple three alternating triangles, well-developed primary wings on the anteroconid complex, a *Mimomys* Kante on the buccal primary wing, an enamel islet diminishing in relative depth with evolution within the anteroconid complex. M3 remains simple as in *Promimomys* except for hypsodonty and root numbers. Roots diminish slightly in number and cement in the reentrants gradually increases with evolution (cited from Repenning, 2003).

Remarks More than 40 species of *Mimomys* have been recognized since the genus was introduced by Forsyth-Major in 1902. The present authors concur with Repenning (2003) in recognizing the definition of *Mimomys* as the diagnosis of the genus in a broad sense.

Mimomys teilhardi sp. nov.
(Fig. 203; Tables 87, 88)

Aratomys bilikeensis: Li et al., 2003, p. 108, table 1, partim.

Microtodon sp.: Li et al., 2003, p. 108, table 1.

Mimomys teilhardi sp. nov.: Li, 2006, p. 53.

Mimomys cf. *bilikeensis*: Qiu Z D et al., 2013, p. 177, appendix.

Etymology   Named in honor of Pierre Teilhard de Chardin who discovered the fossiliferous locality of the new species, Gaotege, Nei Mongol.

Holotype   Left m1 (V 19896).

Type locality   Gaotege, Abag (DB 02-1).

Geological age and horizon   Early Pliocene; late Gaozhuangian; Gaotege beds.

Paratype   One mandibular fragment with m1, three hundred and fourteen molars, V 19897.1–315.

Referred specimens   Gaotege, Abag Qi: Loc. DB 02-2, two mandibular fragments with m1–2, one hundred and thirty two molars, V 19898.1–134; DB 02-3, one hundred and forty eight molars, V 19899.1–148; DB 02-4, fifty five molars, V 19900.1–55; DB 02-5, one mandibular fragment with m1, and two M2, V 19901.1–3; DB 02-6, one mandibular fragment with m1, teen molars, V 19902.1–11; DB 03-1, forty one molars, V 19903.1–41.

Measurements   See Table 87 in the Chinese text.

Diagnosis   Small-sized species with relatively low-crowned molars. On m1 the HH index smaller than 1.0, PA smaller than 1.2, the islet fold, the *Mimomys* Kante and the prism fold persisting long; M1 with three roots, M2s three-rooted in the majority and two-tooted in a few, M3 usually with double roots. No cement in the reentrants.

Remarks   The Gaotege specimens fit the diagnosis of *Mimomys* revised by Repenning (2003) by their retention of roots, development of *Mimomys* Kante, and presence of enamel islet and prism fold on m1. They are assigned as a new species of the genus.

By virtue of its high evolutionary rates, *Mimomys* seems to have several independent evolutionary lines developed in North America and Eurasia during the Pliocene and Early Pleistocene, as explained by some paleontologists (Fejfar et Heinrich, 1990; Repenning, 2003). Thus, we shall restrict our comparison to the *Mimomys* found in China.

The first *Mimomys* documented in China is *M. chinensis* assigned by Kormos (1934) based on the "Arvicolididae gen. indet." material collected from Nihewan, Hebei by Teilhard de Chardin and Piveteau in 1930. Subsequently, several species of *Mimomys* were reported from Pliocene and Pleistocene deposits of China (Young, 1935; Zheng et al., 1975, 1985b; Zheng, 1976; Xue, 1981; Zong et al., 1982, 1996; Zheng et Li, 1986; Zong, 1987; Tang et Zong, 1987; Cai, 1987; Zheng et Cai, 1991; Qiu et Storch, 2000; Zheng et Zhang, 2001; Cai et al., 2004; Wang et al., 2013). Nevertheless, among these taxa only the specimens of the following five species correspond in characters to the diagnosis of the genus, i.e. *M. orientalis*, *M. banchiaonicus*, *M. youhenicus*, *M. peii* and *M. (Aratomys) bilikeensis*. *M. orientalis* differs from the new species *M. teilhardi* in distinctly larger size (length of m1 is near or even longer than 3 mm) with cement filled in the reentrants, more undulated lingual and buccal enamel lines with distinctly larger E and Eb index (Table 88). *M. banchiaonicus* is a large species of the genus (length of the m1 is near 4 mm) with prominent dentine tracts, and thick cement in reentrants. The new species can be distinguished from *M. banchiaonicus* by its smaller size, lack of cement in the reentrants, lower parameter of lingual and buccal enamel lines (Table 88). The Pleistocene *M. peii* is also a large species (the length of m1 is more than 3 mm) with very hypsodont teeth, thick cement filling reentrants, high value of the enamel line, and two roots on M2 and M3. *M. teilhardi* is similar to *M. (Aratomys) bilikeensis* in being smaller sized (length of m1 is shorter than 3 mm), and in the absence of cement in the reentrants, but it differs from the latter in being slightly larger with a more developed *Mimomys* Kante on m1, slightly higher-crowned molars with more undulated lingual and buccal enamel lines (lager HH index on m1 and PA on M1), and fewer roots (Some M1s retain 4 roots and most M3s are three-rooted in *M. bilikeensis*, while they all have three and two roots, respectively in *M. teilhardi*). It is likely that *M. teilhardi* is a descendant of *M. (Aratomys) bilikeensis*, and appears to be intermediate form between *M. bilikeensis* and *M. orientalis*.

Considered as the most primitive arvicolid in China *Promimomys asiaticus* was reported from Dajushan, Anhui (Jin et Zhang, 2005). The taxon shows distinct undulation of enamel lines, differing from those of "*Promimomys*" from Europe. It is also different from *M. teilhardi* in having undifferentiated enamel band, relatively simple anteroconid complex of m1, and indistinct *Mimomys* Kante, islet and primary wings on m1. We consider the Anhui arvicolid as either a derived species of "*Promimomys*" or a very primitive species of *Mimomys*, very close to *M. teilhardi*.

Mimomys orientalis Young, 1935

(Fig. 204; Tables 88, 89)

Aratomys bilikeensis: Li et al., 2003, p. 108, table 1, partim.
Mimomys cf. *M. orientalis*: Li, 2006, p. 57.
Mimomys cf. *M. orientalis*: Qiu Z D et al., 2013, p. 177, appendix.

Referred specimens Gaotege, Abag Qi (Loc. DB 03-2): one hundred and twenty five molars, V 19904.1–125.

Measurements See Table 89 in the Chinese text.

Remarks These specimens occurring in a higher Gaotege bed are referred to *Mimomys* because of the rooted molars, the presence of distinct *Mimomys* Kante, islet and prism fold on m1. They are comparable to those of *M. youhenicus* and *M. orientalis* in size, but larger than those of *M. bilikeensis* and *M. teilhardi*, and smaller than those of *M. banchiaonicus* and *M. peii*. The arvicolid represented by the Gaotege material differs from *M. bilikeensis* and *M. teilhardi* in having thin cement in reentrants and slightly more prominent dentine tracts (larger parameter of lingual and buccal enamel lines). It is identical to *M. orientalis* in having similar thickness of cement filling the reentrants and close parameter of enamel lines, which are thick and larger (respectively) in *M. youhenicus*, *M. banchiaonicus* and *M. peii* (Table 88).

Mimomys is considered an intermediate form in the evolutionary line of *Microtodon*–*Promimomys*–*Mimomys*–*Arvicola* + *Lemmus* (Repenning, 1968, 2003; Fejfar et al., 1997; Chaline et al., 1999; Fahlbusch et Möser, 2004). The known Chinese *Promimomys asiaticus* seems to be a side branch of this development mainly because of its distinct undulation of enamel lines close to that of *M. teilhardi*. In China, a probable evolutionary line is indicated, and starts with *Microtodon atavus* in late Late Miocene, followed with *M. bilikeensis*, *M. teilhardi* and *M. orientalis* and then the Pleistocene *M. youheensis*, and undergoes very little morphological change. This lineage with its different formation of enamel islet on m1 seems to be independent; in the European and North American lineages, the islet in *Mimomys* is formed by closing the posteriorly-extended salient angle on the cap, whereas in *Microtodon atavus* and *Mimomys bilikeensis*, the islet is formed by the salient angles penetrating the anteroconid complex from the mesial or lingual tooth margin (Qiu et Storch, 2000; Fahlbusch et Möser, 2004). Increasing size and tooth hypsodonty, enlarging the *Mimomys* Kante on m1, reduction of tooth roots and development of cement in the reentrants, increasingly prominent dentine tracts, and shallowing of the islet on m1 and the distal islet on M3 were the evolutionary trends of the Chinese lineage.

Borsodia Jánossy et Van der Meulen, 1975

Type species *Mimomys hungaricus* Kormos, 1938: Osztramos-3, Hungaria; Early Pleistocene (Villaryian).

Diagnosis (improved) Small arvicolines with rooted teeth and without cement filled in the reentrants. An enamel islet lacking, and the *Mimomys* Kante weak or absent on m1; lagurine microangles present on M1–3; a distal islet only developed on the long and narrow posterior lobe (PL) (improved sources: Tesakov, 1993, 2004; Kawamura et Zhang, 2009).

Remarks Differences between *Borsodia* and *Villanyia* are subtle. We consider that the principal characters diagnosing the genus *Borsodia* are the absence of enamel islet on m1, the lack of cement in the reentrants, the presence of lagurine microangles on M1-3, and the long and narrow Pl on M3.

Borsodia mengensis sp. nov.

(Fig. 205; Table 90)

Aratomys bilikeensis: Li et al., 2003, p. 108, table 1, partim.
Borsodia? sp.: Li, 2006, p. 62.

Etymology After the new species found in Nei Mongol (Inner Mongolia).

Holotype Left m1 (V 19905).

Type locality Gaotege, Abag Qi (DB 03-2).

Geological age and horizon Early Pliocene; late Gaozhuangian; upper Gaotege beds.

Paratype Thirty nine molars, V 19906.1-39.

Measurements See Table 90 in the Chinese text.

Diagnosis Small-sized species with m1 less than 3.0 mm long, relatively low-crowned molar, relatively less undulated lingual and buccal enamel lines with lower index or parameters of dentine tracts (PA in M1 less than 0.6, average index of HH in m1 less than 1.5). M1 having three roots, M2 being three-rooted in the majority. *Mimomys* Kante absent in m1.

Remarks The Gaotege specimens are characterized by the small size, the rooted teeth, the absence of cement in the reentrants, the lack of enamel islet and *Mimomys* Kante on m1, the prism-like T4 on M1 and M2, the quadrate LRA2 and the presence of lagurine microangles on M2 and M3, and the PL being long and narrow on M3, which fit the diagnosis of the genus *Borsodia*. They are assigned to a new species because of their more primitive status than other species of the genus.

In China, *Borsodia chinensis* is the only known species of this genus, which was first reported from Nihewan, Hebei as "Arvicolidé gen. ind." by Teilhard de Chardin and Piveteau in 1930, and once assigned to *Mimomys* or *Villanyia* (Kormos, 1934; Zazhigin, 1980). It was subsequently found in several localities of Early Pleistocene age in northern China (Flynn et al., 1991; Zheng et Li, 1996; Cai et al., 2008). *B. chinensis* differs from the new species *B. mengensis* in larger size, having higher-crowned molars, later development of tooth roots, double-rooted M1 and M2, and more prominent dentine tracts. *B. mengensis* seems to represent the most primitive species of the genus for its smaller size, relative brachydonty, three-rooted M1 and M2, less prominent dentine tracts. It has a lower index or parameter of dentine tracts. Range of HH in m1 is 0.63-1.62, which is smaller than that of *B. steklovi* from Transbaikalia and *B. novoasovica* from Shyrokino; range of PA in M1 is 0.38-0.58, that is smaller than those of the relatively primitive species *B.* cf. *steklovi* (1.7) and *B. novoasovica* (0.87-1.81) (Tesakov, 1993, 2004; Carls et Rabeder, 1988).

Borsodia is considered to be the ancestor of the extant genus *Lagurus*, and there exists an evolutionary line *Borsodia-Prolagurus-Lagurus* (Tesakov, 1993, 2004). The discovery in Nei Mongol seems to imply that this evolution was initiated during the middle or late Pliocene. According to Tesakov (1993), the early *Borsodia* retains *Mimomys* Kante on m1. However, this element is absent in both *B. mengensis* and its descendant *B. chinensis*. Thus, the genus *Borsodia* may have an early independent evolutionary line without *Mimomys* Kante if this absence is confirmed by more materials.

Myospalacidae Lilljeborg, 1866

Extant zokors, *Myospalax*, are endemic to some parts of the Asian Palearctic Region, mainly distributed in southern Siberia of Russia, eastern Mongolia, and northern China and Korea peninsula. Fossil zokors are recovered in the deposits from the Late Miocene through the Pleistocene of Kazakhstan, Baikal of Russia, Mongolia and China. There are differences of opinion in regard to the generic-level and the higher-level systematics of these rodents. Before they are settled, we treat zokors as a family-level taxon and partly follow Zheng et al. (2004) in classification and terminology used for molars; their measuring method is adopted in this book.

Remains of zokors are abundantly yielded in the later Late Miocene and Early Pliocene localities of central Nei Mongol. Among them, those from Ertemte, Bilike and Amuwusu have been described or partly described (Qiu et Storch, 2000; Zheng et al., 2004; Cui, 2010), and here we deal with those from Amuwusu, Balunhalagen, Baogeda Ula and Gaotege, which have not been described in detail before. Altogether, they are included in 2 genera and 4 species.

Prosiphneus Teilhard de Chardin, 1926

Type species *Prosiphneus licenti* Teilhard de Chardin, 1926: Qingyang (Kingyang), Gansu; Late Miocene (Baodean).

Diagnosis Small myospalacids with convex occiput and square interparietal, interparietal located behind the joined lambdoid crests, narrow interorbit, and squamosal absent on occiput. M1 with two or three roots; m1 with the ac located centrally or slightly buccally. Parameter A on M1 and parameters a and e on m1 approximately zero (cited from Liu et al., 2013).

Remarks *Prosiphneus* is a relatively primitive genus in the family. It was thought to have evolved from the genus *Plesiodipus* (Qiu et al., 1981; Li et Ji, 1981; Qiu, 1996b). Zheng and others (2004) even considered "*Prosiphneus qinanensis*", as the most primitive species of the genus, probably originated from *Plesiodipus progressus*. After the observation of the new material of *Plesiodipus* from Nei Mongol, the highly specialized late Middle Miocene *Plesiodipus progressus* is not considered to have given rise to *Prosiphneus* in the early Late Miocene. A reevaluation of the type specimens of "*Pr. qinanensis*" indicates that the m1 (IVPP V 14043) and m2 (V 14044.2) exhibit a suite of characters that are highly diagnostic for the genus *Plesiodipus*, i.e., m1 with ac (anterior cap) located anterobuccally, the buccal main cusps being rather quadrangular, the metaconid (t3) disconnected from protoconid (t2), the buccal valleys distinctly shallow, and the quad bra1 (buccal reentrant angle 1), and m2 with opposite arrangement of lingual and buccal reentrants. Thus, "*Pr. qinanensis*" possesses characters excluded from the genus *Prosiphneus*. It is likely that *P. qiui* might be the most primitive species of *Prosiphneus* so far known. We do believe that the origin of *Prosiphneus* is related to plesiodipines. However, it seem reasonable that *Gobicricetodon* was near the ancestry of *Prosiphneus*, rather than *Plesiodipus* (see below).

Prosiphneus qiui Zheng, Zhang et Cui, 2004
(Figs. 206, 207; Table 91)

Prosiphneus sp. nov.: Qiu, 1988, p. 834.
Prosiphneus inexpectatus: Zheng: 1994, figs. 10, 12, p. 57.
Prosiphneus sp. nov.: Qiu, 1996b, p. 157, table 75.
Prosiphneus sp. nov.: Qiu et Wang, 1999, p. 126.

Referred specimens Amuwusu, Sonid Youqi: twenty-eight molars, V 19907.1–28. Balunhalagen, Sonid Zuoqi (IM 0801): one hundred and forty-five molars, V 19908.1–145.

Measurements See Table 91 in the Chinese text.

Remarks The described specimens show some similarities to the genus *Plesiodipus* in having hypsodont and lophodont molars with salient triangles, and anterior lobe (AL) on M1 and anterior cap (ac) on m1. Nevertheless, the AL in these specimens is large and not incorporated in the protocone (T1) to form an oblique crest, M2 is more omega-shaped, the ac on m1 is larger, the metaconid (t3) is directly connected with the protoconid (t2), a "*medial diagonal ridge*" formed by the protoconid (t2) and the entoconid (t1) is indistinct on m1-3, and the posterosinusid (lra1) is more buccally extended. These characters argue for referring the materials to *Prosiphneus* rather than *Plesiodipus*.

The Nei Mongol material is assigned to the species *Prosiphneus qiui* as defined by Zheng and others (2004) on the basis of 1) the close size of molars; 2) the similar undulation and reentrant bases of the lingual and buccal enamel lines; 3) the retaining of enamel island, mesoloph(id) and ectomesolophid on molars in the early stages of wear; 4) the three-rooted upper molars. Compared with those from Amuwusu, the specimens from Balunhalagen are slightly larger in size and retain at most one enamel island on m1. This is here interpreted as a more advance status for the Balunhalagen population.

It should be noted that the presence of enamel island, mesoloph(id) and ectomesolophid in *Prosiphneus qiui* in the early stages of wear of its molars are distinctly developed in the genus *Gobicricetodon* of the Middle Miocene. This implies that *P. qiui* probably was more closely allied to *Gobicricetodon* among plesiodipines. Thus, there is a stronger possibility that *Prosiphneus* may have evolved from a population of *Gobicricetodon* or *Khanomys*, or they have a common ancestor. Apparently a dental pattern of the plesiodipine, with gradually heightened crown, reduced mesoloph(id)s and ectomesolophid, and strengthened crests (as a result, enamel lake on ac is crowded by the two anterolophulids of m1, and the one between t3 and t2 is formed by the metalophid I and posterior spur), would converge to the pattern of *P. qiui*.

Prosiphneus eriksoni (Schlosser, 1924)

(Fig. 208; Table 92)

Siphneus eriksoni: Schlosser, 1924, p. 36, pl. III, figs. 5-11.
Myotalpavus eriksoni: Miller, 1927, p. 16.
? *Prosiphneus eriksoni*: Flynn et al., 1991, p. 246, fig. 4, table 2.
? *Prosiphneus eriksoni*: Tedford et al., 1991, p. 519, fig. 4, table 2.
Pliosiphneus sp. 1: Zheng, 1994, p. 51, figs. 2, 7, 10-12, table 1.
Myotalpavus eriksoni: Zheng, 1994, p. 66, figs. 5-7, table 1.
Prosiphneus sp.: Qiu et al., 2006, p. 181, appendix.
Prosiphneus sp. (Baogeda Ula): Qiu Z D et al., 2013, p. 177, appendix.

Referred specimens Baogeda Ula, Abag Qi: IM 0702, fourteen molars, V 19909.1-14; IM 0703, one damaged M1, V 19910.

Measurements See Table 92 in the Chinese text.

Remarks The Baogeda Ula specimens exhibit a suite of characters that are diagnostic for the genus *Prosiphneus*. These characters are the separate roots of molars, the omega-shaped M2, the middle-located and symmetrical ac, and the opposite arrangement of lra2 and lra3 on m1, the parameter A of M1 and parameters a, d, and e of m1 being approximately zero. This zokor is identical to *P. eriksoni* from Ertemte in size, morphology and parameter. Compared with *P. qiui*, it is larger with hypsodont molars, and without any remnant of mesoloph(id)s and enamel islands on M1-3 and m1, more strongly undulated enamel lines, which are distinctly higher than the reentrant bases. The parameter B and C of M1 and b and c of m1 is larger than those of *P. licenti* from Qingyang and Qin'an, Gansu, *P. murinus* from Yushe, Shanxi, and *P. tianzuensis* from Tianzu, Gansu (Teilhard de Chardin, 1942; Zheng et Li, 1982; Zheng et al., 2004).

Chardina Zheng, 1994

Type species *Prosiphneus truncatus* Teilhard de Chardin, 1942: Gaozhuang, Yushe, Shanxi, and Gansu; Pliocene (Gaozhuangian).

Diagnosis Myospalacids with semi-circled interparietal anterior to lambdoid crests, convex occiput protruding outside lambdoid crest, weak supraoccipital process, triangular squamosal in occiput, breadth of posterior sagittal region being about 1.8 times of that of interorbital region, and rooted and relatively brachydont molars. Roots on M1 fused together. Parameter a on m1 nearly zero (cited from Liu et al., 2013).

Remarks We follow Zheng (1994, 1997) in allocating *Chardina* to the fossil zokors with rooted molars and concave occipital shield, and in recognizing its short and wide ac of m1 with the buccal portion distinctly narrower than the lingual one, the deeply buccally-extended lra3 with its anterior wall nearly perpendicular to the middle of tooth, the bra2 posterior to the lra3 and less extended lingually with its anterior wall oblique to the longitudinal line, and the relatively longer ac.

Chardina gansuensis Liu et al., 2013
(Figs. 209, 210; Tables 93-95)

Prosiphneus sinensis: Teilhard de Chardin et Young, 1931, p. 14, pl. IV, fig. 1; pl. V, fig. 5.

Prosiphneus spp.: Li et al., 2003, p. 108, table 1, partim.

Chardina zhengi sp. nov.: Li, 2006, p. 68.

Chardina sp. (Gaotege): Qiu Z D et al., 2013, p. 177, appendix.

Referred specimens Gaotege, Abag Qi: Loc. DB 02-1, forty molars, V 19911.1-40; DB 02-2, nineteen molars, V 19912.1-19; DB 02-3, thirty-two molars, V 19913.1-32; DB 02-4, twenty-eight molars, V 19914.1-28; DB 02-5, three M1 and one m3, V 19915.1-4; DB 02-6, five molars, V 19916.1-5; DB 03-1, one M2 and one m3, V 19917.1-2; DB 03-2, six molars, V 19918.1-6.

Measurements See Table 93 in the Chinese text.

Diagnosis Relatively small size with brachydont molars and non-forked roots. Length of the first molars usually shorter than 4 mm; on m1 ac is short, wide and asymmetrical with the lingual portion being wider than the buccal one, the bra2 and lra3 alternately arranged; enamel lines strongly undulated with parameters larger than in *Prosiphneus*, but smaller than *Chardina truncatus* (improved, sources: Cui, 2010).

Remarks The Gaotege specimens are characterized by their larger size (larger than those of *Prosiphneus*), non-forked molar roots, deeply lingually-extended buccal reentrant angle on upper molars and deeply buccally-extended lingual reentrant angle on lower molars, m1 with short, wide and asymmetrical ac, alternate arrangement of the bra2 and lra3; strongly undulated lingual and buccal enamel lines, and larger parameters. These characters agree with the definition of the siphneid group having concave occipital shields, given by Zheng in 1994 and 1997. Three genera of this group, *Chardina*, *Mesosiphneus* and *Youngia* are known from the Neogene, of which *Youngia* has no roots in molars. Compared with *Chardina*, *Mesosiphneus* is larger with more strongly undulated lingual and buccal enamel lines, and larger parameters. The described specimens correspond in characters to the diagnosis of *Chardina* as mentioned above.

There are four species of *Chardina* known in northern China, *C. sinensis* of late Late Miocene – Early Pliocene, *C. truncatus*, *C. teilhardi* of the Late Pliocene, and *C. gansuensis* of the Early Pliocene (Teilhard de Chardin et Young, 1931; Teilhard de Chardin, 1942; Flynn et al., 1991; Zhang, 1999; Zheng et Zhang, 2001; Cui, 2010; Liu et al., 2013). The Gaotege specimens are referred to *C. gansuensis* because of their close size and parameter of enamel lines, which is smaller than those of *C. truncatus* and *C. teilhardi*, and slightly larger than those of *C. sinensis* (Fig. 201, tables 94 and 95).

Chardina truncatus (Teilhard de Chardin, 1942)
(Figs. 210, 211; Tables 94-96)

Prosiphneus spp.: Li et al., 2003, p. 108, table 1, partim.

Chardina cf. *C. truncatus*: Li, 2006, p. 63.

Chardina sp. nov. (Gaotege): Qiu Z D et al., 2013, p. 177, appendix.

Referred specimens　Gaotege, Abag Qi: Loc. DB 02-1, four molars, V 19919.1-4; DB 02-2, two M1 and one M3, V 19920.1-3; DB 02-3, six molars, V 19921.1-6; DB 02-4, seven molars, V 19922.1-7; DB 02-6, one m2, V 19923.

Measurements　See Table 96 in the Chinese text.

Diagnosis (improved)　Relatively larger size. Length of the first molars close to or longer than 4 mm; relatively hypsodont molars with extremely undulated enamel lines and distinctly larger parameters.

Remarks　These specimens also possess characters of the genus *Chardina*, i. e. the large size, the high-crowned molars, the relatively long M1 and m1, the short, wide and asymmetric ac of m1, the alternately arranged bra2 and lra3 on m1, the strongly undulated lingual and buccal enamel lines, the large parameters except parameter a of m1 near zero. They are referred to *C. truncatus* because their larger size and higher crowned molars, and their distinctly larger parameters A, B, C, D of upper molars and a, b, c, d of lower molars, in which they are close to those of *C. truncatus* from Gaozhuang, Yushe (Fig. 210, tables 94 and 95).

Chardina, the basal concave occipital-shield siphneid, is considered to have evolved from the siphneid group with convex occipital shields, and may have given rise to the genera *Mesosiphneus* and *Youngia*. The stratigraphical record of zokors in Nei Mongol and their evolution appear to offer evidence to support such an inference.

Muridae Gray, 1821

Murids are considered to be rodents derived from cricetids, with their first occurrence in the middle Miocene of southern Asia (Jacobs, 1977; Flynn et al., 1985). They are here regarded as a rodent family Muridae in a restricted sense. These animals are recognized primarily on the basis of their myomorphous zygoma and teeth, which are low crowned and cuspate with three cheek teeth in each jaw, a fully functional extra row of cusps added lingual to protocone and hypocone on upper molars, and main cusps connected transversely to form chevron-shaped lophs both on upper and lower molars. The systematics of the restricted murids in rodents has been controversial. Currently, many neontologists and some paleontologists assign these animals in the subfamily Murinae and place them in a broad sense within Family Muridae, together with Cricetinae and Microtinae, etc. (Carleton et Musser, 1984; McKenna et Bell, 1997). Before systematics of these rodents is settled, we are biased toward the fossil records and follow some paleontologists to treat this taxon as a family rank rather than a subfamily one, based on the distinctive morphological differences (Freudenthal et Martin-Suárez, 1999).

The first record of murids in central Nei Mongol is known from the Late Miocene. Materials of the family are quite rich in the later Late Miocene and the Pliocene localities. Among these materials, those from Ertemte (containing 5 genera and 5 species), Harr Obo (6 genera and 6 species), and Bilike (6 genera and 7 species), and some from Baogeda Ula (one genus and one species) have been described in detail (Storch, 1987; Qiu et Storch, 2000; Storch et Ni, 2002). Here we mainly deal with the undescribed materials from other localities and revises some taxa previously studied.

Progonomys Schaub, 1938

Type species　*Progonomys cathalai* Schaub, 1938: Montredon, France; Late Miocene.

Diagnosis　Muridae with lengthened and slender molars, without longitudinal crests. M1 with an almost elliptical outline, the t1 in an anterior position (not placed backwards), and lacking t1bis. t4 united to t5 by a high connection, and with a tendency to fuse with t8 by a low crest, but without t7. Upper molars with t6 and t9 generally separated. m1 with a reduced or absent tma. Upper molars with three roots (after Mein et al., 1993;

Freudenthal et Martin-Suárez, 1999).

Remarks *Progonomys* once became a "waste basket" genus as almost all the early murids from the Old World have been allocated to this genus. The present authors follow P. Mein and others in clarifying and redefining the genus in 1993.

Progonomys shalaensis sp. nov.
(Figs. 213, 214)

Etymology After the type locality of the new species, Shala, Nei Mongol.

Holotype Right M1 (V 19924).

Type locality Shala, Sonid Youqi (IM 9610).

Geological age and horizon Late Miocene; late Bahean; Baogeda Ula Formation (?).

Measurements M1: 1.65 mm × 1.00 mm.

Diagnosis *Progonomys* smaller than *P. sinensis* in size, and lower crowned, with M1 more lengthened and slender in outline. Cusps weakly developed, and a posterior spur from t1 and a t1bis absent on M1.

Remarks The M1 described is relatively smaller than most of the corresponding teeth of other murids from the work area, and differs from all of them in morphology. Its slender contour, absence of longitudinal connections between the tubercles, anteriorly located t1, lack of t1bis and t7, presence of a tendency of t4 to fuse with t8 by a low crest, and separation of t6 and t9 correspond to the diagnosis of the genus *Progonomys* emended by Mein et al. in 1993, and Freudenthal and Martin-Suárez in 1999.

Progonomys sinensis is the only other species of the genus known in China (Qiu et al., 2004b). The Shala specimen differs from the M1s of *P. sinensis* from Lantian, Shaanxi, in smaller size and lower ratio of L/W (Fig. 214). In addition, the tooth is lower crowned with weakly developed cusps, without any sign of longitudinal crests and t1bis, the t6 completely separated from t9. It is likely that the tooth shows more primitive status, and represents a species of the genus different from *P. sinensis*.

Among the other three known species of *Progonomys*, *P. cathalai*, *P. woelferi*, and *P. hussaini*, *P. cathalai* is a rather primitive species distributed from West Europe to West Asia (Schaub, 1938; De Bonis et Melentis, 1975; Van de Weerd, 1976; De Bruijn, 1976; Ünay, 1981; Mein et al., 1993). The M1 from Nei Mongol falls within the range exhibited by *P. cathalai* both as to size and pattern. However, it is considered inadvisable to refer it to this species because of the poor material and the great geographic distribution. *P. woelferi* is more derived than *P. cathalai* in larger size, having a higher frequency of t6 and t9 connections and of posterior spur of t1, and a more developed t12 on M1. This seems to hamper assignment of the Shala specimen to *P. woelferi*. The M1s of *P. hussaini* from Siwalik, Pakistan are larger than the Nei Mongol specimen, and have a higher value of L/W.

In view of the differences in morphology and geographic occurrence, the Shala M1 is assigneda s a new species of the genus *Progonomys*, in spite of the scarcity of the remains. This assignment, undoubtedly, needs to be tested by additional discovery and further study.

Hansdebruijnia Storch et Dahlmann, 1995

Type species *Occitanomys neutrum* De Bruijn, 1976: Chomateri, Greece; Late Miocene.

Diagnosis (improved) Small-sized murid. Stephanodonty poorly developed: on M1 t1-t5 and t3-t5 connections mostly absent and if present, weak and low; on m1 and m2 the longitudinal spur developed variably. M1 usually without or with poorly developed t1bis; M1 and M2 with distinctly ridge-like t12; m1 with poorly developed or distinct tma, usually delimited c1 and c2.

Hansdebruijnia perpusilla Storch et Ni, 2002

(Figs. 215, 217; Table 97)

Referred specimens Baogeda Ula, Abag Qi: IM 0702, twenty-eight molars, V 19925.1–28; IM 0703, three molars, V 19926.1–3.

Measurements See Table 97 in the Chinese text.

Diagnosis (improved) Smaller than *Hansdebruijnia pusilla* and *H. neutrum*. Low crowned molars with relatively lengthened and slender M1, and more delicate cusps and ridges. Weak stephanodont structure: on M1 t1-t5 and t3-t5 connections absent, t6 and t9 connection wanting or poorly developed; on m1 and m2 the longitudinal spur weakly developed and never reaching the metaconid-protoconid chevron anteriorly; m1 with indistinct or minute tma.

Remarks The Baogeda Ula specimens can be confidently assigned to *Hansdebruijnia perpusilla* because they exhibit the following suite of dental characters: 1) smaller sized molars with relatively lengthened and slender M1, and more delicate cusps; 2) absence of t1-t5 and t3-t5 connections, and of t1bis, but presence of distinct t12 on M1; 3) poorly developed connections between t6 and t9 on M1 and M2; and 4) presence of tiny tma and initial longitudinal spur, but delimited c1 and c2 on m1. In fact, these teeth were produced from the type locality of the species, *H. perpusilla*. This species was based on only a few molars from IM 0702, at Baogeda Ula. The added topotype material has enriched, to some extent, our knowledge of the dental morphology and the variations of the molars.

Hansdebruijnia perpusilla is the most primitive species among the three known species of the genus. It is close to *H. neutrum* in size, but differs from the European form in the lack of t1-t5 and t3-t5 connections, in having lower and weaker connection of t6 and t9, and in the poor development of tma and longitudinal spur on m1. It is closely similar to *H. pusilla* from Ertemte and Harr Obo in morphology (Storch, 1987), but can be distinguished by its smaller size (Fig. 217), less blunt posteriorly in occlusal outline of M1, poorly developed stephanodonty, i.e., the t1-t5 and t3-t5 connections wanting, and the absent or weaker connection of t6-t9 on M1, the poorly developed tma, and cp and longitudinal spur on m1.

Hansdebruijnia pusilla (Schaub, 1938)

(Figs. 216–218; Table 98)

Stephanomys? pusillus: Schaub, 1938, p. 29.

Orientalomys pusillus: De Bruijn et Van der Meulen, 1975, p. 317.

"Stephanomys"? pusillus: Fahlbusch et al., 1983, p. 222.

Occitanomys pusillus: Storch, 1987, p. 413.

Referred specimens Balunhalagen, Sonid Zuoqi (IM 0801): seven molars, V 19927.1–7. Baogeda Ula, Abag Qi: IM 0709, one M1 and one M2, V 19928.1–2; IM 0902, one broken skull with incisors and right M1–3, two damaged anterior portions of skulls with incisors and a broken M1, three damaged lower jaws with m1–3, m1–2, and m3, respectively, 5 molars, V 19929.1–11. Bilutu, Sonid Zuoqi (IM 0510): one damaged mandible with m1–3, twenty-seven molars, V 19930.1–28.

Measurements See Table 98 in the Chinese text.

Diagnosis Larger than *Hansdebruijnia perpusilla*. On M1, t1bis usually lacking, and t12 distinct. Strongly stephanodont: on M1 t1 and t4 connected by a short ridge with t5 and t8, respectively; t3 connected with t5 in almost two thirds of the specimens and a posterior spur in almost one third; t6 and t9 always connected; on m1, the medial ridge attached to the protoconid-metaconid chevron anteriorly. t3 of m2 ridge-like. tma on m1 distinct; the buccal cingulid well-delimited and consistently equipped with c1 and c2. Low crowned (slightly modified from Storch, 1987).

Remarks The specimens described are characterized by the possession of stephanodonty, the near lack of t1bis on M1, the presence of distinct t12 on M1 and M2, the existence of tma, c1 and c2 on m1, and of the longitudinal spurs on m1 and m2. These characters fit the diagnosis of *Hansdebruijnia*, and are highly diagnostic for the species *H. pusilla*.

Hansdebruijnia pusilla was originally reported from Ertemte, Nei Mongol as *Stephanomys? pusillus* by Schaub in 1938. Based on added material from the same site, Storch (1987) assigned the species to the genus *Occitanomys*, and later Stroch et Ni (2002) transferred it to *Hansdebruijnia*. *H. pusilla* is an advanced stephanodont murid species of the genus. It is distinguishable from *H. perpusilla* by its larger size (Fig. 217), shorter and narrower M1 with blunter posterior edge, slightly heavily built cusps of molars, t1 and t2 connected with t5 on almost all M1, stronger connections between t6 and t9 on M1 and M2, more distinct tma on m1, and more pronounced longitudinal spurs on m1 and m2.

The similarities of *Hansdebruijnia pusilla* and *H. perpusilla* in dental morphology may imply that the two species were closely allied, and the former may have descended from the latter. An evolutionary trend in the *H. perpusilla—H. pusilla* line would entail increase of the size, shortening and widening of the teeth, enlarging of the cusps, lengthening of the posterior spurs of t1 and t3 in M1, strengthening of the connections between t6 and t9 in M1 and M2, development of the tma and restrained lingual extension of the lingual anteroconid in m1, and lengthening of the longitudinal spurs in m1 and m2.

The samples of this species from Balunhalagen and Baogeda Ula are small, but demonstrate more primitive status than those from Bilutu and Ertemte in the dental morphology, e.g. the lack or poor development of posterior spurs of t1 and t3 on M1, the tinier tma, the distinct anterolingual extension of lingual anteroconid, and shorter and lower longitudinal spurs on m1. The level of *Hansdebruijnia pusilla* bearing beds (IM 0709, 0902) is higher than that of *H. perpusilla* (IM 0702) at Baogeda Ula, but may be older than those of Bilutu and Ertemte producing *H. pusilla*. The specimens from Balunhalagen are identical in size and morphology with those of IM 0709 and IM 0902, except for the wanting of posterior spurs of t1 on the only M1. It seems to be a reasonable inference that Balunhalagen is lower than Baogeda Ula in stratigraphic level. *H. pusilla* from Balunhalagen and Baogeda Ula may represent more primitive populations of the species in the evolutionary line of *H. perpusilla—H. pusilla* (Fig. 218).

Karnimatoides gen. nov.

Type species *Mus hipparionum* Schlosser, 1924; Late Miocene, Ertemte, Nei Mongol.

Etymology *Karnimata*, a genus from South Asia, plus -oides (Latin, a suffix meaning similar), reffering the resemblance of the new genus to *Karnimata*.

Diagnosis Relatively small murid with rounded and distinct cusps, incipient stephanodonty. M1 with amygdaloidal occlusal outline, t1 relatively forward in position, t3 occasionally present very short spur posteriorly, t6 usually connected with t9 by a variable ridge (becoming stronger through wear), t7 absent, t12 rather reduced, and a weakly or moderately developed t2bis present in some specimens; m1 and m2 consistently equipped with c1 and c2, but no longitudinal spur; m1 with small tma in most of the specimens, and a low and narrow anterior mure connected with the lingual anteroconid and the metaconid; m3 with a small but distinct antero-buccal cusp.

Remarks Storch (1987) referred *Mus hipparionum* Schlosser, 1924 to the genus *Karnimata* Jacobs, 1978, when he studied the added material from Ertemte, Nei Mongol. He noticed that the species *hipparionum* is similar to those of *Karnimata* in size and morphology, except for the possession of incipient stephanodonty. In order to place the taxon in *Karnimata*, he emended the original diagnosis of the genus. Reexamination of the material from Ertemte, he and Ni (2002) later found that the previous assessment of specimens without t6–t9 connection was essentially based on unworn molars. They excluded *hipparionum* from *Karnimata*, and refrained from any generic assignment of the species. It seems to us that the incipient stephanodonty is sufficient to warrant generic separation of *hipparionum* from *Karnimata*.

Karnimatoides hipparionus (Schlosser, 1924)

(Fig. 219; Table 99)

Mus hipparionum: Schlosser, 1924, p. 43, partim.

"*Mus*" *hipparionum*: Fahlbusch et al., 1983, p. 222.

Karnimata hipparionum: Storch, 1987, p. 409.

"*Karnimata*" *hipparionum* (Loc. Bilutu): Qiu Z D et al., 2013, p. 177, appendix.

Referred specimens Baogeda Ula, Abag Qi: IM 0709, four molars, V 19931.1–4. Bilutu, Sonid Zuoqi (IM 0510): ten molars, V 19932.1–10.

Measurements See Table 99 in the Chinese text.

Diagnosis Same as for the genus.

Remarks The above isolated murid teeth from Baogeda Ula and Bilutu fall within the range exhibited by "*Karnimata*" *hipparionum* described by Storch in 1987 from Ertemte and Harr Obo both as to size and morphology. Although their c1 and c2 on m1 and m2 are smaller than those from Ertemte and Harr Obo, they are treated as one species.

As mentioned above *Karnimata hipparionum* is assigned to a new genus *Karnimatoides* by the present authors. The new genus is somewhat similar to *Karnimata* Jacobs, 1978, in size, in having brachydont molars with rounded and distinct cusps, t1 on M1 relatively forward in position, t7 on M1 and M2 lacking, the similarly developed tma, anterior mure and longitudinal spur on m1, and the same root numbers of the molars. However, *Karnimatoides* has a variable development of t6–t9 connection in the majority of M1s, a posterior spur of t3 on about one third of M1s, a rather reduced t12 on M1 and M2, a usually distinct c2 on m1 and m2 (Storch, 1987). On the contrary, in *Karnimata* the t6 is always separated from t9, and the t3 lacks any posterior spur on M1, the t12 is quite prominent on M1 and M2, and a c2 is wanting on m1 and m2 (Jacobs, 1978). It seems to us that these differences, especially the incipient stephanodonty in *Karnimatoides*, are sufficient to warrant the generic separation. Nevertheless, the noteworthy question is the similarity of *Karnimatoides* and *Karnimata* in certain morphologies, for this reason their affinities deserve further attention.

Karnimatoides hipparionus coexists with *Hansdebruijnia pusilla* in central Nei Mongol region. Like *H. pusilla*, the occurrence of *K. hipparionus* is in a higher stratigraphic level at Baogeda Ula, but may be older than the samples at Bilutu and Ertemte. The weak development of the c2 on m1 and m2 in the Baogeda Ula and Bilutu populations is interpreted as primitive characters.

Apodemus Kaup, 1829

Type species *Mus agrarius* Pallas, 1771 = *Apodemus agrarius* (Pallas, 1771): recent.

Diagnosis Medium-sized murid rodents with mesodont molars. Stephanodonty present for the posterior garland in upper molars; a crest present between t4 and t8, which progressively forms a t7; t6 and t9 connected; t12 present in the Miocene forms and reduced in some extant ones; t8 often separated from t9, or occasionally missing on M3 in some of the older forms. The tma well-developed, similar in height to the main cusps on m1, but lost in *Apodemus jeanteti* of the Pliocene; buccal cingulum well developed; longitudinal crests poorly developed or wanting in lower molars; a third vestigial root probably present on m3 (modified from Freudenthal et Martin-Suárez, 1999).

Apodemus lii Qiu et Storch, 2000

(Figs. 220-222)

Referred specimens   Gaotege, Abag Qi: Loc. DB 02-1, three m2s, V 19933.1 - 3; DB 02-2, one maxillary fragment with M1, one M1 and one damaged m1, V 19934.1-3.

Measurements   M1: 1.74 mm × 1.25 mm, 1.70 mm × 1.25 mm; m2: 1.15 mm × 1.00 mm, 1.25 mm × 1.05 mm, 1.15 mm × 1.00 mm.

Remarks   Based on the three-rooted M1 with the t1 closely crowded against t2 and positioned posteriorly to t3, the short distance between t3 and t6, and the well-developed tma and the distinct buccal cingulum on m1, the described teeth are referred to *Apodemus*. Among the five known Neogene species of the genus from China, the Gaotege taxon is smaller in size than *A. qiui* and *A. zhangwagouensis* from Yushe, but fall within the range of *A. orientalis* from Ertemte, and *A. lii* and *A.* sp. from Bilike (Fig. 221). It is easily distinguished from the indeterminate species from Bilike by its more posteriorly extended incisive foramen in relation to the anterior root of M1 (Fig. 222), and the poorer development of buccal cingulum on m2. The Gaotege specimens are tentatively referred to *A. lii* mainly based on the similar size, the pronounced t12 on M1, the four-rooted M2, and the weaker buccal cingulum on m2.

Root numbers of M2 are considered to be important in identification of *Apodemus*. Late Miocene *A. orientalis* has three roots on M2, while *A. lii* and *A.* sp. of Early Pliocene have three in the majority of specimens. Both *A. qiui* and *A. zhangwagouensis* of middle/late Pliocene have four roots in all M2. The presence of four-rooted M2 in the Gaotege *A. lii* probably indicates a more derived status than seen in the Bilike population.

Apodemus qiui Wu et Flynn, 1992

(Figs. 220-221)

Apodemus sp.: Li et al., 2003, p. 108, table 1.

Apodemus sp.: Qiu Z D et al., 2013, p. 177, appendix.

Referred specimens   Gaotege, Abag Qi: Loc. DB 02-1, two M2, V 19935.1-2; DB 02-2, one damaged M1, one m1 and one m2, V 19936.1-3.

Measurements   M2: 1.27 mm× 1.25 mm; m1: 1.90 mm× 1.25 mm; m2: 1.31 mm× 1.19 mm.

Remarks   The five teeth are referred to *Apodemus qiui* Wu et Flynn 1992. They are identical with the species known from Yushe, Shanxi, especially in the close size, the presence of four roots on M2, and the developed tma and c1 on m1.

Orientalomys De Bruijn et Van der Meulen, 1975

Type species   *Parapodemus similis* Argyropulo et Pidoplichka, 1939 = *Orientalomys similis* (Argyropulo et Pidoplichka, 1939): Odessa, Ukraine; Pliocene.

Diagnosis (improved)   Small-sized murid rodent. Stephanodonty incomplete on M1 and M2; on M1 t1 and t4 far posteriorly positioned, t1 widely separated from and disconnected with t2, and t2 and t3, t1, t5 and t6 aligned in diagonal rows. The tma well-developed, and the buccal cingulum usually bearing prominent accessory cuspids on m1 (modified from Storch, 1987).

Orientalomys primitivus (Cui, 2003)

(Fig. 220)

Orientalomys cf. *O. similis*: Storch, 1987, p. 408, figs. 22-27.

Occitanomys n. sp.: Zheng et Zhang, 2000, p. 60, fig. 2; Zhang et Zheng, 2000, p. 275, fig. 1, table 3.

Occitanomys n. sp.: Zhang and Zheng, 2000, p. 56, fig. 1; Zheng et Zhang, 2001, p. 216, fig. 3.

Chardinomys primitivus: Cui, 2003, p. 290, fig. 1a, b.

Referred specimens Ertemte 2, Huade: one M1, V 19937.

Measurements M1: 1.91 mm × 1.36 mm.

Remarks The M1 is identical to the corresponding tooth of "*Orientalomys* cf. *O. similis*" described by Storch in 1987 from Ertemte 2, Nei Mongol. It displays a suite of characters that are highly diagnostic for the genus *Orientalomys* given by De Bruijn and Van der Meulen in 1975. These characters are the presence of three diagonal rows aligned by t2-t3, t1-t5-t6, and t4-t8-t9, the distinctly posteriorly displaced t1 and t4, the t1 widely separated from t2, and the absence of connection between t1 and t2.

Qiu et Storch (2000) considered that the Ertemte assemblage assigned to *Orientalomys* cf. *O. similis* by Storch (1987) should be removed from that species, but did not assign a specific status. Two M1s of the Ertemte murid, published as *Orientalomys* cf. *O. similis* by Storch (1987), are referred to *Chardinomys primitivus* by Cui in 2003 based on the t6 being disconnected from both t8 and t9. It seems to us that in most characters the specimens of "*C. primitivus*" correspond to the diagnosis of *Orientalomys* rather than *Chardinomys* (see below), and the connection or disconnection of the t6 with t9 in *Orientalomys* is variable.

Reevaluation of the specimens of "*Orientalomys* cf. *O. similis*" from Ertemte and "*Chardinomys primitivus*" from Lingtai show that the described M1s from Ertemte and Lingtai share common characters, i.e., the t2-t3 and t1-t5-t6 aligned in diagonal rows, the t1 and t4 distinctly displaced posteriorly, the wide separation of t1 from t2, the absence of t7, the distinct t12, the development of t1bis and precingulum (ac), and the presence of three roots. This seems to imply that the Ertemte M1 and all specimens assigned to "*Orientalomys* cf. *O. similis*" should be referred to *O. primitivus* (Cui, 2003).

It is likely that *Orientalomys* has a relatively long history in China. *O. primitivus* from Nei Mongol and Gansu is the most primitive form known. *O. schaubi* from the Early Pleistocene is the last representative.

Chardinomys Jacobs et Li, 1982

Type species *Chardinomys yusheensis* Jacobs et Li, 1982: Yushe, Shanxi; Pliocene (Gaozhuangian).

Diagnosis (improved) Medium-sized murid rodent having M1-2 with poorly developed stephanodonty and usually without t12. M1 with distinct precingulum and t2bis, but lacking t7, the t1 and t4 distinctly posteriorly displaced, the t4-t5-t3 aligned in a diagonal row directed posterolingually to anterobuccally across the tooth, and the t1bis-t2-t3 aligned in a posterobuccal-anterolingual diagonal row; m1 with developed anterocentral cusp and accessory cuspids, and weak longitudinal crest.

Remarks There are differences of opinion in regard to the validity of the genus *Chardinomys* and its content. At issue is the definition or distinction of *Chardinomys* and *Orientalomys* (Zheng, 1981; Jacobs et Li, 1982; Storch, 1987; Zhou, 1988; Cai et Qiu, 1993; Qiu et Storch, 2000; Cui, 2003).

The type specimen of the type species, *Chardinomys yusheensis*, is only two upper molar series, and the holotype of the type species, *Orientalomys similis*, is a mandibular fragment with m1-3. Comparison between the holotype of *C. yusheensis* and the paratype of *O. similis* shows that the M1 shares the t1 and t4 displaced distinctly posteriorly, the t1 widely separated from t2, and the t7 and t12 being absent (Fig. 223). Nevertheless, there are distinct differences between the two taxa in dental pattern: 1) in *C. yusheensis* the t2 is anteriorly elongated, the t2bis and t1bis are developed on M1, in contrast, in *O. similis* the t2 is not elongated and the t2bis and t1bis are absent; 2) in *C. yusheensis* the t4, t5 and t3 on M1 align in a diagonal ridge directed posterolingually to anterobuccally across the tooth, defining a line at a right angle to the crest consisting of t2 and t3, whereas in *O. similis* the t4 and t3 are separated from t5; 3) in *C. yusheensis* the grinding surface of t5 on M1 is anterobuccally-posterolingually shuttle-shaped, while in *O. similis* it is semicircular or circular; 4) in *C. yusheensis* the stephanodonty on M1 is incomplete with the poor connection between t5 and t6, and unconnected t6 and t9, but in *O. similis* stephanodonty is developed for the posterior garland, i.e., t4 connects with t5, t6, t9, t8 to build a circuit; 5) in *C. yusheensis* the t4 on M2 is distinctly more posteriorly positioned than the t5, while it is closely crowded against t1 and more anteriorly positioned than t5.

Specimens assigned to *Chardinomys louisi* by Zhou (1988) from Jingle, Shanxi, to *C. nihowanicus* by Cai et Qiu (1993) from Nihewan, Hebei, to *C. bilikeensis* by Qiu et Storch (2000) from Bilike, Nei Mongol, and to *Orientalomys nihowanicus* by Zheng (1981) from Nihewan, correspond in morphology to the diagnosis of *Chardinomys*, and all should be referred to the genus. Both *C. bilikeensis* and *C. nihowanicus* are considered to be valid species, and they are distinguishable from the type species of the genus (Cai et Qiu, 1993; Qiu et Storch, 2000). Coincidence of the measurements and characters of the specimens of "*Chardinomys louisi*" leads to the inference that it is a synonym of *C. nihowanicus*.

Materials assigned to *Chardinomys primitivus* and *C. lingtaiensis* by Cui (2003) correspond to the diagnosis of *Orientalomys*, and should be excluded from the genus *Chardinomys*. "*Stephanomys schaubi*" (Teilhard de Chardin, 1940) from Loc. 18, Beijing was included in *Orientalomys* by De Bruijn et Van der Meulen (1975), and referred to *C. schaubi* by Zhou (1988), but this is also excluded from *Chardinomys* because of its distinctly developed stephanodonty on M1 and M2, non-elongated t5 separated from t3, and t6 connected with t9.

Chardinomys yusheensis Jacobs et Li, 1982
(Figs. 225, 226; Tables 100, 101)

Chardinomys sp.: Li et al., 2003, p. 108, table 1.
Chardinomys sp.: Qiu Z D et al., 2013, p. 177, appendix.

Referred specimens　Gaotege, Abag Qi: Loc. DB 02-1, eight maxillary fragments with M1–2 or M1, two mandibular fragments with m1 and m2, 216 molars, V 19938.1–226; DB 02-2, six maxillary fragments, five mandibular fragments, one hundred molars, V 19939.1–111; DB 02-3, four maxillary fragments, eight mandibular fragments with m1–3, or m1–2, or m1, one hundred and twety-five molars, V 19940.1–137; DB 02-4, three maxillary fragments, one mandibular fragment, eight molars, V 19941.1–12; DB 03-1, forty-one molars, V 19942.1–41; DB 03-2, one maxillary fragment with M1, sixteen molars, V 19943.1–17.

Measurements　See Table 100 in the Chinese text.

Remarks　The Gaotege specimens described are assigned to *Chardinomys* as defined by Jacobs et Li (1982) on the basis of the undeveloped stephanodonty and indistinct t12 on M1 and M2, the rather pronounced precingulum (ac) and t2bis, the lack of t7, the posterior position of t1 and t4, the t4-t5-t3 forming a diagonal ridge, the t1bis-t2-t3 built up a second ridge at right angle to the t4-t5-t3 row on M1, and the prominent tma and accessory cuspids on m1. They are referred to *C. yusheensis* because of the close measurements of teeth, the distinctly developed precingulum, the t6 joining the conjunction of t8 and t9, and the presence of a close connection of t1bis-t5-t6 on M1 (Fig. 226, Table 101).

Among the three species of *Chardinomys*, *C. yusheensis* is considered to be more advanced than *C. bilikeensis*, but more primitive than *C. nihowanicus*. It is likely that *Chardinomys* had a tendency to heighten the crown, increase the root numbers from 4 to 6 on M1 and M2 and from 3 to 5 on m2 and m3, and to gradually reduce the t1bis and precingulum on M1, and the c3 on m1.

Huaxiamys Wu et Flynn, 1992

Type species　*Huaxiamys downsi* Wu et Flynn, 1992: Yushe, Shanxi; Pliocene (Gaozhuangian).

Diagnosis　Small murid with developed stephanodonty. All cusps strongly inclined. T2 of M1 projecting far forward; t3 shifted backward, making wide valley between t2 and t3; t2 connected with t1, forming an anterobuccal-posterolingually directed ridge; t7 absent. Tma of m1 reduced or absent, connected to lingual anteroconid with wear when present. Lingual anteroconid more or less anterobuccal-posterolingually swollen and more forward-protruding than buccal anteroconid. Paired anteroconid connected with paired metaconid-protoconid, forming an asymmetrical "X" pattern. Medial ridge present but not fully developed. Buccal accessory cuspids reduced. Three roots present on M1, four roots on M2 and two or three roots on m1 and m2 (cited from Wu et Flynn, 1992).

Huaxiamys downsi Wu et Flynn, 1992
(Figs. 227, 228; Table 102)

Referred specimens   Gaotege, Abag Qi: Loc. DB 02-1, seventy-eight molars, V 19944.1–78; DB 02-2, one mandibular fragment with m1 and m2, forty molars, V 19945.1–41; DB 02-3, seventy-four molars, V 19946.1–74; DB 02-4, one M1 and one m3, V 20085.1–2; DB 03-1, eighteen molars, V 19947.1–18.

Measurements   See Table 102 in the Chinese text.

Remarks   The Gaotege specimens exhibit the diagnosis of *Huaxiamys* Wu et Flynn, 1992 by their small size, brachydonty, M1 with posteriorly inclined cusps, distinctly anteriorly protruding t2, distinctly posteriorly shifted t3, wide valley between t2 and t3, and lacking t7, and m1 with undeveloped tma, and the lingual anteroconid anterobuccal-posterolingually swollen and slightly more forward-protruding than the buccal anteroconid, etc. The described material is referred to *H. downsi* because of the t2 narrowing sharply anteriorly and the relatively wider valley between t2 and t3 on M1, the rather reduced tma on m1, cp and buccal accessory cuspid on m1 and m2, and m1–2 having two or three roots.

Presence or absence of t12 on M1 served to distinguish *Huaxiamys downsi* from *H. primitivus* (Wu et Flynn, 1992). Nevertheless, observation on the specimens from Yushe and Gaotege demonstrates that there is no justification to use this character in the diagnoses of the two species, because the development of t12 is related to the wear of tooth. The t12 is clear in unworn teeth, forms a small pit with t8 and t9 in early stages of wear, and merges into t8 in moderate wear.

Huaxiamys is rare and endemic to northern and northwestern China. The abundance of material from Gaotege has widened our knowledge of this genus. The genus made its first occurrence in the Late Miocene and last occurrence in the Late Pliocene (Wu et Flynn, 1992; Cai et Qiu, 1993), but its appearance is later in Nei Mongol. There is not much change in size among the known species (Fig. 228), but dental evolution seems to go toward narrowing anteriorly the t2 and shifting posteriorly the t3 on M1, reducing the tma on m1 and the accessory cuspids on m1–2, and increasing root on m1–2.

Allohuaxiamys gen. nov.

Type species   *Allohuaxiamys gaotegeensis* sp. nov.: Gaotege, Abag Qi, Nei Mongol; Early Pliocene (Gaozhuangian).

Etymology   Prefix allo- (Latin), different. In allusion to the new genus differing from *Huaxiamys*.

Diagnosis   Small, brachydont murid. M1 with stephanodont structures, t2 narrow and projecting forward, but wider and distinctly less extended than that in *Huaxiamys*, nearly bunodont t1 and t2 lacking connection, t3 closely crowded against t2 and widely separated from t6, t2 and t1, and t6 and t4 aligned in two intersected rows, t1bis and t7 absent, and t12 present.

Allohuaxiamys gaotegeensis gen. et sp. nov.
(Figs. 229, 230)

Huaxiamys downsi: Li et al., 2003, p. 108, table 1, partim.

Huaxiamys sp.: Qiu Z D et al., 2013, p. 177, appendix.

Etymology   After the locality—Gaotege where the new species is produced.

Holotype   Right M1 (V 19948, 1.45 mm × 0.90 mm).

Type locality   Gaotege, Abag Qi (DB 02-1).

Geological age and horizon   Early Pliocene; late Gaozhuangian; Gaotege beds.

Paratype   One M1 (1.46 mm × 0.90 mm), V 19949.

Diagnosis   Same as for the genus.

Remarks   The two Gaotege M1 are distinctly smaller than the corresponding teeth of *Huaxiamys downsi* from the same locality. They display dental morphology similar either to the genus *Huaxiamys* or *Micromys*, such as sharing the distinctly inclined cusps, the narrow and anteriorly projecting t2 in *Huaxiamys*, and the well-developed t12, the posteriorly positioned t1, the t3 situated anteriorly to t1 and relatively widely separated from t6 in *Micromys*. Comparing the M1 to that of *Huaxiamys* shows difference from the latter in having less laterally compressed cusps, less anteriorly projecting t2, less crest-shaped t1-t2, the t3 more closely crowded against to t2, the t2 and t1, and the t6 and t4 aligned in two intersected rows, and having a developed t12. In comparison with M1 of *Micromys*, except being of smaller size, there are also some differences in morphology, e.g., the more distinctly laterally compressed cusps, the more distinctly anteriorly extended t2, the shorter distance between t3 and t6, and the fewer roots (Fig. 230). Despite scarce material, they are assigned to a new genus and species.

Zhang and Zheng (2000) noted that the M1 assigned to "*Huaxiamys* n. sp." from Wenwanggou, Lingtai, Gansu does not exactly agree with the diagnosis of *Huaxiamys* in morphology. A comparison of that M1 with the Gaotege specimens reveals some striking similarities both in size and morphology, except for the weaker connection between t1 and t5 of the Lingtai specimen. In addition, an M1 from Nihewan, Hebei, referred at first to *H. primitivus* by Cai and others in 2004 and later to a questionable indeterminate species of *Huaxiamys* by Li and others in 2008, is identical to the Gaotege M1s, except for its slightly larger size. There seems to be no doubt that the specimens from Gansu and Hebei should be referred to the new genus *Allohuaxiamys*.

Allohuaxiamys is recorded for the first time in the Late Miocene and coexisted with *Huaxiamys* in northern China. They are similar to *Micromys* in some dental morphology. This seems to imply that the two genera are allied to *Micromys*.

Micromys Dehne, 1841

Type species   *Micromys agilis* Dehne, 1941 (= *Mus soricinus* Hermann, 1780 = *Mus minutus* Pallas 1771); recent.

Diagnosis   Very small and brachydont molar with incomplete stephanodonty. M1 and M2 usually with four-five roots and developed t7 and t12. Occlusal outline of M1 and m1 relatively narrow. On M1, t1 is posterior in position and t3 is closely crowded against t2; t3 and t6 widely separated by a characteristic open valley. On m1, the anterocentral cusp being small, the lingual anteroconid is slightly larger and displaced anteriorly with regard to the buccal anteroconid; buccal cingular formations relatively weak (modified from Storch, 1987).

Micromys chalceus Storch, 1987
(Fig. 231)

Referred specimens   Baogeda Ula, Abag Qi: IM 0709, one m2, V 19950. Bilutu, Sonid Zuoqi (IM 0510): one M1 and two m2s, V 19951.1-3.

Measurements   See the Chinese text on page 423.

Diagnosis   Very small (size of m1 in recent *Micromys minutus*). M1 without t7 (in two thirds of the specimens t4 and t8 are connected by a ridge, and in the remainder this ridge is incomplete anteriorly or lacking); t6 and t9 subequal in size; t12 well developed; a small t0 (t1bis) present in about half of the specimens. Three major roots plus one central rootlet present in 90%, and four major roots plus a rootlet in 10% of the specimens. M2 with twinned t1 in more than half of the specimens. On m1, complete buccal cingulid present; a weak to moderate c1 usually present; c2 weakly indicated along the buccal ledge in almost one fifth of the specimens; tma small and low; cp relatively strong. The buccal cingulid of m2 is continuous with the ridge-like buccal anteroconid (cited from Storch, 1987).

Remarks   The four molars display the characteristic diagnosis of the genus *Micromys*, i.e. the small size, the t6 widely separated from the t3 by an open valley on M1, the weak development of buccal cingulid equipped with no distinct accessory cusp on m2. They fall within the range of the teeth of *M. chalceus* from Ertemte and Harr Obo both in size and morphology.

Micromys chalceus of Nei Mongol and *M. cingulatus* of Europe are considered as rather old records of the genus (Storch, 1987; Storch et Dahlmann, 1995). They share relatively primitive characters in dentition, such as the M1 with poorly developed t7, distinct t12, and three roots in the majority. However, *M. cingulatus* differs from *M. chalceus* in larger size, the m1 and m2 having buccal cingulids equipped with strong cuspids. The murid represented by the material from Baogeda Ula and Bilutu is identical with *M. chalceus* in M1 having well-developed t12 but lacking t7, and m2 having continuous buccal cingulid and ridge-like anterobuccal cusp.

Material of *Micromys chalceus* in the Ertemte and Harr Obo faunas is quite rich, but rare from the localities in Baogeda Ula and Bilutu. This murid is recovered together with *Hansdebruijnia pusilla* and *Karnimatoides hipparionus* from Baogeda Ula, Bilutu, Ertemte and Harr Obo in central Nei Mongol region. The joint occurrence of these taxa may imply that their fossil-bearing beds are close in age. Like *H. pusilla* and *K. hipparionus*, *M. chalceus* occurs in a higher stratigraphic level at Baogeda Ula, which may represent an older record for this taxon than represented at Ertemte and Harr Obo.

Micromys tedfordi Wu et Flynn, 1992
(Figs. 232, 233; Table 103)

Micromys cf. *M. kozaniensis*: Li et al., 2003, p. 108, table 1.
Micromys cf. *M. kozaniensis*: Qiu Z D et al., 2013, p. 177, appendix.

Referred specimens   Gaotege, Abag Qi: Loc. DB 02-1, one hundred and nine molars, V 19952.1–109; DB 02-2, four maxillary fragments, fifty-nine molars, V 19953.1–63; DB 02-3, one maxillary and one mandibular fragments, fifty-eight molars, V 19954.1–60; DB 02-4, seven molars, V 19955.1–7; DB 03-1, nineteen molars, V 19956.1–19; DB 03-2, one damaged M1, V 19957.

Measurements   See Table 103 in the Chinese text.

Remarks   The Gaotege specimens are referred to *Micromys tedfordi* from Yushe, Shanxi based on the buccally situated mental foramen (Fig. 233), the five-rooted M1 and M2 with incomplete stephanodonty, the rather developed central rootlet on M1, and the buccally situated rootlet on m1. In comparison with the Chinese fossil *Micromys*, the Gaotege *M. tedfordi* is distinctly larger than *M. chalceus* from Ertemte, Nei Mongol, and differs from it in having t7 in the majority of M1 and M2, and five roots on M1 (Storch, 1987). It is close to *M. kozaniensis* in size, but different in having a less posteriorly extended incisive foramen and a less dorsally situated mental foramen (Fig. 233), usually five roots and more developed central rootlet on M2, and all the rootlets situated buccally on m1 (Qiu et Storch, 2000). In addition, the taxon can be distinguished from *M.* aff. *M. tedfordi* from Yushe and Nihewan by either its less dorsally situated mental foramen, or its larger t9 in relation to t6, or more developed posterior spur of t3 (Wu et Flynn, 1992; Cai et Qiu, 1993).

The *Micromys tedfordi* is larger than the extant species *M. minutus* in size, and differs from the latter in having a more anteriorly positioned t3 in relation to t2 on M1, larger t9 and t12 on M1 and M2, and a relatively smaller tma on m1. In regards to the European *Micromys*, *M. praeminutus* has no tma on m1 and three roots on m2, differing from *M. tedfordi* (Kretzoi, 1959; Sulimski, 1964; Michaux, 1969). *M. steffersi* is large with prominent posterior spurs of t1 and t3, and strong t7 and t9 on M1, and four roots on M2. *M. kozaniensis* has a distinctly posteriorly positioned t7. *M. paricioi* probably is a relatively primitive form with smaller size, lophate t7 and larger t9 on M1, pronounced tma and c1 on m1 (Mein et al., 1983).

Observations on *Micromys chalceus* from Ertemte of Late Miocene age, *M. kozaniensis* from Bilike of the Early Pliocene, and Pliocene *M. tedfordi* from Yushe and Gaotege indicates that Wu and Flynn (1992) are right in their consideration of evolutionary trends within *Micromys*, i.e., the central rootlet on m1 shifts progressively from central to buccal. However, their conclusion that the mental foramen of the lower jaw moves from the buccal side to the dorsal surface of the diastema seems to be reversed in polarity. It is noticeable that the foramen is nearly on the dorsal surface of the diastema in *M. kozaniensis* which is older than *M. tedfordi* from Yushe and Gaotege in age.

IV. FAUNAL SUCCESSION AND COMPARISONS

According to the above description and documentation, at least 87 genera and 168 species of rodents belonging to 16 families (including an "incertae familiae" represented by *Pararhizomys*) are recognized in the Neogene of central Nei Mongol, pertaining to the same or different assemblages or faunas (Appendix 1). The term "Fauna" used here is restricted, referring to an essentially contemporaneous assemblage derived from a limited geographic area and almost corresponding to the "Local Fauna" as used by some paleontologists. Up to now, 18 assemblages or faunas are known from this region (Fig. 234), and for faunal lists the reader is referred to the Appendix 3 in this book. A purpose of this work is to seriate these faunas, to make correlation of these faunas with related Neogene faunas, especially those from northern China, and to define and characterize their biostratigraphy and biochronology through the analysis of the assemblages.

Aoerban (L) Fauna Assemblages from the Lower Member of the Aoerban Formation in Aershan Gobi (Dahongshan) area are referred to the Aoerban (L) Fauna. The fauna contains 27 genera and 35 species, including 5 new genera and 14 new species, and belonging to 8 families: Distylomyidae, Tachyoryctoididae, Aplodontidae, Sciuridae, Gliridae, Eomyidae, Zapodidae and Cricetidae (Appendix 3). Among the taxa, elements of Distylomyidae, Tachyoryctoididae and Aplodontidae are rather common, the Zapodidae with 10 species are highly divergent, and the Cricetidae are much less diverse, but included "modern cricetids."

All eight rodent families in the Aoerban (L) Fauna are already present in the Oligocene, and are distributed over Eurasia except Distylomyidae and Tachyoryctoididae. However, this fauna cannot be Oligocene in age because 14 of the 27 known genera first appeared in Eurasia in the Miocene, e.g., *Ayakozomys*, *Tamias*, *Atlantoxerus*, *Ligerimys*, *Leptodontomys*, *Democricetodon* and *Megacricetodon*. In addition, the families Ctenodactylidae and Tsaganomyidae occurring frequently in the upper Oligocene of northern and northwestern China disappear in this fauna. Nevertheless, its age is unlikely to be later than Early Miocene, because common Middle Miocene genera, such as *Sinotamias* in Sciuridae, *Protalactaga* in Dipodidae, and *Plesiodipus* and *Gobicricetodon* in Cricetidae are absent from the fauna. This suggests that the age of the Aoerban (L) Fauna is younger than Oligocene but older than Middle Miocene.

The Aoerban (L) Fauna shares some genera with the Early Miocene faunas from Asia (Li et Qiu, 1980; Qiu et Qiu, 1995; Qiu et al., 1997; Meng et al., 2006; Daxner-Höck et Badamgarav, 2007; Qiu et Qiu, 2013). It has in common with the Tianjiazhai (= Xiejia) Fauna in Qinghai the following genera: *Tachyoryctoides*, *Atlantoxerus* and *Litodonomys*. The fauna, however, lacks some archaic genera that are present in the Tianjiazhai Fauna and commonly seen in the Later Oligocene faunas, such as *Yindirtemys*, *Parasminthus* and *Eucricetodon*, and possesses some advanced ones that occur in the Early Miocene faunas, *Plesiosminthus*, *Ligerimys and Democricetodon* for example. This seems to indicate that the Aoerban (L) Fauna is younger than the Tianjiazhai Fauna. It shares with the Suosuoquan assemblage Zone II in Xinjiang the following genera: *Ayakozomys*, *Asianeomys*, *Palaeosciurus*, *Plesiosminthus*, *Litodonomys*, *Heterosminthus* and *Democricetodon*, but lacks *Parasminthus*. This implies that the Nei Mongol fauna is similar to, but somewhat younger than the Xinjiang fauna. The Aoerban (L) Fauna has *Prodistylomys*, *Tachyoryctoides*, *Atlantoxerus*, *Palaeosciurus*, *Litodonomys*, *Heterosminthus* and *Democricetodon* in common with the Suosuoquan assemblage Zone III of Xinjiang, and also lacks *Parasminthus*. Nevertheless, the Xinjiang assemblage contains *Protalactaga* and *Cricetodon*, which are commonly known from the Middle Miocene and lacks some relatively ancient taxa, such as *Asianeomys* and *Plesiosminthus*, both of which are common in the Suosuoquan assemblage Zone II of Xinjiang and Aoerban (L) of Nei Mongol. This seems to indicate that the Nei Mongol fauna is slightly older than the Xinjiang assemblage from Suosuoquan Zone III in age. Although there are obvious environmental differences, the Aoerban (L) Fauna has five genera in common with the Sihong Fauna in Jiangsu, e.g. *Tachyoryctoides*, *Ansomys*, *Tamias*, *Democricetodon* and *Megacricetodon*. Nevertheless, the former is obviously older because of its less specialized cricetids, with *Democricetodon* and *Megacricetodon* in a more primitive stage of development. It shares with the assemblage from D horizon of the Valley of Lakes in Mongolia the following genera: *Prodistylomys*, *Tachyoryctoides*, *Plesiosminthus*, *Litodonomys*, *Heterosminthus* and *Democricetodon*, but lacks *Yindirtemys*. Again, we consider these two faunas similar in age, but the Aoerban (L) Fauna is slightly younger. The Nei Mongol fauna has nine genera in common with European Early Miocene faunas *Atlantoxerus*, *Palaeosciurus*, *Miodyromys*, *Ligerimys*, *Keramidomys*, *Leptodontomys*, *Pentabuneomys*, *Democricetodon* and *Megacricetodon*. It is worth mentioning that *Democricetodon sui* from Aoerban is quite close in size and morphology to some European primitive species, such as *D. franconicus*. *Democricetodon* made its first occurrence in Europe in the Early Miocene MN4 unit (Mein, 1999), and appeared in Turkey during MN3/4. *Pentabuneomys* and *Ligerimys* are restricted to MN3−4 in Europe (Engesser, 1999; Kälin, 1999; Mein, 1999; Ünay et al., 2001). Thus, the age of the Aoerban (L) Fauna should fall within Orleanian European land mammal age.

In summary, the Aoerban (L) Fauna represents the most diverse and abundant early Miocene fauna known in China, and the oldest Neogene assemblage so far known in central Nei Mongol. The age of the fauna is likely middle Early Miocene or the late Xiejian in the Chinese land mammal stage/age (LMS/A) system, equivalent to MN2−3 of the European Land Mammal Zonation (Table 1, Fig. 234).

Gashunyinadege Fauna　The fauna consists of taxa produced from the reddish sandy clays or mudstones in the Gashunyinadege valley. It contains 8 families, 25 genera and 35 species, including 3 new genera and 14 new species (Appendix 3). All the rodent families and genera, and 29 species occur in the Aoerban (L) Fauna. This indicates that the two faunas are similar in composition and age. Nevertheless, the Gashunyinadege Fauna seems to be slightly younger than the Aoerban (L) Fauna, because of 1) its disappearance of *Allodistylomys* and *Parameniscomys* which possess more primitive characters in the families; 2) occurrence of some species with advanced features in some genera, e.g. *Distylomys tedfordi*, *Atlantoxerus major*, *Leptodontomys gansus*, *Democricetodon lindsayi* and *D. tongi*; 3) the higher diversity of Cricetidae, with marked increase of "modern cricetids" both in number of individuals and variety of species; 4) the occurrence of *Alloptox* (Lagomorpha) associated with the rodents (Wang et al., 2009).

The Gashunyinadege Fauna is comparable to the Tianjiazhai Fauna, the Suosuoquan assemblages zones II, III and Heshantou, the Sihong Fauna, and the assemblage from D horizon of the Valley of Lakes in Mongolia. As in the Aoerban (L) Fauna, it shares more or less genera with those faunas. Thus, the age of Gashunyinadege Fauna is considered to be Early Miocene and slightly younger than the Aoerban (L) Fauna, i.e., early Shanwangian LMS/A (Table 1, Fig. 234).

Aoerban (U) Fauna　　Taxa from the Upper Member of Aoerban Formation in Aershan Gobi area are referred to the Aoerban (U) Fauna. The assemblage is from the same section as the Aoerban (L) Fauna at Dahongshan exposure, which has a demonstrable superpositional relationship of the faunas. The fauna contains 17 genera (2 new) and 21 species of rodents belonging to 8 families, including 9 new species. It is less diverse and abundant than the Aoerban (L) and Gashunyinadege faunas, but similar in composition, with almost all families and genera present in the two faunas, suggesting a close age. Some points of difference are worthy of notice: 1) the absence or noticeable decline in certain early-appearing families, e.g. the complete disappearance of the Distylomyidae and the drastic reduction of Aplodontidae, Eomyidae and Zapodidae species in the Aoerban (U) Fauna; 2) the appearance of Mylagaulidae; 3) the lack of a number of ancient genera known in the Aoerban (L) and Gashunyinadege faunas, such as *Tachyoryctoides* in Tachyoryctoididae, *Asianeomys* and *Ligerimys* in Eomyidae, and *Litodonomys* in Zapodidae; 4) the higher diversity of Cricetidae, with abundance of *Megacricetodon*, and appearance of *Cricetodon*, which are absent in the Aoerban (L) and Gashunyinadege faunas. All of these are suggestive of more advanced status of the Aoerban (U) Fauna.

Compared with the Aoerban (L) Fauna and the Gashunyinadege Fauna, the Aoerban (U) Fauna seems to be more similar to the latter in lacking more primitive genera *Allodistylomys*, *Parameniscomys*, *Tachyoryctoides* and others, in having a relatively higher diversity of Cricetidae, and in the presence of *Alloptox* in Lagomorpha, but differs in the presence of *Cricetodon* and relatively abundant *Ayakozomys ultimus*. It appears to suggest an advanced status relative to the Gashunyinadege Fauna. On the other hand, typical Middle Miocene elements, such as *Protalactaga*, *Plesiodipus* and *Gobicricetodon*, and *Bellatona* in Lagomorpha commonly seen in the Tunggurian Moergen Fauna of Middle Miocene, are absent from the Aoerban (U) Fauna, indicating that the latter does not extend into Middle Miocene age.

The Aoerban (U) Fauna shares with the Tianjiazhai Fauna only the genus *Atlantoxerus*, and lacks the archaic genera *Yindirtemys*, *Parasminthus* and *Litodonomys* that are present in the Qinghai fauna, indicating that the Aoerban (U) Fauna is distinctly younger than the Tianjiazhai Fauna. It has in common with the Suosuoquan assemblage Zone III the following genera: *Atlantoxerus*, *Palaeosciurus*, *Heterosminthus*, *Cricetodon*, *Democricetodon* and *Megacricetodon*, but lacks *Prodistylomys*, *Parasminthus* and *Litodonomys*. In addition, the two assemblages share a larger number of individual in *Megacricetodon*. This seems to imply that the Nei Mongol fauna is close to, but probably slightly younger than the Xinjiang assemblage. It is also comparable to the Nanganqu assemblage of Suosuoquan Fauna, sharing *Atlantoxerus*, *Heterosminthus*, *Cricetodon* and *Megacricetodon*. The Aoerban (U) Fauna has five genera in common with the Sihong Fauna, e.g., *Ansomys*, *Tamias*, *Cricetodon*, *Democricetodon* and *Megacricetodon*. In addition, the lagomorph *Alloptox* occurs in the two faunas. It is thus likely that the two faunas are relatively close in age. It shares with the Xiejiahe Fauna of late Early Miocene only one genus *Ansomys*, which may be due to ecology and environmental variation of the two faunas. Compared with the Dingjiaergou Fauna of early Middle Miocene in Ningxia, it has *Atlantoxerus*, *Heterosminthus*, *Democricetodon* and *Megacricetodon* in common, but lacks the members of Dipodidae *Protalactaga* and *Paralactaga*. This implies that the Dingjiaergou Fauna is younger than the Nei Mongol Fauna. The Aoerban (L) Fauna shares with the assemblage from D horizon of the Valley of Lakes in Mongolia the following taxa: *Plesiosminthus*, *Heterosminthus* and *Democricetodon*, but lacks most of the archaic genera, suggesting its more advanced status.

Therefore, the Aoerban (U) Fauna represents the youngest assemblage of Early Miocene so far known in central Nei Mongol. The age of the fauna is likely Early Miocene in the Middle or Late Shanwangian LMS/A, or roughly equivalent to the European MN4-5 (Table 1, Fig. 234).

Tairum Nur Fauna　　Taxa from the lower part of Tunggur Formation in the Tunggur area were named the Tairum Nur Fauna (Qiu et al., 2006). The fauna is small and consists of only 5 genera and 5 species among 3 families. It is most close to the Aoerban (U) Fauna in composition, containing two Early Miocene survivors, e.g. *Distylomys in Distylomyidae and Ayakozomys* in Tachyoryctoididae, but two newcomers commonly known in the Middle Miocene, e.g. *Plesiodipus* and *Gobicricetodon*. The age of the Tairum Nur Fauna is considered to be early Middle Miocene in the Early Tunggurian LMS/A.

346 RM Fauna The assemblage was produced from the grayish-red mudstones of the Tunggur Formation at Loc. 346 RM in Tunggur area. The fauna, being in a demonstrable superpositional relationship to the Tairum Nur Fauna, consists of 17 genera and 21 species belonging to 8 families and including 2 new genera and 6 new species.

Allthe rodent families in this fauna, except for Dipodidae, existed in the Oligocene, and distributed over Eurasia. The fauna shows modern features, and differs from those faunas of Early Miocene in central Nei Mongol in: 1) the disappearance of the two archaic families Distylomyidae and Tachyoryctoididae, and the appearance of Castoridae; 2) the great decline of Aplodontidae, Sciuridae, Gliridae, Eomyidae and Zapodidae; 3) the occurrence of Dipodidae; 4) the extinction of archaic cricetids and divergence of "modern" cricetids; 5) the presence of some newcomers, such as *Protalactaga* and *Sonidomys* that are unknown in the early Miocene faunas. The main characteristic of the fauna is the dominance of the Myomorpha in Rodentia. *Heterosminthus* in Zapodidae, *Plesiodipus*, *Megacricetodon* and *Democricetodon* in Cricetidae are predominant in the fauna. Accordingly, the 346 RM Fauna is younger than the two Aoerban faunas and the Gashunyinadege Fauna in age. It is even younger than the Tairum Nur Fauna because of its lack of *Distylomys* and *Ayakozomys* that are still present in the latter. Nevertheless, the 346 RM Fauna is different from those that are later than Middle Miocene in age, because of the absence of Dipodinae, Microtoscoptinae, Cricetinae, Myospalacidae and Muridae.

The 346 RM Fauna has in common with the Quantougou Fauna of Middle Miocene in Gansu the following genera: *Orientiglis*, *Heterosminthus*, *Protalactaga*, *Megacricetodon* and *Plesiodipus*. The two faunas are close in composition, but the 346 RM Fauna lacks two genera of gerbillids *Mellalomys* and *Myocricetodon*, and two genera of cricetids *Ganocricetodon* and *Paracricetulus*. The species of *Heterosminthus* in the Nei Mongol fauna seems to show more derived status than in the Gansu fauna (Qiu, 2001a, b). The genera *Tamias*, *Atlantoxerus*, *Miodyromys*, *Leptodontomys*, *Anchitheriomys*, *Protalactaga*, *Democricetodon*, *Megacricetodon* and *Cricetodon* are shared with the Halamagai Fauna in Xinjiang. The two faunas are so close that is difficult to judge their relative age at this moment. It has in common with the Dingshanyanchi Fauna the following genera, *Miodyromys*, *Keramidomys*, *Protalactaga*, *Heterosminthus*, *Democricetodon*, *Megacricetodon*, *Cricetodon* and *Plesiodipus*, again showing the similarity of the two faunas. However, the Xinjiang fauna seems closer to the Quantougou Fauna of Gansu than the Nei Mongol fauna in ecology and age, and contains *Ganocricetodon* and *Paracricetulus* that are present in the Quantougou Fauna but absent in the 346 RM Fauna (Wu et al., 2009).

Generally, the 346 RM Fauna represents the most diverse and abundant Middle Miocene fauna known in China. The age of the fauna is likely in the Middle Tunggurian LMS/A, or equivalent to the MN7-8 of European land mammal zonation (Table 1, Fig. 234).

Moergen Fauna The assemblage from the middle part of Tunggur Formation at Moergen in Tunggur tableland is referred to the Moergen Fauna, which is composed of 15 genera and 18 species belonging to 7 families. The fauna is close to the 346 RM Fauna in having 12 genera (amounts to 80% of the total) and 15 species (more than 83%) present in the latter. It differs in the lack of members of Aplodontidae, *Sicista* of Zapodidae, and *Cricetodon* and *Sonidomys* of Cricetidae, and in the existence of *Sinotamias* of Sciuridae. It is likely that such differences are mainly a result of sampling bias. However, it is uncertain whether the presence of *Sinotamias* and the absence of *Sonidomys* in the Moergen Fauna imply a time difference of the two faunas, because *Sinotamias* occur in the Late Miocene assemblage, and *Sonidomys* is only known in the 346 RM Fauna. Therefore, the two faunas are considered to be similar in composition, and close in age. In addition, the Ulan

Hushuyin Fauna, a small fauna in Genghis Baogedu area, contains *Atlantoxerus*, *Heterosminthus*, *Protalactaga*, *Democricetodon and Megacricetodon*. All five genera of rodents occur both in the 346 RM Fauna and the Moergen Fauna. Thus, they are perhaps of nearly the same age.

Tamuqin Fauna   This fauna was found in the upper part of Tunggur Formation at the same section as the Moergen Fauna in Tunggur tableland, i.e., the Tamuqin Fauna is demonstrably above the Moergen Fauna in local biostratigraphy. It is small and consists of 9 genera and 10 species belonging to 6 families. All the families and genera, and 70% species can be seen either in the 346 RM assemblage or the Moergen one. The fauna distinctly differs from the Moergen Fauna in the presence of Aplodontidae and *Hystricops* in Castoridae, and the appearance of derived species of *Plesiodipus* and *Gobicricetodon*. It should be younger than the Moergen Fauna, but still of Middle Miocene age, because of the absence of elements typical in Late Miocene. Thus, the fauna is considered to be Late Tunggurian LMS/A (Table 1, Fig. 234).

Amuwusu Fauna   Remains produced from the channel mudstones and sandstones of the Amuwusu bed in Jurh area are assigned to the Amuwusu Fauna. The fauna consists of 20 genera and 25 species belonging to 9 families, including 3 new genera and 12 new species.

The main differences of the Amuwusu Fauna from the Early Miocene and most Middle Miocene faunas are the lack of the archaic families Distylomyidae and Tachyoryctoididae, and the occurrence of Myospalacidae that commonly occur in Late Miocene faunas. The fauna shares quite a number of genera with the 346 RM Fauna and the Moergen Fauna, but contains some advanced elements, such as *Pseudaplodon*, *Sinozapus*, *Khanomys* and *Colloides*. The relatively more modern aspects of the fauna than the Middle Miocene faunas also include the disappearance of some taxa, *Megacricetodon* for example, or decrease of genera that are common in the Middle Miocene faunas, such as *Heterosminthus*, *Democricetodon* and *Plesiodipus*, and appearance of some new species, shuch as *Protalactaga lophodens*, *Plesiodipus robustus* and *Gobicricetodon arshanensis*. The Amuwusu Fauna, in a word, is also characterized by the presence of more survivors from the Middle Miocene and fewer newcomers from the Late Miocene. These characters might be indicative of early Late Miocene age for the Amuwusu Fauna.

The fauna has in common with the Bahe Fauna, early Late Miocene in Shaanxi, the genera *Tamias* and *Protalactaga*, but contains more survivors from the Middle Miocene and lacks *Lophocricetus* in Zapodidae and *Progonomys* in Muridae. This indicates that the Amuwusu Fauna is earlier in age than the Bahe Fauna. It shares *Protalactaga* with the Shengou Fauna of early Late Miocene in Qinghai, but also lacks *Lophocricetus* and a more derived murid *Huerzelerimys*. This seems to imply that the Amuwusu Fauna is even earlier in age than the latter (Qiu et Li, 2008).

Judging from its composition, the age of the Amuwusu Fauna is likely early Late Miocene in the Early Bahean LMS/A, or equivalent to MN9–10 of the European Land Mammal Zonation (Table 1, Fig. 234).

Balunhalagen Fauna   The assemblage from the bottom of the Balunhalagen bed is referred to the Balunhalagen Fauna. It consists of at least 40 genera and at least 53 species belonging to 11 families, including 3 new genera and 19 new species.

The fauna rests on the Aoerban (U) Fauna in a demonstrable superpositional sequence in Aershan Gobi area. Compared with the latter, it is definitely more modernized, missing the archaic families Distylomyidae and Tachyoryctoididae as in the Moergen and Amuwusu faunas, and existing Gerbillinae, Myospalacidae and Muridae which are commonly known in the Late Miocene of the Asian Palearctic. The Balunhalagen Fauna is similar to the Tunggur faunas in composition, e.g. the dominance and community structure of the genera *Heterosminthus*, *Democricetodon*, *Megacricetodon*, *Gobicricetodon* and *Plesiodipus*, but contains a number of newcomers in Sciuridae, Dipodidae and Cricetidae, such as *Lophocricetus*, *Brachyscirtetes*, *Nannocricetus*, *Sinocricetus*, *Abudhabia*, *Pseudomeriones*, *Prosiphneus*, and *Hansdebruijnia*. It is more comparable to the Amuwusu Fauna in the occurrence of Myospalacidae and some newcomers, such as *Sinozapus*, *Khanomys* and *Colloides*. The assemblage has 16 genera and 20 species in common with the Amuwusu Fauna. It differs from the latter mainly in the absence of Castoridae, the presence of Gerbillinae and Muridae, the disappearance of *Pseudaplodon*, and occurrence of *Tamiops*, *Hylopetes*, *Paralactaga* and *Nannocricetus*. Thus, the Balunhalagen Fauna is later than the Amuwusu Fauna, and younger than the Tunggur faunas. The unwieldy and complex Balunhalagen fauna, however is considered to be a mixed one due to the reworking of deposits of presumed Middle Miocene age below (middle Miocene strata are missing in Aoerban section). Judging from the abundance of *Heterosminthus*, *Democricetodon*, *Megacricetodon* and *Plesiodipus*, and the absence of distylomyids and tachyoryctoidids in the fauna, the cut-and-fill structure in the Balunhalagen bed probably did not cycle through the Aoerban Formation. The ancient taxa *Ayakozomys*, *Ansomys borealis* and *Metaeucricetodon* in the assemblage, which have scarce materials and are absent in the older Amuwusu assemblage and younger Huitenghe or Shala faunas, are considered to be reworked elements from earlier sediments. Some forms commonly known both in the Tunggur and Balunhalagen assemblages, but absent or poorly occurring in Amuwusu, Huitenghe and Shala assemblages, such as *Heterosminthus orientalis*, *Democricetodon*, *Megacricetodon* and *Plesiodipus leei*, etc. are thought to be from earlier deposits. *Pseudomeriones obbreviatus* in this assemblage, only one tooth and first recorded in the latest Miocene, may be mixed from a later horizon. We prefer to consider taxa in this assemblage with the following characters as the true indicators of the depositional age: 1) the newcomers of genera, *Eozapus*, *Sinozapus*, *Khanomys*, *Colloides*, *Nannocricetus*, *Sinocricetus*, *Kowalskia*, *Abudhabia*, *Prosiphneus* and *Hansdebruijnia*, among which *Khanomys* and *Colloides* are new genera and only known from the early Late Miocene, and others show more primitive characters than those from middle or late Late Miocene, probably suggesting their relatively earlier age occurrence; 2) the new species of genera from earlier ages, such as *Keramidomys magnus*, *Protalactaga lantianensis*, *Cricetodon fengi* and *Plesiodipus robustus*; 3) the dominance or flourishing species in the assemblage, such as *Ansomys lophodens*, *Atlantoxerus major* and *Gobicricetodon robustus*; and 4) the tree and flying squirrels, i.e. *Tamiops*, *Pliopetaurista* and *Hylopetes*, because they reflect a forest environment not indicated in neither the Tunggur faunas of the Middle Miocene nor the later Huitenghe and Shala faunas. These newcomers and prosperous taxa may be the true indicators of the depositional age, whereas some of the holdovers may represent elements from reworking of earlier sediments.

The Middle Miocene Dingshanyanchi Fauna in Xinjiang has in common with the Balunhalagen Fauna the following genera: *Miodyromys*, *Keramidomys*, *Heterosminthus*, *Protalactaga*, *Plesiodipus*, *Cricetodon*, *Democricetodon* and *Megacricetodon*, but no elements of Myospalacidae, Muridae and Cricetinae are known (Wu et al., 2009). Obviously, the Nei Mongol assemblage is younger than the Xinjiang fauna. The Balunhalagen Fauna is more comparable with the Bahe Fauna in Shaanxi and the Senggou Fauna in Qinghai, sharing with the former the genera: *Tamias*, *Lophocricetus*, *Protalactaga*, *Paralactaga*, *Nannocricetus*, *Kowalskia* and *Abudiabia*, and with the latter the genera: *Sinotamias*, *Pliopetaurista*, *Lophocricetus*, *Protalactaga*, *Nannocricetus* and *Sinocricetus*, and with both the species: *Lophocricetus xianensis* and *Nannocricetus primitivus* or *Protalactaga lantianensis*. It differs from the two early Late Miocene faunas mainly in having more derived murines (Qiu et al., 2004b; Qiu et Li, 2008). This may imply that the Balunhalagen Fauna spanned a longer interval than the Bahe or Senggou faunas.

In all, the mixed Balunhalagen Fauna indicates an age between Middle Miocene and Late Miocene. However, according to the principle that late-appearing taxa in an assemblage are more likely true indicators of age relationships, the real (depositional) age of the fauna is considered to be Early Late Miocene, Bahean LMS/A (Table 1, Fig. 234).

Huitenghe Fauna   Fossils from the locality Huitenghe in Bayan Ula area are referred to the Huitenghe Fauna. The fauna is composed of 16 genera and 17 species belonging to 7 families, including 2 new genera and 6 new species.

This fauna is closest to the Amuwusu Fauna in composition, with all the families, 11 genera (nearly 70% of the total) and 8 species (almost 50%) in common. Except for the absence of Castoridae, the Huitenghe Fauna differs from the latter mainly in the turnover of some genera and species, e.g., the disappearance of some genera of early Miocene or middle Miocene origin, such as *Pentabuneomys*, *Heterosminthus* and *Protalactaga*, the appearance of some genera known only in Late Miocene *Prospermophilus* and *Lophocricetus* for example, and the replacement of species, i.e., the primitive *Khanomys baii* replaced by the derived *K. cheni*. These changes probably suggest that the Huitenghe Fauna is slightly younger than the Amuwusu Fauna. Nevertheless, both faunas lack elements of Muridae, indicating an early Late Miocene age.

The fauna is similar to the early Late Miocene Bahe fauna and Shengou fauna in containing both middle Miocene survivors and newcomers of Late Miocene. Probably due to a combination of environmental differences and geographic distances, the Huitenghe Fauna does not have many taxa in common with the latter two faunas, but the absence of murids suggests that it is relatively early in age.

Thus, the age of the Huitenghe Fauna is likely early Late Miocene in the late Bahean LMS/A, or equivalent to the MN10 of European Land Mammal Zonation (Table 1, Fig. 234).

Shala Fauna　The fauna found at Shala in Jurh area contains 23 genera and 26 species belonging to 8 families. Among them 3 genera and 12 species are new.

At the family level, the Shala Fauna is similar to the Amuwusu Fauna and the Huitenghe Fauna, except for the appearance of Muridae and the higher diversity of Cricetidae. It has 8 and 12 genera in common with the latter two faunas, respectively, but lacks some survivors of early or middle Miocene origin, e.g., *Pentabuneomys*, *Heterosminthus*, *Protalactaga*, *Democricetodon*, *Plesiodipus* and *Gobicricetodon*, and includes some that are usually present in the later faunas of Late Miocene, such as *Microtoscoptes*, *Paralactaga* and *Dipus*. This indicates that the Shala Fauna is younger than the last two faunas. Nevertheless, it is different from the faunas of later Late Miocene, such as the Baogeda Ula Fauna and Ertemte Fauna (see below), in containing a few more ancient genera (*Ansomys*, *Orientiglis*, *Khanomys* and *Colloides*, for example), and less diversification in the family Muridae.

The Shala Fauna is comparable to the early Late Miocene Bahe fauna and Shengou fauna in having some middle Miocene survivors and sharing some taxa in common, especially in occurrence of murines (Qiu et al., 2004b; Qiu et Li, 2008). The Nei Mongol fauna has the following eight genera in common with European Late Miocene faunas: *Tamias*, *Pliopetaurista*, *Keramidomys*, *Leptodontomys*, *Microtocricetus*, *Ischymomys*, *Kowalskia* and *Progonomys*. It is noteworthy that *Pliopetaurista* made its first occurrence in the MN10 in Europe, and *Microtocricetus*, *Ischymomys*, and *Progonomys* are restricted in MN9-11.

Therefore, the age of the Shala Fauna is considered to be slightly younger than that of the Amuwusu and Huitenghe faunas, but still early Late Miocene in the late Bahean LMS/A, or equivalent to MN10-11 of the European Land Mammal Zonation (Table 1, Fig. 234).

Baogeda Ula Fauna　Remains collected from the middle and upper fossil-bearing beds of the Baogeda Ula Formation in Genghis Baogedu area are referred to the Baogeda Ula Fauna, consisting of 18 genera and 19 species belonging at least to 8 families. Compared to the better-documented Miocene micromammal faunas in central Nei Mongol, it seems to represent a relatively incomplete assemblage of rodents, because of the absence of Sciuridae and Eomyidae in the fauna.

The Baogeda Ula Fauna is relatively close to the Shala Fauna in composition, sharing quite a number of genera and species, and Cricetidae and Muridae being higher in diversity. However, the fauna seems to be more advanced than the latter because it lacks the archaic genera present at Shala, e.g., *Ansomys*, *Orientiglis*, *Khanomys* and *Colloides*, and has some advanced new-comers, such as *Myomimus*, *Hansdebruijnia*, *Karnimatoides*, *Micromys*, and others. The Baogeda Ula Fauna also has some taxa in common with European Late

Miocene faunas, among which *Myomimus* failed to carry on to the MN12 zone, and *Hansdebruijnia* and *Micromys* made their first appearance in MN13 zone (Daams, 1999; Freudenthal et Martin-Suárez, 1999).

Thus, the age of the Baogeda Ula Fauna is conjectured to be younger than that of the Shala Fauna, and to be middle Late Miocene in the Early Baodean LMS/A, or equivalent to the MN12 of European Land Mammal Zonation (Table 1, Fig. 234).

Bilutu Fauna The assemblage from the Bilutu bed in Aershan Gobi area is assigned to the Bilutu Fauna. It is a rather unwieldy and complex fauna, consisting of 34 genera and 45 species belonging to 9 families. Not only does it contain elements recorded in the lower strata of the Aoerban section and the Gashunyinadege locality (such as *Ansomys borealis* and *Metaeucricetodon mengicus*), it also possesses some genera commonly known from faunas ranging from Middle Miocene to early Late Miocene age (*Orientiglis*, *Keramidomys*, *Protalactaga*, *Democricetodon*, *Megacricetodon*, *Plesiodipus*, *Gobicricetodon* and *Khanomys*), as well as genera restricted to the Late Miocene (*Prospermophilus*, *Myomimus*, *Lophocricetus*, *Dipus*, *Microtodon* and *Micromys*, for example). It is hard to reconcile the co-occurrence of abundant and typical Middle Miocene members of *Democricetodon* and *Megacricetodon* with such genera as *Micromys* and *Dipus* that typically appear in the later part of the Late Miocene. The Bilutu assemblage is recovered from a channel deposit, and obviously is mixed with some reworked fossils from the underlying strata.

Reworked fossil assemblages undoubtedly affect the assessment of faunal age, because it is not easy to tease out all the components from the lower strata. More importantly, as a principle, the age of a mixed assemblage should be determined by the late-appearing taxa in the assemblage. Along this line, we note that of the known genera in the Bilutu assemblage, 19 genera (more than 55%) are found only in Late Miocene localities in central Inner Mongolia. These are *Sciurus*, *Prospermophilus*, *Pliopetaurista*, *Myomimus*, *Lophocricetus*, *Paralactaga*, *Dipus*, *Microtoscoptes*, *Kowalskia*, *Sinocricetus*, *Nannocricetus*, *Microtodon*, *Anatolomys*, *Rhinocerodon*, *Pseudomeriones*, *Prosiphneus*, *Hansdebruijnia*, *Karnimatoides*, and *Micromys*. The above genera permit us to restrict the Bilutu Fauna to the Late Miocene. Among these genera, 1, 10, 13, and 18 occur in Amuwusu, Shala, Baogeda Ula, and Ertemte, respectively, suggesting the Bilutu Fauna as relatively closer in age to the latter faunas. The lower diversity of Muridae and the absence of more derived genera *Sciurus*, *Myomimus*, *Dipus* and *Pseudomeriones* in the Shala Fauna are indicative of an earlier age for this fauna. Compared to the Baogeda Ula Faunas and the Ertemte Fauna, the Bilutu Fauna is characterized by: 1) its *Lophocricetus grabaui*, which is absent in Baogeda Ula but quite abundant in Ertemte; 2) moderately diverse murids, with more genera than in Baogeda Ula but fewer than in Ertemte, and with identical species from Ertemte, such as *Hansdebruijnia pusilla*, which is obviously more derived than *H. perpusilla* from Baogeda Ula; 3) its genus *Rhinocerodon*, which only occurs in Baogeda Ula but not in Ertemte; 4) when the same genus is present in both faunas (e. g., *Lophocricetus*), the Bilutu one includes species clearly more primitive (e. g., *L. xianensis*) than that from Ertemte (e.g., *L. grabaui*); and 5) common genera in Ertemte, such as *Paralophocricetus* (i.e., *Lophocricetus pusillus* Schaub, 1934), *Eozapus* etc., are absent or very rare in Bilutu Fauna.

Therefore, it seems reasonable that the mixed Bilutu Fauna represents a fauna intermediate between the Baogeda Ula Fauna and the Ertemte Fauna. Overall, it is probably slightly earlier than the Ertemte Fauna and belongs in the middle to late parts of the Late Miocene, i.e., in Middle Baodean LMS/A, or roughly equivalent to the European MN 12–13 units (Table 1, Fig. 234).

Ertemte Fauna The fauna from the classic locality Ertemte in the Huade area is a big assemblage, with diverse taxa and abundant materials. It is composed of 32 genera and 34 species belonging to 11 families. According to the documented Neogene rodent faunas of central Nei Mongol, the fauna seems to represent a relatively complete assemblage of rodents.

The Ertemte Fauna is characterized by the distinct decline or generic changes in the archaic families

Aplodontidae, Gliridae and Eomyidae, the high diversification of the families Dipodidae, Cricetidae and Muridae, the high diversity of ground squirrels (Sciuridae) and lophodont hamsters (Cricetidae), and the dominance and joint occurrence of *Lophocricetus*, *Paralophocricetus*, *Microtodon*, and *Prosiphneus* in the fauna.

The fauna is close to the Baogeda Ula Fauna in composition, with 14 genera in common, but is younger in age than the latter for the following reasons: 1) the disappearance of *Rhinocerodon* and *Abudhabia*; 2) the appearance of *Paralophocricetus*, *Microtodon*, *Anatolomys*, *Apodemus* and *Orientalomys*; 3) when the same genus is present in both faunas (e.g., *Lophocricetus*), the Ertemte Fauna contains species clearly more derived (i.e., *L. grabaui*) than that from Baogeda Ula (i.e., *L. xianensis*). It is also similar to the Bilutu Fauna with 18 genera in common, but probably still younger than the latter (see before).

The Ertemte Fauna was found to be closely comparable with assemblages from the Mahui Formation and the lower part of Gaozhuang Formation of Yushe, Shanxi (Flynn et al., 1997). It also shares quite a number of genera with the Late Miocene-Early Pliocene assemblages from Lingtai, Gansu (Zhang et Zheng, 2000; Zheng et Zhang, 2001). Its presence of *Hansdebruijnia* and *Micromys chalceus*, and lack of *Chardinomys*, *Huaxiamys*, *Allorattus* and *Mimomys* suggest a relationship to Biozone I or II of Leijiahe section rather than Biozones III or IV of the section in Lingtai. The Nei Mongol fauna has more than 10 genera in common with European faunas of the late Turolian, such as *Tamias*, *Pliopetaurista*, *Hylopetes*, *Leptodontomys*, *Dipoides*, *Kowalskia*, *Apodemus* and *Micromys*, and etc.

The Ertemte Fauna represents the most diverse and abundant Late Miocene fauna known in China. The age of the fauna is considered to be late Late Miocene in the Late Baodean LMS/A, or equivalent to the MN13 European Land Mammal Zonation (Table 1, Fig. 234).

Harr Obo Fauna　The assemblage from Harr Obo in the Huade area assigned to the fauna, consists of 31 genera and 33 species belonging to 11 families. The fauna has all the same families and almost all the same genera as the Ertemte Fauna. Probably due to the smaller quantity of washed matrix at this site, a few of the rare Ertemte taxa are missing, such as *Castor* and *Sinozapus*. Significant differences of the two faunas are the presence of *Rhagapodemus* at Harr Obo, which is currently considered to be a Pliocene element in the Palearctic Region, and the slightly more derived features seen in some taxa, such as *Brachyscirtetes*, *Microtodon* and *Anatolomys* (Storch, 1987; Qiu, 2003; Fahlbusch et Möser, 2004).

The Harr Obo Fauna is considered to be close to the Ertemte Fauna in composition, but a possibility of mixing a few of Pliocene elements cannot be excluded. Thus, it is probably slightly younger than the Ertemte Fauna in age, or very early Pliocene (Fig. 234).

Bilike Fauna　The sandy mudstones at Bilike in Huade area produces this fauna. The assemblage is also big, consisting of 27 genera and 30 species belonging to 9 families.

Among the faunas mentioned above, the Bilike Fauna is mostly close to the Ertemte Fauna and the Harr Obo Fauna in the dominance of myomorph rodents, and the high diversification of the family Dipodidae, Cricetidae and Muridae. It has 22 genera (more than 80%) and 11 species (more than one third) in common with the Ertemte Fauna, and shares 20 genera and 10 species with the Harr Obo Fauna. The Bilike Fauna is different from the two faunas mainly in: the absence of the archaic families Aplodontidae and Eomyidae, and the presence of Arvicolidae; the disappearance of *Microtoscoptes*, *Hansdebruijnia* and *Karnimatoides*, the near disappearance of *Microtodon* and *Anatolomys*, the replacement of *Prosiphneus* by *Pliosiphneus* in Myospalacidae, and the appearance of *Chardinomys*, *Huaxiamys* and *Allorattus*, which only occur in the Pliocene; the replacement of primitive species by derived ones, such as *Hylopetes yani*, *Dipus pliocenicus*, *Kowalskia zhengi*, *Orientalomys sinensis* and *Micromys kozaniensis* replacing *H. auctor*, *D. fraudator*, *K. similis*, *O. primitivus* and *M. chalceus*, respectively. In addition, some commonly known members from Ertemte and Harr Obo, e.g. *Prospermophilus*, *Lophocricetus*, *Paralophocricetus*, *Microtodon* and *Anatolomys*, are quite rare or absent in Bilike. *Mimomys*, however, is abundant, as are the genera *Lophocricetus* and *Microtodon* in Ertemte. These differences evidently indicate that the Bilike Fauna is younger.

The Bilike Fauna has some genera in common with the Late Miocene-Early Pliocene assemblages from Lingtai, Gansu. Especially, it shears *Chardinomys*, *Huaxiamys*, *Allorattus* and *Mimomys*, with the assemblages from Biozones III and IV of Leijiahe section (Zheng et Zhang, 2001). The fauna is closely comparable to the middle and upper parts of Gaozhuang Formation of Yushe, Shanxi, sharing some derived genera or species of rodents, such as those of *Apodemus*, *Huaxiamys* and *Chardinomys*, and others (Flynn et al., 1997).

The Bilike Fauna represents the most diverse and abundant Early Pliocene fauna known in China. The age of the fauna is identified to be Early Pliocene in the Early Gaozhuangian LMS/A, or roughly equivalent to the MN14–15 of European Land Mammal Zonation (Table 1, Fig. 234).

Gaotege Fauna   Remains from the three fossiliferous horizons at the Gaotege locality in Bayan Ula area are temporally referred to the fauna. It consists of 22 genera and 27 species belonging to at least 9 families.

The Gaotege Fauna shows a close community structure and taxonomic composition with the Bilike Fauna. Both contain some typical Pliocene taxa, which are unknown in Ertemte and Harr Obo faunas, i.e., *Mimomys*, *Chardinomys* and *Huaxiamys*, and share 15 genera and 10 species. They are different mainly in generic or specific changes, i.e., lacking the genera *Prospermophilus*, *Myominus*, *Lophocricetus*, *Kowalskia* and *Orientalomys*, which are frequently present in the Late Miocene and rarely in the Early Pliocene, and appearance of newcomers *Eucastor*, *Borsodia*, *Chardina*, *Allohuaxiamys*, *Sinocricetus major*, *Pseudomeriones complicidens* and *Mimomys teilhardi*, etc. In addition, the Gaotege Fauna demonstrates marked decline of zapodines and sicistines, and flourishing of dipodines and murids when compared with those from Bilike. This seems to indicate that the Gaotege Fauna is more advanced. It is noteworthy that the upper fossiliferous layer includes a few more derived members, such as the genus *Borsodia mengensis*. It is necessary to make sure if some taxa in this fauna had reached into the late Pliocene in further study.

The Gaotege Fauna is similar to the Pliocene Bilike Fauna in sharing some genera with the assemblages from the Biozones III and IV of Leijiahe section in Lingtai (Zheng et Zhang, 2001). It has also some taxa in common with the middle and upper parts of Gaozhuang Formation of Yushe, Shanxi (Flynn et al., 1997). In addition, it shares with the Daodi Fauna of Late Pliocene in Hebei the following genera: *Sinocricetus*, *Nannocricetus*, *Pseudomeriones*, *Minomys*, *Borsodia*, *Dipus*, *Micromys*, *Apodemus*, *Chardinomys*, *Huaxiamys* and *Allohuaxiamys*. However, the fauna seems to be more older than the Daodi Fauna, not only because it lacks advanced new-comers, e.g., *Ungaromys* and *Phodopus*, but also most species of these genera are more primitive than those at Daodi (Cai et al., 2013).

Therefore, Gaotege, representing the youngest Neogene fauna in central Nei Mongol, is considered to be younger than the Early Pliocene Bilike Fauna, therefore Early Gaozhuangian LMS/A. In the meantime, a possibility of containing a few of Late Pliocene elements on the top of Gaotege beds cannot be excluded (Table 1, Fig. 234).

V. ORIGIN AND EVOLUTIONARY HISTORY

Among the fossil rodents from central Nei Mongol, most families appear before the Miocene. Only the families Dipodidae, Gerbillidae, Muridae, Myospalacidae and Arvicolidae are strictly Neogene. All the species and most genera became extinct, but more than half of the families survived to the present day. Fig. 235 shows regional distributions of all the rodent families during the Neogene in this region.

Distylomyidae   Appearing for the first time in the Upper Oligocene, Distylomyidae are an endemic family restricted to the highlands of Mongol-Xinjiang in northern Asia. They are recorded in central Nei Mongol for the first time in the Lower Red Mudstone Member of Aoerban Formation, and found in the sediments ranging from the late Early Miocene to early Middle Miocene. Remains of the family are also rather common in the Early Miocene deposits of Gashunyinadege, but completely absent in the Upper Red Mudstone Member of the Aoerban Formation and rare in Tairum Nur beds of early Middle Miocene.

Distylomyidae known in this area include 4 species belonging to *Prodistylomys*, *Allodistylomys* and *Distylomys*. Among them, *Distylomys* might be a descendant of *Prodistylomys*. They relatively flourished in a time during the Early Miocene, but dramatically declined in early Middle Miocene. It is fair to say that Distylomyidae is a group of rodents having a short history, low diversity and limited distribution.

Tachyoryctoididae   The family is restricted to central Asia and the Mongol-Xinjiang Plateau, appearing for the first time in the Upper Oligocene. They have almost the same distribution as Distylomyidae, and form a relatively important part of the Aoerban and Gashunyinadege assemblages.

Remains of this family from the work area include four species within two genera *Tachyoryctoides* and *Ayakozomys*. In our faunal seriation, *Tachyoryctoides* occurs in the Aoerban (L) Fauna and Gashunyinadege Fauna of middle Early Miocene age, whereas *Ayakozomys* is found continuously until the Tairum Nur Fauna of early Middle Miocene. In Tachyoryctoididae, *Ayakozomys* is a relatively successful genus which was frequently found after the extinction of *Tachyoryctoides* in the Aoerban (U) Fauna. It could have derived from a form similar to *Tachyoryctoides* in Oligocene by increasing size, strengthening the transverse ridges and reducing the longitudinal one and the third molars, and persist until the beginning of Middle Miocene.

In the Neogene assemblages of central Nei Mongol, Tachyoryctoididae, similar to Distylomyidae, are always present in the Early Miocene faunas, but never predominant. It is also an endemic family with a short history and less diversity.

Aplodontidae   The family was widespread over the whole Holarctic Region during the Neogene. They are rather frequent in the fossil record in North America, but much less so in Europe. Aplodontidae are recorded in Asia for the first time in the Upper Oligocene. They have almost the same geographic range as the Distylomyidae and Tachyoryctoididae, but are longer living. Remains of this family are present in most of the Miocene localities in central Nei Mongol, frequently found in some sites, such as Aoerban (U) and Balunhalagen. Nevertheless, all aplodontid genera occurred in the Late Oligocene, *Promeniscomys* and *Haplomys*, for example, are absent from these faunas in question (Wang, 1987).

Neogene taxa of this family from this region include seven species within four genera (Fig. 236). Among them, *Ansomys* is a successful genus, with its first appearance in the Early Miocene and last occurrence in the Late Miocene Shala Fauna (remains from Bilutu probably of reworked nature), and *A. borealis* gives rise to *A. lophodens*, which flourished at the beginning of the Late Miocene but disappeared before the later Late Miocene. Dental evolution of this genus seems to go toward lophodonty. *Quadrimys* and *Parameniscomys* are endemic genera with a very short history in central Nei Mongol. They appeared in the Early Miocene and failed to persist into the Middle Miocene. *Parameniscomys* seems to have its close affinities with meniscomyines of North America. After the decline of the genera starting in Early Miocene, *Pseudaplodon* is sporadic at the beginning of Late Miocene, without any possible ancestors known. After a short revival observed during the Late Miocene, it became extinct in the Early Pliocene. Since then, all aplodontid rodents disappeared from this region, as well as the rest of the Old World.

Mylagaulidae   The family first appeared in the Late Oligocene and was quite diverse in North America, but occurred later and rarely in Asia. Up to now, only one genus *Tschalimys* is known in this continent, which made its first appearance in Early Miocene and is thought to represent a local evolutionary of an immigrant mylagaulid from North America. In central Nei Mongol the record of *Tschalimys* is very spotty, known by only scarce material, in the Aoerban (U) Fauna of early Early Miocene and the Huitenghe Fauna of early Late

Miocene.

Sciuridae   The squirrels include 11 genera and 18 species belonging to two subfamilies Sciurinae and Pteromyinae, a successful and diverse family of rodents in the Neogene of central Nei Mongol. They are found in almost all the localities ranging from Aoerban (L) of early Early Miocene to Gaotege of early Early Pliocene, but show decline in the Early Pliocene. Most of the genera are recorded in the Palearctic Region, a few restricted to China. Chipmunks and ground squirrels are predominant in the Nei Mongol Neogene. Fig. 237 shows the stratigraphical range of the squirrel genera in this region.

Two genera of chipmunks, *Tamias* and *Spermophilinus*, have been defined. The *Tamias* is frequently present in the Neogene localities, recorded for the first time in Aoerban (L), occurred almost in all the localities, and flourished during the middle Late Miocene. *Spermophilinus* appeared suddenly in the early Late Miocene, which is thought to arrive by immigration from Europe. It existed for a short period in Nei Mongol, and became extinct before the later Late Miocene.

The tree squirrels also include two genera, *Tamiops* and *Sciurus*. *Tamiops* is an extant genus distributed in the Oriental Region. It occurred in the locality Balunhalagen only, which evidently is an immigrant from southern China. *Sciurus* appeared slightly later, with spotty documentation and few remains. The short history of the two tree squirrels in central Nei Mongol may indicate changes of environment during the Late Miocene.

Atlantoxerus, *Palaeosciurus*, *Sinotamias* and *Prospermophilus* are the ground squirrel genera in the Nei Mongol Neogene. Among them, *Atlantoxerus* and *Palaeosciurus* appeared earlier than the other two, but mainly existed in the Early Miocene, roughly simultaneously first appearing and existing with their European counterparts. The endemic genera *Sinotamias* and *Prospermophilus* rose gradually in the Middle Miocene and Late Miocene, respectively, with the extinction or decline of *Atlantoxerus* and *Palaeosciurus* of the Middle Miocene. They survived to the Early Pliocene, and *Prospermophilus* flourished at the end of Late Miocene.

Only three genera of flying squirrels, *Miopetaurista*, *Pliopetaurista* and *Hylopetes*, are present in the faunas with very scarce materials. They appeared first in the Late Miocene, and failed to carry into Pliocene time.

Gliridae   In comparison with the family in Europe, Gliridae is not as successful and diverse in Asia. Remains found in central Nei Mongol are represented by only three genera, *Orientiglis*, *Miodyromys* and *Myomimus* belonging to the subfamilies Dryomyinae and Myomiminae. They are present in almost all Neogene assemblages, but never predominant.

Orientiglis, showing close affinities with *Microdyromys* of Europe, made its first occurrence in the Early Miocene, and persisted to the early Late Miocene. It is considered to have arrived by an immigration of *Microdyromys*-like dormice from Europe in the Oligocene, and after that, represents a local evolution in Asia. *Miodyromys* coexisted with *Orientiglis* during the Early Miocene, but probably failed to survive into the Late Miocene. It has a roughly simultaneous coexistence with its European counterpart. With the decline or extinction of *Orientiglis* and *Miodyromys* in the Late Miocene, *Myomimus* arrived at this region from Europe, and persisted into the beginning of Early Pliocene. Since then, no more fossil dormice have been found in the Pliocene and Pleistocene of China.

Eomyidae   Eomyidae is an extinct family of rodents and distributed over the Holarctic Region. They were frequent in the Miocene faunas of Eurasia, but less successful and diverse in Asia than in Europe, with fewer species and shorter ranges. In the Miocene assemblages of central Nei Mongol, they are always present, but absent in the Pliocene. Fig. 238 shows the stratigraphical range of the eomyid genera and species in this region.

The earliest record of *Ligerimys* in this region is in the red clay of Aoerban (L) of Early Miocene, which is almost the same age as the genus in Europe. *Ligerimys* was considered to be an endemic European genus derived from *Pseudotheridomys* (Fahlbusch, 1970; Alvarez Sierra, 1987; Engesser, 1999). The *Ligerimys* in Nei Mongol is relatively larger in size. It probably gradually developed in Asia from lophodont eomyids, but a spread from European forms cannot be ruled out. Appearing for the first time in the Late Oligocene, *Asianeomys* is restricted to Asia, and coexisted with *Ligerimys* in central Nei Mongol. Both of the genera failed to survive into the Middle Miocene. *Keramidomys* is recorded in Nei Mongol for the first time in the Early Miocene, earlier than in Europe. The European *Keramidomys* seems to be a migrant from Asia. *Leptodontomys* occurs in association with *Keramidomys* in Nei Mongol, which is similar to the occurrence of *Eomyops* and *Keramidomys* in Europe. The differences are the two genera in Nei Mongol appearing earlier and having shorter ranges. *Leptodontomys gansus* represents the last occurrence of eomyids in China. Engesser (1999) believes that *Pentabuneomys* descended from an early *Eomys* species, but no intermediate forms are known between the two genera. It suddenly appeared in the Early Miocene, almost coevally recorded in Europe, but *Pentabuneomys* in Nei Mongol has a longer history.

Castoridae　Castoridae is a cosmopolitan family originating in North America and distributed over the Holarctic Region since the Oligocene. In central Nei Mongol, they are recorded for the first time in middle Miocene and survived to early Pliocene. The family is of minor importance in the Neogene faunas of this area, which includes six genera and eight species belonging to three groups (Fig. 239).

Basal castorids include *Anchitheriomys* and *Hystricops*, representing the first records of Neogene castorids in central Nei Mongol. The two genera suddenly appeared in the middle Miocene, with the former only known from the middle Miocene and the latter persisting to the early Late Miocene. *Anchitheriomys* is also known from the Miocene of Kazakhstan and Europe (Bendukidze, 1997; Hugueney, 1999b) as well as from the Tunggur Formation of Nei Mongol and Halamagai Formation of Junggar, Xinjiang (Wu, 1988). The appearance of the Eurasian *Anchitheriomys* seems to be later than that of northern America, which suggests an immigration event from the New World.

Castoroidinae have three genera, *Monosaulax*, *Eucastor* and *Dipoides* in the Neogene of Nei Mongol. Among them, *Monosaulax* appeared contemporaneously with *Anchitheriomys* and *Hystricops*. Their occurrence probably represents an important middle Miocene dispersion of North American Castoridae into Eurasia, indicating an event of environmental change. It is likely that the change is accompanied by the extinction of some archaic rodents, e.g., distylomyids and tachyoryctoidids, the appearance of some new taxa, e.g., dipodids and plesiodipines and the flourishing of "modern cricetids". *Monosaulax* coexisted with *Hystricops* until early Late Miocene in northern China and gradually replaced *Steneofiber*, which migrated from Europe before then. *Eucastor* is poorly recorded in this area and occurred rather late in the Pliocene. The only species of this genus *E. plionicus* shows very primitive features, which is thought to have evolved locally from *Monosaulax* in East Asia. *Dipoides* is a relatively successful genus, well presented in the late Neogene faunas (including three species *D. mengensis*, *D. anatolicus* and *D. majori*) and the evolution of this genus is well documented in Nei Mongol. The earlier occurrences of *Dipoides* in North America (Clarendonian) indicate a New World origin with dispersal to the Old World during the middle Late Miocene. The genus in Nei Mongol seems to show the general evolutionary trend to increase size, strengthen the mandible, posteriorly shift the mental foramen, extend the flexi (-ids) and striae (-ids) towards the bases of crowns, lose roots, and simplify the structure of cheek teeth. It survived in China into the later Pliocene before becoming extinct.

Castorinae have only one genus, *Castor*, which abruptly appeared in the late Late Miocene Ertemte Fauna, and is relatively frequent in the Pliocene faunas. The origin and migration pattern of the genus is not clear. There is a strong possibility, however, that it is an immigrant from Europe and evolved there from *Chalicomys* or *Steneofiber*. Nevertheless, it seems to be certain that the living *C. fiber* in Xinjiang is a descendent of the fossil beaver *C. anderssoni* widely distributed in northern China.

Zapodidae　Zapodids, originated in Oligocene and survived to the present day, are distributed over the Holarctic Region. They flourished during the Late Oligocene and Early Miocene. This family is more diverse in

Asia than in Europe, and continuously flourishied until the Early Pliocene. In central Nei Mongol, they consist of 10 genera and 25 species belonging to 3 subfamilies, and are present in all Neogene localities processed by screen washing. Fig. 240 shows the stratigraphic range of the zapodid subfamilies and genera in this region.

Zapodinae include the following 5 genera in this region: *Plesiosminthus*, *Litodonomys*, *Sinodonomys*, *Eozapus* and *Sinozapus*. This subfamily appeared for the first time in the Oligocene. *Plesiosminthus* and *Litodonomys* are evidently Oligocene survivors, while the other three are only known in the Miocene. In the Lower Miocene remains of *Plesiosminthus* were so frequent that in the faunas they are dominant among the rodents. It coexisted with *Litodonomys* and *Sinodonomys*, but the three genera failed to survive into the Tunggurian. During the Middle Miocene zapodines were absent in this region, they revived until the early Late Miocene, with the appearance of *Eozapus* and *Sinozapus* in the Bahean. Although *Sinozapus* persisted into the Early Pliocene and *Eozapus* to the present day, both genera form a minor part of the rodent faunas.

Sicistinae have two genera, *Omoiosicista* and *Sicista*. The rare *Omoiosicista* occur only in the Early Miocene with a short history, and probably is derived from an Oligocene zapodid. The genus *Sicista*, apparently adapted to particular environmental conditions, was flourishing at the end of Miocene and the beginning of the Pliocene when zapodines and the lophocricetine *Heterosminthus* were in decline.

Lophocricetinae, composed of three genera, *Heterosminthus*, *Lophocricetus* and *Paralophocricetus*, are restricted to central and northern Asia. The genus *Heterosminthus*, originated from the Oligocene, has its largest number of species present in the Xiejian and Shanwangian of Early Miocene. It decreases gradually until the Tunggurian of Middle Miocene, and became extinct at the beginning of early Late Miocene. *Lophocricetus* is evidently derived from *Heterosminthus* and had a rapid development during the later Late Miocene, but became rare at the beginning of Early Pliocene. *Paralophocricetus* appeared suddenly in the later Late Miocene, and is nearly extinct together with *Lophocricetus* in the early Pliocene. It is necessary to study its affinities with *Lophocricetus*.

Dipodidae   With the extinction or decline of Distylomyidae and Tachyoryctoididae and the decline of Zapodidae in the Middle Miocene, dipodids appeared in central Asia and survived to the present day. The family Dipodidae is distributed over the southern Palaearctic Region, and the extant dipodids occur mainly in the arid steppe or xeric environments in Asia and Africa. This family seems to be of much more importance in the Neogene of Asia than in Europe, evidently because of the environmental differences. In central Nei Mongol, the family, consisting of 6 genera and 16 species belonging to three subfamilies, made their first appearance in Middle Miocene and moderately diversified in Late Miocene, but never predominated in the faunas. Fig. 241 shows the stratigraphical range of the dipodid subfamilies and genera in this region.

Allactaginae seem to be descendants of zapodids originated from Oligocene, which include three genera *Protalactaga*, *Paralactaga* and *Brachyscirtetes* in central Nei Mongol. *Protalactaga*, the oldest representative of allactagines in this region and the ancestor of the extant *Allactaga*, is recorded for the first time in the Middle Miocene in the Tunggur tableland. It gave rise to the genus *Paralactaga* and survived to the Late Miocene. *Paralactaga*, representing an intermediate between *Protalactaga* and *Allactaga*, appeared in the Late Miocene. The genus persisted into the Pliocene, with its largest number of species present during the Late Miocene. Occurring for the first time in the Late Miocene, *Brachyscirtetes* might have been allied to the genus *Paralactaga*. The rare animal coexisted with *Paralactaga* and carried on into the Pliocene, but is less frequent in the fossil record.

Dipodinae has only one genus, *Dipus* in this region. The genus *Dipus* is considered to be a successful genus among the family, which appeared first in the early Late Miocene and persisted into the present day. It diversified in later Late Miocene and Early Pliocene, although never formed a major part of the rodent faunas. It might be inferred that the Mongolian Plateau once was an important area for the evolution of *Dipus*, and the flourishing of the genus during the Late Miocene and Early Pliocene resulted from adaptation of these animals to the arid and cold environment.

Two extant genera of Cardiocraniinae, *Salpingotus* and *Cardiocranius*, have been described in the Neogene of central Nei Mongol. They made their first appearance in the early Late Miocene and coexisted with *Dipus*, but remains of these dipodids are scarce and with spotty documentation in this region.

Cricetidae Neogene is a new era for cricetids in which quite a large number of modern forms replaced ancient ones. The "modern cricetids" were so frequent at that time that in many faunas of Eurasia they are dominant among the rodents. In central Nei Mongol, hamsters have 18 genera and 38 species, the most diverse family in the Neogene, and formed the most abundant groups of rodents. In this book they are distributed to 7 subfamilies, among which 6 are recorded for the first time in Miocene, but only one (Cricetinae) survived to the present day (Fig. 242).

Eucricetodontinae is represented by a unique genus and species, *Metaeucricetodon mengicus*. The last representative of the subfamily in this area is considered a descendant of *Eucricetodon*. It is mainly present in the Early Miocene assemblages, but never very frequent in the fossil record. It is absent in the Middle Miocene, and the remains from Balunhalagen and Bilutu of Late Miocene age are considered to be reworked.

Four genera of Cricetodontinae, *Democricetodon*, *Sonidomys*, *Megacricetodon* and *Cricetodon*, have been defined in this region (Fig. 243). Among them, *Democricetodon* is recorded in the Lower Red Mudstone of the Aoerban Formation, which is considered earlier than its European counterparts. The genus flourished during the Tunggurian in this region and at least persisted into the early Late Miocene. *Sonidomys* is probably derived from *Democricetodon* and has a very short history, occuring only in the middle Tunggurian. The genus *Megacricetodon* almost coexisted with *Democricetodon*. It appears first slightly after *Democricetodon*, but disappeared earlier than the latter before the end of Middle Miocene. The two genera are very frequent in the latest Early Miocene and Middle Miocene records, forming a major part of the assemblages. The genus *Cricetodon* is recorded in central Nei Mongol for the first time in the upper red mudstone of the Aoerban Formation, occurring later than *Megacricetodon* and *Democricetodon*. It is never very frequent in the fossil record, but probably survives into the early Late Miocene.

Plesiodipinae, restricted in central Asia is a successful subfamily. The origin of the subfamily is uncertain, but four genera, *Plesiodipus*, *Gobicricetodon*, *Khanomys* and *Rhinocerodon*, are recognized in this region (Fig. 243). *Plesiodipus* is a primitive genus of Plesiodipinae recorded for the first time in the early Middle Miocene of Tairum Nur. It flourished and diversified during the Tunggurian, but declined in the Late Miocene and disappeared before the late Late Miocene. The genus *Gobicricetodon* appeared suddenly in the Middle Miocene, contemporaneous with the appearance of *Plesiodipus*. It flourished in early Late Miocene, and probably disappeared at the same time as *Plesiodipus*. *Khanomys* may have been derived from *Gobicricetodon*, which made its first appearance in the early Late Miocene, but had a short range and disappeared at approximately the same time as the extinction of *Democricetodon*, *Cricetodon*, *Plesiodipus* and *Gobicricetodon*. *Rhinocerodon* is considered an immigrant probably from Kazakhstan after extinction of other genera of the subfamily in middle Late Miocene, which were present for only a short time in this region.

After reduction of the subfamilies Cricetodontinae and Plesiodipinae at the end of Middle Miocene, Cricetinae, including four genera, rose in the early Late Miocene (Fig. 243). *Colloides* shows close affinities with *Collimys* from Europe, which is sporadically documented in this region with a very short history. The origin of *Sinocricetus*, *Nannocricetus* and *Kowalskia* is considered to be related to the genus *Democricetodon*, which appear together in the Late Miocene and form the important part of assemblages. During the Early Pliocene, *Kowalskia* became extinct, *Nannocricetus* became rare, but *Sinocricetus* showed moderate diversity.

Microtoscoptinae has three known genera in a small subfamily. *Microtoscoptes* is the only one found in the

Late Miocene, which disappeared in the Pliocene of this region. It shows close affinities with *Paramicrotoscoptes* from North America.

The subfamily Baranomyinae includes two genera, *Microtodon* and *Anatolomys*, in the Neogene faunas of central Nei Mongol. Both genera made their first appearance in the Late Miocene and were present together in the Bilutu Fauna, and are frequent in the Baodean assemblages and predominant in the Ertemte and Harr Obo faunas. Nevertheless, they declined greatly in the Early Pliocene. The genus *Microtodon* may have given rise to the Asian arvicolids.

Two genera *Microtocricetus* and *Ischymomys* are assigned as Incertae Subfamilinae. They are rare and present only in the Shala Fauna, and are considered to be migrated from Europe or Central Asia into Nei Mongol during the early Late Miocene.

Gerbillidae   Two genera of Neogene gerbillids, *Abudhabia* and *Pseudomeriones* representing subfamilies Taterillinae and Gerbillinae, are known in this region. The genus *Abudhabia* is recorded for the first time in the early Late Miocene (Balunhalagen), and last in the middle Late Miocene (Baogeda Ula). The occurrence of the genus in central Nei Mongol represents a northeastern extension of its distribution. *Pseudomeriones* is considered to occur slightly later than *Abudhabia* (the only damaged tooth from Balunhalagen is thought to be reworked), and persists into the Early Pliocene (Gaotege).

The two genera, with an uncertain origin, occurred in Palearctic Region and dispersed to Europe, Asia and Africa during the Late Miocene. They are never very frequent in the fossil record, but show awide distribution. In North China each gave rise to two species, with dental evolution going toward increasing size in *Abudhabia*, and increasing size and complexity of m1 anteroconid in *Pseudomeriones*.

Arvicolidae   Rodents of this family are widely distributed over North Americn and Eurasia. An extant family, which originated probably from baranomyine criceetids in the Late Miocene, arvicolids made their first appearance in central Nei Mongol in the Early Pliocene. Their remains are frequent in the Pliocene deposits, a formed the major part of rodent assemblages.

Two genera (*Mimomys* and *Borsodia*) and four species of this family have been recognized in this region, of which the genus *Mimomys* appeared slightly earlier than *Borsodia*. *Mimomys* probably originated from *Microtodon* in the Late Miocene. It rapidly flourished during the Early Pliocene, making its debut as the species *Mimomys bilikeensis* at Bilike, which replaced the dominant *Microtodon atavus* at Ertemte and Harr Obo of the Late Miocene and gave rise to *M. teilhardi* and *M. orientalis* at Gaotege and *M. youheensis* at Youhe, Shaanxi. The lineage *M. atavus−M. bilikeensis−M. teilhardi−M. orientalis−M. youheensis* with its different formation of islet on m1 seems to represent an independent evolutionary line in East Asia. The origin of *Borsodia* is not clear. However, judging from morphology, *B. mengensis* from Gaotege may be the most primitive species of the genus, and related to the ancestry of the species *B. chinensis* commonly known in northern China and the genus *Lagurus* of Pleistocene age. It is noteworthy that the line *B. mengensis−B. chinensis−Lagurus* seems to have developed without the *Mimomys* Kante on m1 at the beginning in this region.

Myospalacidae   This extant and endemic family is considered to have originated from plesiodipines in Asia. Both the fossil and living taxa of the family are distributed in the central Palearctic Region of Asia, with their first occurrence in the early Late Miocene. Remains of this family are frequent in the Upper Miocene and Lower Pliocene in the assemblages of central Nei Mongol.

Two genera and five species of this family have been defined, among which the genus *Prosiphneus* mainly occurred during the Miocene, whereas *Chardina* is only Pliocene (Fig 244). The occurrences of the most primitive species of *Prosiphneus* in central Nei Mongol and the flourishing of the genus during the later Late Miocene in this area indicate that northern China was important for the evolution of zokors. In their early history, the family is dominated by species with convex occipital shields and molar roots, i.e., *P. qiui* in the early Late

Miocene (Amuwusu and Balunhalagen), *P. eriksoni* in middle and later Late Miocene (Baogeda Ula, Ertemte and Harr Obo) and *P.* cf. *P. eriksoni* in Early Pliocene (Bilike). During the Early Pliocene the genus *Chardina* (as the earliest concave occipital-shield myospalacid) appeared, which is considered to have derived from a convex occipital shield myospalacid and evolved towards increasing size, heightened crowns and reduction of molar roots.

Muridae Muridae, including 11 genera and 20 species, seem to be of importance in the late Neogene faunas of central Nei Mongol. The family is recorded in this region for the first time in the early Late Miocene, distinctly diversified in the later Late Miocene, and reached the largest number of species during the Early Pliocene. Two genera, *Apodemus* and *Micromys*, persisted to the present day (Fig. 245).

In the evolution of Muridae, *Progonomys* is considered to be a primitive genus. It is recorded in Shala (early Late Miocene) of this region. *Hansdebruijnia* is present in Balunhalagen, but absent in Huitenghe and Shala. Assuming the reworked Balunhalagen remains include a mixture of faunas of both old and young elements, the Balunhalagen beds should contain sediments deposited later than the Shala beds. Otherwise, the determination of *Progonomys* would be questionable. *Karnimatoides* suddenly appeared in the early Baodean and gives no clue as to its ancestry, but shows close affinities with *Karnimata*. It became extinct before the Pliocene. *Apodemus*, making its first appearance in the late Baodean (Ertemte), is a successful genus. It is quite frequent in the Early Pliocene record and carried into the present day. *Micromys*, appearing for the first time in the early Baodean together with *Karnimatoides*, is also very successful and is well known in the Early Pliocene faunas. *Rhagapodemus* may be derived from *Apodemus*, which is only present in Harr Obo with scarce specimens. *Orientalomys* is recorded together with *Apodemus* for the first time in Ertemte. The occurrences of this genus in Nei Mongol during the Late Miocene indicate an origin of East Asia. It is never very frequent in the faunas, but made a wide dispersal to western Asia and eastern Europe in the Pliocene and maintained a moderate diversity there. In China, this genus persisted into the Early Pleistocene. *Chardinomys* shares some common dental morphology with *Orientalomys*, implying close affinities. It appears together with *Allorattus* and *Huaxiamys* at the beginning of Pliocene. These three genera are endemic to the Palearctic Region of East Asia, and frequently present in the Pliocene assemblages. Among them, *Chardinomys* and *Huaxiamys* flourish in the late Gaozhuangian. *Allohuaxiamys* is a rare murine and only recorded in the uppermost Neogene of this region (Gaotege). It is similar to either *Micromys* or *Huaxiamys* in some dental morphology. The genus is likely to share a common ancestry with *Micromys*, and probably gives rise to *Huaxiamys* sometime in Late Miocene or Early Pliocene.

In summary, the evolution of the Neogene rodents in central Nei Mongol is stable. On the one hand it remains essentially a similar process in faunal turnovers as in the Palearctic Region of the Old World, on the other hand, it reflects some differences between Asia and Europe in faunal composition, caused by different ecological and environmental factors. Fig. 246 shows the main events of the evolution. The evolutionary process is characterized by the following major events.

During the Early Miocene, all the families present in this region are of Oligocene or pre-Oligocene origin. Tachyoryctoididae and Eucricetodontinae were still present, but distinctly declined in this interval. Distylomyidae, Aplodontidae and Eomyidae formed the major part of rodent faunas, and Zapodidae still flourished. One of the important events at this period is the appearance of "modern cricetids".

In the Middle Miocene, with the extinction of Eucricetodontinae, the disappearance of Distylomyidae and Tachyoryctoididae, and the gradual decline of Eomyidae and Zapodidae, the Dipodidae made their first appearance, and Castoridae migrated into this area. Cricetodontinae and Plesiodipinae among Cricetidae, and *Heterosminthus* (Zapodidae) dominated the faunas in this period.

In the Late Miocene, with the extinction or great decline of Cricetodontinae, Plesiodipinae, and

Heterosminthus, the family Myospalacidae appeared, Muridae and Gerbillidae migrated into this region, and Cricetinae and microtoid cricetids (*Microtoscoptes* and *Microtodon*, for example) arose abruptly. Myospalacids, cricetines, microtoid cricetids, and ground squirrels greatly flourished during the latest Late Miocene. The last representatives of Aplodontidae and Eomyidae in Asia became extinct at the end of this interval.

In the Early Pliocene, with the disappearance of the archaic families Aplodontidae and Eomyidae and the decline of Cricetinae and Zapodidae, the family Arvicolidae appeared and sprang up rapidly. Muridae further diversified and give rise to some endemic genera. The last representative of Gliridae in central Nei Mongol disappeared.

VI. MAMMAL CHRONOLOGY AND STRATIGRAPHY

On the basis of mammal chronology and stratigraphy, a preliminary framework of Chinese Neogene Land Mammal Stage/Age (LMS/A) has been established. Among this scheme, seven stages/ages including Xiejian, Shanwangian, Tunggurian, Bahean, Baodean, Gaozhuangian and Mazegouan were divided (Qiu Z X et al., 2013). Except for the Mazegouan LMS/A, all the other six are recognized in central Nei Mongol. The following are local definitions for the six LMS/A based on the above framework. The fauna of each LMS/A can be classified into five kinds: reference faunas (confined within central Nei Mongol), index fossils (confined within the LMS/A), first appearance and last appearance (at any point within the LMS/A), characteristic fossils (common but not necessarily confined to the LMS/A). As for the paleomagnetic dating, the readers are referred to Wang et al. (2003, 2009) and O'Connor et al. (2008).

Xiejian LMS/A   According to Qiu Z X and others (2013), the Xiejian ushered in an initial modernization of mammals. All the families of rodents in the Xiejian Chronofauna are of Oligocene or even earlier origin. Those once particularly flourishing in the Oligocene, like tsaganomyids, ctenodactylids and tachyoryctoidids, either disappeared or became declined greatly. The rodent genera are composed of Oligocene survivors and newcomers appearing in the Miocene. "Modern cricetids" (*Cricetodon* and *Democricetodon*) appeared at this time. The Aoerban (L) Fauna corresponds to the characters of the Xiejian Chronofauna.

Reference fauna: The Aoerban (L) Fauna from Aoerban, Sonid Zuoqi.

Index fossils: *Allodistylomys stepposus*, *Parameniscomys*, *Plesiosminthus asiaticus* and *Heterosminthus firmus*.

First appearances: *Ayakozomys*, *Quadrimys*, *Atlantoxerus*, *Orientiglis*, *Miodyromys*, *Ligerimys*, *Keramidomys*, *Leptodontomys*, *Pentabuneomys*, *Sinodonomys*, *Sicista*, *Omoiosicista*, *Democricetodon* and *Metaeucricetodon*.

Last appearances: none.

Characteristic fossils: *Prodistylomys*, *Distylomys*, *Tachyoryctoides*, *Plesiosminthus* and *Litodonomys*.

Shanwangian LMS/A   The Shanwangian Chronofauna demonstrates an initial stage of overall faunal modernization. The sciuromorph and myomorph rodents became predominant in rodent faunas, with the eomyids, glirids and zapodids flourishing, and the "modern cricetids" noticeably diversified in this interval.

Reference faunas: The Gashunyinadege Fauna and the Aoerban (U) Fauna from Sonid Zuoqi.

Index fossils: *Cricetodon sonidensis*.

First appearance: *Distylomys tedfordi*, *Tschalimys*, *Atlantoxerus major*, *Leptodontomys gansus*, *Democricetodon lindsayi*, *D. tongi* and *Cricetodon*.

Last appearances: *Tachyoryctoides*, *Ansomys robustus*, *Quadrimys*, *Ligerimys*, *Asianeomys*, *Plesiosminthus*, *Litodonomys*, *Sinodonomys*, *Sicista prima*, *Omoiosicista*, *Heterosminthus erbajevae*, *H. nanus*, *Metaeucricetodon* and *Democricetodon sui*.

Characteristic fossils: *Ayakozomys*, *Ansomys borealis*, *Plesiosminthus* and *Megacricetodon sinensis*.

Remarks: The Gashunyinadege Fauna is similar to the Aoerban (L) Fauna in composition, differing from it in the disappearance of *Allodistylomys* and *Parameniscomys*, the occurrence of some species, e.g., *Distylomys tedfordi*, *Atlantoxerus major*, *Leptodontomys gansus*, *Democricetodon lindsayi* and *D. tongi*, and the higher diversity of Cricetidae. In addition, *Alloptox* (Lagomorpha) made its first appearance in the Gashunyinadege Fauna. The Aoerban (U) Fauna seems to be younger than the Gashunyinadege Fauna, because of the absence of Distylomyidae, the decline of Aplodontidae, Eomyidae and Zapodidae, the appearance of Mylagaulidae, the further diversity of Cricetidae with occurrence of *Cricetodon*. Thus, the Aoerban (U) Fauna is younger than the Gashunyinadege Fauna, representing the later phase of the Shanwangian.

Tunggurian LMS/A   The stratotype of the Tunggurian Stage is in the Tunggur tableland of central Nei Mongol, and the Tunggurian LMS/A was based on fossils from the Tunggur Formation (Qiu Z X et al., 2013). The Tunggurian *Platybelodon* Chronofauna can be viewed as a derivative of the Shanwangian Chronofauna. The archaic families, Distylomyidae and Tachyoryctoididae, became extinct during this interval. Gliridae, Eomyidae, and Zapodidae declined, Dipodids and Castoridae made their first appearance in this region, and Cricetodontinae became highly diversified.

Reference faunas: The Tairum Nur Fauna and the 346 RM Fauna from Sonid Youqi, the Moergen Fauna from Sonid Zuoqi, and the Ulan Hushuyin Fauna from Abagqi.

Index fossils: *Anchitheriomys*, *Protalactaga major*, *Sonidomys* and *Gobicricetodon flynni*.

First appearances: *Ansomys lophodens*, *Atlantoxerus orientalis*, *Sinotamias*, *Hystricops*, *Monosaulax*, *Sicista ertemteensis*, *Heterosminthus orientalis*, *Protalactaga*, *Plesiodipus progressus*, *Gobicricetodon* and *G. robustus*.

Last appearances: *Distylomys*, *Ayakozomys*.

Characteristic fossils: *Heterosminthus orientalis*, *Democricetodon lindsayi*, *Megacricetodon sinensis* and *Plesiodipus leei*.

Remarks: Strata of the Tunggur Formation and composition of these faunas subdivide the Tunggurian LMS/A into three phases. The early phase, represented by the Tairum Nur Fauna, is characterized by the presence of *Distylomys* and *Ayakozomys*, which are common in the Early Miocene. The late phase (Tamuqin Fauna) is characterized by the occurrence of some species that are more derived than those of the same genera in the 346 RM Fauna, the Moergen Fauna and the Ulan Hushuyin Fauna, such as *Plesiodipus progressus* and *Gobicricetodon robustus*.

Bahean LMS/A   The Bahean Chronofauna is considered to be a chronofauna transitional from the typical Tunggurian *Platybelodon* Chronofauna to the typical Baodean *Hipparion* Chronofauna (Qiu Z X et al., 2013). Myomorph rodents were dominant among Rodentia, while Eomyidae and Gliridae declined further. In addition to the appearance of myospalacids and murids, Cricetinae almost completely replaced the Cricetodontinae at this age. Most genera are Middle or Late Miocene origin, and some are common during the Late Miocene.

Reference faunas: The Amuwusu Fauna and the Shala Fauna from Sonid Youqi, the Balunhalagen Fauna from Sonid Zuoqi, and the Huitenghe Fauna from Abagqi.

Index fossils: *Pseudaplodon amuwusuensis*, *Spermophilinus mongolicus*, *Tamiops*, *Eozapus major*, *Sinozapus parvus*, *Protalactaga lantianensis*, *P. lophodens*, *Paralactaga anderssoni*, *P. shalaensis*, *Dipus nanus*, *Salpingotus primitivus*, *Cardiocranius pusillus*, *Khanomys baii*, *Colloides*, *Microtocricetus*, *Ischymomys*, *Abudhabia wangi*, *Progonomys* and *Prosiphneus qiui*.

First appearances: *Prospermophilus*, *Sinotamias gravis*, *Miopetaurista*, *Pliopetaurista*, *Eozapus*, *Sinozapus*, *Lophocricetus*, *Paralactaga*, *Brachyscirtetes*, *Dipus*, *Khanomys*, *Sinocricetus*, *Nannocricetus*, *Kowalskia*, *Microtoscoptes*, *Microtodon*, *Anatolomys*, *Abudhabia*, *Prosiphneus* and *Hansdebruijnia*.

Last appearances: *Ansomys*, *Tschalimys*, *Atlantoxerus*, *Sinotamias primitivus*, *Orientiglis*, *Miodyromys*, *Keramidomys*, *Pentabuneomys*, *Hystricops*, *Monosaulax*, *Heterosminthus*, *Protalactaga*, *Cricetodon*, *Democricetodon*, *Megacricetodon* and *Gobicricetodon robustus*.

Characteristic fossils: *Ansomys lophodens*, *Tamias*, *Lophocricetus xianensis*, *Gobicricetodon* and *Khanomys*.

Remarks: Three of the four assemblages in the Bahean LMS/A are from fluvial deposits. The Balunhalagen assemblage is considered to be a mixed one containing reworked fossils from Middle Miocene deposits below. The Shala assemblage seems to be later in age, and includes more immigrants.

Baodean LMS/A   The Baodean Chronofauna can be briefly characterized as the climax in development of the Chinese "*Hipparion*" faunas. In rodents, with extinction or further decline of eomyids, aplodontids and zapodids, dipodids developed moderately, while cricetines and murids highly diversified, reaching an unprecedented height in taxonomic variety and abundance.

Reference faunas: The Baogeda Ula Fauna from Abagqi, the Bilutu Fauna from Sonid Zuoqi, the Ertemte Fauna and the Harr Obo Fauna from Huade.

Index fossils: *Hylopetes auctor*, *Pseudaplodon asiaticus*, *Dipoides mengensis*, *D. anatolicus*, *Eozapus similis*, *Brachyscirtetes tomidai*, *Rhinocerodon*, *Microtoscoptes praetermissus*, *Microtodon atavus*, *Anatolomys teilhardi*, *Abudhabia abagensis*, *Hansdebruijnia*, *Apodemus orientalis*, *Orientalomys primitivus*, *Karnimatoides* and *Micromys chalceus*.

Firs tappearances: *Myomimus*, *Sciurus*, *Dipoides*, *Castor*, *Sicista wangi*, *S. bilikeensis*, *Paralophocricetus*, *Sinocricetus progressus*, *Pseudomeriones*, *Prosiphneus eriksoni*, *Apodemus*, *Orientalomys* and *Micromys*.

Last appearances: *Leptodontomys*, *Eozapus*, *Dipus fraudator*, *Plesiodipus*, *Gobicricetodon*, *Khanomys*, *Microtoscoptes*, *Sinocricetus zdanskyi*, *Nannocricetus primitivus*, *Kowalskia neimengensis*, *Abudhabia* and *Hansdebruijnia*.

Characteristic fossils: *Tamias*, *Prospermophilus*, *Sicista ertemteensis*, *Lophocricetus grabaui*, *Paralophocricetus*, *Microtodon atavus*, *Anatolomys*, *Sinocricetus*, *Nannocricetus*, *Kowalskia*, *Hansdebruijnia pusilla* and *Micromys chalceus*.

Remarks: The development of gerbils, dipodids, lophodont cricetids, and the ground squirrels indicates a distinct environmental change during the Baodean interval. The Bilutu assemblage is also a mixed one containing reworked fossils.

Gaozhuangian LMS/A   The stratotype of the Gaozhuangian Stage is in Yushe Basin, Shanxi. The Gaozhuangian Chronofauna could be briefly characterized as a time of continued diversity of the Baodean faunas, and reaching a primitive stage of modern faunas. Its composition includes almost the same rodent families as the Baodean Chronofauna, except for a few disappearances (Eomyidae and Aplodontidae) and appearance of Arvicolidae. At the generic level, some commonly known in the Baodean Chronofauna are rare or absent, but a series of new genera are present. All taxa are members of living mammal families, but only a small proportion of genera persist to the present day.

Reference faunas: The Bilike Fauna from Huade, and the Gaotege Fauna from Abagqi.

Index fossils: *Hylopetes yani*, *Dipoides majori*, *Eucastor plionicus*, *Brachyscirtetes robustus*, *Dipus pliocenicus*, *Sinocricetus major*, *Kowalskia zhengi*, *Pseudomeriones complicidens*, *Mimomys bilikeensis*, *Apodemus lii*, *A. qiui*, *Orientalomys sinensis*, *Micromys kozaniensis*, *M. tedfordi*, *Chardinomys bilikeensis*, *C. yusheensis*, *Huaxiamys downsi*, *Allohuaxiamys gaotegeensis* and *Allorattus engesseri*.

First appearances: *Eucastor*, *Sinozapus volkeri*, *Mimomys*, *Borsodia*, *Chardina*, *Apodemus qiui*, *Micromys tedfordi*, *Chardinomys*, *Huaxiamys*, *Allohuaxiamys* and *Allorattus*.

Last appearances: *Prospermophilus orientalis*, *Myomimus*, *Sinozapus*, *Sicista wangi*, *S. bilikeensis*, *Lophocricetus*, *Paralophocricetus*, *Microtodon*, *Anatolomys*, *Kowalskia*, *Orientalomys*, *Micromys kozaniensis*, *Chardinomys bilikeensis*, *Allohuaxiamys* and *Allorattus*.

Characteristic fossils: *Sicista*, *Micromys*, *Apodemus*, *Chardinomys*, *Mimomys*, *Huaxiamys* and *Chardina*.

Remarks: In central Nei Mongol, the Gaozhuang faunas are similar to the Baodean faunas in composition, but differ in the disappearance of Eomyidae and Aplodontidae, the extinct of Gliridae, the distinct decline of Cricetidae and Zapodidae, the appearance of Arvicolidae, and the great diversification of Muridae with the presence of *Chardinomys*, *Huaxiamys*, *Allohuaxiamys* and *Allorattus*.

VII. BIOGEOGRAPHIC RELATIONSHIPS AND PALEOECOLOGIC CHARACTERS

Among the 15 families of rodents found in central Nei Mongol, most are eurytopic, spread throughout the Old World and the New World. These are Aplodontidae, Mylagaulidae, Sciuridae, Eomyidae, Castoridae, Zapodidae, Cricetidae and Arvicolidae. Distylomyidae, Tachyoryctoididae and Myospalacidae are families endemic to northern Asia, with the first two distributed in Central Asia and/or Mongolian Plateau, and the latter in the Asian Palearctic Region. Gliridae, Dipodidae, Gerbillidae and Muridae are distributed over Eurasia and Africa, with Dipodidae and Gerbillidae mainly in dry and open steppe of Asia and Africa.

At the genus level, 43 out of 87 genera are confined within Central Asia and the Mongolian highland. There are some but not many, that are distributed in South China, including three genera (*Ansomys*, *Tamiops* and *Sciurus*) in the Early Miocene Shanwang, Shandong, five (*Tachyoryctoides*, *Ansomys*, *Cricetodon*, *Democricetodon* and *Megacricetodon*) in the Early Miocene Sihong, Jiangsu, and five (*Tamiops*, *Miopetaurista*, *Pliopetaurista*, *Leptodontomys* and *Kowalskia*) in the Late Miocene Lufeng and Yuanmou, Yunnan. The few congeners spreading to southern China were evidently influenced by the difference of ecology and/or environment. Table 104 shows regional distributions of all the Neogene rodent genera known in this region. Few are recorded from other regions of Asia, or from North America or Africa, but quite a number of taxa occur in Europe, accounting for more than 41% of the total. This suggests dispersal of rodents to some extent between Nei Mongol and Europe during the Neogene. The dispersal or immigration of rodents between the two contiguous continents was different in number in different Neogene intervals: at least ten genera in Early Miocene (*Tamias*, *Atlantoxerus*, *Palaeosciurus*, *Miodyromys*, *Ligerimys*, *Pentabuneomys*, *Plesiosminthus*, *Democricetodon*, *Megacricetodon* and *Cricetodon*), nine in Middle Miocene (*Tamias*, *Atlantoxerus*, *Miodyromys*, *Keramidomys*, *Leptodontomys*, *Anchitheriomys*, *Democricetodon*, *Megacricetodon* and *Cricetodon*), and twenty in Late Miocene (*Tamias*, *Spermophilinus*, *Miopetaurista*, *Pliopetaurista*, *Myomimus*, *Keramidomys*, *Leptodontomys*, *Dipoides*, *Castor*, *Eozapus*, *Democricetodon*, *Microtoscoptes*?, *Kowalskia*, *Abudhabia*, *Pseudomeriones*, *Progonomys*, *Hansdebruijnia*, *Apodemus*, *Micromys* and *Microtocricetus*), respectively. Twelve genera from the Pliocene (*Tamias*, *Sciurus*, *Hylopetes*, *Sicista*, *Microtodon*, *Pseudomeriones*, *Mimomys*, *Borsodia*, *Apodemus*, *Rhagapodemus*, *Orientalomys* and *Micromys*) are known in the contemporary faunas of Europe. Therefore, rodent interchanges between Nei Mongol and Europe appear to have a tendency to gradually increase during the Miocene, but abruptly decrease at the beginning of Pliocene (Fig. 247).

The common genera with North Africa are those known mainly in the Middle Miocene and early Late Miocene faunas. These taxa also contemporarily occur in western Asia, including some adapted to dry and open environments, such as *Protalactaga* and *Abudhabia*. This strongly suggests the existence of a xeric open region between Nei Mongol and Africa, where interchange of rodents, via western Asia and the Arabian Peninsula, was possible.

Far fewer congeneric rodents of the Nei Mongol faunas shared with North America than Europe may have been caused by the filtering action of the Bering Land Bridge. It is noteworthy that all of those showing affinity with North America are also found in Europe, such as *Sciurus*, *Miopetaurista*, *Anchitheriomys*, *Dipoides*, *Castor*, *Plesiosminthus* and *Mimomys*. This implies that some interchange of rodents in the Holarctic region had taken place during the Neogene.

Distributions of mammals are closely related to their environment. In the fifteen families of rodents known from central Nei Mongol, eleven families are extant and four are extinct. Among the extant families, four

(Sciuridae, Cricetidae, Muridae and Arvicolidae) are eurytopic, others are families occurring today either throughout the Holarctic Region (Castoridae and Zapodidae), or the Palearctic Region (Gliridae, Dipodidae, Gerbillidae and Myospalacidae), or the Nearctic Region (Aplodontidae), but none of them is confined to the Oriental Region. Cricetidae, among the eurytopic families, is mainly distributed north of Changjiang (Yangtze River). Remains of the two extinct families (Distylomyidae and Tachyoryctoididae) are only known from Central Asia and the Mongol Plateau. This seems to strongly suggest that the Nei Mongol faunas reflect a faunal distribution like the temperate region in China today. In addition, the diversity and abundance of zapodids and ground squirrels, and the presence of dipodids and gerbillids in the later faunas appear to indicate that this area was relatively dry and open during the Neogene.

In all, the faunal composition in central Nei Mongol shows a temperate, relatively arid steppe environment, similar to the present northern Holarctic Region, and the stable faunal changes indicate that the environments had experienced abrupt turns during the Neogene. Nevertheless, the flourishing of zapodids in the Early Miocene, the decrease of zapodids and appearance of dipodids in the Middle Miocene, the increase of dipodids and occurrence of rodents with high-crowned cheek teeth in the Late Miocene, the thriving of high-crowned rodents and the diversity of murids in the Pliocene all imply the tendency that the climate gradually changed towards drier and drier conditions, and the environment progressively became more open with grasslands. With the ecological and environment deterioration, plant-eating animals gradually increased and some herbivores increased height of crowns for adaptation to abrasive diets.

Despite the gradual and relatively stable process of environmental change, some fluctuation cannot be ruled out. The occurrence and flourishing of castorids in the Middle Miocene is considered a temporary change toward favorable conditions, at least reflecting abundance of rain, which was optimal for these animals and unlike the situation of the present day in this area. This situation probably persisted into the early Late Miocene when tree squirrels and flying squirrels appeared, requiring forests and some tall trees. The grassland in this period has a mosaic association with rivers and forests. A relatively abrupt change had taken place in the Late Miocene, with the extinction or great decline of the ancient genera of Aplodontidae, Eomyidae and Gliridae, and the appearance of high-crowned and endemic rodents. Such a phenomenon might imply an environment of drier and more grassland condition during the Pliocene than Miocene in this area.

Although Nei Mongol and Europe shared quite a number of Neogene genera, they had distinctly different faunal compositions, evidently reflecting differences in ecology and environment. In the Early Miocene, western and central European assemblages are described as eomyid-cricetid (ancient) assemblages, and after the extinction of the ancient cricetids, they were replaced by very characteristic eomyid-glirid assemblages. With the immigration of the modern cricetids, European rodent assemblages became cricetid (modern)-glirid assemblages and remained stabilized for more than 8 million years (Kälin, 1999). The history of Nei Mongol rodent faunas proceeds through similar stages, but shows some differences in composition. In the Early Miocene, Nei Mongol assemblages may be considered as eomyid-aplodontid-zapodid assemblages. After the appearance of the modern cricetids, they became cricetid (modern)-glirid-zapodid-dipodid assemblages and remained stabilized for a long period. Distinct differences of the Nei Mongol assemblages from those of Europe are the much lower prosperity of eomyids, the much less diversified and abundant glirids, and in contrast, the more successful aplodontids, zapodids and dipodids. Eomyids and glirids are rodents with low-crowned cheek teeth, which probably preferred moist shrubs and forests and were adapted to soft diets, whereas most zapodids and dipodids inhabit areas with dry and open steppe or even desert. It is likely that the ecological environment was dry and open in Nei Mongol during the Neogene, when moist forest persisted in Europe. This seems to imply that different ecological environments between Asian and European Palearctic Regions may have existed in the Neogene.